Drogisten-Lexikon

Ein Lehr- und Nachschlagebuch

für Drogisten und verwandte Berufe, Chemotechniker
Laboranten, Großhandel und Industrie

Herausgegeben von

Apotheker **Hans Irion**

ehem. Direktor der Staatl. anerk. Drogisten-Akademie Braunschweig
öffentlich bestellter und vereidigter Sachverständiger in Berlin

Dritter Band

Fachtechnik, Kosmetik, Vorschriften

Mit 234 Abbildungen

1958

Springer-Verlag, Berlin/Göttingen/Heidelberg

Softcover reprint of the hardcover 1st edition 1958

ISBN-13: 978-3-642-92724-9 e-ISBN-13: 978-3-642-92723-2
DOI: 10.1007/978-3-642-92723-2

Vorwort.

Dieser III. Band beschließt das „Drogisten-Lexikon“. Er behandelt im I. Teil „Fachtechnik“ auf fast hundert Seiten die Arbeiten im Betrieb und Laboratorium und die dabei notwendigen Geräte und Apparate. Diese Fachtechnik muß jeder beherrschen, der Zubereitungen und Präparate vorschriftsmäßig herstellen will. Die alphabetische Anordnung der einzelnen Arbeiten gibt schon dem Lehrling die Möglichkeit zur raschen Orientierung über Einzelheiten. Oft wird auf die Ausführungen im I. Band („Die wissenschaftlichen Grundlagen der Drogistenpraxis) und im II. Band („Chemikalien, Drogen, wichtige physikalische Begriffe in lexikalischer Ordnung“) verwiesen, so daß der Praktiker auf den wissenschaftlichen Lehrstoff zurückgreifen kann. Schönheitspflege und Kosmetik, die heute eine eigene Wissenschaft geworden sind, sind entsprechend berücksichtigt. Dabei wurden die wichtigen Grundtatsachen der Anatomie und Physiologie der kosmetisch wichtigen Organe, Haut, Haare, Nägel, Mund und Zähne nicht vergessen; ebensowenig die allgemeinen hygienischen Grundsätze. Das übergroße Gebiet der Photographie, für das es eine eigene, vielseitige Literatur gibt, ist mit Absicht nur als knapper Abriß behandelt. Auch der allgemeine überaus vielseitige Vorschriftenteil dieses Bandes fußt auf der langjährigen Tätigkeit des Herausgebers als Drogist und Apotheker und auf seinem gründlichen und kritischen Studium der wissenschaftlichen und praktisch-technischen Literatur.

Im Vorschriftenteil sind bei den Vorschriften des DAB. 6 und Erg.-B. 6 jeweils die dort aufgeführten Stoffe in den vorgeschriebenen Stärken und Reinheitsgraden zu verwenden. Bei den einzelnen Vorschriften werden nur dann für die Herstellung Hinweise gegeben, wenn es für den Fachmann nötig ist. Bei Vorschriften, die z. B. Lanette, Tegin, Boerocerin oder andere Marken-Rohstoffe enthalten, sind im allgemeinen keine Verarbeitungshinweise gegeben, da diese im vorliegenden Band oder in Band II unter dem jeweiligen Stichwort gesondert abgehandelt sind. Die angeführten Rezepturen beruhen auf sorgfältigen eigenen Versuchen und Erfahrungen des Verfassers bzw. sind der anerkannten Literatur (mit Quellenangabe) entnommen. Da die Bedingungen, unter denen die gemachten Angaben ausgewertet werden, jeweils verschieden sind, kann für die zu erzielenden Ergebnisse eine Gewähr nicht übernommen werden. Es werden deshalb eigene Vorversuche empfohlen. Die Temperaturangaben beziehen sich, soweit nicht anders vermerkt, stets auf Celsius-Grade. Die Prozentangaben bei Weingeist beziehen sich, soweit nicht anders angegeben, stets auf Volumen-(Raumteil-)Prozente. Weingeist mit 95 Vol.-% entspricht 92,4 Gew.-(Gewichts-)%.

Die Prüfung der Namen auf Warenzeicheneigenschaft ist nach dem Warenzeichenlexikon des Schutzmarkendienstes in Hamburg (Deutsche Warenzeichen) einschließlich 1. bis 6. Nachtrag erfolgt. Es besteht trotzdem die Möglichkeit, daß das eine oder andere im Gebiete der Bundesrepublik Deutschland gültige Warenzeichen nicht gekennzeichnet wurde. Verfasser und Verlag müssen für derartige Fälle die Verantwortung ablehnen.

Berlin-Charlottenburg, März 1958 **Hans Irion**

Inhaltsverzeichnis.

Inhalt des ersten Bandes.

Die Drogerie — Medizinische Zubereitungen, Botanik, Chemie, Desinfektion und Desinfektionsmittel, Drogenkunde — Pharmakognosie, Farbwarenkunde, Gesetzeskunde, Gesundheitslehre — Hygiene, Giftlehre — Toxikologie, Krankenpflege und Artikel zur Krankenpflege, Medizinische Fachausdrücke, Mikroskopie, Photographie, Schädlinge und Schädlingsbekämpfungsmittel, Verbandstoffe, Tabellen.

Inhalt des zweiten Bandes.

Chemikalien, Drogen, wichtige physikalische Begriffe in lexikalischer Ordnung. Nachtrag, Literaturverzeichnis, Sachverzeichnis für Band I und II.

I. Fachtechnik.

Einleitung.

Zur vollständigen Ausbildung des Drogisten gehören neben den fachwissenschaftlichen Kenntnissen auch gründliche *praktisch-technische* Erfahrungen. Nur der Drogist kann den Anforderungen seines Berufes gerecht werden, der beide besitzt. Die fortschreitende Entwicklung der Herstellungsmethoden von medizinischen, kosmetischen und technischen Präparaten verlangt ein umfassendes Wissen der vorkommenden Arbeiten, gründliche Kenntnisse der dabei anzuwendenden Geräte und Apparate und der bei der Herstellung der einzelnen Erzeugnisse zu beachtenden Maßnahmen.

Da fachwissenschaftliche Bildung und praktisch-technische Kenntnisse eine Einheit bilden müssen, ist in den folgenden Ausführungen darauf Rücksicht genommen oder bei den einzelnen Arbeiten auf die an anderer Stelle abgehandelten, entsprechenden physikalischen oder chemischen Zusammenhänge hingewiesen. Besonders die Lehrlinge ausbildenden Drogisten haben die Pflicht, sich eingehend auch mit den *neueren* Arbeitsmethoden zu beschäftigen, um dem Berufsnachwuchs diese zu vermitteln. Allen Drogisten aber werden die folgenden „Arbeiten im Betrieb und im Laboratorium" manche Arbeitserleichterung und damit wirtschaftlichere Herstellungswege von Eigenpräparaten aufzeigen. Häufig ist damit eine Erzielung hochwertigerer Präparate zu erreichen, als sie bei der Anwendung veralteter Methoden möglich war. Als Beispiel dafür diene die *homogenisierte* Emulsion. Die folgenden Ausführungen sollen darüber hinaus den Drogisten zur Selbstherstellung des einen oder anderen Artikels anregen und ihm bessere Beweisgründe beim Verkauf einschlägiger Markenartikel vermitteln. Nach dem Grundsatz, dem Praktiker eine möglichst rasche Orientierung zu ermöglichen, sind die einzelnen Arbeiten alphabetisch nach ihrem Stichwort geordnet und dabei die notwendigen Geräte und Apparate besprochen.

Das Rezept.

Mit Rezept bezeichnete man ursprünglich die Anweisung eines Arztes, Zahnarztes oder Tierarztes an den Apotheker zur Herstellung einer bestimmten Arznei. Heute wird die Bezeichnung Rezept selbst für technische Vorschriften und für Herstellungsvorschriften der Hausfrau verwendet. Da jedoch zahlreiche Vorschriftenbücher unter Verwendung der lateinischen, für ärztliche Rezepte üblichen Nomenklatur in der Form des ärztlichen Rezeptes geschrieben sind, muß auch der Drogist die Schreibweise des ärztlichen Rezeptes kennen. Dieses zerfällt in verschiedene Teile. Als Einleitung trägt es die Bezeichnung „Rp.", die Abkürzung für den lateinischen Imperativ *recipe*, man nehme, nimm! Es folgt die Aufführung der zu verwendenden einzelnen Mittel, umfassend das Hauptmittel *(Basis)*, ein unterstützendes Mittel *(Adjuvans)* oder mehrere, das Lösungs- bzw. Verdünnungsmittel und das Geschmacks- bzw. Geruchsverbesserungsmittel *(Corrigens)*. Es folgt die

Anweisung für den Hersteller, welche Zubereitungsform aus diesen Mitteln hergestellt werden soll, ob sie eine Lösung, eine Mischung, eine Pulvermischung oder eine Salbe ergeben sollen, und dann die Anweisung für die Anwendung der Zubereitung. Die Gewichtsmengen werden in Grammen, z. B. 10 g mit 10,0 vermerkt. Werden von zwei oder mehreren Stoffen gleiche Gewichtsmengen verwendet, wird jeweils vor der Gewichtsmenge des letzten „$\overline{aa}$" (g. ana, zu gleichen Teilen, gleich viel) gesetzt. Die Aufzählung der einzelnen zu verwendenden Mittel erfolgt jeweils im Genitiv seiner lateinischen Bezeichnung, jedoch werden die Rezepte häufig abgekürzt geschrieben. Man schreibt also z. B.:

Acidi hydrochlorici diluti 1,0
bzw. abgekürzt: Acid. hydrochloric. dil. 1,0.

Sind die Gewichte eines Rezeptes mit einem Lösungs-, Verdünnungsmittel oder Corrigens auf ein bestimmtes Gewicht aufzufüllen, wird dies durch Vorsetzen des Wortes „ad" vor das Endgewicht ausgedrückt, z. B. Aqu. destillat. ad 100,0. Die übrigen auf Rezepten üblichen Abkürzungen sind unter „Medizinische Fachausdrücke" im Band I, S. 730ff. aufgeführt.

Die Arbeiten im Betrieb und Laboratorium und die dabei zur Anwendung kommenden Geräte und Apparate.

Abdampfen.

Mit *Abdampfen, Verdampfen* oder *Einengen* bezeichnet man den Vorgang, bei dem ein nicht oder schwer flüchtiger Körper von einem flüchtigen unter Anwendung von Wärme (→ Erhitzen, S. 34ff.) und Einhaltung etwa vorgeschriebener Wärmegrade getrennt wird. Es kommt beim Abdampfen vor allem auf den Rückstand und weniger auf das abzudampfende Lösungsmittel (vgl. S. 3) an. Das Abdampfen ohne besondere Maßnahmen (vgl. Vakuum, S. 25) kann aber nur Anwendung finden, wenn die dazu notwendige Wärme keinen schädigenden Einfluß auf den verbleibenden Rückstand hat. Die anzuwendende Wärmequelle ist abhängig von der Art des zu verdampfenden Stoffes. Nach ihr richtet sich auch das zu verwendende Gefäß. Als *Abdampfschalen* (Abb. 1, 2) finden solche aus Porzellan, Jenaer Glas, emailliertem Eisen, Nickel und Legierungen mit großer Oberfläche, also flache mit möglichst großem Durchmesser, rundem Boden und Ausguß verschiedener Größe Verwendung. Aus ihnen läßt sich ein verbleibender Rückstand leicht entfernen, außerdem ist die über ihnen liegende dampfgesättigte Gasschicht dünn, wodurch das Verdampfen ebenfalls begünstigt wird. Auch durch Wegblasen oder Absaugen der sich bildenden Dämpfe kann das Abdampfen beschleunigt werden. Demselben Zweck dient das Rühren mit einem *Spatel* (Abb. 3), der je nach der Art der zu verdampfenden Flüssig-

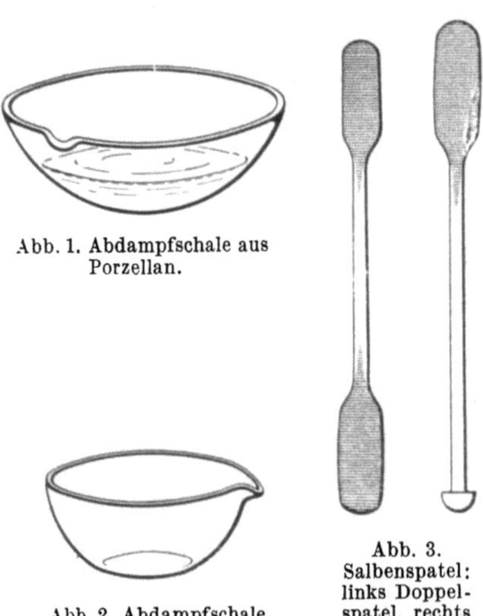

Abb. 1. Abdampfschale aus Porzellan.

Abb. 2. Abdampfschale aus Glas.

Abb. 3. Salbenspatel: links Doppelspatel, rechts Knopfspatel.

keit aus Holz, Porzellan, Metall oder Kunststoff bzw. ein Glasstab angemessener Dicke sein kann. Dabei ist das Rühren nach einer Richtung zu vermeiden, am besten beschreibt man mit dem Rührgerät die Figur einer 8. (Vgl. a. Rühren, S. 75.) Spatel besitzen an einem oder beiden Enden zungenförmig verbreiterte Platten und dienen zur Entnahme von Salben, Terpentin, dicken Extrakten usw. Sie bestehen aus geglättetem, poliertem Stahl oder V_2A-Stahl, Horn, Porzellan, Glas oder Kunststoffen und sind in verschiedenen Längen lieferbar.

Da Abdampfschalen mit Inhalt leicht kippen, verwendet man zur Sicherung ihres Standes *Stroh-* oder *Korkringe*, ersatzweise ein ringförmig gelegtes Handtuch. Zum Abdampfen kleinser Mengen verwendet man Uhrgläser.

Die Entfernung eines Lösungsmittels bei Raumtemperatur bezeichnet man mit **Verdunsten.** Wird das Lösungsmittel vollständig verdampft, wird „*bis zur Trockne*" eingedampft, wird dagegen nur zur Konzentrierung einer Lösung eingedampft, bezeichnet man den Vorgang mit *Einengen.* Sind beim Abdampfen Temperaturen über 100° erforderlich, werden Bäder mit Flüssigkeiten angewandt, deren Siedepunkte über dem des Wassers liegen (vgl. „Erhitzungsbäder", S. 36), wie Öl, Glycerin, Paraffin, Sand u. a. Beim Abdampfen kleiner Mengen feuergefährlicher Flüssigkeiten (Äther, Petroläther usw.) ist als Heizquelle ein besonderes Dampfbad zu verwenden, dessen Bunsenflamme innerhalb eines feinmaschigen Drahtnetzes brennt. (Vgl. „Eindampfen", S. 28.)

Abdestillieren von Lösungsmitteln.

Zum Abdestillieren wertvoller Lösungsmittel, z. B. Äther, bedient man sich des Fraktionierkolbens (Abb. 50) mit absteigendem Schlangenkühler auf dem Wasser- oder Dampfbad. Das Lösungsmittel ist nach etwa notwendiger Reinigung erneut verwendbar. Enthält es flüchtige Säuren, wird es mit Sodalösung, enthält es flüchtige Basen, mit verdünnter Schwefelsäure ausgeschüttelt.

Wegen der Feuergefährlichkeit des Äthers ist größte Vorsicht geboten: Sicherheitsdrahtnetz am Brenner, keine offene Flamme im Raum, keine Licht- oder Motorschalter betätigen.

Abdichten.

Das Abdichten undichter Stopfen s. S. 62. Normalschliffe dichtet man je nach dem Verwendungszweck mit Fett, Vaselin oder Mischung von Vaselin mit Paraffin, Vakuumapparaturen mit RAMSAY-Fett (s. S. 733), Aluminiumoleat mit Bienenwachs gibt ein besonders zähes Dichtungsmittel. Der Konus wird mit dem Fett bestrichen, vorsichtig erwärmt und durch häufiges Drehen um die ganze Achse das Fett so lange verteilt, bis man beim Beleuchten des Schliffs von hinten und vorne keinerlei Stellen unverteilten Fettes mehr erkennen kann.

Das Abdichten von Hähnen, die der Verbindung zweier Apparateteile dienen oder einen Apparat mit der Außenluft verbinden, erfolgt auch mit Fett. Eine vollkommene Abdichtung von Gummischläuchen für die Verbindung von Gaswaschflaschen usw. erreicht man durch Eintauchen in geschmolzenes Vaselin.

Abfassen.

Mit Abfassen bezeichnet man die Tätigkeit, bestimmte Mengen von Chemikalien, Drogen oder Flüssigkeiten verkaufsbereit herzurichten. Diese Arbeit ist besonders dazu geeignet, Lehrlingen die dabei notwendigen Handfertigkeiten, die Gewöhnung an genaue Wägung, ordnungsmäßige Signatur und fachmännischen Verschluß der

Beutel (s. S. 13) und Gefäße (s. S. 91) beizubringen. Dabei ist gleichzeitig auf die ordnungsmäßige Beschaffenheit (Schnittform, Farbe, Geruch, fremde Organteile, Staub) der abzufüllenden Drogen und Chemikalien zu achten und festzustellen, ob nicht an der Droge selbst oder an den Wandungen der Behälter durch Feuchtigkeit, Pilzbefall oder tierische Parasiten eine Schädigung festzustellen ist. Gleichzeitig soll sich der Abfüllende über die deutsche und lateinische Bezeichnung, die Stammpflanze, die Inhaltstoffe und etwaige besondere Vorschriften über die Aufbewahrung der Ware orientieren. Etwa zusammengeballte Chemikalien sind, wenn nötig, zu trocknen, vor dem Abfassen durch Sieb 4 zu schlagen und staubende Drogen ebenfalls mit Sieb 4 zu entstauben (vgl. a. „Abfüllen“, S. 4ff.).

Abfüllen.

Abfüllen oder Umfüllen von Flüssigkeiten.

Das Abfüllen oder Umfüllen von Flüssigkeiten aus einem Gefäß (Flaschen oder Kanistern) in ein anderes durch Umgießen mit der Hand, z. B. beim Defektieren, kann vom Geübten ohne Hilfe eines Gerätes durchgeführt werden. Trotzdem empfiehlt es sich, um dabei Verluste zu vermeiden, einen Trichter (Abb. 4) aus Glas, Kunststoff oder einen unbeschädigten Emailtrichter zu Hilfe zu nehmen. Bei leicht beweglichen, flüchtigen und feuergefährlichen Flüssigkeiten (Äther, Benzin usw.) muß grundsätzlich ein Trichter verwendet werden. Aus vollkommen gefüllten Standflaschen ist schwer zu gießen, da die Flüssigkeit beim Neigen der Flasche den Luftzutritt versperrt und die Flüssigkeit deshalb nur stoßweise aus der Flasche ausfließen kann. Die Folge ist, daß die Flüssigkeit beim Ausgießen gluckst und leicht verspritzt (Abb. 5).

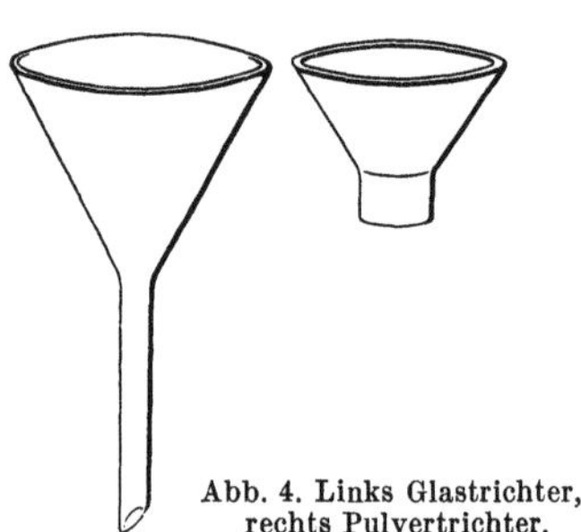

Abb. 4. Links Glastrichter, rechts Pulvertrichter.

Abb. 5. Umfüllen von Flüssigkeiten. (Nach *Kruhme:* Fachkunde für Chemiewerker.)

Die beste Maßnahme, diesen Übelstand zu vermeiden, ist, Standflaschen grundsätzlich nicht ganz zu füllen.

Beim **Umfüllen** größerer Mengen **feuergefährlicher Flüssigkeiten** (beim Umfüllen kleinerer Mengen aus Standflaschen erübrigt sich diese Vorsichtsmaßnahme) kann durch die Reibung der fließenden Flüssigkeit durch *statische Elektrizität* eine so starke elektrische Spannung entstehen, daß Funkenbildung und dadurch Selbstentzündung eintritt. In diesem Fall darf das Umfüllen nur mit Gefäßen, Hebern und Trichtern *aus Metall*, die sorgfältig geerdet sind, erfolgen. Die Geräte sind hierzu mit Gewindeschrauben mit Unterlagescheibe und Flügelmutter zur Aufnahme des Polschuhes des Erdkabels zu versehen.

Zur laufenden Entnahme von Flüssigkeiten, z. B. destilliertes Wasser, eignen sich besondere Standgefäße (Abb. 6). Als Abflußrohr verwendet man hierbei zweckmäßig eine schräg angeschliffenes Glasrohr, wodurch der Ausfluß der Flüssigkeit gefördert wird (Abb. 7).

Entnahmen aus Tanks, Fässern oder anderen nicht leicht zu bewegenden Gefäßen, die keinen Ablaufhahn besitzen, werden mittels eines durchlaufend arbeitenden *Flüssigkeitshebers*, dessen einfachste Form der Gummischlauch ist, getätigt. Dabei wird der in die Flüssigkeit reichende Schlauch mit der Flüssigkeit fast gefüllt und direkt über dem Flüssigkeitsspiegel im Schlauch abgeknickt. Durch Senken der Ablauföffnung wird der Schlauch zu einem betriebsfertigen *Heber*. Die Tatsache, daß häufig beim Abstich oder Umfüllen von Flüssigkeiten nicht nur Verluste an Material und Zeit, sondern auch Unfälle vorkommen, hat die einschlägige Industrie veranlaßt, zahlreiche *Saugheber* in den Handel zu bringen. Zum Abheben von giftigen oder ätzenden Flüssigkeiten wird der *Giftheber, Säure-* oder *Sicherheitsheber* (Abb. 8) verwendet, den man ohne Gefahr mit dem Mund ansaugen kann (Schutzbrille nicht vergessen! Abbildung 9). Andere bewährte Saugheber sind der automatische Ballonabfüller „*Simplex*“ (Abb. 10., Lieferant L. Schließmann KG., Schwäbisch Hall), der *Monopolheber* (Abb. 11), das *OTAL-Abfüllgerät* (Abb. 12., 13.), das stoppt, nicht nachtropft, notfalls in das Vorratsgefäß zurücksaugt und sehr leicht zu reinigen ist (Lieferant L. E. Frank, Stuttgart-W), der FRINET-Abfüllapparat: Modell I mit Standrohr aus Metall, Modell II mit Standrohr aus Kunststoff, verwendbar bis zu Temperaturen von 40°, Modell III mit Standrohr aus Metall für organische Lösungsmittel (Abbildungen 14, 15, Lieferant: FRINET-Gesellschaft, Frankfurt/Main). Als erst kurz im Handel befindlicher, praktischer, automatischer Saugheber sei der *UNITAS-Heber* (Abb. 16, Lieferant „LABAG“ Laboratoriums-Ausrüstungs-Gesellschaft Paul Honig und Erich Schulze, Berlin-Schöneberg) genannt. Dieser gewährleistet einfaches und gefahrloses Ansaugen durch Betätigen des Saugkörpers. Saugkörper und Schlauch

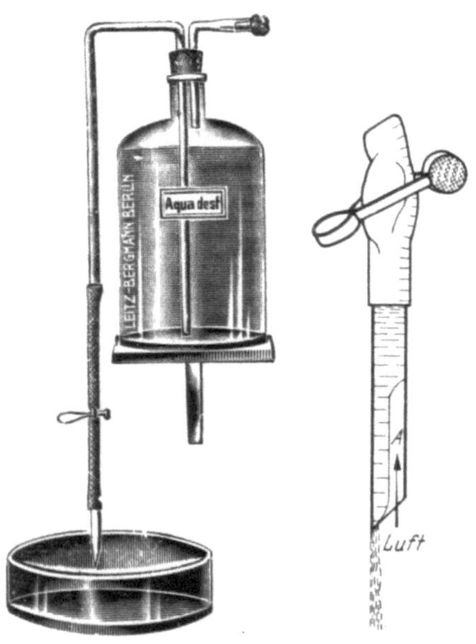

Abb. 6. Standgefäß zur laufenden Entnahme mit Gummistopfen, Luftfilter, Heberrohr, Gummischlauch, Quetschhahn und Auslaufspitze (F. Bergmann, Berlin-Zehlendorf).

Abb. 7. Wirkungsweise eines schräg angeschliffenen Abflußrohres. (Nach *Kruhme*.)

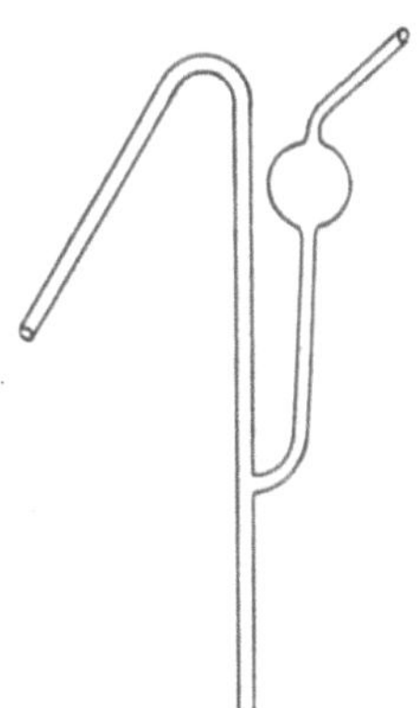

Abb. 8. Säureheber.

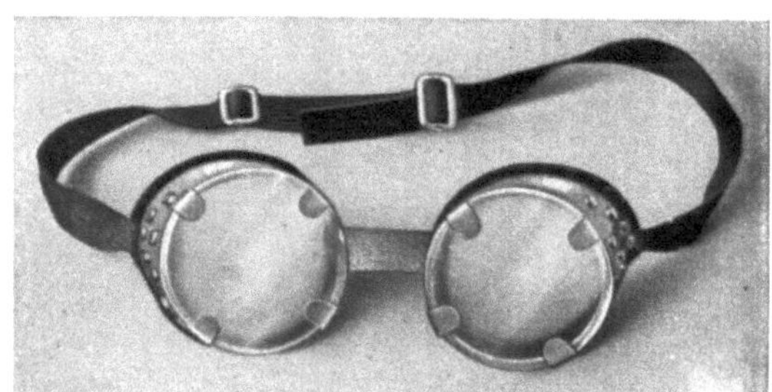

Abb. 9. Auer-Schutzbrille.

aus Polyäthylen, Gesamtlänge 185 cm, lichte Weite etwa 13 mm. *Type C* für Reinalkohol und Getränke, für Laugen und verdünnte Säuren mit Klemmhebel-Quetschhahn. *Type KC* für alle Chemikalien, auch konzentrierte Säuren, Reinalkohol, Getränke, Lösungsmittel und Öle, mit Glashahn. Auch mit unzerbrechlichem Kunststoffhahn lieferbar.

Aus Korbflaschen dürfen Flüssigkeiten ohne Verwendung eines Hebers nur mit

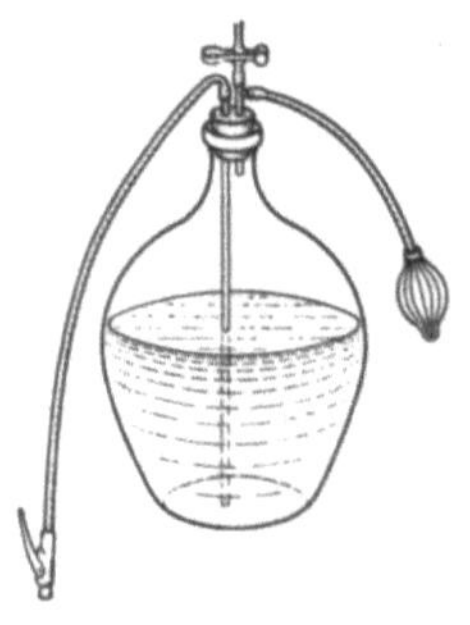

Abb. 10. Ballonabfüllheber „Simplex". Vorteile: Keine Verdunstung oder Geruchsbelästigung, kein Ansaugen, Flüssigkeitsentnahme bei hochgestelltem Ballon ohne Anpumpen möglich, Einhandbedienung. (Hersteller: Kellerei-Chemie C. Schließmann KG., Schwäbisch-Hall.)

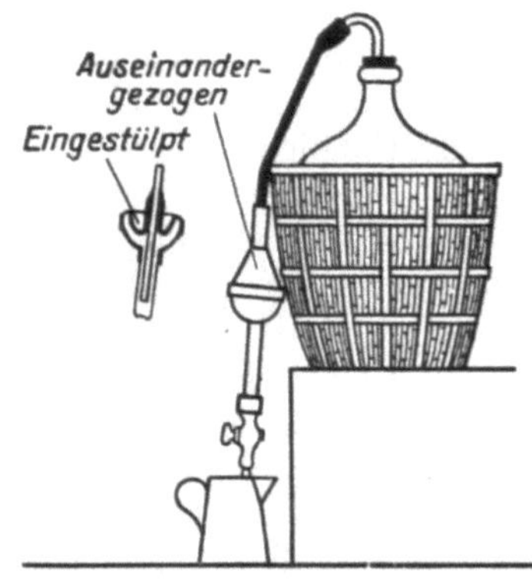

Abb. 11. Monopolheber. (Nach *Kruhme*, Fachkunde f. Chemiewerker.)

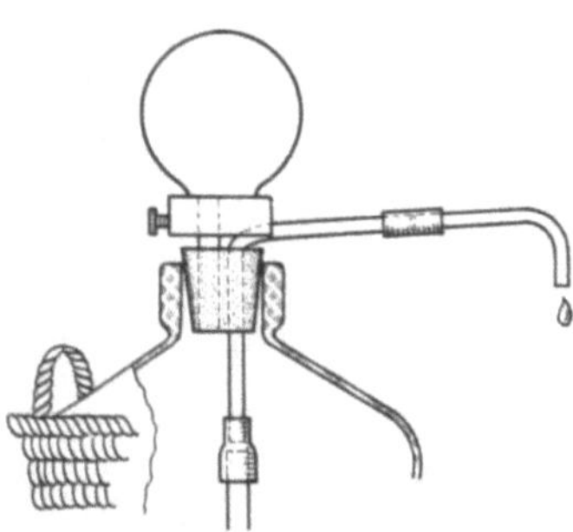

Abb. 12

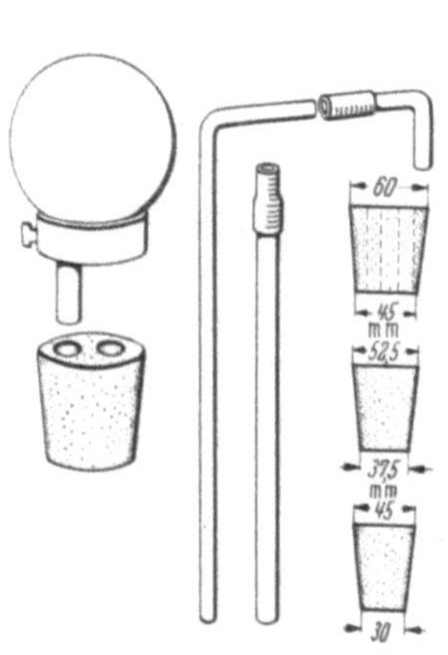

Abb. 13.

Abb. 12 u. 13. OTAL-Abfüllgerät. (Hersteller: L. E. Frank, Stuttgart W.) (Leistung: 7 l bis 14 l in der Minute.)
Das Gerät ist säurefest und unfallsicher, laugen- und bruchfest. Für Lösungsmittel werden an Stelle der Vinidur-Rohre solche aus Glas oder Metall verwendet.

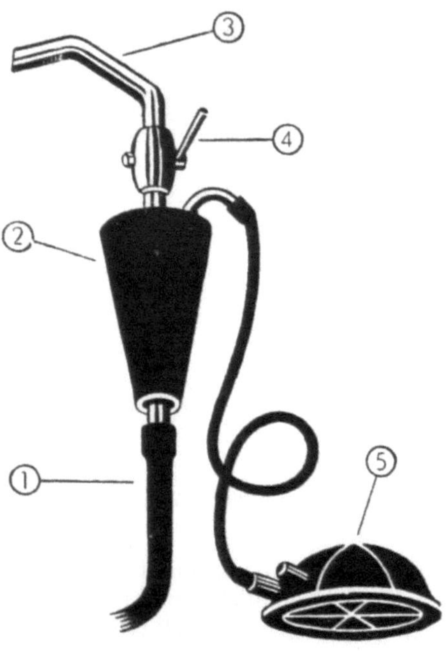

Abb. 14. FRINET-Abfüllapparat.

einem *Ballonkipper* (Abb. 17, 18) entnommen werden. Diese sind z. T. so gebaut, daß sie sich beim Loslassen der Kippstange von selbst aufrichten.

Zum Abfüllen oder Umfüllen aus *Fässern* benutzt man einen *Hebe-* und *Abfüllbock* (Abb. 19). Nach dem Aufbocken des Fasses setzt man auf dem Spundloch einen *Faßausguß* auf, der die reibungslose Flüssigkeitsentnahme gewährleistet (Abb. 20).

Abb. 15. FRINET-Abfüllapparat beim Einfüllen eines Demijohns aus einer Korbflasche.

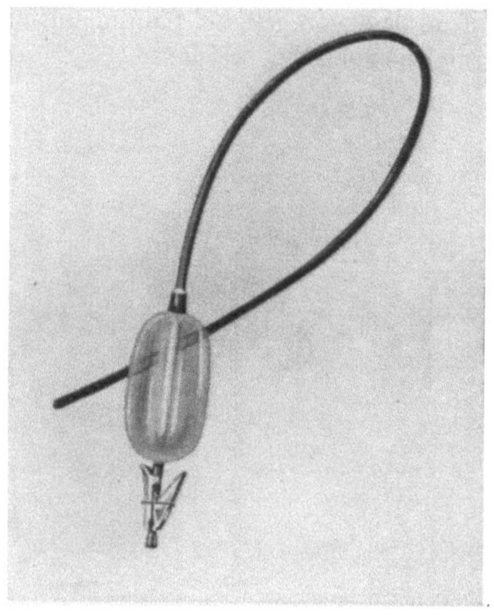

Abb. 16. UNITAS-Heber, automatischer Saugheber.

Abb. 17. Ballonkipper. (Nach *Geißenhöner.*)

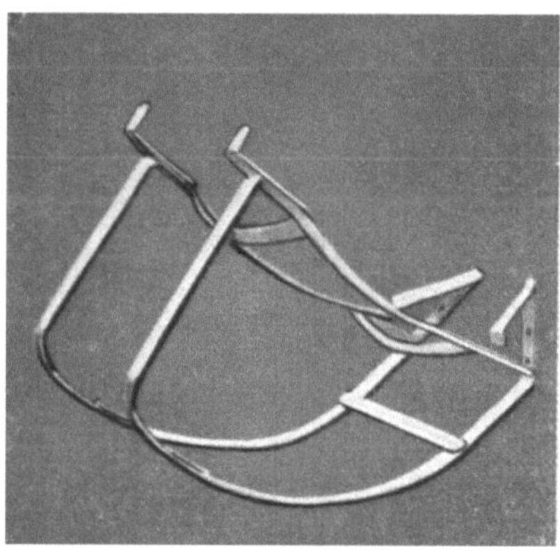

Abb. 18. Schlittenkipper. (Nach *Geißenhöner.*)

Im Kleinbetrieb wird zur Entnahme von Flüssigkeiten aus Fässern meist eine *Faßpumpe* (Abb. 21) benützt. Dabei hat sich die Faßpumpe „*Unverwüstlich*“[1] aus Stahl mit ausziehbarem Auslaufarm, Durchmesser des Steigrohrs nach Wunsch 36, 40 oder 45 mm, und zum Umfüllen von korrodierenden Flüssigkeiten (Säuren, Laugen usw.) die nichtrostende, korrosionsbeständige, besonders leichte (Gewicht 1,5 kg), schlagbiegefeste und fast unzerbrechliche Faßpumpe „Säurefest“[1], Steigrohrdurchmesser 32 oder 40 mm (Abb. 22) gut bewährt.

---

[1] Richard Seizinger, Stuttgart-Degerloch.

Beim Umgießen und Aufgießen kleiner Flüssigkeitsmengen aus einem Gefäß verwendet man, besonders bei analytischen Arbeiten, einen Glasstab (Abb. 23) oder Spatel, an dem die Flüssigkeit entlang fließt, wodurch ein Verschütten verhütet wird.

Beim Abfüllen oder Umfüllen von Säuren, Laugen und anderen ätzenden Flüssigkeiten muß stets eine *Schutzbrille* (Abb. 9) getragen werden. Beim Abfüllen oder Umfüllen von *giftigen* Säuren dürfen deren sehr gesundheitsschädliche Dämpfe nicht eingeatmet werden.

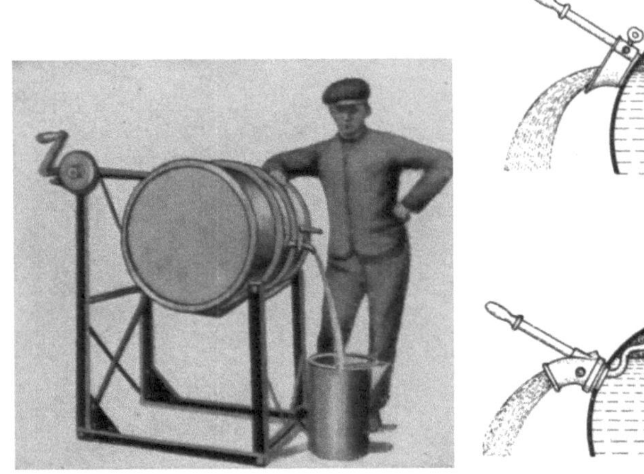

Abb. 19.
Faßabfüllbock Rollfix (Will & Hahnenstein, Siegen).

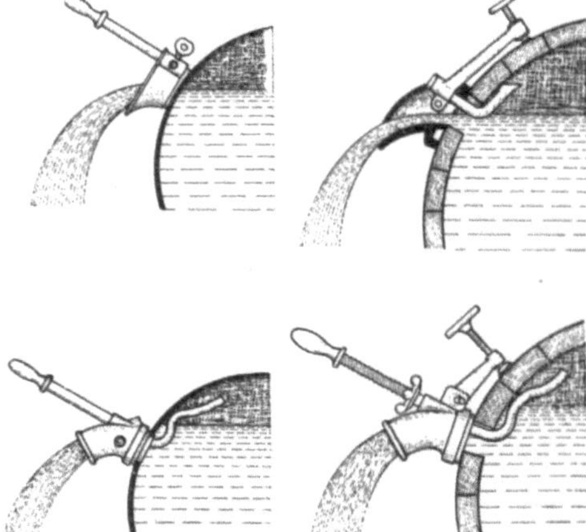

Abb. 20.
Faßausgießer (Abb. Oskar Peters, Chemnitz).

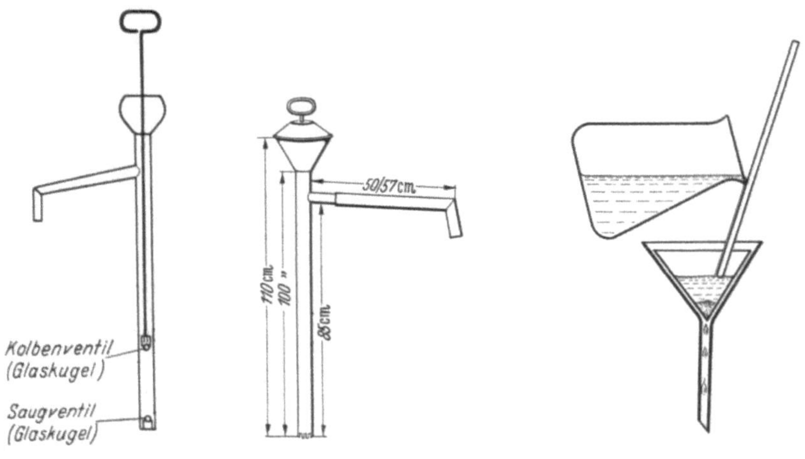

Abb. 21.
Faßpumpe.

Abb. 22.
Faßpumpe „Säurefest“.

Abb. 23. Aufgießen kleiner Flüssigkeitsmengen auf ein Filter mit Hilfe eines Glasstabes.

Zum Abfüllen aus Ballons ist der „*Patentquetschhahn*“ (Abb. 24) sehr geeignet. Ballons mit Hahn und Luftfilter in raumsparendem, stapelfähigem Holzgestell (Abb. 25) sind für Lager und Abfüllzwecke wegen der Möglichkeit des Aufeinanderstapelns (Abb. 26) besonders geeignet (Lieferant: Kellerei-Chemie C. Schließmann KG, Schwäbisch-Hall).

Abfüllen von Flüssigkeiten in Flaschen.

Erster Grundsatz beim Abfüllen von Flüssigkeiten in Flaschen muß sein, daß die abzufüllende Flüssigkeit *vollkommen klar filtriert* ist. Ferner müssen die zur Verwendung kommenden Flaschen einwandfrei gereinigt und *trocken* sein. Besonders Flaschen zur Aufnahme von Ölen und Sirupen müssen völlig trocken sein. Kleinere Flaschen füllt man zweckmäßig unter Zuhilfenahme einer *Mensur* (Abb. 27) ab. Für Abfüllungen im größeren Umfange sind von der einschlägigen Industrie für Hand- und durchlaufenden Betrieb Abfüllmaschinen der verschiedensten Typen geschaffen worden. Auch automatische Abfüllheber zur Entnahme bestimmter Mengen, Glasgeräte, Abfüllapparate mit Dosiervorrichtung und Schnellabfüller

Abb. 23a. SEITZ drehbarer Abtropftisch.

Abb. 23b. SEITZ-Flaschen-Ausspritz-Ventil und SEITZ-Flaschenbürst-Wassermotor zur Reinigung aller Flaschensorten. Der Wasserdruck muß mindestens 1,5 atü betragen. Das Flaschen-Ausspritz-Ventil ist mit Ventilen für Weithals- und Spritzflaschen lieferbar.

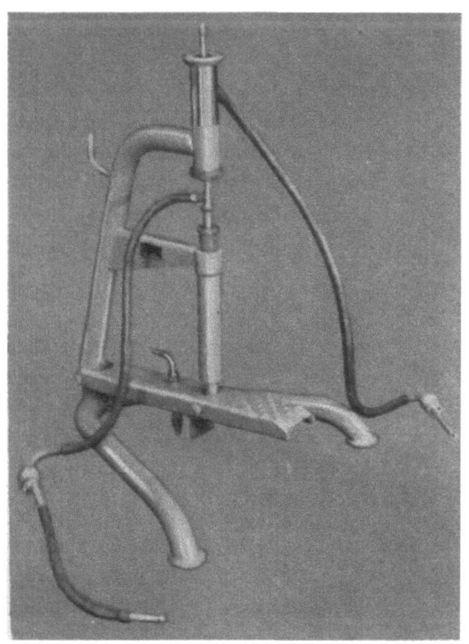

Abb. 23c. Sprüh-Stella 2.

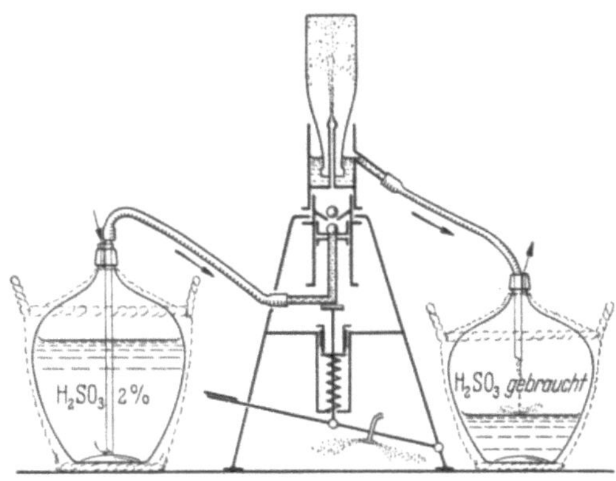

Abb. 23d. Schematische Darstellung des „Sprüh-Stella“ in Betriebsanordnung.

(Abb. 28, 29) sind im Handel. Aus Korbflaschen, Fässern oder Tanks wird im Kleinbetrieb mit einem geeigneten Saugheber mit Hahn gearbeitet (s. S. 5—7). Zum Abfüllen von Flaschen mit enger Öffnung wird diesen eine entsprechend enge Kanüle vorgesetzt.

Abb. 24. Patent-Quetschhahn zum Abzapfen von gewöhnlichen Ballons. (Lieferant: wie Abb. 25.)

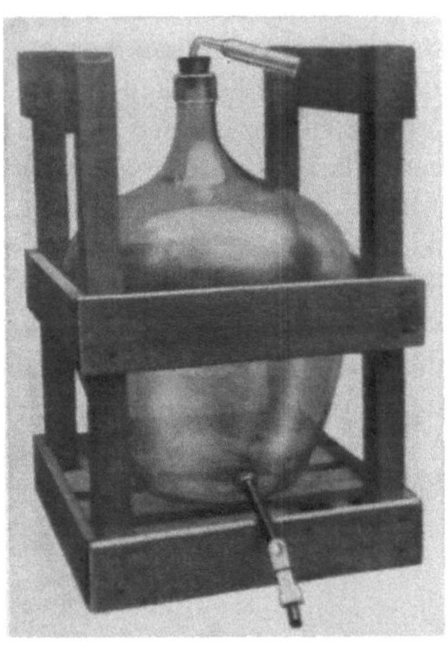

Abb. 25. Ballon mit Hahn und Luftfilter in raumsparendem, stapelfähigem Holzgestell. (Lieferant: Kellerei-Chemie, C. Schließmann KG, Schwäbisch-Hall.)

Abb. 26. Ballons für Lager und Abfüllzwecke, je mit Patent-Quetschhahn, raumsparend aufeinander gestapelt. (Lieferant: wie Abb. 25.)

SEITZ *drehbarer Abtropftisch* ist ein brauchbares Hilfsgerät, welches speziell bei der sterilen Flaschenabfüllung Verwendung findet (Abb. 23a). Es dient dem Austropfenlassen der mit schwefliger Säure sterilisierten oder mit Wasser ausgespritzten Flaschen. Der Hartholz-Flaschenrost ist kugelgelagert und seitlich mit einem Blechschutzmantel versehen, der ein Umherspritzen verhindert. Fassungsvermögen 52 Flaschen.

SEITZ-*Flaschenbürst-Wassermotor* und Flaschen-Ausspritzventil, ein für die Reinigung aller vorkommenden Flaschensorten bewährtes Gerät (Abbildung 23b, rechts), bei dem die rotierende Be-

Abb. 27. Mensur aus Porzellan, zylindrische Form mit Kubikzentimeter-Einteilung. (F. Bergmann, Berlin-Zehlendorf.)

wegung der waagerecht angeordneten Bürste durch Wasserdruck bewirkt wird. In das geschlossene Gußgehäuse ist ein Turbinenrad eingebaut. Erforderlicher Wasserdruck wenigstens 1,5 atü.

SEITZ-*Flaschenausspritzventil* (Abb. 23b, links) ist mit einem Haltbügel ausgestattet und läßt sich an Bütten und dergleichen leicht anschrauben. Der Anschluß erfolgt an die Wasserleitung. Für Weithals- und Spitzflaschen werden Spezialventile geliefert.

SEITZ-*Flaschenschwefler „SPRÜH-STELLA“* (Abb. 23c) zur Schwefelung von Flaschen mit wäßriger schwefliger Säure (2%) bei der keimfreien Abfüllung von Wein mit Restsüße. Durch Hebeldruck wird durch eine Düse die Säure in die Flasche versprüht und damit innen benetzt und sterilisiert. Zur einwandfreien Sterilisation einer Flasche werden 20 ccm schweflige Säure benötigt. Für die Verarbeitung von 500 Flaschen je Stunde werden also 10 l schweflige Säure (2%) verbraucht. Die Füllung einer 25 l-Korbflasche reicht für etwa 1250 Flaschen. Die abfließende verbrauchte Säure wird in eine Korbflasche (Abb. 23d) abgeleitet, damit keine Geruchsbelästigungen eintreten. Alle mit der Säure in Berührung kommenden Teile sind aus säurebeständigem Stahl oder Gummi gefertigt.

Abfüllen oder Umfüllen pulverförmiger und geschnittener Stoffe.

Das Abfüllen oder Umfüllen pulverförmiger oder geschnittener Stoffe erfolgt beim Defektieren und bei sonstiger Entnahme mit *Löffeln* verschiedener Größe aus Horn, Porzellan, Kunststoff oder Metall. Zur Vermeidung von Verlusten kann der Ungeübte einen einwandfreien, sauberen, unbedruckten Papierbogen unter die Gefäße legen. Auf diese Weise kann verschüttetes Gut wieder in das Vorratsgefäß zurückgegeben werden. Für die Gifte der Abteilung 1 sind Löffel mit der dauerhaften *weißen* Aufschrift „*Gift*“ auf *schwarzem* Grund, bei Giften der Abteilung 2 und 3 mit derselben Aufschrift in *roter* Schrift auf *weißem* Grund zu verwenden. Sollen größere Mengen des gleichen pulverförmigen Stoffs in mehrere oder viele Gläser gefüllt werden, bedient man sich eines *Pulvertrichters* (siehe Abb. 4), der das Einfüllen in weithalsige Gefäße erleichtert. Zur Entnahme größerer Mengen finden *Holz*- oder *Kunststoffschaufeln*, zur Entnahme von Teemischungen *Teeschaufeln* (Abb. 30) Verwendung. Im Großbetrieb finden besondere Apparate und automatische Abfüllmaschinen, auch solche, die gleichzeitig dosieren, abfüllen und verschließen, Verwendung.

Beim Einfüllen, Umfüllen oder Abfüllen staubender, *giftiger* oder die Schleimhäute reizender pulverisierter Stoffe sind die Augen mit einer *Schutzbrille*, die Nase mit einer *Staubmaske* (Abb. 31), behelfsmäßig mit einem vorgebundenen feuchten, engporigen Schwamm zu schützen.

Abfüllen von Salben.

Salben werden im Kleinbetrieb in flache Salbendosen (Weißblech- Kunststoffdosen) bzw. Porzellantöpfe, Glas- oder Kunststoff-Töpfe mit Kunststoffdeckel, soweit möglich ausgegossen oder mit einem *Spatelmesser* (Abb. 32) mit elastischer Klinge, zweckmäßig aus V_2A-Stahl, Pasten mit einem *Spatel* (Abb. 3) abgefüllt. Dabei ist auf gute Füllung *ohne* Luftzwischenräume und eine glattgestrichene Oberfläche sowie völlig reinen Gefäßrand vor dem Aufsetzen des Deckels zu achten. Luftzwischenräume vermeidet man durch zeitweiliges kräftiges Aufstoßen auf ein mehrfach gefaltetes Tuch, der Gefäßrand wird mit Filtrierpapierabfällen oder Zellstoff vor dem Aufsetzen des Deckels gereinigt.

Für Salben, die in großem Umfang hergestellt werden, ist die Verpackung in Tuben aus Aluminium oder Zinn mit einem Bleihöchstgehalt von 1%, Kunststofffolien u. a. hygienisch einwandfreier. Sollen alkalische Salben verpackt werden, müssen Aluminiumtuben mit einem Innenlack versehen sein. Tuben sind mit einem

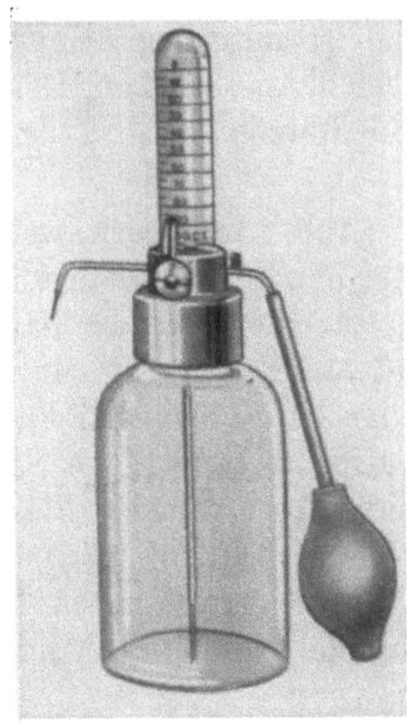

Abb. 28. Tankpumpe „Cane" mit Meßglas von 100 und 250 ccm sowie mit Probezerstäuber lieferbar. (Hersteller: Carl Neff, Maschinen- u. Apparatebau, Siegburg/Rhld.)

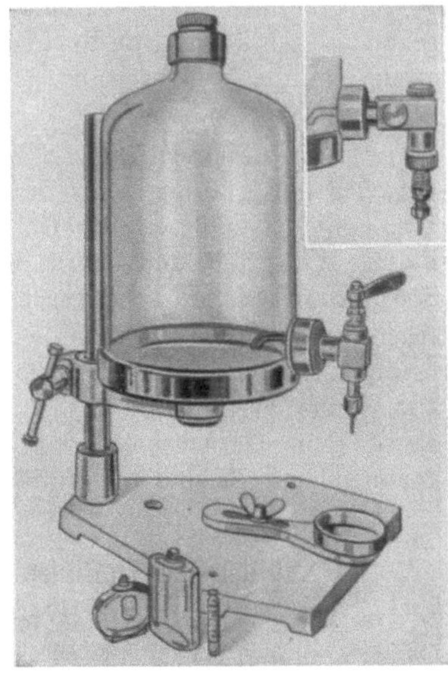

Abb. 29. Schnellabfüller „Cane" Type A S mit und ohne Druckluft mit 7, 10 und 15 l Inhalt lieferbar. Das Gerät ist als Type S mit automatischem Verschluß (Abb. oben rechts) lieferbar. (Hersteller Carl Neff, Maschinen- u. Apparatebau, Siegburg/Rhld.)

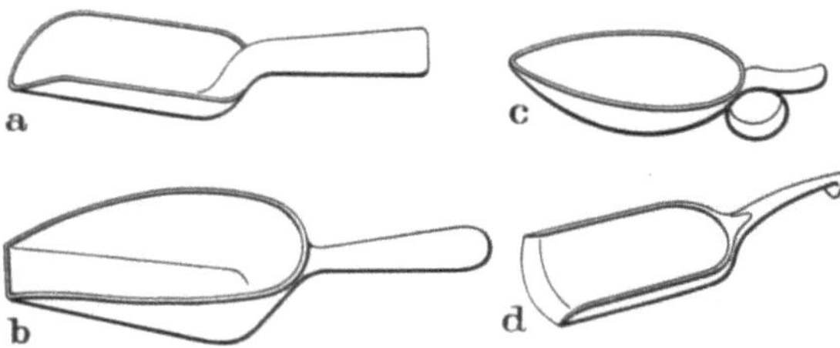

Abb. 30. Einfüllgeräte. a und b Metallschaufeln c Teeschaufel, d Holzschaufel.

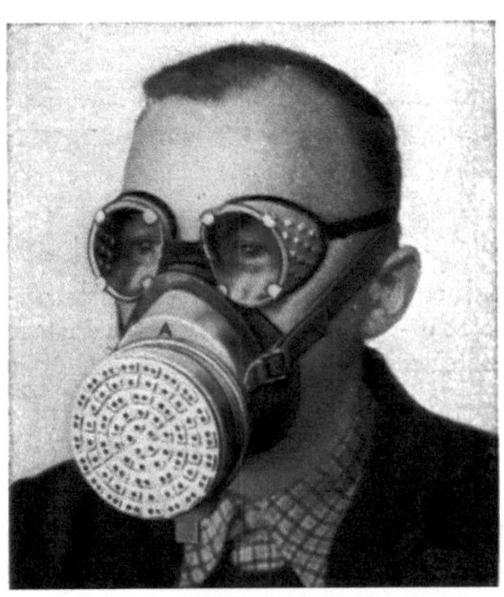

Abb. 31. Auer-Staubbrille mit Kolix-Staubmaske (Auergesellschaft Aktiengesellschaft, Berlin).

Fassungsvermögen von 3 bis 500 ccm im Handel. Die Abfüllung erfolgt im Kleinbetrieb mit Tubenfüllmaschinen für Handbetrieb, im Großbetrieb mit automatischen Tubenfüll- und -schließmaschinen mit einer Stundenleistung bis zu 8000 Tuben (s. auch „Salbenverpackung" S. 77).

Abfüllen von Chemikalien und Drogen in Flach- und Bodenbeuteln und Transparentfolien.

Jede verpackte Ware muß ein gefälliges Aussehen haben, um den Käufer anzusprechen. Dies ist bei in Flach- und Bodenbeuteln verpackten Waren nicht ohne weiteres der Fall.

Das ordnungsmäßige und saubere Verschließen von Flach- und Bodenbeuteln ist auch eine Angelegenheit der Werbung. Beide wirken fachmännisch richtig verschlossen angenehm für das Auge und können dem Kunden unterwegs nicht ohne weiteres aufgehen. Bei Flachbeuteln werden *vor* dem Füllen die beiden unteren Ecken nach rückwärts etwa 1 cm tief eingefalzt, der gefüllte Beutel dann oben zweimal gleich tief nach *vorn* umgebogen und gefalzt, dann werden, wie unten, die beiden Ecken nach rückwärts gefalzt, so daß der Beutel das Aussehen der Abb. 33 hat und nicht ohne weiteres aufgehen kann. Auch beim Bodenbeutel ist das Aufstellen und sein richtiger Verschluß wichtig. Er wird zuerst nach Abb. 34a gefalzt, dann mit einem Löffel geöffnet und in den Falzen aufgestellt (Abb. 34b), dann wird er gefüllt, ordnungsmäßig verschlossen

Abb. 32. Spatelmesser.

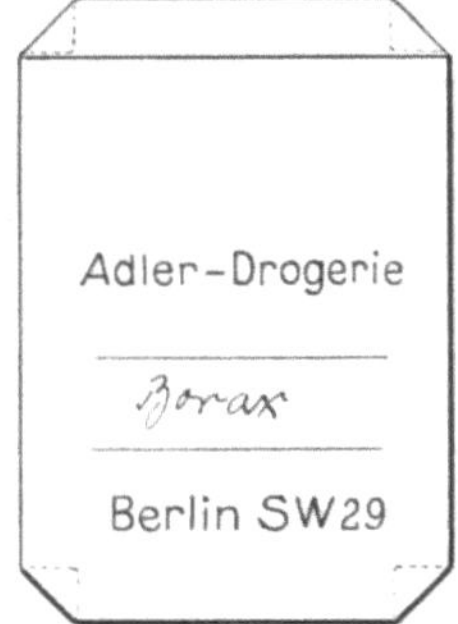

Abb. 33. Flachbeutel, richtig verschlossen.

und verschnürt oder mit Klebestreifen verschlossen (Abb. 34c). Man erhält dabei ein fast rechteckiges Paket, das sich auch stapeln läßt. Durch das Aufstellen erhalten die Bodenbeutel auch einen festen Stand, so daß sie beim Abfassen weniger leicht umfallen.

Bei der Verpackung in Transparentfolien ist eine saubere Verklebung der Folien unerläßlich, zum Auftragen derselben hat sich der „Ideal“-Leimauftragsapparat (Abb. 35) mit dem von demselben Hersteller lieferbaren *Cell-O-coll*-Spezialklebstoff bewährt. Lieferant: Erich Strükker, Hamburg 36.

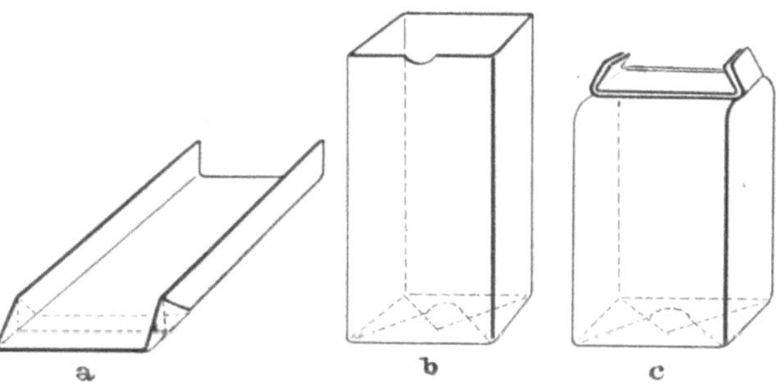

Abb. 34. Bodenbeutel, aufstellen und verschließen.

Abfüllen (Dosieren) von Pulvern.

Das Abfüllen von Pulvern in Pulverkapseln geschieht durch Falten der Kapseln an einem Ende. Je nach der Geschicklichkeit des Ausübenden werden bis zu 10 Stück gefaltete Pulverkapseln in die linke Hand genommen und durch Druck auf ihre Seitenkanten mit Daumen und Zeigefinger, notfalls durch Nachhelfen mit der Spitze des Pulverschiffchens oder eines Hornspatels geöffnet. Auch auf Kartenblättern können die dosierten Pulver zum Einfüllen in die Pulverkapseln ausgewogen

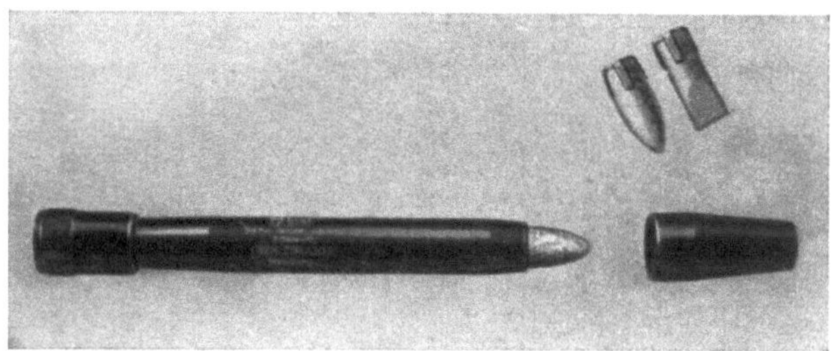

Abb. 35. „Ideal“-Leim-Auftragsapparat, besonders zum Auftragen von Spezial-Klebstoff zum Verkleben von Transparent-Folien geeignet. Gleichmäßige Auftragung ohne Verschmieren und Wellen der Folien und saubere unsichtbare Verklebung.

werden. Aus hygienischen Gründen darf das Öffnen der Pulverkapseln *keinesfalls durch Einblasen* in diese erfolgen. Nach der Füllung werden die Kapseln durch Umlegen und ordnungsmäßiges Ineinanderschieben beider Enden, wobei diese nicht umklappen dürfen, sondern völlig flach liegen müssen, verschlossen. Die verschlossenen Kapseln werden dann zwischen Papier gelegt und durch kräftig streichenden Druck nach allen Seiten geglättet, um ihnen ein ansehnliches Aussehen zu verleihen. Werden fettige, hygroskopische bzw. Pulver mit Riechstoffen in Kapseln abgefüllt, so werden hierzu solche aus *Wachspapier* verwendet.

Arzneimittel mit unangenehmem Geruch oder Geschmack werden in *Oblatenkapseln,* Capsulae amylaceae (vgl. Bd. I, S. 49, Capsulae gelatinosae, vgl. Bd. I, S. 49/50) abgefüllt. Vor dem Einnehmen werden Oblatenkapseln kurz in Wasser getaucht und dann mit einer Flüssigkeit in den Magen gespült. Gelatinekapseln finden hauptsächlich zum Abfüllen von flüssigen Arzneimitteln wie Rizinusöl, Kopaivabalsam usw. Verwendung.

Abhebern.

Außer der Verwendung der Heber beim Abfüllen von Flüssigkeiten (s. S. 5) verwendet man zum Abhebern Heber auch beim Dekantieren (s. S. 23). Der **Stechheber** findet zur Entnahme kleinerer Probemengen nach Art der Pipetten Verwendung. Stechheber werden durch Eintauchen in die Flüssigkeit gefüllt und zur Flüssigkeitsentnahme wie eine Pipette an der oberen Öffnung mit der Fingerkuppe verschlossen.

Abladen und Aufladen schwerer Lasten.

Beim Auf- und Abladen schwerer Lasten ist besonders bei Fässern *größte Vorsicht* am Platze. Um bei ihrem Abladen und Befördern ein Rutschen, Abgleiten oder Umschlagen zu verhindern, benützt man eine Ladeleiter, Schrotleiter, die ihrerseits unbedingt gegen Abrutschen gesichert sein muß. Der Aufenthalt zwischen der Schrotleiter beim Auf- und Abladen ist *streng verboten!* Werden schwere Fässer dabei bewegt, darf dies nur unter Verwendung eines starken Seiles erfolgen, das am oberen Ende der Schrotleiter befestigt, um das Faß gelegt und vom Wagen aus von einem Mann zur Sicherung festzuhalten ist. Die Bewegung und Lenkung des Fasses erfolgt durch zwei weitere Personen, die links und rechts *außerhalb* der Schrotleiter stehen (Abb. 36). Vgl. „Unfallverhütung“ Bd. I, S. 31 bis 40.

Richtig!

Falsch!

Abb. 36. Richtiges und falsches Verladen mit der Schrotleiter. (Nach *Kruhme:* Fachkunde für Chemiewerker.)

Absaugen.

Das Absaugen mit der Wasserstrahlpumpe(vgl. Vakuum-Erzeugung,

S. 25 ff.) hat den Zweck, eine Flüssigkeit von fester Substanz zu trennen, z. B. Kristalle von der Mutterlauge. Zur Beschleunigung des Vorgangs wird unter dem Filter ein luftverdünnter Raum (Vakuum) erzeugt. Hierzu sind infolge des dabei entstehenden Drucks gewöhnliche Trichter nicht brauchbar. Man verwendet dazu die *Porzellannutsche* oder *Glasnutsche* (Abb. 37), auf deren siebartig durchlöchertem Boden ein den ganzen Boden vollkommen ausfüllendes, kreisrundes Stück besonders gehärteten Filtrierpapiers oder ein passendes Pe-Ce-Filtertuch eingelegt, vollkommen plattgelegt und mit der Waschflüssigkeit befeuchtet wird. Gewöhnliches Filtrierpapier ist nicht zu verwenden, weil dies durch den entstehenden Sog reißt. Die Einlage wird dann durch den Sog der Wasserstrahl-Luftpumpe fest am Nutschenboden angesaugt. Zur Verbindung zwischen Nutsche und Saugflasche wird ein gutsitzender Gummikragen verwendet. Die Spitze des Nutschenablaufrohrs muß *unterhalb* des Saugstutzens der Saugflasche liegen, da sonst das ablaufende Filtrat weggesaugt werden kann.

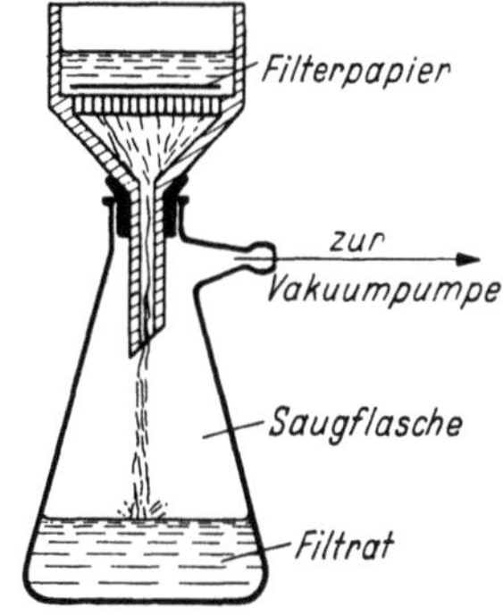

Abb. 37. Porzellannutsche zum Absaugen. (Nach *Kruhme*: Fachkunde für Chemiewerker.)

Abschäumen.

Beim Aufkochen von Sirupen scheiden sich an der Oberfläche Unreinigkeiten, Schmutz und Eiweißstoffe ab, die man mit einem *Schaumlöffel* abnimmt, der es gestattet, etwa mit dem Schaum erfaßte Flüssigkeit wieder ablaufen zu lassen. Das Abschäumen klärt den Sirup gleichzeitig. Als Schaumlöffel ist ein nicht zu engmaschiger *Durchschlag* geeignet, so daß damit entnommener viscoser Sirup noch ablaufen kann. Das Abschäumen wird so lange fortgesetzt, bis die Schaumbildung praktisch aufgehört hat. Werden abzuschäumende Flüssigkeiten mit dem Schaum weiter gekocht, ohne daß dieser abgenommen wird, verteilen sich die abgeschiedenen Eiweißstoffe von neuem in der Flüssigkeit und trüben sie erneut. Diese Trübung ist dann weder durch Kochen noch durch Filtration zu entfernen.

Absorbieren von Gasen.

Sollen Gase durch Flüssigkeiten aufgenommen, *absorbiert* (lat. absorbere, aufsaugen) werden, führt man das Gasleitungsrohr bis zum Boden des Aufnahmegefäßes (Becherglas, Stehkolben, ERLENMEYER-Kolben) und leitet einen langsamen Gasstrom hindurch. Schüttelt man die Flüssigkeit unter Verschluß des Aufnahmegefäßes mit dem Handballen durch, kann man erkennen, ob die Flüssigkeit mit dem Gas gesättigt ist. Ist sie es nicht, entsteht durch das beim Umschütteln von der Flüssigkeit absorbierte Gas ein luftverdünnter Raum, durch den bei der Entfernung des Handballens ein Luftsog wahrnehmbar wird. Für derartige Arbeiten werden besondere *Absorptionsgefäße* verwendet.

Anreiben. Anschütteln.

Unter Anreiben oder Anschütteln versteht man die feine Verteilung von nur teilweise oder unlöslichen Körpern in Flüssigkeiten. Dazu muß der anzureibende oder anzuschüttelnde Stoff als Feinstpulver vorliegen, u. U. ist er erst in der Reibschale feinst zu pulverisieren. Dann wird der feinpulverisierte Stoff beim Anreiben mit der Flüssigkeit in der Reibschale zu einem gleichmäßigen Brei verarbeitet (z. B. wird Zinkoxyd bei der Herstellung von Zinksalbe DAB. 6 mit verflüssigtem Benzoeschmalz angerieben). Beim Anschütteln werden Pulver, die sich zusammenballen, zur Vermeidung des Festsetzens am Gefäßboden nicht in das leere Gefäß, sondern zunächst auf wenig Flüssigkeit geschüttet und in dieser durch Umschütteln verteilt.

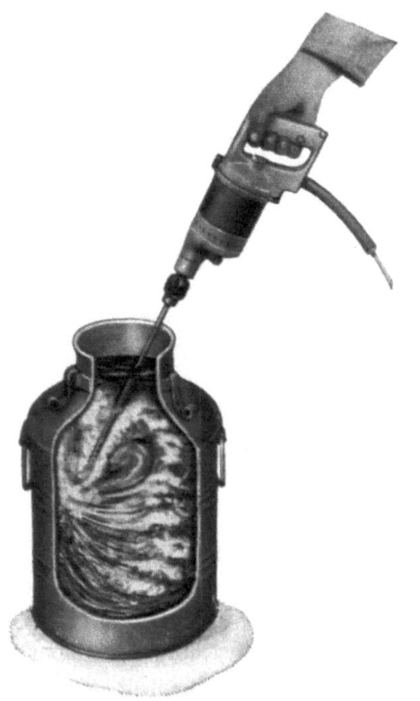

Abb. 38. SPANGENBERG-Handschnellrührer Type PSR zum Aufrühren von Farbkannen. Durch Anbringen einer Schelle mit Zwinge kann dieser auch als Anklemm-Schnellrührer eingesetzt werden. Die Mischwelle aus Silberstahl ist leicht abnehmbar.

Abb. 39. SPANGENBERG - Stativ - Schnellrührer Type LSR für Labor und Ladentisch mit stufenloser Drehzahlregelung von 1—2800 UpM, auch in explosionsgeschützter Ausführung mit feststehender Drehzahl von 1500 UpM lieferbar.

Abb. 40. SPANGENBERG-Elektro-Hänge-Schnellrührer mit biegsamer Welle zum Aufrühren größerer Farbkannen.

Erst dann wird der Rest der Flüssigkeit zugegeben. Flüssige Zubereitungen, die Anreibungen oder Anschüttelungen enthalten, sind vor jeder Entnahme kräftig *umzuschütteln.*

Das richtige Anreiben spielt bei der Aufbereitung von Farben eine wichtige Rolle. Da die Trockenfarben von den Herstellerfirmen heute in großer Feinheit geliefert werden, ist ihre nachträgliche Mahlung in einer Farbmühle im allgemeinen nicht erforderlich. Da aber eine sorgfältige Durchmischung von Farbpulver und Bindemittel unerläßlich ist, finden hierzu, wie auch zum Aufrühren von Farbkannen, Hand- (Abb. 38), Stativ- (Abb. 39) oder Hängeschnellrührer (Abb. 40) Verwendung (Hersteller: Gustav Spangenberg G.m.b.H., Mannheim).

Apparaturenaufbau.

Die Apparaturen für Unterrichts- oder präparative Zwecke im Laboratorium sollen nicht nur ihren Zweck erfüllen, sondern auch für das Auge gefällig aussehen. Das Aussehen einer Apparatur läßt meist treffende Schlüsse auf den Persönlichkeitswert des Erstellers zu, deshalb muß mit Sachkenntnis, Sorgfalt und Schönheitssinn aufgebaut werden. Absolute Sauberkeit und vorbildliche Ordnung sind auch hier die ersten Voraussetzungen. Zunächst werden die Einzelteile der notwendigen Apparaturen bereitgestellt und dann diese zusammengesetzt. Als Hauptgerät zum Aufbau von Apparaturen finden *Stative* (Abb. 41) mit Klammern, Ringen, Muffen usw. in erforderlicher Anzahl Verwendung und der *Dreifuß* (Abb. 131). Nur sauber gebohrte Korke oder Gummistopfen (vgl. S. 61) und einwandfrei gebogene Glasrohre (vgl. S. 57), deren Weite derjenigen der betreffenden Gefäße anzupassen sind, dürfen Verwendung finden. Vor dem Einsetzen der Glasrohre in Kork- oder Gummistopfen sind diese mit etwas Glycerin anzufeuchten. Die Stative und Dreifüße sind auszurichten. Stativklammern, die zum Halten von Glasgeräten dienen, werden, soweit sie nicht mit Kork belegt sind, mit Gummischlauch überzogen. Um die einzelnen Apparatteile bzw. Bechergläser und Kolben auf die notwendige Höhe zu stellen, verwendet man gleich große Hartholzklötze verschiedener Höhe. Zahlreiche Laboratoriumsgeräte werden heute nach DIN (**D**as **I**st **N**orm) hergestellt. Bei Beendigung der Arbeiten sind die Apparaturen möglichst bald in die Einzelteile zu zerlegen und diese *sofort* zu reinigen.

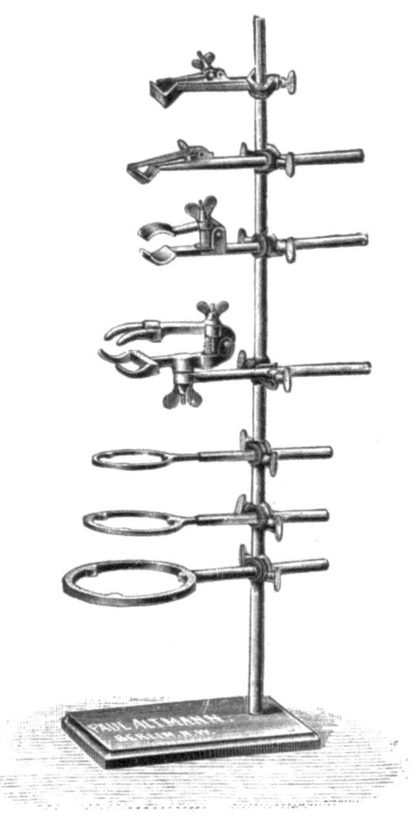

Abb. 41. Stativ mit Ringen, Kühlerklammer, Klemmen und Muffen. (Aus dem Katalog d. Franz Bergmann KG., Berlin-Zehlendorf.)

Als Beispiel einer ordnungsmäßig aufgestellten Apparatur diene die „Synthese und thermische Dissoziation von Schwefelwasserstoff" (Abb. 42). Bei dieser sind die einzelnen Teile:

1 KIPPscher Apparat zur Wasserstoffentwicklung, *1a* Schlauchstück zur Verbindung, *2* DRECHSELsche Waschflasche, *3* schwer schmelzbares Kugelrohr, *3a* je lockerer Glaswollebausch, *3b* kristallisierter Schwefel, *4* Bunsenbrenner, *5* Holzklotz, *6* Trägerstativ, *7* Rohrverzweigung mit Schraubenquetschhahn *I* und *II*, *8* Saugrohr, *9* WOULFEsche Flasche (mit technischer Kalilauge), *10* Rohr (25 cm lang) aus schwer schmelzbarem Glas, *10a* Asbest-Dachreiter (aus Asbestpapier 7 × 7 cm), *11* TECLU-Brenner, *12* Holzklötze verschiedener Höhe, *13* Stativ.

Die Waschflasche wird mit konzentrierter Schwefelsäure beschickt, die Kugel des schwer schmelzbaren Kugelrohrs zur Hälfte mit kristallisiertem Schwefel gefüllt. Das an die Rohrverzweigung angeschlossene Saugrohr wird mit Brechweinsteinlösung, der einige Tropfen verdünnte Salzsäure zugesetzt werden, beschickt, die WOULFEsche Flasche enthält technische Alkalilauge. Zur Durchführung des Versuchs wird der Schraubenquetschhahn *I* geöffnet und Hahn *II* geschlossen. Dann leitet man einen lebhaften Wasserstoffstrom durch die Apparatur, fängt die entweichenden Gase in einem über die Ausströmungsöffnung gestellten Reagensglas auf und prüft auf Abwesenheit von Luft. Nach *negativem Ausfall* der Knallgasprobe wird die Geschwindigkeit des Wasserstoffstroms verringert und der Schwefel mit

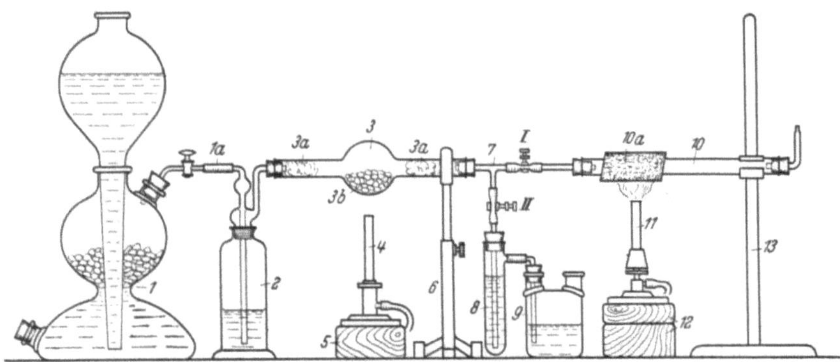

Abb. 42. Aufbau einer Apparatur zur Synthese und thermischen Dissoziation von Schwefelwasserstoff nach *H. Rheinboldt:* Chemische Unterrichtsversuche.

kleiner Flamme bis zur Dampfentwicklung erhitzt. Man öffnet den Quetschhahn *II* und schließt den Hahn *I*, wobei ein orangeroter Niederschlag von Antimonsulfid im Saugrohr entsteht. Damit ist der Nachweis der Schwefelwasserstoffsynthese erbracht. Nun wird Hahn *I* wieder geöffnet und Hahn *II* geschlossen. Nach *erneuter Knallgasprobe* (!) wird das entweichende Gas entzündet, wobei durch den dabei verbrennenden Schwefel eine bläuliche Flamme entsteht. Darauf erhitzt man das Verbrennungsrohr im ersten Drittel nach Aufsetzen eines Asbest-Dachreiters mit einem TECLU-Brenner möglichst hoch. Die Flamme wird etwas blasser, im hinteren Teil des Verbrennungsrohr setzt sich feinteiliger, gelber Schwefel ab. Nach der Durchführung des Versuchs läßt man die Apparatur im langsamen Wasserstoffstrom langsam erkalten.

Aufnehmen verschütteter Flüssigkeiten.

Flüssigkeiten, die bei der Entnahme oder beim Füllen von Gefäßen oder bei der Herstellung von Zubereitungen verschüttet werden, sind *unverzüglich* aufzunehmen. Damit wird ein dringendes Gebot der Sauberkeit und der Unfallverhütung (Ausgleiten) erfüllt. Kleine Flüssigkeitsmengen wäßriger, nicht ätzender Flüssigkeiten werden mit einem mit Wasser angefeuchteten und wieder ausgewrungenen Lappen aufgenommen, Fette und Mineralöle mit Sägemehl oder einem Sand-Sägemehl-Gemisch, kleinere Mengen mit Putzwolle.

Mit Leinöl, Leinölfirniß, Mohnöl und Terpentinöl verunreinigtes Putzmaterial, selbst entzündliche und feuergefährliche Abfälle, dürfen in Arbeitsräumen nicht aufbewahrt werden. Nur in unverbrennbaren Behältern mit dicht schließendem Deckel dürfen sie vorübergehend aufbewahrt werden. Auch ölfleckige Arbeitskittel oder Schürzen müssen als feuergefährlich betrachtet werden, wenn man sich damit in die Nähe eines Ofens stellt (vgl. a. Bd. I, S. 35f. „Brand- und Explosionsgefahren“).

Aufschließen unlöslicher Verbindungen.

Unlösliche Salze starker Säuren wie Bariumsulfat, Silberchlorid, unlösliche Silikate und unlösliche Oxyde lösen sich vielfach nicht selbst in den konzentrierten, heißen, starken Säuren, sie müssen durch verschiedene Verfahren aufgeschlossen werden. Dadurch werden sie in lösliche Verbindungen übergeführt, die in dem üblichen Analysengang untersucht werden können. Praktisch führt man das Aufschließen durch, indem man den betreffenden Stoff feinst pulverisiert mit der 4- bis 6fachen Menge eines geeigneten Aufschlußmittels gut vermengt und in einem, zunächst mit einem Deckel verschlossenen Tiegel langsam zur Entfernung des Wassers erhitzt. Dann wird bei erhöhter Temperatur 10 bis 15 Minuten lang erhitzt. Als Aufschlußmittel finden Verwendung wasserfreie Soda, wasserfreie Pottasche, Soda-Salpeter-Gemisch u. a.

Auspressen.

Das Auspressen wendet man an, um bei der Herstellung von Tinkturen, Extrakten, Ölen usw. das feste Mazerations-, Perkolations- oder Infusionsgut vom Lösungsmittel oder bei der Süßmost- und Fruchtweinherstellung den Saft von der Maische zu trennen. Zum Auspressen finden im Kleinbetrieb auch die im Haushalt üblichen *Spindelpressen*, *Fruchtsaft-* oder *Tinkturenpressen* Verwendung. Die Nachteile dieser Pressen sind die Notwendigkeit der Verwendung von Preßsäcken, zu geringe Preßgutausbeute, großer Kraftaufwand und umständliche Reinigung. Bei der Verwendung von Pressen der genannten Art sind folgende Regeln zu beachten:

1. Vor Beginn des Auspressens läßt man grundsätzlich die freiwillig ablaufende Flüssigkeit erst abtropfen;

2. der Druck beim Auspressen ist nur ganz allmählich zu steigern; erfolgt der Druck zu schnell, platzt die Umhüllung des Preßgutes bzw. kann diese verstopft werden;

3. die abgepreßte Flüssigkeit wird in besonderen Gefäßen ihren Eigenschaften entsprechend gesammelt.

Je nach der Art des zu pressenden Stoffes werden als Umhüllung des Preßgutes Preßtücher, -beutel oder -säcke, womöglich aus Pe-Ce-Faser, verwendet.

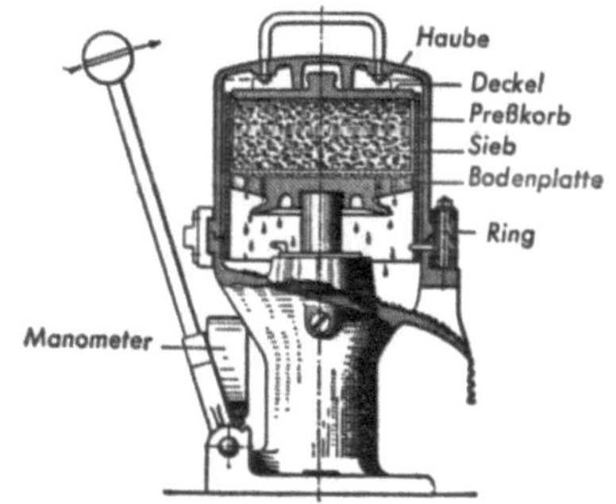

Abb. 43b. Vollhydraulische HAFICO-Presse (Längsschnitt).

Abb. 43a. Vollhydraulische HAFICO-Presse 2 l Füllgutinhalt, auch mit 5 l mit und ohne Motorantrieb und mit 25 l Füllgutinhalt vollautomatisch lieferbar. (Hersteller: H. Fischer & Co. KG., Düsseldorf 10.)

Neuerdings ist eine sehr zweckmäßige, auch für den Kleinbetrieb geeignete, vollhydraulische Hochdruckpresse HAFICO-Presse (Abb. 43a) konstruiert worden. Ihre Vorteile sind:

Preßgutausbeute bis 95(!!)%,	größte Sauberkeit,
höchste Druckleistung (bis 7000 kg),	Arbeitsweise ohne Filtersack,
geringster Kraftaufwand.	vollständiges Ausfließen der Säfte.

Die HAFICO-Presse ist auf jeden Tisch aufstellbar, hat eine Höhe von nur 42 cm. Das Preßgut wird nicht, wie bisher, von oben nach unten gedrückt, sondern von unten nach oben (Abb. 43b). Hierdurch wird ein schnelles und einfaches Auswechseln des Preßkuchens und ein restloses Ausfließen der Säfte erreicht. Schnelle Preßfolgen ergeben sich bei ihrer Anwendung durch einfachste Handhabung, leichtes Reinigen, ständige Druckkontrolle durch das Manometer und selbständiges Ausstoßen des Preßkuchens. Alle Teile sind aus säure- und korrosionsbeständigem Material.

Für große Preßgutmengen finden *Differentialhebelpressen*, *hydraulische Pressen*, *Packpressen* und *hydraulische Packpressen* verschiedenster Konstruktion Verwendung.

Das Pressen findet Anwendung, um einem festen Körper eine bestimmte Form (Stuhlzäpfchen, Pastillen, Tabletten usw.) zu geben.

Aussalzen.

Mit Aussalzen bezeichnet man den Vorgang, bei dem durch Zusatz von anorganischen Salzen wie Natriumchlorid, Natriumsulfat, Magnesiumsulfat, Ammoniumchlorid, Calciumchlorid das Lösungsvermögen des Lösungsmittels, vor allem des Wassers, herabgesetzt wird und dadurch gewisse Stoffe als unlöslich ausgeschieden werden. Damit wird bei der Abscheidung z. B. von Seifen aus dem Seifenleim und von Salzen aus der Mutterlauge und bei Farbstoffen Gebrauch gemacht. Selbst gewisse Flüssigkeitsgemische kann man durch Aussalzen trennen. Löst man z. B. in einem Weingeist-Wasser-Gemisch reichlich Kaliumcarbonat, so reißt dieses gewissermaßen das Wasser an sich, und der Weingeist schwimmt auf der spezifisch schwereren Kaliumcarbonatlösung.

Ausschütteln und Scheiden.

Beim Ausschütteln oder Scheiden handelt es sich um ein Extrahieren von Flüssigkeiten. Das DAB. 6 schreibt bei der Identitätsprüfung von Kaliumjodid vor, daß die wäßrige Kaliumjodidlösung (1 : 19) mit einigen Tropfen Salzsäure oder Chloraminlösung versetzt und dann die Lösung mit Chloroform geschüttelt (ausgeschüttelt) werden soll. Dabei geht das durch die genannten Chemikalien aus dem Kaliumjodid ausgeschiedene, in Wasser fast unlösliche Jod im Chloroform in Lösung und färbt dies gleichzeitig violett. Diese Reaktion wird im Reagensglas durchgeführt. Um größere Flüssigkeitsmengen auszuschütteln, d. h. einen Stoff aus einer Flüssigkeit herauszulösen oder einer Flüssigkeit von einer Flüssigkeit oder einem Flüssigkeitsgemisch zu trennen, eine in der organischen Chemie oft geübte Arbeit, verwendet man den *Scheidetrichter* oder *Schütteltrichter*, konische, kugelige oder zylindrische Glasgefäße mit eingeschliffenem Glasstopfen am oberen und Glashahn am unteren Ende (Abb. 44). Die zylindrische Form ist mit eingeätzter ccm-Einteilung versehen, die ein Messen der einzelnen Flüssigkeitsschichten gestattet. Das Einfüllen der Flüssigkeit in den Schütteltrichter führt man mit einem gewöhnlichen Trichter bei verschlossenem Hahn durch, verschließt den Hals mit dem Glasstopfen und schüttelt dann unter Festhalten des Stopfens mit der Hand durch. Dann überläßt man den Scheidetrichter bis zur voll-

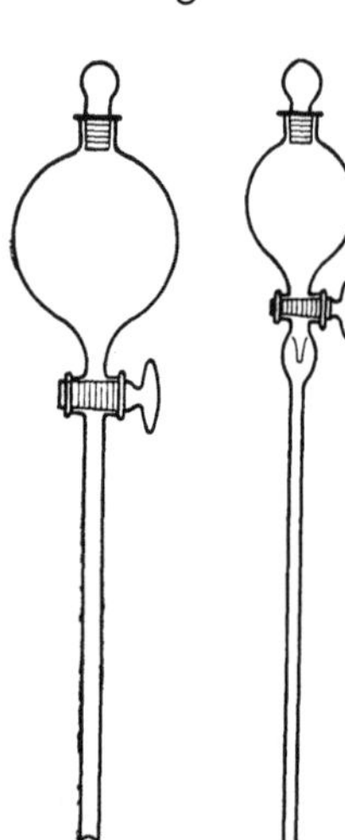

Abb. 44. Schütteltrichter, rechts Tropftrichter mit eingeblasenem Tropfenzähler. (Nach *Wittenberger*.)

kommenen Schichtentrennung der Ruhe und läßt anschließend nach Entfernung des Stopfens durch vorsichtiges Öffnen des Hahns die untenstehende Flüssigkeit ablaufen, während man die obere durch den oberen Tubus ausgießt. Beim Durchschütteln leicht siedender Flüssigkeiten entsteht infolge des durch die Handwärme entstandenen Dampfes im Scheidetrichter ein Überdruck, der von Zeit zu Zeit durch vorsichtiges Öffnen des Hahns ausgeglichen werden muß. In diesem Fall schüttelt man mit nach oben zeigendem Hahn bei gleichzeitigem festem Verschluß des Stopfens mit der Handfläche. Zum Ausschütteln finden außer Chloroform die üblichen organischen Lösungsmittel, meist Äther (*Ausäthern*), Benzin, Petroläther, Schwefelkohlenstoff, Tetrachlorkohlenstoff u. a. Verwendung.

Auswaschen.

Beim Reinigen von sublimiertem Schwefel zur Herstellung von gereinigtem Schwefel, Sulfur depuratum DAB. B, muß der mit freier Schwefelsäure und Arsen verunreinigte sublimierte Schwefel mit einer vorgeschriebenen Mischung aus Wasser und Ammoniak angerührt, einen Tag lang stehengelassen, dann abgeseiht und mit Wasser vollständig ausgewaschen werden. Das Auswaschen dient der vollständigen Entfernung des dabei entstandenen Ammoniumsulfats und des Ammoniumsulfarsenits bzw. Ammoniumarsenits. Der auf diese Weise gereinigte Schwefel muß also von der überschüssigen Ammoniakflüssigkeit und den durch sie entstandenen wasserlöslichen chemischen Verunreinigungen durch Auswaschen befreit werden. In diesem Fall erfolgt das Auswaschen zweckmäßig in einem *Spitzbeutel.*

Auswaschen von Kristallen.

Das Auswaschen von Kristallen erfolgt stets mit dem gleichen Lösungsmittel, das zur Kristallisation verwendet wurde. Dabei ist zu berücksichtigen, daß die Kristallmasse durch dieses gleichmäßig durchtränkt und, da auch in der Kälte ein Teil der Kristalle wieder in Lösung geht, das Waschmittel in möglichst geringer Menge zur Anwendung kommt. Kleinere Mengen von Kristallen können auf einem Filter, größere Mengen auf der Porzellannutsche (s. „Absaugen", S. 14) ausgewaschen werden.

Auswaschen von Niederschlägen.

Unter *Fällen* (s. a. S. 74) versteht man die Überführung eines Stoffes aus einer löslichen Verbindung in eine unlösliche oder schwerlösliche. In der Analyse bezeichnet man sie mit *Niederschlag*. Als Rückstand bleibt die *Mutterlauge* oder das *Filtrat.* Gewöhnlich werden Fällungen in der Hitze durchgeführt, weil sie dadurch gröber ausfallen und sich leichter filtrieren lassen. Von Fall zu Fall sind sie jedoch jeweils nach der in der Arbeitsvorschrift gegebenen Methode durchzuführen.

Entstandene Niederschläge werden zunächst mit einem auf einen Glasstab aufgesteckten *Gummiwischer* (Abb. 45) aus dem Becherglas auf einem Filter gesammelt und durch Filtrieren von der Flüssigkeit getrennt. Sie sollen dann, wenn nötig, *in frischem, feuchtem Zustand* zur Entfernung des überschüssigen Fällungsmittels und entstandener löslicher Reaktionsprodukte so lange ausgewaschen werden, bis der auszuwaschende Stoff im Filtrat nicht mehr oder nur noch in Spuren nachweisbar ist. Die Dauer des Auswaschens hängt von der physikalischen Eigenschaften des Niederschlags und seiner Menge ab, kann u. U. schon bei viermaligem Aufgießen des Waschmittels beendet sein oder aber auch 10- bis 20mal wiederholt werden müssen. Zur Be-

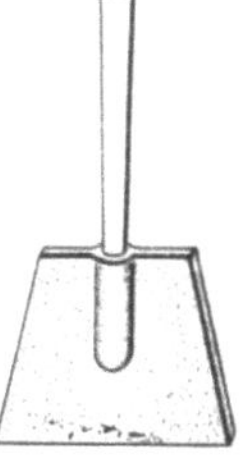

Abb. 45. Gummiwischer zum Sammeln von Niederschlägen.

schleunigung kann man den *Trichter mit* einem *Schleifenrohr* (Abb. 46) versehen. Als Waschmittel dient gewöhnlich kaltes oder warmes destilliertes Wasser, das man in kleinen Anteilen unmittelbar nach dem Filtrieren, bei analytischen Arbeiten mit einer Spritzflasche auf den Niederschlag im Filter gibt. Größere Mengen von Niederschlägen werden auf einem *Koliertuch* mit *Tenakel* (Abb. 135, 136) ausgewaschen. Siehe auch „Dekantieren", S. 23.

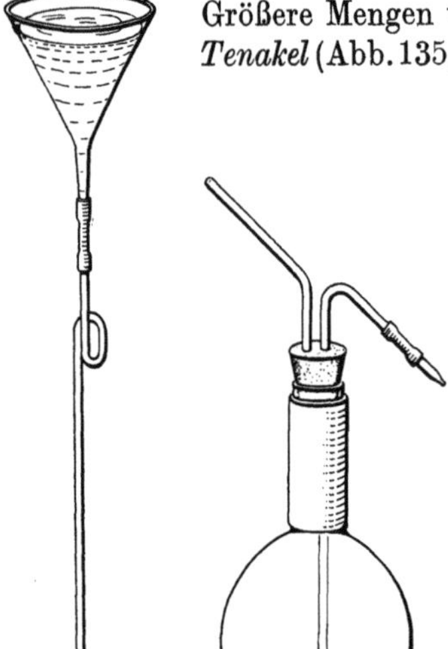

Abb. 46. Trichter mit Schleifenrohr.

Abb. 47. Sprizflasche mit Halsmanschette.

Die *Spritzflasche* (Abb. 47) ist ein Stehkolben mit $^3/_4$ l bis 1 l Inhalt, zweckmäßig aus Jenaer Glas mit doppelt durchbohrtem Gummistopfen zur Aufnahme der gebogenen Glasröhren oder mit Normalschliff. Das *Steigrohr* reicht fast bis zum Boden des Kolbens und ist oben in einem Winkel von 45 bis 60° nach abwärts gebogen und am oberen Ende zu einer Spitze ausgezogen. Das *Ausflußrohr* wird durch Zwischenschaltung eines kurzen Gummischlauchstücks zur Erzielung eines gezielten Strahls zweckmäßig beweglich gemacht. Das nach oben im stumpfen Winkel von 120 bis 135° gebogene *Blasrohr*, in einer Ebene mit dem Steigrohr angeordnet, endigt kurz unterhalb des Stopfens. Durch Einblasen von Atemluft durch das Blasrohr wird die in der Spritzflasche befindliche Flüssigkeit (gewöhnlich destilliertes Wasser) verdrängt und durch das Steigrohr in scharfem Strahl entleert. Zum Gießen kann die Spritzflasche durch das Blasrohr Verwendung finden, wobei durch die Spitze des Steigrohrs die dazu nötige Luft einströmt. Soll die Spritzflasche auch mit heißen Flüssigkeiten Verwendung finden, wird der Kolbenhals eng mit Asbestschnur als Hitzeschutz beim Anfassen umwickelt.

Von KAPSENBERG sind unter Verwendung von Jenaer Sinterfiltern Apparate entwickelt worden, die ein selbsttätiges Filtrieren und Auswaschen von Niederschlägen ohne Verdunstungsverluste unter Luftabschluß ermöglichen (Abb. 48).

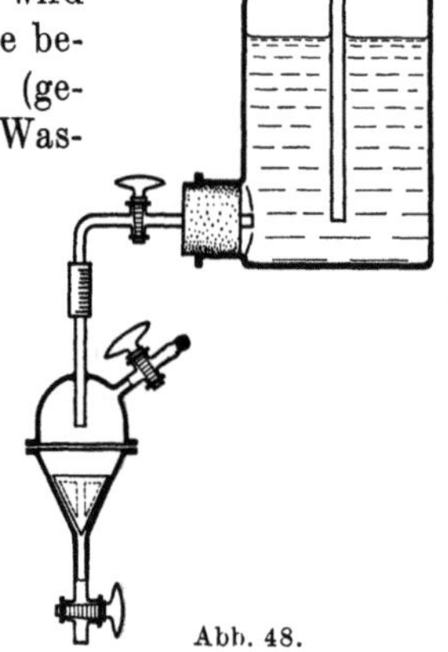

Abb. 48. Selbsttätige Filtration mit KAPSENBERG-Filter.

Bestimmung ätherischer Öle in Drogen. S. Bd. I, S. 355.

Bestimmung des spez. Gewichts (Dichte). S. Bd. I, S. 331ff.

Bestimmung des Schmelzpunkts. S. Bd. I, S. 335ff.

Bestimmung des Siedepunkts. S. Bd. I, S. 338ff.

Bestimmung des optischen Drehungsvermögens. S. Bd. I, S. 341ff.

Bestimmung der Zähigkeit (Viscosität). S. Bd. I, S. 335.

Bestimmung des Gehalts auf kolorimetrischem Wege. S. Bd. I, S. 345/46.

Dekantieren.

Mit Dekantieren bezeichnet man die Trennung einer Flüssigkeit von einem am Boden des Gefäßes abgeschiedenen Niederschlag oder Bodensatz. Bei der Laboratoriumsarbeit wird im *Becherglas* (Abb. 83) dekantiert, das den Vorteil bietet, daß man hier mit mehr Wasser arbeiten kann, als auf einem Filter. Bei größeren Mengen arbeitet man mit einem *Dekantiergefäß* aus Steingut, Ton, Porzellan, das in senkrechter oder spiraliger Anordnung Ausflußöffnungen mit Stopfen und Hähnen in verschiedenen Höhen besitzt, die je nach dem Stand des Absetzens des Niederschlags von oben nach unten zum Abfluß der überstehenden Flüssigkeit geöffnet werden können. Durch Dekantieren wird der abgesetzte Niederschlag dichter als der in Flüssigkeit aufgeschwemmte. Dadurch wird etwa notwendige Filtration abgekürzt. Wird aus Gefäßen ohne Ausflußöffnungen mit einem Heber dekantiert, muß der in die Flüssigkeit tauchende Heberschenkel etwas oberhalb der Scheidungsgrenze zwischen Flüssigkeit und Niederschlag enden, weil sonst durch den Sog beim Ansaugen des Hebers bzw. beim Fließen der Flüssigkeit ein Mitreißen von Niederschlagsteilen unvermeidlich ist.

Zur Herstellung technischer Flüssigkeiten wie Bleichlauge und verdünntem technischen Salmiakgeist (0,910) ist das Dekantierverfahren ausreichend. Bei richtiger Durchführung sind die erhaltenen Erzeugnisse ohne Filtration verkaufsfertig. In beiden Fällen werden die ausgefallenen Kalksalze durch Dekantieren im sorgfältig bedeckten Dekantiergefäß entfernt. Beim Verdünnen von Salmiakgeist werden zunächst die Kalksalze des Leitungswassers durch Zustz eines kleinen Teiles von starkem Salmiakgeist ausgefällt, dekantiert und dann mit dem entkalkten Wasser ordnungsmäßig verdünnt. Die zum Entkalken verwendete Menge des starken Salmiakgeists kann schätzungsweise in Abzug gebracht werden. Wer genau arbeiten will, stellt bei der ersten Verdünnung mittels des Aräometers den Ammoniakgehalt fest und kann den erhaltenen Wert für die Zukunft in Rechnung setzen.

Destillieren.

Mit Destillieren oder *Umsieden* bezeichnet man den Vorgang, bei dem eine Flüssigkeit zunächst verdampft und dann an anderer Stelle wieder durch Abkühlung verdichtet (*kondensiert*) wird. Der Vorgang wird mit *Destillation* (vgl. a. Bd. II, S. 244), das Ergebnis mit *Destillat* bezeichnet. Der etwa bei der Destillation zurückbleibende nicht verdampfende Rest ist der *Destillationsrückstand.* Die Destillation ist neben der Kristallisation das wichtigste Hilfsmittel zur Reinigung von Stoffen und zur Trennung leichter flüchtiger von schwerer oder nicht flüchtigen Stoffen.

I. Anwendung der Destillation.

Die Destillation findet Anwendung

1. zur Gewinnung und Reinigung von Stoffen, die sich ohne Zersetzung in Dampfform überführen lassen;

2. zur Trennung von Gemischen flüchtiger Stoffe auf Grund ihres verschiedenen Siedepunkts (s. „Fraktionierte Destillation“ S. 25);

3. zur Herstellung von Destillaten wie destilliertem Wasser, aromatischen Wässern, Arzneimitteln, Spirituosen;

4. zum Abdestillieren von Lösungsmitteln (S. 3).

Für den Drogisten sind die Destillate von besonderer Bedeutung, da sie grundsätzlich frei verkäuflich sind.

II. Durchführung der Destillationsarten.

Jede Apparatur zum Destillieren besteht aus einem Destilliergefäß, *Destillierkolben* für kleinere Mengen oder einer *Destillierblase* für größere Mengen zur Verdampfung der Flüssigkeit durch Erhitzen auf ihren Siedepunkt, dem *Kühler* zur Verdichtung (Kondensation) der entstandenen Dämpfe und der *Vorlage* zum Auffangen der dadurch entstandenen Flüssigkeit, *Kondensat*. Für kleine Mengen finden Apparate aus Glas, für große Mengen solche aus Metall (Kupfer, Eisen) oder Ton Verwendung (Abb. 49). Als Destillierkolben finden *Stehkolben* (Abbildung 86) mit langem Hals oder besser *Rundkolben* mit seitlichem Ansatzrohr, die auch mit *Siedekolben* oder *Fraktionierkolben* (Abb. 50) bezeichnet werden, Verwendung. Der Kolbenhals des Destillierkolbens wird mit einem Stopfen, durch den ein Thermometer reicht, verschlossen. Dabei muß sich das Quecksilbergefäß des Thermometers unmittelbar *unter* dem Ansatzrohr befinden.

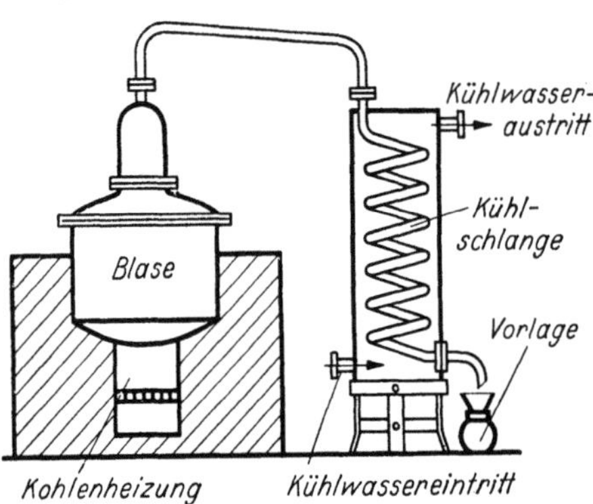

Abb. 49. Technische Destillation. (Nach *Kruhme:* Fachkunde für Chemiewerker.)

1. Destillation bei Atmosphärendruck.

Die Destillation unter Atmosphärendruck findet Anwendung für alle einfach zusammengesetzte, vor allem leicht flüchtige Flüssigkeiten, Kohlenwasserstoffe, Alkohole, Ester, niedere Fettsäuren, Amine usw. In jedem Fall muß jedoch die Unzersetzlichkeit der Flüssigkeit feststehen. Bei allen zersetzlichen Flüssigkeiten, besonders hochsiedenden, muß die Vakuumdestillation (S. 25) Anwendung finden.

Die Erhitzung der Flüssigkeit im Destillierkolben, der höchstens bis zu $^3/_4$ seines Rauminhalts gefüllt sein darf, um das Mitreißen von zu viel Flüssigkeit durch den aufsteigenden Dampf zu vermeiden, erfolgt unter Verwendung eines *Asbestdrahtnetzes* (Abb. 77) ganz allmählich durch Fächeln mit einem Bunsenbrenner, bis die Flüssigkeit kocht, erst dann läßt man den Brenner ruhig unter dem Kolben stehen, jedoch unter sorgfältiger Vermeidung einer Überhitzung. Die Erhitzung kann bei niedrig siedenden Flüssigkeiten auch durch Wasserdampf erfolgen. Dabei erfolgt aber nur eine Erwärmung bis höchstens 100°. Besonders gegen Ende der Destillation ist es wichtig, eine Überhitzung zu vermeiden. Zu diesem Zweck wird die Flamme kleiner gestellt und schließlich ganz entfernt. Zur Vermeidung des Siedeverzugs finden *Siedesteinchen* aus Ton oder Bimsstein Verwendung.

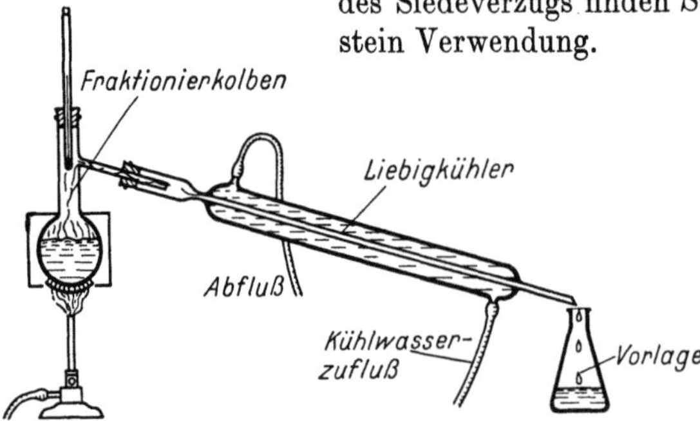

Abb. 50. Destillation mit Fraktionierkolben und LIEBIG-Kühler. (Nach *Kruhme:* Fachkunde für Chemiewerker.)

Die entstehenden Dämpfe werden durch einen absteigenden *LIEBIG-Kühler* (Abb. 50), besser durch einen senkrecht stehenden *Schlangenkühler* (Abbildung 51), oder *Kugelkühler* (Abb. 52), durch deren Mantel kaltes, fließendes Wasser nach dem Gegenstromprinzip (s. Ein- und Ablauf des Kühlwassers auf Abb. 52!) fließt, geleitet.

Das Kondensat wird in der Vorlage zweckmäßig unter Zwischenschaltung eines mit einem Schutztrichter versehenen *Vorstoßes* (Abb. 53), um das Hineinfallen von Staub zu verhindern, aufgefangen. Die ersten Tropfen des Kondensats, der *Vorlauf*, wird verworfen und die Vorlage gewechselt.

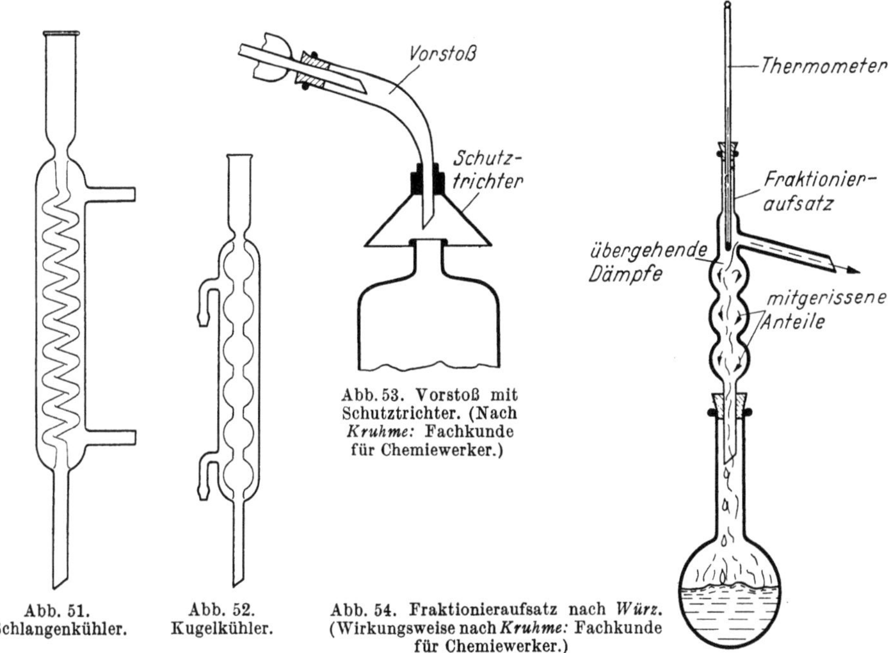

Abb. 51. Schlangenkühler.

Abb. 52. Kugelkühler.

Abb. 53. Vorstoß mit Schutztrichter. (Nach *Kruhme:* Fachkunde für Chemiewerker.)

Abb. 54. Fraktionieraufsatz nach *Würz.* (Wirkungsweise nach *Kruhme:* Fachkunde für Chemiewerker.)

Wasserhaltige organische Flüssigkeiten stoßen beim Destillieren durch das explosionsartige Verdampfen des Wassers sehr heftig. Sie werden deshalb durch geeignete *Trockenmittel* wie die entwässerten Salze, Calciumchlorid, Kaliumcarbonat oder -sulfat, Natrium- oder Kupfersulfat, entwässert. Selbstverständlich dürfen nur solche Trockenmittel zur Anwendung kommen, die sich weder in der zu trocknenden Flüssigkeit lösen noch sich mit dieser chemisch umsetzen.

2. *Fraktionierte Destillation.*

Die *unterbrochene* oder fraktionierte Destillation wird zur Trennung von Gemischen flüchtiger Stoffe auf Grund ihres verschiedenen Dampfdrucks und der dadurch bedingten verschiedenen Siedepunkte angewandt. Schwierig ist die Trennung bei Stoffen, deren Siedepunkte sich nur um 10° unterscheiden. Man benützt daher einen *Fraktionieraufsatz* verschiedener Konstruktion (Abb. 54), der, auf den Siedekolben aufgesetzt, eine Art Rückflußkühler darstellt. Durch den Fraktionieraufsatz kommen zahlreiche Einzeldestillationen zustande, die bei vorsichtiger und langsamer Ausführung der Operation eine weitgehende Trennung ermöglichen. Besonders bewährt hat sich die WIDMER-Kolonne (Abb. 55). Die bei der fraktionierten Destillation bei einem Temperaturunterschied von 5 zu 5° übergehenden Anteile, *Fraktionen*, werden gesondert aufgefangen und für sich notfalls noch ein oder mehrere Male fraktioniert destilliert. Dies wird so oft wiederholt, bis die Temperatur bei der Destillation konstant bleibt.

3. *Vakuumdestillation.*

Die Vakuumdestillation, die Destillation unter vermindertem Druck, wird bei allen hitzeempfindlichen Stoffen, die durch Hitze chemisch zersetzt werden, und in der chemischen Technik zur Ersparung von Energie durchgeführt. Bei ihr sinkt der Siedepunkt gegenüber demjenigen bei Atmosphärendruck im Durchschnitt um 100 bis 120°, wobei eine Zersetzung durch Hitze selbst bei den empfindlichsten Stoffen nicht eintreten kann (Abb. 56). Die Vakuumdestillation ist deshalb für präparative organische Arbeiten eine grundlegende Arbeit der Laboratoriumspraxis, die mit aller Sorgfalt erlernt werden muß.

Die bei der Vakuumdestillation notwendige Luftverdünnung über der Flüssigkeit zur Erzielung eines verminderten Drucks wird durch geeignete Pumpen im Laboratorium meist durch die *Wasserstrahlpumpe* (Abb. 57) erzielt. Ihre Wirksamkeit

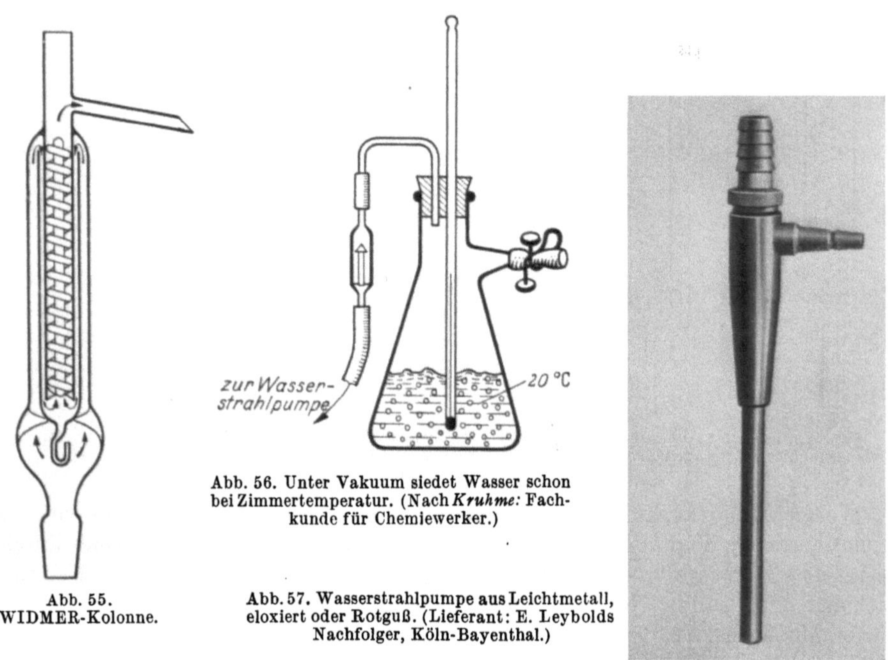

Abb. 55. WIDMER-Kolonne.

Abb. 56. Unter Vakuum siedet Wasser schon bei Zimmertemperatur. (Nach *Kruhme:* Fachkunde für Chemiewerker.)

Abb. 57. Wasserstrahlpumpe aus Leichtmetall, eloxiert oder Rotguß. (Lieferant: E. Leybolds Nachfolger, Köln-Bayenthal.)

beruht auf der Tatsache, daß das in ihr durch eine Düse in hoher Geschwindigkeit austretende Wasser die umgebende Luft durch das Abflußrohr mitreißt (Abb. 58). Voraussetzung für die erfolgreiche Anwendung der Wasserstrahlpumpe ist, daß Wasser mit genügend niedriger Temperatur und genügend starkem Druck (2 bis 3 atü) zur Verfügung steht. Die Wasserstrahlpumpe wird mit einem Stück Druckschlauch durch Draht oder Schlauchschellen so an der Wasserleitung befestigt, daß sie durch den Wasserdruck nicht abgerissen werden kann. Zur Erzeugung stärkerer Luftverdünnung finden *Ölluftpumpen* Verwendung, die den Vorteil bieten, im Bedarfsfall auch zur Erzeugung von Druckluft bis 1 atü verwendet werden zu können.

Das Gelingen der Vakuumdestillation hängt in hohem Maße von der richtigen Anordnung der Apparatur ab. Zur Verwendung kommen Glasgefäße, die einen gewissen Druck aushalten, gewöhnliche Bechergläser, ERLENMEYER-Kolben, Stehkolben oder Reagensgläser sind ungeeignet. Die zur Verwendung kommenden Glasröhren müssen zur Erleichterung des Druckausgleichs in der Apparatur weit und mit besonderen *Vakuumschläuchen,* die durch den Luftdruck von außen nicht zusammengedrückt werden, verbunden sein. Bei der gewöhnlichen Vakuumdestillation genügen gute, mit heißem, hartem Paraffin getränkte Korke, während bei Destillationen im Hochvakuum Gummistopfen, Glasschliffe oder zusammengeschmolzene Apparaturen erforderlich sind. Dabei sind Gummistopfen mit Glycerin zu befeuchten, Glasschliffe mit gut verteiltem Vakuumfett einzufetten. Die Abb. 59 zeigt die Anordnung einer Vakuumdestillation nach WITTENBERGER. Daraus ist ersichtlich, daß zum Erhitzen der Gefäße Bäder (meist Öl) Verwendung finden, wobei der Spiegel des Destillationsgutes stets unterhalb der Oberfläche des Bades liegen muß. Die Kugel des *Claisenkolbens* (*2*), der durch seine Rohrteilung das gefährliche Überspritzen der siedenden Flüssigkeit verhindert, wird höchstens bis zur Hälfte mit dem zu destillierenden Stoff gefüllt. In das linke Rohr des Claisenkolbens wird eine *Capillare*, die am herausragenden Ende mit einem Capillarschlauch und Schraubenquetschhahn verschlossen ist, eingesetzt. Mit dem Schraubenquetschhahn kann beim Schäumen der Flüssigkeit wenig Luft zur Erzielung einer ruhigen Destillation eingelassen werden. Die Capillare dient der Vermeidung des Siedeverzugs, weil durch sie dauernd feine Luftbläschen in die siedende Flüssigkeit gesaugt werden. Im linken Rohr befindet sich das Thermometer. Das dazwischen geschaltete *Vakuummeter* (*5*) dient der Kontrolle des Saugdrucks, die WOULFEsche Flasche (*7*) dient als Rückschlagsicherung für den Fall, daß durch Druckschwankungen in der Wasserleitung oder Verstopfung der Düse der obere Teil der Wasserstrahlpumpe sich mit Wasser füllt. In diesem Fall ergießt sich das Wasser in die WOULFEsche Flasche, wird aber beim wieder einsetzenden ordnungsmäßigen Arbeiten der Wasserstrahlpumpe vollständig

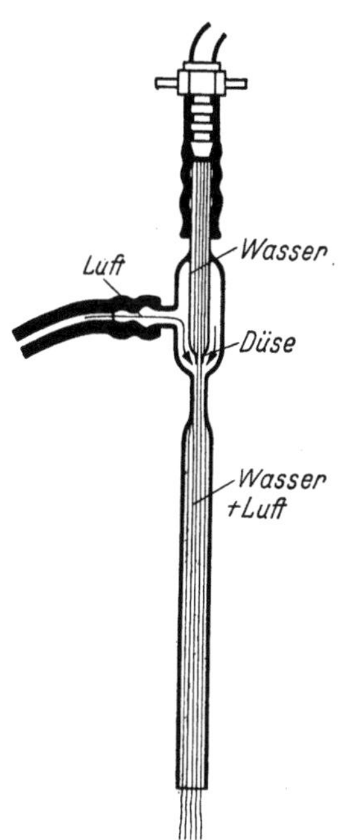

Abb. 58. Wasserstrahlpumpe (Arbeitsweise). (Nach *Kruhme:* Fachkunde für Chemiewerker.)

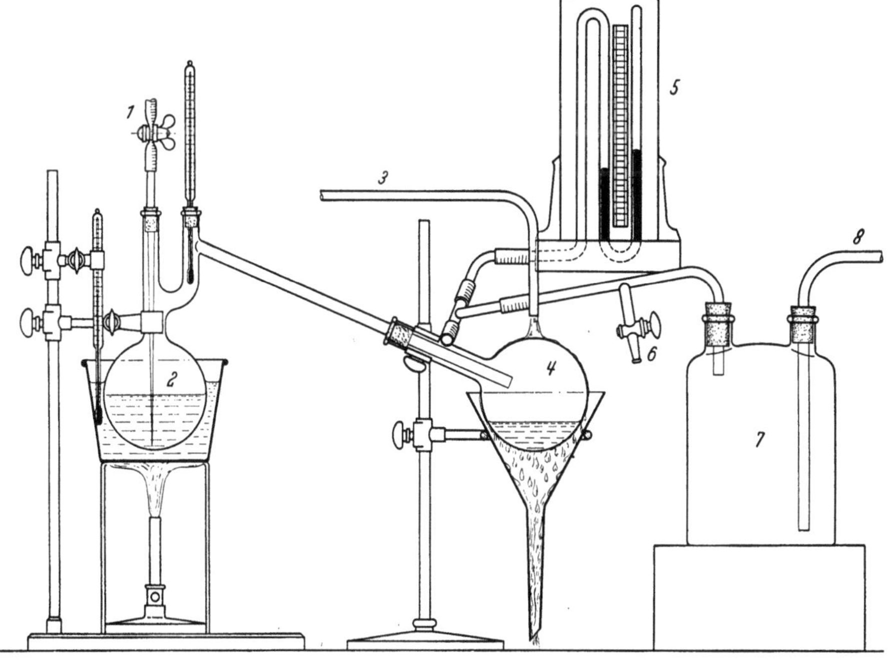

bb. 59. Vakuumdestillation. 1 Schraubenquetschhahn, 2 Capillare mit CLAISEN-Kolben und Thermometer. 3 Wasserkühlung, 4 Vorlage, 5 Vakuummeter, 6 Sicherheitshahn, 7 Sicherheitsgefäß, 8 zur Vakuumpumpe. (Nach *Wittenberger, W.:* Chemische Laboratoriumstechnik.)

aus der Flasche abgesaugt (*8*). Eine andere Art der Rückschlagsicherung zeigt Abb. 60. Bei Arbeiten im Vakuum besteht stets die Gefahr der Zertrümmerung der Apparatur. Deshalb müssen die Augen stets mit einer Schutzbrille geschützt werden.

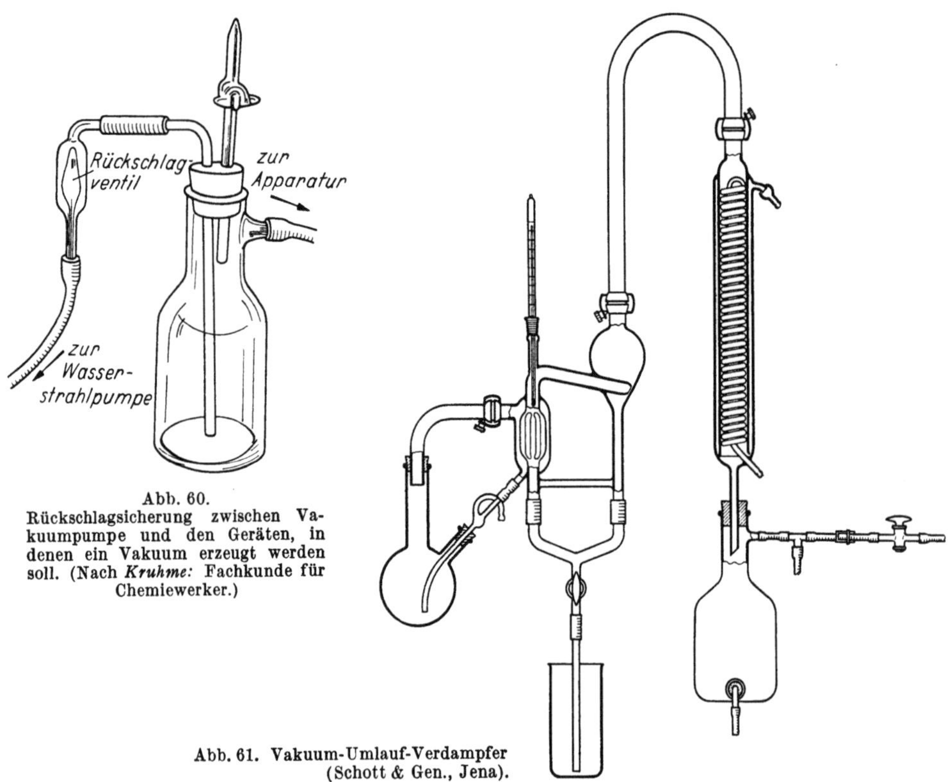

Abb. 60. Rückschlagsicherung zwischen Vakuumpumpe und den Geräten, in denen ein Vakuum erzeugt werden soll. (Nach *Kruhme:* Fachkunde für Chemiewerker.)

Abb. 61. Vakuum-Umlauf-Verdampfer (Schott & Gen., Jena).

Auf keinen Fall dürfen Stehkolben, ERLENMEYER-Kolben oder Reagensgläser für Vakuumzwecke Verwendung finden. Vor jeder Benutzung der Apparatur muß diese auf Dichtigkeit geprüft werden. Dies ist am Vakuummeter ersichtlich, das ein ausreichendes Vakuum anzeigen muß. Die Erhitzung erfolgt erst, nachdem das Vakuum hergestellt ist.

Dichtebestimmung.

Bestimmung des spezifischen Gewichts s. Bd. I, S. 331ff. und „Messungen mit dem Aräometer", S. 66ff.

Dragieren. Siehe S. 85.

Eindampfen.

Das *Eindampfen* dient dem Zweck, eine Lösung zu konzentrieren. Ist das Lösungsmittel wertlos (Wasser), verfährt man dabei wie beim Abdampfen (s. S. 2), organische Lösungsmittel werden durch Abdestillieren (s. S. 3) wiedergewonnen. Beim Eindampfen von giftigen und feuergefährlichen Stoffen sind besondere Vorsichtsmaßnahmen zu beachten (s. „Schädliche Dämpfe entfernen", S. 79).

Zum schnellen Eindampfen größerer Mengen, besonders schäumender Flüssigkeiten, findet der *Vakuum-Umlaufverdampfer* (Schott & Gen., Abb. 61) in einer sehr zweckmäßigen Ausführung Verwendung. Die Lösungen lassen sich dabei zur Sirupkonsistenz eindampfen. Darüber hinaus lassen sich mit diesem Apparat noch folgende Arbeiten durchführen: Umkristallisieren oder Abscheiden von Kristallen, Bereitung alkoholischer Essenzen, Rückgewinnung von Lösungsmitteln, bis zu einem gewissen Grade die fraktionierte Destillation, die Wasserdampfdestillation von mit Wasser nicht mischbaren Flüssigkeiten, die Extraktion fester Stoffe im Vakuum (Bereitung von Extrakten).

Emulgieren und Homogenisieren.

Mit *Emulgieren* bezeichnet man die haltbare Verteilung einer wasserunlöslichen Substanz mit Hilfe eines oberflächenaktiven Emulgiermittels, dem sog. *Emulgator*, der die Oberflächenspannung herabsetzt. Das entstandene Produkt ist eine *Emulsion*. Der Begriff Emulsion, Emulgatoren, Ö/W- und W/Ö-Emulsion, ihre Haltbarkeit, die Erkennung der Emulsionstypen und die Verwendung von Emulsionen sind im Bd. II, S. 400 bis 405, abgehandelt. Hier soll die Technik des Emulgierens, die dabei verwendeten Apparate und Maschinen sowie das Homogenisieren und die Stabilität von Emulsionen besprochen werden.

Die einfachste Art zur Herstellung einer Emulsion ist die mechanische Vermischung der beiden Phasen durch Schütteln mit dem gelösten Emulgator in einer Flasche oder das Verreiben derselben in einer Reibschale. Auf diese Weise können jedoch nur kleine Emulsionsmengen hergestellt werden, die infolge ihrer nicht genügenden Homogenität nur beschränkt haltbar (*stabil*) sind. In der Technik erfolgt die Erzeugung von Emulsionen im allgemeinen in zwei Phasen. Nach ULLMANN wird dabei wie folgt verfahren: Kommen *anionaktive* oder *kationaktive* Emulgatoren zur Verwendung, wird die zu emulgierende flüssige Substanz, wenn nötig nach dem Erwärmen bzw. Schmelzen, in die konzentrierte wäßrige Lösung des Emulgators langsam in kleinen Anteilen eingerührt (sog. Mayonnaisenmethode). Je nach dem Schmelzpunkt des zu emulgierenden Körpers ist auch die Temperatur der wäßrigen Lösung entsprechend zu halten. Zweckmäßig wird sie unter Rühren zugegeben, gegebenenfalls in Anwesenheit eines Schutzkolloids. Wird nicht mit destilliertem Wasser gearbeitet, ist bei Emulgatoren mit Carboxylgruppen auf die Wasserhärte zu achten. Die Stammlösung wird vorsichtig mit kleinen Anteilen Wasser weiter verdünnt. Bei Seifen kann man auch so verfahren, daß man die freie Fettsäure in dem zu emulgierenden pflanzlichen Öl löst und in der wäßrigen Phase die berechnete Menge des zur Salzbildung erforderlichen Kations vorlegt (Erzeugung des Emulgators bei der Emulsionsherstellung). Bedient man sich der Aminsalze von anionaktiven Emulgatoren, so können diese auch in dem zu emulgierenden Fettkörper oder in organischen Lösungsmitteln, welche den zu dispergierenden Körper enthalten, gelöst werden. *Nichtionogene* Emulgatoren, die zur Herstellung von Ö/W-Emulsionen in Betracht kommen, sind meist fett- und wasserlöslich. Man löst sie in dem zu emulgierenden Fettkörper oder, falls es sich um andere wasserunlösliche Stoffe handelt, in einem geeigneten organischen Lösungsmittel, das den Wirkstoff gelöst enthält, und fügt den Lösungen zweckmäßig unter Rühren oder Schütteln Wasser zu. Man kann aber auch umgekehrt die Lösungen in Wasser eingießen. Die wäßrige Phase kann eventuell einen Teil des Emulgators enthalten oder mit einem Schutzkolloid versetzt sein. Nichtionogene Emulgatoren, die zur Bereitung von W/Ö-Emulsionen dienen, werden zweckmäßig in dem zu emulgierenden Öl gelöst oder mit der wäßrigen Dispersion aufgekocht, da sie meist mehr fett- als wasserlöslich sind. Die Wasserhärte ist bei nichtionogenen Emulgatoren belanglos. Auch Säuren können mitverwendet werden, jedoch wirkt ein übermäßiger Gehalt an Elektrolyten aussalzend.

Da wasserlösliche Wirkstoffe nur dann in Salben unterzubringen sind, wenn diese Wasser enthalten, ist die Anwesenheit von Wasser in den meisten Salben notwendig. Da die Salbenrohstoffe sich mit Wasser meist nicht mischen, ist hierbei nur die Emulsionsform (Emulsionssalben) möglich. Dabei entstehen je nach der Wahl des Emulgators W/Ö- oder Ö/W-Emulsionen, die sich in ihren Eigenschaften wesentlich unterscheiden. In *W/Ö-Emulsionen* ist das Wasser vom Fett und dem darin löslichen Emulgator umschlossen, wodurch die Salbe *nicht eintrocknen* kann und den Strom nicht leitet. Da die äußere Phase Öl ist, *fetten* sie *die Haut* und können in Blechdosen abgefüllt werden, ohne daß diese rosten (vgl. Bd. II, S. 403). Der bekannteste W/Ö-Emulgator ist das Wollfett, dessen Inhaltsstoff Cholesterin der Träger der Emulgierung ist. Die wichtigsten aus Wollfett gewonnenen Industrieerzeugnisse sind Boerocerin, Eucerin, Hydrocerin, Laceranum, Protegin usw. Auch die gesättigten Fettalkohole Cetyl- und Stearylalkohol finden als Emulgatoren Verwendung und erhöhen die Wasseraufnahmefähigkeit von Fetten oder Kohlenwasserstoffen schon bei einem Zusatz von 5 bis 10% um etwa 100%. *Ö/W-Emulsionen* sind wäßrige Flüssigkeiten, Gallerten oder wasserlösliche Cremes. Sie *trocknen* im Gegensatz zu den W/Ö-Emulsionen durch Wasserverdunstung *ein*, können, weil ihre äußere Phase Wasser ist, *nicht* in Blechgefäßen verpackt werden, weil diese rosten, und verschwinden in der Haut, *ohne Fettglanz* zu hinterlassen. Der älteste Typ von Ö/W-Emulsionssalben sind die Stearatcremes, die durch Verseifen von Stearin mit Alkali (Ammonium oder Natrium) oder Triäthanolamin hergestellt werden. Zur Herstellung medizinischer Salben spielen sie keine Rolle, da sie mit vielen arzneilich verwendeten Stoffen nicht kombiniert werden können, weil Seifen mit diesen (z. B. Bor- oder Salicylsäure) reagieren. Ein Industrieerzeugnis, das mit allen in der Dermatologie üblichen Arzneimitteln verarbeitet werden kann, ist *Lanette* ®. Die früher häufig verwendeten Pflanzenschleime werden neuerdings durch die weniger verderblichen Äther und Ester der Cellulose, wie den Tylose-®-Marken (vgl. Bd. II, S. 402) und Fondin-®-Marken (vgl Bd. II, S. 485) ersetzt.

Da Ö/W-Emulsionen von Bakterien und Schimmelpilzen angegriffen werden, müssen sie konserviert werden (vgl. Bd. II, S. 983 „p-Oxybenzoesäure-Ester"). Zur Vermeidung des Eintrocknens von Ö/W-Emulsionen setzt man ihnen Feuchthaltemittel (Glycerin, 1,2-Propylenglykol, Karion ® F flüssig, Sionit ® „K" flüssig u. a.) zu.

Beim Emulgieren werden die zu emulgierenden Stoffe zunächst gut vorgemischt und die Emulgierung mittels geeigneter Rührwerke erzielt, wobei bei guten Emulgatoren im richtigen Mengenverhältnis schon eine Emulsionsbildung eintreten kann. Meist verwendet man heute zum Emulgieren kontinuierliche Emulgiermaschinen, in denen die beiden zu emulgierenden Flüssigkeiten mit der erforderlichen Geschwindigkeit vermischt werden. Diese Maschinen sind nach verschiedenen physikalischen Grundsätzen konstruiert. Die Schlag- oder Schleudermühlen mit hohen Umdrehungszahlen erzeugen durch Zentrifugalkräfte starke Reibungs- und Scherkräfte an den Grenzflächen der beiden zu emulgierenden Flüssigkeiten, wodurch eine weitgehende Vermischung der Phasen bewerkstelligt wird. In den *Spalt-Homogenisiermaschinen* wird die Emulsion unter hohem Druck durch einen Spalt gepreßt. Solche Kleinmaschinen sind der Elektro-Mischer „*Fortuna*" (Hersteller: Heinz Gaebelt, Bremen) und die GANN-Homogenisierapparate[1] bzw. -maschinen UNI-Emulgor „A" (Abb. 62) und Motor-Emulgor „I" und „II" (Abb. 63, 64), die mit verändertem Spalt unter hohen Drücken (bis 150 atü und mehr) arbeiten. Auch Salbenmühlen

[1] Hersteller: Fa. R. Gann, Stuttgart, Fielderstr. 34.

(Abb. 156, 158) und Dreiwalzwerke (Abb. 157) haben sich zur Verfeinerung von Emulsions-Salben und -Cremes, die von der Hand oder mit einem Rührwerk vorgemischt waren, bewährt. Weitere zur Herstellung von Emulsionen bewährte Apparate und Maschinen sind *Zenith I* (Abb. 65) und *Zenith II* (Abb. 66), *Henschel-PENTAX* (Abb. 67, 68, 69, 70, 71) und *HOMO-REX*[1] (Abb. 72). Im Großbetrieb finden auch *Kolloidmühlen* zum Emulgieren Verwendung. Die Herstellung und Haltbarkeit einer Emulsion hängt in hohem Maße von der Verwendung des richtigen Gerätes ab, das darüber hinaus die Schnelligkeit der Herstellung bedingt und die Güte des Erzeugnisses weit beeinflußt. Mit dem geeigneten Apparat oder der geeigneten Maschine kann auch eine wesentliche Einsparung an Emulgator erzielt werden. Zur Herstellung von W/Ö-Emulsionen eigent sich am besten ein *Planeten-Rührwerk* (Abb. 73, 74) oder eine Knetmaschine mir regulierbarem Lauf. Spalt-Homogenisierapparate oder *Turbo*-Mischer mit hohen Umdrehungszahlen sind ungeeignet, da sie das eingearbeitete Wasser aus der Emulsion wieder herausdrücken können. W/Ö-Emulsionen werden zweckmäßig bei etwa 30° vor dem völligen Erkalten abgefüllt.

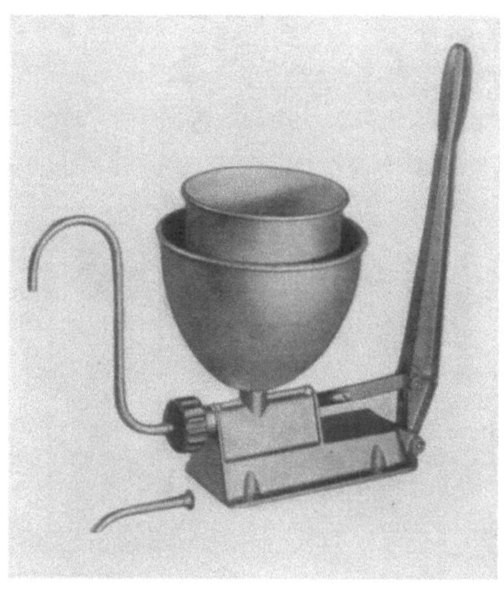

Abb. 62. Uni-Emulgor „A" zur Herstellung von Emulsionen, Salben, Cremes, Linimenten. Stundenleistung 20 l.

Unter *Homogenisieren* versteht man die weitgehende Zerkleinerung der Emulsionskügelchen einer grob gemischten Emulsion auf einen möglichst einheitlichen Wert (Teilchengröße 1 μ und darunter 0,1 bis 0,2 μ). Das Homogenisieren ist ein für die Haltbarkeit einer Emulsion äußerst wichtiger Umstand; je kleiner die Emulsionskügelchen sind, desto haltbarer ist die Emulsion, weil dadurch das *Aufrahmen* oder *Entmischen* weitgehend verhindert wird.

Abb. 63. Motor-Emulgor „I" aus säurefesten Baustoffen, Stundenleistung 25 l, Arbeitsdruck 160 atü, läßt sich an jeder Steckdose anschließen, braucht nicht befestigt werden und nimmt nur wenig Raum ein.

Allgemeine Regeln zur Herstellung von Emulsionen können nicht gegeben werden, da die jeweils geeignete Apparatur von der chemischen und physikalischen Zusammensetzung des Systems abhängt. Bei nur geringfügiger Änderung der Zusammensetzung können die gleichen Vorrichtungen u. U. sogar die Zerstörung einer Emulsion bedingen. Hierbei kann nur die praktische Erfahrung und der Rat der einschlägigen Industrie zum Ziele führen.

[1] Lieferant: Alfred Brogli & Co., Basel 10/Schweiz.

Stabilität der Emulsionen. Die Stabilität einer Emulsion kann durch *Absetzen* (Sedimentation) oder *Aufrahmen* in Frage gestellt sein. Bei beiden wird die Gleichmäßigkeit der Tröpfchenverteilung verändert. Die Tröpfchen können sich auch zu größeren vereinigen und zu einer zusammenhängenden Phase zusammenschließen. Wird dabei die Emulsion

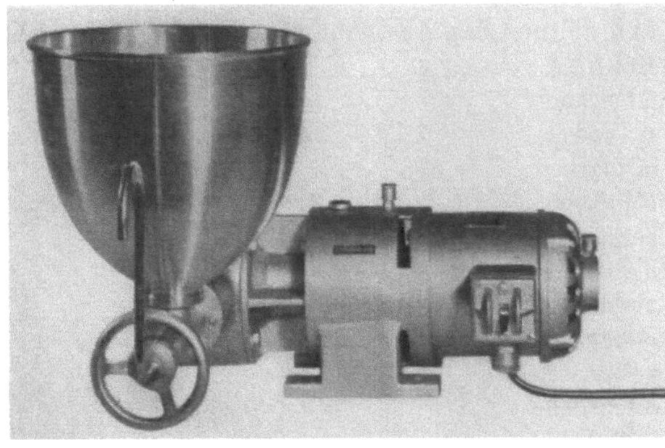

Abb. 64. Motor-Emulgor „II" mit feststehendem 10 l-Behälter, Stundenleistung 60 bis 70 l, regelbarer Druck bis 180 atü. Die Homogenisier-Maschine mit allseitigen Verwendungsmöglichkeiten, auch für zähflüssige Güter.

Abb. 65. „Zenith" I mit direkt gekoppeltem Motor, Leistung bis 600 l/Stunde. (Hersteller wie Abb. 66.)

Abb. 68. Befestigung des Statorringes beim Henschel-Pentax.

Abb. 66. „Zenith" II, Leistung bis 300 l/Stunde. (Hersteller: Wilhelm Steinhorst, Leipzig.)

Abb. 67. Aufbau des Fräskopfes des Henschel-Pentax. a) Fräserscheibe, b) Kammer, c) Mantelrohr, d) Fräserwelle, e) Spülöffnung f) Schutzringe. →

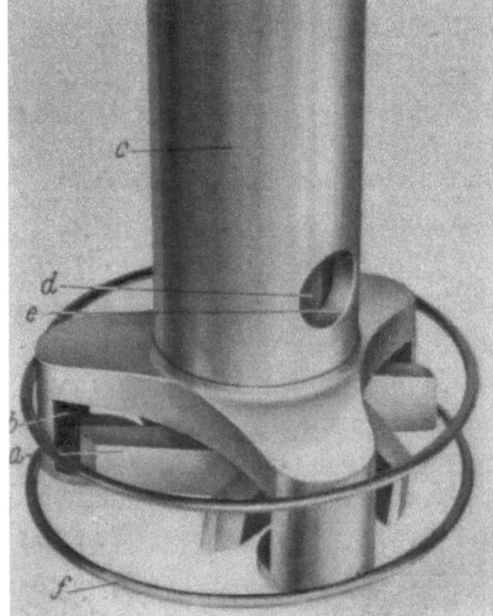

Abb. 69. Henschel-Pentax, Leitrohr, das intensiven und zwangsläufigen Umlauf des Mischgutes im Behälter bewirkt.

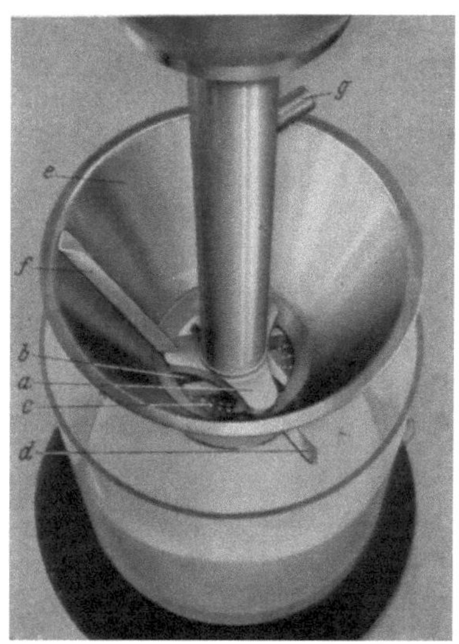

Abb. 70. Passiergerät zum Henschel-Pentax: a Fräskopf, b Fräsergehäuse, c Siebplatte, d verstellbare Blende, e Einfülltrichter, f Prallblech, g Schlauchstutzen.

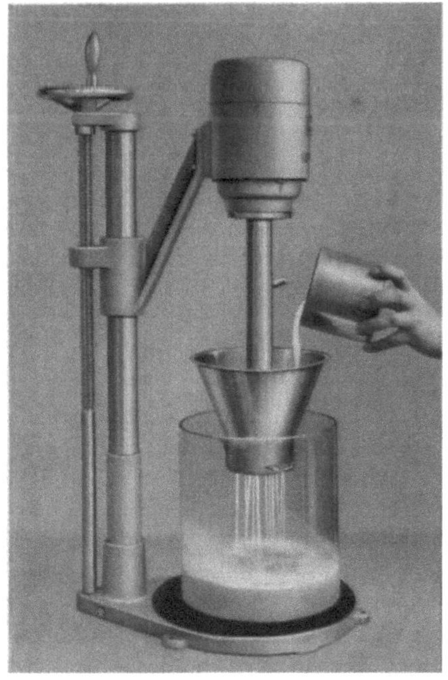

Abb. 71.
Henschel-Pentax als kontinuierlich arbeitendes Mischgerät.

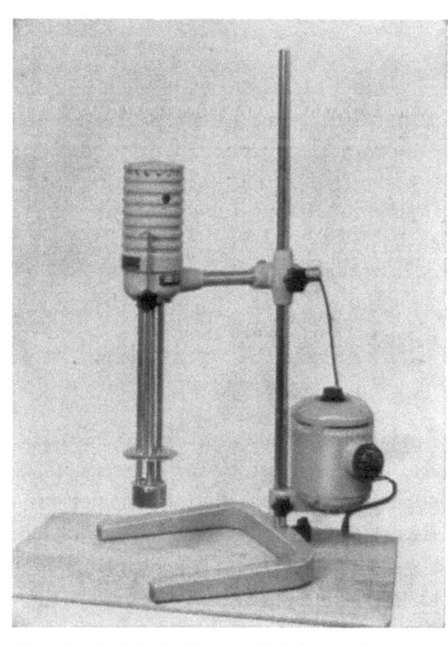

Abb. 72. HOMO-REX Nr. 1-HR für Ansätze von 10 bis 40 l mit Zeitschalter. Mit dem Gerät kann eine Salbe oder Creme in einem Arbeitsgang im gleichen Topf emulgiert, kalt gerührt und homogenisiert werden. Ein Vorteil des HOMO-REX ist auch, daß er keine Luft in das Mischgut einarbeitet.

völlig zerstört, bezeichnet man den Vorgang mit „*Brechen*“ der Emulsion. Absetzen und Aufrahmen können aber auch nur auf einer veränderten Tröpfchenverteilung beruhen, wobei sich die ursprüngliche Verteilung durch Schütteln oder schwaches Rühren wieder herstellen läßt. In diesem Fall ist die Emulsion nicht zerstört und die Veränderung leicht zu beheben (ULLMANN).

Abb. 73. „Elektro-Rapid“ Nr. 1 mit 7 l-Stahlkessel oder 6 l-Porzellankessel. (F. Herbst & Co., Neuß a. Rhein.)

Abb. 74. Planetenrührwerk „Elektro-Rapid“ Nr. 8 mit 40 l Stahlkippkessel oder V2A-Kessel. (F. Herbst & Co., Neuß a. Rhein.)

Entfärben.

Das Entfärben ist eine häufig notwendige Maßnahme, um gefärbte Verunreinigungen in einer Flüssigkeit zu entfärben. Hierzu können verschiedene Methoden angewandt werden. Die einfachste, meist zum Ziele führende ist die durch *Adsorptionsmittel* wie Tierkohle, Fullererde, Kieselgur, Aerosil ® oder Talk. Die Zerstörung färbender Stoffe durch *Oxydationsmittel* wie Kaliumpermanganat oder Wasserstoffsuperoxyd oder *Reduktionsmittel* wie schweflige Säure u. a. ist nur möglich, wenn die zu entfärbende Flüssigkeit dabei nicht gleichzeitig angegriffen wird bzw. bei der Anwendung von Kaliumpermanganat der dabei entstandene Braunstein durch Filtration entfernt werden kann.

Erhitzen.

Das Erhitzen von Flüssigkeiten und festen Stoffen kann dem Zweck dienen, andere Stoffe in einer Flüssigkeit zu lösen, eine Flüssigkeit in Dampfform überzuführen, verschieden hoch siedende Stoffe zu trennen oder aber eine chemische Reaktion einzuleiten oder zu beschleunigen. Während für Untersuchungszwecke ausschließlich Leuchtgas und Elektrizität als Heizquellen dienen, finden zur Erhitzung größerer Mengen, soweit dies ohne Schädigung der Stoffe möglich ist, freies Feuer oder Dampf Verwendung.

Die einfachste Wärmequelle ist die mit Brennspiritus beschickte *Spirituslampe* mit Docht und Glaskappe bzw. *Spiritusgaskocher*, wie sie auch im Haushalt Verwendung finden, bei denen der Brennspiritus vergast zur Verbrennung kommt. Wird *Leuchtgas* verwendet, finden für Laboratoriumszwecke besonders konstruierte Gasbrenner, deren Grundtyp der *Bunsenbrenner* (s. Bd. II, S. 236) ist, Verwendung. Zweckmäßig finden solche Brenner Verwendung, die eine Sparflamme besitzen, die man durch Umklappen eines Hebels bedient. Um der Bunsenflamme eine größere Fläche zu geben, finden besondere Aufsätze Verwendung, so der *Pilzaufsatz* (Abb. 75a), *Kreuzbrenneraufsatz* (Abb. 75b) und der *Schlitzbrenneraufsatz* (Abb. 75c). Der *TECLU-Brenner* (Abb. 75) hat ein unten offenes trichterförmig erweitertes, feststehendes Brennrohr. Die Luftregulierung erfolgt durch eine mit geriffeltem Rand versehene, verstellbare Scheibe, die sich auf der mit einem Gewinde versehenen Gasdüse auf und ab bewegen läßt. Infolge hoher Luftzufuhr erzeugt der TECLU-Brenner *sehr hohe Hitzegrade.* Beim HEINTZ-Brenner kann die Gas- und Luftzufuhr gleichzeitig reguliert werden, im übrigen entspricht er dem TECLU-Brenner, während der MECKÉR-Brenner ein konisch erweitertes Mischrohr besitzt, das durch eine mit rechteckigen Löchern versehene Scheibe abgeschlossen wird. Dadurch ist eine gleichmäßige hohe Temperatur bei geringem Gasverbrauch gewährleistet. Zum Beheizen größerer Gefäße finden *Heizkränze* verschiedenen Durchmessers und die auch im Haushalt üblichen *Gaskocher* Verwendung. Bunsenbrenner werden auch als *Klein-* oder *Mikrobrenner* gebaut, welche den Vorteil bieten, beim Kleinstellen nicht zurückzuschlagen, und sehr kleine Flämmchen zu erzeugen. Brenner mit zurückgeschlagener Flamme sind *sofort* zu löschen, die Luftregelung zu schließen, dann ist der Brenner neu anzuzünden. Wird mit *Propan* (s. Bd. II, S. 1056) geheizt, was in Orten ohne Gaswerk sehr praktisch ist, müssen Brenner mit verkleinerten Düsenöffnungen, aber vergrößerter Luftzufuhr Anwendung finden.

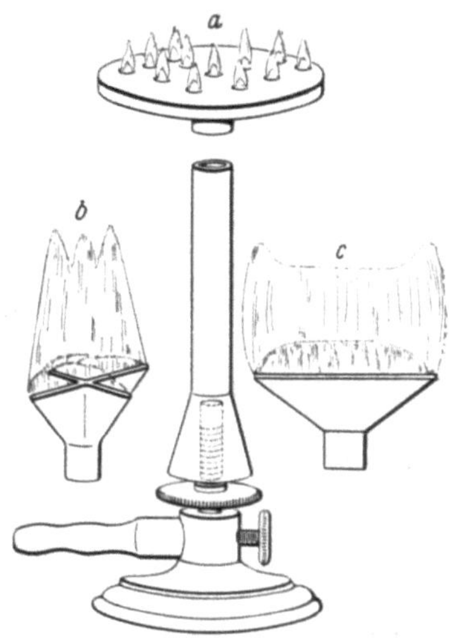

Abb. 75. TECLU-Brenner. a Pilzaufsatz, b Kreuzbrenneraufsatz, c Schlitzbrenneraufsatz. (Nach *Wittenberger*.)

Zum Erhitzen im Luftstrom dient das *Lötrohr* (Abb. 76). Als Hilfsvorrichtungen zum Glasblasen finden besondere *Gebläse* oder Gebläselampen Verwendung.

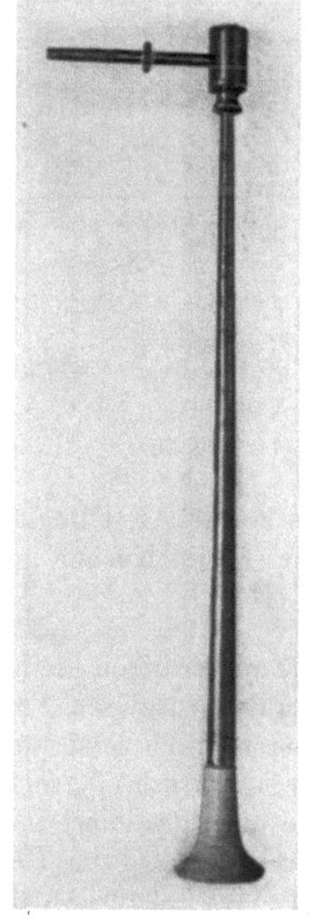

Abb. 76. Lötrohr.

Wärmeverteiler.

Die Erhitzung mit direkter Bunsenflamme hat den Nachteil, nur in einem geringen Durchmesser zu erfolgen. Dadurch besteht die Gefahr des Zerspringens des verwendeten Glasgefäßes neben der chemischen Zersetzung des Gefäßinhaltes an der erhitzten Stelle und des Stoßens der Flüssigkeit. Um dies zu verhindern, finden Wärmeverteiler als *Drahtnetz* oder *Drahtnetz mit Asbesteinlage* (Abb. 77) Verwendung. Damit ist eine örtliche Überhitzung und ein Springen des Gefäßes wohl vermieden, der Gefäßinhalt kommt aber trotzdem noch mit dem glühenden Drahtnetz oder dem glühenden Asbest in Berührung. Zur Erreichung einer gleichmäßigeren Erwärmung verwendet man deshalb geeignete Bäder.

Erhitzungsbäder.

Dampfbad. Das wichtigste Erhitzungsbad, das grundsätzlich zum Erhitzen von niedrig siedenden Flüssigkeiten dient und höchstens bis 100° erwärmt, ist das *Wasserbad* (Abb. 78), das in verschiedenen Systemen lieferbar ist. Da das Wasser beim Sieden verdampft, muß das Wasserbad einen *Zuflußregler* haben. Mit ihm kann man den gewünschten Wasserstand einstellen, der dann konstant bleibt. Beim Erhitzen von Glaskolben auf dem Wasserbad besteht die Gefahr, daß sich beim Erkalten der Kupferring am Glaskolben festklemmt. Um dies zu verhindern, legt man zwischen den Glaskolben und diesen ein Stückchen zusammengefaltetes Filtrierpapier.

Abb. 77 Drahtnetz mit Asbesteinlage.

Flüssigkeitsbäder. Für höhere Temperaturen finden Badflüssigkeiten Verwendung, die man nach der anzuwendenden Temperatur einsetzt. Diese sind:

Glycerin, verwendbar bis 220°, bei höherer Temperatur zersetzt es sich,
konz. Schwefelsäure, verwendbar bis 280°,
Paraffinöl, verwendbar bis 250°, bei höherer Temperatur raucht es stark,
festes Paraffin, verwendbar bis 300°, bei höherer Temperatur raucht es stark.

Nach längerer Benützung müssen diese Badflüssigkeiten erneuert werden. Temperaturen bis 700° ermöglicht eine Schmelze aus gleichen Teilen Kalium- und Natriumnitrat. Das Salzgemisch schmilzt bei 218° zu einer durchsichtigen Flüssigkeit, die bei einer Temperatur über 700° unter Sauerstoffabgabe zerfällt.

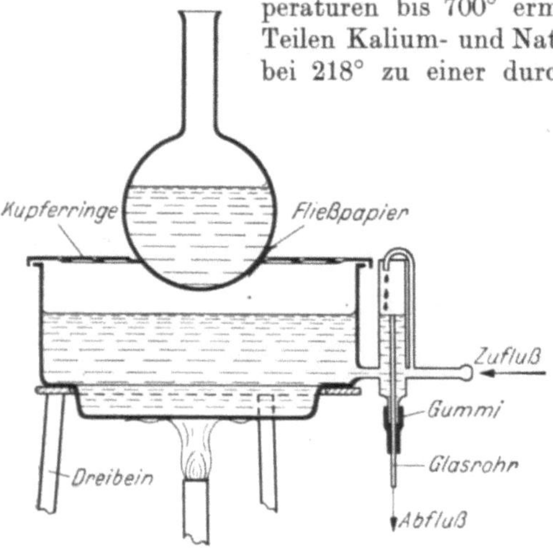

Abb. 78. Wasserbad (Längsschnitt). (Nach *Kruhme:* Fachkunde für Chemiewerker.)

Elektrische Wärmequellen.

Die Elektrizität findet in neuzeitlichen Laboratoriumsgeräten, Heizplatten, Wasserbädern, Trockenschränken usw. vielfache Verwendung. Ihre Vorteile sind: Sofortige Betriebsbereitschaft, Erhitzung ohne Verbrennungsgase, Bequemlichkeit, Reinlichkeit und einfache, weitgehende Regulierbarkeit. Für Laboratoriumsarbeiten ist eine elektrische *Heizplatte* (Abb. 79) äußerst praktisch. Außer der AEG-Randkochplatte (Abbildung 80) ist für Laboratoriumszwecke die AEG-Regla-Blitzkochplatte praktisch, mit der in etwa 10 Minuten 2 l Wasser zum Kochen gebracht werden können.

Die Gefäße zum Erhitzen.

Zum Erhitzen kleiner Mengen von Flüssigkeiten und festen Stoffen verwendet man **Reagensgläser**, *Probierrohre* aus sehr dünnem Glas mit runder Kuppe, die einen inneren Durchmesser von 10 bis 25 mm haben und 100 bis 200 mm lang sind (Abb. 82). Das DAB. 6 schreibt solche mit 15 mm Weite vor. Reagensgläser mit dickerer Wandung sind auch graduiert mit Einteilung in $^1/_2$ oder $^1/_{10}$ ccm und mit Ausguß lieferbar. Zum Aufstellen der Reagensgläser dient ein *Reagensglasgestell* (Abb. 81), das auch mit Zapfen zum Aufstülpen gereinigter Gläser zwecks Trocknung erhältlich ist. Zum Erhitzen der Reagenzgläser finden *Reagensglashalter* aus Holz oder Metall Verwendung. Behelfsmäßig kann hierzu auch ein mehrfach schmal zusammengefaltetes Papier Verwendung finden. Das Erhitzen von Flüssigkeiten im Reagensglas erfordert zur Vermeidung des Stoßens der Flüssigkeit ein ständiges ruckartiges Bewegen des

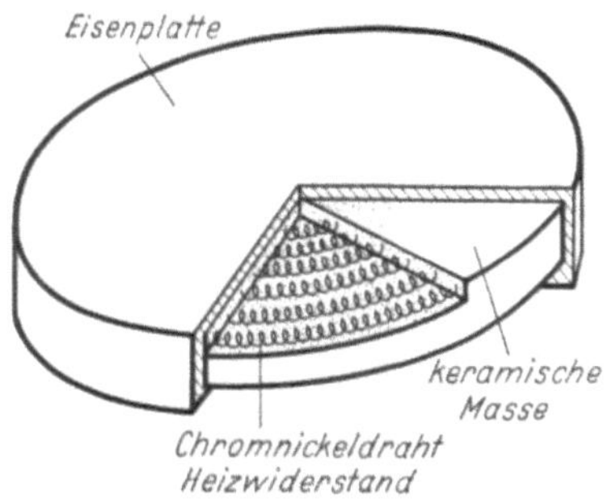

Abb. 79. Schnitt durch eine elektrische Heizplatte. (Nach *Kruhme:* Fachkunde für Chemiewerker.)

Abb. 80. AEG-Randkochplatte.

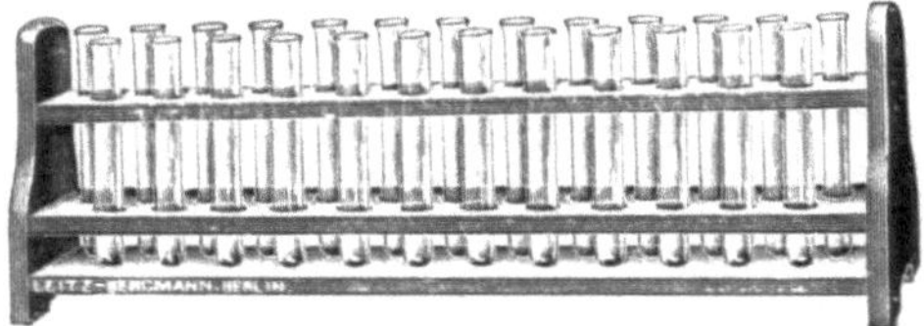

Abb. 81. Reagensglasgestell. (F. Bergmann, Berlin-Zehlendorf.)

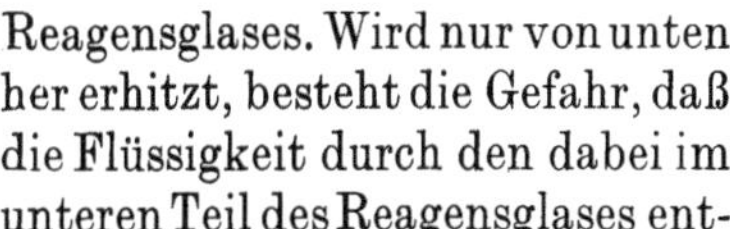

Reagensglases. Wird nur von unten her erhitzt, besteht die Gefahr, daß die Flüssigkeit durch den dabei im unteren Teil des Reagensglases entstehenden Dampf plötzlich herausgeschleudert wird. Durch Erwärmung von oben nach unten wird das Stoßen der Flüssigkeit im Reagensglas vermieden (Abb. 82).

Bechergläser sind dünnwandige, zylindrische Glasgefäße verschiedener Form (Abb. 83) und Größe mit und ohne Ausguß, die sich besonders zum Arbeiten mit Niederschlägen eignen, die aus ihnen mit einem kleinen Glasstab, dem am unteren Ende eine Gummifahne aufgesetzt ist (Abb. 45), entfernt werden. Bechergläser aus Jenaer Glas sind gegen Bruch weniger empfindlich und deshalb vorzuziehen. Beim Erhitzen im Becherglas verhindert man das Stoffen der Flüssigkeit durch Rühren.

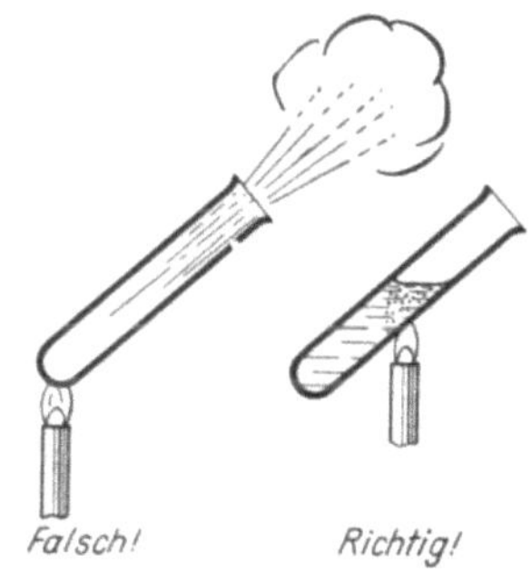

Abb. 82. Erhitzen von Flüssigkeiten im Reagensglas. (Nach *Kruhme:* Fachkunde für Chemiewerker.)

Erlenmeyer-Kolben, nach ihrem Erfinder, dem verstorbenen Chemieprofessor ERLENMEYER in München benannt, sind nach oben in einen kurzen engen oder weiten Hals verjüngte Kochgefäße aus Glas oder Jenaer Glas (Abb. 84a, b). Weithalsige ERLENMEYER-Kolben benützt man zum Titrieren, zum Titrieren dunkel gefärbter Flüssigkeiten findet zweckmäßig der BAADER-Kolben (Abb. 85) bzw. solche mit ausgeblasenem Wulst am Boden Verwendung.

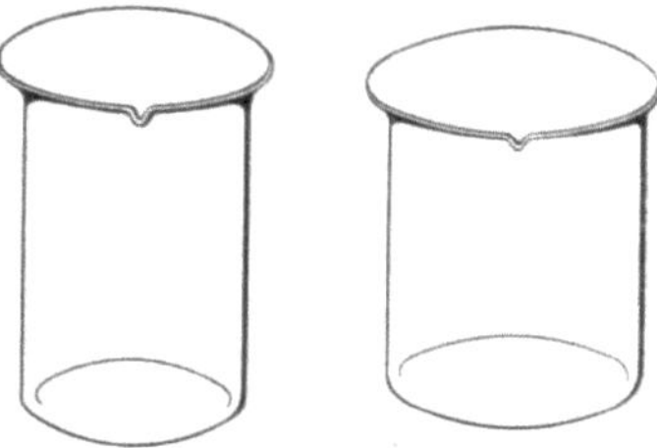

Abb. 83. Bechergläser, links hohe, rechts niedrige Form.

Kochkolben sind dünnwandige, bauchige Kochgefäße. Bei ihnen unterscheidet man *Stehkolben* mit ebener Standfläche am Boden (Abb. 86) und *Rundkolben* (Abb. 87, 88, 89) mit gewölbtem Boden und meist langem, zylindrischen Hals. Beide sind auch mit Normalschliff erhältlich (Abb. 86.).

Porzellangefäße zum Kochen oder Schmelzen sind *Kasserollen* (Abb. 90), gestielte, flache oder tiefe Gefäße, und *Porzellan-Kochbecher*, die in hoher und breiter Form lieferbar sind, Hersteller: W. Haldenwanger, Berlin -Spandau. (Vgl. auch „Schmelzen" S. 79.)

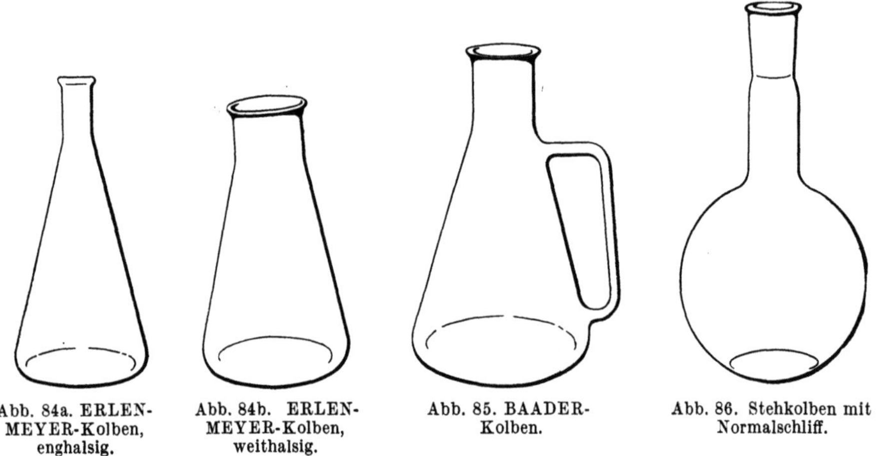

Abb. 84a. ERLENMEYER-Kolben, enghalsig. Abb. 84b. ERLENMEYER-Kolben, weithalsig. Abb. 85. BAADER-Kolben. Abb. 86. Stehkolben mit Normalschliff.

Emailschüsseln besitzen Ausguß und seitliche Henkel und haben teils flachen, teils gewölbten Boden. Im letzten Falle wird ihr Umkippen durch Stroh- oder Korkringe vermieden.

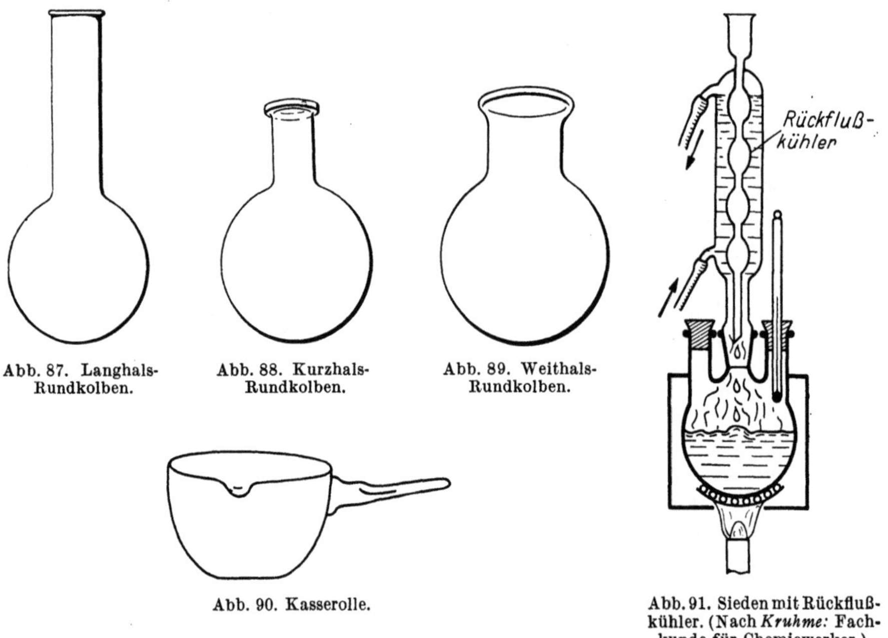

Abb. 87. Langhals-Rundkolben. Abb. 88. Kurzhals-Rundkolben. Abb. 89. Weithals-Rundkolben.

Abb. 90. Kasserolle.

Abb. 91. Sieden mit Rückflußkühler. (Nach *Kruhme:* Fachkunde für Chemiewerker.)

Zum Sieden einer Flüssigkeit während einer langeren Zeit, ohne daß dabei eine Destillation stattfindet, versieht man den Kochkolben mit einem *Rückflußkühler* (Abb. 91), der die entstehenden Dämpfe wieder verdichtet und bewirkt, daß das Kondensat in das Siedegefäß zurückfließt.

Die zum starken Erhitzen verwendeten Tiegel siehe „Glühen", S. 60.

Erhitzen unter Druck.

Das Erhitzen unter Druck führt man durch, wenn Reaktionen bei einer Temperatur durchgeführt werden sollen, die über dem Siedepunkt des betreffenden Stoffes oder seines Lösungsmittels liegt, oder wo sich bei der Reaktion Gase entwickeln, die für die Reaktion wesentlich sind. Dabei können Drucke bis 60 Atmosphären, bei Hochdruckautoklaven bis über 100 Atmosphären und Temperaturen bis 300° erzielt werden. Man arbeitet dabei in einem geschlossenen, auf hohen Überdruck geprüften Metallgefäß, dem *Autoklav*, dessen Deckel einen Dichtungsring (Blei, Kupfer, Asbest u. a.) besitzt, der mit Schraubenmuttern aufgesetzt und verschlossen wird. An Armaturen sind vorhanden Manometer, Thermometer, verstellbares Sicherheitsventil, Ablaßventile, oft ein gasdicht angebrachtes Rührwerk. Das Heizen des Autoklaven erfolgt durch ein Ölbad. Geöffnet darf ein Autoklav erst *nach dem völligen Erkalten* werden, nachdem vorher der darin bestehende Druck durch ein Ventil abgelassen wurde.

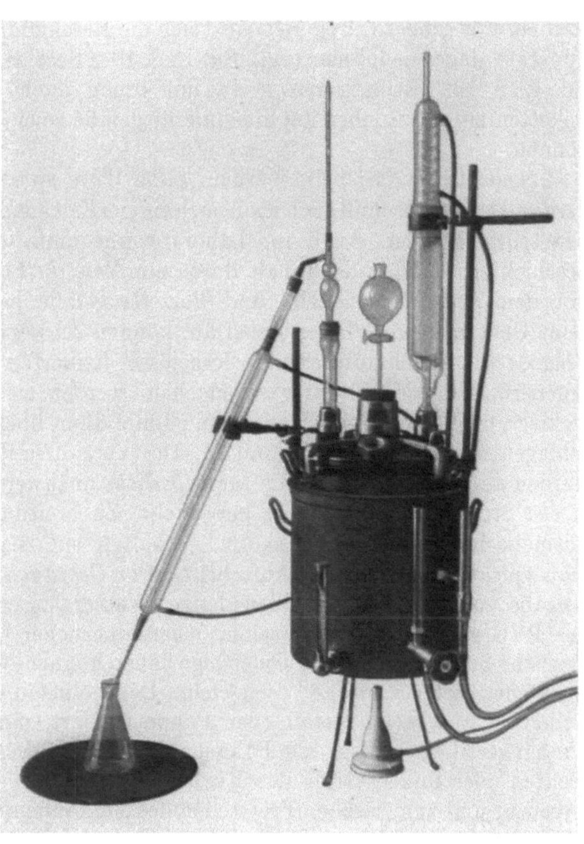

Abb. 92. WMF-Dreihals-Topf. Lieferbar für 13 und 7 l Inhalt, Innendurchmesser 26 bzw. 22 cm. (Hersteller: Württembergische Metallwarenfabrik, Geislingen/Steige.)

Ein Autoklav für den Kleinbetrieb ist der *WMF-Dreihals-Topf* (Abb. 92), ein Universalgerät für das Laboratorium und den Betrieb, der mit 7 bzw. 13 l Inhalt lieferbar ist und als Sterilisierapparat, Vakuumapparat, Destillierapparat, Exsikkator mit oder ohne Vakuumbenutzung, als Wasserdampferzeuger und als Kleinautoklav Verwendung findet. Der Dreihals-Topf hat einen abnehmbaren Deckel, der eine leichte Reinigung und auch den Einbau größerer Geräte, z. B. eines Rührwerks, ermöglicht. Der Topf ist aus Siemens-Martin-Stahl nahtlos gezogen, er und die Deckel sind mit dem besonders stoßfesten und widerstandsfähigen Spezial-Silit-Email überzogen, die Armaturen und Verschlußbügel sind vernickelt.

Bei allen Arbeiten unter erhöhtem Druck müssen die Augen mit einer Schutzbrille geschützt werden.

Da gespannter Wasserdampf stärker keimtötend wirkt als nicht gespannter Wasserdampf oder trockene Heißluft, finden Autoklaven auch als *Hochdrucksterilisatoren* Verwendung.

Calcinieren.

Mit Calcinieren bezeichnet man den vollständigen oder teilweisen Entzug des Kristallwassers eines Salzes durch Erhitzen (Brennen) z. B. von Gips, Soda u. a.

Etikettieren.

Das *Etikettieren* bzw. *Signieren* (lat. signare, bezeichnen) von Standgefäßen, früher eine häufige fachtechnische Arbeit, ist heute nur noch wenig in Übung, da die fertig gedruckten Etiketten von den einschlägigen Druckereien preiswert geliefert werden. Für größere Drogerien wird sich die Beschaffung geeigneter Etikettendruckapparate dagegen lohnen (vgl. Bd. I, S. 10 „Beschriften von Standgefäßen" und Bd. I, S. 18 „Etikettieren"), da mit ihnen auch die üblichen Handverkaufsetiketten zum Aufkleben auf die Verkaufsgefäße sowie Flachbeutel bedruckt werden können.

Grundsätzlich darf beim Verkauf *keine Ware unbezeichnet* (unsigniert) *abgegeben werden.* Der Kunde muß auch noch nach einiger Zeit aus der Aufschrift den Wareninhalt feststellen können. Auch im Laboratorium muß selbst an nur vorübergehend beschickten Gefäßen der Inhalt durch ein *Notetikett* oder Beschriftung des Gefäßes mit dem *Fettstift* (s. „Glas- und Porzellangefäße beschriften", S. 58) ersichtlich sein. Geht man von dieser Regel ab, können schwerwiegende Verwechslungen die Folge sein. Beschmutzte oder losgelöste Etiketten von Standgefäßen sind zu erneuern. Um sie haltbarer zu machen, werden sie mit *Etikettenlack* (s. S. 645) lackiert, nachdem sie mit Kollodium einmal dünn überstrichen sind, um ein Durchschlagen des Lackes zu verhindern. Die Verkaufsetiketten für *innerliche* Zwecke werden auf *weißem* Papier, die für *äußerliche* anzuwendende Arzneimittel und *technische* Stoffe auf *rotem* Papier hergestellt. Zubereitungen, die absetzen, z. B. eine kosmetische Lotion mit Zinkoxyd, erhalten ein zusätzliches Streifenetikett, das man vorrätig hält, mit der Aufschrift „*Vor Gebrauch umschütteln!*". Auch bei der Abgabe von Salmiakgeist, Bleichlauge, Wasserglas usw., die nicht Gifte im Sinne der PVG sind, aber bei versehentlicher innerlicher Verwendung schwere gesundheitliche Schäden u. U. mit Todesfolge haben können, werden mit einem zusätzlichen Streifenetikett „Vorsicht!" versehen. Demijohns und Korbflaschen werden mit Etiketten aus Holz, Metall oder Pappe signiert, die entweder um den Hals als Umhängeetikett, besser als Fahnenetikett einheitlich an allen Korbflaschen am rechten oder linken Griffe des Korbes angebracht werden. Zur Erleichterung der Inventur und zum raschen Feststellen des Verkaufspreises erhalten die Standgefäße im Laden auf der Rückseite Aufklebezettel zum Vermerken der Tara des Gefäßes und der Verkaufspreise der geläufigsten Gewichtsmengen des Gefäßinhalts. Bei Lagergefäßen wird die Tara zweckmäßig auf der Rückseite unten mit Glastinte eingeätzt.

Das Etikettieren von Fertigwaren, Hausspezialitäten, Likör-, Wein-, Öl- usw. Flaschen ist ein wichtiger Punkt der Werbung, dem größte Sorgfalt geschenkt werden muß. Das aufzuklebende Etikett wird rückwärts allseitig, insbesondere auch an den Rändern, mit Etikettenleim bestrichen, dann in der üblichen Höhe zunächst mit der flachen Hand auf die Flaschen aufgedrückt. Dann wird ein reines Papier auf das Etikett der liegenden Flasche gelegt und mittels der Fingerspitzen auf diesem von der Mitte nach dem Rande hin das Etikett glatt gestrichen. Es ist darauf zu achten, daß die Etiketten der Flaschen sämtlich *in gleicher Höhe* und *winkelrichtig* aufgeklebt werden. Zur Bewältigung größerer Flaschenmengen bedient man sich einer *Etikettiermaschine* mit Hand- oder Motorantrieb. Bei der letzten beträgt die stündliche Leistung etwa 3000 Stück. Für Massenetikettierung finden vollautomatische Gummier- und Etikettiermaschinen Verwendung.

Extrahieren.

Unter *Extrahieren* (lat. extrahere, ausziehen) versteht man das Herauslösen eines Stoffes aus einem festen Stoff (Droge) oder aus einer Lösung mittels eines Lösungsmittels. Den Vorgang bezeichnet man mit *Extraktion*. Danach ist auch eine Abkochung (s. Bd. I, S. 42) und ein Aufguß (s. Bd. I, S. 45) ein durch Extrahieren mit heißem Wasser bewirkter Vorgang, ebenso der Kaltwasserauszug oder das Kaltmazerat (s. Bd. II, S. 678, 1271) und der kombinierte Kalt- und Heißwasserauszug (s. Bd. II, S. 1272). Bei der Herstellung einer Tinktur bezeichnet man das Ergebnis des Extrahierens als eine solche, ebenso bei der Herstellung von Extrakt.

Hier sollen besprochen werden die im Laboratorium üblichen Extraktionsverfahren und die Herstellung von Tinkturen, Extrakten, Fluidextrakten und die dabei zur Anwendung kommenden Verfahren.

Beim Extrahieren darf das zur Anwendung kommende Lösungsmittel sich mit dem gelösten Stoff nicht umsetzen, seine Wahl hat dementsprechend zu erfolgen.

Extraktionsverfahren im Laboratorium.

Das Extrahieren von Flüssigkeiten erfolgt auf einfachste Weise mit dem Scheidetrichter (s. „Ausschütteln und Scheiden“, S. 20). Geht die Extraktion von Flüssigkeiten nur langsam vor sich, benützt man sogenannte *Perforatoren*, selbsttätige Extraktionsapparate verschiedener Bauart. Sie arbeiten nach folgendem Prinzip: Das Lösungsmittel wird verdampft und nach der Kondensation durch die Flüssigkeit gedrückt. Dabei nimmt es einen Teil des herauszulösenden Stoffes auf, fließt in das Erhitzungsgefäß zurück und wird dort von neuem verdampft. Auf diese Weise reichert sich allmählich die Konzentration der Lösung an.

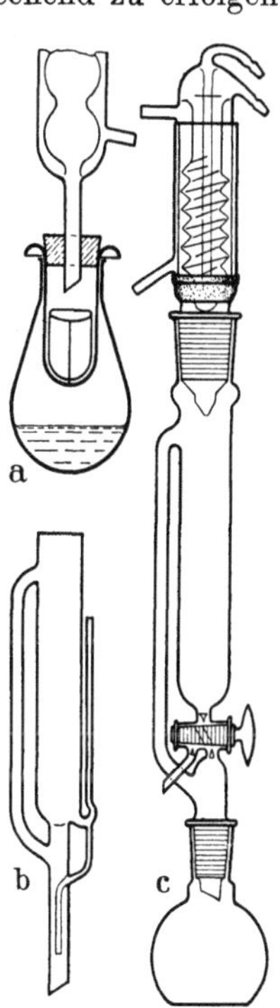

Abb. 93 a. Extraktion durch Einhängen der Hülse, b SOXHLET-Apparat, c Durchlaufextraktor HAGEN-THIELEPAPE. (Hersteller: Greiner & Friedrichs, Stützerbach.) (Nach Wittenberger.)

Das Extrahieren aus einem festen Stoffgemisch kann schon durch Schütteln oder Mazerieren bei gewöhnlicher Temperatur erfolgen. Bei erhöhter Temperatur arbeitet man bei leicht flüchtigen Stoffen in durchlaufend arbeitenden Apparaten, bei denen stets frisches Lösungsmittel zur Wirkung kommt, wie dem SOXHLET-*Apparat* (Abb. 93b), der unten mit einem weithalsigen Kochkolben zur Aufnahme des Lösungsmittels, oben mit einem *Kugel-*, *Schlangen-* (Abb. 51, 52) oder *Rückflußkühler* (Abb. 91) verbunden ist. In den *Extraktor* wird die mit dem fein gepulverten zu extrahierenden Stoff gefüllte *Extraktionshülse* gegeben. Wird nun das Extraktionsmittel im Kochkolben durch Erwärmen auf dem Wasserbad verdampft, werden seine Dämpfe im Kühler kondensiert und tropfen über das Extraktionsgut in den Kochkolben zurück. Dort wird das Lösungsmittel erneut verdampft (die vorher extrahierten Stoffe bleiben im Kochkolben zurück), so daß bis zur Erschöpfung des Extraktionsgutes stets frisches Lösungsmittel zur Verwendung kommt. Behelfsmäßig kann man auch nach Abb. 93a verfahren, indem man in den Weithalskolben mit dem Lösungsmittel ein Drahtgestell mit der Filtrierpapier-Extraktionshülse, die das Extrationsgut enthält, einhängt. Einen wesentlich rascher arbeitenden Apparat, der nach dem Durchflußprinzip arbeitet, zeigt Abb. 93c.

Extraktionsverfahren zur Herstellung von Tinkturen.

Zur Herstellung von Tinkturen (vgl. Bd. I, S. 57) können folgende Verfahren angewandt werden: Die Mazeration, die Digestion und die Perkolation. Die Extraktion unterscheidet sich von der Lösung dadurch, daß das Extraktionsmittel durch die Zellmembranen der pflanzlichen Drogen in die Zellen eindringt, einen Teil der Zellinhaltsstoffe löst und diese durch Diffusion und Osmose aus der Zelle herauswandern (GSTIRNER). Außer den vorgenannten Verfahren finden auch noch Abwandlungen der Perkolation Anwendung.

Mazerieren. Das *Mazerieren*, der Vorgang heißt *Mazeration*, ist bei der Herstellung von Tinkturen der Digestion vorzuziehen, weil die durch das letzte Verfahren gewonnenen Tinkturen beim Aufbewahren meist Bodensätze abscheiden. Die Mazeration ist das vom DAB. 6 vorgeschriebene Verfahren zur Herstellung von Tinkturen. Danach werden Tinkturen, wenn etwas anderes nicht vorgeschrieben ist, in der Weise bereitetet, daß die Arzneistoffe mit der zum Ausziehen vorgeschriebenen Flüssigkeit übergossen und in gut verschlossenen Flaschen an einem vor unmittelbarem Sonnenlicht geschützten Ort bei Zimmertemperatur unter wiederholtem Umschütteln etwa 10 Tage lang stehen gelassen werden. Alsdann wird die Flüssigkeit durchgeseiht, der Rückstand erforderlichenfalls ausgepreßt und die Gesamtflüssigkeit nach dem Absetzen filtriert, wobei eine Verdunstung der Flüssigkeit möglichst zu vermeiden ist.

Tinkturen sind in gut verschlossenen Flaschen aufzubewahren und *klar* abzugeben.

Die Drogen kommen zur Tinkturenherstellung gepulvert, geschnitten oder unzerkleinert (Arnika) zur Verwendung. Das *täglich* vorzunehmende Umschütteln des Ansatzes ist *wesentlich.* Je nach den jeweiligen Vorschriften sind die Tinkturen mit verdünntem (Spiritus dilutus DAB. 6) oder 90%igem Weingeist (Spiritus DAB. 6) im Verhältnis 1 T. gepulverte Droge mit 5 bzw. 10 T. des vorgeschriebenen Weingeistes anzusetzen. Die Drogen finden bis auf wenige Ausnahmen in grob gepulvertem Zustand Verwendung. Als *Ansatzgefäß* kann jede Rollflasche mit möglichst weitem Hals Verwendung finden. Das DAB. 6 führt als Mazerationsflüssigkeit (lat. Menstruum) absoluten Alkohol, Weingeist verschiedener Verdünnungsgrade (auch Wein), Aceton, Ätherweingeist und Wasser auf. Die vom DAB. 6 vorgeschriebene Zeit (10 Tage) ist nicht unbedingt nötig, da die Wirkstoffe der Droge hierbei doch nicht völlig erschöpft werden, vielmehr nur so viel in Lösung geht, bis der Gleichgewichtszustand eingetreten ist. Dies ist schon nach 5 Tagen der Fall. Durch Mazeration hergestellte Tinkturen bleiben bei Zimmertemperatur zwar noch klar, scheiden aber bei Temperaturerniedrigung teilweise Inhaltstoffe aus. Ihre *Aufbewahrung* soll nicht unter der Herstellungstemperatur und auch nicht im Sonnenlicht, das die Veränderung der Wirkstoffe beschleunigt, erfolgen. Das Filtrieren (s. S. 45) empfiehlt sich erst 4 bis 5 Tage nach dem Auspressen (s. S. 19) durchzuführen. Dabei muß die Tinktur jedoch an einem Orte stehen, der nicht wärmer als der spätere Aufbewahrungsort ist. Tinkturen des DAB. 6 dürfen nur durch Mazeration, nicht durch Digestion, Perkolation oder ähnliche Verfahren hergestellt werden.

Die Tinkturen der Harze und Gummiharze können auch durch das *Deplazierungsverfahren* hergestellt werden. Dabei wird die gepulverte Droge (bei zusammenklebenden zweckmäßig mit etwas reinem Sand gemischt) in einen mit Gaze ausgelegten durchlöcherten Einsatz gelegt, der in die Lösungsmitteloberfläche eintaucht. Auf diese Weise sinkt der gelöste Stoff im Lösungsmittel als spezifisch schwerer zu Boden, so daß ständig frisches Lösungsmittel zur Wirkung kommt (Aloetinktur, Benzoetinktur, Myrrhentinktur, Jodtinktur u. a.).

Digerieren. Beim *Digerieren* (lat. digerare, zerkleinern), der Vorgang heißt *Digestion*, handelt es sich um eine Extraktion fester Drogen von vorgeschriebenem Zerkleinerungsgrad bei 40 bis 50° unter häufigem Umschütteln. Dabei erhält man Tinkturen, die mehr Wirkstoffe als bei der Mazeration enthalten, aber leicht nachtrüben. Nach FELDHOFF (Deutsche Apotheke *1934*, 49) ist hierzu der WMF-Dreihalstopf (s. „Erhitzen unter Druck", S. 39, Abb. 92) geeignet, man arbeitet dabei bei 40 bis 50°. Da viele Pflanzenstoffe hitzeempfindlich sind, ist die Digestion in den letzten Jahren immer mehr verlassen worden.

Perkolieren. Wie bei der Mazeration ausgeführt, hört die Extraktion von Drogen praktisch auf, wenn der Gleichgewichtszustand erreicht ist. Beim *Perkolieren* (lat. percolare, durchsickern lassen), der Vorgang heißt *Perkolation* oder *Verdrängungsextraktion*, hat man ein Verfahren entwickelt, bei dem das Konzentrationsgefälle innerhalb und außerhalb der Drogenzelle dauernd aufrechterhalten bleibt und dadurch eine erschöpfende Extraktion der im Extraktionsmittel löslichen Zellinhaltsstoffe ermöglicht wird. Diffusion und Osmose werden dabei durch ein Konzentrationsgleichgewicht nicht behindert. Erreicht wird dies durch dauerndes Abfließenlassen der Extraktlösung und Zufuhr neuen Extraktionsmittels. Das hierzu verwendete Gerät ist der *Perkolator* (Abb. 94). Tinkturen, die durch Perkolation hergestellt sind, sind um etwa 15% gehaltsreicher an Extrakt als Mazerate, die Ausbeute ist um 21% höher, die Droge wird besser ausgenützt als bei der Mazeration, die Herstellungsart ist gegenüber dieser kürzer. Die Herstellung von Tinkturen durch Perkolieren hat daher in den meisten Arzneibüchern Aufnahme gefunden. Zur Tinkturenherstellung haben sich röhrenförmige Perkolatoren und die Diakolatoren (Abb. 95, 96, 97) bewährt, während zur Großherstellung Perkolatorenbatterien, die hintereinander geschaltet werden und im Gegenstromprinzip arbeiten, Verwendung finden.

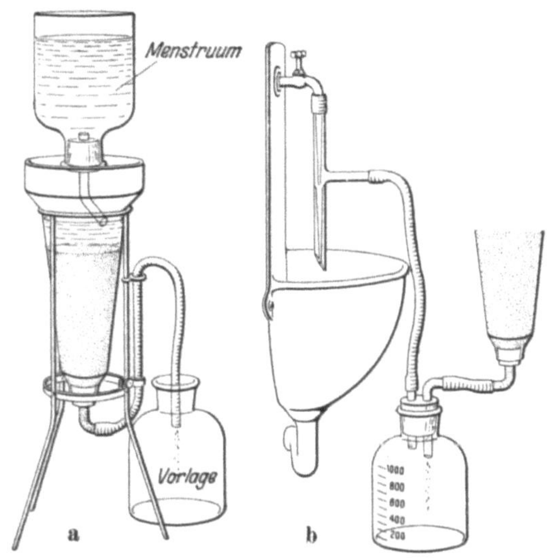

Abb. 94a und b. Perkolationsanordnungen nach *Obiger*. (Nach *Hager*.)

Extraktionsverfahren zur Herstellung von Extrakten und Fluidextrakten.

Über *Extrakte, Extracta* DAB. 6 und *Fluidextrakte, Extracta fluida* DAB. 6, finden sich im Bd. I, S. 47 und 48 ausführliche Abhandlungen. Während die Extrakte durch Mazeration und Eindampfen im Vakuum auf den gewünschten Grad hergestellt werden, werden Fluidextrakte durch Perkolieren im *Perkolator* (Abb. 94) hergestellt. Perkolatoren werden aus Glas, emailliertem Eisenblech, verzinntem Kupfer oder Ton hergestellt, sind nach unten schwach konisch verjüngt oder zylindrisch. Gearbeitet wird bei Zimmertemperatur und Atmosphärendruck. Der schließlich abtropfende klare Drogenauszug ist das *Perkolat*. Nach DAB. 6 werden Fluidextrakte in folgender Weise zubereitet:

100 T. der nach Vorschrift gepulverten Pflanzenteile werden mit der vorgeschriebenen Menge des Lösungsmittels gleichmäßig durchfeuchtet und in einem gut verschlossenen Gefäße 12 Stunden lang stehen gelassen. Das Gemisch wird durch Sieb 3 geschlagen und darauf in den Perkolator, dessen untere Öffnung mit einem

Mullbausch lose verschlossen wird, so fest eingedrückt, daß größere Lufträume sich nicht bilden können. Darüber wird eine Lage Filtrierpapier gedeckt und so viel des Lösungsmittels aufgegossen, daß der Auszug aus der unteren Öffnung des Perkolators abzutropfen beginnt, während die Pflanzenteile noch von dem Lösungsmittel bedeckt bleiben. Nunmehr wird die untere Öffnung geschlossen, der

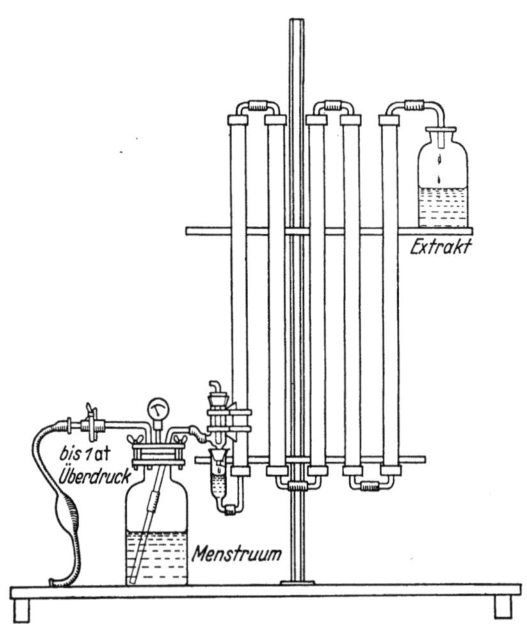

Abb. 95. Schematische Mehrröhrendiakolation nach *Breddin*. (Nach *Hager*.)

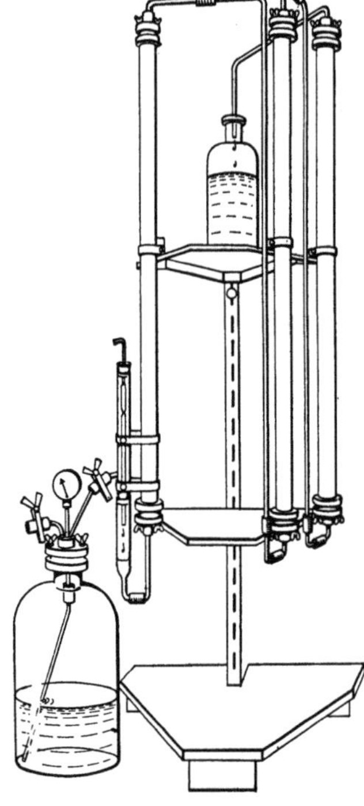

Abb. 96. Tischdiakolator nach *Breddin*. (Nach *Hager*.)

Perkolator zugedeckt und 48 Stunden lang bei Zimmertemperatur stehen gelassen. Nach dieser Zeit läßt man unter Nachfüllen des Lösungsmittels den Auszug in eine enghalsige Flasche in der Weise abtropfen, daß bei Anwendung von

1 kg	Droge und darunter	10	bis 12	Tropfen
2 kg	„ „ „	20	„ 25	„
3 kg	„ „ „	30	„ 35	„
10 kg	„ „ „	40	„ 70	„

in der Minute abfließen.

Den zuerst erhaltenen, einer Menge von 85 T. der trockenen Pflanzenteile entsprechenden Auszug, den *Vorlauf*, stellt man beiseite und gießt in den Perkolator so lange von dem Lösungsmittel nach, bis die Pflanzenteile vollkommen ausgezogen sind.

Bei narkotischen Extrakten wird es in folgender Weise festgestellt. 10 ccm der ablaufenden Flüssigkeit werden mit 3 Tr. verdünnter Salzsäure auf dem Wasserbad eingedampft; der Rückstand wird in 5 ccm Wasser gelöst und die Lösung filtriert. Sie darf nach Zusatz von MAYERs Reagens nicht sofort getrübt werden.

Abb. 97. Evakolator von Kessler, Pforzheim.

Die bis zur Erschöpfung der Pflanzenteile gewonnenen weiteren Auszüge, die *Nachläufe*, werden, sofern bei der Herstellungsvorschrift der einzelnen Fluidextrakte nicht anders vorgeschrieben ist, mit dem letzten Auszug beginnend bei möglichst niedriger Temperatur, am besten im luftverdünnten Raume, zu einem dünnen Extrakt eingedampft. Dieses wird mit dem Vorlauf vermischt und der Mischung so viel des vorgeschriebenen Lösungsmittels zugesetzt, daß 100 Teile Fluidextrakt erhalten werden.

Das fertige Fluidextrakt wird 8 Tage lang bei Zimmertemperatur stehengelassen und dann filtriert.

Färben von Flüssigkeiten u. a.

Zahlreiche kosmetische und technische Erzeugnisse sowie Spirituosen werden gefärbt, um ihr Aussehen zu verbessern. Für kosmetische Erzeugnisse und Liköre dürfen nur die von der Deutschen Forschungsgemeinschaft, Kommission zur Bearbeitung des Lebensmittelfarbstoffproblems, Bad Godesberg, für diese Zwecke als gesundheitlich unbedenklich bezeichneten Farbstoffe Verwendung finden. Zweckmäßig stellt man sich klar filtrierte Stammlösungen bestimmten Prozentgehaltes her, damit die Färbungen auch für die Zukunft gleichmäßig ausfallen. Wäßrige Lösungen sind nur kurze Zeit haltbar und müssen mit Nipa-Estern konserviert werden. Entsprechend den Eigenschaften der zu färbenden Erzeugnisse müssen wasser-, weingeist- oder öllösliche Farbstoffe Verwendung finden und solche, die durch den p_H-Wert der zu färbenden Erzeugnisse nicht verändert werden.

Filtrieren.

Unter *Filtrieren* (lat. filtrum, Filz) versteht man das Abscheiden von festen Stoffteilchen aus einer Flüssigkeit mit Hilfe einer porösen Schicht, die für Flüssigkeit durchlässig ist, dem *Filtriermittel*, wobei die Feststoffe zurückgehalten werden (ULLMANN). Das Ergebnis des Filtrierens oder des Vorgangs, der *Filtration*, ist das *Filtrat*. Nach dem Ziel der Filtration unterscheidet man die *Trennfiltration*, zur Gewinnung der festen Stoffteilchen oder die *Klärfiltration* zur Gewinnung eines klaren Filtrats. Beim Trennen eines Kristallschlammes von der Mutterlauge ist das Ziel der Filtration, Feststoffe *und* Filtrat zu gewinnen. Das Filtrieren ist eine der wichtigsten fachtechnischen Arbeiten im Laboratium und Betrieb.

Grundsätzlich müssen alle Flüssigkeiten sowie Mischungen derselben, auch Öle, filtriert werden. Auf keinen Fall darf eine Lösung unfiltriert zur Verwendung kommen, da beim Lösen auch reinster Chemikalien stets kleine unlösliche Verunreinigungen erkennbar sind. Erst ein kristallklares Erzeugnis spricht den Verbraucher richtig an und beweist ihm die Qualität des Erzeugnisses. Trübe, halb- oder auch nur opaleszierend trübe Flüssigkeiten sind fachmönnisch nicht richtig hergestellt oder abgegeben worden. Am Filtrieren zu sparen, ist fachlich falsch und kaufmännisch-werblich unklug.

Filtriermittel sind je nach dem Verwendungszweck Metall- oder Textilgewebe aus Natur- oder Kunstfaser, verfilzte Schichten, Papier, Filz, Celluloseschlamm u. a., Anschwemmschichten von Kieselgur, Asbest, A-Kohle, poröse Massen (Glasfritten usw.), für Ultrafilter Häute und Membranen.

Filtrierpapiere. Für analytische Zwecke benötigt man besondere Filtrierpapiere, für quantitative Arbeiten sog. *aschefreie Filter*, die durch Waschen mit Salzsäure, Flußsäure und destilliertem Wasser einen sehr geringen Aschenrückstand hinterlassen. Damit dieser nach der Veraschung bei quantitativen Berechnungen in Abzug gebracht werden kann, ist er für die einzelne Filterscheibe jeweils auf der Packung angegeben. Für besondere Zwecke sind Papierfiltereinsätze für *Gooch-Tiegel* und Hülsen für Extraktionsapparate in verschiedenen Größen lieferbar. Für technische Filtrationen im Laboratorium und Betrieb sind für die verschiedenen Flüssigkeiten *Rundfilter* oder gebrauchsfertige *Faltenfilter* (Abb. 98), glatt, genarbt oder gekreppt, dünn, dick und extra dick für alle Zwecke lieferbar. Dabei wird von den Herstellerfirmen jeweils die Filtriergeschwindigkeit angegeben. Billige Filtrierpapiere im Bogen werden in den Formaten

39 × 39 45 × 45 58 × 58 70 × 70

ebenfalls glatt, genarbt, gekreppt, dünn und dick, langsam und schnell filtrierend geliefert.

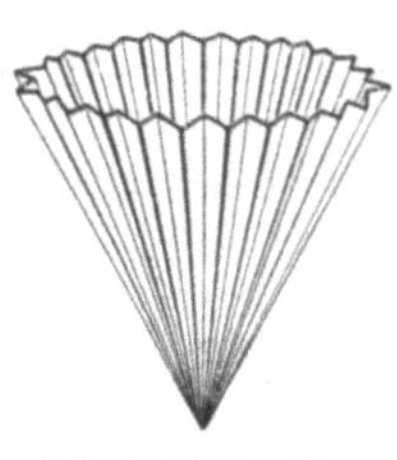

Abb. 98. Faltenfilter.

Für besondere Zwecke werden Filtrierpapiere für Öle, Säfte, Süßmoste, Weine usw. geliefert.

Das Herrichten der Filtrierpapiere. Für analytische Zwecke oder zum Filtrieren anderer kleiner Mengen verwendet man glatte *Kegelfilter*, die man aus den käuflichen *Rundfiltern* durch Aufeinanderlegen der beiden Hälften und einmaliges Falzen herstellt, indem die dabei entstandenen Ecken nach nochmaligem Aufeinanderlegen weniger stark gefalzt werden. So entsteht ein tütenartiges Filter. Größere Filter können als *Faltenfilter* mit gehärteter Spitze in den geläufigen Größen (12,5 bis 50 cm Durchmesser) bezogen oder selbst gefaltet werden. Das Faltenfilter verwendet man zur Beschleunigung der Filtration, weil dadurch die Oberfläche des Filtermittels vergrößert wird. Auch der *Rippentrichter* (Abb. 99) dient demselben Zweck. Das Selbstlegen von Filtern aus Filtrierpapierbogen ist eine der ersten fachtechnischen Arbeiten jedes Lehrlings. Beim Legen des Faltenfilters ist der Spitze besondere Sorgfalt zu widmen. Die überstehenden Ecken des fertig gefalteten Filters schneidet man so ab, daß das abgeschnittene Filter beim Einsetzen in den Trichter nur bis wenig unter den oberen Trichterrand reicht.

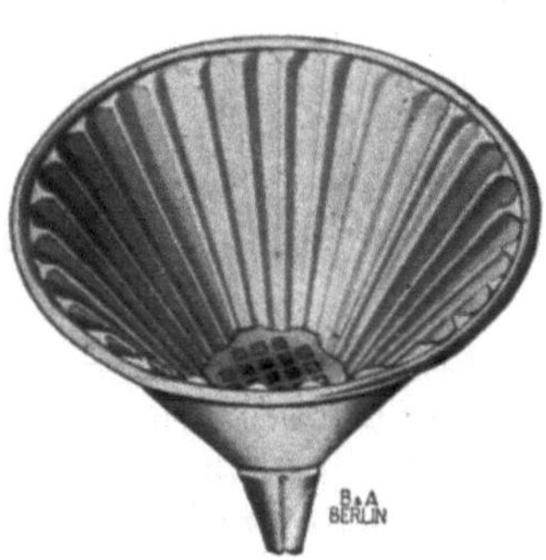

Abb. 99. Rippentrichter. (F. Bergmann, Berlin-Zehlendorf.)

A. Filtrieren unter gewöhnlichem Druck.

Für analytische Arbeiten kommen kleine Glastrichter, *Analysentrichter*, mit glatten Wandungen, die in einem Winkel mit 60° zueinander stehen, und langem Abflußrohr zur Verwendung. Besonders geeignet ist der Analysentrichter von Schott & Gen. (Abb. 100), dessen Konstruktion allen Anforderungen entspricht. Filtriert wird mit einem *Filtrierstativ* (Abb. 101), das Aufgießen erfolgt, wie aus Abb. 23, S. 8 ersichtlich ist.

Für die Drogistenpraxis kommt hauptsächlich das Filtrieren mit einem *Trichter* (Abb. 4, S. 4, Abb. 99) und *Filtrierpapier* zur Anwendung. Um dabei das Umkippen des Trichters zu vermeiden und der durch das Filtrat verdrängten Luft ungehinderten Austritt aus der Flasche zu ermöglichen (es besteht sonst die Gefahr, daß sie durch den Trichterhals entweicht und dabei das Filter zerreißt), wird zwischen den Trichter und Flaschenhals ein kleiner aus Filtrierpapierabfällen gefalteter Bausch eingesetzt. Bei großen Trichtern ist die Verwendung von einem *Trichtereinsatz, Filterkonus* (Abb. 102) notwendig, um ein Zerreißen des Filters durch den Druck der aufgegossenen Flüssigkeit zu vermeiden. In diesen wird die Spitze des gefalteten Filters eingesetzt und dann das Filter, damit es sich gleichmäßig an der Filterwandung anlegt, durch vorsichtiges Eingießen mit der zu filtrierenden Flüssigkeit entlang der Filterwandung benetzt. Dann wird auf die gleiche Weise fast bis zum Trichterrand aufgegossen und das ablaufende Filtrat so lange auf das Filter zurückgegossen, bis das Filtrat infolge teilweiser Verstopfung der Filterporen klar abläuft. Kommen Flüssigkeiten mit starkem Bodensatz zur Filtration, wird dieser erst am Ende der Arbeit, wenn die Filterporen bereits verstopft sind, aufgegossen. Wird anders verfahren, wird die Filtration unliebsam verzögert.

Abb. 101. Filtrierstativ mit verzinkten Ringen, 6, 8 und 10 cm Durchmesser. (F. Bergmann KG., Berlin-Zehlendorf.)

Abb. 100. Jenaer Analysentrichter für schnelle Filtration.

Abb. 102. Filterkonus aus Porzellan zum Einsetzen in größere Trichter zur Vermeidung des Reißens des Filters. (F. Bergmann KG., Berlin-Zehlendorf.)

Werden leicht verdunstende Flüssigkeiten filtriert oder solche, die eine lange Durchlaufzeit benötigen, ist stets das Filter mit einem *Uhrglas* oder einer *Glasplatte* zu bedecken.

Beschleunigung des Filtrierens. Die *Analysentrichter aus Jenaer Glas* (Abb. 100) arbeiten 3- bis 5mal schneller als gewöhnliche Trichter. Sie eignen sich besonders für analytische Arbeiten auch mit schleimigen Niederschlägen, besitzen hohe mechanische Festigkeit und thermische Beständigkeit. Bei ihrer Verwendung genügen einfache Rundfilter. Die Trichter sind in 3 Durchmessern erhältlich. (Hersteller: Jenaer Glaswerk Schott & Gen., Mainz.)

Trichter mit Schleifenrohr (Abb. 46) beschleunigen das Filtrieren, indem sich in dem Rohr eine Flüssigkeitssäule ansammelt, die beim Ablaufen einen Sog bewirkt. Ist das obere Ende kegel- oder kelchförmig, finden solche Geräte als Gärrohre gegen das Eindringen von Bakterien Verwendung.

Zur Beschleunigung des Filtrierens kann bei Stoffen, die bei gewöhnlicher Temperatur nicht dünnflüssig sind, wie Fette, fette Öle, Mineralöle, die durch Wärme weniger viscos sind und im warmen Zustand rascher durch ein Filter laufen, besondere Trichter verwendet werden. Beim *Heißwassertrichter* (Abb. 103) wird dessen Wasser durch einen abstehenden Sporn mit der Gasflamme erhitzt, beim *Trichter mit Heizschlange* (Abb. 104) wird heißes Wasser oder Dampf durchgeleitet oder elektrisch beheizt. Heiße Flüssigkeiten fließen im allgemeinen rascher durch ein Filter als kalte.

Der URBANTI-Schnellfiltriertrichter[1] (Abb. 105, 106) aus Haldenwanger-Hartporzellan, Außendurchmesser etwa 210 mm, Gesamthöhe etwa 310 mm, ein Schnellfiltriertrichter mit Spezialrippen an der Innenwand, bewirkt völlig freien Durchlauf durch das Filter ohne Stauung des Filtrats im engen Trichterteil. Man arbeitet mit glattem Rundfilter schneller und billiger als mit dem teureren Faltenfilter im Normaltrichter gleicher Größe. Gegenüber dem letzten wird eine Filtriergeschwindigkeit von 1:20 erzielt, indem das fallende Filtrat einen beschleunigenden Sog erzielt. Die Filterleistung bleibt auch bei aufgeweichtem Filter konstant.

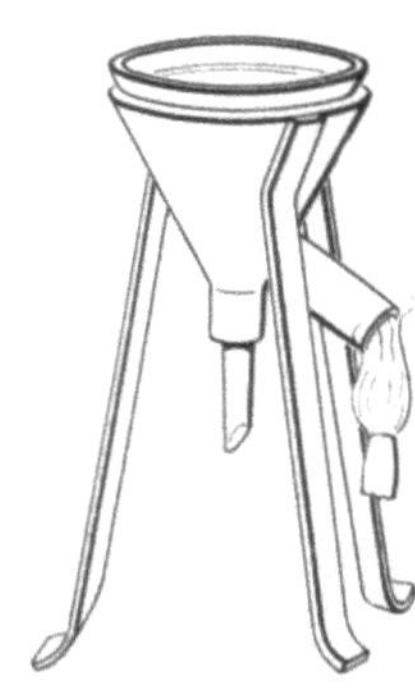

Abb. 103. Heißwassertrichter.

Selbsttätige Filtration. Die selbsttätige Filtration ist beim Filtrieren größerer Flüssigkeitsmengen eine wesentliche Zeitersparnis. Sie ist auch im Drogeriebetrieb bei der Filtration von Muttersäften, Spirituosen, Südweinen usw. unter Verwendung eines Reservegefäßes wichtig. Eine praktische Anordnung für diesen Zweck hat K. PÖCKEL[2] (Abb. 107) gegeben. Die von ihm vorgeschlagene Apparatur ist so zusammengestellt, daß 1. die Verdunstung der Flüssigkeit weitgehend verhindert wird, 2. die Luftzufuhr zum Zylinder aufrechterhalten bleibt, 3. ein Überlaufen ausgeschlossen ist und 4. außerdem die Filtration im großen von Ballon zu Ballon durchgeführt werden kann. Die Apparatur kann sich jeder ohne Kosten selbst zusammenstellen. Siehe auch KAPSENBERG-Filter S. 22.

„In Abb. 107 a ist eine einfache Vorrichtung gezeigt. Wenn die aufgesetzte Flasche mit dem Glasrohr luftdicht verschlossen ist, kann jeweils nur so viel Flüssigkeit nachlaufen, bis das Rohr in die aufsteigende Flüssigkeit im Trichter eintaucht. Beim Einstülpen der Flasche muß man jedoch das Rohr zuhalten, damit keine Flüssigkeit verschüttet wird. Bequemer ist daher das Arbeiten mit einem Glashahnrohr mit ziemlich weitem lichtem Durchmesser, auch das Loch im Hahn selbst muß reichlich

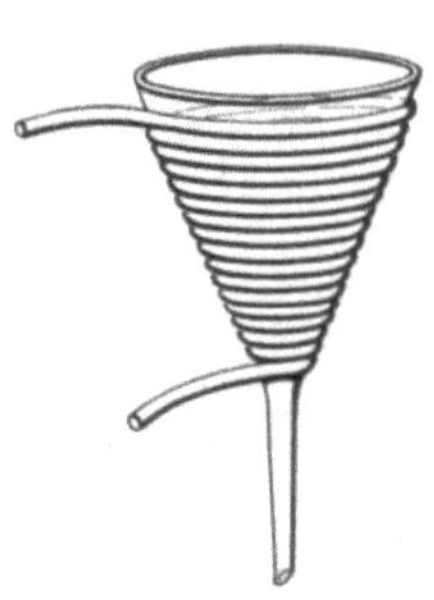

Abb. 104. Trichter mit Heizschlange.

Abb. 105. Schnell-Filtriertrichter Urbanti IIP.

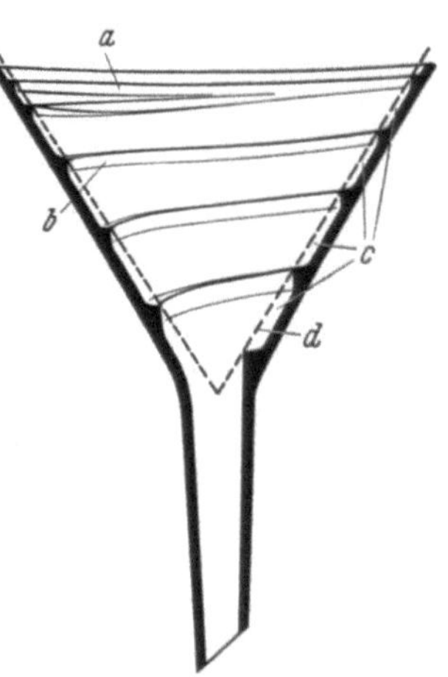

Abb. 106. Wirkungsweise des URBANTI-Schnell-Filtriertrichters.

[1] Alleinhersteller Porzellan-Manufaktur W. Haldenwanger, Berlin-Spandau.
[2] PÖCKEL, K.: München, DAZ **15**, 251 (1952).

weit sein, damit die Luft durch das Rohr nachsteigen kann. Als Filtriergestell wird zweckmäßig eine leere Kiste verwendet, an deren einen Schmalseite zum Aufsetzen der oberen Flasche ein entsprechendes Loch angebracht wird. Beim Filtrieren alkoholischer Flüssigkeiten verwendet man zum Abdecken eine in der Mitte durchlochte Glasplatte. Vorausgesetzt, daß der Verschluß der Flasche luftdicht ist, kann ohne Wartung (z. B. über Nacht), filtriert werden. Zur Verhinderung des Überlaufens bei porösem Kork oder infolge während der Filtration entstehender Luftkanälchen wird der Filtrierzylinder (Abb. 107b) empfohlen. Der keilförmige untere Teil ist

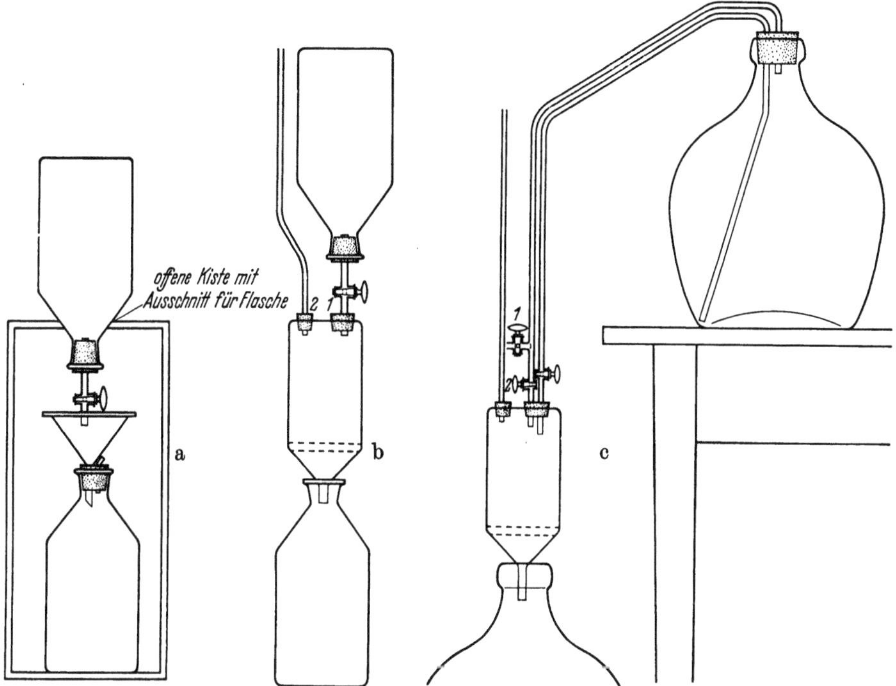

Abb. 107. Filtration mit automatischer Nachfüllung des Filters. (Nach *K. Pöckel*, in DAZ. 1952, 15, 251.)

abschraubbar, ähnlich wie beim Koliertrichter, und wird mit einem Filtrierpapier (12 cm ∅) beschickt. Die 4 cm weite Öffnung (*1*) dient der Aufnahme des Glashahns mit einem dichtschließenden Kork; die zweite Öffnnng ist mit einem Steigrohr versehen. Hierdurch wird erreicht, daß die Verdunstung weitgehend verhindert wird, die Luftzufuhr zum Zylinder aber aufrecht erhalten bleibt und ein Überlaufen ausgeschlossen wird, selbst wenn ein Nachlaufen aus der aufgesetzten Flasche über das untere Ende des Glashahnrohres stattfinden sollte (kommunizierende Röhren). Mit Hilfe des Filtrierzylinders kann auch die Filtration im großen von Ballon zu Ballon stattfinden (Abb. 107c). Der Ballon mit der zu filtrierenden Flüssigkeit wird auf einen Tisch gestellt und mit einem doppelt durchbohrten Kork, durch den 2 Rohre führen, luftdicht verschlossen. Das eine Rohr dient als Heber und reicht bis zur tiefsten Stelle des Ballons, am anderen Ende ist es mit einem Hahn versehen. Das zweite Rohr dient zur Luftzufuhr bzw. zur Abriegelung der Luftzufuhr, wenn der Zylinder sich gefüllt hat. Es ist vorteilhaft, dieses Rohr noch mit einem seitlichen Ausgang (T-Stück) und zwei Hähnen bzw. Klemmschrauben zu versehen. Zu Beginn der Filtration wird dann der seitliche Hahn (*1*) geöffnet und der untere (*2*) geschlossen, um durch Lufteinblasen den Heber zu füllen; dann werden die Hähne gewechselt. Das Steigrohr reicht über den Flüssigkeitsspiegel im oberen Ballon und dient zur

Luftzuführung für den Zylinder und als Sicherheitsrohr gegen Überlaufen. Bei Verwendung von Glasröhren werden diese zum Schutz gegen Bruch vorteilhaft an einem entsprechend gebogenen Führungsstab aus Metall oder einem Holzrahmen befestigt. Erweist es sich als notwendig, das Filter zu wechseln, so kann der Hahn am Heber geschlossen werden und der Filterzylinder oder dessen Unterteil nach Entleerung abgenommen werden. Nach Reinigung und Zusammensetzen des Zylinders kann die Filtration durch Öffnen des Hahnes ohne weiteres fortgesetzt werden."

Filtrierhilfsmittel. Als Filtrierhilfsmittel finden feinste, faserige oder körnige indifferente Stoffe von geringem spezifischem Gewicht Verwendung, die durch *Anschwemmen* auf dem Filter eine lockere, sehr feinporige Filterschicht geben, die als Filter wirkt und besonders bei der Klärfiltration wirksam ist. Stoffe dieser Art sind *Kieselgur* (vgl. Bd. II, S. 708), die schon in dünnen Schichten hochdurchlässige Filterschichten bildet, für leichtfiltrierbare Trüben *Asbest* (vgl. Bd. II, S. 127), *Fullererde, Talcum, Cellulosebrei* und *Aktivkohle,* von denen die letzte gleichzeitig entfärbt. Von SEITZ-Filtriermaterial zur Klärung von Weinen, Säften, Spirituosen sowie anderen Getränken unter Verwendung in SEITZ-Anschwemmfiltern sind folgende Sorten lieferbar:

SEITZ „Theorit" Nr. 0, 1, 2, 3, 5, 7, „Brillant-Theorit" und „Brillant-Asbest" für Weine, Spirituosen, Süßmoste usw. unerreicht an Reinheit und Filterleistung.

Die Filtermaterialien sind durch Durchlässigkeitsnummern gekennzeichnet. Je höher diese ist, um so undurchlässiger ist die durch das betreffende Material gebildete Schicht und um so schärfer seine Filtrationswirkung.

B. Filtrieren unter vermindertem Druck.

Filtrieren mit Nutschen. Nutschen bestehen aus Glas oder Porzellan (vgl. „Absaugen", S. 15, Abb. 37), die einfachsten haben eine Siebplatte, auf die ein verstärktes Papierfilter aufgelegt wird. Die Öffnungen der Siebplatten können runde oder schlitzförmige Öffnungen haben, andere (Schott & Gen.) haben Platten aus poröser Glasmasse. Die Reinigung der letzten erfolgt mit heißer Schwefelsäure, der etwas Salpeter zugesetzt wird. Chromschwefelsäure darf zur Reinigung nicht verwendet werden, da die Chromionen von Glas adsorbiert werden.

Die Filtration mit der *Eintauchnutsche* (Abb. 108), sog. *umgekehrte Filtration,* wird angewandt, wenn das Filtrat, nicht aber der Niederschlag oder sonstiger Bodensatz benötigt wird. Man läßt den Bodensatz absetzen und saugt die oben stehende Flüssigkeit durch die Eintauchnutsche ab.

C. Filtrieren mit Überdruck.

Das Filtrieren mit Überdruck, mit *Druckfiltern,* wird für größere Flüssigkeitsmengen mit *Filterpressen,* bei denen man *Kammerpressen* (Abb. 109) und *Rahmenpressen* (Abb. 110) unterscheidet. Bei beiden ist eine Reihe mit Filtertüchern (T) an waagrechten Parallelen eisernen Tragspindeln aufgehängt oder werden Platten aus Asbest und Papierfasern, *Theorit,* eingelegt. Mehrere Platten werden von zwei Kopfstücken zusammengepreßt. Bei den Kammerpressen entstehen durch die erhabenen Plattenränder zwischen je 2 Platten Hohlräume, bei den Rahmenpressen entstehen sie durch Hohlrahmen, die zwischen die Platten (P) geschaltet werden. Die Kammern oder Rahmen werden unter Druck gefüllt. Das Filtrat tritt durch die Tücher bzw. Platten und wird durch einen Hahn abgelassen. Filterpressen finden in der Industrie weitgehende Verwendung und werden auch heizbar und mit Kühlreinrichtung geliefert.

SCHEIBLER-*Filter* ist ein unter Überdruck arbeitendes Filter, das von der Firma Scheibler, Wuppertal, hergestellt wird.

Spezialfilter.

Berkefeld-Tropf-Filter. Diese Apparate werden aus Steingut, emailliertem Eisenblech und Glas geliefert. Ihr wirksamer Teil ist der poröse Filterzylinder A (Abb. 111), der in dem Einsatzgefäß befestigt ist. Das in den Einsatz eingegossene

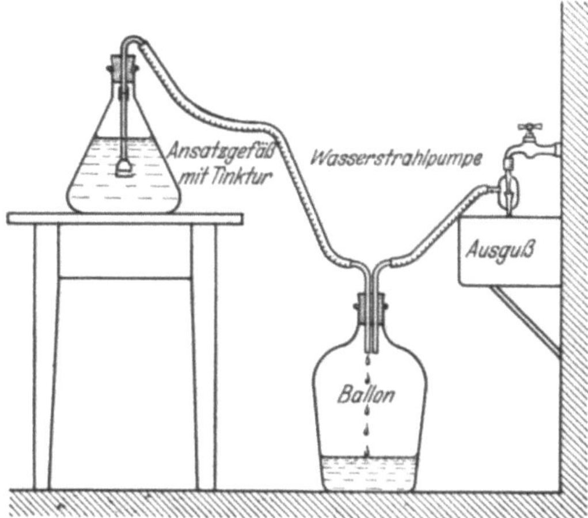

Abb. 108. Filtrieren größerer Mengen Flüssigkeit mit Eintauchnutsche aus Jenaer Glas. (Nach *Hager*.)

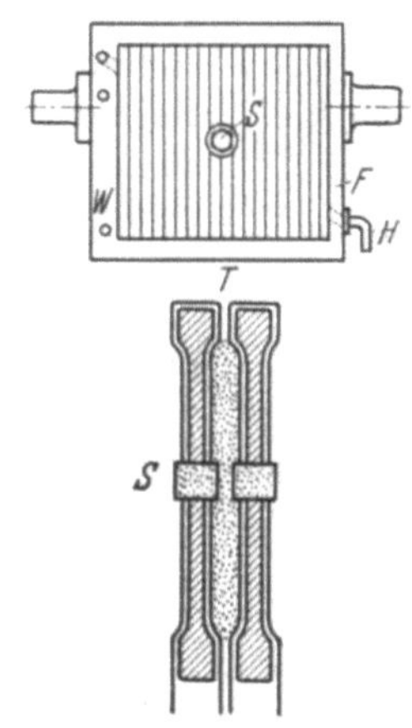

Abb. 109. Kammerpresse. Zwischen je zwei Platten entstehen durch die Plattenränder Hohlräume. T = Filtertuch, P = Platte, S = Füllkanal, F = Ablaufkanal, H = Ablaufhahn, W = Kanal zum Reinigen mit Wasser. (Nach *Wittenberger*.)

Wasser durchsickert die poröse Wand des Filterzylinders von außen nach innen, sammelt sich in dem äußeren Gehäuse und wird aus dem Zapfhahn kristallklar entnommen. Je nach Größe sind die Tropffilter mit 1 bis 3 Filterzylindern ausgestattet, ihre Stunden-

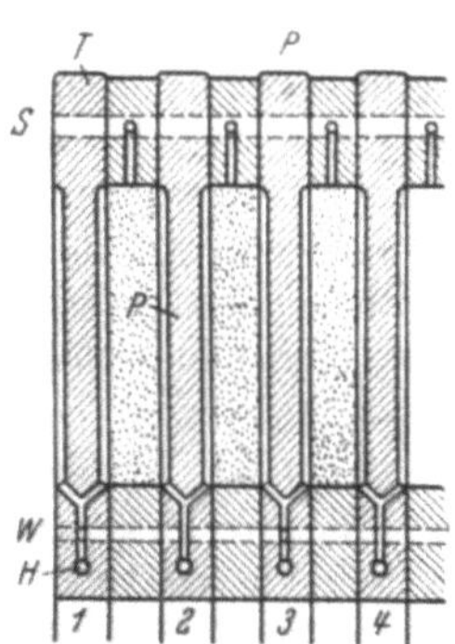

Abb. 110. Rahmenpresse, durch zwischen die Platte (P) geschaltete Hohlrahmen entstehen Hohlräume. (Nach *Wittenberger*.)

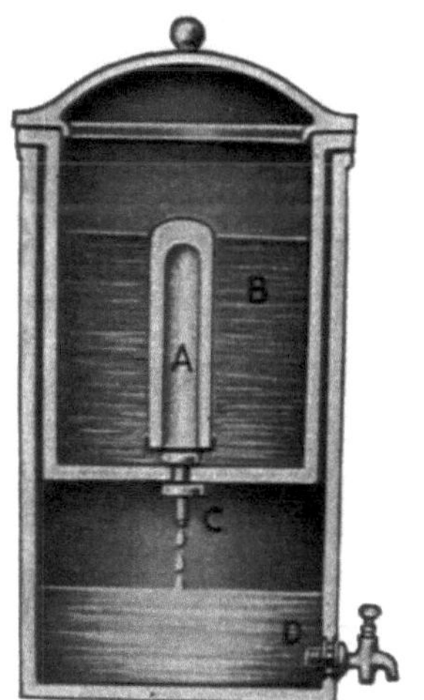

Abb. 111. Berkefeld-Tropffilter, Querschnitt während der Filtration.

Abb. 112. Berkefeld-Steingut-Tropffilter B.

leistung beträgt $^1/_4$ bis 2 l. Die BERKEFELD-Tropffilter eignen sich vor allem ausgezeichnet zur Filtration von destilliertem Wasser, wobei die lästige Schleimalgenbildung mit Sicherheit vermieden wird. Das Steingut-Tropffilter B (Abb. 112) ist für den genannten Zweck besonders zu empfehlen. Die BERKEFELD-Tropffilter sind auch als *Glastropffilter TF* (Abb. 113) lieferbar.

Berkefeld-Entkeimungsfilter. Diese besitzen als wirksamen Teil eine einen oder mehrere an einem Ende geschlossenen, am anderen Ende mit einem Auslaufstutzen versehene Hohlzylinder aus gebrannter Kieselgur. Durch die große Porösität und Feinheit dieses Materials weisen die aus Kieselgur hergestellten Filterzylinder eine unendliche Menge nur mikroskopisch sichtbarer Poren auf, die so klein sind, daß weder Bakterien noch Schmutzstoffe sie durchdringen können. Bei der Filtration von Wasser bleiben Bakterien und Schmutzstoffe auf der Oberfläche liegen, während das reine, von diesen Stoffen befreite Wasser die Poren durchdringt und dabei vollkommen entkeimt und von allen Schwebestoffen befreit wird. Auch das SEITZ-E.-K.-Filter ist bewährt.

Abb. 113. Berkefeld-Glas-Tropffilter TF.

Bakterienfilter finden zur keimfreien Filtration von Flüssigkeiten Verwendung, die auf dem üblichen Wege nicht sterilisiert werden können, weil sie durch Hitze leiden. Sie stehen hinsichtlich ihres Trennvermögens auf der Grenze zwischen gewöhnlichen Filtern und Ultrafiltern. Die Sterilisation erfolgt bei Bakterienfiltern durch ihren Porendurchmesser (1 μ) und gleichzeitige Adsorption der Bakterien. Bakterienfilter liefern die Firmen Schott & Gen., Schenk und Seitz. Sie finden auch Verwendung zur Herstellung von praktisch ausreichend entkeimtem Trinkwasser.

Ultra- oder Membranfilter. Diese Filter finden Verwendung für analytische und präparative Arbeiten mit feinsten Niederschlägen, für kolloide und eiweißhaltige Lösungen bakteriologische, serologische und Mikroanalysen. In der Technik zur Trinkwasseraufbereitung und -entkeimung, zur Kaltentkeimung von Wein, Sekt, Süßmost, Obstsäften, Bier, zur Blankfiltration von Lösungen mit feinsten Trübungen, in Molkereien, der Öl- und Lackindustrie, für analytische, quantitative und bakteriologische Arbeiten werden die geeigneten Filtrierapparate benutzt, die die Membranfilter-Gesellschaft Sartorius-Werke AG. & Co., Göttingen, liefert.

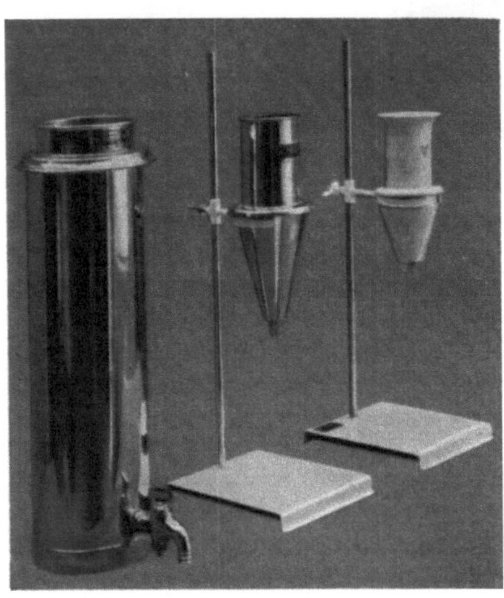

Abb. 114. SEITZ-Kleinfilter. Links IV-N 8–12 l, Mitte IV 4–6 l, rechts V (Porzellan) 2–3 l Stundenleistung. (Hersteller: SEITZ-Werke G.m.b.H., Kreuznach Rhld.

Zur Filtration kleinerer Mengen von Süßmosten, Fruchtsäften, Likören, pharmazeutischen und kosmetischen Flüssigkeiten haben sich die SEITZ-Kleinfilter (Abb. 114) bestens bewährt. Die Filter bilden die filtrierende Schicht im Anschwemmverfahren, besitzen ein Spitzsieb, bestehend aus einem feinen und einem dieses schützenden groben Gewebe. Die filtrierende Schicht schwemmt sich auf dem feinen Gewebe an. Normalausführung der Filter ist: Kupferblech innen verzinnt, außen vernickelt, Phosphorbronzegewebe verzinnt. Das Kleinfilter V (Porzellan) wird mit feinem Gewebe aus V 2 A-Stahl geliefert. Für besondere Filtrationsaufgaben werden die Filter auch aus anderen Metallen geliefert. Stundenleistung des Kleinfilters IV 4 bis 6 l, des Kleinfilters IV-N 8 bis 12 l.

SEITZ-*Zylinderfilter* (Abb. 115) dient der Durchführung kleinerer und mittlerer Filtrationsaufgaben und ist wie das SEITZ--Kleinfilter das gegebene Filter für die

Drogerie. Es empfiehlt sich, die zur Filtration kommenden Flüssigkeiten anzugeben, damit die richtigen Metalle Verwendung finden. Der feste Siebkörper, auf dem sich die Filterschicht anschwemmt, hat die Form eines Zylinders mit innerem Kegel. Das Filter kann mit und ohne selbsttätige Zuleitung geliefert werden, die den Spiegel der unfiltrierten Flüssigkeit im Filter stets auf gleicher Höhe hält, so daß ein Überlaufen ausgeschlossen ist. Je nach Größe ist die ungefähre Tagesleistung dieser Filter 100 bis 2000 l.

Abb. 115. SEITZ-Zylinderfilter aus Kupferblech, innen verzinkt, außen lackiert, Siebkörper aus verzinntem Phosphorbronze-Gewebe. Stundenleistung je nach Größe 100—2000 l.

Seitz-Filter, Schenk-Filter mit und ohne Vakuum.

SEITZ-Schichtenfilter „Pilot-Z" (Abb. 116), ein Filter zur klärenden und entkeimenden Filtration metallempfindlicher oder andere Metalle korrodierender Flüssigkeiten bis zu einigen 100 l/h. Max. 3 atü, lieferbar mit 1, 3, 5, 7 und 9 Schichten.

SEITZ-*Schichtenfilter* „ARISTON" (Abb. 117) kann als Faß- oder Flaschenfilter für die klärende und entkeimende Filtration je nach Art der verwendeten Schichten eingesetzt werden. Bei der *klärenden* Filtration arbeitet man bei Pumpendruck mit SEITZ-Klärschichten oder bei entsprechendem Fall- oder Luftdruck mit SEITZ-„Komet-Theorit"-Schichten. Für die *entkeimende* Filtration stehen die absolut zuverlässigen SEITZ-Entkeimungsschichten zur Verfügung. Das schmiedeeiserne, geschweißte, kräftige Filtergestell ist fahrbar. Die Arbeitsweise des Filters geht aus der Schemazeichnung (Abb. 118) hervor. Normal arbeitet das Filter mit 4 Schichten. Es können aber weitere Kammerpaare hinzugenommen werden. Auch die Kieselgur-Filtration kann mit „ARISTON" durchgeführt werden. Stündliche Leistung in Flaschen je nach Größe 350 bis 1800 l.

Abb. 116.

SEITZ-*Schichtenfilter* „ARISTON-Z" (Abb. 119) mit Zentralspindelanpressung gestattet die Aufnahme von insgesamt 14 Filterschichten. Durch den Einsatz von

mehr oder weniger Filterplatten kann das Filter jeweils der gewünschten Leistung angepaßt werden. Zur Kieselgurfiltration wird das Filter zusätzlich mit sog. KG-Rahmen ausgerüstet. Stundenleistung je nach Größe 140 bis 1410 l.

Abb. 117. SEITZ-Schichtenfilter „Ariston", stündliche Leistung in Flaschen je nach Größe 350–1800 Fl.

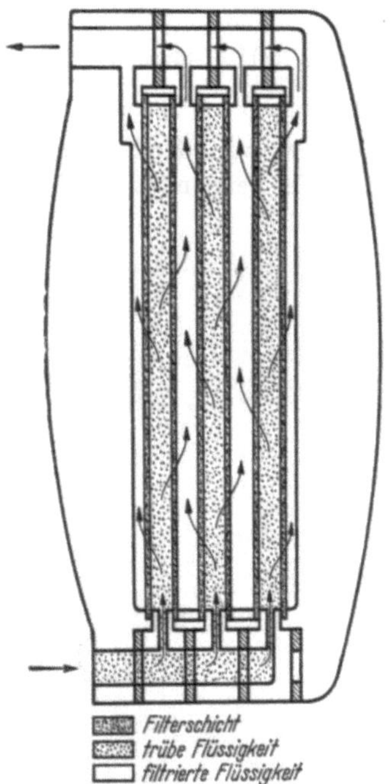

Abb. 118.

Abb. 119. SEITZ-Schichtenfilter „Ariston-Z", lieferbar mit Stundenleistung von 140–900 l.

Gase entwickeln und Arbeiten mit Gasen.

Die Entwicklung von Gasen geht z. B. bei der Reaktion von Säuren mit Carbonaten (Kohlendioxyd) oder beim Versetzen von Schwefeleisen mit verdünnter Salzsäure (Schwefelwasserstoff) vor sich. Beide Gase, auch Wasserstoff u. a., müssen häufig im Laboratorium hergestellt werden. Hierzu wird der KIPPsche *Apparat*

(s. Bd. II, S. 1373), der in verbesserter Form als KIPP-*Gasentwickler*[1] (Abb. 120) mit folgenden Vorteilen lieferbar ist, verwandt: Keine Vermischung von frischer und verbrauchter Säure. Der Säureverbrauch ist proportional dem Gasverbrauch, gleichmäßiger Gasdruck. Das nach Abschluß der Arbeit entwickelte Gas wird aufgespeichert und bei Wiederinbetriebsetzung verwendet. Großer Behälter für das Entwicklungsmaterial, weiter Tubus für die Einfüllung auch größerer Stücke. Bequeme Nachfüllung und Reinigung des Apparates sowie des Materials von Lösungssalzen *ohne Entleerung und Zerlegung der Apparatur*, die stets einwandfrei betriebsfertig ist. Alle Schliffe sind Normalschliffe, die Einzelheiten daher ohne weiteres auswechselbar. Der Apparat ist in mehreren Größen lieferbar.

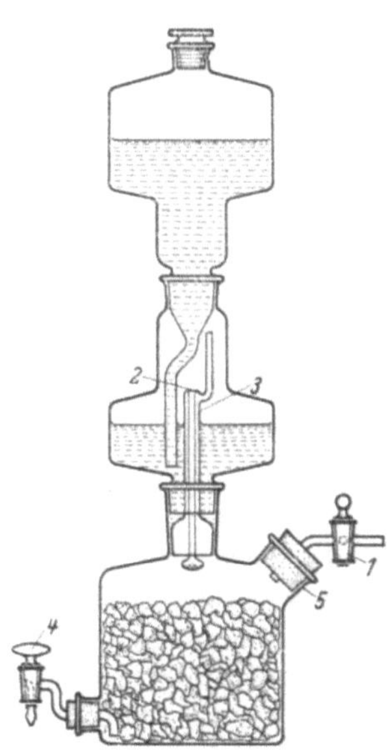

Abb. 120. Fehlerfreier KIPP-Gasentwickler. *1* Gasauslaßhahn, *2* Oberkante des eingesetzten Schliffrohres, *3*, *4* Abflußhahn für die entstehende Salzlösung, *5* Fülltubus.

In den genannten Apparaten werden die Gase nach WITTENBERGER wie folgt entwickelt:

Wasserstoff aus Zink in Stangen mit Schwefelsäure (20%) oder Salzsäure 1:1,

Sauerstoff aus Wasserstoffsuperoxydlösung (3%) mit je 15 ccm konzentrierter Schwefelsäure auf 100 ccm,

Chlor aus Salzsäure (D. 1,124) mit Chlorkalkwürfeln,

Chlorwasserstoff aus Ammoniumchlorid in Stücken mit Schwefelsäure,

Schwefeldioxyd aus Natriumhydrogensulfit in Stücken und Schwefelsäure,

Schwefelwasserstoff aus Schwefeleisen mit Salzsäure (1 : 1),

Kohlendioxyd aus Marmor in Stücken mit Salzsäure.

Diese Gase mit Ausnahme von Chlorwasserstoff und Schwefelwasserstoff können auch verdichtet oder verflüssigt in nahtlos gezogenen *Gasstahlflaschen* („Bomben“, vgl. Bd. II, S. 502, „Gase“) bezogen werden. Gasstahlflaschen mit brennbaren Gasen haben einen Gewindestutzen mit *Linksgewinde*, solche mit nicht brennenden Gasen einen solchen mit *Rechtsgewinde*. Die Anstrichfarbe der Flaschen ist für

Sauerstoff	blau	Stickstoff	grün
Wasserstoff	rot	Acetylen	gelb

alle übrigen grau

Bei dem Gebrauch von Gasen aus Gasstahlflaschen sind folgende Vorschriften *sorgfältig* zu beachten:

1. nur mit aufgesetzter Schutzkappe zum Schutze des sehr empfindlichen Ventils befördern;

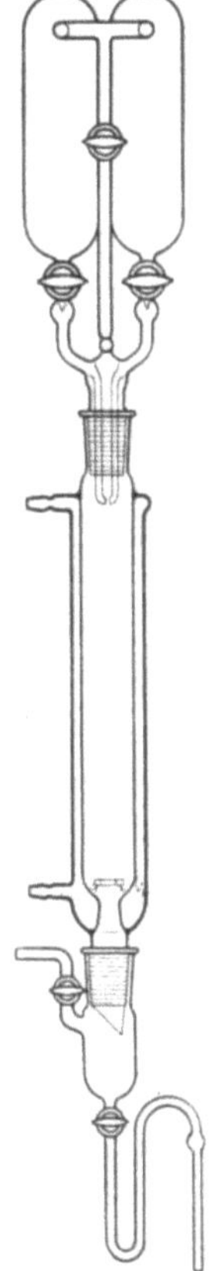

Abb. 121. Reaktionssäule nach *Seidel* (nach *Wittenberger*). (Hersteller: Greiner & Friedrichs, Stützerbach.)

[1] Lieferant: Robert Müller KG, Essen.

2. so aufstellen, daß die Gase weder durch Heizung noch Sonnenstrahlen erwärmt werden können (Gefahr des Zerplatzens durch die dadurch bedingte Vermehrung des inneren Drucks);

3. die Gasstahlflasche ist durch eine kräftige Kette oder Schelle vor dem Umfallen zu schützen. Bindfaden oder Draht hierzu zu verwenden, ist verboten;

4. zur Gasentnahme nach dem Abschrauben der Ventilschutzkappe und der Verschlußmutter ein Druckminderungsventil oder Feineinstellventil auf den Gewindestutzen setzen;

5. zur Vermeidung einer Verwechslung der Ventile von brennbaren und nicht brennbaren Gasen sind diese entsprechend zu kennzeichnen.

Die Reaktionssäule nach SEIDEL (Abb. 121.) kann zur Gasentwicklung, zur Darstellung flüssiger Reaktionsprodukte durch Mischen von Flüssigkeiten oder Umsetzen von Flüssigkeiten mit Gasen im Gasgenstrom, zur Reinigung und Trocknung von von Gasen, zur Sättigung von Flüssigkeiten mit Gasen u. a. verwendet werden.

Waschen und Trocknen von Gasen.

Bei der Entwicklung von Gasen werden diese durch Begleitstoffe oder Wasser verunreinigt, sie müssen deshalb gewaschen und nötigenfalls getrocknet werden. Zum Waschen im Laboratorium benützt man hierzu *Gaswaschflaschen* verschiedener Bauart (Abb. 122), die mit dem Waschmittel, das mitunter gleichzeitig auch Trockenmittel sein kann, z. T. angefüllt werden, und durch die das Gas geleitet wird. In der chemischen Technik verwendet man hierzu Rieseltürme, durch die das zu reinigende Gas und das Waschmittel nach dem Gegenstromprinzip durchgeleitet werden. *Feste Trockenmittel* wie calciniertes Calciumchlorid, Ätzkalk, Blaugel werden in einem *Trockenturm* (Abb. 123a), im *U-Rohr* (Abb. 123b) oder im *Trockenröhrchen* (Abb. 123c) mit oder ohne kugelige Erweiterung gefüllt, beiderseits mit einem Glaswollebausch abgeschlossen, und haben den Zweck, dem Gas Wasser bzw. Kohlendioxyd zu entziehen.

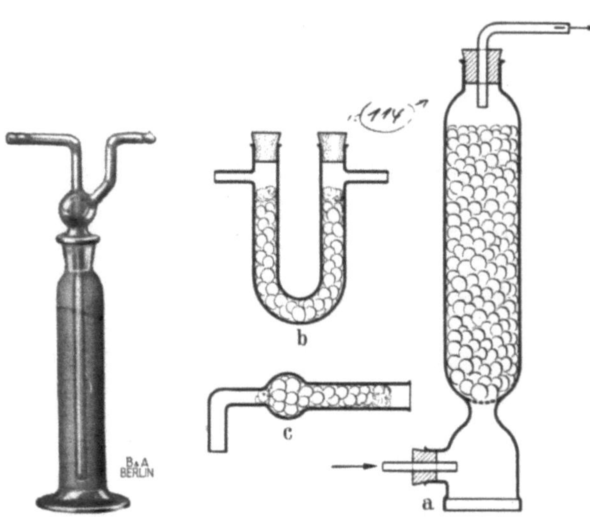

Abb. 122. Gaswaschflasche. (F. Bergmann, Berlin-Zehlendorf.)

Abb. 123. Gastrockengeräte. (Nach *Wittenberger*.) a Trockenturm, b U-Rohr, c Trockenröhrchen.

Phosphorpentoxyd ist für Gase nur schwer durchlässig, man mischt deshalb kleine Tonscherben darunter oder streut es zwischen Glaswolle. Die anderen Chemikalien finden als Trockenmittel in erbsengroßen Stücken Verwendung.

Vernichtung von Gasen.

Überschüssige, am Ende einer Apparatur ausströmende schädliche Gase müssen, soweit nicht unter dem Abzug gearbeitet wird, vernichtet werden. Chlor und

Schwefelwasserstoff leitet man durch ein weites Rohr in konzentrierte Ätzkalilauge, Kohlenmonoxyd vernichtet man durch Einleiten in die Luftzuführungsöffnung eines brennenden Gasbrenners, Ammoniak durch *Über*leiten (nicht Einleiten) über Eiswasser.

Tabelle 1. *Die wichtigsten Wasch- und Trockenmittel für Gase* (nach WITTENBERGER).

Gas	Waschflüssigkeit	Trockenmittel
Sauerstoff	—	Schwefelsäure, Phosphorpentoxyd
Wasserstoff	gesättigte Kaliumpermanganatlösung und Ätzkalilauge	Schwefelsäure
Chlor	gesättigte Kaliumpermanganatlösung	Schwefelsäure, Calciumchlorid
Kohlendioxyd	Wasser, Natriumhydrogencarbonatlösung	Schwefelsäure, Phosphorpentoxyd
Kohlenmonoxyd	Ätzkalilauge (33%) in 2 hintereinander geschalteten Waschflaschen	Schwefelsäure, Calciumchlorid
Stickstoff	alkalische Pyrogallollösung	Schwefelsäure
Chlorwasserstoff	—	Schwefelsäure
Schwefelwasserstoff	Wasser	—
Schwefeldioxyd	Wasser	Schwefelsäure
Ammoniak	—	Ätzkalk, Natronkalk, Ätzkali

Glas bearbeiten.

Das richtige Bearbeiten von Glas (vgl. a. Bd. II, S. 518, 623) erfordert technische Erfahrung, die den Geübten befähigt, nachstehende Arbeiten erfolgreich auszuführen.

1. Abschneiden von Glasröhren und Glasstäben. Zum Abschneiden von Glasröhren oder Glasstäben werden diese auf $^1/_4$ ihres Umfangs mit einer scharfen *Dreikantfeile* (Abb. 124) oder einem *Widia-Messer* angeritzt. Dann umfaßt man unter Auflegen der Daumen auf der der Ritzstelle gegenüberliegenden Seite die Glasröhre oder den Glasstab mit beiden Händen und trennt unter gleichzeitigem schwachem Druck, Biegen und Ziehen. Bei Glasröhren mit großem Durchmesser ritzt man auf die gleiche Weise an, trennt dann aber durch Absprengen, indem man auf die angeritzte Stelle einen an der Glaswand anliegend gebogenen und glühenden Draht auflegt.

Abb. 124. Dreikantfeile. (F. Bergmann, Berlin-Zehlendorf.)

2. Abrunden von Glasstäben- und Glasröhrenenden. Ein Abrunden der Enden erfordern die scharfkantigen Ränder von Glasröhren oder abgebrochenen Glasstäben, um Verletzungen zu vermeiden. Zu diesem Zweck erwärmt man 5 ccm des Endes zunächst in der *leuchtenden* Bunsenflamme unter ständigem Drehen vor und erweicht dann die scharfkantige Stelle in der *nichtleuchtenden* Bunsenflamme, bis das Glas zu leuchten beginnt. In diesem Zustand hat sich die scharfe Kante gerundet.

3. Biegen von Glasröhren. Zum Biegen von Glasröhren verwendet man *Biegeröhren*, deren Wandstärke etwa $^1/_6$ ihres inneren Durchmessers entspricht. Zur Erzielung einer einwandfreien, nicht geknickten Biegung muß die Biegeröhre mit beiden Händen angefaßt unter *ständigem Drehen in einer Richtung* in der Flamme eines Bunsenbrenners mit Fischschwanzaufsatz (Abb. 125) auf einer Länge von etwa 8 cm erwärmt werden. Die Röhre ist dann biegsam, wenn sich die Flamme färbt und das Glas rot schimmert. Dann nimmt man sie *aus der Flamme* und biegt vorsichtig und langsam zu der gewünschten Form (Abb. 126).

4. Ausziehen von Spitzen aus Biegeröhren. Diese Arbeit wird genau wie unter 3. beschrieben ausgeführt, ebenfalls unter Verwendung des Fischschwanzaufsatzes auf

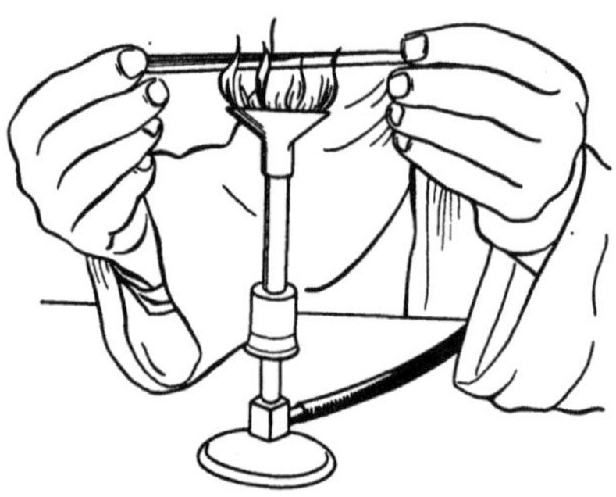

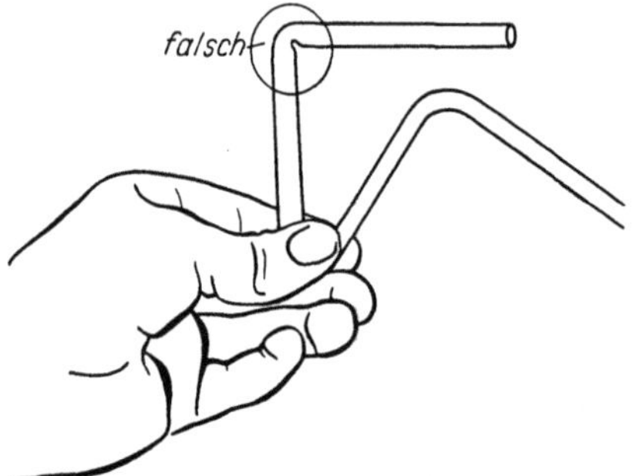

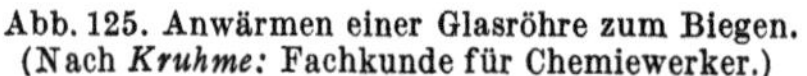

Abb. 125. Anwärmen einer Glasröhre zum Biegen. (Nach *Kruhme:* Fachkunde für Chemiewerker.)

Abb. 126. Falsch und richtig gebogene Glasröhre. (Nach *Kruhme:* Fachkunde für Chemiewerker.)

dem Bunsenbrenner. Auch hier erfolgt das Ausziehen *außerhalb* der Flamme unter gleichzeitigem Drehen der Biegeröhre in die Länge. Dabei erzielt man je nach der Länge des Anwärmens gedrungene Spitzen bei kurzem, schlanke Spitzen bei langem Anwärmen.

5. Glas- und Porzellangeräte beschriften. Zum Schreiben auf Glas- oder Porzellangeräten finden *farbige Fettstifte* in Holzfassungen (schwarz, blau, gelb, rot, weiß) Verwendung. Dabei muß die zu beschreibende Stelle *völlig trocken* sein und wird zweckmäßig *leicht angewärmt.* Derartige Beschriftungen sind jedoch gegen Berührung wenig widerstandsfähig, werden deshalb hauptsächlich an Gefäßen angebracht, die man am Hals anfaßt. Besser haltbare Beschriftungen erzielt man durch Bestreichen der betreffenden Stelle mit 4%iger ätherischer Mastixlösung (Vorsicht, feuergefährlich!), die sofort nach dem Trocknen mit einem Bleistift beschrieben werden kann. Das Ätzen von Glas s. S. 673.

6. Glasbohren. Zum Bohren von Glas wird die Stelle, an der das Bohrloch angebracht werden soll, mit dem *Widia*-Messer durch ein kleines Kreuz angezeichnet und mit einer Lösung von Kampfer in Terpentinöl als Schmiermittel betupft. Gebohrt wird mit einer kleinen, scharfen, auf einem Schleifstein zugespitzten Dreikantfeile, die man in eine Drehbank eingespannt hat und gegen die man die Glasplatte drückt. Wenn nötig, wird mit dem Schmiermittel nachgeschmiert.

7. Glasstopfen, festsitzende lockern. Zum Lockern festsitzender Glasstopfen ist vor allem Geduld nötig. Die einfachste Methode besteht darin, daß man die Lockerung durch Klopfen mit Holz (zweckmäßig mit einem Hammerstiel) versucht, indem man damit von unten vorsichtig gegen den überstehenden Stopfenrand klopft; die Flasche wird dabei jedesmal ein Stückchen weiter gedreht. Die vielfach geübte Methode, den Stopfenrand auf der Tischkante aufzuklopfen, ist gefährlich und führt oft zum Bruch desselben. Führt diese Methode nicht zum Ziel, wird bei kleiner Flamme der Flaschenhals vorsichtig erhitzt und dabei von Zeit zu Zeit seine Lockerung unter Verwendung eines mehrmals gefalteten Handtuchs versucht. Führt auch dies nicht zum Ziel, kann bei nicht brennbaren bzw. keine Gase oder Dämpfe entwickelnden Stoffen die ganze Flasche bis zum Stopfen in warmes Wasser gestellt werden, um auf diese Weise eine Lockerung zu erzielen. Eine geeignete *Zugverschraubung* zur Lockerung festsitzender Glasstopfen liefert die Firma Greiner & Friedrichs, Stützerbach. Die genannten üblichen Methoden beim Lockern festgefressener Glasstopfen versagen meist, wenn sich durch Laugenwirkung aus dem Glas bereits Natrium- bzw. Kaliumsilikat gebildet hat. Nach DDZ. wird ein von Dr. MEYER entwickeltes Verfahren empfohlen: Mit einer Mischung von gleichen Teilen Weingeist, Äther und Milchsäure wird die Fläche zwischen Glasstopfen und Flaschenhals gut durchtränkt, indem man sie (zweckmäßig mit einem Augentropfglas) auf den Flaschenrand aufträufelt und ständig erneuert. Nach genügend langer Einwirkungszeit kann der Stopfen meist nach den üblichen Verfahren entfernt werden. Wegen der Feuergefährlichkeit der Mischung muß ein Erwärmen allerdings unterbleiben. Die Wirkung beruht auf dem hohen Kriechvermögen von Weingeist und Äther, welche die Milchsäure in die feinen Poren der kristallinen Abscheidungen zwischen Flaschenhals und Stopfen mitnehmen. Dort neutralisiert und löst die Milchsäure die eingelagerten Abscheidungen von Natriumhydroxyd und Natriumcarbonat bzw. die entsprechenden Kaliumverbindungen unter Erwärmung und Kohlendioxydbildung. Die dabei entstehende hygroskopische Lösung von Natrium- bzw. Kaliumlactat wirkt als Schmiermittel.

Glas,- Porzellan- und Metallgeräte reinigen und trocknen.

Die Reinigungsarbeiten der Arbeitsgeräte in Betrieb und Laboratorium müssen mit größter Gewissenhaftigkeit durchgeführt werden, da sie für das Gelingen der Arbeiten im weiten Maße ausschlaggebend sind. Insbesondere bei den Glas- und Porzellangeräten, die zu analytischen Arbeiten Verwendung finden, ist das wichtig, da hier schon geringste Spuren von Verunreinigungen zu Fehlresultaten führen können. Grundsätzlich sollen die Geräte *möglichst bald* nach ihrem Gebrauch gereinigt werden, um das Antrocknen von Niederschlägen zu verhindern. Notfalls füllt man sie bis zur Reinigung zur Verhinderung des Eintrocknens mit Wasser, mit Öl und Fett verschmutzte Gefäße mit einer Pril®-Lösung. Zunächst ist die Feststellung wichtig, mit welchem Stoff das zu reinigende Gefäß verunreinigt ist, weil nur dann das richtige Lösungsmittel zu seiner Entfernung angewendet werden kann. Dann wird bei leicht zu entfernenden Stoffen mit kaltem Wasser gespült, dann in heißes Wasser gelegt und nach einiger Zeit mit einer geeigneten *Gläserbürste* (Abb. 127) rein geputzt. Dann wird wieder mit reinem Leitungswasser mehrmals gespült und abschließend ein- bis zweimal mit destilliertem Wasser nachgespült. Schwieriger ist die Reinigung der Arbeitsgeräte, wenn der verunreinigende Stoff unbekannt ist. Reicht dabei kaltes und warmes Wasser sowie Sodalösung nicht aus, müssen unter Verwendung einer *Schutzbrille* (Abb. 9) und mit der bei diesen Giften nötigen Vorsicht Alkalilaugen, Säuren (Salzsäure, Salpetersäure und mit der nötigen Vorsicht Schwefelsäure), organische Lösungsmittel oder als letzte Maßnahme Chromschwefelsäure (s. S. 725) Anwendung finden.

Zum Trocknen werden die Gefäße mit der Öffnung nach unten an einem *staubfreien* Ort an einem geeigneten *Abtropfbrett* (Abb. 128) aufgehängt, oder man trocknet sie nach dem Auslaufen aufrecht stehend im Trockenschrank. Fetthaltige Glasgeräte werden mit heißer Sodalauge gereinigt, dann zunächst mit heißem, dann mit kaltem Wasser ausgespült und endlich mit destilliertem Wasser nachgespült. Andere fettige Geräte, insbesondere die zur Salbenherstellung verwendeten wie Spatel, Spatelmesser, Reibschalen, Pistille, Schmelzpfannen usw. werden zunächst mit feinem Sägemehl zur Entfernung der hauptsächlichsten Fettmengen grob vorgereinigt, dann mit kochend heißem Wasser mehrmals endgültig gereinigt. Für Geräte mit organischen Verunreinigungen wie Teere, Harze verwendet man chlorierte Kohlenwasserstoffe, für Harze auch Terpentinölersatz.

Rasch zu trocknende Glasgeräte, auch Glasflaschen, die sofort verwendungsbereit sein oder schnell im Geschäft getrocknet werden müssen, spült man nach dem

Auslaufen zunächst mit wenig Alkohol, sehr rasch zu trocknende anschließend noch mit Äther (Vorsicht, Feuersgefahr!) aus. Bei Glasgeräten zu chemischen Versuchen oder Arbeiten muß dann der darin befindliche Ätherdampf vor ihrer Verwendung mit der Wasserstrahlpumpe zur Vermeidung von gefährlichen Explosionen *vollständig* entfernt sein, während man ihn im Geschäft durch rasche kreisende Pendelbewegungen mit ausgestrecktem Arm zur Verdunstung bringt. Durch den dabei entstehenden Luftzug verdampft der Alkohol bzw. Äther rasch.

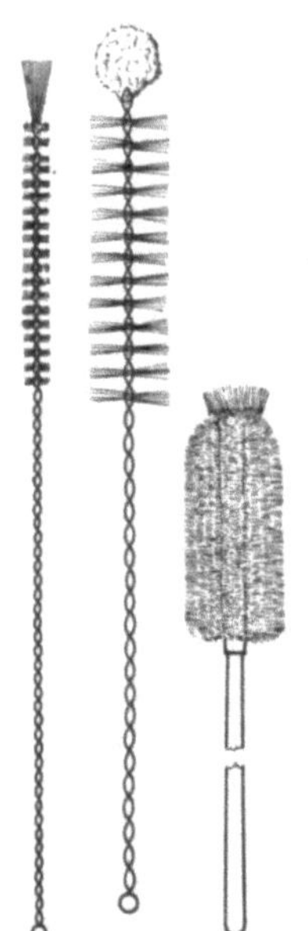

Abb. 127. Gerätebürsten.

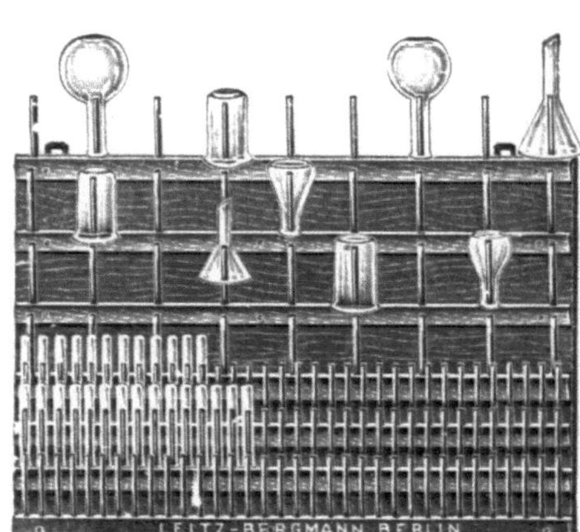

Abb. 128. Ablaufbrett für Glasgeräte, Reagensgläser usw. (Franz Bergmann KG., Berlin-Zehlendorf.)

Glasschliffe.

Glasschliffe dienen dem Zweck, zwei Glasteile luftdicht aneinanderzusetzen. Sie bieten den Vorteil, die verschiedensten Apparaturen rasch ohne jegliche Stopfenverbindung zusammenzustellen, da auch Apparateteile mit verschiedenen Schliffdurchmessern durch Übergangsstücke verbunden werden können. Seitdem die Schliffe für chemische Geräte genormt sind, ist die Schwierigkeit der Ersatzbeschaffung für zerbrochene Teile behoben. Die Normalschliffe werden stets gleichbleibend geliefert und können jederzeit ersetzt werden.

Glühen und Veraschen.

Mit Glühen bezeichnet man das Erhitzen von Stoffen in der Bunsenflamme oder im Gebläse auf hohe Temperaturen bis zu dem Punkt, bei dem Strahlen von ihnen ausgesandt werden, die als Licht wahrgenommen werden. Zu diesem Zweck erhitzt man kleine Mengen an einem *Platindraht*, der an einem Ende eines Glasstabes eingeschmolzen ist, oder an einem *Magnesiastäbchen*, dessen gebrauchtes Ende jeweils mit einer Tiegelzange aus Eisen oder Nickel abgebrochen wird, so daß der Rest neue Verwendung finden kann. Das Glühen findet hauptsächlich in der Gewichts- (quantitativen) Analyse Verwendung, zum Glühen von Niederschlägen bis zur Gewichtskonstanz, zur Trennung glühbeständiger Stoffe von flüchtigen festen, flüssigen oder gasförmigen Beimengungen. Beim *Veraschen* von Niederschlägen wird das trockene Filter zunächst vom Niederschlag befreit, vorsichtig zusammengefaltet im Tiegel mit kleiner Flamme erhitzt und verkohlt, dann der übrige Niederschlag dazugegeben, erhitzt und dann geglüht. Durch Glühen werden die Oxyde in Metalle oder niedere

Oxyde und Sauerstoff, die Hydroxyde in Oxyde und Wasser, die Carbonate in Oxyde und Kohlendioxyd, die Sulfate in Oxyde und Schwefeltrioxyd und die Nitrate in Oxyde und Stickoxyde zerlegt. Kristallwasserhaltige Salze verlieren beim Glühen ihr Kristallwasser. Es entsteht das wasserfreie Salz und Wasser, das verdampft. Das Glühen der Stoffe führt man im *Glührohr*, *Porzellanschiffchen* oder *Tiegel* durch, von denen es drei Formen gibt: die breite, *Berliner* Form (Abb. 129, links), die schlanke *Meißener* (Abb. 129, Mitte) und die *hohe* Form (Abb. 129, rechts). Zum

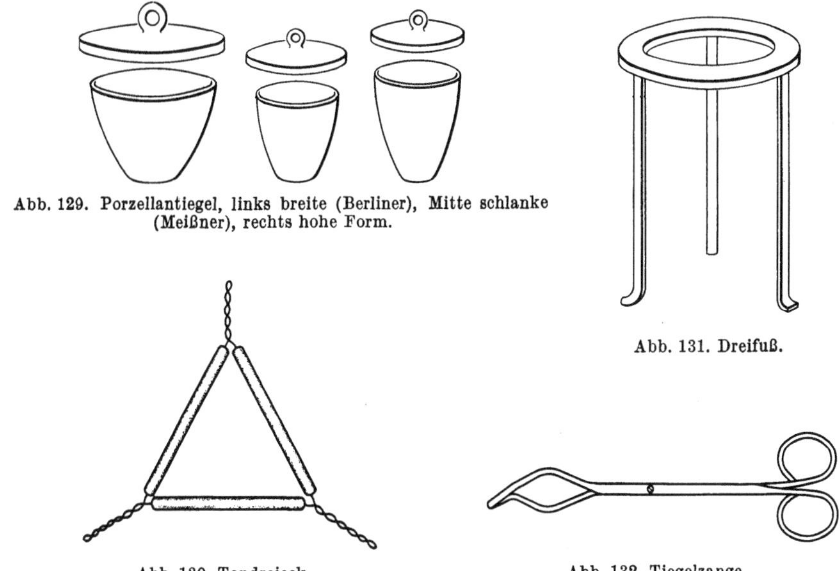

Abb. 129. Porzellantiegel, links breite (Berliner), Mitte schlanke (Meißner), rechts hohe Form.

Abb. 131. Dreifuß.

Abb. 130. Tondreieck.

Abb. 132. Tiegelzange.

Verschließen der Tiegel finden über den Deckelrand greifende Porzellandeckel mit einer Öse als Griff Verwendung. Zum Glühen und Veraschen wird der Tiegel unter Verwendung eines *Tondreiecks* (Abb. 130) ein mit Tonröhren überzogenes Dreieck aus Eisendraht auf einem *Dreifuß* (Abb. 131) mit der Bunsenflamme zunächst vorsichtig, dann stärker erhitzt. Zum Anfassen dieser Glühgeräte und anderer heißer Geräte dient die *Tiegelzange* (Abb. 132).

Gummischlauchverschlüsse.

Zum Verschließen von Gummischläuchen verwendet man, falls ein Hahn nicht zwischengeschaltet wird wie beim Irrigator, einen *Quetschhahn* nach MOHR (Abb. 147a), wie er auch wie bei der Quetschhahn-Bürette Verwendung findet. Beim *Schraubenquetschhahn* ist ein unterer beweglicher Teil dann vorteilhaft, wenn er in eine bereits zusammengestellte Apparatur eingesetzt werden muß.

Gummistopfen und Korkstopfen bearbeiten.

Gummistopfen finden im Laboratorium weitgehende Verwendung, soweit sie nicht mit gummilösenden Dämpfen oder Flüssigkeiten in Berührung kommen. Ihr Einkauf erfolgt nach ihrem kleinsten Durchmesser, dem *Nenndurchmesser*. Beim Apparaturenaufbau müssen Gummistopfen vielfach mit Bindfaden oder Draht gegen Herausfallen gesichert werden. Ist ein Gummistopfen nicht ohne weiteres zu lösen, schiebt man zwischen Glas und Stopfen einen mit Glycerin befeuchteten dünnen Draht und wiederholt dies auch an anderen Stellen. Beim Durchbohren eines Gummistopfens benützt man den auch zum Korkbohren üblichen Stopfenbohrer (Abb. 133). Man legt den Kork mit der Breitseite auf eine waagerechte Unterlage (Holz oder Kork) und bohrt mit dem mit Glycerin angefeuchteten Bohrer entsprechender Größe, unter leichtem Druck drehend, senkrecht durch (Abb. 134). Zeichnet sich der Bohrer an der Unterseite ab, vollendet man die Bohrung von der Breitseite aus.

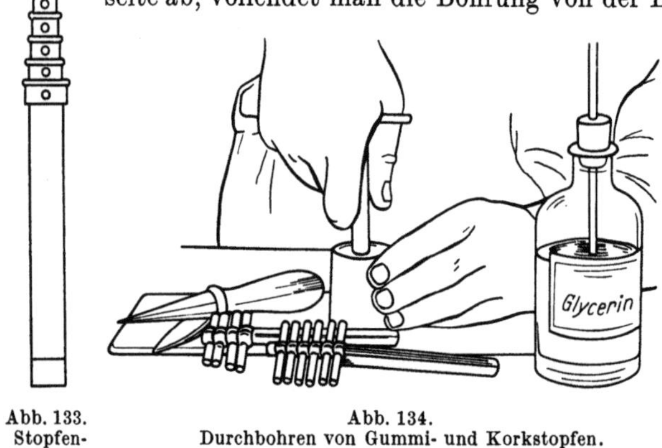

Abb. 133. Stopfenbohrer.

Abb. 134. Durchbohren von Gummi- und Korkstopfen. (Nach *Kruhme:* Fachkunde für Chemiewerker.)

Zum Einsetzen von Glasröhren in Gummistopfen feuchtet man diese mit Glycerin an, faßt sie kurz an und setzt sie durch drehende Bewegungen ein. Sitzen Gummistopfen an einer Glasröhre fest, benützt man zur Trennung den Stopfenbohrer, der unmittelbar an der Glasröhre anliegt, und befeuchtet ihn gut mit Glycerin.

Korkstopfen. Das Durchbohren von Korkstopfen erfolgt wie bei Gummistopfen. Kleine Bohrlöcher macht man mit einem glühenden Draht. Da Korkstopfen beim Apparaturenaufbau oft nicht genügend dicht schließen, besonders gegen Gase und Dämpfe, werden sie je nachdem mit einer geeigneten Flüssigkeit überpinselt, z. B. bei wäßrigen Flüssigkeiten mit geschmolzenen Paraffin, Wasserglas mit aufgeschwemmtem Asbest oder Chromgelatine (s. S. 725).

Homogenisieren. Siehe S. 31.

Klären.

Unter Klären, *Schönen*, *Läutern* versteht man die Entfernung von fein verteilten trübenden Stoffen aus Flüssigkeiten, die vor der Klärung durch die übliche Art des Kolierens oder Filtrierens nicht entfernt werden können. Eine vorausgegangene Klärung erleichtert eine etwa notwendige folgende Filtration. Zum Klären werden verschiedene Methoden angewandt, die man nach der Art der zu klärenden Flüssigkeit wählt. Zuckerlösungen werden zur Abscheidung kolloider Trübungen (Suspensionskolloide) durch Aufkochen, wodurch die trübenden Eiweißstoffe gerinnen, und Abschäumen (s. S. 15) mit anschließendem Kolieren geklärt. Sich trübende alkoholische Lösungen, in denen die Trübung durch Verdunsten des Alkohols entstanden ist, werden durch Ersatz des verflüchtigten Alkohols geklärt. *Adsorbierende Klärmittel* sind Kieselgur, Filterasbest, Talk, Filtrierpapierbrei, mit denen man die Flüssigkeit kräftig durchschüttelt oder kurz aufkocht und dann absitzen läßt, oder *chemische Klärmittel*, die mit den Trübstoffen Niederschläge bilden, die sich zu Boden setzen. Zu diesen gehören Gerbsäure zur Abscheidung von Pektinstoffen, Leim zum Ausfällen von Gerbsäure, wobei jedoch zu berücksichtigen ist, daß sie nur in geringen Mengen und nicht im Überschuß zur Anwendung kommen dürfen. Bei der Verwendung von Hühnereiweiß ist stets ein Erhitzen der Flüssigkeit nötig. Es kann daher nur bei solchen Flüssigkeiten Anwendung finden, die das Erhitzen ohne Schädigung ertragen. Dabei schließt das gerinnende Eiweiß die Trübstoffe ein, die dann durch anschließendes Kolieren oder Filtrieren entfernt werden. Kohle und Aktivkohle sind als Klärmittel ungeeignet. Wohl wirken sie auch als adsorbierendes Klärmittel, adsorbieren aber auch Geruchs-, Geschmacks- und Farbstoffe.

Kolieren.

Mit Kolieren, *Abseihen, Durchseihen* bezeichnet man die Durchgabe von Flüssigkeiten durch Textilien wie Wolle, Baumwolle, Leinen, Flanell, Nessel, Perlon. Kleinere Mengen koliert man durch ein *Koliertuch*, das man über eine entsprechend große Mensur legt, auch der Hartaluminium-*Koliertrichter* nach WOLLSIFFER, in dessen unteren abschraubbaren Teil man Wattescheiben oder Mullstücke einlegen kann, ist zum schnellen Entfernen von Fremdkörpern (etwa Korkstückchen) in Flüssigkeiten und zum Kolieren und Auspressen mit einem flachen Metalldrücker kleinerer Mengen aufgegossener oder abgekochter Drogen sehr handlich. Sollen größere Flüssigkeitsmengen koliert werden, wird ein viereckiges *Koliertuch, Seihtuch* (Kolatorium), das auf einem etwas kleineren viereckigen Holzrahmen, dem *Seihrahmen* oder *Tenakel*, mit je einem nach oben gerichteten Nagel in den Ecken, aufgespannt (Abb. 135). Besser ist ein verstellbarer Kolierrahmen (Abb. 136), an dem das Koliertuch mit Metallklammern oder Wäscheklammern mit Federn befestigt und dabei nicht beschädigt wird. Das Kolieren bietet gegenüber dem Filtrieren den Vorteil, daß kleine Mengen von Drogen oder Niederschlägen im Koliertuch auch ausgepreßt werden können. Bei viscosen Flüssigkeiten (Sirupen, Gummilösungen) muß das Koliertuch *vor* dem Kolieren mit abgekochtem destilliertem Wasser *angefeuchtet* werden. Kolaturen sind im Gegensatz zu Filtraten nicht klar.

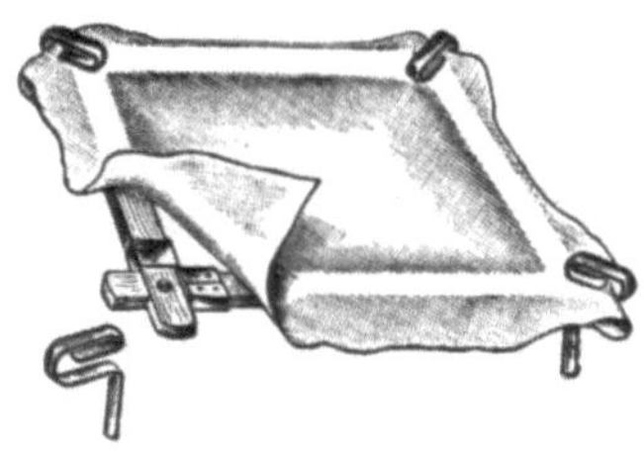

Abb. 135. Kolierrahmen mit aufgelegtem Koliertuch. (Nach *Hager*.)

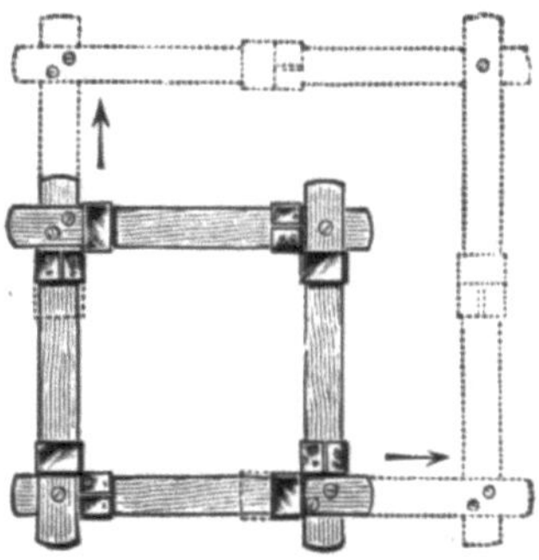

Abb. 136. Kolierrahmen, verstellbar (Nach *Hager*.)

Kondensieren.

Mit Kondensieren (lat. condensere, verdichten) bezeichnet man den physikalischen Vorgang, *Kondensation*, bei dem sich Dämpfe oder Gase in Flüssigkeiten umwandeln, also einen dem Verdampfen entgegengesetzten Vorgang, bei dem Wärme frei wird. Die Kondensation erfolgt bei genügender Abkühlung in Form kleiner Tröpfchen, deshalb bezeichnet man die bei Destillationsvorgängen sich aus dem Dampf kondensierten Flüssigkeiten auch als *Kondensat*. Chemische Kondensation vgl. Bd. I, S. 178, 260 — Bd. II, S. 739.

Kristallisieren.

Unter Kristallisieren, den Vorgang bezeichnet man mit *Kristallisation*, versteht man die Überführung eines in einer Flüssigkeit gelösten Stoffs in den festen, kristallinen Zustand in fest umgrenzter Form, der *Kristallform* (vgl. Kristalle und Kristallformen, Bd. II, S. 765ff.). Bei dieser Kristallbildung scheiden sich die Kristalle in fast reinem Zustand aus der Mutterlauge ab, etwaige Verunreinigungen sind lediglich mechanisch eingeschlossen und werden durch, wenn nötig wiederholtes, *Umkristallisieren*, erneutes Auflösen und Auskristallisieren entfernt.

Die Kristallbildung aus Flüssigkeiten kann erfolgen durch *Verdunsten* (Gradierwerke der Salinen) oder *Eindampfen* einer Salzlösung bis zur Kristallisation, durch *Abkühlen* gesättigter Lösungen oder durch *Zugabe eines Lösungsmittels* zu der

Salzlösung, in der das betreffende Salz unlöslich oder schwer löslich ist und deshalb kristallin ausfällt. Beim Eindampfen wird die Salzlösung so weit eingeengt, bis sich an ihrer Oberfläche ein Salzhäutchen zeigt. Je nach den Umständen während des Kristallisiervorganges fallen die entstehenden Kristalle aus: Große, gut ausgebildete Kristalle entstehen beim langsamen Abkühlen ohne jede Erschütterung der Mutterlauge, kleine Kristalle bzw. ein Kristallmehl beim raschen Abkühlen, das durch Rühren der Mutterlauge unterstützt wird, sog. *gestörte Kristallisation.* Die Kristallisation geht hier rascher unter Bildung von weniger gut ausgebildeten Kristallen vor sich. Mitunter kommt es vor, daß selbst nach weitgehendem Eindampfen der Mutterlauge die Kristallisation nicht eintritt. Durch Einbringen, „*Impfen*", eines Kristalls in die Mutterlauge wird dann die Kristallisation ausgelöst. In der Analyse kann man die Kristallisation dadurch beschleunigen, daß man die Glaswand des Gefäßes (Becher- oder Reagensglas) mit einem Glasstab reibt.

Kühlen.

Verlaufen chemische Reaktionen zu rasch oder zu heftig, wird gekühlt, damit sich der Vorgang langsamer abwickelt. Auch zersetzliche Stoffe, bei denen höhere Temperaturen gefährlich werden können, erfordern häufig eine Kühlung des Reaktionsgemisches. Das Abkühlen kann auf verschiedene Weise erzielt werden. Die einfachste Art der Abkühlung etwa auf Zimmertemperatur ist das Einstellen des Gefäßes in öfter gewechseltes kaltes Wasser, das sich in einem größeren Gefäß befindet. Besser noch ist die Methode in fließendem Leitungswasser, dessen Temperatur normal zwischen 8 und 12° liegt. Dabei geht die Abkühlung um so rascher vor sich, je besser im inneren Gefäß durch Rühren für die Durchmischung des Inhalts gesorgt wird bzw. je öfter das Wasser erneuert wird. Die Abkühlung auf etwa 0° erreicht man durch zerkleinertes Eis mit wenig Wasser, das auch den Vorteil bietet, daß die Flüssigkeit konstant bleibt. Zerkleinert wird das Eis zweckmäßig, indem man es in Sackleinen einhüllt und mit der Breitseite eines Hammers auf fester Unterlage zerschlägt. Mit einem Eis-Kochsalz-Gemisch ($^2/_3$ Eis + $^1/_3$ Viehsalz) erzielt man Abkühlungen bis —20°. Noch tiefere Temperaturen erhält man mit anderen *Kältemischungen* (s. S. 767). Die niedrigste erreichbare Temperatur mit Kältemitteln ist —90°, die man durch Verwendung fester Kohlensäure, „*Kohlensäureeis*", in Mischung mit Äther erzielt. Kohlensäureeis ***hinterläßt*** beim Anfassen mit der Hand *Brandwunden* und darf nur unter Verwendung einer *Schutzbrille* zerkleinert werden. Zum Kühlen während des Filtrierens findet der *Eistrichter* Verwendung.

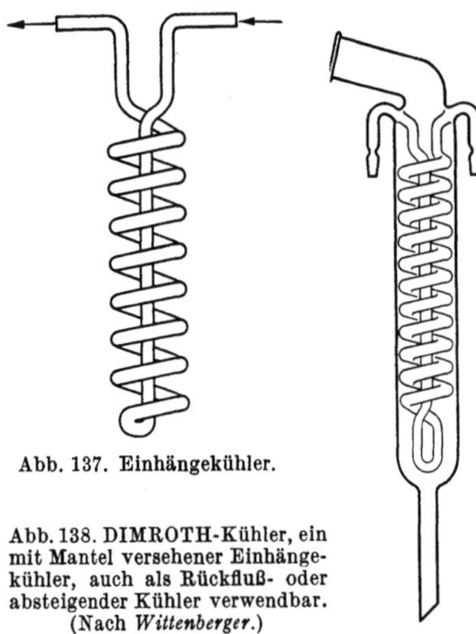

Abb. 137. Einhängekühler.

Abb. 138. DIMROTH-Kühler, ein mit Mantel versehener Einhängekühler, auch als Rückfluß- oder absteigender Kühler verwendbar. (Nach *Wittenberger.*)

Zur Kühlung von Dämpfen (s. „Destillation", S. 23) kann Innen- und Außenkühlung Anwendung finden. Bei der *Innenkühlung* ragen von einem kalten Flüssigkeitsstrom durchflossene Gefäße in die Dämpfe hinein, die an der kalten Fläche kondensiert werden, oder findet ein *Einhängekühler* (Abb. 137) Verwendung. *Außenkühlung* findet bei den bei der Destillation (s. dort) üblichen Kühlern statt, bei denen Wasser als Kühlmittel dient. Ein vielseitig verwendbares Gerät ist der DIMROTH-Kühler (Abb. 138).

Lösen.

Nach neueren Auffassungen ist der Vorgang des Lösens kein rein physikalischer, sondern auch auf chemische Kräfte des zu lösenden Stoffes zurückzuführen, dessen Ionen sich mit dem Lösungsmittel zu *Solvaten* verbinden.

Unter *Lösen* im engeren Sinne versteht man die Auflösung eines festen Stoffes in einer die Lösung bewirkenden Flüssigkeit, dem *Lösungsmittel*, ohne daß dabei eine tiefergehende chemische Umsetzung stattfindet (z. B. das Lösen von Natriumchlorid in Wasser). Das Ergebnis des Lösens ist die *Lösung* (lat. solutio). Bei den Arbeiten im Betrieb, im Laboratorium und bei der Herstellung von Präparaten ist das Lösen eine der häufigsten fachtechnischen Arbeiten. Das DAB. 6 versteht unter Lösungen, soweit nicht etwas anderes ausdrücklich vorgeschrieben oder aus dem Zusammenhang zu entnehmen ist, wäßrige Lösungen. Dabei bedeutet in den Vorschriften zur Herstellung von Lösungen in einem bestimmten Verhältnis die Ausdrücke 1 + 9, 1 + 19 usw., daß 1 T. des Stoffes in 9, 19 usw. T. des Lösungsmittels zu lösen ist. Andere übliche Bezeichnungen, betreffend die *Konzentration von Lösungen*, sind die nach Prozenten: Eine 10%ige Lösung enthält in 100 g fertiger Lösung 10 g des gelösten Stoffs. Man benötigt also zu ihrer Herstellung 10 g des zu lösenden Stoffes und 90 g Lösungsmittel. Dagegen bedeutet die Bezeichnung 1:10 usw. in Vorschriften für Lösungen z. B. bei Salzsäure, daß 1 Volumteil konz. Salzsäure mit 10 Volumteilen Wasser zu mischen sind. (Vgl. auch „Kennzeichnung des Gehaltes von Lösungen“ S. 66 und „Verdünnen“ S. 90).

Löslichkeit. Die *Löslichkeit* eines festen Stoffes in einem Lösungsmittel ist bei verschiedenen Temperaturen verschieden und meistens bei höherer Temperatur größer. Man unterscheidet deshalb kalt-, warm- und heißlösliche Stoffe. Ferner unterscheidet man sehr leicht lösliche, leicht lösliche, schwer lösliche und unlösliche Stoffe (vgl. „Löslichkeit der Salze“, Bd. II, S. 1122/23). Diese verschiedenen Begriffe der Löslichkeit beziehen sich stets auf ein bestimmtes Lösungsmittel. Hygroskopische Stoffe lösen sich im allgemeinen im Wasser leicht. Die *Lösungsgeschwindigkeit* hängt ab von der Korngröße des zu lösenden Stoffes, seiner Benetzbarkeit und der Bewegung beim Lösen durch Umschütteln oder Rühren. Die Löslichkeit eines Stoffes dient nach dem DAB. 6 häufig zur Prüfung auf Identität und Reinheit.

Lösungswärme. Bei der Lösung eines Stoffes kann je nach seiner Art Wärme frei oder gebunden werden, d. h. die Lösung erfolgt unter Erwärmung oder Abkühlung. Unter *Erwärmen* löst sich z. B. wasserfreies Calciumchlorid, $CaCl_2$, während sich das kristallwasserhaltige Salz, $CaCl_2 \cdot 6\,H_2O$, unter *Abkühlen* löst.

Auch Ammoniumchlorid und Natriumthiosulfat lösen sich unter starker Abkühlung, während sich die Ätzalkalien unter starker Erwärmung lösen.

Als **Lösungsmittel** ist Wasser das meist gebrauchte. Grundsätzlich muß zur Herstellung ven medizinischen und kosmetischen Lösungen destilliertes Wasser verwendet werden. Für technische Lösungen kann nur dann Leitungswasser Verwendung finden, wenn dabei Kalkausfällungen nicht entstehen. Außer Wasser sind als Lösungsmittel die folgenden die gebräuchlichsten: Äthylalkohol, Methylalkohol, Äther, Aceton, Essigester, Benzol, Petroläther, Chloroform und Schwefelkohlenstoff. Bei ihrer Verwendung ist bei den feuergefährlichen auf diese Eigenschaft zu achten! Die zahlreichen technisch zur Verwendung kommenden wichtigsten Lösungsmittel und ihre Konstanten s. Bd. II, S. 1087.

Die Herstellung von Lösungen. Beim Lösen eines festen Stoffes in einer Flüssigkeit kann das Lösungsmittel nur an seiner Oberfläche angreifen. Deshalb wird die Oberfläche des Stoffes durch Zerkleinern (Pulverisieren) möglichst vergrößert und zur Erleichterung des Lösungsvorganges das zu lösende Stoffpulver *in* das Lösungsmittel gegeben. Wird das zu lösende Stoffpulver *mit* dem Lösungsmittel *übergossen*, erfolgt oft ein Zusammenballen desselben, das seine Lösung erschwert. Zur weiteren Beschleunigung der Lösung wird die Flüssigkeit durch *Umschütteln* oder *Rühren* in Bewegung gehalten oder, wenn dies ohne Zersetzung möglich ist, erwärmt. An sich leicht lösliche, aber schwer benetzbare Stoffe wie Borsäure lösen sich beim Anwenden von Wärme rascher, während z. B. Natriumhydrogencarbonat nicht durch Erwärmen gelöst werden darf, da es dabei Kohlensäure abgibt, so daß statt der gewünschten Natriumhydrogencarbonatlösung eine Sodalösung das Resultat wäre.

Größere Mengen von Stoffen, wie sie bei der Herstellung technischer Lösungen Verwendung finden, z. B. Natriumthiosulfat zur Herstellung von Fixierbad oder Kupfersulfat zu Schädlingsbekämpfungsmitteln, die Rohstoffe von Polituren und Spirituslacken werden im *Deplazierungsverfahren* gelöst. Sie werden dazu in einem geeigneten porösen Sack wenig unter dem Flüssigkeitsspiegel des Lösungsmittels eingehängt oder in ein besonderes Ansatzgefäß mit Einsatzbecher gebracht, dessen Boden siebartig durchlöchert ist. Dabei sinkt der im Lösungsmittel gelöste Stoff als spezifisch schwerer als das Lösungsmittel nach unten, so daß ständig frisches Lösungsmittel zur weiteren Lösung herantreten kann.

Arten der Lösungen. Man unterscheidet folgende Arten von Lösungen:

1. *Heiß-gesättigte Lösungen*, bei denen sich in kochend heißem Lösungsmittel bei Zusatz des zu lösenden Stoffs nichts mehr löst,

2. *kalt-gesättigte Lösungen*, bei denen sich im Lösungsmittel bei Zimmertemperatur und Zusatz des zu lösenden Stoffs nichts mehr löst,

3. *ungesättigte Lösungen*, bei denen nur ein Teil des in Lösungsmitteln löslichen Stoffs gelöst hat.

Gesättigt oder fast gesättigte Lösungen bezeichnet man als *konzentrierte* im Gegensatz zu den *verdünnten* Lösungen, die weniger des zu lösenden Stoffs enthalten.

Kennzeichnung des Gehaltes von Lösungen.

Zur Kennzeichnung des Gehaltes von Lösungen, d. h. ihrer Konzentration (vgl. Verdünnen von Lösungen S. 90), gibt es 3 Möglichkeiten:

1. Die Angabe in Gewichtsprozenten gibt an, wieviel Gramm des gelösten Stoffes in 100 g Lösung enthalten sind.

2. Die Angabe „g/l" (g im Liter) gibt die Anzahl Gramm des gelösten Stoffes in 1 l Lösung an.

3. Normallösungen sind Meßlösungen für die Maßanalyse, die im Liter ein Grammäquivalent enthalten (vgl. Band I, S. 359).

Messen mit dem Aräometer.

Bei Messungen mit dem Aräometer (Abb. 139, 140, 141, 142, vgl. a. Bd. I, S. 333, Bd. II, S. 115 und Baumé-Grade Bd. II, S. 167/8) müssen zur Erzielung richtiger Resultate nachstehende Punkte[1] berücksichtigt werden:

1. Die Spindel muß *vor* Benützung gründlich abgeseift, unter der Wasserleitung *abgespült* und nur mit einem sauberen Handtuch *abgetrocknet* werden.

2. Die Spindel darf nur am oberen, nicht eintauchenden Ende angefaßt werden.

---

[1] Nach C. LUCKOW, in H. KAISER: Pharmazeutisches Taschenbuch, 2. Aufl., 1943.

3. Ein Berühren des Spindelkörpers mit den Händen ist zu vermeiden, weil dadurch Fettspuren auf das Instrument übertragen werden, die zu Fehlresultaten führen.

4. Die zu spindelnde Flüssigkeit darf keine Verunreinigungen (Bodensätze oder dergleichen) enthalten.

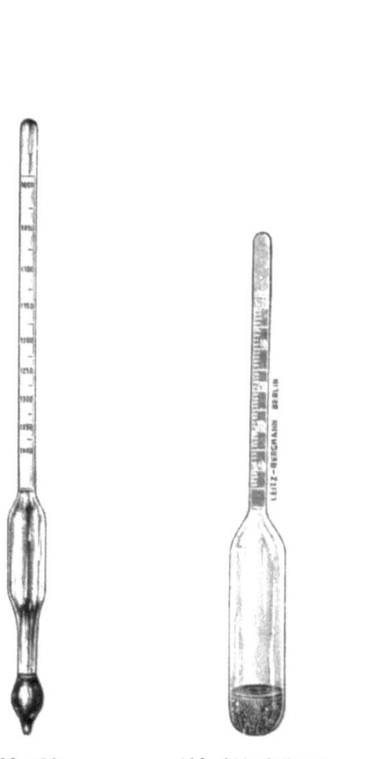

Abb. 139. Aräometer. (Bergmann KG., Berlin-Zehlendorf.)

Abb. 140. Aräometer. (Nach *Baumé*.) (Franz Bergmann KG., Berlin-Zehlendorf.)

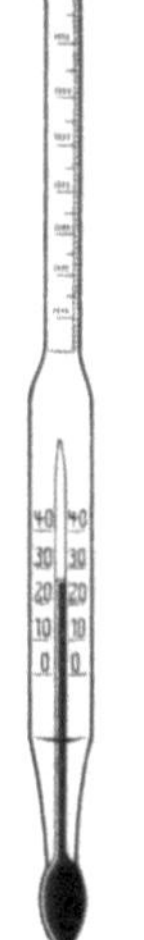

Abb. 141. Alkoholometer. (Franz Bergmann KG., Berlin-Zehlendorf.)

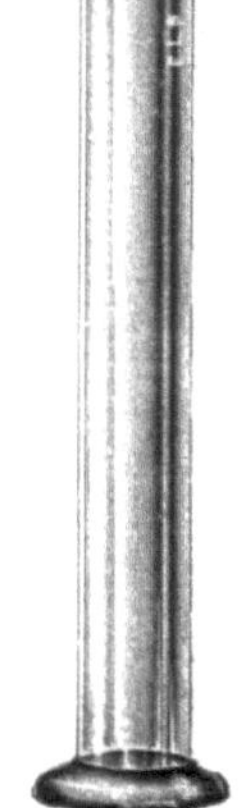

Abb. 142. Alkoholometerzylinder mit breitem Fuß, 50 cm hoch, 5 cm Durchmesser. (Franz Bergmann KG., Berlin-Zehlendorf.)

5. Der für das jeweilige Aräometer passende Spindelzylinder muß unbedingt senkrecht stehen. Es muß deshalb zum Spindeln stets eine *vollkommen horizontale* Stelle des Arbeitstisches gewählt werden. Besser noch ist die Verwendung eines Zylinders in kardanischer Aufhängung, in der der Zylinder auf jedem Standort senkrecht steht.

6. Die Spindel muß *langsam*, *ohne* dabei *die Wandung* des Zylinders *zu berühren*, bis zu dem Punkte in die Flüssigkeit eingesenkt werden, bis zu dem sie wahrscheinlich eintauchen wird. Das Hineinfallenlassen der Spindel ist zu vermeiden, weil dadurch der herausragende Teil des Stengels mit Flüssigkeit benetzt wird und die Spindel dadurch schwerer wird.

7. An der Spindel dürfen *keine Luftbläschen* haften, weil sie das Aräometer heben und dadurch ungenaue Resultate ergeben.

8. Um den Stengel der Spindel windet sich ein kleiner Wulst, der von oben wie von unten betrachtet als eine elliptische Fläche erscheint und es unmöglich macht, einen bestimmten Punkt an der Spindel abzulesen. Wenn sich das Auge von unten her dem Flüssigkeitsspiegel nähert, geht diese elliptische Fläche schließlich in eine gerade Linie über. Das ist die Stelle, an der abgelesen werden muß (Abb. 143). Die Ablesung erfolgt also bei A_1/A_2, nicht bei B_1/B_2.

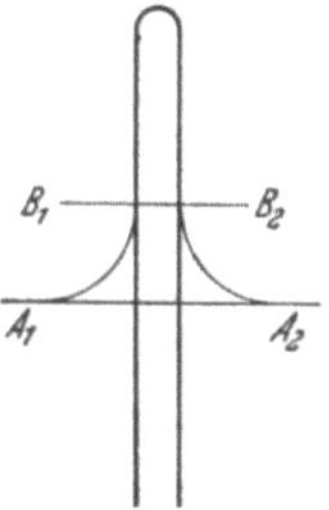

Abb. 143. Richtiges Ablesen bei der Messung mit dem Aräometer. Sie erfolgt bei $A_1 A_2$. (Nach *W. Wittenberger:* Chem. Laboratoriumstechnik.)

Messen von Flüssigkeiten.

Das Messen von Flüssigkeiten (vgl. auch „Maß- und Gewichtsgesetz", Bd. I, S. 623ff., und „Maßanalyse", Bd. I, S. 358ff.) dient der Feststellung des von ihnen eingenommenen Raums (Volumen). Als Raumeinheit dient das Liter, das Volumen von 1 kg chemisch reinen Wassers bei + 4° C, seiner größten Dichte, die man mit 1 bezeichnet.

Meßgeräte (vgl. auch Bd. I, S. 362/364). Zum Messen finden verschiedene Gefäße Verwendung.

Mensuren (Abb. 27) sind zylindrische Gefäße mit Ausguß und Henkel aus Porzellan, Glas oder emailliertem Eisenblech, die mit einem Inhalt von 0,125 bis 5 l als *Vollmensuren*, in denen nur eine bestimmte Menge abgemessen werden kann, und innen mit Strichteinteilung (graduiert), zur Abmessung beliebiger Mengen bis zum Fassungsvermögen lieferbar sind. Mensuren dienen der *ungefähren* Abmessung von Flüssigkeitsmengen und dürfen zur Herstellung von DAB. 6-Präparaten nicht verwendet werden.

Meßgeräte.

Meßzylinder (Abb. 144) sind Glaszylinder mit breitem Fuß, die ebenfalls zur verhältnismäßig groben Abmessung von Flüssigkeiten dienen. Sie tragen auf der Außenwand eine eingeätzte oder aufgemalte Stricheinteilung in ccm oder $^1/_{10}$ ccm. Größere Mensuren sind noch zu je 5 und 10 ccm durch einen längeren Strich, die 10er ccm auf

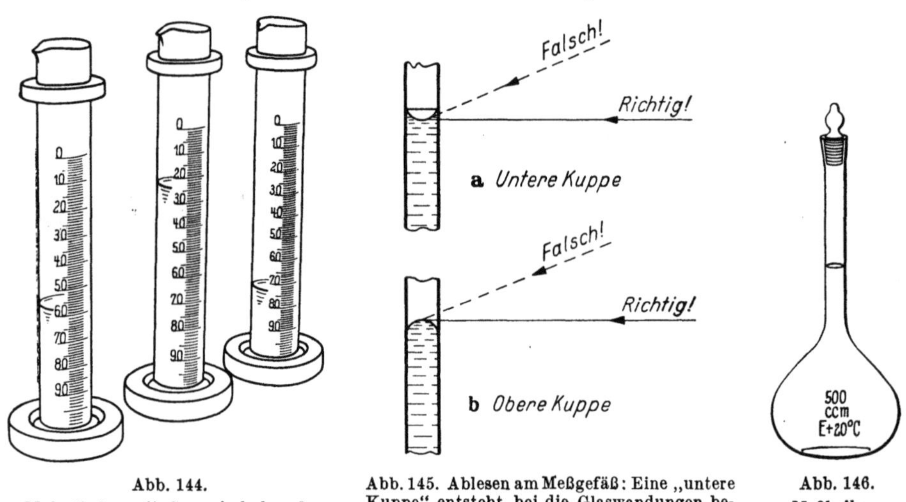

Abb. 144. Meßzylinder mit Gummischuh und Gummischutzring. (Nach *Kruhme:* Fachkunde für Chemiewerker.)

Abb. 145. Ablesen am Meßgefäß: Eine „untere Kuppe" entsteht bei die Glaswandungen benetzenden Flüssigkeiten, eine „obere Kuppe" bei Glaswandungen nicht benetzenden Flüssigkeiten. (Nach *Kruhme:* Fachkunde für Chemiewerker.)

Abb. 146. Meßkolben.

der rechten Seite (mitunter auch auf beiden Seiten) der Stricheinteilung in Zahlen angegeben, unterteilt. Die Stricheinteilung verläuft von unten nach oben und gestattet so eine entnommene oder noch fehlende Menge festzustellen. Die Größe der zur Verwendung kommenden Mensur ist jeweils der abzumessenden Flüssigkeitsmenge anzupassen. Zur Vermeidung von Ablesefehlern müssen Mensuren beim Ablesen stets *senkrecht in Augenhöhe* gehalten werden (Abb. 145). Da Mensuren infolge ihrer Höhe leicht umgeworfen werden, erhalten sie zum Schutz ihres Fußes einen Gummischuh, zum Schutz des Zerbrechens bei etwaigem Umkippen am oberen Ende einen kräftigen Gummischutzring.

Schüttelzylinder unterscheiden sich vom Meßzylinder lediglich durch eine Verjüngung der Öffnung, die mit einem Glasstopfen verschließbar ist. Schüttelzylinder dienen zur Feststellung von Flüssigkeitsmengen, die sich nach dem Schütteln bei ruhigem Stehen in Schichten trennen.

Meßkolben, Büretten (Abb. 146, 147), **Fein-** oder **Mikrobüretten, Vollpipetten** und **Meßpipetten** (Abb. 147 rechts, 148) sind im Bd. I, S. 362 bis 364 abgehandelt worden. Für Quetschhahnbüretten findet der Quetschhahn nach MOHR (Abb. 147a) Verwendung. SCHELLBACH-Büretten sind auf der Rückwand mit einem blauen Streifen

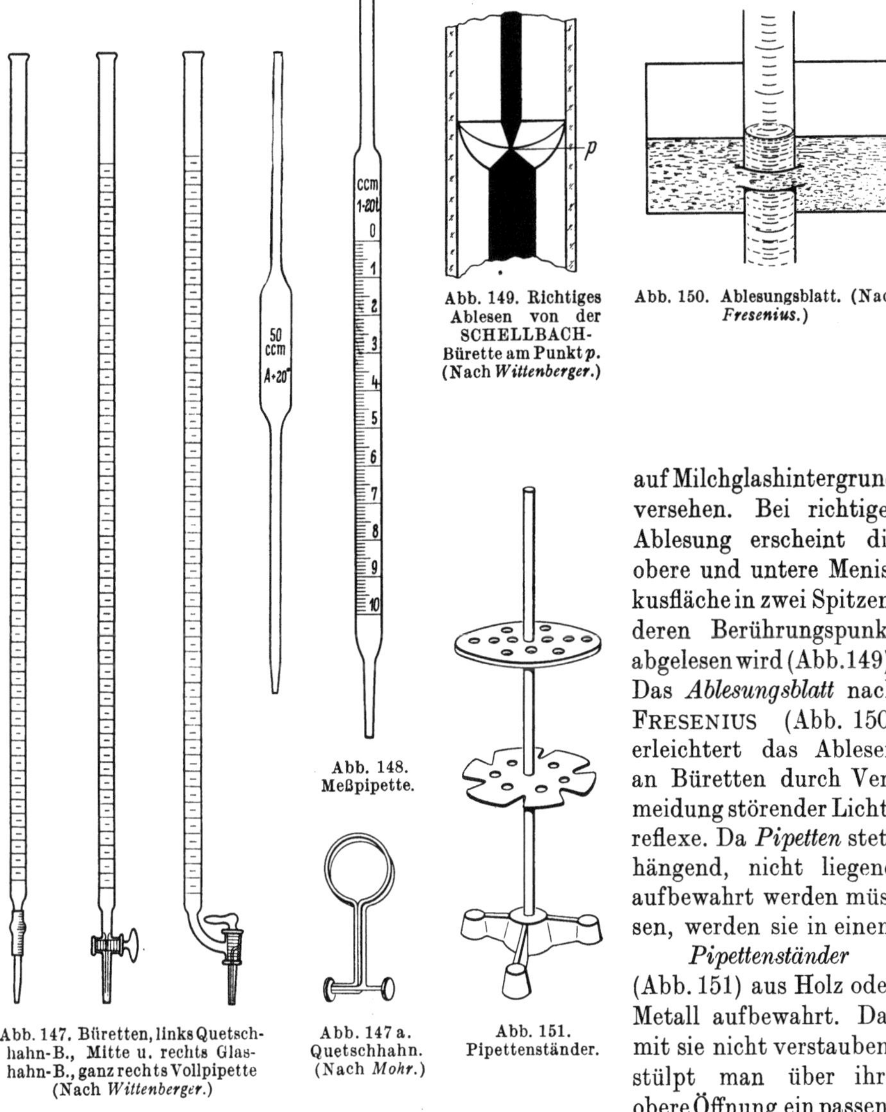

Abb. 147. Büretten, links Quetschhahn-B., Mitte u. rechts Glashahn-B., ganz rechts Vollpipette (Nach *Wittenberger*.)

Abb. 147 a. Quetschhahn. (Nach *Mohr*.)

Abb. 148. Meßpipette.

Abb. 149. Richtiges Ablesen von der SCHELLBACH-Bürette am Punkt *p*. (Nach *Wittenberger*.)

Abb. 150. Ablesungsblatt. (Nach *Fresenius*.)

Abb. 151. Pipettenständer.

auf Milchglashintergrund versehen. Bei richtiger Ablesung erscheint die obere und untere Meniskusfläche in zwei Spitzen, deren Berührungspunkt abgelesen wird (Abb. 149). Das *Ablesungsblatt* nach FRESENIUS (Abb. 150) erleichtert das Ablesen an Büretten durch Vermeidung störender Lichtreflexe. Da *Pipetten* stets hängend, nicht liegend aufbewahrt werden müssen, werden sie in einem *Pipettenständer* (Abb. 151) aus Holz oder Metall aufbewahrt. Damit sie nicht verstauben, stülpt man über ihre obere Öffnung ein passendes Tablettenröhrchen, in das man am Grunde etwas Watte zum Schutze des Pipettenmundstücks eindrückt.

Reinigung der Meßgefäße s. „Glas- und Porzellangefäße reinigen", S. 59 und Bd. I, S. 364.

Mischen.

Mit *Mischen* bezeichnet man den mechanischen Vorgang, durch den Teile eines Stoffes zwischen Teilen eines anderen Stoffes oder mehrerer anderer Stoffe eingebracht werden. Die Teilchengröße der zu mischenden Stoffe bestimmt die Art der Mischung. Das Maximum der Mischung ist erreicht durch die Homogenität (ULLMANN). Der Zweck des Mischens kann sein, die Herstellung eines Gemenges, um eine gleichmäßige Wirkung zu erzielen oder es zu strecken, zu verschneiden oder zu färben. Das Mischen kann auch den Zweck haben, den ordnungsgemäßen Ablauf einer Reaktion zu gewährleisten. Das Resultat des Mischens ist die *Mischung* (vgl. auch Bd. I, S. 51, „Mixturen").

Mischen von Flüssigkeiten.

Beim Mischen von Flüssigkeiten ist die Kenntnis der chemischen und physikalischen Eigenschaften der zu mischenden Flüssigkeiten von größter Wichtigkeit, weil bei ihrer Unkenntnis Gefahren entstehen können, zum Beispiel bei der Mischung von Schwefelsäure mit Wasser (vgl. Bd. II, S. 1170). Grundsätzlich werden bei Mischen mehrerer Flüssigkeiten in verschiedenem Mengenverhältnis zunächst die kleinen Mengen für sich abgewogen und gemischt, dann steigt man stufenweise mit der Zugabe größerer Mengen fort, um dann endlich die größten Mengen dazu zu geben. Sehr kleine Mengen, z. B. ätherische Öle, werden der fertigen Lösung am Schluß zugetropft (vgl. „Tropfen", S. 88) unter Verwendung eines Normaltropfenzählers (vgl. „Tropfentabelle", Bd. I., S. 1083). Das Mischen von Flüssigkeiten kann in jedem dafür geeigneten Gefäß erfolgen, soweit noch genügend Raum zum Umschütteln oder Umrühren zwecks möglichst feiner Verteilung der Flüssigkeiten untereinander bleibt. Bei schäumenden Flüssigkeiten sind entsprechend größere Gefäße zu verwenden. Das Mischen erfolgt bei kleineren Mengen im *Mischzylinder*, bei größeren Mengen unter Umrühren mit einem Glasstab oder geeigneten *Elektrorührern* (Abb. 38, 39, 40) bzw. *Planetenrührwerken* oder *Turbomischern* (Abb. 74, 156).

Mischungen von Flüssigkeiten müssen grundsätzlich *vollkommen klar* sein und müssen deshalb gegebenenfalls filtriert werden. Gröbere Verunreinigungen können auch durch Kolieren (s. S. 63) entfernt werden.

Mischungsregel.

Zur Feststellung der Mischungsverhältnisse von Lösungen bedient man sich des *Andreaskreuzes*, eines liegenden Kreuzes. Bei der Wichtigkeit im Betrieb und Laboratorium, aus Lösungen bekannter Konzentrationen eine solche von bestimmter Konzentration zu erhalten, werden nachstehend die Möglichkeiten zum einfachen Auffinden der Mischungsverhältnisse von Lösungen nach TUST-SCHIMMELS[1] wiedergegeben:

1. Herstellen einer schwächeren Lösung aus einer stärkeren durch Wasserzusatz.

Beispiel. Aus einer 60%igen Ausgangslösung soll durch Zusatz von Wasser eine 15%ige Lösung hergestellt werden.

Berechnung mittels des Andreaskreuzes. In den Schnittpunkt der Balken wird der Prozentgehalt der herzustellenden Lösung, 15, geschrieben. An die linken Enden der Balkenarme setzt man die Zahlen der gegebenen Lösungen, also 60 und 0. An den rechten Enden der Balkenarme schreibt man die jeweiligen Differenzen zwischen diesen Zahlen.

[1] TUST-SCHIMMELS: Einführung in die Chemie auf einfachster Grundlage, Teil I, 2. Aufl. 1943.

Hier kommt also gegenüber der Zahl 60 die Differenz von 15 — 0 = 15, gegenüber der Zahl 0 die Differenz von 60 — 15 = 45 zu stehen.

60 ╲ ╱ 15 = 1 T.
15
0 ╱ ╲ 45 = 3 T.

Ergebnis: Zur Herstellung einer 15%igen Lösung sind 1 T. der 60%igen Ausgangslösung und 3 T. Wasser zu verwenden.

2. Herstellen einer bestimmten Menge einer schwächeren Lösung aus einer stärkeren durch Wasserzusatz.

Beispiel. Aus einer 80%igen Ausgangslösung sollen durch Verdünnen mit Wasser 40 kg einer 16%igen Lösung hergestellt werden.

80 ╲ ╱ 16 = 1 T.
16
0 ╱ ╲ 64 = 4 T.

Ergebnis: Das Mischungsverhältnis 1 : 4 muß nun noch auf die geforderte Menge 40 kg umgerechnet werden. Da 1 kg 80%ige Lösung und 4 kg Wasser (0%ige Lösung) 5 kg 16%ige Lösung ergeben, benötigt man zur Herstellung von 1 kg $^1/_5$ kg 80%ige Lösung und $^4/_5$ kg Wasser. Zur Herstellung von 40 kg also je 40mal mehr. Somit werden benötigt 8 kg der 80%igen Lösung und 32 kg Wasser, um 40 kg 16%ige Lösung zu erhalten.

3. Herstellen einer schwächeren Lösung aus einer bestimmten Menge einer stärkeren durch Wasserzusatz.

Beispiel. Aus 48 kg einer vorhandenen 96%igen Lösung soll eine 72%ige Lösung hergestellt werden. Das Mischungsverhältnis ergibt sich wie folgt:

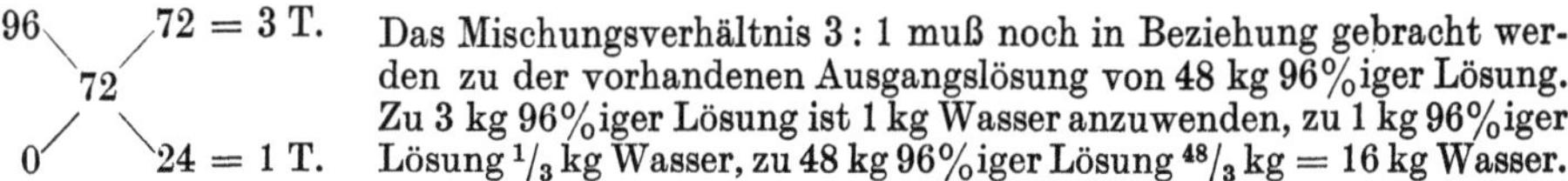

Das Mischungsverhältnis 3 : 1 muß noch in Beziehung gebracht werden zu der vorhandenen Ausgangslösung von 48 kg 96%iger Lösung. Zu 3 kg 96%iger Lösung ist 1 kg Wasser anzuwenden, zu 1 kg 96%iger Lösung $^1/_3$ kg Wasser, zu 48 kg 96%iger Lösung $^{48}/_3$ kg = 16 kg Wasser.

4. Herstellung einer Lösung, deren Prozentgehalt zwischen zwei anderen liegt.

Beispiel. Aus einer 80%igen und einer 50%igen Ausgangslösung soll eine 60%ige Lösung hergestellt werden. Das Mischungsverhältnis ergibt sich wie folgt:

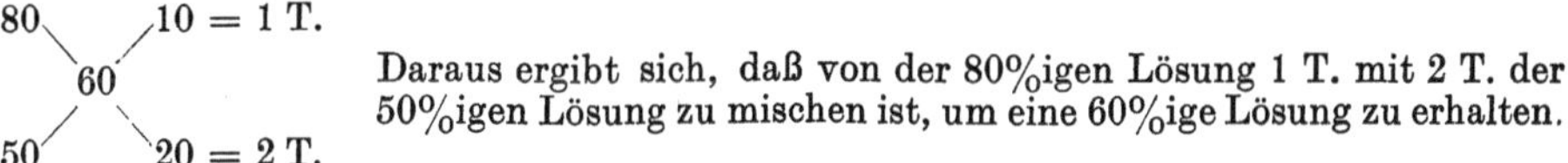

Daraus ergibt sich, daß von der 80%igen Lösung 1 T. mit 2 T. der 50%igen Lösung zu mischen ist, um eine 60%ige Lösung zu erhalten.

5. Herstellen einer bestimmten Menge einer Lösung, deren Prozentgehalt zwischen zwei anderen liegt.

Beispiel. Aus einer 75%igen und einer 15%igen Ausgangslösung sollen 22 kg einer 30%igen Lösung hergestellt werden. Das Mischungsverhältnis ergibt sich wie folgt:

75 ╲ ╱ 15 = 1 T.
30
15 ╱ ╲ 45 = 3 T.

Das Mischungsverhältnis 1:3 muß nun noch auf die geforderte Menge 22 kg umgerechnet werden. Da 1 kg 75%ige Lösung und 3 kg 15%ige Lösung 4 kg 30%ige Lösung ergeben, benötigt man zur Herstellung von 1 kg 30%iger Lösung $^1/_4$ kg der 75%igen und $^3/_4$ kg der 15%igen Lösung, zur Herstellung von 22 kg also 22mal mehr, oder 5,5 kg der 75%igen und 16,5 kg der 15%igen Lösung.

6. Herstellen einer Lösung, deren Prozentgehalt zwischen zwei anderen liegt, und von denen die eine in bestimmter Menge vorhanden ist.

Beispiel. Aus 40 kg einer 60%igen Lösung soll durch Zugabe von 80%iger Lösung eine 72%ige hergestellt werden. Wieviel kg der 80%igen Lösung sind notwendig?
Das Mischungsverhältnis ergibt sich wie folgt:

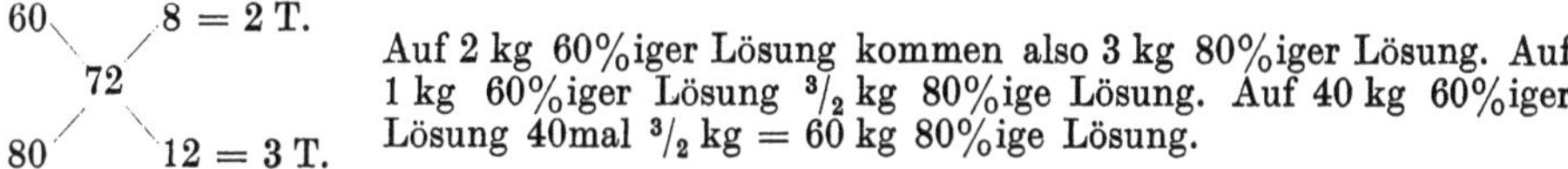

Auf 2 kg 60%iger Lösung kommen also 3 kg 80%iger Lösung. Auf 1 kg 60%iger Lösung $^3/_2$ kg 80%ige Lösung. Auf 40 kg 60%iger Lösung 40mal $^3/_2$ kg = 60 kg 80%ige Lösung.

7. Herstellen einer stärkeren Lösung aus einer schwächeren durch Zusatz von 100%igem Stoff.

Beispiel. Aus einer vorhandenen 20%igen Lösung soll durch Zugabe von 100%igem Stoff eine 30%ige Lösung hergestellt werden. Das Mischungsverhältnis ergibt sich wie folgt:

20 ╲ ╱ 70 = 7 T.
30
100 ╱ ╲ 10 = 1 T.

Danach sind von der 20%igen Lösung 7 kg und vom 100%igen Stoff 1 kg zu verwenden, um 8 kg 30%ige Lösung zu erhalten.

8. Herstellen einer bestimmten Menge einer stärkeren Lösung durch Zugabe von 100%igem Stoff.

Beispiel. Aus einer vorhandenen 50%igen Lösung sollen durch Zusatz von 100%igem Stoff 35 g einer 60%igen Lösung hergestellt werden. Wieviel 50%ige Lösung und wieviel 100%iger Stoff sind zu verwenden?
Das Mischungsergebnis ergibt sich wie folgt:

50 ╲ ╱ 40 = 4 T.
60
100 ╱ ╲ 10 = 1 T.

Das Mischungsverhältnis 4 : 1 muß nun noch auf die geforderte Menge 35 g umgerechnet werden. 4 g 50%ige Lösung und 1 g 100%iger Stoff geben 5 g 60%ige Lösung. 1 g Mischung erfordern $^4/_5$ g 50%ige Lösung und $^1/_5$ g 100%igen Stoff. 35 g 60%ige Mischung je 35mal mehr oder 28 g 50%ige Lösung und 7 g 100%igen Stoff.

9. Herstellen einer stärkeren Lösung aus einer schwächeren durch Zugabe von 100%igem, in bestimmter Menge vorliegendem Stoff.

Beispiel. Aus 45 kg 100%igem Stoff soll durch Zugabe von 49%iger Lösung eine 66%ige Lösung hergestellt werden. Wieviel der 49%igen Lösung benötigt man?
Das Mischungsergebnis ergibt sich wie folgt:

49 ╲ ╱ 34 = 2 T.
66
100 ╱ ╲ 17 = 1 T.

Auf 1 kg 100%igen Stoff sind 2 kg 49%ige Lösung zu nehmen. Auf 45 kg 100%igen Stoff 2mal 45 = 90 kg der 49%igen Lösung.

Mischen fester Stoffe.

Auch beim Mischen fester Stoffe ist die Kenntnis der chemischen und physikalischen Eigenschaften der zu mischenden Stoffe unerläßlich, besonders bei brennbaren und explosiven Stoffen. Die einfachste Art zur Mischung fester Stoffe besteht in einem einfachen, häufigeren Umschaufeln mit einem Löffel oder einer Schaufel, wie dies z. B. bei der Herstellung technischer Erzeugnisse (Desinfektionspulver, Fußbodenkehrpulver) erfolgt. Pulverförmige Stoffe zur medizinischen und kosmetischen Verwendung erfordern eine sorgfältigere Mischung, die bei kleineren Mengen in der *Reibschale* (Abb. 152) mit *Pistill*, bei größeren Mengen in *Mischtrommeln* oder *Mischmaschinen*, die auch mit Sieben kombiniert hergestellt werden, erfolgt. Reibschalen finden weitgehende Verwendung zum Quetschen, Zerkleinern oder Pulverisieren fester Stoffe, zur Herstellung von Pulvermischungen, von Salben und DAB. 6-Emulsionen. Sie sind dickwandige Gefäße aus Porzellan mit flachem Außenboden und gewölbter Innenwand, mit oder ohne Ausguß und mit glatter oder rauher Innenfläche. Die Bearbeitung der Stoffe erfolgt mit einer Keule, dem *Pistill*, der ganz aus Porzellan (Abb. 153) oder aus einem auf einem Holzgriff montiertem Porzellankopf (Abb. 154) besteht. Zum Vermischen vegetabilischer Pulver finden auch *Holzkeulen* Verwendung. Für die Gifte der Abteilung 1 sind Reibschale und Pistill mit dem Aufdruck „Gift" *weiß auf schwarzem Grund*, für die Gifte der Abteilung 2 und 3 mit dem Aufdruck „Gift" *rot auf weißem Grund* zu verwenden. Zur Herstellung kleiner Pulvermengen hat sich die WOLSIFFERsche *Pulvermischdose* (Abb. 155) bewährt. Voraussetzung zur Erzielung eines einheitlichen Pulvergemenges ist der gleiche Feinheitsgrad (Korngröße) der einzelnen Bestandteile des Pulvergemisches. Nach dem Vermengen der kleinsten Gewichtsmengen gibt man die größeren anteilsmäßig, jedoch nach vorherigem gutem neuem Durchmischen, zu. Mit dem Zusatz der Hauptmenge verfährt man gleichermaßen. Dann gibt man die

Mischung durch ein Sieb entsprechender Maschenweite (vgl. „Sieben“, S. 81), zerkleinert etwa darin verbleibende grobkörnige Rückstände weiter in der Reibschale und mischt sie dann der Mischung zu.

Die Mischung pulverförmiger Stoffe ist so lange fortzusetzen, bis Einzelbestandteile makroskopisch nicht mehr erkannt werden. Zum Entfernen des an der Reibschalenwand beim Mischen sich häufig ansetzenden Pulvergemisches wird ein *Kartenblatt* oder *Kunststoffschaber* oder ein *Spatelmesser* (Abb. 32) verwendet und dies von Zeit zu Zeit wiederholt. Spatelmesser sind nach Art eines Messers in einem Holzheft gefaßte, biegsame Geräte mit zungenförmiger Klinge, zweckmäßig aus V2A-Stahl, die in der Defektur zum Abkratzen von anhaftenden Pulvern oder Salben von der Reibschalenwand bzw. zum Abfüllen und Glattstreichen von Salben häufige Verwendung finden. Sie sind in verschiedenen Längen lieferbar. Manche Stoffe werden beim Reiben elektrisch und setzen sich dann fest an der Reibschalenwand und am Pistill an. Dieser Zustand kann durch Aufträufeln von wenig Äther behoben werden.

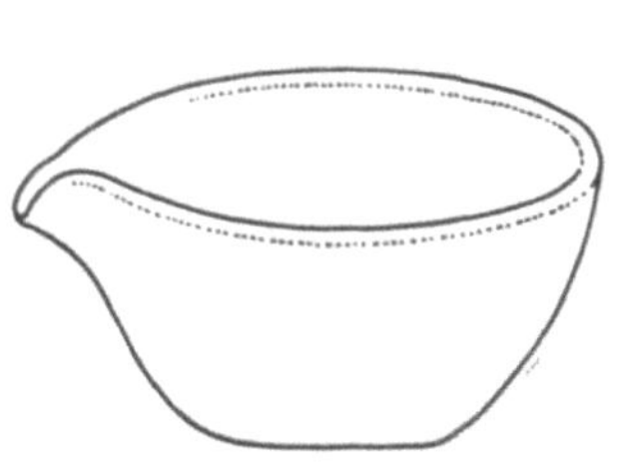
Abb. 152. Reibschale mit Ausguß.

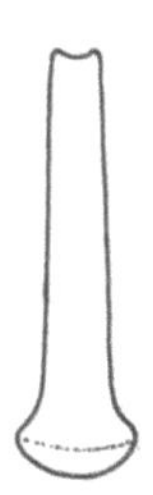
Abb. 153. Porzellanpistill.

Abb. 154. Pistill mit Holzgriff.

Abb. 155. Pulvermischdose. (Nach *Wolsiffer*.)

Die Zugabe sehr kleiner Mengen eines Stoffes zu einer Pulvermischung erfolgt in der Weise, daß diese zunächst mit einem kleinen Teil der Pulvermischung feinst verrieben und dann erst die Gesamtmenge der restlichen Pulver in kleineren Anteilen zugemischt wird. Mischungen von Pulvern mit sehr unterschiedlichem spezifischen Gewicht werden in der Weise hergestellt, daß man zunächst den schweren Bestandteil mit der gleichen Raummenge des leichten gründlich mischt und erst dann die Restmenge des leichten Stoffes, je unter gründlicher Vermengung in kleinen Anteilen, zugibt. Wie bei den Lösungen das Filtrieren, muß bei Pulvermischungen das Sieben durch ein Sieb geeigneter Maschenweite die Arbeit beschließen.

Sind *explosive Mischungen* durchzuführen, z. B. von Kaliumchlorat oder Kaliumpermanganat mit organischen Stoffen, ist dabei größte Vorsicht zu üben. Die Bestandteile werden hierbei durch vorsichtiges und langsames Vermengen mit einer Federfahne unter sorgfältiger Vermeidung jeden Druckes oder Stoßes gemischt.

Mischen von Teebestandteilen.

Bei der Herstellung von Teemischungen werden zunächst die kleinen Mengen abgewogen und gemischt und dann den größeren Mengen zugesetzt. Früchte und Samen werden, damit sie besser ausgezogen werden, *gequetscht*, *kontundiert*. Harte Drogen (Wurzeln, Wurzelstöcke) verwendet man fein geschnitten. Das Mischen erfolgt durch mehrmaliges gründliches Umschaufeln auf einem genügend großen Bogen reinen, unbedruckten Papiers.

Pasteurisieren und Sterilisieren.

Das *Pasteurisieren* (vgl. auch Bd. II, S. 743) wendet man zur Haltbarmachung von empfindlichen flüssigen Nahrungsmitteln an, die durch hohe Sterilisationstemperaturen Schaden leiden wie Milch, Obstsäfte, Süßmoste. Durch Pasteurisieren, eine Erhitzung auf 70 bis 80°, wird nur eine begrenzte Behinderung der Bakterientätigkeit erreicht, das Verderben also nur für eine beschränkte Zeit verhindert.

Das *Sterilisieren* (vgl. auch Bd. I, S. 377f., Bd. II, S. 1239) von Lebensmitteln, besonders von Fleisch, Gemüsen, Obst, wird im Haushalt meist in Gläsern mit Gummidichtung in besonderen Apparaten (Weck, Rex u. a.) durchgeführt, wobei bei Atmosphärendruck im offenen, kochenden Wasserbad gearbeitet wird. Von der Industrie wird im strömenden Wasserdampf oder Autoklaven gearbeitet und in Dosen aus sparverzinntem Weißblech oder mit Lack überzogenen Schwarzblechdosen abgefüllt.

Platingeräte, Anwendung und Reinigung.

Platintiegel werden in der Analyse wegen ihrer großen Widerstandsfähigkeit gegen Hitze (Schmp. 1771°) und Säuren verwendet, sie dürfen aber weder mit Metallen noch mit Verbindungen, die Metalle abgeben, in Berührung kommen, da sie mit diesen Legierungen bilden. Aus diesem Grunde dürfen zum Glühen in Platintiegeln auch nur Tondreiecke oder Quarzdreiecke, keine Eisendrahtdreiecke, Verwendung finden. Schädlich für Platingeräte sind außer den genannten Stoffen die rußende Bunsenflamme (der darin schwebende Kohlenstoff gibt ebenfalls mit Platin eine Legierung, welche Platingeräte brüchig macht), schmelzende Ätzalkalien, leicht reduzierbare Verbindungen. Gereinigt werden Platingeräte mit Salzsäure und Schwefelsäure, nicht aber mit Königswasser, welches Platin löst, ferner mit Schmelzen von Kaliumhydrogensulfat.

Präzipitieren.

Mit Präzipitieren (lat. praecipitare, herniederreißen) oder *Fällen* versteht man die Abscheidung eines Stoffes auf chemischem Wege aus einem Lösungsmittel. Der Vorgang beruht auf der Ionentheorie. Durch Vereinigung gelöster Kationen und Anionen in einem Verhältnis, bei dem sich der entstehende Stoff als *Fällung, Präzipitat* abscheidet, kommt die Reaktion zustande. Ein Beispiel des Präzipitierens ist die Abscheidung von präzipitiertem Calciumcarbonat aus einer Calciumchloridlösung durch Natriumcarbonatlösung. Das Präzipitieren verfolgt den Zweck, den betreffenden Stoff in besonders feinem Zustand zu erhalten. Das *Fällungsmittel* kann gasförmig, flüssig oder fest sein. Die Eigenschaften des Endproduktes hängen von der Konzentration der benutzten Lösungen, der angewandten Temperatur und der Aufeinanderfolge des Zusammenschüttens der betreffenden Lösungen ab. Das entstandene Präzipitat kann kristallin, pulverig, flockig oder voluminös sein. Konzentrierte Lösungen geben dichtere und gröbere Niederschläge, Fällungen aus sehr verdünnten kalten Lösungen feinkörnige und lockere Präzipitate. Die zum Präzipitieren verwendeten Lösungen dürfen nur filtriert, wenigstens aber koliert, zur Verwendung kommen. Praktisch wird das Präzipitieren so durchgeführt, daß man die eine Lösung unter ständigem Umrühren in dünnem Strahl in die andere eingießt, wobei das Fällungsmittel stets in einem kleinen Überschuß vorhanden sein muß. Als Fällungsgefäße verwendet man möglichst geradwandige Gefäße (Bechergläser, Glaszylinder, Tontöpfe, Dekantiertöpfe, vgl. „Dekantieren", S. 23), aus denen man die entstandenen Niederschläge nach dem Absetzen auf ein Koliertuch bringt, so lange wäscht, bis das ablaufende Waschwasser keine Reaktion des Fällungsmittels mehr zeigt und trocknet. Das erhaltene Präzipitat kann als Endergebnis dienen oder weiter verarbeitet werden.

Rühren. Schütteln.

Das Rühren kann den Zweck haben, eine einheitliche Mischung mehrerer Flüssigkeiten herzustellen oder die Lösung eines Stoffes in einer Flüssigkeit zu beschleunigen. Auch das Schütteln dient dem gleichen Zweck, nämlich stets wieder ungesättigtes Lösungsmittel an den zu lösenden Stoff heranzubringen. Mit der Hand rührt man zu diesem Zweck mit einem *Glasstab* oder *Porzellanspatel.* Muß längere Zeit gerührt werden, bedient man sich mechanischer *Rührvorrichtungen* mit Antrieb durch eine Wasserturbine oder einen Elektromotor. Dabei ist auch die Form des Rührers von ausschlaggebender Bedeutung. Zum Schütteln größerer Flüssigkeitsmengen während längerer Zeit sind *Schüttelapparate* mit schaukelnder, rotierender und hin- und hergehender Bewegung im Gebrauch. Besonders zur Herstellung von Emulsionen (s. „Emulgieren", S. 29) sind äußerst leistungsfähige, allen physikalischen Gesetzen entsprechende Rührmaschinen entwickelt worden.

Salbenherstellung und Salbenverpackung.

Salben (vgl. Bd. I, S. 54/55) kann man nach der Herstellungsart, die sich nach der Löslichkeit der zu verwendenden Arzneistoffe richtet, nach GSTIRNER in folgende 3 Salbentypen einteilen:

1. *Lösungssalben*, bei denen fettlösliche Arzneistoffe, z. B. Kampfer in reinem Fett oder einem Fettgemisch, meist unter Erwärmen oder in der geschmolzenen Salbengrundlage gelöst werden. Mitunter kann der Arzneistoff auch erst in einem Lösungsmittel (Äther, Chloroform) gelöst und die Lösung in die Salbengrundlage eingearbeitet und dann wieder vertrieben werden.

2. *Emulsionssalben* (vgl. S. 29 und Bd. II, S. 400ff.), bei denen wasserlösliche und ölunlösliche Arzneistoffe in wäßriger Lösung mit einem Fettstoff verarbeitet werden, wobei Ö/W-(Öl-in-Wasser) oder W/Ö-(Wasser-in-Öl)-Emulsionen entstehen.

3. *Suspensionssalben*, bei denen wasser- und fettunlösliche Arzneistoffe in einer einphasigen Fettsalbe verrieben werden. Dabei müssen die unlöslichen Arzneistoffe in feinster Verteilung vorliegen, da die therapeutische Wirkung direkt proportional der Oberfläche bzw. dem Verteilungsgrad des Wirkstoffes ist.

Kleine Mengen der genannten Salben werden in der Reibschale mit Pistill hergestellt. Zur Entfernung der dabei an der Reibschalenwand anhaftenden Salbenbestandteile wird ein Kartenblatt oder Kunststoffschaber, bei Pasten ein Spatelmesser (Abb. 32) verwendet. Emulsions- und Suspensionenssalben können dabei nur bei sorgfältigster Arbeit die an sie gestellten Andorderungen erfüllen. Zur Herstellung der ersten werden geeignete Rührwerke oder Emulgiermaschinen (s. „Emulgieren", S. 29), zur Herstellung der letzten *Planeten-Misch- und Knetmaschinen* (Abb. 156) oder *Dreiwalzenmühlen* (Abb. 157), deren Walzen bei kleineren Modellen aus Porzellan, bei größeren aus Granit, Porphyr oder Carborundum bestehen, verwendet. Vor der Durchgabe durch die Dreiwalzenmühle wird das Material in einem Knetwerk vorgemischt. Eine besonders leistungsfähige Maschine zur Salbenherstellung ist die „Kosmeta" (Abb. 158).

Pasten werden im allgemeinen nach den gleichen Grundsätzen wie Salben hergestellt. Infolge ihrer oft zähen Beschaffenheit ist die feinste Zerreibung und gleichmäßige Verteilung der pulverförmigen Bestandteile bei ihrer Herstellung besonders wichtig. Festere Teile werden zweckmäßig durch gelindes Erwärmen erweicht oder verflüssigt. Zu ihrer Herstellung verwendet man Dreiwalzenwerke (Abb. 157).

Als **Salbenrohstoffe** finden Verwendung von den Fetten und fetten Ölen Schweinefett, Erdnußöl, Pfirsichkernöl, Mandelöl, Sesamöl, Hammeltalg, Rinderfett. Der

Nachteil der Fette mit ungesättigten Fettsäuren beruht darauf, daß sie leicht ranzig werden. Aus diesem Grunde werden Öle mit ungesättigten Fettsäuren gehärtet, wobei sie je nach dem Grad der Hydrierung salbenartig oder fest werden. An Kohlenwasserstoffen finden Verwendung Vaselin, festes und flüssiges Paraffin und Wachse, wobei die Bezeichnung Wachs sich nicht auf die chemische Zusammensetzung, sondern auf die physikalischen Eigenschaften bezieht. Neuzeitliche Salbengrundlagen sind die Polyäthylenglykole, die niedrigmolekular flüssig, hochmolekular fest sind und unter der Bezeichnung Cremolane (vgl. Bd. II, S. 332), in USA unter der Bezeichnung *Carbowax* im Handel sind.

Abb. 156. „Hydro-Jupiter", vollautomatisch-hydraulische Planeten-Misch- u. Knetmaschine, Type PMHN 1. (Hersteller: Gustav Spangenberg, Maschinenfabrik G.m.b.H., Mannheim.)

Weiche Fette können ohne weiteres in der Reibschale miteinander gemischt werden, dagegen müssen beim Vermischen harter Fette, von Wachsen und Harzen mit weicheren Fetten und Ölen die ersten zunächst auf dem Wasserbad geschmolzen werden. Dann gibt man die weicheren Stoffe der geschmolzenen Masse allmählich zu. Um eine Entmischung zu vermeiden, muß die Masse in diesem Fall bis zum Erkalten leicht gerührt werden, um das Ausscheiden der Stoffe mit höherem Schmelzpunkt und das Einrühren von Luft zu vermeiden. Pflanzliche und tierische Fette geben mit Alkalien Seifen, Borsäure und Zinkoxyd bilden Zinkborat. Wasserhaltige Gemische von Zinkoxyd mit anderen Schwermetallsalzen geben meist schwarze Fällungen. Müssen solche verarbeitet werden, ersetzt man das Zinkoxyd durch das weniger reaktionsfähige Titandioxyd. Schwefel bildet mit Schwermetallen Sulfide, Salicylsäure mit Seifen und Alkalien Salicylate, außerdem reagiert sie mit Eisensalzen.

Abb. 157. titau Schnelläufer- und Normalläufer-Dreiwalzwerk (für die kosmetische und pharmazeutische Industrie auch mit Porphyr- oder Hartsteinzeugwalzen lieferbar). (Hersteller: Gustav Spangenberg, Maschinenfabrik G.m.b.H., Mannheim.)

Abb. 158. SPANGENBERG Hochleistungs-Salben-Einwalzemaschine „Kosmeta". Zur Herstellung von Cremes und Salben. Egalisieren, Glätten, Homogenisieren, Reiben, Reinigen und Sieben in einem Arbeitsgang bei überragend großer Leistung. (Hersteller: Gustav Spangenberg, Maschinenfabrik G.m.b.H., Mannheim.)

Eigenschaften der Salben. Kosmetische und medizinische Salben müssen folgenden Eigenschaften entsprechen:

1. sie dürfen die Haut nicht reizen,
2. sie müssen gegen Licht, Luft und die enthaltenen Inhaltstoffe beständig sein,
3. sie müssen von der Haut aufgenommen werden und dabei die einverleibten Wirkstoffe zur Geltung bringen,
4. je nach ihrem Verwendungszweck müssen sie die Haut fetten oder mit einem eintrocknenden Film bedecken.

Salbenverpackung. Die Verpackung von Salben und Cremes erfolgt in Porzellan-, Glas- oder Kunststoffgefäßen (s. auch S. 11 ,,Abfüllen von Salben“). Von den letzten sind solche aus Phenolkondensaten ungeeignet, da sie nicht genügend geruchsfrei sind, dagegen sind solche aus Polyvinylchlorid, Harnstoff-Formaldehyd-Kunststoffen und Superpolyamid geeignet. Weißblechdosen und Aluminiumdosen können zur Verpackung von Fettsalben und W/Ö-Emulsionen verwendet werden. Für Ö/W-Emulsionen sind Weißblechdosen unbrauchbar, weil sie rosten. Die zweckmäßigste Salbenverpackung ist die *Tubenpackung*, weil sie den Forderungen auf Haltbarkeit und Hygiene am besten entspricht. Tuben werden aus Zinn, Aluminium und Kunststoffolien hergestellt mit einem Inhalt von 3 bis 500 ccm. Zur Abfüllung von Cremes und Salben verwendet man eine *Tubenfüllmaschine* (Abb. 159). Die Maschine eignet sich zum Abfüllen aller saugfähigen und dünnflüssigen Massen in Tuben, Dosen, Tiegel und Flaschen. Mengeneinstellung ca. 5 bis 125 ccm. Dosiervorrichtung und Füllbehälter aus korrosionsbeständigem Material entsprechend V 2 A. Stundenleistung etwa 700 bis 1 000 Füllungen. Absolute Genauigkeitsfüllungen. (Hersteller: H. Fischer & Co., KG., Düsseldorf 10.) Nach dem Füllen werden die Tuben entweder mit einer breiten Flachzange, besser mit einem besonderen *Tubenschließapparat* (Abb. 160) verschlossen. Bei

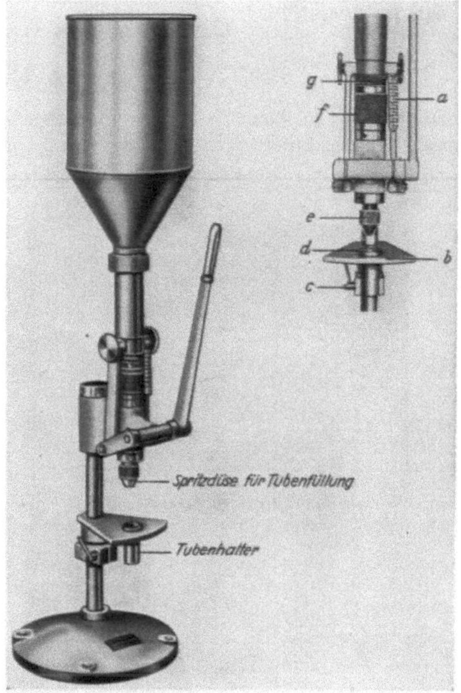

Abb. 159. Halbautomatische Tuben- und Dosen-Füllmaschine. a Skala, b schwenkbarer Tisch, c Höheneinstellung des Tisches, d Tubenhalter, e Spritzdüse für Tubenfüllung, f Gewindehülse für Mengeneinstellung, g Feststellhülse. (Hersteller wie bei Abb. 160)

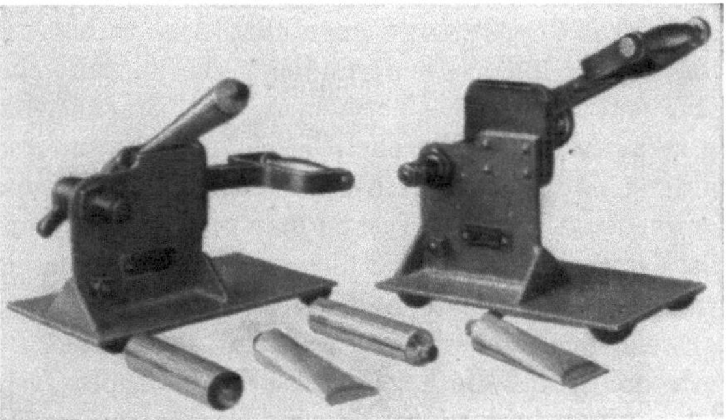

Abb. 160. HAPICO Tubenverschließmaschine für Handbetrieb. Zum Verschließen von Tuben bis 30 mm Durchmesser mit einem sauberen, dreifachen Falz. Arbeitsleistung 4000 bis 5000 Tuben in 8 Stunden. (Hersteller: H. Fischer & Co. KG, Düsseldorf 10.)

beiden Verfahren wird das Tubenende zunächst flachgedrückt und dann zweimal nach innen eingebogen. Im Großbetrieb finden automatische *Tubenfüll-* und *-schließmaschinen* (Abb. 161, 162) Verwendung.

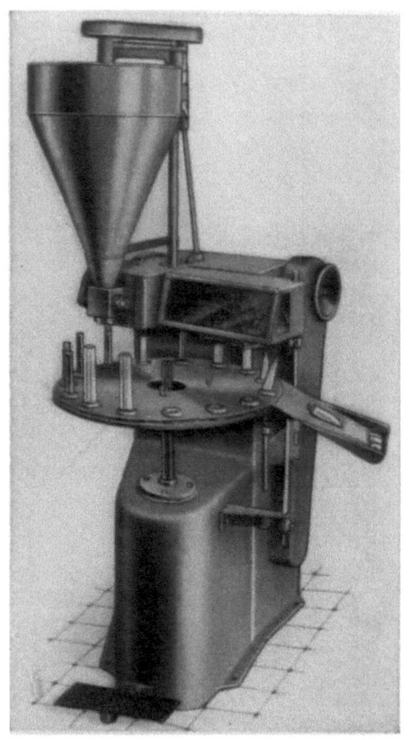

Abb. 161. Vollautomatischer Tubenfüll- und Schließ-Kleinautomat, Typ TFS 10, Stundenleistung je nach Tubengröße bis 1200 St. ständl. (Hersteller: Maschinenfabrik Gottlieb Wiedmann, Stuttgart-Fellbach.)

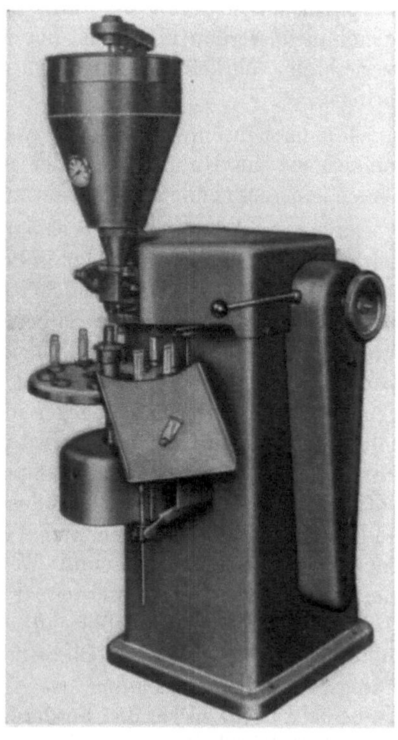

Abb. 162. Vollautomatische Tubenfüll- und Schließmaschine Typ TFS 15, Stundenleistung je nach Tubengröße bis 2000 Tuben stündl. (Hersteller wie bei Abb. 161.)

Der Akanthose-Test zur biologischen Untersuchung von Salben und Salbengrundlagen.

Der von VON KENNEL eingeführte Akanthose[1]-Test zur biologischen Untersuchung von Salben und Salbengrundlagen beruht auf einer Verbreiterung der gesamten Oberhaut durch eine Vermehrung der Stachelzellschicht, die man mit *Akanthose* (g. akantha, Dorn, Stachel) bezeichnet. Sie unterscheidet sich von der Schwielenbildung dadurch, daß diese auf einer Massenzunahme der Hornschicht beruht. Durch den Akanthose-Test ist man in der Medizin und Kosmetik in die Lage versetzt, die Verträglichkeit von Salben und Salbengrundlagen biologisch zu prüfen. Dabei wird die zu prüfende Salbengrundlage 10 Tage lang in eine Flanke eines Meerschweinchens eingerieben, während die Gegenseite nur massiert wird. Es wurde festgestellt, daß die Ergebnisse des Akanthose-Tests an der tierischen und menschlichen Haut die gleichen Ergebnisse ergeben, womit bewiesen war, daß dieser Test zur biologischen Untersuchung von Salbenrohstoffen brauchbar ist. Ein positiver Akanthose-Test einer Salbengrundlage sagt nicht aus, daß diese für jede Verwendung abzulehnen ist. Derartige Salbengrundlagen können sogar zur kurzfristigen Behandlung bestimmter Krankheitszustände der Haut besonders geeignet sein. Für den

[1] Wucherung der Stachelzellenschicht der Epidermes.

dauernden Gebrauch, wozu kosmetische Erzeugnisse und Mittel zum Hautschutz angewendet werden, dürfen jedoch nur schwach akanthogene Salbengrundlagen verwendet werden.

Schädliche Dämpfe entfernen.

Zur Entfernung von schlecht riechenden und giftigen Dämpfen und Gasen, wie sie beim Abdampfen von Säuren und den Arbeiten mit Chlor, Schwefeldioxyd und Schwefelwasserstoff entstehen, dient der *Abzug*. Dieser ist zweckmäßig mit weißem, säurefestem Material ausgekleidet, nach vorne mit einem Schiebefenster und seitlich mit kleinen, verglasten Türen ausgestattet. Das Abzugsrohr besteht aus Ton, für raschen Abzug der Gase wird unten am Abzugsrohr eine *Lockflamme* entzündet oder ein Ventilator eingeschaltet.

Schaumverhütungsmittel.

Bei zahlreichen Arbeiten im Laboratorium und Betrieb, insbesondere mit eiweißhaltigen Stoffen, entsteht störender Schaum, der durch geeignete Mittel beseitigt bzw. verhindert werden kann. Zu diesem Zweck finden Verwendung Ölsäure- und Laurinsäureglykolester oder solche von Glycerin oder Sorbit. Neuerdings werden Silicone als Antischaummittel, z. B. Silicon-Antischaummittel SH und Silicon-Antischaumemulsion SE (Wacker), bei Gärprozessen, beim Arbeiten mit Emulsionen, Seifen, Klebstoffen, Wachsen, Polituren, Lacken und Firnissen verwendet.

Schlämmen.

Mit Schlämmen bezeichnet man den Vorgang, bei dem mit Hilfe von Wasser ein anorganischer pulverförmiger Stoff in seine feineren und weniger feinen Teile getrennt wird. Zunächst wird der zu schlämmende Körper in kleinen Mengen in der Reibschale möglichst fein zerrieben und mit Wasser zu einem dünnen Brei aufgeschlämmt. Nach kurzem Absetzen wird die obenstehende Flüssigkeit, in der die feinsten Pulverteilchen aufgeschwemmt sind, bei kleinen Mengen in ein *Spitzglas*, *Sedimentierkelch*, bei größeren in ein nach unten konisch verjüngtes Gefäß gegeben. Der Rückstand wird von neuem mit Wasser angerieben und mit dieser Behandlung so lange fortgefahren, bis das Pulver verbraucht ist. Nach dem Absetzen des Schlamms gießt man das überstehende Wasser weg, sammelt den Rückstand auf einem Filter oder auf einem auf ein Tenakel aufgespanntes Leinentuch, läßt abtropfen, preßt, wenn nötig ab und trocknet bei gelinder Wärme. Auf diese Weise wird z. B. Schlämmkreide hergestellt. Eine Trennung der einzelnen Schlämmfraktionen nach ihrer Korngröße erhält man, wenn man die einzelnen Schlämmfraktionen vom Bodensatz abgießt.

Schmelzen und Gießen.

Mit Schmelzen bezeichnet man die Überführung fester Körper in den flüssigen Zustand durch Wärmezufuhr. Dabei rücken die Moleküle beim Erwärmen durch die Vergrößerung ihrer Bewegung immer weiter auseinander und verlassen dann die Molekülanordnung, der feste Körper *schmilzt*. Je nach dem Schmelzpunkt (Schmp.) unterscheidet man leichtschmelzbare, schwerschmelzbare oder schwerstschmelzbare (feuerbeständige) Stoffe. Die Wahl der Wärmequelle richtet sich nach der Höhe des Schmelzpunkts, die Wahl des Schmelzgefäßes bzw. des Materials, aus dem dieses besteht, neben dem Schmelzpunkt auch nach den Eigenschaften des zu schmelzenden Stoffs, wenn die Schmelze etwa das Schmelzgefäß angreifen könnte. Zum Schmelzen bei mäßigen Temperaturen finden Glas-, Porzellan- und Emailgeräte, für höhere Temperaturen Schmelztiegel aus Porzellan (s. „Glühen“, S. 60) oder anderem glühbeständigen Material Verwendung. In der Analyse dient das Schmelzen zur Identitätsprüfung der Stoffe, bei vielen Stoffen ist die Bestimmung des Schmelzpunkts (s. Bd. I, S. 335ff.) gleichzeitig eine Reinheitsprüfung. Zahlreiche chemische Reaktionen werden durch Schmelzen eingeleitet, beschleunigt oder zu Ende geführt, z. B. beim Aufschließen (vgl. S. 18).

Das Schmelzen spielt bei der Herstellung von Pflastern, Salben, Cremes, Ceraten, Suppositorien, Lippenstiften und anderen medizinischen, kosmetischen und technischen Zubereitungen eine wichtige Rolle. Für die beiden ersten Zwecke darf das Schmelzen von Fetten *nicht in Kupfergefäßen* erfolgen. Die in den Fetten enthaltenen freien Fettsäuren verbinden sich mit Kupfer zu Kupferoleat, die so hergestellten Erzeugnisse werden bald mißfarbig. Soweit es der Schmelzpunkt der zu schmelzenden Stoffe erlaubt, sollen Fette und Wachse grundsätzlich auf dem Wasserbad geschmolzen werden. Sind höhere Temperaturen erforderlich, muß durch sorgfältiges Rühren jede Überhitzung sorgfältig vermieden werden. Durch ständiges Rühren der Fettmischung während des Schmelzens läßt sich die für die völlige Verflüssigung von Fetten und Wachsen notwendige Temperatur niedrig halten. Insbesondere Bienenwachs, Wollfett und Vaselin neigen beim Erhitzen über ihren Schmelzpunkt hinaus dazu, sich dunkler zu färben; bei Wollfett wird auch der Geruch stärker. Walrat dunkelt nur bei sehr hoher Temperatur nach. Zum Schmelzen bestgeeignete Gefäße sind einwandfreie emaillierte Eisenschalen mit Ausguß für kleinere Mengen die UHLMANN-Schalen mit Gießlöffel[1] in einem Gerät (Abb. 163), lieferbar in Hartmessing und Neusilber mit 150, 300 und 500 ccm Inhalt.

Abb. 163. Schale und Gießlöffel in *einem* Gerät. Die Schalen aus Neusilber haben einen abnehmbaren, auswechselbaren Griff.

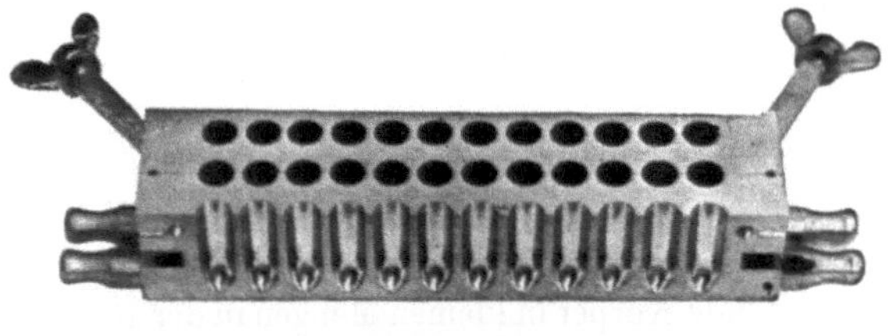

Abb. 164. Präzisions-Gießform für 36 zylindrische Lippenstifte mit geschoßförmiger Spitze (3 × 12 Kanäle), Bügelverschluß, wassergekühlte Form. (Hersteller: Josef Uhlmann, Laupheim/Wttbg.)

1. 2. 3 4. 5.

Abb. 165. Gießformen für Lippenstifte sind für die abgebildeten Formen lieferbar. 1. Kugelform, 2. Geschoßform, 3. Dachform, 4. Dachform rechteckig, 5. Ellipsenform. (Hersteller: Josef Uhlmann, Laupheim, Württemberg.)

[1] Josef Uhlmann, Laupheim/Württemberg.

Zum *Ausgießen* von Stearaten, Lippenpomade, Lippenstiften und ähnlichen Erzeugnissen benötigt man besondere Formen[1], mit denen man unter Verwendung eines Eingußrahmens das Ausgießen sämtlicher Kanäle in einem Guß durchführen kann, ohne daß die Gußmasse überläuft (Abb. 164). Abb. 165 zeigt die für Lippenstifte lieferbaren Formen.

Sieben.

Das Sieben hat den Zweck, pulverförmige Stoffe von gleicher Korngröße zu erhalten, geschnittene Drogen von Staub zu befreien, aber auch gleichmäßige Pulvermischungen zu erhalten. Beim Sieben wird der ein bestimmtes Maß übersteigenden Körnung der Durchtritt durch das Sieb verwehrt, während die feineren Teile durchfallen. Der Rückstand wird in der Reibschale oder in einer geeigneten Mühle bis zur gewünschten Korngröße zerkleinert, die sein Durchfallen durch das Sieb gestattet. Unter *Siebkörnung* versteht man die Größenzusammensetzung des Gutes in Millimetern oder μ. Für kleinere Mengen werden die *Handsiebe* des DAB. 6 (s. S. 94, 95, „Zerkleinern"), deren Siebflächen für grobe Pulver aus verzinntem Eisendraht, für mittelfeine Pulver aus Roßhaar, für feine Pulver aus Seide bestehen. Siebgeflechte aus Kupfer-, Messing- oder Bronzedraht sind für DAB. 6-Siebe nicht zulässig. Auch Siebe mit Geweben aus Phosphorbronze sind im Handel.

Das Sieben mit großen Handsieben erfolgt in der Weise, daß das mit dem zu siebenden Stoff beschickte Sieb beiderseits in der Mitte des Siebdurchmessers lose auf die gespreizten Finger aufgesetzt und durch ruckartige Bewegungen mit den Ballen der Hände hin- und herbewegt wird. Um das Verstauben des zu siebenden Stoffs zu vermeiden, sind die Siebe mit einem Deckel versehen. Die siebende Person ist durch ein Staubschutzgerät (Abb. 31) zu schützen, da feiner Staub häufig die Gesundheit schädigt. Ist das zu siebende Pulver klumpig geworden, werden die Klumpen, wenn nötig, in der Reibschale zerdrückt oder zunächst durch ein Sieb mit weiteren Maschen gegeben. Beim Sieben durch Seidensiebe darf niemals Gewalt angewendet werden, weil darunter die Siebe bzw. Siebmaschen leiden würden. Soll das Sieben der gleichmäßigen Mischung von Pulvern dienen, wird die Pulvermischung zunächst in einer Reibschale oder Mischmaschine vorgemischt und dieser Vorgang nach dem Sieben zweckmäßig noch einmal wiederholt.

Die Siebgewebe sind nach DIN-Blatt 1171 genormt und besitzen die nachstehenden vorgeschriebenen Maschenweiten. Die Bezeichnung für ein Sieb 1,5 DIN 1171 bedeutet, daß es sich um ein Sieb mit einer Maschenweite von 1,5 mm handelt.

Tabelle 2.

Din-Nr.	Maschenweite mm	Maschen je cm²	Din-Nr.	Maschenweite mm	Masche je cm²
100	0,060	10000	10	0,60	100
80	0,075	6400	8	0,75	64
70	0,09	4900	6	1,0	36
60	0,10	3600	5	1,2	25
50	0,12	2500	4	1,5	16
40	0,15	1600	—	2,0	—
30	0,20	900	—	2,5	—
24	0,25	576	—	3,0	—
20	0,30	400	—	4,0	—
16	0,40	256	—	5,0	—
14	0,43	196	—	6,0	—
12	0,50	144			

Ein sehr praktisches auswechselbares Sieb ist das KRESSNER-Universalsieb[1] (Abb. 166), bestehend aus Deckel, zwei Siebringen und Auffangschale; Siebringe

[1] Hersteller Dr.-Ing. Robert Olbrich, Mühlheim/Ruhr.

mit drei verstellbaren Federschlüssen, die das Auswechseln der Siebeinlagen schnell ermöglichen und dieselben straff spannen sowie die Auffangschale mit den Siebringen unverrückbar verbinden. Das Sieb ist mit 20, 31, 40 und 48 cm ∅ in verschiedenen Ausführungen auch mit säure- und laugenbeständigem, stoß- und schlagfestem, eingebranntem Oberflächenschutz lieferbar.

Abb. 166. KRESSNER-Universal-Sieb.

Das Reinigen und Trocknen der Siebe hat sofort nach ihrer Verwendung zu erfolgen. Man reinigt unter fließendem Wasser mit der *Siebbürste* (Abb. 167), schleudert anhaftendes Wasser ab und trocknet an der Luft oder in einem warmen Raum.

Siebmaschinen verschiedenster Konstruktion finden für größere Mengen zu siebender Stoffe Verwendung. Sie werden als feststehende oder bewegliche Schüttel-, Schwing-, Zitter- und Klopfsiebe gebaut (Abb. 168). Die Vibrations-Siebmaschine „Vibrapid“[1] kann sowohl als Prüfsiebmaschine zur Ausführung von Siebanalysen als auch als Betriebssiebmaschine für größere Mengen benutzt werden. Für die Prüfsiebung werden die speziellen Siebe nach den DIN-Normen geliefert. Auch zum Aufspannen der KRESSNER-Universalsiebe kann die Maschine eingerichtet werden. Die Stundenleistung hängt von der Beschaffenheit des Siebgutes und der verwendeten Siebeinlage ab. Bei leicht siebbarem Gut können z. B. mit dem KRESSNER-Sieb 48 cm ∅ mit Siebeinlage Nr. 1 (4,0 mm Maschenweite) 120 bis 150 kg Material abgesiebt werden, während beim feinsten Sieb VI (0,15 mm Maschenweite) die Stundenleistung etwa 30 bis 35 kg beträgt.

Eine andere Art, pulverförmige Stoffe verschiedener Korngröße, Kornform oder Dichte zu trennen, ist das *Sichten*. Sie wird mit dem *Windsichter* durchgeführt und beruht auf der Trennung durch bewegte Luft, wobei der durch einen Ventilator erzeugte, von unten kommende Luftstrom die feineren, spezifisch leichteren Teilchen nach oben saugt und von den gröberen, spezifisch schwereren trennt.

← Abb. 167. Bürste zum Reinigen von Sieben. (F. Bergmann KG., Berlin-Zehlendorf.)

→ Abb. 168. Universal-Siebmaschine „VIBRAPID“[1] für Trocken- und Naßsiebung.

[1] Hersteller Dr.-Ing. Robert Olbrich, Mülheim/Ruhr.

Sublimieren.

Unter Sublimieren (lat. sublimare, emporheben) versteht man den direkten Übergang eines festen Körpers in den Gaszustand ohne vorhergehendes Schmelzen und seine Überführung durch Abkühlen wieder direkt in den festen Zustand. Der Vorgang wird mit *Sublimation*, das Ergebnis mit *Sublimat* bezeichnet. Man unterscheidet bei der Sublimation wie bei der Destillation eine solche unter Atmosphärendruck, die *fraktionierte Sublimation* und die *Vakuumsublimation*. Großtechnisch werden z. B. durch Sublimation gewonnen: Ammoniumchlorid (sublimatum), Jod (resublimatum), Kampfer, Naphthalin, Salicylsäure. Eine *Mikrosublimation* unter Atmosphärendruck zur Drogenprüfung schreibt das DAB. 6 vor. Auch das folgende Verfahren zur Sublimation kleinerer Stoffmengen hat sich als zweckmäßig gezeigt: In das untere von zwei gleichgroßen Uhrgläsern bringt man den zu sublimierenden Stoff, bedeckt mit einem runden Filter, welches etwas über den Rand des Glases hervorragt und in der Mitte mehrmals durchlöchert ist, legt das zweite Uhrglas mit der Wölbung nach oben darauf und verbindet beide Uhrgläser mit einer *Uhrglasklammer*. Dann wird mit kleiner Flamme auf einem Sandbad möglichst langsam erhitzt, wobei sich der sublimierte Stoff an dem kalten oberen Uhrglas als Sublimat verdichtet. Das Filter verhindert ein etwaiges Zurückfallen des entstandenen Sublimats auf das untere heiße Uhrglas. Das Abkühlen des oberen Uhrglases kann durch Auflegen feuchten Filtrierpapiers erreicht werden.

Stoffe, die durch Wärmeeinfluß zersetzt werden, sublimiert man in besonderen Apparaten im Vakuum. Grundsätzlich ist bei der Sublimation die Temperatur nur ganz allmählich zu erhöhen. Die *Mikrosublimation* (s. a. Bd. I, S. 357f.) ist im Erg.-B. 6 bei der Prüfung von Folia Betulae, Fructus Vanillae und Herba Herniariae vorgeschrieben und spielt auch bei den durch L. KOFLER ausgearbeiteten Mikromethoden zur Untersuchung von organischen Arzneimitteln und Arzneigemischen ein wichtige Rolle. Einschlägige Literatur: L. u. A. KOFLER u. A. MAYRHOFER: Mikroskopische Methoden in der Mikrochemie, Wien: Springer, 1936 und L. u. A. KOFLER: Mikromethoden zur Kennzeichnung organischer Stoffe und Stoffgemische, Innsbruck: Universitäts-Verlag Wagner, 1948.

Tablettieren.

Das *Tablettieren* dient dem Zweck, pulverförmige oder granulierte Arzneistoffe oder andere Wirkstoffe durch Pressen mit geeigneten Apparaten oder Maschinen in eine bestimmte, leicht dosierbare Form, die *Tablette* zu bringen (vgl. auch Bd. I, S. 56). Das Tablettieren erfordert weitreichende Kenntnisse und große Erfahrung, die man sich nur praktisch aneignen kann. Im folgenden soll daher nur das Grundsätzliche der Tablettierung besprochen werden. In Tablettenform werden nicht nur Arzneimittel, sondern auch diätetische Nährmittel, Genußmittel und kosmetische Erzeugnisse hergestellt. Besonders die Herstellung von Tabletten für medizinische Zwecke erfordert meist eine Reihe von Arbeitsgängen, nur teilweise werden Arzneimittel ohne Zusätze oder nur mit Zusätzen gepreßt, die in bezug auf die Menge und die Wirkung unerheblich sind. Die Herstellung von Tabletten zerfällt in folgende Arbeitsgänge:

1. Trocknen und Mischen der Bestandteile. — 2. Granulieren des Gemischs. — 3. Pressen des Granulats. — 4. Wenn notwendig Dragieren. — 5. Sortieren und Zählen. — 6. Abfüllen und Verpacken.

Tablettenbestandteile.

Die wichtigsten Bestandteile von Tabletten sind die *Wirkstoffe*. Bei Arzneitabletten sind es oft Mischungen mehrerer Wirkstoffe, die in so geringen Mengen in der einzelnen Tablette enthalten sind, daß sie mit geeigneten Stoffen gestreckt werden müssen, um überhaupt tablettiert werden zu können.

Als **Tabletten-Hilfsstoffe** finden Verwendung:

1. *Füll- oder Streckmittel, Konstituentia* (lat. constituere, zusammensetzen) sind Stärkearten, besonders Maisstärke, die gleichzeitig als Bindemittel dienen und beim Einbringen der Tablette in Wasser vor dem Einnehmen diese durch Quellung sprengt, ferner Milchzucker, Rübenzucker, Traubenzucker, für wasserlösliche Tabletten Natriumchlorid und Harnstoff.

2. *Bindemittel* sind wichtige Bestandteile bei der Herstellung von Tabletten, die granuliert werden müssen. Die *Granulation* ist der wichtigste und schwierigste Arbeitsgang bei der Tablettenherstellung. Da sich bei der einfachen Vermahlung der Stoffe eine unregelmäßige Korngröße ergibt, eine möglichst gleichmäßige aber Voraussetzung für die Haftfähigkeit der einzelnen Teilchen ist, wird diese durch die Granulation geschaffen. Das sehr feine Pulver wird hierzu mit Wasser, Weingeist verschiedener Stärke, Zuckersirup, Stärkesirup, Gelatinelösung, arabischer Gummilösung oder löslicher Stärkelösung zu einer knetbaren Masse verarbeitet, die man durch ein Sieb drückt und somit körnt. Im Großbetrieb wird die Granulation mit besonderen Maschinen, die gleichmäßige Granulate ergeben, durchgeführt.

3. *Gleitmittel* werden dem fertigen Granulat zugesetzt. Sie haben den Zweck, das gleichmäßige Nachrutschen der Tablettenmasse im Fülltrichter und Füllschuh der Tablettiermaschine zu gewährleisten. Es finden hierzu Verwendung Calcium- und Magnesiumstearat oder Mischungen beider mit Talk oder Stearin mit Talk. Sie dienen außerdem dem Zweck, das Ankleben der Tablette an den Stempeln und der Matrize zu verhindern.

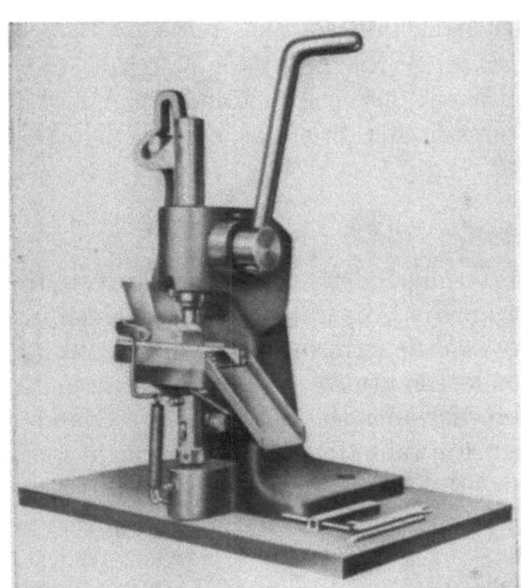

Abb. 169. Tabletten-Komprimiermaschine, Type H. P. 2, für Handbetrieb.

Abb. 170. Automatische Tabletten-Komprimiermaschine, Type „M. P.“. Stundenleistung etwa 2500 Tabletten. Kraftbedarf ⅓ PS.

4. *Sprengmittel* haben den Zweck, den Zerfall und die Lösung der Tabletten in Wasser zu beschleunigen. Hierzu finden in Wasser quellfähige Stoffe wie Agar-Agar, Carrageen, Natriumalginat, Laminariapulver; in Brausepulvertabletten die Natriumhydrogencarbonat, Weinsäure oder Citronensäure enthalten, wirkt die

dadurch entstehende Kohlensäure, in Magnesiumperoxyd-Tabletten der bei der Berührung mit Wasser entstehende Sauerstoff als Sprengmittel.

Pressen von Tabletten.

Das Pressen der Tabletten erfolgt durch die verschiedenartigsten Tablettenpressen, die von den einfacheren Hand-Tabletten-Komprimiermaschinen (Abb. 169), die 1-, 2- und 3stempelig von der Firma Hans Blache, Maschinenfabrik Berlin-Neukölln, mit einer Stundenleistung von 800 bis 2400 Tabletten, bis zu den automatischen Rundlauf-Tablettenpressen derselben Firma (Abb. 170) und der Firma Kilian & Co., GmbH, Maschinenfabrik, Köln-Niehl (Abb. 171, 172), mit einer weit höheren Stundenleistung lieferbar sind.

Abb. 171. Automatische Tablettenpresse nach dem Exzentersystem, Type KO, auch für Handbetrieb und als Tischmaschine lieferbar.

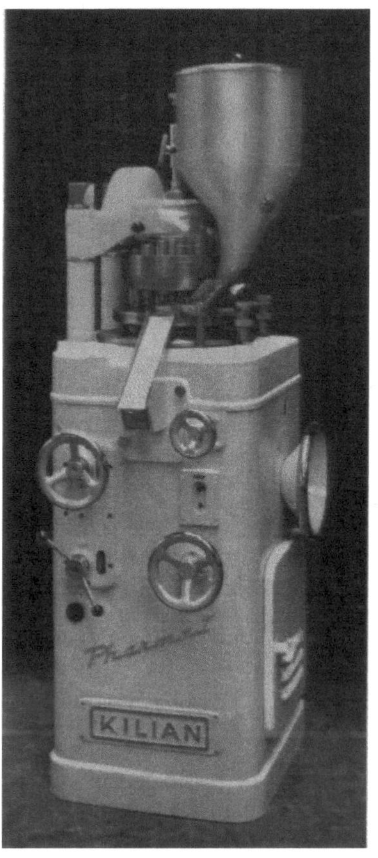

Abb. 172. Automatische Rundlauf-Tablettenpresse „Pharma I", Ausstoßmenge 12000 bis 36000 Tabl./Stunde. (Hersteller: Kilian & Co., Maschinenfabrik, Köln-Niehl.)

Die wesentlichen Bestandteile aller Tablettiermaschinenen sind die Matrizen mit hebbarem Boden, der Unterstempel und der Stempel.

Das Dragieren hat den Zweck, den Geschmack eines Arzneimittels zu überdecken, und geschieht mit Zucker. Zunächst wird die Masse tablettiert und dadurch der Drageekern hergestellt. Dragiert wird im Dragierkessel (Abb. 173, 174), in dem die Drageekerne langsam bewegt und mit Sirup besprüht werden. Durch Beheizen des Kessels oder Einblasen von heißer Luft trocknet der besprühte Sirup rasch. Einwandfreies Dragieren erfordert reiche Erfahrung und viel Übung.

Verpacken von Tabletten.

Das Verpacken von Tabletten erfolgt gewöhnlich in Glas- oder Kunststoffröhren von 10 bis 20 Stück, für Mengen von 50 bis 500 Stück in weithalsigen Gläsern mit Schraubdeckel oder Aluminium- oder Kunststoffgefäßen. Neuerdings wird das „Einschweißen“ der Tabletten in einfache Kunststoffolien, die aufeinander haften, verwendet.

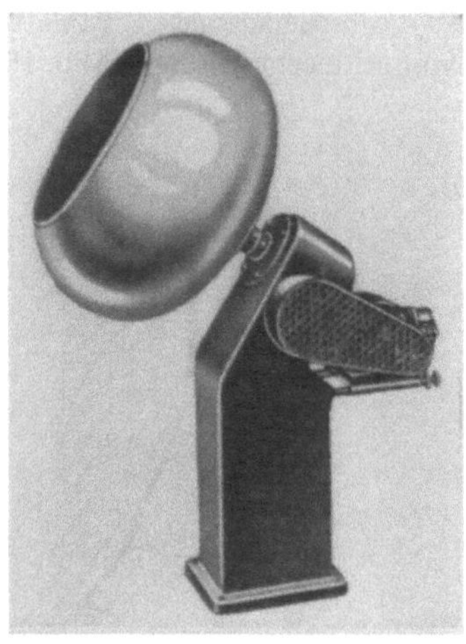

Abb. 173. Labor-Drageemaschine[1]. Kesselgröße 600 mm ∅. Normalfüllung etwa 20 l. Labormaschine für alle Zweige der Süßwaren- und Arzneimittelindustrie, mit 3 Geschwindigkeiten.

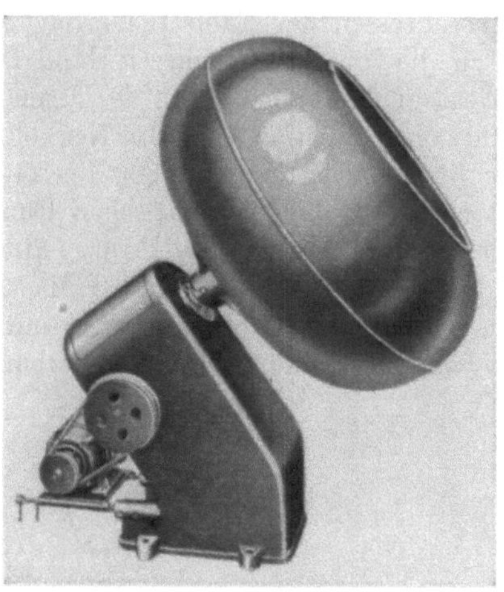

Abb. 174. Drageemaschine Modell B[1]. Kesselgröße 950 mm ∅, Normalfüllung etwa 60 l. Vollkommen kugelgelagert, mit 3 Geschwindigkeiten, auch mit Gasbeheizungsvorrichtung lieferbar.

Zur eingehenden Orientierung über die Tablettenherstellung sei empfohlen: G. ARENDS: Die Tablettenfabrikation und ihre maschinellen Hilfsmittel, Berlin/Göttingen/Heidelberg: Springer 1950.

Temperaturmessung.

Der *Wärmegrad* oder die *Temperatur* eines Körpers wird mit dem *Thermometer* (vgl. Bd. II, S. 1286) gemessen. Im Laboratorium und Betrieb verwendet man *Flüssigkeitsthermometer*, deren Anwendung auf dem physikalischen Grundgesetz beruht, daß sich alle Körper beim Erwärmen ausdehnen, beim Abkühlen dagegen zusammenziehen. Als *Thermometerflüssigkeiten* finden neben Quecksilber (Meßbereich —30° bis +300°), Äthylalkohol (Meßbereich +40° bis —110°), Toluol (Meßbereich +110° bis —90°), Petroläther und Pentan (Meßbereich je +20° bis —200 °C) Verwendung. Die üblichen Thermometer umfassen folgende Meßbereiche:

—10° bis + 50°	—10° bis + 150°	—10° bis + 250°
—10° bis + 100°	—10° bis + 200°	—10° bis + 360°.

Bei der Verwendung von Quecksilberthermometern besteht bei Temperaturen über 350° Explosionsgefahr!

Für den Drogisten ist ein geeichtes Quecksilberthermometer das übliche. Dabei muß ein solches mit dem richtigen Meßbereich Verwendung finden. Beim Ablesen an der höchsten Stelle der Quecksilberkuppe muß die Blickrichtung genau im rechten Winkel zur Quecksilbersäule stehen, um einwandfreie Resultate zu erhalten; das Thermometer ist also dabei senkrecht zu halten. Ist dies nicht der Fall, entstehen

[1] Flensburger Maschinenbau-Anstalt Johannsen & Sörensen, Flensburg.

die aus Abb. 175 ersichtlichen Ablesefehler. Zum genauen Ablesen verwendet man zweckmäßig eine Lupe. Beim Thermometer nach CELSIUS, das heute für wissenschaftliche Temperaturmessungen aller Nationen Verwendung findet, ist der Abstand zwischen *Eispunkt* (0°) und *Siedepunkt* des Wassers (100°) in 100 gleiche Teile eingeteilt. Andere Thermometereinteilungen sind nach FAHRENHEIT (Nullpunkt 32°) und RÉAUMUR (Nullpunkt wie bei CELSIUS). Müssen Thermometergrade umgerechnet werden, sind folgende Formeln anzuwenden:

1. $n\,°C = {}^4/_5\,n\,°R = ({}^9/_5\,n + 32)\,°F$,
2. $n\,°R = {}^5/_4\,n\,°C = ({}^9/_4\,n + 32)\,°F$,
3. $n\,°F = {}^4/_9\,(n - 32)\,°R = {}^5/_9\,(n - 32)\,°C$.

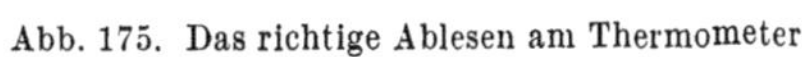

Abb. 175. Das richtige Ablesen am Thermometer.

Titrieren.

Das *Titrieren* (franz. titre, Gehalt, s. a. Bd. I, S. 358) muß, um ein einwandfreies Ablesen zu gewährleisten und den Farbumschlag genau beobachten zu können, an einem gut beleuchteten Platz möglichst in Fensternähe durchgeführt werden. Das Titriergefäß wird zur Erleichterung der Beobachtung des Vorgangs auf ein großes weißes Papier gestellt. Zweckmäßig titriert man in einem ERLENMEYER-Kolben, für dunkelgefärbte Flüssigkeiten in einem *Titrierkolben* mit ausgeblasenem Wulst oder einem BAADER-Kolben (Abb. 85, S. 38). Während des Titrierens ist die Flüssigkeit durch Umschwenken *dauernd in Bewegung* zu halten, besonders aber gegen das Ende der Titration. Dabei muß auch die Wandung des Titriergefäßes sorgfältig mit dem Inhalt abgespült werden. Der Indikator soll nur tropfenweise und in möglichst geringer Menge zugesetzt werden.

Trocknen fester Stoffe.

Mit *Trocknen* bezeichnet man den Vorgang, bei dem einem feuchten Stoff die letzten Reste ihm anhaftenden oder eingeschlossenen Wassers oder anderer Lösungsmittel entzogen werden. Bei Drogen (vgl. „Trocknen von Drogen", Bd. I, S. 395) erfolgt dies bis zur Erreichung der Lufttrockenheit, bei anderen Stoffen bis zur Erreichung eines gleichbleibenden Gewichts. Die physikalische Trockenheit eines Stoffes darf nicht mit der chemischen Wasserfreiheit verwechselt werden. In der Technik unterscheidet man folgende Arten der Trocknung: die Kalttrocknung, die Warmtrocknung und die Zerstäubungstrocknung.

1. *Kalttrocknung.* Zur Durchführung der Kalttrocknung finden Verwendung der Exsiccator und mit gebranntem Kalk oder Blaugel beschickte Gefäße. Beim analytischen Arbeiten befindet sich der zu trocknende Stoff auf Uhrgläsern, in Schalen, Tiegeln oder Wägegläschen, die im *Exsiccator* nach SCHEIBLER (Abb. 176) untergebracht werden. Rand und Deckel des Exsiccators sind plangeschliffen und schließen nach dem Einfetten mit Vaselin und Aufschieben des Deckels von der Seite her luftdicht. Auf dem Boden des erweiterten Oberteils wird ein käuflicher *Einsatz*, eine Porzellanplatte mit verschieden großen Löchern (Abb. 177), zur Aufnahme von Tiegeln, Schalen usw. gelegt. Der Hahn dient zum Anschluß an die Wasserstrahlpunpe bzw. als Entlüftungshahn, wenn heiße Geräte eingestellt werden. Im letzten Falle muß am Hahnstutzen ein Chlorcalciumröhrchen angebracht werden, um den Zutritt feuchter Luft zu verhindern. Im Unterteil des Exsiccators findet das *Trockenmittel* Aufnahme. Als solche finden Verwendung konz. Schwefelsäure, Calciumchlorid, calciniert gekörnt, Phosphorpentoxyd oder Blaugel (s. Bd. II, S. 710). Das Blaugel hat den Vorteil, daß seine Farbe bei der Sättigung mit Wasser in Hellrot umschlägt und es sich durch

einfaches Erhitzen (nicht über 200°!) regenerieren läßt. Blaugel ist ein mit Kobaltsalzlösung imprägniertes Silicagel.

Standgefäße zum Einbringen eines Trockenmittels im Boden des Gefäßstopfens sind im einschlägigen Fachhandel erhältlich. (Vgl. Bd. I, S. 9 „Standgefäße für hygroskopische Drogen“, S. 10 „Schiebkasten mit Doppelboden“ und S. 21.)

Abb. 176. Exsiccator nach *Scheibler* mit Vakuumverschluß. (F. Bergmann KG., Berlin-Zehlendorf.)

Abb. 177. Exsiccatoreinsatz zum Einstellen von Tiegeln, Schalen usw. (F. Bergmann KG., Berlin-Zehlendorf.)

2. *Warmtrocknung* oder *thermische Trocknung* kann nur bei Stoffen durchgeführt werden, die durch Wärmeeinfluß in ihrer Zusammensetzung nicht verändert werden. Bei ihr werden Feststoffe und Flüssigkeiten durch Verdunsten bzw. Verdampfen der Flüssigkeit und Abführen der entstehenden Dämpfe getrocknet. Auch die *Infrarottrocknung* ist ein auf der Wärmewirkung der Infrarotstrahlen beruhender technischer Trocknungsprozeß, der zum Einbrennen von Lacken, Email usw. Verwendung findet.

3. *Zerstäubungstrocknung* ist eine Trocknungsmethode, bei der flüssige, zu trocknende Stoffe in feinste nebelartige Tröpfchen zerteilt und infolge der dadurch entstandenen außerordentlich großen Oberfläche die Trocknung in Bruchteilen einer Sekunde derart erfolgt, daß ein äußerst feines Pulver von hoher Löslichkeit gewonnen wird.

Der *Trockenschrank* dient zur Wärmetrocknung von Trockengut im Laboratorium und im Betrieb. Trockenschränke werden in zahlreichen Bauarten hergestellt. Am zweckmäßigsten sind elektrisch beheizte Schränke mit selbsttätiger Regelung und Stufenschaltung zwischen 40 und 220°, die sich teilweise auf etwa 1° genau regulieren lassen, und die die Temperatur konstant halten. Lieferanten solcher Trockenschränke sind z. B. die Firmen Labag, Berlin-Schöneberg, Heraeus, Hanau, Dr. Hoffmann & Roth, Eßlingen/Neckar, Artos Hamburg 33.

Trocknen von Flüssigkeiten.

Das Trocknen von Flüssigkeiten ist nicht nur im Laboratorium eine wichtige Arbeit, sondern kommt auch im Betrieb häufig vor. Dabei ist vor allem darauf zu achten, daß die Flüssigkeit durch die angewandte Methode nicht leidet. Nicht hitzeempfindliche Flüssigkeiten kann man von Wasser bis auf einen kleinen häufig verbleibenden Rest durch Erhitzen über 100° befreien. Als Trocknungsmittel durch direkte Zugabe zur Flüssigkeit finden Verwendung gekörntes und geschmolzenes Calciumchlorid, wasserfreies, reines Kaliumcarbonat, für besonders empfindliche Flüssigkeiten wasserfreies Natrium- und Kupfersulfat. Das Trocknungsmittel wird in geeigneter Menge zugegeben, einige Tage unter öfterem Umschütteln stehengelassen und dann abfiltriert.

Tropfen von Flüssigkeiten.

Das Tropfen von Flüssigkeiten kommt besonders beim Zusatz kleiner Mengen z. B. ätherischen Ölen zu kosmetischen Erzeugnissen in Frage. Man benützt hierzu zweckmäßig den *Normal-Tropfenzähler*, dessen Durchmesser 3 mm beträgt. 20 mit ihm erzeugte Wassertropfen wiegen 1 g (vgl. „Tropfentabelle“ Band I S. 1083 ff.).

Unfallverhütung. Siehe Bd. I, S. 31/40.

Untersuchen von Arzneimitteln und Chemikalien.

Nach einem Ministerialerlaß über die Regelung des Verkehrs mit Arzneimitteln außerhalb der Apotheken ist der Drogist dafür verantwortlich, daß die Arzneimittel, die in seinem Geschäft verkauft werden, „echt, zum bestimmungsmäßigen Gebrauch geeignet, nicht verdorben und nicht verunreinigt sind". Da er für diese Forderungen die Gewähr selbst übernehmen muß, ist er verpflichtet, die von ihm zum Verkauf kommenden Arzneimittel auf diese Anforderungen hin zu untersuchen. Bekanntlich unterliegen die in Drogerien gehandelten Arzneimittel den Bestimmungen des DAB. 6 nicht. Jeder verantwortungsbewußte Drogist betrachtet es aber als selbstverständlich, daß die von ihm verkauften und im DAB. 6 aufgeführten Arzneimittel den Anforderungen desselben entsprechen. Dieser Tatsache haben die deutschen Drogisten von jeher in ihren Lehrplänen für die Drogistenfachschulen besondere Beachtung geschenkt und deshalb das Lehrfach „Chemie" in den Vordergrund des Unterrichts gestellt. (Vgl. Band I, S. 346ff. „Chemische Prüfungsverfahren".)

Aber nicht nur die Arzneimittel können bei unrichtiger Zusammensetzung das Ansehen des Drogisten schwer schädigen und ihm materiellen Schaden zufügen, er kann auch, wenn ihm schuldhaftes Verhalten nachgewiesen wird, bei Vergiftungsfällen mit tödlichem Ausgang wegen fahrlässiger Tötung verurteilt werden. Auch die Abgabe falscher Chemikalien, etwa durch Verwechslung von seiten des Lieferanten, kann für ihn zu kostspieligen Schadenersatzprozessen führen. Dabei sei nur an die schon vorgekommene, versehentliche Abgabe des Protoplasmagiftes Kaliumchlorat — Kalium chloricum — $KClO_3$, anstatt des Düngemittels Kaliumchlorid — Kalium chloratum — KCl, erinnert. Um sich auch bei technischen Chemikalien vor Unannehmlichkeiten zu schützen, müssen auch diese wenigstens auf *Identität* (Wesensgleichheit) geprüft werden. Dies ist jeweils mit einigen kennzeichnenden Reaktionen ohne große Mühe durchzuführen. Die Reinheitsprüfungen können hierbei unterbleiben, wenn nicht in dieser Hinsicht ausdrücklich besondere Bedingungen vom Käufer gestellt worden sind.

Bei der Durchführung chemischer Untersuchungen sind die nachfolgenden Maßnahmen zu berücksichtigen:

1. Alle Versuche werden, wenn nicht anders vorgeschrieben, in Reagensgläsern durchgeführt, zu deren stärkerem Erwärmen man einen Reagensglashalter verwendet. Erwärmt wird mit der Bunsenflamme oder einer Spiritusflamme.

Beim Erwärmen von Flüssigkeiten im Reagensglas darf dieses höchstens zu $^1/_4$ mit Flüssigkeit gefüllt sein und muß zur Vermeidung des Siedeverzuges dauernd bewegt werden; dabei ist die Öffnung des Glases so zu halten, daß etwaige spritzende Flüssigkeit nicht schaden kann.

Um das Stoßen der Flüssigkeit zu vermeiden, wird das Reagensglas nicht unten, sondern vom Flüssigkeitsspiegel nach abwärts erwärmt (Abb. 82, S. 37). Besonders gefährlich werden können Spritzer von Laugen und Säuren.

2. Halte Dich bei chemischen Untersuchungen genau an die Untersuchungsvorschrift.

3. Verwende für die Reaktionen nicht zu große Mengen an Untersuchungsmaterial und Reagens.

4. Setze das Reagens tropfenweise zu und beobachte dabei etwa eintretende Veränderungen.

5. Viele Reaktionen treten sofort ein, z. B. der Kaliumnachweis mit Weinsäurelösung, während der Magnesiumnachweis mittels Phosphorsalzlösung reichlich lange Zeit in Anspruch nimmt.

6. Bei chemischen Reaktionen spielt die Temperatur eine große Rolle, sie werden durch Erwärmen beschleunigt.

7. Die Löslichkeit der Stoffe nimmt im allgemeinen mit steigender Temperatur zu.

8. Oft wird bei den einzelnen Reaktionen vorgeschrieben, in welchem p_H-Bereich sie durchzuführen sind. Es ist deshalb wichtig, Vorschriften wie „in essigsaurer Lösung", „in alkalischer Lösung" oder ähnliche genau zu berücksichtigen, weil die gewünschte Reaktion *nur in diesem Falle* eintritt. Hier muß also festgestellt werden, ob die Lösung nach gründlichem Umschütteln der Vorschrift entsprechend reagiert.

9. Wenig merkliche Reaktionen erkennt man besser beim Durchblicken durch das Reagensglas von oben.

10. Bei Reaktionen, bei denen eine starke Gasentwicklung entsteht, ist Vorsicht geboten, weil durch diese Flüssigkeit herausgeschleudert werden kann. Entstehen dabei *giftige Gase*, muß unter dem Abzug gearbeitet werden.

11. Zur Durchführung der Flammenfärbung wird ein sauberes Magnesiastäbchen in der nichtleuchtenden Bunsenbrennerflamme ausgeglüht und dann in die zu prüfende Substanz oder die zu prüfende Lösung eingetaucht, so daß wenig Substanz an der Spitze haftet. Ist die Flammenfärbung undeutlich, taucht man das Stäbchenende in konzentrierte Salzsäure, gibt erneut Substanz dazu und erhitzt wieder in der Bunsenflamme.

12. Mit konzentrierter Schwefelsäure muß besonders vorsichtig gearbeitet werden. Niemals darf Wasser in konzentrierte Schwefelsäure gegossen werden, sondern stets und nur vorsichtig in dünnem Strahl unter Umschütteln oder Umrühren die konzentrierte Schwefelsäure in das Wasser.

13. Bei Proben mit Reagens- oder Indikatorpapieren muß das Gefäß mit der Probelösung jeweils so geneigt werden, daß der Reagenspapierstreifen den Spiegel der Lösung und nicht nur einen etwa im Gefäßhals hängenden Tropfen berührt.

14. Gebrauchte Gerätschaften sind sofort zu reinigen (vgl. S. 59), damit die Schmutzränder nicht eintrocknen und man noch weiß, was die Geräte enthielten. Genügen Leitungswasser und Gläserbürste nicht, so löse man die Schmutzreste in einem geeigneten Lösungsmittel, notfalls unter Erwärmen. Vor dem Trocknen müssen die Geräte mit destilliertem Wasser sorgfältig nachgespült werden.

Im *Normal-Laboratorium* für Drogisten (S. 96) sind die notwendigen Untersuchungsgeräte zweckmäßig zusammengestellt.

Verdünnen.

Mit Verdünnen bezeichnet man die Herstellung einer Lösung mit geringerem Prozentgehalt eines bestimmten Stoffes aus einer konzentrierteren Lösung desselben Stoffs (vgl. S. 66). Dabei muß das Verdünnungsmittel dasselbe sein wie in der zu verdünnenden Lösung. Häufig tritt beim Verdünnen starke Erwärmung auf, z. B. beim Verdünnen konzentrierter Schwefelsäure mit Wasser, wobei stets die Säure unter dünnem Strahl in das Wasser unter Umrühren unter Verwendung einer Schutzbrille zu rühren ist. Auch beim Verdünnen konzentrierter Laugen, z. B. Natronlauge, tritt starke Erwärmung ein. Deshalb werden auch diese Verdünnungsarbeiten stets mit Schutzbrille ausgeführt. In zahlreichen Vorschriften sind konzentrierte Lösungen in einem bestimmten Verhältnis, z. B. 1:1, 1:3, 1:5, 1 : 10 oder ähnlich, zu verdünnen. Das bedeutet, daß z. B. eine Salzsäure 1 : 3 aus einem Raumteil konzentrierter Salzsäure und 3 Raumteilen Wasser herzustellen ist. (Vgl. Mischungsregel S. 70ff.)

Vergrößern mit der Lupe.

Die Lupe ist ein unentbehrliches optisches Instrument zur Flächenvergrößerung, das wie das Mikroskop in unbenutztem Zustande zu seiner Schonung stets in dem ihm bestimmten Behälter aufbewahrt werden muß. Zur Prüfung von Drogen und zum Bestimmen von Pflanzen schreibt das DAB. 6 eine Lupe mit 6facher Vergrößerung vor. Eine solche mit 10facher Vergrößerung, wie sie heute allgemein verwendet wird, ist vorzuziehen. Sie besteht aus einer oder mehreren Sammellinsen kleiner Brennweite, in denen die sphärisch-chromatische Abweichung durch Linsenkorrektur beseitigt ist. Die Vergrößerung einer Lupe ist um so größer, je kleiner ihre Brennweite ist.

Vergrößern mit dem Mikroskop,

s. Bd. I, S. 343ff.

Verschließen von Arzneigläsern und Flaschen.

Dichtes Verschließen von Gläsern und Flaschen ist für den Transport und für die Haltbarkeit des Inhalts wichtig. Der Verschluß muß aber auch als wichtiger Werbefaktor für das Auge gefällig sein. Das Verschließen von Arzneigläsern und Flaschen hat mittels eines *fehlerfreien* Korkes (vgl. Bd. I, S. 17, Bd. II, S. 753) zu erfolgen. Die Qualität des verwendeten Korkes ist keineswegs nebensächlich, da der Käufer daraus auf den Inhalt des Gefäßes Schlüsse zieht. Korke, die beim ersten Öffnen von Arzneigläsern abbrechen oder beim Verschließen so tief eingedrückt worden sind, daß sie ohne weiteres nicht mit der Hand zu entfernen sind, sind zu verwerfen. Der Kork auf Gläsern und Flaschen soll dicht schließen (Korkzange!), aber wenigstens zur Hälfte den Flaschenrand überragen, damit er zur Flüssigkeitsentnahme bequem entfernt werden kann. Beim Gebrauch der Korkzange ist der Kork allmählich mit vorsichtigen Knetbewegungen zu bearbeiten. Wird dabei zu stark gedrückt, bricht er teilweise durch und dann spätestens beim Wiederentfernen ganz ab.

Überbinden von Flaschen. Zur Vermeidung des Herausgleitens des Flaschenkorkes werden diese mit einer *Tektur* oder Bindfaden gesichert. Für den ersten Zweck werden die fertig käuflichen Tekturen, zur Sicherung mit Bindfaden der übliche *Bierknoten* oder *Sektknoten* geschlungen. Rollflaschen oder andere größere Flaschen überbindet man mit durch Wasser angefeuchtetem und wieder abgetrocknetem Pergamentpapier, das beim Trocknen einen ziemlich fest anliegenden Schutz bietet.

Flaschen werden **im Handverkauf** mit *Spitzkorken*, maschinell mit *zylindrischen Korken* verschlossen (vgl. Bd. II, S. 753), die vorher zur Erhöhung ihrer Elastizität gedämpft und nach dem Abtrocknen noch feucht verwendet werden. Bei Flaschen, die mit einer Kapsel oder Flaschenlack überzogen werden sollen, wird der Kork häufig mit einem scharfen Messer direkt über dem Flaschenhals abgeschnitten. In diesem Fall, wie immer beim Verkapseln, muß die Oberfläche des Korkes vollkommen trocken sein, notfalls sorgfältig abgetrocknet werden, um die Entwicklung von Schimmel- und anderen Pilzen zu verhindern. Das Verkapseln mit Kunststoff-Schrumpfkapseln, z. B. „Bika"®-Kapseln, bietet den Vorteil, daß die Flaschen luft- und bakteriendicht verschlossen sind, der Kork nicht abgeschnitten werden braucht und deshalb nach Öffnen der Flasche unversehrt wieder verwendet werden kann. Der Käufer ist dadurch auch des Öffnens der Flasche mit dem Korkzieher enthoben. Das Verkorken der Flaschen erfolgt in kleinerem Umfang mit der *Handkorkpresse*

(Abb. 178) und einem Holzhammer; zum Verkorken größerer Flaschenmengen werden *Korkmaschinen*, Hebelpressen verschiedener Konstruktion verwendet.

SEITZ-*Korkmaschine „STOP“* (Abb. 179) zum Verkorken von Flaschen mit kleinen bis mittleren Korken (bis zu einem Durchmesser von etwa 24 mm und einer Länge von etwa 38 mm). Das Zusammenpressen der Korke geschieht durch eine Vorrichtung, die das Abbröckeln von Korkteilchen verhindert. Korkpressen und Druckstift können gegen die gleichen Teile anderer Abmessungen ausgetauscht werden, so daß die Maschine für die Verkorkung von Flaschen mit verschiedener Halsweite verwendbar ist. Die Einstellung des Flaschentellers für die verschiedenen Flaschenhöhen erfolgt mit einem Handgriff durch einen unter der Grundplatte befindlichen Raster.

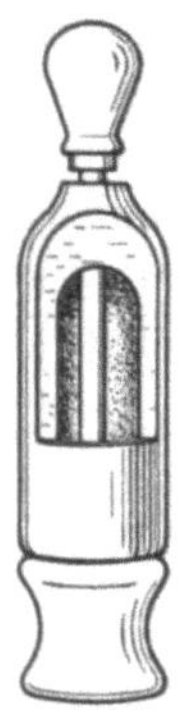

Abb. 178. Handgerät zum Zukorken von Flaschen.

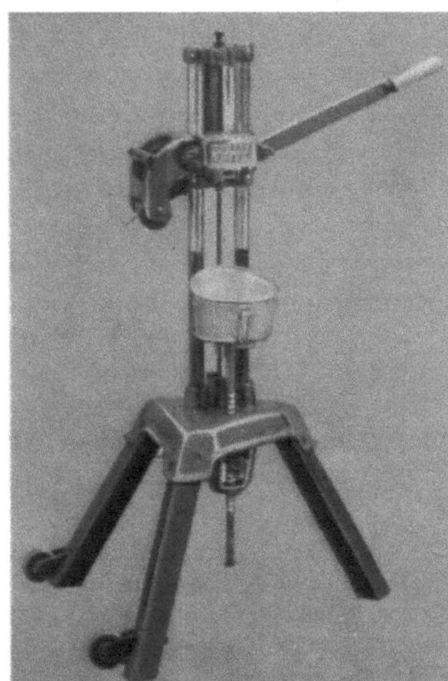

Abb. 179. SEITZ-Korkmaschine „Stop“ für Korke von etwa 24 mm ∅ und etwa 38 mm Länge.

Vorsicht beim Arbeiten mit Ätzalkalien und Mineralsäuren.

Nicht nur die Ätzalkalien als Stoffe, sondern auch ihre Lösungen (Laugen) und Mineralsäuren ätzen die Haut. Bei der Verätzung der Augen damit kann völlige Erblindung eintreten. Bei allen Arbeiten mit diesen Stoffen ist deshalb stets eine *Schutzbrille* aufzusetzen und sind Gummihandschuhe zu tragen. Auch beim Abfüllen oder Umfüllen ist diese Vorsichtsmaßnahme durchzuführen.

Vorsichtsmaßregeln bei Gasgeruch.

Wird Gasgeruch (Leuchtgas) im Betrieb, in Vorratsräumen oder in Laboratorien wahrgenommen, sind sofort nachstehende Sicherungsmaßnahmen zu beachten:

1. Weder Feuerzeug noch Streichholz anzünden,
2. keine offene Flamme heranbringen,
3. weder elektrischen Lichtschalter noch Ventilatorschalter betätigen,
4. sofort Gas-Haupthahn schließen.

Wägen.

Das absolute Gewicht eines Körpers wird durch Wägung mit einer Waage (vgl. auch „Gewichte und Waagen“, Bd. I, S. 25ff.) bestimmt. Als Gewichtseinheit dient 1 Gramm, 1 g, das Gewicht von 1 ccm chemisch reinen Wassers bei +4 °C. Waagen und Gewichte erfordern sorgfältige Behandlung und sauberste Haltung. Zu ihrer Reinigung dürfen keine Putzmittel Verwendung finden, sie darf nur mit einem Haarpinsel erfolgen. Über die auf dem Waagebalken eingetragene Tragfähigkeit hinaus, auf die sie geeicht ist, darf eine Waage nicht belastet werden. Zum Tarieren leerer Gefäße wird ein mit Schrot gefüllter *Tarierbecher* verwendet. Bei der Arzneiwaage und anderen Tarierwaagen kontrolliert man die Wägung durch Auflegen eines Fingers der linken Hand, mit dem man auf die zu belastende Waageschale tastet. Beim Wägen mit der Handwaage wird ein Über- oder Untergewicht an der Waagenzunge, die sich innerhalb der Schere bewegt, zwischen Mittel- und Ringfinger empfunden (vgl. Bd. I, S. 27 mit Abb. 37).

Die analytische Waage (vgl. Bd. I, S. 30, Abb. 45) findet zu genauen Wägungen, wie sie bei der chemischen Analyse gebraucht werden, Verwendung. Normal beträgt ihre Höchstbelastung 100 bis 200 g, ihre Empfindlichkeit 0,05 bis 0,1 mg. Der durchbrochene Waagebalken besteht aus Messing, bei hochwertigen Waagen ist er vernickelt, verchromt oder vergoldet. Auf der Oberseite sind die Waagebalkenhälften in 10 oder 20 gleich entfernte Einschnitte eingeteilt, die zum Auflegen der *Reiter* dienen. Diese werden mittels einer verschiebbaren Stange, durch die ein Greifer in Tätigkeit gesetzt werden kann, aufgelegt. Das Reitergewicht besteht aus Platin oder Aluminium und hat meist ein Gewicht von 0,01 g. Die *Schalen* sind an den Waagebalkenenden so angebracht, daß sie sich beim Schwingen der Waage stets in horizontaler Lage befinden. Der Drehpunkt des Waagebalkens ist ein auf der Spitze stehendes gleichschenkliges Dreieck und besteht, wie auch die Pfanne, in der es ruht, aus Achat. An der Mitte des Waagebalkens befindet sich ein feststehender, nach unten weisender Zeiger, dessen Spitze beim Wägevorgang vor einer Skale spielt.

Zur *Schonung* der analytischen Waage können die Waagebalken und die Waageschalen festgelegt (arretiert) werden, wobei die Schneiden der Drehpunkte von ihren Pfannen abgehoben werden. Um die analytische Waage vor Staub, Dämpfen und Temperatureinwirkungen zu schützen, ist sie mit einem Holzgehäuse mit Glaswänden umgeben, dessen Vorderseite als nach oben verschiebbares Fenster dient, während die Seiten als Türen angebracht sind. Die Grundplatte der Waage besteht aus schwarzem Glas, ihre Aufstellung muß an einem hellen, erschütterungsfreien Orte erfolgen, keineswegs in der Nähe einer Wärmequelle (Ofen, Heizkörper) und möglichst in einem besonderen Raum, keineswegs aber im Laboratorium. Zur genauen Einstellung der Waage in der Horizontallage dienen Fußschrauben, eine Libelle bzw. ein kleines angebrachtes Senkblei.

Der analytische *Gewichtssatz* wird in einem mit Samt ausgekleideten Kasten aufbewahrt, die Entnahme der Gewichte erfolgt mit der dazugehörigen an den Enden mit Elfenbeinspitzen versehener Pinzette. Die größeren Gewichte sind aus vernickeltem oder vergoldetem Messing, die kleinsten aus Aluminium oder Platin. Neuzeitliche analytische Waagen besitzen *Luftdämpfung*, die bewirkt, daß sich die Waage schon nach einer Schwingung in die Ruhelage einstellt. Sie besitzen ferner Verbesserungen zur Verschiebung des Reiters und gestatten die Auflage der Bruchgramme von außen. Die Zeigerablesung an der Skala erfolgt mittels Lupe oder durch eine Projektionsvorrichtung. Zum Abwägen auf der analytischen Waage dienen als Wägegeräte *Wägegläschen* (Abb. 180), zylindrische dünne Gläschen mit eingeschliffenem Deckel, die zum Abwägen hygroskopischer oder flüchtiger Körper dienen und sich auch zu deren Aufbewahrung eignen, bzw. *Wägeschiffchen* aus Glas, Horn, Kunststoff oder Metall.

Abb. 180. Wägegläschen, links hohe, rechts breite Form.

Zentrifugieren.

Das Zentrifugieren oder *Abschleudern* dient der Trennung fester Stoffe von Flüssigkeiten mit Hilfe eines geeigneten Apparates, der *Zentrifuge*. In der Harnanalyse finden kleine Zentrifugen mit Hand- oder Motorantrieb zur Abscheidung des Sediments in sich nach unten verjüngenden Glaszylindern mit abgerundeter Spitze zum Zwecke seiner mikroskopischen Untersuchung Verwendung. In der Industrie und im Gewerbe finden Zentrifugen verschiedener Bauart und Größe für zahlreiche Zwecke Verwendung, so zum Schleudern von Bienenhonig, in der Molkerei, zum Klären, Filtrieren, Trennen und Trocknen. Die Entwicklung der Zentrifugen ist durch die einschlägige Industrie so gefördert worden, daß bereits Ultra-Zentrifugen mit 60000 bis 150000 Umdrehungen in der Minute hergestellt werden. In der Industrie sind Zentrifugen aus wirtschaftlichen Gründen nicht zu entbehrende Maschinen. So gehen Lösungsmittel bei der Extraktion von Drogen beim hydraulischen Pressen zu 10 bis 20% infolge Zurückhaltung in den Preßkuchen verloren, beim Zentrifugieren dagegen nur 5%.

Zerkleinern.

Mit Zerkleinern bezeichnet man die Aufteilung eines festen Stoffes in kleinere Teile durch die Wirkung mechanischer Kräfte. Das Zerkleinern von Chemikalien und Drogen ist eine der wichtigsten fachtechnischen Arbeiten. Der Zweck der Zerkleinerung ist, die Oberfläche des Stoffes mehr oder weniger zu vergrößern, vielfach unter Einhaltung einer bestimmten Korngröße. Die Zerkleinerung ist häufig mit einer Farbveränderung des zerkleinerten Stoffs verbunden. Die einfachste Art der Zerkleinerung erfolgt bei technischen Rohstoffen durch Zerschlagen mit dem Hammer, wobei der Verlust abspringender Stücke durch Einschlagen des ganzen Stückes in ein Tuch vermieden wird. Die Art des Zerkleinerns richtet sich nach der Beschaffenheit und der Menge des Materials. Kleine Mengen werden in der Reibschale mit dem Pistill zerrieben, bei spröden, leicht zerspritzendem Material legt man zur Vermeidung von Verlusten einen reinen unbedruckten Papierbogen unter. Besonders harte Stoffe zerstößt man im *Stahlmörser* mit einem keulenförmigen Stampfer, während größere Mengen in einer geeigneten *Mühle* (Abb. 181), die je nach Leistung für Hand- oder Motorbetrieb eingerichtet ist, zerkleinert werden. Die Feinheitsstufen pulverisierter Chemikalien, Drogen und Zubereitungen des DAB. 6 und Erg.-B. 6 werden durch Sieben (s. S. 81) mit den im DAB. 6 vorgeschriebenen Sieben 1 bis 6 bestimmt.

Abb. 181. Bauermeister Universal-Turbomühle. (Hersteller: Hermann Bauermeister G.m.b.H., Hamburg-Altona.)

Drogen werden zur Herstellung der verkaufsfertigen Formen geschnitten oder gemahlen. Außer den Zerkleinerungsformen, die sich aus den oben genannten Sieben ergeben, sind noch quadratisch geschnittene Drogen, in Preislisten mit □ *conc.* bezeichnet, und sehr fein zerschnittene Drogen, in Preislisten mit *minutim conc.* bezeichnet, im Handel. Im Kleinbetrieb werden alle diese Arbeiten heute nicht mehr durchgeführt, vielmehr mit besonderen Spezialmaschinen vom einschlägigen Vegetabilien-Großhandel erledigt. Lediglich das *Quetschen* von Früchten und Samen, die ätherische Öle enthalten, wie Anis, Fenchel, Wacholderbeeren, Petersiliensamen u. a., wird noch in der Drogerie durchgeführt und hat den Zweck, die harte, auch für heißes Wasser schwer durchdringbare Frucht- oder Samenschale zu sprengen.

Die Siebe des DAB. 6:

Nr.	Maschenweite	für
Sieb 1	4 mm	grob zerschnittene Drogen
Sieb 2	3 mm	mittelfein zerschnittene Drogen
Sieb 3	2 mm	fein zerschnittene Drogen
Sieb 4	etwa 0,75 mm	grob gepulverte Arzneimittel
Sieb 5	etwa 0,3 mm	mittelfein gepulverte Arzneimittel
Sieb 6	etwa 0,15 mm	fein gepulverte Arzneimittel.

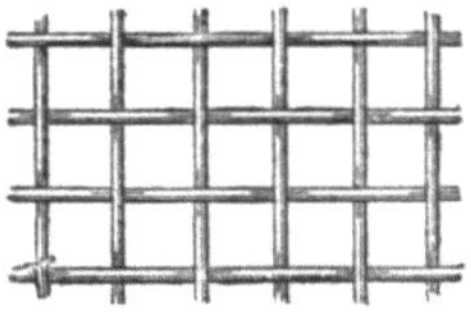

Abb. 182. Sieb 1. 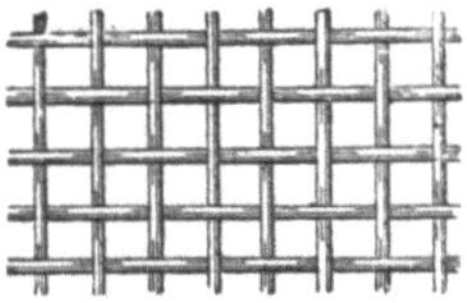 Abb. 183. Sieb 2. 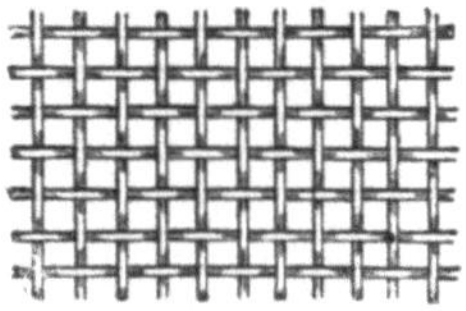 Abb. 184. Sieb 3.

Weitere Siebe siehe unter „Sieben“ S. 81.

WALDNER-Edelstahlgeräte und Laboratoriumsmöbel.

Die WALDNER-Edelstahlgeräte aus Chromnickelstahl (Abb. 185, 186) haben folgende Vorteile:

1. Rostfreier Chrom-Nickelstahl V 2 A,
2. unempfindlich gegen Speise-, Frucht- und chemische Säuren,
3. beständig gegen Chemikalien, Alkalien und Laugen,
4. salzwasserbeständig,
5. die Geräte nehmen weder Geschmack an noch geben sie einen solchen ab,
6. Unempfindlichkeit gegen Reinigungs- und Desinfektionsmittel,
7. leichte Reinigung und hygienische Einwandfreiheit,
8. silberähnliche Farbe, kein Stumpfwerden, beim Reinigen werden die Geräte durch häufiges Waschen und Reinigen noch glänzender,
9. stoßfest, also kein Verbeulen, nahezu unverwüstlich.

Abb. 185. WALDNER-Edelstahlgeräte. (Hersteller wie Abb. 186.)

Abb. 186. WALDNER-Edelstahlgeräte. (Hersteller: Hermann Waldner KG., Wangen im Allgäu.)

Nach den vorstehenden Vorteilen eignen sich die WALDNER - Edelstahlgeräte als Geräte für die Herstellung in der Drogerie ganz besonders.

Größeren Drogerien sollen die Abb. 187 und 188 Anregungen für die Beschaffung zweckmäßiger Arbeits- und Untersuchungstische für das Laboratorium geben.

Abb. 187. Qualitäts-Laboratoriumstisch. (Hersteller: Hermann Waldner KG., Wangen/Allgäu, Spezialwerk für Labormöbel.

Abb. 188. Laboratoriumstische. (Hersteller wie Abb. 187.)

Das Normallaboratorium für Drogisten.

Auf Grund von Ministerialerlassen über die Regelung des Verkehrs mit Arzneimitteln außerhalb der Apotheken ist der Drogist dafür verantwortlich, daß die Arzneimittel, die in seinem Geschäft verkauft werden, echt, zum bestimmungsgemäßen Gebrauch geeignet, nicht verdorben und nicht verunreinigt sind. Er ist also verpflichtet, seine Arzneimittel daraufhin zu untersuchen, da er die Gewähr dafür selbst übernehmen muß. Obgleich in den genannten Erlassen nicht zum Ausdruck gebracht ist, daß die in den Drogerien gehandelten Arzneimittel den Bestimmungen des DAB. entsprechen müssen, wird jeder verantwortungsvolle Drogist auch dies für von ihm verkaufte Arzneimittel als selbstverständlich betrachten.

Das Normallaboratorium für Drogisten ist eine praktische Zusammenstellung aller derjenigen Geräte, deren Handhabung sowohl von den Lehrlingen beherrscht werden muß, als auch zur Durchführung der Erkennungs- und Reinheitsprüfungen von Chemikalien in der Drogerie unbedingt notwendig ist.

Das Normallaboratorium für Drogisten kommt zur Anschaffung in Betracht für

1. jede Drogerie,
2. Drogerien, in denen Lehrlinge ausgebildet werden, ist die Anschaffung eine dringende Notwendigkeit,
3. die Drogistenfachschulen zur Durchführung des chemischen Unterrichts,
4. Lehrlinge und Gehilfen zur Durchführung von Versuchen,
5. die Fortbildungskurse des Verbandes Deutscher Drogisten,
6. die Arbeitsgemeinschaften des Bundes angestellter Drogisten.

Beschreibung. Das Normallaboratorium für Drogisten (Abb. 189, 190) ist ebenso für den ständigen Gebrauch wie auf Grund seiner Ausstattung für weniger häufige Untersuchungen bestimmt. Die Abmessungen des Kastens sind:

Höhe 42 cm; — Breite 28 cm; — Tiefe 23 cm.

Abb. 189. Normallaboratorium für Drogisten, als praktischer Trageschrank verschlossen.

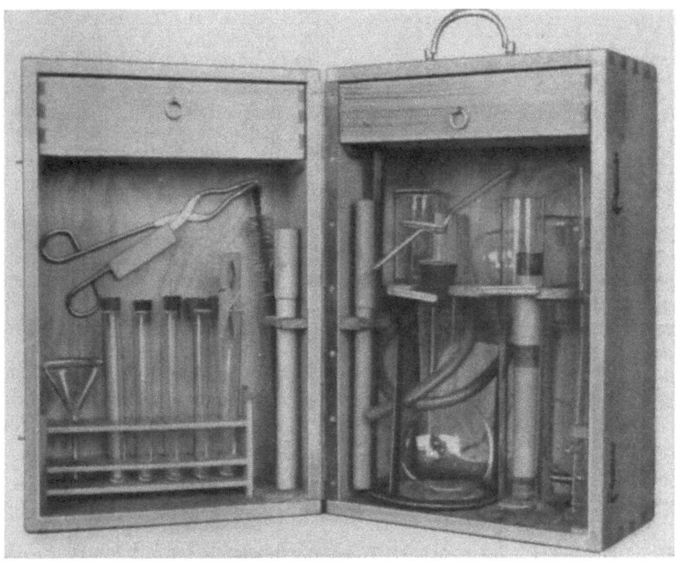

Abb. 190. Normallaboratorium für Drogisten (geöffnet).

Die in ihm enthaltenen Geräte sind die allgemein in wissenschaftlichen und technischen Laboratorien nach den deutschen Normen verwendeten. Es darf also nicht mit den im Handel befindlichen sogenannten Schülerexperimentier- bzw. Spielkästen verglichen werden, die den Anforderungen, wie sie die Untersuchungen im Laboratorium des Drogisten stellen, nicht entsprechen.

Sämtliche Teile sind betriebssicher und handlich, in einem verschließbaren und kräftigen, tragbaren Kasten untergebracht. Die Anordnung der Geräte ist so getroffen, daß man bequem zu jedem einzelnen, unabhängig von der Art der Übung und der Versuche, gelangen kann.

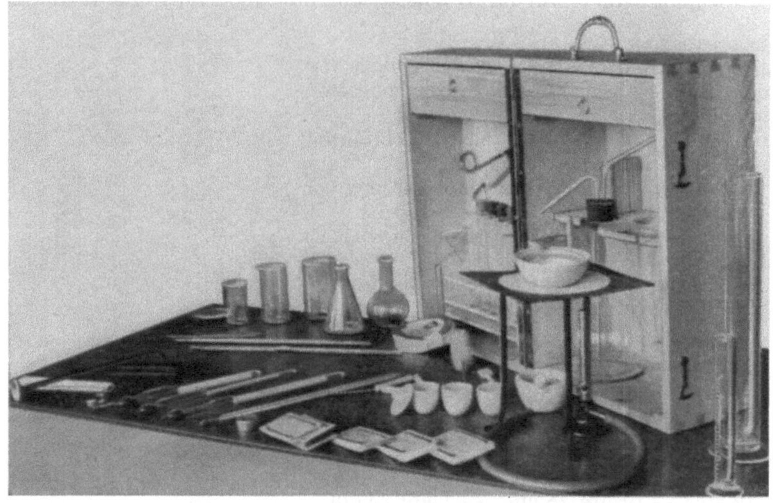

Abb. 191. Normallaboratorium für Drogisten (Inhalt).

Im einzelnen enthält das Normallaboratorium für Drogisten (Abb. 191):

1. Reagensglasgestell
2. Gew. Reagensgläser
3. Schwer schmelzb. Reagensgläser
4. Magnesiastäbchen
5. Kapsellöffel aus Horn
6. Reagensglasbürste
7. Glasstab
8. Messing-Lötrohr
9. Lötrohrkohle
10. Uhrgläser
11. Quetschhahn nach MOHR
12. Rundfilter
13. Glastrichter
14. Meßzylinder
15. Reagensglashalter aus Holz
16. Kurkumapapier
17. Lackmuspapier, rot
18. Lackmuspapier, blau
19. Phenolphthaleinpapier
20. Universal-Indikatorpapier
21. Dreikantfeile
22. Tiegelzange, vernickelt
23. Bunsenbrenner mit Hülse
24. Asbest-Drahtnetz
25. Gasschlauch
26. Jenaer Bechergläser
27. Ton-Drahtdreieck
28. Spritzflasche
29. Jenaer Stehkolben
30. Jenaer Erlenmeyerkolben
31. Porzellan-Schmelztiegel
32. Schmelztiegeldeckel
33. Prozellanmörser
34. Porzellan-Abdampfschalen
35. Kobaltglas
36. Vollpipette
37. Spatellöffel
38. Gummistopfen mit Bohrung
39. Dezigramm-Gewichtssatz
40. Alkoholometer nach RICHTER und TRALLES 0—100
41. Aräometer spez. Gew. 1,000—2,000
42. Aräometer spez. Gew. 0,700—1,000
43. Chem. Thermometer 0—200 °C
44. Meßpipette
45. Spindelzylinder
46. Dreifuß

Lieferant: „LABAG“ Laboratoriums-Ausrüstungs-Gesellschaft Paul Honig und Erich Schulze, Berlin-Schöneberg, Geneststraße 7/8.

II. Medizinische Zubereitungen.

(vgl. Bd. I, S. 43 — 59).

Acetum aromaticum. Aromatischer Essig, Erg.-B. 6.

Zimtöl	0,35	Citronenöl	0,65
Wacholderöl	0,35	Nelkenöl	0,6
Lavendelöl	0,35	Weingeist (90%)	150,0
Pfefferminzöl	0,35	Essigsäure, verd., DAB. 6	215,0
Rosmarinöl	0,35	Wasser	632,0

Die ätherischen Öle in Weingeist lösen, dann die Essigsäure und schließlich das Wasser zufügen. Die Mischung 8 Tage lang bei Zimmertemperatur in einem verschlossenen Gefäß unter häufigem Umschütteln stehenlassen, dann filtrieren.

Aromatischer Essig ist klar, farblos, Geruch sauer und würzig. Mit Wasser ist er in jedem Verhältnis klar mischbar.

Verwendung. Zur Mundspülung (10%), zu Waschungen und zu Umschlägen (50%).

☠ 3. Acetum Sabadillae. Sabadillessig, DAB. 6.

Zerquetsche Sabadillsamen	1,0	Verd. Essigsäure DAB. 6	2,0
Weingeist (90%)	1,0	Wasser	7,0

Der zerquetschte Sabadillsamen wird mit dem Wasser $^1/_2$ Stunde lang gekocht. Hierauf läßt man ihn erkalten, bringt durch Zusatz von Wasser auf das ursprüngliche Gewicht und setzt den Weingeist und die verd. Essigsäure hinzu. Das Gemisch wird in einer gut verschlossenen Flasche bei Zimmertemperatur unter wiederholtem Umschütteln etwa 10 Tage lang stehengelassen. Alsdann wird die Flüssigkeit durchgeseiht und der Rückstand ausgepreßt. Die vereinigten Flüssigkeiten werden nach dem Absetzen filtriert.

Sabadillessig ist klar, gebbraun und riecht sauer.

Verwendung. Als Mittel gegen Kopfläuse, obsolet!

Acidum aceticum aromaticum. Aromatische Essigsäure, Erg.-B. 6.

Zimtöl	20,0	Citronenöl	115,0
Bergamottöl	55,0	Lavendelöl	115,0
Thymianöl	55,0	Nelkenöl	165,0
		Essigsäure	475,0

werden gemischt.

Aromatische Essigsäure ist klar, gelblichbraun und riecht sauer und würzig.

Verwendung. Als Riechmittel unverdünnt, 15fach verdünnt zu Umschlägen bei fieberhaften Erkrankungen.

Acidum hydrochloricum dilutum. Verdünnte Salzsäure, DAB. 6.

Gehalt 12,4 bis 12,6% Chlorwasserstoff, HCl, Mol-Gew. 36,47.

Salzsäure	10,0	Destilliertes Wasser	10,0

werden gemischt. D. (20°) 1,059 bis 1,061. Klare, farblose Flüssigkeit.

Prüfung des DAB. 6. Gehaltsbestimmung. Etwa 5 g verdünnte Salzsäure werden in einem Kölbchen mit eingeriebenem Glasstopfen, das etwa 25 ccm Wasser enthält, genau gewogen. Die Mischung wird mit Normal-Kalilauge neutralisiert. Hierbei müssen für je 5 g verdünnte Salzsäure 17,0 bis 17,3 ccm Normal-Kalilauge verbraucht werden, was einem Gehalt von 12,4 bis 12,6% Chlorwasserstoff entspricht (1 ccm Normal-Kalilauge = 0,03647 g Chlorwasserstoff, Methylorange als Indikator).

☠ 2. Acidum trichloraceticum liquidum. Verflüssigte Trichloressigsäure.

Trichloressigsäure . . 8,0 | Wasser, dest. 2,0

Verwendung. Als Ätzmittel, zur Warzenentfernung. Abzugeben in dicht schließenden Gläschen mit Glasstopfen-Glasstab. Vor dem Betupfen mit der Flüssigkeit muß die normale Haut am Warzenfuß zur Vermeidung von Entzündungen mit Vaselin geschützt werden.

Adeps benzoatus. Benzoeschmalz, DAB. 6.

Schweineschmalz . . . . . . 50,0 | Benzoe 1,0
Getrocknetes Natriumsulfat . . 3,0

Die Benzoe wird mit dem getrockneten Natriumsulfat fein zerrieben und das Schweineschmalz mit diesem Gemisch unter häufigem Umrühren 2 Std. auf etwa 60° erwärmt; dann wird filtriert.

Benzoeschmalz ist gelblichweiß, streichbar weich und riecht nach Benzoe. Es darf nicht ranzig riechen.

Verwendung. Als Salbengrundlage, die infolge des Gehalts der Benzoe an Coniferylbenzoat dem Ranzigwerden bedingt entgegenwirkt. Ein Nachteil ist seine geringe Wasserzahl, etwa 7,5, die durch Zusatz von 2% Cetylalkohol auf 240 gesteigert werden kann.

Adstringens Tormentillae (DRF 174).

Tormentilltinktur . . . 15,0 | Myrrhentinktur 15,0
werden gemischt.

Verwendung. Unverdünnt zur Zahnfleischpinselung.

Almecerin-Verarbeitung.

Almecerin ® (Tempelhof, vgl. Bd. II, S. 46), besonders für weiße Cremekörper Typ W/Ö, Fettcremes, geeignet, hat eine sehr beträchtliche Wasseraufnahmefähigkeit, die durch Zusatz von Ölen, welche an sich bereits ein gutes Wasserbindungsvermögen besitzen, z. B. Oleum Arachidis, noch weiter gesteigert werden. Man pflegt jedoch die Wasseraufnahmefähigkeit nicht voll auszunutzen, sondern sich mit einem Zusatz von 150 bis 200% zu begnügen, um der Creme eine genügende Emulsionsreserve zu belassen für mancherlei Zusätze und für außergewöhnliche Belastungen, wie sie sich durch starke Temperaturschwankungen für die Emulsion ergeben können. Almecerin wird auf kaltem Wege verarbeitet. Zuerst werden die Fette und die fettlöslichen Zusätze in die Grundlage eingearbeitet. Sodann löst man die wasserlöslichen Zusätze in der erforderlichen Menge Wasser und setzt dieses portionsweise unter Rühren dem Fettgemisch zu. Macht die Verarbeitung auf kaltem Wege Schwierigkeiten, so kann man Almecerin im Wasserbad auf 30 bis 40° vorwärmen. Die Verarbeitung geht dann leichter vor sich. Man achte jedoch darauf, daß das Wasser bei der Verarbeitung einige Grade wärmer ist als die Grundlage selbst. Auf *gründliche* und *sorgfältige* Verarbeitung ist *besonderer Wert* zu legen.

Die Festigkeit der Cremes läßt sich beliebig einstellen. Durch Zusätze von Vaselinöl, Paraffin flüssig, Arachis- oder Olivenöl usw. erzielt man eine weichere und glattere Konsistenz, während ein Zusatz von Walrat, weißem Wachs, Cetylalkohol sowie ein erhöhter Wassergehalt eine größere Festigkeit ergibt. Man kann Almercin in kleinen Mengen mit der Hand verarbeiten, entweder in einer Porzellanschale oder mit einem Handrührwerk. Bei der Verarbeitung größerer Mengen empfiehlt es sich, Rührwerke mit maschinellem Antrieb zu verwenden (Planeten-Rührer), die eine gleichmäßige Durcharbeitung der gesamten Crememasse gewährleisten. Bis zur Erreichung einer einwandfreien Emulsion soll mit *möglichst geringer* Tourenzahl gearbeitet werden. Die *Dauer* der Verarbeitung soll *mindestens 1 Stunde* beanspruchen. Sehr vorteilhaft ist es, anschließend die Creme durch eine 3-Walzen-Mühle zu geben, wodurch eine besondere Feinheit und Ebenmäßigkeit erreicht wird. Almecerin-Cremes müssen nur dann konserviert werden, wenn Zusätze gemacht werden, die für sich eine Konservierung bedingen. Almecerin-Cremes vertragen normale Sommer- und Wintertemperaturen ohne weiteres.

Verpackung. Almecerin-Cremes können in Blechdosen mit Innenlack, Zinntuben und in sonst handelsüblichen Packungen abgefüllt werden.

Aluminium acetico-tartaricum. Aluminiumacetotartrat, Erg.-B. 6.

Aluminiumacetatlösung	200,0	Weinsäure	7,0

Die Weinsäure in der Aluminiumacetatlösung lösen und diese Lösung bei einer Temperatur von höchstens 50° zum dicken Sirup eindampfen. Dieser wird auf Glasplatten ausgestrichen und bei höchstens 30° getrocknet.

Eigenschaften und Prüfung nach Erg.-B. 6, s. Bd. II, S. 53.

Verwendung. Zur Mundspülung (0,75%), zur Wundspülung und zu Umschlägen (0,75%).

Aluminium boricum. Aluminiumborat.

1. Aluminiumsulfat, krist.	100,0	2. Borax	175,0
Wasser, dest.	500,0	Wasser, dest.	4000,0

Der durch Umsetzung der Lösungen 1 und 2 erhaltene Niederschlag wird bis zum Verschwinden der Schwefelsäurereaktion mit möglichst wenig Wasser ausgewaschen und getrocknet.

Aluminiumborat ist ein weißes, in Wasser unlösliches, in Säuren und Alkalilaugen lösliches Pulver.

Verwendung. Als Wund-Antisepticum.

Aluminium-boro-formicicum. Bor-ameisensaures Aluminium.

In die erwärmte Lösung von

Ameisensäure	200,0	Borsäure	100,0
in Wasser, dest.	600,0—700,0		

trägt man soviel frisch gefälltes und gut ausgewaschenes Aluminiumhydroxyd ein, als gelöst wird. Nach dem Absetzen wird filtriert und die Lösung zur Kristallisation eingedampft.

Perlmutterglänzende, in Wasser und Alkohol lösliche Schuppen.

Verwendung. Als antiseptisches Mittel.

Aluminium boro-tartaricum. Bor-weinsaures Aluminium. Bor-weinsaure Tonerde.

Aluminiumborat	100,0	Weinsäurelösung (1 + 9)	1000,0

Das Aluminiumborat wird in der Weinsäurelösung gelöst und die Lösung bei einer Temperatur von 30 bis 40° verdunstet.

Aluminiumborat ist ein farbloses, kristallines, in Wasser leicht lösliches Salz.

Verwendung. Die wäßrige Lösung wie essigsaure Tonerdelösung.

Amphocerin-Verarbeitung (DEHYDAG).

Amphocerin® ist ein W/Ö-Emulgator und wird mit den sonstigen Fetten und fettlöslichen Wirkstoffen auf dem Wasserbad auf etwa 40 bis 50° erwärmt. Ist der größte Teil geschmolzen, wird die Wärmezufuhr beendet, da sich die restliche Fettmasse dann ohne weitere Erwärmung löst. Dieser Schmelze werden Wasser und wäßrige Wirkstofflösungen mit einer Temperatur von anfangs 35 bis 40°, später 25 bis 30° portionsweise unter Umrühren zugefügt. Dabei erfolgt die Wasseraufnahme im allgemeinen sehr schnell. Die fertige Salbe im Anschluß an den Rührvorgang zu walzen wird empfohlen. Der Walzvorgang selbst soll bei möglichst feiner Einstellung und bei möglichst niedriger Umdrehungszahl der Walzen vorgenommen werden. Durch diese Homogenisierung erhalten die Salben ein weißeres Aussehen, glattere Struktur und bessere Lagerfähigkeit. Für den Rührvorgang ist ein Planeten-Rührwerk oder eine Knetmaschine mit regulierbarem Lauf am besten geeignet. Weder Spalt-Homogenisier-Apparate noch Turbo-Mischer mit hohen Umdrehungszahlen eignen sich für W/Ö-Emulsionen, da durch sie das eingearbeitete Wasser aus der Emulsion wieder herausgedrückt werden kann. Abgefüllt wird vor dem völligen Erkalten bei etwa 30° (vgl. Bd. II, 89/90).

Antidotum Arsenici. Gegenmittel der arsenigen Säure, Erg.-B. 6.

Gebrannte Magnesia . .	15,0	Ferrisulfatlösung . . .	100,0
Wasser	500,0		

Einer Anreibung der gebrannten Magnesia mit 250,0 Wasser wird die mit 250,0 Wasser verdünnte Ferrisulfatlösung allmählich und unter Vermeidung der Erwärmung zugefügt. Dabei geht folgender Vorgang vor sich:

$$\underset{\text{Ferrosulfat}}{Fe_2(SO_4)_3} + \underset{\text{Magnesium-oxyd}}{3\,MgO} + \underset{\text{Wasser}}{3\,H_2O} \rightarrow \underset{\text{Eisen (III)-hydroxyd}}{2\,Fe(OH)_3} + \underset{\text{Magnesium-sulfat}}{3\,MgSO_4}$$

Das entstandene Eisen(III)-hydroxyd geht mit arseniger Säure eine unlösl. Adsorptionsverbindung ein, das entstandene Magnesiumsulfat wirkt als Abführmittel.

Antidotum Arsenici stellt eine braune Schüttelmixtur dar, die zur Abgabe stets frisch zu bereiten ist.

Verwendung. Bei akuter Arsenvergiftung (E. 120 ccm, eßlöffelweise halbstündlich).

Antiphlogisticum compositum. Umschlagpaste (ZABLER).

Borsäure	45,0	Pfefferminzöl	2,0
Bolus alba	500,0	Methylsalicylat	2,0
Glycerin q. s. etwa . . .	450,0	Kampfer	5,0
Thymol	0,5	Weingeist (95%) . . .	10,0
Eukalyptusöl	0,5	Kamillenfluidextrakt . .	10,0

Gut bildsamer, feiner, weißer Ton und die Borsäure werden mit einer ausreichenden Menge Glycerin zu einer steifen Paste verarbeitet. Dann werden die im Weingeist gelösten ätherischen Öle und der Kamillenfluidextrakt zugesetzt, die Paste durch eine Walzenmühle geschickt und sofort in *dichtschließende* Blechbüchsen abgefüllt.

Zum Gebrauch wird die Blechbüchse in ein Gefäß mit heißem Wasser gestellt. Nach genügendem Erwärmen wird die Paste mit einem Löffel durchgerührt und so warm, wie sie vertragen werden kann, in dicker Schicht auf die entsprechende Körperstelle aufgetragen. Dann wird mit Watte oder Flanell gut bedeckt und mit einer Binde befestigt. Der Umschlag bleibt 12 bis 24 Stunden liegen; die Büchse ist stets *gut verschlossen* aufzubewahren.

Antirheumaticum. Mittel gegen Rheumatismus (ZABLER).

Thymianöl	0,25	Arachisöl	10,0
Terpentinöl	1,0	Kampfergeist	17,5
Methylsalicylat	1,25	Salmiakgeist (DAB. 6) . .	20,0
		Seifengeist auf	100,0

Verwendung. *Äußerlich* zum Einreiben.

Aquae aromaticae et Aquae medicatae. Aromatische und Arzneiliche Wässer

(vgl. Bd. I, S. 58).

Aquae aromaticae. Aromatische Wässer, Erg.-B. 6.

Aromatische Wässer sind Lösungen oder Mischungen von flüchtigen Pflanzenstoffen und Wasser. Sie werden hergestellt durch Lösen ätherischer Öle in Wasser (teils unter Zusatz von Weingeist), zum Teil unter Verwendung von Talk. Wo diese Herstellungsweise nicht möglich ist, werden die aromatischen Wässer durch Destillation mit Wasserdampf aus den zerkleinerten, vorher mit Wasser oder Weingeist angefeuchteten Pflanzenteilen hergestellt. Dabei werden die Destillate wiederholt umgeschüttelt, 24 Stunden lang in einer lose verschlossenen Flasche bei Zimmertemperatur stehengelassen und dann filtriert.

Aromatische Wässer dürfen nicht flockig oder schleimig sein. Erg.-B. 6 läßt auf Schwermetallsalze mit Natriumsulfidlösung prüfen. 100 ccm eines aromatischen Wassers dürfen nach dem Verdampfen höchstens 0,01 g Rückstand hinterlassen.

Aromatische Wässer sind kühl aufzubewahren.

Aqua aromatica. Aromatisches Wasser, Erg.-B. 6.

Salbeiöl	1,0	Fenchelöl	1,0
Rosmarinöl.	1,0	Zimtöl	1,0
Pfefferminzöl	1,0	Weingeist (90%) . . .	350,0
Lavendelöl	1,0	Wasser (35 bis 40°) . .	644,0

Die Öle im Weingeist lösen, die Lösung mit dem Wasser mischen und wiederholt durchschütteln. Nach mehrtätigem Stehen durch ein mit Wasser angefeuchtetes Filter filtrieren.

Aromatisches Wasser ist trübe, Geruch würzig.

Verwendung. Zu Waschungen unverdünnt.

☠ *1.* Aqua Amygdalarum amararum, Bittermandelwasser. DAB. 6. Stoff B.

Gehalt etwa 0,1% Cyanwasserstoff, HCN, Mol.-Gew. 27,02.

Mandelsäurenitril. . . .	11,0	Weingeist DAB. 6 . . .	500,0
		Destilliertes Wasser . .	1489,0

Das Mandelsäurenitril wird in Weingeist gelöst und die Lösung mit dem Wasser gemischt.

Klare oder nur schwach weißlich getrübte Flüssigkeit. D. (20°) 0,967 bis 0,977. Bittermandelwasser darf Lackmus kaum röten.

Prüfung des DAB. 6. Werden 10 g B. mit 0,8 ccm $^1/_{10}$ n-Silbernitratlösung und einigen Tropfen Salpetersäure vermischt, so muß das Filtrat noch den eigenartigen Geruch des Bittermandelwassers zeigen und darf nach weiterem Zusatz von $^1/_{10}$ n-Silbernitratlösung nicht mehr getrübt werden (unzulässige Menge freier Cyanwasserstoff).

Gehaltsbestimmung. Beim Verdünnen von 25 g B. mit 100 ccm Wasser und Versetzen mit 2 ccm Kaliumjodidlösung und 1 ccm Ammoniakflüssigkeit müssen bis zum Eintritt einer gelblichen Opaleszenz 4,58 bis 4,95 ccm $^1/_{10}$ n-Silbernitratlösung verbraucht werden, entsprechend einem Gehalt von 0,099 bis 0,107% Cyanwasserstoff (1 ccm $^1/_{10}$ n-Silbernitratlösung = 0,005404 g Cyanwasserstoff in ammoniakalischer Lösung, Kaliumjodid als Indikator).

B. wird, falls es einen höheren Gehalt als den geforderten an Cyanwasserstoff aufweist, durch Zusatz einer Mischung von 1 T. Weingeist und 3 T. Wasser auf den vorgeschriebenen Gehalt gebracht. Für Aqua Laurocerasi darf Bittermandelwasser abgegeben werden.

Aufbewahrung. *Vorsichtig, vor Licht geschützt.*

Aqua Aurantii Floris. Pomeranzenblütenwasser, Erg.-B. 6.

Pomeranzenblütenöl . . .	0,1	Wasser (35 bis 40°) . .	1000,0

Das Pomeranzenblütenöl wird mit dem Wasser einige Zeit lang geschüttelt und die Mischung nach dem Erkalten filtriert.

Pomeranzenblütenwasser ist klar und riecht angenehm.

Aufbewahrung. Vor Licht geschützt.

Verwendung. Als Corrigens (E. 10,0 g).

Aqua Calcariae. Kalkwasser, DAB. 6.

Gehalt 0,15 bis 0,17% Calciumhydroxyd, $Ca(OH)_2$, Mol.-Gew. 74,09.

Gebrannter Kalk	1,0	Destilliertes Wasser . .	104,0

Der gebrannte Kalk wird mit 4,0 Wasser gelöscht und der entstandene Brei in einem gut verschlossenen Gefäß (zur möglichsten Vermeidung von Carbonatbildung) unter Umschütteln mit 50,0 dest. Wasser gemischt. Nach Klärung der Mischung beseitigt man die überstehende wäßrige Flüssigkeit und schüttelt den Bodensatz erneut mit 50,0 dest. Wasser mehrmals kräftig durch und läßt absetzen. Zum *Gebrauch* wird Kalkwasser *filtriert.* Kalkwasser ist klar, farblos und bläut Lackmuspapier stark.

Gehaltsbestimmung des DAB. 6. Zum Neutralisieren von 100 ccm K. dürfen nicht weniger als 4 und nicht mehr als 4,5 ccm n-Salzsäure verbraucht werden, entsprechend einem Gehalt von 0,15 bis 0,17% Calciumhydroxyd (1 ccm n-Salzsäure = 0,37045 g Calciumhydroxyd, Phenolphthalein als Indikator).

Verwendung. Unverdünnt *äußerl.* zur Schleimhautspülung mit entzündungswidriger und gefäßabdichtender Wirkung, zu gleichen Teilen mit Leinöl zum → Kalkliniment S. 128; *innerl.* (E. 50,0 g) als Magensäuren neutralisierendes und übermäßig abgesonderten Schleim lösendes Mittel. Bei Durchfall schützt das durch das Kohlendioxyd des Darminhalts gefällte Calciumcarbonat die entzündeten Darmschleimhäute, setzt die Sekretion der Darmdrüsen herab und behebt dadurch Durchfall.

Aqua carminativa. Blähungtreibendes Wasser (Dresd. Vorschr.).

Römisches Kamillenöl . .	10 Tr.	Korianderöl	5 Tr.
Citronenöl	5 Tr.	Fenchelöl	5 Tr.
Krauseminzeöl	5 Tr.	Weingeist (90%)	100,0
Kümmelöl	5 Tr.	Wasser	900,0

Aqua Centaureae cyani. Kornblumenwasser.

	Gestoßene frische Kornblumenblüten	20,0
werden mit	Weingeist (90%)	2,0
und	Wasser, dest.	100,0

eine Nacht lang in der Destillierblase stehengelassen und davon abdestilliert 10,0

Verwendung. Zur Stärkung der Sehnerven und der Muskelkraft des Auges, Vorbeugung der Blutüberfüllung. Allabendlich die Augenlider, Augenbrauen und Schläfengegend damit befeuchten.

Aqua Chamomillae. Kamillenwasser, Erg.-B. 6.

Kamillenöl	1,0	Talk	10,0
Wasser (35 bis 40°)	999,0		

Das Kamillenöl mit dem Talk fein verreiben und die Verreibung mit dem Wasser wiederholt durchschütteln. Nach mehrtägigem Stehen filtrieren.

Kamillenwasser ist klar.

Verwendung. Als Corrigens unverdünnt.

Aqua Cinnamomi. Zimtwasser, DAB. 6.

Zimtöl	1,0	Weingeist (90%)	99,0
Destilliertes Wasser von 35° bis 40°	900,0		

Das Zimtöl wird in dem Weingeist gelöst und die Lösung mit dem Wasser wiederholt durchgeschüttelt. Nach mehrtägigem Stehen wird filtriert.

Zimtwasser ist fast klar.

Verwendung. *Innerlich* (E. 10,0 g) als Geschmackscorrigens.

Aqua Citronellae. Citronellwasser, Zitronellwasser, Erg.-B. 6.

Aqua Melissae.

Citronellöl	1,0	Talk	10,0
Wasser (35 bis 40°)	999,0		

Herstellung sinngemäß wie Aqua Chamomillae, ebenso Verwendung.

Aqua cosmetica „Kummerfeld"[1]. Kummerfeldsches Waschwasser, Erg.-B. 6

(*vgl. auch S. 298, 361*).

Kampfer	10,0	Glycerin	50,0
Gummi arabicum, fein gepulvert	20,0	Rosenwasser	400,0
Gefällter Schwefel	120,0	Kalkwasser	400,0

Den Kampfer mit dem arabischen Gummi und der nötigen Menge Rosenwasser emulgieren, dann den Schwefel und die anderen Bestandteile zufügen.

Verwendung. Als Waschwasser bei Hautunreinigkeiten unverdünnt, *vor Gebrauch umzuschütteln!*

Aqua cresolica. Kresolwasser, DAB. 6.

Kresolseifenlösung	1,0	Wasser	9,0

werden gemischt.

Für Heilzwecke ist destilliertes, für Desinfektionszwecke gewöhnliches Wasser zu verwenden. Mit dest. Wasser hergestelltes Kresolwasser ist hellgelb und klar, mit gewöhnlichem Wasser darf es etwas trübe sein; ölartige Tropfen dürfen sich jedoch aus ihm nicht abscheiden.

Verwendung. *Äußerl.* zur Hautdesinfektion (20% = 5fach verdünnt), zur Desinfektion von Exkrementen, Materialien, Geräten (50% = 1 : 1 verdünnt). *Vet.* zur Wunddesinfektion und bei Druckschäden.

---

[1] Benannt nach der Hamburger Schauspielerin Franziska KUMMERFELD (1745—1815).

Aqua Foeniculi. Fenchelwasser, DAB. 6.

Fenchelöl . . . . 1,0 | Talk 10,0
Destilliertes Wasser von 35° bis 40° 999,0

Das Fenchelöl wird mit Talk fein verrieben und die Verreibung mit dem Wasser wiederholt durchgeschüttelt. Nach mehrtägigem Stehen wird filtriert.

Fenchelwasser ist fast klar.

Verwendung. Unverdünnt *innerlich* als Geschmackscorrigens, *äußerlich* unverdünnt zur Augenspülung bei Bindehautentzündung, volkstümlich bei durch Übermüdung nachlassender Sehkraft.

Aqua Hamamelidis Corticis. Hamamelisrindenwasser, Erg.-B. 6.

Hamamelisrinde, grob gepulv. . . 1000,0 | Weingeist (90%) 150,0
Wasser 2000,0

24 Std. lang bei Zimmertemperatur stehenlassen, dann 1000,0 abdestillieren. Hamamelisrindenwasser ist klar oder fast klar.

Verwendung. *Innerl.* bei Durchfall (E. 10,0 g), *äußerl.* als die Heilung begünstigender Zusatz zu Salben, Cremes, Gesichtswässern u. a.

Aqua Hamamelidis Foliorum. Hamamelisblätterwasser.

Extractum Hamamelidis destillatum. Extrakt of Witch Hazel.

Hamamelisblätter, geschnitten . 1000,0
werden übergossen mit Weingeist (95%) . . . . 200 ccm
und gut damit vermengt. Dann wird zugesetzt
Wasser. 2000,0
und wieder gut vermengt. Nach 24stündigem Mazerieren wird 1 kg abdestilliert.

Hamamelisblätterwasser riecht kennzeichnend nach der Droge und enthält im Gegensatz zur Hamamelistinktur keine Gerbstoffe.

Verwendung. Zu zahlreichen med. und kosmetischen Zubereitungen (Gesichtswässern, Cremes usw.).

Aqua Menthae crispae. Krauseminzwasser, Erg.-B. 6.

Krauseminzöl. . . . . . 1,0 | Talk 10,0
Wasser (35 bis 40°) . . 999,0

Herstellung sinngemäß wie Aqua Chamomillae.

Krauseminzwasser ist klar.

Verwendung. Als Corrigens unverdünnt an Stelle von Pfefferminzwasser.

Aqua Menthae piperitae. Pfefferminzwasser, DAB. 6.

Pfefferminzöl . . . . 1,0 | Talk 10,0
Destilliertes Wasser von 35° bis 40° 999,0

Das Pfefferminzöl wird mit dem Talk fein verrieben und die Verreibung mit dem Wasser wiederholt durchgeschüttelt. Nach mehrtägigem Stehen wird filtriert.

Pfefferminzwasser ist fast klar.

Verwendung. Als Geschmackscorrigens.

Aqua ophthalmica „Romershausen". Romershausensches Augenwasser, Erg.-B. 6.

Zusammengesetzte Fencheltinktur. . 160,0 | Wasser 840,0

werden gemischt.

Romershausensches Augenwasser ist milchig trübe, schwach grün.

Verwendung. Als Augenspülung unverdünnt.

Aqua Petroselini. Petersilienwasser, Erg.-B. 6.

Petersilienöl . . . . . . 1,0 | Talk 10,0
Wasser (35 bis 40°) . . 999,0

Herstellung sinngemäß wie Aqua Chamomillae.
Petersilienwasser ist klar.

Verwendung. Als Diureticum (E. 10,0 g).

Aqua phenolata. Phenolwasser, DAB. 6.

Aqua carbolisata. Carbolwasser.

Verflüssigtes Phenol . . 11,0 | Destilliertes Wasser . . 489,0

werden gemischt. Phenolwasser ist eine klare, farblose Flüssigkeit mit einem Gehalt von 2% Phenol.

Verwendung. Als Hautdesinfektionsmittel (50% = 1 : 1 verdünnt). *Nicht zu längerer Einwirkung* besonders an *Fingern* und *Zehen*, wegen der Gefahr trockener Gangrän. Zur Desinfektion von Exkrementen, Materialien und Geräten unverdünnt.

Aqua Plumbi. Bleiwasser, DAB. 6.

Kühlwasser. Aqua Saturni.

Bleiessig . . . . . 1,0 | Wasser, dest. . . 49,0

werden gemischt.

Bleiwasser ist durch entstandenes basisches Bleicarbonat schwach trübe. Vor der Abgabe ist es jeweils *umzuschütteln.*

Verwendung. Unverdünnt zu kühlenden Umschlägen bei Quetschungen und oberflächlichen Verletzungen. Zu Augenumschlägen nur bedingt verwendbar, da schon eine kleine Verletzung der Hornhaut zu dauernder Trübung derselben führen kann.

Aufbewahrung. Gut verschlossen, um möglichst das Ausfallen von basischem Bleicarbonat zu vermeiden. Am Stopfen, Hals, evtl. am Boden des Standgefäßes ausgeschiedenes basisches Bleicarbonat entfernt man mittels Essig- oder Salpetersäure und sorgfältiges Abspülen des hierbei entstandenen Bleisubcarbonats.

Abgabe. Bleiwasser darf nicht in Trinkgefäßen (Töpfen, Mineralwasser- oder Bierflaschen usw.) abgegeben werden. Die Signatur „Äußerlich" ist stets anzubringen. Vor der Abgabe ist Bleiwasser jeweils umzuschütteln und stets mit *„Äußerlich"* zu signieren.

Aqua Plumbi „Goulard". Goulardsches Bleiwasser, Erg.-B. 6.

Bleiessig . . . . . 20,0 | Weingeist, verd. DAB. 6 . . 80,0
Wasser 900,0

werden gemischt.

Trübe, milchige Flüssigkeit, die vor der Abgabe umzuschütteln ist.

Verwendung. Unverdünnt als Verbandwasser mit der bei Aqua Plumbi aufgeführten Einschränkung. Ein Zusatz anderer wirksamer Stoffe ist zu vermeiden.

Aqua Rosae. Rosenwasser, DAB. 6.

Rosenöl . . . . 4 Tr. | Destilliertes Wasser (35° bis 40°) . 1000,0.

Das Rosenöl wird mit dem destillierten Wasser einige Zeit lang geschüttelt; die Mischung wird nach dem Erkalten filtriert.

Rosenwasser ist fast klar.

Verwendung. Als Waschwasser unverdünnt, als geruchs- und geschmacksverbesserndes Mittel auch in der Süßwarenindustrie (Marzipan).

Aqua Salviae. Salbeiwasser, Erg.-B. 6.

Salbeiöl	1,0	Talk	10,0
		Wasser (35 bis 40°)	999,0

Herstellung sinngemäß wie Aqua Chamomillae.

Salbeiwasser ist klar.

Verwendung. *Äußerl.* unverdünnt zu Umschlägen und zur Mundspülung.

Aqua Sambuci. Holunderblütenwasser, Erg.-B. 6.

Aus 100,0 Holunderblüten werden nach dem bei Aquae aromaticae beschriebenen Verfahren durch Destillation 1000,0 Holunderblütenwasser hergestellt.

Holunderblütenwasser ist anfangs trübe und wird später klar.

Verwendung. Selten, *äußerl.* als Umschlag unverdünnt.

Aqua Tiliae. Lindenblütenwasser, Erg.-B. 6.

Herstellung sinngemäß wie diejenige von Aqua Sambuci, ebenso die Verwendung.

Aqua vulneraria spirituosa. Weiße Arquebusade, Erg.-B. 6.

Wermutöl	0,2	Salbeiöl	0,5
Pfefferminzöl	0,5	Lavendelöl	0,5
Rosmarinöl	0,5	Weingeist (90%)	350,0
Rautenöl	0,5	Wasser (35 bis 40°)	647,0

Die Öle im Weingeist lösen und die Lösung mit dem Wasser wiederholt durchschütteln. Nach mehrtägigem Stehen durch ein im Wasser angefeuchtetes Filter filtrieren.

Weiße Arquebusade ist trübe und riecht würzig.

Verwendung. Unverdünnt als Verbandwasser.

Aquaphil-Verarbeitung.

Bei der Verarbeitung von Aquaphil ist folgendes zu beachten:

Aquaphil® (vgl. Bd. II, S. 112) wird, ohne vorheriges Erwärmen, in eine Reibschale gebracht (größere Quantitäten in eine entsprechende Maschine) und dann das einzuverleibende Wasser in kleinen Portionen (8 bis 10) zugesetzt. Vor neuer Zugabe von Wasser muß die vorhergehende Wassermenge *vollkommen homogen* mit der Salbengrundlage emulgiert sein. Aquaphil-Emulsionen (W/Ö) werden zweckmäßig bei Zimmertemperatur hergestellt, da die entstehenden Emulsionen stabiler sind als bei höherer Temperatur hergestellte. Sollen wasserlösliche Ingredienzien zur Verwendung kommen, so werden diese in möglichst wenig Wasser gelöst und die Lösung, unter Abzug der hierzu verwendeten Wassermenge von der Gesamtmenge Wasser, erst dem Präparat zugegeben, nachdem die Hauptmenge des reinen Wassers dem Aquaphil homogen einverleibt ist. Nicht wasserlösliche Zusätze werden zum Schluß der fertigen Aquaphil-Wasseremulsion zugegeben. Dabei werden sie zunächst mit einer kleinen Menge der fertigen Emulsion sorgfältig und fein angerieben und diese Anreibung mit der Gesamtmenge innig vermischt.

Zur Herstellung von flüssigen Emulsionen (Hautfunktions- und Massageölen) werden

Aquaphil	1,0	Paraffinöl, Mandelöl, Erdnußöl usw.	2,0

gemischt und in diese Mischung je nach dem Verwendungszweck unter intensivem Rühren langsam eingetragen

Wasser . . . 5,0—25,0

Der auf diese Weise erhaltenen, sehr stabilen, milchigen Emulsion werden die übrigen Bestandteile zugegeben.

Aquaphil®-Konzentrat ist ein hochwertiger Emulgator für Öle und Fette. Zum Fettansatz wird durchschnittlich 15 bis 25% Aquaphil-Konzentrat verwendet.

Balsamum Mentholi compositum. Mentholbalsam, DAB. 6.

Menthol	3,0	Wasser	3,0
Methylsalicylat	3,0	Gelbes Wachs	2,0

Wollfett 9,0

Wachs und Wollfett werden zusammengeschmolzen, darauf einige Zeit lang gerührt und noch warm mit dem Wasser innig gemischt. Dieser Mischung wird die Lösung des Menthols in dem Methylsalicylat zugefügt.

Mentholbalsam ist gelblichweiß und riecht stark nach Methylsalicylat und Menthol. Er wird in Tuben abgefüllt abgegeben.

Verwendung. Als schmerzstillendes Mittel gegen Hexenschuß, Muskelrheumatismus, Gesichts- und Kopfneuralgien, Hautjucken bei Insektenstichen.

Camphora trita. Kampferpulver.

Zum Pulverisieren von Kampfer wird dieser mit wenig Weingeist oder Äther besprengt, kurze Zeit in bedecktem Gefäß stehengelassen und dann im Porzellanmörser mit mäßigem Druck zerrieben. Nach dem Verdampfen des Besprengungsmittels wird er in das Standgefäß gebracht. Kampferpulver neigt zum Zusammenbacken.

Cefatin-Verarbeitung.

Cefatin® (TEMPELHOF, vgl. Bd. II, S. 271), für weiße Salbenkörper Typ Ö/W besonders für Tagescremes geeignet, wird im Wasserbad von etwa 60 bis 70° vorsichtig aufgeschmolzen. Die fettlöslichen Substanzen werden sogleich zugegeben, die wasserlöslichen Substanzen dagegen dem Wasser zugesetzt, das mit dem Cefatin zusammen verarbeitet werden soll. Ist die Grundlage vollkommen aufgeschmolzen, so wird die vorgesehene Wassermenge 60 bis 70° warm portionenweise unter ständigem Umrühren zugesetzt. Die gesamte Masse wird dann langsam, aber beständig bis zum Erkalten gerührt; künstliche Abkühlung ist zu vermeiden. Man achte darauf, daß sich die Creme nicht am Rande absetzt, sondern daß die gesamte Masse durch das Rühren erfaßt wird. Es empfiehlt sich, Cefatin-Cremes durch eine Salbenmühle zu geben oder aber die fertige, unparfümierte Creme nochmals im Wasserbade aufzuschmelzen und sie bis zum Erkalten zu rühren, um auf diese Weise eine schöne Konsistenz zu erzielen. Werden billige Cremes verlangt, so können Cefatin-Cremes mit Stearat-Cremes verschnitten werden.

Wird eine größere Feinheit gewünscht, empfiehlt sich ein Zusatz von 3 bis 10% weißem Bienenwachs oder Walrat. Überfettete Cremes erzielt man durch einen Zusatz von etwa 5 bis 10% Paraffin flüssig, Vaselinöl, Arachis- oder Olivenöl. Cefatin-Cremes werden zweckmäßig durch Zusatz von 0,15% Nipagin M, das durch längeres Kochen vollständig im Wasser gelöst sein muß, konserviert. Einwandfreie

Cefatin-Cremes sind gegen normale Sommer- und Wintertemperaturen unempfindlich. Zur Herstellung von Cefatin-Cremes eignen sich Planeten-Rührer, auch bei ihnen empfiehlt sich nach der Fertigstellung die Durchgabe durch eine 3-Walzen-Mühle.

Verpackung. Cefatin-Cremes können in Glas- und Porzellandosen, in reinen Zinn- und Aluminiumtuben verpackt werden. Da Cefatin-Cremes Ö/W-Emulsionen sind, müssen Behältnisse Verwendung finden, bei denen die Cremes der Luft möglichst wenig ausgesetzt sind. Bei Topffüllungen empfiehlt die Herstellerfirma, die Oberfläche mit geschmolzenem Hartparaffin auszugießen.

Cerata. Zerate (vgl. Bd. I, S. 59).

Ceratum Cetacei. Walratzerat, Erg.-B. 6.

Weißer Wachs	250,0	Mandelöl	500,0
Walrat	250,0	Rosenöl	nach Bedarf

Die drei ersten Bestandteile werden im Wasserbad geschmolzen und nach einigem Abkühlen vor dem Erstarren der Mischung auf je 1000 g etwa 10 Tr. Rosenöl zugesetzt. Dann wird in Formen gegossen.

Walratzerat ist weiß.

Verwendung. Als Lippenpomade.

Ceratum Cetacei rubrum. Rotes Walratzerat, Erg.-B. 6.

Walrat	50,0	Bergamottöl	5,0
Gelbes Wachs	350,0	Citronenöl	5,0
Mandelöl	589,0	Alkannaextrakt	1,0

Die drei ersten Bestandteile werden im Wasserbad geschmolzen und nach einigem Abkühlen, vor dem Erstarren der Mischung, die ätherischen Öle und der Alkannaextrakt zugesetzt. Soll das Zerat in Tuben abgefüllt werden, werden weitere 200,0 Mandelöl zugesetzt.

Verwendung. Als Lippenpomade.

Ceratum Nucistae. Muskatbalsam, Erg.-B. 6.

Gelbes Wachs	225,0	Erdnußöl	110,0
Muskatnußöl	665,0		

Die Bestandteile werden im Wasserbade zusammengeschmolzen, koliert und in Tafeln ausgegossen.

Muskatbalsam ist bräunlichgelb und riecht nach Muskatnußöl.

Verwendung. Unverdünnt als hautreizende Einreibung.

Chinosol-Talg.

Chinosol	3,0	Hammeltalg	41,0
Wasser, dest.	6,0	Wollfett	2,0

Das Chinosol im Wasser lösen und die Lösung der Schmelze aus Hammeltalg und Wollfett zugeben.

Verwendung. Zur Fußpflege.

Collemplastrum adhaesivum. Kautschukpflaster, DAB. 6.

Kautschuk, fein geschnitten	20,0	Zinkoxyd, rohes	10,0
Dammar	11,0	Veilchenwurzel, fein gepulv.	20,0
Kolophonium	8,0	Wollfett	30,0
Petroleumbenzin	148,0		

Der Kautschuk wird in einer starkwandigen, trockenen Glasflasche mit 120 g Petroleumbenzin übergossen und unter wiederholtem Wenden des Gefäßes so lange stehengelassen, bis eine gleichmäßige, gießbare, kolloide Lösung entstanden ist, was nach etwa 3 Wochen der Fall ist. Das Dammar und das Kolophonium werden in 20 g Petroleumbenzin gelöst, die Lösung vom Bodensatz abgegossen und durchgeseiht. Das rohe Zinkoxyd und die feingepulverte Veilchenwurzel werden gemischt, bei 100° getrocknet, durch Sieb 6 geschlagen, sodann mit 8 g Petroleumbenzin zu einer dicken, gleichmäßigen Paste und schließlich mit dem Wollfett zu einer fein verteilten Salbenmasse verrieben. Diese Masse wird sodann mit der Harzlösung und hierauf mit der Kautschuklösung durch Rollen in einer Flasche gemischt. Nach dem gründlichen Mischen läßt man die Pflastermasse noch einige Stunden lang ruhig stehen und trägt sie mit Hilfe einer Pflasterstreichmaschine auf ungesteiften Schirting kartenblattdick auf. Die Pflasterstreifen werden dann etwa 6 Std. lang zum Trocknen aufgehängt.

Kautschukpflaster ist gelbbraun und klebt stark; es muß seine Klebkraft längere Zeit bewahren und darf, aufgerollt, nicht mit der Rückseite verkleben.

Verwendung. Als Wundschutz, zum Zusammenziehen von Wundrändern, zum Fixieren von Rippen- und Schlüsselbeinbrüchen.

Zinkkautschukpflaster. Collemplastrum Zinci, DAB. 6.

Die Herstellung von Zinkkautschukpflaster erfolgt wie die von Kautschukheftpflaster mit der Maßgabe, daß statt 10 g rohes Zinkoxyd 30 g rohes Zinkoxyd verwendet werden und die fein gepulverte Veilchenwurzel wegfällt.

Verwendung. Wie Kautschukheftpflaster.

Collodium. Kollodium, DAB. 6.

Salpetersäure, rohe . . 80,0 | Schwefelsäure, rohe . . . 200,0
Baumwolle, gereinigte . . 11,0

Die rohe Salpetersäure wird vorsichtig mit der rohen Schwefelsäure gemischt, indem man die Schwefelsäure in dünnem Strahl unter Umrühren in die Salpetersäure (nicht umgekehrt!) gießt. Nachdem die Mischung bis auf 20° abgekühlt ist, drückt man die gereinigte Baumwolle in sie hinein und läßt 24 Std. lang bei Zimmertemperatur stehen. Hierauf bringt man die Kollodiumwolle in einen Trichter, läßt zunächst 24 Std. lang zum Abtropfen der Säure stehen, wäscht dann so lange mit Wasser aus, bis die Säure vollständig entfernt ist, drückt aus und trocknet bei 25°.

Kollodiumwolle . . 1,0 | Weingeist 3,0
Äther 21,0

Die Kollodiumwolle wird in einer Flasche mit dem Weingeist durchgefeuchtet und mit dem Äther versetzt. Die Mischung wird wiederholt geschüttelt und die gewonnene Lösung nach dem Absetzen klar abgegossen.

Kollodium ist eine farblose oder nur schwach gelblich gefärbte, neutral reagierende, sirupdicke Flüssigkeit, die in dünner Schicht nach dem Verdunsten des Ätherweingeistes ein farbloses, fest zusammenhängendes Häutchen hinterläßt.

Gehaltsbestimmung. Erwärmt man 10 g K. auf dem Wasserbad und setzt tropfenweise unter beständigem Rühren 10 ccm Wasser hinzu, so scheiden sich gallertartige Flocken ab. Dampft man dieses Gemisch auf dem Wasserbad ein und trocknet den Rückstand bei 100°, so muß sein Gewicht 0,4 g bis 0,42 g betragen.

Verwendung. Unverdünnt als mechanischer Wundschutz, der beim Eintrocknen einen firnisartigen Überzug bildet, die Wundränder zusammenzieht und gleichzeitig blutungsstillend und gewebskomprimierend wirkt. Nicht bei Sekrete abscheidenden Wunden anwenden! Ringförmige Umpinselungen z. B. eines Fingers mit Kollodium sind zu vermeiden.

Collodium Arnicae. Arnikakollodium.

Ätherische Arnikatinktur. .	30,0	elastisches Kollodium . . .	70,0

werden gemischt.

Verwendung. Als Wundverschluß für kleine Hautverletzungen.

Collodium elasticum. Elastisches Kollodium, DAB. 6.

Collodium flexile.

Kollodium . .	97,0	Rizinusöl . . .	3,0

werden gemischt.

Elastisches Kollodium ist farblos oder schwach gelblich.

Verwendung. Wie Kollodium, jedoch bildet es in dünner Schicht auf die Haut gestrichen ein zusammenhängendes Häutchen, das selbst bei mäßiger Bewegung des damit bedeckten Körperteils weder brechen noch zerreißen darf.

Cremor Lanette. Lanette-Rahm (DEHYDAG).

Unguentum Lanette „weich“.

Lanette® N	15,0	Wasser, dest. auf	100,0
Cetiol ®	20,0	Konservierungsmittel . .	nach Bedarf

Herstellung s. Lanette-Verarbeitung, S. 126.

Elaeosacchara. Ölzucker, DAB. 6 (vgl. Bd. I, S. 51).

Öl, ätherisch	1,0	Zucker, mittelfein gepulv. . .	50,0

werden gemischt.

Ölzucker sind zur Abgabe frisch zu bereiten.

Verwendung. Als Geschmackscorrigens, z. B. Fenchelölzucker zur Herstellung von Kinderpulver, DAB. 6.

Electuarium Sennae. Sennalatwerge, DAB. 6.

Electuarium e Senna. Electuarium lenitivum.

Sennesblätter, fein gepulv. . .	1,0	Zuckersirup	4,0
Tamarindenmus, gereinigt . .	5,0		

Sennalatwerge ist grünlichbraun und darf nicht gären.

Aufbewahrung. In Glas- oder gut glasierten Porzellangefäßen.

Verwendung. Als Abführmittel (E. 10,0 g).

Elixiria. Elixiere (vgl. Bd. I, S. 46).

Elixir aromaticum. Aromatisches Elixier (SIDO).

a) Apfelsinenschalenöl	2,4 ccm	b) Zuckersirup DAB. 6	375 ccm
Citronenöl	0,6 ccm	c) Dest. Wasser	375 ccm
Korianderöl	0,24 ccm	d) Talcum	30,0
Anisöl	0,06 ccm	e) Dest. Wasser 1 Vol. und	nach Bedarf
Weingeist (99%) auf	250,0 ccm	Weingeist (96%) 3 Vol.	auf 1000 ccm

a) mischen, dann b), darauf c) langsam zugeben, mit d) schütteln, blank filtrieren, mit e) auf 1 l auffüllen.

Elixir Aurantii compositum. Pomeranzenelixier, DAB. 6.

Hoffmannsches Magenelixier. Elixir balsamicum Hoffmanni. Elixir viscerale Hoffmanni.

Pomeranzenschalen, fein zerschn.	20,0	Xereswein	100,0
Ceylonzimt, fein zerschn.	4,0	Enzianextrakt	2,0
Kaliumcarbonat	1,0	Wermutextrakt	2,0
Bitterkleeextrakt	2,0		

Die Pomeranzenschalen, der Ceylonzimt und das Kaliumcarbonat werden mit dem Xereswein eine Woche lang bei Zimmertemperatur unter wiederholtem Umschütteln stehengelassen; alsdann wird abgepreßt. In der abgepreßten Flüssigkeit, die durch Zusatz von Xereswein auf 94 g zu bringen ist, werden die Extrakte gelöst. Nach dem Absetzen wird die Mischung filtriert.

Pomeranzenelixier ist klar, braun und schmeckt würzig und bitter.

Verwendung. Als aromatisches Bitter-(Magen-)mittel (E. 5,0 g = 1 Teelöffel voll auch in Wein), zur Likörherstellung.

Elixir Cascarae sagradae compositum. Zusammengesetztes Kaskaraelixier (Sido).

Amerikanische Vorschrift.

Aromatischer Kaskaraextrakt	4,0	Flüssiger Walnußextrakt	2,0
Flüssiger Sennaextrakt	2,5	Aromatisches Elixier	23,5

Vorschrift zum aromatischen Kaskaraextrakt s. S. 119, zum aromatischen Elixier s. Elixir aromaticum S. 112.

Elixir Chinae. Chinaelixier, Erg.-B. 6.

Malabar-Kardamomen, zerquetscht	0,9	Pomeranzenschalen, grob gepulv.	15,0
Sternanis, grob zerstoßen	1,5	Calisaya-Chinarinde, grob gepulv.	36,0
Ceylonzimt, grob gepulv.	1,5	Weingeist (70%)	350,0
Rotes Sandelholz, grob gepulv.	2,4	Zucker	150,0
Gewürznelken, grob. gepulv.	2,0	Wasser	500,0
Citronensäure	1,0		

Die Pflanzenstoffe mit dem verdünnten Weingeist und 400, 0 Wasser 14 Tage lang unter häufigem Umschütteln bei Zimmertemperatur stehenlassen, dann auspressen. Der abgepreßten Flüssigkeit wird die heiße Lösung des Zuckers in 100,0 Wasser zugefügt, dann läßt man die Mischung 3 bis 4 Wochen lang ruhig stehen und filtriert anschließend. Im Filtrat wird die Citronensäure gelöst.

China-Elixier ist klar, gelbrot bis gelbbraun. Geschmack würzig-bitter und zugleich süß.

Verwendung. Als wertvolles Stomachicum, das die Magendrüsen zu gesteigerter Sekretion anregt, *innerl.* (E. 10,0 g).

Um Chinaelixier klar zu bekommen, verfährt man wie folgt:

Zur Klärung von 1 kg Chinaelixier läßt man weiße Gelatine 1,0 g in Wasser kalt quellen und löst nach etwa $^1/_2$ Std. durch Erwärmen auf dem Wasserbad. Der heißen Klärlösung fügt man das Chinaelixier unter Umrühren zu, läßt 8 Tage lang an einem kühlen Ort unter häufigem kräftigem Umschütteln stehen und zieht dann die überstehende Flüssigkeit mittels eines Hebers ab. Dann wird die abgezogene Flüssigkeit durch ein Seitz-Asbestfilter filtriert (DD).

Elixirium Colae. Kolaelixier.

Kolafluidextrakt Erg. B. 6.	100,0	Vanilletinktur	3,0
Zimttinktur	3,0	Weißer Sirup	300,0
Pomeranzentinktur	3,0	Weingeist (96%)	400,0
Wasser, dest. auf	1000,0		

Elixir e Succo Liquiritiae. Brustelixier, DAB. 6.

Elixir pectorale.

Süßholzsaft, gereinigter	40,0	Anisöl	1,0
Wasser	120,0	Fenchelöl	1,0
Ammoniakflüssigkeit	6,0	Weingeist	32,0

Der gereinigte Süßholzsaft wird in dem Wasser gelöst, zu der Lösung die Ammoniakflüssigkeit hinzugesetzt und die Mischung 36 Stunden lang beiseite gestellt. Alsdann wird die Lösung der ätherischen Öle in dem Weingeist hinzugefügt, kräftig umgeschüttelt und die Mischung zum Absetzen eine Woche lang stehengelassen. Der klare Teil wird abgegossen und der Rest unter möglichster Vermeidung von Ammoniakverlust bei bedeckt zu haltendem Trichter filtriert. Stehenlassen und Filtrieren müssen bei Temperaturen nicht unter 15° erfolgen.

Brustelixier ist braun und frei von Bodensatz.

Verwendung. Als Expectorans (E. 5,0 g).

Elixir Frangulae. Frangulaelixier, Erg.B. 6.

Entbittertes Faulbaumfluidextrakt	300,0	Vanilletinktur	1,4
Weingeist (90%)	100,0	Pomeranzentinktur	2,0
Aromatische Tinktur	0,75	Essigäther	0,05
Zimttinktur	0,8	Zuckersirup	500,0
Wasser	95,0		

Die Bestandteile werden gemischt, die Mischung 8 Tage stehengelassen und dann bei möglichst niedriger Temperatur filtriert.

Frangulaelixier ist dunkelbraun, sirupartig, Geruch und Geschmack würzig.

Verwendung. *Innerl.* (E. 5,0 g), bei chronischer Verstopfung bewährt.

Emplastra. Pflaster (vgl. Bd. I, S. 52/53).

Emplastrum adhaesivum anglicum. Englisches Pflaster, Erg.-B. 6.

Hausenblase, fein zerschnitten	50,0	Zucker	1,0
Wasser	400,0		

Die Hausenblase wird mit 200,0 Wasser so lange im Wasserbad erhitzt, bis der größte Teil gelöst ist, dann wird koliert. Der Rückstand wird in gleicher Weise behandelt, dann beide Auszüge vereinigt, auf dem Dampfbad auf 300,0 eingedampft und mit dem Zucker versetzt.

Mit der fast erkalteten Masse wird mittels eines breiten weichen Pinsels ausgespannter Seidentaffet wiederholt bestrichen. Dies wird so durchgeführt, daß 3 Striche in einem kalten, die anderen in einem mäßig geheizten Raum aufgetragen werden. Dabei muß jeweils der vorhergehende Aufstrich völlig getrocknet sein. Zum Bestreichen von 5000 Quadratzentimeter Seidentaffet werden 50 g Hausenblase benötigt. Die Pflasterrückseite wird mit einer Mischung aus gleichen Teilen Benzoetinktur und Weingeist (99%) bestrichen.

Englisches Pflaster ist glänzend und klebt angefeuchtet fest an der Haut.

Verwendung. Zum Verschluß kleiner Wunden.

Emplastrum oxycroceum. Safranpflaster, Erg.-B. 6.

Gelbes Wachs	6,0	Galbanum	2,0
Kolophonium	6,0	Terpentin	2,0
Fichtenharz	6,0	Myrrhe, fein gepulv.	2,0
Ammoniakgummi	2,0	Weihrauch, fein gepulv.	2,0
Safran, fein gepulv.	1,0		

Wachs, Kolophonium und Fichtenharz werden im Wasserbad geschmolzen und die Mischung koliert. Dann fügt man die im Wasserbad hergestellte Mischung aus Ammoniakgummi, Galbanum und Terpentin zu und zuletzt das Gemisch der vier übrigen Bestandteile. Das Gemisch wird gerührt, bis die Masse fast erkaltet ist.

Safranpflaster ist rötlichbraun und zähe.

Emplastrum Lithargyri. Bleipflaster, DAB. 6.

Emplastrum Plumbi simplex. Emplastrum diachylon.

Erdnußöl	100,0	Bleiglätte, fein gepulv. .	100,0
Schweineschmalz. . . .	100,0	Wasser	nach Bedarf.

Die Bleiglätte wird mit dem Erdnußöl und dem Schweineschmalz unter wiederholtem Zusatz von Wasser und unter fortdauerndem Umrühren so lange erhitzt, bis die Pflasterbildung vollendet ist und eine in kaltes Wasser gegossene Probe der Masse die nötige Härte erlangt hat. Das noch warme Pflaster wird durch wiederholtes Auskneten mit Wasser vom Glycerin und darauf durch längeres Erwärmen im siedenden Wasserbade vom Wasser befreit.

Bleipflaster ist grauweiß bis gelblich; es darf keine ungebundene Bleiglätte enthalten. Frisch bereitet ist es ziemlich weich, beim Altern wird es hart und spröde. Seine Klebfähigkeit ist gering, daher wird das Pflaster für sich selten benützt.

Verwendung. Als reizloses und austrocknendes Deckpflaster, zur Herstellung anderer Pflaster, z. B. Emplastrum Lithargyri compositum DAB. 6.

Emplastrum saponatum. Seifenpflaster, DAB. 6.

Emplastrum saponatum camphoratum.

Bleipflaster	80,0	Seife, medizinische . .	5,0
Wachs, gelbes . . .	10,0	Kampfer	1,0
Erdnußöl	4,0		

Das Bleipflaster und das Wachs werden bei mäßiger Wärme auf dem Wasserbade geschmolzen. In die halb erkaltete Masse wird die Verreibung der Seife und des Kampfers mit dem Erdnußöl eingerührt.

Seifenpflaster ist gelblich und darf nicht schlüpfrig sein.

Verwendung. Als mild hautreizendes Deckpflaster bei Drüsenschwellungen, gegen Aufliegen, bei Abszessen, zur Resorptionsförderung von Flüssigkeits-Ausschwitzungen, bei Brustfellentzündungen.

Emplastrum saponatum salicylatum. Salicylseifenpflaster, DAB. 6.

Seifenpflaster	8,0	Wachs, weißes	1,0
Salicylsäure fein gepulvert . .	1,0		

Das Seifenpflaster und das Wachs werden auf dem Wasserbade geschmolzen. Zu der erkalteten Masse wird die Salicylsäure hinzugemischt.

Salicylseifenpflaster ist gelb bis bräunlich.

Verwendung. Gegen Hühneraugen und Epithelgeschwülste.

Emulgade F® (DEHYDAG) (vgl. Bd. II, S. 398).

Verarbeitung. Emulgade F (Emulgator Typ Ö/W) wird mit den öllöslichen Komponenten auf etwa 70° erhitzt. Nach vollständigem Schmelzen wird die notwendige Wassermenge von gleicher Temperatur langsam eingerührt. Bei etwa 50° wird die entstandene Emulsion homogenisiert. Ätherische Öle werden bei etwa 30° beigegeben und gut verrührt. Mit 1,5 bis 2% Emulgade F erhält man milchartige, mit 3% Emulgade F sahneartige Produkte. Anwendungsbereich zwischen p_H 4 bis 10.

Emulsiones. Emulsionen (vgl. Bd. I, S. 46).

Emulsio Jecoris Aselli. Lebertran-Emulsion (KALLE).

1.		2.	
Tylose ® SL 400	1,3 kg	Tylose ® SL 400	1,3 kg
werden gelöst in Wasser, dest.	31,2 kg	werden gelöst in Wasser, dest.	48,7 kg
und in die Lösung einemulgiert die Auflösung von Salzen n. Belieben		dann zugegeben Lebertran	40,0 kg
in Wasser, dest.	1,0 kg	u. d. Auflösung v. Salzen n. Belieben	1,0 kg
dann hinzugegeben Wasser, dest.	17,5 kg	in Wasser, dest.	9,0 kg
		und innig vermischt.	

1 und 2 werden bei 150 Atmosphären homogenisiert.

Emulsio Olei Jecoris Aselli composita. Zusammengesetzte Lebertranemulsion, DAB. 6.

Emulsio Jecoris Aselli. Gehalt 40% Lebertran.

Lebertran	400,0	Zimtwasser	100,0
Gummi, arabisch, fein gepulv.	5,0	Glycerin	75,0
Traganth, fein gepulv.	5,0	Wasser	409,0
Leim, weißer	1,0	Saccharin, löslich	0,1
Calciumhypophosphit	5,0	Benzaldehyd	0,15

Das arabische Gummi und der Traganth werden in einer geräumigen, trockenen Flasche in dem Lebertran gleichmäßig verteilt. Darauf wird die heiße Lösung des weißen Leims in 250 g Wasser sowie das Glycerin hinzugefügt. Alsdann wird bis zur erfolgten Emulgierung geschüttelt und der Rest des Wassers zugemischt. Der erkalteten Emulsion werden unter Umschütteln die Lösung des Calciumhypophosphits und des löslichen Saccharins in dem Zimtwasser und der Benzaldehyd zugesetzt.

Zusammengesetzte Lebertranemulsion ist gelblichweiß und soll nicht länger als *zwei Monate* gelagert werden.

Verwendung. Als Roborans mit den Vitaminen A und D, dessen Wirkung durch Calciumhypophosphit verstärkt ist. (E. 15 g, Kinder je nach dem Alter 1 bis 2 Teelöffel.) *Vor dem Gebrauch gut umzuschütteln!*

Emulsio Olei Jecoris Aselli cum Cacao et Extracto Malti. Lebertranemulsion mit Kakao und Malz.

1.			
Lebertran	400,0	Natriumglycerophosphat	10,0
Malzextrakt	80,0	Gummi arabicum	10,0
Kakaopulver	50,0	Traganth	10,0
Calciumhypophosphit	15,0	Zimtwasser	100,0
Calciumlactat	5,0	Saccharin	0,3

Wasser . . . . auf 1000,0

Zur Aromatisierung setzt man zu Vanillin 0,1, gelöst in Weingeist (70%) 2,0. Herstellung s. Lebertranemulsion. Homogenisiert wird mit dem Emulgor (s. S. 31, 32).

2.			
Kakao pulv.	50,0	Malzextrakt (leicht angewärmt)	375 ccm
Lebertran	500 ccm	Neroliöl und	
Dextrinschleim	125 ccm	Bittermandelöl	nach Bedarf

Dextrinschleim.

Weißes Dextrin	335,0	Wasser	665,0

unter Erwärmen lösen und kolieren, mit Wasser auf 1000 ccm ergänzen, homogenisieren.

Verwendung siehe oben.

Emulsio Paraffini laxans. Paraffinemulsion, abführende.

Tylose® St.-Lösung (4%)	25,0	Phenolphthalein	0,4
Paraffin, flüssig	20,0	Saccharin, löslich	0,01
Wasser	55,0	Nipagin-Nipasol	0,05
Aromatische Öle	1,0		

Das Paraffinöl läßt man langsam unter gutem Umrühren in die Tyloselösung einfließen und setzt am Schluß allmählich das restliche Wasser zu. Um eine haltbare Emulsion zu erhalten, wird diese durch eine Hochdruck-Homogenisier-Maschine geschickt.

Essentiae. Essenzen (vgl. Bd. I, S. 46/47).

Essentia aromatica. Aromatische Essenz, Erg.-B. 5.

Essigäther	20,0	Vanilletinktur	180,0
Aromatische Tinktur DAB. 6	125,0	Pomeranzentinktur DAB. 6	550,0
Zimttinktur DAB. 6	125,0		

Verwendung. Als Aromatisierungsmittel 5 g auf 1 kg.

Essentia dentifricia. Mundwasseressenz, Erg.B. 6.

Veilchenwurzel, grob gepulv.	50,0	Gerbsäure	5,0
Chinesischer Zimt, grob gepulv.	25,0	Pfefferminzöl	10,0
Galgant, grob gepulv.	25,0	Perubalsam	5,0
Gewürznelken, grob gepulv.	15,0	Kumarin	0,1
Sternanis, grob zerstoßen	25,0	Pomeranzenblütenöl	0,75
Kochenille, fein zerrieben	5,0	Rosenöl	0,5
Weingeist verd. DAB. 6	1000,0		

werden 3 Tage lang unter häufigem Umschütteln bei Zimmertemperatur stehengelassen. Dann wird abgepreßt und filtriert.

Mundwasseressenz ist rot und klar.

Verwendung. Als Mundwasser (0,2%).

Essentia dentifricia cum Salolo. Salol-Mundwasseressenz, Erg.B. 6.

Kümmelöl	0,4	Saccharin	0,04
Nelkenöl	0,4	Phenylsalicylat	25,0
Pfefferminzöl	5,0	Sandeltinktur	50,0
Weingeist (90%) auf	1000,0		

Verwendung. Als Mundwasser (0,2%).

Essentia dentifricia cum Thymolo. Thymol-Mundwasseressenz, Erg.-B. 6.

Thymol	3,0	Mundwasseressenz	997,0

Verwendung. Als Mundwasser (0,2%).

Essentia dentifricia „Miller“. Millersche Mundwasseressenz, Erg.-B. 6.

Thymol	2,0	Benzoesäure	24,0
Pfefferminzöl	6,0	Eukalyptustinktur	120,0
Weingeist (90%)	848,0		

Thymol und Benzoesäure werden im Weingeist gelöst und die Lösung nach Zusatz des Pfefferminzöles und der Eukalyptustinktur filtriert.

Millersche Mundwasseressenz ist klar, grünlichgelb.

Verwendung. Als Mundwasser (0,2%).

Essentia episcopalis. Bischofsessenz, Erg.-B. 6.

Bischofstinktur. Tinctura episcopalis. Bischofsextrakt.

Pomeranzenschalen, fein zerschn.	100,0	Pomeranzenschalenöl	40 Tr.
Unreife Pomeranzen, grob gepulv.	50,0	Citronenöl	10 Tr.
Gewürznelken, grob gepulv.	5,0	Weingeist (90%)	500,0
Chinesischer Zimt, grob gepulv.	5,0	Wasser	500,0

Nach der Zubereitung der Tinkturen des DAB. 6 wird aus den ersten 4 Bestandteilen mit dem Weingeist-Wasser-Gemisch eine Tinktur hergestellt, der nach Fertigstellung die ätherischen Öle zugefügt werden. Man läßt einige Tage kühl stehen und filtriert.

Verwendung. Als Stomachicum (E. 2,5 g), als Corrigens zu schlecht schmeckenden Arzneien, zur Geschmacksverbesserung von Bowlen, Likören usw. (auf 5 l Bowle 5 bis 20 g), zum Glühwein an Stelle frischer Pomeranzenschale (auf 1 Flasche Rotwein je nach Konzentration und Herstellungsart der Bischofsessenz 5 bis 15 g). Bei der Aromatisierung von Getränken empfiehlt sich, zunächst die kleinere Menge zu verwenden.

Essentia episcopalis. Bischofessenz.

Pomeranzenschalen	80,0	Kardamomen	3,0
Pomeranzen, unreife	40,0	Enzianwurzel	5,0
Zimt	10,0	Galgant	5,0
Nelken	5,0	Weingeist (95%)	500,0
Macis	2,0	Wasser, dest.	500,0

Die grob gepulverten Drogen zieht man mit der Weingeist-Wasser-Mischung 1 Woche lang unter öfterem Umschütteln aus, koliert und filtriert nach dem Absetzen.

Verwendung. *Innerl.* als Magentropfen, bei Bedarf 20 Tr.; zur Herstellung von kaltem Schwedenpunsch 1 Kaffeelöffel voll auf 1 Flasche Weißwein, 125,0 Zucker und 1 Glas Arrak.

Essentia Ivae composita. Zusammengesetzte Ivaessenz, Erg.-B. 6.

Ceylonzimt, grob gepulv.	6,0	Gewürznelken, grob gepulv.	10,0
Angelikawurzel, grob gepulv.	6,0	Schwarzer Pfeffer, grob gepulv.	10,0
Galgant, grob gepulv.	6,0	Spanischer Pfeffer, grob gepulv.	5,0
Ingwer, grob gepulv.	6,0	Ivakraut, grob gepulv.	60,0

Weingeist verd. DAB. 6 . . 1000,0

Die Herstellung erfolgt nach Art einer Tinktur des DAB. 6.

Zusammengesetzte Ivaessenz ist braungrün, der Geschmack stark würzig.

Verwendung. Als Arzneimittel selten, als Stomachicum (E. 2,5 g), zur Likörherstellung und Herstellung von Tonischem Arzneiwein, Erg.-Bd. 6.

Essentia Rubi Idaei. Himbeeressenz.

Ganz frische Himbeeren (am besten wildwachsende) . . 3000,0

werden zerquetscht und an einem mäßig warmen Orte 48 Std. lang der Gärung überlassen. Dann werden zugefügt

Iriswurzeltinktur (1:10)	20,0	Vanilletinktur (1 : 10)	20,0

Das Ganze bringt man in einen Glaskolben und destilliert 700,0 in eine Vorlage, die 300,0 Weingeist (90%) enthält. Dann färbt man mit

Safranin T extra	0,25	Zuckercouleurtinktur	10 Tr.

Safrantinktur (1:10) . . 1 Tr.

Kommt Himbeeressenz zum Verkauf, so ist die Färbung in der Aufschrift zu deklarieren.

Essentia volatilis. Englischer Riechfläschchengeist (Hager).

Lavendelöl	10,0	Moschustinktur	5,0
Bergamottöl	20,0	Rosenöl	10 Tr.
Nelkenöl	5,0	Weingeistige Ammoniakflüssigkeit Erg.-B. 6 .	250,0
Cassiazimtöl	5,0		
Ammoniakflüssigkeit (0,925) .	250,0		

Eucerinum anhydricum — Verarbeitung (vgl. Bd. II, S. 433). In der Salbenreibschale wird Eucerinum ® anhydricum lediglich verrieben und die Flüssigkeit in kleinen Anteilen eingearbeitet. Der folgende Anteil darf erst zugegeben werden, wenn der vorhergehende gut emulgiert ist, die Salbenmasse in der Reibschale also nicht mehr gleitet.

Einfacher ist die Verarbeitung durch Schmelzen auf dem Wasserbad, Höchsttemperatur 50 bis 70°, und Zufügen der auf die gleiche Temperatur erwärmten Flüssigkeit. Durch ständiges Umrühren bis zum Erkalten (etwa 30°) erhält man gute, stabile Emulsionen. Zerstörend auf die Emulsion wirken Phenole (Phenol, Resorcin, Pyrogallol usw.), Teere und Schieferölsulfonate. Sollen trotzdem Eucerinsalben mit diesen Stoffen hergestellt werden, muß dies ohne Wasser erfolgen bzw. müssen diese Stoffe durch vorheriges inniges Verreiben mit pulverförmigen Substanzen (Stärke, Zinkoxyd, Magnesiumcarbonat usw.) aufnahmefähig gemacht werden.

Extracta et Extracta fluida. Extrakte und Fluidextrakte (vgl. Bd. I, S. 47/48).

Extractum Aurantii fluidum. Pomeranzenfluidextrakt, DAB. 6.

Pomeranzenschalen, grob gepulv. . .	100,0	Weingeist, verd. DAB. 6 . .	nach Bedarf

20 g grob gepulverte Pomeranzenschalen werden mit 7 g verdünntem Weingeist befeuchtet, 24 Std. lang stehengelassen und nach dem bei Extracta fluida beschriebenen Verfahren perkoliert. Als Fluidextrakt I werden zunächst 18 g gesondert aufgefangen und aufbewahrt; dann werden durch Perkolation 80 g Nachlauf I hergestellt. Mit Hilfe der 80 g Nachlauf I werden dann weitere 20 g Pomeranzenschalen der Perkolation unterzogen, doch werden diesmal 20 g Fluidextrakt II und 80 g Nachlauf II gewonnen; sind hierbei die 80 g Nachlauf I verbraucht, so wird die Perkolation mit verdünntem Weingeist zu Ende geführt. Dieses Verfahren wird mit neuen Mengen Pomeranzenschalen so lange wiederholt, bis auf 100 g Pomeranzenschalen im ganzen 98 g Fluidextrakt und 80 g Nachlauf erhalten sind, worauf der Nachlauf bei möglichst niedriger Temperatur auf 2 g eingedampft und in den 98 g Fluidextrakt gelöst wird.

Pomeranzenfluidextrakt ist dunkelbraun, riecht nach Pomeranzenschalen und schmeckt bitter.

Verwendung. *Innerl.* als appetitanregendes und verdauungförderndes aromatisches Bittermittel (E. 1,0 g).

Extractum Cascarae sagradae aromaticum. Aromatisches Kaskaraextrakt (Sido).

a) Amerikanische Faulbaumrinde . .	100,0	c) Glycerin	200 ccm
Gebrannter Kalk	60,0	Weingeist (95%)	200 ccm
Gebrannte Magnesia	60,0	Lösliches Saccharin	1,0
Wasser	nach Bedarf	Anisöl	2,5 ccm
b) Süßholzsaft	40,0	Zimtöl	0,2 ccm
		Korianderöl	0,1 ccm
		Methylsalicylat	0,2 ccm

Kalk löschen, Kalkbrei, Magnesia und Kaskararinde mischen, mit 2000,0 kochendem Wasser anrühren. Nach 48 Std. in den Perkolator packen, mit siedendem Wasser perkolieren. Perkolat auf 500 ccm abdampfen, b) in der heißen Flüssigkeit lösen, c) zusetzen, zuletzt mit heißem Wasser auf 1000 ccm ergänzen.

Extractum Cascarae sagradae examaratum fluidum. Entbittertes Sagradafluidextrakt, Erg.B. 6.

Amerikanische Faulbaumrinde, mittelf. gepulv.	1000,0	Gemisch aus Weingeist (90%) und Wasser	ää nach Bedarf
Gebrannte Magnesia	50,0		

Die Droge wird mit der Magnesia gemischt, aus dieser mit 650,0 des Weingeist-Wasser-Gemisches angefeuchteten Mischung werden nach der Vorschrift des DAB. 6 1000,0 Fluidextrakt hergestellt.

Entbittertes Sagradafluidextrakt ist klar, dunkelrotbraun, Geschmack schwach bitter.

Verwendung. *Innerl.* wie Faulbaumrindenfluidextrakt (E. 2,0 g).

Extractum Cascarae sagradae fluidum. Sagradafluidextrakt, Erg.-B. 6.

Faulbaumrinde, amerikanische, mittelfein, pulv.	1000,0	Gemisch aus {Weingeist (90%) 3,0; Wasser 7,0}	n. Bedarf

Die amerikanische Faulbaumrinde wird mit 650 g des Weingeist-Wasser-Gemisches befeuchtet und nach dem bei Extracta fluida beschriebenen Verfahren 1000 g Fluidextrakt hergestellt.

Sagrada Fluidextrakt ist eine dunkelrotbraune, stark bitter schmeckende Flüssigkeit.

Verwendung. Als Abführmittel bei chronischer Verstopfung (E. 2,5 g), zur Herstellung von Cascara-sagrada-Wein.

Extractum Chamomillae fluidum. Kamillenfluidextrakt, Erg.B. 6.

Kamillen, grob gepulv.	1000,0	Weingeist verd. DAB. 6	nach Bedarf

Aus den mit 1000,0 verd. Weingeist angefeuchteten Kamillen werden nach der Vorschrift des DAB. 6 1000,0 Fluidextrakt hergestellt.

Kamillenfluidextrakt ist rötlichbraun, sein Geruch aromatisch nach Kamillen.

Verwendung. *Äußerl.* als Spülmittel in der Wundbehandlung (1%), zur Mundspülung, zur Desinfektion und Heilung der Mundschleimhaut, auch bei Zahnextraktionswunden, Entzündung der Mund- und Rachenhöhle (1%).

Extractum Chinae fluidum. Chinafluidextrakt, DAB. 6.

Chinarinde, mittelfein gepulvert	100,0	Glycerin	10,0
Salzsäure, verd.	17,0	Weingeist (90%)	10,0
Wasser		nach Bedarf	

Die Chinarinde wird mit der Mischung von 10 g verdünnter Salzsäure, 10 g Glycerin und 30 g Wasser gleichmäßig durchfeuchtet und 12 Std. lang in einem bedeckten Gefäß stehengelassen. Alsdann wird die Masse durch Sieb IV geschlagen, in den Perkolator eingedrückt und mit einer Mischung von 5 g verdünnter Salzsäure und 100 g Wasser durchtränkt. Nach 48 Std. werden nach dem bei Extracta fluida beschriebenen Verfahren zunächst 70 g Vorlauf gewonnen. Mit dem Ausziehen durch Wasser wird sodann so lange fortgefahren, bis eine Probe des Auszugs nach Zusatz von Natronlauge nicht mehr getrübt wird. Die täglich gewonnenen Auszüge sind baldigst aus dem Wasserbade zur Sirupdicke einzudampfen und insgesamt auf

18 g einzuengen. Diese sind mit dem Vorlauf zu vereinigen, worauf das Ganze durch Zusatz einer Mischung von 2 g verdünnter Salzsäure mit 10 g Weingeist auf 100 g ergänzt wird.

Chinafluidextrakt ist klar, rotbraun, riecht und schmeckt kräftig nach Chinarinde und ist in Wasser trübe, in Weingeist fast klar löslich. Alkaloidmindestgehalt, berechnet auf Chinin und Cinchonin, 3,5%. 5 ccm der bei der Gehaltsbestimmung erhaltenen titrierten Flüssigkeit müssen, mit 1 ccm verdünntem Bromwasser (1 + 4) vermischt, nach Zusatz von Ammoniakflüssigkeit eine grüne Färbung annehmen.

Verwendung. *Innerl.* als bitteres Magenmittel (E. 1,0 g, nach POULSSON $^1/_2$ bis 1 Teelöffel mehrmals tägl.).

Extractum Colae fluidum. Kolafluidextrakt, Erg.B. 6.

Gehalt mindestens 1,2% Coffein und Theobromin.

Kolasamen, mittelfein gepulv. . . 1000,0
Gemisch aus Wasser 3,0 und Weingeist (90%) 7,0 nach Bedarf.

Aus dem mit 450,0 des Weingeist-Wasser-Gemischs angefeuchteten Kolasamen werden nach der Vorschrift des DAB. 6 1000,0 Fluidextrakt hergestellt.

Kolafluidextrakt ist braun, sein Geschmack schwach bitterlich.

Verwendung. Als coffeinhaltiges Mittel (E. 2,5 g).

Extractum Condurango fluidum. Kondurangofluidextrakt, DAB. 6.

Condurangorinde, mittelfein gepulvert

Mischung aus { Weingeist (90%) 1,0
Wasser 3,0

Aus der mit 65 g der Weingeist-Wasser-Mischung befeuchteten Kondurangorinde wird nach dem bei Extracta fluida beschriebenen Verfahren der Fluidextrakt hergestellt.

Kondurangofluidextrakt ist braun und riecht und schmeckt kräftig nach Kondurangorinde.

Wird das Filtrat eines Gemischs von 1 ccm Kondurangofluidextrakt und 4 ccm Wasser zum Sieden erhitzt, so trübt es sich stark, wird jedoch nach dem Erkalten wieder fast klar. 2 ccm der erkalteten, mit 8 ccm Wasser verdünnten Flüssigkeit scheiden nach Zusatz von Gerbsäurelösung einen reichlichen, flockigen Niederschlag aus.

Verwendung. *Innerl.* als appetitanregendes Bittermittel (E. 0,5 g = 20 Tr.).

Extractum Frangulae fluidum. Faulbaumfluidextrakt, DAB. 6.

Faulbaumrinde, grob gepulvert

Mischung aus { Weingeist (90%) 3,0
Wasser 7,0

Aus der mit 55 g der Weingeist-Wasser-Mischung befeuchteten Faulbaumrinde wird nach dem Extracta fluida beschriebenen Verfahren der Fluidextrakt hergestellt.

Faulbaumfluidextrakt ist dunkelrotbraun und schmeckt bitter.

1 ccm Faulbaumfluidextrakt wird mit 1 ccm Wasser verdünnt und die Mischung mit 10 ccm Äther durchgeschüttelt. Werden hierauf 5 ccm der klar abgehobenen, citronengelben Ätherschicht mit 5 ccm Wasser und einigen Tropfen Ammoniakflüssigkeit durchgeschüttelt, so zeigt die wäßrige Schicht nach dem Absetzen eine kirschrote Färbung.

Verwendung. *Innerl.* als Abführmittel (E. 2,0 g, nach POULSSON 2- bis 3mal tägl. $^1/_2$ bis 1 Teelöffel bei chronischer Verstopfung).

Extractum Gentianae fluidum. Enzianfluidextrakt, Erg.-B. 6.

Enzianwurzel, mittelfein gepulvert	1000,0	
Gemisch aus { Weingeist (90%)	1,0	} nach Bedarf
Wasser	1,0	

Die Enzianwurzel mit 350,0 des Gemischs aus Weingeist und Wasser anfeuchten, in gut bedeckter Schale 48 Std. lang stehenlassen, dann im Perkolator mit weiteren Mengen des Gemischs erschöpfen. Als Vorlauf 800,0 sammeln, den Nachlauf im Wasserbad auf 150,0 eindampfen, mit 50,0 des Weingeist-Wasser-Gemischs versetzen und mit dem Vorlauf vermischen.

Klarer, dunkelbrauner Fluidextrakt mit sehr bitterem Geschmack, mit Wasser klar mischbar.

Verwendung. Als Bittermittel *innerl.* (E. 1 g).

Extractum Malti calcaratum. Malzextrakt mit Kalk, Erg.-B. 6.

Calciumhypophosphit	10,0	Zuckersirup	40,0
Malzextrakt	950,0		

Das Calciumhypophosphit zunächst mit wenig leicht erwärmtem Zuckersirup feinst verreiben, dann den Rest Sirup zufügen und anschließend das Malzextrakt. Das Gemisch wird vorsichtig erwärmt, bis Lösung erfolgt ist.

Verwendung. Als Roborans (E. 10 g).

Extractum Malti cum Oleo Jesoris Aselli. Malzextrakt mit Lebertran, Erg.-B. 6.

Man mischt gleiche Teile Malzextrakt und Lebertran DAB. 6 unter gelindem Erwärmen.

Gelbbraune Flüssigkeit.

Verwendung. Als Roborans (E. 10 g).

Extractum Malti ferratum. Malzextrakt mit Eisen, Erg.-B. 6.

Eisenpyrophosphat mit Ammoniumcitrat	20,0	Wasser	30,0
		Malzextrakt	950,0

Der erste Bestandteil wird im Wasser gelöst und die Lösung mit dem Malzextrakt gemischt.

Malzextrakt mit Eisen ist braun.

Verwendung. Als Roborans (E. 10 g).

Extractum Malti Foeniculi. Fenchelmalz (Kaiser).

Malzextrakt	300,0	Dest. Wasser	100,0
Kapillärsirup	300,0	Fenchelöl	25 Tr.
Zuckersirup DAB. 6	300,0	Gereinigter Süßholzsaft	10,0 bis 20,0

Verwendung. Als kräftigendes Mittel bei Katarrhen der oberen Luftwege 3 bis 5mal täglich einen Kaffeelöffel voll.

Extractum Pini. Fichtennadelextrakt, Erg.B. 6.

Extractum Abietinae.

Gehalt mindestens 1% ätherisches Öl.

Fichtennadelextrakt ist braun bis braunschwarz, Geruch kräftig, harzartig, dick, schwer fließbar, in 10 T. Wasser mit starkem Bodensatz trübe lösl.

Bei der Wichtigkeit des Fichtennadelextrakts als medizinisches und kosmetisches Mittel folgt seine Prüfung nach Erg.-B. 6:

5 g Fichtennadelextrakt werden mit 25 ccm Wasser in einem Schälchen angerieben. Die Lösung wird in ein Kölbchen gegeben, das durch einen an der Seite mit einer Einkerbung versehenen Kork verschlossen wird. An der Unterseite des Korkes ist ein Streifen Kaliumjodidstärkepapier befestigt, der nach folgender Vorschrift frisch hergestellt wird: 1 g Kaliumjodat (KJO_3) wird in 100 g Wasser gelöst. Der Lösung setzt man 1 g lösliche Stärke hinzu und erhitzt das Gemisch vorsichtig, bis die Stärke gelöst ist. Nach dem Erkalten wird der Fließpapierstreifen in die Flüssigkeit getaucht; die überschüssige Flüssigkeit läßt man ablaufen und hängt den noch feuchten Streifen in das Kölbchen, ohne daß er in die Flüssigkeit eintaucht. Beim Erwärmen des Kölbchens auf dem Wasserbade darf innerhalb 5 Min. der Papierstreifen nicht blau gefärbt werden. Blaufärbung zeigt freie schweflige Säure an. Hierauf versetzt man die Flüssigkeit mit 5 ccm Phosphorsäure und erwärmt auf dem Wasserbad 3 Min. lang; dabei darf ebenfalls keine Blaufärbung auftreten (schweflige Säure). Auf *Melasse* wird durch etwaigen süßen Geschmack geprüft, auch darf sich Fichtennadelextrakt beim Verbrennen nicht aufblähen. *Rindenextrakt* wird wie folgt nachgewiesen:

Die wäßrige Ausschüttelung (1: 9) wird nach dem Absetzen vom Bodensatz vorsichtig abgegossen, 2- bis 3mal mit Wasser dekantiert und durch ein glattes Filter filtriert. Der getrocknete Rückstand darf unter der Lupe kein abgestorbenes Gewebe, Holzteile oder gebräunten Kork zeigen.

1 g Fichtennadelextrakt darf durch Trocknen in einer flachen Porzellanschale höchstens 0,45 g an Gewicht verlieren und nach dem Verbrennen nicht weniger als 0,04 g und nicht mehr als 0,05 g Rückstand hinterlassen.

Der Gehalt an ätherischem Öl wird mit 50 ccm Fichtennadelextrakt, den man mit 400 ccm Wasser übergießt, bestimmt. Man verfährt hierbei wie bei der Bestimmung des ätherischen Öles in Drogen nach dem DAB. 6 mit der Abwandlung, daß das Destillat 4mal mit je 20 ccm Pentan ausgeschüttelt wird, wobei die ersten 20 ccm zum Ausspülen des Kühlers verwendet werden. Die Ölmenge muß mindestens 0,45 g betragen, entsprechend einem Mindestgehalt von 1% ätherischem Öl. Der im Destillationskolben verbliebene Rückstand soll mit 100 ccm Äther geschüttelt, diesen grünlich färben.

Verwendung. Als Badezusatz (150 g auf 1 Vollbad).

Extractum Salviae fluidum. Salbeifluidextrakt, Erg.-B. 6.

Salbeiblätter, grob pulv.	1000,0	Weingeist, verd. DAB. 6 . .	nach Bedarf

Die Salbeiblätter werden mit 500 g verdünntem Weingeist angefeuchtet und nach dem Verfahren des DAB. 6 1000 g Fluidextrakt hergestellt.

Dunkelbraune, eigenartig aromatisch riechende und schmeckende Flüssigkeit.

Verwendung. Als schweißverminderndes Mittel bei übermäßigen Schweißen, Nachtschweißen (E. 0,5 g).

Extractum Theae. Tee-Extrakt (Sido).

Peccotee	75,0	Wasser	3500,0
Kongotee	152,0	Kandiszucker	3500,0
Pomeranzenblätter . .	20,0	Rum	100,0

Die Drogen werden mit kochendem Wasser ausgezogen, abgepreßt, der Zucker in der Kolatur gelöst und der Rum zugegeben.

Verwendung. Ein Teelöffel voll findet für eine Tasse Tee Verwendung.

Gargarisma. Desinfizierendes Gurgelwasser.

Thymol	1,5	Eichenrinde-Fluidextrakt . auf	50,0

Verwendung. 15 Tr. auf 1 Glas Wasser zum Gurgeln.

Gelatina Zinci cum Ammonio sulfoichthyolico. Zinkichthyolleim, Erg.-B. 6.

Ichthyolammonium . .	20,0	Zinkleim DAB. 6 . . .	980,0

Verwendung wie Zinkleim.

Gelatina Zinci. Zinkleim, DAB. 6.

Zinkoxyd, rohes .	10,0	Leim, weißer . . .	15,0
Glycerin	40,0	Wasser	35,0

Den weißen Leim läßt man zunächst im Wasser $^1/_2$ Std. lang quellen. Das rohe, durch Sieb IV abgesiebte Zinkoxyd wird mit der nötigen Menge Glycerin fein angerieben, dann mit der heißen Lösung des weißen Leims in dem übrigen Glycerin und dem Wasser gemischt. Nach dem Einfüllen in das Abgabegefäß wird dieses in kaltes Wasser gestellt, wobei der Zinkleim rasch erstarrt.

Zinkleim ist weiß.

Verwendung. Durch Einstellen des Gefäßes in heißes Wasser wird Zinkleim flüssig. Auf die Haut aufgepinselt, erstarrt er beim Abkühlen zu einem festen Belag, der sich nach einigen Tagen von selbst löst. Zinkleim findet besonders zur Behandlung von Unterschenkelgeschwüren Verwendung.

Gossypium haemostaticum. Eisenchloridwatte, Erg.-B. 6

Eisenchloridlösung . . .	500,0	Wasser	1100,0

Gereinigte Baumwolle . . 1000,0

Die Eisenchloridlösung mit dem Wasser mischen und die Baumwolle damit tränken. Durch Druck wird die Flüssigkeit in der Baumwolle gleichmäßig verteilt und dann bei mäßiger Wärme unter Lichtabschluß getrocknet.

Verwendung. Als blutstillende Watte, welche durch Bildung eines festen Blutgerinnsels blutende Gefäße verschließt.

Guttae stomachicae. Mariazeller Magentropfen.

Königschinarinde	15,0	Rotes Sandelholz	
Cassiazimt		Kalmuswurzel	
Pimpinellwurzel		Zitwerwurzel	
Weidenrinde		Rhabarber	
Fenchel		Enzianwurzel . . . . .ää	1,75
Myrrhe . . . . .ää	1,75	Weingeist verd. DAB. 6 . .	750,0

8 Tage mazerieren, abpressen, nach einwöchiger Lagerung filtrieren.

Guttae Berolinenses. Berliner Tropfen.

Hoffmannstropfen DAB. 6 . .	300,0	Pfefferminzspiritus DAB. 6 . .	350,0

Baldriantinktur DAB. 6 . . . 350,0

Verwendung. *Innerl.* 30 bis 50 Tr. bei Magen- und Darmstörungen, zur Herzkräftigung.

Guttae nervinae. Nerventropfen (Sido).

Menthylvalerianat Erg.-B. 6 . .	5,0	Ätherische Baldriantinktur . . .	10,0

Verwendung. 3mal täglich 15 bis 20 Tr.

Guttae tonicae. Tonische Tropfen.

Unterstützen eine bessere Nahrungsauswertung.

Kalmustinktur		Enziantinktur	
Tausendgüldenkrauttinktur . .	ää 10,0	Pomeranzentinktur . . . . .ää	10,0

Verwendung. 20 Tr. *vor* den Mahlzeiten zu nehmen.

Kalium sulfuratum, Schwefelleber. DAB. 6.

Kalium sulfuratum pro balneo. Hepar sulfuris.

Schwefel . . 100,0 | Pottasche . . 200,0

Der Schwefel und die Pottasche werden gemischt, durch Sieb IV geschlagen und in einem geräumigen Gefäß (Eisenpfanne) über gelindem Feuer so lange erhitzt (Abzug oder im Freien), bis die Masse aufhört zu schäumen und eine herausgenommene Probe sich ohne Abscheidung von Schwefel fast klar in Wasser löst. Die Masse wird sodann auf eine Stein- oder Eisenplatte ausgegossen und nach dem Erstarren in Stücke zerschlagen.

Leberbraune, später gelbgrüne Stücke, die schwach nach Schwefelwasserstoff riechen. Weitere Eigenschaften, Prüfung des DAB. 6 und Verwendung → Kaliumpolysulfide, Bd. II, S. 671.

Kathetergleitcreme (Sido).

Traganth, fein pulv.	8,0	Wasser	392,0
Weingeist (90%)	25,0	Quecksilberoxycyanid-Lösung (1:100)	25,0
Glycerin	50,0		

Den Traganth mit dem Spiritus anschütteln, das heiße Wasser in 2 Portionen unter festem Umschütteln zufügen und nach dem Dickwerden die Quecksilbersalzlösung, schließlich das Glycerin beigeben. Bis zum Erkalten wird wiederholt geschüttelt. Beim Abfüllen in Tuben müssen diese einen indifferenten Innenlack aufweisen.

Kopfschmerz-Einreibung (Sido).

1. Menthol	5,0	2. Kampfer	5,0
Kampfer	20,0	Eucalyptol	
Weingeistige Ammoniakflüssigkeit Erg.-B. 6	100,0	Kiefernnadelöl Erg.-B. 6 . . . . āā	20,0
Karmelitergeist DAB. 6	40,0	Essigäther	3,0
Lavendelspiritus DAB. 6	160,0		

Laceranum anhydricum-Verarbeitung (vgl. Bd. II, S. 434).

Laceranum ® anhydricum dringt infolge seines Gehaltes an Wollwachsalkoholen leicht in die Haut ein und bringt daher inkorporierte Wirkstoffe besser zur Wirkung als Vaselin. Es nimmt mehr als die doppelte Menge seines Eigengewichts an Wasser und wäßrigen Lösungen auf und gibt damit stabile Emulsionen vom Typ W/Ö. Auch wäßrige und fettige Hautabsonderungen werden von Laceranum anhydricum in einem gewissen Umfange aufgenommen. Durch seine emulgierenden Eigenschaften haftet Laceranum anhydricum nicht nur auf der Haut, sondern auch auf feuchten Schleimhäuten. Zur Herstellung der Emulsionen wird Laceranum anhydricum zunächst in der Reibschale gut verrieben und die Flüssigkeit in kleinen Anteilen einverleibt. Weitere Zugabe von Flüssigkeit darf erst dann erfolgen, wenn die vorhergehende vollkommen eingearbeitet ist, die Mischung in der Reibschale also nicht mehr gleitet. Nach Einarbeitung des letzten Wasseranteils muß die Emulsion noch wenigstens 5 Min. lang kräftig nachgerührt werden, bei größeren Mengen muß die Zeit des Nachrührens auf 10 Min. erhöht werden. Bei der Emulsionsherstellung auf warmem Wege verfährt man wie folgt: Laceranum anhydricum auf dem Wasserbad bei 60° klar schmelzen und die auf die gleiche Temperatur erwärmte Flüssigkeit zufügen. Bis zum Erkalten ständig rühren. Zur Homogenisierung und Erhöhung der Stabilität der Emulsion empfiehlt es sich, die Salbe über einen Walzenstuhl zu schicken. Emulsionszerstörer sind Phenole (Phenol, Resorcin usw.), Teere, Schieferölsulfonate.

Gleiche Teile Laceranum anhydricum und Wasser ergeben eine weiße, fettige Emulsion von Salbencharakter, eine Salbengrundlage vom Typ W/Ö.

Lanette- und Emulgade-Verarbeitung (DEHYDAG).

Lanette ® N bzw. Emulgade ® F werden zusammen mit Cetiol, Paraffin oder sonstigen Ölen und Fetten auf dem Wasserbad bei 70 bis 80° geschmolzen. Fettlösliche Substanzen (Kampfer) werden in dieser Fettschmelze gelöst. Lanette E und wasserlösliche Substanzen werden in der vorgeschriebenen Wassermenge unter Erwärmen auf die gleiche Temperatur gelöst und der Fettschmelze unter Umrühren zugegeben. Die Mischung wird bis zum Erkalten gerührt unter tunlichster Vermeidung des Einrührens von Luft. Emulsionen werden noch in warmem Zustand durch einen Turbomischer oder Spalt-Homogenisator (Gann-Motor-Emulgor u. ä., s. S. 31, 32) gegeben. Cremes, welche unlösliche Bestandteile wie Zinkoxyd, Talcum, Stärke usw. enthalten, gibt man anschließend durch eine Salbenmühle. Cremes ohne solche Zusätze können auch durch nachträgliche Homogenisierung mit einem Spalt-Homogenisierapparat verbessert werden. Lanette-Cremes sind Ö/W-Emulsionen und neigen deshalb zur Austrocknung. Sie müssen deshalb in gut verschließbaren und gegen Korrosion durch einen Innenlack geschützten Tuben aufbewahrt werden. (S. a. Lanette, Bd. II, S. 792/93, und Emulgade, Bd. II, S. 398).

Lanolimentum Boroglycerini. Boroglycerinlanolin, Erg.-B. 6.

Borsäure	10,0	Flüssiges Paraffin	500,0
Glycerin	40,0	Wollfett	50,0
Wasser	190,0	Bergamottöl	5,0
Zeresin	200,0	Citronenöl	5,0

Ceresin, Wollfett und flüssiges Paraffin auf dem Wasserbad schmelzen, die Borsäure im Glycerin-Wasser-Gemisch lösen und der Fettschmelze zugeben, dann die ätherischen Öle zufügen.

Cremeartige, weiße Salbe.

Verwendung. Als kosmetisches Mittel bei unverletzter Haut. Bei geschädigter Haut nicht für große Flächen zu verwenden, da hierbei eine Resorption der Borsäure möglich ist.

Lanolimentum diachylon. Bleipflaster-Lanolinsalbe (HAGER).

Bleipflaster DAB. 6	30,0	Olivenöl	30,0
Lanolin	40,0		

Lanolimentum leniens. Lanolincreme, Erg.-B. 6.

Wollfett	400,0	Wasser	241,5
Olivenöl	200,0	Vanillin	0,5
Weißes Vaselin	100,0	Weingeist (90%)	3,0
Glycerin	45,0	Bergamottöl	5,0
Citronenöl	5,0		

Die 3 ersten Bestandteile werden im Wasserbad zusammengeschmolzen und der Schmelze unter Umrühren das Glycerin und Wasser zugefügt. Nach dem Erkalten auf etwa 40° wird die Lösung von Vanillin und den ätherischen Ölen im Weingeist dem Gemisch zugemengt.

Lanolincreme ist gelblichweiß.

Verwendung. Zur Hautpflege, auch bei Schrunden, als kosmetisches Mittel.

Lanolinum. Lanolin, DAB. 6.

Wasserhaltiges Wollfett. Adeps Lanae cum aqua. Unguentum Adipis Lanae.

Wollfett	13,0	Wasser	4,0
Paraffin, flüssig	3,0		

werden bei gelinder Wärme gemischt.

Gelblichweiße, fast geruchlose, salbenartige Masse, die imstande ist, noch reichlich 50% ihres Gewichtes Wasser aufzunehmen, ohne dabei die Salbenkonsistenz zu verlieren. Auch fette Öle, Fette und in Wasser gelöste Substanzen werden leicht aufgenommen.

Aufbewahrung. Da Lanolin an der Luft durch Verdunstung Wasser verliert, färbt sich die oberste Schicht dunkel und wird firnisartig. Kühl und in gut verschlossenen Gefäßen aufzubewahren.

Verwendung. Als leicht resorbierbare Salbengrundlage, zur Herstellung von Unguentum molle.

Lanolinum benzoinatum. Lassars Benzoe-Lanolin (HAGER).

Lanolin	20,0	Gelbes Vaselin	5,0
Benzoe-Tinktur DAB. 6	1,0		

Linimenta. Linimente (vgl. Bd. I, S. 50).

Linimentum ammoniato-camphoratum. Flüchtiges Kampferliniment, DAB. 6.

Kampfer, zerrieben	5,0	Rizinusöl	18,0
Erdnußöl	55,0	Ammoniakflüssigkeit	22,0
Seife, medizinische	0,10		

Der Kampfer und die Öle werden in einer verschlossenen Flasche unter wiederholtem Umschütteln gelinde erwärmt, bis der Kampfer gelöst ist. Die Lösung wird dann mit der Ammoniakflüssigkeit kräftig geschüttelt, bis Linimentbildung eingetreten ist; nach 1- bis 2stündigem Stehen wird die medizinische Seife zugesetzt und nochmals kräftig durchgeschüttelt.

Flüchtiges Kampferliniment ist weiß, dickflüssig und riecht stark nach Ammoniak und Kampfer. Es darf sich beim Aufbewahren nicht in Schichten sondern.

Verwendung. Als hautreizende, Hyperämie erzeugende Einreibung.

Linimentum ammoniato camphoratum. Flüchtiges Kampferliniment, mit Lanette.

Ölsäure	20,0	Vaselinöl	50,0
Lanette ® N	25,0	Salmiakgeist (0,960)	100,0
Kampfer	50,0	Gewöhnl. Wasser	auf 1000,0

In der Mischung aus Vaselinöl und Ölsäure werden der Kampfer und Lanette auf dem Wasserbad durch gelindes Erwärmen in bedecktem Gefäß gelöst und der Lösung die leicht erwärmte Mischung aus Salmiakgeist und Wasser allmählich unter Umrühren zugegeben.

Die Vorschrift ergibt ein schön weißes und haltbares Liniment.

Linimentum ammoniatum. Flüchtiges Liniment, DAB. 6.

Flüchtige Salbe. Linimentum volatile. (Ö/W-Emulsion.)

Erdnußöl	60,0	Ammoniakflüssigkeit	22,0
Rizinusöl	18,0	Seife, medizinische	0,1

Die Öle werden zunächst unter gelindem Erwärmen gut gemischt und mit der Ammoniakflüssigkeit kräftig geschüttelt, bis Linimentbildung eingetreten ist. Nach

1- bis 2stündigem Stehen wird die medizinische Seife zugesetzt und nochmals kräftig durchgeschüttelt.

Flüchtiges Liniment ist weiß, dickflüssig und riecht stark nach Ammoniak. Es darf sich beim Aufbewahren nicht in Schichten sondern. Mit der Zeit verdickt es sich, deshalb wird zweckmäßig nur ein Vorrat auf kürzere Zeit hergestellt. Altes Liniment hinterläßt außerdem nach dem Einreiben auf der Haut einen ranzigen Geruch.

Verwendung. Als hautreizende Einreibung, bei Rheumatismus, Verstauchung, Lähmung usw.

Linimentum ammoniatum „Lanette“. Flüchtiges Liniment „Lanette“.
(DEHYDAG)

Lanette® N	2,5	Ammoniakflüssigkeit DAB. 6	12,0
Cetiol®	5,0	Wasser, dest.	auf 100,0

Herstellung s. Lanette-Verarbeitung, S. 126.

Verwendung. Als hautreizende Einreibung gegen Rheumatismus, Verstauchung, Lähmung.

Linimentum antirheumaticum II „Lanette“. Rheumatismus-Liniment „Lanette“.
(DEHYDAG)

Lanette® N	4,0	Methylsalicylat	20,0
Cetiol®	5,0	Senföl, äther.	1,0
Kampfer	5,0	Wasser, dest.	auf 100,0
Chloroform	5,0	Konservierungsmittel	nach Bedarf

Linimentum Calcariae. Kalkliniment, DAB. 6.

Brandliniment. Linimentum contra combustiones.

Leinöl	50,0	Kalkwasser	50,0

werden durch kräftiges Schütteln gemischt.

Herstellung. Zur Herstellung der W/Ö-Emulsion muß zuerst das Leinöl in die Flasche gegeben werden, damit die Wandungen der Flasche mit der äußeren Phase benetzt werden.

Kalkliniment ist gleichmäßig, dickflüssig und gelb. *Zur Abgabe ist es stets frisch zu bereiten.*

Verwendung. Unverdünnt als austrocknendes und vorzüglich wirkendes Mittel bei Verbrennungen.

Linimentum Calcariae. Kalkliniment. (ESCA)
mit Escacetin O. Ö/W-Emulsion.

Escacetin O	10,0	Kalkwasser DAB. 6	90,0

Linimentum Calcariae „Lanette“. Kalkliniment „Lanette“. (DEHYDAG)

Lanette® N	2,5	Kalkwasser DAB. 6	50,0
Cetiol®	2,5	Wasser, dest.	auf 100,0

Herstellung s. Lanette-Verarbeitung, S. 126.

Linimentum Lanette. Lanette-Grundliniment. (DEHYDAG)

Lanette® N	2,5 bis 5,0	Cetiol®	2,5 bis 5,0
Wasser	auf 100,0		

Wasserlösliche Arzneimittel werden eingearbeitet, indem man diese vorher im Wasseranteil auflöst und dann die warme, wäßrige Lösung zusammen mit dem bei 60 bis 70° geschmolzenen Fettanteil durch Kaltrühren oder Homogenisieren emulgiert.

Linimentum restitutorium. Restitutionsfluid.

1. (Erg.-B. 6)

Spanischpfeffertinktur DAB. 6	150,0	Terpentinöl DAB. 6	10,0
Weingeist (90%)	200,0	Ammoniakflüssigkeit DAB. 6	20,0
Kampferspiritus DAB. 6	100,0	Ammoniumchlorid	50,0
Ätherweingeist DAB. 6	100,0	Natriumchlorid	20,0
		Wasser	350,0

Die Salze im Wasser lösen und die Lösung der Mischung der übrigen Bestandteile zufügen.

2.

Spanischpfeffertinktur	100,0	Ätherweingeist	50,0
Seifenspiritus	150,0	Kampferspiritus	200,0
Ammoniakflüssigkeit (0,960)	100,0	Wasser	400,0

3.

Ammoniakflüssigkeit (0,960)	50,0	Kampferspiritus	150,0
Ätherweingeist	100,0	Seifenspiritus	200,0
Spanischpfeffertinktur	150,0	Wasser	350,0

Die Vorschriften 2. und 3. sind zum Gebrauch für Tiere frei verkäuflich, jedoch müssen die einzelnen Bestandteile der Mischungen auf den Gefäßen, in denen die Abgabe erfolgt, angegeben werden.

Linimentum saponato-camphoratum. Opodeldok, DAB. 6.

Fester Opodeldok.

Medizinische Seife	40,0	Thymianöl	2,0
Kampfer	10,0	Rosmarinöl	3,0
Weingeist (90%)	420,0	Ammoniakflüssigkeit	25,0

Die medizinische Seife und der Kampfer werden bei gelinder Wärme in dem Weingeist gelöst, die Lösung wird noch warm unter Benutzung eines bedeckten Trichters in das zur Aufbewahrung des fertigen Opodeldoks bestimmte trockene Gefäß filtriert. Dem Filtrat fügt man die ätherischen Öle und die Ammoniakflüssigkeit hinzu und bringt das Gemisch durch Abkühlen rasch zum Erstarren.

Opodeldok ist eine feste, fast farblose, wenig opalisierende Masse, in der sich zuweilen während der Aufbewahrung weiße, kristalline Körnchen absondern. Opodeldok riecht stark nach seinen flüchtigen Bestandteilen und schmilzt leicht durch die Wärme der Hand.

Aufbewahrung. In gut und dicht verschlossenen Gläsern, kühl.

Verwendung. Unverdünnt als schwach hautreizendes Mittel. Bei Zusatz von Arnika- oder Calendulatinktur aus frischem Kraut (10%) zu Lasten der Spiritusmenge erhält man nach BRIEGER *Arnika-* bzw. *Calendula-Opodeldok.*

Linimentum Terebinthinae camphoratum. Terpentin-Kampfer-Liniment

mit Triäthanolamin.

Kampfer	6,0	Ölsäure	3,5 ccm
Terpentinöl	65 ccm	Triäthanolamin	1,5 ccm
Wasser	auf 100 ccm		

Den Kampfer im Gemisch von Terpentinöl und Ölsäure lösen, das Triäthanolamin mit 6 ccm Wasser anschütteln und beide Mischungen unter kräftigem Schütteln vereinigen. Dann den Rest des Wassers portionenweise zugeben.

Linimentum Zinci aquosum „Lanette". (DEHYDAG)

(Lotio alba emulsiformis sine oleo.)

Zinkoxyd DAB. 6	18,0	Weingeist (90%)	18,0
Talk DAB. 6	18,0	Lanette Ⓡ N	3,0
Glycerin	18,0	Wasser, dest.	auf 100,0

Herstellung. Vgl. Lanette-Verarbeitung S. 126.

Linimentum Zinci oleosum 24% „Lanette". (DEHYDAG)

Zinkoxyd DAB. 6	24,0	Lanette Ⓡ N	4,0
Cetiol Ⓡ	24,0	Wasser, dest.	auf 100,0

Konservierungsmittel nach Bedarf

Herstellung. Vgl. Lanette-Verarbeitung S. 126.

Liquores (vgl. Bd. I, S. 44).

Liquor Aluminii acetici. Aluminiumacetatlösung, DAB. 6.

Essigsaure Tonerdelösung.

Gehalt mindestens 7,5% basisches Aluminiumacetat von der Zusammensetzung $(CH_3 . COO)_2AlOH$. Mol.-Gew. 162,03.

Aluminiumsulfat	100,0	verd. Essigsäure	120,0
Calciumcarbonat	46,0	Wasser	nach Bedarf

Das Aluminiumsulfat wird in etwa 270 g Wasser ohne Anwendung von Wärme gelöst, die Lösung filtriert und mit Wasser auf die Dichte 1,149 gebracht. In 367 g der klaren Lösung wird das mit 60 g Wasser angeriebene Calciumcarbonat allmählich unter beständigem Umrühren eingetragen und dann dem Gemische die verd. Essigsäure nach und nach zugesetzt. Dabei darf die Temperatur des Gemisches 20° nicht übersteigen. Das Gemisch läßt man unter wiederholtem Umrühren mindestens 3 Tage lang stehen, bis keine Gasentwicklung mehr zu bemerken ist und das Calciumsulfat sich abgesetzt hat. Der Niederschlag wird alsdann ohne Auswaschen von der Flüssigkeit abgeseiht; diese wird filtriert und mit Wasser auf die vorgeschriebene Dichte gebracht. Dichte mindestens 1,042.

Eigenschaften, Aufbewahrung, Prüfung des DAB. 6 und Verwendung → Aluminiumacetatlösung, Bd. II, S. 52/53.

Liquor Aluminii acetico-tartarici. Aluminiumacetotartratlösung, DAB. 6.

Essigweinsaure Tonerdelösung.

Gehalt annähernd 45% Aluminiumacetotartrat.

Aluminiumacetatlösung	500,0	Weinsäure	15,0
Essigsäure	6,0		

Die Weinsäure wird in der Aluminiumacetatlösung gelöst, die Lösung in einer gewogenen Porzellanschale auf dem Wasserbad unter Umrühren auf 114 g eingedampft und die Essigsäure zugesetzt. Die Mischung wird in einer verschlossenen Flasche, vor Licht geschützt, an einem kühlen Orte unter zeitweiligem Umschütteln mehrere Tage lang stehengelassen und dann filtriert.

Aluminiumacetotartratlösung ist eine klare, farblose oder schwach gelblich gefärbte Flüssigkeit von sirupartiger Beschaffenheit, die Lackmuspapier rötet; sie riecht nach Essigsäure und schmeckt süßlich-zusammenziehend. D. 1,258 bis 1,262. Aluminiumacetotartratlösung ist im Gegensatz zu Aluminiumacetatlösung beständiger, gelatiniert nicht und trübt sich nicht, da durch den Weinsäurezusatz das beständige, komplexe Aluminiumacetotartrat gebildet wird.

Prüfung und **Verwendung** → Aluminiumacetotartratlösung, Bd. II, S. 54.

Liquor Ammonii foeniculatus. Fenchelölhaltige Ammoniakflüssigkeit.

Fenchelöl	1,0	Weingeist (90%)	24,0
Ammoniakflüssigkeit (0,957 bis 0,958)	5,0		

Das Fenchelöl im Weingeist lösen und der Lösung die Ammoniakflüssigkeit zusetzen.

Liquor Calcii sulfurati. Vlemingkxsche Lösung, Erg.-B. 6.

Darstellung. 1 g Ätzkalk wird in einer Porzellanschale mit Wasser zu Pulver gelöscht, mit 20 g Wasser verrührt, 2 g gereinigter Schwefel zugefügt und die Mischung bis zur Lösung des Schwefels gekocht. Dann wird die Lösung durchgeseiht, der Rückstand abgepreßt und die erhaltene Flüssigkeit durch Abdampfen oder Zusatz von Wasser auf 12 g gebracht. Die durch Absetzenlassen völlig geklärte Lösung wird in kleinen, ganz gefüllten und gut verschlossenen Gefäßen aufbewahrt.

Eigenschaften. Gelbrote Flüssigkeit, die auf Säurezusatz Schwefelwasserstoff entwickelt und sich dabei durch Abscheidung von Schwefel milchig trübt.

Erkennung. Auf Zusatz von Ammoniumoxalatlösung gibt Vlemingkxsche Lösung einen weißen, kristallinen Niederschlag von Calciumoxalat, der sich in Salz- und Salpetersäure löst und in Essigsäure fast unlöslich ist.

Verwendung. *Med.* gegen Hautkrankheiten. *Techn.* unter der Bezeichnung *Schwefelkalkbrühe* zur Bekämpfung von Pflanzenschädlingen (z. B. Mehltau).

Liquor Carbonis detergens. Steinkohlenteerlösung, DAB. 6.

Seifenrinde, grob gepulvert	3,0	Weingeist, verd., DAB. 6	15,0
Steinkohlenteer	7,0		

Die Seifenrinde wird mit dem verdünnten Weingeist übergossen und in gut verschlossener Flasche bei Zimmertemperatur unter wiederholtem Umschütteln etwa 10 Tage lang stehengelassen. Alsdann wird die Flüssigkeit durchgeseiht und der Rückstand ausgepreßt. Die vereinigten Flüssigkeiten werden nach dem Absetzen durch einen Wattebausch filtriert. 13 g des Filtrats werden unter häufigem Umschütteln mit dem Steinkohlenteer 1 Woche lang stehengelassen; die überstehende Flüssigkeit wird dann filtriert.

Steinkohlenteerlösung ist klar und braun, schäumt beim Schütteln und riecht nach Teer. Mit Wasser gibt sie eine grau-milchige Teeremulsion, die stark schäumt und nach dem Absetzen von schwarzem Teer gelblich gefärbt ist.

Verwendung. Als mildes Teerpräparat unverdünnt gegen Hautausschläge zur Pinselung oder in Salben (5 bis 50%), kosmetisch gegen übermäßigen Schweiß, Mitesser, zu Haarwässern gegen Seborrhöe, Frostbeulen usw.

☠ 3. Liquor Cresoli saponatus. Kresolseifenlösung, DAB. 6.

Gehalt annähernd 50% rohes Kresol und eine etwa 25% Fettsäuren entsprechende Menge Seife.

Leinöl	120,0	Wasser	41,0
Kaliumhydroxyd	27,0	Weingeist	12,0
Kresol, rohes	200,0		

Dem Leinöl wird unter Umschütteln die Lösung des Kaliumhydroxyds in dem Wasser und dann der Weingeist zugesetzt. Die Mischung wird unter wiederholtem Umschütteln bis zur vollständigen Verseifung bei Zimmertemperatur stehengelassen. Eine Probe darf mit der doppelten Menge Wasser nur opalisierend getrübt sein. Darauf wird das rohe Kresol zugegeben und die Seife darin durch Umschütteln gelöst.

Klare, rotbraune, ölartige Flüssigkeit, die Lackmuspapier bläut, nach Kresol riecht und in Wasser, Glycerin, Weingeist und in Petroleumbenzin klar löslich ist.

Prüfung des DAB. 6. *Erkennung.* Gibt man zu 10 ccm einer Verdünnung von Kresolseifenlösung (1 + 99) 2 ccm Magnesiumsulfatlösung, so bildet sich eine starke Ausscheidung (Flocken von Magnesiumseife).

Das DAB. 6 läßt ferner prüfen auf:

Unzulässigen Alkaligehalt. 1 g K. werden in 24 ccm Weingeist gelöst und die Lösung mit 1 ccm Phenolphthaleinlösung versetzt. Dabei dürfen bis zum Verschwinden einer etwa eintretenden Rotfärbung höchstens 2 Tr. n-Salzsäure verbraucht werden.

Vorschriftsmäßiger Gehalt an Kresol. 40 g K. werden in einem Kolben von etwa 1 l Inhalt mit 120 ccm Wasser verdünnt, mit 10 Tr. Methylorangelösung versetzt und mit Schwefelsäure bis zur Rotfärbung angesäuert. Hierauf wird mit Wasserdampf destilliert. Sobald das anfangs milchig-trübe Destillat klar übergeht, wird die Kühlung abgestellt und weiter destilliert, bis Dampf aus dem Kühlrohr auszutreten beginnt. Alsdann wird die Kühlung wieder angestellt und die Destillation noch weitere 5 Minuten lang fortgesetzt. Das Destillat wird für je 100 ccm mit 20 g Natriumchlorid versetzt und nach erfolgter Lösung in einem Scheidetrichter mit 100 ccm Petroläther kräftig durchgeschüttelt. Nach dem Abheben der Petrolätherschicht wird das Destillat unter Nachspülen des Kolbens noch zweimal mit je 50 ccm Petroläther ausgeschüttelt. Von den vereinigten, klaren Petrolätherlösungen wird der Petroläther abdestilliert und das zurückbleibende Kresol im aufrecht stehenden Kolben 40 Minuten lang bei 100° getrocknet und gewogen.

Das Gewicht muß mindestens 19 g betragen.

10 g des erhaltenen Kresols werden nach der bei Kresol, roh, zur Gehaltsbestimmung angegebenen Weise (s. Bd. II, S. 761) behandelt. Die Menge des dabei erhaltenen Trinitro-m-Kresols muß mindestens 7,4 g betragen und darf nicht unter 105° schmelzen.

Vorschriftsmäßiger Gehalt an Seife, die im Destillationskolben zurückgebliebene, die Fettsäuren enthaltende Flüssigkeit wird nach dem Erkalten in einem Scheidetrichter mit 100 ccm Petroläther kräftig durchgeschüttelt. Nach dem Abheben der Petrolätherschicht wird die Flüssigkeit unter Nachspülen des Kolbens noch zweimal mit je 50 ccm Petroläther ausgeschüttelt. Von den vereinigten klaren Petrolätherlösungen wird der Petroläther abdestilliert und der Rückstand $^1/_2$ Stunde lang bei 100° getrocknet. Sein Gewicht muß mindestens 9,5 g betragen.

Naphthalin. Beim Schütteln von 5 ccm des bei der Gehaltsbestimmung erhaltenen Kresols in einem Meßzylinder von 100 ccm Inhalt mit je 25 ccm Natronlauge und Wasser müssen sich diese bis auf geringe Spuren lösen.

Vorschriftsmäßige Beschaffenheit des Kresols. Werden zu der vorstehenden Mischung 10 ccm rauchende Salzsäure und 5 g Natriumchlorid zugesetzt, bis zu deren Lösung geschüttelt, muß nach dem Absetzen die Kresolschicht mindestens 4,5 ccm betragen.

Verwendung. Mit 9 T. destilliertem Wasser verdünnt, zur Herstellung von **Kresolwasser, Aqua cresolica, DAB.** 6, das 5fach verdünnt zur Desinfektion der Haut, 1 : 1 verdünnt zur Desinfektion von Exkrementen und Geräten dient. Direkt verdünnt verwendet man Kresolseifenlösung 1%ig, ($^1/_2$ Eßlöffel auf 1 l Wasser), 3%ig zur Raum- und Stalldesinfektion ($1^1/_2$ Eßlöffel auf 1 l Wasser).

Liquor Cresoli saponatus. Kresolseifenlösung

mit Triäthanolamin.

Kresol	50,0	Triäthanolaminoleat	40,0
Wasser	auf 100,0		

Liquor Formaldehydi saponatus. Formaldehydseifenlösung, Erg.B. 6.

Kalilauge (50%)	78,0	Ölsäure Erg.-B. 6	200,0
Formaldehydlösung DAB. 6	671,0	Weingeist (90%)	50,0
Lavendelöl	1,0		

Die Ölsäure mit dem im Weingeist gelösten Lavendelöl mischen und der Mischung unter Umrühren die Kalilauge zufügen. Den entstandenen Seifenleim in der Formaldehydlösung lösen und die erhaltene Lösung nach 24 Std. filtrieren.

Eigenschaften. Klare, farblose bis gelbliche in Wasser und Weingeist klar lösliche Flüssigkeit. Mindestgehalt 23% Formaldehyd.

Verwendung. Als Desinfektionsmittel (4%), zur Desinfektion von Ausscheidungen und tuberkulös verschmutzter Wäsche (8%).

☠ *1.* Liquor Kalii arsenicosi. Fowlersche Lösung, DAB. 6.

Liquor arsenicalis Fowleri. Solutio arsenicalis Fowleri. Solutio Fowleri.

Gehalt 0,99 bis 1% arsenige Säure (As_4O_6, Mol-Gew. 395,84).

Arsenige Säure	1,0	Lavendelspiritus	3,0
Kaliumbicarbonat	1,0	Weingeist	12,0
Wasser	nach Bedarf		

Die arsenige Säure wird mit dem Kaliumbicarbonat und 2 g Wasser bis zur völligen Lösung erhitzt; der Lösung werden 50 g Wasser, hierauf der Lavendelspiritus sowie der Weingeist und dann so viel Wasser hinzugesetzt, daß das Gesamtgewicht 100 g beträgt.

FOWLERsche Lösung ist klar, farblos, bläut Lackmuspapier und gibt nach Zusatz von Salzsäure im Überschuß mit Natriumsulfidlösung eine gelbe Fällung von Arsentrisulfid.

Prüfung des DAB. 6. DAB. 6 läßt prüfen auf:

Arsentrisulfid, beim Ansäuern mit Salzsäure darf weder eine gelbe Färbung noch eine gelbe Fällung entstehen;

Arsensäure, nach dem Neutralisieren des Liquors mit Salpetersäure darf auf Zusatz von Silbernitratlösung nur ein blaßgelber, aber kein rotbrauner Niederschlag entstehen.

Gehaltsbestimmung. 5 g FOWLERsche Lösung werden genau gewogen, mit 2 g Natriumbicarbonat, 20 ccm Wasser und einigen Tr. Stärkelösung versetzt und mit $^1/_{10}$-n-Jodlösung titriert. Je 5 g F. L. müssen hierbei 10 ccm $^1/_{10}$-n-Jodlösung entfärben, während nach weiterem Zusatz von höchstens 0,1 ccm $^1/_{10}$-n-Jodlösung bleibende Blaufärbung eintreten muß, entsprechend einem Gehalt von nicht weniger als 0,99 und nicht mehr als 1% arseniger Säure (1 ccm $^1/_{10}$-n-Jodlösung = 0,004948 g arsenige Säure).

Aufbewahrung. Sehr vorsichtig, im Giftschrank.

Verwendung. *Innerl.* auf ärztliche Verordnung bei Haut- und Nervenkrankheiten, *techn.* zur Konservierung von Tierbälgen.

Liquor Lithantracis acetonatus.
Acetonhaltige Steinkohlenteerflüssigkeit, Erg.-B. 6.

Steinkohlenteer	100,0	Benzol	200,0
Aceton	700,0		

Der Steinkohlenteer wird in Benzol-Aceton-Mischung gelöst und die Lösung nach mehrtägigem Absetzen filtriert.

Klare, dunkelbraune bis braunschwarze, in dünner Schicht durchsichtige Flüssigkeit. Geruch nach Teer und Aceton.

Verwendung. Als Pinselung unverdünnt bei Hauterkrankungen.

Liquor Natrii hypochlorosi. Natriumhypochloritlösung, Erg.B. 6. Bleichlauge.

Chlorkalk	20,0	Natriumsulfat	25,0
Wasser	600,0		

Der Chlorkalk wird mit 100 g Wasser angerührt und diese Mischung mit der Lösung des Natriumsulfats in 500 g Wasser versetzt. Nach dem Klären der Flüssigkeit durch Absetzen wird diese abgehoben.

Klare, farblose bis schwach gelbliche Flüssigkeit mit schwachem Chlorgeruch. Eigenschaften, Erkennung und Gehaltsbestimmung → Natriumhypochloritlösung, Bd. II, S. 937.

Verwendung. *Med. äußerl.* zur Wundspülung (2%, 50fach verdünnt), zur Mundspülung (0,5%, 200fach verdünnt), *techn.* als Bleichlauge für weiße Wäsche.

Aufbewahrung und **Abgabe.** *Kühl* und *vor Sonnenlicht* geschützt aufzubewahren, die Abgabe darf nicht in Nahrungs- oder Genußmittelflaschen oder -gefäßen erfolgen.

☠ *3.* Liquor Plumbi subacetici. Bleiessig, DAB. 6.

Acetum Plumbi. Acetum Saturni. Extractum Saturni.

Bleiacetat . .	3,0	Bleiglätte . .	1,0
Wasser . . .	10,0		

Das Bleiacetat wird mit der Bleiglätte verrieben und das Gemisch in einem verschlossenen Gefäß mit dem Wasser unter häufigem Umschütteln 1 Woche lang stehengelassen, bis es gleichmäßig weiß oder rötlichweiß geworden ist und die festen Stoffe ganz oder bis auf einen kleinen Rückstand gelöst sind. Man läßt die trübe Flüssigkeit in dem verschlossenen Gefäße absetzen und filtriert alsdann.

Bleiessig ist eine klare, farblose Flüssigkeit, die süß und zusammenziehend schmeckt, Lackmuspapier bläut, Phenolphthaleinlösung aber nicht rötet.

Dichte 1,232 bis 1,237.

Prüfung des DAB. 6. *Erkennung.* Beim Versetzen von Bleiessig mit Eisenchloridlösung im Überschuß entsteht ein rötlichgelbes Gemisch, das sich beim Stehen in einen weißen Niederschlag von unlöslichem Bleichlorid und eine dunkelrote Flüssigkeit (komplexe Ferriacetatverbindung) trennt.

Eisensalze werden durch eine auftretende Rotfärbung nach Zusatz von 3 ccm verdünnter Essigsäure angezeigt.

Aufbewahrung. In kleinen, dem Verbrauch angemessenen, bis unter den Stopfen gefüllten Gefäßen, deren Korke zwecks völligen Luftabschlusses paraffiniert werden. Die Flaschen werden zweckmäßig in eine Kiste mit einem offenen, mit Ätzkalk gefüllten Gefäß gestellt.

Verwendung → Bleiessig, Bd. II, S. 209.

Liquor seriparus. Labessenz.

Molkenessenz. Liquid Rennet.

1. (Erg.-B. 6)

Labmagen	10,0	Natriumchlorid	3,0
		Wasser	50,0
Weingeist (90%)	10,0		

Der gewaschene Labmagen wird zerkleinert und mit der Lösung des Natriumchlorids im Wasser übergossen. Nach Zusatz des Weingeistes läßt man unter häufigem Umschütteln 8 Tage lang bei Zimmertemperatur stehen, dann wird die Flüssigkeit koliert und filtriert.

Labessenz ist klar und gelblich.

Aufbewahrung und **Verwendung** s. 2.

2. (Hager.)

Man läßt sich vom Schlächter saubere Kälbermagen aufblasen (wie Schweinsblasen) und trocknet dieselben. Dann werden die Blut- und Fettsträhnen herausgeschnitten und entfernt. Die hellen, klaren Stellen, die als Rückstand verbleiben, werden in kleine Würfelform zerschnitten und 100 g dieser Würfel mit 900 g destilliertem Wasser und 100 g Weingeist (96%) übergossen, eine Nacht stehengelassen, ohne Drücken durchgeseiht, mit der Mischung von Wasser und Weingeist nachgespült und auf 1000 g gebracht. Dann wird filtriert und abgefüllt. 5 g dieser Flüssigkeit käsen 1 l Milch bei 35°.

Aufbewahrung. *Kühl* und *vor Licht geschützt.*

Verwendung. Zur Käsebereitung.

Melis praeparata, Honigpräparate (vgl. Bd. I, S. 49).

Mel depuratum. Gereinigter Honig, DAB. 6.

Honig . . . . 40,0 | Wasser 60,0
Weißer Ton . . 3,0

Die Lösung des Honigs in dem Wasser wird mit dem durch Behandlung mit Salzsäure und nachheriges Auswaschen mit Wasser von Eisen befreitem Tone angerührt, eine halbe Stunde lang auf dem Wasserbad erwärmt, nach dem Absetzen heiß filtriert und durch Eindampfen auf dem Wasserbade bis zur D. 1,34 gebracht.

Gereinigter Honig ist klar, gelb bis braun und riecht und schmeckt nach Honig.

Verwendung. Als einhüllendes Geschmackscorrigens, zur Herstellung von Rosenhonig, auch mit Borax, und von Fenchelhonig.

Mel Foeniculi. Fenchelhonig, Erg.B. 6.

Fenchelsirup . . . . 500,0 | Gereinigter Honig 495,0
Zusammengesetzte Fencheltinktur . . 5,0

Fenchelhonig ist klar und gelb.

Verwendung. Als Hustenmittel, besonders für Kinder (E. 10 g).

Mel Foeniculi. Fenchelhonig.

1. (Will) Gereinigter Honig DAB. 6 . 150,0
Zuckersirup DAB. 6 . . . 300,0
Glycerin DAB. 6 25,0
Fenchelölhaltige Ammoniakflüssigkeit (Vorschrift s. S. 131) 5,0

Die gewünschte Farbe wird mit Zuckercouleur erzielt.

2. Fenchel 100,0
Dest. Wasser 500,0
Honig, gerein. 950,0
Fenchelöl 0,25

Der frisch gequetschte Fenchel wird mit heißem Wasser digeriert, die Kolatur mit dem Honig vermischt, dann im Vacuum auf 1000,0 eingedampft und das Fenchelöl zugegeben. Konserviert wird mit 0,08% Nip-Nip® oder 0,1% Nipagin®M.

3. Fenchelsirup Erg.-B. 6
Gereinigter Honig DAB. 6 . āā

4. Zuckersirup DAB. 6 400,0
Gereinigter Honig DAB. 6. . . . 599,0
Fenchelöl 1,0

5. Gereinigter Honig DAB. 6 . . . 330,0
Zuckersirup DAB. 6 660,0
Fenchelölhaltige Ammoniakflüssigkeit, (Vorschrift s. S. 131) . . . 10,0

6. Fenchel, grob pulv. 200,0
werden 24 Stunden lang mazeriert mit Mischung aus
Weingeist (90%) 100,0
Wasser, dest. 400,0
Nach dem Abpressen wird zugefügt
Honig, roh 2000,0
Wasser, dest. 1000,0
Nipagin ® M 3,5

Das Nipagin M ist erst kochend heiß in Wasser *vollständig* zu lösen. Die Mischung wird eine Stunde auf dem Wasserbad erwärmt und heiß filtriert.

7. Fenchel, zerquetscht . . 250,0
Wasser, dest. 2000,0
Zucker 1500,0
Honig 1500,0
Nipagin ® M 7,5

Zunächst wird das Nipagin im kochenden Wasser *vollständig* gelöst, dann der Fenchel zugegeben und im Wasserbad ½ Std. erhitzt, anschließend wird abgepreßt und koliert und die Kolatur mit Wasser auf 2 kg ergänzt. In dieser wird der Zucker und der Honig durch Erwärmen gelöst und der noch heiße Fenchelhonig filtriert.

Verwendung. Bei Husten und Verschleimung *innerl.* Erwachsene 3mal tägl. 1 Eßlöffel, Kinder 3mal tägl. 1 Kaffeelöffel voll zu nehmen.

Mel Foeniculi cum Malto. Malzfenchelhonig.

Fenchelöl	1,0	Sirup, weiß	400,0
Malzextrakt	100,0	Honig, gereinigt	500,0

werden gemischt.

Mel pectorale. Brusthonig.

Süßholzsirup DAB. 6	50,0	Malzextrakt	50,0
Gereinigter Honig	200,0		

werden gemischt.

Verwendung. Als schleimlösendes Mittel bei Katarrhen der oberen Luftwege, 3mal tägl. einen Kaffeelöffel bis einen Eßlöffel voll zu nehmen.

Mel rosatum. Rosenhonig, Erg.-B. 6.

Rosenöl	0,05	Gereinigter Honig	900,0
Glycerin	100,0		

Rosenhonig ist klar, gelb bis braun, Geruch würzig, Geschmack würzig, schwach zusammenziehend.

Verwendung. *Innerl.* (E. 10 g), zur Mundspülung (10%).

Mel rosatum cum Borace. Rosenhonig mit Borax, Erg.B. 6.

Borax	100,0	Rosenhonig	900,0

Den Borax im Rosenhonig unter gelindem Erwärmen lösen.

Rosenhonig mit Borax ist klar und braun.

Verwendung. Als Pinselung unverdünnt bei „Schwämmchen" (Soor, Aphten) auf der Mundschleimhaut.

Mentholschnupfpulver.

Menthol	3,0	Borsäure	30,0
Sozojodolnatrium	1,0	Kaffee, gebrannt	50,0
Milchzucker	16,0		

werden als feine Pulver gemischt.

Mittel gegen Sodbrennen.

1. Natriumhydrogencarbonat . . 20,0 | Magnesia, gebrannt 20,0

Verwendung. 3mal tägl. 1 Messerspitze voll.

2. Magnesiumtrisilikat 50,0

Verwendung. Bei Magenübersäuerung gut neutralisierendes und absorbierendes Mittel, 3mal tägl. 1,0 g.

Monochlorphenolum (para) cum Camphora. p-Monochlorphenolkampfer, Erg.-B. 6.

p-Monochlorphenol . . 300,0 | Kampfer 600,0
Absoluter Alkohol . . 100,0

Aufbewahrung. *Vorsichtig!*

Verwendung. Als Hautdesinfektionsmittel (1%), unverdünnt in der Zahnheilkunde.

Mucilagines. Schleime (vgl. Bd. I, S. 55).

Mucilago Carrageen. Karrageenschleim.

Karrageenschleim erhält man durch Kochen, je nach der Qualität der Droge und der gewünschten Dickflüssigkeit, von 2 bis 5% Karrageen mit Wasser. Um das Anbrennen zu vermeiden, muß bei der Herstellung auf freiem Feuer gut gerührt werden. Durch Passieren des Schleims durch ein Sieb werden ungelöste Bestandteile entfernt. Der Schleim wird durch Zusatz von 0,15 bis 0,2% Nipagin M konserviert.

Mucilago Cydoniae. Quittenschleim, Erg.-B. 6.

Quittensamen . . 20,0 | Rosenwasser. . . 1000,0

werden bei Zimmertemperatur $^1/_2$ Std. lang unter häufigem Umrühren stehengelassen und dann durchgeseiht. Für *innerliche Zwecke* ist Quittenschleim stets zur Abgabe frisch zu bereiten; für kosmetische Zwecke ist er mit Nipagin® zu konservieren.

Verwendung. *Innerl.* als reizlinderndes, schleimlösendes und erweichendes Mittel (E. 15 g), zu kosmetischen Präparaten.

Mucilago Fondini. Fondin-Schleim.

Fondin® Nr. 2520 . . 40,0 | Wasser 1000,0

Das Fondin wird unter ständigem Umrühren langsam in das Wasser eingeschüttet und das Rühren noch einige Zeit fortgesetzt. Nach kurzer Zeit ist der Schleim gebrauchsfertig und kann je nach dem Verwendungszweck weiter verdünnt werden.

Fondinschleim ist hitzebeständig und kann gekocht werden. Mit Alkali ist er in jeder Menge verträglich, jedoch nur beschränkt säurebeständig, d. h. er kann nur mit geringen Mengen schwacher Säuren (Essigsäure usw.) versetzt werden. Zur längeren Aufbewahrung muß Fondinschleim mit 0,2% Nipagin®-Kombination konserviert werden.

Mucilago Gummi arabici. Gummischleim, DAB. 6.

Arabisches Gummi . . 100,0 | Wasser 200,0

Das arabische Gummi wird in einer Flasche, die zur Hälfte damit gefüllt wird, wiederholt gewaschen, bis das angewendete Wasser klar abfließt. Alsdann werden 200 g Wasser hinzugefügt. Die verschlossene Flasche wird, ohne sie umzuschütteln, an einen kühlen Ort gelegt und mehrmals am Tage in ihrer Lage verändert, bis das arabische Gummi vollständig gelöst ist. Die Lösung wird durchgeseiht.

Gummischleim ist schwach gelblich, schwach opalisierend und schmeckt fade. Er darf Lackmuspapier nur schwach röten.

Gummischleim ist in kleinen, ganz gefüllten Flaschen kühl aufzubewahren.

Gummischleim kann bei Verwendung von Nipaestern (s. Bd. II, S. 985) und® nachfolgendem einstündigen Erhitzen auf 80° *jahrelang haltbar* gemacht werden.

Mucilago Salep. Salepschleim, DAB. 6.

Mittelfein gepulverter Salep	1,0	Weingeist	1,0
Siedendes Wasser	98,0		

Der Salep wird in eine trockene Flasche gegeben und mit dem Weingeist gut umgeschüttelt. Dann setzt man etwa 10 g siedendes Wasser zu, schüttelt kräftig durch und fügt den Rest des siedenden Wassers hinzu. Die Flüssigkeit wird in kurzen Zwischenräumen bis zum Erkalten geschüttelt.

Salepschleim ist *zur Abgabe frisch* zu bereiten. Er enthält Hemicellulosen und Stärkekleister.

Verwendung. *Innerl.* als darmschützendes Mittel bei gewissen Durchfällen von Kleinkindern. *Äußerl.* zum Klistier, für kosmetische Zwecke mit Nipagin konserviert.

Salepschleim färbt sich nach dem Erkalten mit Jodlösung durch die vorhandene Stärke blau.

Mucilago Tragacanthae. Traganthschleim, Erg.-B. 6.

Fein gepulv. Traganth	10,0	Glycerin	50,0
Lauwarmes Wasser	940 T.		

Der Traganth wird mit dem Glycerin angerieben, das Wasser auf einmal hinzugefügt und kräftig geschüttelt. Traganthschleim ist *stets frisch* zu bereiten.

Verwendung. *Innerl.* (E. 15 g) als schleimiges Mittel, unverdünnt zum Klistier.

Münchner Magentropfen.

Salzsäure, verdünnt DAB. 6	3,0	Chintinktur, zusammengesetzte, DAB. 6	12,0
Condurango-Fluidextrakt	8,0		
Aromatische Tinktur DAB. 6	7,0		

Verwendung. 3mal täglich 20 bis 25 Tropfen nach dem Essen in $\frac{1}{2}$ Glas Wasser zu nehmen.

Olea medicata. Arzneiliche Öle (vgl. Bd. I, S. 51).

Oleum Chamomillae infusum. Fettes Kamillenöl, Erg.-B. 6.

Kamillen	100,0	Weingeist (90%)	75,0
Erdnußöl	1000,0		

Die Kamillen mit dem Weingeist befeuchtet 12 Std. lang stehenlassen, dann das Erdnußöl hinzufügen. Das Gemisch wird auf dem Wasserbad unter häufigem Umrühren bis zur Verflüchtigung des Weingeistes erwärmt. Dann wird ausgepreßt und filtriert.

Fettes Kamillenöl ist gelb bis gelbgrün.

Verwendung. Unverd. *äußerl.* als entzündungswidriges Wundöl.

Oleum Hyperici. Johannisöl, Erg.-B. 6.

Frische Johanniskrautblüten	250,0	Olivenöl	1000,0
Getrocknetes Natriumsulfat	60,0.		

Die Johanniskrautblüten zerquetschen, mit dem Olivenöl sofort in einem geräumigen weißen Glas übergießen und unter wiederholtem Umschütteln an einem warmen Ort der Gärung überlassen. Nach Beendigung der Gärung das Glas verschließen und so lange den Sonnenstrahlen aussetzen, bis das Öl eine leuchtend rote Farbe angenommen hat, was nach etwa 6 Wochen der Fall ist. Dann abpressen, das Öl nach kurzem Stehen von der wäßrigen Schicht abhebern, mit dem getrockneten Natriumsulfat entwässern und filtrieren.

Im durchscheinenden Licht rubinrotes, im auffallenden Licht dunkelrot bis gelbrot fluoreszierendes, aromatisch riechendes Öl.

Verwendung. Als Wundöl unverdünnt.

Nach den Ausführungen von U. HAGENSTRÖM (Scientia pharmaceutica, Wien, **1955**, 23, 83 bis 88) erhält man mit der Vorschrift des Erg.-B. 6 ein *ausgesprochen geringwertiges* Öl. Da der Hypericingehalt von der Belichtung während der Mazeration abhängt, muß unter Einwirkung des Sonnenlichts, und zwar 6 Wochen lang, mazeriert werden. Olivenöl ist das schlechteste Lösungsmittel für Hypericin, auch Paraffinöl nimmt kein Hypericin auf. Tween 20 und Lutrol 9 lösen Hypericin fast vollständig. Trockene Blüten geben erst nach Druchfeuchtung mit Wasser Hypericin an das Öl ab.

Oleum Jecoris Aselli aromaticum. Aromatischer Lebertran.

1. (Erg.-B. 6) Saccharin . . 0,5 | Zimtöl 0,4
Vanillin . . . . 0,1 | Absoluter Alkohol 9,4
Lebertran 990,0

Der Lebertran wird mit einer warmen Lösung der übrigen Bestandteile in dem absoluten Alkohol gemischt.

2. (SIDO) Lebertran . . . . . 400,0 | Frisch gemahlener Kaffee . . 20,0
Tierkohle 10,0

werden gemischt, 15 Min. lang auf 60° erwärmt und nach 3 Tagen filtriert.

3. Citronenöl . . . . 5,0 | Pfefferminzöl 1,0
Neroliöl, künstl. . . . . . 2,5 | Vanillin 0,15
Lebertran 991,35

Das Vanillin wird in den ätherischen Ölen gelöst und dann mit dem Lebertran vermischt.

Verwendung. Wie Lebertran *innerl.* (E. 10 g).

Oleum Jecoris Aselli ferrojodatum. Jodeisenlebertran, Erg.B. 6.

Zerriebenes Jod . . .	1,64	Vanillin	0,1
Absoluter Alkohol . .	5,0	Zimtöl	0,4
Gepulvertes Eisen . .	0,5	Lebertran bis zum Gesamtgewicht von . .	1000,0
Reduziertes Eisen . .	0,5		
Saccharin	0,5		

Gepulvertes und reduziertes Eisen mit dem Alkohol übergießen und in das Gemisch unter ständigem Umschwenken das Jod allmählich eintragen. Die grünliche Flüssigkeit wird, ohne zu filtrieren, in eine Mischung aus dem Saccharin, Vanillin und Zimtöl mit 900,0 Lebertran gegeben und das Gesamtgewicht mit Lebertran auf 1 kg gebracht. Nach dem Absetzen wird filtriert.

Gelbbraunes, klares Öl.

Verwendung. *Innerl.* (E. 10 g).

Oleum Juniperi pro usu externo. Wacholderöl für den äußeren Gebrauch, Erg.B. 6.

Oleum Juniperi e Ligno. Wacholderholzöl.

Wacholderöl . . . . 100,0 | Gereinigtes Terpentinöl DAB. 6 . . 900,0

Wacholderöl für den äußeren Gebrauch ist klar.

Verwendung. Als hautreizende Einreibung bei Rheumatismus usw. (50%).

Oleum Lini sulfuratum. Geschwefeltes Leinöl, Erg.B. 6.

Schwefelbalsam. Balsamum Sulfuris.

Leinöl	850,0	Gereinigter Schwefel	150,0

Dem in einem geräumigen (eisernen oder irdenen) Gefäß auf etwa 130° erhitzten Leinöl wird der gut ausgetrocknete Schwefel allmählich zugesetzt. Unter Umrühren wird so lange weiter erhitzt, bis eine zähe, rotbraune, gleichmäßige Masse entstanden ist, die sich in Terpentinöl vollkommen löst. Beim Erhitzen ist das Aufschäumen zu vermeiden.

Geschwefeltes Leinöl ist zähe, rotbraun und löst sich in Terpentin vollkommen.

Verwendung. Als Einreibung unverdünnt.

Oleum Mentholi. Mentholöl zum Inhalieren.

	I	II
Menthol	8,0	50,0
Eukalyptusöl	20,0	250,0
Latschenkiefernöl	—	100,0
Terpentinöl	—	100,0
Flüssiges Paraffin DAB. 6	972,0	500,0

Oleum nervinum. Nervenöl. (Hager.)

Rosmarinöl	5,0	Lorbeeröl	10,0
Thymianöl	5,0	Kamillenöl, fettes, Erg.-B. 6	80,0

Verwendung. *Äußerl.* als Einreibung bei Nervenschmerzen.

Oleum phenolatum. Phenolöl, Erg.-B. 6.

Carbolöl. Gehalt 2% Phenol.

Phenol . . . 20,0
werden durch Erwärmen gelöst in
Erdnußöl . . 980,0

Gelbes, nach Phenol riechendes Öl.

Verwendung. Unverdünnt *äußerl.* als Wundöl (Vorsicht!), als Lokalanästheticum für das Trommelfell.

Oleum Terebinthinae sulfuratum. Geschwefeltes Terpentinöl, Erg.B. 6.

Harlemer Öl. Harlemer Balsam.

Geschwefeltes Leinöl	250,0	Gereinigtes Terpentinöl DAB. 6	750,0

Das geschwefelte Leinöl wird in dem gereinigten Terpentinöl gelöst.

Klare, rotbraune Flüssigkeit.

Verwendung. Als Verbandöl unverdünnt.

Oleum Zinci. Zinköl, Erg.-B. 6.

Rohes Zinkoxyd DAB. 6	500,0	Olivenöl DAB. 6	500,0

Die Herstellung eines einwandfreien Präparates, in dem das Zinkoxyd feinst verteilt ist, erzielt man nur unter Verwendung geeigneter Apparate (Walzenstuhl u. ä.). Da sich Zinköl gleichermaßen zur Herstellung von medizinischen und kosmetischen Präparaten eignet, bezieht man es zweckmäßig aus dem Großhandel, wenn entsprechende Apparate nicht zur Verfügung stehen.

Paraformaldehydpaste für zahnärztliche Zwecke.

1. (FRAENKEL) Paraformaldehyd 1,0—2,0 | Alypinnitrat 1,0
werden mit Nelkenöl zu einer Paste verarbeitet.

2. (FRAENKEL) Alypinhydrochlorid . . 2,0 | Paraformaldehyd 4,0
werden mit 35 Tr. Nelkenöl zu einer Paste verarbeitet.

3. (REBEL) Paraformaldehyd . . . . 2,0 | Alypinnitrat 1,0
werden mit Eugenol zu einer Paste verarbeitet.

4. (REBEL) Paraformaldehyd . . . . 1,0 | Pantokain oder Panthesin 3,0
werden mit Trypaflavinphenolkampfer zu einer Paste verarbeitet.

Paraffinum liquidum. Darmöl, DAB. 6.

Flüssiges Paraffin DAB. 6 . . 250,0

Verwendung. Bei Darmträgheit und hartnäckiger Verstopfung 1 bis 3 Eßlöffel abends vor dem Schlafengehen voll zu nehmen. Die Wirkung beruht auf der Verhinderung des Festwerdens des Kotes bei der Eindickung im Dickdarm. Gleichzeitig wirkt flüssiges Paraffin reizmildernd und krampflösend.

Paraform-Pfefferminztabletten (Zabler).

Paraform	4,0	Zucker	950,0
Citronensäure DAB. 6 . .	10,0	Weizenstärke	12,5
Neroliöl, künstl.	0,25	Absoluter Alkohol . . .	2,0
Pfefferminzöl DAB. 6 . .	0,75	Weiße Gelatine	0,6

Dest. Wasser 30,0

Den Zucker mit der Lösung der Gelatine im Wasser granulieren, bei 40° trocknen, durch Sieb 2 schlagen. Dann Paraform, Citronensäure und Stärke darunter mischen. Zum Schluß die alkoholische Lösung der ätherischen Öle gleichmäßig auf die Tablettenmasse unter ständigem Rühren verteilen. 1000 Tabletten zu 1,0 g pressen.

Verwendung. Zur Desinfektion von Hals und Rachen 1 bis 2 Tabletten langsam im Munde zergehen lassen.

Pastae. Pasten (vgl. Bd. I, S. 52).

Pasta aseptica. Borzinksalicylpaste, Erg.-B. 6.

Salicylsäure, fein gepulv. . .	10,0	Zinkoxyd, roh, DAB. 6 . . .	200,0
Borsäure, fein gepulv. . . .	100,0	Weiche Salbe	690,0

Borzinksalicylpaste ist gelblichweiß.

Verwendung. Als antiseptisches Mittel bei Hauterkrankungen, ohne keratolytische Wirkung.

Pasta gummosa. Lederzucker, Erg.-B. 6.

Arabisches Gummi, mittelfein gepulv.	200,0	Wasser	100,0
Zucker, mittelfein gepulv.	200,0	Frisches Eiweiß	150,0

Pomeranzenblütenölzucker 1,0

Das arabische Gummi und der Zucker werden gemischt, in einem kupfernen Kessel mit dem Wasser angerührt und unter Rühren mit einem Holzspatel bis zur Honigdicke eingedampft. Dann wird das zu einem dichten Schaum geschlagene Eiweiß zugefügt und so lange mit dem Eindampfen unter beständigem Umrühren fortgefahren, bis eine herausgenommene Probe der Masse nur noch schwierig vom bewegten Spatel abfließt. Dann wird der Pomeranzenblütenölzucker zugefügt, die Masse in Formen gegossen und in der Wärme getrocknet.

Lederzucker ist weiß, durchweg gleichartig, schaumig und leicht. An der Unterseite darf er keine glasig abgeschiedene Gummischicht zeigen.

Verwendung. Als linderndes Mittel bei Heiserkeit und Husten.

Pasta Jodoformi. Jodoformpaste zur Wurzelfüllung für Zahnärzte.

	I	II	III	IV
Thymol, feinst pulv.	0,1	0,1	0,3	—
Jodoform, feinst pulv.	1,0	1,0	4,85	4,0
Zinkoxyd, rein, feinst pulv.	1,0	1,0	4,85	—
Aristol®, feinst pulv.	—	0,1	—	—
Glycerin	nach Bedarf	nach Bedarf	—	—
Tannin, feinst pulv.	—	—	—	0,6
Phenol, verflüssigt	—	—	—	nach Bedarf

Die Vorschriften I und II werden mit Glycerin, die Vorschrift IV mit verflüssigtem Phenol, zu einer Paste angerieben, bei der Vorschrift III wird das Pulver vor Gebrauch mit Chlorphenolkampfer, Eugenol oder Glycerin zu einer Paste angerieben.

Pastae laxantes. Abführende Pasten (Ph. Z.).

1. *Faulbaumrindenpaste:*

Feigen, zerquetschte	50,0
Faulbaumrinde, feinst pulv.	20,0
Kristallsüßstofflösung 1:100 in Wasser	1,0
Pfefferminzöl	2 Tr.

werden zu einer Paste verarbeitet.

2. *Sennesblätterpaste:*

Sennesblätter, feinst pulv.	10,0
Fenchelöl	1 Tr.
Paraffin, flüssig	5,0

werden innig verrieben und dann verarbeitet mit

Feigen, zerquetscht	100,0

Pasta salicylata Lassar. Lassars Salicyl-Zinkpaste.

Salicylsäure, fein pulv.	2,0	Weinzenstärke	24,0
Zinkoxyd, roh, DAB. 6	24,0	Vaselin, gelb	50,0

werden gemischt.

Pasta Zinci mollis „Lanette“. Weiche Zinkpaste „Lanette‘ (DEHYDAG).

Zinkoxyd, roh, DAB. 6	25,0	Cetiol®	15,0
Lanette® N	10,0	Wasser, dest.	auf 100,0

Herstellung s. Lanette-Verarbeitung, S. 126.

Pasta Zinci. Zinkpaste, DAB. 6.

Rohes Zinkoxyd	100,0	Talk	100,0
Gelbes Vaselin	200,0		

Die Pulver werden in gut trockenem Zustand gemischt, gesiebt und im erwärmten Mörser mit dem geschmolzenen gelben Vaselin verrieben. Größere Mengen werden zwecks feiner Verteilung des Zinkoxyds maschinell hergestellt (Walzenstuhl).

Zinkpaste ist gelblichweiß.

Verwendung. Wie Zinksalbe, mit besonders trocknender Wirkung.

Pasta Zinci salicylata. Zinksalicylsäurepaste, DAB. 6.

Fein gepulverte Salicylsäure	1,0	Talk	12,0
Rohes Zinkoxyd	12,0	Gelbes Vaselin	25,0

Die Pulver werden in gut trockenem Zustand gemischt, gesiebt und im erwärmten Mörser mit dem geschmolzenen gelben Vaselin verrieben.

Zinksalicylsäurepaste ist gelblichweiß.

Verwendung. Wie Zinksalbe. Die Salicylsäure liegt in der Paste nach kurzer Zeit als Zinksalicylat vor.

Pastilli. Pastillen (vgl. Bd. I, S. 52).

Pastilli Ammonii chlorati. Salmiaktabletten, Erg.B. 6.

Salmiaklakritzen.

Süßholzsaft	900,0	Ammoniumchlorid DAB. 6	100,0
Wasser	nach Bedarf		

Den Süßholzsaft in Wasser lösen, durchseihen, dann das Ammoniumchlorid zufügen. Das Ganze wird zu einer festen Teigmasse eingedampft. Nach dem Ausrollen zu dünnen Tafeln wird nach dem Trocknen in rautenförmige Täfelchen zerschnitten und nochmals getrocknet.

Verwendung. Als sekretverflüssigendes Expectorans.

Lack zum Lackieren von Salmiakpastillen (Ph. Z.).

1. Tolubalsam 1,0
   Absoluter Alkohol . . 2,0
   Äther 7,0
2. Tolubalsam 1,5
   Kolophonium 0,15
   Absoluter Alkohol . . 1,5
   Äther 10,0
   Heißes Wasser . . . 5,0
3. Mastix 0,5
   Benzoe 0,5
   Absoluter Alkohol . . 1,0
   Äther 8,0

Pastilli Colae. Kolapastillen (DIETERICH).

Kolasamen, geröstet, mittelfein pulv.
Zuckerpulver . . . . .ãã 500,0
Traganthschleim . . . . nach Bedarf

Man formt 1000 Pastillen.

Verwendung. Als Anregungsmittel bei Ermüdung.

Pastilli Menthae piperitae. Pfefferminzpastillen.

1. (SIDO), gepreßt
   a) Pfefferminzöl 4,5
   Essigäther DAB. 6 4,0
   Vanillinessenz (1%ig mit Weingeist, verd. DAB. 6) 4,0
   Weizenstärke 17,0
   Traganthpulver 17,0
   Milchzucker 60,0
   b) Zucker, feinst gepulv. (Sieb VI) . 856,0
   c) Talcum 50,0

Den bestgemischten Bestandteilen von a) mischt man b) zu, versetzt noch mit c) und preßt daraus beliebig große Tabletten.

2. (Erg.-B. 6)
   Pfefferminzöl 5,0
   Zucker, mittelfein gepulv. . . . 1000,0
   Traganthschleim . . . . nach Bedarf

werden zu einer Teigmasse angestoßen, aus der 1000 Pastillen angefertigt werden.

PF-Grundlage — Verarbeitung (vgl. Bd. II, S. 1016).

Für die Herstellung flüssiger Cremes.

Die elfenbeinfarbige PF-Grundlage ergibt mit einem Wasser- und Ölzusatz eine schöne, weiße flüssige Creme vom Typ Ö/W. PF-Grundlage wird außer Wasser flüssiges Paraffin zugesetzt. Man läßt die Grundlage im Wasserbad bei 60 bis 70° schmelzen. Dann wird die vorgesehene Menge Öl zugegeben und schließlich unter ständigem Umrühren das Wasser unter Einhaltung der Temperatur von 60 bis 70° zugefügt. Die warme Emulsion wird in eine große Flasche gefüllt und darin bis zum restlosen Erkalten wiederholt durchgeschüttelt. Der sich bei der Herstellung bildende Schaum legt sich endgültig nach einigen Tagen.

Die fertige Hautmilch ist flüssig, pflegt jedoch nach mehrwöchiger Lagerung etwas nachzudicken. Der Öl- und Wasserzusatz kann je nach dem gewünschten Flüssigkeitsgrad erhöht oder erniedrigt werden. Die Emulsionen sind beständig und rahmen nicht ab. Der Zusatz eines Konservierungsmittels ist nicht notwendig. Maschinelle Einrichtungen sind für die Verarbeitung der PF-Grundlage nicht erforderlich.

Verpackung. Mit PF-Grundlage hergestellt flüssige Cremes werden in Glasflaschen abgefüllt.

Phenolkampfermischung nach Chlumsky.

Phenol, reinst . . . 30,0 | Kampfer, pulv. . . 60,0
Alkohol, absolut . . 10,0

Verwendung. Als mildes Desinfektionsmittel bei der Wurzelbehandlung in der Zahnheilkunde als Einlagemittel.

Phenolum liquefactum. Verflüssigtes Phenol, DAB. 6 (vgl. Bd. II, S. 1021).

Acidum carbolicum liquefactum.

Phenol . . 100,0 | Wasser . . 10,0

Das Phenol wird bei gelinder Wärme geschmolzen und dann mit dem Wasser gemischt.

Klare, farblose oder schwachrötliche Flüssigkeit, D. 1,063 bis 1,066.

Aufbewahrung. *Vorsichtig, vor Licht geschützt!* Die Temperatur des Aufbewahrungsraumes soll nicht unter + 10° herabgehen.

Verwendung. Zur Herstellung von Phenolwasser, DAB. 6. → Bd. II, S. 1020, Phenol, Toxikologie.

Plumbum tannicum. Bleitannat, Erg.-B. 6 (vgl. Bd. II, S. 211).

Bleiessig . . . . . . 30,0 | Gerbsäure DAB. 6 . . 10,0
Wasser . . . . nach Bedarf

Den Bleiessig unter Umrühren in eine kalte Lösung der Gerbsäure in 180 g Wasser eintragen, den entstandenen Niederschlag auswaschen, bis das Waschwasser durch Eisenchloridlösung nur noch schwach gefärbt wird. Dann wird bei gelinder Wärme (nicht über 30°) getrocknet und zerrieben.

Feines, gelblichgraues, in Wasser unlösl. Pulver.

Aufbewahrung. *Vorsichtig!*

Verwendung. Zu Wundsalben (5%), zu Pudern (5%).

Potsdamer Balsam (Hager).

Angelikaspiritus, zusammengesetzter, DAB. 6 . . . . 5,0 | Kalmustinktur DAB. 6 5,0
Hoffmannscher Lebensbalsam. . . . 70,0
Ammoniakflüssigkeit (0,960) 3,0

Verwendung. *Äußerl.* als hautreizende Einreibung.

Protegin-Verarbeitung[1], Typ W/Ö-Emulsion (vgl. Bd. II, S. 1057).

Protegin®-Cremes und Protegin-Salben sind Emulsionen vom Typ W/Ö. Zur Herstellung wird das Protegin mit den weiteren Fettzusätzen bis zum Schmelzen erwärmt, dann das Parfüm zugegeben und anschließend das etwa auf 50° erwärmte Wasser unter gutem Umrühren portionsweise zugesetzt. Vor jedem erneuten Wasserzusatz muß so lange gerührt werden, bis der vorhergehende gut gebunden ist. Nach Zusatz des gesamten Wassers wird das Rühren unter Abkühlen bis auf etwa 30° fortgesetzt. Anschließend wird das Produkt mittels eines Walzenstuhls gründlich durchgearbeitet. Wird eine feste Konsistenz des Produkts gewünscht, walzt man die Creme bei 35 bis 40° und füllt sie so ab.

Während Fette und Öle, die hierbei mitverarbeitet werden sollen, vor der Emulgierung mit dem Protegin zusammengeschmolzen werden, werden wasserlösliche Salze, Säuren, Glycerin usw. in dem Wasser des Ansatzes gelöst. Unlösliche Stoffe werden der fertigen Emulsion zugefügt. Seifen und andere Stoffe, die zur Bildung von Emulsionen vom Typ Ö/W neigen, dürfen Protegin-Cremes mit höherem Wassergehalt nicht zugesetzt werden. Auch Borax, Soda, Pottasche oder Lauge dürfen nicht zugegeben werden, wenn verseifbare Substanzen (Wachs, Wollfett, Fette oder fette Öle) zugegen sind und der Wassergehalt 20% übersteigt. Eine Konservierung der Protegin-Cremes ist nur nötig, wenn sie Zusätze, die dem Verderben unterliegen (z. B. fette Öle), enthalten, in diesem Falle ist die Konservierung mit 0,1 bis 0,2% Nipasol®, berechnet auf die gesamte Fettmenge einschließlich Protegin, notwendig.

Parfümierung. Wegen der emulsionszerstörenden Wirkung von ätherischen Ölen ist ein Vorversuch ratsam. Dabei wird der vorgesehenen Creme so viel des gewünschten Parfüms in kleinen Portionen unter gutem Mischen zugesetzt, bis eine bleibende Wasserausscheidung erfolgt. Zur Parfümierung wird dann zweckmäßig höchstens ein Viertel der so ermittelten Menge verwendet. Bei schlecht verträglichen Parfüms muß entweder der Protegingehalt auf Kosten des Wassers erhöht oder ganz oder teilweise durch Protegin X ersetzt werden. Zweckmäßig wird das Parfüm dem geschmolzenen Protegin *vor* dem Zusatz des Wassers beigemischt. Bei fertigen Cremes darf der Parfümzusatz nur nach und nach unter gutem Umrühren erfolgen.

Verpackung. Als W/Ö-Emulsionen können Protegin-Cremes und Protegin-Salben auch beim offenen Stehen an der Luft nicht eintrocknen. Die Verpackung kann in Weißblechdosen erfolgen, ohne daß die Dosen rosten, mit Ausnahme von Protegin-Cremes mit saurer, wäßriger Phase (z. B. Essigsaure Tonerde-Lösung), die zweckmäßig in Tuben oder Glastöpfen verpackt werden. Bei der Dosenabfüllung ist die Cremeoberfläche mittels eines gut anliegenden Stanniol- oder Papierblättchens abzudecken.

Für die Ausarbeitung von Vorschriften für Protegin-Salben ist folgendes zu beachten:

1. Zur Erzielung haltbarer Cremes ist die Verwendung von etwa 30% Protegin oder 20% Protegin X notwendig.
2. Je höher der Wassergehalt desto höher ist die Wärmebeständigkeit der Cremes. Solche mit etwa 65% Wassergehalt können u. U. Temperaturen bis auf 60° schadlos vertragen. Ein höherer Wassergehalt ist nicht zu empfehlen.
3. Durch die Erhöhung des Wassergehalts wird die Konsistenz fester, die Cremes erhalten größere Weiße.
4. Zeresin, Paraffin und Wachs erhöhen die Konsistenz und erzielen beim Zerreiben ein matteres Aussehen. Der Zusatz von Ölen macht weich und sahnig. Woll-

[1] Nach dem Prospekt der Th. Goldschmidt AG, Essen (1952).

fettzusatz (3%) verbessert die Wärmebeständigkeit, während Glycerinzusatz (3 bis 5%) die Wärme- und Kältebeständigkeit steigert. Ein höherer Zusatz ist zu vermeiden, da sonst beim Verreiben Klebrigkeit auftritt.

5. Ein Zusatz von 0,3 bis 0,5% Bittersalz erhöht die Beständigkeit der Cremes.

Pulveres. Pulver (vgl. Bd. I, S. 53).

Pulvis aerophorus. Brausepulver, DAB. 6.

Englisches Brausepulver.

Mittelfein gepulvertes Natriumbicarbonat . .	2,0
Mittelfein gepulverte Weinsäure	1,5

Die Bestandteile werden getrennt abgegeben, das Natriumbicarbonat in gefärbter, die Weinsäure in weißer Papierkapsel.

Verwendung. Je 1 Pulver auf 1 Glas Wasser, als Arzneimittel obsolet.

Pulvis aerophorus laxans. Abführendes Brausepulver, DAB. 6.

Seidlitzpulver.

Mittelfein gepulv. Kaliumnatriumtartrat . . .	7,5
Mittelfein gepulv. Natriumbicarbonat.	2,5
Mittelfein gepulv. Weinsäure.	2,0

Das Kaliumnatriumtartrat und das Natriumbicarbonat werden gemischt. Dieses Salzgemisch wird in gefärbter, die Weinsäure getrennt davon in weißer Papierkapsel abgegeben.

Pulvis aerophorus mixtus. Gemischtes Brausepulver, DAB. 6.

Mittelfein gepulvertes Natriumbicarbonat . .	13,0
Mittelfein gepulverte Weinsäure	12,0
Mittelfein gepulverter Zucker	25,0

Die Weinsäure und der Zucker sind vor dem Mischen gut zu trocknen, das Natriumbicarbonat ebenfalls, jedoch bei gelinder Wärme (einige Tage bei 30°), dann gemischt.

Brausepulver ist ein trockenes Pulver, das sich im Wasser unter starkem Aufbrausen löst.

Verwendung. *Innerl.* (E. 5,0 g auf 1 Glas Wasser) als lokal anästhesierendes, Übelkeit und Schmerzen unterdrückendes Mittel, bei gleichzeitiger Vermehrung der Salzsäureabsonderung im Magen.

Pulvis aromaticus. Aromatisches Pulver, Erg.-B. 6.

Ceylonzimt, fein gepulv.	500,0	Malabar-Kardamomen, fein gepulv. .	300,0
Ingwer, fein gepulv.	200,0		

Braunes, stark würzig riechendes und schmeckendes Pulver.

Verwendung. Als Geschmackscorrigens und Aromaticum, *innerl.* (E. 0,5 g).

Pulvis Calcii compositus. Zusammengesetztes Kalkpulver (DRF 71).

Saponin	0,1	Calciumglycerophosphat . .	20,0
Natriumchlorid	2,0	Calciumcitrat	auf 50,0

Verwendung. Mehrmals täglich eine Messerspitze bei Rachitis und anderen Kalkmangelerscheinungen.

Pulvis Calcii ferrati. Kalk-Eisenpulver.

Calciumlactat		Calciumphosphat, dreibasisch . .	20,0
Calciumcitrat	āā 10,0	Eisenzucker	15,0
Kakaopulver	20,0		

Verwendung. Als Roborans messerspitzenweise mit Wasser oder Milch zu nehmen.

Pulvis dentifricius. Zahnputzpulver, DAB. 6.

Zu bereiten aus

Gefälltem Calciumcarbonat für den äußeren Gebrauch . .	100,0
Pfefferminzöl	1,25

Das Pfefferminzöl wird erst mit einem kleinen Teil des Calciumcarbonats innig vermengt, dann der Rest in kleinen Anteilen zugegeben und durch ein Sieb geschlagen.

Abgabe. In Beuteln oder Schachteln aus luftdichtem Material.

→ Zahnpulver, kosmetisch, S. 431 ff.

Pulvis dentifricius cum Sapone. Seifen-Zahnputzpulver, DAB. 6.

Zu bereiten aus

Gefälltem Calciumcarbonat für den äußeren Gebrauch . .	90,0
Medizinischer Seife	10,0
Pfefferminzöl	1,25

Seifen-Zahnputzpulver ist weiß und riecht nach Pfefferminzöl.

Pulvis Foeniculi compositus. Ammenpulver.

	I (Hager)	II		I (Hager)	II
Fenchelpulver	25,0	20,0	Magnesiumcarbonat . . .	45,0	40,0
Pomeranzenschalenpulver	10,0	20,0	Zucker	20,0	20,0

Verwendung. Als Milchabsonderung förderndes Mittel teelöffelweise.

Pulvis haemorrhoidalis. Hämorrhoidalpulver, Erg.-B. 6.

Sennesblätter, fein gepulv. . .	200,0	Zucker, fein gepulv.	200,0
Gebrannte Magnesia	200,0	Schwefel, gereinigt, DAB. 6 . .	200,0
Weinstein, fein gepulv.	200,0		

Hämorrhoidalpulver ist gelblichgrün.

Verwendung. *Innerl.* (E. 5 g).

Pulvis Infantium „Hufeland". Hufelandsches Kinderpulver, Erg.-B. 6.

Safran, fein gepulv.	25,0	Magnesiumcarbonat	250,0
Anis, fein gepulv.	100,0	Baldrian, fein gepulv.	250,0
Veilchenwurzel, fein gepulv. . .	375,0		

Hellbraunes, lockeres, nach Baldrian riechendes Pulver.

Verwendung. Als beruhigendes Kinderpulver (E. 1 g).

Pulvis inspersorius benzoatus. Benzoefettpuder.

	I	II		I	II
Talk	230,0	65,0	Bärlappsporen	140,0	20,0
Weizenstärke	230,0	—	Benzoetinktur	78,0	20,0
Rohes Zinkoxyd DAB. 6 . .	230,0	20,0	Wollfett, wasserfrei	—	4,0
Borsäure, fein gepulv. . . .	23,0	4,0	Weißer Ton	—	65,0
Lanolin	23,0	—	Magnesiumcarbonat	—	20,0
Gelbes Vaselin	23,0	—	Veilchenwurzelpulver . . .	—	20,0
Gerbsäure	23,0	—			

Zu I (Erg.-B. 6): Die 3 ersten Bestandteile werden gemischt und die Hälfte dieser Mischung mit der Benzoetinktur getränkt und getrocknet, während die andere Hälfte mit den Fetten verarbeitet wird. Dann werden die beiden Mischungen miteinander und mit den übrigen Bestandteilen gemischt und durch Sieb VI gerieben. Der Puder ist fast weiß und gleichmäßig.

Zu II: Lanolin schmelzen und mit dem Talk verreiben, die krümelige Masse wird durch ein Sieb gegeben, mit der Hauptmenge der Pulvermischung vermengt und abgesiebt. Benzoetinktur mit dem Veilchenwurzelpulver und wenig Bolus verreiben und nach der Verdunstung des Alkohols den Fettpuder zumischen. Das Ganze wird zuletzt erneut gesiebt.

Verwendung. Als Fettpuder.

Pulvis inspersorius cum Bismuto subgallico.

Gelbes Wismutstreupulver, Erg.-B. 6.

Basisches Wismutgallat	100,0	Zinkoxyd, roh, DAB. 6	450,0
Talk	450,0		

Die Mischung wird durch Sieb VI geschlagen.

Verwendung. *Äußerl.* als austrocknender, reizloser Wundpuder, *nicht* für eiternde Wunden.

Pulvis Liquiritiae compositus. Brustpulver, DAB. 6.

Kurellasches Brustpulver.

Mittelfein gepulverter Zucker	10,0	Fein gepulvertes Süßholz	3,0
Fein gepulverte Sennesblätter	3,0	Mittelfein gepulverter Fenchel	2,0
Gereinigter Schwefel	2,0		

Die Pulver werden zunächst in der Reibschale gut gemischt und dann durch Sieb IV geschlagen.

Brustpulver ist grünlichgelb.

Verwendung. Als Abführmittel (E. 5 g).

Pulvis Magnesiae cum Rheo. Kinderpulver, DAB. 6.

Pulvis infantium.

Fein gepulvertes, basisches Magnesiumcarbonat	10,0	Fenchel-Ölzucker	7,0
		Fein gepulverter Rhabarber	3,0

Kinderpulver ist anfangs gelblich, später rötlichweiß und riecht nach Fenchelöl.

Verwendung. In der Kinderpraxis als appetitanregendes und verdauungsförderndes, mild abführendes Mittel (E. 1 g).

Pulvis Mentholi compositus albus. Weißes Mentholschnupfpulver, Erg.-B. 6.

Menthol	20,0	Borsäure, fein gepulv.	480,0
Sozojodolnatrium	20,0	Milchzucker, fein gepulv.	480,0

Verwendung. Als Schnupfpulver bei Schnupfen.

Pulvis salicylicus cum Talco. Salicylstreupulver, DAB. 6.

Fußschweißpulver. Pulvis antihydroticus. Pulvis inspersorius.

Fein gepulverte Salicylsäure	3,0	Weizenstärke	10,0
Talk	87,0		

Die Salicylsäure wird zunächst mit wenig Talkpulver möglichst fein zerrieben, dann der restliche Talk und anschließend die Weizenstärke zugesetzt. Nach gutem Vermengen wird durch ein Sieb geschlagen. An Stelle der Weizenstärke wird besser ANM-Pudergrundlage (→ Bd. II, S. 102) verwendet.

Salicylstreupulver ist weiß, nimmt aber bisweilen durch im Talk enthaltene Spuren von Eisen einen Stich ins Rötliche an.

Verwendung. Als Streupulver gegen Fußschweiß unverdünnt.

Pulvis siccans. Trocknendes Streupulver (RF).

Anästhesin	2,5	Borsäure, pulv.	10,0
Wismutgallat, bas.	5,0	Ton, weißer, DAB. 6	32,5

Pulvis sternutatorius. Schnupfpulver.

Menthol	0,2	Anästhesin	1,0
Gerbsäure DAB. 6	0,5	Borsäure	4,15
Milchzucker	4,15		

Pulvis sternutatorius compositus. Sozomenthol-Schnupfenpulver (Hager).

Menthol	2,0	Borsäure, pulv.	50,5
Sozojodolnatrium	2,0	Milchzucker	45,0
Latschenkiefernöl	0,5		

Pulvis sternutatorius Schneebergensis albus. Weißer Schneeberger Schnupftabak.

1. Medizinische Seife, fein gepulv.	5,0	Maiblumenblüten, pulv.	7,0
Haselwurzpulver	20,0	Veilchenwurzelpulver	65,0
Maiblumenblüten, pulv.	5,0	Bergamottöl	15 Tr.
Veilchenwurzelpulver	50,0	3. (Hager) Quillayarindenpulver	5,0
Bergamottöl	15 Tr.	Veilchenwurzelpulver	20,0
2. Nieswurzpulver	3,0	Reisstärke	74,0
Haselwurzpulver	25,0	Bergamottöl	1,0

Pulvis sternutatorius Schneebergensis viridis. Grüner Schneeberger Schnupftabak.

1. Nieswurzpulver	2,0	2. (Buchheister-Ottersbach)	
Maiblumenblüten, pulv.	30,0	Lavendelblütenpulver	20,0
Majoranpulver	60,0	Salbeiblätterpulver	20,0
Veilchenwurzelpulver	10,0	Majoranpulver	20,0
Bergamottöl	15 Tr.	Steinkleepulver	20,0
(oder Nelkenöl	5 Tr.	Veilchenwurzelpulver	10,0
		Med. Seife, fein gepulv.	8,5
		Nieswurzpulver	1,5

Pulvis stomachicus. Magenpulver.

Medizinische Kohle	50,0	Magnesiumcarbonat	15,0
Ton, weiß, DAB. 6	150,0	Süßholzwurzelpulver	10,0

Verwendung. Bei durch Übersäuerung bedingten Magenbeschwerden 1 Eßlöffel voll in $^1/_2$ Glas Wasser morgens nüchtern, gegen 17 Uhr oder beim Schlafengehen, wenigstens 2 Std. nach der Abendmahlzeit nehmen.

Remedium contra taeniam. Bandwurmmittel aus Kürbiskernen.

(vgl. Bd. II, S. 788).

250 Stück Kürbiskerne werden geschält und mit 5 g Wasser fein zerstoßen, mit Fruchtsaft gesüßt, morgens in 2 Portionen eingenommen. Einige Stunden später werden 2 Eßlöffel voll Rizinusöl gegeben.

Auch zur Beseitigung von Spulwürmern ist diese Kur wirksam.

Rotulae Menthae piperitae. Pfefferminzplätzchen.

	I	II		I	II
Pfefferminzöl	5,0	4,0	Essigäther, DAB. 6	—	6,0
Weingeist (90%)	10,0	—	Zuckerplätzchen	1000,0	1000,0

Bei beiden Vorschriften werden die Zuckerplätzchen mit der Lösung des Pfefferminzöles im Weingeist bzw. im Essigäther in einem geräumigen weithalsigen Glas benetzt, durch rollende Bewegung vermengt, bis keine Plätzchen mehr an der Gefäßwand haften bleiben, und dann die Pfefferminzplätzchen zum Verdunsten des Weingeists bzw. Essigäthers kurze Zeit an der Luft ausgebreitet. Vorschrift I, Erg.-B. 6.

Rotulae Menthae rosatae. Rosen-Pfefferminzküchelchen (HAGER).

Pfefferminzöl Mitcham	10 Tr.	Äther	5,0
Rosenöl	2 Tr.	Zuckerküchelchen	100,0

Herstellung s. Pfefferminzplätzchen.

Salia Thermarum factitia. Künstliche Quellsalze, Erg.-B. 6[1].

Emser Salz.

Natriumjodid	0,02	Natriumbicarbonat	2350,0
Natriumbromid	0,34	Natriumsulfat, getrocknet	30,0
Natriumchlorid	900,0	Natriumphosphat, getrocknet	1,6
Lithiumchlorid	2,9	Kaliumsulfat	44,0

Das Natriumsulfat, das Natriumphosphat und das Kaliumsulfat werden als mittelfeine Pulver für sich gemischt, ebenso die übrigen Bestandteile. Beide Pulvermischungen werden dann innig vermengt und durch Sieb V geschlagen.

Verwendung. Wie Emser Wasser (E. 0,4%).

Fachinger Salz.

Natriumbromid	0,2	Natriumchlorid	620,0
Kaliumchlorid	43,0	Magnesiumsulfat, getrocknet	44,0
Lithiumchlorid	5,0	Strontiumchlorid	3,0
Natriumbicarbonat	4000,0		

Strontiumchlorid und Natriumbicarbonat als mittelfeine Pulver für sich mischen, ebenso die übrigen Bestandteile. Die vermengten Mischungen werden durch Sieb V geschlagen.

Verwendung. Wie Fachinger Wasser (E. 0,45%).

Hunyadi-Salz.

Natriumsulfat, getrocknet	198,0	Natriumcarbonat, getrocknet	9,0
Magnesiumsulfat, getrocknet	195,0	Natriumchlorid	2,8
Kaliumsulfat	1,3		

Nach der Mischung der mittelfeinen Pulver werden sie durch Sieb V geschlagen.

Verwendung. Wie Hunyadi-Janos-Wasser.

Kissinger Salz.

Natriumchlorid	60,0	Natriumbicarbonat	15,0
Magnesiumsulfat, getrocknet	4,0	Natriumsulfat, getrocknet	15,0
Lithiumcarbonat	0,2		

[1] Vgl. Bd. II, S. 1128 „Anwendung von SANDOWS künstlichen Brunnensalzen nach Krankheiten alphabetisch geordnet“.

Die mittelfeinen Pulver werden gemischt und durch Sieb V geschlagen.

Verwendung. Wie Kissinger Wasser.

Marienbader Salz.

Natriumsulfat, getrocknet	350,0	Magnesiumsulfat, getrocknet	77,0
Natriumchlorid	230,0	Kaliumsulfat	6,0
Natriumbicarbonat	350,0	Lithiumcarbonat	1,5

Die mittelfeinen Pulver werden gemischt und durch Sieb V geschlagen.

Verwendung. Wie Marienbader Wasser.

Ober-Salzbrunner Salz (Kronenquelle).

Natriumchlorid	59,0	Kaliumbicarbonat	978,0
Kaliumsulfat	40,0	Lithiumchlorid	5,0
Magnesiumsulfat, getrocknet	237,0		

Die mittelfeinen Pulver mischen und durch Sieb V schlagen.

Verwendung. Wie Ober-Salzbrunner Wasser (Kronenquelle).

Ober-Salzbrunner Salz (Oberbrunnen).

Natriumbromid	0,2	Magnesiumsulfat, getrocknet	50,0
Natriumsulfat, getrocknet	20,0	Lithiumchlorid	4,4
Kaliumsulfat	20,0	Natriumchlorid	60,0
Natriumbicarbonat	750,0		

Die Chloride und das Natriumbicarbonat als mittelfeine Pulver für sich mischen, ebenso die übrigen Bestandteile. Nach der Vereinigung der beiden Pulvermischungen wird durch Sieb V geschlagen.

Verwendung. Wie Ober-Salzbrunner Wasser (Oberbrunnen).

Salzschlirfer Salz.

Natriumchlorid	1000,0	Lithiumbromid	20,0
Magnesiumsulfat, getrocknet	150,0	Natriumbromid	0,5
Kaliumsulfat	20,0	Natriumjodid	0,5

Als mittelfeine Pulver mischen und durch Sieb V schlagen.

Verwendung. Wie Salzschlirfer Wasser.

Sodener Salz.

Natriumbromid	0,1	Lithiumchlorid	1,0
Kaliumchlorid	12,0	Kaliumsulfat	4,0
Natriumchlorid	342,0	Natriumbicarbonat	20,0

Die mittelfeinen Pulver mischen und durch Sieb V schlagen.

Verwendung. Wie Sodener Wasser.

Vichy-Salz (Grande Grille).

Natriumchlorid	53,0	Natriumbicarbonat	550,0
Magnesiumchlorid	15,0	Natriumsulfat, getrocknet	27,0
Calciumchlorid, getrocknet	3,0	Kaliumbicarbonat	35,0
Strontiumchlorid	0,25	Natriumphosphat, getrocknet	13,0

Natriumsulfat, Kaliumbicarbonat und Natriumphosphat als mittelfeine Pulver für sich mischen, ebenso die übrigen Bestandteile. Nach Vereinigung der beiden Mischungen durch Sieb V geschlagen.

Verwendung. Entspricht etwa 0,7%ig dem Vichy-Wasser.

Wiesbadener Salz (Kochbrunnen).

Natriumchlorid	645,0	Natriumbromid	0,4
Kaliumchlorid	18,0	Magnesiumchlorid	13,0
Lithiumchlorid	2,3	Calciumchlorid, getrocknet	20,0
Natriumbicarbonat	40,0		

Calciumchlorid und Natriumbicarbonat als mittelfeine Pulver für sich mischen, ebenso sie übrigen Bestandteile. Die vereinigten Mischungen werden durch Sieb V geschlagen.

Verwendung. Wie Wiesbadener Wasser (Kochbrunnen).

Wildunger Salz (Georg-Victor-Quelle).

Natriumchlorid	6,5	Magnesiumcarbonat, schwer	450,0
Kaliumsulfat	11,0	Calciumcarbonat	500,0
Natriumsulfat, getrocknet	68,0	Natriumbicarbonat	66,0

Calciumcarbonat und Natriumbicarbonat als mittelfeine Pulver für sich mischen, ebenso die übrigen Bestandteile. Nach Vereinigung der beiden Mischungen wird durch Sieb V geschlagen.

Verwendung. Wie Wildunger Wasser (0,45%).

Wildunger Salz (Helenenquelle).

Natriumchlorid	104,4	Magnesiumcarbonat, schwer	110,0
Natriumsulfat, getrocknet	1,3	Calciumcarbonat	100,0
Kaliumsulfat	2,8	Natriumbicarbonat	120,0

Herstellung wie Wildunger Salz (Georg-Victor-Quelle), ebenso Verwendung.

Sapones medicati. Arzneiliche Seifen (vgl. Bd. I, S. 55).

Sapo glycerinatus liquidus. Flüssige Glycerinseife, DAB. 6.

Kaliseife	50,0	Glycerin	40,0
Weingeist	9,0	Lavendelöl	1,0

Die Kaliseife wird zweckmäßig frisch bereitet (→ Sapo kalinus, DAB. 6) und sofort nach erfolgter Verseifung in dem Weingeist und dem Glycerin unter Erwärmen auf dem Wasserbade gelöst. Die Mischung wird durch ein mit Wasser befeuchtetes leinenes Tuch geseiht und das Lavendelöl hinzugefügt. Größere Mengen filtriert man, um ein ganz blankes Präparat zu erhalten, unter Druck durch ein Glassinterfilter.

Flüssige Glycerinseife ist gelb bis gelbbraun.

Sapo kalinus. Kaliseife, DAB. 6.

Gehalt mindestens 40% Fettsäuren.

Leinöl	43,0	Kalilauge	58,0
Weingeist (90%)	5,0		

Das Leinöl und die Kalilauge werden auf dem Wasserbad in einem geräumigen, tiefen Zinn- oder Porzellangefäß unter Umrühren auf etwa 70° erwärmt. Alsdann wird der Weingeist hinzugefügt. Die Mischung wird unter Umrühren erwärmt, bis die Verseifung beendet ist und eine Probe der Mischung sich klar in Wasser und fast klar in Weingeist löst. Durch Abdampfen oder durch Zusatz von heißem Wasser wird das Gewicht der Seife auf 100 g gebracht.

Kaliseife ist eine gelbbraune, durchsichtige, weiche, schlüpfrige Masse, die in 2 T. Wasser oder Weingeist klar oder fast klar löslich ist.

Prüfung des DAB. 6. DAB. 6 läßt prüfen auf

Kieselsäure, Harz. Eine Lösung von 10 g K. in 30 ccm Weingeist muß nach Zusatz von 0,5 ccm n-Salzsäure klar bleiben.

Unzulässige Menge freies Alkali. Bei weiterem Zusatz von 1 Tr. Phenolphthaleinlösung darf sich das Gemisch nicht rot färben. Außerdem ist der vorgeschriebene Fettsäuregehalt zu bestimmen.

Aufbewahrung. *Kühl* und *trocken*, in *gut schließenden* Porzellan- oder Glasgefäßen. An feuchter Luft nimmt Kaliseife Wasser auf, dabei wird die obere Schicht dünnflüssig.

Verwendung. Als Einreibung unverdünnt bei Skrophulose und bestimmten Formen der Tuberkulose als unterstützendes Mittel, zu ableitenden und resorptionsfördernden Umschlägen, als Gleitschiene in Salben für Arzneimittel, die tief in die Haut eindringen sollen (Salicylsäure, Schwefel, Teer u. a.).

Sapo kalinus venalis. Schmierseife, DAB. 6.

Sapo viridis. Grüne Seife.

Schmierseife DAB. 6 ist eine *glatte Ölschmierseife* mit 40% Fettsäuren.

Verwendung. Wie Kaliseife.

Sapo medicatus. Medizinische Seife, DAB. 6.

Natronlauge . . .	120,0	Weingeist (90%) . .	12,0
Schweineschmalz. .	50,0	Natriumchlorid . .	25,0
Olivenöl	50,0	Natriumcarbonat. .	3,0
Wasser	280,0		

Zu der auf dem Wasserbad erhitzten Natronlauge setzt man nach und nach die geschmolzene Mischung von Schweineschmalz und Olivenöl hinzu und erhitzt unter Umrühren 1 Std. lang. Darauf fügt man den Weingeist und, sobald die Masse gleichförmig geworden ist, nach und nach 200 g Wasser hinzu und erhitzt, nötigenfalls unter Zusatz kleiner Mengen Natronlauge, weiter, bis ein durchsichtiger, in heißem Wasser ohne Abscheidung von Fett löslicher Seifenleim gebildet ist. Alsdann wird die filtrierte Lösung des Natriumchlorids und des Natriumcarbonats in 80 g Wasser hinzugefügt und die ganze Masse unter Umrühren weiter erhitzt, bis sich die Seife vollständig abgeschieden hat. Die erkaltete, von der Mutterlauge getrennte Seife wird mehrmals mit geringen Mengen Wasser ausgewaschen, dann vorsichtig, aber stark ausgepreßt, in Stücke zerschnitten und an einem warmen Orte getrocknet.

Medizinische Seife ist weiß, nicht ranzig und in Wasser oder Weingeist löslich.

Prüfung des DAB. 6. Das DAB. 6 läßt prüfen auf

unzulässige Menge freies Alkali. Eine durch gelindes Erwärmen hergestellte Lösung von 1 g med. Seife in 20 ccm Weingeist darf nach Zusatz von 0,5 ccm $^{1}/_{10}$-n-Salzsäure durch einige Tr. Phenolphthaleinlösung nicht gerötet werden.

Schwermetallsalze. Die sauer reagierende Lösung darf durch 3 Tr. Natriumsulfidlösung nicht verändert werden.

Verwendung. Zum Klistier (1%), zu Waschungen (3%), als Zusatz zu Zahnpulvern und Zahnpasten (10%).

Sapo stearinicus. Stearinseife, Erg.-B. 6.

Natriumcarbonat . .	56,0	Kochsalz	25,0
Stearinsäure	100,0	Soda	3,0
Weingeist (90%) . .	10,0	Wasser	nach Bedarf

Die geschmolzene Stearinsäure wird in kleinen Anteilen in die im Wasserbad erhitzte Lösung des Natriumcarbonats in 300 g Wasser gegeben und die Mischung

$^1/_2$ Std. lang unter Umrühren im Wasserbad erhitzt. Dann wird der Weingeist zugesetzt und weiter erhitzt, bis sich ein durchsichtiger, in heißem Wasser völlig löslicher Seifenleim gebildet hat. Man gibt dann eine filtrierte Lösung der Soda und des Kochsalzes in 80 g Wasser zu und erhitzt unter Umrühren so lange, bis sich die Seife vollkommen abgeschieden hat. Nach dem Erkalten trennt man die Seife von der Unterlage, wäscht sie wiederholt mit wenig Wasser ab, preßt dann stark aus, zerschneidet in Stücke und pulverisiert sie nach dem Trocknen.

Stearinseife ist weiß und in Wasser und Weingeist klar löslich.

Sapo terebinthinatus. Terpentinseife, Erg.-B. 6.

Ölseife, fein gepulv.	460,0	Kaliumcarbonat, fein zerrieben . .	80,0
Terpentinöl, DAB. 6	460,0		

Die Herstellung erfolgt durch einfaches Mischen der Bestandteile.

Salbenartige, zunächst weiße, sich später gelb färbende Masse.

Verwendung. Als hautreizende Einreibung unverdünnt.

Sapo unguinosus. Mollin, Erg.-B. 6.

Kaliumhydroxyd. .	175,0	Schweineschmalz. .	440,0
Wasser	265,0	Weingeist (90%) . .	45,0
Glycerin	165,0		

Das im Wasser gelöste Kaliumhydroxyd mit dem Schweineschmalz $^1/_2$ Std. lang unter Umrühren im Wasserbad erwärmen. Den Weingeist zufügen und weiter unter Umrühren so lange auf 50 bis 60° erwärmen, bis vollständige Verseifung eingetreten ist. Der fertigen Seife wird das Glycerin zugefügt.

Mollin ist eine weiße, salbenartig weiche Seife.

Verwendung. Als Einreibung unverdünnt.

Seba. Talge (vgl. Bd. I, S. 57).

Sebum benzoatum. Benzoetalg, Erg.-B. 6.

Hammeltalg	1000,0	Benzoe DAB. 6	20,0
Natriumsulfat, getrocknet . .	60,0		

Die Benzoe mit dem Natriumsulfat fein zerreiben. Den Hammeltalg mit diesem Gemisch unter häufigem Umrühren 2 Std. lang auf etwa 60° erwärmen, dann filtrieren.

Benzoetalg darf nicht ranzig riechen.

Verwendung. Unverdünnt als Einreibung gegen Wundlaufen.

Sebum salicylatum. Salicyltalg, DAB. 6.

Salicylsäure . .	2,0	Benzoesäure .	1,0
Hammeltalg . . .	97,0		

Die Säuren werden in dem auf dem Wasserbade geschmolzenen Hammeltalg gelöst.

Salicyltalg ist weiß und darf nicht ranzig riechen.

Prüfung des DBA. 6. Erwärmt man 1 g Salicyltalg mit 5 ccm verdünntem Weingeist, gießt nach dem Erkalten den Weingeist ab und versetzt ihn mit 1 Tr. verdünnter Eisenchloridlösung (1 + 9), so muß eine violette Färbung entstehen.

Verwendung. Als Einreibung gegen Wundlaufen (Wolf), zur Fußpflege bei übermäßigem Schweiß.

Serum Lactis. Molken, Erg.-B. 6.

Frische Kuhmilch . . 200,0 | Labessenz 1,0

werden gemischt und auf 35 bis 40° erwärmt. Nach dem Gerinnen werden die Molken vom Kasein durch Kolieren getrennt.

Molken sind gelblichweiß, schmecken nicht sauer und enthalten neben wenig Eiweiß (0,7 bis 0,8%) und Spuren Fett noch den gesamten Gehalt (4 bis 5%) an Milchzucker und Mineralstoffen, davon $^1/_4$ gelöster Kalk. Der Vitamingehalt, besonders an Lactoflavin (Vitamin B_2) ist beachtlich.

Sirupi. Sirupe (vgl. Bd. I, S. 55/56).

Sirupus Allii sativi. Knoblauchsirup, Erg.-B. 6.

Knoblauchtinktur . . . 30,0 | Aromatische Tinktur . . 45,0
Zuckersirup DAB. 6 . . 925,0

Bräunlichgelbe, klare oder fast klare Flüssigkeit.

Verwendung. Wie Knoblauch *innerl.* (E. 30 g), als schweißhemmendes Mittel abends vor dem Schlafengehen 1 bis 2 Eßlöffel zu nehmen.

Sirupus Aurantii. Pomeranzensirup, DAB. 6.

Pomeranzenschalensirup. Sirupus Aurantii corticis.

Fein zerschn. Pomeranzenschalen . 100,0 | Weißwein 900,0
Zucker 1200,0

Die Pomeranzenschalen werden 2 Tage lang mit dem Weißwein bei Zimmertemperatur unter wiederholtem Umschütteln in einem verschlossenen Gefäß ausgezogen und hierauf ausgepreßt. Aus 800 g der filtrierten Flüssigkeit wird mit dem Zucker der Sirup bereitet.

Verwendung. Als Geschmackscorrigens (10%).

Sirupus Aurantii Floris. Pomeranzenblütensirup, Erg.-B. 6.

Zucker . . . . 600,0 | Wasser 200,0
Pomeranzenblütenwasser . . 200,0

Den Zucker im Wasser durch Aufkochen lösen und nach dem Erkalten das Pomeranzenblütenwasser zufügen.

Pomeranzenblütensirup ist farblos.

Verwendung. Als Geschmackscorrigens (10%).

Sirupus Calcii hypophosphorosi. Calciumhypophosphitsirup, Erg.-B. 6.

Calciumhypophosphit . . . . 10,0 | Wasser 300,0
Zucker, mittelfein gepulv. . . 640,0 | Kalkwasser 60,0

Calciumhypophosphit und Zucker in der Mischung von Wasser und Kalkwasser durch Erwärmen (40 bis 50°) lösen, die Lösung filtrieren.

Farblose Flüssigkeit, die Lackmuspapier nicht rötet.

Verwendung. Als Roborans (E. 10 g).

Sirupus Calcii hypophosphorosi ferratus. Kalkeisensirup, Erg.-B. 6.

Calciumhypophosphitsirup mit Eisen.

Calciumhypophosphitsirup . . 660,0 | Ferrohypophosphitsirup . . 340,0

Klarer Sirup, Geschmack säuerlich, nach Eisen.

Verwendung. Als Roborans (E. 10 g).

Sirupus Calcii phospholactici. Calciumphospholactatsirup. Erg.B. 6.

Kalksirup.

Lösl. Calciumphospholactat	20,0	Wasser	180,0
Zuckersirup (aus 2 T. Zucker u. 1 T. Wasser)	800,0	Rosenöl	nach Bedarf
		Vanillin	nach Bedarf
Weingeist (90%)	nach Bedarf		

Das zerriebene Calciumphospholactat unter Erwärmen im Wasser lösen und die filtrierte Lösung mit dem Sirup mischen. Zu je 1000 g des Sirups 1 Tr. Rosenöl, 0,05 g Vanillin in 1 g Weingeist (90%) gelöst zufügen.

Klarer, farbloser Sirup.

Verwendung. Als Roborans (E. 10 g).

Sirupus Caricae. Feigensirup (SIDO).

1. Feigen, geschnitten	480,0	Weingeist (90%)	390,0
Wasser	1920,0	Flüss. Süßholzextrakt	180,0
Zucker	4000,0	Sennaaufguß (1 : 3)	2280,0
Korianderöl	3,0		

Feigen und Wasser kochen, aus der Kolatur mit dem Zucker 4560 g Sirup bereiten und diesem die anderen Bestandteile zumischen, wobei das Korianderöl in dem Weingeist zu lösen ist.

2. a) Feigen, zerschn.	700,0	d) Glycerin	100,0
Sennesblätter	300,0	Pfefferminztropfen	50,0
Heißes Wasser	2500,0	Aromatischer Kaskaraextrakt	500,0
b) Heißes Wasser	1500,0	Zuckersirup	3500,0
c) Magnesiumcarbonat	50,0		

a) 6 Std. digerieren, abpressen, Rückstand mit b) 3 Std. digerieren, abpressen, vereinigte Preßflüssigkeiten mit c) aufkochen, nach 2tägigem Absetzen durch Flanell kolieren, auf 850,0 eindampfen und mit d) versetzen.

Sirupus Caricae compositus. Zusammengesetzter Feigensirup, Erg.-B. 6.

Feigensirup.

Sennesfrüchte, mittelf. zerschn.	70,0	Weingeist (90%)	70,0
Feigen, grob zerschn.	140,0	Wasser	nach Bedarf
Zucker	530,0	Nelkenöl	nach Bedarf
Pomeranzenblütenwasser	10,0	Pfefferminzöl	nach Bedarf

Sennesfrüchte und Feigen mit 700 g Wasser 2 Std. lang unter wiederholtem Umrühren ausziehen, alsdann ohne stärkere Pressung von der Flüssigkeit trennen. Nach dem Erhitzen zum Sieden des Auszuges wird filtriert, das Filtrat mit Wasser auf 390 g ergänzt und mit dem Zucker zu Sirup gekocht. Nach dem Erkalten werden das Pomeranzenblütenwasser und der Weingeist beigemengt und auf je 1000 g der fertigen Mischung 2 Tr. Nelkenöl und 1 Tr. Pfefferminzöl zugefügt.

Klarer, dunkelbrauner, angenehm fruchtartig schmeckender Sirup.

Verwendung. Als mildes Abführmittel (E. 30 g).

Sirupus Cerasi. Kirschsirup, DAB. 6.

Sirupus Cerasorum.

Kirschsaft	70,0	Zucker	130,0

Frische, saure, schwarze Kirschen (Weichselkirschen) werden mit den Kernen zerstoßen und, lose bedeckt, bei Zimmertemperatur unter wiederholtem Umrühren so lange stehengelassen, bis 10 ccm einer abfiltrierten Probe des Saftes sich mit 5 ccm Weingeist ohne Trübung mischen. Alsdann preßt man die Masse aus, läßt den Saft absetzen, filtriert und bereitet aus dem vollkommen klaren Safte mit dem Zucker den Sirup.

Kirschsirup ist dunkel-purpurrot.

Prüfung des DAB. 6. Das DAB. 6 läßt prüfen auf:

Salicylsäure. Werden 50 ccm K. mit verdünnter Schwefelsäure angesäuert und mit einer Mischung von gleichen Raumteilen Äther und Petroläther ausgeschüttelt, so darf der beim freiwilligen Verdunsten der ätherischen Schicht verbleibende Rückstand mit verdünnter Eisenchloridlösung (1 + 99) keine violette Färbung geben.

Stärkesirup. 10 ccm K. werden mit 10 ccm Wasser versetzt und durch Kochen mit medizinischer Kohle entfärbt. Wird 1 ccm des wasserhellen Filtrats mit 2 Tr. rauchender Salzsäure versetzt, gut umgeschüttelt und mit 10 ccm absolutem Alkohol gemischt, so darf die Mischung nicht milchig getrübt werden.

Teerfarbstoffe. Werden 20 ccm K. mit 60 ccm Wasser und 0,5 g Kaliumbisulfat versetzt und darauf mit einem etwa 15 cm langen Faden aus weißer, entfetteter Wolle in einer Porzellanschale $^1/_4$ Stunde lang auf dem Wasserbade erhitzt, so darf der Wollfaden nach dem Auswaschen mit Wasser nur schwach rötlich gefärbt sein. Beim Befeuchten mit Ammoniakflüssigkeit muß sich der Faden grünlich färben; eine Rotfärbung darf nicht bestehen bleiben.

Sirupus Chamomillae. Kamillensirup, Erg.-B. 6.

Kamillen	100,0	Wasser	550,0
Weingeist (90%)	50,0	Zucker	600,0

Die Kamillen mit dem Weingeist durchfeuchten und dann mit dem Wasser 24 Std. lang bei Zimmertemperatur unter öfterem Umrühren stehenlassen. Aus 400 g der abgepreßten und filtrierten Flüssigkeit werden mit dem Zucker 1000 g Sirup hergestellt.

Gelbbrauner Sirup.

Verwendung. Als Geschmackscorrigens (10%).

Sirupus Cinnamomi. Zimtsirup, DAB. 6.

Fein zerschnittener Ceylonzimt	20,0	Wasser	100,0
Weingeist	10,0	Zucker	120,0

Der Ceylonzimt wird 2 Tage lang mit dem Weingeist und dem Wasser bei Zimmertemperatur unter wiederholtem Umschütteln in einem verschlossenen Gefäß ausgezogen und hierauf ausgepreßt. Aus 80 g der filtrierten Flüssigkeit wird mit dem Zucker der Sirup bereitet.

Verwendung. Als Geschmackscorrigens (10%).

Sirupus Citri. Citronensirup, Erg.-B. 6.

Citronensaft, geklärt und filtriert	400,0	Zucker	600,0

Citronensirup ist gelblich.

Verwendung. Als Geschmackscorrigens (10%).

Sirupus Ferri hypophosphorosi. Ferrohypophosphitsirup, Erg.-B. 6.

Ferrosulfat	3,0	Phosphorsäure	3,0
Wasser	4,5	Calciumhypophosphit	2,05
Zuckersirup	nach Bedarf		

Das Ferrosulfat im Wasser und der Phosphorsäure lösen, das Calciumhypophosphit zufügen. Den entstandenen Niederschlag nach 5 Min. durch Kolieren und Pressen entfernen, die Kolatur filtrieren. Je 1,0 des klaren Filtrats mit 8,0 Zuckersirup mischen.

Ferrohypophosphirsirup ist schwach grünlich gefärbt, Geschmack säuerlich und nach Eisen.

Verwendung. Als Roborans (E. 10 g).

Sirupus Foeniculi. Fenchelsirup, Erg.-B. 6.

Zerquetschter Fenchel	100,0	Wasser	500,0
Weingeist (90%)	50,0	Zucker	600,0

Den Fenchel zunächst mit dem Weingeist durchfeuchten, dann mit dem Wasser 24 Std. lang unter öfterem Umrühren bei Zimmerwärme stehen lassen, auspressen und filtrieren. Aus 400 g der erhaltenen Flüssigkeit werden mit dem Zucker 1000 g Fenchelsirup hergestellt.

Fenchelsirup ist braungelb.

Verwendung. *Innerl.* (E. 10 g) als Geschmackscorrigens 10%.

Sirupus laxativus. Abführsirup (KAISER).

Frangulafluidextrakt	25,0	Pfefferminzsirup	10,0

Verwendung. Abends 1 Teelöffel voll.

Sirupus Liquiritiae. Süßholzsirup, DAB. 6.

Süßholz, fein zerschnitten	40,0	Wasser, dest.	200,0
Ammoniakflüssigkeit, DAB. 6	10,0	Weingeist (90%)	20,0
Zuckersirup	nach Bedarf		

Das Süßholz mit der Ammoniakflüssigkeit und dem Wasser 12 Std. lang bei Zimmertemperatur unter wiederholtem Umschütteln in einem verschlossenen Gefäß ausziehen, dann auspressen. Die abgepreßte Flüssigkeit auf dem Wasserbad auf 20 g eindampfen. Den Rückstand mit dem Weingeist versetzen, die Mischung nach dem Absetzen filtrieren und das Filtrat durch Zusatz von Zuckersirup auf 200 g bringen.

Sirupus Menthae piperitae. Pfefferminzsirup, DAB. 6.

Fein zerschnittene Pfefferminzblätter	20,0	Wasser	100,0
Weingeist (90%)	10,0	Zucker	130,0

Die Pfefferminzblätter werden mit dem Weingeist befeuchtet, mit dem Wasser 1 Tag lang bei Zimmertemperatur unter wiederholtem Umschütteln in einem verschlossenen Gefäß ausgezogen und hierauf ausgepreßt. Aus 70 g der filtrierten Flüssigkeit wird mit dem Zucker der Sirup bereitet.

Pfefferminzsirup ist grünlichbraun und ist heiß in kleine, dem Verbrauch angemessene Gefäße zu füllen und luftdicht verschlossen aufzubewahren.

Verwendung. Als Geschmackscorrigens (10%), zur Likörherstellung.

Sirupus Mori. Maulbeersirup, Erg.-B. 6.

Maulbeersaft	350,0	Zucker	650,0

Herstellung wie Sirupus Ribis.
Maulbeersirup ist dunkelrot.

Verwendung. Als Geschmackscorrigens (10%).

Sirupus Rhamni catharticae. Kreuzdornsirup.

Kreuzdornbeerensaft	7,0	Zucker	13,0

Frische Kreuzdornbeeren werden zerstoßen und lose bedeckt, bei Zimmertemperatur unter wiederholtem Umrühren so lange stehen gelassen, bis 10 ccm einer abfiltrierten Probe des Saftes sich mit 5 ccm Weingeist ohne Trübung mischen. Alsdann preßt man die Masse aus, läßt den Saft absetzen, filtriert und bereitet aus dem vollkommen klaren Safte mit dem Zucker den Sirup.

Kreuzdornbeerensirup ist violettrot.

Verwendung. Als Abführmittel, besonders gut für Kinder geeignet (E. 10 g).

Sirupus Rhoeados. Klatschrosensirup, Erg.-B. 6.

Klatschrosenblüten, fein zerschn.	50,0	Wasser	500,0
Citronensäure	1,0	Zucker	650,0

Die Klatschrosenblüten mit der Citronensäure und dem Wasser 4 Std. lang unter häufigem Umrühren bei etwa 35° stehenlassen, dann auspressen. Die Flüssigkeit zum Sieden erhitzen und filtrieren. Das Filtrat auf 350 g mit Wasser ergänzen und dann mit dem Zucker 1000 g Sirup herstellen.

Klatschrosensirup ist dunkelrot.

Verwendung. Als Farbcorrigens (10%).

Sirupus Ribis. Johannisbeersirup, Erg.-B. 6.

Johannisbeersaft	350,0	Zucker	650,0

Frische, rote Johannisbeeren zerdrücken und in einem lose bedeckten Gefäß unter öfterem Umrühren bei Zimmertemperatur stehenlassen, bis 10 ccm einer abfiltrierten Probe sich mit 5 ccm Weingeist (90%) ohne Trübung mischen lassen. Dann wird ausgepreßt und nach dem Absetzen des Saftes filtriert. Aus 350 g des klaren Saftes wird mit 650 g Zucker 1000 g Sirup hergestellt.

Lebhaft roter Sirup.

Verwendung. Als Geschmackscorrigens (10%).

Sirupus Rubi Idaei. Himbeersaft, DAB. 6.

Himbeersaft	700,0	Zucker	1300,0

Frische rote Himbeeren werden zerdrückt und, lose bedeckt, bei Zimmertemperatur unter wiederholtem Umrühren so lange stehengelassen, bis 10 ccm einer abfiltrierten Probe des Saftes sich mit 5 ccm Weingeist ohne Trübung mischen. Alsdann preßt man die Masse aus, läßt den Saft absetzen, filtriert und bereitet aus dem vollkommen klaren Saft mit dem Zucker den Sirup.

Himbeersirup ist rot und enthält 65% Zucker.

Sollen größere Mengen verarbeitet werden, unterstützt man die Gärung zweckmäßig durch Zusatz von 2% Zucker, preßt nach 2 Tagen ab und läßt in zu $^3/_4$ des Rauminhalts gefüllten und mit Gärverschluß versehenen Flaschen bei 20 bis 25° bis zur Beendigung der Gärung stehen. Durch diese Maßnahme erreicht man eine bessere Fällung der Eiweißstoffe und dadurch einen leichter filtrierbaren Saft. Durch den Gärverschluß wird der Luftzutritt gehemmt und ein Mißfarbigwerden des Saftes vermieden. → Fruchtsäfte, S. 498, 523.

Bei der Herstellung von größeren Mengen Himbeersirup ist darauf zu achten, daß dieser nach etwa zweijähriger Lagerung an Farbe verliert. Es empfiehlt sich also, sich darauf einzustellen.

Prüfung des DAB. 6. *Salicylsäure.* Werden 50 ccm H. mit verdünnter Schwefelsäure angesäuert und mit einer Mischung von gleichem Raumteil Äther und Petroläther ausgeschüttelt, so darf der beim freiwilligen Verdunsten der ätherischen Schicht verbleibende Rückstand mit verdünnter Eisenchloridlösung (1 + 99) keine violette Färbung geben.

Stärkesirup. 10 ccm H. werden mit 10 ccm Wasser versetzt und durch Kochen mit medizinischer Kohle entfärbt. Wird 1 ccm des wasserhellen Filtrats mit 2 Tr. rauchender Salzsäure versetzt, gut umgeschüttelt und mit 10 ccm absolutem Alkohol gemischt, so darf die Mischung nicht milchig getrübt werden.

Teerfarbstoffe. Werden 20 ccm H. mit 60 ccm Wasser und 0,5 g Kaliumbisulfat versetzt und darauf mit einem 15 ccm langen Faden aus weißer, entfetteter Wolle in einer Porzellanschale 1/4 Stunde lang auf dem Wasserbad erhitzt, so darf der Wollfaden nach dem Auswaschen mit Wasser nur schwach rötlich gefärbt sein. Beim Befeuchten mit Ammoniakflüssigkeit muß sich der Faden grünlich färben; eine Rotfärbung darf nicht bestehen bleiben.

Verwendung. Als Geschmackscorrigens (10%). Wird Himbeersaft für Genußzwecke *mit Kirschsaft gefärbt,* muß dies *auf dem Etikett vermerkt* sein.

Sirupus simplex. Zuckersirup, DAB. 6.

Weißer Sirup. Sirupus albus. Sirupus Sacchari.

Zucker.	300,0	Wasser	200,0

Man verwendet nur sehr reinen Kristallzucker oder ungeblaute Raffinade in Hutform. Aus dem Zucker und dem Wasser wird der Sirup bereitet und zweckmäßig mit einem Spezialfiltrierapparat heiß filtriert, da bei gewöhnlicher Temperatur infolge der langen Dauer sich Pilze und Bakterien ansiedeln können.

Zuckersirup darf sich nach dem Zusatz einer gleichen Raummenge Weingeist (90%) nicht trüben (Stärkesirup). Wird eine Mischung von 0,5 g Zuckersirup, 5 ccm Wasser und 5 ccm alkalischer Kupfertartratlösung bis zum einmaligen Aufkochen erhitzt, so darf nicht sofort eine gelbe oder rötliche Ausscheidung erfolgen (reduzierende Zucker).

Zuckersirup wird heiß in dem Verbrauch angemessene Gefäße gefüllt und luftdicht verschlossen aufbewahrt.

Sirupus Thymi. Thymiansirup, Erg.-B. 6.

Thymianfluidextrakt .	150,0	Zuckersirup	850,0

werden gemischt. Thymiansirup ist braun.

Verwendung. *Innerl.* als Hustensirup (E. 10 g).

Vitamin C-Sirup.

Askorbinsäure Erg.-Bd. 6 . .	0,5	Apfelsinenschalentinktur . .	5,0
Citronensäure DAB. 6 . . .	0,5	Zuckersirup DAB. 6 . .	auf 100,0

Abzugeben in *braunem Glas!* Dieser Sirup soll das Vitamin C besonders gut konservieren.

Verwendung. Bis 3mal tägl. 1 Teelöffel voll zu nehmen.

Sirupus Zingiberis. Ingwersirup, Erg.-B. 6.

Ingwer, fein zerschn. . .	50,0	Wasser	450,0
Weingeist (90%)	50,0	Zucker	600,0

Den Ingwer mit dem Weingeist durchfeuchten, dann mit dem Wasser 2 Tage lang bei Zimmertemperatur unter öfterem Umrühren stehenlassen. Aus 400 g der abgepreßten und filtrierten Flüssigkeit mit dem Zucker 1000 g Sirup bereiten.

Ingwersirup ist gelblichbraun.

Verwendung. Als Geschmackscorrigens (10%).

Solutiones. Lösungen (vgl. Bd. I, S. 50/51).

Solutio ad inhalationen. Inhalierflüssigkeit für Kaltinhalatoren

(vgl. Oleum Mentholi, S. 140).

	1	2		1	2
Eukalyptusöl DAB. 6	0,5	5,0	Menthol	0,2	1,0
Terpentinöl DAB. 6	—	2,0	Flüssiges Paraffin DAB. 6	24,3	10,0
Latschenkiefernöl	—	2,0			

Solutio Dakin. Dakinsche Lösung.

Chlorkalk	200,0	Wasser auf	10000,0
Natriumcarbonat, getrocknet DAB. 6	140,0	Borsäure	40,0

Das Natriumcarbonat wird im Wasser gelöst und der Chlorkalk in die Lösung eingerührt. Nach dem Absetzen wird klar abgegossen und die Borsäure zugesetzt.

Verwendung. *Äußerl.* als Desinfiziens bei jauchigen Wunden, zur Händedesinfektion. Die Desinfektionswirkung beruht auf dem sich entwickelnden Sauerstoff im Entstehungszustand. Die Lösung ist etwa 1 Woche lang haltbar. Wird statt wasserfreiem Natriumcarbonat kristallisiertes verwendet, sind 400 g nötig.

Solutio Natrii chlorati physiologica. Physiologische Kochsalzlösung, DAB. 6.

Natriumchlorid	9,0	Wasser	991,0

Das Natriumchlorid wird in dem Wasser gelöst, die Lösung filtriert und im Dampftopf sterilisiert.

Physiologische Kochsalzlösung darf nur keimfrei, völlig klar, insbesondere auch frei von Schwebestoffen, die meist aus dem Glase stammen, abgegeben werden.

Verwendung. Als der Blutflüssigkeit isotonische Lösung zum Injizieren oder Infundieren bei Kollapszuständen, großen Flüssigkeitsverlusten, um den Blutdruck zu erhöhen und das Gefäßsystem wieder aufzufüllen.

Species. Teegemische.

Teegemische (vgl. Bd. I, S. 57) *zerkleinerter* Substanzen sind nach AV., Verz. A, 4 zum Verkauf als Heilmittel außerhalb der Apotheken verboten. Vergleiche auch Verordnung über Tee und teeähnliche Erzeugnisse, Bd. I, S. 606.

Teezubereitungen im Haushalt.

Bei der Teezubereitung im Haushalt muß dafür gesorgt werden, daß die wirksamen Inhaltsstoffe möglichst restlos in der fertigen Teezubereitung enthalten sind. Um dies zu erreichen, werden verschiedene Zubereitungsformen angewandt, die je nach der Zusammensetzung des Tees durch einen *Aufguß*, eine *Abkochung*, einen *Kaltwasserauszug* oder die Verbindung von *Heiß-* und *Kaltwasserbereitung* erfolgen.

Der Aufguß findet zur Herstellung von Teezubereitungen aus zarten Pflanzenteilen (Blätter, Blüten, Samen) Verwendung und wird durch Übergießen der vorgeschriebenen Drogenmenge in einem mit kochendem Wasser ausgespültem Porzellangefäß mit der notwendigen Menge springend kochenden Wassers übergossen und umgerührt. Man läßt 10 bis 15 Minuten lang *bedeckt* stehen, gießt durch ein Sieb ab und trinkt den Tee mit Zucker (Hustentees mit Kandiszucker oder Honig) gesüßt.

Die Abkochung findet zur Herstellung von Teezubereitungen aus harten Pflanzenteilen (Wurzeln, Wurzelstöcken, Rinden und Hölzern) Verwendung. Die erforderliche Drogenmenge wird hierbei mit der erforderlichen Menge *kalten* Wassers angesetzt und 30 Minuten lang bei kleiner Flamme erwärmt, zum Schluß einmal kurz aufgekocht, dann durch ein Sieb gegossen.

Der Kaltwasserauszug findet vor allem bei Schleimdrogen (Eibischwurzel, Leinsamen, Carrageen, aber auch bei Baldrianwurzel, Sennesblättern und Sennesbälgen Verwendung. Bei Baldrian geht die wirksame Isovaleriansäure schon bei diesem Verfahren in Lösung, während bei den Sennes-Drogen das Leibschmerzen hervorrufende Harz (im Gegensatz zum Aufguß) nicht in Lösung geht.

Die Verbindung von Heiß- und Kaltwasserauszug (nach MADAUS) ist bei Wurzeln, Rinden und Hölzern besonders empfehlenswert. Zunächst wird die Droge mit der Hälfte des zu verwendenden Wassers *kalt* angesetzt und nach drei Stunden abgesiebt. Der Drogenrückstand wird mit der anderen Hälfte des Wassers als Aufguß (s. oben) behandelt und beide Auszüge vor dem Einnehmen vereinigt.

Die Dosierung von Tees. Im allgemeinen nimmt man die Menge Droge, die man zwischen drei Fingerspitzen auf einmal greifen kann. Sie entspricht etwa einem Eßlöffel voll Droge oder eines Drogengemischs, die auf eine Tasse (150 ccm) Wasser, 6 Eßlöffel auf 1 l Wasser, Verwendung findet. Bei Blättern und Blüten entspricht diese Menge etwa 3 bis 5 Gramm, bei Wurzeln, Rinden und Hölzern etwa 6 bis 10 g. Besonders leichte Drogen ergeben naturgemäß andere Gewichte. So wiegt z. B. ein Eßlöffel voll Ringelblume höchstens 1 g, 1 Eßlöffel voll Schafgarbe etwa 2,5 g. Diese für Erwachsene geltende Einzeldosis kann als Tagesdosis nach FLAMM/KROEBER/SEEL auf etwa 10 bis 30 g erhöht werden. Dieses ganz grobe Schema muß z. B. für Bitterstoffdrogen (Enzian, Tausendgüldenkraut, Wermut) oder die stark wirkenden Drogen Arnika, Schöllkraut usw. selbstverständlich eingeschränkt werden. Als weiteres Dosierungsschema geben dieselben Autoren an:

Im	Alter	von	14	bis	25	Jahren	2/3	der vollen Gabe,			
,,	,,	,,	7	,,	14	,,	1/2	,,	,,	,,	
,,	,,	,,	4	,,	7	,,	1/3	,,	,,	,,	
,,	,,	,,	3	,,	4	,,	1/6	bis	1/4	der vollen Gabe	
,,	,,	,,	2			,,	1/8	,,	1/4	,,	,, ,,
,,	,,	,,	1			Jahr	1/12	,,	1/4	,,	,, ,,

Zur Geschmacksverbesserung wird brauner Zucker oder Honig empfohlen. Gesüßte Teezubereitungen für Magen-Darmkranke sind unzweckmäßig, da bei ihnen die Bitterstoffe zur vollen Wirkung kommen sollen.

Einnehmezeiten für Tees. Zur bestmöglichen Ausnützung der Wirkstoffe von Teezubereitungen werden sie bei leerem Magen getrunken. Die geeigneten Zeiten hierzu sind: 1/4 Stunde vor dem Frühstück, um 17 Uhr und abends unmittelbar vor dem Schlafengehen. Von vielen Phytotherapeuten wird auch die schluckweise Anwendung von Teezubereitungen während des Tages empfohlen, wodurch ein fortdauernder, gelinde aber gleichmäßig wirkender Arzneistrom entsteht.

Die Dauer von Teekuren richtet sich nach ihrem Erfolg. In 8 bis 10 Tagen wird in vielen Fällen die gewünschte therapeutische Wirkung eintreten. Soll eine allgemeine Umstimmung erzielt werden, ist jedoch eine Fortsetzung der Kur nach Beseitigung der groben Symptome nicht schädlich. Es sei jedoch darauf hingewiesen, daß es dann wichtig ist, einen *Reizwechsel* durch Änderung des Rezeptes vorzunehmen, indem man die Wirkstoffe austauscht und das Geschmackscorrigens wechselt.

Fermentierung inländischer Teegemische.

Der Fermentierungsprozeß, die *Fermentation*, ist ein Gärungsprozeß, bei dem die fermentierten Blätter durch Oxydation ihres Gerbstoffes eine dunkle Farbe annehmen und auch in ihrer äußeren Form dem chinesischen Tee ähnlich werden. Außerdem entstehen dabei komplizierte organische Verbindungen, und die Herbheit der Blätter wird durch eine beachtliche Geschmacksverbesserung behoben. Praktisch wird die Fermentation wie folgt durchgeführt: Frisch gepflückte, *stielfreie* (!) Blätter läßt man in etwa 10 cm hohen Schichten auf leichten Hürden 1 bis 2 Tage lang welken, dann werden sie auf der Tischplatte mit der Hand gerollt und in einem Sack im Wasserbad 30 Min. lang gedämpft. Anschließend werden sie mit der Umhüllung in eine Presse gespannt und bei etwa 40° 12 Std. lang der Gärung überlassen. Zur Erhaltung eines guten Teegemischs wird der Vorgang 2mal wiederholt und dann in dünner Schicht unter öfterem Umwenden rasch getrocknet. Zum Fermentieren eignet sich etwa nachstehendes Gemisch:

Himbeerblätter . . 286,0	Erdbeerblätter . . 142,0
Brombeerblätter . . 286,0	Schlüsselblume . . 286,0

Auch einzeln oder in Mischungen mit Johannisbeer- und Schlehenblättern kann fermentiert werden.

Species ad Gargarisma. Tee zum Gurgeln (HAGER).

1. Kamillenblüten . 50,0 | Salbei 50,0

2. Salbeiblätter | Malvenblätter
Holunderblüten . āā 10,0

Verwendung. 1 Eßlöffel auf eine Tasse Aufguß zum Gurgeln bei Entzündungen von Rachen und Hals.

3. Pfefferminzblätter . . 20,0 | Malvenblüten 30,0
Kamillenblüten 50,0

Verwendung. Wie oben.

Species ad Gargarisma. Tee zum Gurgeln, Erg.-B. 6.

Tormentillwurzel, grob zerschn. . . 300,0	Salbeiblätter, grob zerschn. 200,0
Eichenrinde, grob zerschn. 300,0	Kamillen, grob zerschn. 200,0

Verwendung. Als entzündungswidriges Mittel zum Mundspülen (2,0 g auf 1 Tasse Aufguß) und Gurgeln.

Species adstringentes. Adstringierender Tee (SEEL).

Angelikawurzel	Salbeiblätter 30,0
Wermut . . . . . āā 10,0	Eichenrinde

Tormentillwurzel . āā 25,0

Verwendung. Bei Entzündungen der Mundschleimhaut der Prothesenträger usw. bei Paradentose, mehrmals tägl. 1 Tasse zur Mundspülung.

Species Althaeae compositae. Zusammengesetzter Eibischtee (nach KNEIPP).

Eibischwurzel . . 50,0	Veilchenwurzel . . . 10,0
Süßholzwurzel . . 30,0	Huflattich 40,0

Verwendung. 1 bis 2 Eßlöffel voll auf eine Tasse Aufguß mehrmals täglich.

Species anthelminticae. Wurmtee.

Wermut	Kamille
Rainfarnkraut āā 25,0	Sennesblätter . āā 25,0

Verwendung. 1 bis 2 Eßlöffel auf 1 Tasse Wasser kochend überbrühen, 10 Min. ziehen lassen, tägl. abends 1 Tasse trinken.

Species antiasthmaticae. Tee gegen Bronchitis und Bronchialasthma (RIPPERGER).

Andornkraut	15,0	Anis, gequetscht	15,0
Bibernellwurzel, geschn.	15,0	Isländisches Moos, geschn.	20,0
Sonnentaukraut, geschn.	15,0	Huflattichblätter, geschn.	20,0

Species antibechicae. Hustentee (WINKELMANN).

Gegen Brusthusten, Bronchitis und Nachtschweiß.

Huflattichblätter	20,0	Süßholz	20,0
Huflattichblüten	20,0	Eibischblüten	10,0
Spitzwegerich	20,0	Salbei	10,0

Die geschnittenen Drogen werden gemischt.

Verwendung. 1 bis 2 Eßlöffel auf ½ l Wasser (Aufguß), nach dem Abgießen mit Bienenhonig süßen.

Species anticatarrhalicae. Tee bei Katarrhen der oberen Luftwege (FLAMM/KROEBER/SEEL).

Huflattich	30,0	Fenchel, geschrotet	10,0
Spitzwegerich	20,0	Leinsamen	10,0

Verwendung. 1 bis 2 Tassen tägl., in Milch oder Wasser gekocht.

Species anticatarrhalicae. Tee gegen Rachenkatarrh (BRAUN-STEIGERWALDT).

Kamillen	25,0	Salbeiblätter	25,0

Verwendung. Bei Katarrhen von Mund und Rachen zum Spülen, 1 Teelöffel auf ¼ l Wasser zum Aufguß.

Species antidiabeticae. Tee bei Zuckerkrankheit.

1. (E. MEYER) Heidelbeerblätter	40,0	Bohnenschalen	60,0

Verwendung. 2 Eßlöffel auf 3 Tassen Wasser, auf 2 Tassen einkochen, vor den Mahlzeiten 2- bis 3mal tägl. 1 Tasse.

2. (E. MEYER) Brennesselblätter	20,0	Birkenblätter	20,0
Bohnenschalen	20,0	Heidelbeerblätter	40,0

Verwendung. 6 Teelöffel auf 3 Tassen Wasser, 15 Min. kochen, im Laufe des Tages trinken.

3. (F. WEISS) Heidelbeerblätter	Geisrautenkraut
Bohnenschalen	Geisrautensamen

Pfefferminzblätter āā . 40,0

Verwendung. 2 Eßlöffel mit ½ l kochendem Wasser überbrühen, 20 Min. bedeckt ziehen lassen, 3- bis 4mal tägl. 1 Tasse.

Species antidiarrhoicae. Tee gegen Durchfall. (RF.)

Tormentillwurzel		Pfefferminze	
(ganz klein zerschnitten)	50,0	Kamillen	āā 20,0

Arnikablüten 10,0

Verwendung. Einen Eßlöffel auf eine Tasse Aufguß.

Species antidiarrhoicae. Tee gegen Durchfall.

1. (nach KNEIPP)		2. Tormentillwurzel	20,0
Eichenrinde	30,0	Isländisches Moos	20,0
Tormentillwurzel	30,0	Eichenrinde	10,0
Heidelbeeren	40,0	Heidelbeeren	30,0
		Kamillen	30,0

Verwendung. 1 bis 2 Kaffeelöffel voll auf eine Tasse Abkochung.

Species antigastriticae. Tee bei Magenkatarrh. (CRODEL/PEYER.)

1.		2.	
Tausengüldenkraut, geschn.		Fenchel, zerquetscht	
Wermut, geschn.		Isländisch Moos, geschn.	
Malvenblüten, geschn.		Carrageen, geschn.	
Königskerzenblüten, geschn.	āā 10,0	Eibischwurzel, geschn.	āā 25,0

Verwendung. 1 Eßlöffel voll mit einem Tassenkopf kalten Wassers übergießen, drei Stunden stehenlassen, dann den Ansatz bis zum Aufkochen erhitzen und zugedeckt 15 Min. stehenlassen, dann abseihen.

Species antihydropicae. Tee gegen Wassersucht.

1.

Queckenwurzel	10,0	Wacholderbeeren	5,0
Hauhechelwurzel	5,0	Petersilienfrüchte	5,0
Liebstöckel	5,0	Anis	1,0

Der Anis wird den zerschnittenen Drogen zerquetscht beigemengt.

2. (nach KNEIPP)

Zinnkraut	8,0	Rautenblätter	1,0
Hagebutten	4,0	Mistel	1,0
Sassafrasholz	2,0	Sandelholz	1,0
Holunderwurzel	2,0	Bärentraubenblätter	1,0
Rosmarin	2,0	Bitterklee	1,0

Wacholderbeeren 1,0

3. (nach ABELE)

Wacholderbeeren	20,0	Fenchel	10,0
Petersilienfrüchte	20,0	Kümmel	10,0

werden in gequetschtem Zustande gemischt mit

Meerzwiebel, geschn.	10,0	Holunderblüten	40,0

Species antihydroticae. Schweißhemmende Tees.

1. (E. MEYER).

Salbeiblätter, geschnitten . . 100,0

Verwendung. 2 Eßlöffel mit 1 Tasse Wasser aufgießen, 10 Min. auf leichtem Feuer kochen lassen, abends vor dem Schlafengehen 1 bis 2 Tassen trinken.

2. (FLAMM/KROEBER/SEEL)

Salbeiblätter	25,0	Walnußschalen, grüne	25,0

Schachtelhalm 50,0

Verwendung. Von der Abkochung tägl. 1 bis 3 Tassen voll nach dem Erkalten monatelang trinken.

3. (FLAMM/KROEBER/SEEL)

Salbeiblätter	80,0	Schachtelhalm	10,0

Baldrianwurzel 10,0

Verwendung. 1 Eßlöffel auf 1 Tasse Wasser zum Aufguß, tagsüber 1 bis 3 Tassen nach dem Erkalten monatelang trinken.

Species antiscrofulosae. Tee gegen Skrofulose.

	I (W. SCHMIDT)	II (CRODEL-PEYER)
Heidelbeerblätter	40,0	—
Nußblätter	40,0	20,0
Kamillen	10,0	—
Schafgarbenblüten	10,0	—
Stiefmütterchenkraut	—	20,0
Sennesblätter	—	20,0
Süßholzwurzel	—	20,0

Die geschnittenen Drogen werden gemischt.

Species aromaticae. Gewürzhafte Kräuter, DAB. 6.

Zu bereiten aus

Pfefferminzblättern, fein zerschnitten	20,0	Lavendelblüten, fein zerschnitten	20,0
Quendel, fein zerschnitten	20,0	Gewürznelken, fein zerschnitten	10,0
Thymian, fein zerschnitten	20,0	Kubeben, grob gepulvert	10,0

Verwendung. *Äußerl.* zu Waschungen als Aufguß (1%), zum Umschlag (10%), zu Kräuterkissen unverdünnt, als Bäderzusatz (500 g auf 1 Vollbad).

Species carminativae. Blähungstreibender Tee, Erg.-B. 6.

Anis	200,0	Kümmel	200,0
Fenchel	200,0	Koriander	200,0

werden zerquetscht und zugesetzt

Angelikawurzel, grob zerschn. . . 200,0

Verwendung. 1 Teelöffel auf 1 Tasse Aufguß.

Species carminativae. Blähungtreibender Tee (HAGER).

Kamillen	10,0	Eibischwurzel	20,0
Fenchel, zerquetscht	10,0	Queckenwurzel	20,0

Süßholzwurzel . . 20,0

Die geschnittenen Wurzeldrogen werden mit den anderen Bestandteilen gemischt.

Thé Chambard imitat. (HAGER).

Ringelblumen	20,0	Melissenblätter	50,0
Kornblumen	20,0	Ysopkraut	50,0
Malvenblüten	50,0	Glaskraut	50,0
Eibischblätter	50,0	Ehrenpreis	60,0
Pfefferminze	50,0	Bingelkraut	150,0

Sennesblätter . . 450,0

Die zerschnittenen Drogen werden gemischt.

Species cholagogae. Galletreibender Tee (E. MEYER).

1. Rhabarber . . . . 10,0 | Andornkraut oder Mennigkraut . . 20,0
Pfefferminzblätter . . 50,0

Verwendung. 1 Eßlöffel mit 1 Tasse heißem Wasser aufgießen, 10 Min. bedeckt ziehen lassen, 2mal tägl. $^1/_2$ Std. vor dem Essen.

2. Faulbaumrinde | Pfefferminze
Melissenblätter oder Mennigkraut | Schöllkraut . . . . . āā 20,0

Verwendung. 1 Eßlöffel mit 1 Tasse heißem Wasser aufgießen, 10 Min. bedeckt ziehen lassen, früh und abends 1 Tasse trinken.

Leber- und Gallentee (STIRNADEL).

Pfefferminze	20,0	Faulbaumrinde	10,0
Wermut	10,0	Löwenzahn Erg.-B. 6	10,0
Katzenpfötchen (Flores Stoechados)	10,0	Gelbwurzelstock	40,0

Verwendung. Bei entzündlichen Leber- und Galleerkrankungen, die mit krampfartigen Beschwerden einhergehen. 1 Eßlöffel auf 1 Tasse kochendes Wasser, 10 Min. ziehen lassen, reichlich mit Traubenzucker süßen.

Bettnässertee.

1. Gewürzzumachwurzelrinde. 30,0
(Cortex Rhois aromaticae Radicis Erg.-B. 6)

Verwendung. $^1/_2$ Teelöffel voll mit 1 Glas Wasser kalt ansetzen, 8 Std. ziehen lassen, tagsüber trinken.

2. (FLAMM/KROEBER/SEEL)

Arnikablüten 30,0	Schafgarbe . . 70,0

Verwendung. Um 18 Uhr 1 Tasse Aufguß warm trinken.

3. (FLAMM/KROEBER/SEEL)

Arnikablüten 30,0	Odermennig . . 70,0

Verwendung. Wie 2.

Species contra pertussim. Keuchhustentee.

Sonnentaukraut 20,0	Süßholzwurzel 10,0
Edelkastanienblätter . . 20,0	Thymian 30,0
Eukalyptusblätter . . . 10,0	Spitzwegerich 10,0

Species diaphoreticae. Schweißtreibender Tee, Erg.-B. 6.

Weidenrinde. . . . 200,0	Birkenblätter . . . 200,0
Holunderblüten . . 200,0	Spierblüten 100,0
Lindenblüten . . . 200,0	Kamillen 50,0

Jaborandiblätter . . 50,0

je grob zerschnitten werden gemischt.

Verwendung. 1 Teelöffel auf 1 Tasse Aufguß.

Species diaphoreticae. Schweißtreibender Tee.

Holunderblüten	Lindenblüten

Wollblumen ää. . 25,0

Verwendung. Bis zu 2 Tassen Aufguß *möglichst heiß* mittels Schnabeltasse dem zum Schwitzen eingepackten Patienten geben (vgl. Bd. I, S. 718 „Schwitzkuren").

Species digestivae. Verdauungsfördernder Tee (CRODEL/PEYER).

1. Wermut	Fenchel, zerquetscht
Schafgarbe . . . . . . ää 20,0	Pfefferminzblätter . . . . . ää 20,0

Faulbaumrinde 20,0

2. Schafgarbe	Tausendgüldenkraut
Stiefmütterchen	Faulbaumrinde
Kardobenediktenkraut . . ää 15,0	Sennesblätter . . . . . . ää 15,0

Kamillen 10,0

Species diureticae „Abele". Harntreibender Tee „Abele".

Holunderblüten	Petersilienfrüchte, zerquetscht. 150,0
Wacholderbeeren, zerquetscht	Fenchel, zerquetscht
Kümmel, zerquetscht . . ää 150,0	Meerzwiebel, geschnitten . . . ää 75,0

Species diureticae. Harntreibender Tee, DAB. 6.

Zu bereiten aus

Liebstöckelwurzel, grob zerschnitt. . . 20,0	Süßholz, grob zerschnitt. 20,0
Hauhechelwurzel, grob zerschnitt. . . 20,0	Wacholderbeeren, zerstoßen 20,0

Verwendung. Als mildes harntreibendes Mittel (1 Kinderlöffel auf 1 Tasse Abkochung).

Species diureticae. Harntreibender Tee (SAB.).

1. SAB. IV.	Liebstöckelwurzel . .	4,0	2. SAB. V. Anis, zerquetscht	5,0
	Hauhechelwurzel . .	4,0	Wacholderbeeren zerquetscht	20,0
	Wacholderbeeren . .	4,0	Petersilienfrüchte, „ .	5,0
	Stiefmütterchen . .	2,0	Stiefmütterchen, geschn. . .	10,0
	Petersiliensamen . .	2,0	Liebstöckelwurzel, „	
	Anis	1,0	Süßholz „	
	Süßholz	4,0	Hauhechelwurzel, „	āā 20,0

Der Anis und die Wacholderbeeren werden zerquetscht, den grob zerschnittenen übrigen Drogen zugemischt.

Species diureticae „Wunderlich". Harntreibender Tee (HAGER).

Hauhechelwurzel	Wacholderbeeren
Wacholderholz	Petersilienfrüchte . . āā 25,0

Species emollientes. Erweichende Kräuter, DAB. 6.

Species ad Cataplasma.

Zu bereiten aus

Eibischblättern, grob gepulv. .	20,0	Steinklee, grob gepulv. . . .	20,0
Malvenblättern, grob gepulv. .	20,0	Kamillen, grob gepulv. . . .	20,0
Leinsamen, grob gepulv. . . .	20,0		

Verwendung. *Äußerl.*, unverdünnt zu Breiumschlägen mit schmerzlindernder und gewebeerweichender Wirkung.

Species emollientes. Erweichende Kräuter (HAGER).

	I	II		I	II
Eibischblätter . .	10,0	20,0	Kamillen	—	20,0
Malvenblätter . .	10,0	20,0	Leinsamen . . .	20,0	40,0
Steinkleekraut .	10,0	—			

Die grob gepulverten Drogen werden gemischt.

Species germanicae. Deutscher Kräutertee, Erg.-B. 6.

Himbeerblätter . .	500,0	Erdbeerblätter . .	450,0
Waldmeisterkraut . .	50,0		

werden je grob zerschnitten gemischt.

Species gynaecologicae. Frauentee, krampflösender.

	I	II	III
Kamillen	—	20,0	—
Birkenblätter	—	10,0	—
Faulbaumrinde . . .	—	10,0	20,0
Pfefferminzblätter . .	20,0	20,0	—
Schafgarbenkraut . .	—	15,0	20,0
Queckenwurzel . . .	—	—	20,0
Melissenblätter. . . .	20,0	—	—
Taubnesselblüten. . .	20,0	—	20,0
Ringelblumen	20,0	—	—
Baldrianwurzel . . .	20,0	25,0	20,0

Verwendung. 1 Eßlöffel voll auf $^1/_4$ l kochendes Wasser, 10 Min. ziehen lassen, abseihen, tagsüber $^1/_2$ l möglichst heiß trinken.

Species gynaecologicae „Martin“. Martinscher Tee, Erg.-B. 6.

Faulbaumrinde	250,0	Sennesblätter	250,0
Schafgarbenkraut . . .	250,0	Queckenwurzelstock . .	250,0

werden je grob zerschnitten gemischt.

Verwendung. 4,0 g zu einer Tasse Abkochung als Abführtee.

Species Herbarum alpinarum. Alpenkräutertee.

1. (F. M. Germ.)	Faulbaumrinde . .	40,0	Wollblumen	
	Sennesblätter . .	20,0	Schlehenblüten	
	Lindenblüten . .	10,0	Hauhechelwurzel	
	Holunderblüten .	10,0	Liebstöckelwurzel . ãã	5,0
2. (nach WEBER)	Eibischwurzel . .	20,0	Waldmeister	20,0
	Süßholz	20,0	Huflattichblätter . . .	20,0
	Sennesblätter . .	20,0	Pfefferminzblätter . . .	20,0
	Guajakholz. . . .	20,0	Schlehenblüten	2,0
	Schafgarbenblätter	2,0	Fenchel	2,0
	Sassafrasholz . . .	20,0	Holunderblüten . . .	1,0

Safflorblüten 2,0

Die grob geschnittenen Drogen werden gemischt.

Species Hierae picrae. Speziesad longam vitam. Heiligenbitteransatz.

Als Ansätze für Heiligenbitter mit Weingeist 40% finden nachstehende Mischungen Verwendung:

1.	Aloe	100,0	Rhabarber	10,0
	Safran	1,0	Zitwerwurzel	10,0
	Enzianwurzel . . .	10,0	Myrrhe	10,0
	Galgant	10,0	Lärchenschwamm . . .	10,0
2.	Alantwurzel	5,0	Angelikawurzel	10,0
	Galgant	5,0	Enzianwurzel	10,0
	Myrrhe	10,0	Rhabarber	10,0
	Lärchenschwamm . .	10,0	Zitwerwurzel	10,0

Aloe 80,0

3.	Virginische Schlangenwurzel . .	10,0	Ingwerwurzel	10,0

Aloe 80,0

Species hydragogae. Wassertreibender Tee.

Hauhechelwurzel	Wacholderbeeren, zerstoßen
Liebstöckelwurzel . . . . ãã 15,0	Süßholz. . . . . ãã 15,0

Species Infantium. Beruhigender Kindertee (HAGER).

Kamillen	Süßholzwurzel
Fenchel . . . . . ãã 5,0	Queckenwurzel . ãã 10,0
Eibischwurzel	Petersilienfrüchte . . 2,5

Species laxantes. Abführender Tee, DAB. 6.

Species St. Germain.

Sennesblätter, mittelfein zerschn.	32,0	Anis, zerquetscht	10,0
Holunderblüten	20,0	Kaliumtartrat	5,0
Fenchel, zerquetscht	10,0	Weinsäure	3,0

Wasser 13,0

Der Fenchel und der Anis werden mit der Lösung des Kaliumtartrats in 10 g Wasser gleichmäßig durchtränkt und nach $^1/_2$stündigem Stehen mit der Lösung der

Weinsäure in 3 g Wasser ebenso gleichmäßig durchfeuchtet, darauf getrocknet und mit den Holunderblüten und den Sennesblättern gemengt.

Verwendung. 1 Teelöffel bis 1 Kinderlöffel auf 1 Tasse *Kaltaufguß*.

Species laxantes. Abführtee.

	I (KAISER)	II		I (KAISER)	II
Faulbaumfrüchte, conc.	25,0	—	Hauhechelwurzel, conc.	—	10,0
Fenchel, contus	10,0	10,0	Sennesblätter, conc.	—	10,0
Anis, contus	5,0	5,0	Faulbaumrinde, conc.	—	10,0
Pomeranzenschalen, conc.	10,0	—	Bohnenschalen, conc.		10,0
Stiefmütterchenkraut	—	10,0			

Verwendung. Zu I und II: Je 1 Eßlöffel auf 3 Tassen Wasser zur Abkochung, morgens und abends 1 Tasse trinken.

Species laxantes (FLAMM/KROEBER/SEEL)

bei Stuhlträgheit mit Leberschwellung.

Faulbaumrinde, geschnitten	30,0	Löwenzahn, geschnitten	20,0
Berberitzenwurzel, geschnitten	30,0	Pfefferminze, geschnitten	20,0

Verwendung. 1 Eßlöffel voll auf 1 Tasse Aufguß, 1- bis 2mal tägl. 1 Tasse.

Species laxantes hamburgenses. Hamburger Tee, Erg.-B. 6.

Sennesblätter, mittelfein zerschnitt.	525,0	Weinsäure	25,0
Korianderfrüchte, zerquetscht	130,0	Wasser	55,0
Manna, scharf ausgetrocknet, mittelfein zerschnitten	265,0		

Die Korianderfrüchte mit der Lösung der Weinsäure im Wasser gleichmäßig durchtränken und nach dem Trocknen die übrigen Bestandteile zumischen.

Verwendung. Als Abführtee (1 Teelöffel auf 1 Tasse *Kaltaufguß*).

Species laxantes Kneipp. Kneippscher Blutreinigungstee.

1.	Holunderblüten	4,0	Attichwurzel	4,0
	Holunderblätter	4,0	Erdbeerblätter	2,0
	Faulbaumrinde	4,0	Schlehenblüten	2,0
	Sandelholzwurzel	4,0	Brennesselblätter	2,0
	Mistel	4,0	Wacholderspitzen	1,0
2.	Faulbaumrinde		Mistelkraut	ãã 10,0
	Holunderblüten		Schlehenblüten	
	Holunderblätter		Erdbeerblätter	
	Attichwurzel		Brennesselblätter	ãã 5,0
	Sandelholz		Wacholderspitzen	2,5

Zu 1. und 2. Die zerkleinerten Drogen werden gemischt.

Species laxantes Kneippii. Wühlhubertee nach Kneipp.

1.	Aloe	8,0	2.	Aloe	6,0
	Bockshornsamen	8,0		Fenchel	12,0
	Fenchel	25,0		Bockshornsamen	6,0
	Wacholderbeeren	25,0		Wacholderbeeren	18,0
				Attichwurzel	18,0

Species Lignorum. Holztee, DAB. 6.

Blutreinigungstee.

Zu bereiten aus

Guajakholz, grob zerschnitten	50,0	Süßholz, grob zerschnitten	10,0
Hauhechelwurzel, grob zerschnitten	30,0	Sassafrasholz, grob zerschnitten	10,0

Verwendung. 1 Kinderlöffel zu 1 Tasse Abkochung.

Species nervinae. Beruhigender Tee, DAB. 6.

Zu bereiten aus

Bitterklee, grob zerschnitten	40,0	Pfefferminzblättern, grob zerschnitten	30,0
Baldrian, grob zerschnitten	30,0		

Verwendung. Als beruhigender Teeaufguß (E. 2,0 g pro Tasse).

Species nervinae. Nerventee.

1. Mistelkraut		Pfefferminzblätter	20,0
Lavendelblüten	ää 5,0	Melissenblätter	25,0
Hopfenzapfen	15,0	Baldrian	30,0
2. Baldrian	40,0	Hopfenzapfen	20,0
Bitterklee	10,0	Pfefferminze	10,0
Lavendelblüten	10,0	Pomeranzenblätter	10,0
Melissenblätter	20,0	Pomeranzenblüten	10,0

Die zerkleinerten Drogen werden gemischt.

Verwendung. Als Beruhigungsmittel bei nervösen Störungen: 2 Eßlöffel voll mit $^1/_2$ l kochendem Wasser übergießen, 15 Min. ziehen lassen und nach dem Durchseihen tagsüber trinken.

Species nervinae „Hufeland". Nerventee „Hufeland".

Bitterorangenblätter	Baldrianwurzel
Pfefferminzblätter	Nelkenwurzel . . . . ää 25,0

Die geschnittenen Drogen werden gemischt.

Species nervinae. Nerventee (E. Meyer).

1. Blühendes Heidekraut		2. Basilikumkraut
Hopfenzapfen		Gundelrebenkraut
Lavendelblüten	ää 15,0	Pfefferminzblätter
Pfefferminzblätter	35,0	Melissenblätter . . . . ää 25,0
Melissenblätter	20,0	

Verwendung. 1 Eßlöffel auf 1 Tasse Aufguß, morgens und abends 1 Tasse trinken.

Species pectorales. Brusttee, DAB. 6.

1. Zu bereiten aus

Eibischwurzeln, grob zerschnitten	80,0	Huflattichblättern, grob zerschnitten	40,0
Süßholz, grob zerschnitten	30,0	Wollblumen, grob zerschnitten	20,0
Veilchenwurzeln, grob zerschnitten	10,0	Anis, zerquetscht	20,0

Verwendung. 1 Teelöffel voll auf 1 Tasse Aufguß bei trockener Bronchitis zweckmäßig mit Kandiszucker oder Honig gesüßt, mit guter Wirkung auf die entzündeten Schleimhäute, schleimlösend und schleimbefördernd.

2. SAB. V. Huflattichblätter		Huflattichblüten	
Königskerzenblüten	ää 5,0	Thymian	ää 10,0
Malvenblüten		Sternanis	5,0
Klatschmohnblüten		Eibischwurzel	10,0
Eibischblätter	ää 10,0	Süßholzwurzel	25,0

Der Sternanis wird zerquetscht, die übrigen Drogen geschnitten dazu gemengt.

3. (Hager) Eibischblüten		Katzenpfötchen (Flores Gnaphalii)	
Malvenblüten		Wollblumen	ää 10,0
4. (Kneipp) Wollblumen	1,0	Spitzwegerichblätter	2,0
Stockrosenblätter	2,0	Brennesselblätter	4,0
Lindenblüten	2,0	Schachtelhalm	4,0
Huflattichblätter	8,0		

werden zerschnitten gemischt und zugegeben

Bockshornsamen, pulv.	1,0	Fenchel, zerquetscht	2,0
Wacholderbeeren, zerquetscht	2,0		

5. (SEEL) Fenchel	Primelwurzel Erg.-B. 6
Thymian . . . . ãã 10,0	Veilchenwurzel
Stiefmütterchenkraut . . 20,0	(Rad. Violae) . . . . ãã. 30,0

Verwendung. Mehrmals tägl. 1 bis 2 Tassen trinken.

6. *Elsässer Brusttee.*

Huflattichblätter . . 180,0	Klatschmohnblüten . 120,0
Isländisch Moos . . 75,0	Ruhrkrautblüten . . 45,0
Eibischwurzel . . . 450,0	Wollblumenblätter . 45,0
Venushaar 75,0	Fenchel 30,0
Queckenwurzel . . . 75,0	Johannisbrot 750,0

Veilchenwurzel (Rhig. Iridis) . . . 75,0

Die Drogen werden sehr grob geschnitten gemischt.

Species pectorales cum Fructibus. Brusttee mit Früchten, Erg.-B. 6.

Fenchel, zerquetscht . . . 200,0	Feigen, grob zerschnitten . 100,0
Kümmel, zerquetscht . . . 150,0	Brusttee, DAB. 6 550,0

Verwendung. Als Hustentee, 1 Teelöffel auf 1 Tasse Aufguß.

Species reducentes. Entfettungstee.

Blasentang . . . . . 10,0—15,0	Liebstöckelwurzel . . 7,5
Faulbaumrinde . . . 15,0	Preiselbeerblätter . . 45,0—50,0
Hauhechelwurzel . . 7,5	Sennesblätter 10,0

Species reducentes. Fettsuchttee.

1. („Hippokrates")	Sennesblätter
Schafgarbe	Schlehenblüten
Veilchenkraut (Viola odorata)	Wacholderbeeren . . . . ãã 15,0
Stiefmütterchen	Süßholzwurzel 10,0

Verwendung. Zum Aufguß oder Kaltauszug 2 Tassen tägl. Die Ausscheidungswirkung tritt über den Darm ein.

2. Birkenblätter	Sandseggenwurzel
Schachtelhalm	Dillfrüchte, zerquetscht
Vogelknöterich	Petersilienkraut . ãã. 20,0

Verwendung. Zum Aufguß 2 Tassen tägl. Die Ausscheidungswirkung tritt über die Nieren ein.

3. (E. MEYER)	Kamillen
Lindenblüten	Dostenkraut
Holunderblüten	Majoran . . . . . ãã 20,0

Verwendung. 1 Eßlöffel auf 1 Tasse Aufguß, möglichst heiß trinken.

4. (E. MEYER)	Brunnenkresse
Blasentang 30,0	Löwenzahn Erg.-B. 6 . ãã 20,0

Faulbaumrinde 30,0

Verwendung. 1 Eßlöffel auf 1 Tasse Abkochung, morgens und abends 1 Tasse. Die Teemischung wirkt innersekretorisch anregend.

5. (F. WEISS)	Anis, zerquetscht
Blasentang . . . 50,0	Süßholzwurzel . ãã 25,0

Verwendung. 1 bis 2 Teelöffel einmal tägl. zur Abkochung.

6. (F. WEISS)	Petersilienfrüchte, zerquetscht
Sennesblätter	Fenchel, zerquetscht
Faulbaumrinde . . . ãã 30,0	Pfefferminze . . . . . ãã. 20,0
Löwenzahn Erg.-B. 6	

Verwendung. 2 Eßlöffel mit $\frac{1}{2}$ l kochendem Wasser überbrühen, 30 Min. ziehen lassen, morgens die ganze Menge kalt trinken.

Species resolventes. Zerteilende Kräuter, Erg.-B. 6.

Melissenblätter	350,0	Kamillen	100,0
Dostenkraut	350,0	Lavendelblüten	100,0
Holunderblüten	100,0		

Die grob zerschnittenen Drogen werden gemischt.

Verwendung. Als Breiumschlag unverdünnt mit zerteilender Wirkung, und zwar meist trocken und erwärmt in Form eines Kräuterkissens. Die Wirkung beruht auf den entzündungswidrig wirkenden ätherischen Ölen.

Species sedativae. Schlaftee

Melissenblätter	20,0	Baldrian	20,0
Hopfenzapfen	10,0		

Bewährt bei leichten Einschlafstörungen.

Verwendung. 1 Eßlöffel auf 1 Tasse Aufguß vor dem Schlafengehen zu trinken.

Species spasmolyticae. Tee gegen Krämpfe und Koliken

von Magen und Darm (FLAMM/KROEBER/SEEL).

Baldrian	30,0	Lavendel	30,0
Melisse	20,0	Kamille	20,0

Verwendung. 1- bis 2mal tägl. 1 Tasse als Aufguß.

Species stomachicae. Magentee.

1.

Ceylonzimt, geschnitten	25,0	Pfefferminzblätter, geschnitten	25,0
Tausendgüldenkraut, geschnitten	50,0		

2. (MAUERMANN).

Hopfenzapfen	20,0	Ringelblumenblüten	20,0
Kamillen	20,0		

Verwendung. Beruhigend wirkend, 3 Teelöffel auf 1 Tasse Aufguß, 10 Min. ziehen lassen, tägl. 2 Tassen.

3. (MAUERMANN).

Anis, zerquetscht	20,0	Hopfenzapfen	20,0
Fenchel, zerquetscht	20,0	Kamillen	20,0
Kornblumenblüten	20,0	Pfefferminze	30,0
Ringelblumenblüten	20,0	Schafgarbenblätter	30,0

Verwendung. Kräftigend wirkend, 2 Teelöffel auf 1 Tasse Aufguß, 10 Min. ziehen lassen, tägl. 2 Tassen.

4. (WINKELMANN.)

Bitterklee	25,0	Tausendgüldenkraut	25,0
Salbei	25,0	Wermut	25,0

Verwendung. 1 Eßlöffel voll auf 1 Tasse Aufguß, 2 Tassen tägl.

Nach CRODEL/PEYER.

5.

Zimt, geschn.	25,0	Pfefferminzblätter, geschn.	25,0
Tausendgüldenkraut, geschn.	50,0		

6.

Wermut, geschn.		Kardobenediktenkraut, geschn.	10,0
Bitterklee, geschn.		Tausendgüldenkraut, ,,	
Enzianwurzel, geschn.	āā 10,0	Pfefferminzblätter, ,,	āā 20,0

7.

Anis, zerquetscht		Kümmel, zerquetscht	10,0
Enzianwurzel, geschn.	āā 10,0	Wermut, geschn.	20,0
Fenchel, zerquetscht	20,0		

Species Trifolii fibrini compositae. Zusammengesetzter Bitterkleetee (FLAMM/KROEBER/SEEL).

Bitterklee	20,0	Wacholderbeeren. .	20,0
Wermut	10,0	Kalmuswurzel . . .	40,0

Die zerquetschten Wacholderbeeren werden mit den geschnittenen übrigen Drogen gemischt.

Verwendung. 2 Teelöffel mit 1 Tasse Wasser kalt ansetzen, 6 bis 8 Std. ziehen lassen, aufkochen.

Bei akuten und chronischen Störungen des Magen-Darmkanals, Verdauungsschwäche, Blähungen, Sodbrennen, Gärungsdyspepsie, als Fiebermittel, stoffwechselanregendes und blutreinigendes Mittel, bei Gallenstauungen.

Species urologicae. Blasen- und Nierentee.

Bärentraubenblätter . .	50,0	Hagebuttenkerne . . .	70,0
Birkenblätter	100,0	Hauhechelwurzel . . .	100,0
Bohnenschalen.	100,0	Liebstöckelwurzel . . .	75,0
Bruchkraut	200,0	Sandelholz, rot	75,0
Queckenwurzel	100,0	Orthosiphonblätter . .	100,0

Die geschnittenen Drogen werden gemischt.

Species Valerianae compositae. Zusammengesetzter Baldriantee (FLAMM/KROEBER/SEEL).

Baldrianwurzel . .	30,0	Lavendelblüten . .	30,0
Melissenblätter . .	20,0	Kamillenblüten . .	20,0

Verwendung. Bei Krampfzuständen des Herzens, krampf- und kolikartigen Beschwerden von Magen und Darm, nervösem Erbrechen, kolikartigen Gasstauungen und dadurch bedingtem Kopfschmerz, Migräne und Schwindelgefühl. 1 bis 2 Teelöffel auf 1 Tasse Aufguß 1- bis 2mal tägl.

Tee bei Magersucht.

Kardobenediktenkraut	Tausendgüldenkraut
Wermut	Immergrünkraut . . . āā 25,0

werden geschnitten gemischt.

Verwendung. ½ Teelöffel auf 1 Tasse Aufguß. Schluckweise 1 Tasse vor dem Essen.

Spirituosa medicata. Arzneiliche Spirituosen (vgl. Bd. I, S. 56).

Spiritus aethereus. Ätherweingeist, DAB. 6. Feuergefährlich!

Hoffmannstropfen.

Äther . . .	100,0	Weingeist . .	300,0

werden gemischt.

Ätherweingeist ist klar, farblos, verändert Lackmuspapier nicht und ist völlig flüchtig. D. 0,800 bis 0,804.

Prüfung des DBA. 6. 5 ccm Ä. müssen beim Schütteln mit 5 ccm Kaliumacetatlösung 2,5 ccm ätherische Flüssigkeit abscheiden.

Mit Ätherweingeist getränktes Filtrierpapier darf nach dem Verdunsten des Ätherweingeistes keinen Geruch zeigen (Fuselöl).

Aufbewahrung. In mit gut eingeschliffenen Glasstopfen verschlossenen Gläsern, *kühl.*

Verwendung. *Innerl.* als Anregungsmittel 10 bis 30 Tr. auf Zucker, *äußerl.* als Riechmittel. Häufiger Gebrauch kann zur Süchtigkeit führen.

Spiritus Aetheris chlorati. Versüßter Salzgeist, Erg.-B. 6.

Rohe Salzsäure . . 250,0 | Weingeist (90%) . . 1000,0
Braunstein . . . . nach Bedarf

Die Salzsäure mit dem Weingeist mischen, das Gemisch in einen Kolben mit 5000 ccm Inhalt gießen, der mit haselnußgroßen Stücken Braunstein vollständig gefüllt ist. Nach 24 Std. werden auf dem Sandbad 1050 g abdestilliert. Ist das Destillat sauer (Lackmuspapierprobe), schüttelt man es mit getrocknetem Natriumcarbonat und rektifiziert aus dem Wasserbad, bis 1000 g übergegangen sind.

Klare, farblose, vollkommen flüchtige Flüssigkeit, Geruch ätherisch, Geschmack süßlich brennend, mit Wasser in jedem Verhältnis klar mischbar. D. (20°) 0,833 bis 0,837.

Aufbewahrung. In kleinen, völlig gefüllten Gefäßen, *vor Licht geschützt.*

Verwendung. Selten, da obsolet (E. 30 Tr.).

Spiritus Aetheris nitrosi. Versüßter Salpetergeist, DAB. 6.

Salpetersäure . . 30,0 | Weingeist . . . 120,0

Die Salpetersäure wird mit 50 g Weingeist vorsichtig überschichtet und die Mischung 2 Tage lang ohne Umschütteln stehengelassen. Alsdann wird die Mischung aus einer Glasretorte destilliert und das Destillat in einer Vorlage aufgefangen, die 50 g Weingeist enthält. Die Destillation wird abgebrochen, sobald in der Retorte gelbe Dämpfe auftreten. Das Destillat wird mit gebrannter Magnesia neutralisiert und die Mischung nach 24 Std. auf dem Wasserbad bei anfänglich sehr gelindem Erwärmen der Destillation unterworfen. Das Destillat wird in einer Vorlage aufgefangen, die 20 g Weingeist enthält. Die Destillation wird unterbrochen, sobald das Gesamtgewicht der in der Vorlage befindlichen Flüssigkeit 80 g beträgt.

Versüßter Salpetergeist ist klar, farblos oder gelblich, riecht ätherisch, apfelähnlich und schmeckt süßlich brennend. Er ist völlig flüchtig und löst sich in jedem Verhältnis in Wasser. D. 0,835 bis 0,845.

Prüfung des DAB. 6. Werden 2 ccm Ferrosulfatlösung und 2 ccm Schwefelsäure gemischt, und wird die heiße Mischung mit 2 ccm versüßtem Salpetergeist überschichtet, so tritt zwischen den beiden Flüssigkeiten eine braune Zone auf.

10 ccm v. S. dürfen nach Zusatz von 0,2 ccm n-Kalilauge mit Wasser angefeuchtetes Lackmuspapier nicht röten.

Aufbewahrung. *Kühl* und *vor Licht geschützt* in kleinen 25 bis 50 ccm fassenden Flaschen, die mit Kork und tierischer Blase verschlossen werden. Bei Zusatz von 2 bis 4 Kristallen von neutralem Kaliumtartrat ist er lange haltbar und bleibt neutral. Sauer gewordener versüßter Salpetergeist läßt sich durch Schütteln mit einigen zerriebenen Kaliumtartratkristallen neutralisieren.

Verwendung. Als *innerl.* Arzneimittel obsolet. *Äußerl.* als angenehm riechender Zusatz zu Einreibungen (Franzbranntwein).

Spiritus Angelicae compositus. Zusammengesetzter Angelikaspiritus, DAB. 6.

Angelikaöl . .	3,2	Kampfer . . .	20,0
Baldrianöl . .	0,8	Wasser	250,0
Wacholderöl. .	1,0	Weingeist . . .	725,0

Die ätherischen Öle und der Kampfer werden in dem Weingeist gelöst. Die Lösung wird mit dem Wasser gemischt, die Mischung kräftig geschüttelt und nach mehrtägigem Stehen filtriert.

Zusammengesetzter Angelikaspiritus ist klar und farblos. D. 0,880 bis 0,884. Bei niedriger Temperatur trübt er sich infolge Abscheidung von ätherischem Öl, klärt sich aber bei erhöhter Temperatur wieder.

Verwendung. *Äußerl.* unverdünnt als Einreibung bei Muskelschmerzen, verdünnt zu Mundwasser.

Spiritus antineuralgicus. Nerven-Spiritus.

Besonders gegen nervösen Kopfschmerz.

Menthol	20,0	Citronenöl	4,0
Kampfer	2,0	Essigäther	24,0
Weingeist (90%)	50,0		

Verwendung. *Äußerl.* zum Einreiben von Stirn, Schläfen und Nacken. Vgl. auch Spiritus nervinus S. 180.

Spiritus aromaticus. Aromatischer Spiritus.

1. Erg.-B. 6

Nelkenöl	1,5	Majoranöl	1,5
Zimtöl	1,5	Muskatöl, äther.	1,5
Korianderöl	1,5	Weingeist (90%)	744,5
Wasser	248,0		

Die ätherischen Öle im Weingeist lösen, die Lösung mit dem Wasser mischen und kräftig schütteln. Nach mehrtägigem Stehen filtrieren.

Klare, farblose, würzig riechende Flüssigkeit, D. (20°) 0,877 bis 0,881.

2.

Pomeranzenschalen geschnitten	675,0	Citronenschalen geschnitten	85,0
Koriander zerstoßen	85,0		

werden 4 Tage lang mazeriert mit

Weingeist (96%) . . . 4000 ccm

und im Filtrat gelöst

Sternanisöl . . . . . 1,5 ccm

Verwendung. *Innerl.* als aromatisches Mittel (E. 25 Tr.), *äußerl.* als hautreizende Einreibung.

Spiritus Calami. Kalmusspiritus, Erg.-B. 6.

Kalmusöl	3,0	Weingeist (90%)	747,0
Wasser	250,0		

Das Kalmusöl im Weingeist lösen, die Lösung mit dem Wasser mischen und kräftig schütteln, nach mehrtägigem Stehen filtrieren.

Klare, farblose, nach Kalmusöl riechende Flüssigkeit, D. (20°) 0,877 bis 0,881.

Verwendung. *Äußerl.* unverdünnt als hautreizende Einreibung, als Badezusatz 100 g auf 1 Vollbad.

Spiritus camphoratus. Kampferspiritus, DAB. 6.

Kampfer	100,0	Weingeist DAB. 6	700,0
Wasser	200,0		

Der Kampfer wird in dem Weingeist gelöst und der Lösung das Wasser hinzugefügt.

Kampferspiritus ist klar, farblos und riecht und schmeckt stark nach Kampfer. D. 0,879 bis 0,883.

Prüfung des DAB. 6. Eine bleibende Ausscheidung von Kampfer aus 10 g Kampferspiritus darf bei Zimmertemperatur erst erfolgen, nachdem mindestens 4,6 ccm und höchstens 5,3 ccm Wasser von der gleichen Temperatur zugesetzt worden sind. Diese Prüfung, zusammen mit der Bestimmung der vorgeschriebenen Dichte, gibt ein ungefähres Bild, ob das Präparat den richtigen Kampfer- und Spiritusgehalt hat. Wird zur Ausscheidung von Kampferflocken weniger Wasser gebraucht, ist der Alkoholgehalt zu niedrig, braucht man mehr Wasser, so ist der Kampfergehalt zu niedrig.

Verwendung. *Innerl.* als anregendes Mittel (E. 30 Tr.), *äußerl.* unverdünnt als hautreizende Einreibung bei Rheumatismus, Nervenschmerzen, Frostschäden, verdünnt zu vorbeugenden Waschungen gegen das Aufliegen Schwerkranker.

Spiritus Citronellae. Citronellspiritus. Zitronellspiritus, Erg.-B. 6.

Spiritus Melissae.

Citronellöl	3,0	Weingeist (90%) . .	747,0
Wasser	250,0		

Herstellung wie Kalmusspiritus.

Klare, farblose, nach Citronellöl riechende Flüssigkeit (D. 20° 0,877 bis 0,881).

Verwendung. *Äußerl.* als Einreibung unverdünnt.

Spiritus Cochleariae, Löffelkrautspiritus, Erg.-B. 6.

Gehalt mindestens 0,065% Iso-Butylsenföl.

Iso-Butylsenföl (künstl. Löffelkrautöl) . .	0,7	Weingeist (90%)	748,0
		Wasser	252,0

Herstellung wie Kalmusspiritus.

Klare, farblose Flüssigkeit mit scharfem Geschmack. D. (20°) 0,877 bis 0,881.

Erg.-B. 6 läßt den Gehalt durch Titration mit $^1/_{10}$-n-Silbernitratlösung bestimmen.

Verwendung. *Äußerl.* zur Mundspülung (20%), unverdünnt als Zahntinktur.

Spiritus coeruleus. Blauer Spiritus, Erg.-B. 6.

Ammoniakflüssigkeit (0,960)	255,0	Rosmarinspiritus Erg.-B. 6 .	370,0
Lavendelspiritus DAB. 6 . .	370,0	Grünspan, fein gepulv. . . .	5,0

Die Bestandteile läßt man in einer gut verschlossenen Flasche bei Zimmertemperatur unter öfterem Umschütteln stehen, bis sich die Flüssigkeit tiefblau gefärbt hat, dann wird filtriert.

Klare, tiefblaue Flüssigkeit.

Verwendung. *Äußerl.* als Umschlag und zu Einreibungen unverdünnt.

Spiritus coloniensis. Kölnisches Wasser, Erg.-B. 6.

Lavendelöl	5,0	Bergamottöl . . .	10,0
Orangenblütenöl . .	7,0	Citronenöl.	10,0
Weingeist (90%) . .	968,0		

Verwendung. *Äußerl.* als Waschung unverdünnt (nicht zum Dauergebrauch), als Geruchscorrigens (10%).

Weitere Vorschriften s. S. 471ff.

Spiritus contra perniones. Frostspiritus.

1. Tormentilltinktur	25,0	2. Gerbsäure DAB. 6 . . .	2,5
Kalmusspiritus.	25,0	Kampferspiritus DAB. 6.	47,5

Verwendung. *Äußerl.* nach Wechselbädern morgens und abends damit einzureiben.

Spiritus dilutus. Verdünnter Weingeist, DAB. 6.

Gehalt 69 bis 68 Vol.-% oder 61 bis 60 Gew.-% Alkohol.

Weingeist DAB. 6 700,0 | Wasser 300,0

werden gemischt.

Verdünnter Weingeist ist klar und farblos. D. 0,887 bis 0,891.

Verwendung. *Äußerl.* zu Einreibungen und Umschlägen, zur Händedesinfektion; zur Herstellung zahlreicher Tinkturen und von kosmetischen Mitteln.

Spiritus Formicarum. Ameisenspiritus, DAB. 6.

Gehalt annähernd 1,25% Gesamt-Ameisensäure, davon mindestens 0,85% freie Ameisensäure ($HCOOH$, Mol.-Gew. 46,02).

Ameisensäure . . 1,0 | Weingeist 14,0
Wasser 5,0

werden gemischt.

Ameisenspiritus ist klar, farblos und rötet Lackmuspapier. Beim Schütteln mit Bleiessig scheidet er Kristalle von sch. lösl. Bleiformiat ab und färbt Silbernitratlösung beim Erhitzen dunkel, infolge Reduktion des Silbernitrats zu metallischem Silber. Ameisenspiritus darf *nicht in größeren Mengen* vorrätig gehalten werden, da bei längerer Aufbewahrung seine Wirkung durch Bildung von Äthylformiat, $HCOO \cdot C_2H_5$, nachläßt.

Gehaltsbestimmung des DAB. 6. 25 g A. werden in einem Kölbchen aus Jenaer Glas nach Zusatz von 1 ccm Phenolphthaleinlösung mit n-Kalilauge neutralisiert. Hierzu müssen mindestens 4,6 ccm n-Kalilauge verbraucht werden, entsprechend einem Mindestgehalt von 0,85% freier Ameisensäure. Die neutralisierte Flüssigkeit wird mit weiteren 5 ccm n-Kalilauge versetzt, eine halbe Stunde lang auf dem Wasserbad erhitzt und nach dem Erkalten mit Salzsäure bis zum Verschwinden der Rotfärbung titriert. Der Gesamtverbrauch an n-Kalilauge, vermindert um den Gebrauch an n-Salzsäure, muß etwa 6,8 ccm betragen, was annähernd 1,25% Gesamtameisensäure, in Form von freier Ameisensäure, und Ameisensäureäthylester, berechnet auf Ameisensäure, entspricht (1 ccm n-Kalilauge = 0,04602 g Ameisensäure, Phenolphthalein als Indikator).

Verwendung. *Äußerl.* als hautreizende Einreibung unverdünnt bei rheumatischen Erkrankungen, zum gleichen Zweck als Badezusatz (150 g auf 1 Vollbad).

Spiritus Juniperi. Wacholderspiritus, DAB. 6.

Wacholderöl . . 3,0 | Weingeist . . . 747,0
Wasser 250,0

Das Wacholderöl wird in dem Weingeist gelöst, die Lösung mit dem Wasser gemischt, die Mischung kräftig geschüttelt und nach mehrtägigem Stehen filtriert.

Wacholderspiritus ist klar, farblos und riecht nach Wacholderöl. D. 0,877 bis 0,881.

Aufbewahrung. Zur Vermeidung von Verharzung des Wacholderöls *vor Licht geschützt.*

Verwendung. *Äußerl.* als hautreizende Einreibung bei rheumatischen Erkrankungen.

Spiritus Lavandulae. Lavendelspiritus, DAB. 6.

Lavendelöl . . . . . 3,0 | Weingeist 747,0
Wasser 250,0

Das Lavendelöl wird in dem Weingeist gelöst. Die Lösung wird mit dem Wasser gemischt, die Mischung kräftig geschüttelt und nach mehrtägigem Stehen filtriert.

Lavendelspiritus ist klar, farblos und riecht nach Lavendelöl. D. 0,877 bis 0,881.

Verwendung. Als Geruchscorrigens zu anderen Zubereitungen (10%), *äußerl.* zu Waschungen unverdünnt als juckreizlinderndes Mittel, zur Einreibung bei rheumatischen Erkrankungen.

Spiritus Melissae compositus. Karmelitergeist.

1. DAB. 6

Zitronellöl	5 Tr.	Nelkenöl	2 Tr.
Ätherisches Muskatöl	5 Tr.	Wasser	100,0
Zimtöl	2 Tr.	Weingeist (90%)	300,0

Die ätherischen Öle werden in dem Weingeist gelöst, die Lösung mit dem Weingeist gemischt, kräftig geschüttelt und nach mehrtägigem Stehen filtriert.

Karmelitergeist ist klar, farblos und riecht würzig. D. 0,877 bis 0,881.

2.

Karmeliteröl	40,0	Weingeist (90%)	710,0
Äther DAB. 6	250,0		

Verwendung. *Innerl.* (E. 25 Tr.) als beruhigendes Mittel in Wasser, zweckmäßig mit Baldriantinktur zusammen. Als blähungstreibendes Magenmittel und bei Koliken bis 1 Teelöffel voll. *Äußerl.* unverdünnt zur Einreibung bei Nervenschmerzen und rheumatischen Erkrankungen.

Karmeliteröl.

(Zur Bereitung von vorstehendem Karmelitergeist.)

Anisöl	1,0	Fenchelöl	2,0
Eukalyptusöl	1,0	Nelkenöl	2,0
Kümmelöl	1,0	Thymianöl	2,0
Zimtöl	1,0	Melissenöl	10,0
Pfefferminzöl	20,0		

3. (*Destillat.*)

Melissenblätter	150,0	Kardamomen	25,0
Koriander	100,0	Muskatnuß	25,0
Ceylonzimt	25,0	Citronenöl	1,0
Weingeist (90%)	800,0		

Die pulverisierten Drogen werden mit dem Weingeist 12 Std. lang mazeriert und dann 1000 g abdestilliert.

Verwendung. *Innerl.* als Magenmittel, mit Wasser verdünnt, teelöffelweise.

Spiritus Menthae piperitae. Pfefferminzspiritus, DAB. 6.

Pfefferminzöl	10,0	Weingeist	90,0

werden gemischt.

Pfefferminzspiritus ist klar, farblos und riecht nach Pfefferminzöl. D. 0,831 bis 0,835.

Verwendung. Als Geschmackscorrigens (1%), *äußerl.* zu Mundwässern; *innerl.* (E. 30 Tr.) als krampfstillendes und galletreibendes Mittel; in der Likör- und Likör-essenzen-Herstellung.

Spiritus Myrciae. Bayrum, Erg.-B. 6.

Bayöl	8,0	Ammoniumcarbonat	2,0
Orangenblütenöl	0,5	Weingeist (90%)	565,0
Nelkenöl	0,5	Wasser	424,0

Die ätherischen Öle im Weingeist, das Ammoniumcarbonat im Wasser lösen. Nach der Mischung der Lösungen wird filtriert.

Goldgelbe, angenehm würzig riechende Flüssigkeit.

Verwendung. Unverdünnt als Haarwasser.

Weitere Vorschriften s. Kosmetik, S. 400, 403.

Spiritus nervinus. Nervenspiritus. Nervenbranntwein.

1. (SIDO).

Aromatische Tinktur DAB. 6	12,0	Wacholderöl (äther.)	1,0
Salpetergeist, versüßter	15,0	Pfefferminzöl	1,0
Ratanhiatinktur	3,0	Kalmusöl	1,0
Kiefernnadelöl	2,0	Essigäther	2,0
Latschenkiefernöl	1,0	Weingeist (90%)	auf 500,0

Nach 2wöchigem Stehen wird filtriert und lichtgrün gefärbt.

2.

Fichtennadelöl, terpenfrei	12,0	Salpetergeist, versüßter	1,0
Latschenkiefernöl	2,0	Aromatische Tinktur	0,7
Ratanhiatinktur	0,3	Menthol, synth.	10,0
Weingeist (96%)	500,0		

3.

Fichtennadelöl, terpenfrei	5,0	Essigäther	5,0
Latschenkiefernöl	2,5	Weingeist (96%)	650,0
Menthol, synth.	7,5	Wasser, dest.	330,0

4.

Kampfer	2,0	Wasser, dest.	33,0
Menthol	0,5	Latschenkiefernöl	2,0
Essigäther	3,0	Fichtennadelöl, terpenfrei	2,0
Lavendelöl	0,3	Weingeist (96%)	57,2

Herstellung wie 1.

Spiritus nervinus menthatus. Migränegeist (HAGER).

Kölnisch Wasser	85,0	Salmiakgeist (0,960)	1,5
Essigäther	12,5	Pfefferminzöl	1,0

Verwendung. Zum Benetzen von Stirn und Schläfen.

Spiritus Rosmarini. Rosmarinspiritus, Erg.-B. 6.

Rosmarinöl	3,0	Weingeist (90%)	747,0
Wasser	250,0		

Herstellung wie Kalmusspiritus.

Klare, farblose, nach Rosmarinöl riechende Flüssigkeit. D. (20°) 0,877 bis 0,881.

Verwendung. Als hautreizende Einreibung bei Rheumatismus unverdünnt.

Spiritus russicus. Russischer Spiritus, DAB. 6.

Grob gepulverter spanischer Pfeffer	2,0	Terpentinöl	3,0
Ammoniakflüssigkeit	5,0	Äther	3,0
Weingeist	75,0	Glycerin	2,0
Kampfer	2,0	Wasser	10,0

Der spanische Pfeffer wird mit der Ammoniakflüssigkeit und dem Weingeist bei Zimmertemperatur unter wiederholtem Umschütteln etwa 10 Tage lang stehengelassen. Alsdann wird die Flüssigkeit durchgeseiht und mit den anderen Bestandteilen versetzt. Nachdem sich der Kampfer gelöst und die Flüssigkeit abgesetzt hat, wird filtriert.

Verwendung. Unverdünnt als hautreizende Einreibung bei rheumatischen Erkrankungen (Hexenschuß).

Spiritus saponato-camphoratus. Flüssiger Opodeldok, DAB. 6.

Kampferspiritus	60,0	Ammoniakflüssigkeit	12,0
Seifenspiritus	175,0	Thymianöl	1,0
Rosmarinöl	2,0		

werden gemischt; die Mischung wird nach 24 Std. filtriert. Flüssiger Opodeldok ist klar und gelb.

Verwendung. Als hautreizende Einreibung unverdünnt bei rheumatischen Erkrankungen und Gicht.

Spiritus saponatus, Seifenspiritus, DAB. 6.

Olivenöl	60,0	Weingeist	300,0
Kalilauge (15%) . .	70,0	Wasser	170,0

Das Olivenöl, die zweckmäßig frisch bereitete Kalilauge und $^1/_4$ des Weingeistes werden in einer verschlossenen Flasche unter wiederholtem Umschütteln stehengelassen, bis vollständige Verseifung eingetreten ist und eine Probe der gleichmäßigen Flüssigkeit sich mit Wasser und Weingeist klar mischen läßt. Alsdann werden die weiteren $^3/_4$ Weingeist und das Wasser hinzugefügt. Die Mischung wird filtriert.

Seifenspiritus ist klar, gelb, bläut Lackmuspapier und schäumt stark beim Schütteln mit Wasser. D. 0,920 bis 0,930. Seifenspiritus ist eine „überfettete“ 10%ige Seifenlösung, da 7 bis 8% des Olivenöls nicht verseift sind. Als zweckmäßiges Herstellungsverfahren wird folgendes empfohlen:

Olivenöl . . . . . . 60,0 | Kali causticum . . 12,35
gelöst in Wasser 17,65

werden mit $^1/_4$ des Weingeistes verseift. Später gibt man dann nicht 170, sondern 210 T. Wasser zu.

Verwendung. *Äußerl.* unverdünnt zu Waschungen, zur Einreibung bei rheumatischen Erkrankungen, zur Desinfektion von Händen und Instrumenten.

Spiritus Saponis kalini. Kaliseifenspiritus, DAB. 6.

Kaliseife . . 100,0 | Weingeist . . 100,0

Die Kaliseife wird in dem Weingeist gelöst und die Lösung filtriert. Kaliseifenspiritus ist klar, gelbbraun, bläut Lackmuspapier und schäumt stark beim Schütteln mit Wasser.

Verwendung. *Äußerl.* unverdünnt wie Seifenspiritus, jedoch mit stärkerer Wirkung, bei Hauterkrankungen.

Spiritus Saponis kalini. Kaliseifenspiritus (Ph. Z.).

Vereinfachte Herstellung.

	50%	65%
Leinöl	215,0	279,5
Weingeist (90%) . .	200,0	200,0

werden in einer 1200-ccm-Flasche gemischt.

Ätzkali	43,5	56,55

werden gelöst in

Wasser, dest. . . .	75,0	95,0

Die noch warme Lösung wird sofort zum Leinölgemisch gegeben und kräftig geschüttelt. Dann noch hinzugegeben:

Wasser, dest. . . .	166,5	218,95
Weingeist (90%) . .	300,0	150,0

Spiritus Saponis kalini „Hebra“. Hebrascher Kaliseifenspiritus, Erg.-B. 6.

Lavendelöl . . . . 2,0 | Kaliseife 660,0
Weingeist (90%) . . 338,0

Klare, gelbbraune Flüssigkeit.

Verwendung. Als Einreibung unverdünnt wie Spiritus Saponis kalini.

Spiritus Sinapis. Senfspiritus, DAB. 6.

Gehalt mindestens 1,94% Allylsenföl ($C_3H_5 \cdot NCS$, Mol-Gew. 99,12).

Senföl . . . 1,0	Weingeist . . 49,0

werden gemischt.

Senfspiritus ist eine klare, farblose, nach Senf riechende Flüssigkeit. D. 0,882 bis 0,832.

Senfspiritus darf *nicht in größerer Menge vorrätig* gehalten werden.

Verwendung. *Äußerl.* als hautreizende Einreibung unverdünnt.

Spiritus Vini Gallici. Franzbranntwein.

1. (SIDO).

Önanthäther 0,75	Versüßter Salpetergeist 12,0
Aromatische Tinktur DAB. 6	Bayöl . . . . 5 Tr.
Essigäther . . . . āā 4,0	Ratanhiatinktur 25,0

Weingeist (60%) . . . . . auf 2000,0

2.

Kalmustinktur. 2,0	Zuckercouleur . . . . . nach Bedarf
Salpetergeist, versüßt. . 2,5	Weingeist (96%) 471,0
Tormentilltinktur . . . 30 Tr.	Wasser, dest. 524,0

Spiritus Vini Gallici salinus. Franzbranntwein mit Salz (HAGER).

Franzbranntwein 100,0	Natriumchlorid, pulv. . . 5,0

Spiritus Visci compositus. Misteltropfen, Erg.-B. 6.

Menthylvalerianat. . . 1,0	Weingeist (90%) . . . 250,0
Mistelfluidextrakt . . . 30,0	Wasser 719,0

Rotbraune Flüssigkeit.

Verwendung. Als blutdrucksenkendes Mittel *innerl.* (E. 5 g).

Stylus Mentholi camphoratus. Mentholstift mit Kampfer. Migränestift.

Paraffin (56/58) . . 500,0	Menthol 300,0
Kampfer 100,0	Eukalyptol 30,0

Die Bestandteile werden im Wasserbad bei möglichst niedriger Temperatur geschmolzen und bis zum beginnenden Wiedererstarren gerührt, dann in Migränestiftformen ausgegossen. Die Befestigung in den Fassungen erfolgt durch kurzes Erwärmen des unteren Teiles des Stiftes in der Flamme und sofortiges Eindrücken in die Fassung.

Succi. Säfte (vgl. Bd. I, S. 54).

Succus Juniperi inspissatus. Wacholdermus.

Wacholdersaft. Kaddigmus. Wacholderextrakt. Extractum Juniperi. Roob Juniperi.

1. DAB. 6.

Zerquetschte Wacholderbeeren . 1000,0	Wasser von etwa 70° 4000,0

Die Wacholderbeeren werden mit dem Wasser übergossen, darauf 12 Std. lang unter wiederholtem Umrühren stehengelassen und alsdann ausgepreßt. Die durchgeseihte Flüssigkeit wird zu einem dünnen Muse eingedampft.

Wacholdermus ist trübe, braun, von süßem, gewürzhaftem Geschmack. In 1 T. Wasser löst es sich nicht klar auf.

Prüfung des DAB. 6. *Unzulässige Menge Kupfer.* Wird 1 g Wacholdermus verascht, der Rückstand mit einigen Tropfen Salpetersäure befeuchtet, die Salpetersäure verdampft, der Rückstand geglüht und unter Erwärmen in 5 ccm verdünnter Salzsäure gelöst, die Lösung mit 3,5 ccm Ammoniakflüssigkeit versetzt, so darf das mit verdünnter Essigsäure schwach angesäuerte und mit Wasser auf 10 ccm aufgefüllte Filtrat mit 3 Tropfen Natriumsulfidlösung keine Fällung geben. Eine etwa auftretende Färbung darf nicht dunkler sein als die einer Mischung von 1 ccm Kupfersulfatlösung, die in 1000 ccm 0,5 g Kupfersulfat enthält, mit 1 ccm verdünnter Essigsäure, 8 ccm Wasser und 3 Tr. Natriumsulfidlösung. Die Beobachtung ist in 2 gleich weiten Reagensgläsern vorzunehmen.

2. Wacholderbeeren, frische reife zerquetschte . 1000,0

werden übergossen mit

Wasser, heiß 4000,0

durchgerührt und 1 Tag lang bedeckt stehengelassen, dann wird scharf abgepreßt, der Rückstand nochmals mit 2000,0 heißem Wasser übergossen, durchgerührt und nach 24 Std. zum zweitenmal abgepreßt. Die Preßsäfte werden koliert und im Vakuum auf Honigdicke eingedampft. Dann werden zugesetzt:

Zucker. . . . . 100,0 | Nipagin M . . . 0,15%

aufgekocht, abgeschäumt und durch ein mit kochend heißem Wasser angefeuchtetes Tuch koliert.

Verwendung. *Innerl.* als Diureticum und Stomachicum sowie als Expectorans (E. 2,5 g) auch zur Inhalation, als unterstützendes Mittel bei Tuberkulose im Kindesalter mit ausgesprochener Steigerung der Aktivität und Reaktionsfähigkeit des Organismus.

Succus Liquiritiae tabulatus. Lakritzentäfelchen (Hager).

Süßholzsaft, gereinigt	400,0	Süßholzwurzel, fein pulv. . .	150,0
Zucker, fein pulv.	250,0	Gummi-arabicum-Schleim . .	300,0 oder nach Bedarf

Man mischt in der Wärme, gießt die Masse in dünner Schicht in mit Wachs abgeriebene Blechformen und trocknet in der Wärme, oder man stößt mit der nötigen Menge Gummi-arabicum-Schleim zur Masse an, rollt diese mit einem Nudelholz aus und schneidet mit dem Rollmesser in rhombenförmige Täfelchen.

Succus Sambuci inspissatus. Holundermus, Erg.-B. 6.

Eingedickter Holundersaft . . 925,0 | Zucker. 75,0

Frische, reife Holunderbeeren mit wenig Wasser erhitzen, bis sie zerplatzt sind. Den Saft abpressen, nach dem Absetzen kolieren und zu einem dicken Extrakt eindampfen. In 925,0 des noch warmen Extraktes 75,0 Zucker lösen.

Rotbraunes, süß-säuerlich schmeckendes Mus, das sich in 2 T. Wasser trübe löst.

Erg.-B. 6 läßt prüfen auf unzulässige Menge Kupfer.

Verwendung. *Innerl.* (E. 5,0 g) mit anregender Wirkung auf die Sekretion der Schweißdrüsen.

Sulfur depuratum. Gereinigter Schwefel, DAB. 6.

Sulfur lotum.

Schwefel, sublimierter . . 100,0 | Wasser 70,0
Ammoniakflüssigkeit . . 10,0

Der sublimierte Schwefel wird gesiebt, mit dem Wasser und der Ammoniakflüssigkeit angerührt, unter wiederholtem Durchmischen 1 Tag stehengelassen, alsdann abgeseiht, mit Wasser, bei größeren Mengen im Spitzbeutel, vollständig ausgewaschen (rotes Lackmuspapier darf durch das Waschwasser nicht mehr gebläut werden), bei einer 30° nicht übersteigenden Temperatur getrocknet, zerrieben und durch ein Haarsieb geschlagen.

Sublimierter Schwefel enthält stets Arsenverbindungen (As_2S_3) und infolge Oxydation unter Mitwirkung von Feuchtigkeit, Licht und Luft Schwefelsäure. Beide sind im gereinigten Schwefel entfernt.

Prüfung des DAB. 6 und **Verwendung** → Schwefel, gereinigter, Bd. II, S. 1164.

Suppositorien-Grundlage (Esperis).

Lanocerina	100,0	Erdnußöl, hydr. .	650,0
Cetylalkohol . . .	150,0		

Targesin-Tabletten (Zabler).

Novocainhydrochlorid . .	3,0	Weingeist (90%)	2,5
Targesin ®	5,0	Zucker.	467,0
Anästhesin ®	15,0	Gelatine, weiß	5,0
Pfefferminzöl	0,25	Stearinsäure Erg.-B. 6 . .	2,5

1000 Tabletten zu 0,5 g.

Zucker mit der konz. Lösung des Targesins befeuchten, dann mit der Mischung der wäßrigen Gelatinelösung und der weingeistigen Stearinlösung granulieren. Bei 40° trocknen und durch Sieb 4 schlagen. Das Granulat wird sorgfältig mit Novocainhydrochlorid und Anästhesin gemischt, dann gepreßt.

Verwendung. Zur Desinfektion der Mund- und Rachenhöhle, 3- bis 4mal tägl. 1 Tablette langsam im Munde zergehen lassen.

Tegacid-Verarbeitung (vgl. Bd. II, S. 1273).

Die wachsartige Substanz Tegacid schmilzt bei 57°. Mit ihm lassen sich säure- und salzbeständige Emulsionen (Typ Ö/W) herstellen, deren p_H-Wert im schwach- bis mittelsauren Gebiet liegt. Die Verarbeitung von Tegacid geschieht etwa in der gleichen Weise wie die des Tegin (siehe unten). Zweckmäßig werden Tegacid-Emulsionen bis zum Kochen erhitzt und dann kalt gerührt. Nicht ganz glatte Emulsionen werden nochmals bis zur Verflüssigung der Crememasse auf etwa 60° erwärmt und wieder kalt gerührt. Dadurch erzielt man besonders homogene Cremes. Der Tegacid-Gehalt soll wenigstens 15% betragen. Die beste Beständigkeit weisen Tegacid-Cremes mit einem Fettgehalt von 20 bis 30% auf. Als Fette sind besonders Vaselin und Paraffinöl geeignet.

Tegin-Cremes und Tegin-Salben[1], Typ Ö/W-Emulsion (vgl. Bd. II, S. 1273).

Die Konsistenz der herzustellenden Emulsionen kann durch einen mehr oder weniger großen Gehalt an Tegin beliebig eingestellt werden. Zur Hautcreme-Herstellung ist eine Emulsion mit 10 bis 15% Tegin besonders geeignet. Der Wassergehalt soll zweckmäßig nicht unter 50% betragen. Tegin-Emulsionen können Pflanzenschleim, Wollfett, Vaselin, Öle, Wachse, Schwefel, Titandioxyd, Teer, Alkohol, Glycerin, Kampfer, Menthol und Formaldehyd zugesetzt werden, ohne ihre Haltbarkeit zu beeinträchtigen, dagegen vertragen Tegin-Emulsionen wasserlösliche Salze und Säuren (Borax, Kochsalz, Borsäure, Salicylsäure) nicht. Auch Zinkoxyd zerstört allmählich die Emulsion. Es wird deshalb durch Titandioxyd ersetzt. Es empfiehlt sich, mit destilliertem Wasser oder Kondenswasser zu arbeiten.

Arbeitsweise. Die Creme- oder Salbenbestandteile werden mit dem Wasser (ohne das Parfüm!) unter Umrühren zum Kochen erhitzt und so lange nahe dem Kochen

[1] Nach dem Prospekt der Th. Goldschmidt AG, Essen (1952).

gehalten, bis alles Tegin geschmolzen ist. Dann wird die Masse kaltgerührt. Gewöhnlich nimmt die Mischung beim Aufkochen ein schleimiges Aussehen an, ein Zeichen, daß homogene Verteilung erreicht ist. Ergibt sich beim Abkühlen, daß die Verteilung nicht befriedigt, muß erneut bis zur Verflüssigung erhitzt und wieder kaltgerührt werden. Auch das Zusammenschmelzen mit den übrigen vorgesehenen Fetten mit Tegin ist möglich, dann wird das etwa 70° warme Wasser gleichmäßig der Schmelze zugerührt. Dagegen ist es nicht zweckmäßig, das Tegin mit dem Wasser des Ansatzes zu emulgieren und dann erst die Fette zuzugeben. Als geeignete Gefäße zur Herstellung werden solche aus Aluminium, verzinntem oder emailliertem Eisen, rostfreiem Stahl u. a. verwendet.

Tincturae. Tinkturen (vgl. Bd. I, S. 57, und Bd. III, S. 19, 41).

Tinctura Allii sativi. Knoblauchtinktur, Erg.-B. 6.

Frische Knoblauchzwiebeln. .	500,0	Weingeist (90%)	1000,0

Die frischen Knoblauchzwiebeln enthäuten, zerquetschen und mit dem Weingeist bei Zimmertemperatur unter häufigem Umschütteln 10 Tage lang stehenlassen. Die kolierte und durch Pressen vom Rückstand getrennte Flüssigkeit nach dem Absetzen filtrieren.

Hellgelbe Tinktur mit Geruch und Geschmack nach Knoblauch.

Verwendung. *Innerl.* (E. 2,5 g) als die Gallensekretion förderndes, etwaige pathologische Darmflora umstimmendes Mittel durch Verminderung der Darmgifte, der Blutdruck wird gesenkt; bei Darmentzündungen.

Tinctura Aloes. Aloetinktur, DAB. 6.

	Aloe, grob gepulvert	100,0
werden gelöst in		
	Weingeist (90%)	500,0

Aleotinktur ist dunkel grünlichbraun und schmeckt bitter. Alkoholzahl nicht unter 9,5.

Verwendung. *Innerl.* als Appetit und Verdauung förderndes Mittel (E. 0,25 g = 15 Tr.).

Tinctura Aloes composita. Zusammengesetzte Aloetinktur, DAB. 6.

Zu bereiten aus:

Aloe, grob gepulvert	6,0	Zitwerwurzel, grob gepulvert .	1,0
Rhabarber, grob gepulvert . .	1,0	Safran	1,0
Enzianwurzel, grob gepulvert .	1,0	Weingeist, verdünnt, DAB. 6 .	200,0

Zusammengesetzte Aloetinktur ist rotbraun, riecht nach Safran und schmeckt würzig bitter. 1 ccm zusammengesetzte Aloetinktur färbt 500 ccm Wasser deutlich gelb. Alkoholzahl nicht unter 7,7.

Verwendung. Wie Aloetinktur DAB. 6, als Zusatz zu Bitterlikören und -schnäpsen.

Tinctura amara. Bittere Tinktur, DAB. 6.

Zu bereiten aus:

Enzianwurzel, grob gepulv.	30,0	Pomeranzen, unreife, grob gepulv.. .	10,0
Tausendgüldenkraut, grob gepulv.. .	30,0	Zitwerwurzel, grob gepulv.	10,0
Pomeranzenschalen, grob gepulv. . .	30,0	Weingeist, verdünnt, DAB. 6	500,0

Bittere Tinktur ist grünlichbraun, riecht würzig und schmeckt bitter. Alkoholzahl nicht unter 7,5.

Verwendung. *Innerl.* als Appetit und Verdauung förderndes, krampflösendes Magenmittel (E. 1,0 g), als Zusatz zu Bitterlikören und -schnäpsen.

Tinctura Angelicae. Angelikatinktur, Erg.-B. 6.

Angelikawurzel, grob pulv. . . . 200,0 | Weingeist, verd. DAB. 6 . . . 1000,0
werden zur Tinktur verarbeitet.

Angelikatinktur ist hellbraun, ihr Geschmack bitterlich.

Verwendung. Als magenwärmendes und -stärkendes Mittel (E. 2,5 g).

Tinctura Angosturae. Angosturatinktur, Erg.-B. 6.

Angosturarinde, grob pulv. . . . 200,0 | Weingeist, verd. DAB. 6 . . . 1000,0
werden zur Tinktur verarbeitet.

Angosturatinktur ist dunkelbraun, ihr Geschmack würzig bitter.

Verwendung. Als bitteres Magenmittel (E. 2,5 g).

Tinctura Arnicae. Arnikatinktur, DAB. 6.

Arnikablüten . . . . 100,0 | Verdünnter Weingeist DAB. 6 1000,0

Arnikatinktur ist gelbbraun, riecht nach Arnikablüten und schmeckt schwach bitter. Alkoholzahl nicht unter 7,7.

Verwendung. *Innerl.* wegen möglicher Reizung der Magenschleimhaut nur in kleinen Mengen (E. 1 bis 3 Tr. auf 1 Glas Wasser tagsüber schluckweise) bei verschiedenen Indikationen, *äußerl.* als Wundheilmittel zu feuchten Umschlägen, besonders bei schmierigen, schlecht heilenden Wunden (1 Eßlöffel auf ½ l Wasser).

Tinctura Arnicae destillata. Destillierte Arnikatinktur, Erg.-B. 6.

Weiße Arnikatinktur. Tinctura Arnicae alba. Arnikaspiritus. Spiritus Arnicae.

Arnikatinktur DAB. 6 . . 1000,0 | Wasser 300,0

werden gemischt und durch Destillation 1000,0 destillierte Arnikatinktur hergestellt und das Destillat filtriert.

Klares, farbloses, nach Arnikablüten riechendes Destillat.

Verwendung. *Innerl.* in kleinen Mengen (E. 0,5 g, nicht mehr wegen der Gefahr einer Reizung der Magenschleimhaut!). *Äußerl.* wie Arnikatinktur als hautreizendes Mittel, 10%ig mit Salbeiwasser (1 Eßlöffel auf 1 Glas Wasser) zum Gurgeln, bei Entzündungen der Mundschleimhaut.

Tinctura aromatica. Aromatische Tinktur, DAB. 6.

Zu bereiten aus:

Ceylonzimt, grob gepulvert 50,0
Ingwer, grob gepulvert 20,0
Galgant, grob gepulvert 10,0
Gewürznelken, grob gepulvert . . . 10,0
Malabar-Kardamomen, zerquetscht . 10,0
Weingeist, verdünnt DAB. 6 500,0

Aromatische Tinktur ist rotbraun und riecht und schmeckt würzig. Alkoholzahl nicht unter 7,7.

Verwendung. *Innerl.* als blähungstreibendes Mittel (E. 1,0 g), als Geschmackskorrigens, zur Herstellung von Franzbranntwein.

Tinctura Asae foetidae. Asanttinktur, Erg.-B. 6.

Asant, grob pulv. . . . . 200,0 | Weingeist, verd. DAB. 6 1000,0
werden zur Tinktur verarbeitet.

Asanttinktur ist hellrötlich bis -braun, ihr Geruch nach Asant.

Verwendung. Als verdauungsförderndes Mittel (E. 0,5 g = 30 Tr.).

Tinctura Aurantii. Pomeranzentinktur, DAB. 6.

Grob gepulverte Pomeranzenschale	1000,0	Verdünnter Weingeist DAB. 6 . . .	500,0

Pomeranzentinktur ist rötlichbraun und riecht und schmeckt nach Pomeranzenschalen. Alkoholzahl nicht unter 7,4.

Verwendung. *Innerl.* als aromatisches Bittermittel (E. 1,0 g = 60 Tr.), in der Likörherstellung.

Tinctura Aurantii Fructus immaturi. Pomeranzentinktur aus unreifen Früchten, Erg.-B. 6.

Unreife Pomeranzen, grob gepulv. .	200,0	Weingeist, verd. DAB. 6.	1000,0

Braungrünliche Tinktur mit würzig bitterem Geschmack.

Verwendung. Als aromatisches Bittermittel *innerl.* (E. 2,5 g).

Tinctura Balsami peruviani. Perubalsamtinktur (HAGER).

Perubalsam	10,0	Weingeist (90%) . .	100,0

werden gemischt und die Mischung nach einigen Tagen filtriert.

Tinctura Benzoes. Benzoetinktur, DAB. 6.

Zu bereiten aus:

Benzoe, grob gepulvert .	100,0	Weingeist DAB. 6	500,0

Benzoetinktur ist rötlichbraun und riecht und schmeckt nach Benzoe. Mit Wasser gibt sie eine milchige Flüssigkeit, die Lackmuspapier rötet.

Werden 5 ccm Benzoetinktur im Wasserbade zur Trockne verdampft, so darf der fein zerriebene Rückstand beim Erwärmen mit 0,1 g Kaliumpermanganat und 10 ccm Wasser auch bei längerem Stehen nicht den Geruch des Benzaldehyds entwickeln (zimtsäurehaltige Benzoe). Alkoholzahl nicht unter 9,0.

Verwendung. *Äußerl.* als örtliches mildes Desinfiziens bei wunden Brustwarzen, als Verbandwasser (10% = 10fach verdünnt), zur Mundspülung 10 Tr. auf ein Glas Wasser, als desinfizierender Zusatz zu Salben, unverdünnt zur Pinselung schlecht granulierender Wunden, *techn.* unter Verwendung von Sumatra-Benzoe als Deck- bzw. Klebemittel für Standgefäßetiketten.

Tinctura Benzoes composita. Zusammengesetzte Benzoetinktur, Erg.-B. 6.

Benzoe, grob gepulvert . .	120,0	Perubalsam	24,0
Aloe, grob gepulvert . . .	12,0	Weingeist (90%)	900,0

Rötlichbraune bis gelbbraune Tinktur mit vanilleartigem Geruch, die sich in jedem Verhältnis mit Weingeist klar löst.

Verwendung. *Innerl.* (E. 0,5 g, entsprechend 30 Tr.).

Tinctura Bursae pastoris „Rademacher". Rademachersche Hirtentäschelkrauttinktur, Erg.-B. 6.

Hirtentäschelkraut, frisch, zerquetscht	50,0	Weingeist DAB. 6	60,0

werden zur Tinktur verarbeitet.

Braungrüne Tinktur ohne besonderen Geruch und Geschmack.

Verwendung. Als blutstillendes Mittel (E. 5 g).

Tinctura Calami. Kalmustinktur, DAB. 6.

Zu bereiten aus:

Kalmus, grob gepulvert	100,0	Weingeist, verdünnt, DAB. 6	500,0

Kalmustinktur ist gelbbraun, riecht nach Kalmus und schmeckt bitter und brennend. Alkoholzahl nicht unter 7,7.

Verwendung. *Innerl.* als Stomachicum (E. 1,0 g), in der Likörherstellung, *äußerl.* als Mundwasserzusatz.

Tinctura Calendulae. Calendulatinktur.

Ringelblumen	10,0	Weingeist (70%)	100,0

Aufbewahrung. Gut verschlossen.

Verwendung. *Äußerl.* wie Arnikatinktur mit Wasser verdünnt bei gequetschten und gerissenen Wunden, bei Geschwüren.

Tinctura Capsici. Spanischpfeffertinktur, DAB. 6.

Zu bereiten aus:

Spanischer Pfeffer, grob gepulvert	100,0	Weingeist, DAB. 6	1000,0

Spanischpfeffertinktur ist rötlichbraun und schmeckt stark brennend. Alkoholzahl nicht unter 10,8.

Verwendung. *Äußerl.* zu Einreibungen bei rheumatischen Erkrankungen (25%), zur Mundspülung (1% = 100fach verdünnt), *vet.* zur Herstellung von Restitutionsfluid, in der Kosmetik zu hautreizenden Haarwässern (10%).

Tinctura Cardamomi. Malabar-Kardamomentinktur, Erg.-B. 6.

Malabar-Kardamomen, grob gepulv.	200,0	Weingeist (70%)	1000,0

Gelbe Tinktur mit würzigem Geruch und würzig brennendem Geschmack.

Verwendung. *Innerl.* als aromatisches Magenmittel (E. 1,0 g), als Geschmackskorrigens.

Tinctura carminativa. Blähungtreibende Tinktur, Erg.-B. 6.

Zitwerwurzel, grob gepulv.	80,0	Lorbeeren, grob gepulvert	15,0
Kalmus, grob gepulv.	40,0	Gewürznelken, grob gepulv.	15,0
Galgant, grob gepulvert	40,0	Muskatblüte, grob gepulv.	10,0
Römische Kamillen, grob gepulv.	20,0	Pomeranzenschalen, grob gepulv.	5,0
Kümmel, grob gepulvert	20,0	Weingeist (90%)	500,0
Anis, grob gepulv.	20,0	Pfefferminzwasser	500,0

Bei der Abgabe ist 9,0 g der blähungtreibenden Tinktur 1,0 g versüßter Salpetergeist hinzuzufügen.

Braune Tinktur mit würzigem Geruch und Geschmack.

Verwendung. *Innerl.* als blähungstreibendes Mittel (E. 2,5 g).

Tinctura Caryophylli. Gewürznelkentinktur, Erg.-B. 6.

Gewürznelken, grob gepulvert	200,0	Weingeist (70%)	1000,0

Braune Tinktur mit würzigem Geruch und Geschmack.

Verwendung. *Innerl.* als aromatisches Mittel (E. 0,5 g, entsprechend 27 Tr.), als Geruchskorrigens.

Tinctura Cascarillae. Kaskarilltinktur, Erg.-B. 6.

Kaskarillrinde, grob pulv. . . 200,0 | Weingeist (70%) 1000,0

Grünlichgelbe bis gelbbraune, würzig-bitter schmeckende Tinktur.

Verwendung. Als appetitanregendes aromatisches Bittermittel, *innerl.* E 2,5 g.

Tinctura Castorei. Bibergeiltinktur, Erg.-B. 6.

Kanad. Bibergeil, grob gepulv.. . 100,0 | Weingeist (90%) 1000,0

Dunkelbraune Tinktur mit eigenartig würzigem Geruch.

Verwendung. *Innerl.* (E. 0,5 g, entsprechend 28 Tr.) als beruhigendes Mittel, in der Parfümerie als Fixateur.

Tinctura Catechu. Katechutinktur, DAB. 6.

Zu bereiten aus:

Katechu, grob gepulv. . . 100,0 | Weingeist, verdünnt, DAB. 6 500,0

Katechutinktur ist dunkelbraun, nur in dünner Schicht durchsichtig und schmeckt zusammenziehend; sie rötet Lackmuspapier. 5 Tr. Katechutinktur geben mit 10 ccm Wasser eine klare Mischung, die nach Zusatz von 5 Tr. Eisenchloridlösung eine grünschwarze Färbung annimmt. Alkoholzahl nicht unter 7,3. Zur Bestimmung der Alkoholzahl wird eine Mischung von 10 g Katechutinktur, 5 ccm Wasser und 5 g Bleiacetatlösung nach der in den „Allgemeinen Bestimmungen" des DAB. 6 beschriebenen Weise der Destillation unterworfen.

Verwendung. *Innerl.* als adstringierendes Mittel bei Durchfall (E. 2,5 g), *äußerl.* zur Schleimhautpinselung und als Mundtinktur unverdünnt bei Blutungen und Geschwüren des Zahnfleisches.

Tinctura Chamomillae. Kamillentinktur, Erg.-B. 6.

Kamillen . . . . . 200,0 | Weingeist (70%) . . 1000,0

Blaugrüne Tinktur, Geruch und Geschmack nach Kamillen.

Verwendung. *Äußerl.* zur Wundspülung (5%), zur Mundspülung (5%).

Tinctura Chinae. Chinatinktur, DAB. 6.

Zu bereiten aus:

Chinarinde, grob gepulvert . 100,0 | Weingeist, verdünnt, DAB. 6 . 500,0

Chinatinktur ist rotbraun, schmeckt stark bitter und muß mindestens 0,74% Alkaloide, berechnet auf Chinin und Cinchonin, enthalten. Alkoholgehalt nicht unter 7,3. 5 ccm der bei der Gehaltsbestimmung titrierten Flüssigkeit müssen, mit 1 ccm verdünntem Bromwasser (1 + 4) vermischt, nach Zusatz von Ammoniakflüssigkeit eine grüne Färbung annehmen.

Verwendung. *Innerl.* als kräftigendes, Appetit und Verdauung förderndes Mittel (E. 1,0 g), *äußerl.* als Zusatz zu Haarwässern gegen Haarausfall, infolge ihrer entzündungswidrigen und adstringierenden Wirkung als Zusatz zu Mundwässern bei entzündetem Zahnfleisch.

Tinctura Chinae composita. Zusammengesetzte Chinatinktur, DAB. 6.

Zu bereiten aus:

Chinarinde, grob gepulv. . . . . 60,0 | Enzianwurzel, grob gepulv. 20,0
Pomeranzenschalen, grob gepulv. . . 20,0 | Ceylonzimt, grob gepulv. 10,0
Weingeist, verdünnt, DAB. 6. . . . 500,0

Zusammengesetzte Chinatinktur ist rotbraun, riecht würzig und schmeckt würzig bitter. Alkaloidgehalt, berechnet auf Chinin und Cinchonin, mindestens 0,37%. Alkoholzahl nicht unter 7,3. 10 ccm der bei der Gehaltsbestimmung titrierten Flüssigkeit müssen, mit 1 ccm verdünntem Bromwasser (1 + 4) vermischt, nach Zusatz von Ammoniakflüssigkeit eine grüne Färbung annehmen.

Verwendung. *Innerl.* als appetitanregendes Mittel (E. 1 g), nach POULSSON 3mal tägl. 1/2 bis 1 Teelöffel vor dem Essen.

Tinctura Cinnamomi. Zimttinktur, DAB. 6.

Zu bereiten aus:

Ceylonzimt, grob gepulvert . 100,0 | Weingeist, verdünnt DAB. 6 500,0

Zimttinktur ist rotbraun und riecht und schmeckt nach Zimt. Alkoholzahl nicht unter 7,5. Zur Bestimmung der Alkoholzahl wird eine Mischung von 10 g Zimttinktur und 10 g Bleiacetatlösung nach der in den „Allgemeinen Bestimmungen" des DAB. 6 beschriebenen Weise der Destillation unterworfen.

Verwendung. *Innerl.* als leichtes Sedativum und Stomachicum (E. 1,0 g), als Zusatz zu Zahn- und Mundwässern, in der Kosmetik zu Räuchermitteln, zur Aromatisierung in der Likörherstellung.

Tinctura Coccionellae. Kochenilletinktur, Erg.-B. 6.

Kochenille, grob gepulvert . . 100,0 | Weingeist (70%) 1000,0

Gelbrote Tinktur, die durch Alkalien blauviolett gefärbt wird.

Eine Tinktur mit besonderer Farbtiefe erreicht man nach Entfettung der Kochenille mit Petroläther durch Perkolation oder 4stündige Soxhletextraktion, auch mit schwächerem Weingeist (45 oder 25 Vol.-%) erhält man Tinkturen mit tieferer Färbung.

Verwendung. Zum Färben von Mundwässern, Zahnpulvern, Zahnpasten, Pastillen; als Indikator.

Tinctura Colae. Kolatinktur, Erg.-B. 6.

Gehalt mindestens 0,25% Coffein und Theobromin.

Kolasamen, fein gepulvert. . 200,0 | Weingeist (70%) 1000,0

Braunrote Tinktur mit schwach herbem Geschmack.

Erg.-B. 6 läßt den Mindestgehalt an Coffein und Theobromin in 10 g Kolatinktur gewichtsanalytisch bestimmen.

Verwendung. *Innerl.* als anregendes Mittel mit Coffeinwirkung (E. 5 g).

Tinctura Condurango. Kondurangotinktur, Erg.-B. 6.

Kondurangorinde, grob pulv. . . 200,0 | Weingeist, verd. DAB. 6 1000,0

werden zur Tinktur verarbeitet.

Kondurangotinktur ist gelbbraun, Geschmack schwach bitterlich, wenig herbe, kratzend.

Verwendung. *Innerl.* als Bittermittel (E. 2,5 g).

Tinctura coronata. Altonaer Kronessenz. Altonaer Tropfen (B-O).

1.

Lärchenschwamm	112,5	Myrrhe	37,5
Enzianwurzel	112,5	Kaskarillrinde	37,5
Sennesblätter	112,5	Alantwurzel	37,5
Aloe	150,0	Kalmuswurzel	37,5
Kampfer	14,0	Pimpinellwurzel	37,5
Pomeranzen, unreife	75,0	Zimt, chines.	37,5
Sassafrasholz	57,0	Wermut	37,5

Weingeist, verd., DAB. 6. 625,0

2.

Aloe	30,0	Lärchenschwamm	3,0
Kampfer	4,0	Rhabarber	4,0
Angelikawurzel	4,0	Enzianwurzel	4,0
Galgant	4,0	Zitwerwurzel	4,0
Benediktenkraut	10,0	Myrrhe	5,0
Lakritzen	20,0	Weingeist, verd., DAB. 6.	1000,0

Die grob gepulverten Drogen werden nach Vorschrift des DAB. 6 zur Tinktur angesetzt.

Tinctura coronata alba.
Weiße Altonaer Wunderkronessenz. Weiße Hamburger Tropfen (B-O).

Nelkenöl	7,5	Mazisöl	1,25
Kümmelöl	7,5	Lorbeeröl, äther.	1,25
Pomeranzenschalenöl	3,75	Pfefferminzöl	0,6
Kalmusöl	3,75	Salzgeist, versüßter	90,0
Anisöl	2,0	Weingeist (90%)	630,0

Die Bestandteile werden gemischt, einige Tage beiseite gestellt und filtriert.

Tinctura Coto. Kototinktur, Erg.-B. 6.

Kotorinde, grob pulv.	200,0	Weingeist, verd. DAB. 6	1000,0

werden zur Tinktur verarbeitet.

Rotbraune, würzig riechende und pfefferartig brennend schmeckende Tinktur.

Aufbewahrung. *Vorsichtig!*

Verwendung. Als Mittel gegen Durchfall (E. 1,5 g).

Tinctura Croci. Safrantinktur, Erg.-B. 6.

Safran, fein zerschnitten	100,0	Weingeist, verd. DAB. 6	1000,0

Rötlichgelbe Tinktur, Geschmack würzig, schwach bitterlich.

5 Tr. Safrantinktur färben 1 l Wasser noch deutlich gelb. Beim Nebeneinanderschichten von 1 Tr. der Tinktur neben 1 Tr. Schwefelsäure entsteht an der Berührungsstelle der Tropfen eine blaue Zone.

Aufbewahrung. *Vor Licht geschützt!*

Verwendung. *Innerl.* als beruhigendes Mittel bei Husten (E. 0,5 g, entsprechend 27 Tr.), zum Färben von Speisen.

Tinctura Eucalypti. Eukalyptustinktur, Erg.-B. 6.

Eukalyptusblätter, grob gepulv.	200,0	Weingeist, verd. DAB. 6	1000,0

Grünlichbraune Tinktur mit stark würzigem Geruch und kampferartig brennendem, etwas bitterlichem Geschmack.

1 ccm der Tinktur muß durch 1 Tr. Eisenchloridlösung blauschwarz gefärbt werden.

Verwendung. Als sekretsteigerndes und desinfizierendes Mittel bei Bronchitis, *innerl.* (E. 2,5 g).

Tinctura Ferri aromatica. Aromatische Eisentinktur, Erg.-B. 6.

Tinctura Ferri composita. Gehalt etwa 0,2% Eisen, D. 1,038 bis 1,044.

Flüssiger Eisenzucker . . .	70,0	Vanilletinktur	1,4
Zuckersirup	200,0	Pomeranzentinktur	2,0
Weingeist, DAB. 6	100,0	Essigäther	0,05
Aromatische Tinktur . . .	0,75	Wasser	625,0
Zimttinktur	0,8		

Den flüssigen Eisenzucker mit dem Zuckersirup mischen und dem Gemisch die übrigen Bestandteile zufügen.

Rotbraune, Lackmuspapier nicht verändernde, würzig süß schmeckende Tinktur.

Verwendung. Da Ferriverbindungen die katalytischen Allgemeinwirkungen fehlen, nicht mehr zeitgemäßes Eisenpräparat (E. 10 g, zweckmäßig mit Einnehmeröhre).

Tinctura Foeniculi composita. Zusammengesetzte Fencheltinktur, Erg.-B. 6.

Romershausens Augenessenz.

Fenchel, zerquetscht. .	200,0	Weingeist, verd., DAB. 6	1000,0
Fenchelöl	2,0		

Den Fenchel mit dem verdünnten Weingeist 3 Tage lang bei Zimmertemperatur unter öfterem Umschütteln stehenlassen. In der abgepreßten und filtrierten Flüssigkeit das Fenchelöl lösen.

Grüne, stark nach Fenchel riechende Tinktur, die sich auf Wasserzusatz milchigtrübe und grünlich verfärbt.

Verwendung. *Innerl.* bei Erkrankungen der oberen Luftwege, als Mittel, das die Bewegung der Flimmerepithelien der Atmungswege beschleunigt und sekretfördernd wirkt (E. 2,5 g), *äußerl.* als Augenwasser 10fach verdünnt.

Tinctura Galangae. Galganttinktur, Erg.-B. 6.

Galgant, grob gepulvert. .	200,0	Weingeist, verd., DAB. 6 .	1000,0

Rotbraune, brennend würzig schmeckende Tinktur.

Verwendung. *Innerl.* als magenstärkendes, appetitanregendes, aromatisches Mittel (E. 1,0 g, entsprechend 54 Tr.), zu Likören.

Tinctura Gallarum. Galläpfeltinktur, DAB. 6.

Zu bereiten aus:

Galläpfeln, grob gepulvert .	100,0	Weingeist, verdünnt, DAB. 6	500,0

Galläpfeltinktur ist braun, schmeckt zusammenziehend, rötet Lackmuspapier und ist mit Wasser ohne Trübung mischbar. Mit Eisenchloridlösung gibt sie einen blauschwarzen Niederschlag. Alkoholzahl nicht unter 6,5.

Verwendung. *Äußerl.* zur Mundspülung (1% = 100fach verdünnt), zur Schleimhautpinselung unverdünnt.

Tinctura Gentianae. Enziantinktur, DAB. 6.

Zu bereiten aus:

Enzianwurzel, grob gepulvert .	100,0	Weingeist, verdünnt, DAB. 6 . .	500,0

Enziantinktur ist gelbbraun, riecht nach Enzianwurzel und schmeckt bitter. Alkoholzahl nicht unter 7,3.

Verwendung. *Innerl.* als Bittermittel (E. 1 g).

Tinctura Guajaci Ligni. Guajakholztinktur, Erg.-B. 6.

Guajakholz, grob pulv.	200,0	Weingeist, verd., DAB. 6.	1000,0

werden zur Tinktur verarbeitet.

Dunkelbraune, vanilleartig riechende und kratzend schmeckende Flüssigkeit, die durch Eisenchloridlösung blau gefärbt wird.

Tinctura Guajaci Resinae. Guajakharztinktur, Erg.-B. 6.

Guajakharz, grob pulv.	200,0	Weingeist (90%)	1000,0

werden zur Tinktur verarbeitet.

Dunkelbraune, vanilleartig riechende und kratzend schmeckende Flüssigkeit, die durch Eisenchloridlösung blau gefärbt wird.

Verwendung. *Innerl.* E. 1 g = 60 Tr.

☠ 3. Tinctura Jodi. Jodtinktur, DAB. 6.

Gehalt 6,8 bis 7% freies Jod (J, Atom-Gew. 126,92) und 2,8 bis 3% Kaliumjodid (KJ, Mol.-Gew. 166,02).

Jod	7,0	Kaliumjodid	3,0
Weingeist	90,0		

Das Jod und das Kaliumjodid werden in dem Weingeist ohne Erwärmen gelöst.

Jodtinktur ist dunkelrotbraun und riecht nach Jod; beim Erwärmen auf dem Wasserbad hinterläßt sie einen schwarzen Rückstand, der bei stärkerem Erhitzen Joddämpfe ausstößt und schließlich eine weiße Farbe annimmt. Die mit wenig Wasser hergestellte farblose Lösung dieses Rückstandes gibt nach Zusatz von Silbernitratlösung einen hellgelben, käsigen Niederschlag von Silberjodid, nach Zusatz von Natriumkobaltinitritlösung eine gelbliche, kristalline Ausscheidung. D. 0,898 bis 0,902.

Aufbewahrung und **Abgabe.** *Vorsichtig* und *vor Licht geschützt* in Glasstopfenflaschen. Mit Weingeist (90%) zu gleichen Teilen vermischt als Desinfektionsmittel freiverkäuflich und in *braunen Flaschen* (Jodtinkturflaschen) abzugeben, *Gift!*

Tinctura Jodi decolorata. Farblose Jodtinktur, Erg.-B. 6.

Jod	85,0	Wasser	290,0
Natriumthiosulfat	85,0	Weingeistige Ammoniakflüssigkeit	125,0
Weingeist (90%)	415,0		

Jod mit Natriumthiosulfat in 85,0 Wasser lösen und der Lösung die weingeistige Ammoniakflüssigkeit zugeben. Die Entfärbung, die man durch gelegentliches Umschütteln beschleunigt, erfolgt nach kurzer Zeit. Dann wird der entfärbten Flüssigkeit der Weingeist zugesetzt, nach 3tägigem Stehen an einem kühlen Ort filtriert und dem Filtrat der Rest des Wassers beigegeben. Beim Auftreten einer milchigen Trübung, die sich bald zu Boden setzt, muß erneut filtriert werden.

Klare, farblose Tinktur mit leicht ammoniakalischem Geruch. D. (20°) 0,990 bis 1,000.

Aufbewahrung. *Vorsichtig!*

Verwendung. *Äußerl.* als Pinselung und Einreibung unverdünnt.

Tinctura Kino. Kinotinktur, Erg.-B. 6.

Malabarkino, grob pulv.	100,0	Wasser	250,0
Glycerin	150,0	Weingeist DAB. 6	nach Bedarf

Das Kinopulver mit der Glycerin/Wasser-Mischung anreiben. Aus der Anreibung und 500,0 Weingeist DAB. 6 wird die Tinktur nach DAB. 6 bereitet. Das Filtrat mit Weingeist auf 1000,0 ergänzen.

Dunkelrotbraune, etwas süßlich und stark zusammenziehend schmeckende Tinktur.

Verwendung. Unverdünnt als Mundtinktur und zur Schleimhautpinselung.

Tinctura Macidis. Muskatblütentinktur, Erg.-B. 6.

Muskatblüte, grob gepulv. . . 200,0 | Weingeist, verd. DAB. 6 . . 1000,0

Gelbbraune Tinktur mit dem Geschmack nach Muskatblüte.

Verwendung. In der Kosmetik zum Aromatisieren von Mundwässern, in der Parfümerie.

Tinctura Menthae crispae. Krauseminztinktur, Erg.-B. 6.

Krauseminzblätter, grob gepulv. . . 200,0 | Weingeist, verd. DAB. 6 1000,0

Grünlichbraune, nach Krauseminze riechende und schmeckende Tinktur.

Verwendung. *Innerl.* bei Erkrankungen der Verdauungsorgane statt Pfefferminze (E. 2,5 g).

Tinctura Menthae piperitae. Pfefferminztinktur, Erg.-B. 6.

Pfefferminzblätter, grob gepulv. . . 200,0 | Weingeist, verd. DAB. 6 1000,0

Dunkelbraune Tinktur, Geruch und Geschmack nach Pfefferminze.

Verwendung. *Innerl.* als krampfstillendes und antiseptisches Mittel bei Erkrankungen der Galle und des Darmes (E. 2,5 g).

Tinctura Moschi. Moschustinktur, Erg.-B. 6.

Moschus . . . . 20,0 | Weingeist, verd. DAB. 6 . 500,0
Wasser 500,0

Den Moschus mit dem Wasser fein anreiben, dann den Weingeist zufügen. Rötlichbraune Tinktur, Geruch stark nach Moschus, mit Wasser klar mischbar.

Verwendung. Als Arzneimittel obsolet, in der Parfümerie vielseitig verwendeter und hervorragender Fixateur; da die Bestandteile des echten Tonkinmoschus in Wasser leichter löslich sind als in Alkohol, wird für die Herstellung kosmetischer Tinkturen ein Weingeist mit niedrigerem Prozentgehalt empfohlen.

Tinctura Myrrhae. Myrrhentinktur, DAB. 6.

Zu bereiten aus:

Myrrhe, grob gepulvert . 100,0 | Weingeist DAB. 6 500,0

Myrrhentinktur ist gelbrot, riecht nach Myrrhe und schmeckt bitter. Durch Wasser wird sie milchig getrübt. Alkoholzahl nicht unter 10,2.

Verwendung. Als desinfizierendes, adstringierendes, desodorisierendes und ähnlich wie Perubalsam granulationsförderndes, ausgesprochen gewebsfreundliches Mittel zur Mund- und Rachenspülung (10 Tr. auf 1 Glas Wasser), unverdünnt zur Schleimhautpinselung, auch in Mischung mit Ratanhiatinktur bei entzündetem oder blutendem Zahnfleisch, in Salben (1 : 10), als Zusatz zu Mundpflegemitteln.

Tinctura Pimpinellae. Bibernelltinktur, DAB. 6.

Zu bereiten aus:

Bibernellwurzel, grob gepulvert . 100,0 | Weingeist, verdünnt DAB. 6 . . 500,0

Bibernelltinktur ist gelbbraun, riecht nach Bibernellwurzel und schmeckt kratzend. Alkoholzahl nicht unter 7,3.

Verwendung. *Innerl.* bei Katarrhen der Luftwege (E. 2,5 g), zur Mundspülung (10%).

Tinctura Primulae. Schlüsselblumentinktur, Erg.-B. 6.

Schlüsselblumenwurzel, grob pulv. . 200,0 | Weingeist, verd. DAB. 6 1000,0
werden zur Tinktur verarbeitet.

Gelbbraune, aromatisch bitterlich, später anhaltend kratzend schmeckende Tinktur.

Verwendung. *Innerl.* als sehr gut wirkendes Hustenmittel (E. 2,5 g).

Tinctura Pyrethri. Bertramwurzeltinktur, Erg.-B. 6.

Bertramwurzel, grob pulv. . . 200,0 | Weingeist, verd. DAB. 6 . . . 1000,0
werden zur Tinktur verarbeitet.

Gelbbraune Tinktur.

Verwendung. Als Mundwasser (2%).

Tinctura Quillaiae. Seifenrindentinktur, Erg.-B. 6.

Seifenrinde, grob gepulv. . . 200,0 | Weingeist, verd. DAB. 6. . . 1000,0

Gelbbraune Tinktur mit kratzend scharfem Geschmack, die sich mit Wasser in jedem Verhältnis klar oder nur sehr schwach opalisierend mischt.

Beim kräftigen Schütteln von 1 ccm Seifenrindentinktur in einem Meßzylinder mit eingeschliffenem Glasstopfen (200 ccm Inhalt, etwa 3 cm ∅) mit 100 ccm Wasser muß die Flüssigkeit stark schäumen und auch noch nach 1 Std. mindestens ein Schaumring vorhanden sein.

Verwendung. Als Schaumzusatz zu Mundwässern, Haarwässern, Cremes; als Arzneimittel *obsolet.*

Tinctura Ratanhiae. Ratanhiatinktur, DAB. 6.

Zu bereiten aus:

Ratanhiawurzel, grob gepulv. . 100,0 | Weingeist, verdünnt DAB. 6. . . 500,0

Ratanhiatinktur ist dunkelrot und schmeckt zusammenziehend. Alkoholzahl nicht unter 7,4.

Verwendung. *Äußerl.* unverdünnt zu Zahnfleischpinselungen, zur Mundspülung (5%), als Zusatz zu Mundwässern.

Tinctura Rhei vinosa. Weinige Rhabarbertinktur, DAB. 6.

Zu bereiten aus:

Rhabarber, in Scheiben geschnitt. . . 80,0	Malabar-Kardamomen, zerquetscht . . 10,0
Pomeranzenschalen, feinzerschn. . . 20,0	Xereswein 1000,0

Zucker . . . . nach Bedarf

Der Rhabarber wird mit den Pomeranzenschalen, den Kardamomen und dem Xereswein in einer gut verschlossenen Flasche an einem vor unmittelbarem Sonnenlicht geschützten Orte bei Zimmertemperatur unter wiederholtem Umschütteln eine

Woche lang stehen gelassen. Die durchgeseihte und durch Pressen von dem Rückstand getrennte Flüssigkeit wird nach dem Absetzen filtriert. In dem klaren Filtrate wird der siebente Teil seines Gewichts Zucker aufgelöst.

Weinige Rhabarbertinktur ist gelbbraun, riecht würzig und schmeckt würzig süß. Mit Wasser gemischt darf sie sich kaum trüben; durch Zusatz von Natronlauge wird sie rotbraun gefärbt.

Verwendung. *Innerl.* als Appetit und Verdauung anregendes Mittel (E. 2,5 g).

Tinctura Rhois aromaticae. Gewürzsumachtinktur, Erg.B. 6.

Gewürzsumachwurzelrinde, grob pulv. 200,0 | Weingeist, verd. DAB. 6 1000,0

werden zu einer Tinktur verarbeitet.

Dunkelrotbraune würzig riechende und schmeckende Flüssigkeit.

Verwendung. *Innerl.* (E. 2,5 g) gegen Bettnässen.

Tinctura Salviae. Salbeitinktur, Erg.-B. 6.

Salbeiblätter, grob gepulv. . . 100,0 | Weingeist, verd. DAB. 6 . . 1000,0

werden zu einer Tinktur verarbeitet.

Bräunliche, nach Salbei riechende und schmeckende Tinktur.

Verwendung. *Innerl.* (E. 2,5 g) mit hemmender Wirkung auf die Schweißbildung, besonders gegen lästige Nachtschweiße Tuberkulöser, auch bei übermäßigen Schweißen auf nervöser Grundlage; *äußerl.* zur Mundspülung (5%) als zahnerhaltendes Vorbeugungs- und Heilmittel bei Mund- und Zahnfleischerkrankungen, zum Gurgeln bei Halsentzündungen und anderen entzündlichen Vorgängen in der Mundhöhle. Zur Zahnfleischpinselung unverdünnt.

Tinctura Santali rubri. Rote Sandelholztinktur, Erg.-B. 6.

Rotes Sandelholz, grob gepulv.. . 200,0 | Weingeist (90%) 1000,0

Rote Tinktur.

Verwendung. Als Arzneimittel *obsolet*, in der Kosmetik zum Färben von Mundwässern. Zahnpulvern usw. Die Farbe ist jedoch wenig lichtbeständig.

Tinctura Sassafras. Sassafrastinktur, Erg.-B. 6.

Sassafrasholz, grob pulv. . . . 200,0 | Weingeist, verd. DAB. 6 . . . 1000,0

werden zur Tinktur verarbeitet.

Dunkelrotbraune, bitter schmeckende Tinktur.

Verwendung. *Innerl.* als mildes harntreibendes Mittel (E. 5 g).

Tinctura Senegae. Senegatinktur, Erg.B. 6.

Senegawurzel, grob pulv. . . 200,0 | Weingeist, verd. DAB. 6 . . . 1000,0

werden zur Tinktur verarbeitet.

Hellbraune, unangenehm kratzend schmeckende Tinktur.

Verwendung. *Innerl.* als Hustenmittel (E. 2,5 g).

Tinctura Tormentillae, Tormentilltinktur, DAB. 6.

Zu bereiten aus:

Tormentillwurzel, grob gepulv. . 100,0 | Weingeist, verdünnt DAB. 6 . . 500,0

Tormentilltinktur ist rotbraun und schmeckt zusammenziehend. Alkoholzahl nicht unter 7,7.

Verwendung. *Äußerl.* unverdünnt zur Schleimhautpinselung, zur Wundspülung (5%).

Tinctura Valerianae. Baldriantinktur, DAB. 6.

Grob gepulverter Baldrian . 100,0 | Verdünnter Weingeist DAB. 6 500,0

Baldriantinktur ist braun und riecht und schmeckt nach Baldrian. Alkoholzahl nicht unter 7,5.

Verwendung. *Innerl.* als Beruhigungsmittel für das Zentralnervensystem und für den Magen-Darmkanal, besonders bei nervösen Erregungszuständen, nervöser Schlaflosigkeit und nervösem Herzklopfen (E. 0,5 g = 27 Tr.). Nach E. WEISS soll die Einzeldosis ½ bis 1 Teelöffel betragen, um die *volle Wirkung* zu erreichen.

Tinctura Valerianae aetherea. Ätherische Baldriantinktur, DAB. 6.

Zu bereiten aus:

Baldrian, grob gepulvert . 100,0 | Ätherweingeist DAB. 6 . . 500, 0

Ein Abpressen ist nicht angezeigt wegen des dabei auftretenden Ätherverlustes.

Ätherische Baldriantinktur ist gelb und wird nach längerem Aufbewahren dunkler. Sie riecht und schmeckt ätherisch und nach Baldrian.

5 ccm ätherische Baldriantinktur müssen beim Schütteln mit 5 ccm Kaliumacetatlösung 2 bis 2,5 ccm ätherische Flüssigkeit absondern.

Verwendung. *Innerl.* als auf das Zentralnervensystem und den Magen-Darmkanal beruhigend wirkendes Mittel (E. 30 Tr.).

Tinctura Valerianae composita. Zusammengesetzte Baldriantinktur (DRF 215).

Berliner Tropfen.

Hoffmannstropfen DAB. 6 | Baldriantinktur DAB. 6
Pfefferminzspiritus DAB. 6 zu gleichen Teilen.

Verwendung. *Innerl.* 15 bis 20 Tropfen in wenig Wasser als anregendes und beruhigendes Mittel.

Tinctura Vanillae. Vanilletinktur, Erg.-B. 6.

Vanille, fein zerschnitten . . 200,0 | Weingeist, verd. DAB. 6 . . 1000,0

Dunkelbraune Tinktur, Geschmack und Geruch nach Vanille.

Verwendung. Als Arzneimittel ohne Bedeutung, als Corrigens (2%), in der Parfümerie zur Herstellung zahlreicher Geruchsnoten, besonders zu Phantasiegerüchen.

Tinctura Zingiberis. Ingwertinktur, DAB. 6.

Zu bereiten aus:

Grob gepulverter Ingwer . 100,0 | Verdünnter Weingeist DAB. 6 500,0

Ingwertinktur ist gelbbraun, riecht nach Ingwer und schmeckt brennend. Alkoholzahl nicht unter 7,7.

Verwendung. *Innerl.* als magenstärkendes Mittel, das die Wärmenerven erregt (E. 1 g), in der Likörherstellung zu Magenlikören (Abtei-, Klosterlikör).

Traumaticinum. Guttaperchalösung, DAB. 6.

Solutio Guttaperchae.

Klein geschnittene Guttapercha . 10,0 | Chloroform 90,0

Die Guttapercha und das Chloroform werden in einer verschlossenen Flasche wiederholt geschüttelt, bis die Guttapercha gelöst ist. Nach dem Absetzen wird die Lösung abgegossen.

Gelbliche bis bräunliche Lösung, die beim Verdunsten des Chloroforms eine elastische Haut hinterläßt.

Verwendung. *Äußerl.* als Arzneiträger bei Hautkrankheiten, unverdünnt als Hautfirnis.

Tylose-Verarbeitung bei der Herstellung von Emulsionen[1].

Tylose ® hat gegenüber den früher üblicherweise verwendeten Emulgatoren wie Traganth, Gummi arabicum u. a., bei der Herstellung von Emulsionen des Typs Ö/W folgende Vorteile: Sie ist frei von Verunreinigungen, leicht löslich in kaltem Wasser, praktisch von neutraler Reaktion ($p_H = 7$ bis 8) ohne wesentlichen Eigengeruch und -geschmack, gleichbleibend in ihren chemischen und physikalischen Eigenschaften, also hinsichtlich Zusammensetzung, Farbe, Viscosität und Bindekraft, in trockener Substanz unbedingt haltbar, in wäßriger Lösung weitgehend beständig gegen chemische und bakterielle Einwirkung sowie gegen Alkali und schwache Säuren, gegen Hitze und Kälte. In ihrem Emulgier- und Stabilisierungsvermögen ist Tylose für Emulsionen vom Typ Ö/W ausgezeichnet. Für den menschlichen und tierischen Organismus ist sie völlig unschädlich. Je nach der Art der zu emulgierenden Substanzen wird Tylose SL, eine Methylcellulose oder Tylose KN, das Natriumsalz einer Carboxymethylcellulose verwendet. (Vgl. Bd. II, S. 247ff.)

Die mit Tylose hergestellten Emulsionen zeichnen sich nach dem Homogenisieren durch äußerst feine Verteilung der dispersen Phase und somit durch eine schneeweiße Farbe aus, soweit farblose oder schwach gefärbte Substanzen emulgiert werden. Tylose ist nicht nur Emulgator, sondern infolge ihrer kolloidchemischen Eigenschaften auch Stabilisator, indem sie als Schutzkolloid die Wiedervereinigung der einzelnen Teilchen verhindert und die durch Emulgierwirkung und mechanische Energie erzielte Aufteilung schützt.

Bei der Auflösung und Verarbeitung von Tylose ist auf gute Lösung besonderer Wert zu legen. Man arbeitet mit einer 2- bis 5%igen Tyloselösung. Zu ihrer Herstellung trägt man die erforderliche Menge in die berechnete Menge *möglichst kalten* Wassers unter gutem Umrühren allmählich ein. Im Verlauf der ersten 10 Min. rührt man gut durch, damit sich keine größeren Klumpen bilden, und läßt dann unter gelegentlichem Umrühren mehrere Stunden oder auch über Nacht stehen. Die Dauer des Auflösungsprozesses ist abhängig von der Intensität, mit der gerührt werden kann. Die Lösung ist gebrauchsfertig, sobald nach nochmaligem gründlichen Durchrühren ein *glatter* und *zügiger Schleim* entstanden ist.

Die Temperatur des verwendeten Wassers soll unter 20° liegen. Die Tyloselösung wird um so vollkommener, je kälter das Wasser zur Anwendung gelangt. Sollen größere Mengen einer Tyloselösung hergestellt werden, deren mechanische Durcharbeitung schwierig ist, so kann Tylose in heißes Wasser, unter zeitweiligem Umrühren, vor allem während des Ansetzens der Lösung, eingetragen werden. In diesem Falle ist aber die Lösung wenigstens auf Zimmertemperatur, besser darunter, abzukühlen. Besonders rasch kann man eine Lösung herstellen, indem man das trockene Produkt mit wenigstens der 9fachen Menge heißen Wassers übergießt, kurz umrührt, stehenläßt, bis eine mittlere Temperatur von etwa 45 bis 50° erreicht ist, und dann den noch fehlenden Anteil Wasser *sehr kalt* oder sogar *in Form von Eis* zusetzt und durchrührt. Auch hier ist die Erreichung einer Endtemperatur von 20° oder darunter erforderlich.

---

[1] Nach Literatur der Firma Kalle & Co. Aktiengesellschaft, Wiesbaden-Biebrich.

Die Konzentration der Tyloselösung, die zum Emulgieren verwendet wird, richtet sich danach, mit welcher Art Rührer man arbeitet. Bei der Verwendung von Schnellrührern, die 1000 bis 3000 Umdrehungen in der Minute haben, wird mit einer 2- bis 3%igen Tyloselösung gearbeitet. Arbeitet man dagegen mit Rührern, die große Flügel tragen und in ihrem Durchmesser dem Gefäß angeglichen sind, aber nur 50 bis 200 Umdrehungen in der Minute haben, wählt man eine 3- bis 5%ige Tyloselösung, in die man die zu emulgierende Flüssigkeit unter stetem Rühren langsam emulgiert und die noch fehlende Menge Wasser nach und nach zugibt. In allen Fällen ist zu vermeiden, daß größere Mengen Luft in die sich bildende Emulsion eingerührt werden, da dies zu Schwierigkeiten der verschiedensten Art Anlaß geben kann.

Bei der Herstellung von Lebertran-Emulsionen hat sich Tylose bestens bewährt, besonders wenn die Emulsion anschließend in einer Hochdruckhomogenisiermaschine homogenisiert wird. Der zu wählende Druck soll 120 bis 150 Atmosphären betragen. Die einzelnen Teilchen der Emulsion haben dann einen Durchmesser von durchschnittlich 1 bis 2 μ. Diese feine Verteilung verbessert das Aussehen einer solchen Emulsion außerordentlich, die Farbe der Emulsion ist schneeweiß, die Verdaulichkeit des Lebertrans wird erhöht. (Vorschriften von Lebertran-Emulsionen s. Vorschriftenteil, S. 116.) Zum Emulgieren fetter Öle verwendet man in erster Linie Tylose SL, während mineralische Öle mit Tylose KN emulgiert werden. Ätherische Öle, künstliche und natürliche Essenzen, löst man zweckmäßig in einem gewissen Anteil eines pflanzlichen Öles und emulgiert dann. Im allgemeinen wird man für niedrigviscose Emulsionen Tylose SL 25 oder KN 25, für hochviscose Emulsionen dagegen SL 400 oder KN 600 verarbeiten.

Das Emulgieren der verschiedenen hier aufgeführten Substanzen geschieht analog der oben beschriebenen Arbeitsweise. Tylose niedriger Viscosität wird man zum Beginn des Emulgierprozesses in höherer, etwa 5 bis 6%iger, Tylose höherer Viscosität dagegen in niedrigerer, ungefähr 2- bis 3%iger Konzentration anwenden. Gearbeitet wird bei einer Temperatur, bei der die zu emulgierenden Substanzen flüssig sind. Die Herstellung einer Ölemulsion geschieht also bei normaler Temperatur, während alle festen Stoffe bei einer Temperatur, die etwa 5° über ihrem Schmelzpunkt liegt, verarbeitet werden. Auf diese Temperatur muß die Tyloselösung und das nebenher noch notwendige Wasser vorgewärmt werden, eine *Überhitzung* von Tyloselösung ist *zu vermeiden.* Tylose SL koaguliert beim Erhitzen auf 70 bis 90° umkehrbar.

Unter Verwendung von Rührwerken (vgl. S. 30ff.) werden die einzelnen Komponenten zunächst in gröberer Form emulgiert. Zur Verfeinerung, Vergleichmäßigung und zur Erhöhung der Haltbarkeit gibt man die Emulsion bei 120 bis 150 Atmosphären durch eine Hochdruckhomogenisiermaschine. Wurde die Emulsion bei höherer Temperatur hergestellt, so ist die Homogenisiermaschine vor Gebrauch mit heißem Wasser zu erwärmen.

Unguenta. Salben.

Wegen der Herstellung von Salben nach dem DAB. 6 (vgl. a. Bd. I, S. 54) ist noch folgendes zu beachten: Das Schmelzen von Salben in kupfernen Gefäßen ist unter allen Umständen zu vermeiden, da solche Salben infolge des Gehalts der Fette an freien Fettsäuren immer Kupferoleat enthalten und außerdem bald mißfarbig werden. Für kleine Mengen eignen sich die unter „Schmelzen“ (S. 79) aufgeführten Schalen und Gießlöffel in einem Gerät, für größere Mengen einwandfrei emaillierte Eisenschalen zum Schmelzen der Salbenmassen. Beim Kaltrühren von Salben muß man darauf achten, daß keine größeren Luftmassen eingearbeitet werden. Soll einer Salbengrundlage Flüssigkeit einverleibt werden, wird diese in *kleinen Anteilen* unter ständigem Durcharbeiten zugegeben, wobei ein weiterer Zusatz erst dann erfolgen darf, wenn die bereits zugesetzte Menge *restlos* aufgenommen ist. Salben, die wäßrige Flüssigkeiten enthalten, bezeichnet man mit *Emulsionen* (vgl. Bd. II, S. 400 bis 405, und „Emulgieren" Bd. III, S. 29). Sind einer Salbengrundlage ein oder mehrere unlösliche Stoffe beizumengen, so müssen diese zunächst in feinste Verteilung gebracht werden. Nach Zugabe einer gewissen Menge der Salbengrundlage ist eine weitere Verfeinerung unlöslicher Stoffe oft äußerst erschwert, oft sogar unmöglich. Unlösliche Substanzen werden deshalb zunächst für sich möglichst fein pulverisiert, dann gesiebt und anschließend erst ganz wenig Salbengrundlage, zweckmäßig in flüssiger Form, zugegeben und feinst zerrieben. Der Feinheitsgrad einer Salbe wird durch einen Ausstrich zwischen zwei Objektträgern bei schwacher Vergrößerung unter dem Mikroskop geprüft. Erst wenn die gewünschte Feinheit erzielt ist, wird der Hauptanteil der Salbengrundlage zugegeben.

Aufbewahrung von Salben. Zur Aufbewahrung von Salben eignen sich Steingut- und Tongefäße nicht, weil ihre Glasur das Eindringen der Fettstoffe in die Masse, aus der sie bestehen, auf die Dauer nicht verhindert werden kann. Als geeignete Aufbewahrungsgefäße dienen gut glasierte Porzellanbüchsen. Auch ist darauf zu achten, daß der Verschluß möglichst luftdicht ist, da diese Vorsichtsmaßnahme die Haltbarkeit einer Salbe erhöht.

Fettverderb[1].

Fast alle Fette und fetten Öle sind nur begrenzt haltbar. Neben biologischen Einflüssen (durch Enzyme und Mikroorganismen) ist die chemische Einwirkung von Luftsauerstoff, unterstützt durch Licht, Wärme und Schwermetallspuren (besonders Kupfer und Eisen) die Ursache von Verderbserscheinungen, die man mit Ranzigkeit (vgl. Bd. II, S. 456) bezeichnet. Sowohl der biologisch bedingte Fettverderb oder der chemisch bedingte kann dabei vorherrschen, auch können beide Vorgänge nebeneinander ablaufen. Der *biologisch* bedingte Fettverderb beruht auf der Tätigkeit von Enzymen und Mikroorganismen, besonders von Bakterien, Schimmelpilzen und Hefen. Er ist hauptsächlich bei wasserhaltigen Fetten anzutreffen, weil Wasser für Mikroben lebenswichtig ist. Der biologische Fettverderb wird mit spezifischen Konservierungsmitteln durchgeführt, die in der Lage sind, das Wachstum der Mikroben zu hemmen. Man verwendet dabei Benzoesäure (vgl. Bd. II, S. 181), Benzoepräparate (vgl. Bd. II, S. 182), Ester der p-Oxybenzoesäure (vgl. Bd. II, S. 983 bis 986), Sorbinsäure u. a. Der chemisch bedingte Fettverderb, die sogenannte *Autooxydation,* kann durch die genannten Konservierungsmittel nicht bekämpft werden, hier werden vielmehr Antioxydantien angewandt. In wasserfreien Fetten sind Autooxydationsvorgänge vorwiegend als Ursache des Ranzigwerdens anzusehen (oxydative Ranzigkeit). Dabei ist wichtig zu wissen, daß einmal begonnene Autooxydationsvorgänge bei Fetten sich selbst katalysieren und in einer Kettenreaktion mit steigender Geschwindigkeit ablaufen. Dabei kann die Anfälligkeit der einzelnen Fette zur Autooxydation sehr verschieden sein. Besonders zum Verderb gefährdet sind Fette und Öle mit hohem Gehalt an ungesättigten Fettsäuren. Bei der Autooxydation entstehen als Endprodukte geruchlich und geschmacklich unangenehm empfundene Endprodukte niedermolekularer Zerfallsverbindungen. Es ist also von größter Bedeutung, sowohl bei wasserhaltigen wie bei wasserfreien Fetten die Autooxydation zu verhindern. Die Wirkung der Antioxydantien beruht darauf, daß sie *vor* den Fettbestandteilen oxydiert werden, gewissermaßen also den Sauerstoff abfangen, der sonst das Fett angreifen würde. Als solche

[1] Nach einer Werbeschrift über *Oxynexe* „MERCK" (9.56) von E. MERCK, Darmstadt.

finden Verwendung u. a. das natürliche Vitamin E (α-Tocopherol), die Nordihydroguajaretsäure, das Butyloxyanisol (BHA), das Butyloxytoluol (BHT) und Ester der Gallussäure (vgl. Bd. II, S. 694 „Nipagalline"). Einige der genannten Oxydantien sind bereits in einer Anzahl von Ländern für Nahrungsfette zugelassen, da sie unbedenklich sind. Sie werden nur in kleinen Mengen dem Fett zugesetzt, gewisse Höchstmengen dürfen nicht überschritten werden, da sonst die erwartete Wirkung ins Gegenteil umschlagen kann, d. h., unter Umständen ein unerwünschter prooxydativer Effekt erzielt werden kann.

Durch Kombination von Antioxydantien mit gewissen organischen Stoffen kann die niedrige Zusatzmenge der Antioxydantien noch weiter herabgesetzt werden, wenn diese Stoffe (Synergisten) mit den eigentlichen Oxydantien den Fetten zugesetzt werden. Diese Stoffe, z. B. Citronensäure, vermögen die vorhandenen Metallspuren komplex zu binden, so daß diese als die Autooxydation katalysierende Faktoren aus dem System entfernt werden.

Von größter Wichtigkeit ist, daß der Autooxydationsprozeß des zu schützenden Fettes noch nicht eingesetzt hat oder nicht zu weit fortgeschritten ist. *Ein bereits angegangenes Fett läßt sich durch Antioxydantien nicht mehr stabilisieren. Verdorbene Fette können also durch nachträgliche Zugabe von Antioxydantien nicht mehr regeneriert werden.* Zur Feststellung, ob bei einem Fett oder Öl der Zusatz von Antioxydantien angezeigt ist bzw. die Voraussetzungen für deren Wirkung gegeben sind, ist ihre chemische Vorprüfung durch Fetstellung der sog. *Lea*- (amerik. Forscher) *Zahl* oder *Peroxydzahl* unerläßlich. Man versteht darunter die Anzahl verbrauchter Kubikzentimenter einer $^1/_{500}$ Normal-Natriumthiosulfatlösung, die zur Reduktion der Peroxyde von 1 g Fett gebraucht werden.

Öle und Fette mit einer Lea-Zahl unter 5 sind im allgemeinen noch als hinreichend frisch zu bezeichnen, um eine Stabilisierung mit Antioxydantien empfehlen zu können. Bei Ölen und Fetten mit einer Lea-Zahl über 10 ist eine nachhaltige Wirkung von Antioxydantien fragwürdig. Ausnahmen können allerdings bestimmte Öle (Olivenöl) bilden.

Die Bestimmung der Lea-Zahl beruht auf einer jodometrischen Methode nach besonderer Vorschrift. Dabei erhält man durch Multiplikation der verbrauchten Anzahl Kubikzentimeter $^1/_{100}$ Normal-Natriumthiosulfatlösung mit 5 die gewünschte Lea-Zahl.

Salbengrundlagen (Anorgana).

1. Lanogen ® C	7,5	Walrat, synth.	3,0
Wollfett DAB. 6	10,0	verschmolzen und mit	
Vaselin, weiß	7,5	Dest. Wasser	35,0—50,0
Bienenwachs, gebl., oder Hartwachs W	5,0		

von etwa 60° gründlich verrühren.

2. Lanogen ® C	5,0	Vaselin, weiß	8,0
Paraffin, flüssig, DAB. 6	15,0	Bienenwachs, gelbl., oder Hartwachs W	5,0
Walrat, synth.	3,0		

miteinander verschmelzen. 10 g der Komposition 2 werden bei 60° mit 20 bis 30 g dest. Wasser verrührt.

3. Lanogen ® C	50,0	Gendorfer Wachsalkohol	13,0
Paraffin, flüssig, DAB. 6	20,0		

werden miteinander verschmolzen und verrührt mit

Dest. Wasser . . 60,0

40 g der Komposition 3 werden mit 10 g Vaselin verrieben.

Abszeßsalbe (ZABLER).

Terpentinöl DAB. 6	2,5	Gelbes Wachs DAB. 6	11,5
Verflüssigtes Phenol DAB. 6	5,0	Hammeltalg DAB. 6	14,0
Terpentin DAB. 6	7,5	Lorbeeröl DAB. 6	16,5
Kolophonium DAB. 6	11,0	Erdnußöl DAB. 6	auf 100,0

Wachs und Talg schmelzen und mit der warmen Lösung von Kolophonium im Erdnußöl vereinigen. Dann bei gelinder Wärme Terpentin, Lorbeeröl und Phenol zufügen und die Mischung kalt rühren. Nach Zugabe des Terpentinöls nochmals gründlich durchmischen.

Aufbewahrung. *Gut verschlossen* und *kühl.*

Verwendung. Die Salbe auf ein Stück Mull streichen und unmittelbar auf die erkrankte Haut legen. Verband tägl. erneuern. Nach Abfluß des Eiters Weiterbehandlung mit indifferenter Salbe.

Unguentum Acidi borici. Borsalbe, DAB. 6.

Fein gepulverte Borsäure	100,0	Weißes Vaselin	900,0

Borsalbe ist durchscheinend weiß.

Verwendung. Als Wund- und Heilsalbe, für kosmetische Zwecke genügt die 3%ige Salbe, da schon bei diesem Borsäuregehalt das Wirkungsoptimum auf die Entwicklungshemmung von Bakterien erreicht ist, s. auch die folgenden Vorschriften.

Unguentum Acidi borici. Borsalbe (DEHYDAG).

1. Mit *Lanette*		2. Mit *Amphocerin*	
Borsäure	2,0	Borsäure	2,0
Wasser, dest.	18,0	Amphocerin ® K	50,0
Lanette ® -Salbe	auf 100,0	Wasser, dest.	auf 100,0

Herstellung. Siehe Lanette-Verarbeitung S. 126 bzw. Amphocerin-Verarbeitung S. 102.

Verwendung. Wie Borsalbe DAB. 6.

Unguentum ad papillas mammae. Brustwarzensalbe (KAISER).

(Staatl. Universitätsapotheke, Berlin.)

Perubalsam	10,0	Borax	50,0
werden gelöst in		Glycerin	75,0
Talcum	200,0	Wollfett, wasserfrei	25,0
		Vaselin, gelb	auf 1250,0

Unguentum Amphocerin cum aqua. Amphocerin-Salbe mit Wasser (DEHYDAG).

Amphocerin ® K	50,0	Wasser, dest.	auf 100,0

Herstellung s. Amphocerin-Verarbeitung S. 102.

Unguentum anaestheticum. Schmerzstillende Salbe (BRAUN-STEIGERWALDT).

Bei Schrunden der Brustwarzen.

1. Anästhesin ®	2,5	Perugen	10,0
		Weiche Salbe DAB. 6	37,5
2. Pellidol ®	0,6	Vaselin, gelb	29,4

Unguentum anticatarrhalicum. Salbe bei Erkrankungen der oberen Luftwege.

Ähnlich „Wick Vapo Rub“.

Menthol	2,75	Cedernblattöl	0,75
Kampfer	5,0	Terpentin	5,0
Eukalyptusöl	1,5	Thymol	0,25
Muskatnußöl	0,75	Vaselin, weiß	auf 100,0

Unguentum antiekzematicum. Salbe gegen seborrhoisches Ekzem der Kopfhaut.

Thigenol	2,0	Salicylsäure	2,5
Schwefel, präz.	5,0	Resorcin	2,5
Vaselin, gelb	88,0		

Unguentum Balsami peruviani. Perubalsamsalbe (Hager).

Perubalsam	20,0	Kakaobutter	80,0

werden bei gelinder Wärme gemischt.

Unguentum basilicum. Königssalbe, DAB. 6.

Erdnußöl	90,0	Kolophonium	30,0
Wachs, gelbes	30,0	Hammeltalg	30,0
Terpentin	20,0		

Zunächst werden Kolophonium und Erdnußöl auf dem Wasserbade zusammengeschmolzen, dann folgen Wachs und Talg, die man möglichst ohne weitere Wärmezufuhr durch Umrühren zum Schmelzen bringt. Der Terpentin wird als letztes zugesetzt, um möglichst wenig ätherisches Öl zu verlieren. Die noch flüssige Masse kolliert man direkt in das Standgefäß.

Verwendung. Als reizende Salbe, bei Furunkeln.

Unguentum Calendulae. Kalendulasalbe. Ringelblumensalbe.

1. Kalendulatinktur . . . . . 10,0 | Laceranum ® anhydricum . 40,0

An Stelle von Kalendulatinktur kann auch die homöopathische Urtinktur verwendet werden.

2. (H. Schwarz).

Ringelblumenblüten . . . . . 50,0 | Ringelblumenkraut 150,0

werden in einer Steingutbüchse befeuchtet mit einer Mischung aus

Weingeist (90%) . . . . . . 150,0 | Ammoniakflüssigkeit (10%) . 5,0

fest eingedrückt und das Gefäß mit Pergamentpapier sorgfältig verschlossen. Nach 12 Stunden schmilzt man

Wachssalbe . . 1000,0,

trägt das angefeuchtete Kraut ein, digeriert unter öfterem Umrühren 5 bis 6 Stunden bei 50° bis 60° und preßt dann aus. Anschließend wird dann durch einen Heißwassertrichter filtriert.

Verwendung. Als Wundsalbe und Verbandmittel bei schlecht granulierenden Wunden, bösartigen Geschwüren, Hautschäden, Frostschäden, Augenentzündungen, Darmfisteln usw.

Unguentum camphoratum. Kampfersalbe, Erg.-B. 6.

Gehalt 20% Kampfer.

Kampfer	200,0	Wollfett DAB. 6	540,0
Gelbes Vaselin DAB. 6.	260,0		

Wollfett und Vaselin im Wasserbad zusammenschmelzen, den Kampfer in der warmen Schmelze lösen.

Gelbliche Salbe, die in dünner Schicht beim 3stündigen Erhitzen in einer flachen Porzellanschale auf dem Wasserbad annähernd 20% ihres Gewichtes verlieren soll.

Verwendung. Als hautreizende Einreibung bei rheumatischen Erkrankungen, gegen Frostbeulen.

Unguentum camphoratum vaselinatum. Kampfervaselin, Erg.-B. 6.

Gehalt 10% Kampfer.

Kampfer, fein zerrieben	100,0	Gelbes Vaselin	900,0

Durchscheinend gelbe Salbe. Herstellung wie Kampfersalbe, ebenso Prüfung und Verwendung.

Unguentum Capsici aquosum. Rheumatismus-Salbe (RF.).

Menthol	0,5	Rosmarinöl	1,5
Capsaicin	1,5	Tylose® -Schleim	46,5

Unguentum Caseini. Kaseinsalbe (Ph. Ztg.).

Alkalikaseinat (= Kasein 14,0 + Alkalihydroxyd 0,43)	14,43	Vaselin	21,10
Glycerin	7,0	Wasser, dest.	56,57
		Konservierungsmittel	1,0

Äußerst feine Ö/W-Emulsion, die sich nicht mit Säuren und Kalksalzen verträgt, weil durch diese Stoffe Kasein ausgefällt wird. Als Salbengrundlage brauchbare Medikamententräger, dem man wasserlösliche Arzneimittel einverleiben kann. Kaseinsalbe trocknet auf der Haut in wenigen Minuten zu einem schützenden Salbenfilm (Firnis) ein.

Unguentum cereum. Wachssalbe, DAB. 6.

Unguentum simplex.

Zu bereiten aus:

Erdnußöl	70,0	Wachs, gelbes	30,0

Das Wachs wird etwa mit der gleichen Menge Erdnußöl zusammengeschmolzen und dann der Rest des Erdnußöls zugegeben. Dann läßt man die Schmelze völlig erkalten und reibt sie dann entweder mit einem Holzpistill ab oder gibt die Masse durch eine Salbenmühle.

Wachssalbe ist gelb.

Verwendung. Als Salbengrundlage.

Unguentum cereum compositum. Zusammengesetzte Wachssalbe, Erg.-B. 6.

Weißes Wachs	150,0	Walrat	150,0
Mandelöl	700,0		

Fast weiße Salbe.

Verwendung. Als Salbengrundlage.

Unguentum Cerussae. Bleiweißsalbe, DAB. 6.

Fein gepulvertes Bleiweiß	30,0	Weißes Vaselin	70,0

Bleiweißsalbe ist weiß.

Verwendung. Als mild adstringierende Salbe.

Unguentum Cerussae camphoratum. Kampferhaltige Bleiweißsalbe, DAB. 6.

Fein gepulverter Kampfer	10,0	Bleiweißsalbe	190,0

Man löst den Kampfer in dem weißen Vaselin auf dem Wasserbad und stellt dann mit dieser Lösung und dem Bleiweiß die Salbe fertig.

Kampferhaltige Bleiweißsalbe ist weiß und riecht nach Kampfer.

Aufbewahrung. *Gut verschlossen,* um Kampferverlust und Verderben zu vermeiden.

Verwendung. Als leicht reizende Verbandsalbe.

Unguentum cetylicum. Zetylsalbe. Cetylsalbe, Erg.-B. 6.

1. Zetylalkohol . . . 40,0 | Wollfett DAB. 6 . . 100,0
Weißes Vaselin . . 860,0

Gelbe, zähe und gleichmäßige Salbe.

Aufbewahrung. *Vor Licht geschützt,* in *gut geschlossenen* Gefäßen.

Verwendung. Als Salbengrundlage.

Die folgenden Vorschriften nach GSTIRNER:

2. Cetylalkohol . . . 10,0
Paraffin, flüssig . . 10,0
Vaselin, weiß . . . 80,0

Durchscheinende Salbe, etwas fester als Vaselin. 100 g der Vorschrift geben mit 60 g Wasser eine rahmig-weiße Creme.

3. Cetylalkohol . . . 10,0
Paraffin, flüssig . . 40,0
Vaselin, weiß . . . 50,0

Durchscheinende, vaselinweiche Salbe. 100 g der Vorschrift geben mit 60 g Wasser eine rahmig-weiße Creme, etwas weicher als mit 2.

4. Cetylalkohol . . . 10,0
Paraffin, flüssig . . 40,0
Vaselin, weiß . . . 15,0
Wasser, dest. . . . 35,0

Rahmig-weiße, weiche Creme.

5. Cetylalkohol . . . 20,0
Paraffin, flüssig . . 20,0
Vaselin, weiß . . . 60,0
Wasser 60,0

Rahmig-weiße Creme, etwas fester als 4.

Das flüssige Paraffin ist nach Gutdünken zum Teil durch Pflanzenöl ersetzbar. 100 g der obigen Kompositionen vermögen höchstens 65 g Wasser dauernd fest zu binden. Durch Zusatz von 10% Wollfett DAB. 6 läßt sich die Wasseraufnahmefähigkeit noch weiter erhöhen. Der Cetylalkohol wird mit dem flüssigen Paraffin zusammengeschmolzen, lauwarm verrührt, dann mit dem Vaselin und schließlich mit dem Wasser vermengt.

Unguentum Colophonii. Kolophonium-Salbe.

		I	II
1. amerik. Vorschrift:	Kolophonium	350,0	350,0
	Gelbes Wachs	150,0	120,0
	Schweineschmalz.	500,0	530,0

Die Vorschrift II gilt für die kältere Jahreszeit.

2. englische Vorschrift:

Kolophonium . . . 26,0 | Olivenöl 26,0
Gelbes Wachs . . . 26,0 | Schweineschmalz. . 22,0

Die Bestandteile werden jeweils zusammengeschmolzen und kalt gerührt.

Unguentum contra combustiones. Brandsalbe.

1. Tannin DAB. 6. . . . 4,8 | Lebertran 20,0
Wollfett, wasserfrei . . 27,0 | Vaselin, gelb 47,0
Thymol . . . . 0,2 | Eukalyptusöl 1,0

Das Thymol im Eukalyptusöl und in wenig Lebertran lösen, mit der Mischung das Tannin anreiben. Lanolin und Vaselin zusammenschmelzen und bei beginnendem Erstarren mit dem Lebertran und der Tanninanreibung vermischen.

2. (DD) Dijoddithymol . . 5,0	Wasser, dest. 90,0
Äther 20,0	Paraffin, flüssig, DAB. 6 . . 70,0
Wollfett DAB. 6. . . . 300,0	Vaselin, gelb 515,0

Das Dijoddithymol im Äther lösen, die übrigen Bestandteile zusammenschmelzen und bis zur dünnen konsistenten Salbe rühren. Dann die Dijoddithymollösung in die halbwarme Salbenmasse allmählich einarbeiten.

3. (DRF I, 106) Pantocain®. . . 0,1	Essigsaure Tonerdelösung . . . 20,0
Hamamelisfluidextrakt Erg.-B. 6 5,0	Eucerinum ®, wasserfrei . auf 50,0

4. (Ph.Z.) Perubalsam 0,2	Aluminiumacetatlösung . . . 5,0
Borsäure, pulv.. 0,9	Zinkoxyd, roh, DAB. 6 . . . 5,0
Anästhesin ® 0,9	Weizenstärke 21,0
Wismutgallat, basisches . . 5,0	Vaselin, gelb 62,0

Unguentum contra decubitum. Salbe gegen Aufliegen.

1. Erg.-B. 6 Zinksulfat 50,0	Myrrhentinktur. . . 20,0
Bleiacetat. 100,0	Weiche Salbe DAB. 6 830,0

Das Zinksulfat wird mit dem Bleiacetat fein zerrieben und mit der Myrrhentinktur zu einer gleichmäßigen, flüssigen Masse verarbeitet. Dann wird die weiche Salbe in kleineren Anteilen zugegeben.

2. (Römer) Kampfergeist 15,0	Perubalsam 3,0
Myrrhentinktur . . . 15,0	Wollfett, wasserfrei. . 30,0

Verwendung. Gegen das Aufliegen Schwerkranker.

Unguentum contra perniones. Frostsalbe.

1. Chloramin 5,0	Vaselin 95,0
2. Alaun 3,0	Bleiacetat, rein 9,0

werden fein zerrieben und mit einer Schmelze verrührt aus

Kakaobutter 18,6	Wachssalbe, DAB. 6 . . 70,0

Rühren bis zum Erkalten.

3. (Siebert) Phenol, verfl. 1,0	Vaselin
Olivenöl 10,0	Bleisalbe DAB. 6. ää auf 50,0

4. Ichthyol ®	Kampfer, pulv. 3,0
Perubalsam . . . . ää 6,0	Vaselin, gelb . . . auf 30,0

5. Phenol, verfl. 0,5	Bleisalbe DAB. 6. . . . 25,0
Lanolin DAB. 6 25,0	Olivenöl 10,0

6. Tumenolammonium. . 4,0	Lebertran 10,0

Zinkpaste . . . . . auf 100,0

7. (Braun-Steigerwaldt.)

I. Perubalsam. 3,0	Salicylsäure 3,0

Vaselin, gelb 44,0

II. Ichthyol ® 2,5	Formaldehydlösung DAB. 6 . . 10,0
Kampfer 2,5	Wollfett, DAB. 6. 10,0

Benzoeschmalz DAB. 6 25,0

8. (DEHYDAG) Kampferpulver . 4,0	Flüssiges Paraffin DAB. 6 4,0
Menthol 0,8	Cetiol ® 4,0
Weingeist (90%) 3,2	Lanette ® N 16,0
Borsäure 1,0	Vaselin, weiß 12,0

Dest. Wasser . . . . auf 100,0

Bewährte Frostsalbe vom Typ Ö/W. Vgl. Lanette-Verarbeitung S. 126.

Verwendung. Messerrückendick auf Verbandmull gestrichen zum Verband.

Unguentum contra perniones. Salbe gegen Erfrierungen (Zabler).

Formaldehydlösung DAB. 6	0,5	Weingeist (90%)	5,0
Thymol	1,0	Schwarzer Senf, fein pulv.	5.0
Kampfersäure Erg.-B. 6	2,0	Lavendelöl	5 Tr.
Arnikatinktur	2,0	Rosmarinöl	10 Tr.
Spanischpfeffertinktur DAB. 6	5,0	Kaliseife DAB. 6	30,0
Lanolin DAB. 6	auf 100,0		

Das Senfpulver mit dem Weingeist anreiben und mit den anderen Bestandteilen zu einer Salbe verarbeiten, wobei die in den Tinkturen gelöste Kampfersäure und das Thymol zum Schluß zugefügt werden.

Unguentum contra perniones „Lassar". Lassarsche Frostsalbe, Erg.-B. 6.

Phenol	20,0	Wollfett	400,0
Bleisalbe	370,0	Olivenöl	200,0
Lavendelöl	10,0		

Hellgelbe und weiche Salbe.

Verwendung. Gegen Frostbeulen.

Unguentum diachylon. Bleipflastersalbe, DAB. 6.

Diachylonsalbe. Hebrasche Bleisalbe.

Bleipflaster	200,0	Weißes Vaselin	300,0

Das Bleipflaster und das Vaselin werden im Wasserbad geschmolzen. Das Gemisch wird bis zum Erkalten umgerührt. Nachdem die Salbe 24 Std. lang an einem kühlen Ort gestanden hat, wird sie nochmals gut durchgerührt.

Bleipflastersalbe ist hellgelb.

Verwendung. In der Volksheilkunde als reizlose, deckende Wundsalbe, therapeutisch bei Hautkrankheiten mit adstringierender und austrocknender Wirkung.

Unguentum Escacetinum. Escacetinsalbe (ESCA).

Ö/W-Emulsion.

1. O I		2. O II	
Escacetin O	5,0	Escacetin O	5,0
Paraffin, flüssig	5,0	Olivenöl	5,0
Wasser, dest. (evtl. 15,0)	10,0	Wasser, dest. (evtl. 10,0)	5,0

Escacetin vorsichtig bis zum flüssigen Zustand erwärmen, gegebenenfalls mit dem flüssigen Paraffin oder Olivenöl verrühren, dann das angewärmte Wasser unter ständigem Rühren zugeben. Bis zum Erkalten rühren.

Unguentum Escacetinum molle. Weiche Escacetinsalbe (ESCA).

Escacetinsalbe O I	50,0	Lanolin	50,0

Unguentum Escacetinum W. Escacetinsalbe W (ESCA).

Ö/W-Emulsion.

Escacetinum W	100,0	Wasser, dest.	50,0

Unguentum flavum. Gelbe Salbe, Erg.-B. 6.

Altheesalbe.

Gelbwurzel, mittelfein gepulv.	18,0	Gelbes Wachs	50,0
Schweineschmalz	900,0	Fichtenharz	50,0

Gelbwurzel und Schweineschmalz im Wasserbad $^1/_2$ Std. lang erhitzen, dann Wachs und Fichtenharz zusetzen. Die Schmelze durch Heißwassertrichter filtrieren.

Gelbe, etwas feste Salbe.

Unguentum Glycerini. Glycerinsalbe, DAB. 6.

Glycerolatum simplex.

Weizenstärke	10,0	Glycerin	100,0
Wasser	15,0	Weingeist DAB. 6	5,0
Fein gepulverter Traganth	2,0		

Die Weizenstärke wird mit dem Wasser angerührt und hierauf das Glycerin zugesetzt. Der Traganth wird mit dem Weingeist angerieben und dem Gemisch hinzugefügt. Alsdann wird unter Umrühren so lange erhitzt, bis der Weingeistgeruch verschwunden und eine durchscheinende Gallerte entstanden ist.

Verwendung. Als Grundlage zu abwaschbaren Salben für den behaarten Kopf, in der Kosmetik.

Unguentum Hamamelidis. Hamamelissalbe, Erg.-B. 6.

Hamamelisrindenwasser	100,0	Lanolin DAB. 6	100,0
Weißes Vaselin	800,0		

Hamamelissalbe ist fast weiß.

Verwendung. Bei Hämorrhoiden, als kosmetisches Mittel.

Unguentum Hamamelidis. Hamamelis-Salbe (RF 57).

Hamameliswasser	5,0	Lanolin	5,0
Vaselin, weiß	40,0		

Unguentum Hamamelidis II „Lanette“. Hamamelissalbe „Lanette“ (DEHYDAG).

Lanette® N	12,0	Weißes Vaselin	25,0
Cetiol®	8,0	Hamamelisextrakt, Destillat	10,0
Lanolin	25,0	Wasser, dest.	auf 100,0
Konservierungsmittel	nach Bedarf		

Herstellung s. Lanette-Verarbeitung S. 126.

Unguentum Hydrargyri album. Quecksilberpräzipitatsalbe, DAB. 6.

Weiße Präzipitatsalbe.

Quecksilberchlorid	27,0	Wasser	780,0
Ammoniakflüssigkeit	nach Bedarf	Wollfett	50,0
Weißes Vaselin	125,0		

Das Quecksilber wird in 150 g warmem Wasser gelöst und die filtrierte Lösung nach dem Erkalten unter Umrühren mit so viel Ammoniakflüssigkeit vermischt, daß diese ein wenig vorwaltet; hierzu sind etwa 40 g erforderlich. Der entstandene Niederschlag wird auf einem gewogenen, glatten Filter aus gehärtetem Filtrierpapier gesammelt und nach dem Ablaufen der Flüssigkeit allmählich mit 240 g Wasser ausgewaschen. Unter *Lichtabschluß* läßt man dann völlig abtropfen, neigt den Trichter zur Seite und läßt durch leichtes Klopfen das Filter zusammenfallen. Zwischen Filtrierpapier wird hierauf der Niederschlag so weit abgepreßt, daß sein Gewicht 75 g beträgt. Der noch feuchte Niederschlag wird alsdann mit dem Wollfett und dem weißen Vaselin verrieben.

Quecksilberpräzipitatsalbe ist fast weiß.

Verwendung. Bei parasitären Hauterkrankungen, Ekzemen usw. Verdünnt als Ungeziefersalbe gegen Läuse *obsolet.* Zusammen mit Wismitsubnitrat zu Sommersprossensalben (vgl. S. 458).

Unguentum Hydrargyri cinereum. Quecksilbersalbe, DAB. 6.

Graue Quecksilbersalbe. Franzosensalbe. Unguentum mercuriale. Unguentum neapolitanum. Gehalt 30% Quecksilber.

Quecksilber	30,0	Olivenöl	1,0
Wollfett	5,0	Schweineschmalz	40,0
Hammeltalg	24,0		

Das Quecksilber wird mit dem Gemisch von Wollfett und Olivenöl so lange verrieben, bis Quecksilberkügelchen *unter der Lupe* nicht mehr wahrzunehmen sind. Darauf wird das geschmolzene und wieder nahezu erkaltete Gemisch von Schweineschmalz und Hammeltalg hinzugefügt.

Quecksilbersalbe ist bläulichgrau; Quecksilberkügelchen dürfen in ihr unter der Lupe nicht wahrzunehmen sein.

Verwendung. Medizinisch zu Schmierkuren bei Syphilis nach ärztlicher Verordnung. Verdünnt (10%ig) als Mittel gegen Filzläuse (Pediculi pubis) und gegen Läuse bei Tieren. Bei Tieren wird die Salbe an Stellen eingerieben, an denen sie sich nicht lecken können. Auch das Ablecken durch andere Tiere ist zu unterbinden. Beim Rind wird am Grund der Hörner, beim Hund unter dem Halsband eingerieben. Die Läuse brauchen dabei mit der Salbe nicht direkt in Berührung zu kommen, da das Quecksilber allmählich verdunstet und den Tierkörper mit einem Dunstkreis von Quecksilberdampf überzieht, der die Läuse tötet. Man verwendet kleine Mengen, für ausgewachsene Rinder 5 bis 10 g, für Hunde 1 bis 2 g. Zur Verwendung als Ungeziefermittel kann statt Olivenöl Erdnußöl, an Stelle von Schweineschmalz und Hammeltalg besser Lanolin und gelbes Vaselin verwendet werden, weil dabei die Bildung der sehr giftigen und leicht resorbierbaren Quecksilberseife unmöglich ist.

Unguentum Kalii jodati. Kaliumjodidsalbe, DAB. 6.

Zu bereiten aus:

Kaliumjodid	20,0	Wasser	15,0
Natriumthiosulfat	0,25	Schweineschmalz	165,0

Das Kaliumjodid mit dem Natriumthiosulfat kalt mit dem Wasser durchrühren (nicht reiben!). Dann die Lösung mit dem Schweineschmalz vermischen.

Kaliumjodidsalbe ist weiß.

Verwendung. Als zerteilendes Mittel bei Frostbeulen, zur Begünstigung der Resorption kleiner Ergüsse.

Unguentum pro infantibus. Kinderwundsalbe.

1. (DEHYDAG.) Lanette ® N	15,0	Weingeist (90%)	2,0
Cetiol ®	20,0	Harnstoff, rein	2,0
Borsäure	1,0	Hamamelisextrakt, Destillat	5,0
Perubalsam	2,0	Glycerin	5,0
Wasser, dest.	auf 100,0		

Herstellung s. Lanette-Verarbeitung, S. 126.

2. (KAISER.) Wollfett, wasserfrei	35,0	Paraffin, flüssig DAB. 6	10,0
Wasser, dest.	45,0	Vaselin, weiß	5,0
Zinkoxyd, roh DAB. 6	5,0	Lavendelöl	3 Tr.

Unguentum Lanette. Lanette-Salbe. (DEHYDAG).

1. Lanette ® N	24,0	Wasser, dest.	auf 100,0
Cetiol ®	16,0	Konservierungsmittel	nach Bedarf

Herstellung s. Lanette-Verarbeitung, S. 126. Wasserlösliche Arzneimittel werden eingearbeitet, indem man diese vorher im Wasseranteil auflöst und dann die warme, wäßrige Lösung zusammen mit dem bei 60 bis 70° geschmolzenen Fettanteil durch Kaltrühren oder Homogenisieren emulgiert.

Verwendung. Als Salbengrundlage.

2. Mit weißem Vaselin, Lanolin, weicher Salbe und Glycerin.

	I.	II.	III.	IV.
Lanette®-Salbe . . .	80,0	70,0	50,0	10,0
Weißes Vaselin	auf 100,0	—	—	—
Lanolin	—	auf 100,0	—	—
Weiche Salbe DAB. 6. .	—	—	auf 100,0	—
Glycerin	—	—	—	10,0

Bei IV kann Glycerin teilweise oder ganz durch Karion F flüssig (MERCK) oder Butantriol ersetzt werden. Durch diese Zusätze zur Lanette-Salbe wird deren Austrocknung wesentlich verzögert. Die Vorschrift IV ist eine gute Grundlage für Kopfsalben, die übrigen finden als Salbengrundlage Verwendung.

Unguentum Lauri compositum. Zusammengesetzte Lorbeersalbe, Erg.-B. 6.

Lorbeersalbe. Grüne Salbe.

Schweineschmalz . .	620,0	Cajeputöl, rekt. . . .	3,5
Hammeltalg	120,0	Wacholderöl	3,5
Lorbeeröl	250,0	Terpentinöl	3,0

Die drei ersten Bestandteile bei gelinder Wärme auf dem Wasserbad zusammenschmelzen und vor dem Erstarren die ätherischen Öle darunter mischen.

Verwendung. Als milde Reiz- und Heilsalbe, besonders bei Tieren.

Unguentum leniens. Kühlsalbe, DAB. 6.

Unguentum emolliens. Unguentum Cetacei. Unguentum refrigerans. Cold Cream.

Weißes Wachs . .	7,0	Mandelöl	60,0
Walrat	8,0	Wasser	25,0

Rosenöl 0,1

Wachs und Walrat werden im Wasserbade zusammengeschmolzen, das Mandelöl kalt zugesetzt und der noch flüssigen Masse das auf 40° erwärmte Wasser in einem Guß beigegeben. Hierauf zur Emulgierung kaltgerührt. Der fertigen Emulsion wird das Rosenöl zugesetzt. Kühlsalbe, DAB. 6, ist nahezu weiß und eine Pseudoemulsion Typ W/Ö. Ihre Haltbarkeit ist sehr begrenzt (höchstens 3 Monate).

Verwendung. Als kühlende Salbe bei entzündeter und gespannter Haut. Die Wirkung tritt neben der Verdunstung des aus der Emulsion freiwerdenden Wassers auf der Haut auch durch Quellung und Entspannung ein. Für kosmetische Zwecke wird zweckmäßig mit Nipagin M konserviert. Das Abfüllen in Blechdosen ist wegen Rostbildung verboten.

Unguentum leniens „Lanette“. „Lanette“-Kühlsalbe. „Lanette“-Cold Cream.

(DEHYDAG).

Lanette® N.	15,0	Nipaester . .	0,2
Mandelöl . .	20,0	Rosenöl . . .	0,1

Wasser . auf 100,0

Herstellung s. Lanette-Verarbeitung, S. 126.

Lanette-Kühlsalbe ist im Gegensatz zur DAB. 6-Vorschrift stabil und entfaltet gleich gute Kühlwirkung, außerdem hat sie den Vorteil der Abwaschbarkeit.

Unguentum Majoranae. Majoransalbe, Erg.-B. 6.

Majoran, grob gepulvert . .	200,0	Weingeist (90%)	100,0
Ammoniakflüssigkeit DAB. 6	10,0	Weißes Vaselin	1000,0

Den mit dem Weingeist und der Ammoniakflüssigkeit befeuchteten Majoran einige Stunden lang in gut bedeckter Schale stehenlassen, dann das weiße Vaselin zufügen und das Gemisch unter öfterem Umrühren im Wasserbad erhitzen, bis der Weingeist und die Ammoniakflüssigkeit verflüchtigt sind. Dann Auspressen und durch Heißwassertrichter filtrieren.

Grüne, durchscheinende Salbe mit starkem Majorangeruch.

Verwendung. Als Schnupfensalbe.

Unguentum molle. Weiche Salbe, DAB. 6.

Gelbes Vaselin .	100,0	Lanolin	100,0

werden auf dem Wasserbad zusammengeschmolzen. Weiche Salbe ist gelblich, eine W/Ö-Emulsion.

Verwendung. Als reichlich Wasser aufnehmende Salbengrundlage.

Unguentum nasale. Nasensalbe.

1.

Latschenkiefernöl . .	1,0	Borsäure, pulv. . . .	5,0
Ephetonin ®	3,0	Wollfett, wasserfrei . .	10,0
Menthol	3,0	Paraffin, flüssig . . .	10,0

Vaselin, gelb 68,0

2. Nasensalbe *für Säuglinge.*

Essigsaure Tonerdelösung . .	3,0	Wollfett, wasserfrei	20,0

Paraffin, flüssig 7,0

Unguentum Olei Jecoris. Lebertransalbe.

	1.	2.	3.	DRF 129.
Lebertran	65,0	65,0	40,0	30,0
Wachs, gelb	25,0	15,0	—	—
Wollfett	10,0	20,0	—	—
Weiche Salbe	—	—	59,8	—
Eucerin ®, wasserfrei	—	—	—	69,8
Kumarin	—	—	0,2	0,2

Als Rezepturerleichterung wird ein kleiner Zusatz von Silicagel pulv. oder Aerosil ® zur Salbengrundlage vor dem Lebertranzusatz empfohlen.

Verwendung. Als gute, die Granulation anregende Wundsalbe.

Unguentum Olei Jecoris Aselli „Lanette". Lebertransalbe mit „Lanette" (DEHYDAG).

1. 20% *Lebertran*

Lebertran	20,0	Lanette ® N	15,0
		Wasser, dest. . . .	auf 100,0

Konservierungsmittel . . nach Bedarf

2. 30% *Lebertran*

Lebertran	30,0	Weißes Vaselin	15,0
Lanette ® N	10,0	Wasser, dest. . . .	auf 100,0
		Konservierungsmittel . .	nach Bedarf

3. 40% *Lebertran*

Lebertran	40,0	Lanette ® N	8,0
Gelatine, weiß . . .	1,0	Wasser, dest. . . .	auf 100,0
		Konservierungsmittel . .	nach Bedarf

Herstellung s. Lanette-Verarbeitung, S. 126.

Unguentum Plumbi. Bleisalbe, DAB. 6.

Bleiessig	100,0	Weiche Salbe DAB. 6	900,0

werden gemischt. Die Emulgierung des Bleiessigs wird durch den Cholesteringehalt des in der weichen Salbe enthaltenen Lanolins ermöglicht. Bleisalbe ist gelblich.

Verwendung. Als kühlende und trocknende Salbe bei Frostbeulen, Verbrennungen, Geschwüren; zum Gebrauch für Tiere frei verkäuflich.

Unguentum pomadinum „Unna". Unnasche Pomade, Erg.-B. 6.

Kakaobutter	340,0	Mandelöl	660,0
Rosenöl	nach Bedarf		

Kakaobutter und Mandelöl im Wasserbad zusammenschmelzen, das Gemisch bis zum Erkalten rühren und auf je 1 kg 30 Tr. Rosenöl zusetzen.

Gelbliche Pomade.

Verwendung. Als kosmetisches Mittel.

Unguentum Populi. Pappelsalbe. Pappelpomade.

	1. (Erg.-B. 6)	2.
Frische Pappelknospen	500,0	100,0
Ammoniakflüssigkeit	20,0	—
Weingeist (90%)	30,0	—
Weißes Vaselin	1000,0	—
Schweineschmalz DAB. 6	—	200,0
Nipagin® M	—	0,3

Zu 1.: Pappelknospen mit Ammoniakflüssigkeit und Weingeist befeuchten, einige Stunden lang in gut bedeckter Schale stehenlassen, dann zerquetschen. Der zerquetschten Masse das Vaselin zufügen und bis zur Verflüchtigung des Weingeists und der Ammoniakflüssigkeit das Gemisch unter häufigem Umrühren im Wasserbad erhitzen. Nach der Verflüchtigung auspressen, durch Heißwassertrichter filtrieren.

Zu 2.: Die Pappelknospen mit dem Schweineschmalz 24 Std. lang im Wasserbad erhitzen (nicht kochen!), dann abpressen und im Heißwassertrichter filtrieren. Das Nipagin in einem Teil des erwärmten Schweineschmalzes vollständig lösen.

Pappelsalben sind grünlich, **Geruch** eigenartig balsamisch.

Verwendung. Gegen Hämorrhoiden und Frostschäden, nach Vorschrift 2 als Haarpomade.

Unguentum rosatum. Rosensalbe, Erg.-B. 6.

Schweineschmalz	770,0	Weißes Wachs	155,0
Rosenwasser	75,0		

Weiße Salbe.

Verwendung. Für kosmetische Zwecke.

Unguentum Rosmarini compositum. Rosmarinsalbe.

Nervenbalsam. Nervensalbe. Unguentum nervinum.

	DAB. 6	SAB.		DAB. 6	SAB.
Schweineschmalz	16,0	56,0	Muskatnußöl	2,0	—
Hammeltalg	8,0	—	Wacholderöl	1,0	6,0
Wachs, gelb	2,0	24,0	Rosmarinöl	1,0	1,0
Lorbeeröl	—	10,0	Terpentinöl	—	3,0

Die Salbe nach der DAB. 6-Vorschrift ist gelblich, die nach dem SAB grünlich.

Schmalz, Talg und Wachs werden im Wasserbad zusammengeschmolzen und bis zum Erstarren gerührt. Bei etwa 40° werden die ätherischen Öle zugegeben.

Romarinsalbe ist gelblich und wird leicht ranzig. Ihre Haltbarkeit kann man durch Neutralisation der freien Fettsäuren erhöhen durch Versetzen von 100 g des geschmolzenen Fettgemischs mit 3 bis 5 g Natrium carbonicum siccum. Nach dem Abgießen der klaren Fettschicht, wenn nötig durch Mull, werden die ätherischen Öle zugesetzt.

Verwendung. Als mild hautreizende Salbe, zur Steigerung der Durchblutung der Hautkapillaren, auch bei kalten Füßen.

Unguentum Sacchari amylacei „Lanette". Traubenzucker-Salbe 10% „Lanette" (DEHYDAG).

Traubenzucker DAB. 6	10,0	Cetiol®	25,0
Lanette® N	15,0	Wasser, dest.	auf 100,0
Konservierungsmittel	nach Bedarf		

Herstellung s. Lanette-Verarbeitung, S. 126.

Verwendung. Als Wundsalbe. Nekrotisches Gewebe wird schnell abgestoßen, die Wunde gereinigt und die Granulation angeregt, bei gleichzeitiger bacterizider Wirkung.

Unguentum sulfuratum. Schwefelsalbe, Erg.-B. 6.

Gereinigter Schwefel	340,0	Benzoeschmalz	660,0

Schwefelsalbe ist bei der Abgabe frisch zu bereiten.

Verwendung. Bei Hauterkrankungen.

Unguentum sulfuratum 10% „Lanette". Schwefelsalbe 10% (DEHYDAG).

Schwefel, praec.	10,0	Lanette ® N	12,0
Cetiol®	25,0	Wasser, dest.	auf 100,0

Herstellung s. Lanette-Verarbeitung, S. 126.

Unguentum Terebinthinae laricinae. Wundsalbe zur Verhütung von Wundinfektionen.

Lärchenterpentin	25,0	Vaselin, weiß	25,0

Nach SCHULZ und MOMBURG (Münch. Med. Wschr. 7, 271 [1939]) werden die unangenehmen Folgen von Wundinfektionen verhütet, wenn jede Wunde sofort mit Lärchenharzsalbe bedeckt wird. Die Salbe vermag den Perubalsam vollständig zu ersetzen.

Unguentum Zinci. Zinksalbe, DAB. 6.

Rohes Zinkoxyd	100,0	Benzoeschmalz	900,0

Im kleinen wird das gut getrocknete und durch ein feines Sieb abgesiebte rohe Zinkoxyd mit wenig geschmolzenem Benzoeschmalz höchst fein zerrieben und dann mit dem übrigen Fett vermischt. Größere Mengen werden maschinell hergestellt.

Verwendung. *Med.* als schwach antiseptische und austrocknende Salbe bei nässenden Ekzemen, Hautabschürfungen, als Verbandsalbe. Kosmetisch bei leichten Hautschäden. Zum Gebrauch für Tiere frei verkäuflich.

Vanilla saccharata. Vanillezucker, Erg.-B. 6.

Fein zerschnitte Vanille	100,0	Zucker	900,0
Weingeist (90%)	nach Bedarf		

Die Vanille mit wenig Weingeist befeuchten, $^1/_2$ Std. stehenlassen und dann mit 20 g Zucker in Stücken fein zerstoßen. Dann vorsichtig trocknen, nochmals im

Mörser zerreiben, das Pulver durch Sieb V schlagen und den Rückstand nach und nach mit dem übrigen Zucker in gleicher Weise behandeln. Dann werden die verschiedenen Teile gemischt.

Weißlich-graues Pulver.

Verwendung. Als Geschmackscorrigens, in der Feinbäckerei und im Haushalt als Gewürz.

Vaselinum Olei Jecoris Aselli. Lebertranvaselin, Erg.-B. 6.

Lebertran	400,0	Gelbes Vaselin	600,0

Gelbe, durchscheinende, nach Lebertran riechende Salbe, die 40% Lebertran enthält.

Verwendung. Als Wundsalbe mit bacterizider Wirkung, auch bei frischen Wunden, Verbrennungen, Verätzungen.

Vaselinum salicylatum. Salicylvaselin, Erg.-B. 6.

	I	II		I	II
Salicylsäure	20,0	20,0	Gelbes Wachs	—	100,0
Gelbes Vaselin	980,0	878,0	Gaultheriaöl	—	2,0

Zu I: Gelbes Vaselin schmelzen, die Salicylsäure darin lösen.

Zu II: Die Salicylsäure in der Schmelze von Wachs und Vaselin lösen. Der halberkalteten Masse das Gaultheriaöl zufügen.

Vasolimentum ®. Vasoliment, Erg.-B. 6.

Gereinigte Ölsäure	300,0	Gelbes Vaselinöl Erg.-B. 6	600,0
Weingeistige Ammoniakflüssigkeit	100,0		

Gelbbraune Flüssigkeit, mit Chloroform klar mischbar, mit Wasser bildet sie eine Emulsion.

Verwendung. Zur Herstellung von Vasolimenten mit Arzneimittelzusätzen.

Vina medicata. Medizinische Weine. Arzneiweine (vgl. Bd. I, S. 59).

Kräuterweine und Arzneiweine[1].

Weine unter Zusatz würzender Kräuter oder Drogen sind *weinhaltige Getränke* im Sinne des § 16 des Weingesetzes. Sie können nur in Verkehr gebracht werden, wenn sie den Bestimmungen der Verordnung über Wermut- und Kräuterwein vom 20. 3. 1936 (Regierungsbl. I S. 196) entsprechen oder Arzneiweine darstellen.

Apéritifs, appetitanregende alkoholische Getränke, dürfen in Deutschland nur in den Verkehr kommen, wenn sie entweder den Bestimmungen über Wermutwein oder denjenigen über Kräuterwein entsprechen. Auch bei der Herstellung von Apéritifs auf Weingrundlage ist das Verbot der Verwendung nicht krautartiger Pflanzenteile zu beachten. Sie müssen entweder den Bestimmungen über Wermutwein (vgl. Bd. I, S. 585) oder denjenigen über Kräuterwein (vgl. Bd. I, S. 586) entsprechen, um in Deutschland verkehrsfähig zu sein. Aus Frankreich eingeführte Apéritifs werden deshalb im allgemeinen den deutschen Anforderungen nicht entsprechen.

Von der Verordnung über Wermut- und Kräuterweine sind *Arzneiweine* oder *medizinische Weine — Vina medicata* ausgenommen, damit die ärztliche Verschreibung und die Krankenbehandlung nicht behindert werden. Arzneiweine sind aber

[1] Nach E. Benk in DDZ. **1953**, 7, 166.

nur in der herkömmlichen Zusammensetzung herzustellen, wie sie im DAB. 6 und Erg.-Bd. 6 aufgeführt sind. Sobald sie von diesen Zusammensetzungen abweichen, insbesondere nicht mehr den ausreichenden Gehalt an den namengebenden Drogen aufweisen, unterliegen sie wieder den Bestimmungen der Verordnung über Wermut- und Kräuterwein. Da das DAB. 6 und der Erg.-Bd. 6 nur insgesamt 10 Arzneiweine aufführen, so kann man andere anerkannte Vorschriftenbücher als Unterlage für die herkömmliche Zusammensetzung von Arzneiweinen ansehen.

Als diätetische Lebensmittel finden die Arzneiweine Chinawein, Condurangowein und Rhabarberwein Verwendung, sie müssen aber auch dann den genannten Anforderungen entsprechen. *Baldrianwein* kann nur als Arzneiwein hergestellt werden, weil Baldrianwurzel kein würzendes Kraut im Sinne der Verordnung über Wermut- und Kräuterwein ist. Der Hersteller ist verpflichtet, eine ausreichende Menge Baldrianwurzel (6,5 bis 10%) zu verwenden: wird eine wesentlich geringere Menge verwendet, so ist das Erzeugnis weder als Kräuterwein noch als Arzneiwein verkehrsfähig. Das gleiche gilt für Angosturawein, Enzianwein, Ingwerwein, Angelikawein, Rhabarberwein, Schlehdornwein, Hopfenwein u. a. Dagegen können Weine mit Zusatz z. B. von Tausendgüldenkraut, Kardobenediktenkraut und Rosmarin sowohl als Kräuterweine als auch als Arzneiweine hergestellt werden, da diese Zusätze würzende Kräuter, d. h. krautartige Pflanzenteile darstellen. Weine mit stark wirkenden Drogen (Meerzwiebel, Fingerhutblätter usw.) sind auf jeden Fall nicht frei verkäufliche Arzneimittel.

Vinum Cascarae sagradae. Sagradawein, Erg.-B. 6.

Sagradafluidextrakt, entbittert . . 500,0

werden auf dem Wasserbad auf 200,0 eingedampft und der Rückstand gelöst in

Goldmalaga 800,0

Sagradawein ist dunkelrotbraun, der Geschmack würzig-bitterlich.

Verwendung. Als abführendes Mittel bei chronischer Verstopfung, E. 30 g = 1 Likörglas.

Vinum Chinae. Chinawein, DAB. 6.

Chinafluidextrakt	5,0	Pomeranzentinktur	1,0
Xereswein	80,0	Zucker	15,0

Citronensäure 0,1

Die Flüssigkeiten werden gemischt; die Mischung wird nach 1 Woche filtriert. In dem Filtrat werden der Zucker und die Citronensäure unter Schütteln gelöst.

Chinawein ist rotbraun und schmeckt bitter.

Verwendung. Als vorzügliches Roborans mit ausgesprochener Wirkung gegen einen fortschreitenden Kräfteverfall (E. 1 Likörglas voll).

Vinum Colae. Kolawein, Erg.-B. 6.

Kolafluidextrakt	50,0	Xereswein	850,0

Zuckersirup 100,0

Die Bestandteile mischen und filtrieren.

Klarer, dunkelbrauner Wein.

Verwendung. Als anregendes Mittel (E. 60,0 g, etwa 1 Weinglas).

Vinum Condurango. Kondurangowein, DAB. 6.

Kondurangofluidextrakt	10,0	Aromatische Tinktur	1,0
Xereswein	80,0	Zucker	9,0

Die Flüssigkeiten werden gemischt; die Mischung wird nach 1 Woche filtriert. In dem Filtrat wird der Zucker unter Schütteln gelöst.

Kondurangowein ist braungelb und riecht und schmeckt nach Kondurangorinde.

Verwendung. Als Stomachicum 1 Likörglas voll.

Vinum ferratum. Eisenwein.

	Ferriammoniumcitrat . .	5,0
werden gelöst in		
	Xereswein	1000,0

Vinum Gentianae. Enzianwein.

1. Enzianwurzel . . 50,0 | Marsalawein 1000,0

werden 8 Tage lang mazeriert, ausgepreßt und nach dem Absetzen filtriert.

2. Enzianfluidextrakt . . 50,0 | Marsalawein 950,0

werden gemischt und filtriert.

Vinum herbarum. Kräuterwein (HAGER P-TM).

Galgantwurzel	40,0	Citronenschalen	45,0
Enzianwurzel	32,0	Pomeranzenschalen	45,0
Ingwer	32,0	Wacholderbeeren	25,0
Kümmel	20,0	Zimt	50,0
Pfefferminz	30,0	Rosmarin	14,0
Thymian	15,0	Süßer Medizinalwein oder Rotwein	3000,0

Kümmel und Wacholderbeeren werden zerquetscht, die anderen Drogen fein zerschnitten, 8 Tage mazeriert, ausgepreßt und nach dem Absetzen während einiger Tage filtriert.

Verwendung. Als appetit- und verdauungsanregender Wein. Ein Süßweinglas voll $^1/_2$ Std. vor dem Essen zu nehmen.

Vinum Pepsini. Pepsinwein, DAB. 6.

2,4%ige Pepsinlösung in Wein.

Pepsin	24,0	Wasser	20,0
Glycerin	20,0	Zuckersirup	92,0
Salzsäure	3,0	Pomeranzentinktur . .	2,0

Xereswein 839,0

Das Pepsin wird in der Mischung von Glycerin und Wasser gelöst. Hierauf werden die übrigen Bestandteile hinzugesetzt; die Mischung wird nach dem Absetzen filtriert.

Zur Herstellung von gutem Pepsinwein ist die Verwendung eines *einwandfrei wirksamen* Pepsins unbedingt Voraussetzung. Trotzdem kann durch ungeeignete Herstellungsmethoden eine erhebliche Abnahme des Wirkungswertes des Pepsins im Pepsinwein eintreten. Nach BRANDRUP (Apoth. Ztg. 1932, 987) sind die Ursachen zur Wertabnahme darin zu suchen, daß im Gegensatz zu Talk durch das Klären mit Eiweiß oder Gelatine eine erhebliche Abnahme des Wirkungswertes eintritt. Es empfiehlt sich deshalb, das Pepsin erst nach der Behandlung mit Gelatine oder Eiweiß dem Weine zuzusetzen und spätere Trübungen mit Talk zu beseitigen. Am besten eignet sich Weißwein und Malaga zur Pepsinweinherstellung, während Xereswein am ehesten zu Trübungen neigt. Plötzlich auftretende *Trübungen* rühren vielfach *von der Berührung des Pepsinweins mit Metallen* her. (Filtration durch Seitz-Filter.) BRANDRUP stellte fest, daß die Berührung mit Zinn am ungünstigsten wirkt.

Eisen weniger, Kupfer nur einen geringen und Silber keinen Einfluß auf die Haltbarkeit des Pepsinweins ausübt. Er empfiehlt folgende Herstellungsweise: Zunächst wird der Ansatzwein durch Gelatine, wie im Arzneibuch angegeben ist, geklärt, und nach dem Absetzen durch ein Seitz-Filter filtriert. Dann werden die übrigen Bestandteile hinzugegeben. Das Pepsin am besten als Pepsinum liquidum Erg.B. 6 und möglichst so, daß die Salzsäure *nicht in konzentrierter Form* mit ihm in Berührung kommt, und der Wein zum Absetzen etwa 14 Tage beiseite gestellt. Dann genügt es meist, den Wein durch Filtrierpapier zu filtrieren.

Fertiger Pepsinwein darf auf keinen Fall mit Metallen in Berührung kommen. Dies gilt auch für Emailtrichter, die häufig schadhafte Stellen haben. Auch das Filtrieren des *fertigen* Weins über Asbest und Talkum ist wegen der Adsorptionsgefahr möglichst zu vermeiden. Am besten ist es, den Pepsinwein von vornherein so herzustellen, daß eine spätere Behandlung nicht mehr nötig ist. Durch jede nachträgliche Behandlung des Pepsinweins, abgesehen von einer Filtration über Papier, wird das Aussehen und die Qualität desselben beeinträchtigt.

Nach K. SCHULZE (Apoth. Ztg. **1927**, 256) ist noch zu beachten, daß Pepsin DAB. 6 mit Milchzucker, und nicht wie früher mit Rohrzucker, verdünnt ist. Aus diesem Grunde können konz. Lösungen mit Pepsin DAB. 6 nicht mehr hergestellt werden. Auch bei der Bereitung des Pepsinweins löst sich das Pepsin nicht in der vorgeschriebenen Mischung von Glycerin und Wasser, sondern erst, wenn die übrigen Bestandteile, in der Hauptsache der Wein, zu der Pepsin-Glycerin-Wasser-Mischung hinzugefügt werden.

Es empfiehlt sich, die Herstellung von Pepsinwein stets in kleinen Mengen durchzuführen, um Lagerung über ½ Jahr hinaus zu vermeiden.

Prüfung des DBA. 6. *Richtiger Gehalt an Pepsin.* Das Eiweiß eines Hühnereies, das 10 Min. lang in kochendes Wasser eingelegt wurde, läßt man erkalten und reibt es durch Sieb IV. 10 g dieses zerkleinerten Eiweißes werden in 100 ccm warmem Wasser (50°) gleichmäßig zerrieben, 0,5 ccm Salzsäure und 5 ccm Pepsinwein zugesetzt. Man läßt unter wiederholtem Umschütteln 3 Std. lang bei 45° stehen. Dabei muß sich das Eiweiß, bis auf wenige weißgelbliche Häutchen, lösen.

Aufbewahrung und **Abgabe.** *Vor Tageslicht,* das die Wirkung des Pepsins schädigt, *geschützt.* Auch die *Abgabe* hat *in braunen Flaschen* zu erfolgen.

Verwendung. Bei mangelnder Magensaftsekretion 1 Likörglas voll nach dem Essen. Kein Metallgerät verwenden, da Pepsin dadurch geschädigt wird.

Vinum Rosmarini. Rosmarinwein (Winkelmann).

Alkoholfreier Weißwein . . .	1000 ccm	Alter Johannisberger	1000 ccm

Rosmarinblätter, geschnitt.. . . 4 Eßlöffel

werden gelinde erwärmt, dann läßt man 1 Tag ziehen. Nach dem Kolieren werden zugesetzt

Traubenzucker . . . . . 100,0.

Verwendung. Bei wassersüchtigen Anschwellungen, Blähungen und Krämpfen, chronischen Hautausschlägen, zur Nervenstärkung, 3mal tägl. je ½ Weinglas voll oder alle 2 Std. 1 Eßlöffel voll.

Vinum stomachicum. Magenwein (HAGER P-TM).

Kalmuswurzel	25,0	Pomeranzenschalen. .	25,0
Galgantwurzel . . .	2,0	Chinarinde	25,0
Zitwerwurzel	25,0	Wermut	10,0

Malagawein 1000,0

Die grob gepulverten Drogen werden 10 Tage lang mazeriert. Nach dem Abpressen läßt man einige Tage absetzen und filtriert.

Verwendung. 2- bis 3mal täglich ½ Weinglas voll *vor* dem Essen.

Vinum tonicum. Tonischer Arzneiwein, Erg.-B. 6.

Chinafluidextrakt	50,0	Dickes Hefeextrakt	30,0
Pomeranzentinktur	25,0	Wasser	50,0
Zuckersirup	75,0	Natriumglycerinophosphatlösung (75%)	20,0
Süßer Südwein (Goldmalaga)	800,0	Zusammengesetzte Ivaessenz	5,0
Frische Milch	50,0		

Die 5 ersten Bestandteile werden gemischt und unter häufigem Umschütteln 2 Tage lang stehengelassen. Nach dem Filtrieren werden 895 g des Filtrats mit einer Anreibung des dicken Hefeextrakts mit dem Wasser gemischt und dann die Natriumglycerinophosphatlösung und die Ivaessenz hinzugefügt. Man läßt längere Zeit in einem kühlen Raume stehen und filtriert dann.

Klarer, dunkelbrauner Wein.

Verwendung. Als ausgezeichnetes Kräftigungsmittel auch bei fortschreitendem Kräfteverfall *innerl.* (E. 15 g).

Vinum Valerianae. Baldrianwein.

Baldrianwurzel, geschnitten	100,0	Xeres- oder Marsalawein	900,0

nach 14tägigem Mazerieren wird abgepreßt und in der Kolatur gelöst

Zucker 150,0

und filtriert.

Verwendung. Als nervenberuhigender Wein, mehrmals tägl. 1 Süßweinglas voll, besonders abends vor dem Schlafengehen.

Wasserstoffsuperoxyd-Lösungen, Verdünnen von.

Die konzentrierte Wasserstoffsuperoxydlösung (30%ig ist für viele Verwendungszwecke zu stark und muß deshalb vor der Verwendung durch Zumischung einer entsprechenden Menge Wasser hergestellt werden. Nach E. MERCK gibt die nachstehende Tabelle das hierzu erforderliche Mischungsverhältnis an:

15 gew.%ige Lösung erhält man bei der Mischung von 1 Gew.T. H_2O_2 30% mit 1 Gew.T. (oder Vol.T.) Wasser.

12 gew.%ige Lösung erhält man bei der Mischung von 1 Gew.T. H_2O_2 30% mit 1,5 T. Wasser.

10 gew.%ige Lösung erhält man bei der Mischung von 1 Gew.T. H_2O_2 30% mit 2 T. Wasser.

6 gew.%ige Lösung erhält man bei der Mischung von 1 Gew.T. H_2O_2 30% mit 4 T. Wasser.

5 gew.%ige Lösung erhält man bei der Mischung von 1 Gew.T. H_2O_2 30% mit 5 T. Wasser.

4 gew.%ige Lösung erhält man bei der Mischung von 1 Gew.T. H_2O_2 30% mit 6,5 T. Wasser.

3 gew.%ige Lösung erhält man bei der Mischung von 1 Gew.T. H_2O_2 30% mit 9 T. Wasser.

2 gew.%ige Lösung erhält man bei der Mischung von 1 Gew.T. H_2O_2 30% mit 14 T. Wasser.

Sollen bei der Verdünnung Volumteile statt der Gewichtsteile angewendet werden, bzw. will man das Wasserstoffsuperoxyd abmessen statt abwägen, so muß das spez. Gew. des 30%igen Wasserstoffsuperoxyds berücksichtigt werden, das 1,115 beträgt; 100 g entsprechen 89,7 ccm. Bei der Anwendung von Raummaßen gelten folgende Zahlen:

1 Vol. H_2O_2 30% + 1,2 T. Wasser erg. eine 15 gew.%ige Lösung.
1 Vol. H_2O_2 30% + 2,3 T. Wasser erg. eine 10 gew.%ige Lösung.
1 Vol. H_2O_2 30% + 4,5 T. Wasser erg. eine 6 gew.%ige Lösung.
1 Vol. H_2O_2 30% + 7,25 T. Wasser erg. eine 4 gew.%ige Lösung.
1 Vol. H_2O_2 30% + 10 T. Wasser erg. eine 3 gew.%ige Lösung.
1 Vol. H_2O_2 30% + 15,5 T. Wasser erg. eine 2 gew.%ige Lösung.
1 Vol. H_2O_2 30% + 32 T. Wasser erg. eine 1 gew.%ige Lösung.

Nur einwandfreies Wasser ergibt längere Zeit lagerfähige Wasserstoffsuperoxydlösungen.

Gehaltsbestimmung. Eine einfache Methode, den Gehalt von konzentrierten und verdünnten Wasserstoffsuperoxydlösungen zu ermitteln, ist nach E. MERCK die folgende:

Erforderlich: $^1/_{10}$ Normal-Kaliumpermanganatlösung, verdünnte Schwefelsäure 1,106 bis 1,111 (= 15%), je eine genaue Pipette von 5 und 10 ccm Inhalt, ein Meßkölbchen von 100 ccm Inhalt, eine genaue Bürette von 50 oder 100 ccm mit Einteilung in $^1/_{20}$ ccm, ein Meßzylinder von etwa 50 ccm, ein Erlenmeyerkolben von 300 ccm.

Die Analyse wird wie folgt ausgeführt:

Bei konzentrierten Wasserstoffsuperoxydlösungen von etwa 30% mißt man mit der Pipette genau 15 ccm ab, läßt diese Menge in das Meßkölbchen von 100 ccm Inhalt fließen, füllt mit Wasser bis zur Marke auf und schüttelt gut durch. Jetzt nimmt man von dieser Lösung 10 ccm mit der Pipette, gibt dieselben in ein Erlenmeyerkölbchen, fügt noch etwa 50 ccm Wasser und 20 ccm verdünnte Schwefelsäure hinzu und titriert mit $^1/_{10}$ Normal-Kaliumpermanganatlösung. Zu diesem Zweck läßt man aus einer Bürette so lange die Kaliumpermanganatlösung langsam in die Mischung einfließen, bis die nach jedesmaligem Zusatz zu beobachtende Rotfärbung nach dem Umschütteln nicht wieder verschwindet. Der erste Eintritt der dauernden Rotfärbung zeigt den Endpunkt der Titration an. Die Anzahl der hierfür verbrauchten, an der Bürette abzulesenden Kubikzentimeter $^1/_{10}$ Normal-Kaliumpermanganatlösung werden mit 0,0017 multipliziert und ergeben so den Gehalt an Wasserstoffsuperoxyd in 0,5 ccm bzw. nach weiterer Multiplikation mit 200 den Gehalt an Wasserstoffsuperoxyd in 100 ccm der zu prüfenden Flüssigkeit.

Bei *stark verdünnten* Lösungen, z. B. bei Bleichbädern, werden die mit der Pipette abgemessenen 5 ccm nach Zugabe von etwa 50 ccm Wasser und 20 ccm verdünnter Schwefelsäure direkt titriert. Die verbrauchten Kubikzentimeter $^1/_{10}$ Normal-Kaliumpermanganatlösung ergeben nach Multiplikation mit 0,0017 den Gehalt an Wasserstoffsuperoxyd in 5 ccm.

Wurden z. B. bis zum Eintritt der bleibenden Rotfärbung von 5 ccm des Bleichbades (nach Zugabe von 50 ccm Wasser und 20 ccm verdünnter Schwefelsäure) 90 ccm $^1/_{10}$ Normal-Kaliumpermanganatlösung verbraucht, so beträgt der Gehalt des Bleichbades an Wasserstoffsuperoxyd $0{,}0017 \times 90 = 0{,}153$ g in 5 ccm = 3,06% Wasserstoffsuperoxyd.

Wunderbalsam (nach DAZ. **1951**, 641).

1.	Nelkenöl	7,5	Lorbeeröl, ätherisch	1,25
	Kümmelöl	7,5	Pfefferminzöl	0,6
	Apfelsinenschalenöl	3,75	Anisöl	6,0
	Kalmusöl	3,75	Salzgeist, versüßter	6,0
	Muskatblütenöl	1,25	Weingeist (90%)	630,0
2.	Reinfarnkraut	43,5	Kalendulablüten	15,0
	Angelikawurzel	43,5	Weinstein	15,0
	Rosmarinblätter	43,5	Wacholderbeeren, zerquetscht	100,0
	Kamillen, römische	30,0	Weingeist (90%)	875,0
	Lavendelblüten	30,0	Wasser, dest.	875,0

8 Tage mazerieren, dann abpressen und filtrieren.

Zincum oxydatum. Zinkoxyd, DAB. 6.

Zinksulfat	10,0	Natriumcarbonat	11,0
Wasser	140,0		

Die filtrierte Lösung des Natriumcarbonats in 100 g Wasser wird in einer Porzellanschale zum Sieden erhitzt und allmählich unter weiterem Erhitzen und Umrühren mit der filtrierten Lösung des Zinksulfats in 40 g Wasser versetzt. Wird von der über dem ausgeschiedenen Niederschlage befindlichen Flüssigkeit Lackmuspapier nicht mehr gebläut, so fügt man noch etwas Natriumcarbonat zu und erhitzt von neuem. Sobald der Niederschlag sich abgesetzt hat, wäscht man ihn einige Male durch Dekantieren mit Wasser aus, bringt ihn dann auf ein leinenes Seihtuch und wäscht ihn noch so lange aus, bis die ablaufende Flüssigkeit durch Bariumnitratlösung nicht mehr verändert wird. Das so erhaltene basische Zinkcarbonat wird abgepreßt, getrocknet und unter zeitweiligem Umrühren geglüht, bis eine Probe nach dem Erkalten sich in verdünnter Schwefelsäure ohne Aufbrausen löst.

Weißes oder gelblichweißes, zartes, amorphes Pulver, das beim Erhitzen gelb und beim Erkalten wieder weiß wird. Zinkoxyd ist in Wasser unlösl., in verdünnter Essigsäure l. lösl. Die essigsaure Lösung gibt mit wenig Natronlauge einen weißen Niederschlag, der sich im Überschuß des Fällungsmittels wieder löst (Natriumzinkat).

Prüfung des DAB. 6 s. Bd. II, S. 1435.

Verwendung. Als schwach adstringierendes, trocknendes Mittel zur Wundbehandlung in Salben (10%), Pasten (25%), Pudern (10%), bei nässenden Wunden und Ekzemen. Bei längerem Gebrauch kann es zu Ätzwirkung kommen.

III. Tiermedizinische Zubereitungen. Tierpflege. Tierfuttermittel.

Allgemeines.

Arzneimittel zum Gebrauch im Stall.

Nach DAZ. **36**, 874 (1954) werden nachstehende Arzneimittel, die zum Gebrauch im Stall vorrätig sein sollen, empfohlen:

Zum inneren Gebrauch: Glaubersalz, Kamillen, Leinsamen, Rizinusöl, Tierkohle.

Zum äußeren Gebrauch: Jodtinktur oder Dibromol, Lysol, Holzteer, Brennspiritus.

Zu Einreibungen: Kampferspiritus, Restitutionsfluid, Lorbeeröl.

An Streupulvern: Gepulverte Eichenrinde, medizinische Kohle.

An Salben: Borsalbe, Eutersalbe, Lebertransalbe.

Verbandstoffe und Artikel zur Krankenpflege: Watte, Cambricbinden, Leinenbinden, Fieberthermometer, Wundspritze aus Gummi, Irrigator mit Schlauch.

Alle Gefäße sollen die Inhaltsangabe in deutlicher, unverwischbarer Schrift tragen.

Futterkalk.

Als Futterkalk finden Verwendung präzipitierter phosphorsaurer Kalk und kohlensaurer Kalk (Schlämmkreide, Kalksteinmehl, gemahlene Muschelschalen).

Präzipitierter phosphorsaurer Futterkalk wird gewonnen durch Aufschließen von Rohphosphaten und nachheriges Ausfällen der gelösten Phosphorsäure mit Kalkmilch. Dabei resultiert ein Dicalciumphosphat, das 38 bis 42% Gesamtphosphorsäure enthält, von der wenigstens 80 bis 85% citratlöslich sein sollen. Es ist nicht zulässig, gewöhnliche, unvorbehandelte Phosphate oder Knochenasche als phosphorsauren Futterkalk zu bezeichnen. Wohl können sie als Futterzusatz verwendet werden, wenn sie frei von schädlichen Bestandteilen und fein zermahlen in den

Handel kommen, müssen aber entsprechend deklariert sein. Phosphorsaurer Kalk findet zweckmäßig dort als Futterzusatz Verwendung, wo das Futter phosphorsäurearm ist, vor allem aber zur Aufzucht von Jungtieren, die bekanntlich zum Aufbau ihres Knochengerüstes reichlich phosphorsauren Kalk benötigen. Grundsätzlich müssen Futterkalke frei von den schädlichen Bestandteilen *Arsen, schweflige Säure* und *Fluor* sein, die in fast allen Rohphosphaten in mehr oder weniger großer Menge vorhanden sind, oft derart reichlich, daß die Tiere erkranken oder eingehen können. Der Fluorgehalt des Futterkalks darf 0,03% der Trockensubstanz nicht übersteigen. Zweckmäßig läßt man sich beim Einkauf vom Lieferanten bestätigen, daß der gelieferte Futterkalk die genannten schädlichen Stoffe nicht enthält.

Kohlensaurer Kalk ist wesentlich billiger als der phosphorsaure Kalk und kann bei phosphorreicherem, aber kalkärmerem Futter verwendet werden. Als Futterkalk finden gefällter kohlensaurer Kalk und Schlämmkreide Verwendung. Auch Naturkalkstein genügender Reinheit (Sandgehalt und Gehalt toniger Bestandteile nicht über 1%) kann fein gemahlen als Futterzusatz verwendet werden. Praktisch führt man eine Untersuchung durch die Löslichkeit in Salzsäure durch, in der sich sandige und Tonbestandteile nicht lösen. Enthält der Naturkalkstein *Sulfide*, entsteht beim Versetzen mit Salzsäure bekanntlich Schwefelwasserstoff. Beim Verkauf von Futterkalk müssen die Kalkformen, die er enthält, als phosphorsaurer bzw. kohlensaurer Kalk deklariert werden, während beim Verkauf von kohlensaurem Kalk und Muschelmehl der Gehalt an $CaCO_3$ angegeben werden muß.

Viehsalz findet häufig als Zusatz zum Futter als die Freßlust anregendes Mittel Verwendung. Am besten eignet sich ein Viehsalz aus gemahlenem Steinsalz, weil dieses noch *Spuren* von *Jod* enthält. Denaturiert ist Viehsalz für Futterzwecke *steuerfrei*. Um nachteilige Wirkungen zu vermeiden, soll der Viehsalzanteil so berechnet werden, daß für Rinder 25 bis 50 g, für Pferde 15 bis 20 g, für Schafe und Schweine 5 bis 8 g je Tag und Kopf zur Verwendung kommen. Unter besonderen Verhältnissen kann bei Rindern eine Erhöhung bis auf 80 g, bei Schafen bis auf 12 g pro Tier und Tag begründet sein. Auch Viehsalz muß frei von schädlichen Bestandteilen sein und soll mindestens 75% Natriumchlorid enthalten. Viehsalz ist vor allem auf *Magnesiumchlorid* und *Magnesiumsulfat* zu untersuchen, deren Vorhandensein die Verfälschung mit einem Abraumsalz beweist.

Futterkalkmischungen.

Futterkalkmischungen verfolgen den Zweck, die Freßlust zu steigern, den Milchertrag und die Eierlegetätigkeit zu erhöhen, die Kraft bei Zugtieren zu entfalten und durch eine bessere Futterausnutzung im allgemeinen die Masterfolge zu begünstigen. Sie bestehen aus phosphorsaurem und kohlensaurem Kalk, Kochsalz und geeigneten aromatischen Drogenpulvern.

Nach dem Futtermittelgesetz vom Jahre 1926 dürfen gemischte Futterkalke und Viehpulver im freien Verkehr gehandelt werden. Jedoch ist zu beachten, daß die Bestandteile und ihr Mischungsverhältnis in Prozenten angegeben werden müssen. Ergänzende Bestimmungen wurden am 21. Juni 1949 vom Direktor der Verwaltung für Ernährung, Landwirtschaft und Forsten des vereinigten Wirtschaftsgebietes erlassen. Nach diesen dürfen Futterkalkmischungen *höchstens fünf Gemengteile* enthalten. Als Mindestgehalt an Gesamtphosphorsäure sind 8% vorgeschrieben. Ferner müssen mindestens 50% kohlensaurer Kalk und 20% phosphorsaurer Futterkalk sowie 30% Ruschenfuttermehl in der Mischung enthalten sein. Es können außerdem darin enthalten sein 30% Viehsalz- oder Mineralsalzmischung, 10% Magnesiumoxyd und 2% Würzstoffe. Für vitaminhaltige Futterkalke gelten die Bestimmungen vom 1. März 1944. Danach muß auf der Packung und auf dem Packanhänger das Datum der Herstellung der Mischung und die Garantie über den Gehalt derselben an Vitamin D in Gramm enthalten sein. Die Angabe bezieht sich auf die Frist von 6 Monaten, vom Tage der Herstellung ab gerechnet. Auf der Packung muß ein Hinweis angebracht sein, der besagt, daß der Inhalt innerhalb 6 Monaten verbraucht sein muß, da er im Laufe der Zeit an Wirksamkeit verliert. Die Mineralsalzmischung muß Viehsalz, darf aber höchstens 0,02% Jod enthalten. Es unterliegt keinem Zweifel, daß sehr kleine Jodzugaben auf den Allgemeinzustand von Tieren, auf ihr Wachstum und bei Milchtieren auf ihren Milchertrag günstig wirken. Daraus den Schluß zu ziehen, Futterkalkmischungen allgemein Jod zuzufügen, wäre jedoch falsch oder gar schädlich. Ob eine Zugabe von Jod zweckmäßig ist, muß von Fall zu Fall entschieden werden. Der Vitaminzusatz hat in Form von Präparaten zu erfolgen. Nach einer Entschließung des Ausschusses für Handelsfuttermittel der Deutschen Landwirtschaftsgesellschaft sollen als *Spurenelemente* höchstens Eisen-, Kupfer- und Manganverbindungen Verwendung finden, und zwar in einem Mengenverhältnis von 5 : 1 : 1, berechnet auf die gesamten Elemente. Die Höchstmenge dieser Eisen-, Kupfer- und Manganmischungen soll 0,1% der Mineralsalzmischung betragen. Soweit nicht schädliche Überdosierungen vorkommen, sind kleine Abweichungen von dem bezeichneten Mengenverhältnis erlaubt. Stoffe wie Bolus, Kaolin, Kieselsäure, Holzkohle usw. sollen in Mineral- und Futterkalkmischungen nicht enthalten sein, sondern nur nach Bedarf gegeben werden. Eine Zufütterung von Vitaminen ist bei richtig und genügend gefütterten Tieren unter normalen Verhältnissen nicht notwendig. Lediglich in den Fällen, in denen die Normalisierung des Kalk- und Phosphorsäurestoffwechsels notwendig erscheint, ist der Zusatz von Vitamin D angezeigt. Die Vitaminmenge muß jedoch so reichlich sein, daß eine vorbeugende Wirkung oder ein wirklicher Heilungseffekt erwartet werden kann, d. h. der *Vitamingehalt* von D_2 und D_3 muß je Gramm der Mischung 100 E. betragen. Die Art und die Menge des Vitamins und die Zeit der Herstellung der Mischung muß deklariert werden. Die von Tieren hauptsächlich benötigten Vitamine A und B stehen bei richtiger, natürlicher Fütterung (Grünfutter und gutes Heu) reichlich zur Verfügung. Vitaminzufuhr durch Futterkalkmischungen ist bei Tieren berechtigt, die durch außergewöhnlich hohe Ansprüche in bezug auf Leistung und Fortpflanzung besonders belastet werden und bei denen das notwendige natürliche Futter in genügender Menge nicht vorhanden ist. Aber auch bei hochgezüchteten und tragenden Tieren kann Vitaminmangel eintreten, der durch geeignete Vitaminzufuhr behoben werden kann.

Futterkalk.

1. (SIDO.) Caliciumphosphat . . . 60,0
Fenchel, pulv. gross. 4,0
Wacholderbeeren, pulv. gross. . . 4,0
Kalmuswurzel, pulv. gross. . . . 4,0
Süßholzwurzel, pulv. gross. . . . 6,0
Bockshornsamen, pulv. gross. . . 7,0

2. Phosphorsaurer Kalk, roh . . 800,0
Kochsalz 100,0
Ferrolactat 20,0
Bockshornsamen, pulv.
Fenchelpulver . . . . . ää 40,0

Viral ® (Bayer) für Tiere[1].

Vollwertiges Mineralsalzgemisch für alle Haus- und Nutztiere.

Viral enthält an Wirkstoffen mindestens 30% Calciumoxyd als Carbonat und Phosphat, mindestens 21% Phosphorsäureanhydrid als Calcium- und Natriumsalz, 5% Magnesiumoxyd, 1% Kräuter-Drogen und 0,187% Spurenelemente (Kupfer,

[1] Nach einem Prospekt von „BAYER“ Leverkusen, veterinär-med. Abt.

Mangan, Zink, Kobalt, Eisen, Jod, Bor). Da bei der Aufzucht und Haltung der Haustiere die ausreichende Versorgung des Körpers mit Mineralsalzen besonders wichtig ist und von diesen das Wachstum und die Entwicklung der Jungtiere und die Nutzleistung der erwachsenen Tiere abhängt, ist Viral für diese Zwecke besonders geeignet. Ein Mangel oder das Fehlen an diesen Stoffen führt zu lebensbedrohenden Gesundheitsstörungen und setzt die Widerstandskraft der Tiere gegen Infektionskrankheiten herab. Besonders bei einseitiger Fütterung können Mineral-Krankheiten, vor allem bei Stallhaltung leicht eintreten. Da die Böden heute an wichtigen Mineralien vielfach verarmt sind und deshalb auf das von ihnen gewonnene Futter diese nur in unzureichender Menge enthält, ist neben dem Bedarf an reinen Nährstoffen naturgemäß auch der Bedarf an Mineralsalzen erhöht. Calcium- und Phosphorsalze haben beim Aufbau der Stützgewebe des Körpers besondere Bedeutung. Fehlen sie, entsteht bei Jungtieren Rachitis infolge mangelhafter Verkalkung der weichen Knochengewebe, bei erwachsenen Tieren dagegen Entkalkung der schon verfestigten Knochen durch Abbau der darin enthaltenen Calcium- und Phosphatvorräte. Während der Melkzeit werden von erwachsenen Tieren mit der Milch laufend erhebliche Mengen Mineralsalze abgegeben, die unter Umständen aus den im Tierkörper vorhandenen Reserven bis zu deren Erschöpfung mobilisiert werden. Dadurch kann es auch zu verminderter Widerstandsfähigkeit gegen Infektionskrankheiten kommen, die durch regelmäßige Zufütterung von „Viral für Tiere“ vermieden wird. Ständiger Mangel an Calcium, Phosphor und auch an Spurenelementen kann auch zu schweren Störungen der Fruchtbarkeit der Tiere und des Ablaufs der Geschlechtsfunktionen führen. Ein Mangel an Magnesiumsalzen führt häufig zu Störungen der inneren Funktionen der Organe, da Magnesium an vielen lebenswichtigen Stoffwechselvorgängen beteiligt ist. „Viral für Tiere“ sichert erwachsene Tiere gegen Sterilität und ihre wirtschaftlich bedeutsamen Folgen. Bei Jungtieren, besonders während des Winters, gehört die Verfütterung von „Viral für Tiere“ auch zu den vorbeugenden Maßnahmen gegen Wurmbefall. Die im „Viral für Tiere“ enthaltenen Kräuter führen Wirkstoffe, die auf Weiden und Wiesen meist fehlen, für die Gesundheit der Tiere aber wesentlich sind.

Dosierung und Anwendung von Viral® täglich einmal.

Tierart	Dosierung	Anwendung
Pferd	1 gehäufter Eßlöffel	vermischt mit angefeuchtetem Kurzfutter;
Rind	2 bis 3 gehäufte Eßlöffel	auf zerkleinerte Rüben streuen oder mit etwas Weichfutter;
Fohlen	1gestrichener Eßlöffel	mit Salz oder Zucker vermischt in Milch, bei älteren Fohlen im Kurzfutter;
Kalb	1 „ „	möglichst in Milch;
Schaf, Ziege . .	1 „ „	auf das angefeuchtete Futter oder au Hackfrüchte gestreut;
Schwein . . .	„ „	im Futter;
Ferkel	1 „ Teelöffel	im Futter;
Hund	1 „ „	„ „
Geflügel	1 Messerspitze	„ Weichfutter
10 Hühner . .	1 gehäufter Eßlöffel	„ „
10 Küken . . .	1 Messerspitze	„ „
2 Kaninchen . .	1 „	„ Futter
2 Silberfüchse .	1 „	„ „

„Viral für Tiere“ ist in Eimern zu 5 kg, Jutesäcken zu 25 kg und Kleinpackungen zu 250 g und 750 g erhältlich.

Bei der engen Verzahnung des Phosphor-Calcium-Stoffwechsels mit dem Vitamin D wird „Viral für Tiere“ zweckmäßig stets gleichzeitig mit dem frei verkäuflichen *Tier-„Vigantol“ zur Aufzucht* gegeben. Dies enthält pro ccm 20000 i. E. Vitamin D_3 in haltbarer Form, so daß dessen Wirksamkeit stets voll gesichert ist.

„Viral für Tiere“ gebe man vor allem: Muttertieren während der Trächtigkeit und der Säugeperiode, Milchkühen bei hoher Milchleistung, Jungtieren (Fohlen, Kälbern, Lämmern, Ferkeln, Welpen) während der Aufzucht, exotischen Tieren in zoologischen Gärten, Geflügel während der Mauser und zur Förderung der Legetätigkeit, Schafen zur Förderung der Fleisch-, Milch- und Wolleistung, Schweinen während der Aufzucht und Mast, allen Tieren in Beständen mit ausschließlicher Stallhaltung und in solchen mit chronischen Aufzuchtkrankheiten (Lähme, Ferkelhusten, Kälberhusten usw.), Pelztieren zur Verbesserung der Pelzbeschaffenheit.

Hufkitt.

Guttapercha . . . 42,0 | Ammoniakharz 25,0

werden geschmolzen und heiß mit einem Spatel in die gereinigten Hufspalten eingetragen.

Räudeseife, flüssig.

Anthrasol® . . . . 5,0 | Seifengeist DAB. 6 . 95,0

Salzlecksteine (Sido).

1. Viehsalz. . . 950,0	Salmiak 50,0
2. *Eisenhaltig*	Viehsalz
Salmiak . . . 50,0	Ferrosulfat . . āā 1000,0

Die Bestandteile werden mit etwas Wasser zusammengeschmolzen und in Papphüllen gegossen, die mit Vaselin leicht gefettet sind. Durch die halberkaltete Masse wird ein starker, glühend gemachter Draht hindurchgestoßen.

Kupferlecksteine erhalten einen Zusatz von Kupfersulfat (1%) und finden für Tiere mit Wurmkrankheiten Anwendung.

Viehnährsalz (Sido).

Caliciumphosphat 40,0	Natriumchlorid 60,0
Calciumsulfat 2,5	Magnesiumphosphat . . . 5,0
Natriumphosphat	Karlsbader Salz, künstl. . . 60,0
(Dinatriumphosphat) . . 20,0	Kieselsäure 10,0
Schwefel, präz. 5,0	Calciumfluorid 2,5

Witterungen für Tiere.

Bienen.

Kampfer, pulv. . . . 5,0	Zimt, pulv.
Bibergeil „ 1,0	Ingwer, pulv.
Zucker „	Gewürznelken, pulv. . . āā 8,0
Johannisbrot, pulv.. āā 8,0	Muskatnuß, pulv. 2,0

Macis 2,0

Fische.

1. Moschus . . 0,05	Perubalsam . . 4,0
Zibet . . . 0,25	Anisöl 1,5
2. Perubalsam	Lavendelöl

Absoluter Alkohol āā 5,0

Füchse.

Moschus	0,25	Asant	0,5
Kampfer	0,5	Anisöl	3 Tr.

Baldrianwurzel, pulv. . . . 5,0

Katzen.

Baldrianwurzel

Krebse.

Talg, alt, ranzig	70,0	Lebertran	20,0

Spiköl 10,0

werden unter Erhitzen gemischt.

Krebsnetze und Köder damit bestreichen.

Marder und Iltisse.

1. Moschus	0,1	**2.** Bibergeil	0,1
Anisöl	0,5	Zibet	0,05
Baldrianwurzel, pulv.	5,0	Baldrianwurzel, pulv.	2,0
Fenchel, pulv.	25,0	Gänsefett	30,0

2. mit oder ohne Gänsefett verwendbar.

Ratten und Mäuse.

Salzheringe mit Anisöl oder Fenchelöl.

Schmetterlinge.

Honig	50,0	Kumarin	0,2

Äpfeläther 5,0

Tauben.

Anisöl

Bienen.

Bienentee (STATHER).

Kamillen	Poleykraut
Melissenblätter	Schafgarbe
Wermut ää 10,0	Pomeranzenschale . . ää 10,0

Als Aufguß Zusatz zum Reizfutter.

Reizfütterung für Bienen (STATHER).

Salmiakgeist (0,960)	16,0	Macisöl
Weingeist (90%)	120,0	Majoranöl
Citronenöl	1,0	Nelkenöl . . . . . ää 1,0

1 Teelöffel voll auf 1 l Honigwasser.

Fische.

Fischkrankheiten.

Nach einer Äußerung der Zentralanstalt für Fischerei/Institut für Küsten- und Binnenfischerei, die in SAZ. **18**, 315 (1949) veröffentlicht wurde, benutzt man zur Bekämpfung von Verpilzungen der Haut bei Fischen Kaliumpermanganatlösung.

Bei diesen Verpilzungen mit dem sog. *Fischschimmel* oder *Wasserschimmel* handelt es sich um Fadenpilze aus der Gattung *Saprolegnia* und *Achlya*. Es werden sowohl tote wie lebende Fische mit dem Schimmel befallen. Der Fischschimmel ist niemals ein primärer, sondern stets ein sekundärer Krankheitserreger, der sich als Schwächeparasit einstellt, wenn Haut oder Kiemen vorher verletzt oder durch andere Krankheiten geschwächt sind. Dicke Pilzwucherungen werden mit einer Lösung 1:1000 mit Kaliumpermanganat gepinselt, danach werden die Fische in einer Lösung 1:10000 bis zu einer halben Stunde gebadet. Anschließend müssen sie gewässert werden. Neben Permanganatbädern benutzt man gelegentlich auch Kochsalzbäder (3%), Kupfersulfatbäder (1:2000) oder Silberbäder (0,00001 g Collargol auf 1 l Wasser 20 Min. lang).

Karpfenläuse werden am sichersten durch Lysolbäder beseitigt, indem man die befallenen Fische 5 bis 15 Sek. in eine 0,2%ige Lösung (2 ccm Lysol in 1 l Wasser) eintaucht und dann in fließendem Wasser abspült. — Die Beseitigung von Fischegeln kann in einfacher Weise durch ein Kalkbad vorgenommen werden. Man stellt eine Lösung von 2 g gebranntem Kalk auf 1 l Wasser her, in der die Fische 5 Sek. gebadet werden. Danach müssen sie wie bei allen Bädern gut mit fließendem Wasser abgespült werden. Zur Egelbekämpfung eignen sich ebenfalls Lysolbäder sehr gut.

Von anderer Seite wird einfacher Zusatz von Speisekochsalz zum Aquariumwasser empfohlen: 1 Eßlöffel in etwas Wasser gelöst und langsam dem Aquariumwasser (40 l) zugesetzt. Dadurch soll der Pilz schnell abgetötet werden, ohne daß man die Fische mit einem Sonderbad quälen muß. Dieses Verfahren wird deshalb für zweckmäßig empfohlen, weil es sehr schwer ist, aus einem dicht bepflanzten Aquarium einen kranken Fisch herauszubekommen, ohne die anderen Fische dabei zu stören.

Geflügel.

Augenentzündung.

Als Augenwasser findet Borsäurelösung (3%) oder ein Waschwasser aus

Creolin ® . . . . . . 0,5 | Dest. Wasser . . auf 100,0

Verwendung.

Cholera.

Cholera ist eine sehr ansteckende *anzeigepflichtige* Seuche. Kranke Tiere müssen abgesondert, gefallene Tiere unschädlich vernichtet, der Stall sorgfältig desinfiziert werden.

Trinkwasserzusätze.

1. Ferrosulfat . . . . 10,0 : 1000,0

2. Kupfersulfat . . . . . . 5,0 | Ferrosulfat 5,0
Wasser . . . . . . auf 1000,0

3. Chinosol ®-Gurgeltablette 1 Stück im Trinkwasser, täglich erneuern.

Diphtherie (STATHER).

Croup. Pips.

Mund und Rachenhöhle zeigen weißgelbliche Flecken, die sich nach einiger Zeit zu starken Belägen verdicken. Die Augenlidsäcke, Kehlkopf-, Gaumenspalte und Nasenhöhle werden ebenfalls befallen. Die Tiere schnappen nach Luft, reißen den Schnabel auf. Entfernen der locker sitzenden Beläge ohne Gewalt.

Trinkwasserzusätze.

Chinosol ® . . . . 0,05 oder Kaliumpermanganat . . 1,0

je in einem Liter Wasser gelöst als Trinkwasser.

Inhalation.

Eukalyptusöl 10,0	Terpentinöl 10,0

10 Tropfen auf 1 l kochendes Wasser.

Pinselung.

1. Creolin ® . . . 0,5	Glycerin 5,0

Dest. Wasser . . auf 50,0

Zum Auspinseln der Rachenhöhle. Auch Citronensaft hat sich hierzu bewährt.

2. (SIDO) Kreosot . 3,0	Weingeist (90%) . . 15,0
Borsäure 5,0	Glycerin 20,0

Dest. Wasser . . . 160,0

Zum Pinseln der sehr festen Belegmassen.

Durchfall.

1. (SIDO)

Eichenrindepulver	Natriumbicarbonat

Natriumchlorid . . āā 10,0

2. (STATHER)

Ferrosulfat . . 1,0	Methylenblau . . 0,1

oder Chinosol ® 0,5

auf 1 l Wasser als Trinkwasser aufstellen.

3. Tannalbin ® pro usu veterinario 10,0	Medizinische Kohle 10,0

Täglich 1 Messerspitze aufs trockene Futter geben.

Eierlegepulver.

Unter Eierlegepulver versteht man ein Leistungsfutter für Hühner. Ihr Hauptbestandteil ist Dicalciumphosphat (sekundär) und gefällter, kohlensaurer Kalk. Dazu finden Gewürze (Schwarzer und Spanischer Pfeffer, Ingwer, Brennesselsamen, Enzian, Kalmus, Anis, Kümmel, Fenchel) Verwendung.

1. Dicalciumphosphat 10,0	Eisenoxyd 5,0
Calciumcarbonat, gefällt, schwer . 20,0	Brennesselsamen 10,0

Schwarzer Pfeffer, pulv. 4,0

2. Austern- oder Seemuschelschalen 80,0	Ferrolactat 1,0
Magnesiumcarbonat 10,0	Schwarzer Pfeffer 1,0
Kaliumfluorid 0,5	Ingwer 1,0
Dicalciumphosphat 20,0	Brennesselsamen 1,0
	Weizenkeimmehl 10,0

Zu 2. Austernschalen oder Seemuscheln sind Kreide vorzuziehen, da sie wichtige Spurenelemente enthalten.

3. Eisenvitriol . . . 40,0	Hirschbrunst 50,0
Paprika 20,0	Bockshornsamen . . 100,0
Pfeffer, schwarz . . 20,0	Knochenmehl 770,0

Die grob gepulverten Bestandteile werden gemischt.

Verwendung. Für je 5 Hühner 1 Teelöffel voll regelmäßig zwischen das Futter zu geben.

4. (SIDO)

Kohlensaurer Kalk	340,0	Natriumphosphat	56,0
Ferrosulfat	56,0	Spanischer Pfeffer, pulv.	28,0

Enzianwurzelpulver . . . 56,0

5. (STATHER). Für Hühner, die Eier ohne Schale legen.

Phosphorsaurer Kalk	80,0	Anispulver	10,0

Kalmuswurzelpulver . . . 10,0

Jedem Huhn tägl. 1 Messerspitze voll ins Futter geben.

6. (STATHER)

Calciumcarbonat	100,0	Natriumphosphat	30,0
Ferrosulfat	30,0	Kümmelpulver	50,0

Schwarzer Senf, pulv. āā 50,0

Für je 1 Huhn $^1/_2$ Teelöffel ins Futter mischen.

7.

Schwarzer Pfeffer, pulv.	25,0	Calciumphosphat	
Ingwerwurzel, pulv.	50,0	Calciumcarbonat āā	auf 200,0

Täglich $1/2$ Teelöffel für jedes Huhn ins Futter geben.

Federfressen.

Das Federnfressen von Hühnern bereitet vielen Züchtern eine ernste Sorge. Seine Ursache ist noch nicht geklärt, offenbar wirken dabei mehrere Faktoren mit. Besonders bei im Winter im Stall gehaltenen Hühnern tritt es auf. Man soll deshalb den Tieren Scharrmöglichkeit und auch im Winter freien Auslauf geben. Meist sind nur einige Übeltäter vorhanden, die man durch Beobachtung von Küken und Hennen ausfindig macht, sie herausgreift, schlachtet oder einzeln einsperrt. Die Überfüllung der Ställe ist zu vermeiden, ebenso starke Dauerbeleuchtung. 3%ige Kochsalzlösung im Trinkwasser und kombiniertes Futter unter Zugabe von Haferkleie, Frischfleisch und Frischblut werden außerdem empfohlen. Folgende Mittel werden gegen Federfressen empfohlen:

1. Aloetinktur zum Bestreichen der Federn.

2. (STATHER)

Calciumchlorid	100,0	Calciumphosphat	100,0

Jedem Tier 1 Messerspitze tägl. im Weichfutter verabfolgen.

Kalkbeine.

Kalkbeine werden durch die Krätzemilbe hervorgerufen. Der kalkartige Belag hat nichts mit Kalk zu tun. Die Erkrankung löst Juckreiz, Bewegungsstörungen und Abmagerung aus.

1. Die Borken werden abends mit folgender Mischung erweicht:

Creolin®	2,0	Schmierseife	auf 50,0

Nach Entfernung der Borken werden die erkrankten Stellen mit leicht angewärmtem Perubalsam eingestrichen.

2. *Kalkbeinsalbe.*

Schwefel, präz.	10,0	Kresolseifenlösung	10,0

Vaselin, gelb . . auf 100,0

Die befallenen Stellen werden 2mal tägl. eingerieben.

Der Stall muß wiederholt unter Zusatz von Kresolseifenlösung frisch geweißt werden. Sitzstangen mit DDT-Mitteln desinfizieren.

Kokzidiose (Stather).

Besonders bei Jungtieren auftretende Erkrankung, die mit Appetitstörung, Schwäche, Abmagerung, auch mit schleimig-blutigem Durchfall und Durst einhergeht. Die Tiere befinden sich oft in Rückenlage mit gespreizten Beinen.

Trinkwasserzusatz.

Methylenblau 0,3/1000,0

Milben bei Hühnern und anderem Geflügel.

1. Perubalsam (oder künstl.) . . 10,0 | Creolin ® 20,0
Weingeist (70%) 70,0

Zum Bespritzen oder Betupfen der befallenen Stellen.

2. Asanttinktur . . 10,0 | Anisöl 2,0
Weingeist (90%) . . 90,0

Zum Zerstäuben auf dem Gefieder.

Pocken.

Pocken entstehen beim Übergreifen der Diphtherie auf die äußere Haut. Am Kamm, den Kehl- und Ohrlappen, der Schnabelwurzel und den Lidrändern entstehen Wucherungen, die mit einem Schorf bedeckt sind (Stather).

Trinkwasserzusatz.

Ferrosulfat 10,0/1000,0

Inhalation.

Terpentinöl . . . . . . 10,0 | Eukalyptusöl 10,0

10 bis 15 Tr. auf 1 l kochendes Wasser.

Schnupfen (Sido).

1. Die Hühner sind warm zu halten, die Köpfe werden mit Kampferwasser gewaschen, dem Trinkwasser werden einige Tropfen Kampferspiritus zugesetzt.

2. Den Stall mit Kalkmilch desinfizieren. Hühnerköpfe mit Chinosolwasser (1 : 1000) waschen. Dem Trinkwasser Chinosol (1 : 2000) zusetzen. Schnäbel mit Jodglycerin auspinseln:

Jod . . . . . 0,1 | Kaliumjodid . . 1,0
Glycerin . . . 10,0

Verstopfung.

Verstopfung beruht meist auf schwer verdaulichem Futter oder entsteht durch Fremdkörper (Darmparasiten, Federn, Kies u. a.), kann aber auch durch Verkleben der Federn in Kloakennähe bedingt sein. Im letzten Fall ist die mechanische Säuberung der Kloake erforderlich (Seifenwasserklistier). Als Futter reicht man Grünfutter, gelbe Rüben, gekochte Kleie (Stather).

Rizinusöl 50,0

1 Kinderlöffel bis 1 Eßlöffel in Kleie.

Trinkwasserzusatz.

Magnesiumsulfat und Natriumsulfat je 1,5 | Wasser . . . . auf 500,0
als Trinkwasser.

Weißer Kamm (STATHER).

Durch Pilze verursachte weiße und bestäubte Flecken am Kamm, die später in schwammige Borken übergehen. Auch der Hals und der ganze Körper kann von der Erkrankung befallen werden, wobei die Federn ausfallen. Frühzeitige Behandlung ist notwendig.

1. Jodtinktur . . . . 5,0 | Weingeist (90%) 5,0

Morgens den Kamm leicht einpinseln.

2. Creolin® . . . 5,0 | Schmierseife . . auf 100,0

Jeden Abend den Kamm eine Zeitlang einschmieren.

Hund.

Abführmittel.

Rizinusöl 20,0

Auf 1mal zu geben.

Appetitlosigkeit.

Natriumsulfat, getrocknet DAB. 6 . . 5,0

2mal tägl. in Wasser gelöst zu geben.

Aufblähen.

Natriumbicarbonat . . 2,5

Trocken auf die Zunge schütten, nach 1/2 Std. wiederholen.

Augenentzündung. Bindehautentzündung.

1. (STATHER)

Kamillenfluidextrakt . . 30,0 | Borsäurelösung (3%) . auf 200,0

Stündlich die Augen auswaschen.

2. (STATHER)

Arnikatinktur . . 5,0 | Bleiwasser . auf 250,0

Morgens und abends die Augen gut auswaschen.

Ballenentzündung.

Schnee, Eis, feuchter harter Boden, Stoppelfelder u. a. führen oft zu Rötungen und schmerzhaften Entzündungen der Ballen von Hunden. Umschläge mit Essigsaurer Tonerde-Lösung (1 Eßlöffel auf 1/2 l Wasser) oder Chinosollösung 1 : 1000. Nach sorgfältigem Abtrocknen mit Essigsaurer Tonerde-Salbe oder Ichthyolsalbe verbinden.

Durchfall.

1. Weißer Ton DAB. 6 . . 50,0 | Wasser . . . . . . auf 200,0

Vor Gebrauch umschütteln! 1- bis 2stündlich 1 Eßlöffel.

2. Kampferspiritus . . 50,0 | Span. Pfeffertinktur . . 10,0

3. Kampferspiritus . . 50,0 | Wacholderspiritus . . 50,0

2. und 3. zum Einreiben des Leibes, nach der Einreibung gut warm einhüllen.

Fetträude.

Den Schaum von desinfizierenden Seifen (Afridolseife, Teerschwefelseife, 8 × 4-Seife) einwirken lassen. Als Abführmittel:

(STATHER) Glaubersalz 20,0	Schwefel, subl.
Aloepulver 10,0	Spießglanz, pulv. āā 10,0

Anis, pulv. 10,0

3mal tägl. 1 Messerspitze.

Fettsucht.

Natriumsulfat getrocknet, DAB. 6 . . 5,0

In Wasser gelöst jeden 2. Tag zu geben.

Haarausfall, örtlicher.

Perubalsam . . . . . . 10,0 | Weingeist (90%) . . auf 100,0

Hundekuchen (Dr. WEIL).

Fleischmehl . . . 200,0	Hafermehl . . . 100,0
Weizenmehl . . . 400,0	Kochsalz 20,0
Maismehl 100,0	Backpulver . . . 25,0

Man teigt mit Wasser zu einem festen Teig an und backt in viereckigen Formen Kuchen zu etwa 200 g.

Husten.

Fenchelhonig

2stündlich 1 Tee- bis 1 Eßlöffel voll. *Äußerl.* Kehlkopfgegend mit Lorbeeröl einreiben.

Kropf.

Schwammkohle . . . 0,25

3mal tägl. mit gern genommenem Futter vermischt, 14 Tage lang.

Magen- und Darmkatarrh.

Bei Durchfall s. dort. Bei Verstopfung Rizinusöl 1 Eßlöffel voll oder 10 bis 20 g Natriumsulfat, in Wasser gelöst.

Maulschwämmchen.

Borax . . . . . . 10,0 | Salbeiwasser. . auf 200,0

Zum Auswaschen des Mauls 2stündlich.

Milch bei Hündinnen vertreiben (STATHER).

Kampferöl 100,0

1- bis 2mal tägl. das ganze Gesäuge vorsichtig einreiben, danach mit Wickelbinde hochbinden. Das Tier ist 1 bis 2 Tage ohne Trank und Nahrung zu lassen. Zur Erleichterung des Zustandes des Tieres gibt man tägl. 1 Teelöffel nachstehender Mischung:

Karlsbader Salz, pulv. . . 25,0 | Magnesiumsulfat, getrocknet DAB. 6 25,0

Ohrzwang. Ohrwurm.

Stinkohr.

Durch Schmutz, Ohrenschmalz, abgestoßene Epithelien, Parasiten, Milben usw. hervorgerufene Entzündung des Gehörgangs, wobei sich ein eitriges, stinkendes Sekret bildet. Beim Druck auf den Ohrengrund entsteht ein quatschendes Geräusch.

Kälte und Nässe vermeiden, trockenes geschütztes Lager. Magere Kost ohne Fleisch (STATHER).

1. Borsäure, pulv.

Zum Einblasen ins Ohr.

2. Creolin ® . . . . . 1,0 | Weingeist (90%) . . 20,0
Dest. Wasser . . āā 50,0

Täglich 1 Teelöffel ins Ohr träufeln.

3. Bei Wundsein des inneren Ohres durch Kratzen (nach STATHER):
Basisches Wismutgalat . . 2,5 | Weiche Salbe DAB. 6 . auf 50,0

Zum Bestreichen der wunden Stellen.

Rachitis.

1. Lebertranemulsion, 3mal tägl. 1 Eßlöffel.

2. Calciumlactat . . . . . 50,0 | Magnesium phosphat . . 10,0
Calciumphosphat. . . . 20,0

3mal tägl. 1 Messerspitze ins Futter zu geben.

Räude.

Räude ist ansteckend und kann sogar auf den Menschen übertragen werden. Daher sind Lager und Hütte gründlich mit Kresolseifenlösung (1%) zu desinfizieren.

1. Schwefelleber 10,0

werden in 200 g Wasser gelöst und damit gewaschen.

2. Perubalsam . . . . . . 30,0 | Weingeist (70%) 70,0

zum Aufpinseln.

3. Creolin ® . . . . 50,0 | Kaliseife 50,0
Weingeist (90%) 200,0

4. Perubalsam . . . . 2,0 | Bacillol 2,0
Kaliseife . . . . 2,0 | Weingeist (90%) 94,0

3. und 4. zum Einreiben.

Rheumatismus.

1. Seifengeist | Kampfergeist
Ameisengeist . . . . āā auf 100,0

2mal tägl. einreiben, die befallenen Glieder warm einpacken.

2. Kampferspiritus . . 80,0 | Span. Pfeffertinktur . . 10,0

Anwendung wie 1.

3. *Innerl.* je nach Größe des Tieres 0,25 bis 0,5 g Salicylsäure 2- bis 3mal tägl.

Staupe. Sucht. Hundeseuche.

Bei der Staupe unterscheidet man nach STATHER die meist günstig verlaufende *mit Ausschlägen einhergehende Form*, bei der sich Knötchen, Wasser- und Eiterbläschen am Bauch, an den Leisten und der Innenseite der Schenkel zeigen;

die *katarrhalische Form* oder *Augenstaupe* mit Rötung und Schwellung der Augen mit schleimigem Ausfluß und Krustenbildung;

die *Lungenstaupe*, von der die Nase und die Luftwege befallen werden und die sich durch Niesen, reichlichen farbigen Nasenausfluß, Mattigkeit, geringe Freßlust, Erbrechen in Verbindung mit Husten äußert. Bronchien und Lungen sind in Mitleidenschaft gezogen, die Tiere fiebern, haben viel Durst und magern ab.

Die *gastritische Form, Magen-Darmstaupe,* zeigt sich in Erbrechen, Durst, Futterverweigerung, grau-weiß belegter Zunge bei geröteter Zungenspitze. Anfangs Verstopfung, später dünnflüssiger, übel riechender Kot, der oft blutig ist. Abmagerung, starke Erschöpfung. Die *nervöse Form, Gehirn-* und *Rückenmarkstaupe* äußert sich in starker Aufregung mit Schreckhaftigkeit, Angst, scheuem Verkriechen, Unruhe, Zittern und tollwutähnlichem Benehmen, dem bald Benommenheit, Niedergeschlagenheit, Lähmung des Hinterteils, Muskelzuckungen und Krämpfe der Kau-, Hals- und Nackenmuskeln und fallsuchtähnliche Anfälle folgen.

Augenstaupe. Auswaschen der Augen mit einer Mischung aus Kamillenaufguß (5 : 50) und Borsäurelösung (3%) zu gleichen Teilen, morgens und abends.

Magenstaupe. Siehe Magen- und Darmkatarrh.

Lungenstaupe. Siehe Husten.

Nervöse Staupe. Ätherische Baldriantinktur, 3mal tägl. 1 Teelöffel in Wasser und 3mal tägl. 1,0 g Kaliumbromid.

Würmer.

1. Schwarzes Kupferoxyd . . 0,05

werden mit Zucker vermischt 3mal tägl. gegeben.

2. Rainfarnblüten, pulv. . . . 5,0

(kleineren Tieren entsprechend weniger) 2mal tägl. mit Leinöl angerührt. Am 3. Tag

Aloe, gepulv. . . . 4,0

(kleineren Tieren entsprechend weniger). Die Kur wird 1 Woche lang fortgesetzt.

Kaninchen.

Aufblähen. Siehe Trommelsucht.

Augenentzündung.

Borsäurelösung (3%) als Augenwasser oder Kamillenaufguß 10,0 : 200,0 drei- bis viermal täglich anwenden.

Brunstpulver.

Hirschbrunst, pulv.

3mal tägl. 1 Messerspitze mit Mohrrüben zu geben.

Durchfall.

Salicylsäure, morgens und abends 1 Messerspitze im Futter oder Tannalbin pro usu veterinario morgens und abends mit zartem Dürrfutter zu geben.

Freßpulver (Stather).

Kalmuswurzel, pulv.	Spießglanz, pulv.
Wacholderbeeren, pulv.	Calciumphoshhat
Schwefel, subl. . . āā 10,0	Natriumchlorid. . āā 10,0

Täglich 1 Messerspitze im Weichfutter zu geben.

Ohrräude (Stather).

1. Perubalsam	Weingeist (90%)
	Äther . . . . . āā 10,0

Zum Bepinseln der Borken.

2. Schwefel, subl. . . 1,0 | Borsäure, pulv.
Tannoform . ää auf 10,0

Morgens und abends als Puder anzuwenden.

Räude (STATHER).

1. Kümmelöl . . . . . 5,0 | Weingeist (90%) . . 10,0
Rizinusöl . . . auf 100,0

2mal tägl. die befallenen Stellen einreiben.

2. Salicylsäure | Perugen 10,0
Resorcin . . ää 0,5 | Arnikatinktur auf 30,0

2mal tägl. anzuwenden.

Schnupfen.

Einträufeln oder Einspritzen einiger Tropfen Borwasser oder Chinosollösung (1‰). Stallungen sauber halten, tägl. zu reinigen und zu desinfizieren. Die Tiere sind besonders in der Übergangszeit vor Erkältung zu schützen, und es ist für frische, feuchte warme Luft zu sorgen. Die Nasenöffnungen der Tiere werden über Nacht zweckmäßig mit Borsalbe leicht eingefettet.

Trommelsucht.

Durch Aufblähung des Leibes infolge von schlechtem, zu kaltem oder zu reichlichem Futter mit Krämpfen verbundene Erkrankung.

3 bis 5 Tr. Salmiakgeist (0,960) in 1 Teelöffel Wasser, alle 3 Std. bis zur Wirkung, auch *frische* Petersilie mit trockenem Brot ist wirksam. Feuchtes oder vergorenes Futter ist zu vermeiden.

Katze.

Abführmittel.

Rizinusöl teelöffelweise in Milch.

Bronchitis.

Husten mit Rasselgeräuschen und Nasenausfluß.

Zur Inhalation.

Terpentinöl . . . . . 5,0 | Eukalyptusöl 5,0

3 bis 5 Tr. auf kochendes Wasser zum Inhalieren.

Durchfall.

Tormentillwurzelpuver . . . 0,5 bis 1,0
täglich einmal zu geben.

Ekzem.

Flüssiger Kamillenextrakt . 3,0 | Laceranum ® anhydricum . 27,0
Ekzemsalbe

Räude (STATHER).

Perugen . . . . 2,0 | Steinkohlenteerlösung DAB. 6 . . 10,0
Rizinusöl . . . . auf 30,0

1- bis 2mal tägl. mit der zuvor angewärmten Flüssigkeit die befallenen Stellen und deren Umgebung einschmieren.

Pferd.

Abführmittel (Stather).

1. Glaubersalz . . . . 200,0 | Karlsbader Salz, künstl.. . 200,0
Natriumbicarbonat . . . 100,0

Auf jedes Futter eine gute Handvoll zu geben und dann lauwarmes Trinkwasser anbieten.

2. Äther . . . . . 50 | Rizinusöl 450,0

auf einmal als Einguß zu geben.

Augenentzündung.

1. Bleiwasser
Dest. Wasser . . ãã 100,0

Zum Auswaschen des Auges.

2. Arnikatinktur . . 5,0
Bleiwasser . auf 300,0

Beruhigungsmittel beim Hufbeschlag (Stather).

Einige Tropfen Oleum Petroselini auf ein Tuch oder die Hand gegossen und dem Pferde vor die Nüstern gehalten, bewirkt eine fast sofortige Beruhigung des Tieres.

Bronchial-Katarrh (Stather).

1. Salmiakpulver . . . . . . 30,0 | Fenchelpulver 25,0
Bockshornsamen, pulv. . . 25,0 | Eibischwurzelpulver 100,0

Auf zweimal auf Futter oder in Wasser geben.

2. Eukalyptusöl . . 5,0 | Wacholderöl . . . 15,0
Terpentinöl 15,0

Man streicht von der Mischung auf den Krippenrand und läßt den Dampf einatmen.

Brunstpulver.

1. (Stather) Spanische Fliegen, pulv.. 1,0 | Spanischer Pfeffer, pulv. . . 6,0
Kümmelpulver 10,0

Morgens und abends je eine Portion der Mischung in Kleietrank geben.

2. Hirschbrunst, pulv. . . 20,0 | Zimt, pulv. 5,0
Galgant, pulv. . . . . 5,0 | Ingwer, pulv. 5,0
Kardamomen, pulv. . 5,0

Auf einmal einzugeben.

Brustseuche.

1. Kampferspiritus . . 250,0

Man reibt den Leib kräftig damit ein und packt anschließend warm in Decken.

2. Salmiakpulver | Süßholzwurzel, pulv.
Kalisalpeter . . . . ãã 25,0 | Eibischwurzel, pulv. ãã 50,0
Natriumsulfat, getrocknet . . auf 250,0

3mal tägl. 1 Eßlöffel voll in warmem Kleietrank.

3. Eukalyptusöl . . . . . 30,0 | Terpentinöl 30,0

Zum Inhalieren 1 Eßlöffel voll auf 5 l kochenden Wassers.

Buglähme. Schulterlähme.

Umschläge mit Essigsaurer Tonerde-Lösung, 1 Eßlöffel auf $\frac{1}{2}$ l Wasser. Einreibungen mit Restitutionsfluid.

Dämpfigkeit.

Durch Krankheitszustände von Herz und Lunge bedingte Atembeschwerden.

Spießglanzpulver . . . . . . 50,0 | Anispulver 50,0
Karlsbader Salz, künstl. pulv. . . 200,0

Zweimal täglich 1 Eßlöffel aufs Futter.

Druse (Strengel, Kropf).

ist ansteckend. Erkrankte Tiere müssen abgesondert und der Tierarzt benachrichtigt werden.

Drusepulver.

Ferrophosphat	10,0	Goldschwefel	
Salmiakpulver	50,0	Schwefelblüte . . .	āā 50,0
Enzianpulver	50,0	Glaubersalz	200,0
Süßholzwurzelpulver . .	50,0	Fenchelöl	3,0

3mal tägl. 1 Eßlöffel voll aufs Futter geben.

Drusensalbe.

Lorbeeröl . . .	100,0	Terpentinöl . .	20,0
Terpentin . . .	30,0	Talg	50,0

Zum Einreiben der geschwollenen Stellen 2mal tägl.

Durchfall.

1. Alaun . . . . 10,0 | Eichenrinde, pulv. . . 50,0

Auf einmal auf Trockenfutter zu geben.

2. Chinosol 3,0

In einem Eimer Trinkwasser zu geben.

3. Kalkwasser . . . . . 1000,0 | Getreidebranntwein 400,0

Auf zweimal zu geben.

Freßpulver bei mangelnder Freßlust.

1.

Enzianwurzel, pulv. . . .	100,0	Wermut, pulv.	100,0
Bockshornsamen, pulv. . .	100,0	Wacholderbeeren, pulv. . . .	100,0

Natriumchlorid 200,0

2.

Wacholderbeeren, pulv.		Wermut, pulv.	
Enzianwurzel, pulv.		Ingwerwurzel, pulv. . .	āā 50,0
Kalmuswurzel, pulv. .	āā 100,0	Natriumchlorid	100,0
Kümmelpulver	50,0	Span. Pfeffertinktur	15,0

Von Vorschrift 1 dreimal tägl. 2 Eßlöffel, von Vorschrift 2 dreimal tägl. 2 Eßlöffel aufs Futter geben.

3. (B-O).		4. (STATHER).	
Wacholderbeeren	150,0	Span. Pfefferpulver	10,0
Natriumsulfat, getrocknet . .	250,0	Wermut, pulv.	
Natriumchlorid		Schwarzer Senf, pulv.	
Natriumbicarbonat . .	āā 100,0	Natriumbicarbonat	
Enzianwurzel, pulv.		Natriumchlorid	āā 50,0
Kalmuswurzel, pulv.	150,0	Natriumsulfat	
Ingwerwurzel, pulv.		Enzianwurzel, pulv. . .	āā 150,0
Spießglanz	āā 50,0	Kümmelöl	5,0

3mal tägl. je 1 bis 2 Eßlöffel aufs Futter geben.

Haarausfall.

Resorcin	3,0	Weingeist (70%)	50,0
Erdnußöl	50,0		

Haare und Haut werden damit abgerieben.

Harnverhaltung.

1. Span. Pfeffertinktur	25,0	2. Terpentinöl	50,0
Kampferspiritus	100,0	Seifenspiritus DAB. 6	100,0

1. Zum Einreiben des Leibes. 2. Zum Einreiben der Flanken.

3. Kamillen	15,0	Wacholderbeeren, zerquetscht	60,0
Bärentraubenblätter, geschnitten	25,0		

Zur Abkochung mit 1 bis 2 l Wasser.

Huffett.

1. Gelbes Wachs		2. Talg	65,0
Terpentin	āā 35,0	Rapsöl	20,0
Schweineschmalz		Kaliseife	5,0
Leinöl	āā 70,0	Wasser	10,0

3. Wollfett DAB. 6	40,0	Lebertran	20,0
Hammeltalg	25,0	Kaliseife	5,0
Wasser	10,0		

Zu 2. und 3.: Die Fette schmelzen und die abgekühlte Mischung mit der wäßrigen Seifenlösung emulgieren.

Will man Huffette schwarz färben, werden 2% mit wenig Rüböl angeriebener Kienruß zugegeben.

Hufsalbe.

Salicylsäure	1,0	Schweinefett	15,0
Fischtran	15,0	Talg	69,0

Talg und Schweinefett werden auf dem Wasserbad zusammengeschmolzen, die Salicylsäure mit dem Fischtran feinst verrieben und diese Mischung der Fettschmelze zugegeben und bis zum Erkalten gerührt.

Hufkitt. Guttaperchakitt.

1. Terpentin	1,5	Ammoniakgummi, pulv.	2,0
Guttapercha, fein zerschnitten	2,0		

Ammoniakgummi und Guttapercha werden im Terpentin, der im Wasserbad erwärmt ist, unter längerem Erwärmen gelöst.

2. Ammoniakgummi	30,0	Terpentin	10,0

werden im Wasserbad geschmolzen und unter ständigem Rühren zugesetzt

Guttapercha, fein zerschnitten . . 60,0

Wird schwarzer Hufkitt verlangt, wird wie bei Huffett (s. dort) gefärbt.

Hüftlähme.

Zu warmen Lehmpackungen: Heilerde, äußerlich.
Zur Einreibung: Restitutionsfluid.

Hufwachs.

Venetianischer Terpentin	45,0	Zeresin	55,0

werden im Wasserbad zusammengeschmolzen.

Kolik.

Mit dem Begriff Kolik bezeichnet man krankhafte Zustände im Magen- und Darmkanal, die beim Pferd besonders gefährlich ist. Man unterscheidet

Krampfkolik, die plötzlich einsetzt und einige Minuten dauert und sich nach kurzer Pause wiederholt.

Rizinusöl 500,0

dem 25 g Äther zugefügt werden, mit Milch oder Kaffee auf einmal einschütten.

Windkolik, Gärungskolik, Aufblähung entsteht durch Aufnahme von gärendem Futter. Der Bauch ist sichtbar aufgetrieben, Darmgase gehen ab. Bauch- und Darmmassage. Innerlich Rizinusöl 500 g auf einmal in Tee zu geben.

Magenkolik.

Keine Abführmittel! Abkochung von 10 g Enzianwurzel mit $1/2$ l Wasser, die man mit $1/4$ l Fruchtbranntwein innerhalb 1 Stunde gibt.

Verstopfungskolik.

1. Rizinusöl 500,0

auf einmal zu geben.

2. Flüssiges Paraffin DAB. 6 . . 1000,0

auf einmal in Leinsamenschleim zu geben.

3. Kamillen mit 1 l Wasser zum Aufguß 30,0,

in dem 10 g Kaliseife gelöst werden zum Einlauf.

Wind- und Krampfkolik (STATHER).

1. Asanttinktur . . . 60,0 | Aloetinktur 20,0
Baldriantinktur . . 20,0

Im Abstand von 2 Std. die Hälfte mit Tee einschütten.

2. (Ph. Z.) Äther . . . 50,0 | Rizinusöl 500,0

Zum Einguß!

3. Terpentinöl . . . . . 200,0 | Salmiakgeist (0,960) . . 100,0
Kampfergeist 300,0

Zum Einreiben von Bauch und Rücken des Tieres.

Mauke.

1. Kupfersulfat . . 50,0

werden in 1 l Wasser gelöst und mit der Lösung, nach Abwaschen mit Seifenwasser und Abtrocknen, wiederholt gebadet und anschließend verbunden.

2. (STATHER).

Gebrannter Alaun	Gerbsäure DAB. 6 . . 6,0
Kupfersulfat . . āā 10,0	Holzkohlepulver auf 60,0

Täglich 1mal einstreuen und verbinden, nachdem die Wunde mit Spiritus gereinigt wurde.

Pferdepulver. Freßpulver.

Pulvis equorum.

Süßholz	300,0	Fenchel	250,0
Spießglanz	200,0	Enzianwurzel . . .	250,0
Schwefelblüte . . .	250,0	Leinsamen	250,0
Bockshornsamen .	250,0	Wacholderbeeren . .	250,0
Kalmus	300,0	Anis	100,0
Eibischwurzel . . .	100,0	Glaubersalz	2500,0

Die grob gepulverten Bestandteile werden in der Reibschale gut gemischt, dann durch Sieb 4 geschlagen.

Verwendung. Das Pulver erhöht die Freßlust der Pferde und beugt den häufigsten Pferdekrankheiten, besonders Strengel, vor. 1 Eßlöffel voll zwischen das Futter bei jeder Fütterung streuen.

Räude

ist eine anzeigepflichtige Erkrankung. Damit befallene Tiere müssen sofort von den übrigen getrennt werden.

Rheumatismus, Lähmungen usw.

Restitutionsfluid.

1. Spanisch-Pfeffer-Tinktur	100,0	Seifenspriritus	150,0
Ammoniakflüssigkeit (0,960)	100,0	Ätherweingeist	50,0
Kampferspiritus	200,0	Wasser	400,0
2. Ammoniakflüssigkeit (0,960)	50,0	Kampferspiritus	150,0
Ätherweingeist	100,0	Seifenspiritus	200,0
Spanisch-Pfeffer-Tinktur	150,0	Wasser	350,0

Die einzelnen Bestandteile der Mischungen müssen auf den Gefäßen, in denen die Abgabe erfolgt, angegeben werden.

Als kräftigende Einreibung s. auch Spiritus russicus S. 180.

Satteldruck.

1. Bleipflaster	40,0	Schweinefett	33,0
Hammeltalg	25,0	Salicylsäure	2,0

Die fein gepulverte Salicylsäure löst man in der heißen Fettschmelze und verarbeitet zu einer Salbe.

2. Gerbsäure DAB. 6	15,0	Weingeist (90%)	15,0
Borsäure	5,0	Glycerin	50,0
Dest. Wasser	15,0		

Täglich einmal die Druckstellen einpinseln.

3. Salicylsäure . . 2,0 | Diachylonsalbe auf 100,0

Täglich einmal die Druckstellen einreiben.

4. Zinkoxyd, roh DAB. 6	10,0	Dest. Wasser	10,0
Salicylsäure	2,0	Weiche Salbe DAB. 6	auf 100,0

Zinkoxyd und Salicylsäure werden mit dem Wasser angerieben, dann der Salbenkörper eingearbeitet.

Die Druckstellen sind zweimal tägl. mit der Salbe einzureiben.

Strahlfäule.

1. Alaun	20,0	Phenol, verflüss.	2,5
Kupfersulfat	40,0	Wasser	100,0

Als Waschmittel zu verwenden, nachdem zersetzte Hornmassen vom Hufschmied beseitigt sind. Nässende Stellen werden mit Werg ausgestopft, das erst mit Holzteer durchtränkt und dann gründlich mit nachstehendem Pulver bestreut wird:

2. Zinksulfat	10,0	Gebrannter Alaun	40,0
Kupfersulfat	40,0	Holzkohlenpulver	80,0
Gerbsäure DAB. 6	30,0		

Die Bestandteile müssen fein gepulvert und sorgfältig gemischt werden.

Würmer.

1. Rainfarnblüten, pulv. . . 15,0—30,0

werden (je nach dem Alter des Tieres) morgens nüchtern 8 Tage lang mit Wasser gegeben und am 9. Tage mit Seife angerührt, je nach dem Alter des Tieres, 15 bis 30 g Aloe, pulv. gegeben.

2. Arekanußpulver . . . 100,0—250,0

je nach Schwere des Pferdes auf einmal in Gerstenschleim oder Kleienschlempe gegeben oder eingeschüttet.

Rind.

Abführmittel (STATHER).

Aloe, pulv.	30,0	Wacholderbeeren, pulv.	
Natriumsulfat, pulv. . . .	50,0	Fenchelpulver	āā 25,0

Am Abend auf einmal zu geben.

Augenentzündung.

Bleiwasser . . 250,0

Mehrmals tägl. zu Umschlägen.

Blähsucht, Trommelsucht.

1. Anisölhaltige Ammoniakflüssigkeit DAB. 6 100,0

Alle $^1/_2$ Std. 1 Eßlöffel mit $^1/_2$ l Wasser einschütten.

2. Gebrannte Magnesia 50,0 | Kalmuswurzel, pulv. . . . 5,0

Auf einmal zu geben, wenn nötig nach $^1/_2$ Std. wiederholen.

3. Gebrannte Magnesia . . .	20,0	Tormentillwurzel, pulv.	
Natriumsulfat, getrockn. . .	100,0	Spießglanz, pulv. . . .	āā 100,0
Fenchel, pulv.	100,0	Kalmuswurzel, pulv. . . .	200,0

1 bis 2 Eßlöffel 3mal tägl. im Kleientrank oder auf feuchtem Futter zu geben.

4. Zum *Einreiben der Flanken:*

Spanisch-Pfeffer-Tinktur . .	30,0	Kampferspiritus	150,0
Salmiakgeist (0,960)	50,0	Seifenspiritus	75,0

Ätherweingeist . . . . auf 350,0

Die Bestandteile der Mischung sind auf dem Abgabegefäß zu bezeichnen.

5. (Ph. Z.) Salmiakgeist (0,960) . . 20,0 | Kampfergeist 25,0

Äther 5,0

1 Eßlöffel voll auf 1 l Wasser einschütten.

Bleibepulver.

1. Natriumthiosulfat . . .	100,0	Baldrianwurzel, pulv. . .	200,0
Natriumphosphat	250,0	Teufelsdreck	50,0

Ferrosulfat 50,0

Für Kühe 3mal tägl. 1 Eßlöffel, für Ziegen und Schweine 3mal tägl. $^1/_2$ Eßlöffel mit Sirup gemischt auf die Zunge streichen oder mit Leinsamenabkochung.

2. Kampfer, pulv. . . . . 1,0 | Kaliumbromid 5,0

Diese Mischung wird $^1/_2$ Std. vor dem Sprung, gleich nach dem Sprung und 2 Std. später gegeben.

3. Natriumthiosulfat	100,0	Natriumphosphat	250,0
Kaliumbromid	100,0	Ferrosulfat, getrocknet	50,0

Magnesiumsulfat, getrocknet . . 100,0

2- bis 3mal tägl. 1 Eßlöffel voll in Zuckersirup auf die Zunge streichen.

4. (STATHER) Katechu . .	3,0	Baldrianwurzel, pulv. . .	10,0
Calciumcarbonat	5,0	Pfefferminzöl	5 Tr.

Täglich 2mal diese Portion zu geben.

Zur äußerl. Anwendung.

1. Alaun, pulv. . . 20,0 | Borsäure, pulv. . . 20,0
Talk 80,0

2. Pyoktanin . . 5,0 | Talk 95,0

Jeden zweiten bis dritten Tag 1 Kaffee- bis Eßlöffel voll durch Einblasen in die Scheide zerstäuben.

Brunstpulver (STATHER).

1. Span. Fliegen, pulv. . . 3,0 | Lorbeerfrüchte, pulv.
Hirschbrunst, pulv. . . 30,0 | Fenchel, pulv. . . . . āā 10,0
Bockshornsamen, pulv. . . 10,0

Im Abstand von $^1/_2$ Std. die Hälfte zu geben.

2. Span. Fliegen, pulv. . . 2,0 | Zimt, pulv.
Medizin. Kohle . . . . 5,0 | Ingwer, pulv. . . . . āā 10,0
Galgantwurzel, pulv. . . 10,0

Im Abstand von $^1/_2$ Std. die Hälfte zu geben.

3. Yohimbinhydrochlorid pro usu veterinario . . . . 0,25 | Wacholderbeerpulver 3,0
Paprikapulver . . . . 4,0 | Leinsamenpulver 3,0
Senf, schwarz, pulv. 5,0

In 2 Portionen innerhalb 1 Std. vor dem Decken zu geben.

Durchfall.

1. Tormentillwurzel, pulv. . . 15,0 oder Eichenrinde, pulv. . . . 25,0

werden in Haferschleim gegeben, nach 3 Std. nötigenfalls wiederholt.

2. Tanninalbuminat für Tiere . . 20,0 | Enzianwurzelpulver 35,0
Gerbsäure DAB. 6 . . . . . 10,0 | Tormentillwurzelpulver . . . 35,0

Für *Schweine, Kälber* und *Ziegen* 3mal tägl. $^1/_2$ bis 1 Teelöffel voll breiförmig in Kamillen- oder Pfefferminztee. Für *Pferde* oder *Rinder* 3mal tägl. 1 Eßlöffel voll in Leinschleim.

Bei Kälbern.

1. Tormentillwurzel, pulv. . . 8,0

2mal tägl. in warmem Schleim oder warmem Kamillentee zu geben.

2. Tannoform® 5,0
Leinsamen, pulv. 50,0

Auf einmal zu geben.

3. Tormentillwurzel, pulv. . . 25,0
Eichenrinde, pulv. 60,0

3mal tägl. 1 Eßlöffel voll in Schleim.

Euterentzündung.

1. Kamillen . . . . 500,0 | Kochendes Wasser . 5000,0

Mit dem bedeckt hergestellten Aufguß wird nach dem Durchseihen das entzündete Euter gebadet und nach sorgfältigem Abtrocknen mit Eutersalbe eingerieben.

2. (STATHER).

Borsäure
Perubalsam . . . . . āā 2,0 | Basisches Wismutgallat . . 2,0
Schweineschmalz . . . auf 100,0

Täglich 1mal einzureiben.

3. (STATHER).

Kampfer . . . . 10,0 | Weiche Salbe DAB. 6 . . 40,0
Zusammengesetzte Lorbeersalbe, Erg.-B. 6 . . 50,0

Nach jedem Melken das Euter mit der Salbe bestreichen. Bei älteren Verhärtungen sind Bäder mit warmem Leinsamenmehlaufguß zu empfehlen, Abwaschen und Abtrocknen der Euter.

Fieber.

1. Kaliumnitrat 20,0

Mogens, mittags und abends mit Honig angerührt oder in 1 l Kamillentee zu geben.

2. Natriumsulfat. . . . 200,0

Neben 1. in gleicher Weise in Kamillentee geben.

Flechten (STATHER).

1. Perubalsam 20,0	2. Holzteer. 100,0
Weingeist (70%) auf 100,0	Kaliseife 200,0
	Wasser 200,0

Täglich 2mal aufzutragen.

Freßlustmangel.

Die hierbei angewendeten Mittel finden auch unter der Bezeichnung *Mastpulver* und *Nutzenpulver* Verwendung (vgl. auch „Milchmangel" 4., S. 244).

1. Enzianwurzel, pulv.	Natriumchlorid
Wermut, pulv. . . āā 100,0	Natriumsulfat . . āā 200,0
Kalmuswurzel 50,0	Natriumbicarbonat . . 50,0

Täglich eine Handvoll aufs Futter zu geben.

2. Süßholz, pulv.	Eibisch, pulv. 50,0
Enzian, pulv.	Gewürznelken, pulv. . . 2,0
Kalmus, pulv. . āā 50,0	Natriumchlorid

Natriumsulfat . . . āā 150,0

3mal tägl. 1 Eßlöffel aufs Futter zu geben.

3. Fenchel, pulv.	Natriumchlorid
Kümmel, pulv.	Natriumbicarbonat
Wacholder, pulv. . . āā 50,0	Natriumsulfat . . . āā 100,0

Eine Handvoll aufs Futter geben.

4. Kalmus, pulv.	Spießglanz, pulv.. . 50,0
Enzian, pulv. . . āā 50,0	Natriumchlorid . . 100,0

Natriumsulfat . . . 300,0

Eine Handvoll aufs Futter zu geben.

Halsentzündung.

Terpentinöl . . . . . . 150,0 | Flüchtiges Liniment 150,0

3mal tägl. damit einreiben, um den Hals warme Umschläge machen.

Kälberlähme (STATHER).

1. Rosmarinöl . . 1,0 | Ameisenspiritus . . 50,0

Kampferspiritus . . 50,0

2mal tägl. die erkrankten Gelenke einreiben.

2. Calciumcarbonat 20,0	Calciumphosphat
Bockshornsamen, pulv. . . 50,0	Süßholzwurzel, pulv. . . āā 50,0

Natriumchlorid 100,0

Täglich einen gehäuften Eßlöffel aufs Futter oder in die Tränke zu geben.

Kälbermastpulver.

Hafermehl	40,0	Natriumchlorid	0,75
Leinkuchenmehl	40,0	Natriumbicarbonat	0,5
Leinsamenmehl	15,0	Süßholzpulver	0,25
Futterkalk	1,5	Anis- oder Fenchelpulver	0,25

3mal tägl. eine Handvoll aufs Futter zu geben.

Kälberruhrtropfen (DAZ).

Chinosol ®. . . . . 1,0 | Pfefferminzwasser . . 90,0
Glycerin 9,0

3mal tägl. 1 bis 2 Teelöffel voll in Haferschleim.

Käsigwerden frischer Milch (DD).

Calciumcarbonat, präz.	400,0	Fenchelpulver	200,0
Natriumchlorid	200,0	Leinkuchenpulver	200,0

Verwendung. 2mal tägl. je 2 gehäufte Eßlöffel voll in $^1/_2$ l warmem Wasser geben. Das zu rasche Käsigwerden frischer Milch beruht auf einer zu starken Säurebildung im Magen des Rindes.

Knieschwamm.

1. Kampferspiritus . . 100,0

Mehrmals am Tage einreiben.

2. Bei verhärtetem Knieschwamm einreiben mit

Flüchtigem Liniment . . 100,0 bzw. Restitutionsfluid, s. S. 239.

Kolik (Stather).

1. Kümmel, pulv.
Fenchel, pulv. . āā 100,0 | Künstl. Karlsbader Salz, pulv. . . . . . auf 500,0

Im Abstand von 4 Std. je die Hälfte je mit 1 Flasche Tee einschütten.

2. Aloe, pulv. . . . . . 30,0 | Bockshornsamen, pulv.. . 50,0
Natriumsulfat 200,0

Auf einmal in Gerstenschleim einschütten (vgl. a. Kolik beim Pferd, S. 238).

Mauke

siehe Mauke beim Pferd S. 238.

Maul- und Klauenseuche.

Anzeigepflichtige Tierseuche, sofort Tierarzt rufen.

Maulschwämme.

Alaun . . 20,0

werden in einem Salbeiaufguß 50,0/500,0 gelöst.

2mal tägl. damit auswaschen.

Milchmangel.

1. Bockshornsamen, pulv.
Enzianwurzel, pulv.
Fenchel, pulv. . . . . āā 100,0

Wacholderbeeren, pulv.	100,0
Schwefel, sublim.	50,0
Natriumbicarbonat	200,0

Spießglanz, pulv. 50,0

3mal tägl. eine Handvoll aufs Futter.

2. Enzianwurzel, pulv.	Calciumcarbonat 100,0
Natriumbicarbonat	Spießglanz, pulv.
Kalmuswurzel, pulv.	Wacholderbeeren, pulv. āā 50,0
Natriumchlorid, pulv. āā 100,0	Fenchelöl 5,0

2 Eßlöffel auf jedes Futter geben.

3. Spießglanz, pulv.	Kümmelpulver
Schwefel, sublim. . . . āā 100,0	Wacholderbeeren, pulv. āā 50,0
Fenchel, pulv. 50,0	Natriumchlorid, pulv. . . 500,0

Täglich 3mal 1 gehäuften Eßlöffel aufs Futter geben.

4. Auch als Freß- und Mastpulver sehr wirksam.

Kalisalpeter 200,0	Anis, grob pulv. 300,0
Alaun 200,0	Fenchel, grob pulv. . . . 1000,0
Schwefelblüte 200,0	Enzian, grob pulv. . . . 1000,0
Schlämmkreide 200,0	Kalmus, grob pulv . . . 500,0
Phosphorsaurer Kalk . . 400,0	Glaubersalz 3000,0

Verwendung. Bei jeder Fütterung eine kleine Handvoll auf dem angenetzten Futter zu geben, zur Anregung der Milchsekretion und zur Verbesserung von Milchfehlern.

Nabelsalbe für Kälber (STATHER).

Thymol . . . . 0,6 | Borsäure, pulv. 0,4
Weiche Salbe DAB. 6. auf 100,0

Der Nabel wird nach sorgfältiger Reinigung morgens und abends mit der Salbe eingerieben.

Nachgeburt, zurückgebliebene.

3mal tägl. die Gebärmutter mit Creolin®-Lösung (1 Eßlöffel auf 1 l lauwarmes Wasser) ausspülen.

Räude

ist eine anzeigepflichtige Tierseuche.

Rheumatismus.

Spanischpfeffertinktur . . 25,0 | Kampferspiritus . . auf 250,0

Zum Einreiben. Die Bestandteile der Mischung sind auf dem Abgabegefäß zu bezeichnen.

Rindern, zu starkes — der Kühe.

Kampferpulver 3,0

3mal tägl. zwei Tage hintereinander mit starkem Baldriantee einschütten.

Rissige Euter (STATHER).

Anästhesin®	Wollfett, wasserfrei DAB. 6
Borsäure, pulv. . . . . . .āā 5,0	Dest. Wasser . . . . . . .āā 20,0

Gelbes Vaselin . . . . . . auf 100,0

Zum Einreiben der Euter.

Schulterlähme (Buglähme).

1. Kampfergeist	Salmiakgeist (0,960) . . 50,0
Seifengeist . . . .āā 100,0	Spanischpfeffertinktur . . 25,0

Die Bestandteile der Mischung sind auf dem Abgabegefäß zu bezeichnen.

3mal tägl. damit einzureiben und warm verbinden.

2. Mit flüchtigem Liniment und Kampferspiritus im Wechsel je 1mal tägl. einreiben.

Verstopfung.

1. Aloe, pulv. 20,0

werden mit 500,0 Leinöl gut vermengt und auf einmal eingeschüttet.

2. Natriumsulfat, getrocknet . . 500,0

werden in einer Abkochung von 300,0 ganzem Leinsamen in 1000,0 Wasser aufgelöst und die Mischung lauwarm eingegeben.

Wiederkäuen, Pulver zur Anregung.

Enzianwurzel, pulv.	15,0	Wacholderfrüchte, pulv. . . .	10,0
Kalmuswurzel, pulv.	15,0	Tausendgüldenkraut, pulv. . .	10,0
Bockshornsamen, pulv. . . .	10,0	Magnesiumsulfat, pulv. . . .	40,0

3mal tägl. eine Handvoll aufs Futter.

Würmer.

Rainfarnblüten, pulv. . . 10,0 bis 20,0

(je nach dem Alter des Tieres) morgens nüchtern einige Tage lang hintereinander. Dann gibt man (ebenfalls nach dem Alter des Tieres) mit Seifenlösung angerührt

Aloe, pulv. . . . . . . 15,0 bis 30,0

Schaf und Ziege.

Abführmittel.

1. Rizinusöl 50,0

Auf einmal mit Gerstenschleim einschütten.

2. Natriumsulfat | Magnesiumsulfat . āā 100,0

3mal tägl. einen gehäuften Eßlöffel auf Kleiefutter.

Augenentzündung.

Borsäure, 3%ig, oder Bleiwasser

Mit einem der beiden Mittel die Augen mehrmals tägl. auswaschen.

Brunstpulver.

Spanische Fliegen, pulv. . . 0,2 | Schwarzes Senfmehl, pulv. . 0,5
Fenchelpulver 1,0

Im Abstand von $^1/_2$ Std. wird je eine Mischung der vorstehenden Vorschrift mit Kleietrank eingeschüttet.

Durchfall

der Lämmer

Schlämmkreide 3,0

zweimal täglich in Schleim zu geben.

älterer Tiere

Tormentillwurzelpulver 4,0

zweimal täglich in Schleim zu geben.

Freßpulver.

Als solche werden die beim Rind angegebenen Freßpulver (S. 242) verwendet unter Reduzierung der Einzeldosis auf die Hälfte.

Hautjucken.

Creolin ®- oder Kresolseifenlösung

Ein Eßlöffel auf 1 l lauwarmes Wasser zu Waschungen.

Husten.

Spießglanzpulver 5,0	Süßholzwurzel, pulv.
Wacholderbeeren, pulv.	Fenchel, pulv.
Eibischwurzel, pulv. . ää 25,0	Anis, pulv.

Natriumchlorid . . ää auf 25,0

3mal tägl. 1 Eßlöffel voll auf Kleiefutter geben.

Kolik durch Überfressen.

Terpentinöl . . . . 20,0 | Ameisengeist 40,0

Flüssiger Opodeldok . . . 90,0

2mal tägl. damit die Flanken einzureiben.

Räude

ist bei Schafen anzeigepflichtig und nur durch den Tierarzt zu behandeln.

Trommelsucht.

Salmiakgeist (0,960) . . 5,0

½stündlich mit 1 Tasse Milch. Tritt nach wenigen Stunden Besserung nicht ein, muß ein Stich mit dem Trokar vorgenommen werden.

Schwein.

Abführmittel.

Natriumsulfat, getrocknet, DAB. 6. . 20,0 bis 50,0

Je nach Alter tee- bis eßlöffelweise mit Kleiebrei vermengt an einem Tag auf die Zunge streichen.

Augenentzündung.

Bleiwasser . . 200,0

Zum mehrmaligen Auswaschen der Augen am Tage.

Brunstpulver.

1. Spanische Fliegen, pulv. . . 1,0	Gewürznelkenpulver
Spanisch Pfefferpulver . . . 2,0	Schwarzer Senf, pulv. . . .ää 3,0

Leinsamen, pulv.. 6,0

Innerhalb 1 Std. in 2 gleichen Teilen mit Futter geben.

2. Hirschbrunst, pulv. . . . 30,0 | Lorbeeren, pulv. 50,0

Spanischer Pfeffer, pulv. . . 5,0

3mal tägl. 1 Eßlöffel in Kleie vor dem Füttern zu geben.

Durchfall.

1. Ferrosulfat	Eichenrinde, pulv.
Alaun . . . . ää 5,0	Baldrianwurzel, pulv. . ää 30,0

2stündlich 1 Eßlöffel mit Haferschleim.

2. (STATHER).

Salicylsäure	Eichenrinde, pulv.
Gerbsäure DAB. 6 . ää 5,0	Pfefferminze, pulv.
Eibischwurzel, pulv. . 10,0	Baldrianwurzel, pulv. . ää 10,0

In 2 Portionen im Laufe eines Tages in Schleim geben.

3. *Durchfall der Ferkel.*

a) Calciumcarbonat . . 1,0 bis 2,0

2mal tägl. diese Menge mit Kamillentee einschütten.

b) Eichenrinde, pulv. 100,0

3- bis 4mal tägl. je 5 g mit etwas Flüssigkeit zu geben.

c) Eichenrinde, geschnitten. . 100,0

Je aus 25 g mit 4 l Wasser eine Abkochung herstellen und morgens und abends verabreichen.

d) Tannoform®. 15,0	Tormentillwurzel, pulv. . . 40,0
Magnesiumcarbonat . . 5,0	Ton, weiß 50,0
Eichenrinde, pulv. . . 30,0	Baldrianwurzel, pulv. . . 5,0

Enzianwurzel, pulv. . . . 5,0

Dem Mutterschwein 3mal tägl. 1 Eßlöffel voll oder den Ferkeln 3mal tägl. 1 Messerspitze voll.

Freß- und Mastpulver.

1. Schwefelblüte	Natriumsulfat
Kalmuswurzel, pulv. . ää 100,0	Natriumbicarbonat
Enzianwurzel, pulv.. . . 200,0	Dicalciumphosphat . . . ää 250,0

3mal tägl. 1 Eßlöffel voll.

2. Enzianwurzel, pulv.	Natriumbicarbonat
Kalmuswurzel, pulv.	Natriumchlorid
Spießglanz, pulv. . . . ää 20,0	Natriumsulfat . . . . . ää 100,0

2mal tägl. 1 Eßlöffel voll.

3. Enzian 100,0	Fenchel 100,0
Spießglanz . . . 100,0	Knochenmehl . . 100,0
Schwefelblüte . . 100,0	Glaubersalz . . . 1000,0

Die grob gepulverten Bestandteile werden in der Reibschale gut gemischt und dann durch Sieb 4 geschlagen.

Verwendung. Zur Erhöhung der Freßlust und Begünstigung des Wachstums der Schweine. Ferkeln 1 Messerspitze voll, größeren Schweinen 1 Kaffeelöffel voll im Fressen zu geben.

4. Spießglanzpulver	Enzianwurzel, pulv. 50,0
Schwefelblüten . . . . . ää 100,0	Glaubersalz 200,0
Eberwurzel, pulv.	Natriumbicarbonat
Zaunrübenwurzel, pulv. . ää 50,0	Eichelkaffee

Bockshornsamen, pulv. . . ää 100,0

Eine Handvoll auf jedes Fressen.

Husten.

Ammoniumchlorid . . 10,0	Fenchel, pulv.

Anis, pulv. . . . . ää 50,0

Täglich 2 Eßlöffel im Futter zu geben.

Knochenerweichung (STATHER).

Calciumchlorid	50,0	Kalkwasser	200,0
Lebertranemulsion	500,0		

2mal tägl. 1 Eßlöffel im Futter zu geben.

Bei Knochenweiche der *Ferkel* gibt man 3mal tägl. 1 Teelöffel voll Lebertranemulsion in Milch.

Krampf.

Kaliumbromid . . 1,0—1,5

Je nach Größe des Tieres 2- bis 3mal tägl. in Baldriantee zu geben.

Räude.

Schwefelleber, gepulv.	10,0	Holzteer	5,0
Schmierseife	85,0		

Die mit wenig Rüböl eingefetteten Stellen werden mit der Seife bestrichen, tägl. 1mal, am folgenden Tage wird abgewaschen und die Einreibung wiederholt.

Steifbeinigkeit und Freßunlust der Schweine (DAZ.).

Calciumhypophosphit	30,0	Kalkwasser	1970,0
Calciumchloridlösung DAB. 6	1000,0	Saponin, weiß, rein	6,0

Verwendung. 3mal tägl. 1 Eßlöffel voll im Fressen zu geben.

Vigantol® für Tiere	10,0	Lebertran	490,0

Verwendung. Tee- bis eßlöffelweise voll zu geben.

Wurmpulver.

1. Rainfarnkrautpulver

3mal tägl. 2 Eßlöffel voll mit Zuckerwasser verrührt zu geben. Dabei ist sorgfältigste Beseitigung des verwurmten Mistes eine Notwendigkeit, die oft übersehen wird. Unterbleibt dies, ist Neubefall unvermeidlich.

2. (Ph. Z.)

Naphthalin	5,0	Tieröl, rohes	5,0
Magnesiumsulfat	40,0		

Auf 3mal in 2stündigen Pausen abends zu geben. Ausreichend Saufwasser zur Verfügung stellen!

Vögel.

Vogelfutter.

Dompfaffen (B-O).

Singvogelfutter	1000,0	Sonnenblumensamen	500,0
Ebereschenfrüchte	500,0		

Drosseln (B-O).

Ameiseneier	100,0	Mohn, zerquetscht	400,0
Paniermehl	200,0	Mohrrüben, zerrieben	50,0
Gerstengrütze	250,0		

Drosselfutter (auch für Amseln und Stare).

Ameiseneier	100,0	Mohn, zerquetscht	400,0
Paniermehl	250,0	Gerstengrütze	250,0

Brunstzeiten[1].

J = Jahre M = Monate W = Wochen T = Tage

Tierarten	Geschlechtsreife	Zuchtreife	Brunst		
			Dauer	Wiederkehr bei Nichtbefruchtung	Wiedereinsetzen nach dem Gebären
Pferd	1 J	2½—3 J	2—9 T	3—4 W	9 T (8—10 T)
Rind	6—9 M	1½—2 J	1—2 T	3 W	3—7 W
Schaf	10—12 M	1—1½ J	1—2 T	18—21 T bes.	6—8 W
Frühreife	6 M	9 M		Herbst (und Frühjahr)	
Ziege	6—8 M	8—10 M	1—3 T	3 W nur im Herbst und Frühjahr	im folg. Herbst 6—8 W (8—14 T)
Schwein	6 M	1 J	1—4 T	etwa 3 W	4—6 T n. Absetzen der Ferkel
Hund	7—9 M	12—15 M	8—20 T	6 M	4—5 M
Katze	6—9 M	12—15 M	4—10 T	2—3 mal im Jahr	2—5 M
Kaninchen	3—4 M	8—9 M	1—2 T	Intervall unbestimmt	3—4 T n. Absetzen der Jungen

Trächtigkeit bei den Haus- und Nutztieren[1].

Tierart	Tage	Zahl der Neugeborenen
Pferd	320—355	1
Esel	348—377, gewöhnlich 362	1
Maultier	im Mittel 350	1
Rind	270—295, gewöhnlich 280	1
Schaf	144—156, gewöhnlich 150	1, oft 2
Ziege	146—157	1
Schwein	110—118, gewöhnlich 114	8—10
Hund	59—65, gewöhnlich 62½ bei Zwergrassen Verkürzung um 4—5 Tage bei Einlingen Verlängerung bis zu 68 Tagen	blind geboren 8—12 bei großen Rassen 6—10 bei mittelgr. Rassen 2—4 bei Zwergrassen
Hauskatze	56—60	4—6 (blind geboren)
Kaninchen	28—33 Tage. Je schwerer die Rasse, je weniger Junge mit einem Wurf geboren werden, desto länger dauert die Tragezeit, bis 35 Tage und mehr.	1—12 und mehr (blind geboren)

Säugezeit der Haus- und Nutztiere.

Fohlen vom Pferd	12—20	Wochen
Eselfohlen	12—20	„
Zuchtkalb	8—10	„
Schlachtkalb	4— 6	„
Schaflamm	6—12	„
Schwaches Zwillingslamm	bis 16	„
Ziegenlamm, weiblich	4—6—8	„
Ziegenbocklamm	12	„
Zuchtferkel	8—10	„
Schlachtferkel	3— 4	„
Hund	6	„
Katze	4— 6	„
Kaninchen	8	„

Brütezeit des Geflügels.

Haushuhn	19—24	Tage
Perlhuhn	26—29	„
Truthuhn oder Pute	26—29	„
Pfau	29—32	„
Gans	28—33	„
Ente	28—32	„
Taube	17—19	„
Kanarienvogel	12—14	„
Papagei	19—25	„
Schwan	35—42	„

[1] Nach G. STATHER: Tierarzneimittel-Rezepte, 2. Aufl., Stuttgart: Wissenschaftliche Verlagsgesellschaft 1954.

Finken (B-O).

Rübsamen	1000,0	Hanf, zerquetscht	200,0
Kanariensamen	200,0	Distelsamen	200,0
Hirse, geschält	200,0	Klettensamen	200,0

Kanarienvögel (Sido).

Kanariensamen	200,0	Rübsamen	250,0
Hirse	200,0	Leinsamen	100,0
Mohn	100,0	Hanf	100,0
Grassamen	25,0	Salatsamen	25,0

Kanarienvögel (Singfutter).

Hafer, geschält	100,0	Hanfsamen	50,0
Rübsamen	350,0	Hirse	50,0
Kanariensamen	400,0	Leinsamen	50,0

Nachtigallen und andere Insektenfresser (B-O).

Drosselfutter	1000,0	Ameiseneier	100,0
Hanf, zerquetscht	25,0	Weißwurm	100,0

Papageien.

Hanf	650,0	Zirbelnüsse[1]	100,0
Erdnüsse	50,0	Kürbiskerne	50,0
Sonnenblumenkerne	50,0	Bucheckern	50,0

Kanariensamen 50,0

Prachtfinkenfutter.

(Tigerfinken, Zebrafinken, Reisvögel, Wellensittiche, Zwergpapageien.)

Hanfsamen	250,0	Sonnenblumensamen	100,0
Hirse	350,0	Kürbissamen	100,0
Erdnüsse	100,0	Kanariensamen (Glanzkorn)	100,0

Singvogelfutter (B-O).

Rübsamen	250,0	Mohn	100,0
Kanariensamen	200,0	Hanf	100,0
Hirse	200,0	Grassamen	25,0
Leinsamen	100,0	Salatsamen	25,0

Tauben (B-O).

Erbsen	400,0	Gerste	400,0

Weizen . . 200,0

Waldvogelfutter.

(Für Finken, Hänflinge, Stieglitze, Zeisige.)

Hanfsamen	700,0	Leinsamen	50,0
Hafer, geschält	100,0	Fichtensamen	40,0
Mohnsamen	50,0	Erlensamen	30,0

Salatsamen. . . . 30,0

Für Dompfaffen (Gimpel) und Kreuzschnäbel nimmt man statt der letzten 3 Bestandteile:

Sonnenblumen	50,0	Ebereschenbeeren, getr.	50,0

---

[1] „Zirbelnüsse", falsche Bezeichnung für die flügellosen, dickschuppigen und eßbaren Samen von *Pinus cembra*, der *Zirbelkiefer*, Pinaceae.

Wellensittiche (B-O).

Hirse	500,0	Sonnenblumenkerne	200,0
Kanariensamen	200,0	Hanf	100,0
Zirbelnüsse	50,0		

Zeisige (B-O).

Rübsamen	500,0	Mohn	250,0
Kanariensamen	250,0	Distelsamen	125,0
Hanf, zerquetscht	250,0	Klettensamen	125,0

Meisenringe.

Zum Ausgießen der Meisenringe verwendet man zum Versand von Plakaten übliche, aufrechtstehende Papprollen, die man unten mit einem eingepaßten Holzstopfen verschließt. Um beim Ausgießen gleich das notwendige Aufhängeloch zu erhalten, stellt man in die Mitte der Papprolle einen blankpolierten Eisenstab, den man nach dem Erstarren der Masse nach vorsichtiger Drehung leicht entfernen kann. Als Futtermasse findet Talg mit entsprechendem Vogelfutter (vgl. S. 248, 250) Verwendung. Vor dem Ausgießen muß die Talg-Vogelfutterschmelze jeweils gründlich durchgemischt werden. Nach dem Erstarren der Futtermasse in den Papprollen wird mit einer kleinen Bandsäge oder einem rotierenden Messer in verkaufsfertige Ringe der gewünschten Stärke geschnitten.

Vogelsand.

Feiner Flußsand wird getrocknet und gesiebt und dann pulverisierte Sepiaschalen (2%) und Insektenpulver (1%) darunter gemischt.

IV. Schönheitspflege. Kosmetik.

Das Wort Kosmetik stammt vom Griechischen *kosmein* und bedeutet ordnen, schmücken, zieren, mit Schönheit ausstatten. Schon im Altertum bei Phöniziern, Ägyptern, Griechen und Römern, später auch bei den Arabern, wurde Schönheitspflege getrieben.

Die Kosmetik hat die Aufgabe, allgemeinen Schönheitsbegriffen Rechnung zu tragen, die natürliche Schönheit des Körpers zu erhalten, störende Mängel im Äußeren des Menschen zu mildern, zu beseitigen oder zu verdecken. Früher war die Körper- und Schönheitspflege der Luxus einer bevorzugten Menschenklasse. Heute ist sie ein wichtiger Teil der Gesundheitsvorsorge und dient gleichzeitig der Aufgabe, die physiologischen Alterserscheinungen bestmöglich hinauszuschieben. Körperpflege im allgemeinen und Haut-, Haar-, Zahn- und Nagelpflege im besonderen, wurden früher als eine überflüssige und übertriebene Eitelkeitsfrage angesehen. Heute ist die Körper- und Schönheitspflege, nicht zum geringsten auch durch die Pionierarbeit der Drogisten auf diesem Gebiet, Allgemeingut vor allem bei den Frauen geworden. Der Drang, sich zu pflegen, schön zu sein, hat sich in der neueren Zeit wesentlich gesteigert. Jeder will in der Familie, im gesellschaftlichen Leben und im Beruf gefallen. Jugendliche benötigen naturgemäß vorerst scheinbar keine kosmetische Pflege, weil die in Frage kommenden Körperorgane nur langsam auf Umweltschädigungen reagieren. Rechtzeitiger Beginn kosmetischer Körperpflege ist aber in jedem Lebensalter ein Akt vorbeugender Klugheit. Besonders für die berufstätige Frau spielt heute ein gepflegtes Äußeres eine wichtige Rolle, ganz besonders im vorgeschrittenen Alter. Auch beim beruflichen Aufstieg der Frau ist ihr Aussehen oft ausschlaggebend und kann u. U. sogar zu einer rückläufigen Berufsentwicklung führen. Schön sein und jung zu bleiben, d. h. möglichst spät zu altern, ist ein begreiflicher Wunsch aller Menschen, insbesondere der Frau.

Kosmetik zu treiben ist aber nicht nur für die Frau wichtig, auch zahlreiche Männer leiden an Anomalien der Haut (z. B. der Gesichtshaut durch das Rasieren, der Kopfhaut — Haarausfall — usw.) und bedürfen deshalb ebenfalls sogfältiger Haut-, Haar-, Mund-, Zahn- und Fußpflege, um in der Ehe und Familie, in der sozialen Rangordnung, der Gesellschaft und im Wettbewerb des Berufs nicht unangenehm aufzufallen oder gar zu unterliegen. Sinnvolle Schönheitspflege zu treiben, ist also für Mann und Frau gleich wichtig, für beide ist sie heute ein *sozialpolitisches Problem*, das oft für den Aufstieg im Beruf ausschlaggebend sein kann. Der besser aussehende Bewerber wird bei gleichen Leistungen des Mitbewerbers stets im Vorteil sein. Kosmetik ist für den ganzen Organismus von Bedeutung, sie dient der Hervorhebung *natürlicher* Schönheit, dem *Vorbeugen* von Schädigungen durch Umwelteinflüsse und einem möglichst langen Hinausschieben der sichtbaren Zeichen des Alterns. Die Notwendigkeit der Körperpflege zeigt sich am deutlichsten bei der Haut. Nur die gesunde Haut ist schön. Ohne entsprechende Pflege kann der Körper nicht schön sein. Läßt die Pflege nach, ist die Gesunderhaltung der Haut ausgeschlossen, und ihre Schönheit leidet. Unbedingte Voraussetzungen sind richtige Maßnahmen, richtige Anwendung, Regelmäßigkeit und Ausdauer.

Die Wege der neuzeitlichen Körper- und Schönheitspflege sind in den letzten 10 Jahren außerordentlich vervollkommnet worden. Dies gilt gleichermaßen für die Wahl der Rohstoffe, die Herstellungsmethoden der Präparate und die Methoden der angewandten Kosmetik. Während früher die Kosmetik vielfach von der Wissenschaft als Scharlatanerie mehr oder weniger abgetan wurde, ist sie heute zu einem umfangreichen Forschungsgebiet, der *Körperpflege-Wissenschaft* oder *Cosmetologie*, geworden, auf dem Ärzte, Biologen, Bakteriologen, Chemiker, Hygieniker, Kosmetiker, Physiker, Physiologen und Techniker zusammen arbeiten. Zu keiner Zeit waren die Menschen so bereit, sich kosmetisch vernunftgemäß beraten zu lassen, wie es heute der Fall ist. Dies beruht auf der gesteigerten Lebenserwartung des einzelnen. Die Menschen geben sich jünger, kleiden sich jugendlicher und sind auch in der Tat jünger als die gleichen Altersstufen beider Geschlechter früherer Generationen.

Kosmetik ist nicht Selbstzweck, sondern angewandte Wissenschaft, die über die Schönheitspflege hinaus der Gesundheit des Körpers, insbesondere seiner Organe, Haut, Haare und Mundhöhle, von denen die Haut und die Mundhöhle in enger Beziehung zum gesamten Körpergeschehen stehen, dient und durch ihre vorbeugenden Maßnahmen Krankheiten, z. B. der Haut, verhindert.

Es kann nicht die Aufgabe der folgenden Abhandlungen sein, auf die Erzeugnisse der kosmetischen Industrie einzugehen. Dies erübrigt sich schon deshalb, weil jeder Hersteller seine Abnehmer weitgehend über die Wirkung und, soweit er es für zweckmäßig hält, die Zusammensetzung seiner Erzeugnisse aufklärt. Auch über die Anwendungsmethoden werden die Drogisten in von den Landesverbänden des Verbandes Deutscher Drogisten oder an der Deutschen Drogisten-Akademie zu Braunschweig veranstalteten Kursen und durch die Kosmetikerinnen der Herstellerfirmen weitgehend unterrichtet. Dagegen sollen die folgenden Ausführungen den Leser über die Anatomie und Physiologie der kosmetisch wichtigen Organe, Haut, Haare, Nägel, Mund und Zähne gründlich unterrichten und ihn mit den zu ihrer Gesunderhaltung und Schönheitspflege bewährten Chemikalien und Drogen, ihren Anwendungsformen und deren Herstellung vertraut machen. Auf Grund dieser Kenntnisse kann der Benutzer des Buches ohne weiteres auch die richtigen Schlüsse auf die Inhaltstoffe und ihre Wirkung von Industrieerzeugnissen ziehen und ihn befähigen, auch neuen Mitteln gegenüber eine kritische Einstellung einzunehmen und zwischen Tatsachen und Schaumschlägerei im wohlverstandenen Interesse seiner Kunden zu unterscheiden.

Während sich früher die Schönheitspflege vornehmlich auf die Haut und ihre Anhangsgebilde bezog, sich also vor allem mit der Hautpflege, der Haarpflege und Nagelpflege befaßte, kann eine neuzeitliche Schönheitspflege ohne Berücksichtigung allgemeiner hygienischer Grundsätze nicht durchgeführt werden.

Es versteht sich von selbst, daß die Ernährung eines Menschen nicht nur auf seine Gesundheit, sondern auch für sein Äußeres von größter Bedeutung ist. Vielfach äußert sich eine Krankheit des Körpers auf der Haut, an den Haaren, ja sogar an den Nägeln. Wie in der Medizin kann eine Diätbehandlung allein in der Kosmetik meist nicht zum Ziele führen, als unterstützende Behandlung ist sie aber unerläßlich. Kosmetische Maßnahmen sollen deshalb stets auch von diätetischen Maßnahmen nach den *neuzeitlichen Ernährungsgrundsätzen* unterstützt werden. Ebenso sind die übrigen gesundheitspflegerischen Grundsätze in bezug auf Atmung, genügenden Schlaf, Entspannung, Erholung, Bewegung, Abhärtung, zweckmäßige Kleidung, sportliche Ausgleichsbetätigung usw. unbedingte Voraussetzungen für die erwünschte Wirkung kosmetischer Maßnahmen. Da die Art der Ernährung sich nicht nur auf gewisse Organe des Körpers, sondern auch auf die Haut und ihre Anhangsgebilde Haare und Nägel, aber auch auf die Zähne auswirken, ist es wichtig, statt der „gutbürgerlichen Kost“ zu einer neuzeitlichen Ernährung mit genügend Mineralien, vor allem Kalk und Eisen, Vitaminen, Lipoiden und Auxonen (pflanzliche Wuchsstoffe) umzustellen, wie sie im Vollkornbrot, in Weizenkeimlingen usw. vorliegen. Es wird die Aufgabe eines zielbewußten Beraters auf kosmetischem Gebiet sein, Ablehnende von der Notwendigkeit einer regelmäßig und planmäßig durchgeführten Kosmetik, ihrer Wirksamkeit und nicht zuletzt von der lohnenden Anlage der dafür aufgewendeten Zeit zu überzeugen. Dabei läßt sich auch gleich der Nachweis führen, daß richtig angewandte, also sparsame Kosmetik auch für weniger Bemittelte kein übertriebener Luxus ist.

Augenpflege.

Zur Pflege der Augen sind Augenbäder mit der *Augenbadewanne* (s. Bd. I, S. 712, Abb. 217) sehr zu empfehlen. Man verwendet hierzu Borwasser oder Aufgüsse von Kamille oder Fenchel. Kompressen mit Kamillen werden gegen die Bildung von Tränensäcken empfohlen, bei denen sich auch Wechselkompressen bewährt haben. Zur Umgebung der Augen wird ein Augenöl oder eine leicht schmelzende Nährcreme durch leichtes Auftupfen verwendet. Ein *übertrieben durchgeführter Sonnenschutz der Augen* durch Sonnenbrillen verweichlicht die Augen gegen Lichteinflüsse und kann zu Erkrankungen des Sehorgans führen.

Augenbad.

1. Bei Bindehautentzündung (NEIDHARDT).

Augentrostkraut . . . 30,0 | Steinkleekraut 10,0
Spitzwegerichkraut . . 10,0

Die geschnittenen Drogen werden gemischt. Zum Augenbad findet 1 Eßlöffel der Mischung auf 1 Tasse Aufguß Verwendung. 15 Min. ziehen lassen.

2. Bei Lidrand- und Bindehautentzündungen (F. WEISS).

Kamillenwasser | Fenchelwasser . āā 150,0

werden gemischt.

3. (FISCHER)

Borsäure	25,0	Glycerin	10,0
Borax	30,0	Hamameliswasser	50,0
Dest. Wasser	auf 1000,0		

Verwendung. Zum Augenbad mit der Augenbadewanne, 3. mit gleichen Teilen warmem Wasser verdünnen.

Augenbrauencreme.

Wachs, weiß	200,0	Erdnußöl	750,0
Kakaobutter	500,0	Nipagin ® M.	2,0

Nipagin in leicht erwärmtem Erdnußöl lösen und der Schmelze von Wachs mit Kakaobutter beigeben. Bis zum Erkalten rühren, bei 40° leicht parfümieren und mit giftfreier Farbe schwarz, braun, für blond gelb färben.

Augenbrauenstift (PuS).

Grundmasse:

Zeresin, weiß	16,0	Kakaobutter	7,0
Weißes Wachs	8,0	Weißes Vaselin	3,0
Vaselinöl, weiß	16,0		

Farbmasse:

	schwarz	dunkelbraun		schwarz	dunkelbraun
Stiftkörper	70,0	70,0	Umbra, dunkel	—	30,0
Ultramarinblau	0,5—1,0	—	Gebrannte Siena	—	4,0
Lampenschwarz	6,0—8,0	—			

Augen-Creme.

Augencremes haben den Zweck, die sich mit den Jahren in den Augenwinkeln bildenden Hautfalten („Krähenfüße") zu verhindern, zu mildern oder zu beseitigen.

1.

Lecithin	3,0	Mandelöl	59,0
Cholesterin	1,0	Bienenwachs	25,0
Lanolin	10,0	Nipagin ® M	0,5
Parfüm (Veilchen, Rose)	0,5		

Lecithin und Cholesterin und Nipagin M werden in der Schmelze aus Lanolin, Mandelöl und Bienenwachs vollständig gelöst und unter ständigem Rühren zum Erkalten gebracht. Bei 40° wird das Parfüm zugegeben.

2. (Keimdiät).

Wollfett, wasserfrei	16,0	Bienenwachs	11,0
Cetiol ®	10,0	Johanniskrautöl „Dr. Grandel"	9,0
Walrat Ia	10,0	Karion ® F flüssig	4,0
Vitaminöl „Dr. Grandel"	20,0	Lavendelwasser	17,0
Borax	0,6		

Augenfaltenöl (ROTHEMANN).

A. Zerquetschter oder pulv. Fenchel . . 50,0

werden mit

Olivenöl (65°) 650,0

übergossen und gut vermengt. Man läßt 1 Woche lang bei täglich einmaligem Umrühren ausziehen, gießt ab, preßt den Rückstand leicht aus und filtriert durch Filterasbest klar.

B.

Fenchelölauszug (s. o.)	550,0	Peröstron ®-Öllösung	2,0
Fettstabilisator	1,0	Epidermin ® in Öl	1,0
Cetiol ® oder Cosbiol A	200,0	E-Grandelat ®	250,0

werden kalt gemischt.

Augen-Lotion (JANISTYN).

Natriumhydrogencarbonat	2,0	Kamillenaufguß (1:50)	98,0
Konservierungsmittel	nach Bedarf		

Augenwasser.

1. Borsäure	2,0	2. Borsäure	2,0
Kamillenblütenaufguß (1:10)	8,0	Wasser, dest.	26,0
Kornblumenwasser	90,0	Orangenblütenwasser	72,0

Verwendung. Zum Augenbad mittels einer Augenbadewanne bzw. zu Umschlägen.

Wimpernlack.

Schellack	12,0	Triäthanolamin	3,0
Wasser, dest.	75,0	Nigrosin oder Lampenschwarz, rein	10,0

Der Schellack wird mit der wäßrigen Triäthanolaminlösung unter Erwärmen verseift und der Farbstoff mit der erhaltenen Lösung aufs feinste verrieben.

Wimpernöl (RÖMPP).

1. Paraffin flüssig, DAB. 6	99,0	Mandelölfettsäure	1,0
2. Avocadoöl	90,0	Paraffin, flüssig, DAB. 6	8,0
Rizinusöl	2,0		

Wimpernschminke. Wimperntusche. Mascara.

Wimpernschminken bzw. Wimperntuschen (Mascara) haben den Zweck, die Wimpern dunkler zu färben und dadurch auffälliger zu machen. Sie werden heute bevorzugt in Tablettenform hergestellt, meist auf Basis einer Triäthanolaminseife, in die Ocker, Elfenbeinschwarz oder Umbra eingearbeitet sind. Mittels einer besonderen *Augenbrauenbürste* wird die schwach angefeuchtete Schminke auf die Wimpern vorsichtig verteilt, sie darf deshalb nur aus reinsten und völlig reizlosen Stoffen bestehen.

Wimpernschminke, flüssig.

1. (RÖMPP).

Elfenbeinschwarz Ia	10,0 bis 15,0	Weingeist (90%)	10,0
Traganth	1,0	Wasser, dest.	69,0
Gummi arabicum	5,0	Nip.-Nip.®	0,1

2. (FÜHRER).

Elfenbeinschwarz oder Lampenruß	15,0	Traganth	2,0
Weingeist (90%)	10,0	Borax	3,0
Orangenblüten- oder Rosenwasser	70,0		

Zweckmäßig Nip-Nip®, wie bei 1.

Wimpernschminke, Creme.

3. (JANOWITZ).

Stearinsäure Erg.-B. 6	32,0	Carnaubawachs	10,0
Triäthanolamin	15,0	Ultramarinblau	3,0
Bienenwachs	30,0	Lampenruß	10,0

Die Fette werden zusammengeschmolzen, Ultramarinblau und Lampenruß dazugegeben, gut vermischt und in Formen gegossen.

Die Verwendung der *Liderschatten* ist für den Tag und für den Abend verschieden und richtet sich nach der Augenfarbe. Die nachstehende Tabelle aus dem LEICHNER-Brevier der Firma L. Leichner, Berlin-Dahlem, gibt hierzu wertvolle Hinweise.

Tabelle 3.

Augenfarbe	Liderschatten	
	für den Tag	für den Abend
blau	liderblau oder bleu-nerveux	silberblau oder silberlila
blaugrau	dunkelgrau	silberblau
blaugrün	blaugrün	silbergrün
grau	türkis	silbergrau
braun	dunkelgrau oder hazel	silbergrün oder silberbraun
braungrün	liderbraun	goldbraun
grün	azur oder grün	silbergrau
graugrün	blaugrün	silbergrün

Bei besonderen Anlässen gold und silber

Bäder und Bäderzusätze.

Neben der Wirkung des Wassers auf die Haut als Reinigungsmittel, zur Erweichung der obersten Hautschicht, der Hornschicht und zur Lockerung von Krankheitsauflagerungen übt Wasser entsprechend der Temperatur, mit der es zur Anwendung kommt, verschieden auf den Kreislauf der Haut. Die Wasserwirkung auf den Körper ist für die Gesundheit und Schönheit von ausschlaggebender Bedeutung. *Kaltes Wasser* bewirkt eine Zusammenziehung der Blutgefäße, der bald eine Erschlaffung mit venöser Blutfülle folgt. *Warme Waschungen* und *Bäder* erzeugen in den Arterien eine nachhaltige Blutströmung. *Heiße Waschungen* und *Bäder* üben auf erschlaffte Hautgefäße einen günstigen Einfluß aus, es empfiehlt sich jedoch nach der Anwendung eine kurze Anwendung mit kaltem Wasser, um einerseits einer Verweichlichung der Haut vorzubeugen, andererseits durch die Wechselwirkung anregend auf die Muskulatur der Hautgefäße zu wirken. Die Temperatur für heiße Waschungen kann zwischen 40 und 50° liegen, muß sich aber nach der Empfindung des einzelnen richten.

Nach § 1, Abs. 3 der Verordnung betreffend den Verkehr mit Arzneimitteln sind „Zubereitungen zur Herstellung von Bädern“ frei verkäuflich. Damit steht dem Drogisten ein sehr wichtiges Gebiet der allgemeinen Hygiene und der Therapie offen. Unter *Bad* versteht man das Eintauchen des Körpers oder von Körperteilen (Hand, Arm, Fuß usw.) in Wasser, Gase (z. B. Heißluft) oder feste Stoffe (z. B. Sand) zur Reinigung, zu Heil- oder kosmetischen Zwecken. Die Reize, die beim Bad durch das Wasser ausgeübt werden, werden durch den Auftrieb, den hydrostatischen Druck und durch thermische Einflüsse ausgelöst. Durch sie werden zahlreiche vegetativ gesteuerte Vorgänge im Körper beeinflußt oder gar bedingt und teilweise in den Hautzellen gefäßwirksame Stoffe wie Histamin, Acetylcholin und Adenylsäure gebildet, die diese Vorgänge unterstützen. Die *chemische Wirkung* von Bäderzusätzen beruht auf der Resorption durch die menschliche Haut. Dabei sind der Aggregatzustand, die Löslichkeit, die Molekulargröße und die Lipoidlöslichkeit von ausschlaggebender Bedeutung. Das Wasser als Träger für sämtliche von der Haut aufgenommenen Stoffe ist hier noch von besonderer Bedeutung. Durch den Auftrieb erfolgt eine Entlastung des Bewegungsapparates, wodurch behinderte Muskel- und Gelenkbewegungen erleichtert werden. Durch den hydrostatischen Druck der Wassersäule über dem Körper werden im Venen- und Lymphgefäßsystem des Unterhautzellgewebes bewegliche Flüssigkeiten nach Orten geringeren Druckes verschoben und die Venen in Richtung zum Herzen entleert. Durch diese Verschiebungen, vor allem auch erheblicher Mengen von Blut, erklärt sich die mechanische Wirkung des Bades auf die Umstellung von Herztätigkeit, Kreislauf und Atmung, die besonders im heißen Bad vertieft wird. Durch den Druck der Wassersäule entsteht indirekt ein erhöhter Druck im Bauch und damit des Venendrucks im Gebiet des Eingeweidenervs mit der Folge vermehrter Nierendurchblutung und damit erhöhter Harnabscheidung. Hierauf beruht das Bedürfnis, bei nicht entleerter Blase zu urinieren.

Bäder (vgl. Bd. I, S. 718ff.) sind für gesunde und kranke Personen gleich wichtig. Ihre Wichtigkeit als hygienische Hauptforderung zur Reinigung des gesamten Körpers erhellt ein von R. MÜLLER durchgeführter Versuch: Bei einer Büroarbeit ausübenden Person, die eine Woche lang ohne Vollbad, ohne Ganzabreibung und ohne Wechsel der Unterwäsche lebte, fanden sich in 1 ccm eines Bades (160 l) ohne Seife bei gründlichem Abreiben des ganzen Körpers mit ausgekochtem rauhem Waschhandschuh ein Keimgehalt von 9 Millionen Kolonien, also in 160 l Badewasser 288 Milliarden (!). Bei nicht zu starker Verschmutzung der Haut genügt ein wöchentliches Reinigungsbad mit einer Temperatur von 35 bis 36° und 20 Minuten Dauer. Nach dem warmen Reinigungsbad wendet man eine *Handbrause* an, mit der man das Abbrausen *unten an den Beinen* beginnt und dieses langsam über Schenkel und Unterleib fortsetzt. Kopf und Arme werden zuletzt geduscht. Dadurch wird der Blutkreislauf in seinem normalen Weg unterstützt. Bei dieser Maßnahme nützt man die Eigenschaft des kalten Wassers durch seine anregende Fernwirkung auf alle Organe, diese zu erhöhter Tätigkeit anzuregen, vorteilhaft aus und regt den gesamten Stoffwechsel an. Nach jedem Bad und auch nach Ganzwaschungen ist gründliches Abtrocknen zwischen den Zehen und unter den Armen notwendig, da bei Vernachlässigung dieser Stellen *Pilzkrankheiten* auftreten können. Nach dem Bad empfiehlt sich leichtes Einfetten der Haut mit Hautöl.

Nach dem *Baden im Freien* können durch pelzig behaarte Raupen oder deren abgefallene Haare, aber auch durch gewisse Pflanzen wie scharfen und Gifthahnenfuß, Küchenschelle, Leberblümchen, Schafgarbe, Sumpfdotterblume, Trollblume, Waldrebe und Wiesenpastinak Hautentzündungen verursacht werden. Wenn nackte Menschen solche Blumen pflücken und den Saft mit den Fingern auf die empfindlichere Körperhaut streichen, kann ein sog. *Wiesendermatitis* entstehen.

Wenn auch viele der folgenden Bäder und Bäderzusätze ohne Bedenken zur Anwendung kommen können, ist bei kranken Personen die Beratung durch den Arzt unerläßlich, da ungeeignete Bäder bei ihnen u. U. schädigende Folgen haben können. Dies ist besonders der Fall bei Herzkranken, bei Kranken mit stark erhöhtem oder stark vermindertem Blutdruck, solchen mit vorgeschrittener Arteriosklerose usw.

Um eine annähernd richtige Dosierung der Badezusätze zu erreichen, sind die für die verschiedenen Bäder zu verwendenden Wassermengen wichtig. Man rechnet auf

1 Vollbad	150 bis 200 l	Wasser	
1 Vollbad für ein Kind je nach Alter	50 bis 100 l	„	
1 Sitzbad	20 bis 30 l	„	
1 Fußbad	10 l	„	= 1 Eimer.

Vergleiche im einzelnen:

Medizinische Bäder	Bd. I, S. 719
Aromatische Bäder	Bd. I, S. 720
Adstringierende Bäder	Bd. I, S. 720/21
Bäder mit mildernden Zusätzen	Bd. I, S. 721
Bäder mit Reizwirkung	Bd. I, S. 721.

Die Herstellung aromatischer Kräuterbäder aus Drogen ist heute nicht mehr wirtschaftlich. Dazu kommt, daß die einschlägige Industrie bei der Herstellung von Badeextrakten in der Lage ist, die leicht flüchtigen ätherischen Öle usw. bestmöglich zu erfassen und die Extraktion der Wirkstoffe unter Vermeidung hoher Wärmegrade (Vakuum) durchzuführen, so daß auch die hitzeempfindlichen Inhaltsstoffe bei der Herstellung nicht leiden. Als *Mindestzusatz* zu einem Vollbad werden 100 g Kräuterextrakt, in der Regel 150 g, gerechnet. Inhaltlich wertvolle Industrie, präparate, die einwandfrei hergestellt und den mit Recht an arzneiliche Badezusätze zu stellenden Anforderungen entsprechen, wie sie W. PEYER 1941 in der „Pharmazeutischen Industrie" aufgestellt hat, werden zu bevorzugen sein.

Die wichtigsten Badeextrakte der Industrie[1]).

I. Badeextrakte mit ätherischen Ölen.

A. Badeextrakte mit Reizwirkung auf die Haut und/oder die Schleimhäute.

Extrakt aus:	Heilanzeigen:
1. *Kalmuswurzel* „Pflanzliche Sole", wirkt reizkörperartig und steigert die periphere Durchblutung erheblich, erteilt dem Bad einen kräftig-aromatischen Geruch. 150 g auf ein Vollbad, 34 bis 37°, 10 bis 20 Minuten.	Appetitlosigkeit, Magersucht, Schwäche der Verdauungsorgane und ihrer Anhänge, Konstitutionsschwäche und Unterentwicklung der Kinder. *Teilbäder* bei schlecht durchbluteten Händen, Frostbeulen, Ekzemen.
2. *Rosmarinblätter* steigern die periphere Durchblutung erheblich, heben niedrigen Blutdruck. Bei der Frau wird die Durchblutung der Beckenorgane gesteigert. Dosierung, Temperatur und Zeit wie bei 1.	Periphere Durchblutungsstörungen und dadurch bedingte Beschwerden, Voll- oder Teilbäder bei rheumatischen Schmerzen, Quetschungen, Verstauchungen. *Sitzbäder* beheben Verdauungsschwäche mit Blähsucht, schmerzhafte, zu seltene oder zu schwache Menses.
3. *Fichtennadel, Latschenkiefernadel* steigert die periphere Durchblutung deutlich, regt Durchblutung und Sekretion der Atemwegs-Schleimhäute an, wirkt leicht bakterienwidrig, desodorisierend. 150 g auf ein Vollbad, 35 bis 38°, 5 bis 20 Minuten. Überdosierung verschließt Hautporen und verhindert genügende Resorption.	Schlaflosigkeit, Nervosität, Erschöpfungszustände, Managerkrankheit, Rekonvaleszenz, klimakterische Beschwerden, Rheumatismus.
4. *Thymiankraut* wirkt anregend, sekretionsfördernd und dabei krampflösend auf die Schleimhäute der gesamten Atemwege, leicht bakterienwidrig. Anwendung wie 3.	Entzündungen, auch mit krampfartigen Erscheinungen der Atemwege.
5. *Heublumen* wirken krampflösend, beseitigen Gewebsstauungen und Fettpolster. 150 g für ein Vollbad, 35 bis 38°, 10 bis 20 Minuten.	Neigung zu Organkoliken, lokalisierte rheumatische Zustandsbilder, Neuralgien, Muskelrheumatismus, Ischias, Hexenschuß.

B. Badeextrakte mit entzündungswidriger und krampflösender Wirkung.

1. *Kamillenblüten* wirken kräftig desodorisierend, beruhigen Organnerven, regulieren Gefäß- und Kapillarfunktionen und wirken dadurch juckreizstillend, entzündungswidrig und krampflösend. 150 g für ein Vollbad, 34 bis 37°, 10 bis 15 Minuten. Für Einläufe 1 g auf 1 l Flüssigkeit.	Körpergerüche, Entzündungen der Haut und Schleimhäute auch in Körperhöhlen, bei Neigung zu Koliken besonders der Verdauungsapparate.
2. *Schafgarbe* Wie Kamillenblüten	Wie Kamillenblüten.

[1]) Nach Literatur der Pino-A.G. und der Dr. Schupp K.G., beide Freudenstadt, HENTSCHEL, H. D., Fortschritte der Medizin 1957, S. 75 und 101.

C. *Badeextrakte mit nervenberuhigender und schlaffördernder Wirkung.*

Extrakt aus:	Heilanzeigen:
1. *Baldrianwurzel* wirkt erheblich sedativ. 150 bis 200 g für ein Vollbad, 34 bis 37°, 10 bis 20 Minuten.	Schlaflosigkeit, nervöse Unruhe auch bei Kindern, Managerkrankheit, Reizbarkeit in den Wechseljahren, nervöse Schwächezustände.
2. *Lavendelblüten* wirken leicht hautreizend und dadurch erfrischend, desodorisierend, deutlich sedativ. Anwendung wie 1.	Unangenehmer Körpergeruch, Wechseljahrbeschwerden, zur Entspannung bei nervösen Erscheinungen.

II. Badeextrakte ohne ätherische Öle.

A. *Gerbstoffhaltige Extrakte.*

Gerbstoffhaltige Badeextrakte wirken adstringierend, die Hautoberfläche wird zusammengezogen, wodurch eine leichter örtliche Gefühllosigkeit eintritt.

1. *Eichenrinde.* Gerbstoffgehalt des Extraktes 30%. Zum *Sitzbad* je nach Wassermenge 1 bis 3 Eßlöffel, zum *Hand-* oder *Fußbad* 1 Eßlöffel, 36 bis 37°, 10 Min.	Schweißfüße, Verbrennungen, Afterekzeme und -risse, Hämorrhoiden.
2. *Fichtenrinde* = Lohtannin. Gerbstoffgehalt 28%. 150 g auf ein Vollbad, 37 bis 40°, 10 bis 20 Minuten.	Rheumatismus.

Das S. 258 abgehandelte Fichtennadel- oder Latschenkieferbad übt durch seinen Gerbstoffgehalt (11 bis 15%) ebenfalls eine leichte Gerbwirkung aus.

B. *Kieselsäurehaltige Badeextrakte*

1. *Schachtelhalm, Zinnkraut* wirkt kapillardichtend, entzündungswidrig, vernarbungsfördernd, gewebekräftigend. 150 g für ein Vollbad, zum *Sitzbad* 30 bis 40 g, 34 bis 37°, 10 bis 20 Minuten.	Schlecht heilende Wunden, Wundliegen, Unterschenkelgeschwüre, juckende, leicht nässende Ekzeme, *Sitzbad* bei Blasenkatarrh und -schwäche, Prostataleiden.
2. *Haferstroh* wirkt kapillardichtend, gewebskräftigend (?). 150 g auf ein Vollbad, 34 bis 37°, 10 bis 20 Minuten.	Nachbehandlung von Ezkemen und Hautkrankheiten, Bindegewebsschwäche.

C. *Kleie-Extrakte.*

Weizenkleie wirkt durch Klebersubstanzen des Weizens, die auf der Haut einen hauchdünnen Schutzfilm bilden, juckreizstillend. 150 bis 200 g für ein Vollbad, 34 bis 37°, 15 bis 20 Minuten.	Juckende Ekzeme, Wundsein der Kinder, zur Nachbehandlung von Hautkrankheiten.

Außer den genannten Badeextrakten sind Schwefelbad-Extrakt, Schwefelkleie-Bad und Pela Moorlauge® der Pino A.G. Freudenstadt und Eifel-Moor-Lauge der Dr. SCHUPP K.G., Freudenstadt, im Handel.

Badesalze und Bäderzusätze.

Zur Herstellung von Badesalzen werden Salze mit hohem Kristallwassergehalt wegen ihrer schönen äußeren Form bevorzugt. Als solche finden Verwendung *Natriumchlorid* in Form kubischer Kristalle oder als weißes kristallines Pulver, besonders das von Magnesium- und Calciumchlorid freie Hüttensalz in Körnung von 1,5 bis 2 mm. Natriumchlorid oder Kochsalz hat keine wasserenthärtende Eigenschaft, deshalb ist der Zusatz (etwa 5%) wasserenthärtender Phosphate zu empfehlen. *Natriumcarbonat* (Dekahydrat), $Na_2CO_3 \cdot 10\,H_2O$, findet in erbsengroßen monoklinen Prismen, die in gleichmäßiger Größe und Form im Handel sind, wegen seiner Preiswürdigkeit, leichten Löslichkeit und gut wasserenthärtender Eigenschaft häufige Verwendung zur Herstellung von Badesalzen. Ein Nachteil ist das leichte Verwittern der Kristalle, wobei sie in feines Pulver zerfallen. Dies kann vermieden werden durch Abfüllen in luftdicht abschließende Gefäße und Benetzen der Kristalle mit einer kaltgesättigten Alaunlösung (5 g auf 1 kg). Die wäßrige Lösung des Salzes ist stark alkalisch, deshalb dürfen zur *Färbung* und *Parfümierung* nur *alkalifeste Stoffe* verwendet werden. *Natriumhydrogencarbonat* (-bicarbonat) ist im Gegensatz zu Natriumcarbonat nur schwach alkalisch und sehr beständig. Es findet deshalb zu brausenden Badesalzen und -tabletten vielfache Verwendung. *Natriumcarbonat* (Monohydrat) $Na_2CO_3 \cdot H_2O$ findet besonders zur Herstellung von Badesalzen für südliche Länder Verwendung. Sein Vorteil beruht darauf, daß die Kristallgemische nicht zusammenbacken und ihre Färbung und Parfümierung leicht durchzuführen ist. Seine Verwendung ist unwissenschaftlich, weil ätherische Öle und Ester durch Alkalien zersetzt und deshalb unwirksam werden. Auch Magnesiumsalze sind ebenso abwegig wegen der Bildung unlöslicher Magnesiumseifen. *Natriumsesquicarbonat*, $Na_2CO_3 \cdot NaHCO_3 \cdot 2H_2O$ findet infolge seiner milden Wirkung auf die Haut, seiner guten Wasserenthärtung und leichter Färbung und Parfümierung häufig Verwendung. Das Salz ist sehr stabil und kristallisiert in kleinen, nadelförmigen, glitzernd-weißen Kristallen. *Natriumsulfat*, $Na_2SO_4 \cdot 10\,H_2O$, findet hauptsächlich getrocknet als Zusatz für pulverförmige Bäderzusätze und Badetabletten Verwendung. *Natriumhydrogensulfat*, $NaHSO_4$, findet als saures Salz besonders zur Herstellung von Kohlensäurebädern Verwendung. *Natriumthiosulfat*, $Na_2S_2O_3 \cdot 5\,H_2O$, findet hauptsächlich in *Perlform* infolge seiner Luftbeständigkeit als Grundkörper für Badesalz Verwendung. Auch *Borax* findet für Badesalze Verwendung. Badesalze in Kristallen, die bei der Aufbewahrung leicht verwittern, können durch Zusatz geeigneter Flüssigkeiten (Glycerin, Äthylenglykol, Karion® F flüssig) vor dem Verwittern geschützt werden. Zweckmäßig löst man diese hygroskopischen Stoffe in der Farblösung, welche das Badewasser grünfluoreszierend macht, z. B.

Uranin	1,0	Glycerin, Äthylenglykol	
Wasser, dest.	499,0	oder Karion® F flüssig	100,0

Meist werden nur die Oberflächen der Kristalle gefärbt. Zum Parfümieren der Badesalze finden in erster Linie Coniferenöle, wie Edeltannenöl, Edeltannenzapfenöl, Fichtennadelöl, Latschenkiefernöl, Spiköl und Eukalyptusöl u. a. Verwendung. Man verwendet auf 1 kg Badesalz 2 bis 10 g einer geeigneten Mischung, die bestehen kann aus

Edeltannenöl, Fichtennadelöl oder Latschenkiefernöl	30,0	Eukalyptusöl	4,0
Spiköl	10,0	Salbeiöl	2,0
		Lavendelöl	2,0

Fixiert wird mit Harz (Benzoe, Labdanum usw.).

Nach K. BERGWEIN sind nachstehende Ansätze für Badesalze erprobt:

	1.	2.	3.	4.
Natriumsesquicarbonat	50,0	40,0	60,0	91,0
Borax	25,0	10,0	—	—
Natriumchlorid	25,0	50,0	40,0	—
Magnesiumsulfat	—	—	—	7,0
Natriumsulfat	—	—	—	2,0

	5.	6.	7.	8.
Natriumhydrogencarbonat	33,0	—	20,0	—
Natriumcarbonat	56,0	—	—	—
Natriumsesquicarbonat	—	—	—	50,0
Borax	11,0	—	50,0	25,0
Natriumthiosulfat	—	30,0	—	—
Natriumsulfat	—	20,0	—	—
Natriumchlorid	—	50,0	—	—
Natriumpyrophosphat	—	—	—	25,0
Dinatriumphosphat	—	—	30,0	—

Salz, steuerfreies, zu Badesalzen.

Steuerfreies Kochsalz zu Badesalzen wird mit 3 kg Natriumcarbonat und 0,25 kg Uranin auf 100 kg vergällt. Hierzu ist eine besondere Genehmigung nötig.

Kristall-Badesalz.

Zur Herstellung von Kristall-Badesalzen finden gut kristallisierende Salze wie Natriumhydrogencarbonat, Natriumthiosulfat (Perlform), Natriumsulfat, Natriumchlorid und Dinatriumphosphat Verwendung. Als besonders vorzügliches Material für Kristall-Badesalze hat sich Natriumsesquicarbonat erwiesen. Dieses Salz kristallisiert schön gleichmäßig, verwittert nicht, läßt sich gut färben und ist in warmem Wasser leicht löslich. Zur Verwendung kommen größere Kristalle und nicht die im Handel häufig befindliche mikro-kristalline Form. Natriumcarbonat und Natriumsulfat haben den Nachteil, daß sie schon in geschlossenen Gefäßen verwittern. Die genannten Salze dienen lediglich als Träger für die ihnen zugesetzten ätherischen Öle und andere Zugaben, die vor allem eine Steigerung der Blutzirkulation in der Haut bewirken sollen. Seit die einschlägige Industrie Badeextrakte aromatischer Drogen in hervorragender Qualität liefert, spielen die Kristall-Badesalze nicht mehr die frühere Rolle. Zu ihrer Färbung, die man beim Auskristallisieren der Salze in flachen Wannen durchführt, werden nach JANISTYN je Liter Wasser bzw. Salzlösung folgende beständige basische Farbstoffe empfohlen.

Grün:	1 bis 1,5 g	Malachitgrün	Rot:	1 g	Ponceau 4 R und
Gelb:	1 bis 2 g	Auramin		0,1 g	Naphtholgelb S
Orange:	1 bis 2 g	Rhodamin	Violett:	2 g	Methylviolett

Dabei ist es üblich, daß für Lavendel orange oder gelblich, für Fichtennadel grün, für Flieder violett, für Rose rosa und für Kölnisch Wasser schwach grün gefärbt wird. Zu je 1 kg Salz werden 15 bis 20 g Parfümmischung verwendet.

Parfümmischungen für Kristall-Badesalze (WINTER).

Citrone.

Citronenöl	120,0
Portugalöl	30,0
Neroliöl	1,0

Fichtennadel.

Edeltannenöl	200,0
Kumarin	10,0
Citronenöl	20,0
Lavendelöl	30,0

Kölnisch Wasser.

Bergamottöl	150,0
Citronenöl	50,0
Portugalöl	25,0
Lavendelöl	40,0
Rosmarinöl	30,0
Petitgrainöl	30,0
Neroliöl, künstl.	50,0

Flieder.

Flieder, künstl.	200,0
Weingeist (90%)	600,0
Heliotropin	4,0
Rosenöl, künstl.	6,0

Lavendel.

Lavendelöl, franz.	450,0
Spiköl, feinstes	350,0
Kumarin	2,0
Bergamottöl	50,0
Linalool	30,0
Rosenöl, künstl.	20,0

Rose.

Rosenöl, künstl.	40,0
Geraniumöl	60,0
Patchouliöl	0,2

Veilchen.

Veilchen, künstl.	100,0
Anisaldehyd	3,0
Phenyläthylalkohol	5,0
Solution Iris	5,0
Jasmin, künstl.	3,0
Ketonmoschuslösung	4,0

Kohlensäurebäder.

Als kohlensäureabgebendes Mittel zur Herstellung von Badetabletten für Kohlensäurebäder findet Natriumhydrogencarbonat (-bicarbonat) Verwendung, dem als säureaustreibende Mittel Adipinsäure, Citronensäure oder Weinsäure bzw. saure Salze Natriumhydrogensulfat (-bisulfat) oder Natriumhydrogentartrat zugesetzt werden. Als Bindemittel finden Lösungen von Gelatine, Stärke oder Traganth Verwendung; damit die Tabletten leicht zerfallen, werden die Tabletten nicht zu stark komprimiert und die verwendeten Chemikalien in nicht zu feiner Körnung verwendet. Der Zusatz an Parfüm beträgt 2 bis 4%. Das Bindemittel (Stärke) wirkt auch als Puffersubstanz, erhöht die Haltbarkeit der Tabletten und verhindert die zu stürmische Entwicklung der Kohlensäure im Badewasser, dem letzten Zweck dient auch der Zusatz von Saponin und anderen oberflächenaktiven Substanzen. Sie ergeben eine feinblasige Kohlensäure. Zur möglichsten Stabilisierung der Tabletten wird die Stärke zunächst mit dem Säurebestandteil vermischt und erst dann die weitere Mischung vorgenommen. K. BERGWEIN gibt in SÖFW. 8, 180 (1948) nachstehende Ansätze für Kohlensäure-Badetabletten an:

	1.	2.	3.	4.
Borax	400,0	—	—	—
Natriumsulfat, getrocknet	200,0	—	—	—
Natriumhydrogencarbonat	300,0	100,0	1000,0	175,0
Weinsäure	225,0	80,0	750,0	150,0
Milchzucker	25,0	—	—	—
Stärke	75,0	20,0	100,0	—
Fichtennadelöl	35,0	—	—	—
Kumarin	2,0	—	—	—
Citronenöl	2,0	—	—	—
Uranin	1,2	—	—	—
Saponin	—	3,0	—	—
Natriumperborat	—	—	—	50,0
Natriumpyrophosphat	—	—	—	15,0
Natriummetaphosphat	—	—	—	10,0
Natriumcarbonat	—	—	—	100,0

Wirkung des Kohlensäurebades. Das Kohlensäurebad übt durch die entstehende Kohlensäure einen Hautreiz aus, der selbst bei einer Badetemperatur von 30° und darunter ein ausgesprochenes Wärmegefühl hervorruft. Das Kohlensäurebad verursacht eine Entlastung des Kreislaufs, die Haut wird stark durchblutet, die Atmung vertieft, der Puls verlangsamt. Durch die Gefäßwirkung ist auch eine Wirkung auf das Nerven- und Muskelsystem spürbar. Die Empfindlichkeit der Haut wird verringert, die Muskeltätigkeit angeregt. Herzkranke und solche mit schwerer Arteriosklerose und erheblicher Hypertonie oder allgemeiner nervöser Übererregbarkeit sollen Kohlensäurebäder *nur im Einverständnis mit dem Arzt* nehmen.

Verwendung. Zweckmäßig 2- bis 3mal wöchentlich ein Bad, möglichst vormittags, beginnend mit 33° und dann allmählich heruntergehend bis 27°. Die Wirkung ist um so stärker, je niedriger die Temperatur ist. Ruhig liegen, damit kräftiger Gasansatz am Körper erfolgen kann, anschließend eingepackt einstündige Ruhe.

Sauerstoffbäder.

Zur Herstellung von Sauerstoffbädern finden Persalze Verwendung. Zur Beschleunigung der Sauerstoffentwicklung werden Katalysatoren, z. B. Manganborat oder tierische Enzyme, wie *Heparin* oder Eisenoxydsaccharat, zugesetzt. Dabei wird der Katalysator erst nach dem sauerstoffentwickelnden Badesalz dem Bad zugegeben. Die zur Verwendung kommenden Persalze sind Peroxyde, Perborate, Percarbonate und Persulfate. Bei der Herstellung von Sauerstoffbadesalzen ist *größte Sorgfalt auf das Trocknen* der Bestandteile zu legen, weil sie sonst nicht haltbar sind und eine vorzeitige Abspaltung von Sauerstoff erfolgt.

K. BERGWEIN empfiehlt folgende Ansätze für Sauerstoffbäder:

1. Soda, wasserfrei . . . . 500,0 | Wasserstoffsuperoxydlösung (3%) . . 100,0

werden gemischt und durch Sieb 4 geschlagen. Dann kann nach Wunsch gefärbt und parfümiert werden.

2.		**3.**	
Natriumperborat	16,0	Natriumsesquicarbonat	50,0
Magnesiumsulfat	20,0	Natriumhydrogencarbonat	32,0
Natriumtartrat	64,0	Natriumperborat	18,0

Aufbewahrung. *Vollkommen trocken,* unbegrenzt haltbar.

Wirkung des Sauerstoffbades. Das Sauerstoffbad wirkt beruhigend auf das Nervensystem, reguliert den Kreislauf und wirkt ähnlich, aber schwächer, auf das Herz als Kohlensäurebäder. Häufig finden Sauerstoffbäder zur Vorbereitung auf Kohlensäurebäder Verwendung, wo diese anfangs nicht vertragen werden. Das Sauerstoffbad wirkt gegen Appetit- und Schlaflosigkeit, Arteriosklerose, Hypertonie und ist auch bei Störungen der Wechseljahre, Erkrankungen der Gefäßnerven und in der Rekonvaleszenz nach Infektionskrankheiten von guter Wirkung.

Verwendung. Beim Lösen im Badewasser tritt die Sauerstoffabspaltung sofort ohne Katalysator ein.

4. (SIDO).

A. Ammoniaksoda . . . . . . 500,0 | Wasserstoffsuperoxydlösung . . 100,0

B. Harnstoff 5,0

Man mischt A. rasch und schüttelt die halbflüssge Mischung auf eine Blechplatte, dabei erstarrt die Masse in kurzer Zeit zu einem harten Kuchen, den man zerschlägt und pulverisiert. Dann fügt man B. hinzu. Ist eine Parfümierung erwünscht, so verteilt man diese auf einem besonderen Träger, den man der fertigen Mischung zuletzt beifügt.

Aachener Bäderseife. Aachener Bad (HAGER).

Calciumsulfid	45,0	Kaliumjodid	2,0
Natriumchlorid	15,0	Kaliumbromid	2,0

Kaliseife DAB. 6 . . 136,0

Badeemulsion (Edelfettwerke)

für ein Vollbad von etwa 250 l Wasser ausreichend.

Escarinum anhydricum GG	95,0	Ätherische Öle	auf 100,0

Die Anreibung wird im Bad in den ersten 20 bis 30 l Wasser durch kräftiges Schlagen verteilt, dann erst die übrige Wassermenge zulaufen gelassen. Es genügt auch, wenn das Gefäß mit der angeriebenen Grundlage unter dem Wasserstrahl mit einer Temperatur von 30 bis 37° gestellt wird.

Fichtennadel-Badeextrakt, künstlich (Rothemann).

Koniferenduftöl 4636 DRAGOCO oder Fichte „Tf" 8001 Haarmann & Reimer	500,0	Isopropylalkohol	100,0
		Texapon ® -Extrakt T	400,0
		Fichtennadelgrün 15064 DRAGOCO	0,1

Badekräuter. Species balneorum.

1. Kamillen	10,0	2. Kamillen	10,0
Lavendelblüten	10,0	Pfefferminzblätter	10,0
Krauseminze	10,0	Rosmarinblätter	10,0
Rosmarin	10,0	Thymian	10,0
Quendel	10,0	Salbei	10,0
Kalmus	10,0		

Die zerschnittenen Drogen werden gemischt.

Verwendung. 200 bis 500 g der Badekräuter auf ein Vollbad. Die Kräuter werden mit 3 bis 5 l kochend heißem Wasser übergossen, gut durchgerührt und bedeckt 10 Min. stehen gelassen. Um den dabei entstehenden Drogenbrei zu erschöpfen, wird dieser mit heißem Wasser nachgespült.

Bäder gegen Frostschäden.

1. 5%ige Alaunlösung, der etwas Schmierseife zugesetzt wird.

2. Eichenrindeabkochung, 1 Eßlöffel auf $^1/_2$ l Wasser.

3. Tannin		Natriumbicarbonat	
Borax	āā 15,0	Alaun	āā 50,0

1 Eßlöffel mit heißem Wasser zum Bad der mit Frostbeulen befallenen Stellen.

Badesalz, grünfluoreszierend.

Steinsalz (evtl. mit Eisenoxydrot vergällt)	98,0
Soda, calc. oder Glaubersalz, calc.	2,0

werden gemischt und gleichzeitig gefärbt mit:

Uraninlösung (5 bis 10%)	1,0 bis 2,0

dann wird in der Mischtrommel zugefügt:

Fichtennadelessenz, mit Labdanum, Benzoe o. a. fixiert	2,0 bis 3,0.

Badesalztabletten, brausende (Will).

Natriumhydrogencarbonat	300,0	Edeltannenöl	12,0
Natriumhydrogensulfat, techn. pulv.	275,0	Uranin	nach Bedarf

Nach dem Mischen Tabletten von 3 cm ∅ und 6 mm Dicke pressen, die in Stanniol und Weißblechdosen verpackt werden.

Benzoe-Toilette-Borax.

Borsäure, fein pulv.	30,0	Natriumhydrogencarbonat (-bicarbonat)	300,0
Benzoetinktur, DAB. 6	100,0		
Borax, fein pulv.	570,0		

Die pulverförmigen Bestandteile werden in der Reibschale sorgfältig gemischt und mit einem Teil der Mischung die Benzoetinktur verarbeitet. Dieses Gemisch wird der übrigen Pulvermischung zugegeben und mehrmals durch ein feines Sieb geschlagen.

Verwendung. Als Zusatz zum Waschwasser.

Fichtennadel-Badeessenz.

1.

Fichtennadelöl . . .	20,0	Ölsäure Erg.-B. 6 . .	15,0
Weingeist (90%) . .	20,0	Triäthanolamin . . .	5,0

Den drei ersten Bestandteilen wird das Triäthanolamin unter kräftigem Umrühren zugegeben.

Verwendung. $^1/_2$ bis 1 Teelöffel voll auf ein Vollbad.

2. (SIDO)

Weingeist (90%) .	500,0	Kiefernnadelöl Erg.-B. 6 . .	50,0
Benzoetinktur DAB. 6 . .	100,0		

Verwendung. Etwa 2 Eßlöffel auf ein Vollbad.

3.

Benzoetinktur DAB. 6		Rosmarinöl.	3,0
Latschenkiefernöl Erg.-B. 6 .ää	10,0	Fluorescein	1,0
Fichtennadelöl, sibirisches,		Seifenspiritus DAB. 6	40,0
Erg.-B. 6.	30,0	Weingeist (95%)	700,0
Lavendelöl	6,0	Dest. Wasser	200,0

Verwendung. 25,0 bis 50,0 auf ein Vollbad.

4. *fluoreszierend* (WINTER).

Fichtennadelextrakt . . .	500,0	Eukalyptusöl	3,0
Fichtennadelöl	10,0	Weingeist.	150,0
Kumarin	5,0	Bornylacetat	1,0
Citronenöl.	3,0	Fluorescein oder Uranin .	0,7

Fichtennadelbadeextrakt (DEHYDAG).

1.

Latschenkiefern- oder Kiefernnadelöl	50,0	Isopropylalkohol	10,0
		Texapon® Extrakt A auf	100,0

2.

Latschenkiefern- oder Kiefernnadelöl	40,0	Isopropylalkohol	10,0
		Texapon® Extrakt T auf	100,0

Verwendung. In Wasser klar lösliche Badeextrakte, 1 bis 2 Kaffeelöffel voll auf ein Vollbad.

Fichtennadelbademilch (GOLDSCHMIDT).

1.

Emulgator 157 . .	8,0	Fichtennadelöl . .	40,0
Dest. Wasser . . .	48,0	Ölsäure	4,0

Herstellung s. Emulgator 157-Verarbeitung, S. 274.

Gelbe, mittelflüssige Ö/W-Emulsion, die als Badezusatz Verwendung findet.

2. (JANISTYN)

Fichtennadelöl .	28,0	Triisopropanolaminoleat . . .	7,5
Wasser, dest.	64,5		

Das Triisopropanolaminoleat warm im ätherischen Öl lösen und dann das Wasser bei möglichst niedriger Temperatur langsam mit einer Homogenisiervorrichtung einrühren. Wenn nötig, ist der Anteil des Emulgators zu erhöhen.

Verwendung. 1 Eßlöffel voll auf 1 Vollbad.

3.

Fichtennadelöl, sibirisch . .	50,0	Ölsäure Erg.-B. 6	10,0
Latschenkiefernöl	50,0	Triäthanolamin	5,0
Wasser, dest.	885,0		

Ölsäure, Triäthanolamin und 50,0 dest. Wasser werden unter Erwärmen auf etwa 40 bis 50° verseift. Der entstandenen salbenförmigen Masse werden die ätherischen Öle sorgfältig einverleibt und allmählich in kleinen Portionen das restliche Wasser unter Umrühren zugefügt. Es entsteht eine blendend weiße Emulsion. Soll das Badewasser grün fluoreszierend gefärbt werden, werden 1,5 g Uranin zugesetzt.

Verwendung. Auf ein Vollbad 2 Eßlöffel voll, zum Fußbad 2 Kaffeelöffel voll, zum täglichen Waschwasser als Erfrischungsmittel einige Tropfen.

Fichtennadelbadesalz.

1.

Kochsalz	38,0	Kiefernnadelöl Erg.-B. 6	ää 0,85
Latschenkiefernöl Erg.-B. 6		Lavendelöl	0,3

Für ein Bad.

2.

Kochsalz, nicht hygroskopisch	95,0	Latschenkiefernöl	2,0
Fichtennadelöl	2,0	Lavendelöl	0,6
Eukalyptusöl	0,3		

Fluorescein bis zur gewünschten Färbung. Für ganz billige Präparate verwendet man als künstlichen Fichtennadelduft Bornylacetat, dem jedoch die physiologische Wirkung der ätherischen Öle fehlt.

Fichtennadelbadetabletten (SIDO).

1.

Natriumperborat	420,0	Natriumhydrogencarbonat	415,0
Borsäurepulver	140,0	Fichtennadelkomposition	20,0
Uranin	nach Bedarf		

Sorgfältig mischen und Tabletten wie bei 2. pressen.

2. *Brausende.*

Borax	400,0	Milchzucker	50,0
Natriumsulfat, getrocknet	200,0	Talcum	25,0
Natriumhydrogencarbonat	300,0	Kiefernnadelöl Erg.-B. 6	
Weinsäure, pulv.	225,0	Latschenkiefernöl Erg.-B. 6	ää 15,0
		Äther	nach Bedarf

Die gut lufttrockenen Pulver mischen, mit den Ölen versetzen, mit Äther granulieren (*Vorsicht, Feuersgefahr!*), durch ein Sieb pressen und dann Tabletten von etwa 30 g Gewicht pressen.

Fichtennadelbadezusatz, flüssig (K. BERGWEIN).

1. *Fichtennadelbalsam.*

Fichtennadelextrakt	10,0	Fichtennadelöl	10,0
Olivenölsulfonat	80,0		

2.

Fichtennadelextrakt	500,0	Eukalyptusöl	3,0
Fichtennadelöl	25,0	Bornylacetat	1,0
Kumarin	5,0	Weingeist	150,0
Citronenöl	3,0	Fluorescein	0,7

3. *Bademilch.*

Olein, destilliert	220,0	Isopropylalkohol	280,0
Triäthanolamin	100,0	Fichtennadelparfüm	400,0

4. *Bademilch.*

Türkischrotöl, mit		Cedernholzöl	5,0
Kalilauge neutralisiert	200,0	Eukalyptusöl	2,0
Fichtennadelöl, sibirisch	70,0	Terpinylacetat	3,0
Terpineol	10,0	Pottaschelösung (20° Bé = 17%)	50,0
Spiköl	10,0	Seife, flüssige (10%)	400,0

Fichtennadelkonzentrat (JANISTYN).

Natriumsulforizinoleat	40,0	Weingeist (90%)	15,0
Fichtennadelöl	35,0	Wasser, dest.	10,0

Verwendung. 1 bis 2 Kaffeelöffel voll auf ein Vollbad.

Wirkung der Fichtennadel-Bäderzusätze.

Als haut- und nervenerfrischender Zusatz zum Vollbad bei Nervosität, Schlaflosigkeit, Erkältungskrankheiten, gegen Rheuma und in der Rekonvaleszenz.

Reizloses Schwefelbad.

Schwefelleber DAB. 6	50,0—100,0	Gelatinepulver	100,0—200,0

Das Gelatinepulver verhindert eine Hautreizung, ohne die Schwefelwasserstoffwirkung zu beeinträchtigen.

Meerwasser-Badesalz, künstlich (SIDO).

Kaliumjodid	1,1	Magnesiumsulfat, getrocknet	200,0
Kaliumbromid	2,2	Calciumchlorid, getrocknet	100,0
Kaliumchlorid	14,0	Natriumsulfat, getrocknet	400,0
Magnesiumchlorid	200,0	Natriumchlorid	1200,0

Gut mischen und trocken halten.

Schaumbäder.

Schaumbäder haben den Zweck, durch Erzielung eines starken Schweißausbruchs das Körpergewicht zu verringern. Während ursprünglich die Schaumbäder auf Saponinbasis beruhten, werden neuerdings eigens für diesen Zweck hergestellte Seifen pulverisiert und diesen Türkischrotöl, Stearinpulver und Natriumhydrogencarbonat zugefügt. Die erhaltene Schaumbasis wird zunächst in etwa 10 l heißem Wasser gelöst und mit einem Schaumbesen zu einem dichten Schaum geschlagen. An Stelle von Seife werden neuerdings auch Natriumlaurylsulfonat, Sapamine und Fettsäureeiweißkondensate verwendet. Zu flüssigen Schaumbädern finden Texapone, Lamepone u. a. Verwendung.

Schaumbadbasis (K. BERGWEIN).

Natriumhydrogencarbonat	120,0	Borax	20,0
Weinsäure	70,0	Natriumlaurylsulfonat	200,0
Kölnisch-Wasser-Öl	20,0		

Schlankheitsbad. Brausendes Stärkebad (K. BERGWEIN).

Stärkepulver, leicht löslich	200,0	Natriumhydrogencarbonat	50,0
Adipinsäure	30,0		

Schaumbad (DEHYDAG).

Schaumbad-Grundlage:

Texapon®-Extrakt N 25	97,0	Comperlan® KM	3,0

Man löst Comperlan KM in Texapon-Extrakt N 25 durch Einrühren in den Texapon-Extrakt bei 40 bis 50° und erhält dabei ein klares Produkt. Etwa entstandene Schaumblasen verschwinden beim Stehen nach einigen Stunden. Der Schaumbadgrundlage können ätherische Öle (Fichtennadelöl, Latschenkiefernöl, Lavendelöl o. ä.) zugesetzt werden, wobei je nach Art und Prozentgehalt des verwendeten Öls zur Klärung eine entsprechende Menge Isopropylalkohol zugegeben werden muß.

Lavendel-Schaumbad (DEHYDAG)

Lavendelöl	4,0
Schaumbadgrundlage	96,0

Fichtennadel-Schaumbad (DEHYDAG

Fichtennadelöl	20,0
Isopropylalkohol	5,0
Schaumbadgrundlage	75,0

Auch bei Lavendelöl kann sich je nach der Art des ätherischen Öls ein kleiner Zusatz von Isopropylalkohol als notwendig erweisen, um ein klares Produkt zu erhalten.

Verwendung. 25,0 bis 50,0 der obigen Zusammensetzungen zu einem Schaumbad. Zweckmäßig läßt man das Mittel gleichzeitig mit dem Badwasser in dünnem Strahl in die Wanne einlaufen. Dadurch erzielt man eine hohe und dichte Schaumdecke.

Schaumbad.

1. Natriumlaurylsulfonat	150,0	Natriumhydrogencarbonat	96,0
Stärke, wasserlöslich	25,0	Natriummetaphosphat	37,0

Ausreichend für 10 Vollbäder.

Kölnisch-Wasser-Öl für Schaumbadesalze.

Bergamottöl	270,0	Eugenol	2,0
Citronenöl	260,0	Ceylonzimtöl	2,0
Portugalöl	105,0	Geraniumöl, afrikan.	10,0
Neroliöl	25,0	Mochuslösung Ambrette 1 : 4	5,0
Lavendelöl	25,0	Benzoe Siam 1 : 5	21,0
Rosmarinöl	25,0	Benzylbenzoat	250,0

Schaumbad, flüssig.

Triäthanolaminlaurylsulfonat	40,0	Natriumhexametaphosphat	3,0
Türkischrotöl, neutral	10,0	Gummi arabicum	0,4
Karion ® F flüssig	8,0	Parfümöl, wasserlöslich	0,6
Wasser	38,0		

Boerocerin „Ingelheim"-Verarbeitung.

Boerocerin (vgl. Bd. II, S. 599) ist ein Emulgator mit besonders hohem Cholesteringehalt (60% und mehr) und deshalb zur Herstellung von Cremes für die Ernährung und Regeneration der Haut besonders geeignet. Die damit hergestellten Cremes sind auf der Haut fast glanzlos und von ausgesprochen sahnigem Charakter. Sie werden auf den ersten Blick auch vom Fachmann für Stearat-Cremes gehalten, während sie in Wirklichkeit von jeder Verseifung frei sind. Boerocerin-Cremes eignen sich gleichermaßen als Tages- und Nachtcremes, bilden eine vorzügliche Puderunterlage und haben durchweg eine blendende Weiße. Auch als Zusatz zu Hautfunktionsölen (½ bis 1½% auf das Öl gerechnet) ist Boerocerin geeignet. Man löst es hierzu in etwa der 30fachen Menge Öl unter Erwärmen. Zur Herstellung von Hautnähr- und -reinigungscremes ist B. besonders geeignet. Man schmilzt die benötigte Menge Boerocerin zusammen mit einem Teil der zu verwendenden Fettmenge auf freier Flamme bzw. auf dem Drahtnetz und verfährt im übrigen wie bei *Hydrocerin*.

Brustwarzenpflege.

Brustwarzenmittel

als Vorbeugungsmittel gegen Schrunden stillender Frauen.

	1.	2.
Arnikatinktur	5,0	—
Glycerin	10,0	50,0
Weingeist (70%)	35,0	50,0

Verwendung. Zu Umschlägen zwecks Vorbereitung der Brustwarzen von Schwangeren auf das Stillgeschäft. Ferner nach jedem Anlegen Brustwarzen und Warzenhof mit einigen Tropfen befeuchten.

Brustwarzensalbe (Edelfettwerke)
zur Pflege der Brustwarzen während der Stillzeit.

1.			2.		
	Borsäure	2,0		Borsäure	3,0
	Glycerin	10,0		Perubalsam	5,0
	Escarinum anhydricum G	auf 100,0		Escarinum anhydricum G	auf 100,0

Die Borsäure wird im Glycerin bzw. im Escarinum anhydricum unter Erwärmen gelöst.

Desodorisierende (geruchsvertilgende) und Schweißbekämpfungsmittel.

(Vgl. S. 283, „Fußpflegemittel".)

Körpergeruch.

Für den sogenannten *Körpergeruch* sind Stoffe verantwortlich, die von den apokrinen Schweißdrüsen ausgeschieden werden zusammen mit den Abbauprodukten des Schweißes der endokrinen Drüsen. Auch Gerüche, die sich im normalen oder pathologischen Körperstoffwechsel bilden oder bilden können und über die Haut ausgeschieden werden, verbreiten einen kennzeichnenden, aber unangenehmen Geruch. Auch bestimmte Nahrungsmittel oder Gewürze (Knoblauchzehen) können etwa durch die Atemluft unangenehm empfunden werden. Es ist nachgewiesen, daß der unangenehme Körpergeruch durch eine bakterielle Zersetzung des Schweißes entsteht. Deshalb finden Präparate Anwendung, welche durch ihre antiseptische Wirkung die Bakterienflora der Haut und gleichzeitig den Geruch beseitigen sollen.

Nach H. P. FIEDLER kann man die geruchnehmend (desodorisierend) wirkenden Mittel (Desodorantien) einteilen in

1. schlechten Geruch durch angenehmeren Eigengeruch überdeckende Mittel;
2. den Geruchstoff oxydierende oder durch eine andere chemische Reaktion geruchlos machende Mittel;
3. den Geruchstoff absorbierende Mittel;
4. den Geruchstoff adsorbierende Mittel;
5. die Haut keimfrei machende und damit aus der Schweißzersetzung stammende Geruchstoffe verhindernde Mittel;
6. Mittel mit nicht restlos geklärtem Wirkungsmechanismus wie Chlorophylline u. a.

Viele Präparate des Handels enthalten Wirkstoffe, die zwei verschiedenen der genannten Gruppen angehören, ein Zusatz von Adstringentien soll ebenfalls der Schweißbildung entgegen arbeiten.

Schwitzen und Schweiß.

Nach W. KOLLATH ist *Schwitzen* ganz allgemein betrachtet ein Zeichen von Gesundheit, da mit dem Schweiß erhebliche Mengen an *Schlackenstoffen* und *Toxinen* ausgeschieden werden. Aus diesem Grunde soll man bei der Bekämpfung übermäßiger Schweißabsonderung die Schweißdrüsentätigkeit *nicht völlig* blockieren, sie vielmehr *normalisieren*. Vermehrte Schweißabsonderungen (*Hyperhidrosis*) beruhen auf einer abnormen Überfunktion der Schweißdrüsen, können örtlich oder allgemein auftreten und sind meist Begleiterscheinungen einer anderen Krankheit, oft aber auch konstitutionell bedingt. Sie äußern sich als vermehrter Achselschweiß, Fußschweiß (s. S. 283ff.), Handschweiß (s. S. 270) und Kopfschweiß (s. S. 274). Dauernde Schweißabsonderungen erweichen die Haut, begünstigen Hauteinrisse sowie die Ansiedlung von Bakterien, Kokken und Pilzen. Hautstellen, die übermäßig schwitzen, bedürfen sorgfältiger kosmetischer Pflege, weil bei Vernachlässigung dieser Erscheinung Hautkrankheiten entstehen können, die ärztliche Behandlung erfordern. Durch den Einfluß psychischer Erregung werden die genannten örtlichen Schweißabsonderungen begünstigt. Die Körperstellen mit apokrinen Schweißdrüsen (vgl. s. S. 315) wie die Achseln erfordern besondere Pflege, da die Ansammlung ihres Sekretes das Wachstum von Staphylokokken begünstigt. Da die apokrinen Schweißdrüsen sich nur bei geschlechtsreifen Personen finden, kommen Schweißdrüsenabszesse nur bei Erwachsenen vor. Bei der Schweißbekämpfung werden die meisten Mittel versagen, wenn nicht gleichzeitig mit ihrer Anwendung eine sinnvolle allgemeine Körperpflege einsetzt. Diese hat zu bestehen in leichter, aufsaugfähiger Unterkleidung, täglichen Waschungen des ganzen Körpers unter Nachwaschen mit *kaltem* Wasser und nachfolgendem Einpudern mit fetthaltigen Pudern. Luft- und gelegentliche nicht übertriebene Sonnenbäder begünstigen die Heilung. Ein grundlegender Wechsel in der Ernährung ist oft von beachtlicher Wirkung.

Bei **Achselschweiß** ist das Ausrasieren der Achselhöhlen nicht zu empfehlen, weil die Haare die Schweißverdunstung begünstigen. Auch das Tragen von Schweißblättern oder anderen die Verdunstung verhindernden Einlagen ist grundfalsch, sie erhöhen nur das Übel. Zweimal tägliches *kaltes* Waschen mit Medizinal-Praecutan oder Satina oder wäßriger Chinosollösung (1‰) und Nachwaschen mit *Salicylalkohol:*

Salicylsäure	3,0	Weingeist (40%)	97,0

mit anschließendem Pudern haben sich bewährt.

Handschweiß ist im Gegensatz zum Achsel- und Fußschweiß ohne Geruch und macht Lederhandschuhe fleckig und hart. Die Hände sind stets feucht, mitunter sogar naß, und deshalb infolge entstehender Verdunstungskälte abstoßend kalt. Die Betroffenen leiden deshalb häufig an seelischen Depressionen, welche die Erscheinungen noch begünstigen. Bewährt haben sich bei Handschweiß Bäder mit Abkochungen von Eichenrinde und Salbei, Kamillenaufguß, Hexamethylentetramin-Salben, Tannoformpuder (20 bis 30%). Zur innerlichen Behandlung werden Kalk- und Eisenpräparate empfohlen.

Nach HOOK (Mediz. Monatsschr. **1950**, 657) gerben und verdicken Formalinpräparate die Hornschicht der Haut und verhindern dadurch den Schweißabfluß. Außerdem macht Formalin die Haut rauh und spröde und führt häufig zu Ekzemen und Entzündungen. Eine „gezügelte Formalinwirkung" erreicht man durch Cremes mit Hexamethylentetramin, aus welchem durch die normalen Schweißsäuren Formalin langsam, aber beständig je nach Bedarf, nämlich bei starker Schweißbildung viel, bei geringer wenig, also gewissermaßen selbstregulierend, abgespalten wird.

Anti-Schweißcremes. Desodorisierende Cremes.

1.

Diäthylenglykolstearat	100,0	Hexamethylentetramin	25,0
Wasser, dest.	375,0		

Das Hexamethylentetramin wird im Wasser gelöst und die Lösung mit dem Diäthylenglykolstearat zu Creme verarbeitet.

2. (Atlas Powder Comp.)

A. Sorbitan-Sesquioleat (Arlacel ® C oder 83)	3,5	B. Aluminiumstearat	15,0
Zeresin	5,25	C. Aluminiumchlorid	15,0
Vaselin	7,0	Wasser, dest.	35,0
Paraffin, flüssig	15,75	Konservierungsmittel	nach Bedarf
Lanolin	3,5	D. Parfüm	nach Bedarf

A. zusammenschmelzen, B. auf 75° erwärmen. Unter Rühren B. langsam zu A. geben. C. auf 70° erwärmen und langsam in die Mischung A./B. einrühren. Parfümieren bei 70°.

3. (BURTON) gepuffert:

Wollwachs	1,0	Harnstoff	8,0
Cetylalkohol	7,0	Aluminiumchlorid	16,0
Vaselin, weiß	32,0	Wasser, dest.	16,0

4. (JANOWITZ)

Aluminium-β-Naphtholsulfonat	5,0	Kaolin	10,0
Zinkoxyd	25,0	Vaselin	40,0
Vaselinöl	20,0		

Ein Teil des Zinkoxyds kann durch Zinkstearat ersetzt werden.

JANOWITZ (5. bis 7.).

5.

Zinksuperoxyd	10,0	Kolloid-Kaolin	10,0
Benzoesäure	2,0	Titanweiß	1,0
Vaselin	77,0		

6.

Borsäure	10,0	Zinkoxyd	20,0
Benzoesäure	2,0	Vaselin	30,0
Kaolin	20,0	Vaselinöl	18,0

5. und 6. dürfen nicht über 60° erwärmt werden, um die Verflüchtigung von Benzoesäure und Zink zu verhindern.

7.

Chinosol ®	3,0	Kaolin	20,0
Titanweiß	10,0	Vaselin	47,0
Vaselinöl	20,0		

8. (ROTHEMANN):

A. Tegacid ®	15,0	Karion ® F flüssig	3,0
Walrat	5,0	Wasser, dest.	60,0
B. Aluminiumchlorhydrat(-oxychlorid)	15,0		

A. unter Rühren auf dem Wasserbad auf 95° erwärmen. Nach dem Abkühlen auf 40° B. zugeben und weiterrühren, bis alles gelöst ist.

9. (WINTER)

Hexamethylentetramin	5,0	Tegin ®	20,0
Wasser, dest.	75,0		

Tegin im Wasser schmelzen, in der Schmelze Hexamethylentetramin lösen, dann kaltrühren.

10. (BEIERSDORF)

Perhydrol ®	2,0—3,0	Laceranum ® anhydricum	auf 20,0

Laceranum anhydricum-Verarbeitung s. S. 125.

11. *Hand- und Fußschweißsalbe* (SIDO).

Zeresin DAB. 6	20,0	Olivenöl	150,0
Med. Seife DAB. 6	45,0	Salicyltalg	400,0
Wollfett, DAB. 6	90,0	Thymol	5,0

Die Salbe wird nachts aufgelegt. Morgens wird mit einem Gesichtstuch die Salbe abgenommen, in lauem Wasser mit Fußbadesalz kurz gebadet und mit Fußpuder nachbehandelt.

12. (LÜTTGEN-MÖLLERING):

Glycerinmonostearat	18,0	Paraffinöl	1,5
Triäthanolaminstearat	1,0	Titandioxyd	1,5
Glycerin	8,0	Hexamethylentetramin	5,0
Cetylalkohol	1,5	Dest. Wasser	64,0

Die ersten Stoffe bis einschließlich Paraffinöl werden zusammengeschmolzen und dann die Lösung des Hexamethylentetramins im destillierten Wasser eingearbeitet, anschließend das Titandioxyd zugefügt.

Anti-Schweißpuder.

1.

Hexamethylentetramin	10,0	ANM®	10,0
Borsäure	10,0	Lycopodium	10,0
Aerosil ®	3,0	Parfüm	0,5

Talcum[1] . . . . auf 100,0

2.

Tannoform ®	10,0	Aerosil ®	3,0
Salicylsäure	3,0	ANM®	10,0
Weinsäure	5,0	Zinkoxyd	10,0
Borsäure	5,0	Talcum[1]	auf 100,0

3.

Anthrasol®	5,0	Zinkoxyd, roh, DAB. 6	
Lenigallol®	1,0	Talcum[1]	āā auf 100,0

Gegen allgemeinen übermäßigen Schweiß:

4.

Salicylsäure	2,0	Zinkoxyd, roh DAB. 6	
ANM®	10,0	Wismutsubnitrat	āā 20,0

Talcum . . . . auf 100,0

5.

Borsäure, pulv.	20,0	Walrat	2,0
Tannoform®	5,0	Thymol	0,1

Talcum[1] 25,0

Walrat wird im Wasserbad geschmolzen, mit Talcum verrieben und gesiebt; dann wird das Pulver den anderen Bestandteilen beigemischt.

6. *Handschweißpuder* (SIDO)

Salicylsäure	150,0	Kieselgur, extrafein	200,0
Lycopodium	50,0	Talcum[1]	600,0

Duftmischung nach Belieben.

7. *Chinosol-Streupuder.*

Chinosol®.	2,0	ANM ®.	10,0

Talk, feinst. . 88,0

Anti-Schweißstift. Desodorisierender Wachsstift.

1. (WINTER)

Aluminiumchlorid	15,0	Wachs, weiß	10,0
Kaolin	20,0	Paraffin	20,0
Titandioxyd	5,0	Vaselin	25,0

Kakaobutter 5,0

2. (WINTER)

Chinosol ®	3,0	Zinkphenolsulfonat	2,0
Zinksalicylat	2,0	Talcum	16,0

werden gemischt und zugesetzt:

Wachs, weiß	34,0	Kakaobutter	8,0
Vaselin	18,0	Wollfett	6,0

Der Stift kann auch mit 5% Magnocid® oder 1 bis 2% Chloramin® hergestellt werden.

3.

Walrat	60,0	Wollfett, wasserfrei	3,0
Hartparaffin	45,0	Parfümöl	1,0

Hexachlorophen . . . 0,25

4.

Paraffin	12,0	Bienenwachs, weiß	21,0
Cetylalkohol	3,0	Paraffinöl	32,0
Vaselin, weiß	23,5	Hexamethylentetramin	6,5

Parfümöl 1,0

[1] Vgl. Fußnote S. 286.

(DEHYDAG)	5.	6.
Luxusstearin (3× gepreßt)	6,5	9,3
Eutanol ® G	2,0	40,0
Comperlan ® 100 oder HS	1,0	3,0
Lanette ® O	1,0	3,0
Glycerin	3,0	—
Paraffinöl	—	3,0
Parfümöl	2,0	2,0
Hexachlorophen	2,0	1,0
Natriumhydroxydlösung (10%)	10,0	3,5 38%ig
Weingeist (95%)	72,5	35,2
Farbe	nach Belieben	nach Belieben.

Herstellung. Stearinsäure, Eutanol G, Comperlan, Lanette, Paraffinöl und Hexachlorophen zusammen mit dem größten Teil des Weingeistes auf dem Wasserbad bei etwa 60° schmelzen. Das Glycerin und den restlichen Teil des Weingeistes zusammen mit der Natriumhydroxydlösung vermischen, ebenfalls auf 60° erwärmen und der alkoholischen Fettschmelze unter Umrühren zugeben. Dann fortfahren wie bei Herstellung Kölnisch-Wasser-Stift (DEHYDAG) S. 473 angegeben.

Schweißbekämpfungsmittel, flüssige.

1. (WINTER): Aluminiumchlorid 15,0–18,0
Salicylsäure 0,3
Citronensäure 0,2
Wasser, dest. 100,0

2. (ROTHEMANN): Aluminiumchlorid . 15,0
Aluminiumlactat (oder Milchsäure 80%) 3,0
Rosenwasser 82,0
Parfüm, terpenfrei 0,8

3. (WINTER): Aluminiumchlorid . . 14,0
Chinosol ® 2,0
Milchsäure 2,0
Wasser, dest. 82,0

4. (RUEMELE): Zinksulfophenolat . . 0,227
Kampfer 0,011
Menthol 0,011
Weingeist 4,500
Hamamelis-Wasser 45,000
Parfüm 0,022

5. (HANSEL) Oxychinolinsulfat 4,0
Formalin 1,0
Benzoetinktur 3,0
Alkohol 7,0
Hamameliswasser 85,0

6. (Sindar Corporation, Technical Bull)
A. Hexachlorophen 0,5
Diäthylenglykolmonostearat . . 2,0
Stearinsäure 3,0
Cetylalkohol 1,0
Deltyl ®-Extra 4,0
Wollfett 0,5
B. Triäthanolamin 1,0
Wasser 87,5
C. Parfüm 0,5

A. und B. unterrühren, bei 80° getrennt schmelzen bzw. erwärmen, dann B. zu A. rühren. Weiter rühren, bis das Gemisch sich auf 50° abgekühlt hat, dann C. einarbeiten und durch Homogenisiermaschine geben.

7. A. Hexachlorophen . . 0,25
1,2-Propylenglykol . 10,0
Weingeist 75,0
Parfüm 2,5
B. Wasser 12,35

A. bis zur Lösung rühren, dann B. zugeben. Nach 10 Tagen filtrieren.

8. (BRAUN-STEIGERWALD).
Ammoniumchlorid . . 20,0
Wasser, dest. 80,0

Die betreffenden Stellen mehrmals tägl. mit der Lösung waschen und eintrocknen lassen.

Achselschweiß (SIDO).

9. Verd. Essigsäure DAB. 6 . . 60,0 | Rosmarinspiritus
Lavendelspiritus . . . . . 1,0 | Nelkenspiritus . . . . . ää 0,5
Kampfer 8,0

Nach vorangegangener Waschung wird die noch leicht feuchte Haut damit betupft.

Handschweißpinselungen.

10. (SIDO). Ameisensäure DAB. 6 | Perubalsam 1,0
Chloralhydrat . . . . ää 5,0 | Weingeist (70%) . . . . auf 100,0

11. (SIDO). Aluminiumacetotartrat. . 7,5 | Kölnisch Wasser 10,0
Dest. Wasser . . . . 12,5 | Glycerin 5,0
Weingeist (70%) . . . . auf 100,0

12. *Waschflüssigkeit* (SIDO).
Seifenspiritus DAB. 6 . . 200,0 | Weingeist (95%) 650,0
Arnikatinktur, dest. . . 250,0 | Essigsäure DAB. 6 100,0
Kölnischwasseröl 2,0

Tee- bis eßlöffelweise auf eine Schüssel Waschwasser.

Kopfschweiß.

Bei *Kopfschweiß* empfiehlt sich die Waschung mit kühlem Wasser ohne Seife, unter Verwendung von *Medizinal-Praecutan* ® oder *Satina* ®. Als unterstützendes Mittel empfiehlt sich das Trinken von kaltem Salbeitee.

13. (SIDO). Ätherweingeist DAB. 6 . 50,0 | Vanillin 0,05
Benzoetinktur DAB. 6 . . . . . 7,5 | Heliotropin 0,15
Geraniumöl . . . . 1 Tr.

14. Benzoesäure aus Harz . . . . . 10,0 | Weingeist (90%) 640,0
Karion ® F flüssig . . . . . . 50,0 | Kölnisch Wasser 300,0

Zum Einreiben der Kopfhaut, nach Reinigung wie oben vorgeschrieben.

Emulgator 157-Verarbeitung.

Grundlage für flüssige Emulsionen, für Haut- und Rasierkrems.

Herstellungsweise der Emulsionen. Die Anwendung des Ö/W-Emulgators 157 (vgl. Bd. II, S. 399) erfordert stets die gleichzeitige Verwendung von Fettsäuren. Mit Ölsäure allein oder meist im Gemisch mit etwas Stearinsäure sowie mit Rizinusölfettsäure im Gemisch mit Stearinsäure erhält man flüssige Emulsionen, mit Stearinsäure allein solche von Cremekonsistenz. Der Mindestgehalt an Fettsäure soll 1 Teil auf 3 Teile Emulgator betragen, wobei eine Säurezahl von 210 für die Fettsäure zugrunde gelegt ist. Ist die Säurezahl niedriger, so ist entsprechend mehr Fettsäure anzuwenden. Ein kleiner Überschuß an Fettsäure ist für die Beständigkeit der Emulsionen förderlich.

Man bereitet die Emulsionen in folgender Weise:

Der Emulgator 157 wird mit dem Wasser des Ansatzes, dem etwa vorgesehene wasserlösliche Bestandteile, wie Glyzerin, zuzusetzen sind, bis zum Schmelzen erwärmt. Dann kocht man kurz auf und rührt unter Ersatz des verdampften Wassers bis herunter auf etwa 60° C. In einem zweiten Gefäß mischt man die vorgesehenen Öle, Fette und Wachse mit den Fettsäuren bei etwa 60° C und gibt dieses Gemisch allmählich unter gutem Rühren zu der Emulsion aus Emulgator 157 und Wasser. Dann wird unter Rühren abgekühlt und nach Erkalten nochmals intensiv durchgerührt. Für die Herstellung größerer Mengen hat sich die Emulgiermaschine

„Zenith“ der Firma W. Steinhorst, Leipzig N 22, Ehrensteinstr. 49, bewährt, während man zu Versuchszwecken am besten den 250 ccm fassenden, von Goldschmidt herausgebrachten Handkneter oder eine Handhomogenisiermaschine benutzt.

Werden die flüssigen Emulsionen nach Erkalten noch homogenisiert, so wird ihre an sich schon gute Haltbarkeit noch gesteigert.

Durch Ersatz eines Teiles der Ölsäure oder der Rizinusölfettsäure durch Stearinsäure werden die Emulsionen konsistenter. Ist dagegen die Emulsion zu dickflüssig, so kann man sie durch Zusatz von wenig Wasser auf die gewünschte Konsistenz bringen.

Die flüssigen Emulsionen lösen sich beim Eingießen in Wasser und Umrühren zu einer Milch, die nur langsam aufrahmt und zur Gesichtswaschung, als Bad usw. geeignet ist. Manchmal zeigen die flüssigen Emulsionen nach dem Erkalten ein ungleichmäßiges, wolkiges Aussehen. Man macht sie glatt, indem man in eine kleine Menge Wasser (z. B. 5% der Menge des Ansatzes) etwa die gleiche Menge der Emulsion einrührt und, sobald diese glatt geworden ist, portionsweise den ganzen Ansatz unter Rühren einträgt, wobei man jedesmal mit erneutem Zusatz wartet, bis der vorhergehende glatt ist.

Der Emulgator 157 ist nicht unbegrenzt lagerfähig. Nach Verlauf einiger Monate erleidet er manchmal eine mit der Zeit zunehmende Verfärbung, die naturgemäß die Farbe der erhaltenen Emulsion verschlechtert. Es empfiehlt sich daher eine umgehende Verarbeitung. Eine Verfärbung der Emulsionen tritt beim Lagern nicht ein. Konservierung der Emulsionen durch Zusatz von 0,1% Nipasol® ist notwendig. Bei Verwendung fetter Öle ist je nach deren Menge die Nipasolmenge bis auf 0,2% zu erhöhen.

Statt Glycerin kann ebensogut Sorbitlösung verwendet werden.

Parfümierung. Da die Beständigkeit der flüssigen Emulsionen von Art und Menge des zugesetzten Parfüms beeinflußt werden kann, ist dessen Eignung durch Versuche festzustellen.

Abfüllung und Verpackung. Vor der Abfüllung läßt man die flüssigen Emulsionen zweckmäßig einige Zeit stehen, damit etwa gebildeter Schaum sich auf der Oberfläche sammeln kann, und zieht sie dann von unten ab. Zur Verpackung darf Weißblech keine Verwendung finden, da es sich um Öl-in-Wasser-Emulsionen handelt. Geeignet sind z. B. Aluminium- oder Glasgefäße und Aluminium- oder Zinntuben.

Enthaarungsmittel.

Unerwünschter Haarwuchs und seine Entfernung.

Das Problem, lästigen Haarwuchs zu entfernen, ist noch nicht befriedigend gelöst. Die physikalischen Methoden, die Entfernung mit Bimsstein oder ähnlichen Schleifmitteln, die Entfernung durch pflasterähnliche Auflagen mit ruckartigem Abreißen, das Ausreißen mit einer Pinzette (Haar-[Cilien-]Pinzette s. Bd. I, S. 727, Abb. 256) haben alle den Nachteil, daß sie nur von sehr kurzer Wirkung sind und das Haar rasch nachwächst. Völlig abwegig ist das Rasieren, weil derjenige, der dies anfängt, mit dieser Methode nicht mehr aufhören kann. Bekanntlich werden durch diese Maßnahmen die nachwachsenden Haare nicht nur kräftiger, sondern auch dunkler, wodurch sie um so mehr auffallen. Zur Entfernung von unerwünschtem Haarwuchs werden Mittel verwendet, die befähigt sind, die Hornsubstanz des Haares bis zum Anfang der Haartasche zu zerstören. Da die oberste Epidermisschicht der Haut jedoch auch oberflächlich verhornt ist, muß bei der Anwendung von Haarentfernungsmitteln mit einer Schädigung der Haut gerechnet werden.

Die Haarentfernungsmittel, *Depilatorien*, enthalten als wirksame Substanz Sulfide der Alkali- und Erdalkalimetalle, deren wirksamstes das Bariumsulfid ist, das jedoch auf Grund seiner Giftigkeit in Deutschland zur Herstellung von Depilatorien verboten ist. Bewährte, unschädliche und genügend wirksame Sulfide sind das Strontiumsulfid, das Calciumsulfid und das Natriumsulfid. Bei ihrer Anwendung entwickelt sich Schwefelwasserstoff, der die Haarsubstanz, *Keratin*, löst. Dabei bildet sich freies Alkalihydroxyd, das insbesondere die empfindliche Achselhaut stark reizt und bei nicht sachgemäßer Anwendung zu Erkrankungen führen kann. Nach der Anwendung muß deshalb sorgfältig mit *reichlich* Wasser nachgewaschen, dann mit einer *sauren* Flüssigkeit zur Neutralisierung des Alkali nachgewaschen, sorgfältig abgetrocknet, dann mit milder, fetter Hautcreme eingefettet und gepudert werden. Neuerdings sind geruchsschwächere bzw. geruchlose Depilatorien entwickelt worden, deren Wirkstoffe Thioglykolsäure bzw. Stannite sind.

Enthaarungsmittel. Depilatorien.

Enthaarungsmittel in Cremeform.

Zur Herstellung der Enthaarungsmittel sind alle Grundstoffe, besonders die Sulfide, *absolut rein* zu verwenden, da schon Spuren von Eisen Zersetzungen hervorrufen. Eine Reinheitsprüfung der Sulfide ist also unerläßlich. Bei der Herstellung dürfen deshalb auch *Eisenspatel nicht verwendet* werden.

	a) mild	b) stark	c) extra stark
Traganth	50,0	40,0	—
Dest. Wasser	763,5	598,5	—
Glycerin oder 1,2-Propylenglykol bzw. Sorbitsirup[1]	90,0	90,0	—
Natriumsulfid	75,0	50,0	—
Calciumsulfid	—	200,0	—
Strontiumsulfid	—	—	400,0
Magnesiumcarbonat	—	—	20,0
Titandioxyd	—	—	50,0
Polyglykol	—	—	50,0
Vaselin, weiß	10,0	—	—
Paraffin, flüssig	—	—	30,0
Wollfett	—	10,0	10,0
Triäthanolaminoleat	—	—	10,0
Tylose ® -lösung (4,5%) in dest. Wasser	—	—	418,5
Nipagin® -Natrium	1,5	1,5	1,5
Parfüm, alkalibeständig	10,0	10,0	10,0

Zu a): Traganth mit Glycerin oder Glykol sorgfältig verreiben und dann im gut warmen Wasser anquellen lassen. Im anderen Teil des Wassers werden Natriumsulfid und Nipagin-Natrium gelöst und die Lösung zum Traganthschleim gegeben. Dem noch warmen Schleim fügt man das geschmolzene Vaselin und das in wenig Alkohol gelöste Parfümöl zu. Nach gutem Durchmischen läßt man 24 Std. *bestverschlossen* stehen und füllt dann in Tuben ab, deren Spitze zugeschmolzen und beim Gebrauch mit einer Nadel durchstochen wird.

Zu b): Der Traganthschleim wird wie bei a) hergestellt, ebenso die Salzlösungen. Das Wollfett gibt man zu dem noch warmen Schleim, während die Salzlösung der erkalteten Creme zugegeben wird. Verpackung wie a).

Zu c): Strontiumsulfid, Magnesiumcarbonat und Titandioxyd werden in der Reibschale gemischt und abgesiebt, dann die Mischung mit Tyloseschleim sorgfältig angerieben und dabei die anderen Bestandteile zugemischt. Die sahnige Creme enthaart bei schonendster Wirkung auf die Haut gut. Verpackung wie a).

[1]) Karion ® F flüssig, Sionit ® K flüssig.

d) (JANISTYN).	1.	2.	3.	4.
Strontiumsulfid	400,0	—	400,0	300,0
Natriumsulfid	—	100,0	—	—
Stärke	100,0	50,0	—	—
Sorbitsirup oder Glycerin	100,0	100,0	100,0	100,0
Titandioxyd oder Zinkoxyd	50,0	20,0	—	100,0
Kaolin Suspensif	—	120,0	—	—
Tylose Ⓡ-lösung SL 5 (5%)	—	—	—	500,0
Tylose Ⓡ-lösung SL 25 (5%)	—	—	500,0	—
Dest. Wasser	350,0	610,0	—	—

e) (DEHYDAG).

Lanette Ⓡ N	8,0—12,0	Calciumhydroxyd	7,0—10,0
Cetiol Ⓡ	4,0— 8,0	Calciumcarbonat	5,0—20,0
Thioglykolsäure (80%)	5,0— 6,0	Wasser	auf 100,0
Glycerin od. Karion Ⓡ F flüssig	8,0—15,0	Parfüm	nach Bedarf

Herstellung s. Lanette-Verarbeitung, S. 126.

f) (KALLE).

Tylose Ⓡ SL 25	2,5	Sorbitsirup	10,0
Wasser	47,5	Strontiumsulfid I a	30,0
Titandioxyd	10,0		

Anwendung. Die Enthaarungscreme wird mit einem kleinen Holzspatel messerrückendick aufgetragen und nach 5 bis 10 Min. die Creme mit den gelösten Haaren mittels des Holzspatels wieder entfernt und anschließend *sorgfältig* erst mit reichlich Wasser, dann mit einem Nachwaschwasser (s. S. 278) gewaschen, *gut* abgetrocknet, dann mit guter Fettcreme leicht eingerieben und mit Wundpuder eingepudert.

Enthaarungspulver.

Die bei „Enthaarungsmittel in Cremeform" gestellten Forderungen an die Grundstoffe gelten auch hier.

1. (JANISTYN).

Strontiumsulfid	300,0
Calciumsulfid	200,0
Stärke	300,0
Talcum	170,0
Alaun	30,0

2. (JANISTYN).

Calciumsulfid	400,0
Stärke	50,0
Borax	100,0
Kreide, präzipitiert	250,0
Talcum	200,0

3. (ROTHEMANN).

Strontiumsulfid	500,0
Zinkoxyd, rein	250,0
Reisstärke	200,0
Kreide, präzipitiert	50,0

4. (JANISTYN).

Strontiumsulfid	600,0
Kreide, präzipitiert	200,0
Zinkoxyd	150,0
Natriumlaurylsulfat	20,0
Talcum	30,0

5.

Strontiumsulfid	350,0	Talcum	250,0
Weißer Ton	400,0	Kieselgur	450,0

6.

Strontiumsulfid	44,0	Talcum	23,0
Kreide, gefällt	24,0	Saponin	5,0

7.

Strontiumsulfid Erg.-B. 6	50,0	Dextrin	15,0
Talk	auf 100,0		

Verpackung. In *absolut luftdichten* Verpackungen, weil sonst rasche Zersetzung erfolgt.

Verwendung. Die notwendige Menge Enthaarungspulver wird mit Wasser zu einem streichfähigen Teig vermengt und dieser mittels Holzspatel messerrückendick aufgestrichen und dann wie bei Enthaarungscreme verfahren.

Flüssige Enthaarungsmittel (JANISTYN).

	1	2
Natriumsulfid	100,0	80,0
Sorbitsirup[1]	100,0	100,0
Hamameliswasser	800,0	—
Türkischrotöl	—	10,0
Rosenwasser	—	810,0

[1] Siehe Fußnote S. 276.

Nachwaschwasser zu Enthaarungsmitteln (ROTHEMANN).

Zinkacetat, rein . . . 200,0 | Rosenwasser, 3fach . . 800,0

Zum Gebrauch mit der 5- bis 10fachen Wassermenge zu verdünnen.

Enthaarungs-Cerat. Enthaarungswachs.

I. (JANISTYN). Harz, extra hell . . . 35,0 | Bienenwachs 15,0
Hydriertes Öl oder Fett 50,0

2. (GOODMAN): Harz. . . 50,0 | Paraffin. 20,0
Bienenwachs . . . . . 24,0 | Paraffinöl 6,0
Anästhesin ® 2,0

Das Anästhesin wird mit einem Teil der aus den übrigen Bestandteilen erzielten Schmelze angerieben und die Anreibung der Schmelze zugefügt.

Enthaarungspaste (SIDO).

Strontiumsulfid . . 45,0 | Stärkemehl 14,0
Zinkoxyd . . . . . 15,0 | Menthol 1,0
Glycerin 75,0

Das fein zerriebene Menthol wird mit den anderen pulverförmigen Bestandteilen gemischt und die Mischung mit dem Glycerin zu einer Paste verarbeitet. Luftdichte Verpackung!

Zum Gebrauch wird die Paste auf die mit Wasser befeuchtete Haut aufgetragen und wie bei der Anwendung von Enthaarungscremes verfahren.

Frostmittel.

(Vgl. „Frostbeulen“ S. 362 und „Bäder gegen Frostschäden“ S. 264).

Frostbalsam.

Ichthyol ® . . . . . . 100,0 | Vasoliment ® Erg.-Bd. 6. 900,0

Frosteinreibung.

1. Anthrasol ®. . . . . 5,0 | Benzoetinktur DAB. 6 . . 5,0
Weingeist (90%) . . auf 50,0

2. Tormentillextrakt (sicc.) . . . 5,0 | Glycerin 25,0

3. Thigenol
Rizinusöl . . ãã 10,0 | Äther 10,0
Weingeist (90%) . . 70,0

4. Jothion ® 10,0
Benzoetinktur DAB. 6 . . . 5,0
Kampferspiritus DAB. 6 auf 100,0

5. Tannin 2,0
Glycerin
Kampferspiritus DAB. 6 . ãã 25,0

Frostkollodium.

	1.	2.	3.
Tannin	3,0	2,0	—
Kampfer	—	—	10,0
Benzoetinktur DAB 6. . .	2,0	2,0	—
Weingeist (90%)	15,0	5,0	—
Terpentin, venet.	—	—	10,0
Kollodium	20,0	—	10,0
Rizinusöl	—	—	2,0
Kollodium, elastisch . . .	—	20,0	—

Frostsalbe.

1. (DEHYDAG) Kampfer, pulv.	10,0	Lanettesalbe . . auf	100,0

2. (DEHYDAG) Kampfer, pulv.	4,0	Paraffin, flüssig DAB. 6	4,0
Menthol	0,8	Cetiol ®	4,0
Weingeist (90%)	3,2	Lanette ® N	16,0
Borsäure	1,0	Weißes Vaselin	12,0

Wasser, dest. . . . . auf 100,0

Herstellung s. Lanette-Verarbeitung, S. 126.

3. (CLR) Bienenwachs	12,0	Kampfer	0,5
Walrat	8,0	Nikotinsäurehexylester	0,1
Olivenöl	68,0	Rizinusöl	4,0
Peröstron ® in Öl	5,0	Perubalsam	1,4
Vitamin-F-Glycerinester	2,0	Nipagallin ®	0,05

Die Wachse zusammenschmelzen und das Öl langsam einrühren. Den Perubalsam im Rizinusöl lösen und zum Schluß der Fettmasse zusetzen. Dann in Töpfe ausgießen. Wie Wirkung dieser Frostsalbe beruht auf den synthetischen schwachen Oestrogenen und anderen hyperämisierend wirkenden Stoffen, durch welche die durch Frostschäden verödeten Gewebe regeneriert werden.

4. Phenol, flüssig	1,0	Tannin	2,0
Jodtinktur	2,0	Wachsalbe DAB. 6	30,0

5. Phenol, flüssig	0,5	Bleisalbe DAB. 6	10,0
Wollfett	10,0	Olivenöl	5,0

Lavendelöl 0,25

6. Chinosol ®	0,3	Ichthyol ®	15,0
Kampfer	3,0	Gelbes Vaselin auf	50,0

Frostschutzsalbe.

1. Lanolin	10,0	Wasser	25,0
Kakaobutter	15,0	Borax	1,5
Olivenöl	25,0	Benzoesäure	0,5
Bienenwachs, weiß	22,0	Parfüm	1,0

Das Fett, Öl und Wachs auf dem Wasserbad schmelzen und in das 49° warme Gemisch die etwa 10° wärmere Lösung von Borax in Wasser geben und rühren, bis sich das Gemisch auf 45° abgekühlt hat. Dann das Parfüm und die in wenig Alkohol gelöste Benzoesäure zugeben.

2. Formaldehydlösung DAB. 6	0,5	Weingeist (90%)	5,0
Thymol	1,0	Weißer Senf, feinst gepulv.	5,0
Methylsalicylat	2,0	Lavendelöl	5 Tr.
Kampfer	5,0	Rosmarinöl	10 Tr.
Arnikatinktur DAB. 6	2,0	Kaliseife DAB. 6	30,0
Span. Pfeffer-Tinktur DAB. 6	5,0	Lanolin	auf 100,0

Frostschutzumschlag.

A. Alaun	2,5	Borax	2,5

Dest. Wasser . . . 85,0

B. Benzoetinktur DAB. 6 . . 10,0

A. lösen, B. langsam unter kräftigem Schütteln zugeben.

Froststift.

Kampfer	250,0	Zeresin DAB. 6	400,0
Flüssiges Paraffin DAB. 6	350,0	Alkannin	5,0

Das Ceresin wird mit dem flüssigen Paraffin zusammengeschmolzen, der Kampfer und das Alkannin in der Schmelze gelöst. Kurz vor dem Erstarren wird ausgegossen.

Fußpflege.

Die meisten Menschen vernachlässigen ihre Füße schon in bezug auf die Reinlichkeit. Sie glauben hierzu berechtigt zu sein, weil die Füße durch ihre Bekleidung der Sicht verborgen bleiben. Zu ihrer Pflege ist das abendliche Fußbad genau so nötig, wie wir es gewohnt sind, am Tage mehrmals die Hände zu waschen. Gerade der Fuß, der die Hauptlast unseres Körpers trägt, in den Schuhen eingepreßt sitzt, und dessen Zehen so gut wie unbeweglich dicht aufeinander liegen, bedarf einer täglichen Reinigung und der Berührung mit Luft ganz besonders, weil sonst die Gefahr des Schweißfußes besteht. Neben der Reinigung verbessert das warme Fußbad die Blutzirkulation, zieht Blut vom Kopf und den Bauchorganen ab. Besonders wirksam, um die Blutzirkulation in den Füßen zu verbessern, ist das *Wechsel-Fußbad.* Zur richtigen Durchführung eines Fußbades benötigt man vor allem eine genügend große Wanne, weil die Bewegung von Fuß und Zehen im Bad zur Durchführung einer einwandfreien Reinigung unerläßlich ist. Eimer, die ein Aufsetzen des Fußes am Boden verbieten, sind ungeeignet. Mit Seife, *SATINA* ® oder *Medizinal-Praecutan* ® und Wasser (39°) werden die Fußsohle, Seitenflächen und Fußrücken mit einer weichen Bürste gereinigt, während die Zehenzwischenräume zweckmäßig mit einem rauhen Frottierwaschhandschuh sorgfältig gereinigt werden. Anschließend werden die Unterschenkel von *unten nach oben* gebürstet. Zum Abtrocknen benützt man ein saugfähiges Frottierhandtuch und darf dabei auch das Abtrocknen der Zehenzwischenräume nicht vergessen. Das Fußbad dauert etwa 10 Min., während dieser Zeit sollen die Füße möglichst viel bewegt werden, um während des Bades allen Fußmuskeln die Wohltat der besseren Durchblutung durch das warme Bad zu ermöglichen.

Beim kalten Fußbad ist darauf zu achten, daß dies nur durchgeführt werden darf, wenn die Füße warm sind. Es ist schädlich, kalten Füßen noch weiteren Kältereiz zuzufügen, weil selbstverständlich das kalte Bad dem Körper Wärme entzieht. Das *kalte Fußbad* wird deshalb zweckmäßig am Morgen genommen, direkt nach dem Aufstehen, weil dabei die Füße noch warm sind. Während des kalten Fußbades werden die Füße mit den Händen kräftig massiert und auch hier beim Abtrocknen kräftig massiert. Das Barfußlaufen nach KNEIPP im taufrischen Gras, in Bächen mit kaltem Wasser hat die gleiche Wirkung. Wer seinen Füßen eine besondere Wohltat erweisen will, verwendet einen Fußbadezusatz, der 2- bis 3mal in der Woche zur Anwendung kommt (s. S. 284).

Das übliche *warme Reinigungs-Fußbad* wird bei einer Temperatur von 35° durchgeführt und hat eine wohltuende Wirkung auf den gesamten Organismus und das allgemeine Lebensgefühl. Seine Dauer beträgt 10 bis 30 Minuten. Neben dem Reinigungseffekt wirkt dieses Fußbad auf den Kreislauf in den Organen des kleinen Beckens (Harnapparat, Dickdarm, Keimdrüsen, Geschlechtsorgane) durch reflektorische Fernwirkung, ferner beruhigend, schlafördernd und mild ableitend auf die Brust-, Hals- und Kopforgane.

Das *heiße Fußbad,* Temperatur 38°, Dauer 30 bis 40 Minuten, ist angezeigt bei nervösen Kopfschmerzen, Katarrhen, Ohrenschmerzen und Rheumatismus der Beine. Personen mit erhöhtem Blutdruck müssen das heiße Fußbad meiden.

Das *Wechselfußbad* wird mit zwei Fußwannen (oder Eimern, die ein bequemes Einstellen der Füße gewährleisten), die etwa 20 cm hoch sind, durchgeführt und die eine mit Wasser von 35°, die zweite mit kaltem Wasser gefüllt. Beim Einstellen beider Füße während 2 bis 3 Minuten in die erste Wanne wird das Wasser derselben durch Zugießen von heißem Wasser allmählich auf 40° gebracht. Dann stellt man beide Füße 15 Sekunden lang in die zweite, mit kaltem Wasser gefüllte Wanne, wechselt wieder für $^{3}/_{4}$ Minuten in die erste Wanne, dann wieder auf 15 Sekunden in die zweite. Dieser Wechsel wird 5- bis 6mal wiederholt und *stets* mit dem kalten Bad abgeschlossen. Durch dieses Wechselbad entsteht ein regelrechtes Gefäßtraining, das bei kalten Füßen, Blutandrang zum Kopf, Kopfschmerzen, innerer Unruhe und Schlaflosigkeit sowie bei Beschwerden der Wechseljahre von guter Wirkung ist. Badezusätze sind sinngemäß anzuwenden.

Auch das *Armbad* kann heiß, kalt oder ansteigend durchgeführt werden. Das *heiße Armbad,* Temperatur 40°, Dauer 1 bis 2 Minuten, ist bei schwerem Asthma und besonders bei Angina pectoris angezeigt und wird auch bei Rheumatismus und Nervenschmerzen unter Heublumenzusatz empfohlen. Das *kalte Armbad,* Dauer 30 Sekunden, wird durch Eintauchen der in den Ellenbogengelenken abgebeugten Arme in einer genügend großen Wanne durchgeführt, wobei die übereinandergelegten Arme bis zur Mitte der Oberarme eingetaucht werden. Zur Wiedererwärmung der Arme sorgt man anschließend durch pendelartige Schwingungen derselben während 1 bis 2 Minuten. Das kalte Armbad ist bei Kreislaufstörungen, Herzklopfen und Handschweiß bewährt. *Ansteigende Armbäder,* allmählich wie beim ansteigenden Fußbad bis auf 45° erwärmt, haben sich bei erhöhtem Blutdruck und bei Arteriosklerose bewährt.

Die Schwierigkeiten der meisten Menschen mit ihren Füßen beruhen häufig auf vererbter Anlage (Senk- und Plattfüße), häufiger jedoch beruhen diese auf der Verunstaltung der Füße durch ungeeignetes Schuhwerk. Tatsächlich kommt die Mehrzahl aller Kinder mit wohlgeformten Füßen zur Welt. Während der Säugling Füße und Zehen in ständiger Bewegung hält und somit die aktiven Kräfte des Fußes ständig übt, vernachlässigen Erwachsene diese notwendige Gymnastik des Fußes. Durch die Einengung des Schuhwerks und dadurch entstehenden Druck auf den Fuß wird dieser Bewegungsmangel der Füße noch erhöht. Durch vieles Stehen, vor allem in falscher Grundstellung (Abb. 192), werden die Füße durch die Last des Körpers überanstrengt, wodurch Fußmuskeln, -bänder und Fußgelenke überlastet werden. Wie bei vielen Erkrankungen sind zunächst bei allen Formen der Fußsenkung im Anfang keine Beschwerden zu bemerken. Erst später zeigen sich dann Beschwerden, die zu Fußleiden werden. Die meisten Menschen vernachlässigen die Fußpflege, weil man vergißt, daß kranke Füße nicht nur für den Betroffenen sehr quälend sind, sondern durch sie auch beträchtliche Kosten entstehen. Kein Wunder, wenn mit der Zeit beim Erwachsenen *Kreislaufstörungen* und *venöse Stauungen* in den Beinen auftreten, u. U. mit der Folge einer Venenentzündung, offenen Beinen, Unterschenkelgeschwüren usw. Beim Stehen wird der Blutzufluß in den Arterien der Beine durch die Schwerkraft erleichtert, während der Rückfluß des Blutes in den Venen sehr erschwert ist. Dieser Zu- und Rücklauf des Blutes wird durch die Muskeln gesteuert. Die Steuerung versagt, wenn die Beinmuskeln dauernd angespannt, also hart bleiben und ihre Entspannung nicht mehr erfolgen kann. Dadurch hört die Pumpwirkung des Muskelspiels auf. Eine der *wichtigsten Aufgaben der Fußpflege* ist es, den Blutkreislauf in Füßen und Beinen in Ordnung zu halten, weil bei seiner Störung nicht nur der Kreislauf dieser Organe, sondern auch der des ganzen Körpers und damit sein Stoffwechsel gestört werden.

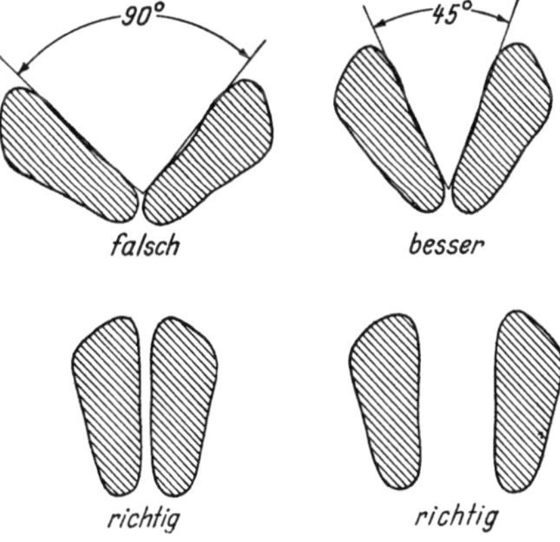

Abb. 192. Grundstellung der Füße.

Massage der Füße und Unterschenkel.

Die Massage von Füßen und Unterschenkeln ist die logische Fortsetzung zu ihrer und der Muskulatur der Unterschenkel Pflege nach der Reinigung der Füße. THOMSEN[1] empfiehlt hierzu bei der *Selbstmassage* folgende Methode: Nach warmem Fußbad am Abend und sorgfältigem Abtrocknen der Füße empfiehlt sich die Anwendung eines Massageöls. Wichtig ist, daß nicht zu viel Öl verwendet wird, weil sonst die Hände bei der Massage auf der Haut rutschen anstatt zu gleiten. Außerdem beschmutzen sie anschließend die Bettwäsche. Nur wenige Tropfen in die Hohlhand gießen, dann das Öl auf beide Handflächen verteilen und dann mit der Massage beginnen. Einwandfreies Massageöl (s. S. 423) zieht dabei während der Massage in die Haut ein. Beim Fußbad am Morgen dient das Wasser als Gleitmittel. Zweckmäßig wird die Selbstmassage von Fuß und Wade im Bett oder auf dem Bettvorleger sitzend, bei bequem abgewinkeltem Bein, durchgeführt. Zur Massage der Wadenmuskulatur streichen beide Hände unter Anpressen von Daumen und Zeigefinger abwechselnd von der Ferse bis in die Kniekehle die Wadenmuskulatur aus. Milde Einwirkung durch möglichst flaches Anlegen der Hände, härtere Einwirkung durch stärkeren Druck oder ausschließliches Anpressen von Daumen und Zeigefinger (etwa 10mal). Zu Knetungen der Wadenmuskulatur führt die rechte Hand einen Zangengriff von hinten durch, während die Finger der linken Hand am Schienbein liegen, ihre Daumen hinten quer auf der Wadenmuskulatur. Bei abwechselndem Öffnen und Schließen der Hände läßt man diese bis zur Kniekehle wandern, anschließend wird der Vorfuß 5- bis 6mal kräftig kniewärts gebogen. Schüttelungen der Wadenmuskulatur werden so durchgeführt, daß man quer zum Unterschenkel kurze Hin- und Herbewegungen durchführt, so daß die Wadenmuskulatur in zeitliche Schwingungen versetzt wird. Bei der Selbstmassage der Fußsohle legt man das eine Bein auf das Knie des anderen und führt Wechselknetungen von beiden Seiten aus. Dabei wandern beide Hände unter ständiger Wiederholung von Zangenbewegungen über den ganzen Fuß von den Zehen bis zur Ferse und wieder zurück. Der Bearbeitung des Vorfußes ist dabei besondere Sorgfalt zu widmen. Auch die Weichteile am inneren Fußrand sind besonders wichtig, da am inneren Rand der Abstreifer der Großzehe liegt.

Fußgymnastik.

Das beschwerliche Gehen vieler Menschen im vorgerückten Alter ist sicher zu vermeiden, wenn man rechtzeitig an die Wichtigkeit des Gehorgans denkt, es richtig pflegt und ihm die richtige Gymnastik regelmäßig gönnt. Sie wird zweckmäßig nach dem abendlichen Fußbad und nach der Massage durchgeführt. Zunächst werden die Zehen kräftig nach unten gedrückt, während die übrigen Finger die Mitte des Quergewölbes nach oben drücken. Anschließend folgt eine kreisende Bewegung der einzelnen Zehen und ihre Abspreizung mit den Händen. Diese Bewegungen sind für die wichtige Dehnung der Gelenkkapseln eine vorzügliche Übung. Man wiederholt die Bewegungen und Abspreizungen 5- bis 10mal. Anschließend steht man zur Dehnung der Wadenmuskulatur auf. Es folgen die Bewegungen des gesamten Fußgelenks, indem man den Fuß vorne anfaßt und kreisend 5- bis 10mal nach beiden Seiten bewegt. Dann wird das ganze Fußgelenk nach oben und unten soweit wie möglich gedrückt und dabei die Streck- und Beugemuskeln geübt. Wichtig ist, daß diese Übungen *regelmäßig* durchgeführt werden, weil sie nur dann wirksam sind.

Zur *Erhöhung des Fußgewölbes* (Abb. 193) enpfiehlt THOMSEN folgende Methode:

[1] THOMSEN, W.: Gesunde Füße gesunder Mensch, Umschau-Verlag Frankfurt/Main, Verlag des „Schuhmarkt" 1951.

Man setzt beide Füße in geringem Abstand nebeneinander, belastet vor allem die Ferse, aber auch leicht den Vorfuß mit den Zehen, die nicht vom Boden abgehoben werden dürfen. Diese sollen auf dem Boden bzw. auf dem Bettvorleger oder im Schuh nach hinten, fersenwärts, rutschen, wenn wir uns nur bemühen, den ganzen Fuß in Längsrichtung durch kräftige Anspannung der Muskeln zusammenzuziehen, wobei sich das Längsgewölbe deutlich erhöht und der Fuß verkürzt wird. Dann werden die Muskeln entspannt, der Fuß schiebt sich wieder nach vorn, zehenwärts, und wird wieder länger. Die Übung wird mit den einzelnen Füßen im Wechsel, dann mit beiden zusammen etwa 10- bis 20mal durchgeführt. Sie ist ein vorzügliches Mittel zur Lockerung und Entspannung ermüdeter und verkrampfter Muskulatur.

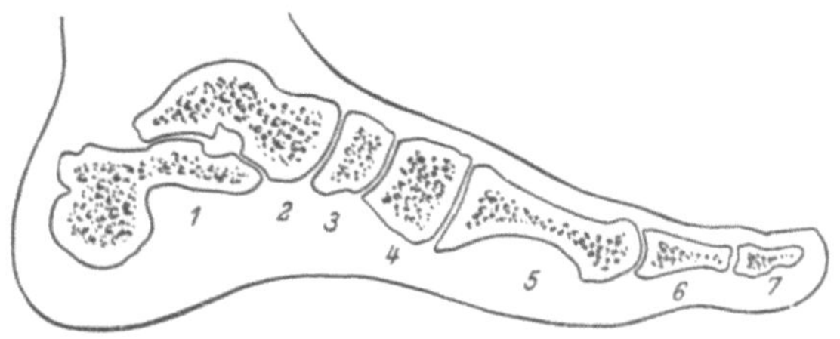

Abb. 193. Längsschnitt durch das knöcherne Fußskelett (Fußgewölbe). Nach *Vogel*: Der Mensch. Leipzig: Johann Ambrosius Barth, 1930. *1* Fersenbein; *2* Sprungbein; *3* Kahnbein; *4* Keilbein; *5* Mittelfußknochen; *6* und *7* Zehenknochen der großen Zehe.

Einwachsen der Nägel.

Bei vielen Personen neigen die Nägel, besonders der großen Zehe, zum Einwachsen. Diese Erscheinung ist, rechtzeitig erkannt und behandelt, meist harmlos und kann leicht beseitigt werden. Ist dies nicht der Fall, entstehen sekundäre Entzündungen, Rötung, Schwellung, Abscheiden von Sekret, sogar Geschwürsbildungen, die zu Lymphknotenentzündungen und schließlich zu einem bedrohlichen Zustand führen können. Das Einwachsen beginnt damit, daß ein seitlicher Nagelrand in die Weichteile des Nagelfalzes infolge zu starker Krümmung, der durch den Gegendruck des Schuhes begünstigt wird, einwächst. Verhütet wird das Einwachsen der Nägel durch Tragen *einwandfreien* Schuhwerks und *richtiges Beschneiden* der Nägel. Von mancher Seite wird empfohlen, die Nagelecken nicht abzurunden, sondern eckig zu lassen, so daß sie den Nagelfalz überragen, zweckmäßiger erscheint die richtige Abrundung der Ecken (Abb. 194a), damit sich diese nicht wie ein Spieß seitlich in die Weichteile einbohren können (Abb. 194b). Bei der Behandlung ist dafür zu sorgen, daß der Nagelfalz vom Nagelbett durch Einlage von Watte getrennt wird, gleichzeitig feuchte Kamillenumschläge. In schweren Fällen muß der Nagel u. U. entfernt werden.

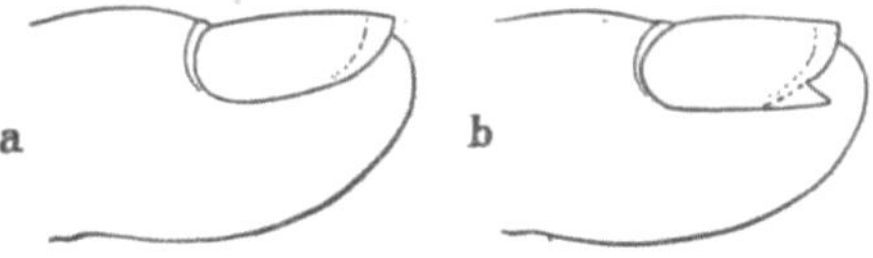

Abb. 194. Beschneiden der Fußnägel.

Fußpflegemittel.

(Vgl. a. S. 269 „Desodorisierende und Schweißbekämpfungsmittel".)

Fußschweiß ist teils erblich, teils anatomisch durch Spreiz- und Plattfüße bedingt, welche die Schweißverdunstung stark behindern. Enganliegende, besonders gewichste Schuhe und Stiefel, bei denen die letzten Poren durch die Schuhwichse verstopft sind, sind völlig ungeeignet. Der verdampfende Schweiß kondensiert sich innen im Schuh, das feuchte Leder wirkt wie ein Umschlag, erweicht die Haut und macht sie rissig. Keine Schaftstiefel! Die von vielen Autoren empfohlenen wollenen Strümpfe verfilzen durch die Schweißsäuren rasch, behindern dadurch die Verdunstung erst recht und erhöhen das Übel.

Bekämpfung. Tägliche sorgfältige Fußpflege, tägliches *kaltes* Fußbad mit geeigneten Zusätzen, täglicher Strumpf- und Schuhwechsel, Tragen von den Luftzutritt begünstigenden Schuhen (Wildleder, Sandalen). Nach dem Fußbad sorgfältiges Abtrocknen von Fußsohlen, Zehen und Zehenzwischenräumen, dann kräftiges Massieren des ganzen Fußes mit halbfetter Creme, Strümpfe und Schuhe mit Schweißpuder einpudern.

Benzoecerat (Hager).

Wachs, gelbes	1000,0	Benzoe (Siam) pulv.	50,0
Kakaobutter	200,0	absoluter Alkohol	30,0

Wachs und Kakaobutter werden zusammengeschmolzen, dann das Benzoepulver und später der absolute Alkohol darunter gemischt. Bis zur Verflüchtigung des Alkohols wird auf dem Wasserbad erhitzt und dann mittels Dampftrichter filtriert.

Fußbadesalze.

1. *adstringierend* und *desinfizierend* (Winter).

Citronensäure	40,0	Tannin	10,0
Borsäure	10,0		

Verwendung. In 3 l Wasser zu lösen, zum Fußbad bei Fußschweiß.

(K. Bergwein):	2.	3.	4.	5.
Salicylsäure	25,0	—	—	—
Gerbsäure	—	80,0	—	—
Borsäure	50,0	10,0	70,0	—
Weinsäure	50,0	5,0	—	300,0
Borax	500,0	—	50,0	—
Alaun	—	5,0	—	—
Natriumhydrogencarbonat	340,0	—	250,0	480,0
Stärkepulver	10,0	—	—	—
Lavendelöl	25,0	—	—	—
Fichtennadelöl	—	—	10,0	—
Natriumperborat	—	—	170,0	—
Natriumchlorid	—	—	—	220,0

Verwendung. 20 bis 30 g für ein Fußbad.

Sauerstoff-Fußbadepulver.

6.

Natriumperborat	310,0	Natriumhydrogencarbonat (= bicarbonat)	460,0
Borsäure, pulv.	130,0	Duftmischung	10,0
Borax, pulv.	90,0		

Für ein Fußbad finden 10,0 bis 20,0 Verwendung.

7. *Fuß-Schaumbad* (Rothemann).

Texapon ® Z	900,0	Borweinsaures Aluminium	50,0
Borsäure pulv. subt.	50,0	Lavendelöl „Barrême“	1,0
Eukalyptusöl DAB. 6	1,0		

werden gemischt und durch Sieb IV geschlagen. Auf ein Fußbad kommen 5 g zur Verwendung. Das trockene Pulver wird zuerst in das Waschgefäß gegeben, das warme Wasser in starkem Strahl unter kräftigem Umrühren oder Schlagen mit einem Schaumbesen dazu gegeben. Das Fuß-Schaumbad eignet sich auch zur Normalisierung übermäßiger Schweißabsonderung.

Fußcreme. Fußsalbe gegen Schweiß.

1. (Rothemann).

a) Wasser, dest. . . . 700,0 | Nipagin ® M. . . . 1,8

kochend heiß vollständig lösen, verdunstetes Wasser ergänzen. In der Lösung lösen

Hexamethylentetramin . . 30,0

b) Tegin ® oder Lanette ® N	120,0	Walrat	20,0
Cetylalkohol	30,0	Wollfett	25,0
Paraffin flüssig	20,0		

c) Karion ® F flüssig . . 50,0

d) Chlorophyll, wasserlöslich . . . . nach Bedarf

e) Lavendelöl . . 2,0 | Eukalyptusöl . . 2,0

c) in a) lösen. Dann d) zugeben bis zur dunkelblattgrünen Färbung. Die wäßrige Lösung soll etwa 75° haben. b) auf dem Wasserbad bei 70° schmelzen. Die wäßrige Lösung in fingerdickem Strahl unter Rühren in die Fettschmelze geben. Bis zum Erkalten rühren, bei etwa 45° e) zugeben.

2. *(Nicht fettend).* Diglykolstearat 20,0 | Wasser, dest. 75,0
Hexamethylentetramin 5,0

3. Leicht adstringierend, bakterizid und wundheilend.

A. Lanette ® N	150,0	B. Dest. Wasser	570,0
T O 55 E (s. Bd. II, S. 1218)	30,0	Hamamelis Wasser	100,0
Raluben ®	10,0—20,0	Karion ® oder Sorbex ®	100,0
Vitaminöl „Dr. Grandel“	20,0	C. Lavendelöl „Barrême“	2,0
Eutanol ®	20,0	Muskateller Salbeiöl	0,2

A. wird auf dem Wasserbad auf 75° erwärmt bis zum Schmelzen der Fettstoffe. B. wird auf 80° erhitzt. B. in fingerdickem Strahl unter tüchtigem Rühren in A. geben. C. nach Abkühlung der fertigen Creme auf 40 bis 45° einrühren. Weiterrühren bis die Creme fast erkaltet ist, anschließend homogenisieren.

4. (JANOWITZ) Lanolin	175,0	„Medication“	32,0
Paraffin	20,0	Formaldehydlösung	3,0
Mineralöl	108,0	Wasser	600,0
Magnesiumsulfat	2,0		

„Medication“ besteht aus

Methylsalicylat	25,0	Menthol	1,0
Kampfer	5,0	Eukalyptol	1,0

Medication wird im Fett gelöst.

5. Salicylsäure		Kaliseife	118,0
Kampfer	āā 5,0	Laceranum ® c. aqua	380,0
Phenol, verflüssigt	8,0	Gelbes Vaselin	330,0
Zinkoxyd	83,0	Flüssiges Paraffin DAB. 6	71,0

Laceranum, Vaselin und flüssiges Paraffin werden auf dem Wasserbad zusammengeschmolzen und in der Schmelze die Salicylsäure, das Phenol und der Kampfer gelöst. Mit der flüssigen Masse wird das mit der Schmierseife sehr fein angeriebene Zinkweiß verdünnt, kaltgerührt und die Salbe durch einen Walzenstuhl gegeben.

6. Menthol	0,5	Tannoform ®	2,0
Perubalsam	1,0	Lanolin	20,0

7. Hexamethylentetramin . . 10,0 | Amphocerin ® P 45,0
Wasser, dest. . . . . . auf 100,0

Herstellung s. Amphocerin-Verarbeitung, S. 102.

8. *Fußpilzsalbe* (Edelfettwerke).

Nipagin ® M	4,0	Benzoesäure	6,0
Salicylsäure	3,0	Escarinum ® anhydricum G	auf 100,0

Nipagin und die Säuren werden erst feinst pulverisiert und dann zunächst mit wenig Escarinum angerieben. Ist feinste Zerteilung erreicht, wird der Escarinumrest portionsweise eingearbeitet.

Fußschweißmittel, flüssige (vgl. S. 273).

Fußpuder.

1. Paraformaldehyd . . 50,0
ANM 200,0
Talcum[1] 748,0
Methylsalicylat 0,5
Lavendelöl 1,5

2. (Sido):
Borsäure 40,0
Paraformaldehyd . 15,0
Wollfett, DAB. 6 . 25,0
Iriswurzelpulver . . 100,0
Talcum[1] . . . auf 1000,0
Kölnisch Wasser-Öl. 15,0

Paraformaldehyd wird feinst gepulvert, mit dem Wollfett angerieben und die Anreibung mit so viel Talcum verarbeitet, daß die Masse krümlig wird. Dann werden die übrigen Bestandteile gemischt und das Ganze durch ein Sieb geschlagen.

3. Kaolin, kolloidal . . 14,5
Parfüm 0,5
Borsäure 10,0
Salicylsäure 10,0
Zinksuperoxyd 30,0
Talcum[1] 35,0

4. Wismutsubnitrat
Zinkstearat . . . āā 5,0
Kolloidkaolin 10,0
Tannin 10,0
ANM ®
Talcum[1] . . . . . . āā 35,0

5. Alaun
Zinkoxyd, roh DAB. 6
Zinkstearat . . . āā 5,0
Lycopodium 5,0
Hexamethylentetramin . . . 10,0
Kieselsäure 10,0
Talcum[1] 60,0

6. Salicylsäure 5,0
Borsäure
Weinsäure . . . āā 10,0
Kieselsäure, kolloidal . . 10,0
Zinkoxyd, roh DAB. 6 . 30,0
Talcum[1] 35,0

7. *Schweizer Armee-Fußpuder.*
Trioxymethylen. . . 10,0
Borsäure 10,0
Talcum[1] 72,5
Fettmischung 7,5

Die Fettmischung wird nach folgender Vorschrift hergestellt:

Weißes Wachs . . . 5,0
Wollfett DAB. 6. . . 20,0
Weißes Vaselin 50,0
Dest. Wasser . . . auf 100,0

8. *Ia Qualität* (Rothemann, ebenso 9. und 10.).
Eukalyptusöl 3,0
Kampfer 1,0
Lavendelöl „Mt. Blanc" . . 6,0
Magnesiumcarbonat leviss. 50,0
Alaun, feinst gepulv. . . . 50,0
oder Borsäure
Aluminiumstearat 150,0
Zinkoxyd „Grünsiegel" . . 100,0
Kolloid-Kaolin 150,0
Talcum[1] 500,0

Die Mischung wird 2mal durch Sieb V gebürstet.

9. *Stark adstringierend.*
Lavendel „Mt. Blanc" . . . 6,0
Wintergreenöl, echt 2,0
Thymianöl 2,0
Magnesiumcarbonat leviss. 50,0
Borsäure, feinst pulv. . . . 100,0
Aluminiumstearat 100,0
Kolloid-Kaolin 250,0
Talcum[1] 500,0

[1]) Talcum wird auf Grund zahlreicher Veröffentlichungen der letzten Zeit vielfach abgelehnt, da er als Pudergrundlage und als Handschuhpuder entzündliche Fremdkörperreaktionen und Granulome verursacht. An seiner Stelle wird das wesentlich inaktivere Aluminiumhydrosilikat empfohlen.

10. Kolloid-Kaolin, hochdispers.	200,0	Raluben ®	10,0
Talkum[1] Ia weiß, glimmerfrei	580,0	Isolinolsäureester	10,0
ANM ®	100,0	Lavendel franz. Ia	2,0
Zinkundecylenat	100,0	Eukalyptusöl DAB. 6	1,0

Isolinolsäureester, Raluben und die ätherischen Öle in einer Porzellan-Reibschale mit ANM-Pudergrundlage innig verreiben. Dann die restlichen Bestandteile zumischen und 2mal durch Sieb V reiben.

11. (Janistyn) Talk DAB. 6[1]	50,0	Kolloid-Kaolin	10,0
Kieselgur, extra fein	10,0	Borsäure, pulv.	10,0
Aluminiumhydroxyd	20,0		

12. Talk[1] DAB. 6	69,0	Oxychinolinsulfat	1,0
Kaolin, extra	10,0	Borsäure, pulv.	20,0

13. Talk[1] DAB. 6	50,0	Borsäure, pulv.	10,0
Kolloid-Kaolin	20,0	Zinkstearat	5,0
Zinkoxyd, roh, DAB. 6	5,0	Kieselsäuregel, pulv.	10,0

14. Paraformaldehyd	2,0	Talk, feinst[1]	80,0
ANM ®	10,0	Magnesiumcarbonat	6,0
Cetiol ®	2,0		

15. Zinkphenolsulfonat Erg.-B. 6	4,0	Kolloid-Kaolin	10,0
Aluminiumstearat	10,0	ANM ®	10,0
Talk[1]	auf 100,0		

Hühneraugen und Schwielen.

Schon durch fortwährendes Reiben von Kleidern, den ständigen Druck des Kragenknopfes oder ähnliche, fortdauernde mechanische Einwirkungen kommt es zu graubraunen Pigmentierungen der Haut. Bei häufigem, mit Reibung verbundenem Druck entstehen *Blasen*, z. B. beim Rudern.

Ein ständig wiederholter Druck auf die Haut verursacht eine *Schwiele* (Callus). Schwielen sind umschriebene, flächenhafte, abnorme Verhornungen (Hyperkeratosen) und treten als *Berufsschwielen* bei Schwerarbeitern und Handwerkern, als *Gesäßschwielen* bei ständig sitzenden Handwerkern (Schustern, Schneidern) und Reitern auf. Eine höher entwickelte Schwiele ist das *Hühnerauge* (Clavus), die ebenfalls eine Hyperkeratose ist, bestehend aus einem äußeren *verhornten* und einem inneren *weichen* Teil, der trichterförmig in die Tiefe dringt und zu einer Degeneration des darunterliegenden Gewebes führt. Hühneraugen können Schmerzen verursachen, besonders wenn sie stärker entzündet sind, und bei feuchtem Wetter. Ihre Ursachen sind meist nicht einwandfrei sitzendes Schuhwerk, das ständigen Druck erzeugt, oder anatomische Veränderungen des Fußskeletts (Platt- oder Spreizfuß), die selbstverständlich zur dauernden Behebung gleichzeitig behandelt werden müssen, da durch Platt- oder Spreizfuß eine ungleichmäßige Belastung des Fußes durch Druck an den einzelnen Fußpartien (Ballen, Zehen) entsteht. Zur Behebung des Drucks werden *Hühneraugenringe* verwendet, Fußbäder mit Boraxzusatz wirken schmerzlindernd, im übrigen werden Pflaster oder die bekannten Hühneraugenmittel verwendet. Vernachlässigte Hühneraugen können zu entzündlichen Komplikationen führen, die mitunter chirurgische *Eingriffe* erforderlich machen.

Schwielen bewirken meist keinen Druckschmerz. Sind sie schmerzhaft, so sind sie meist entzündet, sie werden deshalb zweckmäßig mit feuchten Umschlägen oder Seifenbädern behandelt. Nicht schmerzende Schwielen werden durch Salicylsalben, Salicylpflaster aufgeweicht und dann im Fußbad wie Hühneraugen abgehoben. Auch ihre Entfernung mit *Hornhautraspeln* oder *harten Kunststoffschwämmen* oder Abhobeln führt zum Ziel.

---

[1]) Vgl. Fußnote S. 286.

Anwendung von Hühneraugentinktur. Zunächst werden die Füße abends $^1/_2$ Std. lang in heißem Seifenwasser mit Fußbadesalz-Zusatz gebadet. Dann wird sorgfältig abgetrocknet und die Umgebung des Hühnerauges bzw. der Schwiele durch Abdecken mit Vaselin geschützt, damit die gesunde Haut nicht angegriffen wird. Dann wird die Tinktur mehrmals aufgepinselt, wobei jeweils erst gut getrocknet sein muß, ehe die nächste Pinselung erfolgt. Die Flasche ist nach jeder Entnahme *sofort* gut zu verschließen, um das Verdunsten des Lösungsmittels zu verhindern. Die Pinselungen werden 5 Tage lang abends in gleicher Weise erneuert. Für den Fall, daß sich der Kollodiumfilm gelöst hat, ist er vor der neuen Pinselung zu entfernen. Um während dieser Kur die behandelte Stelle vor neuem Druck und Reibungen zu schützen, wird zweckmäßig ein *Hühneraugenring* verwendet. Am 6. Abend wird, wie eingangs beschrieben, ein Fußbad genommen und dabei das gelöste Horn bestmöglich entfernt. Die Stelle, an der das Hühnerauge saß, ist zunächst noch empfindlich und wird mit einer Fettcreme bedeckt.

Hornhauterweichendes Pflaster.

Bleipflaster DAB. 6	100,0	Wachs, gelbes	20,0

Salicylsäure 20,0

Hornhauterweichende Salbe.

1. Bienenwachs	48,0	Harz	
Vaselin, gelbes	16,0	Perubalsam	
Terpentinöl	12,0	Salicylsäure	āā 8,0
2. Salicylsäure	3,0	Bleipflaster DAB. 6	20,0
Rizinusöl	5,0	Laceranum ® anhydricum	22,0

Laceranum anhydricum-Verarbeitung s. S. 125.

Verwendung. Zum Verband über Nacht.

Hornhaut-Schäl-Mixtur (JANISTYN).

Triäthanolaminsalicylat	50,0	Dest. Wasser	50,0

Hornhautschälpaste (Ph. Z.).

Salicylsäure		Essigsäure DAB. 6	5,0
Milchsäure DAB. 6	āā 10,0	Wachssalbe DAB. 6	80,0

Hühneraugenkollodium. Collodium salicylatum. Hühneraugentinktur.

1. (RF.) Salicylsäure	4,0	Milchsäure DAB. 6	2,0

Elast. Kollodium . . auf 20,0

zum Pinseln.

2. Salicylsäure	10,0	Kollodium	77,0
Venet. Terpentin	10,0	Milchsäure DAB. 6	2,0

Chlorophyll . . . . . nach Bedarf

3. Salicylsäure	10,0	Ätherweingeist	30,0
Essigsäure DAB. 6	2,0	Kollodium	50,0
Lärchenterpentin	10,0	Chlorophyll	nach Bedarf

Salicylsäure und Lärchenterpentin werden im Ätherweingeist gelöst, dann das Kollodium und zuletzt die Essigsäure zugesetzt. Bei den übrigen Vorschriften wird die Salicylsäure zunächst zur Lösungsbeschleunigung mit wenig Äther durchtränkt. Im Kollodium ballt sich die Salicylsäure zunächst klumpig zusammen und löst sich dann nur langsam.

4. Salicylsäure | Weingeist (90%) 1,0
Indisches Hanfextrakt . āā 0,5 | Äther 2,5
Elastisches Kollodium . . . 5,0

5. Salicylsäure . . . . . . 10,0 | Milchsäure, DAB. 6 5,0
Elast. Kollodium . . . auf 100,0

6. Indisches Hanfextrakt . 2,0 | Weingeist (90%) 75,0
Salicylsäure . . . . . . 30,0 | Kollodium (4%)
Milchsäure, DAB. 6 . . 2,0 | Kollodium (2%) . . . āā 75,0
Terpentin 2,0

Schmerzstillende:

7. Salicylsäure . . . . . 10,0 | Anästhesin Ⓡ . . . . 2,0—5,0

werden gelöst in

Kollodium . . . 86,0—83,0

und dazu gegeben

Lärchenterpentin 2,0

8. Milchsäure . . . 3,0 | Chloralhydrat . . . 2,0
Salicylsäure . . . 3,0 | Lärchenterpentin . . 0,3
Kollodium 30,0

Sollen Hühneraugentinkturen *grün gefärbt* werden, verwendet man *Chlorophyll.*

Hühneraugentinktur wird zweckmäßig zur Verhinderung von Unglücksfällen mit „*feuergefährlich*" bezeichnet.

Hühneraugenpflastermasse (DD).

1. Fichtenharz, gereinigt . . 80,0 | Wachs, gelb 300,0

werden auf dem Wasserbad geschmolzen, dann zugegeben und gut verrührt

Lärchenterpentin . . 120,0 | Vaselin, gelb 160,0

Dann werden

Salicylsäure . . . . 80,0 | Anästhesin Ⓡ . . . 30,0

mit

Erdnußöl 145,0

angerieben und zur Schmelze gegeben und so lange gerührt, bis die Salicylsäure gelöst ist. Dann wird vom Wasserbad genommen, bis zum Verdicken durchgearbeitet und zugegeben:

Methylsalicylat . . . 5,0 | Perubalsam 80,0

und bis zum Erkalten gerührt.

2. Bleipflaster DAB. 6 . . . 450,0 | Terpentin, venetian. 10,0
Wachs, gelb . . . . . . 150,0 | Salicylsäure 100,0
Dammar . . . . 55,0 | Anästhesin Ⓡ 25,0
Kolophonium . . . . . 60,0 | Wollfett, wasserfrei 100,0
Medizinische Seife, pulv. . . 50,0

Die ersten 5 Bestandteile zusammenschmelzen und auf 105° erhitzen. Bei dieser Temperatur so lange rühren, bis die Schmelze nicht mehr schäumt. Salicylsäure und Anästhesin im geschmolzenen Wollfett lösen und die Seife zugeben. Diese Mischung der halberkalteten Plastermasse zugeben, gründlich durchrühren und erkalten lassen.

Salicyllanolin in Stangen.

Gelbes Wachs . . . 30,0 | Salicylsäure 2,0
Wollfett DAB. 6 . . 70,0 | Gaultheriaöl . . . 10 Tr.

Die Salicylsäure wird fein verrieben auf dem Wasserbad im Wachs-Lanolin-Gemisch gelöst und vor dem Erkalten das Gaultheriaöl zugefügt. Dann wird in Stangen gegossen und diese in Schiebedosen aus Metall oder Kunststoff abgegeben.

Salicylsäuresalbe (GOLDSCHMIDT).

Tegacid ®	20,0	Salicylsäure	15,0
Paraffinöl	10,0	Wasser, dest.	55,0

Vgl. Tegacid-Verarbeitung, S. 184.

Verwendung. Die cremig-weiße Ö/W-Emulsion findet als hornhautlösende Salbe Verwendung.

Gesichtspflege.

Siehe auch Gesichtspuder (S. 443), Hautcremes (S. 324ff.) und Hautemulsionen (S. 354) und Hautreinigungscremes (S. 340), und Hautfalten, Runzeln, Runen S. 363.

Gesichtshautpflege.

Im Gegensatz zu der übrigen Haut (vgl. S. 311) finden sich in der Gesichtshaut nur quergestreifte Muskeln, die, soweit sie der Mimik dienen, meist frei in die Haut ausstrahlen. Das Gesicht ist besonders reich an elastischen Fasern. Aus diesen Gründen ist es in besonders starkem Maße einer Verzerrung ausgesetzt. Die Muskulatur des Gesichts ist aus Abb. 195 ersichtlich.

Die gesunde Gesichtshaut muß den Einflüssen von Wind und Wetter im normalen Umfange gewachsen sein, weil verweichlichte Haut arbeitsträge ist. Übermäßige Hautabhärtung bekommt der Gesichtshaut nicht. Sie ist möglich beim Sport, im Gebirge durch Höhensonne, durch Meerwasser, Schneemassagen u. ä. Da die Haut dauernd Sekrete abscheidet, müssen diese durch sorgfältige und

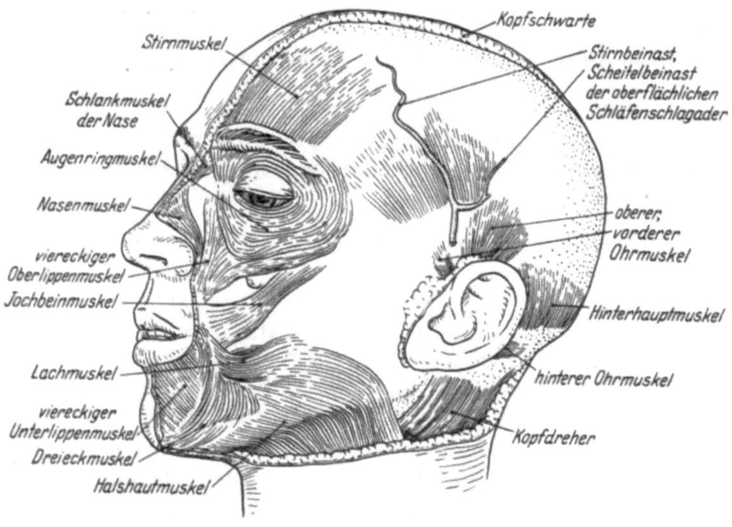

Abb. 195. Muskulatur des Gesichts. (Nach *Rauber-Kopsch*, Lehrbuch der Anatomie.)

geeignete Reinigung entfernt werden. Eine falsche Pflege der Gesichtshaut kann darin bestehen, daß diese durch übermäßige kosmetische Maßnahmen überanstrengt und gereizt wird. Derartige Überkuren beantwortet die Gesichtshaut mit Unreinheiten, sie wird schlaff und reagiert mit der Zeit überhaupt nicht mehr. Die größten Gefahren für die Gesichtshaut außer den vorgenannten sind Staub, Ruß, Rauch, auch Zigarettenrauch.

Die Neigung der Gesichtshaut, Falten und Furchen zu bilden, steigt mit fortschreitendem Alter (s. auch „Hautrelief“ S. 317). Dies ist besonders bei Frauen der Fall und hat seine Ursache in einer Degeneration des elastischen Gewebes, also in Veränderungen des feineren Baues des Hautgewebes infolge Alters. Auch die Bewegungen der mimischen Muskulatur erzeugen im Lauf von Jahrzehnten Falten und Furchen. Zunächst tritt ein Flüssigkeitsverlust ein, der *Turgor* (Innenwanddruck der lebenden Zelle) wird vermindert, ebenso die Elastizität des Bindegewebes. Auch der Begriff *Tonus* (Spannungszustand des ruhenden Muskels) wird oft von Kosmetikern fälschlicherweise auf die muskellose Haut angewandt. Der Tonus spielt bei der Verkrampfung und Entspannung eine wichtige Rolle. Der Turgor bedingt auch die Straffheit der Gewebespannung z. B. der Haut. Dieser kann straff (gut) oder schlaff (schlecht) sein und ist für die Beurteilung der Gesundheit eines Menschen aufschlußreich. Der Flüssigkeitsverlust macht die Haut *welk*. Die an die Gesichtsmuskulatur angeheftete Haut wird durch die Mimik verschoben und verzerrt, wodurch sich ebenfalls durch die Häufigkeit gleichartiger Hautverschiebungen und -verzerrungen bleibende Falten und Furchen bilden.

Auch seelische Einflüsse prägen sich auf der Gesichtshaut aus, es entstehen *Sorgenfalten*, während Witterungseinflüsse (Sonnenbestrahlung, Licht, Temperaturschwankungen, Wind) im Laufe der Jahre, besonders bei übermäßiger Beanspruchung, zu Falten führen können. Es ist bekannt, daß die Haut im allgemeinen, also auch die Gesichtshaut, ein empfindlicher Gradmesser und das sichtbare Spiegelbild für das körperliche und seelische Befinden ihres Trägers ist.

Die Kosmetik versucht die genannten Alterserscheinungen der Haut durch Anwendung geeigneter Wirkstoffe (Hormonpräparate) in Form von östrogenhaltigen Hautcremes (s. S. 337, 338) zu beheben, die eine Rückbildung der elastischen Fasern, eine erhöhte Kapillardurchblutung und neue Elastizität der leimgebenden Substanz der Haut bewirken sollen. Vorbeugend kann bei der Gesichtshaut durch Anwendung geeigneter Cremes, von Sonnenschutzmitteln, Hautölen usw. sehr viel erreicht werden. Ihre Anwendung ist also völlig begründet, besonders um Schädigungen durch Witterungsverhältnisse vorzubeugen. Bei ihrer Anwendung wird auch die für die Haut besonders schädliche Austrocknung eingeschränkt. Sind Schädigungen bereits eingetreten, so kann durch geeignete Massage und Gesichtspackungen (S. 293) viel erreicht werden. Neuerdings werden mit gutem Erfolg zur Beseitigung der Fältchen z. B. in der Augengegend Präparate mit Placentaextrakten angewandt.

Make up.

Das make up hat den Zweck, vor allem der durch häusliche und berufliche Überanstrengung abgespannten Frau wieder ein frisches und gepflegtes Aussehen zu verschaffen. Dadurch wird ihre Eigenart betont und hervorgehoben unter der Voraussetzung, daß es nicht übertrieben, sondern dezent zur Anwendung kommt. Keineswegs darf das Gesicht anschließend „angemalt“ wirken. Richtig durchgeführtes make up erfordert sorgfältige Vorbereitung der Gesichthaut, die man mit einer flüssigen Hautemulsion (Ö/W-Typ) zunächst gründlich reinigt. Anschließend kann ein erfrischendes Gesichtswasser Verwendung finden. Da zum make up vielfach färbende Erzeugnisse Verwendung finden, wird vor ihrer Anwendung eine halbfette Creme als Pudergrundlage auf dem Gesicht und am Hals verteilt. Rouge wird an der höchsten Stelle der Wange aufgetragen und der natürlichen Kurve des Backenknochens folgend verteilt. Farbränder dürfen dabei nicht mehr zu sehen sein. Nun wird das make up dünn und gleichmäßig über das *ganze* Gesicht *und* den Halsansatz aufgetragen, etwaiger Überschuß mit einem Gesichtstuch entfernt. Zur Milderung der Schatten unter den Augen wird *Lidschatten* möglichst unsichtbar auf dem Augenlid vom Wimpernansatz bis zu den Augenbrauen verteilt. *Gesichtspuder* wird nicht eingerieben, sondern mit einer sauberen Quaste oder einem geeigneten Puderbausch lediglich auf die Haut gedrückt. Überschüssiger Puder wird mit der Puderbürste wieder entfernt, so daß nur eine Puderspur zurückbleibt. Die Augenbrauen werden mit kleinen kurzen Strichen mit dem Augenbrauenstift gezeichnet, Wimperntusche auf die oberen Wimpern aufwärts, auf die unteren Wimpern abwärts aufgetragen. Das Auftragen des Lippenstiftes darf nur auf gut abgetrockneten Lippen erfolgen. Ein Zuviel wird nach einigen Minuten durch mehrmaliges Aufdrücken auf ein Gesichtstuch abgenommen.

Von größter Wichtigkeit für die Gesunderhaltung der Gesichtshaut ist die abendliche sorgfältige Entfernung der zum make up verwendeten Präparate. Gesichts- und Lippenhaut erfordern dies, um sich wieder erholen zu können.

Das Wasser.

Wasser ist das älteste kosmetische Mittel. Es bewirkt eine Quellung der Epidermis, löst die von der Haut ausgeschiedenen Stoffe (Salze, Säuren, manche Eiweißstoffe, teilweise die Fette) und beeinflußt dadurch den Stoffwechsel der gesamten Hautschichten. *Hartes Wasser* ist kosmetisch gesehen nachteilig, da es mit den Fettsäuren des Hauttalges unlösliche Kalkseifen bildet, welche die Epidermiszellen verstopfen, härten und somit als Entzündungsreiz wirken. Zur Entkalkung des Wassers verwendet man zweckmäßig Natriumhydrogencarbonat, das nach HALLA Borax vorzuziehen ist. Auch chloriertes Wasser ist selbstverständlich für die Haut nicht gut, da es bei dauernder Anwendung verschiedene Arten von Hautschäden, selbst chronische Ekzeme verursachen kann. *Zu kaltes* Wasser verleiht der Haut wohl ein rosiges Aussehen, begünstigt aber bei dauerndem Gebrauch Entzündungen und Gefäßvergrößerungen. Für alle Fälle kann bei Verwendung von *zimmerwarmem* Waschwasser bei anschließendem sorgfältigem Abtrocknen eine Hautschädigung nicht auftreten. Beim Abtrocknen der Gesichtshaut soll jedoch *übermäßiges* Frottieren vermieden werden. Sie ist ständig zahlreichen Reizen durch die Witterung ausgesetzt, so daß sie des Frottierreizes nicht bedarf. *Zu heißes* Wasser ist ebensowenig zu empfehlen. Auch Wechselwaschungen des Gesichts sind umstritten. Beide sollen die Haut welk machen, die Bildung großer Hautporen begünstigen und zur Entstehung vergrößerter Kapillaren, „geplatzte Äderchen" beitragen. Grundsatz bei der Behandlung der Gesichtshaut muß deshalb die Anwendung *milder Mittel* sein. Die Haut *soll* nicht gereizt, sondern *entreizt* werden. Billige, scharfe oder zu stark parfümierte Seifen sind für die Gesichtshaut schädlich. Zahlreiche Personen sind überhaupt seifenüberempfindlich, sie verwenden zweckmäßig als Reinigungsmittel keine Seifen, sondern Kleien, Abkochungen von Drogen (Salbei, Heublumen usw.) bzw. Medizinal-Präcutan® oder Satina®.

Gesichtscreme.

(Vgl. „Hautcremes" S. 267ff.)

1. (FÜHRER)

Stearin Luxus 54/56°	160,0	Cetylalkohol	6,0
Isopropylpalmitat	15,0	Sorbex ®	28,0
MO 33 (Sorbitan-Monooleat)	18,0	Konservierungsmittel	2,0
MS 33 (Sorbitan-Monostearat)	18,0	Dest. Wasser	750,0
Parfümöl	3,0		

2.

Hamameliswasser	40,0	Laceranum ® anhydricum	60,0

werden zu einer Creme verarbeitet. S. Laceranum anhydricum-Verarbeitung S. 125.

3. *Creme bei Finnenausschlag.*

Eukalyptusöl	10,0	Vaselin	41,0
Parachlormetakresol	1,5	Lanolin	12,5
Bienenwachs	5,0	Paraffin, flüssig	30,0

Gesichtsdampf.

Der Gesichtsdampf, wie er auch für medizinische Zwecke als Kamillendampf durchgeführt wird, findet auch in der Schönheitspflege unter Verwendung von Kamille, Pfefferminze, Salbei, Lindenblüten und Heublumen Anwendung. Die Haare werden mit einem Handtuch zurückgebunden, nach dem Abtrocknen wird mit kaltem Wasser kurz nachgewaschen und erneut getrocknet. Das Gesichtsdampfbad ist deshalb ein überzeugendes Schönheitsmittel, weil es mühelos anzuwenden ist, gründlich reinigt, das Gewebe vollkommen entspannt, Poren, Schweiß- und Talgdrüsen öffnet, also in die Tiefe dringt. Außerdem wird der Haut die für ihr Aussehen so wichtige Feuchtigkeit, und zwar in Dampfform, zugeführt. Auch Drogen mit flüchtigen Bestandteilen (Kamillen, auch römische, Rosmarin, Schafgarbenblüten, Salbeiblätter, Lavendelblüten) finden Verwendung, jedoch sind solche ohne flüchtige Bestandteile hierzu sinnlos. Dadurch wird die Blutzirkulation sehr stark angeregt und eine Belebung sämtlicher Hautfunktionen erreicht. Trotzdem sollen Gesichtsdampfbäder nicht zu häufig, nicht zu lange und nicht zu stark angewandt werden. Bewährt hat sich die Methode, daß man jeden sechsten Tag dreimal hintereinander ein Gesichtsdampfbad nimmt, dann 4 Wochen aussetzt. Die Dauer soll 5 bis 7 Min. nicht überschreiten, da bei längerer Dampfeinwirkung eine Hauterschlaffung eintritt. Nach dem Dampfbad wird das Gesicht mit warmem Wasser zur Entfernung der ausgeschwitzten Hautsekrete abgewaschen und anschließend eine gute Fettcreme eingeklopft. Ein praktisches Gerät der Industrie ist SPRENGERs *Gesichtssauna* (Abb. 196), die das Gesichtsdampfbad von allem Lästigen und Unsauberen befreit. Der durchsichtige Trichter mit weichem Gummirand ist mit einem Griff jeder Gesichtsgröße anpaßbar und gewährleistet den Schutz der Frisur vor dem Dampf. Hersteller: Albin Sprenger, St. Andreasberg/Harz. Ein hochwertigeres Gerät, das für die kosmetische Behandlung der Kunden in Frage kommt, ist der *VAPOZONE*-Apparat, dessen Nebel bzw. seine physiologischen Wirkungen sich aus folgenden Komponenten zusammensetzen:

Abb. 196. SPRENGERs Gesichtssauna.

1. Die Wärmewirkung des durch Ionisation vernebelten Wasserdampfes,
2. der Gaswirkung von Ozon und seinen Zerfallsprodukten,
3. der Ultraviolett-Strahlung, die beim Ozonzerfall entsteht.

[Alleinvertrieb für Deutschland: Heinz Walterscheidt KG., Lindau (B.)].

Gesichtsmasken. Gesichtspackungen.

Gesichtsmasken gehören zu den beachtlichsten Schönheitsmitteln, wenn sie richtig angewandt werden. Ihre Wirkung beruht auf einer Wärmestauung durch die festanliegende Maske, wodurch erhöhte Durchblutung der Haut und eine Verbesserung ihres Stoffwechsels erzielt wird. Die Anfertigung der Masken erfordert eine gewisse Erfahrung, sie dürfen nicht zu fest sein, aber auch nicht tropfen. Vor dem Anlegen der Maske ist die Gesichtshaut sorgfältig mit warmem Wasser zu reinigen, die Augenpartien werden ausgespart, während das Kinn auslaufend bis zum Hals mit der Maske bedeckt wird. Zweckmäßig werden die Masken liegend aufgetragen. Jedes Sprechen oder Lachen muß vermieden werden, da sonst die dabei entstehenden Falten durch die Maske fixiert werden. Man läßt die Masken je nach Vorschrift 10 bis 30 Min. einwirken.

1.

Tylose ® mittelviscos	2,0	Wasser	43,0
Karion ® F flüssig	5,0	Kolloid-Kaolin	50,0

Nipagin ® . . . . nach Bedarf

2. (Führer)

Tyloselösung (5%ig) S 100	250,0	Bolus alba	220,0
Karion ® F flüssig	30,0	Kao-Gel	25,0
Aluminiumhydroxyd	285,0	Hamameliswasser	190,0
		Nipagin ® M.	4,0

3. *Gesichtsmaske, vegetabilische* (Rothemann).

Aerosil ®	50,0	Weizenkeimmehl, stabilisiert	450,0

Magermilchpulver 500,0

werden innig gemischt.

Soll parfümiert werden, werden 2 bis 3 g Lavendelöl Barrême mit Aerosil verrieben 1 kg Pulvermischung zugesetzt.

Verwendung. Als biologisch hochwirksame Gesichtsmaske, die den gesamten Vitamin-B-Komplex enthält. 1 Eßlöffel mit warmem Wasser, dem 10% Glycerin oder Karion F flüssig zugesetzt wurde, zu einem streichbaren Brei anreiben, in dicker Schicht auftragen, nach 10 bis 15 Min. mit warmem Wasser abwaschen.

4. *Gesichtspackung* (Rothemann).

Gegen schlaffe Haut und zur Reinigung fettiger Haut.

Weizenkeimmehl, stab..	350,0	Amylatin ® Dr. Grandel	300,0
Sojamehl	300,0	Aerosil ®	50,0

Azulen, Öllösung (10%) . . 2,0

Azulenlösung mit dem Aerosil innig verreiben, dann die anderen Pulver daruntermischen.

Verwendung. Vor Gebrauch mit warmer Milch zu einem streichbaren Brei anteigen und 2 bis 3 mm dick auftragen. Nach 10 bis 15 Min. mit warmem Wasser abwaschen. Dann wenig Fettcreme einmassieren.

5. *Sauerstoff-Gesichtsmaske.*

a)

Talcum	500,0	Ton, weiß	150,0
Infusorienerde	250,0	Natriumperborat	100,0

b) *mit Seesand:*

Talcum	300,0	Ton, weiß	150,0
Infusorienerde	250,0	Seesand	200,0

Natriumperborat 100,0

Die erdigen Bestandteile müssen völlig wasserfrei und steril sein, sie sind vorher entsprechend zu erhitzen.

6. *Gesichtsmaskencreme* (Kalle).

a)

Tylose ® SL 400	5,0	Pflanzliches Öl	5,0
Rosenwasser	80,0	Kaolin kolloidal	3,0
Traubenzucker	5,0	Glycerin	2,0

b)

Tylose ® SL 25	2,0	Aluminiumhydroxydgel	30,0
Hamameliswasser	38,0	Glycerin	5,0
Magnesiumhydroxyd, frisch gefällt	20,0	Zinkoxyd	5,0

Gesichtsemulsion. Gesichtsmilch.

(Siehe a. Hautemulsionen, flüssig, S. 354.)

1. (Anorgana). Lanogen ® C . . . 5,0

werden verschmolzen mit

Rizinusöl . . . 5—10,0

und eingerührt

Dest. Wasser . . 90—85,0

Mit einigen Tropfen Citronensäurelösung (3%) wird sauer eingestellt.

2. Tiefenwirksame, hautschonende und reizlos verträgliche Reinigungsemulsion.

A. Stearin I a, dreifach gepreßt . 30,0	Wollfett, wasserfrei DAB. 6 . . . 15,0
Walrat DAB. 6 10,0	Vitaminöl nach Dr. GRANDEL . . 100,0

Isolinolsäureester . . 5,0

B. Dest. Wasser (oder Rosenwasser) 1000,0	Triäthanolamin, rein 14,0

C. Parfümöl (Fruchttyp) . . 2,0

A. wird im Wasserbad zusammengeschmolzen, auf 70° erwärmt, B. wird auf 75 bis 80° erhitzt, dann wird B. in A. unter innigem Rühren in dünnem Strahl gegeben; wenn die gebildete Emulsion auf etwa 40° abgekühlt ist, wird C. eingerührt. Soll die Emulsion dickflüssiger sein, wird der Wasserzusatz auf 830 ccm ermäßigt.

Nach dem maschinellen Homogenisieren verdünnt sich die Emulsion scheinbar, verdickt sich aber wieder nach 24stündigem Stehen.

3. Emulgade ® F. 2,0	Nipagin ® M. . . 0,15
Cetiol ® . . . 8,0	Parfümöl 1,5

dest. Wasser . . . auf 100,0

Zunächst Nipagin M im Wasser kochend heiß und vollständig lösen. Emulgade mit Cetiol zusammen schmelzen und die auf 70° abgekühlte Nipagin-Lösung langsam einrühren. Parfümöl bei 40° zusetzen, kalt rühren, homogenisieren.

4. (GOLDSCHMIDT)	Glycerin 250,0
Emulgator 157 . . 80,0	Ölsäure 30,0
Wasser, dest. . . . 620,0	Benzoetinktur . . 20,0

Dünnflüssige, gelbliche Ö/W-Emulsion.

Herstellung s. Emulgator-157-Verarbeitung S. 274.

5. (Tempelhof)	Flüssiges Paraffin . . 15,0
PF-Grundlage . . . 11,0	Dest. Wasser 74,0

Herstellung. Siehe PF-Grundlage-Verarbeitung S. 143.

6. *Nicht fettend*, Typ Ö/W (DEHYDAG).

Emulgade F ® 2,0	Glycerin oder Karion ® F flüssig 3,0
Eutanol ® G oder Cetiol ® V 3,0	Wasser 92,0

Konservierungsmittel und Parfüm . . . . nach Bedarf

7. *Gurkenmilch. Lait de Concombre. Milk of cucumber* (NOWAK).

Lanette ® MC oder Triäthanolaminstearat . . 30,0	Paraffinöl 20,0
Emulgade ® F 5,0	Mandelöl 30,0
Emulgade ® F Spezial. 5,0	Wollfett, wasserfrei. 20,0
Avocadoöl 50,0	Karion ® F flüssig, Sionit ® K flüssig oder Sorbex ® 40,0
Cosbiol A, vitaminisiert 50,0	Nipagin ® M 2,0
Fruitex-Gurke 50,0	Parfüm
Wasser, dest. 695,0	(z. B. Concombre 6115 LASERSON) 3,0

Herstellung. Siehe Lanette-Verarbeitung S. 126.

8. *Lilienmilch, Eau de Lis.* (JANISTYN).

Titandioxyd	1,0	Glycerin	2,0
Kaolin, extra fein	1,0	Rosenwasser	96,0

(Etwa 10% des Rosenwassers können durch 2%ige Natriumalginatlösung ersetzt werden.)

Gesichtsmassage.

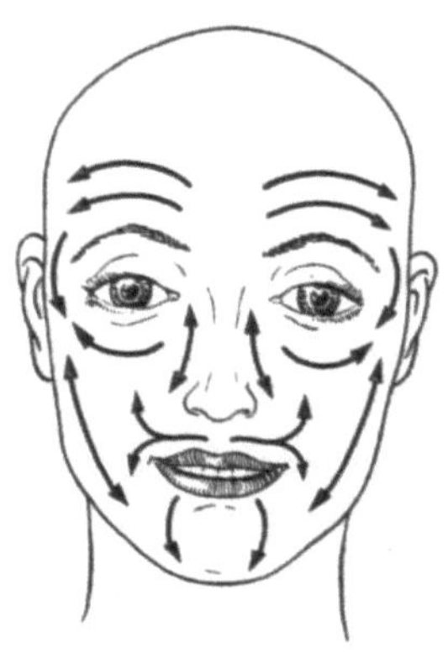

Abb. 197. Anleitung zur Gesichtsmassage. (Nach *Zieler-Siebert*.)

Bei der Gesichtsmassage nach ZIELER/SIEBERT ist die Richtung, in der sie vorgenommen wird, von großer Bedeutung (Abb. 197). Die Abbildung zeigt eine Anleitung unter Benutzung der Bilder von PASCHKIS und POSPELOW. An den Stellen mit Pfeilen nach beiden Seiten soll nach beiden Richtungen massiert werden. Nach der Massage folgt ein Abnehmen von überschüssigem Massageöl mit dem Gesichtstuch, so daß nur eine Spur Fett zurückbleibt. Ein Erfolg sinnvoller Gesichtsmassage ist nur dann zu verzeichnen, wenn sie durch viele Wochen und richtig durchgeführt wird.

Gesichtsröte.

Die Gesichtsröte tritt hauptsächlich in zwei Formen auf: einer örtlichen Erweiterung der Hautkapillaren oder einer diffusen Rötung. Häufig bestehen beide Formen nebeneinander. Die ersten Anfänge zeigen sich meist nach Erfrierungen, übermäßiger Sonnenbestrahlung oder durch die Wirkung eines scharfen Luftzugs. Wird derartig geschädigte Gesichtshaut nicht behandelt und ausgeheilt, kann es zur *Kupferfinne Acne rosacea*, einer bleibenden Röte auf dem Nasenrücken und beiden Wangen kommen. Die Behandlung dieses entstellenden Leidens ist besonders in fortgeschrittenen Fällen sehr schwierig. Personen, die zur Gesichtsröte neigen, ist deshalb anzuraten, ihr Gesicht unter allen Umständen gegen zu starke Einwirkung von Sonne, Wind, Hitze und Kälte zu schützen.

Gesichtswässer.

Gesichtswässer dienen der Reinigung der Gesichtshaut und sollen der Bildung von Hautunreinigkeiten und Mitessern vorbeugen. Früher wurden meist alkalische Gesichtswässer verwendet, während man neuerdings diese zur Schonung des Säuremantels der Haut sauer mit einem p_H-Wert von 5 einstellt. Die zur Verwendung kommenden milden Säuren wirken auf die Haut anregend und gleichzeitig antiseptisch. Damit die Gesichtswässer die Haut weder zu stark entfetten noch ihr zuviel Wasser entziehen, soll ihr Alkoholgehalt 20 bis 30% nicht übersteigen. Als antiseptische Zusätze finden Borsäure, Chinosol und die p-Oxybenzoesäureester Verwendung. Als adstringierende Mittel, welche eine übermäßige Absonderung von Hauttalg vermeiden und der Erweiterung der Hautgefäße entgegenwirken sollen, werden vor allem Aluminiumsalze und die Tinkturen von Salbei- und Bärentraubenblättern gebraucht. Zu ihrer Parfümierung werden Pflanzendestillate (Rosenwasser, Orangenblütenwasser usw.) herangezogen.

Man kann die Gesichtswässer in drei Gruppen einteilen:

1. Gesichtswässer für den allgemeinen Gebrauch bei normaler Haut,
2. Gesichtswässer zur Beseitigung von Hautunreinheiten wie Mitessern, Pickeln usw.,

3. Gesichtswässer mit reinigender Tiefenwirkung bei besonders fettabsondernder (seborrhöischer) Haut.

Als Lösungsmittel in Gesichtswässern finden Äthyl-, Isopropyl- oder n-Propylalkohol Verwendung, außerdem enthalten sie reinigende, adstringierende, desinfizierende und die Haut pflegende Stoffe.

Gesichtswässer.

1. (SÖFW) Polyvitamin-Konzentrat 1,0 | Weingeist (90%) 49,0
Menthol . . . . 0,5 | Dest. Wasser 49,0
Kampfer . . . . 0,5 | Parfüm . . . . nach Bedarf

2. Weingeist (30%) . . 90,0 | Rosenwasser, 10fach . . 2,0
Hamameliswasser . . 5,0 | 1,2 Propylenglykol . . . 3,0

3. Normolactol ®. . . . 0,5 | Rosenwasser, 10fach . . 3,0
Glycerin . . . . 1,5 | Hamameliswasser . . . 5,0
Weingeist (30%) 90,0

4. Salicylsäure . . . . . 0,1 | Hamameliswasser . . . 20,0
Glycerin . . . . 2,9 | Rosenwasser, 10fach . . 2,0
Weingeist (40%) 75,0

5. Essigsäure (96%) DAB. 6 . . 1,0 | Citronensäure DAB. 6 0,5
Milchsäure DAB. 6 . . . . 0,5 | Weingeist (95%) 25,0
Dest. Wasser 73,0

6. (DDZ) *Adstringierend.*
Weingeist (95%) . . . . 243 ccm | Aluminiumlactat 5,0
Lavendelöl „Barrême“ . . . . 1,5 | Karion ® F flüssig. . . . . . 50 ccm
Geraniumöl „Bourbon“ . . . . 0,5 | Kamillenblütentinktur . . . . 20 ccm
Dest. Wasser . . . . 600 ccm | Salbeiblättertinktur . . . . . 40 ccm
| Bärentraubenblättertinktur . . 40 ccm

Gesichtswasser (DRAGOCO).

	1.	2.	3.	4.	5.	6.
Alkohol (94 Gew.-%) .	300,0	330,0	350,0	350,0	400,0	450,0
Borsäure	—	10,0	—	—	5,0	—
Extrapon-Kamille . .	—	—	30,0	15,0	—	20,0
Glycerin 28° Bé . . .	50,0	30,0	25,0	20,0	10,0	50,0
Kampfer synth. DAB. 6	—	—	—	5,0	10,0	10,0
l-Menthol DRAGOCO.	—	1,0	—	—	—	2,0
Milchsäure (85%) . .	20,0	—	—	—	—	15,0
Oxychinolinsulfat . .	—	—	—	—	—	5,0
Parfümöl	5,0	5,0	5,0	5,0	5,0	5,0
Triäthanolamin . . .	—	—	5,0	—	—	—
Hamameliswasser . .	—	324,0	—	305,0	—	195,0
Wasser, dest.	625,0	300,0	585,0	300,0	570,0	248,0

Vorschrift 1 bis 3 für normale Haut, Vorschrift 4 bis 6 für unreine Haut (Mitesser, Pickel usw.).

Gesichtswasser.

1. (FÜHRER) Weingeist (95%) . . 385,0 | Karion ® F flüssig 30,0
Dest. oder Rosenwasser . . . 475,0 | Lavendelblütenwasser 30,0
Hamamelisextrakt (Destillat). . 70,0 | Borsäure 8,0
Milchsäure DAB. 6 2,0

2. (Keimdiät) Weingeist (95%) . . 385,0
Dest. Wasser. 475,0
Polyvitamin-Konzentrat. . . . 10,0
Sorbit oder Glycerin. 30,0
Lavendelblütenwasser 30,0
Borsäure 8,0
Milchsäure 2,0

3. (ROTHEMANN) Salbeitinktur 50,0
Stiefmütterchentinktur . . 50,0
Extrapon Hamamelis, dest., farblos, spezial . . 10,0
Wasser, dest. 700,0
Milchsäure, rein (80%) . . . 3,0
Aluminiumlactat 10,0
Karion ® F flüssig 30,0
Weingeist (95%) 105,0
Parfümöl (z. B. 6338 Florette LL DRAGOCO) 2,0

4. *Mild adstringierend.*

Weingeist (95%) . . . . 243 ccm
Lavendeöl Barrême 1,5
Geraniumöl Bourbon 0,5
Dest. Wasser . . . . 600 ccm
Karion ® F flüssig. . . . . . 50 ccm
Aluminiumlactat oder Aluminiumacetotartrat . . . 5,0
Kamillentinktur . . . . 20 ccm
Salbeitinktur . . . . 40 ccm
Bärentraubenblättertinktur . . 40 ccm

Biologisches Gesichtswasser (NOWAK).

Honiglösung „M 2 Woelm“ 50,0
Blutegelextrakt 10,0
Natriumchlorid 10,0
Borax 5,0
Glycerin 80,0
Tormentilltinktur 5,0
Milchsäure 8,5
Kölnisch Wasser-Öl, russ. 5,0
Triäthanolamin 5,0
Gurkensaft 100,0
Dest. Wasser 220,0
Wacholderbranntwein (etwa 45%) . . 500,0
Nipagin ® M 1,5

Den Borax und das Nipagin im Glycerin auf dem Wasserbad durch Erwärmen lösen. Die Lösung dem Gemisch der ätherischen Öle, der Tormentilltinktur, dem Triäthanolamin und dem Wacholderbranntwein zusetzen. Dann der Mischung die zweite aus Honiglösung, Blutegelextrakt, Milchsäure und das im Wasser gelöste Kochsalz nebst dem Gurkensaft beigeben.

Gesichtswasser gegen Unreinheiten und Fettglanz der Haut.

1. Resorcinmonoacetat . . . 1,5
Weingeist (95%) 60,0
Wasser, dest. 37,5
Riechstoffe 1,0

2. Salicylsäure 1,0
Euresol ® 1,0
Hamamelisfluidextrakt . . 10,0
Glycerin 5,0
Rosenwasser
Weingeist (90%) . . ää auf 100,0

Kummerfeldsches Waschwasser.

Kampfer 6,0
Präzipitierter Schwefel . . 25,0
Tyloseschleim 4%ig aus Tylose ® SL 400 . 20,0
Kalkwasser . . . . . auf 200,0

Gesichtswasser, Mitesser erweichend.

1. Triäthanolamin . . 0,5
Karion ® F flüssig. 4,0
Weingeist (96%) . . 33,0
Riechstoffe . . . . 0,5—1,0
Wasser, dest. . . . 62,0

2. Triäthanolamin. 5,0
Karion ® F flüssig 40,0
Hamamelisextrakt-Destillat . 25,0
Arnikatinktur DAB. 6 25,0
Kölnischwasseröl, terpenfrei . . . 5,0
Weingeist (30%) 900,0

3. Triäthanolamin NG . . 1,0
Rosenwasser, 10fach . . 2,0
Weingeist (30%) 97,0

Gesichtswasser (DRAGOCO).

mit reinigender Tiefenwirkung bei besonders talgabsondernder Haut.

	1.	2.	3.
Alkohol (94 Gew.-%)	200,0	250,0	300,0
Extrapon-Kamille	20,0	50,0	30,0
Glycerin 28° Bé	50,0	25,0	20,0
l-Menthol DRAGOCO	1,0	1,0	—
Parfümöl	5,0	5,0	5,0
Triäthanolamin	5,0	4,0	10,0
Rosenwasser	200,0	—	—
Wasser, dest.	519,0	665,0	635,0

Hamamelis-Kampfer-Gesichtswasser.

1.

Borax	6,0	Weingeist (95%)	120,0
Hamamelisextrakt-Destillat	50,0	Karion ® F flüssig	10,0
Kampfergeist	40,0	Dest. Wasser	auf 500,0

2. (H. Führer)

Weingeist (95%)	450,0	Borsäure	15,0
Hamamelisextrakt, dest.	140,0	Kampfer	6,0
Rosenwasser	130,0	Dest. Wasser	185,5
Karion, ® F flüssig	70,0	Parfüm Lotion 44 (L. G.)	3,5

Die Borsäure und der Kampfer werden im Weingeist gelöst, ebenso das Parfüm.

Kampfer-Gesichtswasser, klar bleibend.

Kampfer	2,5	Weingeist (95%)	100,0
Glycerin	2,5	Parfümöl	2,5

Wasser, dest. . . . 142,5

Gesichtswasser-Parfüm.

1. (Janistyn).

Komplex „Opoponax“	40,0	Nerol, extra	4,0
Komplex „Muguet“	10,0	Rosenwasserblütenöl, echt.	4,0
Komplex „Flieder“	1,0	Bouvardia (NAEF)	2,0
Jasmophore P (NAEF)	10,0	Methyljonon Gamma	3,0
Bergamottöl, tsf.	6,0	Santalol	5,0
Rhodinol, extra	3,0	Aldehyd C 11 (10%)	1,0
Phenyläthylalkohol	10,0	Cyclopentadecanolid	1,0

Von diesem Parfüm werden Gesichtswässern 0,1 bis 0,3% zugesetzt.

2. (H & R). Mit fruchtig-frischer Note, auch für Rasierwässer geeignet.

Rosodor M H & R	425,0	Santalylacetat	30,0
Rose Centifolia	125,0	Irozon extra H & R	65,0
Rosophyll E H & R	145,0	Dianthoflor A	50,0
Geraniumöl afrik. nard.	35,0	Vert de Violette künstl.	35,0
Guajylacetat	40,0	Ananaskörper Nr. 4716	20,0
Vetiverylacetat	30,0	Muscolid 10%	10,0

3. Bittersüß, mit unaufdringlicher blumiger Note, auch zur Parfümierung von Haarwässern geeignet.

Rose Centifolia	200,0	Dianthoflor A	30,0
Mugoflor S	150,0	Farnesia H & R	30,0
Lilazone E H & R	150,0	Jonquille kstl.	40,0
Jasminol W	180,0	Orangenblüte kstl.	30,0
Rosodor M	60,0	Ketonmoschus	30,0

Parfümöl Fougère (H & R).

Für Lotionen, Gesichts- und Rasierwässer.

Fougère alpine 6205 H & R.	500,0	Vetiveröl nard.	30,0
Vert de Fougère	10,0	Mousse soluble H & R	100,0
Cedrozon E H & R	75,0	Heliotropin	60,0
Jasminol W	60,0	Ambra flüssig, kstl.	20,0
Rose Cent. kstl.	50,0	Ketonmoschus	30,0
Farnesia H & R	25,0	Ambrettemoschus	10,0

Moschustinktur echt 3%ig . . 30,0

Gesichtswasser-Parfümöl (SÖFW).

1. Mugoflor S	400,0	Rosenöl, bulg.	20,0
Lilazone E	150,0	Irozon extra H & R	90,0
Farnesia H & R	25,0	Mousse soluble	50,0
Resedaketon H & R	152,0	Ambra flüssig	25,0
Rose Cent.	80,0	Ketonmoschus	35,0

Das Parfümöl erhält durch Resedaketon eine unvergleichliche Frische. Der Grundcharakter ist rosiger Natur, wirkt aber weder langweilig noch aufdringlich.

2. Bergamotteöl Reggio	100,0	Mugoflor S	75,0
Linalylacetat extra	100,0	Trefolia H & R	80,0
Neroli kstl.	70,0	Costuswurzelöl 1%ig	10,0
Aldehydine C	45,0	Patchouliöl	15,0
Agrumenaldehyd H & R	5,0	Vetiverylacetat	20,0
Lavendelöl Barrême	20,0	Mousse de Chêne semidécol 5%ig	25,0
Iraldein 100%	100,0	Sylveol H & R	5,0
Dianthoflor A	35,0	Ambrettemoschus	20,0
Jasminol W	50,0	Muscozon extra H & R	10,0

Muscolid 10% 15,0

Kölnischwasserartige Kopfnote mit sehr angenehmer und erfrischender Aldehydspitze. Der Duft wird auf der Haut gut fixiert.

Mittel gegen Gesichtsschweiß.

1. Natriumbenzoat	8,0	Citronenwasser	20,0
Lavendelwasser	20,0	Myrrhentinktur	20,0
Pfefferminzwasser	20,0	Seifenrindentinktur Erg.-B. 6	20,0

Verwendung. 1 Teelöffel bis 1 Eßlöffel voll auf eine Schüssel Waschwasser.

2. Das tägliche Abwaschen mit Satina-Schaum, den man zunächst mit den Händen herstellt, auf das Gesicht aufträgt und nach $^1/_4$stündiger Einwirkung wieder abwäscht, hat sich ebenfalls bewährt. Anschließend werden kalte Kompressen mit Salbeitee (10,0 : 200,0) aufgelegt und diese $^1/_2$ Std. liegen gelassen. Zunächst täglich, dann jeden zweiten Tag.

Lippenpflege.

Die Lippen bestehen aus Schwellgewebe, einem reichlich mit Blutgefäßen versorgten Bindegewebe. Ihre Oberfläche bildet eine feste, bis an den Lippensaum reichende Schleimhaut, welche durch die Tätigkeit von Talg- und Schleimdrüsen geschmeidig erhalten bleibt. Durch Temperatureinflüsse oder reizende Stoffe, selbst zu stark aromatisierte Mundwässer, können sich auf der Lippenschleimhaut Borken, Krusten oder gar Einrisse bilden. Gegenüber UV-Strahlen sind sie besonders empfindlich, weil ihnen die schützende Hornschicht der Epidermis fehlt. Besonders im Hochgebirge leiden deshalb die Lippen oft besonders, wobei häufig ein Sonnenbrand mit folgenden Eiterungen entsteht. Gewohnheitsmäßiges ständiges Belecken der Lippen führt infolge der ständigen Feuchtigkeitsverdunstung zu Trockenheit und Aufspringen. Die Behandlung erfolgt mit milden Salben oder Lippenpomade und vor allem im Weglassen der Schädlichkeiten.

Faulecke.

Mit Faulecke, *Angulus infectiosus*, bezeichnet man in den Mundwinkeln bei Erwachsenen und Kindern durch Streptokokken oder andere Bakterien entstandene Rötung mit Einrissen und Krustenbildung. Auch durch soor- und hefeartige Pilze können bei schlecht ernährten Erwachsenen ähnliche Einrisse entstehen. Da die Faulecken ansteckend sind, soll man Eß- und Trinkgeschirr nicht mit damit Behafteten teilen. Auch durch Küssen können sie übertragen werden. Im Anfangsstadium behandelt man Faulecken durch Betupfen mit Wasserstoffsuperoxydlösung (3%) und Einpudern nach sorgfältigem Abtrocknen mit gutem Wundpuder.

Lippenpomade.

	1.	2.	3.
Wachs, weiß . .	30,0	20,0	100,0
Walrat	10,0	20,0	—
Mandelöl, süß . .	60,0	60,0	—
Vaselin, weiß . .	—	—	100,0
Vaselinöl	—	—	4,0
Rosenöl	0,1	—	0,25
Carmin	—	—	1,0

Konserviert wird mit Nipagin ® M (0,3%), das in der heißen Fettschmelze gelöst wird.

Soll die Lippenpomade in Tuben gefüllt werden, werden statt 60 g Mandelöl 80 g genommen.

Statt Rosenöl kann auch mit einer Mischung aus 0,5 g Bergamottöl mit 0,5 g Citronenöl parfümiert werden, die kurz vor dem Ausgießen (s. S. 79) zugegeben wird.

Zu 1. Die drei ersten Bestandteile werden auf dem Wasserbad zusammengeschmolzen und nach einigem Abkühlen vor dem Ausgießen das Rosenöl darunter gemischt. Zu 3. Wachs und Vaselin auf dem Wasserbad schmelzen, das Carmin mit der Schmelze anreiben, dann Vaselinöl und Rosenöl zugeben und ausgießen (s. S. 79).

Zum Rotfärben der Vorschrift 1 und 2 verwendet man 0,1% öllösliches Alkannin.

Lippenpomade bei aufgesprungenen Lippen.

Raluben ®	0,025	Wollfett, wasserfrei . .	5,0
Anästhesin ® . . .	1,0	Hartparaffin	10,0
Kampfer	3,0	Benzoetinktur	10 Tr.
Kakaobutter	80,0		

Das Raluben wird in einem Teil der Fettschmelze eingearbeitet und in der warmen Mischung der Kampfer gelöst. Dann die Benzoetinktur zugegeben, bis zur Erstarrungsgrenze der Flüssigkeit gerührt und vor dem Erstarren in Formen gegossen (s. S. 79).

Lippensalbe.

Kakaobutter I a . . .	20,0	Zeresin	10,0
Walrat	15,0	Wollfett, wasserfrei . .	10,0
Bienenwachs, weiß . .	10,0	Cetiol ®	45,0

Lippenstiftmasse.

	1.	2.	3.	4.	5.	6.
Bienenwachs	24,0	31,0	15,0	15,0	26,3	16,5
Paraffin	6,0	5,0	20,0	4,0	9,4	16,5
Stearin	6,0	—	10,0	—	—	—
Cetylalkohol	4,0	—	2,0	—	4,2	1,0
Walrat	8,0	—	—	—	—	—
Lanolin	8,0	26,0	5,0	—	7,4	23,0
Vaselin	—	—	2,0	47,0	42,1	3,5
Schweinefett	12,0	—	—	—	—	—
Rizinusöl, gehärtet	20,0	—	24,0	—	—	—
Kakaobutter	10,0	7,0	—	9,0	—	—
Farblacke	—	10,0	—	—	—	6,0
Eosinfarbstoffe	—	2,5	—	—	—	1,5
Butylstearat	—	5,0	—	—	—	—
Sesamöl	2,0	—	—	—	—	—
Corps d'Enfleurage	—	8,5	—	—	—	—
Rizinusöl	—	4,0	—	3,0	—	—
Zeresin, weiß	—	—	—	23,0	5,3	—
Parfüm	—	0,9	—	—	—	—
Konservierungsmittel	—	0,1	—	—	—	—
Carnaubawachs	—	—	2,0	—	—	—
Vaselinöl	—	—	—	—	5,3	—
Maisöl	—	—	—	—	—	2,0

1. nach GOODMANN; 2. nach CHILSON; 3. nach GOODMAN; 4. nach GATTEFOSSÉ; 5. nach WINTER; 6. nach JANISTYN.

7. (Esperis).			
Lanocerina	20,0	Vitabiosol	10,0
Mandelöl, hydriert	10,0	Kakaobutter	5,0
Wachs, weiß	10,0	Carnaubawachs	5,0
Rizinusöl, hydriert	20,0	Cetylalkohol	50,0

(DEHYDAG).	8.	9.
Stearylalkohol	11,0	7,0
Weißes Bienenwachs	11,0	7,0
Luxusstearin (3 × gepreßt)	2,75	1,75
Hartparaffin (72°)	19,25	12,25
Wollfett, wasserfrei	4,40	2,80
Carnaubawachs	4,4	2,8
Paraffinöl	2,2	1,4
Oleylalkohol, chem. rein	35,0	35,0
Comperlan ® HS	—	20,0
Tetrahydrofurfurylalkohol	10,0	10,0
Eosinsäure	10,0	1,5
Pigmentfarbe	6,0	6,0
Parfüm	nach Bedarf	nach Bedarf

Herstellung. *Zu 1.* Die Eosinsäure im Oleylalkohol auf dem Glycerinbad bei etwa 140° lösen, die Lösung gegebenenfalls filtrieren. Die Pigmentfarbe mit dem Tetrahydrofurfurylalkohol anreiben bzw. lösen. Die übrigen Fettstoffe und wachsartigen Substanzen auf dem Wasserbad schmelzen und mit den beiden vorgenannten Zubereitungen vereinigen. Die fertige Masse gegebenenfalls noch flüssig walzen und anschließend in Formen gießen. Die fertigen Stifte kurz durch eine kleine Flamme ziehen. *Zu 2.* Die Eosinsäure im Comperlan und einem kleinen Teil des Oleylalkohols bei 95° auf dem Wasserbad lösen. Die Pigmentfarbe im Tetrahydrofurfurylalkohol und dem restlichen (größeren) Anteil des Oleylalkohols anreiben bzw. lösen, dann fortfahren wie bei Herstellung zu 1.

Die **Verwendung des Lippenstiftes** ist für den Tag und für den Abend verschieden. Da die meisten Hersteller von Lippenstiften den Tönen ihrer Erzeugnisse verschiedene Bezeichnungen geben, soll die nachstehende Tabelle aus dem LEICHNER-Brevier der Firma L. Leichner, Berlin-Dahlem, Anhaltspunkte geben.

Tabelle.

Teint	Haarfarbe	Lippenrot	
		für den Tag	für den Abend
blaß	blond	mandarine	vision
frisch	blond	kirschrot	dunkelrot
brunette	blond	incarnat	vision
blaß	braun	incarnat	kirschrot
frisch	braun	cyclamen	granat
brunette	braun	incarnat	kirschrot
blaß	tizian	incarnat oder vision	kirschrot
frisch	tizian	kirschrot	kirschrot
brunette	tizian	dunkelrot	kirschrot
blaß	schwarz	vision	granat
frisch	schwarz	kirschrot	kirschrot
brunette	schwarz	dunkelrot	kirschrot
blaß	grau	orchidée	mandarine-rosée
frisch	grau	koralle	television
brunette	grau	mandarine	incarnat

Handpflege. Manicure.

(s. a. „Die Haut“ S. 311 und „Nagelpflege“ S. 434ff.).

Durch die besonders starke und ständige Beanspruchung bei der täglichen Arbeit sind die Hände vielen von außen einwirkenden Schädigungen in hohem Maße ausgesetzt. Ihre Pflege bedarf deshalb besonderer Sorgfalt und ist auch für den Drogisten selbst unerläßlich.

Agar-Agar-Gelee.

Agar-Agar . . . . . 2,0 | Wasser, dest. 73,0
Glycerin DAB. 6 . . 25,0

Agar-Agar wird zunächst in siedendem Wasser gelöst, dann das Glycerin zugemischt und bis zum Erkalten gerührt. Konserviert wird mit Nipagin® M 0,2%.

Alginatcreme.

Calciumchlorid . . . 0,15 | Nipagin ® M . . . 0,2
Natriumalginat . . . 2,0 bis 3,0 | Glycerin 45,0
Dest. Wasser . . auf 100,0

Das Nipagin wird im Wasser kochend heiß und vollständig gelöst und der Lösung das Calciumchlorid zugesetzt. Das Natriumalginat wird mit dem Glycerin gemischt und die wäßrige Lösung zugefügt. Dann wird zur Erzielung einer homogenen Mischung gerührt, was nach einigen Stunden eintritt.

Arnika-Toilette-Glycerin.

Arnika, homöop. Urtinktur . . 30,0 | Glycerin DAB. 6 370,0
Rosenwasser DAB. 6 600,0

Die Arnika-Urtinktur wird im Glycerin gelöst und dieser Mischung das Rosenwasser unter Umschütteln zugegeben, dann wird filtriert.

Bor-Glycerin-Cold-Cream „Lanette“ (DEHYDAG).

Lanette ® N . . . . 12,0 | Borsäure 2,0
Cetiol ® . . . . 8,0 | Glycerin 40,0
Süßes Mandelöl . . . 8,0 | Wasser, dest. . . auf 100,0
Konservierungsmittel und Parfüm . . . . nach Bedarf

Herstellung s. Lanette-Verarbeitung S. 126.

Bor-Glycerin-Gelee.

Borsäure	3,0	Karion ® F flüssig	10,0
Fondin ®	4,4	Parfüm	0,5
Dest. Wasser	81,9	Nipagin ® M	0,2

Borsäure und Nipagin in kochend heißem Wasser vollständig lösen, nach dem Erkalten Karion zusetzen und das Fondin aufstreuen und bis zur vollständigen Lösung umrühren, dann Parfüm zusetzen.

Fondin-Verarbeitung s. Bd. II, S. 485.

Bor-Glycerin-Lanolin-Creme für spröde Haut (Edelfettwerke).

1. Esca 560	15,0	Glycerin	30,0
Wollfett	20,0	Borsäure	3,0
Cholesterin	0,5	Hamamelis-Destillat	31,5

2. „*Lanette*" (DEHYDAG).

Borsäure	2,0	Lanette ® N	10,0
Glycerin	20,0	Cetiol ®	18,0
Wollfett (wasserfrei) DAB. 6.	15,0	Wasser, dest.	auf 100,0

Konservierungsmittel und Parfüm . . . . . nach Bedarf

Herstellung s. Lanette-Verarbeitung S. 126.

3. Borsäure, fein gepulvert	2,0	Vaselin, gelb	18,0
Wollfett DAB. 6	2,0	Laceranum ® anhydricum	33,0
Karion ® F flüssig	5,0	Dest. Wasser	auf 100,0

Laceranum anhydricum-Verarbeitung s. S. 125.

4. Borsäure	10,0	Olivenöl	60,0
Dest. Wasser	25,0	Wollfett, wasserfrei	200,0
Glycerin	40,0	Bergamottöl	

Citronenöl . . . . . āā 12 Tr.

Die Borsäure in der Glycerin-Wasser-Mischung lösen und dem vorher bereiteten Gemisch von Olivenöl und Wollfett einverleiben. 3. und 4. werden mit 0,2% Nipagin M konserviert.

Borlanolin in Stangen.

Benzoetalg Erg.-B. 6	30,0	Lanolin	60,0

Borsäurepulver 10,0

Die Bestandteile werden im Wasserbad zusammengeschmolzen, in Stangen gegossen und in Schiebedosen aus Metall oder Kunststoff abgegeben.

Creme Simon-Art.

Weizenstärke	100,0	Dest. Wasser	100,0

Glycerin 1300,0

werden durch Erhitzen zu einem dicken Schleim verarbeitet und diesem zugefügt

Traganthpulver	0,3	Zinkoxyd	50,0

und dann zugegeben die Parfümmischung aus

Cumarin		Rosenöl	0,25
Heliotropin	āā 0,5	Tonkabohnentinktur	15,0
Moschus, künstl.	0,1	Benzoetinktur	40,0

Glycerin-Alginat-Gelee.

Natriumalginat	40,0	Boraxglycerin	250,0
Glycerin	250,0	Dest. Wasser	460,0

Parfüm und Farbe . . nach Bedarf

Das Natriumalginat wird allmählich unter ständigem Rühren der Mischung der drei Flüssigkeiten zugefügt und dann 48 Std. unter gelegentlichem Umrühren stehengelassen.

Glycerincreme (Laue).

Cohäsal ® I „S"	3,5	Glycerin	46,0
Dest. Wasser	50,0	Triäthanolamin	0,5
Riechstoffe	nach Bedarf		

Cohäsal unter ständigem Rühren langsam dem lauwarmen Wasser zufügen und so lange weiterrühren, bis eine gleichmäßige, klumpenfreie Paste erreicht ist, dann werden Glycerin und Triäthanolamin unter ständigem Rühren zugegeben.

Glyceringelee mit Cohäsal (Laue).

Cohäsal ® I „H"	2,0	Nipagin ® M	0,1
Glycerin	20,0	Dest. Wasser	77,2
Calciumcitrat	0,2	Rosenparfüm	0,5

Das Nipagin ist im kochend heißen Wasser zunächst vollständig zu lösen, bis keine Öltröpfchen mehr sichtbar sind. Nach dem Abkühlen wird das Cohäsal in kleinen Anteilen in das Wasser hineingerührt, bis eine gleichmäßige, klumpenfreie Lösung erreicht ist. Glycerin, Rosenparfüm und Calciumcitrat werden vorher in einem Teil des Wassers gelöst und dann der Mischung zugegeben. Man läßt 12 Std. stehen und rührt danach nochmals kräftig durch.

Glycerincreme mit Siliconöl Typ Ö/W (DEHYDAG).

Emulgade ® F	15,0	Glycerin DAB. 6	30,0
Eutanol ® G	10,0	Siliconöl „Bayer" 300	5,0
Wasser, dest.	40,0		

Konservierungsmittel und Parfümöl nach Bedarf. Vgl. Emulgade-Verwendung Bd. II, S. 398; -Verarbeitung Bd. III, S. 115.

Glycerinmilch (SIDO).

1.

a) Zerquetschte Quittensamen	15,0	Borsäurelösung (4%)	500,0
b) Glycerin	500,0	Vanillin	0,25
Benzoetinktur DAB. 6	15,0	Bergamottöl	2,0

a) 24 Std. mazerieren und ohne Pressung durch Mull seihen; b) zufügen, gut mischen, nach 24 Std. nochmals durch Mull gießen.

2.

a) Leinsamen	25,0	Carrageen	25,0
Dest. Wasser	750,0		
b) Borax	50,0	Glycerin	150,0
c) Myrrhentinktur	45,0	Benzoetinktur DAB. 6	45,0
Geraniumöl	25 Tr.		
d) Dest. Wasser nach Bedarf auf	1000,0		

Leinsamen und Carrageen mit kochendem Wasser übergießen, 24 Std. mazerieren, ohne Druck abseihen. Zu a) Lösung b), dann c) unterschütteln, wenn nötig, d) zugeben.

Zweckmäßige Parfümierung:

Kölnisch Wasser	15,0	Vanilletinktur	1,5

3. *Mit Zink.*

a) Zerquetschter Quittensamen	15,0	Dest. Wasser	300,0
b) Traganth	4,0	Zinkoxyd, roh DAB. 6	10,0
Glycerin	375,0		
c) Parfüm nach Wunsch.			

Aus a) einen Schleim kalt bereiten, b) gut angerieben zugeben, durch Mull pressen und parfümieren wie 2.

1., 2. und 3. werden mit 0,2% Nipagin ® M konserviert.

Parfüms für Glycerincremes (SIDO).

	1.	2.	3.	4.
Rosenöl, künstl.	60,0	—	—	—
Geraniumrosenöl	—	70,0	—	—
Patchouliöl	—	15,0	—	—
Honigaroma	25,0	—	—	—
Ionon	—	—	52,5	—
Bergamottöl	—	—	17,5	—
Terpineol	—	—	14,0	8,0
Heliotropin	—	—	9,0	—
Perubalsam	—	—	—	1,0
Hydroxycitronellal	—	—	—	2,0
Alkoholische Xylolmoschuslösung	15,0	15,0	3,5	—
Benzylacetat	—	—	3,5	1,0

1 und 2 ergibt den Geruch von Rosen, 3 den von Veilchen, 4 den von Flieder. Die Duftmischungen müssen mehrere Monate lagern.

Gurken-Handlotion.

Gurkensaft, frisch gepreßt	50,0	Rosenwasser, dreifach	5,0
Karion Ⓡ F flüssig	20,0	Borax, pulv.	0,5

Weingeist (95%) 24,5

Handcreme

1. (JANOWITZ)

Borsäurelösung (2%)	30,0	Lanolin	16,0
Glycerin	24,0	Paraffinöl	10,0

Olivenöl 2,0

Konserviert wird mit Nipagin Ⓡ.

2. *Bei aufgesprungener Haut* (Edelfettwerke).

Estarinum Ⓡ anhydricum G	Glycerin . . . . .āā 50,0

Handcreme, einfach.

3. (CLR.)

Emulgator 825	12,0	Sorbex Ⓡ	8,0
Wollfett, wasserfrei	3,0	Wasser, dest.	71,0
Stearylester	6,0	Nip-Nip Ⓡ	0,1

Nip-Nip in kochendem Wasser vollkommen lösen, Sorbex zugeben; bei 65° die wäßrige Lösung in die gleichwarme Fettschmelze einrühren, kaltrühren, bei 40° parfümieren und homogenisieren.

4. (ROTHEMANN).

Lanette Ⓡ N	150,0	Nipagin Ⓡ	2,0
Cetiol Ⓡ	100,0	Epidermin Ⓡ in Öl	1,0
Arachis- oder Olivenöl	50,0	Dest. Wasser	550,0
Eutanol Ⓡ	50,0	Karion Ⓡ F flüssig	100,0

Parfümöl . . . . 2,0 bis 4,0

Emulgiert wird bei 75°, wie bei der Verarbeitung von Lanette (s. S. 126) angegeben. Das Nipagin ist in kochendheißem Wasser vollkommen zu lösen und das verdampfte Wasser zu ersetzen.

Handlotion (JANISTYN).

1.

Weingeist (95%)	5,0	Triäthanolaminoleat, rein	1,0
Quittenschleim (1 : 10)	65,0	Karion Ⓡ F, flüssig oder Sionit Ⓡ K, flüssig	7,0
Borsäure	2,0		

Glycerin DAB. 6 20,0

2. *Für spröde Haut* (Edelfettwerke.)

Esca 810	10,0	Hamamelis-Destillat	50,0
Cetiol ® V	15,0	Glycerin	75,0
Wollfett	5,0	Nipagin ® M-Spiritus (10%)	2,5

Fenchelwasser 90,0

3. (VANDERBILT).

A. Veegum . . 0,5 | Wasser . . . 88,7

B. Stearinsäure	4,0	Amerchol L 101	5,0
Zeresin	1,0	Triäthanolamin	0,5
Paraffin	0,3	Konservierungsmittel	nach Bedarf

A. Veegum langsam dem Wasser zusetzen, dabei fortwährend rühren, bis Ansatz glatt ist, dann auf 70° erwärmen. B. ebenfalls auf 70° erwärmen. B. zu A. fügen und bis zum Erkalten mischen.

Handpflegesalbe.

1. Für häufig zu waschende und spröde Hände.

Borsäure, pulv. . . . . 3,0 | Glycerin 48,5

Laceranum ® anhydricum . . 48,5

Vgl. Laceranum anhydricum-Verarbeitung, S. 125.

2. Benzoetinktur DAB. 6 . . 7,5 | Zinkoxyd, roh DAB. 6 . . 3,0

Lanettesalbe (s. S. 209) . . . . auf 100,0

Handreinigungsmittel. Handwaschmittel.

Handreinigungs- oder Handwaschmittel kommen pulverförmig, in Pastenform oder fest in den Handel und werden meist unter Verwendung mechanisch bzw. chemisch wirksamer Füllstoffe unter Zusatz oberflächenaktiver Stoffe hergestellt. Als Füllmittel finden splitterfreies Holzmehl, weiche Gesteinsmehle, Feinsand und Ton Verwendung. Freie Ätzalkalien, Ätzkalilaugen und splittriges Material sind ebenso als Bestandteile abzulehnen wie chlorierte Kohlenwasserstoffe und unverseifbare Anteile aus Mersol, von phenyl- und kresylphosphathaltigen Ölen und Weichmachern.

Händereinigungsmittel mit Natriumalginat.

Glycerinmonostearat	3,0	Cetylalkohol	1,0
Triäthanolamin	1,0	Nipagin ® M	0,1
Stearinsäure	1,0	Natriumalginatlösung (1%)	94,6

Glycerinmonostearat, Stearinsäure und Cetylalkohol auf dem Wasserbad zusammenschmelzen. Das Nipagin im Wasser der Natriumalginatlösung zunächst kochendheiß vollkommen lösen und zu dieser Lösung das Natriumalginat geben und dann das Triäthanolamin. Diese 80° warme Mischung wird unter Umrühren in die gleichwarme Fettschmelze gegeben, kalt gerührt und homogenisiert.

Handreinigungspaste.

1. (Ph. Ztg.) Kokosöl	48,0	Ätznatronlauge (37° Bé)	25,0
Methylhexalin ®	5,0	Bimsstein, feinst pulv.	19,0

Wasser 3,0

Das Kokosöl schmelzen und mit dem Methylhexalin mischen, Mischung auf 65° erhitzen, dann Äznatronlauge und Wasser einrühren und einige Zeit auf 65° halten. Nach dem Einrühren des Bimssteinpulvers in Riegelform ausgießen, erkalten lassen und Riegel in Stücke schneiden.

2. (FISCHER) für Mechaniker, Chauffeure usw.

Talg	60,0	Kokos- oder Palmkernöl	20,0
Schweinefett	20,0	Natronlauge (38° Bé)	54,0

werden verseift. In den fertigen Leim drückt man dann 12 g einer Lösung von Triäthanolaminoleat in Benzin-Xylol-Gemisch, wobei das Oleat etwa 3 bis 5 g ausmachen soll. Parfümiert wird mit einer Mischung aus

Spicköl	10,0	Kümmelöl	2,0
Citronellöl	5,0	Moschuslösung	2,0

3. (*ohne Wasser zu verwenden*).

Stearin	27,0	Triäthanolamin	12,0
Mineralöl (Spindelöl)	48,0	Wasser	42,0

Das Stearin wird mit dem Mineralöl zusammengeschmolzen und bei 60 bis 70° mit der gleich heißen Lösung von Triäthanolamin im Wasser unter Umrühren verseift, dann wird das Ganze noch mit 80 g Spindelöl verrührt.

4. (DDZ)[1]

Erdnußölfettsäure	1,120 kg	Kalilauge (50° Bé)	2,120 kg
Palmkernölfettsäure	3,400 kg	Pottasche	0,230 kg

Die Pottasche wird in 1 l Wasser gelöst, die Kalilauge zugegeben und zum Sieden erhitzt. Dieser Lösung werden die auf 70° erwärmten Fettsäuren zugegeben. Nach erfolgter Verseifung und evtl. Abrichtung (Zugabe kleiner Mengen Lauge oder Fettsäure) wird mit Wasser auf das Gewicht von 10 kg gebracht.

Aus dieser Grundseife wird durch Zusatz von Lösungsmitteln und/oder mechanischen Reinigungsmitteln eine gut schäumende Handwaschpaste bereitet. Zum Beispiel:

Grundseife	5,0 kg	Methylhexalin ®	5,0 kg
Sangajol ®	3,0 kg		

Diesem Gemisch setzt man so viel von einem Gemisch aus feinem Bimssteinpulver und Neuburger Kreide (1 : 1) hinzu, bis eine nicht zu feste Paste entsteht.

5. *Handwaschpaste* (AUGUSTIN).

Triäthanolaminoleat	3,0	Oleinkaliseife (30%)	50,0
Karion ® F flüssig	5,0	Wasser	15,0
Wollfett, wasserfrei	2,0	Lanette ®	5,0
Rohagit ® (gelöst mit Triäthanolamin)	0,5	Wasser	20,0

Alles kochen, rühren und erstarren lassen. Die Paste kann mit der gleichen Menge Quarzmehl, Bimssteinmehl oder ähnlichem verknetet werden.

Hautcreme für aufgerissene Hände.

Borsäure, pulv.	30,0	Vaselin, weiß	450,0
Zinkoxyd, rein pulv.	30,0	Protegin ®	305,0
Ocenol ® K.	20,0	Paraffin, flüssig	70,0
Physiologische Kochsalzlösung	95,0		

Vgl. Protegin-Verarbeitung, S. 145.

Hautgelee (ROTHEMANN).

Cohäsal ® S	13,0	Dest. Wasser, konserviert	136,0
Dest. Wasser, konserviert	500,0	Calciumcitrat	1,0
Bienenhonig	50,0	Nipagin ® M	
Karion ® F flüssig	300,0	Parfümöl . . . āā	1,0 bis 2,0

Nipagin in kochendem Wasser vollkommen lösen, verdunstetes Wasser ersetzen. Das Cohäsal wird auf das warme Wasser gestreut, gut durchgerührt und 30 Min. quellen gelassen. Dann werden Honig und Karion eingerührt, die restlichen 136 g Wasser mit dem Calciumcitrat angeschlämmt und dann dem Gelee zugegeben. Nach mindestens 6stündigem ruhigen Stehen ist die Gelierung erfolgt.

[1] modifiziert durch den Verfasser.

Hautschutz-Salben. Gewerbeschutz-Salben.

Die Hautschutz- oder Gewerbeschutz-Salben kann man in zwei Gruppen einteilen.

Die erste Gruppe umfaßt Hautschutzsalben gegen organische Lösungsmittel wie Benzin, Benzol, Toluol, Xylol, Äther, Alkohol, Terpentinöl, Teer und Lacke, die zweite Gruppe Hautschutzsalben gegen Säuren, Alkalien und staubförmige Produkte wie Mehl, Zemente, Wasch- und Bleichpulver.

Hautschutzcreme (PARISI)

gegen Firnisse, Lacke, Mineralöle.

Cohäsal ®	18,4	Titandioxyd	1,1
Glycerin	1,7	Wasser	33,1

Hautschutzsalbe (HADERT).

1. *gegen Öle*

Methylcellulose	5,0—10,0	Paraffinöl	25,0
Wasser	25,0	Glycerin	25,0

2. *gegen Säuren*

Lanette ® SX	8,0	Kaolin	0,5
Bienenwachs	1,0	Borax	0,01
Weißöl	1,0	Wasser	89,0

3. *gegen Holzbeizen*

Hartparaffiin	50,0	Bienenwachs	100,0
Wollfett, wasserfrei	60,0	Kolophonium	40,0
Vaselin, gelb	400,0	Borax	1,0
Erdnußöl	200,0	Wasser	140,0

4. *gegen Formaldehyd*

Harnstoff	10,0	Wollfett	90,0

5. *gegen Chlornaphthalin*

Diglykolmonoäthyläther	70,0	Triäthanolamin	10,0
Natriumsulfonat	20,0		

Nach British Codex Revision Committee sind folgende Barrière-Cremes ausgearbeitet und vorgeschlagen worden:

Staub-Barrière.

Kasein	3,0	Triäthanolamin	1,55
Natriumalginat	2,0	Chlorkresol	0,2
Glycerin	6,0	Phenol	0,5
Stearinsäure	10,0	Wasser, dest. auf	100,0

Wasser-Barrière.

Hartparaffin	25,0	Triäthanolamin	0,7
Weichparaffin	1,75	Stearinsäure	1,8
Paraffinöl	3,5	Chlorkresol	0,2
Cetylstearylalkohol	5,0	Wasser, dest. auf	100,0

Öl- und Lösungsmittel-Barrière.

Kaolin (sterilisiert)	20,0	Stearinsäure	2,0
Bentonit	3,0	Natriumchlorid	1,0
Harte Seife, pulv.	12,0	Chlorkresol	0,2
Glycerin	6,0	Phenol	0,5
Wasser, dest.	auf 100,0		

Haut-Regeneriercreme.

Glycerinmonostearat	10,0	Wollalkohole	6,0
Glycerin	6,0	Chlorkresol	0,2
Triäthanolaminrizinoleat	1,0	Oleylalkohol	3,0

Wasser, dest. . . . . auf 100,0

Hautschutzsalbe.

Für Industriearbeiter:

Weißes Wachs DAB. 6		Cetylalkohol	2,0
Walrat	āā 7,5	Wollfett, wasserfrei DAB. 6	25,0
		Erdnußöl	78,0

Dest. Wasser 50,0

Die Bestandteile werden zusammengeschmolzen, das dest. Wasser zugefügt und bis zum Erkalten gerührt.

2. *Wasserabweisend:*

Paraffin (Schmp. 52°)	20,0	Wasser, dest.	25,0
Laceranum ® anhydricum	40,0	Glycerin	5,0
		Cetiol ®	auf 100,0

Vgl. Laceranum anhydricum-Verarbeitung, S. 125.

3. *Gegen Öle:*

Tylose	25,0	Paraffinöl	25,0
Wasser	25,0	Glycerin	25,0

Honiggelee (Sido).

	1.	2.	3.
Gelatine	2,5	7,0	2,0
Honig	10,0	—	—
Trauben-(Stärke-) Zucker	—	30,0	—
Glycerin	60,0	200,0	44,0
Rosenwasser	27,5	—	54,0
Dest. Wasser	—	100,0	—
Salicylsäure	—	—	0,5
Parfüm (Honigaroma + Rose)	—	nach Bedarf	—

Die Gelatine läßt man im dest. bzw. Rosenwasser quellen, erhitzt dann und fügt Glycerin und Honig hinzu. Bis zur völligen Lösung wird umgerührt, dann läßt man ohne Rühren erkalten. Bei 3. wird die Salicylsäure mit dem Glycerin feinst verrieben.

Kosmetisches Glycerin.

Benzoetinktur	1,0	Weingeist (90%)	17,0
Rosenwasser	2,0	Glycerin	auf 60,0

Verwendung. Zum Einreiben der Haut *nach dem Waschen.*

Schrunden-Salbe (Edelfettwerke).

Salicylsäure . . . . . 0,6 | Bleipflastersalbe DAB. 6
Estarinum ® anhydricum G . āā auf 30,0

Schwedisches Toiletteglycerin (Janistyn).

Weingeist (95%)	30,0	Citronensaft, geklärt	15,0
Glycerin DAB. 6	25,0	Rosenwasser, dreifach	20,0

Königssalbeiwasser . . . 10,0

Verwendung. Wie Kosmetisches Glycerin.

Trockenhandreinigungsmittel.

1. (Atlas Powder Comp.)

Paraffin (54/55°)	22,5	Atlas Emulgator G 2000	2,5
		Wasser, Parfüm usw.	auf 100,0

Das Paraffin mit dem Emulgator auf 65° erwärmen. Das auf 70° erwärmte Wasser anfangs in sehr kleinen Anteilen unter kräftigem Rühren zugeben, bis ein Emulsionskern entstanden ist. Die weiteren Anteile dann unter langsamem Rühren etwas schneller zusetzen. Nach dem Kaltrühren wird parfümiert. Man erhält so eine rein weiße Ö/W-Emulsion.

2. Kerosin (Petroleumfraktion) geruchlos 65,0	Emulgator Tween 85 5,0
	Emulgator Tween 80 15,0
Wasser 15,0	

3. Tylose ® S 400 . 14,3	Lanolin 0,3
Weingeist 5,5	Menthol 0,1
Glycerin. 5,5	Nipagin ® T . . . 0,3
Wasser 74,0	

4. Tylose ® SL 400 . 8,0	Karion ® F flüssig . 4,0
Wasser. 27,0	Weingeist (90%) . . . 42,0
Methylhexalin ® . . 19,0	

Verwendung. Für grobe, ölige Verschmutzungen der Hände. Die Reinigungsmittel nach den Vorschriften 2, 3 und 4 müssen in Tuben mit gutem Verschluß abgefüllt werden.

5. (Kalle). Tylose ® KN 2000 . 14,0	Weingeist (90%) 30,0
Wasser 52,7	Lanolin 0,2
Glycerin 3,0	Parfümöl 0,1

Zink-Glycerin-Creme.

Triäthanolaminstearat . . 150,0	Zinkoxyd 50,0
Vaselin, weiß 100,0	Glycerin 50,0
Walrat 50,0	Wollfett, wasserfrei . . . 30,0
Wasser, dest. 370,0	

Das *frisch bereitete* Triäthanolaminstearat mit Vaselin, Walrat und Wollfett zusammenschmelzen. Das Zinkoxyd mit dem Glycerin anreiben und die Mischung in die übrige Masse einarbeiten, dann das Wasser portionenweise einrühren.

Die Haut.

Die Haut überdeckt fest verbunden und dicht anliegend die Formelemente des gesamten Körpers und gibt mit diesem zusammen die für jeden Menschen kennzeichnende Körperform wieder. Sie ist kein so einfaches Organ, wie es bei oberflächlicher Betrachtung erscheint, vielmehr in ihrer geweblichen Zusammensetzung uneinheitlich. Die Bedeutung der Haut als Organ und ihre Lebenswichtigkeit beweist am besten die Tatsache, daß ihre Ausschaltung um mehr als ein Drittel etwa durch Verbrennung sogar oberflächlicher Art für den Betroffenen den Tod zur Folge hat. Das Gewicht der Haut und des Unterhautzellgewebes beim Erwachsenen beträgt etwa ein Sechstel des gesamten Körpergewichts, 18 bis 20 kg, während das Gewicht der Oberhaut nur 500 g und die Hautoberfläche etwa 1,6 qm beträgt.

A. Der Bau der Haut.

Der Bau der Haut wird durch die vielseitigen physiologischen Aufgaben (s. S. 313) bestimmt, die sie zu erfüllen hat. Das Hautorgan besteht aus zwei Gewebearten: *Epithelgewebe*, das zur Aufnahme, Bildung und Abgabe besonderer Stoffe fähig ist, und *Bindegewebe*, das zu den Stützgeweben zählt, gleichzeitig auch Vermittler und Leiter von Gewebe- und Körpersäften ist und Blut- und Lymphgefäße enthält.

Geht man bei der Betrachtung der Haut (Abb. 198) von unten nach oben, ist die unterste Schicht das Unterhautzellgewebe.

Unterhautzellgewebe, *Subcutis* oder *Stratum subcutaneum.* Dieses Gewebe ermöglicht die leichte Verschieblichkeit der darüberliegenden Oberhaut und Leder-

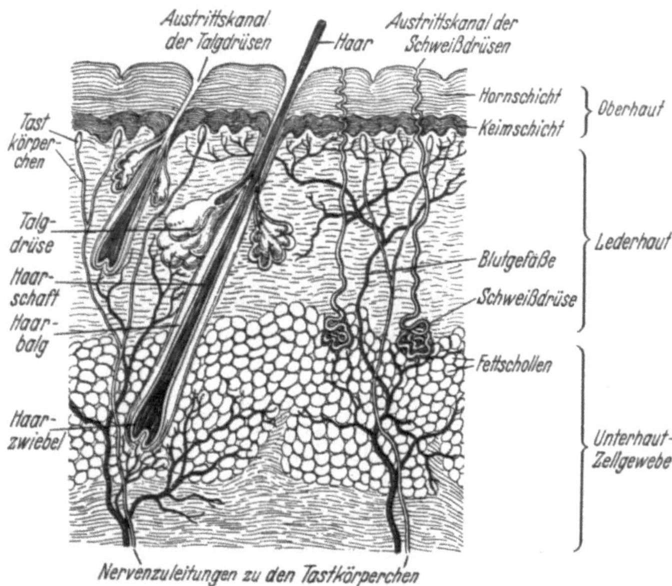

Abb. 198. Querschnitt durch die menschliche Haut in starker Vergrößerung.

haut. Das Unterhautzellgewebe unterscheidet sich von der Lederhaut durch das enthaltene Fettgewebe, das man bei starker Entwicklung mit *Unterhautfettgewebe* (*Panniculus adiposus*) bezeichnet. Die Entwicklung des gesamten Fettgewebes ist abhängig von seiner mechanischen Beanspruchung und dem Ernährungszustand des Organismus. Es dient als Kälteschutz und als Polster der darüberliegenden Hautteile und ist maßgebend für die äußere Körperform. Dem Unterhautzellgewebe schließt sich nach oben die Lederhaut an, dessen Hauptteil aus leimgebendem (kollagenem) Bindegewebe besteht und beim Gerben von Tierhäuten das Leder ergibt.

Lederhaut. *Corium* oder *Cutis* ist der Teil der Haut, der der Haut Festigkeit, Dehnbarkeit und Spannkraft verleiht. Die Lederhaut besteht aus festen, aber geschmeidigen Bindegewebefasern. Die Blutverteilung erfolgt in ihr reichlich durch *Haargefäße (Kapillaren)*, der Austausch der Gewebeflüssigkeit durch *Lymphgefäße.* Die der Oberhaut naheliegenden Lederhautschichten enthalten zahlreiche Kapillaren, die Blut an die gefäßlose Oberhaut heranbringen.

Die obersten Lederhautschichten sind miteinander verzahnt. Die nach oben gebildeten Vorsprünge bezeichnet man als *Papillen* ihre Gesamtheit als *Papillarkörper*, *Stratum papillare*, deren wichtigste Aufgabe es ist, die Oberhaut zu ernähren und zu festigen. Zwischen den einzelnen Papillen sind nach unten Epidermiszapfen eingelassen. Auf die Lederhaut folgt nach oben die Oberhaut.

Die Elastizität der Lederhaut läßt im Alter nach, die Haut wird faltig und runzelig. Durch Druck oder Verbrennung kann sich die Oberhaut von der Lederhaut lösen. Wird dabei Gewebsflüssigkeit abgeschieden, sammelt sich diese in den entstandenen Hautblasen. Es ist nicht zu empfehlen, diese zu öffnen, weil dabei die

Gefahr besteht, daß Entzündungserreger in das Unterhautzellgewebe eindringen und dort Infektionen verursachen.

Oberhaut, *Epidermis.* Die Oberhaut bildet ein zusammenhängendes Zellgewebe mit einer durchschnittlichen Dicke von nur $^1/_{10}$ mm und sitzt den Papillen auf. Ihre Zellen liegen neben- und übereinander wie die Bausteine einer Ziegelmauer. An der Oberhaut unterscheidet man die untere *Keimschicht, Stratum germinativum,* deren obere Schicht die *Stachelzellenschicht, Stratum dentatum,* ist, die *Körnerschicht, Stratum granulosum,* und die *Hornschicht.* An der Keimschicht bezeichnet man die unterste Lage mit *Grundschicht* oder *Basalzellenschicht, Stratum basale,* von der aus die ständige Erneuerung der Oberhaut erfolgt. In ihr ist der hauptsächliche Sitz des *Hautpigments.*

Hornschicht, *Stratum corneum.* Die Hornschicht besteht aus abgestorbenen und dabei verhornten, aber noch fest zusammenhängenden übereinander gelagerten Epidermiszellen und ist der funktionelle Hauptbestandteile der Oberhaut. Bei der Verhornung dieser Zellen bildet sich eine besonders eiweißhaltige Substanz, das *Keratin,* das sich durch besondere Festigkeit auszeichnet. Die Oberfläche der Hornschicht befindet sich in dauernder, für gewöhnlich unsichtbarer Abschilferung, während von unten dauernd neue verhornende Epidermiszellen nachgeschoben werden, die durch Zellteilung in der Keimschicht entstehen. Deshalb wird die Keimschicht auch von ernährenden Blutgefäßen durchzogen. Die neugebildeten Oberhautzellen rücken nach oben, trocknen aus, verhornen und werden dann durch Waschen oder Reiben abgestoßen. An Stellen, die dauerndem Druck ausgesetzt sind, tritt die Verhornung besonders deutlich und stark auf, es entstehen Schwielen und Hühneraugen (vgl. S. 287).

Gefäße. An Gefäßen befinden sich in der Haut Arterien, Venen und Lymphgefäße. Durch die Füllung und Dicke der Blutgefäße wird die **Hautfarbe** der darüberliegenden Epidermis beeinflußt. Die Arterien ziehen durch das Unterhautzellgewebe zur Lederhaut und versorgen dort Schweißdrüsen und Haarpapillen.

B. Die Aufgaben der Haut im Körpergeschehen.

Die vielseitigen physiologischen Aufgaben der Haut ergeben sich aus folgendem:

1. Schutzorgan. Als Schutzorgan umschließt die Haut den Körper nach außen hin, um sein Austrocknen und das Eindringen von Fremdstoffen (Schmutz, Flüssigkeiten, Bakterien) zu verhindern. Chemische, physikalische und mechanische Reize werden durch die Haut vom Körper abgehalten, teils durch ihren Fettgehalt, teils durch die reflektierende Eigenschaft der Hornschicht, teils durch die Einlagerung von Pigment und den roten Blutschleier des oberflächlichen Gefäßnetzes, die den Körper vor zu reichlichem Eindringen von Licht und Wärme schützen. Der aus den Hautfetten der Talgdrüsen und den bei der Verdunstung des Schweißes verbleibenden Säuren sich bildende *Säuremantel der Haut* hat nach MARCHIONINI einen p_H-Wert von 3,34, nach JACOBI von 4,8 bis 6,45. Der Säuremantel der Haut wird nach der Tiefe hin alkalischer und macht die Haut gegen Bakterien besonders widerstandsfähig. Unter gewöhnlichen Bedingungen können Eitererreger diesen Säureschutz der Haut nicht überwinden. Auch an anderen Stellen des Körpers dient eine Übersäuerung als Schutz gegen Bakterien. So finden wir im Magen einen p_H-Wert von 1,7 bis 2,5 und in der Scheide von 4,0 bis 4,7. An einigen Körperstellen ist die Haut alkalisch, so in den Achselhöhlen, den Hautfalten fetter Menschen, am After und den Geschlechtsteilen. Hier finden Bakterien und Pilze besonders günstige Lebensbedingungen, weshalb ihre Körperpflege äußerster Sorgfalt bedarf. Beim gesunden Menschen üben die Verhornung der Oberhaut, der Säuremantel und die Selbstreinigung durch Abstoßen der obersten Hautschichten den Schutz der Oberhaut aus. Die Haut ist auch imstande, im Dienste der Abwehrfunktion bestimmte Antikörper zu entwickeln.

2. Speicherorgan. Die Haut ist Speicherorgan für Flüssigkeiten, Salze und Fett. Im Unterhautzellgewebe kann der Erwachsene 10 bis 15 kg Fett speichern. Hier werden $^2/_3$ aller Neutralfette des Körpers gespeichert, das den Körper als Polster gegen mechanische Schädigungen schützt und als Reserve bei zu starker Beanspruchung des Körpers dient. Für Kochsalz ist die Haut der wichtigste Stapelplatz, aber auch Zucker wird in ihr gestapelt. Das Vorhandensein der kohlenhydratspaltenden Fermente Amylase und Diastase sowie von Abbaustoffen des Zuckers beweist einen Kohlenhydratstoffwechsel in der Haut ähnlich dem der Leber und der Muskeln.

3. Wärmeregler. In Verbindung mit dem Nervensystem ist die Haut ein Wärmeregler für den Körper. Dieser gibt täglich 500 Kalorien an die Außenwelt ab. Dabei ist die Temperatur der Hautoberfläche sehr verschieden. Bei zu niedriger Außentemperatur erweitern sich zunächst die Hautgefäße, die Haut wird dadurch gerötet. Bei fortschreitendem Wärmeentzug wird durch die Tätigkeit des Nervensystems die Blutzufuhr durch Verengung der Adern gedrosselt, die Haut wird blaß. Gleichzeitig ziehen sich Bindegewebe und Hautmuskulatur zusammen, die Talgdrüsen an den Haaren treten hervor und bilden die „*Gänsehaut*". Dabei wird Talg aus den Talgdrüsen ausgedrückt. Durch das Zusammenziehen der Haut und seinen erhöhten Überzug mit Hauttalg werden größere Wärmeverluste verhindert. Bekanntlich zittert der Körper bei großer Kälte. Dies beruht auf einer Abwehrstellung des Körpers, der auf diese Weise durch Bewegung zusätzlich Wärme erzeugt.

In der Wärme dehnt sich die Haut aus, die Gefäße werden erweitert, so daß die Wärme abfließen kann. Die Schweißdrüsen geben Schweiß an die Hautoberfläche ab, wo er verdunstet und durch die dabei entstehende Verdunstungskälte die Abkühlung verstärkt. Die Schweißverdunstung auf der Haut ist also eine Sicherheitsmaßnahme des Körpers gegen Überhitzung. Der Wärmegrad der Haut wird in hohem Maße durch die unmerkliche Verdampfung von Wasser aus den Gefäßen in der Hornhaut geregelt. Man bezeichnet sie mit *Perspiratio insensibilis*, durch die der Körper täglich 500 ccm Wasser abgibt und die selbst beim ruhenden Menschen erfolgt.

4. Absonderungs- und Ausscheidungsorgan ist die Haut durch die Tätigkeit der Talg- und Schweißdrüsen.

a) Die *Talgdrüsen, Glandulae sebaceae*, liegen an der Hautoberfläche, meistens als Begleiter der Haare, mit denen sie gemeinsam den Haarbalg (vgl. S. 368) bilden. Sie münden in den Austrittskanal des Haares, im Gesicht auch frei auf der Hautoberfläche. Auch in der Mund- und Lippenschleimhaut, der Wangenhaut, auf den Augenlidern und Brustwarzen finden sich „freie" Talgdrüsen ohne Verbindung mit einer Haaranlage, nicht dagegen in den Handtellern und auf den Fußsohlen. Die Verteilung der Talgdrüsen ist bei verschiedenen Personen sehr verschieden. Besonders große Talgdrüsen kommen auf der Stirn, im Gesicht, besonders in den Falten von Nase und Lippen, auf der Brust bis zum Schwertfortsatz und auf dem Rücken bis zur Gegend der Lendenwirbel vor.

b) Der *Hauttalg, Sebum cutaneum*, ist das Sekret der Talgdrüsen und dient vornehmlich der Einfettung der Oberhaut und der Haare, um sie weich und geschmeidig zu machen, aber auch um Haut und Haare vor Benetzung und zu starker Eintrocknung durch Wasserverdunstung zu schützen. Trockener Haut muß aus diesen Gründen Fett zugeführt werden. Der Hauttalg ist bei seiner Entleerung flüssig, erstarrt aber bereits beim Verweilen innerhalb des Ausführungsganges der Drüse zu einer weißen, talgigen Masse. Kommt es hierbei zu einer Stauung von Talg, entstehen *Mitesser* (s. S. 365), die auf Druck wurstförmig entleert werden. Die täglich von der ganzen Körperoberfläche des gesunden Menschen abgegebene Talgmenge beträgt nur 1,6 bis 1,8 g und ist am Kopf, im Gesicht, auf Brust und Rücken am stärksten. Während der Pubertät (vgl. Akne, S. 360) wird reichlicher, im Alter weniger Hauttalg abgeschieden. Der Hauttalg enthält hauptsächlich Ester des Cholesterins und solche von Palmitin- und Stearinsäure sowie Lipoide. Bei Störungen des Fettstoffwechsels der obersten Hautschichten tritt Schmerfluß, *Seborrhöe* (vgl. S. 366), auf, mit der teilweise eine Alkaliempfindlichkeit einhergeht.

c) Die *Schweißdrüsen, Glandulae sudoriferae* (s. S. 312, Abb. 198) sind lange, unverzweigte Drüsenschläuche, die sich in den tiefen Schichten der Lederhaut und an der Grenze zum Unterhautzellgewebe finden und sich dort zu einem Knäuel (Knäueldrüsen) aufrollen. Sie sind ganz besonders reichlich von einem Kapillarnetz und vegetativen Nervenfasern umsponnen. Von dort durchziehen sie die Leder- und Oberhaut, zuletzt in korkzieherartigen Windungen, um an der Hautoberfläche in der *Schweißpore* einer trichterförmigen Erweiterung zu münden. Im Gegensatz zu den Talgdrüsen finden sich Schweißdrüsen auch auf der unbehaarten Haut, jedoch schwankt ihre Verteilung in den verschiedenen Hautbezirken stark, daher auch die Schweißmenge. Die Zahl der Schweißdrüsen des ganzen Körpers schätzt man auf 2 bis 3 Millionen, auf 1 qcm der Menschenhaut kommen etwa 100 Schweißdrüsen. Am reichlichsten kommen sie an den Handflächen, auf den Fußsohlen, zwischen den Zehen und in den Achselhöhlen vor. In einem Quadratzentimeter der Handfläche wurden 1111 Schweißdrüsen gefunden. Man unterscheidet zwei Schweißdrüsenarten, die *kleinen* oder *ekkrinen* Schweißdrüsen und die an Zahl geringeren *großen* oder *apokrinen* Schweißdrüsen oder *Duftdrüsen*. Die letzteren haben im Gegensatz zu den kleinen Schweißdrüsen einen größeren Durchmesser und stoßen als Sekret auch einen Teil ihrer Zelleiber selbst ab. Die Duftdrüsen stehen unter dem Einfluß der Geschlechtsdrüsen und sind neben den Talgdrüsen am Zustandekommen des Hautgeruchs beteiligt. Apokrine Schweißdrüsen finden sich vorwiegend im Unterhautzellgewebe, besonders zahlreich in den Achselhöhlen, der Leistenbeuge, am After und in der Gegend der Geschlechtsteile. Da sie erst um die Zeit der Pubertät ihre volle Entwicklung erfahren, können sie als ausgesprochen sekundäres Geschlechtsmerkmal bezeichnet werden. Im Dickdarm bilden Bakterien aus aromatischen Aminosäuren Indol, Skatol und Phenol, die in der Leber in Schwefelsäureester verwandelt und neben der Ausscheidung durch den Harn auch durch die apokrinen Hautdrüsen ausgeschieden werden.

d) Der *Schweiß* (lat. sudor) ist das Sekret der Schweißdrüsen und ist eine trübe, farblose, salzig schmeckende, gewöhnlich saure Flüssigkeit, die infolge ihres Gehalts an niederen, flüchtigen Fettsäuren einen eigenartigen, oft unangenehmen, durchdringenden Geruch hat. Er setzt sich zusammen aus 99% Wasser, 1% anorganischen Salzen, davon 0,3 bis 0,4% Kochsalz, und Fettsäuren. An organischen Stoffen enthält der Schweiß wenig Eiweiß und Harnstoff, die beide stickstoffhaltig sind und bei ihrer Zersetzung zusammen mit den Fettsäuren den widerlichen Geruch erzeugen. Auch Milchsäure als Ermüdungsstoff des Muskels findet sich im Schweiß, besonders reichlich im Schweiß der Sportler nach Wettkämpfen. Die täglich durch die Haut abgegebene Wassermenge in Form von Schweiß beträgt 800 bis 1000 ccm, von dem ein Teil unmerklich verdampft. Die Menge der Schweißabsonderung kann durch starke Erwärmung der Umgebung von 33° an oder durch angestrengte körperliche Tätigkeit ausgelöst werden. Die Schweißabsonderung wird vom Nervensystem aus beeinflußt, und zwar durch Erregung besonderer Nerven, durch verschiedene Reize wie erhöhte Temperatur des Körpers, starke Füllung der Hautgefäße, starken Wassergehalt des Blutes; aber auch schwere seelische Erregung, Angst oder Schreck können Schweißausbrüche bewirken.

Der apokrine Schweiß tritt als milchige Flüssigkeit in sehr kleinen Mengen an den Haarfollikelmündungen aus, trocknet leimartig ein und enthält weit mehr organische Substanz als der ekkrine Schweiß. Wichtig ist zu wissen, daß das Sekret apokriner Drüsen die Ansammlung und das Wachstum von Staphylokokken begünstigt, weshalb Schweißdrüsenabszesse nur beim Erwachsenen vorkommen. Diese Tatsache erhellt die Wichtigkeit sorgfältiger Hautpflege an den Körperstellen mit apokrinen Schweißdrüsen.

Durch den Schweiß können alle möglichen körperfremden Stoffe (Arzneimittel, Krankheits- und Giftstoffe) ausgeschieden werden. Schweißausbruch stellt also eine physiologische Reinigung des Körpers dar und entlastet die Nieren. Man bezeichnet deshalb auch die Haut als „dritte Niere" des Körpers. Ausgetriebener menschlicher Schweiß tötet kleine Säugetiere, denen er eingespritzt wird. Daß bei jeder Schwitzanwendung Giftstoffe durch den Schweiß an die Schwitzpackung abgegeben werden, ist durch den Geruch unschwer festzustellen, ein untrüglicher Beweis dafür, daß beim Schwitzen eine Reinigung des Organismus erfolgt. Bekanntlich fördern heiße Getränke und Teeaufgüsse gewisser Drogen das Schwitzen. Dauerndes Schwitzen begünstigt eitrige Hautentzündungen, Pyodermien, Furunkulose und Hautjucken. Die Haut ist aber nicht nur Ausscheidungsorgan, sondern auch *Resorptionsorgan*. Als solches ist sie für medizinische und kosmetische Zwecke gleich wichtig.

5. Aufnahmeorgan. Der Fettüberzug der Hornschicht ermöglicht nur eine mangelhafte Aufnahmefähigkeit wäßriger Lösungen durch die Haut. Lediglich mit Hilfe des galvanischen Stroms ist dies möglich. Man bedient sich dieser Methode in der Kosmetik durch *Iontophorese*, der elektrolytischen Einführung von Ionen in den Körper durch die Haut mittels wirkstofftragender Elektroden. Lipoidlösliche Stoffe (vgl. Bd. I, S. 737) durchdringen die Oberhaut leicht, besonders in wäßriger Lösung. Eine Ernährung (Kalorienzufuhr) durch Fette durch die Haut ist jedoch unmöglich. Das Verschwinden eingeriebener Hautcremes beruht hauptsächlich auf einer Emulsionsbildung.

6. Sinnesorgan ist die Haut durch zahlreiche Signalapparate des zentralen und autonomen Nervensystems, die unregelmäßig in der Haut verteilt sind. Drüsen, Gefäße, Haare, glatte Muskulatur und Pigment werden vom autonomen Nervensystem versorgt. Besondere Tastkörperchen, Wärme- und Kältepunkte, von denen sich die Wärmepunkte mehr auf der Bauchseite, die Kältepunkte dagegen mehr auf der Rückenseite befinden, Druck- und Schmerzpunkte machen die Haut zu einem ausgesprochenen Sinnesorgan. Auch für Juck- und Kitzelempfindung besitzt die Haut besondere Organe.

7. Stoffwechselorgan. Als Stoffwechselorgan steht die Haut im engen Zusammenhang mit ihrem altersbedingten Aufbau, der Ernährung des Körpers und den Drüsen mit innerer Sekretion. Das in ihr vorhandene Gefäßsystem dient nicht nur dem *Stoffwechsel* der Haut, sondern dem *des ganzen Körpers*. Die Haut ist an allen Vorgängen des Körperstoffwechsels wesentlich beteiligt und steht mit diesem in lebenswichtiger Wechselbeziehung. Hieraus ergibt sich die außerordentliche Wichtigkeit richtiger und sorgfältiger Hautpflege für die Gesundheit und Schönheit jedes Menschen. *Hautatmung, Perspiratio*, besteht in einer geringfügigen Aufnahme von Sauerstoff und Abgabe von Kohlensäure. Beide betragen je nur 1% der gleichen Tätigkeit durch die Lungen.

C. Das Aussehen der Haut.

Das Aussehen der Haut ist abhängig von der Hautfarbe und den Furchen, Falten und Runzeln auf der Haut. Die Hautfarbe eines Menschen hängt von der Durchblutung und Pigmentierung der Haut ab. Bedeutende Unterschiede in der Pigmentierung finden sich bei den verschiedenen Menschenrassen. Bei der weißen Rasse sind blonde oder rothaarige Personen hellhäutig, dunkelhaarige dunkelhäutiger. Das Pigment wird aus im Blut enthaltenen Vorstufen durch den Einfluß ultravioletter Sonnenstrahlen gebildet und befindet sich bei der weißen Rasse im wesentlichen in der untersten Zellschicht der Oberhaut, wird mit *Melanin* bezeichnet und ist braunschwarz. Eine rötliche Hauttonung stammt von dem durchscheinenden Blutfarbstoff des unter der Haut liegenden Gefäßnetzes. Bläulichrote Hautfarbe zeigt eine Verarmung des Blutes an Sauerstoff infolge Verlangsamung des Blutstromes an. Personen, die blutarm und pigmentarm sind, haben eine gräuliche oder gelbliche Haut. Wird die Hornschicht als solche sichtbar, ist die Haut krank. Unter „*Besenreisern*", volkstümlich auch mit „geplatzten Äderchen" bezeichnet, versteht man krankhaft erweiterte, meist dicht unter der Epidermis liegende Kapillaren.

Beim Hautrelief sind Farbe und Aussehen der Haut maßgebend. Man unterscheidet die anatomisch bedingten *Bildungsfalten* und *Bildungsfurchen* und die mechanisch bedingten *Bewegungsfalten* und *Bewegungsfurchen*. Die ersten bestimmen den Schönheitseindruck, den ein Mensch auf seine Umgebung ausübt, Bewegungsfalten sind z. B. die Ringfalten am Hals und die Querfalten an den Gelenken.

Der *Gesichtsausdruck* ist weitgehend abhängig von der Ausbildung der Bewegungsfalten, welche durch die Tätigkeit der mimischen Muskulatur entstehen. Im Gebärdenspiel des Gesichts drücken sich die Gemüts- und Gefühlsäußerungen der Menschen aus, die weitgehend von der seelischen Verfassung und der seelischen Haltung des Betreffenden mitbestimmt werden. Die Summe dieser Vorgänge ergibt den Gesamteindruck des Gesichts, ob es heiter, traurig, vergrämt, böse, verschmitzt usw. wirkt. Die Bewegungsfalten des Gesichts sind bei verschiedenen Menschen verschieden, nur beim alternden Menschen auftretende Falten, Furchen und Runzeln treten bei den meisten Menschen in großer Regelmäßigkeit auf, z. B. die Falten auf der Stirn, die Falten und Runzeln an der Außenseite der Augen („*Krähenfüße*"), die Falten, die von den Nasenflügeln zu den Mundwinkeln bzw. zum Unterkiefer ziehen, usw. Das Feinrelief der Haut wird vom Querschnitt der Haarbalgtrichter (*Poren*) mitbestimmt. Dieses ist bei feinporiger bzw. großporiger (Apfelsinen-) Haut sehr verschieden. Für das Aussehen der Haut ist der richtige Fett- und Feuchtigkeitsgehalt von größter Wichtigkeit, da erst er der Haut den als schön empfundenen matten Schimmer verleiht. Auch die feine Flaumbehaarung (*Lanugohaar*) macht die Haut matt seidenglänzend.

Aufspringen der Haut. Das Aufspringen der Haut kann die Folge zu häufigen Waschens mit Wasser und Seife, ungenügenden Abtrocknens nach dem Waschen, starker Sonnenbestrahlung, feuchtkalter Witterung oder Fettarmut der Haut sein. Die Lippenhaut kann durch ständiges gewohnheitsmäßiges Benetzen mit Speichel, die Haut der Nasenflügel infolge Reizung durch das Nasensekret aufspringen. Bei allen Formen des Aufspringens der Haut besteht die Möglichkeit der Bildung von leicht blutenden Hauteinrissen (*Rhagaden*), die ihrerseits wieder Infektionen begünstigen. Man beugt dem Aufspringen der Haut dadurch vor, daß man sie *nach jedem Waschen* gut abtrocknet und mit einer guten, fetthaltigen Hautcreme oder Hautmilch einfettet. Die Lippen werden zum Schutz des Aufspringens mit *Lippen-*

pomade behandelt. Beim Waschen mit Seife soll man diese tunlichst nicht an die Lippen bringen, auch deren Benetzung mit Mundwässern, die reichlich ätherische Öle enthalten, soll man vermeiden. Dauergebrauch stark alkoholhaltiger Wässer, z. B. Kölnisch Wasser zur Hautreinigung, entfettet die Haut zu stark. Die Folge davon ist eine Überfunktion der Talgdrüsen zum Ausgleich des Fettes.

Hautverschleiß ist die Summe der Veränderungen im Aussehen der Haut durch *Umwelteinwirkungen* wie Schmutz, Rauch, Witterungseinflüsse (übermäßige UV-Bestrahlung, Wind, Wetter, zu trockene Luft), *dauernde Druckeinwirkung* (Schwielen, Blasen beim Rudern, Hornhaut, Hühneraugen) oder *falsche kosmetische Maßnahmen*, mangelnde, falsche oder übermäßige Pflege wie alkalische Waschmittel (zu starke Entfettung), übermäßige Kälte- (Hautverdickung) oder Wärmemaßnahmen (Hauterschlaffung) oder durch *physiologische Veränderungen* im Wasserhaushalt (übermäßiges Schwitzen), der Hautdurchblutung (fahles Aussehen, Besenreiser), der Talgabsonderung (Talgfluß, Apfelsinenhaut), *falsche Ernährung* des ganzen Körpers (Mangel an Vitaminen, Mineralien wie Kalk, Eisen, essentiellen Fettsäuren, Auxonen).

Die unbekleideten Teile der Haut sind Sonnenlicht, Wind und Wetter mehr ausgesetzt, bedürfen also zur Erhaltung ihrer Gesundheit sorgfältiger Pflege. Wind wirkt auf die Oberhaut stark austrocknend, dadurch wird sie rauh, spröde und rissig. Dies tritt besonders ein, wenn sie gleich nach dem Waschen, ehe sie noch völlig trocken ist, dem Wind ausgesetzt wird. Die Schädigungen der Haut durch die Sonne, s. „Sonnenbrand“, S. 458ff.

D. Die vorwiegend von der Haut aus wirkenden Lebensreize.

In der Naturheilkunde spielen die Lebensreize eine wichtige Rolle. Alle lebendigen Zellen besitzen die Fähigkeit der Reizbarkeit, d. h. die Fähigkeit, ihre Lebenstätigkeit umzustellen, sobald sich die Einwirkung von äußeren oder inneren Bedingungen ändert. Jeder Vorgang, der eine solche Umstellung hervorruft, kann als *Reiz* betrachtet werden. Die Veränderung der Lebenstätigkeit infolge des Reizes heißt *Reizbeantwortung* oder *Reaktion*. Da die meisten Lebensreize, besonders aber die Sonne, das Licht und die ans Licht gebundene Wärme auf die Haut wirken, sind diese Tatsachen auch für die Kosmetik wichtig. Sonne, Licht, Luft, Wasser, Erde (Heilerde) wirken auf die Haut, andere auf die Muskeln, so die Bewegung und Massage. Wieder andere Reize wie die Nahrung wirken durch die Änderung der Körpersäfte als *innere Reize* auf den Organismus ein. Die Lebensreize wirken aber niemals nur örtlich, weil durch die Reizung des Nervensystems die mit jeder örtlichen Behandlung verbundene Reizbeantwortung vom ganzen Organismus vollzogen wird. Die Reizbeantwortung, Reaktion, ist es aber, welche die erwünschten Veränderungen vollbringt, nicht die Reizanwendung. *Ohne Reaktion ist die Reizanwendung zwecklos, ja schädlich* (BRAUCHLE).

E. Die Sonnenwirkung auf die Haut.

Durch die Einwirkung der Sonnenstrahlen auf die Haut werden alle Hautbestandteile einschließlich des Unterhautzellgewebes in ihren Lebensäußerungen angeregt. Bei der Hautreizung durch die Sonne wird eine örtliche und allgemeine Reaktion ausgelöst. Die kleinwelligen UV-Strahlen, die chemisch wirksam sind, bewirken die Bildung des Farbstoffs *Melanin*, dadurch wird die Haut gebräunt. Braune Haut vermag aber die chemisch wirksamen, kurzwelligen Strahlen in wärmewirksame, langwellige zu verwandeln, die ohne Schädigung des Gewebes tief in die Haut und das Unterhautzellgewebe eindringen können, während die kleinwelligen

UV-Strahlen die tiefer gelegenen Gewebe schädigen würde. Durch Sonneneinwirkung steigt der Hämoglobingehalt des Blutes, die blutbildenden Organe werden angeregt und dadurch die Zahl von roten und weißen Blutkörperchen vermehrt. Sonneneinwirkung vermag deshalb krankhafte Blutzusammensetzungen weitgehend, oft grundlegend zu verbessern. Der günstige Einfluß der Sonne auf das Zentral- und autonome Nervensystem wirkt auf den ganzen Körper (Blutumlauf, Stoffauf- und Stoffabbau, innere Atmung), drückt sich aber auch im seelischen Zustand auf. Auch die Tätigkeit der Haut als Ausscheidungsorgan wird durch Sonnenstrahlen gesteigert, Schweiß-, Talgdrüsen und Haare angeregt und die Ausscheidung von *Stoffwechselschlacken* gefördert. Unter dem Reiz der Sonne findet eine Leistungssteigerung der Haut enormen Ausmaßes statt. Nach BRAUCHLE atmet sie aus wie die Lungen, scheidet aus wie die Nieren, befördert den Kreislauf wie das Herz, beteiligt sich am Ernährungsvorgang, produziert Säfte wie die Drüsen mit innerer Absonderung, reguliert den gesamten Stoffwechsel und hat ohne Zweifel die Fähigkeit, Körper und Seele bis in die letzten Winkel zu beeinflussen. Den körperlichen Sonnenwirkungen stehen die seelischen keineswegs nach. Sonnenbestrahlung fördert Heiterkeit und Frohsinn und überflutet das Denken an Gegenwart und Zukunft mit Optimismus. Spannkraft und Arbeitslust, Selbstvertrauen und Ausdauer vermehren sich unter Sonneneinwirkung. Während der Sonnenbestrahlung werden die Atemzüge länger und tiefer und entsprechen der seelischen Stimmungslage. Der Appetit steigert sich, der Schlaf wird gebessert und ist so Ausdruck für die stattgehabte seelische Beruhigung. Selbstverständlich darf die Sonnenbestrahlung nicht übertrieben werden, weil sie sonst ernste Schäden verursachen kann (s. Sonnenschutz, S. 458).

F. Die Reinigung der Haut und ihre Pflege.

Als Ausscheidungsorgan benötigt auch die gesunde Haut zu ihrer Gesunderhaltung regelmäßiger und zweckentsprechender Pflege. Die Hautpflege ist ein wesentlicher und sehr wichtiger Teil der allgemeinen Gesundheitspflege und der Teil der Kosmetik, bei dem bei richtiger Anwendung der Mittel sehr viel erreicht werden kann, wenn sie nicht durch die Errungenschaften der Zivilisation mit der Zeit geschädigt werden oder gar erkranken soll.

Die nächstliegende und sinnfälligste Pflege der Haut ist ihre Reinigung durch *Waschen mit Wasser und Seife* (vgl. Bd. II, S. 1178ff., 1354, Bd. III, S. 290—293). Sie muß jeder kosmetischen Maßnahme vorausgehen! Dies ist um so wichtiger für einen gepflegten Menschen, als Körpergerüche vorwiegend durch bakterielle Zersetzung der Hautabsonderungen entstehen. Die Reinigung dient gleichzeitig der Abhärtung des Körpers (s. S. 320) und der Anregung des Stoffwechsels. Beim Waschen mit Wasser und Seife wird durch die Seife die Oberflächenspannung des Waschwassers vermindert und die in Abschilferung begriffene Hornschicht erweicht und abgestoßen, überschüssiges und verunreinigtes Hautfett mit darauf haftendem Staub, Bakterien usw. wird durch Reiben und Bürsten von der Epidermis entfernt und der Keimgehalt der Haut vermindert. Zweckmäßig erfolgt die Reinigung durch tägliches Waschen mit Waschhandschuh (Säckchenform) aus rauhem Frottiertuch, Duschen oder Baden, wobei lauwarmes oder warmes Wasser zu bevorzugen ist. Kaltes und heißes Wasser sind der Haut weniger zuträglich. Der Waschhandschuh muß nach gründlichem Ausspülen von der Seifenlauge befreit und nach gutem Auspressen *zum vollständigen Trocknen* aufgehängt werden. Zweckmäßig werden für eine Person zwei Waschhandschuhe benützt, so daß sie nach Gebrauch vollständig lufttrocken werden können.

Zum Waschen soll möglichst *weiches Wasser* verwendet werden, da *hartes Wasser* die Seifenwirkung durch Bildung unlöslicher *Kalk-* und *Magnesiumseifen* einschränkt und von hautempfindlichen Personen oft nicht vertragen wird. Durch die bei der Verwendung von hartem Wasser mit Seife entstehenden Kalkseifen wird die Haut trocken und spröde. Hartes Wasser ist deshalb für fettarme, trockene Haut schädlich. Es kann durch Zusatz von Borax, Natriumhydrogencarbonat oder geeignete *Edelphosphate* (s. Bd. I, S. 1034), von denen man 1 bis 2 Teelöffel voll auf ein Waschbecken nimmt, weich gemacht werden. Soda und Pottasche sind wegen ihrer stark alkalischen Wirkung nicht zu empfehlen. Wie bei der Kopfwäsche ist auch beim Waschen des übrigen Körpers, insbesondere bei der täglich durchgeführten Waschung von Gesicht und Händen mit Seife oder anderen Waschmitteln, das Waschmittel durch *reichliches Nachspülen* mit Wasser und Reiben mit der Hand wieder *vollständig* zu entfernen. Bei der Seifenwaschung bleibt stets ein kleiner alkalischer Rest auf der Haut, da auch neutrale Seifen zwecks Erhöhung ihrer Haltbarkeit etwa 0,02% Natriumhydroxyd enthalten. Dieser alkalische Rest muß mit Wasser entfernt werden. Anschließend ist die Haut zweckmäßig mit einem Frottiertuch (erhöhte Kapillarität) gut abzutrocknen. Um dabei eine erhöhte Durchblutung zu erzielen, frottiert man die Haut gleichzeitig. Nach dem Waschen ist das Einölen der Haut mit einem guten *Hautöl* durchaus zweckmäßig. Sie ist zur Fettaufnahme nach der Waschung am aufnahmefähigsten und hat außerdem zu diesem Zeitpunkt den Fettersatz am nötigsten. Besonders vor dem Schlafengehen ist ein gründliches Waschen notwendig, damit nicht der während des Tages auf der Haut sich festsetzende Staub, Schmutz, Rauch, Schweiß oder Arbeitsstoffe und die darin befindlichen Bakterien während der Nacht auf der Haut verbleiben und ihre schädliche Wirkung ausüben können.

Nach der Waschung läßt man die Haut noch in einem gleichmäßig erwärmten Raum trocknen. Ins Freie soll man in der kalten Jahreszeit nicht sofort nach der Waschung gehen, um eine Hautschädigung zu vermeiden. In der warmen Jahreszeit empfiehlt es sich, wenn überhaupt, das Abtrocknen nur oberflächlich durchzuführen und die Haut dann lufttrocken werden zu lassen. Durch die Abkühlung bei der Verdunstung des Wassers wird auf die Nervenendigungen eine äußerst wohltuende Wirkung ausgeübt.

Eine *Überempfindlichkeit gegen Seifen* ist bei Frauen sehr verbreitet. Sie benützen zur Hautreinigung zweckmäßig eine Reinigungscreme und anschließend zu deren Entfernung eine Haut-Reinigungs-Emulsion. Gesichtswässer vermögen Reinigungscremes nicht zu lösen! Eine Reinigung der Haut *nur* mit Öl, Emulsionen, Salben oder Cremes ist für die gesunde Haut *nicht* zu *empfehlen*. Die normale Waschung mit Wasser, Seife usw. ist der gesunden Haut durchaus zuträglich.

Das zur Reinigung verwendete *Wasser* vermittelt Kälte- und Wärmereize und beeinflußt dadurch die Zirkulationsvorgänge von Blut und Lymphe im Körper. In der Haut wird durch das Wasser die Abscheidung und die Wärmeregulation gesteigert. Das frische Aussehen nach der kalten Waschung am Morgen ist der sichtbare Ausdruck dieser Vorgänge. Da auch die Haut sich wie alle Körper in der Wärme ausdehnt, nimmt man zur Hautreinigung *grundsätzlich warmes* Wasser.

Zu häufige oder zu lange Anwendung von Seife führt zu einer tiefer gehenden Hautquellung (Waschfrauenhand). Diese läßt die Haut leichter mit Pilzen und Ekzemen befallen. Da Seife Hautpilzerkrankungen verschlimmert, sollen daran Erkrankte Seife meiden.

Abhärtung. Die Abhärtung der Haut ist ein Teil jeder vernünftigen Gesundheitspflege. Sie darf nicht plötzlich erzwungen, sondern kann nur, besonders bei kälteempfindlichen Personen oder Kindern, allmählich erreicht werden. Sie ist um so wichtiger, als sie nicht nur gegen Erkältung schützt, sondern auch die Willenskraft stärkt. Vielfach sind Erkältungen eine Folge von Verweichlichung. Die Abhärtung besteht vor allem in der Übung der wärmeregelnden Hautreaktion und der Fernwirkungsreflexe auf Kälte, Wärme und Strahlungen. Langsame Gewöhnung an Wind und Wetter und bei kälteempfindlichen Personen zunächst warme, täglich kühler werdende Waschungen, bewirken die notwendige Übung der Hautmuskeln und Hautkapillaren und führen zum Ziel, während plötzliche starke Reize nur eine Abstumpfung dieser Organe bewirken.

Zur Abhärtung der Haut soll der Körper wenigstens bei der Morgenwaschung *völlig entblößt* werden, zweckmäßig zur Vermeidung von Frösteln in Verbindung mit Trockenbürsten, Streichmassage oder leichten gymnastischen Übungen. Diese Methode ist sinnvoller zur Abhärtung als die durch Kaltwassereinwirkung, weil bei ihr die Hautgefäße mißhandelt werden und außerdem die Haut bei dauernder Kaltwassereinwirkung unschön verdickt wird.

Weitere Maßnahmen zur Hautpflege siehe unter „Bäder" (S. 256ff.), „Licht- und Sonnenbad" (S. 458), „Fußbad" (S. 282ff).

G. Die Hauttypen.

Zur Durchführung einer sinngemäßen Gesichtshautpflege muß man sich darüber klar werden, zu welchem Hauttyp diese gehört. Diese Feststellung ist nicht einfach, da man selbst in der Dermatologie eine exakte Klassifizierung der Hautarten nicht kennt. Die Schwierigkeit besteht darin, daß bei den üblichen Definitionen Übergänge die Regel sind. In Fällen, in denen die Haut durch eine Fettschicht glänzt oder durch trockene Schuppen offensichtlich trocken erscheint, ist die Entscheidung über den vorliegenden Hauttypus keine Kunst. *Fette Haut* ist im allgemeinen dicker und großporiger. Streicht man leicht pressend über sie hinweg, so geht dies infolge übermäßiger Talgabsonderung spielend, und man hat das Gefühl, die Haut sei geölt. Sie hat eine derbe Hornschicht und ist deshalb dicker als trockene Haut. *Trockene Haut* ist marmorhaft glatt, häufig etwas angerauht. Sie ist dünn, besitzt eine empfindliche Hornschicht und beruht auf einer zu geringen Absonderung der Talgdrüsen. Beide Hauttypen finden sich oft in demselben Gesicht nebeneinander. Dabei ist die Mittelpartie der Stirn, die Nase, die Umgebung des Kinns, der obere Teil von Brust und Rücken fett, während die umgebende Haut trocken ist. Läßt sich nicht feststellen, ob es sich um eine fette oder trockene Haut handelt, kann man sie risikolos zum trockenen Hauttyp rechnen, Voraussetzung ist allerdings, daß weder Pickel noch ähnliche Unreinheiten vorhanden sind. Im letzten Fall muß sie als fette Haut behandelt werden. Die Feststellung muß aber getroffen werden, weil eine zweckmäßige Hautpflege ohne diese unmöglich ist. Da die Haut glücklicherweise ein sehr widerstandsfähiges und geduldiges Organ ist, ist es noch kein Unglück, wenn eine fette Haut nach der Behandlungsweise einer trockenen behandelt wird; der Erfolg dabei wird rasch zeigen, daß es einer Umstellung bedarf.

Schon 1905 wurde von GOODMANN darauf hingewiesen, daß die Haut eine Emulsion darstelle. Er teilte die Haut in zwei Typen ein, einen Ö/W-Typ, der in Salbengrundlagen und Seifen am besten auch einen Ö/W-Typ verträgt, während die zweite Gruppe von Menschen vom W/Ö-Emulsionstyp auch wieder nur ihren Emulsionstyp als Salbengrundlage verträgt. GOODMANNs Theorie ist die Grundlage zu der bekannten Klassifizierung der Hauttypen in Sebostatiker und Seborrhöiker. Bei seborrhöischer Haut entsteht durch fette Salbengrundlagen (W/Ö-Emulsionen) eine Sekretstauung, sie werden deshalb nicht vertragen. Hier sind also Ö/W-Emulsionen anzuwenden.

Beim *fetten Hauttyp* muß die Haut entfettet und jede weitere Fettzufuhr vermieden werden. Die dabei fast immer vorhandenen kleinen Defekte sind zu bekämpfen. Waschungen mit fettlöslichen Flüssigkeiten (SATINA, Medizinal-Praecutan nach der Anwendungsvorschrift durchgeführt) sind neben nur fettarmen kosmetischen Mitteln (Typ Ö/W) anzuwenden. Fette Haut ist meist großporig und bietet Mikroben ein besonders zuträgliches Ansiedlungsgebiet. Wird dieser Haut weiter Fett zugeführt, so kann sich zu den bereits vorhandenen Infektionen noch ein seborrhöisches Ekzem entwickeln. Folgendes Schema hat sich zur Behandlung bewährt: Abends mit *warmem* Wasser und SATINA oder Medizinal-Praecutan waschen, dabei läßt man die vorschriftsmäßig verdünnte Waschmittellösung einige Minuten auf die Haut einwirken. Dann wird sehr sorgfältig mit *reichlich Wasser* abgewaschen, mit dem Frottiertuch tupfend abgetrocknet. Um der Haut Gelegenheit zu geben, sich auszuruhen, wird sie zweckmäßig wenigstens mehrmals in der Woche überhaupt nicht behandelt, man läßt ihr Zeit, sich über Nacht zu erholen. In besonders krassen Fällen hat sich die folgende Schüttelmixtur bewährt:

Thymol	0,4	Glycerin	5,0
Schwefel, präz.	4,0	Steinkohlenteerlösung DAB. 6	10,0
Zinkoxyd	30,0	Kalkwasser	auf 100,0

Vor Gebrauch umzuschütteln!

Eine damit aufgelegte Teerschwefelmaske (mit Wattebausch auftragen) beläßt man die ganze Nacht auf der Haut und wäscht am Morgen mit warmem Wasser vorsichtig ab. Fette Haut wird während des Tages, bis sie wieder normal ist, überhaupt nicht bedeckt, also weder Creme noch Puder aufgelegt. Dagegen wird sie zweimal täglich durch Waschungen mit den oben genannten Waschmitteln entfettet. Um etwa vorhandene Infektionen zu beheben, schneidet man sich eine Gazemaske fürs Gesicht, benetzt diese mit 3%iger Wasserstoffsuperoxydlösung und legt sie 3 min lang auf. Vorhandene Pustelchen werden zunächst mit Weingeist (70%) betupft, dann ein kleines viereckiges Leukoplastpflästerchen darauf geklebt, wodurch der Krankheitsherd ruhig gestellt, die Mikrobenverbreitung verhütet, eine Resorption der Mikroben und ihrer Toxine ermöglicht und die Bildung von Antikörpern begünstigt wird. Soll unbedingt Puder angewandt werden, dürfen als Unterlage nur fettlose Salben Verwendung finden. Auch adstringierende Gesichtsbäder mit kalter Salbeiabkochung (nicht Aufguß, um die volle Wirkung der Gerbsäure zu erhalten) und richtig durchgeführte Massage zur Normalisierung der übermäßigen Talgabscheidung sollten als unterstützendes Mittel nicht übersehen werden. Alle Hautabnormitäten beruhen primär auf Kreislauf- und Ernährungsstörungen im betreffenden Hautgebiet, die durch Massage wesentlich gebessert werden können.

Trockene Haut verlangt Fett in jeder Form. Abends wird mit einer fetten Toilettemilch oder Reinigungscreme gereinigt und anschließend mit Yoghurt oder saurer Milch, deren Milchsäurebazillen einen stärkenden Einfluß auf die Haut haben, abgerieben. Nach einer kurzen warmen Waschung zur Öffnung der Hautporen wird eine gute Fettcreme in die Haut eingeklopft. Als Puderunterlage wird eine halbfette Creme verwendet. Auch hier kann durch geeignete Gesichtsmassage die Normalisierung unterstützt werden.

Auch die *normale Haut* pflegt sich nicht von selbst. Sie kann sparsam, muß aber richtig sein. Als Reinigungsmittel dient zunächst warmes Wasser und eine gute Seife. Nach der warmen Waschung erfolgt ein ausgiebiges gründliches kaltes Nachwaschen (Wechselreiz), wodurch die Haut erfrischt und gespannt, die Blutzirkulation belebt und gesteigert wird. Dadurch wird die Haut abgehärtet und natürlich gefärbt.

Die *abendliche Reinigung* des Gesichts ist wichtiger als die am Morgen. Es ist notwendig, daß der auf der Haut über den Tag sich angesammelte Schmutz sich nicht über Nacht in die Haut einnisten kann. Die Hautporen müssen also vom Tagesschmutz befreit und für die Hautatmung geeignet gemacht werden. Dadurch wird der nächtlichen Runzelbildung, die vor allem durch Hautsprödigkeit entsteht, vorgebeugt.

Das Auftragen der Creme. Es ist nichts damit erreicht, wenn die Hautoberfläche von Fett strotzt. Lediglich zur Gesichtsmassage wird reichlich Fettcreme angewandt. Die Fette müssen in das Gewebe eindringen, die Haut also aufnahmefähig sein. Deshalb ist vor jeder Cremeanwendung die *warme* Waschung wichtig. Alkoholische Gesichtswässer wirken zusammenziehend, sollen deshalb nicht unmittelbar vor dem Auftragen von Creme angewandt werden, wenigstens aber muß dann eine warme Waschung zwischengeschaltet werden, um die Haut aufnahmefähig zu machen. Cremes werden nicht eingerieben, sondern durch vorsichtige Klopfbewegungen in die Tiefe der Haut befördert. Je nach der Gesichtsgegend werden hierzu ein, zwei oder drei Finger gebraucht. Die Augenumgebung ist besonders sorgfältig mit der Kuppe eines Fingers zu behandeln. Die Stirn kann etwas derber, die Wangen mit der ganzen Hand bearbeitet werden. Nie zu große Fettmengen verwenden! Kleine Mengen erst gründlich verarbeiten, dann nach oberflächlicher Abnahme überschüssiger Creme mit einem Gesichtstuch den Vorgang mit kaltem Wasser oder kalter Kompresse beenden. Besonders fettbedürftig sind die Hautpartien, die zu Runzel- und Furchenbildung neigen, die Augenpartien, die Stirn und die Linie von der Nase zu den Mundwinkeln. Diese sollten täglich vor dem Schlafengehen mit Fett behandelt werden, da eine weiche, geschmeidige und elastische Haut der Runzelbildung viel weniger zugänglich ist.

H. Hautreizende Riechstoffe.

A. ALBEK[1] untersuchte eine Anzahl von Riechstoffen auf ihre Eigenschaft, die menschliche Haut zu reizen. Dabei wurden die reinen oder verdünnten Riechstoffe auf dem Innenteil des Vorderarms von 5 Frauen leicht verrieben und die Zeit ermittelt, innerhalb der sich ein deutliches Brennen bemerkbar machte. Als maßgebend für die Versuche galt die Wirkung von reinem Terpentinöl, die mit 10 bezeichnet wurde.

(Terpentinöl = 10)

1. Acetophenon	13	8. Isoeugenol	31
2. Anethol	6,5	9. Jonon	7
3. Benzaldehyd	36	10. Linalylacetat	4
4. Benzylacetat	3,5	11. Methylisoeugenol	6
4a. Bergamottöl	13	12. Orangenöl	11
5. Citral	22	13. Phenylacetaldehyd	38
6. Citronellal	16	14. Phenyläthylpropionat	3
7. Geraniol	5	15. Terpineol	6

Diese Feststellungen zeigen, daß die Haut durch Aldehyde, Phenole und Ketone mehr, durch Phenoläther, Alkohole und Ester weniger als durch Terpentinöl gereizt werden. Für kosmetische Zwecke sollen nur Riechstoffe mit etwa der Zahl 6, keineswegs solche, die die Richtzahl über 10 haben, verwendet werden.

I. Kosmetische Cremes und Emulsionen.

Die zur Hautpflege verwendeten Cremes und Emulsionen bestehen im wesentlichen aus Fett oder fettähnlichen Stoffen (Lipoiden) und Wasser bzw. wäßrigen Lösungen. Die Fettsubstanzen durchtränken die Oberhaut, wodurch die natürliche Schutzfunktion der Haut verstärkt und Sprödigkeit und Rissigwerden verhindert

[1] Aromatics **1931**, 30.

wird. Die Haut wird weich, geschmeidig, kleine Falten werden geglättet. Wie bei allen Emulsionen verwendet man zu ihrer Stabilisierung Emulgatoren. Je nach der Art des Emulgators erhält man Ö/W- oder W/Ö-Emulsionen bzw. Mischemulsionen. Die Konsistenz kosmetischer Emulsionen schwankt in weiten Grenzen und kann dünnflüssig bis pastenförmig sein (s. Bd. II, S. 400ff.). Die Einteilung der kosmetischen Cremes in *fettfreie* und *fetthaltige* kann nur bedingt durchgeführt werden, da auch fettfreie Cremes Fette oder in der Wirkung ähnliche Stoffe enthalten. Die in den folgenden Abschnitten gewählte Einteilung darf nicht als starres System betrachtet werden, da die Vorschriften der einzelnen Gruppen vielfach durch Übergänge miteinander verbunden sind.

Vaselin ist kein Ersatz für biologisch wirksame Fette. Erzeugnisse mit *höherem* Vaselingehalt begünstigen die Verhornung der Oberhaut, trocknen die Haut stark aus und machen sie dadurch zur Runzel- und Faltenbildung bereit.

Welche Hautcreme verwende ich? Diese Frage ist deshalb nicht leicht zu beantworten, weil jede Haut auf kosmetische Maßnahmen wieder anders reagiert. Aus diesem Grunde ist der Rat dritter Personen oft wenig sinnvoll. Der richtige Berater ist neben dem geschulten Fachmann der Spiegel. Bei sorgfältiger Beobachtung der Haut kann jeder bald erkennen, ob das betreffende Präparat reizlos vertragen wird und die erwartete kosmetische Wirkung hat. Sich von Laien beraten zu lassen, ist zwecklos. Bekanntlich sind zahlreiche Personen allergisch (überempfindlich) nicht nur auf Arzneimittel, sondern auch auf ätherische Öle, Riech- und andere Stoffe. Hat aber ein Verbraucher reizlos verträgliche Erzeugnisse gefunden, soll er nicht experimentieren, sondern bei ihrem Gebrauch bleiben.

K. Tagescremes. Vanishing Creams.

Die zum Tagesgebrauch bestimmten kosmetischen Emulsionen sollen die Haut nicht sichtbar fetten und müssen daher ein gutes Eindringungsvermögen besitzen. Sie stellen vornehmlich Emulsionen des Typs Ö/W dar. Da ihre äußere Phase Wasser ist, werden sie beim Einreiben in die Haut leicht aufgenommen.

Mattierende Tagescremes enthalten häufig teilweise verseifte Stearinsäure; man bezeichnet sie deshalb auch als *Stearatcremes*. Sie lassen sich auf der Haut besonders leicht verreiben und besitzen gutes Eindringungsvermögen.

Die Herstellung der Tagescremes geschieht in üblicher Weise. Konsistenz und Aussehen der Tagescremes werden durch Walzen auf einem Walzenstuhl und längeres Lagern bei gelegentlichem Durcharbeiten der Cremes wesentlich verbessert. Wegen der Eintrocknungsgefahr muß in Tuben abgefüllt werden. Durch Überfettung mit fetten Ölen, Cetiol®, Eutanol® u. a. lassen sich die Tagescremes schwach überfetten, wodurch sie auch als leicht resorbierbare Mehrzweck-Cremes verwendet werden können.

Hautcremes. Absorptionsgrundlagen.

Absorptionsbasen. Hydrophile Salbengrundlagen.

Absorptionsbasen werden für sich nur selten als Cremes verwandt und werden hauptsächlich zu Sportcremes und anderen Cremes verarbeitet. Sie zeichnen sich durch reichliches Wasseraufnahmevermögen aus.

1. (Janowitz).

Wollfett, wasserfrei . . 500,0 | Paraffin 60,0
Vaselinöl 440,0

2. (JANOWITZ).

Wollfett, wasserfrei . .	500,0	Sesam- oder Olivenöl . .	440,0
Paraffin	60,0		

3. (Britische Pharmacopöe).

Wollwachsalkohol . . .	60,0	Vaselin	100,0
Paraffin	240,0	Vaselinöl, leicht	600,0

4. (SÖFW).

	1.	2.	3.	4.	5.	6.	7.
Cetylalkohol	25,0	—	10,0	15,0	—	—	—
Wollfett, wasserfrei . .	24,0	—	5,0	10,0	7,0	20,0	30,0
Paraffin	3,0	—	—	—	4,0	2,0	7,5
Vaselin	—	95,0	75,0	45,0	84,0	45,0	22,5
Mineralöl	48,0	—	15,0	30,0	—	26,0	40,0
Cholestrin	—	2,0	—	—	5,0	—	—
Wollwachsalkohol . . .	—	3,0	—	—	—	7,0	—

5. (ROTHEMANN)

Sorbitan-Oleat . .	6,0	Vaselin	25,0
Weißes Wachs	15,0	Flüssiges Paraffin	44,0
Wollfett, wasserfrei	10,0		

6. (ROTHEMANN)

Weißes Wachs . .	15,0	Flüssiges Paraffin DAB. 6	45,0
Weißes Vaselin	24,0	Wollfett, wasserfrei DAB. 6	10,0
Arlacel ® C	6,0		

Cetylalkoholsalbe (hydrophile Salbengrundlage).

	1.	2.	3.
Cetylalkohol	4,0	10,0	10,0
Wollfett, wasserfrei . .	10,0	—	—
Vaselin, weiß	86,0	—	—
Schweineschmalz	—	—	90,0
Paraffin, flüssig	—	70,0	—
Paraffin, fest (60°) . . .	—	20,0	—
Lanolin	—	5,0	—

Die Vorschriften 1 und 3 nehmen bis 100% Wasser, die Vorschrift 2 bis 250% Wasser auf.

Cremegrundlage.

Lanette ® N	17,0	Wasser, dest.	77,0
Cetiol ®	3,0	Parfüm	0,3
Walrat	3,0	Konservierungsmittel . .	nach Bedarf

Die fetten Anteile auf dem Wasserbad schmelzen und 70° warm das Wasser gleicher Temperatur zur Fettschmelze unter Umrühren bis zum Erkalten geben, dann homogenisieren.

Creme-Grundlage Typ Ö/W (Edelfettwerke).

A. Stearin Ia, 3fach gepreßt . . .	60,0	B. Glycerin	5,0
Walrat Ia	4,0	Sorbex S	15,0
Wollfett, helle Qualität	4,0	Triäthanolamin	6,0
Fettstabilisator Dr. Grandel . .	0,1	Wasser, dest.	8,0
C. Isolinsäure-Ester (80000 Sh.E.) .	1,2	Esma 810	12,0

B. auf etwa 80° erhitzen und unter Rühren in die auf dem Wasserbade geschmolzene Masse A. eingießen. Nach erfolgter Verseifung die auf dem Wasserbade geschmolzene Masse C. hinzugeben und kalt rühren.

Adsorptionsbasen für Mehrzweck-Cremes (Edelfettwerke).

1.

Bienenwachs, gebleicht Ia . .	10,0	Paraffin, flüssig DAB. 6	10,0
Wollfett	10,0	Estaninum ® anhydricum U . .	70,0
Fettstabilisator Dr. Grandel . .	0,3		

2.

Vaselin, weiß DAB. 6	16,0	Bienenwachs, gebl. Ia	7,0
Esma 628	12,0	Walrat Ia	6,0
Wollfett	14,0	Erdnußöl	45,0

Nipabenzyl ® 0,3

Adsorptionsbasen für Sportcremes.

1.

Esma 560	50,0	Vaselin, weiß DAB. 6	20,0
Wollfett	15,0	Basiswachs 1577 „Schliemann"	15,0

Nipabenzyl ® 0,15

2.

Esma 560	15,0	Bienenwachs, gebleicht Ia	6,0
Vaselin, weiß DAB. 6	15,0	Walrat Ia	5,0
Wollfett	14,0	Paraffin, flüssig DAB. 6	45,0

Fettstabilisator Dr. Grandel . . 0,2

3.

Esma 628	34,0	Vaselin, weiß DAB. 6	56,0
Hartparaffin 50/62°	10,0	Nipabenzyl ®	0,1

Adsorptionsbase für Konsum- und Sportcreme ohne Kohlenwasserstoffe.

Bienenwachs, gebl. Ia	6,0	Soja-Öl	15,0
Wollfett	15,0	Estarinum ® anhydricum U	64,0

Fettstabilisator Dr. Grandel . . 0,3

Adstringierende Creme.

Tegacid ®	13,0	Aluminiumstearat	3,0
Bienenwachs	2,0	Milchsäure (1%)	10,0
Paraffinöl	3,0	Wasser	69,0

Herstellung s. Tegacidverarbeitung S. 184.

Hamamelis-Creme (DRAGOCO).

Dragil ® P	120,0	Extrapon-Hamamelis dest., farbl., Spezial	100,0
Isopropylmyristinat	30,0	Wasser, dest.	676,0
Cetylalkohol	20,0	Creme-Parfümöl 8284 DRAGOCO	4,0
Karion ® F flüssig	50,0		

Essigsaure Tonerdesalbe.

	1.	2.	3.
Aluminiumacetatlösung	20,0	10,0	20,0
Wollfett DAB. 6	20,0	45,0	25,0
Vaselin, weiß oder gelb	40,0	45,0	55,0

Hamameliscreme mit Cholesterin.

1.

Tegin ®	12,0	Glycerin DAB. 6	3,0
Weißes Vaselin	6,0	Hamameliswasser (Destillat)	5,0
Wollfett, wasserfrei	4,0	Dest. Wasser	58,0
Paraffinöl DAB. 6	6,0	Cholesterin	0,1 bis 0,25
Mandelöl DAB. 6	6,0	Nipagin ® M	0,15

Das Nipagin wird im Wasser kochendheiß gelöst, das Cholesterin in den warmen Fettstoffen. Vgl. Tegin-Verarbeitung S. 184.

2. (Besonders nach dem Rasieren anzuwenden.)

Triäthanolamin	0,75	Hamameliswasser (Destillat)	5,0
Glycerin DAB. 6	8,0	Dest. Wasser	70,0
Menthol	0,75	Cholesterin	0,1
Parfüm	0,1 bis 0,2		

Wasser, Glycerin und Triäthanolamin auf 80° erhitzen, Stearinsäure mit dem Cholesterin geschmolzen in dünnem Strahl darunter rühren. Im Parfüm das Menthol lösen und diese Mischung mit dem Hamameliswasser dem ersten Gemisch bei 40° beimengen, dann wird das Ganze homogenisiert. Konserviert wird wie bei 1.

Mehrzweck-Cremes.

1. Esma 560	20,0	Vaselin, weiß DAB. 6	10,0
Zinköl 50%	1,0	Nipabenzyl Ⓡ	0,2
Sojaöl	7,5	Karion Ⓡ F flüssig	5,0
Bienenwachs, gebleicht Ia	7,5	Hamamelis-Destillat	48,8
2. Absorptionsbase 1 od. 2 (s. S. 326)	34,0 bis 40,0	Magnesiumsulfat, krist.	0,3
Zinköl 50%	1,0	Fenchelwasser oder Hamamelis-Destillat	auf 100,0
Karion Ⓡ F flüssig	3,0 bis 5,0		

Coldcremes. Cold-Creams.

Die heute unter der Bezeichnung Cold-Cream von der Industrie hergestellten Produkte unterscheiden sich von den seinerzeit von UNNA eingeführten wasserhaltigen Kühlsalben dadurch, daß sie im Gegensatz zu dieser Pseudoemulsion eine stabile chemische Emulsion darstellen. Sie üben auf der Haut nicht nur keine Kühlwirkung aus, sondern die Haut wird sogar erwärmt. Obgleich diese neuzeitlichen Cold-Creams keinen Kühleffekt mehr besitzen, ist die alte Bezeichnung Cold-Cream beibehalten worden. Ein Kühleffekt durch Wasser kann nur eintreten, wenn das Wasser auf der Haut wirksam werden kann. Dies ist nur der Fall bei unstabilen mechanischen Emulsionen, die mit dem klassischem Cold-Cream identisch sind oder ihm entsprechen, und bei den neuartigen Ö/W-Emulsionen, welche die größte Kühlwirkung haben. Stabile W/Ö-Emulsionen, wie sie auch heute noch unter der fälschlichen Bezeichnung „Cold-Cream" im Handel sind, kühlen nicht. Ihr kurzzeitiger Angleich-Kühleffekt, der sich aus dem Temperaturunterschied zwischen Haut und Creme ergibt, darf mit einem echten Kühleffekt nicht verwechselt werden. (Nach E. KLEINE-NATROP, Kiel 1951.)

Cold-Cream.

1. Stearinsäure	30,0	Paraffin, flüssig	33,0
Wollfett, wasserfrei	20,0	Triäthanolamin	3,8
Bienenwachs, weiß	16,0	Carbitol	16,0
Wasser, dest.	95,0		

Stearinsäure, Wollfett, Bienenwachs und Paraffin flüssig bei etwa 70° schmelzen und die Schmelze unter kräftigem Umrühren zu der kochenden Lösung von Triäthanolamin im Wasser geben. Bei 40° in Carbitol gelöstes Parfümöl zugeben.

2. Bienenwachs, weiß	100,0	Wasser, dest.	300,0
Walrat	100,0	Borax	10,0
Paraffin, flüssig	500,0	Nipagin Ⓡ M	0,5
3. Stearin	90,0	Paraffin, flüssig	550,0
Bienenwachs, weiß	100,0	Wasser	250,0
Walrat	60,0	Borax	10,0
Nipagin Ⓡ M.	0,5		

4. (BOEHRINGER).

Hydrocerin Ⓡ	35,0	Flüssiges Paraffin DAB. 6	20,0
Weißes Wachs	10,0	Lanolin DAB. 6	50,0
Walrat DAB. 6	12,0	Weißes Vaselin DAB. 6	220,0
Dest. Wasser	653,0		

5.

Boerocerin ®	20,0	Lanolin	60,0
Hydrocerin ®	20,0	Vaselin, weiß	230,0
Salbenwachs	20,0	Wasser, dest.	650,0

Boerocerin und Hydrocerin werden mit einem Teil der zu verwendenden Fettmenge unter Vermeidung der Überhitzung auf freier Flamme bzw. auf dem Drahtnetz, besser auf dem Wasserbad, geschmolzen und das Wasser hinzugegeben. Die Gesamtmasse muß eine Temperatur von 60° haben. Dann wird emulgiert, bis die Masse Zimmertemperatur erreicht hat, und anschließend homogenisiert.

Cold-Cream (Edelfettwerke).

Mischtyp W/Ö-Ö/W, Wasser teilweise in der äußeren Phase.

Esma 560	20,0	Bienenwachs, gebleicht Ia	4,0
Esma 660 P.	6,0	Fettstabilisator Dr. GRANDEL	0,1
Vaselin, weiß DAB. 6	6,0	Karion ® F flüssig	5,0
Wollfett	8,0	Hamamelis-Destillat	51,0

Coldcream, feste Konsistenz (GOLDSCHMIDT).

Protegin ® X	200,0	Paraffinöl	100,0
Wachs, weiß	40,0	Glycerin	50,0
Zeresin	100,0	Wasser	510,0

Herstellung s. Protegin-Verarbeitung S. 145.

Coldcreme (Pharm. Ztg.).

Nach E. RUPP haben sich folgende Vorschriften bewährt:

	1.	2.	3.	4.
Cetylalkohol	10,0	10,0	10,0	20,0
Paraffin, flüssig, DAB. 6	10,0	40,0	40,0	20,0
Vaselin, weiß	80,0	50,0	15,0	60,0
Wasser	—	—	35,0	60,0

Das flüssige Paraffin wird mit dem Cetylalkohol zusammengeschmolzen, lauwarm verrührt, dann mit der Vaseline und zum Schluß mit dem Wasser vermischt.

1. Durchscheinend, Konsistenz etwas fester als Vaselin, 100 g 1. geben mit 60 g Wasser ein rahmig-weißes Präparat.
2. Durchscheinend, Konstistenz vaselinweich, 100 g 2. geben mit 60 g Wasser ein etwas weicheres Präparat als 1.
3. Rahmig-weißes, weiches Präparat.
4. Rahmig-weißes Präparat, Konsistenz etwas fester als 3.

Die Cremes reiben sich schnell und glatt in die Haut ein, das flüssige Paraffin kann teilweise durch Pflanzenöl ersetzt werden. 100 g der obigen Cremes binden max. 65 g Wasser dauernd fest. Durch Zusatz von 10% Wollfett läßt sich die Wasseraufnahmefähigkeit noch weiter erhöhen.

Cold-Cream mit Glycerinmonostearat.

	1.	2.	3.
Glycerinmonostearat	14,0	12,0	15,0
Vaselin, weiß	6,0	9,0	4,0
Ozokerit, weiß	2,0	—	—
Paraffin	—	6,0	—
Lanolin	—	—	10,0
Mineralöl, weiß	25,0	14,0	5,0
Glycerin	5,0	3,0	—
Wasser, dest.	47,5	55,5	65,0
Konservierungsmittel	0,2	0,2	0,2
Parfümöl	0,4	0,4	0,4

Coldcream, Typ Ponds (JANOWITZ).

Bienenwachs	8,0	Mineralöl	48,6
Walrat	5,0	Wasser	28,0
Vaselin	10,0	Borax	0,4

Bienenwachs, Walrat und Vaselin werden mit dem Mineralöl geschmolzen, die erwärmte Borax-Lösung eingerührt und die Creme bis zum Erkalten gerührt bzw. bei 45° homogenisiert.

Coldcream (Tempelhof).

Almecerin ®	33,0	Flüssiges Paraffin	12,0
Wollfett	5,0	Dest. Wasser	50,0

Siehe Almecerin-Verarbeitung S. 100.

Cold-Creams mit Tegin.

	1.	2.	3.
Tegin ®	18,0	15,0	15,0
Wachs, weiß	1,0	4,0	—
Mandelöl, süß	5,0	—	—
Wollfett	4,0	20,0	—
Glycerin	3,0	—	—
Paraffinöl	7,0	—	10,0
Vaselin	6,0	5,0	20,0
Olivenöl	—	5,0	—
Stärke	—	1,0	—
Wasser	56,0	50,0	55,0

Hamamelis-Cold-Cream (DEHYDAG).

Lanette ® N	15,0	Wasser, dest.	auf 100,0
Cetiol ®	10,0	Konservierungsmittel und Parfüm	nach Bedarf
Süßes Mandelöl	10,0		
Hamamelisextrakt, Destillat	10,0		

Herstellung s. Lanette-Verarbeitung S. 126.

Lanette Cold Cream mittelfett. Typ Ö/W (DEHYDAG).

Lanette ® N	15,0	Wasser	60,0
Eutanol ® G oder Cetiol ® V	10,0	Konservierungsmittel und Parfüm	nach Bedarf
Mandelöl	10,0		
Glycerin	5,0		

Herstellung s. Lanette-Verarbeitung S. 126.

Fettcremes. Nachtcremes.

Mit **Fettcremes** bezeichnet man vorzugsweise Hautcremes des W/Ö-Typs. Sie werden auch als Cold-Creams oder Sportcremes bezeichnet. Dabei ist zu beachten, daß die Bezeichnung Cold-Cream sich nicht auf eine kühlende, sondern eine rein kosmetische Wirkung bezieht (s. S. 327). Unter Verwendung bestimmter Emulgatoren können jedoch auch Fettcremes überfettete Emulsionen des Ö/W-Typs sein. Zu ihrer Herstellung eignen sich besonders Lanette und Emulgade, die einen hohen Fettanteil gestatten, wobei die Vorteile des Ö/W-Typs erhalten bleiben.

1. *Fett-Creme* (MELLINGHOFF).

Almecerin ®	100,0	Wollfett, wasserfrei	6,25
Vaselinöl	25,0	Wasser, dest., konserviert mit 0,15% Nipagin ® M	106,25
Glycerin	12,5		
Parfümöl	1,25		

2. *Boro-Glycerin-Fettcreme* (MELLINGHOFF).

Almecerin ®	66,0	Borsäure, pulv.	12,5
Wasser, dest.	66,0	Glycerin, chem. rein	65,5

Erweichende Hautcreme Ia (Janowitz).

Lanolin	5,0	Cholesterin	1,0
Paraffinöl, weiß	10,0	Sojalecithin	1,5
Süßes Mandelöl	40,0	Borax	0,7
Bienenwachs	13,0	Wasser	28,8

Konserviert wird mit Nipagin ®, u. U. kann ein Vitamin-Konzentrat zugefügt werden.

Fettcreme (Anorgana).

An der Luft nicht eintrocknend.

1. Walrat	3,2	Stearinsäure	5,8
Wachsalkohol Gendorf	9,0	Triäthanolamin NG	3,0
Bienenwachs, gebleicht	2,4	Paraffin, flüssig DAB. 6	33,4

Polyglykol 400 . . 1,8

werden bei 70 bis 80° verschmolzen und zugegeben:

Dest. Wasser (70°) . . 40,4

2. Bienenwachs, gebleicht	8,6	Wachsalkohol Gendorf	4,0
Walrat, synth.	8,6	Lanogen ® C	5,0
Ozokerit	2,0	Paraffin, flüssig DAB. 6	51,2

werden bei 70 bis 80° verschmolzen und zugefügt die Lösung von

Borax	1,2	Dest. Wasser (70°)	24,6

3. Lanogen ® C	12,0	Paraffin, flüssig DAB. 6	15,0
Vaselin, weiß	20,0	Wachsalkohol Gendorf	1,0
Paraffin 50/52	0,5	Walrat, synth.	1,0

werden verschmolzen bei 60 bis 70° und zugegeben:

Dest. Wasser (70°) 49,0

4. Paraffin, flüssig DAB. 6	30,0	Walrat, synth.	1,0
Bienenwachs, gebleicht	1,0	Lanogen ® C	6,0

werden bei 75° verschmolzen und zugegeben:

Dest. Wasser (35°) . . 62,0

5. Paraffin, flüssig DAB. 6	22,0	Walrat	5,0
Bienenwachs, gebleicht	5,0	Lanogen ® C	6,0

werden verschmolzen bei 70 bis 80° und zugegeben:

Dest. Wasser (35°) 50,0

6. Lanogen ® C	12,0	Paraffin	5,0
Vaselin	25,0	Walrat, synth.	3,0

Gendorfer Wachsalkohol . . 5,0

werden bei etwa 60° miteinander verschmolzen und dann gleichmäßig eingerührt.

Dest. Wasser . . 50,0

mit einigen Tropfen Citronensäuresölung (3%) kann sauer eingestellt werden.

Fettcreme (Typ Ö/W) (DEHYDAG).

	1.	2.	3.
Lanette ® N	12,0	12,0	12,0
Eutanol ® G oder Cetiol ® V	16,0	20,0	8,0
Paraffinöl	16,0	—	—
Glycerin, Karion ® F flüssig oder Sionit ® K flüssig	8,0	8,0	—
Mandelöl	—	12,0	—
Lanolin	—	—	25,0
Vaselin, weiß	—	—	25,0
Hamamelisextrakt, Destillat	—	10,0	10,0
Wasser	48,0	36,0	20,0
Konservierungsmittel und Parfüm	nach Bedarf	nach Bedarf	nach Bedarf

Herstellung s. Lanette-Verarbeitung S. 126.

1. Stark fette Nachtcreme,
2. stark fette Hamamelis-Nachtcreme (Nährcreme),
3. Hamamelis-Nachtcreme.

Fettcreme (Edelfettwerke).

Estarinum anhydricum U	40,0	Rosenöl	3 Tr.
Vaselin, weiß	10,0	Dest. Wasser	auf 75,0

Fettcreme (Nipa-Laboratorien).

Glycerinmonostearat	15,0	Paraffin, flüssig DAB. 6	4,0
Glycerin	6,0	Mandelöl, DAB. 6	20,0
Walrat	5,0	Nip-Nip ®	0,1—0,15
Dest. Wasser	auf 100,0		

Als Antioxydans wird 0,025% Nipagallin CE, besser noch 0,03% Nipagallin ST, wobei der Prozentansatz an Nipagallin ST nur auf das Mandelöl berechnet wird, empfohlen. Die 20 g Mandelöl müßten also mit 0,005 g Nipagallin CE oder mit 0,006 g Nipagallin ST gegen Ranzidität geschützt werden. Beide lassen sich leicht in Rizinusöl unter Erwärmen lösen.

Fetthaltige Creme.

Lanolin	10,0	Wasser, dest.	25,0
Kakaobutter	15,0	Borax	1,5
Olivenöl	25,0	Benzoesäure	0,5
Bienenwachs, weiß	22,0	Parfüm	1,0

Die ersten 4 Bestandteile zusammenschmelzen und in das etwa 50° warme Fettgemisch die etwa 60° warme Lösung von Borax in Wasser unter Umrühren allmählich zugeben, bis das Gemisch sich auf 40° abgekühlt hat. Dann Parfüm und die in wenig Alkohol gelöste Benzoesäure zufügen.

Hautcreme Typ W/Ö (DRAGOCO).

Emulgator 8077	380,0	Isopropylmyristinat	40,0
Paraffinöl	200,0	Wasser	380,0

Verarbeitung von Emulgator 8077 s. Bd. II, S. 1455.

Nachtcreme.

Wachs, weiß	60,0	Borax	5,0
Walrat	70,0	Benzoesäure	5,0
Stearin Ia	10,0	Wasser	220,0
Erdnußöl	620,0	Parfümöl	10,0

Wachs, Walrat, Stearin und Erdnußöl zusammenschmelzen und bei 55° die heiße Lösung von Borax und Benzoesäure im Wasser in kleinen Portionen darunter rühren, bis zur vollständigen Emulgierung weiterrühren. Bei 40° Parfümöl zusetzen und bis zum Erkalten rühren.

Nachtcremes Typ W/Ö (DRAGOCO).

	1.	2.	3.	4.	5.
Almecerin ®	400,0	—	—	—	—
Aquaphil ®	—	300,0	—	—	—
Boerocerin ®	—	—	40,0	—	—
Hydrocerin ®	—	—	—	35,0	—
Protegin ® X	—	—	—	—	220,0
Bienenwachs, weiß	—	—	—	15,0	—
Cetylalkohol	—	—	—	15,0	—
Wollfett, wasserfrei	100,0	30,0	80,0	50,0	50,0
Vaselin, weiß	—	—	230,0	240,0	50,0
Parfümöl	7,0	7,0	7,0	7,0	7,0
Wasser, dest.	493,0	663,0	643,0	638,0	673,0

Herstellung s. je Verarbeitung der Emulgatoren.

Nachtcreme, einfach. Typ W/Ö (CLR).

Bocera W CLR	20,0	Weizenkeimöl	4,0
Bienenwachs	7,0	Stearylester	16,0
Walrat	3,0	Nip-Nip ®	0,1
Glycerinmonostearat	4,0	Wasser	38,0
Wollfett, wasserfrei	8,0	Nip-Nip ®	0,1

Die Fette zusammenschmelzen und auf 60° erwärmen, Nip-Nip darin lösen. Den zweiten Nip-Nip-Anteil im Wasser kochend heiß vollkommen lösen und 60° warm in die Fettschmelze einrühren. Anschließend bei 40° parfümieren und durch Walzenstuhl geben.

Fettcreme mit Siliconöl Typ Ö/W (DEHYDAG)

Lanette ® N	12,0	Glycerin DAB. 6	8,0
Cetiol ® V	17,0	Hamamelisextrakt, dest.	10,0
Mandelöl	10,0	Siliconöl „Bayer“ ® 300	5,0
Wollfett, wasserfrei	2,0	Wasser, dest.	36,0

Konservierungsmittel und Parfümöl nach Bedarf. Vgl. Lanette-Verarbeitung Bd. II, 792; Bd. III, S. 126.

Flüssige Cremes.

Cold-Cream, flüssig. Cold Creme liquid (CERBELAUD).

Paraffinöl (0,880—0,990)	300,0	Wasser, dest.	700,0
Stearin I a	40,0	Weingeist (95%)	10,0
Triäthanolamin	30,0	Parfüm	2,0

Nipagin ® M. . . 1,5

Paraffinöl und Stearin bei 70° schmelzen und die erhaltene Schmelze in die gleichwarme Lösung von Triäthanolamin in Wasser langsam einrühren. Vorher ist das Nipagin in kochendheißem Wasser vollständig zu lösen. Nach dem Erkalten homogenisieren.

Flüssige Cold Cream.

Paraffin flüssig DAB. 6	72,0	Wasser, dest.	100,0
Triäthanolaminstearat[1]	14,5	Parfümöl	1,5

Flüssige Hautcreme.

1.	Stearinsäure	0,8	Lanolin	0,8
	Bienenwachs	1,0	Glycerin	5,0
	Triäthanolamin	0,2	Parfüm	0,6
	Borax	0,1	Konservierungsmittel	0,1
	Kakaobutter	1,5	Dest. Wasser	89,9

Parfüm 0,6

Zunächst wird das Konservierungsmittel (Nipagin ®) durch Kochen im Wasser vollständig gelöst, dann der Borax und das Triäthanolamin zugegeben und mit dieser 80° heißen Lösung die Schmelze der übrigen Stoffe, die gleiche Temperatur haben müssen, unter Umrühren verseift. Das Parfüm wird bei 40° zugegeben

2.	Glycerinmonostearat	2,5	Nipagin ® M	0,1
	Karion ® F flüssig	5,0	Wasser, dest.	90,6
	Erdnußöl	1,5	Parfüm	0,3

[1] frisch hergestellt.

Wasserlösliche, flüssige Coldcreme (FISCHER).

Paraffinöl	72,0	Dest. Wasser	160,0
Triäthanolaminstearat	14,5	Parfüm	1,5

Das Paraffinöl wird mit dem Triäthanolaminstearat zusammengeschmolzen und das Wasser in kleinen Anteilen unter Umrühren zugegeben. Parfümiert wird bei 40°.

Halbfette Cremes. Überfettete Tagescremes.

Tagescreme, halbfett.

Stearin, 3fach gepreßt	150,0	Nipagin ® M.	2,0
Wollfett, wasserfrei	10,0	Wasser, dest.	615,0
Walrat	10,0	Karion ® F flüssig	25,0
Wachs, weiß	25,0	Triäthanolamin	10,0
Olivenöl	150,0	Parfümöl	5,0

Die ersten 5 Bestandteile auf dem Wasserbad zusammenschmelzen. Das Nipagin im Wasser kochendheiß vollständig lösen, der Lösung Karion zugeben und die Mischung 80° warm in die gleichwarme Fettschmelze unter Umrühren zugeben. Bis zum Erkalten weiterrühren, bei 40° Parfümöl zugeben.

Hautcreme, mittelfette (DEHYDAG).

Lanette ® N	15,0	Glycerin oder Karion ® F flüssig	5,0
Cetiol ®	20,0	Wasser	60,0

Nipa-Ester und Parfüm nach Bedarf.

Herstellung s. Lanette-Verarbeitung S. 126.

Konsum-Hautcreme (Edelfettwerke).

Schwach fettend, die, unmittelbar vor der Rasur angewendet, das Anschäumen von Rasierseife oder -creme nicht beeinträchtigt.

1. *Grundlage:*

A. Stearin I a 3fach gepreßt	15,0	B. Sorbex S	7,5
Walrat I a	2,0	Triäthanolamin	1,5
Wollfett	2,0	Wasser, dest.	2,0
Glycerin	2,5	C. Esca 509 P	21,0

2.

Zinköl 50%	2,0	Nipabenzyl ®	0,1
Vaselin, weiß DAB. 6	6,0	Karion ® F flüssig	2,0
Wollfett	4,0	Creme-Grundlage	
Paraffin flüssig DAB. 6	6,0	lt. Vorschrift 1.	15,0
Erdnußöl	6,0	Aqua conservans	58,9

Die Creme-Grundlage eignet sich auch vorzüglich zur Herstellung von abwaschbaren Handlotionen, Konzentration 3,5 bis 5%.

Tagescreme mit Lanette, schwach fett. Typ Ö/W (DEHYDAG).

Lanette ® N	15,0	Glycerin oder Karion ® F flüssig	5,0
Eutanol ® G oder Cetiol ® V	5,0	Wasser	70,0
Mandelöl	5,0	Konservierungsmittel u. Parfüm nach Bedarf	

Herstellung s. Lanette-Verarbeitung S. 126.

Tagescreme, überfettet (SÖFW).

A. Lanette ® N	150,0	Olivenöl, I. Pressung	50,0
Vitaminöl nach Dr. GRANDEL	100,0	Nipagin ® M	0,2
B. Dest. Wasser	600,0	Sorbitsirup	100,0

C. Parfümöl 4,0

A. wird auf 70°, B. auf 75° erhitzt, dann B. in A. unter kräftigem Rühren gegeben. C. wird bei 40 bis 45° eingerührt.

Eine Spezial-Tages-Creme zur Pflege fettarmer, trockener, spröder Haut erhält man durch Zusatz von 5 g Isolinolsäureester pro kg Creme, die man der Creme nach der Emulsionsbildung einverleibt.

Tag- und Nachtcreme mit Epithelschutzvitaminen Typ Ö/W (CLR).

A. Emulgator 825 . . 10,0 | Bienenwachs 2,0
Walrat . . . . . 3,0 | Stearylester 7,0
Erdnußöl 7,0

B. Karottenöl . . . . 2,0 | Weizenkeimöl 2,0
Nip-Nip ® . . . 0,1

C. Sorbex oder Karion ® F flüssig . 8,0 | Wasser 59,0
Nip-Nip ®. . . . 0,1

A. schmelzen und bei 60° mit Teil B. versetzen. C. Nip-Nip im Wasser vollkommen kochend lösen, Sorbex oder Karion zugeben und bei einer Temperatur von 65° in die Fettschmelze einrühren. Bei etwa 30 bis 35° parfümieren und homogenisieren.

Tagescreme Typ Ö/W (CLR).

Leicht überfettet, schwach aktivierend, besonders bei rissigen, spröden Händen wirksam.

A. Emulgator 825 . . . . 8,0 | Walrat 2,0
Wollfett, wasserfrei . . 4,0 | Stearylester 6,6
Nip-Nip ®. . . . 0,1

B. Weizenkeimöl . . . . 2,0 | Vitamin-F-Glycerinester . . . 3,0
Epidermin ® in Öl. . . . . . 0,1 | Peröstron ® in Öl 0,1

C. Sorbex oder Karion ® F flüssig 4,0 | Wasser 70,0
Nip-Nip ® 0,1

A. auf dem Wasserbad schmelzen, B. kalt in die heiße Fettschmelze geben, die Mischung auf 60° erwärmen, C. Nip-Nip im Wasser vollkommen lösen, Sorbex oder Karion kalt zugeben, auf 65° erwärmen und langsam unter Rühren in die Fettschmelze geben. Fast bis zum Erkalten rühren, parfümieren und anschließend homogenisieren.

Überfettete Tagescreme Typ Ö/W (CLR).

Gegen Witterungseinflüsse.

Emulgator 825 . . . . 8,0 | Erdnußöl 5,0
Walrat . . . . 6,0 | Vitamin F 3,0
Bienenwachs, weiß . . . . . . 4,0 | Nip-Nip ® 0,1
Stearylester . . . . 4,0 | Sorbex oder Karion ® F flüssig 7,0
Silikonöl AK 500 . . . . . . 5,0 | Wasser. 58,0
Nip-Nip ® 0,1

Herstellungsvorschrift wie bei Tagescreme (CLR), Typ Ö/W.

Schwach fettende Creme.

Protegin ® . . . . . . 30,0 | Cetiol ® oder Paraffinöl 5,0
Bienenwachs . . . . . . 3,0 | Glycerin 5,0
Wasser 57,0

Siehe Protegin-Verarbeitung S. 145.

Hautnährcremes. Skin-Foods. Tissue Creams.

Hautnährcremes, die auch als *Gewebecremes* bezeichnet werden, dienen der Fettzufuhr der Oberhaut, um sie zu erweichen. Sie enthalten deshalb neben fetten Ölen pflanzlichen und tierischen Ursprungs hautfreundliche Fettalkohole und Wachsester. Eine Ernährung der Haut von außen ist unter gewöhnlichen Umständen unmöglich. Trotzdem ist die Bezeichnung Hautnährcreme für abgewandelte Cold-Creams u. a. mit verschiedenen Zusätzen beibehalten worden. Der Vitamin-F-Komplex wirkt auch bei percutaner Verabreichung auf den Stoffwechsel des Unterhautzellgewebes.

Hormoncremes. Vitamincremes.

Hormone (vgl. Bd. I, S. 666; Bd. II, S. 595) spielen nach neueren Forschungen auch in der Kosmetik eine wichtige Rolle. Schon 1939 wurde festgestellt, daß das weibliche *Follikelhormon* in genau abgestimmter Dosierung Brustwarzenschrunden von Wöchnerinnen vorbeugen bzw. sie heilen kann. Die Wirkung beruht auf einer Steigerung der Durchblutung durch den von ihnen ausgehenden Gewebereiz. Diese und ähnliche Erfahrungen haben dazu geführt, sich in der Medizin, der Dermatologie und Kosmetik eingehend mit dem Problem des Follikelhormons zu befassen. Dabei hat sich gezeigt, daß dieses neben seiner Wirkung auf den Genitalapparat auch die äußeren (sekundären) Geschlechtsmerkmale (Haarwuchs, Fettablagerung unter der Haut, Wachstum der Brüste), welche die glatte, durchblutete, also jugendliche weibliche Haut ergeben, günstig beeinflußt. Wegen der möglichen nachteiligen Wirkungen von Follikelhormon bei zu hoher Dosierung hat die einschlägige Industrie *schwache synthetische Oestrogene* geschaffen, die bei richtiger Dosierung einen Einfluß auf das Genitalsystem und die Geschlechtsfunktionen beider Geschlechter gar nicht haben können, dagegen durch ihre gefäßerweiternden Eigenschaften eine deutliche Auffrischung und Belebung aller Gewebe bewirken und die altersbedingte Elastizitätsverminderung der Gefäße, die Durchblutungsstörungen der Organe (z. B. der Haut, des Haarbodens) beheben. Es ist einwandfrei festgestellt, daß die schwachen synthetischen Oestrogene über eine Gefäßerweiterung eine erhöhte Durchblutung der Haut erzeugen und somit den Boden für die Aufnahme von Wuchsstoffen vorbereiten und das Wachstum anregen.

Bewährte Präparate schwacher synthetischer Oestrogene sind *Peröstron*, ein Stilbenderivat (s. Bd. II, S. 1004), *Placentaliquid* und der biologische Hormonkomplex *Epidermin* (s. Bd. II, S. 411). Auf die spezifische Wirkung des Gesamtkomplexes Placenta braucht hier nicht eingegangen zu werden, nachdem in der Fachpresse eingehend darüber berichtet wurde. Das Chemische Laboratorium Dr. Kurt Richter GmbH, Berlin-Friedenau 1, liefert Placentaliquid als wäßriges Biokolloid in Ampullen oder als Öl-Konzentrat lose in Flaschen. Auch die übrigen genannten Präparate, von der gleichen Firma lieferbar, sind wertvolle biologische Wirkstoffe für die Kosmetik, die gleichermaßen biogene Reizmittel und hormonale Regulatoren sind und dabei eine ausgesprochene epithelbildende Wirkung ausüben. Es besteht kein Zweifel, daß durch geeignete Anwendung dieser Biokatalysatoren die Zellvorgänge in der Haut neu belebt und der Organismus durch ihre dauernde Zuführung in geringer Dosierung zu steter Erneuerung angeregt wird.

Vitamine (vgl. Bd. II, S. 1327ff.) spielen in der Kosmetik eine beachtliche Rolle. Normal geht die Vitaminversorgung des Körpers mit den sie enthaltenden Lebensmitteln vor sich. Ist jedoch ihre Aufnahme durch den Magen und Darm gestört, ist auch die *percutane* Applikation in Form von vitaminhaltigen Cremes begründet.

Vitamin A, das auch als *Wachstums-*, *Schönheits-* oder *Epithelschutzvitamin* bezeichnet wird, findet in der Kosmetik als Provitamin β-*Karotin* in Form von

Karottenöl (vgl. Bd. II, S. 269), das aus Karotten oder Tomaten gewonnen wird, als Epithelschutzmittel (1 bis 3%) in Hautpflegemitteln vorteilhafte Verwendung. Auch zur Haarwuchsförderung (5%) und zur Teintverschönerung in Gesichtsmasken (5%) wird Karottenöl empfohlen. Bei seiner Anwendung überträgt sich die Gelbfärbung der Cosmetica *nicht* auf die Haut.

Vitamin E, das *Fortpflanzungs-* oder *Antisterilitätsvitamin*, wirkt auf eine Erhöhung der Durchblutung und die Behebung von Bindegewebsschwäche, hat also ähnliche Wirkungen wie ein schwaches Oestrogen. Es kommt in der Kosmetik in Form von *Weizenkeimöl* (vgl. Bd. II, S. 1459) zur Anwendung.

„*Vitamin F*" (vgl. Bd. II, S. 1326/27) und seine Ester enthalten die ungesättigten, *essentiellen* (lebensnotwendigen) Fettsäuren *Linol-* und *Linolensäure* (vgl. Bd. II, S. 813) und *Arachidonsäure* und sind als Biokatalysatoren des Fettstoffwechsels wichtige kosmetische Grundpräparate. Sie sind ein vorzügliches Mittel, Hautkrankheiten vorzubeugen, das Unterhautzellgewebe zu stärken, spröde Haut zu normalisieren, die Talgdrüsenfunktion umzustimmen. Aber auch für die gesunde Haut sind sie wichtige Nährstoffe, die das Altern der Haut durch Schwund und Erschlaffung des Bindegewebes verhindern helfen.

Hautnährcreme (Typ W/Ö) (DEHYDAG).

	1.	2.	3.
Amphocerin Ⓡ K	20,0	20,0	25,0
Vaselin, weißes	5,0	5,0	10,0
Cetiol Ⓡ	5,0	10,0	10,0
Erdnußöl	5,0	10,0	15,0
Wasser	65,0	55,0	40,0
Parfüm	nach Bedarf	nach Bedarf	nach Bedarf

1. „mittelfett", 2. „fett", 3. „stark fett".

4. *mittelfett.*

Amphocerin Ⓡ K	15,0	Erdnußöl	5,0
Vaselin, weiß	5,0	Cetiol Ⓡ	10,0

Dest. Wasser . . . 65,0

5. *stark fett.*

Amphocerin Ⓡ K	10,0	Erdnußöl	20,0
Vaselin, weiß	20,0	Cetiol Ⓡ	10,0

Dest. Wasser . . . 40,0

Parfüm . . . . . nach Bedarf

Herstellung s. Amphocerin-Verarbeitung S. 102.

4. Schwachfettende Gebrauchscreme mit hohem Wassergehalt, Typ W/Ö, gegen schädliche Einflüsse bei der Hausarbeit und zum Schutz gegen kalte Witterung.

5. Fette Nachtcreme gegen trockene Haut, Typ W/Ö, die morgens entfernt wird.

Hautnährcreme (DRAGOCO)

1.

Emulgator 8475	120,0	Extrapon V.C.	10,0
Isopropylpalmitat	30,0	Karion Ⓡ F flüssig	50,0
Cetylalkohol	50,0	Wasser dest.	738,0

Konservierungsmittel . . . 2,0

2.

Dragil Ⓡ „P"	120,0	Extrapon V.C.	10,0
Isopropylpalmitat	50,0	Karion Ⓡ F flüssig	50,0
Cetylalkohol	50,0	Wasser, dest.	715,0

Creme-Parfümöl N 6406 . . 5,0

Hautnährcreme (Keimdiät).

Vitaminöl „Dr. Grandel“	20,0	Johanniskraut „Dr. Grandel“	9,0
Cetiol ®	10,0	Konservierungsmittel	0,2
Wollfett	17,0	Wasser	22,0
Walrat Ia	8,0	Karion ® F flüssig	5,5
Bienenwachs	5,0	Borax	0,3
Cetylalkohol extra	2,5	Parfüm	0,5

Hautnährcreme halbmatt, nicht fettend (ROTHEMANN).

1. Stearin Ia, dreifach gepreßt	150,0	Polyvitaminkonzentrat (Keimdiät)	30,0
Walrat DAB. 6	10,0	Nipagin ®	2,0
Butylstearat	10,0	Dest. Wasser	583,0
Wollfett, wasserfrei DAB. 6	10,0	Triäthanolamin, dest.	10,0
Olivenöl, 1. Pressung	90,0	Karion ® F flüssig	50,0
Spermöl, raffin.	50,0	Boraxpulver	1,0
Parfümöl, Typ „Rote Rose“	4,0		

Stearin und Walrat werden mit den übrigen Fettstoffen zusammengeschmolzen und in die 80° heiße Mischung die ebenfalls 80° heiße Lösung von Borax und Triäthanolamin im Wasser, in dem das Nipagin kochend heiß gelöst wurde, eingerührt. Ist die Mischung auf 40° abgekühlt, wird das Parfüm zugesetzt und homogenisiert. Verpackt wird in Tuben.

2. (*Nachtcreme*).

Weißes Wachs, naturgebl.	75,0	Weizenkeimöl, kalt gepreßt	40,0
Walrat DAB. 6	100,0	Polyvitaminkonzentrat	10,0
Wollfett, wasserfrei DAB. 6	150,0	Epidermin ® in Öl	2,0
Olivenöl, 1. Pressung	200,0	Nipagin ®	2,0
Spermöl, raffin.	200,0	Dest. Wasser	202,0
Wollwachs, raffin.	15,0	Boraxpulver	3,0
		Parfümöl	2,0 bis 3,0

Die Wachs- und Fettkörper werden zusammengeschmolzen, der im Wasser kochend heiß gelöste Borax und das Nipagin heiß unter die Mischung gemengt und nach dem Abkühlen auf 40° das Polyvitaminkonzentrat, Epidermin und Parfümöl zugemischt, dann wird homogenisiert.

Lecithincreme.

Triäthanolaminstearat	150,0	Paraffinöl	90,0
Lecithin	10,0	Karion ® F flüssig	100,0
Wasser, dest.	650,0		

Das Triäthanolaminstearat frisch bereiten. Das Lecithin wird im Paraffinöl gelöst.

Hormon- und Vitamin-Cremes.

Hautnährcreme, sog. „Hormoncreme“ (ROTHEMANN).

Wollfett, wasserfrei DAB. 6	144,0	Weizenkeimöl, kalt gepreßt	50,0
Wollwachs, raffin.	6,0	Polyvitaminkonzentrat	10,0
Weißes Wachs, naturgebleicht	70,0	Nipagin ®	2,0
Walrat DAB. 6	75,0	Peröstron ® in Öllösung	2,0
Olivenöl, 1. Pressung	100,0	Epidermin ® in Öl	2,0
Spermöl, raffin.	100,0	Dest. Wasser	336,0
Parfümöl	3,0		

Hormoncreme, Typ W/Ö (CLR).

Leicht in die Haut eindringende Creme auf Basis eines nicht-ionogenen, kohlenwasserstofffreien Emulgators.

A. Emulgator W/Ö-1000	5,0	Erdnußöl (mit Antioxydans)	15,0
Wollfett, wasserfrei	8,0	Stearylester	4,0
Walrat	15,0	Peröstron ® in Öl	1,0
Bienenwachs	6,0	Nip-Nip ®	0,1

B. Placentaliquid, ® öllösl. . . 5,0

C. Sorbex oder Karion ® F flüssig	8,0	Wasser	33,0

Nip-Nip ® 0,1

A. auf Wasserbad schmelzen, bei 70° Teil B. zugeben. C. Nip-Nip in Wasser kochend heiß vollkommen lösen, Sorbex oder Karion zugeben und 70° warm langsam einrühren. Bei 40° parfümieren, bei 35° durch Walzenstuhl geben.

Hormoncreme (ROTHEMANN).

A. Wollfett (wasserfrei) DAB. 6	180,0	Cetiol ®	85,0
Weißes Wachs	67,0	Nipagin ® M	1,0
Walrat	63,0	Weizenkeimöl, kalt gepreßt	70,0
Olivenöl DAB. 6	200,0	Sorbitan-Trioleat „Merck“	30,0

B. Dest. Wasser 300,0

C. Peröstron ® in Öllösung	2,0	Epidermin ® in Öllösung	1,0

D. Parfümöl, Typ „Rote Rose“ . 3,0

Olivenöl auf etwa 60° erwärmen und darin Nipagin und Peröstron lösen. Epidermin und das warme Olivenöl werden in die auf 55 bis 60° erwärmte Mischung A. gegeben. B. wird gesondert auf 60° erwärmt und dann allmählich in A. eingerührt. Ist die entstandene Creme auf 45° abgekühlt, wird D. zugegeben. Maschinelle Homogenisierung verbessert das Präparat.

Hormoncreme mit Lanocerina (Esperis).

Lanocerina	550,0	Vaselinöl	120,0
Zeresin	30,0	Rosenwasser	200,0
Vitabiosol	100,0	Parfüm Roseal	2,0

Hormon-Fettcreme (Tempelhof).

Almecerin ®	35,0	Dest. Wasser	45,0
Hormonöl „Tempelhof“	15,0	Hamadispulver	5,0

Es ist nicht zu empfehlen, die Creme nach Fertigstellung sofort abzufüllen, da sie eine Reife durchmacht. Zweckmäßig läßt man sie einige Tage ablagern, gibt sie vor dem Abfüllen nochmal in ein Rührwerk oder in eine Salbenmühle. Auch das Aussehen und die Konsistenz der Creme wird durch die Ablagerung begünstigt.

Siehe Almecerin-Verarbeitung S. 100.

Hormon-Tagescreme (Tempelhof).

Cefatin ®	25,0	Borax	1,0
Hormonöl „Tempelhof“	13,0	Dest. Wasser	56,0
Glycerin	5,0	Nipagin ® M	0,15

Siehe Cefatin-Verarbeitung S. 109.

Vitamincreme (SÖFW).

Protegin ®	25,0	Hamameliswasser	5,0
Gehärtetes Erdnußöl	5,0	Glycerin	3,0
Vitaminöl	4,0	Dest. Wasser	54,0
Polyvitamin-Konzentrat	2,0	Nipagin ®-Nipasol ®	0,15
Cetylalkohol	1,0	Parfüm	0,3

Herstellung s. Protegin-Verarbeitung S. 145.

Vitamin-Nährcremes ohne Kohlenwasserstoffe (Edelfettwerke).

1.
Esma 560	25,0	Isolinsäure-Ester (80000 Sh. E.)	0,3
Massa Estarinum	10,0	Fettstabilisator Dr. Grandel	0,1
Bienenwachs, gebleicht Ia	3,0	Karion ® F flüssig	5,0
Lanolin DAB. 6	12,0	Nipagin ® M Spiritus (10%)	1,0
Vitaminöl Dr. Grandel	10,0	Fenchelwasser	34,5

2.
Esma 628	20,0	Isolinsäure-Ester (80000 Sh. E.)	0,3
Wollfett	15,0	Nipabenzyl ®	0,15
Bienenwachs, gebleicht Ia	6,3	Karion ® F flüssig	4,0
Massa Estarinum	5,0	Borax	0,3
Weizenkeimöl, kaltgepreßt	9,0	Nipagin ® M Spiritus (10%)	1,0

Hamamelis-Destillat 40,0

Vitamin-Nährcreme (ROTHEMANN).

Nicht fettende Tag- und Nachtcreme.

A.
Stearin Ia, dreifach gepreßt	150,0	Wollfett (wasserfrei) DAB. 6	25,0
Walrat	10,0	Olivenöl DAB. 6	95,0
Weißes Wachs	10,0	Weizenkeimöl, kalt gepreßt	30,0

Nipagin ® M. 1,0

B.
Dest. Wasser	583,0	Borax	1,0
Triäthanolamin	10,0	Karion ® F flüssig	50,0

C. Beliebiges Parfümöl . . 4,0

A. wird auf 70°, B. auf 75° erwärmt, dann B. in A. in fingerdickem Strahl eingerührt. Bei 45° wird C. zugegeben und weitergerührt bis zum Erkalten.

An Stelle von Stearin kann Lanette ® N verwendet werden, dann erübrigt sich der Zusatz von Triäthanolamin.

Hochwertige Fettcreme mit Vitaminen, Typ W/Ö (CLR).

A.
Bocera W CLR	15,0	Wollfett, wasserfrei	5,0
Walrat	7,0	Stearylester	9,5
Bienenwachs	4,0	Nip-Nip ®	0,1

Erdnußöl 13,5

B.
Weizenkeimöl	5,0	Avocadoöl	4,0

Vitamin-F-Glycerinester . . 3,0

C. Wasser . . 34,0 | Nip-Nip ® . 0,1

A. schmelzen und B. 60° warm zugeben, C. aufkochen und auf 62° abkühlen, dann in die 60° warme Fettschmelze langsam einrühren. Bei 40° parfümieren, bei etwa 30° durch Walzenstuhl geben.

Lanolin-Cremes.

(Siehe auch „Handpflege" S. 303ff.)

Almecerin-Lanolincreme (MELLINGHOFF).

Almecerin ®	50,0	Wasser, dest., konserviert mit 0,15% Nipagin ® M	120,0
Wollfett, wasserfrei	30,0		

Hautcreme.

Bienenwachs	8,0	Paraffin, flüssig DAB. 6	25,0
Wollfett, wasserfrei	25,0	Cetylalkohol	20,0

werden zusammengeschmolzen und emulgiert mit einer heißen Lösung aus

Natriumbenzoat	0,3	Nipagin ® M	0,2
Borax	1,0	Wasser, dest.	40,0

und bis zum Erkalten gerührt.

Parfümöl 0,5

wird bei einer Temperatur von 40° zugegeben.

Als Parfümöl kann Verwendung finden:

Lavendelöl	6,0	Geranylacetat	0,5
Spiköl	2,0	Linalool	0,5
Linalylacetat	1,0	Kumarin	0,1

Lanocerina-Creme (Esperis).

Lanocerina	600,0	Wasser, dest.	400,0

Parfüm . . . . nach Bedarf

Nachtcreme mit Triäthanolamin (MELLINGHOFF).

Paraffinöl, weiß	660,0	Bienenwachs, gebleicht	125,0
Wachs, weiß	125,0	Wollfett, wasserfrei	125,0

werden bei 70° bis 80° zusammengeschmolzen und unter ständigem Umrühren in die Lösung von gleicher Temperatur aus

Wasser, dest.	936,0	Triäthanolamin	20,0

Borax, pulv. . . . 9,0

eingetragen und bis zum Erkalten gerührt.

Parfümöl . . . . nach Bedarf

Puder-Cremes.

Pudercreme (SIDO).

Tegin ®	12,0	Titanweiß	2,0
Paraffinöl	12,0	Talcum	1,0

Wasser, dest. . . 73,0

Herstellung s. Tegin-Verarbeitung S. 184.

Pudercreme, fettfreie (JANOWITZ).

Kolloid-Kaolin	5,0	Glycerin	10,0
Zinkstearat	15,0	Talcum	20,0
Zinkoxyd	10,0	Titandioxyd	4,0

Tylose ®-Lösung (2%) . . 36,0

Gefärbt wird mit Eisenoxydrot und Ocker, konserviert mit Nipagin ® nach Bedarf. Die pulverförmigen Bestandteile werden mit dem Glycerin angerieben und dann langsam die Tyloselösung zugesetzt. Das fertige Produkt gibt man durch eine Kolloidmühle.

Pudergrundlage für Puder-Cremes.

ANM ®-Pudergrundlage	30,0	Talcum	15,0
Osmo-Kaolin	20,0	Titandioxyd	10,0
Aerosil ®	3,0	Magnesiumstearat	5,0

Gefärbt wird nach Wunsch mit Puderfarben. Riechstoffe werden mit der Pudergrundlage einverleibt.

Reinigungs-Crems (Cleansing-Cremas).

(Vgl. a. „Gesichtsmilch“ S. 295 und „Hautemulsionen, flüssig“ S. 354.)

Die Fettstoffe dieser Cremes dienen dem Zweck, Unreinigkeiten, Puder oder Schminken von der Haut zu entfernen, sollen also nicht oder nur wenig in die Haut eindringen. Vorwiegende Verwendung finden deshalb leichtschmelzende mineralische Öle und Fette. Vor der kosmetischen Weiterbehandlung der Haut muß die Reinigungscreme *sorgfältig* durch eine heiße Kompresse, besser mit Reinigungsmilch *entfernt* werden. Gesichtswasser löst Mineralfette nicht!

Gesichtsreinigungscreme für seifenempfindliche Haut.

Laceranum ® anhydricum	33,0	Rosenwasser	auf 100,0

Vgl. Laceranum anhydricum-Verarbeitung, S. 125.

1. (FÜHRER).

Paraffin, flüssig DAB. 6	450,0	Lanette ® O	50,0
Vaselin, amerik., weiß viscos	325,0	Cetylalkohol extra	50,0
Deltyl ® (Givaudan)	75,0	Wachs, weiß	50,0
Lavendelöl DAB. 6	4,0		

Vgl. Lanette-Verarbeitung, S. 126. Fällt die Creme zu fest aus, wird der Anteil von Paraffin flüssig erhöht.

2.

Flüssiges Paraffin DAB. 6	50,0	Cetylalkohol	7,5
Weißes Vaselin, amerik. viscos	35,0	Zeresin DAB. 6	7,0
Neroliöl, künstl. tsf. 4663 (H. & R.)	0,5		

3. (JANISTYN)

Stearin	20,0	Walrat	30,0
Paraffinöl	80,0	Glycopon B 554	14,0
Bienenwachs	4,0	Dest. Wasser	90,0

werden bei 90 bis 95° emulgiert.

Reinigungscreme (JANOWITZ).

1.	Ozokerit	20,0	Vaselinöl	80,0
2.	Zeresin	18,0	Walrat	5,0
	Vaselin	15,0	Vaselinöl	62,0
3.	Paraffin, fest	180,0	Vaselin	120,0
	Vaselinöl	700,0		
4.	Vaselin	85,0	Vaselinöl	15,0
5.	Aluminiumstearat	3 bis 5,0	Vaselinöl	95,0 bis 97,0

Bei den Vorschriften 1 bis 4 schmilzt man die Rohstoffe im Wasserbad bis zur Verflüssigung, parfümiert bei 45° und füllt die Tiegel bis zu Vierfünfteln. Nach dem Erkalten wird bis zum Rande gefüllt, um die sonst in der Mitte entstehende Vertiefung zu verhüten. Bei Vorschrift 5 wird das Aluminiumstearat in Öl bis zur Lösung erhitzt und dann unter langsamster Kühlung in Dosen ausgegossen.

Reinigungscreme (Tempelhof).

Almecerin ®	16,0	Zeresin DAB. 6	24,0
Flüssiges Paraffin DAB. 6	60,0		

Das flüssige Paraffin kann ganz oder teilweise durch Arachisöl ersetzt werden. Die fertige Creme läßt man einige Tage lagern und wird dann vor dem Abfüllen nochmals in einem Rührwerk oder einer Salbenmühle durchgearbeitet. Siehe Almecerin-Verarbeitung S. 100.

Reinigungscreme, abwaschbar (ROTHEMANN).

Lanette ® O	30,0	Arlacel ® C	10,0
Eutanol ® G	60,0	Parfümöl	0,2

Reinigungs-Hautnährcreme (Nr. 18 Boehringer).

Boerocerin	2,0	Kakaobutter	23,0
Vaselin, weiß	275,0		

Die Stoffe werden auf dem Wasserbad zusammengeschmolzen.

Reinigungscreme, Typ Ö/W (DEHYDAG).

	1.	2.		1.	2.
Emulgade ® F	10,0	15,0	Paraffinöl	20,0	10,0
Eutanol ® G oder Cetiol ® V	20,0	10,0	Vaselin, weißes	—	15,0
Stearin (3mal gepreßt)	10,0	—	Wasser	40,0	50,0

Konservierungsmittel und Parfüm nach Bedarf

Herstellung s. Emulgade-Verarbeitung, S. 115.

Reinigungscreme, Typ W/Ö (DEHYDAG).

	1.	2.		1.	2.
Amphocerin ® E	15,0	20,0	Cetiol ®	10,0	10,0
Vaselin, weißes	20,0	20,0	Wasser	40,0	40,0
Erdnußöl	15,0	10,0	Parfüm	nach Bedarf	nach Bedarf

Herstellung s. Amphocerin-Verarbeitung, S. 100.

Reinigungscreme (Edelfettwerke).

Esma 560	14,0	Basiswachs 1577 „Schliemann"	6,0
Vaselin, weiß DAB. 6	10,0	Paraffin, flüssig DAB. 6	9,0
Hartparaffin 50/62°	3,0	Glycerin	4,0

Aqua conservans 54,0

Reinigungscreme (FISCHER).

Stearinsäure	14,5	Triäthanolamin	1,9
Lanolin	4,0	Dest. Wasser	50,0
Mineralöl	24,6	Diäthylenglykoläthyläther	5,0

Das Triäthanolamin wird mit dem Wasser auf 80° erwärmt und damit die Schmelze der übrigen Bestandteile, welche dieselbe Temperatur haben müssen, unter Umrühren bis zum Erkalten verseift. Die Parfümierung erfolgt bei 40°.

Reinigungscreme.

	1.	2.	3.	4.	5.
Wachs, weiß	100,0	95,0	—	80,0	—
Wollfett, wasserfrei	150,0	70,0	480,0	100,0	—
Zeresin, DAB. 6	160,0	—	50,0	25,0	145,0
Paraffin, flüssig	570,0	610,0	—	—	767,0
Rosenwasser	—	200,0	—	—	—
Borax	—	10,0	—	—	—
Benzoesäure	5,0	5,0	—	—	—
Erdnußöl	—	—	150,0	200,0	—
Cholesterin	—	—	—	5,0	—
Hamameliswasser, dest.	—	—	—	155,0	—
Kölnisch Wasser-Öl	—	—	—	—	3,0
Parfümöl	—	10,0	10,0	15,0	—
Vaselin, weiß	—	—	—	—	85,0
Wasser, dest.	—	—	300,0	—	—

Die Fette werden auf dem Wasserbad zusammengeschmolzen und in der Fettschmelze die Benzoesäure und das Cholesterin gelöst. Borax wird im wäßrigen Anteil gelöst und dieser unter Umrühren der Fettschmelze zugegeben.

	6. Sommerware	7. Winterware	8. Tubenware
Flüssiges Paraffinöl DAB. 6	850,0	870,0	650,0
Zeresin DAB. 6	148,0	128,0	132,0
Weißes Vaselin DAB. 6	—	—	215,0
Parfüm	2,0	2,0	2,0

Reinigungscreme (HENKEL).

Algipon ® 1168	18,0	Flüssiges Paraffin	290,0
Glycerin	20,0	Parfüm	nach Bedarf
Triäthanolamin	18,0	Konservierungsmittel	nach Bedarf
Stearinsäure Erg.-B. 6	135,0	Wasser	auf 1000,0

Algipon 1168 mit dem Glycerin mischen, dann das Wasser und Triäthanolamin hinzufügen und das ganze verrühren, bis vollkommene Lösung erreicht ist. Stearinsäure und flüssiges Paraffin getrennt durch Erwärmen auf 70° vollständig lösen. Die wäßrige Lösung ebenfalls auf 70° erwärmen und der Mischung aus Stearinsäure und flüssigem Paraffin bei gleicher Temperatur unter kräftigem Rühren zufügen. Weiterrühren, bis gute Emulgierung erfolgt ist, dann bis zum Kaltwerden gelegentlich umrühren. Parfüm und Konservierungsmittel der Lösung beifügen, wenn sie fast erkaltet ist.

Sport-Cremes.

Sportcreme (Boehringer).

1. Hydrocerin ®	35,0	Lanolin	30,0
Salbenwachs	35,0	Glycerin	50,0
Vaselin, weiß	250,0	Wasser	600,0

Das Hydrocerin und das Fettgemisch schmilzt man auf dem Wasserbad vollständig. Dann werden das Wasser und das Glycerin zugegeben und so eingestellt, daß die Gesamtmasse eine Temperatur von 60° hat. Anschließend wird emulgiert, bis Zimmertemperatur erreicht ist und homogenisiert. Die Parfümierung erfolgt zweckmäßig unmittelbar vor der Homogenisierung. Nur ausgesprochene Hautcreme-Parfüms anerkannter Fabriken sollen Verwendung finden.

2. Boerocerin ®	40,0	Vaselin, weiß	275,0
Salbenwachs	15,0	Glycerin	60,0
Lanolin	50,0	Wasser, dest.	560,0

Boerocerin wird in einem Teil der zu verwendenden Fettmenge auf dem Wasser bad (beim Schmelzen auf Feuerflamme ist eine Überhitzung zu vermeiden) geschmolzen und das Wasser hinzugegeben. Die Mischung muß eine Temperatur von 60° haben. Dann wird emulgiert und, wenn die Masse Zimmertemperatur erreicht hat, homogenisiert.

Sportcreme (DEHYDAG).

	1.	2.		1.	2.
Amphocerin ® K	20,0	20,0	Erdnußöl	5,0	10,0
Vaselin, weißes	5,0	5,0	Wasser	70,0	65,0

Parfüm nach Bedarf

Herstellung s. Amphocerin-Verarbeitung, S. 100.

1. „schwach fett", 2. „mittelfett".

Sportcreme.

1. (FÜHRER).

Protegin ® X	230,0	Wollfett, wasserfrei	100,0
Vaselin, weiß	120,0	Karion ® F flüssig	40,0
Paraffin, flüssig	120,0	Wasser, dest.	355,0
Walrat	40,0	Parfümöl	4,0

2. Wollfett, wasserfrei	100,0	Tegin ®	150,0
Vaselin, weiß	40,0	Nipagin ® M	2,0
Paraffinöl, mittelviscos	50,0	Wasser, dest.	650,0

Parfümöl 4,0

Auch bei 1. empfiehlt sich die Konservierung mit Nipagin ® M. Vgl. Verarbeitungsvorschrift von Protegin X, S. 145 bzw. Tegin S. 184.

Sportcreme.

Laceranum ® anhydricum	20,0	Mandelöl	10,0
Wollfett, wasserfrei	10,0	Wasser	120,0
Vaselin, weiß	20,0	Parfüm	0,9

Herstellung s. Laceranum anhydricum-Verarbeitung.

Sportcreme (Edelfettwerke).

Zinköl 50%	1,0	Magnesiumsulfat, krist.	0,2 bis 0,3
Adsorptionsbase 1. bis 3. (s. S. 326)	33,0 bis 40,0	Aqua conservans	auf 100,0
		Glycerin od. Karion ® F, flüssig	1,0 bis 2,0

Die mit der Adsorptionsbase 3 hergestellte Creme ist auch als Reinigungscreme verwendbar.

Konsum- und Sportcreme ohne Kohlenwasserstoffe.

Zinköl 50%	1,0	Karion ® F flüssig	6,0
Adsorptionsbase wie oben	34,0	Silicon-Paste P „Wacker“	5,0
Wasser, dest.	54,0		

Tagescremes. Vanishing Creams.

Tages-Cremes Typ Ö/W (DRAGOCO).

	1.	2.	3.	4.	5.
Stearin	90,0	—	—	20,0	—
Tegin ®	—	160,0	—	—	—
Tegacid ®	—	—	140,0	—	—
Lanette N ®	—	—	—	200,0	—
Cefatin ®	—	—	—	—	200,0
Kaliumcarbonat, rein	9,0	—	—	—	—
Triäthanolamin	—	—	—	8,0	—
Bienenwachs, weiß	5,0	—	—	—	—
Wollfett, wasserfrei	20,0	—	—	—	—
Cetylalkohol	—	—	—	30,0	—
Glycerin 28° Bé	150,0	—	—	—	—
Borsäure	—	—	—	—	10,0
Nipagin ® M	—	—	—	2,0	—
Vaselin, weiß	—	100,0	30,0	30,0	—
Citronensaft, natürlich, filtriert	—	—	200,0	—	—
Parfümöl	7,0	7,0	7,0	7,0	7,0
Wasser, dest.	719,0	633,0	623,0	703,0	783,0

Tagescreme (DRAGOCO).

Dragil ®	120,0	Paraffinöl	30,0
Glycerin oder Karion F flüssig	50,0	Konservierungsmittel	1,0
Isopropylmyristinat	40,0	Wasser	759,0

Verarbeitungsweise von Dragin s. Bd. II, S. 1455.

Tagescremes mit ESMA-Emulgatoren (Edelfettwerke).

1.	Stearin (54/56°, 3fach gepreßt)	15,0	Aqua conservans	37,5
	Triäthanolamin	1,4	Alginatschleim (s. S. 454)	6,0
	Borax	0,1	Karion ® F flüssig	7,5
	Glycerin	2,5	Esma 509 P	10,0
	Aqua conservans	20,0		

2.

Stearin Ia, 3fach gepreßt	12,0	Aqua conservans	62,6
Triäthanolamin	1,2	Esma 509 oder 509 P	8,0
Borax	0,2	Zinköl 50%	1,0
		Glycerinsalbe DAB. 6	15,0

3.

Stearin Ia, 3fach gepreßt	20,0	Glycerin	2,0
Kaliumhydroxyd in rotul. „Merck“	1,2	Sorbex S	6,0
Natriumhydroxyd in rotul. „Merck“	0,1	Aqua conservans	30,0
Borax	0,5	Titandioxyd	0,5
		Esma 509	4,0
		Weizenstärke	1,0
		Aqua conservans	34,7

4.

Stearin Ia 3fach gepreßt	10,0	Glycerin	3,0
Triäthanolamin	0,8	Karion ® F flüssig	9,0
Borax	0,2	Zinköl 50%	1,0
Aqua conservans	34,0	Esma 810	12,0
		Hamameliswasser dest.	30,0

5.

Stearin Ia, 3fach gepreßt	12,0	Esma 509 P	5,0
Triäthanolamin	1,0	Esma 810	4,0
Borax	0,2	Olivenöl konserviert	8,0
Sorbex S	6,0	Glycerinsalbe DAB. 6	10,0
Aqua conservans	53,7	Antischaummittel SW „Wacker“	0,2

Statt Glycerinsalbe läßt sich auch mit Vorteil folgende Vorschrift einsetzen:

Methylcellulose oder Algipon® G II	6,0	Glycerin	12,5
Aqua conservans	44,0	Karion ® F flüssig	37,5

6.

Stearin Ia, 3fach gepreßt	8,5	Glycerin	2,5
Triäthanolamin	0,7	Karion ® F flüssig	7,5
Borax	0,2	Fenchelwasser	31,0
Aqua conservans	33,0	Titandioxyd	0,6
Weizenstärke	1,0	Estarinum anhydricum GN	15,0

7.

Stearin 54/56° 3fach gepreßt	10,0	Sorbex S	7,0
Triäthanolamin	1,0	Aqua conservans	68,9
Borax	0,1	Zinköl 50%	1,0
Esma E	12,0		

3. ergibt eine Creme mit Perlglanz und leichter Verreibbarkeit.
7. ergibt eine Creme mit guter Kühlwirkung.

Tagescreme (Edelfettwerke).

1. Puderunterlage, trockene, *abwaschbare* Hautcreme.

Emulgator E	50,0	Rosenöl	3 Tr.
Nipasol®	0,1	Dest. Wasser mind. auf	175,0

Zusatz von 4% Adulsion-Suspension 1 : 11 zweckmäßig. Emulgator E wird leicht geschmolzen, das Nipasol im kochend heißen dest. Wasser völlig gelöst und erkalten gelassen.

2. Leicht fettend, mattierend, abwaschbar, auch als abwaschbare *Abschminke* verwendbar.

Estarinum anhydricum G	50,0	Dest. Wasser (Cremeform) auf	60,0
Nipasol®	0,1	(dickflüssige Emulsionsform) auf	120,0
Rosenöl	3 Tr.		

Das Nipasol ist im kochend heißen dest. Wasser unter Umrühren vollständig zu lösen und erkalten zu lassen.

Mit besonders guter Hautverträglichkeit.

3. Zinköl 50%	1,0	Cetiol ® V	15,0
Esma 810	35,0	Glycerinsalbe DAB. 6	10,0
	Aqua conservans	39,0	

4. Estarinum anhydricum GN	40,0	Alginat-Schleim 5% (Vorschrift s. S. 454)	15,0
Walrat I a	2,0	Karion ® F flüssig	3,0
Bienenwachs, gebleicht I a	2,0	Aqua conservans	28,0
Erdnußöl, konserviert	10,0		

Beide Cremes lassen sich schon mit 0,3 bis 0,4% Parfümöl genügend parfümieren.

Tagescreme mit Perlmuttglanz (Tempelhof).

Cefatin ®	25,0	Glycerin	2,0
Dest. Wasser	70,0	Nipagin ® M	0,15
	Weingeist (90%)	3,0	

Siehe Cefatin-Verarbeitung S. 109. Das Nipagin wird im Weingeist gelöst.

Tagescreme, mattierend (DEHYDAG).

	1.	2.	3.
Lanette ® N	8,0	8,0	5,0
Eutanol ® G oder Cetiol ® V	2,5	5,0	1,0
Stearin (3 × gepreßt)	6,5	8,0	15,0
Triäthanolamin	0,4	0,5	1,0
Glycerin, Karion ® F flüssig oder Sionit ® K flüssig	5,0	8,0	7,0
Borax, pulv.	—	—	0,1
Wasser	77,6	70,5	70,9
Konservierungsmittel und Parfüm	n. Bedarf	n. Bedarf	n. Bedarf

Herstellung s. Lanette-Verarbeitung S. 126.

Tagescreme mit Lanette Typ Ö/W (DEHYDAG).

Lanette ® N	17,0	Walrat	3,0
Eutanol ® G oder Cetiol ® V	3,0	Wasser	77,0
	Konservierungsmittel und Parfüm	nach Bedarf	

Herstellung s. Lanette-Verarbeitung S. 126.

Tagescreme (Anorgana).

	Lanogen ® STN	5,0
werden verschmolzen mit		
	Gendorfer Wachsalkohol	5,0
und eingerührt		
	Warmes, dest. Wasser	40 bis 90,0

Tagescreme mit Lanogen STN (Anorgana).

Es werden zusammen aufgekocht:

Lanogen ® STN	10,0	Stearinsäure	2,0
Walrat, synth.	5,0	Zinkoxyd	0,5
Vaselin, weiß	3,0	Kaliumhydroxyd	0,1
Flüssiges Paraffin DAB. 6	2,0	Glycerin	3,0
	Dest. Wasser	74,4	

Tagescreme mit Tegin.

Tegin ®	12,0	Mandelöl, süß	3,0
Wachs, weiß	2,0	Glycerin	4,5
Walrat	1,5	Nipagin ® M	0,15
Vaselinöl, weiß	2,0	Dest. Wasser	auf 100,0

Die ersten 5 Stoffe bei 80° schmelzen, das Nipagin im Wasser kochend heiß und vollständig lösen, dann der Lösung das Glycerin zugeben und bei 75° die Schmelze in das Glycerin-Nipaginlösung-Gemisch einrühren.

Tagescreme (FÜHRER).

Tegin ®	240,0	Karion ® F flüssig	180,0
Isopropylpalmitat	20,0	Titandioxyd	10,0
Wollfett, wasserfrei	20,0	Nipagin ® M	3,0
Cetylalkohol	50,0	Wasser, dest.	1450,0

Parfümöl 8,0

Vgl. Tegin-Verarbeitung S. 184.

Tagescreme (Edelfettwerke).

Cremegrundlage Typ Ö/W, S. 325)	20,5 bis 23,0	Erdnußöl, konserviert	5,0
		Estarinum anhydricum GN	8,0 bis 5,5

Aqua conservans 66,5

Hautcreme (DRAGOCO).

Emulgator 8475	120,0	Paraffinöl	30,0
Glycerin oder Karion F flüssig	50,0	Konservierungsmittel	1,0
Isopropylmyristinat	40,0	Wasser	759,0

Verarbeitung von Emulgator 8475 s. Bd. II, S. 1455.

Hautcreme mit Perlmutterglanz.

Stearinsäure Erg.-B. 6	85,0	Wollfett DAB.6	5,0

Myristinalkohol 10,0

werden zusammengeschmolzen und die nachstehende Lösung, 70° warm, unter ständigem Rühren zugegeben:

Glycerin (28° Bé)	36 ccm	Borax	0,5
Dest. Wasser	250,0	Triäthanolamin, rein	5 ccm

Nach dem Abkühlen auf 40° wird zugesetzt

Parfümöl 5,0

Hautcreme mit Perlmutterglanz (BELL und HÜBSCHER).

Stearinsäure „Super extra"	234,0	Borax, pulv.	5,0
Wasserfreies Wollfett DAB. 6	12,0	Dest. Wasser	634,0
Triäthanolamin	13,0	Glycerin DAB. 6	102,0

Die Stearinsäure mit dem Wollfett zusammenschmelzen. In einem anderen Gefäß Glycerin, Triäthanolamin, Borax und Wasser zum Kochen erhitzen und diese heiße Lösung in dünnem, gleichmäßigem Strahl in die Fettschmelze bei 65° einrühren. Bis zum völligen Erkalten weiterrühren, parfümieren bei 40°.

Stearatcreme (Anorgana).

Stearinsäure	13,0	Salmiakgeist (25%)	1,2
Glycerin	5,0	Wasser, dest.	62,0

werden aufgekocht und eine Emulsion aus

Lanogen ® C oder STN.	3,0	Dest. Wasser	15,8

bei etwa 70° zugefügt.

Stearin-Hautcreme mit Matteffekt (DRAGOCO).

	1.	2.	3.	4.	5.
Stearin	250,0	225,0	150,0	250,0	80,0
Butylstearat	—	—	50,0	—	—
Glycerin 28° Bé	80,0	75,0	—	90,0	50,0
Wollfett, wasserfrei	—	—	—	47,5	—
Paraffin, flüssig DAB. 6	—	23,0	—	—	250,0
Vaselin, weiß	—	—	—	—	200,0
Walrat	50,0	—	—	—	—
Aminoglykol	15,0	18,0	20,0	—	30,0
Triäthanolamin	—	—	—	12,5	—
Parfümöl	7,0	7,0	7,0	7,0	7,0
Zinkstearat	—	—	150,0	—	—
Wasser, dest.	598,0	652,0	623,0	593,0	383,0

Tagescreme mit Triäthanolamin (Anorgana).

Stearinsäure . . . . 22,5 | Rizinusöl 2,5

werden miteinander verschmolzen und eingetragen in die Lösung von

Glycerin DAB. 6 . . . . 12,2 | Borax 0,3
Triäthanolamin NG . . . . . . 1,7 | Dest. Wasser 63,0

bei etwa 70°.

Tagescreme mit Kakaobutter.

Stearin Ia . . . . 18,0 | Karion ® F flüssig 13,0
Cetylalkohol . . . 2,0 | Weingeist (90%) . 7,0
Kakaobutter . . . 3,0 | Wasser, dest. . . . 54,0
Triäthanolamin . . 1,5 | Nipagin ® M. . . 0,15

Schönheitscreme.

Triäthanolaminstearat . . 150,0 | Wasser 540,0
Karion ® F flüssig . . . 200,0 | Eilecithin 7,0
Paraffin flüssig . . . . . 100,0 | Karottenöl 3,0

Parfümöl . . . . nach Belieben

Triäthanolaminstearat frisch zubereiten, Lecithin im Paraffinöl lösen.

Tagescreme (ROTHEMANN).

1. (*leicht überfettet*)

Stearin Ia, 3fach gepreßt . . . 180,0 | Dest. Wasser 725,0
Isopropyl-Palmitat (oder Deltyl ® extra) . . . . 10,0 | Triäthanolamin, dest. 12,0
Wollfett, wasserfrei DAB. 6 . . 5,0 | Glycerin 28° Bé (oder 1,2-Propylenglykol) . . 50,0
Weizenkeimöl, kalt gepreßt . . 10,0 | Boraxpulver 2,0
Vitamin F (250000 Sh-L-Einh. i. g) 1,0 | Parfümöl . . . . 4,0—5,0

Emulgiert wird bei etwa 80°, die Parfümzugabe erfolgt bei etwa 40°.

2. Stearin Ia, 3fach gepreßt . . . 100,0 | Dest. Wasser 710,0
Weizenkeimöl, kalt gepreßt . . 20,0 | Triäthanolamin, dest. 12,0
Wollfett, wasserfrei DAB. 6 . . 5,0 | Karion ® F flüssig 50,0
Sorbitansesquioleat „Merck" . . . . 20,0 | Parfümöl 5,0

Emulgiert wird bei etwa 80°.

Tagescreme.

1. (FÜHRER)

Stearin, 3fach gepreßt, Ia Luxus . . . 24,0 | Cetylalkohol extra LG 0,8
Triäthanolamin NG . . . . 1,2 | Konservierungsmittel 0,2
Karion ® F flüssig oder Sorbex spezial 15,0 | Dest. Wasser 58,8
| Parfümzusatz . . . . 0,2—0,3

Wird Nipagin als Konservierungsmittel verwendet, ist dieses zunächst im kochenden Wasser vollständig zu lösen. Bei etwa 75° werden Karion und Triäthanolamin der Lösung zugegeben und dann die Stearin-Cetylalkoholschmelze etwa 80° warm langsam eingerührt. Parfümiert wird bei 30 bis 35°. Die Creme nimmt nach einigen Tagen Lagerzeit Perlglanz an.

2. (JANISTYN) Stearin . . 24,0	Polyglykol	5,0
Triäthanolamin, rein . . 1,0	Dest. Wasser	70,0

Triäthanolamin, Polyglykol und Wasser werden auf 95° erwärmt, in die heiße Lösung wird sogleich die gleich warme Stearinschmelze langsam eingerührt, worauf bis zum Erkalten gerührt wird. Parfümiert wird bei 40°.

Tagescreme, halbflüssig. Typ Ö/W (CLR).

Emulgator 825	4,0	Epidermin ® i. Öl	0,1
Walrat	1,0	Sorbex oder Karion ® F flüssig	8,0
Bienenwachs	1,0	Wasser	83,0
Stearylester	2,9	Nip-Nip ®	0,2

Nip-Nip im Wasser kochend vollkommen lösen. Sorbex oder Karion F flüssig zugeben, bei 65° die wäßrige Lösung in die gleich warme Fettschmelze einrühren. Homogenisieren!

Pudergrundlage-Creme (VANDERBILT).

A. Veegum[1] . . .	1,65	Glycerin	5,8
Wasser	64,35	Triäthanolamin . .	0,52
B. Glycerinmonostearat (selbstemulgierend) . .	1,65	Cetylalkohol	4,95
		Mineralöl, hell	18,6
Lanolin	2,48	Konservierungsmittel . . .	nach Bedarf

A. Veegum langsam dem Wasser zusetzen, hierbei fortwährend rühren, bis der Ansatz glatt ist. Dann Glycerin und Triäthanolamin zusetzen und auf 65 bis 70° erwärmen. B. auf 65 bis 70° erwärmen, dann die Mischung unter fortlaufendem Rühren zu A geben. Bis zum Abkühlen weiterrühren.

Die Creme kann mit Zinkoxyd, Titandioxyd und Eisenoxyd in Isopropylalkohol nach Wunsch gefärbt werden und besitzt dann gutes Deckvermögen. Sie ist auch bei entsprechenden Zusätzen als Insektenschutz- und Sonnenschutzsalbe geeignet.

Völlig wasserlösliche Creme (Anorgana).

Lanogen ® 0 neu . 5,0
werden warm gelöst in
Dest. Wasser . . 2—7,0

Diese Mischung verträgt den Zusatz starker Elektrolyte, z. B. Chlorcalcium, Aluminiumacetat, Bleiacetat usw.

Tagescreme mit Siliconöl Typ Ö/W (DEHYDAG)

Lanette ® N	4,0	Triäthanolamin	0,8
Luxus-Stearin, 3fach gepr.	12,0	Boraxpulver	0,1
Eutanol ® G	0,8	Siliconöl „Bayer" 300 . .	4,0
Glycerin	4,0	Comperlan ® KM	20,0

Wasser, dest. 54,3

Konservierungsmittel und Parfümöl nach Bedarf. Vgl. Lanette-Verarbeitung Bd. II, S. 792; Bd. III, S. 126.

[1] Veegum (VANDERBILT) ist ein komplexes kolloides Magnesium-Aluminiumsilikat, das in Wasser quillt und dabei viskose Gele gibt.

Hautcremes mit besonderen Zusätzen.

Creme Iris (Sido).

Borax	0,5	Zinkoxyd, roh DAB. 6	10,0
Talk	2,0	Glycerinsalbe DAB. 6	auf 100,0

Tuberosen-Extrait . . . . 1,0 bis 2,0

Creme Simon-Art (Sido).

1. Zinkoxyd		Wollfett, wasserfrei	
Stärke	āā 4,0	Mandelöl	āā 10,0
Glycerin	20,0	Veilchenöl	0,8

Kölnisch Wasser . . . 2,6

2. Zinkoxyd		Kühlsalbe DAB. 6	80,0
Talk	āā 10,0	Tuberosen-Extrakt	3,0

Zink-Toilette-Creme.

Zinkoxyd, roh DAB. 6	10,0	Lanette ®-Rahm (s. S. 112)	auf 100,0

Arnika-Hautcreme.

Weizenstärke	6,0	Arnikatinktur	4,5
Borsäure	1,5	Fuchsinlösung (5%)	3 Tr.
Wasser, dest.	10,0	Veilchenessenz	0,3
Glycerin	40,0	Rosenöl	2 Tr.

Die ersten 4 Bestandteile werden wie bei der Herstellung von Glycerinsalbe verarbeitet und die übrigen Bestandteile dazugegeben.

Citronencreme.

1. Lanette ® N	8,0	Benzoesäure	1,0
Wollfett, wasserfrei	7,0	Wasser, dest.	42,0

Citronensaft, rein 42,0

Lanette und Wollfett zusammenschmelzen. In der Schmelze die Benzoesäure lösen und das Wasser erwärmt einrühren. Nach gutem Emulgieren Citronensaft zugeben. Parfümiert wird mit Citronenöl, gelb gefärbt mit Safrantinktur.

2. (Goldschmidt) Tegacid ®	150,0	Citronensaft	600,0
Vaselin	150,0	Nipasol ®	0,1
Flüssiges Paraffin	100,0	Citronenöl	0,75

Cremige, weiße Ö/W-Emulsion.

Herstellung s. Tegacid-Verarbeitung, S. 184.

3. (Goldschmidt) Protegin ®	300,0	Glycerin	50,0
Wollfett	30,0	n/10-Citronensäurelösung	570,0
Paraffinöl	50,0	Citronenparfüm	5,0

Cremige, weiße W/Ö-Emulsion.

Herstellung s. Protegin-Verarbeitung, S. 145.

4. Tegacid ®	12,0	Wasser, dest.	20,0
Paraffin, flüssig	8,0	Citronenöl, terpenfrei	0,1
Weichparaffin	12,0	Nipagin ® M	0,15
Citronensaft	48,0	Nipasol ®	0,5

Den Citronensaft kolieren, nicht filtrieren. Citronenöl und die Nipaester in wenig Alkohol auflösen und der fertigen Creme zugeben.

5. Wollfett, wasserfrei . . . . 400,0 | Citronenöl. 10,0
Paraffin, flüssig . . . . . . 180,0 | Citronensaft, frisch gepreßt . . 400,0
Borsäure, pulv. 10,0

Wollfett und Paraffinöl zusammenschmelzen, nach dem Abkühlen Citronenöl zugeben und dann den Citronensaft, in dem das Borsäurepulver gelöst ist, einarbeiten. Die Creme ist bis zum völligen Erkalten durchzuarbeiten.

6. (SIDO).
Wollfett, wasserfrei DAB. 6 . . 60,0 | Flüssiges Paraffin DAB. 6 . . . 20,0
Frischer Citronensaft 50,0

7. (SIDO) A. Walrat . . . . . . 20,0 | Gelbes Vaselin 60,0
Wollfett, wasserfrei DAB. 6 . . 80,0

B. Dest. Wasser . . . . . . 100,0 | C. Citronenöl 1,0

A. schmelzen, B. angewärmt zugeben, kaltrühren, parfümieren.

Hautsalbe mit sehr hohem Wassergehalt (Anorgana).

Lanogen ® C . . . . 5,0 | Gendorfer Wachsalkohol . . 10,0
werden verschmolzen und bis zu
Wasser, dest. 160,0
eingerührt.

Hautbräunende Creme.

1. Tormentill-Fluidextrakt . . 15,0 | Umbra, braun 15,0
Wollfett, wasserfrei . . . . 40,0 | Vaselin, gelb 34,0
Parfümöl 1,0

2. Tormentill-Fluidextrakt . . 15,0 | Lanolin DAB. 6 50,0
Umbra, braun 15,0

3. Tylose ® . . . . 4,0 | Rosenwasser. 60,0
Glycerin . . . . 40,0 | Tormentillwurzelfluid-Extrakt . . 40,0
Äskulin 5,0

Hautcreme, schwefelhaltige.

Schwefel, präz. . . 2,0 | Salicylsäure 2,0
Salbengrundlage . . 26,0

Die Salbengrundlage wird hergestellt aus

Laurylsulfonat . . 0,8 | Glycerin . . . . . 5 ccm
Cetylalkohol . . . 15,0 | Vaselin, weiß . . . 14,0
Dest. Wasser . . . 35 ccm

Lanette-Schwefelsalbe mit 2% kolloidalem Schwefel (DEHYDAG).

Schwefel, präzipitiert . . 2,0 | Lanette ® N 10,0
Cetiol ® . . . . 35,0 | Wasser, dest. . . . auf 100,0

Den Schwefel mit der ganzen Cetiolmenge zunächst auf dem Wasserbad bis auf 95° erhitzen, dann im Glycerinbad auf etwa 105° bringen. Um das Schmelzen und Abscheiden von nicht mehr lösbarem Schwefel zu vermeiden, muß dabei *dauernd* gerührt werden. Die heiße Lösung wird durch ein Wärmefilter in die Lanette-Schmelze filtriert und dieses Lanette-Cetiol-Schwefel-Gemisch sofort mit 80° heißem Wasser unter langsamem Abkühlen und dauerndem Rühren zu einer feinen Creme verarbeitet.

Lebertransalbe (SCHMIDT LA BAUME-LIETZ).

Lanette ® N.	5,0	Gelatine	0,5
Lebertran	20,0 bis 40,0	Wasser	auf 100,0

Diese Lebertransalbe läßt sich besonders fein verreiben, ohne die Hautporen zu verstopfen. Vgl. Lanette-Verarbeitung S. 126.

Orangenblütencreme (SIDO).

Weißes Wachs	45,0	Wollfett	30,0
Walrat	45,0	Mandelöl	60,0
Kokosöl	30,0	Orangenblütenwasser	30,0

Benzoetinktur 3,0

Die ersten 5 Bestandteile werden zusammengeschmolzen, kaltgerührt und dann das Orangenblütenwasser und die Benzoetinktur eingearbeitet.

Wundheilsalbe (CLR).

Sorbitanmonostearat	7,0	Klauenöl-Palmitinester	8,0
Erdnußöl	22,0	Epidermin ® in Öl	1,0
Wollfett, wasserfrei	5,0	Sorbex oder Karion ® F flüssig	8,0
Walrat	3,0	Nip-Nip ®	0,2
Bienenwachs	6,0	Borax	0,2
Klauenöl	9,8	Wasser	30,4

Fette schmelzen, auf 65° erwärmen. Nip-Nip in kochend heißem Wasser lösen, Borax und Sorbex oder Karion zugeben und 65° warm in die Fettschmelze langsam unter gutem Rühren geben. Dann homogenisieren.

Zinkborsalbe mit Protegin, W/Ö-Emulsion (GOLDSCHMIDT).

1. Protegin ®	50,0	Zinkoxyd	8,0
Kampfer	0,5	Borsäure	0,5

Wasser 41,0

2. Protegin ®	30,0	Glycerin	5,0
Wollfett, wasserfrei	3,0	Zinkoxyd	8,0
Paraffinöl	5,0	Borsäure	0,5

Wasser 48,5

Beide Vorschriften ergeben cremig-weiße Erzeugnisse. Vgl. Protegin-Verarbeitung, S. 145.

Zinköl (Edelfettwerke).

Rohes Zinkoxyd DAB. 6	50,0	Emulgator E	2,0

Olivenöl . . . . auf 100,0

Das Zinköl ist leicht emulgierbar.

Zinköl „Lanette" (DEHYDAG).

Rohes Zinkoxyd DAB. 6	24,0	Lanette ® N.	4,0
Cetiol ® (oder Öl)	24,0	Dest. Wasser	auf 100,0

Zinkpaste (Edelfettwerke).

weich		*hart*	
Rohes Zinkoxyd DAB. 6	12,5	Rohes Zinkoxyd DAB. 6	25,0
Talcum	12,5	Talcum	25,0
Estarinum anhydricum G oder Estarinum anhydricum U	auf 100,0	Estarinum anhydricum G oder Estarinum anhydricum U	auf 100,0

Zinksalbe, weich „Lanette" (DEHYDAG).

Rohes Zinkoxyd DAB. 6	10,0	Lanette ® N	15,0
Cetiol ® (oder Öl)	20,0	Dest. Wasser	auf 100,0

Hautcremes mit Leim- oder Schleimstoffen.

Creme Iris, flüssig (SIDO).

1. a) Quittensamen	9,0	Wasser, dest.	140,0
b) Borsäure	2,0	Glycerin	50,0
c) Kölnisch Wasser	150,0	Salicylsäure	1,0

a) 15 Min. kochen, durchseihen, b) zusetzen, dann mit c) gut verarbeiten.

2. a) Quittensamen	60,0	Rosenwasser	480,0
b) Glycerin	240,0	Benzoetinktur DAB. 6	60,0

a) 24 Std. mazerieren, Schleim ohne Pressung abseihen, b) zufügen.

Cremes-Parfümöle.

Cremeparfümöl (H & R).

1. Mugoflor S	450,0	Heliotropin	80,0
Bouvardia H & R	250,0	Muscolid ® 10%	20,0
Rose für Creme	70,0	Ess. Ambrette abs. 10%	10,0
Alpha-Jonon ®, rein	100,0	Ambriol ® Bayer	20,0
2. Mugoflor S	450,0	Irozone extra H & R	100,0
Lilazone E H & R	150,0	Heliotropin	20,0
Jasminol ® W	80,0	Muscolid ® 10%	20,0
Rose für Creme	60,0	Zimtalkohol	40,0
Caprifoline E	60,0	Indoflor ® extra	20,0
3. Mugoflor S	650,0	Lavendelöl Barrême	50,0
Rose für Creme	50,0	Terpineol, rein	60,0
Irozone extra	60,0	Zimtalkohol	30,0
Jasminol ® W	30,0	Ylang-Ylang Ia	40,0
Bouquetton H & R	10,0	Muscolid ® 10%	20,0

Cremeparfümöl (SÖFW).

1. Lilazone E	700,0	Ylang Ylang Ia	40,0
Mugoflor S	130,0	Irozon extra H & R	80,0
Rose für Creme	90,0	Muscolid ® 10%	20,0
Jasminol ® W	30,0	Methylnonylacetaldehyd 10%	10,0

Der Zusatz von Methylnonylacetaldehyd kann u. U. noch gesteigert werden und ergibt eine sehr angenehme Würze.

2. Caprifolin E	250,0	Geraniumöl Bourbon	25,0
Jasminol ® W	200,0	Phenyläthylalkohol	100,0
Mugoflor S	150,0	Rosophyll ® E	30,0
Linalool extra	40,0	Bouquetton	30,0
Linalylacetat extra	60,0	Jasminol ®	10,0
Iraldein ® 100%	75,0	Heliotropin	20,0
Ambrettemoschus	10,0		

Sehr angenehm fruchtiges Parfümöl, gut haftend.

3. Resedaketon H & R	300,0	Irozon extra H & R	90,0
Mugoflor S	100,0	Farnesia	30,0
Rose für Creme	80,0	Florophyll ® 10%	10,0
Cheiria NAEF	150,0	Phenyläthylalkohol	40,0
Dianthoflor A	60,0	Phenyläthylacetat	20,0
Jasminol ® W	80,0	Irisöl liquide	20,0
Ylang Ylang Ia	20,0		

Das Parfümöl eignet sich gut für mattierende und Fettcremes. Ein Lanolinanteil wird gut überdeckt.

Hautemulsionen, flüssig.

Siehe a. Gesichtsemulsion. Gesichtsmilch, S. 295.

Die Bezeichnungen „*Hautmilch*“ und „*Hautsahne*“ sind eingetragene Warenzeichen der Firma Ferd. Mühlens 4711, Köln, und dürfen deshalb nicht benutzt werden.

Glyceringelatine.

Gelatine, weiß, Ia	1,5	Dest. Wasser	48,5
Glycerin DAB. 6	50,0		

Die Gelatine wird zunächst im heißen Wasser gelöst und noch warm das Glycerin zugemischt, dann bis zum Erkalten gerührt.

Benzoe-Emulsion.

Benzoetinktur DAB. 6	30,0	Saponin Erg.-B. 6	3,0
Benzoesäure	1,0	Glycerin	15,0
Wasser, dest.	auf 300,0		

Die Benzoesäure wird in der Benzoetinktur, das Saponin im Wasser gelöst, das Glycerin zugegeben. Dann wird die Benzoetinktur in kleinen Anteilen unter Umschütteln dem Saponin/Wasser/Glycerin-Gemisch zugegeben.

Bor-Glycerin-Nähremulsion „mittelfett“, Typ Ö/W (DEHYDAG).

Emulgade ® F	3,0	Glycerin	40,0
Eutanol ® G oder Cetiol ® V	8,0	Wasser	35,0
Mandelöl	8,0	Konservierungsmittel und Parfüm	nach Bedarf
Borsäure	1,0		
Hamamelisextrakt, Destillat	5,0		

Herstellung s. Emulgade-Verarbeitung, S. 115.

Flüssige Hautemulsion, milchig (DRAGOCO).

1\.

Emulgator 8475	30,0	Isopropylmyristinat	50,0
Glycerin oder Karion ® F flüssig	50,0	Konservierungsmittel	1,0
Wasser	869,0		

2\.

Emulgator 8574 F	55,0	Extrapon V.C.	10,0
Isopropylmyristinat	60,0	Karion ® F flüssig	50,0
Wasser	825,0		

Verarbeitung von Emulgator 8475, s. Bd. II, S. 1455.

3\. *dicklich, viscos.*

Emulgator 8077	160,0	Isopropylmyristinat	50,0
Glycerin oder Karion ® F flüssig	50,0	Wasser	740,0

Verarbeitung von Emulgator 8077 s. Bd. II, S. 1455.

Flüssige Reinigungscreme.

Stearinsäure	0,5	Paraffin, flüssig	32,0
Triäthanolaminstearat	6,5	Wasser	55,5
Natriumlaurylsulfonat	6,5	Parfüm	0,5

Das Natriumlaurylsulfonat im Wasser bei 60 bis 75° lösen und die Lösung nach und nach unter Umrühren zu dem bei 70° geschmolzenen Gemisch von Stearinsäure, Triäthanolaminstearat und Paraffinöl geben. Unter ständigem Umrühren läßt man erkalten und parfümiert zuletzt.

Hautemulsion mit Lanocerina (Esperis).

Lanocerina	40,0	Polyäthylenglykolmonostearat	20,0
Mandelöl, süß	20,0	Lanette ®	15,0
Vitabiosol	15,0	Menthol	1,0
Vitamin F	10,0	Wasser, dest.	800,0

Parfüm . . . . nach Belieben

Hamamelis-Toilettemilch.

Emulgator 157[1]	70,0	Salbeitinktur	5,0
Wasser, dest.	742,0	Paraffin, flüssig	50,0
Karion ® F flüssig	100,0	Stearin	20,0
Hamamelis-Destillat	5,0	Rizinusölfettsäure	5,0

Kölnisch Wasser-Öl . . 3,0

Hautcreme, flüssige.

Paraffin, flüssig DAB. 6	10,0	Triäthanolamin	2,5
Stearinsäure Erg.-B. 6	5,0	Wasser, dest.	74,35
Cholesterin	1,0	Parfümöl	0,5
Cetylalkohol	1,5	Nipagin ® M	0,1
Karion ® F flüssig	5,0	Nipasol ® M	0,05

Die 5 ersten Bestandteile unter ständigem Rühren auf 85° erhitzen, bis das Cholesterin gelöst ist. Nipagin und Nipasol im kochenden Wasser vollständig lösen, das Triäthanolamin zugeben und dann die 85° warme wäßrige Lösung unter gutem Umrühren in die gleichwarme Fettschmelze geben. Bis zum Erkalten weiter rühren, bei 40° das Parfümöl zugeben.

Hautnähremulsion, Typ Ö/W (DEHYDAG).

	1.	2.		1.	2.
Emulgade ® F	3,0	3,0	Mandelöl	3,0	15,0
Eutanol ® G oder Cetiol ® V	9,0	15,0	Hamamelisextrakt, Destillat	10,0	10,0
Glycerin	5,0	10,0	Wasser	70,0	47,0

Konservierungsmittel und Parfüm nach Bedarf

Herstellung s. Emulgade-Verarbeitung, S. 115.

1. „schwach fett“, 2. „fett“.

Hautnährmilch (AUGUSTIN).

Hydrocerin ®	2,0	Cetylalkohol	0,2
Boerecerin ®	0,5	Oleinalkohol	0,3
Lanolin	5,0	Cetiol ®	10,0
Paraffinöl, mittelviscos	8,0	Nipasol ® M	0,2

Nipagin ® M 0,05

werden zusammengeschmolzen und nach dem Abkühlen auf 50° gleich warm allmählich zugegeben

Wasser, dest. 35,0

und kalt gerührt. Zuletzt gibt man Vaselinöl 10,0 und Olivenöl 29,0 schwach angewärmt hinzu.

Hautnährmilch (ROTHEMANN).

Emulgade ® F[2]	30,0	E-Grandelat ®	50,0
Cetiol ® V	100,0	Karion ® F flüssig	100,0
Vitaminöl Dr. Grandel	50,0	Extrapon Hamamelis, dest. Spezial	10,0
Mandelöl, süß	100,0	Wasser, dest. mit Nipagin ® konserv.	560,0

Parfümöl, frischblumig 2,0

[1] Verarbeitung s. S. 274.
[2] Verarbeitung s. S. 115.

Hautnährmilch, stearinfrei.

A.	Emulgade ® F[1] . . . . 25,0 bis 30,0	Vitaminöl nach Dr. Grandel . . . 50,0
	Wollfett, wasserfrei DAB. 6 . . 10,0	E-Grandelat ® 30,0
	Isolinolsäureester 5,0	
B.	Dest. Wasser 825,0	Sorbitol 50,0
C.	Dest. Wasser 3,0	Nipasol ® -Natrium 2,0
D.	Parfümöl . . . . 2,0 bis 3,0	

A. im Wasserbad zusammenschmelzen, bis höchstens 70° erwärmen, B. auch auf 70/72° erhitzen, Lösung C. separat bereiten, dann in B. geben. B. und C. unter ständigem Rühren langsam in A. geben, bei 40° D. einrühren. Maschinell homogenisieren.

Hautschutzemulsoin (DEHYDAG).

1.	Lanette ® N 2,0	Wasser, dest. . . . . . auf 100,0
	Cetiol ® 3,0	Konservierungsmittel
	Glycerin. 5,0	und Parfüm . . . . . nach Bedarf
	Harnstoff, rein 2,0	

2. „*schwach fett*"

Lanette ® N 3,0	Harnstoff, rein 2,0
Cetiol ® 9,0	Wasser, dest. . . auf 100,0
Glycerin 5,0	Konservierungsmittel und Parfüm
Süßes Mandelöl . . . 3,0	nach Bedarf

Herstellung s. Lanette-Verarbeitung, S. 126.

Klauenölliniment (Ph. Z.).

Klauenöl 80,0	Ölsäure Erg.-B. 6 . . . 1,5
Tylose ® -Schleim[2] . . 40,0	Salmiakgeist (0,960) . . 30,0

Das Klauenöl erwärmen, bis es dünnflüssig ist, dann Tyloseschleim und Ölsäure, beide ebenfalls leicht erwärmt, zugeben und in vorgewärmter Flasche mischen, dann den Salmiakgeist (Zimmertemperatur) zufügen und das Ganze bis zum Erkalten öfter und kräftig schütteln.

Verwendung. Als völlig reizloses und von der Haut gut resorbierbares Hautpflegemittel bei Reizzuständen der Haut.

Mandelhautmilch (SIDO).

1. a) Bittere Mandeln . . . 10,0	b) Borax 4,0
Rosenwasser 100,0	Benzoetinktur DAB. 6 . . 10,0

Aus a) eine Emulsion bereiten, den Borax kalt darin lösen, mit der Benzoetinktur zusammenschütteln, durch Mull gießen.

2. Süße Mandeln . . . 30,0	Borsäure 2,0
Weingeist (90%) . . 40,0	Traganth 2,4
Glycerin. 150,0	Rosenwasser . . . auf 500,0

Aus Glycerin, Traganth und einem Teil des Rosenwassers einen Schleim bereiten und mit diesem die Mandeln anstoßen. Dem ohne Druck durch Mull kolierten Gemisch setzt man die gesondert angefertigte Lösung der restlichen Bestandteile zu.

Mandelmilch, künstlich (JANISTYN).

Paraffinöl (Viscosität 30 bis 32°) . . 35,0	Triäthanolaminstearat 8,0
Bienenwachs 2,0	Parfüm 1,0
Dest. Wasser 50,0	

[1] Verarbeitung s. S. 115.
[2] zweiprozentig aus Tylose KN 25.

Öl und Wachs mit Triäthanolaminstearat mischen und auf 60° erwärmen. In die Schmelze wird das 60° heiße Wasser unter kräftigem Umrühren gegeben. Das Parfüm setzt man bei 40° in sehr kleinen Anteilen zu und verrührt dann bis zum Erkalten.

Reinigungs-(Cleansing)-Lotion (JANISTYN).

Hamameliswasser . . .	15,0	Glycerin	10,0
Magnesiamilch (s. S. 429)	30,0	Kampferwasser . . .	20,0
Paraffinöl	10,0	Rosenwasser	15,0

Die Magnesiamilch wird mit dem Paraffinöl und mit dem Glycerin in der Reibschale angerieben und dann die übrigen Bestandteile portionenweise zugegeben.

Schönheitsmilch (FÜHRER).

Mandelöl Ia	300,0	Wasser, dest.	650,0
Wollfett, wasserfrei. . .	25,0	Karion ® F flüssig . .	70,0
Stearin Ia	40,0	Triäthanolamin	20,0
Cholesterin	10,0	Konservierungsmittel. .	3,0

Die ersten 3 Stoffe auf dem Wasserbad schmelzen, in der Schmelze das Cholesterin lösen. Nipagin M in kochendheißem Wasser vollständig lösen, Karion und Triäthanolamin zugeben und 80° warm unter Umrühren in die gleichwarme Fettschmelze geben, dann kalt rühren.

Schönheitsmilch (Keimdiät).

Vitaminöl „Dr. Grandel".	20,0	Dest. Wasser	62,0
Johanniskrautöl „Dr. Grandel" . .	10,0	Triäthanolamin	2,7
Polyvitamin-Konzentrat	5,0	Konservierungsmittel	0,3

Das Konservierungsmittel wird im Wasser heiß gelöst, bei 70° das Triäthanolamin zugegeben und mit dieser Mischung das auf gleiche Temperatur gebrachte Ölgemisch emulgiert.

Vitamin F-Emulsion zur Hautpflege (SCHMIDT LA BAUME/LIETZ).

Lanette ® N	15,0	Vitamin F in Cetiol ® gelöst	
Cetiol ®	10,0	(5000 E./ccm)	5,0
Nipagin ®	0,15	Wasser	auf 200,0

Hautöle.

Hautöle dienen zum Schutz der Haut (Sportöle), als Hautnähröle zur Fettung der Haut, zur Hautreinigung und zur Massage. Zur Massage werden Mineralfette bevorzugt, die nicht in die Haut eindringen, während zu Hautnährölen neben pflanzlichen fetten Ölen die den tierischen Hautfetten nahestehenden Wachsester Cetiol und Cetiol ® V (vgl. Bd. II, S. 280) und das hautfreundliche Eutanol ® G (vgl. Bd. II, S. 438) sowie Isopropylmyristinat (DRAGOCO), vgl. Bd. II, S. 1457, für sich oder in Mischung mit Fetten, pflanzlichen Ölen und öllöslichen Wirkstoffen Verwendung finden. Parfümiert wird mit 2 bis 3‰ Lavendelöl oder Rosmarinöl oder geeigneten Hautöl-Parfümölen. Als Rohstoffe für Hautöle eignen sich Erdnußöl, Mandelöl, Olivenöl, Pfirsichkernöl, als Zusätze außer den genannten Avocadoöl, E-Grandelat und Vitaminöl Dr. Grandel. Es ist wichtig, daß die Öle *wasserfrei* sind; ist dies nicht der Fall, empfiehlt sich ein vorsorglicher Zusatz gegen Mikrobenbefall von z. B. Nipasteril 10. Zur Unterbindung der Ranzidität löst man in den zur Verarbeitung kommenden pflanzlichen Ölen 0,02 bis 0,025% der Antioxygene Nipagallin CEB oder Nipantiox I-F unter Erhitzen auf 70 bis 90°. Als Synergist empfiehlt sich ein Zusatz von 0,01% BOEHRINGERs Anhydro-Zitronensäure.

Hautölemulsion (Kalle).

Tylose ® KN 25	2,0	Glycerin	5,0
Wasser	53,0	Paraffinöl . . .	40,0

Hautöl.

1. Lavendelöl . . .	1,0	Thymianöl	0,5
Edeltannenöl . .	1,0	Olivenöl	197,5
2. Eier-Lecithin . .	1,0	Cetiol ® V	30,0
Avocadoöl	69,0		
3. Paraffinöl, mittelviscos . .	59,0	Rosmarinöl DAB. 6	0,5
Avocadoöl	40,0	Latschenkiefernöl Erg.-B. 6 . .	0,5

Konserviert wird mit Nipagallin ® s. Bd. II, S. 964.

Hautöl, adstringierendes.

Aluminiumstearat	1,0	Paraffinöl, mittelviscos . .	49,0
Olivenöl DAB. 6	50,0		

Parfümiert wird mit 0,5 g Lavendelöl und 1,0 g Rosmarinöl.

Hautöl (DEHYDAG).

Eutanol ® G oder Cetiol ® oder Cetiol ® V	20,0 bis 40,0
Olivenöl oder Mandelöl oder Erdnußöl . . .	20,0 bis 40,0
Paraffinöl	20,0 bis 60,0

Hautöl (JANISTYN).

Avocadoöl, ungebleicht . .	20,0	Walratöl, geruchlos. . . .	59,0
Klauenöl, extra	20,0	Vogan ®	1,0

Konserviert wird mit Nipagalin, s. Bd. II, S. 964.

Hautöl (ROTHEMANN).

(*Anti-wrincle oil*) bei fettarmer, erschlaffter Haut, gegen „Krähenfüße".

Olivenöl Ia, 1. Pressung	400,0	Rizinusöl DAB. 6	95,0
Spermöl, gebleicht	200,0	Vitamin F (250000 Sh-L-E. i. g.) .	1,0
Weizenkeimöl, kalt gepreßt.	100,0	Peröstron ® in Öllösung	2,0
Fenchelöl	2,0		

Konserviert wird mit 0,15 % Nipagin, das in leicht erwärmtem Öl gelöst wird. Die fertige Mischung wird nach mehrtätigem Stehen filtriert. An Stelle von Olivenöl + Weizenkeimöl kann auch das vitaminhaltige Avocadoöl Verwendung finden.

Hautöl (DD).

1. *Mit mittlerem Ölgehalt.*

Emulgator Nr. 157 (s. S. 274) .	80,0	Vaselin	20,0
Dest. Wasser	632,5	Olein	30,0
Nipasol ®	1,5	(oder Rizinusölfettsäure 5,0	
Paraffinöl	230,0	Stearin . . . . 25,0)	
Parfüm	6,0		

Emulgator und Nipasol im Wasser durch Aufkochen lösen, dann die Schmelze von Paraffinöl, Vaselin und Olein (bzw. Rizinusölfettsäure und Stearin) in dünnem Strahl unter ständigem Rühren zugeben. Die fertige Mischung wird durch eine Emulgiermaschine oder einen Homogenisator gegeben.

2. *Mit hohem Fettgehalt.*

Emulgator Nr. 157 (s. S. 174)	80,0	Paraffinöl	333,0
Dest. Wasser	492,5	Vaselin	20,0
Nipasol ®	1,5	Stearin	14,0
Wollfett	40,0	Olein	13,0

Parfüm 6,0

Herstellung wie 1. An Stelle von Stearin und Olein können wie bei Vorschrift 1, Rizinusölfettsäure und Stearin in gleicher Menge Verwendung finden.

3. *Mit hohem Ölgehalt.*

Emulgator Nr. 157	60,0	Vaselin	45,0
Dest. Wasser	362,5	Olein	20,0
Nipasol ®	1,5	Stearin	5,0
Paraffinöl	500,0	Parfüm	6,0

Herstellung wie 1. Sorgfältige Homogenisierung ist wichtig.

Muskelöl. Muscle Oil (JANOWITZ).

1. Rizinusöl . . . . 50,0 | Cetylalkohol 1,0
Paraffinöl DAB. 6 . . 49,0

2. Rizinusöl, geruchlos . . 35,0 | Sesamöl 65,0

Hautfunktionsöle.

Hautfunktionsöle sind Erzeugnisse, welche die Tätigkeit der Haut anregen sollen. Sie dürfen deshalb nur hautfreundliche Öle, die von dieser leicht resorbiert werden und die sie geschmeidig und elastisch machen, enthalten. Die zur Verwendung kommenden Öle dürfen nicht ranzig sein, Kohlenwasserstoffe, Paraffin flüssig und Vaselinöle sind nicht geeignet (vgl. „Hautöle" S. 357). Konserviert wird, soweit nicht anders angegeben, mit Nipagallin ®, vgl. Bd. II, S. 964.

Hautfunktionsöl.

1. Wollfett, wasserfrei . . 5,0 | Olivenöl 95,0

2. Olivenöl . 70,0 | Nußöl 25,0

Parfümiert wird mit 1,0 g nachstehender Mischung:

Lorbeeröl 5,0, Fichtennadel- oder Edeltannennadelöl 3,0, Lavendelöl 1,0, Rosmarinöl 1,0.

3. Ovo-Lecithin . . . . . 4,0 | Hydrocerin ® 5,0
Erdnußöl, konserviert . . 91,0

Das Ovo-Lecithin wird im Erdnußöl heiß gelöst. Vgl. Hydrocerin-Verarbeitung.

Hautfunktionsöl (CLR).

A. Sesamöl	79,0	B. Placentaliquid ®, öllöslich	3,0
Peröstron ® in Öl	2,0	Stearylester	15,0
Nipagallin ®	0,01	Melissenöl	1,0

A. bis zur Lösung erwärmen und nach dem Abkühlen B. zugeben.

Ausgezeichnetes, durch Placentaextrakt und schwache Oestrogene mit Sekundärwirkung wirksames Mittel *gegen erschlaffte und welke Haut.*

Hautnähröl (FÜHRER).

Mandelöl Ia	600,0	Vitamin F conc. (250000 Sh.-L.-Einh. i. g.)	10,0
Sesamöl Ia	280,0	Eier-Lecithin	5,0
Deltyl ® „extra"	50,0	Parfüm pour huile „Rose 55"[1]	5,0
Kamillenöl	50,0		

p-Oxybenzoesäureester 2,0

Das Lecithin wird in einem Ölanteil heiß gelöst, ebenso der p-Oxybenzoesäureester.

[1]) Roure-Bertrand Fils et Justin Dupont, Grasse (Frankreich).

Hautnähröl (Keimdiät).

Vitaminöl „Dr. Grandel"	700,0	Isolinolsäureester	20,0
Weizenkeimöl, roh „Dr. Grandel"	60,0	Johanniskrautöl „Dr. Grandel"	40,0

Parfümöl 5,0

Hautnähr- und Massageöl (Rothemann).

Olivenöl, 1. Pressung, konserviert	400,0	Cetiol ® V	100,0
Vitaminöl Dr. Grandel	400,0	Eutanol ® G	100,0

Parfümöl, zartblumig, oder Lavendelkomposition . . 3,0 bis 4,0

Hautnahrungsöl.

Eieröl	5,0	Spermacetiöl, geruchlos	20,0
Ovolecithin	4,0	Avocadoöl	69,0

Hautabnormitäten.

Akne.

Die Akne, *Akne vulgaris,* tritt meist in den Entwicklungsjahren auf und beginnt mit der Bildung von Mitessern, die dann meist mehr oder weniger stark vereitern. Die Mitesser entstehen durch Zurückhaltung von Hauttalg in den Haartrichtern, die dadurch erweitert werden. Man entfernt sie zweckmäßig nach der Einweichung durch ein Gesichtsdampfbad (s. S. 293) mit einem *Mitesserentferner, Komedonenquetscher* (Abb. 199, S. 365) unter nicht zu starkem Druck, nachdem die umgebende Haut desinfiziert wurde, um Entzündungen und Infektionen zu vermeiden. Kosmetische Mittel sollen vermieden werden, ebenso zum Waschen etwa chloriertes Leitungswasser. Steht nur solches zur Verfügung, muß es mit einigen Natriumthiosulfat-Kristallen entchlort werden. Die Ursache der Erkrankung ist unbekannt, begünstigt wird sie durch Blutarmut, Störungen der inneren Sekretion, Magen- und Darmstörungen, Verstopfung und Menstruationsstörungen, die bei Vorhandensein gleichzeitig zu behandeln sind. In schweren Fällen entstehen gerötete oder bläuliche Pappeln, Pusteln, Abszesse usw., die nach der Heilung Narben hinterlassen können. Zur Behandlung von Akne harmloser Art, wenn die Akneknoten nicht entzündet sind, oder es nur darauf ankommt, reichlich vorhandene Mitesser zu entfernen, genügt oft schon das Betupfen mit geeigneten desinfizierenden Gesichtswässern. Im übrigen werden zur Behandlung angewandt Höhensonne, Massage, außerdem sind wichtig richtige Ernährung, bei Verstopfung Abführmittel, bei gleichzeitiger Seborrhoe der Gesichtshaut Salicyl-Schwefelpaste. Das Überdecken der Aknepusteln mit kleinen viereckigen Leukoplastpflästerchen hat sich besonders bewährt. Dadurch wird der eitrige Pustelinhalt resorbiert, eine Aussäung von Staphylokokken unterbunden und die Pusteln zum Absterben gebracht. In der Ernährung sind Käse, starke geräucherte und starke gewürzte Speisen und Soßen, Mehlspeisen, Kohl, Hülsenfrüchte und Süßigkeiten wegzulassen, an Fetten nur Butter und Öl zu verwenden. Völlige Diätumstellung auf vegetarische Kost, Gemüse, Obst, Schrot- und Grahambrot. Teilweise wirken Mergentheimer Wasser, Wacholdersaft, Hefepräparate und Yoghurt günstig. Zu Akne-Salben empfiehlt sich ein Zusatz von 10% Lebertran.

Akneöl.

Diglykollaurat, rein	78,0	Salicylsäure	1,0
Ichthyol ®	1,0	Glycerin DAB. 6	20,0

Akne-Seife (Janistyn).

Triäthanolaminlaurylsulfat	80,0	Hefepreßsaft	5,0
Teer, kolloidal (Heyden)	2,0	Glycerin	5,0

Dest. Wasser 8,0

Creme gegen Akne und Pickel (JANOWITZ).

Galmei (Lapis calaminaris)	10,0	Eucalyptol	1,0
Menthol	1,0	Zinkoxyd	10,0
Kampfer	1,0	Vaselin	67,0
Vaselinöl	10,0		

„Kummerfeld-Liniment“ „Lanette“ (DEHYDAG).

Lanette ® N	2,0	Schwefel, praez.	12,5
Kampfer	3,0	Kalkwasser DAB. 6	40,0
Weingeist (90%)	3,0	Wasser, dest.	auf 100,0

Herstellung s. Lanette-Verarbeitung, S. 126.

Pickelsalbe.

Borax	1,0	Benzoetinktur	10,0
Borsäure	3,0	Glycerin	5,0
Benzoesäure	3,0	Rosenwasser	10,0
Perubalsam	5,0	Wollfett, wasserfrei	40,0

Salicylsäure-Schwefelpaste.

Bei Akne mit gleichzeitiger Seborrhoe.

Salicylsäure	0,5	Zinkoxyd	6,0
Schwefel, präz.	1,5	Talcum	6,0
Weiche Salbe DAB. 6	16,0		

Schwefelcreme mit Tegin (GOLDSCHMIDT).

Tegin ®	10,0	Paraffinöl	5,0
Vaselin	15,0	Schwefel, präzipitiert	10,0
Wasser	60,0		

Man verarbeitet Tegin mit den Fettstoffen und $^2/_3$ des vorgesehenen Wasser zu einer Creme, fügt den mit dem restlichen Wasser angeriebenen Schwefel hinzu und rührt das Ganze bis zum völligen Erkalten. Soll die Creme 20% Schwefel enthalten, wird der Wasseranteil auf 50,0 g reduziert.

Vgl. Tegin-Verarbeitung, S. 184.

Schwefelcreme mit Protegin, cremig, gelb. W/Ö-Emulxion (GOLDSCHMIDT).

Protegin ®	30,0	Citronensäure, krist.	5,0
Schwefel, präzipitiert	20,0	Wasser	45,0

Vgl. Protegin-Verarbeitung, S. 145.

Schwefellotion.

Schwefel, präzipitiert	10,0	Weingeist (90%)	80,0
Kampferspiritus	10,0	Methylcelluloselösung (2%)	30,0
Rosenwasser	120,0		

Schwefelsalbe.

1. Schwefel, präzipitiert	10,0	Laceranum ® anhydricum	50,0
Wasser, dest.	40,0		

Vgl. Laceranum anhydricum-Verarbeitung S. 125.

2. Lanettesalbe	80,0	Schwefel, präzipitiert	20,0

Teer-Schwefel-Salbe.

Schwefel, gereinigt	20,0	Calciumcarbonat, leviss	10,0
Liantral ®	10,0	Laceranum ® anhydricum	20,0
Satina ®	10,0	Vaselin, gelb	30,0

Weiche Thigenolpaste.

Bei Akne mit gleichzeitiger Seborrhoe.

Thigenol ®	0,7	Weizenstärke	4,0
Zinkoxyd	4,0	Weiche Salbe DAB. 6.	11,3

Triäthanolamin-Lotion mit Schwefel und Kampfer (JANISTYN).

Kampfer	10,0	Schwefel, kolloidal (Heyden)	50,0
Diäthylenglykol oder Äthyldiäthylenglykol	40,0	Kalkwasser	100,0
Benzoetinktur (1 : 50)	50,0	Triäthanolamin, reinst	10,0 bis 20,0
		Rosenwasser	740,0

Frostbeulen.

Frostbeulen haben mit einer echten Erfrierung nichts zu tun. Sie treten vielmehr hauptsächlich bei Menschen auf, deren Hautgefäßsystem anlagemäßig zu gewissen Stauungserscheinungen neigt. Häufig sind sie die Folge geringer, aber häufig wiederholter Kälteeinwirkungen auf die Hautoberfläche. Dabei brauchen die Temperaturen nicht unter dem Gefrierpunkt zu liegen, schon die feucht-kalte Witterung im Herbst und Frühjahr können sie auslösen. Ihr Erscheinen wird begünstigt durch ungenügende Bekleidung, zu enges Schuhwerk, zu enge Handschuhe und zu dünne Strümpfe. Frostbeulen kommen hautsächlich am Außenrande der Hände und Fußsohlen, an Fingern, Zehen, Fersen, Ohren und der Nase, seltener an den Wangen vor. Ihre Ursache liegt in einer mangelnden Anpassungsfähigkeit der Gefäße bei schnell wechselnden Ansprüchen.

Behandlung. Die Behandlung soll vor allem für die geschädigten Gefäße eine Übung darstellen. Folgendes Wechselbad, das man *während des Sommers* planmäßig durchführt, ist von guter Wirkung: Das betroffene Glied wird weit über die Stelle der Beulenbildung hinaus 2 bis 3 Min. lang in sehr warm empfundenes Wasser bis zum Gefühl guter Durchwärmung, dann in sehr kaltes Wasser, bis ein leichter Schmerz durch die Gefäßzusammenziehung auftritt, getaucht, und zwar nicht länger als 30 Sek. Dies wird 10- bis 20mal wiederholt. Auch richtig durchgeführte Massage wirkt normalisierend auf die Reaktionsfähigkeit der Gefäße. Einreibungen mit Kampferspiritus, Bestrahlungen mit Höhensonne haben sich ebenfalls bewährt. Sorgfältig zu *vermeiden* sind: Verdunstungskälte (nasse Hände), rascher und starker Kälteentzug durch Berührung kalter Gegenstände (kaltes Geschirr, kaltes Spülwasser), beengende Kleidung, Nässe und feuchte Luft. Träge Verdauung, Blutarmut und Störung der Drüsen mit innerer Sekretion müssen bei Vorhandensein behandelt werden. Siehe „Frostmittel“ S. 278 und „Bäder gegen Frostschäden“ S. 264.

Großporigkeit. Orangenhaut.

Die Großporigkeit hat ihre Ursache wahrscheinlich in übermäßigem Pudern oder Schminken, entsteht aber auch bei *Seborrhöe* (s. S. 366). Durch Verstopfung der Ausführungsgänge der Talgdrüsen dringt das Drüsensekret von innen her mit vermehrtem Druck gegen das Hindernis an und weitet dadurch den Drüsenausführungsgang. Besonders stärkemehlhaltige Puder, die schon bei Aufnahme der Luftfeuchtigkeit oder infolge der unmerklichen Verdunstung durch die Haut quellen, sind zu vermeiden. Wer Gesichtspuder verwendet, tut gut daran, diesen abends vor der Nacht zur Erholung der Gesichtshaut restlos zu entfernen, um so der Haut Gelegenheit zu geben, sich zu erholen. Hand in Hand mit der Großporigkeit der Haut geht die Neigung zur Mitesserbildung (vgl. S. 365). Heiße Waschungen und Kompressen sind hier nicht angezeigt, nach der Reinigung ist die kalte Waschung zu bevorzugen.

Zur Behandlung haben sich Gesichtsmasken mit vorschriftsmäßig verdünnter Essigsaure Tonerde-Lösung (1 Eßlöffel von auf ½ l Wasser) oder Salbei- bzw. Zinnkrautabkochung (nicht Aufguß, um die adstringierende Gerbsäure zur Wirkung zu bringen) vielfach bewährt. Die Gesichtsreinigung soll mit einer flüssigen Ö/W-Emulsion und anschließender kalter Waschung erfolgen. Als Gesichtspackungen sind solche mit Mandel- oder Weizenkleie, stabilisiertem Weizenkeimmehl und Bäckerhefe bewährt. Als Cremes dürfen nur halbfette Ö/W-Emulsionen, keineswegs Fettcremes Anwendung finden. Die dauernde Anwendung spirituöser Gesichtswässer löst bei großporiger seborrhöischer Haut eine Gegenreaktion aus, ist also zu vermeiden.

Creme gegen zu große Hautporen (DD).

Protegin ®	300,0	Weißer Weinessig	100,0
Wollfett, wasserfrei	30,0	Alsol	20,0
Flüssiges Paraffin	50,0	Dest. Wasser	447,0
Borax-Glycerin (3%)	50,0	Lavendelwasser-Parfümöl	3,0

Protegin, Wollfett und flüssiges Paraffin auf dem Wasserbad schmelzen und mit dem dest. Wasser und der Boraxlösung, die auf etwa 40° erwärmt werden, emulgieren, dann kalt rühren. Anschließend wird der Weinessig in kleinen Anteilen eingearbeitet. Dann wird das Alsol und zuletzt das Parfümöl zugesetzt. Vgl. a. Teer-Schwefel-Schüttelmixtur S. 366.

Hautfalten. Runzeln. Runen.

Unter diesen Bezeichnungen versteht man die infolge normaler Altersveränderung der menschlichen Haut im Gesicht bedingte Falten. Sie sind keine krankhafte Erscheinung, beruhen vielmehr auf dem altersbedingten Schwund der elastischen Fasern der Haut und des Unterhautzellgewebes. Bei dicken Personen treten sie nur deshalb weniger in Erscheinung, weil bei diesen der elastische Zug des dicken Fettpolsters den Elastizitätsverlust der Haut einigermaßen ausgleicht. Im Gesicht entstehen Runzeln auch durch besonders starke Beanspruchung der mimischen Muskulatur, bei Schauspielern und Rednern oder durch gewohnheitsmäßiges Verziehen der Gesichtshaut, Stirnrunzeln, Verziehen des Mundes oder bei starker Abmagerung. Die sog. Tränensackbildung unter den Augen ist jedoch als krankhaft zu bezeichnen. Daß gerade das Gesicht der Sitz dieser Alterserscheinungen ist, beruht darauf, daß dieses besonders stark den Witterungseinflüssen (Kälte, Hitze, Wind, Sonnenbestrahlung) ausgesetzt ist und die sich dadurch ergebenden Schädigungen sich im Laufe der Jahre summieren.

Bei rechtzeitiger Anwendung geeigneter Maßnahmen und durch eine geregelte, vernünftige Lebensweise läßt sich in der Vorbeugung gegen diese Alterserscheinungen sehr viel erreichen. Es ist klar, daß eine seit langem gepflegte, und zwar richtig gepflegte Haut viel später die normalen Alterserscheinungen zeigen wird als eine ungepflegte, durch ständigen Zigarettenrauch oder falsche kosmetische Maßnahmen verdorbene Haut. Durch die neuzeitlichen Präparate, die nach einem besonderen Verfahren aus Frischplacenten Hormone, Vitamine, Aminosäuren und Fermente enthalten, ist man auf diesem Gebiet einen wesentlichen Schritt vorwärts gekommen. Siehe auch „Gesichtshautpflege“ S. 290ff.

Aktivierende Emulsion gegen alternde Haut, Typ Ö/W (CLR).

A.	Emulgade ® F	3,0	Erdnußöl	11,0
	Stearylester	15,0		
B.	Epidermin ® in Öl	0,5	Vitamin F-Glycerinester	3,0
	Peröstron ® in Öl	0,5	Nip-Nip ®	0,1
C.	Sorbex oder Karion ® F flüssig	10,0	Wasser	57,0
	Nip-Nip ®	0,1		

A. auf 60° erwärmen, B. zugeben. C. Nip-Nip im Wasser kochend heiß lösen, Sorbex oder Karion zufügen und diese Mischung 62° warm in die Fettschmelze einrühren. Bis zur Abkühlung auf etwa 40° weiterrühren, dann parfümieren und homogenisieren.

Hautcreme gegen Runzeln.

Mandelöl	50,0	Borax	1,0
Wollfett, wasserfrei	6,5	Cholesterin	1,0
Bienenwachs, weiß	13,0	Lecithin	1,5
Wasser, dest.	26,0	Nipagin ® M	0,2

Wachs, Wollfett, Cholesterin, Lecithin und Mandelöl zusammenschmelzen, Borax und Nipagin kochend heiß vollständig lösen und die heiße wäßrige Lösung unter fortwährendem Rühren der Fettschmelze zugeben. Bis zum Erkalten muß weitergerührt werden.

Runzelcreme, hochwirksam, Typ Ö/W (CLR).

A.	Emulgator 825	10,0	Erdnußöl	9,0
	Walrat	3,0	Peröstron ® in Öl	1,0
	Stearylester	7,0	Nip-Nip ®	0,1
B.	Sorbex oder Karion ® F flüssig	8,0	Wasser	57,0
	Nip-Nip ®	0,2		
C.	Placentaliquid ®	5,0		

A. schmelzen und bei 25° mit Teil B. von gleicher Temperatur emulgieren. Zuvor Nip-Nip in kochendem Wasser vollkommen lösen. Emulsion rühren, bis sie auf 40° abgekühlt ist, dann Placentaliquid kalt einrühren. Erst dann parfümieren und homogenisieren.

Hautgrieß. Hirsekorn. Milium.

Unter dieser Erscheinung versteht man stecknadelkopf- bis hirsekorngroße Knötchen in der Epidermis oder Lederhaut von weißer bis gelber Farbe in der Gegend der Augenlider und auf den Wangen. Anatomisch gehen sie von den Talg- und Schweißdrüsen aus und enthalten zurückgehaltene Hornmassen und Kalk, die in einem Balg eingeschlossen sind. Kosmetisch sind sie nicht zu beeinflussen, aber leicht mit einem scharfen Messerchen (Milienmesser, Starmesser) zu entfernen, da sie ganz oberflächlich und nur von einer dünnen Oberhautschicht bedeckt sind. Nach Aufritzen der Oberhaut kann das Korn in Form eines harten, weißen Kügelchens ohne jede Blutung herausgeholt werden. Zur restlosen Entfernung wird hochfrequenter elektrischer Strom durch den Facharzt empfohlen.

Hautpilzerkrankungen.

Mittel gegen Hautpilzerkrankungen (Hautmykosen).

1. Natriumthiosulfat	50,0	**2.** Natriumthiosulfatlösung (50%)	40,0
Dest. Wasser	50,0	Wollfett DAB. 6	30,0
Glycerin	10,0	Vaselin, gelbes	20,0

3. Hexylresorcin	1,0	Glycerin	60,0
		Dest. Wasser	39,0

1. und 3. als Pinselungen, 2. als Salbe zu verwenden.

Hautwolf. Intertrigo.

Unter Hautwolf versteht man ein schmerzhaftes Wundsein benachbarter Hautbezirke, entstanden unter Reibung und der Mitwirkung von Schweiß, das einen guten Nährboden für Eitererreger und andere Bakterien bildet. Hautwolf kommt hauptsächlich vor in der Achselhöhle, der Innenseite der Oberschenkel, der Afterfurche, bei Fettleibigen auch in der Bauchfurche. Zur Vorbeugung eignet sich regelmäßiges Waschen mit adstringierenden Teeabkochungen (Salbei, Eichenrinde), vor dem Wundsein Einpudern mit trocknenden Pudern, bei vorhandenem Wundsein Vermeidung äußerer Reize auch durch Waschen mit Wasser und Seife, Reinigung mit Olivenöl und Wattebausch, möglichste Ausschaltung der Reibung, Trockenhalten der Stellen (Wundpuder) und nach dem Abheilen Betupfen mit Salicyl-Glycerin-Spiritus: Salicylsäure 1,0, Glycerin 8,0, Weingeist verdünnt DAB. 6 8,0.

Bei gesunden Säuglingen ist das Wundsein häufig der Ausdruck einer ungenügenden oder unzweckmäßigen Körperpflege, kann aber auch auf Ernährungsfehlern beruhen.

Mäler.

Linsenmäler, „Schönheitsflecke", *Lentigines* sind kleine, rundliche, braune bis tiefschwarze, teilweise etwas vorspringende Bildungen, *Leberflecke* sind größer, eiförmig oder gelappt. *Muttermäler* sind angeborene, teilweise erbliche, umschriebene Mißbildungen der Haut. Sie entwickeln sich oft erst in der Geschlechtsreife oder noch später. Medizinisch werden sie unter die gutartigen Geschwülste gerechnet.

Leberfleckensalbe (BEIERSDORF).

Wasserstoffsuperoxydlösung	25,0	Glycerin	25,0
Laceranum ®, wasserfrei[1]	50,0		

Deckende Creme bei Hautveränderungen, Muttermalen usw. (JANOWITZ).

Titandioxyd	20,0	Div. Farben	5,0
Zinkoxyd	30,0	Lanolin	20,0
Talcum	5,0	Isopropylmyristinat	20,0

Für billige Produkte kann die Fettmasse durch entsprechende Mengen Vaselin und Vaselinöl ersetzt werden. Zur Färbung verwendet man Puderfarben, die der Hauttönung entsprechen.

Mitesser.

Mitesser bestehen aus im Ausführungsgang der Talgdrüsen verfestigtem Hauttalg mit Bakterien und Hornzellen. Zu ihrer Entfernung wird zweckmäßig ein Gesichtsdampfbad (vgl. S. 293) genommen, wobei die Talgpfropfen erweicht werden. Vor dem Ausdrücken wird die umgebende Haut mit einer desinfizierenden Flüssigkeit sorgfältig abgewaschen und die Mitesser dann unter Verwendung *sterilen* Verbandmulls, besser mit einem ebenfalls desinfizierten Mitesserquetscher, *Komedonenquetscher* (Abb. 199) ausgehoben. Kleinere Mitesser, die nicht tief sitzen, sind leicht zu entfernen, während größere oft erst nach mehrmaligem Dampfbad zum Ausdrücken reif sind. Zur Verkleinerung der weit klaffenden Pore wird nach der Entfernung mit alkoholhaltigem Gesichtswasser oder Kölnisch Wasser betupft und eine kleine örtliche Massage durchgeführt. Dadurch wird die Elastizität und Schließungsfähigkeit der Haut angeregt. Mitunter kann man in Mitessern einen harmlosen Schmarotzer, die *Haarbalgmilbe, Demodex folliculorum*, mikroskopisch erkennen, die etwa $^1/_3$ mm lang ist, indem der Mitesser in Xylol, Glycerin oder Kalilauge aufgehellt wird (vgl. a. Akne, S. 360), Gesichtswässer S. 296 ff.

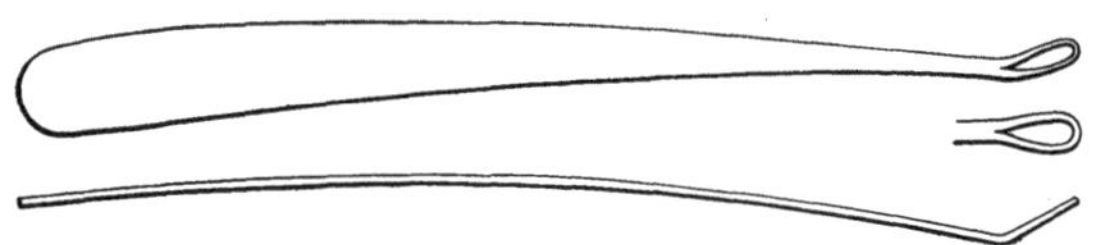

Abb. 199. Comedonen-Entferner nach Dr. med. *Gillesberger*. Griff aus Messing vernickelt, Schlinge 800 Silber, 14,5 cm lang. (Hersteller Gebr. Martin, Tuttlingen.)

[1] Verarbeitung s. S. 125.

Mitesserpaste (WILL).

Cignolin ®	0,5	Zinkpaste DAB. 6	auf 100,0

Mitesserpaste (SIDO).

Walrat DAB. 6	50,0	Chinosol ®	4,0
Wachs, weiß DAB. 6	40,0	Dest. Wasser	200,0
Stearinsäure, Erg.-B. 6	20,0	Bolus, weiß, steril	10,0
Wollfett DAB. 6	10,0	Calciumcarbonat, präc.	15,0
Erdnußöl DAB. 6	400,0	Glycerin	25,0
Borax	5,0	Parfüm nach Belieben	

Die Fette und Wachse werden geschmolzen und bei etwa 75° mit der auf 75° erwärmten Lösung von Borax und Chinosol in 190 g Wasser zugerührt. Dann verreibt man die aus Bolus, Calciumcarbonat, Glycerin und dem Wasserrest bereitete Anreibung langsam mit der Emulsion und rührt kalt.

Teer-Schwefel-Schüttelmixtur.

(Bei besonders fetter und großporiger Haut anzuwenden.)

Thymol	0,2	Glycerin	5,0
Präzipitierter Schwefel DAB. 6	4,0	Steinkohlenteerlösung DAB. 6	10,0
Zinkoxyd, roh DAB. 6	30,0	Kalkwasser DAB. 6	auf 200,0

Vor Gebrauch umzuschütteln! Eine damit aufgelegte Teerschwefelmaske beläßt man nach dem Eintrocknen die ganze Nacht über auf der Haut und wäscht am Morgen unter Verwendung von *Satina* oder *Medizinal-Praecutan* ab.

Narben.

Oberflächliche Narben lassen sich mitunter durch fortgesetzte Massage durch Monate oder gar Jahre hindurch weniger sichtbar machen. Bei größeren, entstellenden Narben kann nur ihre Überdeckung durch Schminke oder eine kosmetische Operation durch den Facharzt wirksam sein. Da die kosmetische Chirurgie auch infolge der beiden Weltkriege außerordentlich weit vorgeschritten ist, wird hierbei häufig der ursprüngliche Zustand erreicht.

Schmerfluß. Talgfluß. Seborrhöe.

Der Schmerfluß beruht auf einer übermäßigen Abscheidung der Talgdrüsen, die wahrscheinlich konstitutionell bedingt ist und durch Vererbung erworben wurde. Mit Schmerfluß befallene Personen leiden häufig auch an anderen gesundheitlichen Störungen wie Blutarmut, Verstopfung usw. Man unterscheidet 2 Formen: Den *öligen Schmerfluß*, *Seborrhoea oleosa*, bei welchem der Haut eine aus dünnflüssigem Talg mit abgestoßenen Epidermisteilen bestehende ölige Schicht aufliegt, und den *trockenen Schmerfluß*, *Seborrhoea sicca*, bei welchem der Haut kleienförmige Schuppen auflagern. Die vom Schmerfluß befallenen Körperteile sind neben dem behaarten Kopf das Gesicht, die Stirn, Nase, Brust und der Rücken. Die Hautstellen, die mit Schmerfluß behaftet sind, haben einen gestörten Säuremantel, die Hautoberfläche ist alkalisch, dadurch finden Bakterien und Pilze auf seborrhoischer Haut besonders günstige Lebensbedingungen. Beim öligen Schmerfluß ist das Gesicht häufig ölig-glänzend, die Ausführungsgänge der Talgdrüsen sind erweitert (vgl. Mitesser, S. 365, Akne, S. 360, und Seborrhöe der Kopfhaut, S. 373). Seborrhöische Haut darf nicht dauernd mit spirituösen Wässern behandelt werden, weil ihre Anwendung eine Gegenreaktion auslöst, die das Übel noch verstärkt.

Das Haar und die Haarpflege.

Vor den folgenden Ausführungen über das Haar ist eine kurze Betrachtung der Kopfhaut nicht zu umgehen, da sie für die Pflege und Gesunderhaltung des Haares von großer Bedeutung ist. Auf dem Schädel liegt die *Beinhaut* (Periost), der nach oben Muskeln und Sehnen folgen, die fest mit der darüberliegenden Haut verbunden sind. Eine zwischen den Schädelknochen und der Muskel-Sehnenplatte eingelagerte Bindegewebeschicht sichert die Verschieblichkeit der Kopfhaut, die dadurch imstande ist, den Bewegungen der darunter liegenden Muskulatur zu folgen. Die oberflächliche, bewegliche Weichteilschicht, die *Kopfschwarte*, spielt bei der Kopfmassage eine wichtige Rolle. Zur Ernährung des Haares ist die normale, gesunde Kopfhaut stark durchblutet, in ihr endigen zahlreiche Nerven und Gefäße (Abb. 200) sowie der *Stirnmuskel* (lat. Musculus frontalis) und der *Hinterhauptsmuskel* (lat. Musculus occipitalis). Durch diese beiden Muskeln, die auch direkt an der Kopfschwarte angreifen, wird diese auch von der mimischen Muskulatur (vgl. S. 290, Abb. 195) beeinflußt. Die zwischen beiden Muskeln liegende Sehnenplatte wird durch den Hinterhauptsmuskel nach hinten, durch den Stirnmuskel nach vorne gezogen, während eine geringe Verschieblichkeit nach der Seite durch die Hautmuskeln im Bereich des Ohres (*Ohrenmuskel* und *Schläfenmuskel*) bedingt ist.

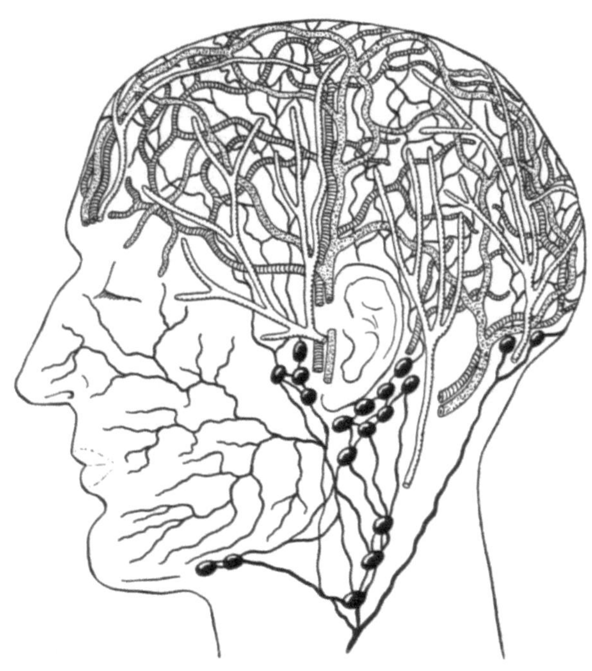

Abb. 200. Nerven, Blut- und Lymphgefäße der Kopfhaut. (Nach *O. Bianco:* Das Haar und seine Krankheiten, Köln: Roß-Verlag, 1954.) *1* Lymphgefäße und Lymphknoten des Kopfbereiches; *2* Arterien (Schlagadern) der Kopfhaut; *3* Venen der Kopfhaut; *4* Nerven der Kopfhaut.

Die ganze Körperoberfläche mit Ausnahme weniger Stellen ist mit *Flaumhaaren* (lat. lanugo), die sich nur einige Millimeter über die Hautoberfläche erheben und in großen Abständen stehen, bedeckt. Ihre Berührung löst einen Reiz aus, der durch die nervösen Endorgane der Haut wahrgenommen wird. Im Rahmen dieser Abhandlung wird vornehmlich auf das Haupthaar eingegangen, das infolge seiner verschiedenen Ausbildung bei Mann und Frau ein sekundäres Geschlechtsmerkmal ist. Schönes und gepflegtes Haar ist bei beiden Geschlechtern ein Zeichen körperlicher Schönheit.

Der Feinbau des Haares.

Die Haare (lat. pili) sind unterschiedlich lange, biegsame, aus verhornten Epithelzellen bestehende Fäden, die mit dem *Haarschaft* (lat. scapus) aus Öffnungen der Haut hervorragen und mit der *Haarwurzel* (lat. Radix pili) schräg in der Lederhaut, teilweise auch im Unterhautzellgewebe stecken. Eine kleine Verdickung, die *Haarzwiebel* (lat. Bulbus pili), sitzt am unteren Ende der Wurzel, in die Haarzwiebel stülpt sich die *Haarpapille* ein, die vor allem der Ernährung, dem Stoffwechsel und dem Wachstum des Haares dient. Die zum Aufbau des Haares verwendeten Epithelzellen besitzen im unteren Drittel noch Kern und Protoplasma, sind also lebende Zellen, die von Stufe zu Stufe von unten nach oben die Lebenserscheinungen einbüßen und der Verhornung verfallen.

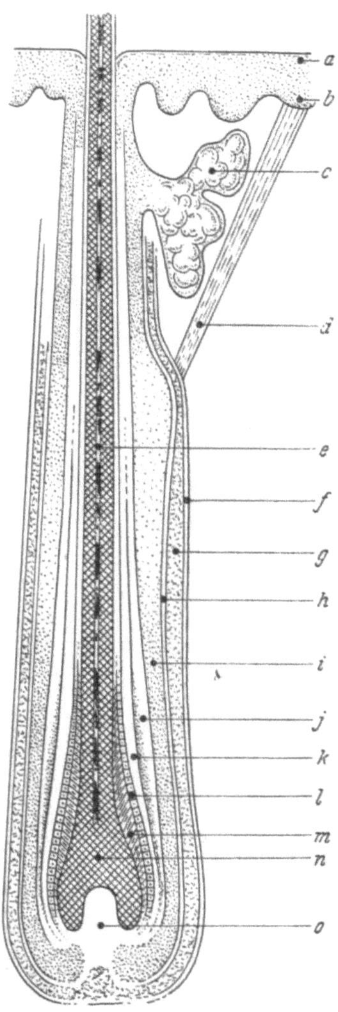

Abb. 201. Schematischer Längsschnitt durch ein Haar. (Nach *O. Bianco:* Das Haar und seine Krankheiten, Köln: Roß-Verlag, 1954.) *a* Hornschicht der Haut; *b* Keimschicht der Haut; *c* Haarbalgdrüse (Talgdrüse); *d* Haarmuskel (lat. Arrector pili); *e* Markkanal des Haares; *f* Längsfaserschicht; *g* Ringfaserschicht; *h* Glashaut; *i* äußere Wurzelscheide; *j* innere Wurzelscheide (HENLEsche Schicht); *k* innere Wurzelscheide (HUXLEYsche Schicht); *l* Scheidenhäutchen (Scheiden-Cuticula); *m* Haarhäutchen (Haar-Cuticula; *n* Haarzwiebel (Bulbus pili); *o* Haarpapille.

Am Haar selbst unterscheidet man von innen nach außen das *Haarmark*, die pigmentführende *Rindenzone* und das *Haaroberhäutchen* (Haarcuticula). Die Rinde stellt die Hauptmasse des Haares dar. Die Farbe des Haares ist von der Art der Pigmentierung abhängig. Der bindegewebige *Haarbalg* oder *Haarfollikel* fügt das Haar und seine Wurzelscheiden in den konstruktiven Bau der Lederhaut und des Unterhautzellgewebes ein und beherbergt in seinem Maschenwerk Blutkapillaren und feinste Nerven. Den Feinbau des Haares im Längsschnitt zeigt schematisch Abb. 201.

Eigenschaften, Formen und Lebensdauer der Haare.

Der erwachsene Europäer mit normalem Haarwuchs trägt auf dem Quadratzentimeter seines Scheitels 300 bis 320, an der Stirn und am Hinterkopf 100 bis 240 Haare. Bei brünetten Menschen beträgt die Gesamtzahl der Haarwurzeln nach FRIEDERICH schätzungsweise 80000, bei blonden Menschen 120000. Im Durchschnitt wird das Haar beim Europäer 70 cm lang. Chemisch setzt sich das Haar aus etwa 50% Kohlenstoff, ferner aus Wasserstoff, Stickstoff, Sauerstoff und Schwefel, 12 bis 15% Wasser und 3 bis 6% Fett zusammen. Der Wassergehalt brüchiger Haare ist geringer. Fett und Wasser liegen in Emulsionsform vor, verkitten die Hornteilchen und verhindern dadurch das Austrocknen und Sprödewerden. Aus diesem Grunde ist die alleinige Anwendung von Fett, besonders aber von Mineralfetten, nicht nur unphysiologisch und wertlos, sondern sogar schädlich. Der wesentliche Baustoff des Haares ist *Keratin*, ein Gerüsteiweiß mit hohem Cystingehalt. Man unterscheidet schlichte, flachgewellte, weitwellige, langwellige, lockige, gekräuselte und krause Haare. Sie sind sehr widerstandsfähig, wenig dehnbar, elastisch, zugfest, hygroskopisch, idioelektrisch und gegen Verwesung widerstandsfähig. Ihre Lebensdauer beträgt normalerweise etwa 1600 Tage, wobei sie durchschnittlich eine Länge von 70 bis 80 cm bei einem Durchmesser von 0,05 bis 0,15 mm erreichen. Das tägliche Wachstum beträgt durchschnittlich 0,4 mm, im Monat 1,2 cm, im Jahr 15 bis 16 cm. Ein 1 m langes Kopfhaar ist demnach etwa 7 Jahre alt. Vor der Abstoßung alter Haare verlangsamt sich ihr Wachstum wesentlich.

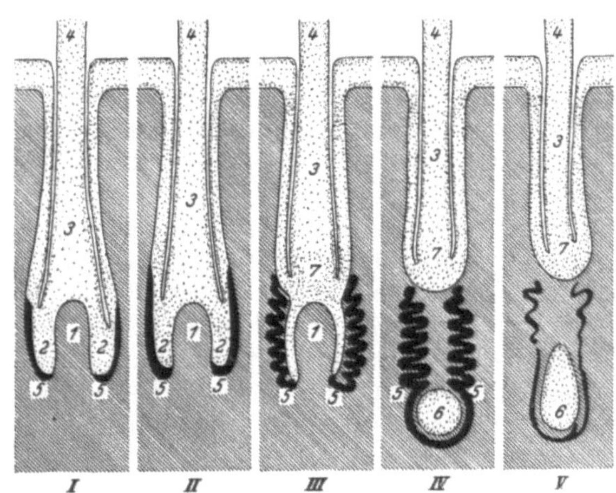

Abb. 202. Entwicklungsstufen des natürlichen Haarausfalls (schematisiert). (Nach *O. Bianco:* Das Haar und seine Krankheiten, Köln: Roß-Verlag, 1954.) *I* Gesundes Haar mit dünner Glashaut; *II* Die Glashaut beginnt sich zu verdicken; *III* Die stark verdickte Glashaut hat die Haarzwiebel weitgehend zur Einschmelzung gebracht; *IV* Die Einschmelzung der Haarzwiebel ist vollendet, das Kolbenhaar gebildet. Unter der stark gefalteten Glashaut befindet sich der Keim des neuen Haares; *V* Rückbildung der Glashaut. Der Druck des wachsenden Haarkeimes schiebt das Kolbenhaar nach außen.
1 Haarpapille; *2* Haarzwiebel; *3* Haarwurzel; *4* Haarschaft; *5* Glashaut; *6* neuer Haarkeim; *7* Kolbenhaar.

Der tägliche Haarausfall beträgt normal in der Jugend 30 bis 50, zwischen 30 und 50 Jahren 90, im Greisenalter über 100. Die am unteren Ende eines ausgefallenen Haares erkennbare Verdickung ist die Haarzwiebel. In sie ist von unten her die Haarpapille eingesenkt, die auch nach Entfernung der Haarzwiebel noch produktionsfähig ist und die eigentliche Keimschicht für das Haar darstellt, die Haarpapille bildet einen neuen Haarkegel und die Wurzelscheiden, aus denen sich dann ein neues Haar entwickelt.

Haarfarbe.

Die Haarfarbe wird gewöhnlich von dem Farbstoff *Melanin* bestimmt, der teils gelöst, teils in körniger Form in der Rindensubstanz vorliegt. Nur rothaarige Menschen besitzen einen andersartigen Farbstoff. Weißes Greisenhaar ist fast melaninfrei bzw. ist das Melanin hier chemisch verändert und dadurch farblos.

Haarernährung und Haarwechsel.

Zur Ernährung des Haares über den Organismus sind besonders geeignet Hefepräparate, leimhaltige Kost wie Sülze, Preßwurst, Kalbs- oder Schweinskopf, Schweinefüße, Gelatinespeisen, Eier, mageres Rindfleisch, Hirn und Karotten. Auch Gelatinekuren (tägl. 7 g feinste Speisegelatine) sind zu empfehlen (vgl. a. S. 435).

Beim *Haarwechsel*, dem natürlichen Haarausfall, verhornt die ganze Haarzwiebel und löst sich von der Papille (Abb. 202). Das Haar ist dann völlig verhornt, steckt als totes Gebilde frei im Haarbalg und führt nach seiner unteren kolbenförmigen Auftreibung die Bezeichnung *Kolbenhaar*. Die Papille und der untere Teil der Haarwurzelscheide verkümmern vorübergehend, wobei das tote Haar bis kurz unterhalb der Einmündung der Talgdrüsen nach oben rückt. Hier bleibt es bis zu seiner Ausstoßung stecken. Inzwischen erholen sich die alte Papille und die verkümmerten Reste der Wurzelteile wieder, wachsen wieder mehr in die Tiefe, bilden ein neues vollwertiges Haar, das das Kolbenhaar vollends an die Oberfläche schiebt und so zum Ausfallen bringt. Tote Kolbenhaare fallen also erst aus, wenn sie vom neuen *Papillenhaar* ausgestoßen bzw. durch das Kämmen oder Bürsten ausgezogen werden.

Die Drüsen mit innerer Sekretion haben einen wesentlichen Einfluß auf den Haarwuchs. Arbeiten sie mangelhaft oder unrichtig, wirkt sich dies ungünstig auf das Haarkleid aus. Da das hormonale System und der Nervenapparat eine Einheit bilden, wirken sich an beiden entstehende Störungen auch am Haarkleid aus. Besonders das autonome Nervensystem ist von großem Einfluß. Der Haarbalg ist offenbar mit jeder Art von Nerven versorgt und in seinem Wachsen und Gedeihen weitgehend vom Gesamtnervensystem abhängig.

Auch die Vitamine sind für das Haarwachstum von Bedeutung, so das Vitamin A und der B-Komplex (bei Brüchigkeit), davon besonders der PP-Faktor (Nicotinsäure und Lactoflavin B_2). Von besonderer Bedeutung ist die Pantothensäure, Vitamin B_5, bei Blutarmut Vitamin B_{12}. Auch Vitamin F und Biotin, Vitamin H sowie Vitamin D, das wegen etwaiger Nebenwirkung jedoch nicht zu hoch dosiert werden darf, sind als Haarwuchsmittel wichtig.

Ursachen von Haarveränderungen. Haarschädigungen.

Für das Haar schädlich sind Erkältungen, zu starke dauernde Erhitzung, Druck durch Kopfbedeckung und dadurch bedingten Luftabschluß der Kopfhaut, Ansteckung durch gemeinsamen Kamm und Haarbürste, Handtuch, Kopfbedeckungen, Polster z. B. in der Eisenbahn oder anderen öffentlichen Räumen, allgemeine Schwäche, Blutarmut, unrichtige Ernährung. Mechanisch kann das Haar schon durch Behandlung mit Kämmen mit zu scharfen Zinken, Metallkämmen und Drahtbürsten, zu grobe Massage oder zu grobe Haarwäsche geschädigt werden. Auch das offene Tragen des Haares in praller Sonne kann Schädigung durch UV-Strahlen auslösen. Infrarotstrahlen und trockene Wärme, „Fön", falsche oder zu häufige Anwendung von Haarwasch-, Haarbleich-, Haarfärbe- und Haarwellmitteln sind oft die Ursachen krankhafter Veränderungen am Haarschaft.

Das Kurzschneiden der Haare wird häufig als eine das Haarwachstum begünstigende Maßnahme angesehen, ebenso das Rasieren des Kopfes. Diese Auffassung ist falsch. Zu starkes Beschneiden des Haares ist infolge der damit verbundenen starken Temperaturänderungen in der Kopfhaut nachteilig für das Haarwachstum und kann zu Kälteschädigungen führen. Auch barhäuptig sollen nur genügend Abgehärtete gehen.

Weiter können Schädigungen des Haares eintreten durch das Durchreißen beim Kämmen, das Kopfwaschen in kalten Räumen, den Einfluß von Kälte und Wind auf nasses Haar, den Gebrauch von Haarwässern bei schwitzendem Kopf, zu grobe Kopfhautmassage, unsaubere Kämme und Bürsten, ungeeignete Haarwässer mit Glycerin oder Haarsalbe mit Vaselin, nicht ausreichendes Spülen, unzureichende Trocknung nach der Haarwäsche und endlich das Unterlassen der nach der Haarwäsche wichtigen und richtigen Befettung der Haarspitzen. Auch die einfache Lockung mit Brennschere oder Dauerwelle stellt einen recht schweren Eingriff in die Struktur des Haarschaftes dar, da die Hornsubstanzen des Haares dabei verändert werden. Die entstandenen bleibenden Veränderungen werden lediglich durch das natürliche Wachstum des Haares wieder behoben. Kopf- und Sofakissen sollen häufig gelüftet und frisch überzogen werden, da sich sonst auf den vom Kopf stammenden organischen, teilweise auch feuchten Substanzen Pilze und Bakterien entwickeln können. Selbst ungeeignete Waschmittel für die Wäsche, die aus den Überzügen nicht restlos entfernt worden sind, können Haarschädigungen hervorrufen. Scheitel tragende Personen sollen den Ort desselben häufig wechseln, weil durch den mechanischen Reiz des Kammes Haarausfall an dieser Stelle begünstigt wird. Kahlköpfige Menschen sollen bei der Arbeit und in der Nacht eine Kopfbedeckung tragen. Dem kosmetischen Berater obliegt es, tunlichst die Ursachen der Erscheinungen zu ergründen und dabei auch nicht zu vergessen, festzustellen, ob der Betreffende sich auch nach neuzeitlichen ernährungsphysiologischen Grundsätzen ernährt.

Haarpflege.

Auch bei der Haarpflege sind allgemein hygienische Maßnahmen wie gute Körperpflege, Bekämpfung von Blutarmut, Bewegung in Luft und Licht usw. von großem Wert. Als eine wichtige Maßnahme der Haarpflege kann das tägliche Kämmen und Bürsten angesehen werden. Die Kämme dürfen nicht zu scharfe Zinken, die Bürsten nicht zu spitze oder harte Borsten besitzen, Metallbürsten sind abzulehnen. Mit diesen Geräten sollen Staub, Schmutz, Kopfhautschuppen und die Sekrete von Talg- und Schweißdrüsen und auf dem Haar vorhandene Bakterien entfernt werden. Das von den Talgdrüsen abgesonderte Fett wird dadurch gleichmäßig auf den Haaren verteilt und eine Massage auf dem Haarboden ausgeübt. Mindestens einmal täglich soll das Haar kräftig durchgebürstet werden. Fallen dabei zunächst zahlreiche Haare aus, handelt es sich meist um bereits abgestoßene Kolbenhaare. Mindestens einmal monatlich müssen Kamm und Haarbürste mit warmem (40 bis 45°) Wasser und Seife gereinigt und gründlich mit Wasser nachgespült werden. Dazu darf weder Soda noch Salmiakgeist verwendet werden. Vor dem Trocknen wird die nasse Bürste auf ein Frottiertuch ausgeklopft, dann zum Trocknen an der Luft aufgehängt. Keinesfalls darf die nasse Bürste zum Trocknen mit den Borsten nach oben oder unten gelegt werden.

Die Haarwäsche soll von Mann und Frau nicht zu oft (alle 2 bis 4 Wochen) zur Reinigung von Haar und Kopf durchgeführt werden. Zu häufige Haarwäsche wirkt durch die dabei entstehenden Quellungserscheinungen auf die Festigkeit und das Wachstum des Haares ungünstig ein. Nur bewährte Waschmittel dürfen verwendet werden, um Haarschädigungen zu vermeiden (Abb. 203). Dabei ist es wichtig, daß das Waschmittel nach dem Waschen gründlich mit *reichlich warmem* Wasser aus den Haaren und von der Kopfhaut abgespült wird. Anschließend ist mit warmer, schwacher Essiglösung (1%) nachzuspülen. Häufig hat Kopfjucken seine Ursache in nicht genügend sorgfältigem Auswaschen des Haarwaschmittels. Getrocknet wird am besten mit warmen Frottiertüchern. Die Trocknung mit dem „Fön“ macht das Haar zu trocken. Langsames Trocknen ist die zweckmäßigste Trocknungsart, die trockenen Haarenden sind dann gut einzufetten. Die neuzeitlichen Haar- und Kopfwaschmittel kommen in flüssiger, cremeartiger und fester Form in den Handel. Sie werden überwiegend unter Verwendung von höhermolekularen, oberflächenaktiven, waschwirksamen Stoffen hergestellt, ihr p_H-Wert soll 8,5 nicht übersteigen. Haarwaschmittel auf Seifenbasis hergestellt enthalten heute Zusätze, welche die Bildung von Kalkseifen ausschalten. Ihr Fettsäuregehalt soll nicht unter 20% liegen. Als mildes, geschmeidigmachendes und glanzgebendes Haarreinigungsmittel finden *Ölshampoos* Verwendung. *Öl-Ei-Shampoos* sind emulgierte Erzeugnisse mit Eierlecithin und Cholesterin. Bei ihrer Anwendung ist auf sorgfältiges Ausspülen Wert zu legen, da sonst durch Zersetzen des Eigelbs Hautreizungen entstehen können. Die meist verwendeten Kopf- und Haarwaschmittel dürften heute die *Creme-Shampoos* sein, die eine vorzügliche Reinigung gewährleisten und das Haar locker und glänzend machen. Auch Shampoos mit anderen Zusätzen wie Kamille, entgiftetem Teer usw. finden Verwendung. Näheres über Haaröle, Haarwässer usw. s. unter dem betr. Stichwort.

Haarwuchsfördernde diätetische Mittel.

Nach SAZ. (**1950**, 834) ist festgestellt worden, daß das Vitamin H (Biotin) von guter Wirkung bei menschlicher Seborrhöe ist. Da sich die Vitamin-H-Therapie nach STEPP/KÜHNAU/SCHRÖDER auch gut auf diätetischem Wege durchführen läßt,

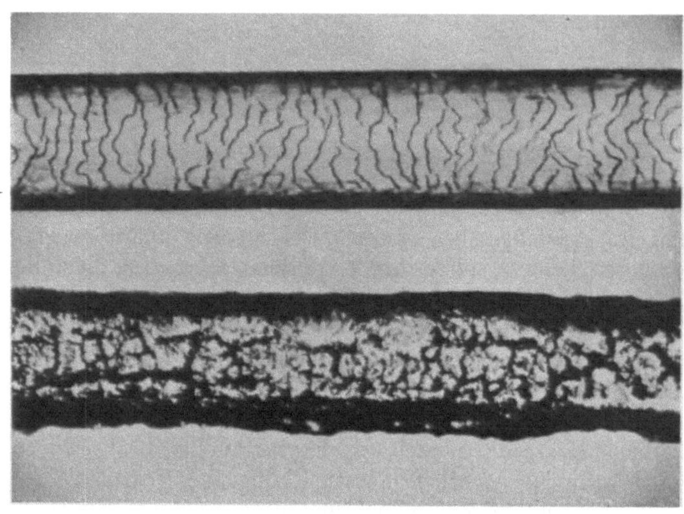

Abb. 203. Unterschied zwischen einem 45mal mit „Schauma" (oben) und einem 45mal mit Seife (unten) gewaschenem Haar. Diese Behandlung entspricht ungefähr der Beanspruchung des Haares durch die Haarwäschen während eines Jahres. Vergr. etwa 450fach. (Werkphoto der Firma Hans Schwarzkopf, Hamburg.)

soll darauf hingewiesen werden. Genannt werden vor allem Leber, daneben reichlich gut verdauliches Eiweiß (Larosan, Plasmon), aber kein Fleisch oder Eiklar. Auch Hefe, allerdings in großen Mengen, soll erfolgreich sein. Bisweilen beim Erwachsenen nicht gerade ermutigende Ergebnisse werden auf ungenügende Dosierung zurückgeführt.

Durch geeignete Nahrungsmittel kann Haarausfall behoben werden. Diese sollen dem Organismus Eisen, Schwefel und insbesondere Kieselsäure zuführen. Als wertvolle Kieselsäureträger kommen hier Hirse, Graupen, Haferflocken, Vollkornbrot, die bekannten Kieselsäuredrogen (s. „Kieseltee"), Brennesseln und Leinsamen in Frage. Bergbauern essen bei starkem Haarausfall jeden Morgen 1 Teelöffel voll roher Hirse, gut eingespeichelt. Schon nach wenigen Wochen konnte ein erstaunlich guter Erfolg festgestellt werden. (Nach DAZ. **1954**, 477.)

Massage der Kopfhaut.

Die straff gespannte Kopfhaut hat das Unterhautbindegewebe und Fettgewebe verloren, dadurch ist ihre Versorgung mit Blut, Lymphe und Nährstoffen stark behindert. Dies führt zur Verödung der Papillen, Schwächung der nachwachsenden Haare und schließlich zu deren vollkommenem Ausfall. Bei der Kopfmassage nützt ein kräftiges Reiben auf der Haut nichts. Vielmehr muß von außen durch kräftigen Druck auf die den knöchernen Schädel überspannende Kopfhaut ein zusätzlicher Druck ausgeübt werden, welcher die Beweglichkeit der Haut über dem Knochen und ihre Elastizität zu steigern vermag. Zweckmäßig setzt man die Fingerkuppen beider Hände hammerförmig fest auf die Kopfhaut auf und massiert durch schiebenden Druck von den Seiten nach der Kopfmitte zu und von vorn nach hinten. Anschließend werden durch kräftiges Kneten mit 4 Fingern beider Hände Stirn, Schläfen, Nacken und die Partien hinter den Ohren, an den Schläfen nur mit leichtem Druck, bearbeitet und am Nacken halswärts ausgestrichen.

Haarpackungen.

Haarpackungen sind Erzeugnisse zur Pflege des gesunden und zur Regenerierung angegriffenen, geschädigten Haares. Vielfach enthalten sie Vitamine, Hormone usw., ihr p_H-Wert soll zwischen 5,5 und 7,5 liegen. Fettpackungen dienen der Erweichung vorhandener Krusten auf der Kopfhaut, Kräuterpackungen mit Kamillen und Heublumen wirken günstig auf den Haarboden. Auch Nährpackungen mit Cholesterin und Lecithin sind besonders als Eigelb-Ölpackungen üblich. An Trockenpackungen finden solche mit präzipitiertem Schwefel, besser noch mit kolloidalem Schwefel, etwa in Form von *Sulfoderm* Verwendung.

Seborrhöe.

Mit Seborrhoea bezeichnet man die abnorm starke Sekretion von Talgdrüsen, die entweder in Form trockener, fettiger, bröckliger Massen (Seborrhoea sicca oder Pityriasis capitis, Abb. 204 und 205) oder in mehr flüssiger Form (Seborrhoea oleosa), sog. *Schmerfluß*, sich äußern kann. Beide beruhen auf einer Stoffwechselstörung der Haut bzw. Kopfhaut. Häufige starke Entfettung der Haare durch Waschen derselben mit Kohlenwasserstoffen, Alkohol oder Seife vermindert das Übel nicht, reizt vielmehr die Talgdrüsen nur, mehr Talg abzusondern. Das Übel wird dadurch also verschlimmert. Zur Reinigung von Kopfhaut und Haar verwendet man deshalb zweckmäßig seifen- und alkalifreie Haarwaschmittel; auch Satina und Medizinal-Praecutan haben sich hierbei bewährt. Anschließend wird die Kopfhaut mit einem Haarwasser, das kolloiden Schwefel enthält, behandelt bis zum Rückgang der übermäßigen Talgabscheidung. Anschließend wird mit einem der bekannten Haarwässer behandelt und zweimal wöchentlich wenig, gutes Haaröl auf der Kopfhaut verrieben. In manchen Fällen unterstützt planmäßige und kräftige Massage der Kopfschwarte die vorgeschlagenen Maßnahmen.

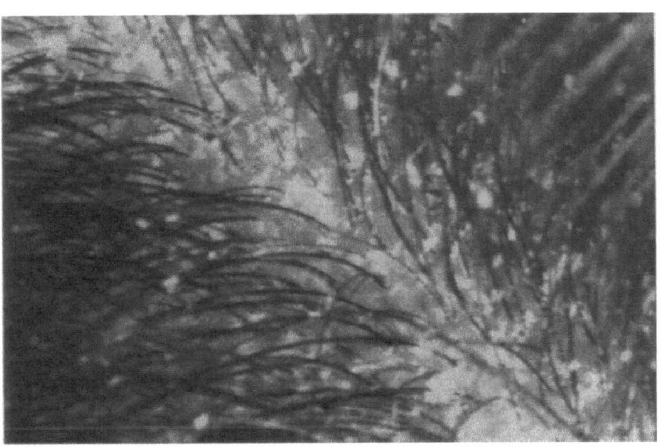

Abb. 204.
Trockene Schuppenbildung, Pityriasis capitis, Seborrhoea sicca.
(Werkphoto der Firma Hans Schwarzkopf, Hamburg.)

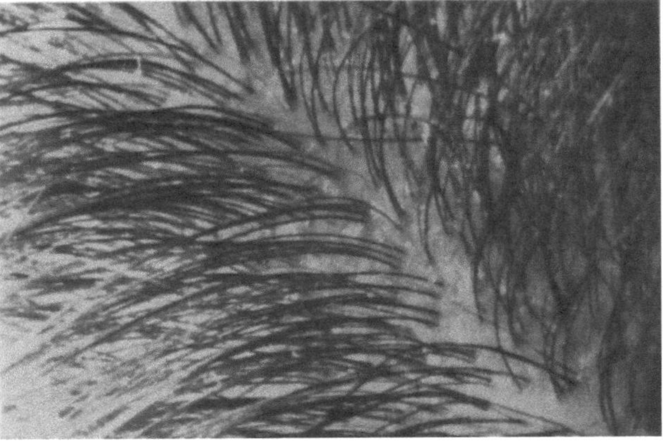

Abb. 205.
Trockene Schuppenbildung nach der Behandlung mit „Seborin ®“.
(Werkphoto der Firma Hans Schwarzkopf, Hamburg.)

Die wichtigsten, meist vorkommenden Veränderungen des Haarschaftes.

Bei den am häufigsten vorkommenden Haarveränderungen sind am Haarschaft bestimmte anatomische Veränderungen, teils makroskopisch, teils mikroskopisch erkennbar, die sich z. B. in Knötchen, Splitterung oder Querbruch des Haares bzw. als Schlingenhaar zeigen und vielfach ineinander übergehen. Ihre Ursachen können konstitutionell bedingt sein oder auf Mangelerscheinungen in der Ernährung, z. B. Vitamin- und Eisenmangel, beruhen, wobei das dadurch geschwächte Haar den Beanspruchungen bei der täglichen Pflege oder gar energischeren kosmetischen Methoden wie Bleichen, Dauerwellen, Färben nicht mehr gewachsen ist.

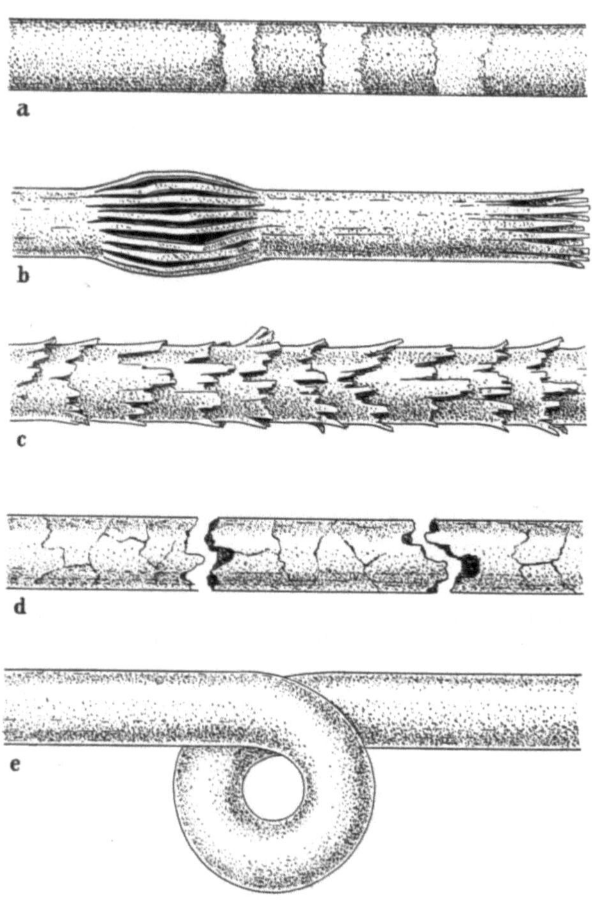

Abb. 206. Die am häufigsten vorkommenden Haarstörungen. (Nach *O. Bianco:* Das Haar und seine Krankheiten, Köln: Roß-Verlag, 1954.) a *Ringelhaare* (Pili annulati). Der Haarschaft zeigt helle, durch Lufteintritt bedingte Bänder von wechselnder Breite. – b *Pinselhaarbruch* (Trichorrhexis nodosa). Links ein Knötchen, rechts eine kennzeichnend ausgefranzte Bruchstelle. – c *Splitter- oder Federhaarbruch* (Trichoptilosis). – d *Querbruch des Haares* (Trichoclasis). – e *Schlingenhaar* (Trichonodosis). Starke Neigung zu Kräuselung und Drehung, bedingt eine Schädigung des Haares an den Schlingstellen und damit erhöhte Bruchgefahr.

Ringelhaare. Pili annulati. Diese selten vorkommende Veränderung des Haarschaftes beruht auf einem Lufteintritt zwischen Haarcuticula und Haarmark. Die Haare zeigen verschieden breite, weiße Ringelbänder (Abbildung 206a).

Splitter- oder Federhaarbruch. Trichoptilosis. Trichoptilosis zeigt sich in einer Zerfaserung der Haarspitze, bedingt durch Spaltung des Haarhäutchens, so daß das einzelne Haar wie gefiedert aussieht (Abbildung 206c). Die Trichoptilosis kann zur Auffaserung des ganzen Haares führen. *Ursache:* Kosmetische Schädigungen wie zu häufiges Waschen mit alkalischen Mitteln, die Alkalisierung vor Haarbleichung oder Dauerwellung, zu scharfes Bürsten oder Trocknen mit Heißluftapparaten.

Behandlung: Abschneiden der Enden und Einfetten.

Pinselhaarbruch. Trichorrhexis nodosa, eine Knötchenbildung, die besonders bei trockenem Haar vorkommt. Meist im letzten Drittel des Haares sind eigenartige Pünktchen sichtbar, die bei hellem Haar weiß, bei dunklem grau, bei rotem schwärzlich gefärbt sind. Schon bei geringem Zug reißt das Haar im Knoten ab. Die abgerissenen Haarenden erscheinen unter dem

Mikroskop pinselartig aufgesplittert (Abb. 206b). *Ursache:* Vermutlich mechanische und chemische Mißhandlung der Haare (Metallbürsten, alkalische Waschmittel). *Behandlung:* Nach SCHÖNFELD einfetten mit 2%iger Schwefelsalbe.

Querbruch des Haares. Trichoclasis. Bei dieser Erkrankung unterscheidet man eine durch Gewalteinwirkung entstandene und eine ohne nachweisbare Ursachen entstandene Form, bei der die Haare gerade abbrechen. Im Gegensatz zum Pinselhaarbruch ist hier die erkennbare Aufsplitterung einem abgebrochenen Streichholz ähnlich (Abb. 206d). Die Bruchenden sind meist leicht zugespitzt und stärker gefärbt. Häufig ist auch hier der Haarschaft knötchenförmig geschwellt.

Schlingenhaar. Trichonodosis. Durch örtlich begrenzte einseitige Schrumpfung des Rindenanteils des Haarschaftes erfährt das Haar eine so starke Krümmung, daß Schlingen, mitunter sogar Doppelschlingen, entstehen (Abb. 206e). Beim Kämmen oder sonstiger Beanspruchung können die Haare an den verschlungenen Stellen abbrechen. Das Haar selbst ist nicht verändert, lediglich die Bruchstellen erinnern an Pinselhaarbruch.

Ursachen der Haarveränderungen. Die Ursachen der vorstehenden Haarschaftveränderungen sind vorwiegend mechanischer Art, besonders bei entsprechender Veranlagung und Unterernährung. Dabei wird das Haarhäutchen der Länge nach zerrissen, die Rindenzellen aufgefasert, es kommt zur Besenbildung. Im Bereich des betroffenen Haarabschnittes kommt es zu einer Verkürzung des Haares, die man volkstümlich mit „*Haarfresser*“ bezeichnet. Vorausgegangene Schädigungen etwa durch Waschen mit alkalischen Waschmitteln, Bleichen, Trocknen mit dem „Fön“, Dauerwellung, zu starke Sonnen- oder Höhensonnenbestrahlung und das Kämmen und Bürsten mit scharfkantigen Geräten bewirkt ebenfalls eine Schädigung des Haarschaftes und die Auffaserung der Haarspitze.

Behandlung. Die Behandlung der vorgenannten Haarveränderungen ist ziemlich unbefriedigend. Vorweg sind alle vorgenannten dauernden oder mechanischen Ursachen zu vermeiden und die Neigung der Haare zum Kräuseln oder zur Schlingenbildung durch Einfetten mit Rizinusöl, einem anderen guten Haaröl oder einer Emulsion herabzusetzen. Andere Unstimmigkeiten im Körpergeschehen sind zu behandeln. Kann die Ursache festgestellt werden, ist diese sorgfältig zu vermeiden. Auch zu häufiges und zu energisches Haarwaschen, zu heißes oder zu saures Nachspülen, ungenügendes Trocknen, schlechte oder ranzige Haarpflegemittel, Lockenwickler aus Metall, die schädliche Ströme erzeugen können, aber auch zu grobe Kopfmassage müssen unterlassen werden.

Haarausfall. Alopecia.

Der Haarausfall ist von dem physiologisch normalen Haarwechsel zu unterscheiden. Er kann durch mechanische Einflüsse wie zu fest gezogene Lockenwickler oder zu starken Zug und Druck durch zu fest angelegte Knoten, Kämme und Spangen, insbesondere solche aus Metall, die durch mikroelektrische Ströme schädigen können, auch durch das Durchreißen beim Kämmen entstehen. Auch fieberhafte Erkrankungen, Blutvergiftung, Erkältungen, Gesichtsrose, Grippe, Scharlach, Tuberkulose, Typhus können die Ursache sein, wobei der Haarausfall meist erst Monate nach der Erkrankung auftritt. Dieser Haarausfall dauert verschieden lange, hört aber von selbst wieder auf. Beim Erwachsenen kann der Haarausfall durch Unterernährung, Mangel an Mineralstoffen und Vitaminen, Nervenschmerzen, chronische Erkrankungen der Haut, von Mandeln, Ohren und Zähnen, durch chemische Schädigungen bei der Bleichung, Dauerwellung und Färbung, infolge Schädigung durch Strahlen (Höhensonne-, Röntgenbestrahlung) oder Gifte (Thallium) auftreten. Haarausfall ist kein einfacher Ausdruck der Keimdrüsenfunktion, sondern eher eine Folge der in Unordnung geratenen hormonalen vegetativen Regulation. Es ist anzunehmen, daß das Ansteigen des frühzeitigen Haarausfalls in den letzten Jahren eine Folge der Mangelernährung des Krieges und der Nachkriegsjahre ist. Liegt ein Mangel dieser Stoffe vor, kann Haarausfall durch Gaben von Cystin, Vitaminen und Hormonen günstig beeinflußt werden. Die kosmetisch wichtigste Ursache des Haarausfalls ist eine Seborrhöe der Kopfhaut (s. S. 373), die häufig juckend, mitunter auch etwas entzündet, feine kleienartige Schüppchen oder Schinnen abscheidet.

Man unterscheidet beim Haarausfall den Haarausfall des Alters, *Alopecia senilis*, den Haarausfall des jugendlichen Alters, *Alopecia praematura*, und den Haarausfall bei gleichzeitigem Talgfluß (Seborrhöe), *Alopecia pityrodes*. Während der Haarausfall des jugendlichen Alters schon mit 20 Jahren einsetzt, beginnt der Altershaarausfall etwa mit dem 50. Lebensjahr. Bei beiden Erscheinungsformen wachsen zunächst die ausfallenden Haare immer dünner nach, fallen früher als normales Haar aus, erscheinen mit der Zeit nur noch als Wollhärchen, bis der Nachwuchs völlig aufhört. Der Haarausfall beginnt vor allem am Scheitel und zu beiden Seiten der Stirnbeingegend und verbreitert sich von hier aus, bis die haarlosen Teile des Scheitels und der Stirnbeingegend eine Fläche (Glatze) bilden. Die Glatze kommt hauptsächlich bei Männern, sehr selten bei Frauen vor.

Symptomatischer Haarausfall. Alopecia pityrodes oder seborrhoica.

Dieser Erkrankung geht meist eine jahrelange, oft mit Juckreiz verbundene Seborrhöe voraus. Verlauf, Form und Ausbreitung sind die gleichen wie beim Ausfall des jugendlichen Alters und des Alters, jedoch sind ausgesprochene mehr oder minder stark kleiige Abschuppungen, *Seborrhoea sicca*, bzw. ölige Abscheidungen der Kopfhaut, *Seborrhoea oleosa*, vorhanden. Die Schuppen sind anfangs infolge ihres Hauptbestandteiles Stearinsäure silberartig weiß und erscheinen deshalb trocken, bei der öligen Form schmutzig-fettig, hier herrscht die Ölsäure vor. Mit der Zeit stirbt die Haarpapille ab, zunächst entsteht nur teilweise Kahlheit, am Ende die vollkommene Glatze. Die Haut der Glatze ist verdünnt, gespannt, wenig verschieblich und schwitzt stark.

Ursachen. Nach verschiedenen Autoren können die Ursachen in erblicher Veranlagung, Unterernährung, hormonalen Störungen, Mangel an Atmungsferment gesehen werden. Beim Haarausfall des jugendlichen Alters sind zweifellos vererbte Anlagen wesentlich und deshalb die Behandlungsaussichten ziemlich schlecht.

Kreishaarschwund. Alopecia areata.

Bei dieser Erkrankung fallen völlig unvermittelt und ohne jegliche Empfindung an einer kreisrunden Stelle die Haare aus bzw. sie sind so gelockert, daß sie ohne Empfindung herausgezogen werden können. Die Kopfhaut erscheint unverändert, lediglich bei ihrem Betasten empfindet man an ihr einen Oberflächenunterschied. Die Ursache der Erkrankung ist heute noch nicht geklärt, ein Erreger konnte nicht gefunden werden.

Kleinfleckiger Haarausfall. Apolecia parvimaculata.

Die Erkrankung ähnelt dem Kreishaarausfall, zeigt aber mehr kleine, kahle Flecke mit deutlichen Entzündungserscheinungen. Bei Kindern tritt die Erkrankung in Asylen, Schulen epidemisch auf und soll durch Kopfbedeckungen übertragen werden.

Allgemeine Richtlinien zur Behandlung des Haarausfalls.

Bei den beiden letzgenannten Formen desinfizierende Mittel, Quarzlampenbestrahlung, Massage.

Bei Personen, die zum Haarausfall neigen, wird zweckmäßig der Haarpflege schon im Kindesalter besondere Sorgfalt gewidmet. Bei Nervösen nervenkräftigende Mittel, allgemeine Körperpflege durch Sonne, Sport, reichlich Eiweiß in der Ernährung, Anwendung geeigneter Haarwässer zur Anregung der Kopfhaut, abends vor dem Schlafengehen im *warmen* Zimmer bei gescheiteltem Haar einmassieren. Bei Kopfschuppen oder öligen Auflagerungen Erweichung der Fettschicht und ihre Entfernung durch milde Alkalien (Borax, Natriumhydrogencarbonat) oder Waschmittel wie SATINA und Medizinal-Praecutan. Als Zusätze zu den Haarwässern finden Verwendung zur Erzielung eines Hautreizes, der die Durchblutung der Kopfhaut erhöhen soll, organische Säuren wie Essigsäure, Citronensäure, Milchsäure (bis 1%), Spanisch Pfeffertinktur, Arnikatinktur, Brennesseltinktur (je 5%). Ferner finden Verwendung Menthol (0,5 bis 1%), Kampfer (5%), Perubalsam (5%), bei Juckreiz Chloralhydrat (2%), Salicylsäure (bis 5%), Natriumthiosulfat (bis 5%) und Thymol (0,1%).

Bei Vorhandensein dicker, krustiger Schuppen müssen diese zunächst mit Salicylsäureöl (s. S. 391) erweicht und dann durch Kopfwäsche entfernt werden. Diese Vorbereitung muß 2 bis 3 Tage am Abend durchgeführt und wenn nötig wiederholt werden. Bei öliger Seborrhöe soll höchstens alle 2 bis 3 Wochen, bei trockener noch seltener das Haar gewaschen werden.

Die Tatsache, daß der Haarausfall auf Vitaminmangel beruht, gibt die Schlüsselstellung zu seiner Bekämpfung. Das Vitamin A, dessen Vorstufe als Carotin in Karotten, Tomaten, Hagebutten, Paprika usw. vorkommt, besitzt einen direkten Zusammenhang mit dem Haarwachstum. Es verhindert als Epithelschutzvitamin das Auftreten von Schuppenbildung trockener und spröder Haut. Bei Vitamin A-Mangel wird das Haar trocken, glanzlos und brüchig, und auch an den Fingernägeln treten Wachstumsstörungen ein. Auch das Vitamin D_2, Calciferol, wirkt auf den Haarwuchs fördernd. Das Vitamin E, das in den Keimanlagen der Körnerfrüchte und deren Öle, in Gemüsen und im Eidotter und der Milch vorkommt, ist ebenfalls für die Durchblutung der Kopfhaut und für das Haarwachstum von Bedeutung. Eine Reihe von Stoffen des Vitamin B-Komplexes haben wesentlichen Einfluß auf Haarwachstum und Haarausfall, vor allem die Pantothensäure (s. Bd. I, S. 185) und Folsäure. Auch das Vitamin H scheint auf das Haarwachstum Einfluß zu haben.

Zusammenfassend sind folgende Maßnahmen zur Beseitigung des Haarausfalles zu ergreifen:

1. Beseitigung des Schmerflusses bzw. der Entfernung der Schuppen.
2. Anwendung von hautreizenden Mitteln zur Erhöhung der Durchblutung der Kopfhaut.
3. Verwendung geeigneter desinfizierender Mittel zur Bekämpfung parasitärer Ursachen.
4. Regelmäßige, richtig durchgeführte und gründliche Massage der Kopfhaut durch Wochen und Monate hindurch.
5. Sinngemäße Ernährung (vgl. S. 369, 372) und Behandlung etwa vorliegender Erkrankungen.

Brillantinen.

Die mehr und mehr aufgekommene Gewohnheit, keine Kopfbedeckung zu tragen, hat die Nachfrage nach Haarpflegemitteln wesentlich erhöht. Hierzu sind vor allem Brillantinen geeignet, bei denen man feste, Schüttel- und Stangenbrillantinen unterscheidet.

A. Feste Brillantine.

Rizinusöl	721,0	Rosenöl, künstl.	5,0
Walrat	250,0	Veilchenwurzel, konkret	5,0
Bergamottöl	10,0	Jonon	5,0

Chlorophyll, fettlösl. 4,0

Stangenbrillantine.

HAGER P-TM.

1.	Kakaobutter	10,0	Olivenöl	20,0
	Benzoetalg	4,0	Rizinusöl	10,0
	Benzoeschmalz	4,0	Wachs, gelb	40,0
2.	Erdnußöl, gehärtet	60,0	Kakaobutter	15,0
	Benzoeharz, Siam	5,0	Carnaubawachs	10,0
	Harz, hell	5,0	Paraffinöl	10,0

Parfümierung. Bei Kosumware 0,5%, bei besseren Qualitäten 0,6 bis 1,5% Parfümöl. Konserviert wird mit Nipasol M.

Brillantinen, Körper für feste.

	1.	2.	3.
Stearin	—	200,0	—
Vaselin, weiß	600,0	50,0	400,0
Paraffinöl	130,0	700,0	400,0
Harz, hell	150,0	—	100,0
Wollfett, wasserfrei	120,0	50,0	—

Brillantine, fest (SIDO).

Zeresin, weiß	1000,0	Rosenöl, künstlich	25,0
Vaselinöl, weiß	3500,0	Aubépine	5,0
Geraniumöl	15,0	Vanillin	5,0

Das Vanillin wird in wenig heißer Brillantine angerieben.

Feste Brillantine (PuS).

Weißes Vaselin	200,0	Fichtenharz, hell	50,0

Wollfett, wasserfrei . . 50,0

werden zusammengeschmolzen.

Zum Parfümieren verwendet man auf 1 kg der vorstehenden Grundmasse 10,0 bis 20,0 Parfüm:

Rose:

Geraniumöl Bourbon	100,0	Rosenöl, künstl.	40,0

Vanillin 3,0

Maiglöckchen:

Muguet, künstl.	60,0	Rosenöl, künstl.	15,0
Linaloeöl	100,0	Vanillin	15,0

Bergamottöl 30,0

Ylang-Ylang:

Ylang-Ylang-Öl, künstl.	40,0	Canangaöl	60,0
Bergamottöl	100,0	Rosenöl, künstl.	5,0

Linaloeöl. . 10,0

Veilchen:

Jonon	12,0	Vanillin	5,0
Bergamottöl	100,0	Ylang-Ylang-Öl, künstl.	5,0

Irisöl, künstl. . . 15,0

Stangenpomade. Cosmetique (JANISTYN).

1. Talg	55,0	Bienenwachs	5,0
Benzoeharz, Siam	15,0	Kakaobutter	15,0
2. Kakaobutter	33,0	Bienenwachs	33,0
Benzoeschmalz	34,0		
3. Erdnußöl, gehärtet	60,0	Harz, hell	5,0
Benzoeharz, Siam	5,0	Kakaobutter	15,0
Carnaubawachs	10,0	Paraffinöl	10,0

Die Bestandteile werden bei möglichst niedriger Temperatur geschmolzen und der Schmelze für billige Ware 0,5, für bessere 0,6 bis 1,5% Parfümöl zugesetzt.

Stangenpomaden (HAGER P-TM).

1. *Blond*

Grundlage	100,0	Kumarin	0,05
Perubalsam	3,0	Goldocker	5,0
Bergamottöl	20 Tr.	Olivenöl	nach Bedarf

zum Anreiben des Ockers.

2. *Braun*

Grundlage	100,0	Geraniumöl	2,5
Umbra	5,0 bis 10,0	Palmarosaöl	3 Tr.
Olivenöl (zum Anreiben des Umbras)	2,5	Rosenöl, künstl.	2 Tr.
		Nelkenöl	3 Tr.

Stangen-Brillantine (SIDO).

Walrat DAB. 6	500,0	Rosenöl	1,0
Rizinusöl	500,0	Geraniumöl	4,0
Benzoeschmalz DAB. 6	200,0	Petitgrainöl	5,0

Die Fette werden geschmolzen und kurz vor dem Dickwerden parfümiert, dann rasch in Stangenform ausgegossen. Bei zu heißem Ausgießen bilden sich beim Erkalten trichterförmige Vertiefungen an der Oberfläche. Zum Ausgießen verwendet man zweckmäßig eine Emaillemensur mit Ausguß, deren Schnauze man vor dem Ausgießen einige Male durch die Flamme des Bunsenbrenners zieht.

Stangenpomade, Grundkörper für (PuS).

1. Talg	500,0	Kakaobutter	300,0
Zeresin	150,0	Bienenwachs	50,0
Nipagin ® M	2,5		
2. Vaselin, weiß	500,0	Schweinefett	250,0
Paraffin	50,0	Olivenöl	50,0
Zeresin	150,0	Nipasol ®	2,5

Farben für Stangenpomaden (SIDO).

Nigrosin, fettlöslich oder Lampenschwarz	schwarz	Ocker	blond
		Umbra	braun
Chlorophyll, fettlöslich	grün		

B. Brillantinen in Cremeform.

Brillantine-Creme (DRAGOCO)

Dragil ® „P"	60,0	Paraffinöl	3,0
Isopropylmyristinat	40,0	Karion ® F flüssig	25,0
Neo-Extrapon W[1]	2,0	Wasser, dest.	865,0
Creme-Parfümöl 6324	5,0		

[1] Haar-Aufbau-Konzentrat.

Brillantine (Konsumware für Tubenfüllung) (ROTHEMANN).

Vaselin, weiß, viscos	350,0	Weißöl, säurefrei Ia	500,0
Ozokerit, weiß, Schmp. 70°	150,0	Parfümöl-Komposition	5,0

Chlorophyll, öllöslich nach Bedarf zur blattgrünen Färbung.

Brillantine-Creme (JANISTYN).

1. Triäthanolaminstearat	10,0	Paraffinöl	70,0
Walrat	5,0	Vaselin, weiß	15,0

Gefärbt wird mit fettlöslichem Sudanfarbstoff, Parfümzusatz 0,3 bis 1,0%.

2. Tegin ® oder Glycerinmonomyristinat	8,0	Fettes Senföl	2,0
Paraffinöl	20,0	Dest. Wasser	70,0
		Nipagin ®-Natrium	0,1

Eispomade.

Walrat	100,0	Bergamottöl	2,5
Olivenöl	500,0	Geraniumöl	1,0
Nipasol ® M	1,5	Citronenöl	2,5

Nipasol M wird in der Fettschmelze gelöst und nach dem Abkühlen kurz vor dem Ausgießen die Mischung der ätherischen Öle zugegeben.

Frisiercreme (NOWAK).

Amphocerin ® K	250,0	Klauenöl	50,0
Isopropylmyristinat	50,0	Hamamelisdestillat	200,0
Paraffin, flüssig	100,0	Extrapon-Arnika Spezial	50,0
Eutanol ® G	50,0	Orangenblütenwasser, 3fach	50,0
Wasser, dest.	200,0		

Die Stoffe bis einschließlich Klauenöl bei 45 bis 50° zusammenschmelzen und die Mischung der übrigen Bestandteile in kleinen Anteilen unter Umrühren zugeben.

Haarpomade (JANISTYN).

Talg	55,0	Zeresin	10,0
Benzoeharz	15,0	Bienenwachs	5,0
Kakaobutter	15,0	Parfümöl	0,5 bis 1,0

Hebras Haarpomade.

Perubalsam	25,0	Kakaobutter	650,0
Olivenöl	325,0		

Unnas Haarpomade.

Kakaobutter	10,0	Mandelöl, süß	20,0
Rosenöl	1 Tr.		

Haarpomade (Laue K 21).

A. Cohäsal ® I „H“	12,5	Riechstoffe	5,0
Wasser	500,0	Glycerin	30,0
p-Oxybenzoesäureester	1,5		
B. Calciumcitrat	1,0	Wasser	450,0

A. Cohäsal und der p-Oxybenzoesäureester werden in heißem Wasser unter kräftigem Rühren gelöst. Es ist sorgfältig darauf zu achten, daß der Ester vollkommen gelöst ist, dann erst werden nach dem Abkühlen auf 40° Glycerin und Riechstoff zugefügt.

B. Das Calciumcitrat wird im Wasser gelöst, dann die Mischung B. in die Mischung A. eingerührt. Nach homogener Mischung wird sofort in Gefäße abgefüllt. Nach einigen Stunden ist die erforderliche Konsistenz erreicht.

Haarpomade mit Natriumalginat.

Natriumalginat . .	1,3	Nip-Nip ®	0,1
Karion ® F flüssig .	3,0	Parfüm	0,5
Calciumcitrat . . .	0,1	Wasser, dest. . . .	95,0

Nip-Nip im kochendheißen Wasser vollkommen lösen, dann in dieser Lösung das Natriumalginat und Calciumcitrat. Nach dem Erkalten der Lösung auf 40° wird das in Karion F flüssig gelöste Parfüm zugegeben.

Kristallbrillantine.

Stearinsäure Erg.-B. 6 . .	200,0	Parfümöl-Komposition . .	5,0

Flüssiges Paraffin DAB. 6 . . auf 1000,0

Stearinsäure und flüssiges Paraffin zusammenschmelzen, bei 40° Parfümöl zugeben, in angewärmte Gefäße ausfüllen und langsam erkalten lassen.

Kristallbrillantine (SSZ.).

Rizinusöl . .	495,0	Walrat . . .	198,0
Mandelöl . .	297,0	Parfümöl . .	10,0

Die Fettkörper werden zusammengeschmolzen und bei 40° das Parfümöl zugesetzt, dann in Dosen ausgegossen, die man in warmes Wasser stellt und darin allmählich erkalten läßt.

Kristallhaaröl (Flüssige Kristallbrillantine) (SSZ.).

Kakaobutter . .	49,5	Mandelöl . . .	841,5
Walrat.	99,0	Parfümöl . . .	10,0

Herstellung s. Kristallbrillantine.

Kristallbrillantine, halbflüssig, Ia (ROTHEMANN).

Rizinusöl, erste Pressung	500,0	Mandelöl, süß	300,0

vorsichtig erwärmen und darin schmelzen:

Walrat, echt	200,0	Vitamin F (250000 Einh. p. g.) . .	2,0

Parfümöl-Komposition. . 5,0

Mit „Goldgelb fettlöslich“ kann leicht gefärbt werden. Die warmflüssige Masse in angewärmte Gläser abfüllen, die während der Abkühlung vor Zugluft zu schützen sind.

Parfüms für Stangenpomaden und Brillantinen (SIDO).

	1.	2.	3.	4.
Citronellöl Java . .	100,0	2,0	—	1,0
Cassiazimtöl . . .	50,0	—	1,0	0,1
Nelkenöl	50,0	—	—	—
Bergamottöl . . .	50,0	10,0	—	6,0
Perubalsam	—	—	4,0	0,5
Lavendelöl	—	—	1,0	0,3
Nelkenöl	—	—	1,0	—
Thymianöl	—	—	1,0	—
Citronenöl.	—	—	1,0	—
Macisöl	—	—	1,0	0,1

C. Brillantinen, flüssige.

Brillantine, flüssig.

1. Paraffin, flüssig DAB. 6 . . . . 900,0 | Vitamin-F-Konzentrat
Vitaminöl „Dr. Grandel" . . . . 100,0 | (250000 E. pro Gramm) 2,0
Parfümöl (Chypre oder Juchten) . . 2,0

2. Rizinusöl DAB. 6 . . 25,0 | 3. Cetiol ® 40,0
Weingeist (95%) . . 75,0 | Weingeist (75%) . . 60,0
Parfüm nach Belieben.

Brillantine, flüssig klar (Sido).

Rizinusöl . . . . 500,0 | Benzoetinktur DAB. 6 . . 20,0
Weingeist (95%) . . . . . 500,0 | Parfümöl nach Wunsch
Chlorophyll, spritlöslich . . nach Bedarf

Brillantine, abwaschbare.

1. (Janowitz) Mineralöl. . 86,0 | Triäthanolamin 4,0
Stearin, 3fach gepreßt . . 10,0

2. (Rothemann).

Emulgade ® F (s. S. 115) 50,0 | Vitaminöl Dr. Grandel . . . 200,0
Paraffin, flüssig DAB. 6 . 100,0 | Wasser, dest. 640,0
Parfümöl . . 5 bis 10,0

Brillantine (Emulsion) (Volk und Winter).

Triisopropanolaminstearat . . 6,0 | Paraffinöl 20,0
Dest. Wasser . . 74,0

Paraffinöl und Tristearat zusammenschmelzen und das erwärmte Wasser langsam unter ständigem Rühren zufügen. Bei etwa 40° das gewünschte Parfüm (0,5 bis 1%) zusetzen. Nach dem Erkalten wird homogenisiert.

Schüttelbrillantine.

1. Rizinusöl DAB. 6 . . . 250,0 | Parfümöl 5,0
Vitamin-F-Ester . . . 4,0 | Weingeist (95%) auf 1000,0

2. Flüssiges Paraffin DAB. 6 | Kölnisch Wasser-Öl . . 1,25
Olivenöl DAB. 6 . . . ää 50,0 | Weingeist (95%) 100,0

Dauerwellen-Wässer.

Dauerwellenwasser (Chilson).

Morpholin . . . . . . 6,0 | Ammoniumcarbonat . . 2,5
Kaliumsulfit . . . . . 1,5 | Türkischrotöl 1,0
Wasser, dest. . . 89,0

Dauerwellenwasser Ia (Janistyn).

Ammoniakflüssigkeit (25%) . . . . 3,0 | Natriumcelluloseglykolat (2,5%) . . 8,0
Ammoniumsulfit . . . . 4,0 | Colamin (Mühlethaler) 1,5
Borax, rein . . . . 1,0 | Wasser, dest. 82,5

Dauerwellenwasser (Janistyn).

Monoäthanolamin . . . . . 5,0 | Ammoniumcarbonat 2,5
Kaliumsulfit . . . . 1,5 | Ammoniumsulfit (22° Bé) . . 0,5
Kaliumcarbonat . . . . . 1,0 | Türkischrotöl 1,0
Natriumpyrophosphat . . . 0,5 | Wasser, dest. 88,0

Haarcremes und Haarsalben mit besonderer Wirkung.

Haarcreme.

1. (JANISTYN).

Sorbitanmonooleat	3,0	Weichparaffin	6,0
Sorbitanmonolaurat	1,0	Paraffinöl	30,0
Polyäthylenoxydsorbitanmonolaurat	2,0	Isopropylaminstearat, extra	7,5

Lanolin . . 2,0

2. (JANOWITZ).

Mineralöl 0,860	37,5	Sorbitansesquioleat	3,0
Vaselin	7,5	Bienenwachs, weiß	2,0
Wollfett, wasserfrei	3,0	Borax	0,5

Wasser . . 45,0

Wird Borax durch die äquivalente Menge Triäthanolamin ersetzt, wird die Creme etwas weicher und verträgt u. U. eine etwas größere Wasserzugabe.

Kopfsalbe zur Entfernung von Kopfschuppen (SCHMIDT LA BAUME/LIETZ).

Lanette ® N (s. S. 126)	24,0	Karion ® flüssig	10,0
Cetiol ®	6,0	Dest. Wasser	auf 100,0

Die Salbe wird mit den Fingern oder einer kleinen Bürste in die Kopfhaut gründlich eingerieben und am anderen Morgen mit Hilfe von Medizinal-Präcutan- oder Satinalösung ausgewaschen.

Kopfsalbengrundlage, abwaschbar (H. BRAUN).

1. Lanette ® N	15,0	**2.** Natriumstearat	10,0
Glycerin	30,0	Glycerin	30,0
Wasser, dest.	55,0	Wasser, dest.	60,0

Salbe gegen Seborrhöe (BEIERSDORF).

Salicylsäure	0,6	Präzipitierter Schwefel	3,0
Rizinusöl	1,0	Laceranum ®, wasserfrei	auf 30,0

Salicylsäure-Schwefelsalbe bei öliger Seborrhöe.

Salicylsäure	0,6	Schwefel, präz.	3,0

Benzoeschmalz DAB. 6. . auf 30,0

Salicyl-Schwefel-Emulsion gegen Haarausfall (Edelfettwerke).

Salicylsäure	1,0	Dest. Wasser	60,0 bis 65,0
Präzipitierter Schwefel	2,0	Estarinum anhydricum G auf	100,0

Das Escarinum wird zunächst mit 10,0 dest. Wasser angestoßen, dann der Schwefel, die Salicylsäure und der Rest des Wassers zugegeben. Die Emulsion wird abwechselnd mit dem Haarwasser (Edelfettwerke) S. 406 angewandt.

Schuppencreme (Heyden).

Tegin ®-Creme (s. S. 184)	900,0	Zinkoxyd	30,0
Schwefel, kolloidal in Glycerin (24%)	50,0	Perubalsam	20,0

Schuppenpomade (JANISTYN).

Euresol ®	5,0	Bienenwachs	2,0
Schwefel, kolloidal	2,0	Konservierungsmittel, Farbe, Parfüm	nach Bedarf
Perubalsam, entfärbt	1,0		
Gehärtetes Fett Schmp. ca. 50°	35,0		

Schuppensalbe.

1.

Schwefel, gefällt	5,0	Bienenwachs, gelb	10,0
Erdnußöl	40,0	Walrat	10,0
Natriumthiosulfat (25%ige wäßrige Lösg.)	20,0	Wollfett, wasserfrei	10,0
		Perubalsam	5,0

Parfüm . . nach Bedarf

Den Schwefel mit einem Teil des Erdnußöls anreiben. Bienenwachs, Walrat, Wollfett und den Rest des Erdnußöls zusammenschmelzen und die Natriumthiosulfatlösung daruntergeben, dann die Schwefelanreibung. Dem fertigen abgekühlten Gemisch den Perubalsam und das Parfüm zugeben.

2.

Salicylsäure	0,6	Schwefel, präz.	3,0
Rizinusöl	1,0	Laceranum ® anhydricum	auf 30,0

Vgl. Laceranum anhydricum-Verarbeitung, S. 125.

Schuppensalbe bei trockenen Schuppen.

Anthrasol ®	1,0	Salicylsäure	0,4
Schwefel, präz.	2,0	Rizinusöl	2,0

Schweineschmalz . . auf 20,0

Verwendung. Abends die Kopfhaut mit der Salbe einreiben.

Schwefelhaarpomade (Hager).

Kakaobutter	10,0	Schwefel, präz.	1,0
Mandelöl, süß	20,0	Rosenöl	2 Tr.

Schwefelmilch (Schmidt La Baume/Lietz).

Gegen übermäßige Talgabsonderung der Kopfhaut und Schuppen.

Schwefel, präz. 15,0

werden mit Cetiol zu einer feinen Paste angerieben und dann mit

Lanettesalbe	60,0	Dest. Wasser	auf 100,0

verarbeitet. Anschließend homogenisiert.

Gelbliche, sahneartige Emulsion, die sich leicht auf der Haut verreibt und die Wäsche nicht beschmutzt.

Schwefelsalbe „Lanette" mit 2% colloid. Schwefel (DEHYDAG).

Schwefel präz.	2,0	Lanette ® N	10,0
Cetiol ®	35,0	Wasser, dest.	auf 100,0

Der Schwefel wird mit der ganzen Cetiolmenge zunächst auf dem Wasserbad auf 95° erhitzt und dann in einem Glycerinbad auf etwa 105° gebracht. Dabei muß dauernd gerührt werden, um das Schmelzen und Abscheiden von nicht mehr lösbarem Schwefel zu vermeiden. Die heiße Lösung wird durch ein Wärmefilter in die Lanetteschmelze filtriert und dieses Lanette-Cetiol-Schwefel-Gemisch sofort mit 80° heißem Wasser unter langsamem Abkühlen und dauerndem Rühren zu einer feinen Creme verarbeitet.

Teersalbe, farblose (Beiersdorf).

Salicylsäure	2,0	Steinkohlenteerlösung DAB. 6	5,0

Laceranum ®, wasserfrei . . . . . auf 100,0

Die Salicylsäure wird im auf dem Wasserbad erwärmten Laceranum gelöst.

Teersalbe gegen Schuppen (DEHYDAG).

Lanette Ⓡ N	15,0	Steinkohlenteerlösung DAB. 6	10,0
Cetiol Ⓡ (oder Öl)	30,0	Dest. Wasser	auf 100,0

Teerschwefelsalbe bei starker, trockener Seborrhöe.

Salicylsäure	0,6	Anthrasol Ⓡ	1,5
Rizinusöl	3,0	Schwefel, präz.	3,0

Benzoeschmalz DAB. 6. . 21,9

Haarfärbemittel.

Haarfärben.

Die Haarfärbung ist ein wichtiges Gebiet der neuzeitlichen Kosmetik. Während früher hauptsächlich vegetabilische Farbstoffe (Henna, Indigo, Rhabarber, Walnußschalen u. a.) verwendet wurden, kamen in der Folgezeit hauptsächlich metallische Haarfarben zur Anwendung. Lt. Reichsgesetz vom 17. Juli 1887 sind in Deutschland zu kosmetischen Zwecken Farben verboten, welche Antimon, Arsen, Barium, Blei, Cadmium, Chrom, Kupfer, Quecksilber, Uran, Zinn, Korallin, Gummigutti und Pikrinsäure enthalten. p-Phenylendiamin ist in Deutschland laut Bundesratsbeschluß vom 1. Februar 1906 wegen seiner Schädlichkeit zum Färben *lebender* Haare verboten. Die meisten heute in Deutschland verwendeten Haarfarben sind auf Paratoluylendiamin als braunfärbender Komponente aufgebaut, in denen der Farbstoffanteil zwischen 0,5 und 2% beträgt. Als Korrektions- und Nuancierungszusätze finden aromatische Diamine, Aminophenole und Nitroderivate Verwendung. Während früher wäßrig-alkoholische Lösungen oder Seifenlösungen zur Haarfärbung verwendet wurden, finden neuerdings Farben in Pasten und Geleeform Anwendung, die durch den Gehalt an haarpflegerischen Stoffen das Haar gleichzeitig schonen und pflegen. Eine neuzeitliche Haarfarbe soll nach PREISINGER folgende Eigenschaften haben: Gutes Stehvermögen, gleichzeitiges Aufziehvermögen, unbedingte Deckkraft, weitgehende Schonung des Haares infolge milder Alkalität, haarpflegerische Wirkung, Transparenz, Möglichkeit des Hellerfärbens, Lichtechtheit, Wasch- und Reißfestigkeit, Ergiebigkeit, leichtes Ausspülen und hohe Beständigkeit. Alle diese färberischen Vorzüge fand PREISINGER in den Geleefarben (Kleinol).

Man unterscheidet bei der Haarfärbung zwischen der Ganzfärbung und der sogenannten Nachwuchsfärbung. Da bei der Ganzfärbung nur das Haar über der Kopfhaut gefärbt wird, während das nachwachsende ungefärbt bleibt und deshalb beim Weiterwachsen ungefärbt erscheint, muß die Nachwuchsfärbung in bestimmten Zeitabständen wiederholt werden. Die Haarfärbung, die früher häufig zu häßlichen Mißfarben führte, ist heute durch die Fortschritte der Herstellerfirmen bei Einhaltung der jeweiligen Gebrauchsanweisungen ohne Gefahrenquellen. Grundsätzlich sollen Haarfärbungen während Störungen im Körper (Menses, Neuralgie, Migräne) unterbleiben, da hierbei erhöhte Empfindlichkeit besteht, das gleiche gilt beim Eintritt der Wechseljahre. Auch Nierenkranke, Blutarme und Schwangere und solche mit schlechtem Allgemeinzustand sollten von Haarfärbungen absehen. Bei Ekzemen am behaarten Kopf muß eine Haarfärbung auf alle Fälle unterbleiben. Die sicherste Prüfung auf Verträglichkeit eines Haarfärbemittels kann durch einen Test, der nach einer Hautentfettung mit Weingeist oder Äther hinter dem Ohr oder in der Ellenbeuge durchgeführt wird, festgestellt werden. Ist nach 24 bzw. 48 Std. eine Hautveränderung nicht festzustellen, kann die Färbung bedenkenlos durchgeführt werden.

Haarfarben aus Henna und Metallsalzen[1].

Haarfarben aus Henna und Metallsalzen erhält man für verschiedene Nuancen nach folgendem Schema:

	Hellblond	Mittelblond	Rotblond	Kastanienbraun	Kastanienbraun dunkel	Akazien	Braun	Dunkelbraun	Schwarzbraun	Schwarz	Blauschwarz
Henna, gepulv.	31	35	89,5	52,5	45	57	45,2	87	27,5	38	44
Rhabarber, gepulv.	63	60	—	—	—	—	—	—	—	—	—
Blauholzextrakt	—	—	—	—	—	—	—	—	—	—	11
Pyrogallol	—	—	3,5	2,5	3	2,8	3,4	7	2,8	3	4
Eisenpulver	—	—	—	40	33	28,5	45,2	—	55	38	32,7
Ammoniumchlorid	3	2,5	—	—	—	3,0	—	—	—	—	—
Ammoniaksoda	—	—	3,5	—	3,2	—	—	—	1,3	—	—
Borax	2	2,5	—	—	—	3,0	—	—	—	—	—
Kobaltnitrat	—	—	3,5	5,0	5,5	—	2,8	—	3,5	—	—
Nickelnitrat	—	—	—	—	2,2	—	—	—	0,7	3	—
Eisensulfat	—	—	—	—	—	—	3,4	—	—	—	—
Eisenchlorid	—	—	—	—	—	—	—	—	—	7	4,3
Kupfersulfat	—	—	—	—	—	—	—	—	0,7	—	2,0
Schwefel	—	—	—	—	9	—	—	—	5,5	—	—
Kupferpulver	—	—	—	—	—	—	—	—	3,0	—	—
Tannin	—	—	—	—	—	—	—	—	—	8	—
Eisensulfid	—	—	—	—	—	—	—	—	—	3	—
Nickelsulfat	—	—	—	—	—	—	—	—	—	—	2

Bleichflüssigkeit für totes Haar (SIDO).

1. Wasserstoffsuperoxydlösung (30%) . . . . 200,0 | Dest. Wasser . . . . 800,0 | Salmiakgeist (0,910) 80,0

Nach dem Bleichen ist mit Essigwasser nachzuspülen und das Haar zu fetten.

2. Ammoniumpersulfat . . 15,0 | Dest. Wasser 85,0

Die Haare werden mit der Lösung durchfeuchtet, nach dem Eintritt der Bleichwirkung gut in Wasser gespült, getrocknet und leicht eingefettet.

Haarbleichmittel (für lebendes Haar) (SIDO).

1. Haare mit Seifenwasser, dem 0,5% Soda zugesetzt sind, entfetten, gut spülen und trocknen.

2. Mit Kaliumpermanganatlösung (5 bis 10%) mittels Zahnbürste warm benetzen und trocknen lassen.

3. Mit Natriumthiosulfatlösung gleicher Stärke benetzen.

4. Mischung von Salzsäure 1,0 und mit Wasser 4,0 auftragen.

Tüchtig mit Wasser spülen, trocknen, Haare und Haarboden leicht einfetten. Wöchentlich einmal anzuwenden. Bei diesem Verfahren hinterbleibt der bei der Wasserstoffsuperoxydbleichung verbleibende gelbe Stich nicht.

Haarbleich-Shampoo (Amerikanische Vorschrift).

Fettalkoholsulfonat . . 70,0 | Borax 10,0
Natriumperborat . . . 10,0 | Soda 10,0

Walnußschalenöl. Nußöl für kosmetische Zwecke, Erg.-B. 6.

Walnußschalen, grob gepulv. . . 100,0 | Weingeist (90%) 75,0
Erdnußöl . . 1000,0

[1] Nach SÖFW. 19, 496 (1953).

Die mit dem Weingeist befeuchteten Walnußschalen läßt man einige Stunden lang stehen, fügt das Erdnußöl hinzu und erwärmt das Gemisch auf dem Wasserbade unter öfterem Umrühren, bis der Weingeist verflüchtigt ist. Dann wird ausgepreßt und filtriert.

Verwendung. Als Haarfärbemittel.

Walnußschalenöl, echtes (JANYSTYN).

Walnußschalen, pulv. (Sieb IV)	100,0	Ammoniakflüssigkeit	3,0
Äther-Weingeist	100,0	Erdnußöl	1000,0

Die grünen, rasch getrockneten Fruchtschalen der Walnuß werden zunächst mit dem Ätherweingeist und der Ammoniakflüssigkeit gut vermengt und 12 Std. stehen gelassen. Dann wird das Erdnußöl zugefügt, das Ganze gut vermengt und zur Verjagung von Äther, Alkohol und Ammoniak auf dem Wasserbade erhitzt (*Vorsicht, Feuersgefahr!* Am besten unter Luftabschluß.) Dann wird filtriert.

Verwendung. Als Haarfärbemittel, zu hautfärbenden Einreibungen. Siehe a. Bd. II, S. 1350.

Haarfixiermittel.

Die früher gebräuchlichen Haarfixiermittel waren fetthaltig und gaben deshalb dem Haar Fettglanz. Die neuzeitlichen Haarfixiermittel enthalten wenig oder keine fettigen Bestandteile. Ihre wirksamen Inhaltsstoffe sind vorwiegend Pflanzenschleime, viscose Kolloide oder Lösungen von Celluloseäthern oder Polymerisaten der Acrylsäure. Hauptsächliche Verwendung finden Agar-Agar, Alginate, Carrageen, Flohsamen, Gelatine, Dextrin, Karaya, Luviskol, Polyäthylenglykole, Traganth u. a. Haarfixiermittel dürfen nicht kleben, müssen aber das Haar trotzdem gut und für längere Zeit festlegen. Dabei muß das Haar weich und geschmeidig bleiben und darf in Farbe und Aussehen nicht verändert werden.

Haarfixativ, flüssig (ROTHEMANN).

1. Nipagin ®-Natrium 1,3 | Nipasol ®-Natrium . . 0,7

werden gelöst in

Rosenwasser, 3fach . . 1000,0

Die Lösung wird in ein Weithalsglas gegossen und zugegeben:

Quittenkerne . . 25,0 bis 40,0

Der Ansatz wird öfter durchgerührt und nach 24 Std. durch ein angefeuchtetes Filtertuch koliert. Steht Rosenwasser nicht zu Verfügung, wird der fertige Schleim mit einem wasserlöslichen Parfümöl leicht parfümiert.

2.

Rosenwasser, 3fach oder Wasser, dest.	1000,0	Nipagin ®	1,7
		Nipasol ®	0,8

werden bis zur vollständigen Lösung der Nipaester gekocht, dann zugegeben:

Agar-Agar 5,0

und nochmals durchgekocht und der Wasserverlust durch Verdunsten ersetzt.

Cremefixativ (ROTHEMANN).

Vaselin, weiß, amerik. viscos	500,0	Paraffin, flüssig, DAB. 6	500,0
Cholesterin	30,0	Wasser, dest.	350,0
Arlacel C	30,0	Karion ® F flüssig	50,0

Parfümöl, franz. Typ . . 3,0

Dauerwellenfixativ (SIDO).

Quittenkerne	25,0	Borsäure	1,5
Rosenwasser	1250,0	Weingeist (90%)	60,0

Quittenkerne 2 Std. lang mit dem Rosenwasser mazerieren, dann ohne Pressung kolieren und Borsäure und Weingeist zusetzen. Soll das Erzeugnis parfümiert werden, verwendet man statt Weingeist Kölnisch Wasser. Zum Färben verwendet man Safrantinktur.

Wasserwellenfixativ (JANISTYN).

1. Apfelpektin . . . . 2,0 bis 3,0 | Glycerin 0,5
Citronensäure . . . . 0,5 | Wasser, dest. 97,0

2. Flohsamenschleim (3%) . . 90,0 | Weingeist 5,0
Äthylpolyglykol. . 5,0

Fixier- und Frisiercreme (FISCHER).

Paraffin- oder Vaselinöl . . 45,0 | Stearin 5,0

werden auf 60° bis 70° erwärmt und mit einer ebenfalls 60° bis 70° heißen

Triäthanolaminlösung (2%) . . 50,0

verseift.

Das Ganze wird bis zum Dickwerden verrührt und bei 40° gleichzeitig parfümiert.

Haarfixativ.

1. *flüssig*

Traganth, pulv. . . . . . 0,2 | Karion ® F flüssig 3,0
Weingeist (90%) . . . . . 2,0 | Wasser, dest. 94,8

2. *salbenförmig* für Tubenpackung

Traganth, pulv. . . 4,5 | Karion ® F flüssig . 5,0
Gummi arabicum . . 0,5 | Weingeist (90%) . . 5,0
Wasser, dest. . . 85,0

Haarfixativ.

Natriumalginat . . 2,0 | Wasser, dest. . . . 190,0
Calciumcitrat . . . 0,15 | Weingeist (95%) . . 5,0
Parfüm 0,5

Haarfixativ (Kalle).

1. *Fettfrei, dickflüssig.*

Tylose ® KN 2000 . . 2,25 | Glycerin 3,0
Wasser . . . . 90,0 | Weingeist (90%) . . . 4,6
Nipagin ® . . . . . . 0,1 | Milchsäure 0,05

2. *Fettfrei, geleeförmig.*

Tylose ® KN 2000 . . 4,5 | Glycerin 6,0
Wasser . . . . 84,75 | Weingeist (90%) . . . 4,6
Nipagin ® . . . . . 0,1 | Milchsäure 0,05

Farbstoff und Parfüm nach Belieben.

3. *Ölhaltig.*

Tylose ® KN 25 . . 2,5 | Weingeist (90%) . . 10,0
Wasser . . . . . . 62,5 | Paraffinöl 25,0
Parfümöl nach Belieben

Haarfixativ (Laue K 31).

A. Cohäsal ® I „H“ 10,0 | Wasser 500,0
B. Riechstoffe . . . . 5,0 | Alkohol 25,0
C. Calciumcitrat . . 1,0 | Wasser 459,0

A. Cohäsal wird unter dauerndem kräftigem Rühren in lauwarmem Wasser gelöst und die Lösung der Mischung B. unter ständigem Rühren zugefügt.

C. Das Calciumcitrat wird im Wasser gelöst und die entstandene Lösung mit den Mischungen A. und B. unter ständigem kräftigem Rühren vermengt. Konserviert wird wie bei „Haarpomade mit Cohäsal". Das fertige Präparat benötigt einige Stunden, um die erforderliche Konsistenz zu erhalten.

Haarfixativcreme (SAZ).

Protegin ®	27,0	Glycerin DAB. 6	7,0
Flüssiges Paraffin DAB. 6	21,0	Dest. Wasser	45,0

Haarfixativ in Cremeform (Anorgana).

Lanogen ® C	10,0	Paraffin, flüss., DAB. 6	25,0

Paraffin. . 5,0

werden miteinander verschmolzen und einemulgiert

Dest. Wasser (70°)	60,0	Parfümierung nach Wunsch

Die Creme ist bis zum Erkalten zu rühren.

Haarfixiercreme (Typ Ö/W) (DEHYDAG).

Vaselin, weiß	10,0	Emulgade ® F	5,0
Paraffinöl	25,0	Algiponlösung	60,0

Parfüm . . nach Bedarf

Herstellung s. Emulgade-Verarbeitung, S. 115.

Algiponlösung

Nipagin ® M	2,5	Citronensäure	5,0
Nipasol ® M	1,5	Algipon ® 1168	12,0

Wasser . . auf 1000,0

Das Algipon wird in einen Teil des benötigten Wassers langsam rieselnd unter ständigem Rühren eingegossen. Dann langsam weiter rührend der Rest des Wassers zugegeben; man läßt kurze Zeit ruhen und rührt zeitweise durch, bis vollständige Lösung des Pulvers erfolgt ist.

Haarfixiercreme, Haarglanzcreme (Typ W/Ö) (DEHYDAG).

Amphocerin ® K	25,0	Erdnußöl	10,0
Paraffinöl	15,0	Wasser	50,0

Parfüm . . nach Bedarf

Herstellung s. Amphocerin-Verarbeitung, S. 102.

Haarfixiermittel.

1.	Paraffin, flüssig	25,0	Tylose ® SL 100 3%ige Lösung	65,0
	Weingeist (95%)	10,0	Parfüm	nach Bedarf
2.	Tylose ® SL 100	2,5	Weingeist (95%)	5,0
	Paraffin, flüssig	10,0	Wasser	80,5
	Karion ® F flüssig oder Sionit ®-K flüssig	2,0	Parfüm	nach Bedarf

Haarfixiermittel (nach Art der Brylcreme).

1.	Protegin ®	27,0	Karion ® F flüssig oder Sionit ® K flüssig	7,0
	Paraffin, flüssig DAB. 6	21,0	Wasser, dest.	45,0

Herstellung s. Protegin-Verarbeitung, S. 145.

2.			
Wollfett (wasserfrei) DAB. 6	15,0	Karion ® F flüssig oder	
Vaselin, gelb	20,0	Sionit ®-K flüssig	7,0
Paraffin, flüssig DAB. 6	15,0	Wasser, dest.	43,0

Parfüm für beide Vorschriften 0,2%. Homogenisieren!

Haarglanz- und Haarfixiercreme, Typ W/Ö (ESCA).

Cholesterin	0,1	Esma 560	15,0
Eutanol ®	15,0	Aqua conservans	60,0
Vaselin, weiß DAB. 6	10,0	Isolinolsäure-Ester (80000 Sh.E.)	0,2

Haarkräuselwasser.

1.			
Benzoetinktur DAB. 6	50,0	Lavendel-, Rosen- oder	
Weingeist (90%)	30,0	Bayöl	nach Bedarf
Lärchenterpentin	1,2		

2.			
Lärchenterpentin	1,2	Kolophonium	12,5
Benzoetinktur DAB. 6	50,0	Weingeist (95%)	125,0
Parfüm	nach Bedarf		

Haar-Nähr- und Fixiercreme, abwaschbar, Typ Ö/W (Edelfettwerke).

Cholesterin	0,2	Texapon ® -Extrakt A	2,0
Cetiol ® V	5,0	Alginat-Schleim 5%	
Paraffin, flüssig DAB. 6	20,0	(Vorschrift s. S. 454)	57,6
Vaselin, weiß DAB. 6	10,0	Isolinolsäure-Ester	
Esma 810	5,0	(80000 Sh. E.)	0,2

Die Creme muß bis zum vollständigen Erkalten gerührt und zweckmäßig homogenisiert werden.

Hair-Dressing (ROTHEMANN).

Weingeist (95%)	70,2	Cholesterin	0,3
Eutanol ® G	5,0	Lecithin	0,2
Polyvitaminkonzentrat L.	10,0	Rizinusöl I a	14,0
Isolinolsäureester	0,5	Parfümöl	1,0
		(z. B. Millarom K 24034 H. & R.).	

Cholesterin und Lecithin werden in den öligen Bestandteilen durch vorsichtiges Erwärmen gelöst und dann die übrigen Bestandteile zugesetzt.

Perückenwachs (HAGER P-TM).

Dammarharz	50,0	Wachs, gelb	50,0
Fichtenharz	50,0	Schweinefett	10,0
Lärchenterpentin	35,0		

werden geschmolzen.

Haarlacke.

Haarlack.

Orangeschellack, pulv.	100,0	Borax (oder Triäthanolamin	
Wasser, dest.	700,0	nach Bedarf)	20,0

werden unter Rühren so lange erwärmt, bis der Schellack gelöst ist. Nach dem Abkühlen gibt man zu

Weingeist (80%) 2000,0

der parfümiert sein kann oder die entsprechende Menge Kölnisch Wasser. Man kann der Lösung auch noch zusetzen:

Glycerin oder Karion ® F, flüssig . . 10,0

Zur Klärung gießt man durch ein feinmaschiges Tuch.

Verwendung. Mit einem Zerstäuber auf das Haar aufzutragen.

Haarlack (JANISTYN).

Schellack, gebleicht . .	5,0 bis 10,0	Borax (oder Triäthanolamin, Triisopropanolamin) .	nach Bedarf
Weingeist (95%) . . .	10,0 bis 20,0		
Wasser, dest.	85,0 bis 70,0		

Haaröle.

Die zur Herstellung von Haarölen verwendeten Öle müssen bei 0° flüssig bleiben, ihre Säurezahl darf 0,5 nicht übersteigen, der p_H-Wert von Haarölen soll zwischen 4,5 und 7 liegen. Die Viscosität des verwendeten Öls soll wenigstens 20 Centipoise betragen. Die Parfümierung muß reizlos für die Haut sein. Beim Verreiben auf der Haut dürfen Haaröle weder kleben noch unangenehm riechen noch Hautreizungen verursachen.

Haaröle sollen für die Haarenden auch dann verwendet werden, wenn eine überfettete Haut vorhanden ist, vor allem nach dem Waschen. Bei der soborrhoeischen Kopfhaut hat das Fett nicht die richtige Zusammensetzung und dringt deshalb nicht bis zu den Haarspitzen vor. Besonders bei Neigung zum Aufsplittern kämmt man die Haarspitzen zweckmäßig nach dem Waschen mit einem Kamm, den man leicht mit Rizinusöl mit 1 bis 2% Salicylsäure einfettet. Auch weingeisthaltige Haarwässer mit Fett sind dazu geeignet.

Als Bestandteil für Haaröle mit gutem Eindringungsvermögen in Haar und Haut und gutem Lösungsvermögen für Wirkstoffe finden als Ölkörper Eutanol G, Cetiol und Cetiol V sowie Isopropylmyristinat neben pflanzlichen Ölen Verwendung.

Grundöl für Haarölkompositionen.

Olivenöl . . 20,0 | Sesamöl . . 10,0
Erdnußöl . . 10,0

Parfümiert wird mit Parfümölen (nicht weingeistigen Extraits), gefärbt wird mit öllöslichen Farben oder öllöslichem Chlorophyll.

Haaröle (JANISTYN).

Auch als *Hautöle* verwendbar.

Ambraöl.

Ambre gris . . 1,0 | fettes Öl . . . 99,0

Arnikaöl

Resinoid Arnica . . . . 0,5 | Olivenöl oder Rizinusöl. . 99,5

Carotinöl

β-Carotin . . 0,3 | Fettes Öl . . 99,7

Kampferöl

Kampfer . 10,0 | Olivenöl . . 90,0

Lecithinöl

Lecithin aus Ei. . 5 bis 10,0 | Fettes Öl . . . . 95 bis 90,0

Mentholöl

Menthol . . . . 1,0 | Haferextrakt . . 1,0
Olivenöl 98,0

Salicylsäureöl

Salicylsäure . . . . 2,0 | Resinoid Benzoe . . 0,5
Olivenöl oder Bucheckernöl . . 97,5

Konserviert wird mit *Nipagallin* s. Bd. II, S. 964.

Haaröl (DEHYDAG).

Eutanol ® G	20,0	Paraffinöl	40,0
Cetiol ® oder Cetiol V	40,0	Parfüm	nach Bedarf

Haaröl (aus pflanzlichen Ölen).

Olivenöl	40,0	Erdnußöl	20,0
Sesamöl	20,0	Nipagallin ® P	0,012

Parfümöl und öllösl. Farbstoff nach Bedarf

Blank filtrieren!

Haaröl, dünnflüssig.

Eutanol ® G	60,0	Weingeist (90%)	40,0

Arnikahaaröl.

1.

Arnikablütenöl	1,0	Bergamottöl	6,0
Geraniumöl	3,0	Olivenöl	990,0

Soll das Arnikahaaröl rot gefärbt werden, erfolgt dies mit 10,0 Alkannawurzel, die man in einem Säckchen aus Gaze so lange in das erwärmte Olivenöl hängt, bis dies den gewünschten Farbton angenommen hat. Nach dem Erkalten werden die ätherischen Öle zugefügt und das Öl gut gemischt.

Verwendung. Morgens und abends in die Kopfhaut einzureiben.

2. (SIDO)

Arnikablüten DAB. 6	100,0	Erdnußöl DAB. 6	1000,0
Weingeist (95%)	100,0	Chlorophyll, fettlöslich	nach Bedarf

Nach 24stündigem Mazerieren der Blüten mit dem Weingeist wird das Öl zugegeben, auf dem Wasserbade so lange erhitzt, bis der Weingeist verdunstet ist, dann abgepreßt, filtriert und gefärbt.

Biologisches Kräuterhaaröl (ROTHEMANN).

Klettenwurzelöl	540,0	Vitamin-Fo (250000 Sh.-L.-Einh. i. g)	2,0
Arnikahaaröl	100,0	Peröstron ® in Öl	2,0
Brennesselöl 1:10	100,0	Epidermin ® in Öl	1,0
Nipagin ® oder Antioxine	2,0	Lavendelöl „Barrême"	1,0
Spermöl, desodorisiert	200,0	Essence absol. de Lavande	1,0
Weizenkeimöl, kalt gepreßt	50,0		

Rosmarinöl I a franz. 1,0

Cholesterinhaaröl (SIDO).

Cetiol ®	99,05	Cholesterin	0,5

Kamillenhaaröl (JANISTYN).

Auch als *Kamillenhautöl* verwendbar.

Resinoid Kamille	5,0	Olivenöl	1000,0

Nipagin ® 2,0

Klettenwurzelöl, echt (WINTER).

Klettenwurzel, pulv. (Sieb IV)	100,0	Olivenöl	500,0

Mandelöl 50,0

werden 24 Stunden lang bei etwa 80° digeriert, abgepreßt, heiß filtriert und nach dem Erkalten zugesetzt:

Rosenöl, künstl.	2,0	Vanillin	0,3

Kumarin 0,1

Pappelknospen-Haaröl (JANISTYN).

Pappelknospen	20,0 bis 25,0	Sesamöl	80,0 bis 75,0

Die zerkleinerten Knospen werden mit dem Öl im Wasserbad einige Stunden erwärmt, anschließend abgepreßt und filtriert.

Vitamin-Haaröl (JANISTYN).

Vogan ® „Merck"	20,0	Bucheckernöl	600,0
Carotinlösung (1%)	30,0	Vitamin FO	2,0
Weizenkeimöl	50,0	Benzoesäure	3,0
Avocadoöl, ungebleicht	300,0	Haferextrakt	5,0 bis 10,0

Haaröl bei Haarbrechen (BIANCO).

Auch für helles Haar geeignet.

Salicylsäure	2,0	Mitigal ®	2,0
Anthrasol ®	2,0	Rizinusöl	20,0
Mandelöl	auf 100,0		

Verwendung. Einmal täglich die Haare vorsichtig einreiben und anschließend in der Haarrichtung bürsten.

Haaröl bei Haarsplitterung (BIANCO).

Salicylsäure	2,0	Rizinusöl	20,0
Sulfoform ®	4,0	Mandelöl	100,0
Resedaöl	10 Tr.		

Verwendung. Dreimal täglich Haare und Kopfhaut einreiben und anschließend das Haar vorsichtig in der Haarrichtung bürsten.

Vor Gebrauch umzuschütteln!

Haarpackungen.

Als Haarpackungen kommen vornehmlich Emulsionen des Typs Ö/W zur Anwendung, die leicht auswaschbar sind. Fettlösliche Wirkstoffe werden im Fettanteil gelöst. Zu ihrer Herstellung eignen sich besonders Lanette ® N, Emulgade ® F und Emulgade ® F spez. Als Fettkörper finden Eutenol ® G, Cetiol ® V Verwendung.

Haaremulsion (CLR).

Gegen spröde und brüchige Haare zur Verhütung von Haarausfall und zur Anregung des Haarwachstums.

A.	Stearin	4,0	Peröstron ® in Öl	1,0
	Lanolin	0,5	Vitamin-F-Glycerinester	1,0
	Sorbitanmonooleat	0,3	Nip-Nip ®	0,1
	Polyoxyäthylen-Sorbitanmonostearat	2,0		
B.	Sorbex oder Karion ® F flüssig	3,0	Wasser	83,2
	Nip-Nip ®	0,2		
C.	Placentaliquid ®	5,0		

A. schmelzen und auf 80° erwärmen. B. Nip-Nip in Wasser kochend vollkommen lösen, Sorbex oder Karion zugeben und die Mischung 85° warm in A. einrühren. C. bei etwa 40° zugeben und parfümieren, dann homogenisieren.

Emulsion zu Haarpackungen (DEHYDAG).

Emulgade ® F	10,0	Wasser	80,0
Wollwachs	3,0	Konservierungsmittel und Parfüm	nach Bedarf
Eutanol ® G oder Cetiol ® V	2,0		
Glycerin	5,0		

Herstellung s. Emulgade-Verarbeitung, S. 115.

Haarpackung, leicht auswaschbar (Anorgana).

Lanogen ® C	5,0	Rizinusöl (oder ein anderes fettes Öl)	5,0

werden leicht erwärmt und einemulgiert

Dest. Wasser (35°) . . 90,0

Dann wird 1 Eigelb eingearbeitet.
Konservierungsmittel und Parfüm wie üblich.

Haarpackung (JANOWITZ).

Cetylalkohol	10,0	Lecithin	0,5
Glycerinmonostearat, neutral	5,0	Rizinusöl	2,0
Laurylsulfonat	1,5	Citronensäure	1,0
Lanolin	5,0	Nipagin ®	0,02

Wasser . . auf 100,0

Haarwaschmittel.

Haarwaschmittel sind in Pulverform, in flüssiger Form, klar oder emulsionsartig und in Cremeform im Handel. Ein gutes Haarwaschmittel soll neutral sein, das Haar und die Kopfhaut schonen und nicht übermäßig entfetten. Diesen Anforderungen entsprechen die Fettalkoholsulfate. An Wirkstoffen werden den Haarwaschmitteln zugefügt Überfettungsmittel und spezifische Wirkstoffe wie Teer, Schwefel, Eigelb, Eipulver u. a. Eiweißstoffe, Vitamine usw.

Cremeshampoo, überfettet (DEHYDAG).

	1.	2.	3.
Eutanol ® G oder Ocenol ® K oder Oleylalkohol, chem. rein	2,0	5,0	10,0
Texapon ® CS-Paste	98,0	95,0	90,0
Parfüm	nach Bedarf	nach Bedarf	nach Bedarf

Cremeshampoo mit Schutzstoffen gegen zu starken Fettentzug (ROTHEMANN).

Texapon ® CS-Paste	480,0	Eutanol ® G	10,0
Lamepon ®-4 BC-Paste	500,0	Atlas G 1441	10,0

Parfümöl . . 5,0

Citronen-Shampoo, flüssig (JANISTYN).

Triäthanolaminoleylsulfat	60,0	Citronensäure, bleifrei	1,0
Citronensaft, filtriert	5,0	Glycerin oder Sorbitsirup	3,0

Wasser, dest. . . 31,0

Parfümiert wird mit Citronenparfüm 0,5%.

Haarreinigungsemulsion (ROTHEMANN).

Stearin, 3fach gepreßt	30,0	Flüssiges Paraffin DAB. 6	50,0
Walrat	10,0	Dest. Wasser	1000,0
Wollfett (wasserfrei) DAB. 6	15,0	Triäthanolamin	14,0
Olivenöl	50,0	Parfümöl	2,0

Fette und Öle im Wasserbad zusammenschmelzen und auf 75° erwärmen. Das Triäthanolamin mit dem Wasser separat auf 80° erhitzen und dann in diese Lösung die Fettschmelze unter Umrühren geben. Nach dem Abkühlen auf 40° das Parfümöl zusetzen. Zweckmäßig wird die Emulsion noch im warmen Zustande durch eine Homogenisiermaschine gegeben. Nach zweitägigem Stehen wird der obenstehende Schaum abgenommen und die Emulsion auf Flaschen gefüllt.

Haarwaschmittel, überfettetes (DEHYDAG).

Eutanol ® G	2,0	Texapon ® Extrakt N 25	95,0
Isopropylalkohol	3,0	Parfüm nach Belieben.	

Klare Lösung mit guter Schaumkraft, die in der Verdünnung 1:10 Verwendung findet.

Shampoo, flüssig.

	leichtflüssig	viscos
Kokosölfettsäure, dest.	40,0	50,0
Rizinusölfettsäure	10,0	10,0
Triäthanolamin	27,0	32,0
Karion ® F flüssig	23,0	8,0

Shampoo, flüssig, überfettet (DEHYDAG).

Eutanol ® G oder Ocenol ® K oder Oleylalkohol, chem. rein	1,0	Texapon ® Extrakt A oder N 25 oder T	auf 100,0
Isopropylalkohol	0,0 bis 3,0	Parfüm	nach Bedarf

Der Isopropylalkoholzusatz richtet sich mengenmäßig nach der Art des Überfettungsmittels und des verwandten Texaponextraktes. Bei Zusatz von Eutanol G oder Ocenol K oder Oleylalkohol, chemisch rein bis zu 2%, zu Texapon-Extrakt N 25 und T ist kein Isopropylalkoholzusatz nötig.

Shampoo, flüssig, überfettet (ROTHEMANN).

Eutanol ® G	10,0	Isopropylalkohol	30,0
Atlas G 1441	10,0	Texapon ® Extrakt N 25	950,0
Parfümöl	5,0		

Verwendung. Zum Gebrauch 1:10 zu verdünnen.

Shampoo mit Sapamin (JANISTYN).

1.	Sapamincitrat	20,0	Glycerin	2,0
	Citronensäure	0,5	Wasser	77,5
2.	Sapamincitrat	10,0	Triäthanolaminlaurylsulfat	5,0
	Sapaminsalicylat	10,0	Salicylsäure	0,5
	Wasser	74,5		

Parfümiert wird mit säurebeständigen Riechstoffen, 0,5 bis 1,0%.

Teerseife, flüssig (farblos).

1. (SIDC)	Kaliseife DAB. 6	140,0	Anthrasol ®	30,0
	Glycerin	30,0	Weingeist (95%)	200,0
	Dest. Wasser	600,0		

Die Seife im Wasser lösen, dann das Glycerin zusetzen und allmählich unter Umrühren die Lösung von Anthrasol im Weingeist zugeben. Nach mehrwöchiger kühler Lagerung wird filtriert.

2.	Anthrasol ®	7,5	Ölsäure, techn. rein	60,0
	Triäthanolamin	30,0	Weingeist (90%)	15,0
	Wasser, dest.	185,0		

Die Ölsäure mit dem Triäthanolamin bei 40 bis 50° auf dem Wasserbad verseifen, das Wasser gleichwarm einrühren und nach der Emulsionsbildung das im Weingeist gelöste Anthrasol.

Trockenshampoo.

Haartrockenpuder. Haarentfettungspuder.

1. Veilchenwurzelpulver	3,0	Natriumhydrogencarbonat	1,0
ANM	20,0	Borax	6,0
2. Borsäure	300,0	Veilchenwurzelpulver	150,0
ANM	250,0	Magnesiumcarbonat, bas.	
Bariumsulfat, präc. puriss.	200,0	Calciumcarbonat ... āā	50,0
3. (SIDO) Talcum	1000,0	Borsäure	10,0
Borax	50,0	Menthol	2,0

Die Stoffe werden fein gepulvert gemischt.

4. Silicagel, feinst pulv.	40,0	Magnesiumtrisilicat, feinst pulv.	40,0
Methylenharnstoff, feinst pulv.	20,0		
5. (JANISTYN) Bentonit, extra	20,0	Silicagel, feinst pulv.	78,0
Borax, feinst pulv.	2,0		

Verwendung. Der Puder wird auf das Haar gestreut, mit den Fingerbeeren darin verteilt und dann sorgfältig abgebürstet.

Shampoo in Beuteln (Rahmenrezeptur) (DEHYDAG).

Texapon ® Z oder Z hochkonz. oder K 12	30,0 bis 50,0
Füllstoffe (Glaubersalz, Phosphate, Adipinsäure, Weinsäure, Citronensäure usw.)	50,0 bis 70,0

Shampoo-Ansätze (JANISTYN).

1. Seifenpulver	50,0	Borax, pulv.	15,0
Natriumhydrogencarbonat	30,0	Ammoniumsulfamat	5,0
2. Seifenpulver	60,0	Natriumhydrogencarbonat	20,0
Trilon ® A	10,0	Borax, pulv.	5,0
Tetranatriumpyrophosphat	5,0		

Parfümzusatz 0,5 bis 1,0%.

Shampoo, bleichend (Typ Nur-Blond) (JANYSTYN).

Seifenpulver	50,0	Natriumhydrogencarbonat	15,0
Borax, pulv.	23,0	Natriumperborat	12,0

Shampoo, blondierend.

Natriumcetylsulfat	10,0	Borax	20,0
Natriumsesquicarbonat	10,0	Natriumperborat	5,0

Zweckmäßig werden Shampoos mit Perboraten nicht parfümiert.

Hennashampoo (JANISTYN).

1. *Blond*

Seifenpulver	60,0	Natriumhydrogencarbonat	14,0
Borax pulv.	15,0	Soda calc.	10,0
Henna-Reng-Extrakt (1:2)	1,0		

2. *Für dunkles Haar*

Seifenpulver	60,0	Natriumhydrogencarbonat	23,0
Borax pulv.	15,0	Henna-Reng-Extrakt (1:3)	2,0

Kamillenshampoo (JANISTYN).

Seifenpulver	70,0	Trinatriumphosphat	3,0
Trilon ®	5,0	Kamillenextrakt 70fach (trocken)	2,0
Natriumhydrogencarbonat	10,0		
Borax pulv.	10,0		

Teershampoo (JANISTYN).

Seifenpulver	60,0	Borax pulv.	8,0
Trilon ®	10,0	Teer, kolloidal „Heyden"	2,0

Eishampoo, flüssig (DEHYDAG).

Eigelb, flüssig, technisch	0,5	Wasser und gelbe Farbe	6,5
Texapon ® Extrakt A oder N 25 oder T	93,0	Parfüm	nach Bedarf

Eishampoo, flüssig (ROTHEMANN).

Eigelb	100,0	Atlas G 1441	10,0
Texapon ® Extrakt A oder T	400,0	Weingeist (95%)	50,0
Lamepon ® 4 BC	100,0	Wasser, dest.	340,0
Nipagin ® M	2,5	Parfümöl (frischblumig)	5,0

Eigelbfarbe . . nach Belieben

Eishampoo, flüssig, überfettet (DEHYDAG).

Eigelb, flüssig, technisch	0,5	Isopropylalkohol	0,0 bis 6,0
Eutanol ® G oder Ocenol ® K oder Oleylalkohol, chem. rein	2,0	Texapon ® Extrakt A, N 25 oder T	90,0
		Wasser (+ gelbe Farbe)	auf 100,0

Betreffend Isopropylalkoholzusatz s. Vorschrift von Shampoo, flüssig, überfettet S. 395.

Eicremeshampoo (DEHYDAG).

	1.	2.	3.	4.
Eigelb, flüssig, technisch	0,5	5,0	0,5	5,0
Texapon ® CS Paste	99,0	94,0	97,0	89,0
Eutanol ® G oder Ocenol ® K oder Oleylalkohol, chem. rein	—	—	2,0	5,0
Wasser (+ gelbe Farbe)	0,5	1,0	0,5	1,0
Parfüm	nach Bedarf	nach Bedarf	nach Bedarf	nach Bedarf

Die Vorschriften 3 und 4 sind *überfettet*.

Ölschampoos. Ölhaarwäschen.

Die Ölhaarwäsche verfolgt den Zweck, durch Verwendung besonders milder Reinigungsmittel für Kopfhaut und Haar diese zu fetten. Vorwiegend finden Türkischrotöle ohne oder mit Zusatz von Texapon-Extrakten Verwendung. Die Überfettung erfolgt durch Paraffinöl, Eutanol G, Ocenol K oder Oleylalkohol, chemisch rein. Ölshampoos sind klare ölige Flüssigkeiten. Eutanol G ist neben seiner überfettenden Wirkung ein gutes Lösungsmittel für Antiseptica und andere Wirkstoffe, z. B. Cholesterin, Kampfer, Menthol u. a.

Ölhaarwäsche, mild (DEHYDAG).

	schwach sauer	überfettet
Texapon ® Extrakt T oder N 25	48,5	—
Texapon ® Extrakt A oder N 25	—	46,5
Türkischrotöl	48,0	46,5
Essigsäure	0,5	—
Isopropylalkohol	3,0	4,0
Eutanol ® G oder Ocenol ® K oder Oleylalkhol, chem. rein	—	3,0
Parfüm	nach Bedarf	nach Bedarf

Ölhaarwäsche (Janistyn).

Paraffinöl, mittelviscos oder fettes Öl	25,0	Spezialtürkischrotöl	25,0
Ölsäure, reinst	0,25	Weingeist (90 bis 95%)	25,0

Zur Haarwäsche verreibt man wenig Öl mit Wasser auf der Hand und anschließend auf dem nassen Haar. Diese Ölhaarwäsche verleiht dem Haar Glanz und Geschmeidigkeit.

Ölhaarwäsche, schäumend (SÖFW).

Türkischrotöl	50,0	Kamillen- oder Brennesselaufguß	15,0
Triäthanolaminoleat	15,0	Rosenwasser	20,0

Nipagin ® M 0,2

Eiölshampoo (DEHYDAG).

Eigelb	20,0 bis 22,0	Parfüm	2,0
Texapon ® Extrakt A	50,0	Nipagin ® M	0,3
Weingeist (95%)	5,0	Wasser, dest.	auf 100,0

Eigelb mit Texaponextrakt gut verrühren, dann das in Alkohol gelöste Parfüm zugeben und zum Schluß die wieder erkaltete Lösung von Nipagin in Wasser.

Verwendung. Zur Haarwäsche 10 g Eiölshampoo mit 40 g Wasser verdünnen.

Perlglanz-Shampoo, flüssig, emulsionsartig (DEHYDAG).

Auf Basis Texapon CS Paste.

	1.	2.	3.	4.
Texapon ® CS Paste	40,0	40,0	40,0	40,0
Emulgin ® M 8	5,0	5,0	5,0	5,0
Stearinsäure	2,0	2,0	2,0	2,0
Zinksulfat	1,0	1,0	1,0	1,0
Natriumhydroxyd[1]	0,3	0,3	0,3	0,3
Eutanol ® G oder Ocenol ® K oder Oleylalkohol, chem. rein	—	2,0	—	2,0
Wasser	51,7	49,7	—	—
Eigelb, flüssig, technisch	—	—	0,5	0,5
Wasser (+ gelbe Farbe)	—	—	51,2	49,2
Konservierungsmittel u. Parfüm	nach Bedarf	nach Bedarf	nach Bedarf	nach Bedarf

Vorschrift 2 „überfettet", Vorschrift 3 mit 0,5% Eigelb, Vorschrift 4 mit 0,5% Eigelb „überfettet".

Auf Basis Texapon CS-Paste und Texapon-Extrakt N 25.

	1.	2.	3.	4.
Texapon ® CS Paste	40,0	40,0	40,0	40,0
Texapon ® Extrakt N 25	20,0	20,0	20,0	20,0
Stearinsäure	2,0	2,0	2,0	2,0
Zinksulfat	1,0	1,0	1,0	1,0
Natriumhydroxyd[1]	0,3	0,3	0,3	0,3
Eutanol ® oder Ocenol ® oder Oleylalkohol, chem. rein	—	2,0	—	2,0
Wasser	36,7	34,7		
Eigelb, flüssig, technisch	—	—	0,5	0,5
Wasser (+ gelbe Farbe)	—	—	36,2	34,2
Konservierungsmittel u. Parfüm	nach Bedarf	nach Bedarf	nach Bedarf	nach Bedarf

Vorschrift 2 *„überfettet"*, Vorschrift 3 mit 0,5% *Eigelb*, Vorschrift 4 mit 0,5% *Eigelb „überfettet"*.

[1] oder Triäthanolamin 1,2 g.

Mit verstärktem Perlglanz.

	1.	2.	3.	4.
Texapon ® CS Paste	30,0	30,0	30,0	30,0
Texapon ® Extrakt N 25 . . .	20,0	20,0	20,0	20,0
Comperlan ® KM	3,0	3,0	3,0	3,0
Stearinsäure	4,0	4,0	4,0	4,0
Zinksulfat	2,0	2,0	2,0	2,0
Natriumhydroxyd[1]	0,6	0,6	0,6	0,6
Eutanol G oder Ocenol K oder Oleylalkohol, chem. rein . . .	—	2,0	—	2,0
Wasser	40,4	38,4	—	—
Eigelb, flüssig, technisch	—	—	0,5	0,5
Wasser (+ gelbe Farbe)	—	—	39,9	37,9
Konservierungsmittel u. Parfüm	nach Bedarf	nach Bedarf	nach Bedarf	nach Bedarf

Vorschrift 2 „*überfettet*“, Vorschrift 3 mit 0,5% *Eigelb*, Vorschrift 4 mit 0,5% *Eigelb*, „*überfettet*“.

Perlglanz-Shampoos, Herstellungsvorschrift (DEHYDAG).

Die Texapon CS Paste wird mit dem Emulgin M 8 bzw. dem Texapon Extrakt N 25 bzw. der Texapon Extrakt N 25 allein zusammen mit dem Comperlan KM, der Stearinsäure und dem Zinksulfat auf dem Wasserbade durch Erwärmen bis auf etwa 50° gelöst. Dieser Lösung wird das in Wasser gelöste Natriumhydroxyd bzw. Triäthanolamin unter Umrühren zugefügt, wobei das Zinkstearat ausfällt. Der sich bildende Perlglanz verstärkt sich nach kurzer Lagerungszeit.

Bei Herstellung eines überfetteten Perlglanzshampoos wird das Überfettungsmittel Eutanol G oder Ocenol K oder Oleylalkohol chemisch rein gleich zu Beginn zugegeben. Der Zusatz von Eigelb, flüssig, techn. erfolgt am besten nach Abkühlung auf etwa 25° am Schluß des Herstellungsprozesses. Zwecks Erzielung eines einheitlichen Produkts empfiehlt sich ein geringer Farbzusatz. Parfüm wird ebenfalls am Schluß des Arbeitsgangs bei einer Temperatur von etwa 25° zugefügt.

Kräutermischung zur Kopfwäsche (BIANCO).

Bei entzündlichen Erkrankungen des Haarbodens, Schuppenbildung und Haarausfall.

Brennesselblätter . .	50,0	Kamillen.	50,0
Heidelbeeren	50,0	Salbeiblätter	50,0

Verwendung. Zur Kopfwäsche 100 g der Mischung mit 4 l kochendem Wasser übergießen, nach 20 Min. kolieren.

Haarwässer. Kopfwässer.

In hochwertigen Haarwässern ist der Alkoholgehalt mindestens 40 Vol.-%, gewöhnlich 50 bis 60%, wegen des durchdringenden Eigengeruchs bei Verwendung von n- oder Isopropylalkohol höchstens 30 Vol.-%. Ihr p_H-Wert soll 8,5 nicht übersteigen. Haar- und Kopfwässer, denen eine spezifische Wirkung zugesprochen wird, müssen die entsprechenden Wirkstoffe in erfahrungsgemäß hinreichender Menge enthalten, zur Färbung dürfen nur von der Deutschen Forschungsgemeinschaft Bad Godesberg als gesundheitlich unbedenklich anerkannte Farbstoffe verwendet werden. Bei fettigem Haar werden Haarwässer ohne Fett, bei trockenem Haar solche mit Fettzusatz verwendet. Zu ihrer Überfettung verwendet man zweckmäßig Ocenol K und Oleylalkohol, gegebenenfalls in Mischung mit Cetiol V. Die zur Verwendung kommenden Mengen richten sich nach dem Grad der gewünschten Über-

[1] oder Triäthanolamin 2,4 g.

fettung und können durch Zusätze von hochwirksamen Dispergiermitteln wie Texapon Extrakt A, N 25 oder T gesteigert werden. Bei der Behandlung von Haarausfall mit Haarwässern tritt häufig anfangs ein erhöhter Haarausfall ein. Dies beruht darauf, daß durch die dabei notwendige Massage schon von der Wurzel gelockerte Haare mechanisch entfernt werden. Geht bei der Behandlung mit Kopfwässern etwa vorhandene übermäßige talgige Absonderung der Kopfhaut nicht zurück, wird Schwefel in Puder- oder Salbenform verwendet. Zum Schutze der Bettwäsche wird in der Nacht zweckmäßig eine locker anliegende Badekappe oder Mütze getragen. Haarwässer sollen folgende Wirkungen haben:

erfrischende,	wachstumsfördernde,
reinigende,	antiseborrhöische,
durchblutungsfördernde,	wohlriechende.

Bei der *Anwendung von Haarwässern* ist es wichtig, daß ihre Wirkung durch eine richtige und zweckmäßige *Massage* unterstützt wird. Nicht das Haar, sondern der Haarboden ist mit dem Haarwasser zu befeuchten. Aus diesem Grunde legt man nacheinander über den ganzen Kopf Scheitel, die man mit dem Haarwasser und den Fingerspitzen benetzt. Ist das Haarwasser gleichmäßig über die Kopfhaut verteilt, wird der ganze Kopf gründlich durchmassiert. Man beginnt am Hinterkopf, setzt alle Fingerspitzen beider Hände mit festem Druck auf die Kopfhaut auf und verschiebt die Kopfschwarte gegeneinander (s. Massage der Kopfhaut, S. 372). Dadurch wird die Kopfhaut für die Aufnahme von Haarwässern empfänglicher und fördert vor allem die Haarwasserwirkstoffe in die Tiefe. Außerdem wird dadurch einer Verhornung der Kopfhaut vorgebeugt, die neues Haarwachstum ausschließt.

Arnika-Franzbranntwein.

Arnikatinktur DAB. 6	10,0	Weingeist (70%)	10,0
Franzbranntwein	80,0		

Verwendung. Zur Belebung der Kopfhaut. Morgens und abends aufzutragen.

Bayrum (Rothemann).

1. *Konsumqualität.*

Weingeist (95%)	550 ccm	Geraniumöl, terpenfrei	1,0
Rumessenz Ia	10,0	Dest. Wasser	450 ccm
Bayöl	5,0	Zuckercouleur	nach Bedarf

2. Ia *Qualität.*

Weingeist (95%)	500 ccm	Zimtblätteröl	0,2
Bayöl	5,0	Rosenwasser, dreifach	
Pimentöl	1,0	oder dest. Wasser	300 ccm
Neroliöl, echt franz.	0,2	Jamaica-Rum, echt	200 ccm
Rosenöl, echt bulgar.	0,2	Zuckercouleur	nach Bedarf

Bayrum-Haarwasser.

1.

Weingeist (95%)	50,0	Borax	1,0
Wasser, dest.	50,0	Bayöl tsf.	3,0
Natriumhydrogencarbonat	1,0	Rumessenz	2,0
Portugalöl	1,0		

Biologisches Haarwasser (Nowak).

Panthenol ® „Hoffmann-La Roche"	5,0	p-Aminobenzoesäure	1,0
Inosit	5,0	l-Cystin	7,5
Mistelextrakt		Formaldehydlösung	50,0
aus Beeren und Blättern	50,0	Calciumglycerophosphat	10,0
Preßsaft der Apfelbaummistel	30,0	Wasser	330,0
Schachtelhalmextrakt	10,0	Weingeist (90%)	auf 1000,0
Hirudin ® „Dr. Hollborn"	3,0	Nipagin ® M	2,5
Parfüm	nach Bedarf		

Die Formaldehydlösung läßt man mit dem Wasser und mit dem l-Cystin etwa 48 Std. stehen und fügt dann die übrigen Stoffe zu.

Biologisches Haar- und Kopfwasser (ROTHEMANN).

Weingeist (95 Vol.-%)	635 ccm	Birkenknospentinktur	50 ccm
Peröstron ® in Öl	2 ccm	Klettenwurzeltinktur	50 ccm
Epidermin ® in Öl	1 ccm	Huflattichtinktur	50 ccm
Vitamin F „spezial"	3 ccm	Zwiebeltinktur	25 ccm
Lavendelöl „Barrême"	1,0	Arnikatinktur	25 ccm
Essence absol. de Lavande	1,0	Birkenknospenöl	1,0

Birkenwasser, echt.

1.

Birkensaft[1]	100,0	Weingeist (95%)	600,0
Wasser, dest.	300,0	Borsäure	24,0
Isopropylalkohol	200,0	Birkenknospenöl	1,0
Kölnisch Wasser-Öl	8,0		

2. (Ph. Ztg.)

Borsäure	10,0	Birkensaft[1]	100,0
Birkenwasser-Parfümöl	10,0	Wasser, dest.	350,0
Weingeist (90%)	550,0		

3. *alkoholarm* (SIDO).

Birkensaft[1]	300,0	Borax	4,0
Rosenwasser	400,0	Spanischpfeffertinktur DAB. 6	10,0
Orangenblütenwasser	400,0	Weingeist (95%)	120,0

Den Birkensaft mit dem Weingeist und der Spanischpfeffertinktur mischen und 1 Woche stehenlassen. Nach dem Filtrieren werden die übrigen Bestandteile zugesetzt.

4.

Borsäure	10,0	Weingeist (70%) mit Orangenblütenwasser eingestellt	550,0
Konserv. Birkensaft[1]	100,0	Birkenwasser-Parfümöl	10,0
Dest. Wasser	330,0		

Billige Handelswaren enthalten oft erheblich weniger als 10% natürlichen Birkensaft.

5.

Birkensaft, echt[1]	300,0	Dest. Wasser (oder Rosenwasser dreifach)	auf 1000,0
Weingeist (95%)	500,0		
Birkenknospenöl	2,0		

Birkenhaarwasser mit Euresol (DAZ.).

Birkensaft	30,0	Dest. Wasser	80,0
Nipagin ® M	0,03	Euresol ®	0,75
Weingeist (95%)	20,0	Rosenöl	0,02
Pomeranzenblütenöl	0,02		

Das Nipagin ist im Weingeist zu lösen. Nach mehrtägigem Stehenlassen wird filtriert.

Birkenhaarwasser, schäumend (DAZ.).

Quillajarinde	100,0	Wasser	250,0

werden abgekocht, koliert und der erkalteten Kolatur eine Mischung von

Birkensaft	1000,0	Weingeist (90%)	2500,0

und eine Mischung von

Glycerin	125,0	Dest. Wasser	1550,0

zugesetzt, gut verrührt und nach 14tägigem, verschlossenem Absetzen mit in wenig Wasser gelöstem Seifengelb leicht gelb getönt und dann parfümiert (Jasmin o. ä.).

---

[1] Birkensaft konservieren s. S. 402.

Birkensaft konservieren.

Frischer Birkensaft kann konserviert werden mit

Weingeist (95%)	8 bis 10%	Salicyl- oder Benzoesäure	0,5%
Nipagin ® M.	0,2 bis 0,3%		

Birkenwasser (Lotion) (JANISTYN).

Weingeist (95%)	500 ccm	Birkenwasseressenz	3,0
Birkenwasser, echt	400 ccm	Salicylsäure	3,0
Quillajarindenauszug (1:20)	100,0	Tannin DAB. 6	1,0

Birkenhaarwasser (DRAGOCO).

Birkenwasseröl LL 2070	10,0	Weingeist (95%)	500,0
Extrapon S Birke	50,0	Wasser, dest.	440,0

Bleichendes Haarwasser für fettiges, blondes Haar (SIDO).

Kamillenaufguß	35,0 : 350,0	Wasserstoffsuperoxydlösung (3%)	500,0
Weingeist (90%)	150,0		

Brennesselhaarwasser (SIDO).

1. Perubalsam		Essigäther	0,5
Chloralhydrat		Versüßter Salpetergeist DAB. 6	2,5
Seifenrindentinktur Erg.-B. 6	āā 10,0	Brennesseltinktur aus frischem Kraut	auf 1000,0
Kölnisch Wasser	100,0		

Die Brennesseltinktur aus frischem Kraut stellt man 1:10 mit Weingeist (90%) her. Siehe 2.

2. Brennesselauszug	750,0	Kanangaöl	1,75
Dest. Wasser	250,0	Rosenöl, künstlich	0,25
Bergamottöl	1,75	Moschustinktur	1,0

Das frische Brennesselkraut dreht man durch einen Fleischwolf und übergießt die zerkleinerte Masse einschließlich etwa ablaufender Flüssigkeit mit der doppelten Gewichtsmenge Weingeist (95%). Nach 8tägiger Mazeration wird abgegossen und scharf abgepreßt. Dann werden die vereinigten Flüssigkeiten filtriert.

Capsicum-Haarwasser.

Spanischpfeffertinktur	1,5	Isopropylalkohol	45,0
Rosmarinöl	0,2	Wasser, dest.	auf 100,0

China-Haarwasser nur für Dunkelhaarige (BIANCO).

Salicylsäure	2,0	Rizinusöl	5,0
Resorcin	2,0	Karmelitergeist	30,0
Spanischpfeffertinktur	3,0	Lavendelspiritus	auf 100,0
Chinatinktur DAB. 6	3,0	Rosenöl	10 Tr.

Verwendung. Bei Haarausfall 1- bis 2mal tägl. die Kopfhaut einreiben. Vor Gebrauch umzuschütteln!

China-Haarwasser, Eau de Quinine (SIDO).

A. Alkanawurzel, pulv.	10,0	Seifenrinde DAB. 6	20,0
Gelbwurzelstock, pulv.	1,0	Franzbranntwein	2500,0
B. Chinatinktur DAB. 6	500,0	Rizinusöl	15,0
Kölnisch Wasser	250,0	Perubalsam	
Rum	100,0	Bergamottöl	āā 10,0
Weingeist (95%)	150,0	Geraniumöl	3,0
Spanischfliegentinktur DAB. 6	25,0	Pomeranzenblütenöl Erg.-B. 6	5,0

A. Eine Woche mazerieren, abpressen. B. zur Kolatur geben, das ganze Gemisch erst eine Woche warm, dann eine Woche kühl lagern und filtrieren.

Cholesterin-Haarwasser (SIDO).

Eier-Lecithin	1,0	Parfümmischung	10,0
Cholesterin, leicht löslich[1]	2,5	Weingeist (95%)	785,0
Isopropylalkohol (absolut)	80,0	Dest. Wasser	95,0

Lecithin und Cholesterin in einem warmen Gemisch von 80,0 Isopropylalkohol und 160,0 Weingeist lösen. Den Rest des Weingeistes zur Lösung der Parfümmischung verwenden und die Lösungen vereinigen. Dann gibt man das Wasser in kleinen Anteilen unter jedesmaligem Umschütteln zu der alkoholischen Lösung. Zur Überdeckung des Isopropylalkoholgeruchs eignet sich folgendes Gemisch:

Opoponax	257,5	Cyclamen	7,5
Kölnisch Wasser-Öl	502,0	Kumarin	50,0
Lavendelwasseröl	173,0	Zimtaldehyd (100%)	7,5

Methylnonylacetaldehyd . . 2,5

Cholesterin-Haarwasser.

Cholesterin, rein[1]	0,4	Bergamottöl	0,2
Tetrachlorkohlenstoff	4,0	Karion ® F flüssig oder	
Lavendelöl	0,5	Sionit ® K flüssig	3,0
Rosmarinöl	0,2	Isopropylalkohol	52,0

Orangenblütenwasser . auf 100,0

Die Lösung des Cholesterins im Tetrachlorkohlenstoff wird mit dem Isopropylalkohol gemischt und in diese Mischung unter Rühren das Gemisch aus Sorbitsirup und Orangenblütenwasser gegeben. Zum Schluß gibt man die ätherischen Öle zu und filtriert nach längerem Stehen.

Eis-Bayrum (ROTHEMANN).

Menthol recrist. . . . . 5,0 | Bayrum lt. Vorschrift 2 s. S. 400 1000 ccm

Eis-Bayrum, schäumend (SIDO).

A. Bayöl	25,0	Menthol	80,0

Weingeist (95%) . . 6000,0

B. Natriumhydrogencarbonat (bicarbonat)	100,0	Salmiakgeist (0,960)	80,0
		Dest. Wasser	6000,0

A. und B. mischen, wenn erwünscht, mit Safrantinktur färben.

Eiskopfwasser.

1. Weingeist (90%)	1500,0	Petitgrainöl	5,0
Citronenöl	1,0	Poleyöl	5,0
Bergamottöl	1,0	Menthol	4,0

Wasser, dest. . . . 500,0

Das Menthol und die ätherischen Öle werden zunächst im Weingeist gelöst und das Wasser unter Umschütteln in kleinen Anteilen zugegeben. Ein höherer Mentholgehalt empfiehlt sich nicht.

2. (FÜHRER) Weingeist (95%)	500,0	Natriumbicarbonat	5,0
Dest. Wasser	442,0	Menthol, echt	6,0
Karion ® F flüssig	20,0	Essigäther	10,0
Borax	5,0	Portugalöl	10,0

Veilchengrün, 1%ige Lösung . . . 2,0

[1] Die Wirkung von Cholesterin als Haarwuchsmittel ist umstritten.

3. Menthol . . . . 1,0 | Bayöl, terpenfrei . . 4,0
Weingeist (95%) . . 600,0

Der Lösung in kleinen Mengen zugeben:

Wasser, dest. . . . 1395,0

4. *schäumend*:

Weingeist (95%)	450,0	Wasser	250,0
Menthol	15,0	Seifenwurzelabkochung (1 : 10)	250,0
Parfümöl	11,0	Kaliumcarbonat	8,0

Karion ® F flüssig 20,0

1. und 2. wird mit giftfreier Teerfarbe (Maigrün) oder Zuckercouleur schwach gefärbt, bei 2. muß die Farbe alkalibeständig sein.

5. *schäumend* (Sido).

Ammoniumcarbonat	2,0	Petitgrainöl	
Weingeist (90%)	1500,0	Poleyöl	ää 5,0
Citronenöl		Menthol	30,0
Bergamottöl	ää 10,0	Dest. Wasser	500,0

Das Ammoniumcarbonat in Wasser, die ätherischen Öle und Menthol im Weingeist lösen und die wäßrige Lösung in kleinen Portionen unter Umschütteln der alkoholischen Lösung zugeben.

6. *mit verstärkter Kühlwirkung.*

Weingeist (90%)	750,0	Citral	0,2
Menthol DAB. 6	10,0	Karion ® F flüssig oder	
Essigäther DAB. 6	10,0	Sionit ® K flüssig	20,0
Citronenöl	2,0	Wasser, dest.	207,8

7. (Ph. Ztg.) Menthol . . . 5,0 | Citronenöl 0,5
Essigäther . . . . . . 1,5 | Orangenblütenöl . . . 0,3
Weingeist (90%) . . 400,0

Dieser Mischung wird unter Umschütteln zugegeben:

Natriumhydrogencarbonat . . 9,0 | Borax 1,0
Wasser, dest. 500,0

Gefärbt wird mit Safrantinktur, nach einigen Tagen wird über gebrannte Magnesia oder Talcum filtriert.

8. *schäumend* (Janistyn).

Weingeist (65%)	1000 ccm	Kölnisch Wasser-Öl, leicht löslich	2,0
Menthol	5,0	Saponin, extra	1,0

Schaummittel (Heine) 2,0

Eukalyptus-Haarwasser (Bianco).

Auch für blondes und weißes Haar geeignet.

Salicylsäure	2,0	Eucalyptol	2,0
Euresol ® pro capillis	3,0	Rizinusöl	5,0
Kamillentinktur	10,0	Franzbranntwein	auf 100,0

Verwendung. Bei Haarausfall 1- bis 2mal tägl. die Kopfhaut einzureiben. Vor Gebrauch umzuschütteln.

Flüssiges Haarpflegemittel (Vanderbilt).

		1.	2.
A.	Veegum	2,0	2,0
	Wasser	74,0	76,0
B.	Mineralöl	20,0	20,0
	Tween 60	2,0	—
	Span ® 60	2,0	—
	Diäthylenglykolmonolaurat (selbstemulgierend)	—	2,0
	Konservierungsmittel	nach Bedarf	nach Bedarf

A. Veegum langsam dem Wasser zusetzen, dabei fortwährend rühren, bis Ansatz glatt ist. Auf 65 bis 70° erwärmen. B. auf 65 bis 70° erwärmen. B. zu A. fügen und bis zum Erkalten mischen.

Haarspiritus mit Chinin (DEHYDAG).

Gerbsäure DAB. 6	0,3	Isopropylalkohol	60,0
Borsäure DAB. 6	0,5	Eutanol ®	1,0
Glycerin	2,5	Wasser, dest.	auf 100,0
Chinatinktur DAB. 6	3,0	Parfüm	nach Bedarf

Haarwasser gegen Haarausfall (KNOLL).

Anthrasol ®	1,0	Ameisenspiritus DAB. 6	2,0
Euresol ® pro capill.	2,0	Chininhydrochlorid	1,0
Arnikatinktur DAB. 6	2,0	Weingeist (70%)	60,0
Dest. Wasser	60,0		

Das Chinin wird in der Mischung der weingeistigen Anteile gelöst und die übrigen Bestandteile zugegeben.

Haarwasser gegen Kreishaarschwund, Kopfjucken und Kopfschuppen (KNOLL).

1.

Euresol ® pur.	2,0	Kampfergeist	10,0
Menthol	0,1	Kölnisch Wasser	2,5
Chloralhydrat	2,0	Rizinusöl	4 Tr.
Weingeist (70%)	auf 100,0		

2.

Euresol ® pro capill.	4,0	Salicylsäure	1,5
Spanischfliegentinktur DAB. 6	3,0	Weingeist (70%)	auf 150,0

Verwendung. Jeden 2. Tag die Kopfhaut damit einreiben.

Haarwasser gegen Kreishaarschwund (KNOLL).

Anthrasol ®		Salicylsäure	
Resorcin	ää 4,0	Menthol	ää 1,0
Weingeist (90%)	auf 200,0		

Haarwasser (Keimdiät).

Polyvitaminkonzentrat	8,0	Parfüm	10,0
Menthol	2,0	Weingeist (95%)	485,0
Glycerin	10,0	Dest. Wasser	485,0

Die Mischung wird filtriert.

Haarwasser (bei Seborrhoea sicca).

Euresol ® pro cap.	2,5	Cetiol ® V	5,0
Anthrasol ®	1,0	Weingeist (90%)	auf 100,0

Zur Einreibung in die Kopfhaut.

Haarwasser bei Schuppen und fettigem Haar.

1. *Bei trockener Kopfhaut.*

Euresol ® pro capill.	6,0	Cetiol V	5,0
Weingeist (90%)	auf 100,0		

2. *Bei fettiger Kopfhaut.*

Euresol ® pro capill.	5,0	Menthol	
Salicylsäure	3,0	Cetiol V	ää 1,0
Weingeist (70%)	auf 200,0		

Alle 1 bis 2 Tage die Kopfhaut damit einreiben.

Haarwasser (auf biologischer Grundlage).

1. *Birkenhaarwasser.*

Birkenwasseressenz	20,0	Birkensaft, frisch	25,0
Birkenblätteressenz HAB[1], 1:10 mit Wasser verdünnt	10,0	Karion ® F flüssig oder Sionit ® K flüssig	10,0
Menthol	1,5	Citronengelblösung (1%)	5,0
Weingeist (95%)	490,0	Wasser, dest.	438,5

2. *Brennesselhaarwasser.*

Brennesselwasseressenz	20,0	Weingeist (95%)	500,0
Brennesselessenz HAB[1], 1:10 mit Wasser verdünnt	25,0	Karion ® F flüssig oder Sionit ® K flüssig	10,0
Menthol	1,5	Wasser, dest.	443,0

Haarwasser (Rahmenrezeptur) (DEHYDAG).

Cetiol ® V oder Ocenol ® K oder Oleylalkohol	2,0 bis 5,0
Texapon ® Extrakt A oder N 25 oder T	1,0 bis 2,5
Isopropylalkohol oder Äthylalkohol (und etwaige Wirkstoffe)	45,0 bis 60,0
Parfüm	0,5 bis 1,0
Wasser (und etwaige Wirkstoffe)	auf 100,0

Haarwasser extra (JANISTYN).

Hexylresorcin	0,2	Cantharidentinktur	1,0
β-Naphthol	0,5	Äthyllinoleat	0,3
Chloralhydrat	2,0	Vitamin F-Ester	0,5
Capsicumtinktur	1,0	Weingeist (90%)	80,0

Dest. Wasser (oder Rosenwasser) . . 14,5

Haarwasser gegen Haarausfall (Edelfettwerke).

1.

Captol ®	0,5	Weinsäure	1,0
Salicylsäure	2,0	Emulgator E	2,0

Weingeist (30%) . auf 100,0

Der Emulgator wird zunächst geschmolzen und dann der Reihe nach Captol, Salicyl-, Weinsäure und der Weingeist zugegeben.

Das Haarwasser wird abwechselnd mit Salicyl-Schwefel-Emulsion angewandt.

2.

Emulgator E	3,0	Salicylsäure	0,5
Steinkohlenteerlösung DAB. 6.	2,0	Chloralhydrat	0,5
Bepanthen, 5%ige Lösung)	5,0	Weingeist (30%)	auf 40,0 bis 50,0

Zur Verarbeitung wird der Emulgator geschmolzen. Das Haarwasser ist vor Gebrauch umzuschütteln.

Haarwasser gegen Juckreiz infolge Seborrhöe.

Milchsäure DAB. 6	0,2	Weingeist (95%)	50,0
Menthol	0,2	Dest. Wasser	49,0
Karion ® F flüssig	5,0	Haarwasserparfüm	auf 100,0

Nach 8tägigem Absetzen wird die Mischung mit etwas Talcum geschüttelt und filtriert.

Haarwasser gegen Schuppen.

Euresol ®	2,0	Ameisenspiritus DAB. 6.	20,0
Rizinusöl	2,0	Parfümöl	0,5

Weingeist (90%) . . . auf 100,0

[1] HAB = Homöopathisches Arzneibuch. Die betreffenden Essenzen können durch die Hersteller homöopathischer Arzneimittel bezogen werden.

Haarwasser mit Chloralhydrat (JANISTYN).

Chloralhydrat	2,0	Rizinusöl, extra	1,5
Tannin, reinst	0,5	Parfüm	0,5
Weinsäure	0,5	Weingeist (90%)	95,0

Haarwasser, schäumend, weingeistfrei.

Ammoniumcarbonat	5,0 bis 10,0	Rosenwasser	180,0
Seifenrinden- oder Seifenwurzeltinktur	10,0	Nipagin ® M.	0,4
		Parfüm	nach Bedarf

Haarwasser stark reizend.

Auch für blondes und weißes Haar geeignet.

Perubalsam	4,0	Senfspiritus	10,0
Kamillentinktur	10,0	Lavendelspiritus	30,0
Rizinusöl	3,0	Rosenöl, künstl.	20 Tr.
Weingeist, verd., DAB. 6.	auf 100,0		

Verwendung. Bei Haarausfall 1- bis 2mal tägl. in die Kopfhaut einmassieren. Vor Gebrauch umzuschütteln! *Vorsichtig*, nichts ins Auge bringen!

Haarwasser bei Seborrhöe.

Salicylsäure	1,0	Lavendelspiritus	5,0
Menthol	0,5	Kölnisch Wasser	4,0
Schwefel, präz.	1,0	Azulen, rein	
Kampferspiritus	2,0	DRAGOCO, wasserl. (25%)	0,04
Wasser, dest.	auf 100,0		

Verwendung. Vor Gebrauch umzuschütteln! 1- bis 2mal tägl. die Kopfhaut kräftig einreiben.

Haarwässer mit Isopropylalkohol (DEHYDAG).

1. *Capsicum-Haarwasser.*

Spanischpfeffertinktur DAB. 6	1,5	Isopropylalkohol	45,0
Rosmarinöl	0,2	Wasser, dest.	auf 100,0

2. *Chinin-Haarwasser.*

Chininhydrochlorid	0,25	Petitgrainöl	0,2
Bergamottöl	0,7	Karion ® F flüssig	2,0
Citronenöl	0,2	Isopropylalkohol	50,0
Lavendelöl	0,2	Orangenblütenwasser	auf 100,0

Nach einigen Tagen wird über Talk filtriert.

3. *Chinosol-Haarwasser.*

Chinosol ®	0,1	Benzylacetat	0,1
Lavendelöl	0,3	Kumarin	0,01
Phenyläthylalkohol	0,5	Tartrazingelb	Spur
Bergamottöl	0,1	Isopropylalkohol	40,0
Wasser, dest.	auf 100,0		

4. *Cholesterin-Haarwasser.*

Cholesterin, rein[1]	0,4	Bergamottöl	0,2
Tetrachlorkohlenstoff	4,0	Karion ® F flüssig	3,0
Lavendelöl	0,5	Isopropylalkohol	52,0
Rosmarinöl	0,2	Orangenblütenwasser	auf 100,0

Die Lösung des Cholesterins im Tetrachlorkohlenstoff mit dem Isopropylalkohol mischen und in diese Mischung unter Rühren das Gemisch aus Glycerin und Orangenblütenwasser geben. Dann werden die ätherischen Öle zugesetzt und nach längerem Stehen filtriert.

---

[1] Vgl. Fußnote S. 403.

Haarwasser mit Isopropylalkohol (JANISTYN).

1. Isopropylalkohol, chem. rein . . 93,0 | Ocenol ® K 1,0
Weingeist (95%) . . . . 4,0 | Saponin, reinst 0,5
Parfüm 0,5

2. Isopropylalkohol, chem. rein . . 90,0 | Ichthyolammonium 0,5
Weingeist (95%) . . . . 5,0 | Anthrasol ® 0,2
Ocenol ® K . . . . 1,0 | Quillajarindentinktur 1,0
Chininsalicylat . . . . 0,3 | Parfüm . . . . nach Bedarf

Hormon- und vitaminhaltiges Haarwasser (CLR).

1. Weingeist (95%) . . 730 ccm | Vitamin H 1,0
Haarkomplex FCa . 60,0 | Resorcinester 10,0

2. Wasser . . . . 270 ccm | Inosit 1,0
Calciumpantothenat . . 0,5

Durch Vereinigung der beiden Lösungen ergibt sich ein Haarwasser mit 70% Alkoholgehalt.

Haarkomplex FCa durchblutet die Kopfhaut stark, regt den hormonalen Säftestrom derselben an und fördert das Haarwachstum. Resorcinester ist als schuppenverhindernder Faktor enthalten. Vitamin H und Inosit unterbinden bei gemeinsamer Anwendung das Auftreten von Alopecie. Zusammen mit Calciumpantothenat wirken sie auch pigmentbildend, nicht jedoch bei ergrautem Haar.

Kamillen-Haarwasser für blondes Haar.

Kamillentinktur Erg.-B. 6 . . 100,0 | Geraniumöl „Bourbon" . . . 0,5
Schafgarbentinktur (s. S. 410) 50,0 | Resinoid Labdanum 0,05
Lavendelöl „Barrême" . . . 2,0 | Rosenwasser, dreifach . . . 250 ccm
Weingeist (95%) . . . . auf 1000 ccm

Klettenwurzel-Haaressenz (SIDO).

Klettenwurzel, pulv.. . 50,0 | Franzbranntwein . . . 250,0
Bergamottöl . . . 10 Tr.

Nach 8tägigem Mazerieren preßt man ab und setzt dem Filtrat das Bergamottöl zu.

Klettenwurzel-Haarwasser (JANISTYN).

Weingeist (60%) . . . . 900 ccm | Cantharidentinktur 3,0
Klettenwurzeltinktur (1: 5, 60%ig) 100,0 | Glycerin 2,0
Perubalsamtinktur (s. S. 409). . . 5,0 | Riechstoffe 3,0

Kopfschuppen-Haarwasser.

Euresol ® . . . . 2,0 | Spanischpfeffertinktur . . 0,5
Rizinusöl . . . . 4,0 | Parfümöl 0,5
Perubalsam . . . . . . 1,0 | Karion ® F flüssig . . . 6,0
Weingeist (90%) 86,0

Kopfwaschwasser (gegen Seborrhöe) (KNOLL).

1. Anthrasol ®. . . . . . 2,0 | Natriumhydrogencarbonat. . . 2,0
Kaliseifenspiritus DAB. 6 40,0 | Kölnisch Wasser 5,0
Dest. Wasser . . . . auf 200,0

2. Anthrasol ® . . . . 3,0 | Kaliseifenspiritus DAB. 6 . . 30,0
Pomeranzenblütenöl . . . 0,2 | Weingeist (90%) . . . . auf 150,0

1. und 2. Zum Kopfwaschwasser, morgens anzuwenden.

Kopfwasser gegen Schuppen.

Steinkohlenteerlösung DAB. 6	5,0	Parfümöl	10 Tr.
Weingeist (70%)	auf 200,0		

Kopfwasser gegen ölige oder schuppige Kopfhaut (Seborrhöe) und Haarschwund.

Anthrasol Ⓡ	3,0	Weingeist (90%)	120,0
Eucalyptol	2,0	Hoffmannscher Lebensbalsam DAB. 6	auf 150,0
Euresol Ⓡ	3,0		
Karion Ⓡ F flüssig	7,0		

Als Kopfwasser, morgens anzuwenden.

Kopfwasser, schäumendes.

Als schäumender Zusatz zu Kopfwässern genügen 0,2% Saponin oder 0,5% Kaliumcarbonat. Ammoniumhydrogencarbonat, Natriumhydrogencarbonat, Natriumcholat und Sapamin MS werden für sich oder in gegenseitigen Mischungen zu 0,5% zugesetzt. Saponin (3 bis 5 g je Liter) oder Quillaja-Extrakt (40 bis 50 g je Liter) sind ohne schädliche Wirkung auf Parfümöle.

Kräutermischungen zum innerlichen Gebrauch (BIANCO).

Bei Haarausfall und Schuppenkrankheit.

	1.	2.	3.
Beinwellwurzel	40,0	—	—
Bitterkleeblätter	40,0	—	—
Brennesselblätter	—	35,0	—
Brombeeren	—	30,0	—
Baldrianwurzel	—	—	15,0
Brombeerblätter	—	—	20,0
Ehrenpreis	20,0	—	—
Kamillen	—	15,0	—
Kalmus	—	—	35,0
Klettenwurzel	—	20,0	—
Pfefferminze	—	—	10,0
Wacholderbeeren	—	—	20,0

Verwendung. 1 Eßlöffel voll mit $^1/_4$ l Wasser zum Aufguß, 2- bis 3mal tägl. 1 Tasse voll warm trinken.

Lavendel-Haarwasser bei Seborrhöe.

Auch für blondes und weißes Haar geeignet.

Salicylsäure	2,0	Ocenol Ⓡ K	4,0
Captol Ⓡ	3,0	Karion Ⓡ F flüssig	3,0
Euresol Ⓡ	4,0	Lavendelspiritus	30,0
Weingeist, verd., DAB. 6	auf 100,0		

Verwendung. 1- bis 2mal tägl. die Kopfhaut kräftig einreiben.

Perubalsamtinktur.

Perubalsam	20,0	Weingeist (90%)	80,0

Nach 10tägigem Stehen unter wiederholtem Umschütteln wird filtriert.

Verwendung. Als Zusatz zu Haarwässern.

Peru-Chinin-Haarwasser.

Chinatinktur DAB. 6	25,0	Perubalsam	10,0
Rosmarinspiritus Erg.-B. 6	100,0	Orseille en poudre	0,1
Thymianöl	10 Tr.	Weingeist (95%)	550,0
Lavendelöl „Barrême“	2,0	Pomeranzenblütenwasser Erg.-B. 6	auf 1000,0

Perubalsam und Orseille en poudre werden erst in Weingeist gelöst, dann die ätherischen Öle und die übrigen Bestandteile dazu gegeben und nach einwöchigem Stehen filtriert.

Peru-Tannin-Haarwasser.

Weingeist (95%)	1900,0	Rosenwasser	200,0
Perubalsam	60,0	Karion ® F flüssig	125,0
Tannin DAB. 6	25,0	Heliotropin	5,0

Extrait Ylang-Ylang . . 50,0

Pilocarpin-Haarwasser (Janistyn).

Pilocarpinhydrochlorid	0,5	Chloralhydrat	1,0
Ameisenspiritus DAB. 6	10,0	Rizinusöl, extra	2,0

Weingeist (90%) 86,5

Portugal-Haarwasser (Janistyn).

Weingeist (60%)	1000 ccm	Quillajasaponin	1,0
Portugalessenz, leicht löslich	5,0	Farbe: goldgelb (zweckmäßig mit Safrantinktur Erg.-B. 6)	

Portugal-Haarwasser (Rothemann).

1. Ia.

Weingeist (95%)	684 ccm	Orangenblütenwasser, dreifach	343 ccm
Portugal-Haarwasseressenz	6,0	Safrantinktur Erg.-B. 6 zur goldgelben Tönung	nach Bedarf

2. IIa.

Weingeist (95%)	526 ccm	Dest. Wasser	504,0
Portugal-Haarwasseressenz	5,0	Safrantinktur Erg.-B. 6 zur goldgelben Tönung	nach Bedarf

Portugal-Haarwasser-Essenz (Rothemann).

Weingeist (95%)	65,0	Kölnisch-Wasser-Basis	33,0

Portugalöl tsf. 2,0

Russischer Haarspiritus.

Auch für blondes und weißes Haar geeignet.

Kampfer	10,0	Ocenol ® K	4,0
Perubalsam	5,0	Ameisenspiritus	20,0
Eucalyptol	2,0	Rosmarinspiritus	10,0

Russischer Spiritus . . auf 100,0

Verwendung. Bei Haarausfall 1- bis 2mal tägl. in die Kopfhaut einmassieren. *Vorsicht*, nicht ins Auge bringen!

Schafgarbentinktur. Tinctura Millefolii.

Schafgarbenkraut, grob gepulv.	100,0	Weingeist (70%)	1000,0

Verwendung. Als Zusatz zu kosmetischen Präparaten.

Schäumendes Teerhaarwasser gegen Haarausfall (Knoll).

Kaliseifenspiritus DAB. 6	40,0	Anthrasol ®	2,0
Natriumbicarbonat	2,0	Kölnisch Wasser	5,0

Dest. Wasser . . . . . auf 200,0

zur Haarwäsche.

Standard-Haarwasser.

Auch für blondes und weißes Haar geeignet.

Salicylsäure	2,0	Spanischpfeffertinktur	3,0
Euresol ® pro cap.	3,0	Ocenol ® K	4,0
Arnikatnktur	5,0	Lavendelgeist	auf 100,0
Kamillentinktur	5,0	Rosenöl	20 Tr.

Verwendung. Bei Haarausfall 1- bis 2mal tägl. die Kopfhaut einzureiben.

Teer-Haarwasser (JANISTYN).

Weingeist (95%)	620 ccm	Rizinusöl, extra	4 ccm
Steinkohlenteerlösung DAB. 6	4 ccm	Parfüm	2,0

Dest. Wasser . . . . 370 ccm

Teer-Haarwasser.

Resorcin	1,0	Karion ® F flüssig	5,0
Salicylsäure	1,0	Kölnisch Wasser	10,0
Steinkohlenteerlösung DAB. 6	5,0	Weingeist (70%)	178,0

Bei sprödem Haar verwendet man statt Karion F flüssig.

Ocenol ® K. 4,0

Teer-Salicyl-Haarwasser (JANISTYN).

Weingeist (55%)	1000 ccm	Tannin	0,5
Anthrasol ®	5,0	Thymol	0,1
Salicylsäure	2,5	Menthol	0,3

Riechstoffe 2,0

Kleinkinder- und Kinderpflege.

Babycreme (ROTHEMANN).

Lanette ® N	100,0	Weingeist (90%)	8,0
Lanette ® O	80,0	Wasser, dest.	690,0
Cetiol ® V	100,0	Azulen, wasserlöslich 25%ige Lösung DRAGOCO	1,0
E-Grandelat ®	20,0		
Perubalsam, echt	2,0	Rokonsal B, flüssig[1]	1,0

Herstellung vgl. Lanette-Verarbeitung, S. 126.

Babyöl (Keimdiät).

Johanniskrautöl „Dr. Grandel"	20,0	Vitaminöl „Dr. Grandel"	60,0
Paraffinöl	20,0	Parfümöl	nach Bedarf

Babypuder (ROTHEMANN).

Talk, Ia weiß, glimmerfrei[2]	578,0	Aerosil ®	50,0
Kolloid-Kaolin, hochdispers	200,0	E-Grandelat ®	20,0
Magnesiumcarbonat, leviss.	100,0	Azulen 100%ig	0,2
Magnesiumstearat	50,0	Lavendelöl „Barrême"	2,0

Lavendelöl mit dem Magnesiumcarbonat innig verreiben, Azulen im E-Grandelat lösen und dann mit Aerosil verreiben. Zum Schluß alle Bestandteile mischen und zweimal durch ein enges Seidensieb bürsten.

[1] In der Kosmetik bewährtes Konservierungsmittel zur Verhinderung von Schimmel, Gärung und Fäulnis; Hersteller: Biochema Schwaben, Dr. Lehmann & Co., Memmingen i. Bayern.

[2] Vgl. Fußnote S. 286.

Kindercreme, weich.

Cetylalkohol	20,0	Vaselin, weiß	50,0
Paraffin flüssig	15,0	Glycerin	10,0
Lanolin	5,0	Rosenwasser	60,0

Parfümöl . . . . nach Belieben

Kinderpuder.

1\. Borsäurepulver . . . . 50,0 | Talcum[1] 700,0
Sterilisierter weißer Ton . . 250,0

2. Borsäurepulver	10,0	Magnesiumcarbonat	200,0
Zinkoxyd, roh	90,0	ANM®	160,0
Lycopodium	40,0	Talcum[1]	500,0

3. Aluminiumacetotartrat, feinst gepulvert	2,0	Talcum[1]	60,0
		ANM®	38,0

Lanolin 5,0

Das Lanolin wird in wenig Äther gelöst, die Lösung mit dem Puder vermengt. Nach dem Trocknen (*Vorsicht, Feuersgefahr!*) wird abgesiebt.

4\. saugfähig (JANISTYN).

Talcum[1]	65,0	Kieselsäuregel oder Kieselgur, extrafein	20,0
Kolloid-Kaolin	10,0		

Gefällte Kreide Ia 5,0

5\. (JANISTYN).

Talcum[1]	70,0	Borsäure	5,0
Kolloid-Kaolin	10,0	Zinkstearat	4,7
Kieselgur, extra	5,0	Oxychinolinsulfat	0,1

Parfüm (Lavendel-Rose) . . 0,2

6\. glatt (JANISTYN).

Talcum, extra[1]	70,0	Zinkstearat oder Magnesiumstearat	5,0
Kieselsäuregel, extrafein	10,0	Kolloid-Kaolin	10,0

Borsäure, gepulvert 5,0

7\. Überfettet (ROTHEMANN).

Lavendelöl „Barrême" (mit 1% Resinoid Storax fixiert)	5,0	Wollfett, wasserfrei	10,0
Magnesiumcarbonat, leviss.	25,0	gelöst in 100 ccm (50 ccm genügen. D. Herausgeber) Äther. *Vorsicht! Feuersgefahr!*	

Die Lösung wird verrieben mit:

Magnesiumcarbonat, leviss. . . 25,0 | Kieselsäure, kolloidal 100,0
Vitamin F (250000 E. p. g.) . . 2,0

Die Mischung wird zum Trocknen ausgebreitet und dann zugemischt:

Lycopodium	100,0	Kolloid-Kaolin	200,0
Magnesiumstearat	50,0	Talcum Ia[1]	500,0

Die Mischung wird zunächst durch Sieb V, dann durch Sieb VI abgesiebt.

8. Aluminiumacetotartrat	2,0	ANM®	30,0
Talcum[1]	60,0	Cetiol®	4,0

Das Aluminiumacetotartrat wird feinst gepulvert, das Lanolin geschmolzen mit dem Talcum verarbeitet, dann mit den übrigen Bestandteilen in der Reibschale gemischt und mehrmals durch Sieb 4 geschlagen.

9. Magnesiumstearat	10,0	ANM®	20,0
Magnesiumcarbonat	10,0	Talcum, feinst[1]	54,0
Aerosil®	5,0	Parfüm	1,0

[1] Vgl. Fußnote S. 286.

Parfümöl für Kinderpuder.

Maiglöckchenkomposition . . 8,5 | Rosenöl, künstlich 1,0
Ylang-Ylang, künstlich . . . 0,5

Überfettungsmittel für Kinderpuder.

Paraffinöl	60,0	Wollfett, DAB. 6.	10,0
Cetiol Ⓡ V oder Eutanol Ⓡ G	20,0	Glycerinmonostearat Ia. .	10,0

Kosmetische Spirituosen.

Siehe auch Gesichtswässer, S. 297 ff., und Schönheitswässer, S. 465 ff. Haar- S. 399 ff. und Mundwässer, S. 424 ff., Kölnisch Wasser S. 471 ff., Lavendelwasser S. 474.

Adstringierende Einreibung zur Körperpflege (Redgrove).

1. Alkoholische Pfefferminzlösung (1 : 40)	1,0	Rosenwasser	25,0
Wacholderbranntwein . .	9,0	Orangenblütenwasser . . .	25,0
		Hamamelis-Destillat . . .	40,0
2. Kampferspiritus	0,1	Rosenwasser	25,0
Wacholderbranntwein . .	9,9	Orangenblütenwasser . . .	25,0
		Hamamelis-Destillat . . .	40,0

Fichtennadel-Franzbranntwein.

1. (SAZ) Weingeist (90%) .	2500,0	Terpentinöl, rekt.	10 Tr.
Latschenkiefernöl	1,0	Essigäther	3,0
Kiefernnadelöl	5,0	Dest. Wasser	750,0
Wacholderbeeröl	0,5	Franzbranntweinessenz . .	30,0
		Latschenkiefernextrakt (spiss.) . .	100,0

Die ätherischen Öle und der Essigäther werden im Weingeist gelöst, der Latschenkiefernextrakt im Wasser und die beiden Lösungen vereinigt. Dann wird filtriert.

2. (Sido)	1.	2.
Fichtennadelöl, sibir., terpenfrei . .	10,0	10,0
Essigäther	10,0	10,0
Latschenkiefernöl	5,0	5,0
Weingeist (95%)	1300,0	2600,0
Kochendes Wasser	775,0	1500,0
Versüßter Salpetergeist	—	15,0
Ratanhiatinktur	—	30,0
Chlorophyll, spritlösl.	nach Bedarf	nach Bedarf

Nach 14tägigem Stehen filtrieren.

3. Fichtennadelöl, sibir. terpenfrei	20,0	Salpetergeist, versüßt . . .	3,0
Latschenkiefernöl	4,0	Aromatische Tinktur . . .	2,0
		Ratanhiatinktur	1,0

werden gelöst und in kleinen Portionen zugegeben:

Weingeist (95%) . . 1500,0 | Wasser, dest. 1470,0

4. Fichtennadelöl, sibir. terpenfrei	10,0	Latschenkiefernöl . .	5,0
Essigäther	5,0	Weingeist (95%) . . .	1300,0
		Wasser, dest.	775,0

1. und 2. werden mit giftfreier, spritlöslicher Teerfarbe (Maigrün) oder Chlorophyll gefärbt und nach 8- bis 10tägigem Stehen filtriert.

Fichtennadelspiritus (Sido).

1. Frische Fichtennadeln . . 250,0 | Weingeist (90%) 750,0

werden 2 Tage mazeriert und dann mit Wasserdampf abdestilliert.

2. Fichtennadelöl, sibir. . . 20,0 | Weingeist (90%) 980,0
Chlorophyll, spritlösl. . . nach Bedarf

Waschwasser gegen Hautjucken.

Kampfer	0,75	Natriumhydrogencarbonat	1,5
Menthol	0,5	Weingeist (95%)	25,0
Karion ® F flüssig	5,0	Wasser, dest.	auf 100,0

Kühlmittel.

Kühlsalbe nach Unna.

Vaselin	25,0	Rosenwasser	25,0
Wollfett, wasserfrei	25,0	Orangenblütenwasser	25,0

Kühlende Abreibung.

Menthol	1,0	Tylose ®-Schleim	70,0
Weingeist (90%)	10,0	Dest. Wasser	auf 100,0

Das Menthol wird im Weingeist gelöst. Als *Tyloseschleim* findet eine 4%ige Lösung von Tylose ® SL 400 Verwendung.

Kühlende Creme.

1.	Wollfett, wasserfrei	40,0	Mandelöl	20,0
	Vaselin, weiß	40,0	Menthol	1,0
	Wasser, dest.	150,0		
2.	Wollfett, wasserfrei	10,0	Wasser	30,0
	Mandelöl	10,0	Menthol	1,0

Herstellung. Das Menthol in wenig Weingeist lösen und dem abgekühlten Fettgemisch vor dem Erstarren beimischen.

Zinkölemulsion mit kühlender Wirkung (Edelfettwerke).

Emulgator E	10,0	Rohes Zinkoxyd, DAB. 6	20,0
Olivenöl	25,0	Dest. Wasser	45,0 bis 75,0

Der Emulgator wird geschmolzen, das Olivenöl langsam zugefügt, dann das Zinkoxyd eingearbeitet und das Wasser in kleinen Portionen zugegeben.

Luftreiniger. Luftverbesserer. Räucher- und Riechmittel.

Luftreiniger. Desinfektionstafeln. Naphthalinplatten.

Die unter dieser Bezeichnung im Handel befindlichen Platten, die für Pissoire, Klosettanlagen und in Aborten Verwendung finden, wirken nicht durch Ozonifizierung oder Desinfizierung, sondern durch ihre Geruchsüberdeckung. Man stellt sie her durch Schmelzen der Bestandteile und Vergießen oder Eintauchen rechteckiger Pappkartons mit Aufhängeloch in die Schmelze. Wegen der Feuergefährlichkeit des Naphthalins findet ein mit Dampf heizbarer Kessel Verwendung. Verwendung finden neben Naphthalin als Hauptbestandteil p-Dichlorbenzol, Hexachloräthan, Kampfer und starkriechende Geruchstoffe wie Terpentinöl, Fichtennadelöl sibir., Edeltannenöl, Spiköl, Eukalyptusöl, Bornylacetat, Kumarin u. a. Als desinfizierende Zusätze finden Formaldehydlösung, Phenol, Preventol u. a. Verwendung. Werden die Platten im Tauchverfahren hergestellt, ist darauf zu achten, daß die Pappetafeln in die nicht zu warme Schmelze getaucht werden, weil sonst das Naphthalin nicht genügend haften bleibt. Bei zu heißer Schmelze fällt die Naphthalinschicht zu dünn aus, so daß eine zweite Tauchung vorgenommen werden muß. Bei rascher Abkühlung der getauchten Platten erstarrt das Naphthalin kleinkristallin und ist dann auch dichter und fester, ein Umstand, der wünschenswert ist. Da bei der Einatmung heißer Naphthalindämpfe lokale Reizungen mit Kopfschmerzen, Übelkeit und Erbrechen nach der Resorbierung auch Nierenreizung hervorgerufen werden können, muß, wenn die Herstellung im geschlossenen Raume erfolgt, die Dunstschicht über dem Schmelzkessel mit einem Saugventilator abgesogen werden oder das Schmelzen in einem luftigen Raum bzw. im Freien vorgenommen werden.

Naphthalin	730,0	Hexachloräthan . .	20,0
Kampfer, synth. . .	70,0	p-Dichlorbenzol . .	100,0

werden auf dem Wasserbad geschmolzen und nach dem Abkühlen vor dem Erstarren zugegeben

Bornylacetat . .	50,0	Eukalyptusöl . .	30,0
Spiköl	20,0		

Nach gutem Durchmengen wird in Formen gegossen oder werden Platten nach dem obenstehenden Tauchverfahren hergestellt. Die fertigen Stangen, Tabletten oder Tafeln werden in Cellophanfolien verpackt.

Raumluftverbesserungsmittel.

Die Vorschriften für Luftverbesserer, Erzeugnisse zur Verbesserung der Raumluft, sind durch die neuerdings in Aerosoldosen gelieferten Erzeugnisse der Industrie vielfach weniger wichtig geworden und überholt. Zahlreiche Kunden der Drogerie besitzen aber Geräte zur Verstäubung oder Verdampfung von Erzeugnissen zur Luftverbesserung, so daß Vorschriften für diese nicht umgangen werden können.

Bei der Wichtigkeit der Aerosoldosen für die verschiedensten Verwendungszwecke soll hier kurz auf diese neuzeitliche Verpackungsart eingegangen werden. Mit *Aerosol* (= in Luft gelöst) bezeichnet man eine feine Verteilung von festen oder flüssigen Stoffen, derart, daß sie längere Zeit in der Schwebe bleiben. Natürliche Aerosole sind z. B. der Rauch, in dem feinste feste Teilchen und der Nebel, in dem feinste Wassertröpfchen in Schwebe gehalten werden. In den Aerosoldosen werden die Aerosole künstlich erzeugt, wobei die Produkte, die in ein Aerosol übergeführt werden sollen, in einem durch Kühlung verflüssigten, bei Normaltemperatur jedoch gasförmigen Treibstoff in druckfeste Gefäße abgefüllt werden. Dieses Gemisch läßt man unter seinem Eigendruck flüssig aus einem Ventil, das durch Fingerdruck betätigt wird, ausfließen (Abb. 207). Dabei verdampft das verflüssigte Gas beim Austritt aus dem Ventil in die Luft so rasch und unter sehr beträchtlicher Ausdehnung (bis 240fach), daß die in ihm gelösten Produkte in feinste Teile zersprengt und je nachdem dabei zerstäubt, versprüht (Abb. 207) oder verschäumt (Abb. 208) werden. Bei diesem Vorgang werden sie für den jeweiligen Verwendungszweck besonders wirksam. Kommt weniger Treibgas zur Anwendung, z. B. bei Farben und Lacken, entsteht ein rasch trocknender Film. Die meist zur Anwendung kommenden Treibmittel für Aerosole sind chlorierte und fluorierte Kohlenwasserstoffe der Methan- und Äthanreihe, die zum Teil schon als Kältemittel bekannt waren, so

FRIGEN 11	Monofluor-trichlormethan	$CFCl_3$
FRIGEN 12	Difluor-dichlormethan	CF_2Cl_2
FRIGEN 22	Difluor-monochlormethan	CHF_2Cl

u. a. bzw. deren Mischung untereinander oder mit anderen geeigneten Gasen. Sie werden zusammen mit dem Wirkstoff stark gekühlt in die offenen Dosen eingefüllt und sind bei gewöhnlicher Temperatur gasförmig.

Nach ihrem Verwendungszweck unterscheidet man folgende Arten von Aerosolen:

1. Aerosole, bei denen das vernebelte Produkt aus *Zerstäuberdosen* in allerfeinsten Tröpfchen möglichst lange im Luftraum schwebend erhalten bleiben soll, also eigentliche Aerosole darstellen, z. B. Desinfektionsmittel, Duftzerstäuber, Luftverbesserer, Insektizide, Schädlingsbekämpfungsmittel usw.

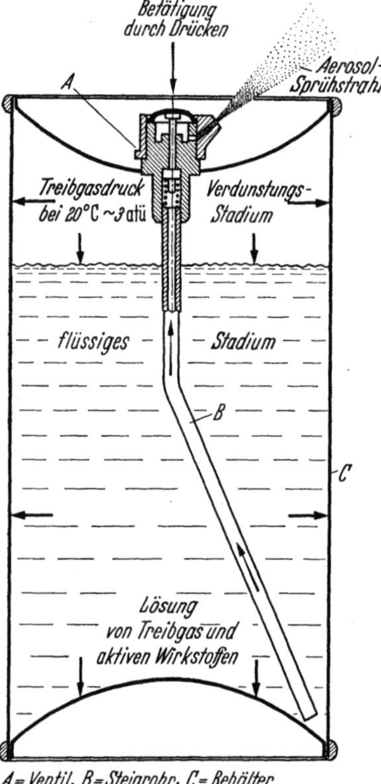

Abb. 207. Prinzip der Aerosol-Zerstäuberdose. (Nach einer Abbildung der Anlage- und Handelsgesellschaft m. b. H., Braunschweig.)

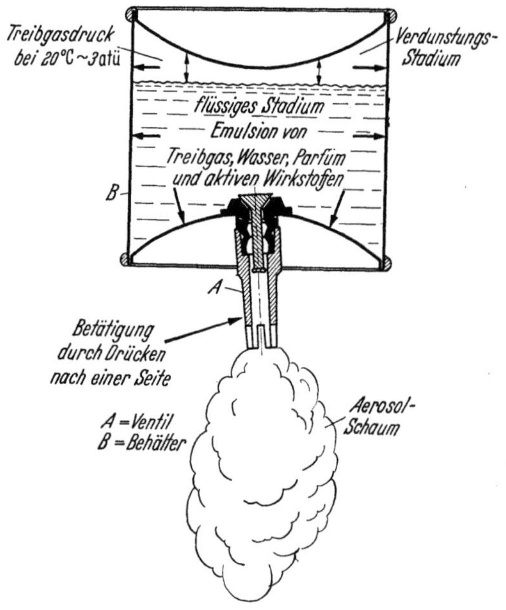

Abb. 208. Prinzip der Aerosol-Schaumdose. (Nach einer Abbildung der Anlage- und Handelsgesellschaft m. b. H., Braunschweig.)

2. Aerosole, bei denen das vernebelte Produkt aus *Sprühdosen* in größeren Teilchen in Form kleiner Tröpfchen, wie sie zum Besprühen von Oberflächen gebraucht werden, z. B. bei kosmetischen Mitteln, Gesichtsmilch, Sonnenschutzpräparaten. Gesichts- und Haarwässern, Haarfixativen, Haarlacken usw., bei technischen Produkten, z. B. bei Imprägnierungsmitteln, Fixativen für Zeichnungen, Polituren, Lacken (Fixier- und Aluminiumlacken), Wachsemulsionen, Mottenbekämpfungsmitteln usw.

3. Aerosole, die Schäume erzeugen, z. B. Rasierschaum, Shampoos.

Coniferenduft für Zimmer (SÖFW).

Fichtennadelöl . .	3,0	Eukalyptusöl . .	1,0
Zypressenöl . . .	3,0	Methylsalicylat . .	0,5
Citronenöl	1,0	Pfefferminzöl . . .	0,5
Bergamottöl . . .	1,0	Weingeist (94%) .	80,0
Dest. Wasser . . .	10,0		

Nach dem Stehen während einiger Wochen bei Zimmertemperatur wird filtriert.

Festes Raumluftverbesserungs-Mittel (Ph. Ztg.)

Paraformaldehyd . . .	3,0	Eichenmoos-Extrakt .	3,0
Oxydwachs	94,0		

Flüssigkeit zur Raumluftverbesserung.

1. (DAZ) Fichtennadelöl, sibir. . 60,0 | Terpineol 2,0
Bornylacetat . . . . 15,0 | Kumarin 2,0
Citronenschalenöl . . . . . . 8,0 | Zedernöl 2,0
Spiköl . . . . 4,0 | Heliotropin 0,5
Rosmarinöl . . . . 4,0 | Phenyläthylalkohol 0,5

2. (BENK) Fichtennadelöl . . . . 2,0 | Formalin-Lösung 2,0
Aceton . . . . 6,0 | Isopropylalkohol 20,0

Orientalischer Räucherbalsam.

Bergamottöl	8,0	Moschuskörnertinktur	16,5
Citronenöl	4,0	Benzoetinktur	80,0
Geraniumöl	3,5	Tolubalsamtinktur	80,0
Lavendelöl	8,0	Storaxtinktur	80,0
Nelkenöl	4,0	Weihrauchtinktur	45,0
Petitgrainöl	3,5	Perubalsam	20,0
Zimtöl	4,0	Vanilletinktur	8,0
Moschuswurzeltinktur	16,5	Veilchenwurzeltinktur	165,0

Weingeist (95%) 460,0

Räucheressenz.

1. (FISCHER).

Moschus	0,8	Ceylonzimt, pulv.	70,0
Lavendelöl	150,0	Rosenöl	25 Tr.
Nelken, pulv.	100,0	Weingeist (90%) auf	6 l

Mehrere Tage mazerieren, dann filtrieren.

2. (SIDO).

A. Perubalsam	10,0	B. Nelkenöl	10,0
Tolubalsam	4,0	Bergamottöl	12,0
Myrrhe	8,0	Rosenöl, künstl.	0,4
Benzoe	50,0	Lavendelöl	
Moschus	0,4	Vanillin	ää 4,5
Weingeist (90%)	400,0	Ivarancusaöl	0,5

Herstellungsvorschrift zu 2.: A. 8 bis 10 Tage lang mazerieren, klar abgießen, dann B. zusetzen. Diese Flüssigkeit läßt man in einem der bekannten Rauchverzehrerlämpchen verdunsten. Man kann auch Salpeterpapier mit ihr tränken, das nach dem Trocknen angezündet wird.

3. Orangenblütenöl . . 5,0 | Lavendelöl 3,0
Geraniumöl . . . . 1,0 | Nelkenöl 0,5
Bergamottöl . . . . 3,0 | Benzoetinktur 500,0
Weingeist (95%) . . . 490,0

4.

Benzoetinktur	30,0	Orangenblütenöl	0,6
Bergamottöl	10,0	Pomeranzenschalenöl	6,0
Citronenöl	10,0	Zimtöl	2,0
Geraniumöl	1,0	Perubalsam	10,0
Lavendelöl	3,0	Moschustinktur	4,0
Nelkenöl	4,0	Weingeist (90%)	1000,0

werden gemischt und nach 8 Tagen filtriert.

5.

Nelken	7,5	Kaskarillrinde	7,0
Piment	7,5	Veilchenwurzel	15,0
Benzoe	15,0	Kassiazimt	15,0
Muskatnuß	3,0	Perubalsam	3,0
Storax	10,0	Moschus	1,0
Drachenblut	30,0	Bergamottöl	3,0
Rosenöl	4 Tr.	Citronenöl	1,0
Lavendelöl	1,0	Weingeist (90%)	1000,0

werden 8 Tage mazeriert und filtriert.

Räucherkerzen. Candelae fumales.

1.

Holzkohle, pulv.	62,0	Siam-Benzoepulv.	15,0
Kaskarillrinde, pulv.	17,0	Salpeter	6,0

Die feingepulverten Drogen werden gut gemischt und mit einer Mischung nachstehender ätherischer Öle und Riechstoffe besprengt: Kassiaöl, Patschuli-, Sandelholz-, Vetiveröl, Phenyläthylalkohol, Heliotropin, Jonon. Die zur Verwendung kommende Holzkohle soll von der Weide am besten geeignet sein. Die Mischung von ätherischen Ölen und Riechstoffen erfolgt zum Grundstoff im Verhältnis 7:1. 7 Teile Grundstoff werden mit einem Teil Parfümmischung gemischt.

2. (SCHIMMEL)

Weidenholzkohle	46,0	Phenyläthylalkohol	1,0
Kaskarillrinde	15,0	Salpeter	5,0
Siambenzoe	13,0	Perubalsam	3,0
Kardamomen	4,0	Zimtaldehyd	2,0
Kubeben	3,0	Sandel	2,0
Myrrhe	1,0	Patschuli	2,0
Jonon	1,0		

Die pulverisierten Bestandteile werden mit den Duftstoffen innig vermengt, dann die Masse mit konzentrierter Gummi-arabicum-Lösung angefeuchtet, nach Belieben geformt und langsam zum Trocknen gebracht.

Räucherkräuter. Species fumales.

Kornblumen	60,0	Veilchenwurzel	150,0
Ringelblumen	60,0	Nelken	75,0
Rosenblätter	120,0	Zimt	75,0
Lavendelblüten	150,0	Benzoe	150,0
Kaskarillrinde	160,0		

Die gemischten Kräuter werden mit nachfolgender Mischung durchfeuchtet:

Benzoetinktur	15,0	Zimtöl	1,5
Bergamottöl	10,0	Moschustinktur (1 + 100)	1,5
Lavendelöl	1,5	Perubalsam	2,5
Nelkenöl	4,0	Storaxtinktur	7,5

Abgepackt wird in Cellophan.

Räucherpulver für katholische Kirchen.

1.

Weihrauch	200,0	Benzoe	100,0
Kaskarillpulver	50,0		

werden mit

Kaliumnitrat . . . 25,0

in möglichst wenig Wasser gelöst, besprengt und an der Luft getrocknet.

2.

Benzoe	12,5	Vetiverwurzel	7,5
Sandelholz	25,0	Zimt	12,5
Kaskarillrinde	12,5	Kaliumnitrat	5,0
Weihrauch	25,0	Moschus	0,05

Herstellung wie bei 1.

Rauchverzehrflüssigkeiten (SIDO).

Beim Rauchen bleiben nach FIEDLER die unverbrennbaren Teilchen als Rauch in der Luft zurück. Diese teerähnlichen Rückstände sind kleine Tröpfchen, die elektrisch geladen sind, sich gegenseitige abstoßen und dadurch in der Schwebe bleiben. Durch die Flamme einer Kerze oder durch den vom Rauchverzehrer erzeugten Wasserdampf werden die kolloiden Eigenschaften des Rauches verändert. Damit verliert er die Fähigkeit, frei in der Luft zu schweben und wird nun von adsorbierend wirkenden Stoffen (Gardinen, Kleider usw.) adsorbiert; die Luft selbst wird rauchfrei.

	1.	2.	3.	4.
Kiefernnadelöl	160,0	—	80,0	—
Latschenkiefernöl	—	100,0	—	—
Wacholderbeeröl	20,0	—	20,0	—
Rosmarinöl	10,0	—	5,0	—
Bergamottöl	—	5,0	—	1,0
Lavendelöl	10,0	20,0	3,0	—
Citronenöl	5,0	10,0	2,0	0,5
Essigäther	—	20,0	—	1,0
Kumarin	—	—	—	0,3
Hydroxycitronellal	—	—	—	0,2
Vanillin	—	—	—	2,0
Essigsäure DAB. 6	—	—	—	15,0
Weingeist (90%)	1795,0	1850,0	800,0	—
Weingeist (95%)	—	—	—	50,0
Dest. Wasser	—	—	200,0	930,0

Bei der Vorschrift 4 wird in die alkoholische Lösung der Duftstoffe zuerst die Essigsäure gegeben und dann erst das etwas angewärmte Wasser zugefügt.

Riechfläschchenfüllung.

Bergamottöl	2,5	Rosenöl, künstl.	4,0
Citronenöl	2,5	Zimtöl	4,0
Lavendelöl	5,0	Moschustinktur	4,5
Nelkenöl	10,0	Kölnisch Wasser	500,0
Neroliöl	2,0	Ammoniakflüssigkeit, weingeistige	500,0

Englisches Riechsalz.

Ammoniumcarbonat, trocken	10,0	Bergamottöl	0,25
Ammoniumchlorid	10,0	Citronenöl	0,25
Kaliumcarbonat	5,0	Orangenblütenöl	0,25

Riechkissen. Sachets.

Zur Herstellung von Riechkissen finden Pflanzen, die ätherische Öle oder andere Riechstoffe enthalten, in zerkleinerter Form Verwendung. Vielfach werden sie noch mit geeigneten Riechstoffmischungen imprägniert. Für billige Sorten findet auch Sägemehl als Füllmittel Verwendung.

Riechkissenfüllung.

1. (Sido) Veilchenwurzel

Patchuliblätter . . ää	300,0	Neroliöl, künstl.	0,9
Ivarancusawurzel		Sandelholzöl	1,0
Weißes Sandelholz . ää	30,0	Ivarancusaöl	1,0
Rosenöl, künstl.	1,5	Tolubalsam	5,0
		Citronenöl	2,0

2. (ROLET)[1] Heliotropingeruch.

Heliotropin	20,0	Tonkabohnen, pulv.	250,0
Veilchenwurzel, pulv.	1000,0	Tahitivanille	125,0
Rosenblüten, pulv.	500,0	Moschus ex vesicis	10,0
Bittermandelöl	5,0		

3. (ROLET)[1] Blütengeruch.

Lavendelblüten, pulv.	250,0	Sandelholz, pulv.	50,0
Veilchenwurzel, pulv.	250,0	Nelken, pulv.	50,0
Rosenblüten, pulv.	250,0	Zibet	10,0
Benzoe, pulv.	125,0	Zimtrinde, pulv.	10,0
Tonkabohnen, pulv.	50,0	Moschus künstl.	1,0

[1] Parfum. moderne **1931**, 671.

4. Mille-fleurs.

Lavendelblüten, pulv. . .	500,0	Sandelholz, pulv. . . .	125,0
Veilchenwurzel, pulv. . .	500,0	Moschus, künstl.	3,5
Rosenblüten, pulv. . . .	500,0	Zibet	3,5
Benzoe, pulv.	500,0	Nelken, pulv.	125,0
Tonkabohnen, pulv. . .	125,0	Zimtrindenpulver . . .	56,0
Vanillepulver	125,0	Pimentpulver	56,0

Terpineol 10,0

Zerstäuberflüssigkeiten. Zimmerparfüme.

Zimmerparfüme finden zum Verdunsten im Zimmer mittels eines Zerstäubers oder im Rauchverzehrer Verwendung. Zum Zerstäuben mit Sprayapparaten eignen sich besonders mit Wasser verdünnte Emulsionen, zu deren Herstellung 20 g der Parfümmischung mit 80 g schwach-alkoholischem Ammoniumsulforicinat gemischt und davon 25 g auf 1 l Wasser zerstäubt werden.

	1. (Sido)	2. (Sido)	3. (Fischer)
Kölnisch Wasser . .	500,0	800,0	—
Latschenkiefernöl .	14,0	80,0	—
Kiefernnadelöl . . .	—	25,0	—
Lavendelöl	—	—	20,0
Rosmarinöl	—	—	60,0
Citronenöl.	—	2,0	20,0
Bergamottöl . . .	—	—	15,0
Wacholderbeeröl . .	2,0	—	—
Petitgrainöl	—	—	2,0
Lemongrasöl . . .	—	—	8,0
Geraniumöl	—	—	15,0
Kumarin	—	0,05	—
Styraxtinktur . . .	4,0	—	—
Weingeist (95%) . .	—	100,0	150,0
Dest. Wasser . . .	50,0	—	—

Zerstäuberflüssigkeit.

1.	Lavendelöl	2,0	Latschenkiefernöl . . .	2,0
	Fichtennadelöl	2,0	Essigäther	3,0

Weingeist (95%) . . 90,0

2.	Latschenkiefernöl. . .	14,0	Terpentinöl, rekt. . . .	10,0
	Lavendelöl	2,0	Kölnisch Wasser . . .	120,0
	Tannenzapfenöl . . .	14,0	Weingeist (95%) . . .	280,0
3.	Fichtennadelöl	2,0	Kölnisch Wasser	30,0
	Eukalyptusöl	2,0	Weingeist (95%)	50,0
4.	(Benk) Fichtennadelöl .	2,0	Aceton	6,0
	Formaldehydlösung . .	2,0	Isopropylalkohol . . .	20,0

5. Olein, rein 100,0

werden verseift mit

Kalilauge, (25%) . . 80,0

und dann zugesetzt:

Weingeist (95%) . . 50,0

der gelöst enthält:

Latschenkiefernöl . .	25,0	Citronenöl.	5,0
Fichtennadelöl . . .	25,0	Lavendelöl	5,0
Spiköl	25,0	Moschustinktur	5,0

Formaldehydlösung . . . 5,0

Verwendung. Zum Gebrauch wird die Mischung 10- bis 20fach mit Wasser verdünnt und zu der Verdünnung vor dem Versprühen 5% Wasserstoffsuperoxydlösung 30%ig zugegeben.

6. (DAZ) Fichtennadelöl, sibir.	60,0	Terpineol	2,0
Bornylacetat	15,0	Kumarin	2,0
Citronenschalenöl	8,0	Cedernöl	2,0
Spiköl	4,0	Heliotropin	0,5
Rosmarinöl	4,0	Phenyläthylalkohol	0,5

7. (HAGER P-TM) Fichtennadelöl	80,0	Lavendelöl	3,0
Wacholderbeeröl	10,0	Citronenöl	2,0
Rosmarinöl, franz.	5,0	Weingeist (90%)	900,0

Verwendung. Als Zimmerparfüm.

Massage.

Massage (vgl. Bd. II, S. 861 bis 864) ist ein wichtiges Mittel gezielter Gesundheitsvorsorge, da sie die Muskeln lockert, ihre Durchblutung erhöht, Verkrampfungen löst und Stoffwechselschlacken über das Blut in die Ausscheidungsorgane schafft. Bei der Ganzmassage des Körpers wird die Herzarbeit unterstützt und der Blutumlauf im ganzen Körper gefördert. Auch die inneren Organe (Leber, Magen, Darm) werden günstig beeinflußt. Die Meinung, daß Fettansatz durch Massage beseitigt werden könne, ist irrig. Neben den notwendigen diätetischen Maßnahmen kann dies nur durch geeignete Gymnastik erreicht werden.

Bauchmassage wird liegend durchgeführt, indem man von der Nabelgegend ausgehend mit der flachen Hand kreisförmige Bewegungen von unten rechts nach oben links, dem Verlauf des Dickdarms entsprechend, durchführt.

Jede Massagebewegung muß von den Außenbezirken des Körpers zum Herzen hin erfolgen, um damit venös gestautes Blut schneller zum Abfluß zu bringen.

Massagemittel. Als Massagemittel finden Verwendung milde Seifen, Talcum, Hautöle, Emulsionen und Massagecremes. Seifen sind wegen des zur Verwendung kommenden Wassers und dem Gefühl der Nässe für die zu massierenden Personen unangenehm und reizen mitunter die Haut. Talcum ist das einfachste und billigste Massagemittel, hat aber keinerlei hautpflegerische Wirkung. Voraussetzungen an gute Massagemittel sind, daß sie von der Haut gut aufgenommen werden, die Wäsche nicht fetten und nicht kleben. Völlig ungeeignet zur Massage ist reines Vaselin, das schmiert und in die Haut nicht eindringt.

Massage-Cold-Cream.

Wollfett, wasserfrei	22,0	Wachs, weiß	40,0
Mandelöl	390,0	Kakaobutter	28,0
Walrat	22,0	Borax	5,0
Nipagin ® M.	5,0	Wasser, dest.	220,0

Parfüm (Rosengeruch) . . nach Bedarf

Massagecreme (Typ W/Ö) (DEHYDAG).

Amphocerin ® K.	30,0	Paraffinöl	15,0
Erdnußöl oder Olivenöl o. ä.	10,0	Wasser	45,0

Parfüm . . . . nach Bedarf

Herstellung s. Amphocerin-Verarbeitung, S. 102.

Massagecreme.

1. Walrat 10,0	Cholesterin 0,5
Paraffin, fest . . . 15,0	Borax 1,0
Paraffin, flüssig . . 45,0	Wasser 30,0
Lecithin 1,5	Parfüm . . . . . nach Bedarf

Lecithin und Cholesterin in den ersten 3 geschmolzenen Bestandteilen lösen, Schmelze auf etwa 40° abkühlen lassen, dann die wäßrige Boraxlösung heiß unter dauerndem Rühren zunächst in kleinen, dann in größer werdenden Anteilen zugeben und bis zum Erkalten rühren. Bei 40° Parfüm zugeben.

2. *weich* Hydrocerin ® . . 3,0	Karion ® F flüssig 30,0
Paraffin, flüssig . . 17,0	Wasser, dest. . . . 50,0

3. (Esperis) Lanocerina . . 75,0	Vaselin 125,0

Rosenwasser . . 50,0

Massageemulsion (Typ W/Ö) (DEHYDAG).

Amphocerin ® K 20,0	Paraffinöl 20,0
Erdnußöl oder Olivenöl o. ä. . . 20,0	Wasser 40,0

Parfüm . . . . nach Bedarf

Herstellung s. Amphocerin-Verarbeitung, S. 102.

Massageemulsion (SIDO).

	1.	2.
Flüssiges Paraffin (DAB. 2!)	150,0	353,0
Stearin	15,0	14,0
Olein	10,0	13,0
Emulgator 157 (Goldschmidt)	75,0	80,0
Dest. Wasser	740,0	491,0
Wollfett DAB. 6	—	40,0
Arnikatinktur DAB. 6	5,0	5,0
Nipasol ®-Natrium	1,5	—
Nipagin ®-Natrium	—	1,0
Parfümgemisch	3,5	3,0

Man erhitzt das Wasser, das Konservierungsmittel und den geschmolzenen Emulgator kurz zum Kochen, kühlt unter Umrühren auf 60° ab und setzt die ebenfalls 60° warme Mischung von Paraffin, Olein, Stearin und Wollfett unter kräftigem Rühren zu. Zweckmäßig wird die Mischung noch homogenisiert und zuletzt das in der Arnikatinktur gelöste Parfüm zugegeben.

Massageliniment (SIDO).

Kampfer 20,0	Salmiakgeist (0,960) . . 120,0
Mohnöl 460,0	Arnikatinktur DAB. 6 . 75,0

Rosmarinöl 12,5

Massagemittel, flüssig (SIDO).

1. Fichtennadelöl, sibir. . . 1,5	Olivenöl 50,0
Lavendelöl 0,1	Chlorophyll, öllösl. . . . . nach Bedarf

2. Mandelöl . . 20,0	Cetiol 80,0

3. Vaselinöl . . 5,0	Lecithin . . . 4,0
Olivenöl . . 90,0	Rosmarinöl . . 1,0

Nipagin ® M . 0,2

Das Nipagin ist unter Erwärmen in dem Olivenöl zu lösen.

Massageöl (Keimdiät).

Cetiol ®	10,0	Vitaminöl „Dr. GRANDEL“	50,0
Johanniskrautöl „Dr. GRANDEL“	10,0	Paraffinöl	30,0
		Parfümöl	nach Bedarf

Massageöl.

1.

Cetiol ® V	40,0	Rosmarinöl	0,3
Olivenöl	160,0	Thymianöl	0,3

Fichtennadelöl . . 1,0

2.

Olivenöl	80,0	Paraffin, flüssig, niedrigviscos	14,0

Lanolin, wasserfrei . . 4,0

werden zusammengeschmolzen und in der Schmelze gelöst

Benzoesäure 1,0

und nach dem Erkalten darunter gemengt

Fichtennadelöl	1,5	Thymianöl	0,5

Rosmarinöl 0,5

3.

Klauenöl I a	10,0	Paraffinöl, niedrigviscos	79,7
Cetiol ® V	10,0	Rosmarinöl	0,3

Massageöl für Wettschwimmer (SIDO).

Flüssiges Paraffin, DAB. 6	40,0	Rizinusöl	5,0
Octadecylalkohol	5,0	Mandelöl	20,0

Arachisöl 30,0

Massageseife.

Kokosseife	250,0	Fichtennadelöl	5,0
Lanolin	5,0	Spiköl	0,3

Sportmassage (SIDO).

Menthol	0,5	Kiefernnadelöl	0,4
Citronenöl		Leinöl, raffiniert	48,5
Lavendelöl	āā 0,3	Kalkwasser	auf 100,0

Mund-, Rachen- und Zahnpflege.

Gurgelmittel.

Gurgelmittel, antiseptisches und schmerzstillendes (SIDO).

Subcutin ®	1,0	Arnikatinktur DAB. 6	10,0

Salbeiwasser . . . . auf 100,0

1 Teelöffel voll auf 1 Glas Wasser.

Gurgelmittel (WILL).

Bei Entzündungen des Zahnfleisches, von Rachen und Hals.

Weingeist (95%)	500,0	Salbeiöl	1,5
Thymol	1,0	Dest. Wasser	250,0
Menthol	1,5	Alaun	10,0
Eukalyptusöl	4,0	Formaldehydlösung, DAB. 6	15,0
Pfefferminzöl	2,0	Saccharin	0,1
Anisöl	3,0		

Gefärbt wird nach Belieben.

Mehrmals tägl. zum Gurgeln 10 bis 15 Tr. auf 1 Glas lauwarmen Wassers.

Gurgelwasser (Sido).

Phenylsalicylat . .	1,5	Vanillin	0,02
Menthol	6,0	Weingeist (95%) .	480,0
Anisöl	1,6	Saccharin	0,06
Zimtöl	0,8	Himbeerrot . . .	0,25
Nelkenöl	1,0	Dest. Wasser . auf	1000,0

5 bis 6 Tr. auf 1 Glas warmen Wassers.

Chinosol-Gurgelwasser.

Chinosol ® . . . . 1,0 | Pfefferminzwasser . . auf 300,0

Mit der gleichen bis doppelten Menge warmen Wassers verdünnt zum Gurgeln.

Kaugummi (Sido).

Chicle-Gummi . .	130,0	Perubalsam . . .	3,1
Zeresin DAB. 6 . .	37,3	Zucker.	370,0
Tolubalsam . . .	6,2	Dextrose	150,0

Dest. Wasser . . . 170,0

Den Chiclegummi läßt man in etwas Wasser quellen, arbeitet das geschmolzene Zeresin, die Balsame und den Sirup aus den Zuckern und dem Rest Wasser ein. Aromatisiert wird mit Citronensäure, Pfefferminzöl, Zimt, Schokolade, Myrrhe, Galgant, Ingwer, Kardamomen nach Wunsch.

Mundpastillen gegen schlechten Geruch.

Gebrannter Kaffee, pulv.	70,0	Gepulverte Holzkohle DAB. 6 . .	25,0
Borsäure, pulv.	5,0	Zucker	90,0

Vanillin 0,5

werden mit Gummi- oder Tyloseschleim angestoßen und dann Pastillen daraus geformt.

Mundpillen. Cachous.

Süßholzsaft	100,0	Dest. Wasser	100,0
Katechupulver. . . .	30,0	Arabisches Gummi . .	15,0

werden im Dampfbade gelöst und bis zu einem dicken Extrakt eingedampft. Dann werden noch heiß zugesetzt

Kaskarillrindenpulver	Mastixpulver
Gepulv. Holzkohle DAB. 6 āā 2,0	Veilchenwurzelpulver . . āā 2,0

Nach dem Abkühlen auf etwa 40° werden zugesetzt:

Pfefferminzöl . . . 2,0 | Moschustinktur
Ambratinktur . . āā 5 Tr.

Die fertige Masse wird zu kleinen Pillen oder Täfelchen geformt, die versilbert werden.

Mundwässer.

Mundwässer haben den Zweck, die physiologische Reinigung des Mundes durch erhöhte Speichelsekretion zu begünstigen und daneben die Voraussetzungen zur Fortentwicklung von Mikroorganismen zu beseitigen. Sie werden als konzentrierte, meist alkoholhaltige (50%) Flüssigkeiten hergestellt, die beim Gebrauch in das Mundspülwasser getropft werden. Neben den hierzu üblichen ätherischen Ölen werden sie teilweise mit Saccharin gesüßt und ihnen Stoffe zur Verminderung der Oberflächenspannung, adstringierende Mittel und vielfach auch Farbstoff beigegeben.

Wie wichtig die Mundpflege mit geeigneten Mundwässern ist, erhellt die Tatsache, daß in der Spülflüssigkeit eines Mundes bei der bakteriologischen Untersuchung bis zu 40 Milliarden Bakterien gefunden wurden. Dies ist ein Beweis dafür, wie wichtig es ist, nach der Reinigung der Zähne mittels Zahnbürste die Mundhöhle richtig und ausgiebig zu spülen.

Adstringierendes Mundwasser.

Wasserstoffsuperoxydlösung	90,0	Essigsaure-Tonerde-Lösung	10,0

Verwendung. 1 Eßlöffel voll auf 1 Glas lauwarmes Wasser zum Mundspülen.

Antiseptisches Mundwasser nach SCHLEICHER.

Löffelkrautspiritus	30,0	Thymol	0,3
Melissengeist	30,0	Pfefferminzöl	0,5
Ratanhiatinktur	40,0	Nelkenöl	0,1

Verwendung. Einige Tropfen auf $^1/_2$ Glas Wasser zum Mundspülen.

Aromatisches Mundwasser (JANISTYN).

Angelikawurzeltinktur	1,0	Ingwertinktur	0,5
Myrrhentinktur	3,0	Anisöl, extrafein	2,0
Nelkentinktur	5,0	Pfefferminzöl „Mitcham“	4,0
Iriswurzeltinktur	1,0	Menthol, synth.	1,0
Zimttinktur	3,0	Geraniumöl, terpenfrei	0,1
Galganttinktur	2,0	Orangenblütenwasser	3,0
Perubalsamtinktur (1:10)	0,5	Saccharin, löslich	0,1
Bertramwurzeltinktur	2,0	Weingeist (90%)	71,8

Chinosol-Mundwasser (WINTER).

Chinosol ®	0,4	Menthol	1,0
Wasser, dest.	250,0	Pfefferminzöl	1,0
Weingeist (95%)	150,0	Anisöl	1,0
Nelkenöl	1,0		

Mundwasser.

1. *Chinosol-Mundwasser.*

Chinosol ®	0,2	Weingeist (90%)	50,0
Wasser, dest.	200,0	Menthol	0,1
Heliotropin	0,05		

2. *Eukalyptus-Mundwasser.*

Eukalyptol	2,5	Thymianöl	5 Tr.
Anisöl	2 Tr.	Weingeist (90%)	92,0
Pfefferminzöl	10 Tr.	Pfefferminztinktur	5,0

Eau de Botot (CERBELAUD).

1.	Guajakharz	0,2	Gewürznelken	50,0
	Bertramwurzel	175,0	Iriswurzelpulver	50,0
	Ratanhiawurzel	175,0	Süßholzwurzelpulver	100,0
	Anis	150,0	Weingeist (90%)	5,25 l
2.	Cochenille, pulv.	50,0	Citronensäure	5,0
	Orseille	10,0	Dest. Wasser	500,0
	Weingeist (90%)	500,0		

Die Ansätze 1. und 2. werden 2 Wochen lang mazeriert, filtriert und dann nach nachstehender Vorschrift gemischt.

Tinktur I	1000 ccm	Ceylonzimtöl	2,0
Tinktur II	125,0	Nelkenöl „Bourbon“	5,0
Pfefferminzöl	50,0	Bergamottöl	2,0
Anisöl	30,0	Dest. Wasser	875,0
Weingeist (90%)	3500 ccm		

Mundwasser.

1.	Phenylsalicylat . . 0,5	Menthol, synth. . . . 2,0
	Pfefferminzöl . . . 0,5	Saccharin 0,05
	Nelkenöl 0,1	Wasser, dest. 8,0
	Weingeist (95%) . . . 89,0	
2.	Myrrhentinktur 10,0	Menthol 1,0
	Triäthanolaminoleat . . 1,5	Vanillin 0,3
	Pfefferminzöl 3,0	Glycerin 10,0
	Ceylonzimtöl 0,3	Wasser, dest. 20,0
	Weingeist (95%) 120,0	

Mundwasser bei Mundschleimhaut-Entzündungen (BRAUN-STEIGERWALDT).

1.	Menthol 1,0	Weingeist (90%) . . . 40,0
	Wasserstoffsuperoxydlösung (10%) . . 59,0	

1 Teelöffel voll auf 1 Glas Wasser zum Spülen.

2.	Myrrhentinktur . . 15,0	Galläpfeltinktur . . . 15,0
	Pfefferminzöl . . . 3 Tr.	

30 Tr. auf 1 Glas Wasser.

Mundwasser (DEHYDAG).

Menthol 0,2	Arnikatinktur DAB. 6 . . 5,0
Thymol 0,5	Pfefferminzöl 1,5
Kamillenextrakt . . 0,5	Texapon ® K 12 5,0
Hamamelisextrakt . 5,0	Weingeist (95%) 10,0
Wasser, dest. 72,3	

Texapon K 12 (vgl. Bd. II, S. 1283) erleichtert die Ablösung von Zahnbelag und Speiseresten, fördert als kapillaraktives Mittel die Reinigung auch tief gelegener Schleimhautfalten und hinterläßt ein nachhaltiges Gefühl angenehmer Frische.

Mundwasser (Odol ähnlich) (SÖFW).

Phenylsalicylat 40,0	Anethol 0,5
Pfefferminzöl Ia. 7,5	Vanilletinktur 5,0
Saccharin (500fach) 2,0	Polyvitamin-Konzentrat . . 10,0
Weingeist (90%) 935,0	

Mundwasser (SÖFW).

1.	Eukalyptusöl . . . 1,5	Glycerin 10,0
	Pfefferminzöl 1,0	Weingeist (90%) 60,0
	Citronenöl 2,0	Dest. Wasser 20,0
	Türkischrotöl (50%) 5,0	Nip-Nip ® 0,5
2.	Eukalyptol 5,0	Weingeist (90%) . . . 210,0
	Methylsalicylat . . 5,0	Glycerin 50,0
	Menthol 6,0	Dest. Wasser 684,0
	Türkischrotöl (50%) 20,0	Nip-Nip ® 5,0
3.	Zimtöl, Ceylon. . . . 1,0	Benzoetinktur 8,0
	Sternanisöl 0,2	Cochenilletinktur. . . . 20,0
	Nelkenöl 0,2	Türkischrotöl (50%) . . 25,0
	Pfefferminzöl 8,0	Nip-Nip ® 5,0
	Weingeist (80%) 1000,0	
4.	Anisöl 5,00	Saccharin 0,75
	Fenchelöl 6,00	Nip-Nip ® 5,00
	Pfefferminzöl . . . 41,00	Türkischrotöl (50%) . 20,00
	Nelkenöl 2,00	Weingeist (90%) . . . 650,00
	Menthol 20,00	Tormentilltinktur . . 50,00
	Salol ® 5,00	Wasser, dest. 290,00

Die ätherischen Öle, Türkischrotöl, Glycerin, Nipaester und die anderen alkohollöslichen Bestandteile werden im Weingeist gelöst und dann das Wasser in kleinen Portionen zugesetzt. Die Menge des Türkischrotöls muß so variiert werden, daß beim Eingießen des fertigen Präparats in Wasser eine Emulsion entsteht und das ätherische Öl sich nicht sofort in Tropfen abscheidet.

Mundwasser, schäumendes.

Quillaiatinktur	200,0	Weingeist (90%)	500,0
Glycerin	50,0	Pfefferminzöl	2,0
Rosenwasser	250,0	Wintergreenöl	1,0

Mundwasser, zahnkariesverhütend.

Ammoniumphosphat, zweibasisch	50,0	Lösliches Saccharin	1,0
Harnstoff	30,0	Menthol	0,4
Glycerin	100,0	Liquor Amaranth	2,0
Weingeist (95%)	40,0	Natriumbenzoat	1,0

Dest. Wasser . . auf 1000,0

Liquor Amaranth des amerikanischen Arzneibuchs ist eine wäßrige Lösung von 1 g Amaranth in 100 ccm Wasser.

Harnstoff und zweibasisches Ammoniumphosphat verhindern die Milchsäurebildung im Munde und dadurch die Entkalkung der Zähne.

Myrrhen-Mundwasser.

Ratanhiatinktur	100,0	Neroliöl	3,0
Myrrhentinktur	300,0	Lavendelöl	3,0
Weingeist (90%)	400,0	Citronenöl	5,0

Rosenöl . . . . . 4 Tr.

werden gemischt und zugefügt die Lösung von

Borax	10,0	Wasser, dest.	180,0

Nach dem Absetzen wird filtriert.

Salol-Mundwasser.

1.	Phenylsalicylat	10,0	Anethol	0,3
	Saccharin	0,75	Fenchelöl	0,3
	Natriumbicarbonat	0,6	Pfefferminzöl	3,5
	Weingeist (90%)	170,0	Gewürznelkenöl	
	Dest. Wasser	15,0	Zimtöl	āā 3 Tr.
2.	Phenylsalicylat	2,5	Nelkenöl	0,04
	Weingeist (90%)	97,0	Pfefferminzöl	0,5
	Kümmelöl	0,04	Saccharin	0,004

Thymol-Mundwasser (Rutherford).

Thymol[1]	2,0	Majoranöl	0,3
Pfefferminzöl	1,0	Sassafrasöl	0,3
Nelkenöl	0,5	Wintergreenöl	0,05
Salbeiöl	0,5	Kumarin	0,05

Weingeist (70%) . . 100,0

Zahnwasser. Aqua dentifricia (Rutherford).

Seifenrindentinktur	25,0	Ratanhiatinktur	45,0
Glycerin	100,0	Phenol	4,0
Rosenwasser	600,0	Geraniumöl	0,5
Nelkenöl	0,5	Rosenöl	0,5

Zimtöl 0,5

[1] Vgl. diesbezüglichen Text auf S. 428 unten.

Zahn- und Mundessenz nach Vogler.

Guajakholztinktur	50,0	Chinatinktur	2,5
Zimttinktur	15,0	Pfefferminzöl	3 Tr.
Löffelkrautspiritus	3,0		

(In der Originalrezeptur sind noch 2,5 g Opiumtinktur enthalten.)

Verwendung. Einige Tropfen auf $^1/_2$ Glas Wasser zum Mundspülen.

Mundwasser-Parfümöl.

Geraniumöl, afrik.	7,0	Sternanisöl	113,0
Pfefferminzöl DAB. 6	140,0	Fenchelöl	37,0
Nelkenöl	19,0	Menthol	19,0
Weingeist (95%)	665,0		

Zahnpflegemittel.

Zähne.

Die Zähne (vgl. a. Bd. I, S. 659ff.) sind ein sehr wichtiges Organ des Mundes. Bekanntlich beginnt die Ernährung des menschlichen Körpers schon im Munde. Das Vorhandensein gesunder Zahnverhältnisse ist deshalb eine wichtige Voraussetzung für die Gesundheit. Wie Abb. 209 zeigt, bestehen die Zähne aus Zahnschmelz, Zahnbein oder *Dentin*, Zahnmark, Zahnfleisch, Wurzelhaut, Zement, Arterien und Venen sowie dem Nerv. Eingekeilt sind die Zähne in die Zahnfächer des Knochens. Daraus ist ersichtlich, daß Zähne keine toten Gebilde sind, daß sie vielmehr an das Zentralnervensystem und den Blutkreislauf angeschlossen sind. Es ergibt sich daraus, daß kranke Zähne durch Verbreitung von Giftstoffen im ganzen Körper zu sogenannter *Herdinfektion* führen können, welche die in Abb. 210 angezeichneten Organe befallen. Abb. 211 zeigt einen Zahn, dessen Zahnschmelz kariös ist, während die Abb. 212 den fortschreitenden Zahnverfall durch Übergreifen der Karies auf Zahnbein und Zahnmark zeigt.

Zahnpflegemittel können sein Pulver, Pasten, Granulate, feste Formstücke oder Flüssigkeiten (vgl. Mundwässer S. 424ff.). Etwa enthaltene Stoffe mit Scheuerwirkung müssen von zahnschmelzschädigenden Bestandteilen völlig frei sein und dürfen den Härtegrad 5 der Härteskala nicht überschreiten. Der p_H-Wert der 5%igen Aufschlämmung soll zwischen 5 und 9 liegen. Alkalische Zahnpflegemittel verursachen eine Quellung der Mundschleimhaut, während stark saure deren Zusammenziehung bewirken. Calciumcarbonat, das zu Zahnpasten verarbeitet wird, darf zur Vermeidung des Hartwerdens der Paste höchstens 1% Calciumsulfat enthalten. Weichzahnpasten sollen mindestens 6 Monate lang ohne Konsistenzveränderung lagerfähig sein. F. O. Walter Meyer empfiehlt zur Lagerung von Tubenzahnpasten, die Kartons so zu lagern, daß die Tubenverschraubung nach unten kommt. Der Vorrat von Zahnpasten soll deshalb zweckmäßig nur für das laufende Vierteljahr ausreichen und muß regelmäßiger fachmännischer Durchsicht unterliegen.

Thymolhaltige Mund- und Zahnpflegemittel können nach E. Edens[1] bei allergischen Personen die Schilddrüsensekretion empfindlich beeinflussen und sogar basedowähnliche Krankheitserscheinungen auslösen. Fr. Halla berichtet über Schädigungen durch jodhaltige Zahnpflegemittel. Es soll aber ausdrücklich darauf hingewiesen werden, daß bei Benützung von Jod-Kaliklora und Stark-Jod-Kaliklora nach den ausführlichen Arbeiten von H. Seel keinerlei Gefahr besteht.

[1] Zahnärztl. Wchschr. **53** (1938).

Magnesiamilch. Magma Magnesiae. Milk of Magnesia (JANISTYN).

300 g Magnesiumsulfat werden in destilliertem Wasser gelöst, so daß die Lösung 650 ccm ergibt, und diese in ein 5 l fassendes Gefäß gebracht. 100 g Natriumhydroxyd werden in 900 ccm Wasser gelöst und die Lösung langsam der kochenden Magnesiumsulfatlösung beigefügt. Dann läßt man weiter 30 Min. lang kochen. Anschließend wird die Mischung mit heißem destilliertem Wasser auf 5 l aufgefüllt.

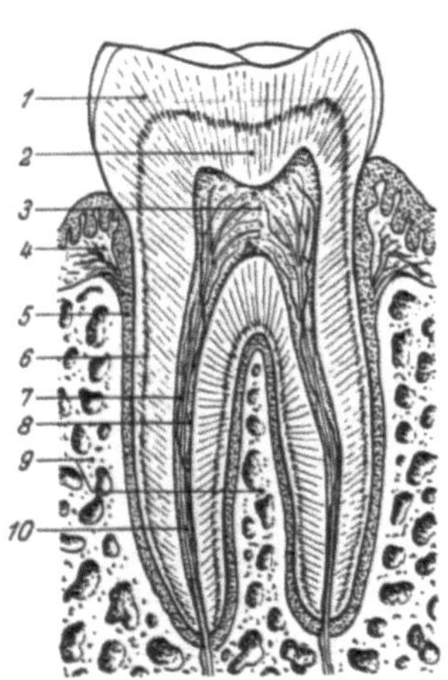

Abb. 209[1]. Längsschnitt durch einen Zahn in der Kiefertasche. *1* Zahnschmelz. — *2* Zahnbein. — *3* Zahnmark. — *4* Zahnfleisch. *5* Wurzelhaut. — *6* Zement. — *7* Arterie. — *8* Vene. — *9* Knochen des Zahnfaches. — *10* Nerv.

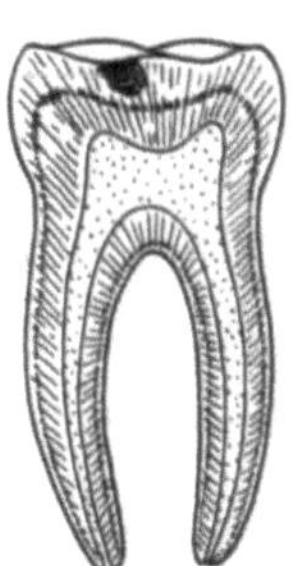

Abb. 211[1]. Beginnender Zahnverfall durch Zahnfäule.

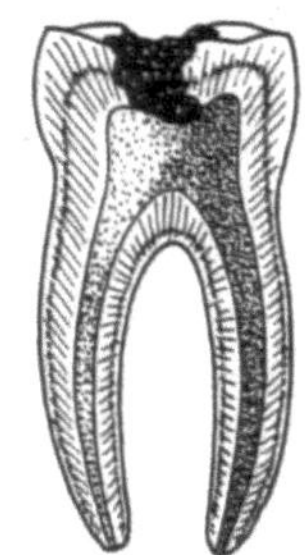

Abb. 212[1]. Fortgeschrittener Zahnverfall durch Zahnfäule, die Hälfte des Zahnmarkes ist bereits zersetzt.

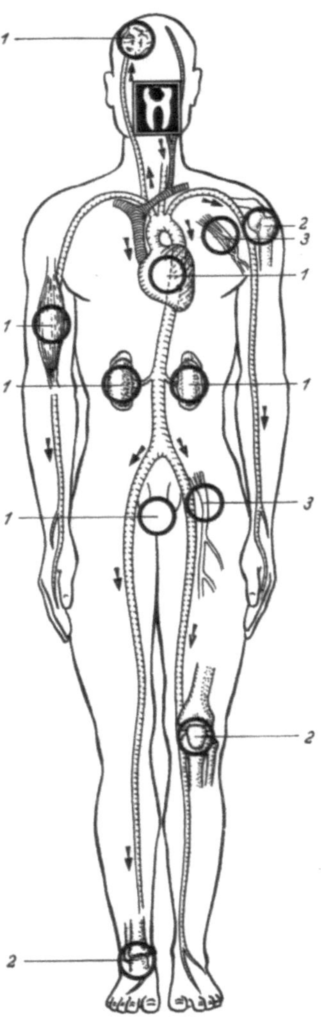

Abb. 210[1]. Die Wirkung eines wurzelkranken Zahnes auf die Organe. *1* Herz, Gehirn, Muskeln, Nieren, Blase. *2* Skelett und Gelenke. — *3* Nerven.

Nach dem Absetzen dekantiert man und wäscht wiederholt mit heißem destilliertem Wasser aus, bis sich mit Bariumchloridlösung kein Sulfat mehr nachweisen läßt. Dann dampft man die Mischung bis zu einem Mindestgehalt von 7% Mg (OH_2) ein.

Magnesiamilch ist eine undurchsichtige, weißliche, viscose Suspension, die bei der Herstellung von Hautcremes und Zahnpasten Verwendung findet. Die Herstellung von Cremes mit Magnesiumhydroxyd ist durch ein DRP. geschützt.

---

[1] Nach Tafel 23 des Gesundheits-Atlas, herausgegeben vom Deutschen Gesundheitsmuseum, Zentralinstitut für Gesundheits-Erziehung e. V., Köln, Verlag Wilhelm LIMPERT, Frankfurt/Main.

Zahncreme (Edelfettwerke).

Estarinum anhydricum G . . .	20,0	Kieselgur, feinst	3,0
Adulsion-Suspension (1:20) . .	20,0	Dest. Wasser	55,0
Ätherische Öle	auf 100,0		

Zahncreme.

Calciumcarbonat, präc. leviss. . .	40,0	Triäthanolaminoleat	1,0
Tylose Ⓡ-Schleim (5%ig aus Tylose SL 100)	25,0	Saccharin	0,5
		Parfüm	1,0
Wasset, dest.	27,5		

Zahncreme (DEHYDAG).

Algipon Ⓡ 1168	1,2 bis 1,5	Zahnkreide und andere Schleifkörper	40,0 bis 45,0
Wasser, dest.	35,0 bis 40,0	Texapon Ⓡ Z oder K 12 . .	0,5 bis 3,0
Glycerin oder Karion Ⓡ F flüssig	10,0 bis 20,0	Konservierungsmittel und Geschmackskorrigentien	nach Bedarf

Algipon wird mit Wasser, in dem vorher das Konservierungsmittel und etwaige wasserlösliche Geschmackszutaten gelöst wurden, zum Quellen gebracht und über Nacht stehengelassen. Dieser Quellstofflösung wird ein Drittel der Zahnkreide zugefügt und gut durchgearbeitet. Dann wird Glycerin und Parfüm zusammen mit dem zweiten Drittel der Zahnkreide zugegeben. Das Texapon wird mit dem letzten Drittel der Zahnkreide innig gemischt und diese Mischung der Paste zugefügt, wobei jetzt eine längere Verarbeitung nicht mehr erfolgen soll, um Schaumentwicklung und damit die Einarbeitung von Luft zu vermeiden. Anschließend wird die Paste sofort über einen Walzenstuhl gegeben, dann in ein gut zu verschließendes Gefäß gefüllt und, wenn möglich, 2 bis 8 Tage stehengelassen. Dann wird noch einmal gewalzt und abgefüllt.

Zahnpasta „schäumend“ (DEHYDAG).

Algipon Ⓡ L 1168.	1,2	Pfefferminzöl	1,5
Glycerin oder Karion Ⓡ flüssig	20,0	Paraffinöl	2,0
Texapon Ⓡ Z oder K 12 . . .	2,0	Kreide	45,0
Wasser	28,3		

Zur Konservierung Nipa Ⓡ-Ester nach Bedarf.

Durch geringere oder höhere Dosierung von Texapon Z oder K 12 erhält man eine schwächere odes stärker schäumende Zahnpaste.

Das Algipon wird mit dem Wasser, in dem vorher das Konservierungsmittel (kochend heiß) und etwaige wasserlösliche Geschmacksstoffe (nach dem Abkühlen) gelöst wurden, zum Quellen gebracht, indem man den Ansatz zweckmäßig über Nacht stehen läßt. Nach Zusatz eines Drittels der Kreide zur Quellstofflösung wird gut durchgearbeitet. Dann wird Glycerin bzw. Karion flüssig und das Pfefferminzöl zusammen mit dem zweiten Drittel der Kreide zugegeben. Das Texapon wird mit dem letzten Drittel der Zahnkreide innig gemischt und diese Mischung der Paste zugefügt, wobei jetzt eine längere Verarbeitung nicht mehr erfolgen soll, um Schaumentwicklung und damit die Einarbeitung von Luft zu vermeiden. Anschließend wird die Paste sofort über einen Walzenstuhl gegeben, dann in ein gut zu verschließendes Gefäß gefüllt und womöglich 2 bis 8 Tage stehen gelassen. Danach wird noch einmal gewalzt und abgefüllt.

ROTHEMANN schlägt zu dieser Vorschrift folgende Geschmacksstoffe vor:

Pfefferminzöl, DAB. 6 . . .	0,8	Menthol japan.	0,4
Anethol aus Sternanis Erg.-B. 6. .	0,3		

Zahnpaste mit Cohäsal (Laue).

Soll die Zahnsteinbildung weitgehend unterbinden.

Cohäsal ® I „H"	3,0 bis 8,0	Präzipitierte Kreide	451,0
Glycerin	150,0	Texapon ®-LZ-Pulver	20,0
Wasser	360,0	Zahncreme-Essenz	10,0

Saccharin 1,0

Cohäsal wird langsam unter ständigem Rühren im Wasser gelöst, dann das Glycerin ebenfalls unter ständigem Umrühren zugegeben, bis eine gleichmäßige, klumpenfreie Lösung erreicht ist. Dann mischt man die vorher unter sich gemischten pulverförmigen Bestandteile zu. Die Mischung läßt man über Nacht stehen, rührt noch einmal gründlich durch und füllt ab.

Zahnpaste mit Tylose (Kalle).

	1	2	3	4	5	6	7	8	9	10
„Tylose" ® SL 400 5%ig	20	20	20	20	20	20	—	—	20	—
„Tylose" ® KN 600 5%ig	—	—	—	—	—	—	20	20	—	20
Wasser	31	23,5	24,5	16,5	25,5	20,5	12,5	2	23	15,5
Glycerin oder Sorbit	6	6	6	15	6	6	25	25	10	15
Paraffinöl, reinst	—	—	2	—	—	—	—	—	3	—
Kreide, feinst gefällt	42	47	45	44	42	44	41	47	38	42
Kaliumchlorat	—	—	—	2	2	2	—	—	2	2
Natronwasserglas, 36/38° Bé	—	1	—	—	—	—	—	—	—	1
Harnstoff	—	—	—	—	—	5	—	—	—	—
Seife (Sapo med.)	—	—	—	—	—	—	0,5	5	—	—
Synthetische Schaummittel	—	1,5	1,5	1,5	3,5	1,5	—	—	3	3,5
Aromastoffe	1	1	1	1	1	1	1	1	1	1

Zahnpastenparfümöl.

Pfefferminzöl DAB. 6 oder Mitcham	660,0	Nelkenöl	4,0
Sternanisöl	130,0	Vanillin	4,0
Neroliöl, künstl.	4,0	Menthol, synth.	198,0

Vanillin und Menthol werden in den ätherischen Ölen gelöst.

Zahnpulver.

1. Calciumcarbonat, leicht, gefällt	985,0	Nipa ®-Ester	2,5
		Pfefferminzöl	12,5
2. Calciumcarbonat, leicht, gefällt	700,0	Eukalyptol	5,0
Magnesiumcarbonat	250,0	Menthol	5,0
		Nipasol ®	5,0

Die Nipaester und die ätherischen Öle werden zunächst in wenig Weingeist gelöst, dann die Lösung dem pulverförmigen Träger zugesetzt und gut vermischt. Nach einigen Tagen gut verschlossenen Stehens wird durch Sieb IV abgesiebt und abgefüllt.

3. Calciumcarbonat, gefällt, f. d. äußeren Gebrauch	2500,0	Kieselgur, feinst pulv.	600,0
		Pfefferminzöl	15,0

4. *kariesverhütend.*

Ammoniumphosphat, 2basisch	50,0	Lösl. Saccharin	2,0
Harnstoff	30,0	Menthol	2,0
Bentonit	50,0	Pfefferminzöl	2,0
Gef. Calciumcarbonat	866,0	Wintergrünöl	6,0

Duponal 10,0

Harnstoff und zweibasisches Ammoniumphosphat verhindern die Milchsäurebildung im Munde und dadurch die Entkalkung der Zähne.

Zahnpulver nach HAHNEMANN. Pulvis dentifricius Hahnemanni.

Veilchenwurzelpulver	200,0	Lindenkohle, pulv.	500,0
Kalmuswurzel, pulv.	300,0	Bergamottöl	5,0

Zahnpulver (JANISTYN).

1. Magnesiumcarbonat	45,0	Seifenpulver, extra	5,0
Natriumperpyrophosphat	5,0	Milchzucker	10,0
Natriumhydrogencarbonat	2,0	Kreide, extra leicht	33,0
2. Calciumsulfat, extra	80,0	Weinstein, pulv.	3,0
Natriumlaurylsulfonat	5,0	Natriumbenzoat	2,0
Calciumphosphat	10,0		

Zahnpulver, zahnsteinlösend.

Natriumhydrogencarbonat		Pfefferminzöl	0,7
Calciumcarbonat, gefällt	āā 50,0	Anisöl	0,1

Bei regelmäßiger Anwendung morgens und abends ist die zahnsteinlösende Wirkung innerhalb kurzer Zeit bei allen möglichen Zahnsteinansätzen verschiedenster chemischer Zusammensetzung überraschend gut.

Chlorophyllinzahnpulver (MUNCH).

Kalium-Magnesium-Chlorophyllin	1,0	Trinatriumphosphat	98,7
Parfüm	0,3		

Kampferhaltiges Zahnputzpulver. Pulvis dentifricius cum Camphora, Erg.-B. 6.

Kampfer, fein zerrieben	120,0	Magnesiumcarbonat	179,5
Veilchenwurzel, fein gepulv.	60,0	Rosenöl	0,5
Calciumcarbonat f. d. äuß. Gebr. DAB. 6	640,0		

Die 4 ersten Bestandteile werden gemischt, der Mischung das Rosenöl zugefügt und die fertige Mischung durch Sieb IV geschlagen.

Kampferhaltiges Zahnputzpulver ist weiß, trocken, gleichmäßig und locker.

Kampferzahnpulver (SIDO).

Calciumcarbonat, präc.	600,0	Kampfer, pulv.	8,0
Magnesiumcarbonat, leviss.	300,0	Pfefferminzöl	5,0
Med. Seife, DAB. 6	100,0	Vanillin	
Rosenöl, künstl.	āā 0,5		

Kampferzahnpulver mit Thymol.

Kampfer, fein pulv.	1,0	Thymol[1]	0,1
Medizinische Seife	2,0	Calciumcarbonat, leicht, gefällt	100,0
Saccharin	0,05		
Sassafrasöl	4 Tr.		

Kohlezahnpulver (SIDO).

Calciumcarbonat, präz.		Pfefferminzöl	1,5
Magnesiumcarbonat, leviss.	āā 50,0	Anisöl	
Lindenkohle, pulv.	200,0	Nelkenöl	āā 0,5
Zimtöl	0,1		

Mundspülpulver.

Natriumhydrogencarbonat	100,0	Pfefferminzöl	20 Tr.

Verwendung. 2 Messerspitzen voll auf 1 Glas Wasser zum Gurgeln und Mundspülen.

---

[1] Vgl. diesbezüglichen Text S. 428 unten.

Myrrhenzahnpulver.

Calciumcarbonat, präz.	60,0	Borax	15,0
Magnesiumcarbonat, leviss.	30,0	Myrrhe, pulv.	10,0
Veilchenwurzelpulver	10,0	Milchzucker	5,0

Pfefferminzöl 0,5

Ratanhiazahnpulver.

Ratanhiawurzel, feinst pulv.	70,0	Milchzucker, pulv.	15,0
Weinstein, gereinigt	15,0	Pfefferminzöl	0,5

Sauerstoffzahnpulver, schäumend.

Natriumlaurylsulfat, extra	50,0	Natriumpyrophosphat	350,0
Magnesiumsuperoxyd	150,0	Calciumcarbonat, präc. leviss.	440,0

Parfümöl 10,0

Sauerstoffzahnpulver (SIDO).

	1.	2.	3.
Calciumcarbonat, gefällt	120,0	400,0	auf 1000,0
Magnesiumcarbonat	50,0	5,0	150,0
Silicagel, feinst (statt Kieselgur)	30,0	—	—
Med. Seife, DAB. 6	—	15,0	25,0
Magnesiumsuperoxyd	10,0	10,0	15,0
Anisöl	1,6	—	1,0
Eukalyptusöl	0,5	—	—
Nelkenöl	0,2	—	—
Pfefferminzöl	—	30 Tr.	7,0
Menthol	0,2	—	—

Die pulverisierten Bestandteile sind möglichst trocken zu verwenden, da sich das Peroxyd sonst zersetzt.

Sauerstoffzahnpulver (JANISTYN).

1.

Magnesiumsuperoxyd	30,0	Weinstein, pulv.	3,0
Natriumlaurylsulfat	2,0	Milchzucker, pulv.	5,0

Kreide, gefällt, extra 60,0

2.

Calciumcarbonat, leicht	50,0	Magnesiumsuperoxyd	10,0
Tricalciumphosphat	15,0	Seifenpulver	10,0
Natriumhydrogencarbonat	5,0	Zucker, pulv.	10,0

Thymolzahnpulver.

Calciumcarbonat, gefällt, schwer	720,0	Thymol[1]	5,0
Calciumcarbonat, gefällt, leicht	180,0	Thymianöl	5,0
Magnesiumcarbonat	100,0	Pfefferminzöl	2,0

Saccharin 0,1

Zahnpulverparfümöl.

Pfefferminzöl DAB. 6 oder Mitcham	65,0	Menthol	4,0
Krauseminzöl	30,0	Thymol[1]	1,0

Menthol und Thymol werden in den ätherischen Ölen gelöst.

Zahnseife.

Medizinische Seife	25,0	Iriswurzelpulver, fein	10,0
Calciumcarbonat, gefällt, schwer	500,0	Karion ® F flüssig	5,0

Parfüm, Farbe und Wasser . . nach Bedarf

[1] Vgl. diesbezüglichen Text S. 428 unten.

Die ersten 3 Bestandteile werden gut gemischt, mehrmals durch Sieb IV geschlagen, Parfüm und Farbe zugegeben und dann mit Karion F flüssig und dem nötigen Wasser zur notwendigen Konsistenz in einer Mischmaschine oder einem Walzwerk verarbeitet.

Zahnseife, flüssig (Kalle).

1. Tylose ® SL 400	4,0	Saccharinnatrium	0,1
Wasser	60,0	Nipasol ® -Natrium	0,2
Natriumtetradecylsulfat	3,5	Königssalbeiwasser	9,2
Weingeist (90%)	9,2	Rosenwasser, einfach	4,6
Glycerin	4,6	Zimtwasser	4,3
Aromastoffe, terpenfrei	0,3		

2. Tylose ® SL 25	1,0	Bentonit	5,0
Wasser	68,0	Türkischrotöl, neutral	5,0
Calciumcarbonat, gefällt	5,0	Glycerin	5,0
Tricalciumphosphat	10,0	Aromastoffe u. Saccharin	1,0

Heiders Zahntinktur.

Melissengeist	96,0	Myrrhentinktur	2,0
Chinatinktur	2,0	Pfefferminzöl	4,0

Zahnfleischpinselung, adstringierende (Kaiser).

Tormentilltinktur	2,0	Borsäure	2,0
Glycerin	16,0		

Die Borsäure wird im Glycerin unter Erwärmen gelöst und die Tormentilltinktur zugefügt.

Nagelpflege.

Die Nägel (lat. *Ungues*) sind wie die Haare in eigenartiger Weise verhornte Oberhautabkömmlinge. Man unterscheidet am Nagel (Abb. 213) die viereckig gewölbte, von hinten nach vorn an Dicke zunehmende *Nagelplatte*, die bis auf ihren freien Rand einer Hautunterlage, dem *Nagelbett*, aufliegt. Dieses wird durch Lederhautfalten gebildet, in die sich die Leistchen der Nagelplatte zackenartig einfalzen. Am

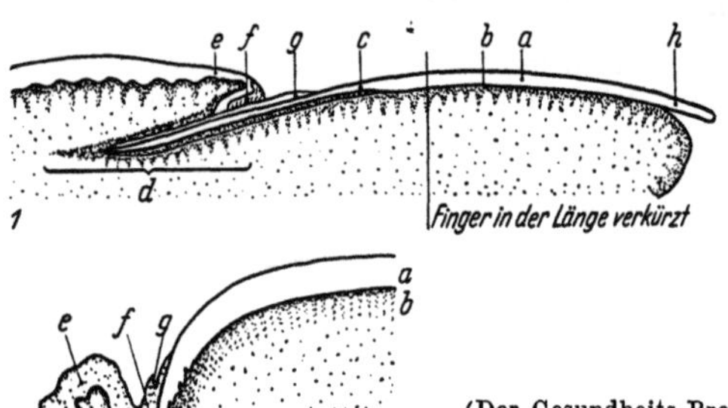

Abb. 213. Nagel.
(Der Gesundheits-Brockhaus, Wiesbaden: Verlag F. A. Brockhaus, 1953.)
1 Längsschnitt. — *2* Querschnitt.
a Nagelplatte. — *b* Nagelbett. — *c* Nagelhalbmond (Lunula). — *d* Nagelwurzel (Matrix). — *e* Nagelwall (seitlich und hinten). — *f* Nagelfalz. — *g* Nagelhäutchen. — *h* freier Nagelrand.

Grunde des sichtbaren Nagelteils befindet sich eine halbmondförmige weiße Stelle vor der Nagelwurzel, das *Möndchen* (Lunula), das besonders am Daumen deutlich erkennbar ist. Bei Mischlingen ist das Möndchen oft noch dunkel gefärbt. Der *Nagelwall* ist ein Oberhautwulst, der sich seitlich und hinten über den Nagelrand zieht. Vom hinteren Teil des Nagelwalls aus schiebt sich ein dünnes Häutchen, das *Nageloberhäutchen*, über die Nagelplatte vor. Die Bildung des Nagels erfolgt in der *Nagelwurzel* (Matrix), einer weichen, unverhornten Mutterzellschicht, von der aus die verhornten Tochterzellen nach vorn geschoben und in Nagelsubstanz umgebildet werden. Beim Verlust eines Nagels benötigt er zum Sichtbarwerden etwa 5 Wochen, zum Wachsen bis zum freien Rande etwa 6 Monate.

Die *Nagelpflege* (Nagelpflegegeräte s. Bd. II, S. 914) gehört zu den selbstverständlichen allgemein hygienischen Erfordernissen. Fingernägel müssen mehrmals am Tage mit warmem Wasser und Seife und einer mäßig harten Nagelbürste gereinigt werden. Da sich unter den Nägeln leicht Krankheitskeime, Maden- und Spulwurmeier ansiedeln, ist die Säuberung unter der freien Nagelplatte mittels eines *Nagelreinigers* aus Bein, Horn oder Kunststoff dringend nötig. Die Fingernägel sollen nur wenig den Rand der Fingerkuppen überragen. Dem *Überwuchern der Nagelplatte* durch das Nageloberhäutchen beugt man durch tägliche Pflege der Nagelplatte mit guter Fettcreme vor, wobei diese nach der Nagelwurzel hin kräftig einmassiert wird. Auf diese Weise erübrigt sich das Schneiden mit der Hautschere, bei dem es häufig zu Entzündungen kommen kann. Eine weitere wichtige Maßnahme der Nagelpflege besteht im rechtzeitigen Abschneiden und Abfeilen des freien Nagelrandes sowie im Reinigen vor allem der Unterseite des freien Nagelrandes. Zweckmäßig wird dieses im Anschluß an eine Seifenwaschung durchgeführt, nach der zunächst das Nageloberhäutchen mit einem Holzstäbchen, das mit wenig steriler Watte umwickelt ist, vorsichtig zurückgeschoben wird. Jede Verletzung dabei ist zu vermeiden. Sind die Nägel gelackt, ist der Nagellack zunächst mit Nagellackentferner zu entfernen. Nach dem Schneiden der Nägel mit der Nagelschere werden sie mit einer langen, biegsamen Nagelfeile gleichmäßig gefeilt. Da die Nägel aus der gleichen Substanz (Keratin) bestehen wie das Haar, sind bei ihnen auch dieselben Verschiedenheiten zu finden: Weiche und harte, spröde und fettige. Bei brüchigen Nägeln wird die tägliche Verabfolgung von 7 g Gelatine in Wasser oder Fruchtsaft gelöst über längere Zeit (wochenlang) empfohlen (MERCKs J. B. 1951, 251). Zu trockene, glanzlose Nägel erhalten jeden Tag etwas Fettcreme. Auch ein 5 Min. lang dauerndes Bad in warmem Olivenöl wöchentlich 1- bis 2mal hat sich bewährt. Die in der Literatur angegebenen Vorschriften für Härtewässer bei weichen und spröden Nägeln sind nach der Erfahrung des Verfassers ohne jede Wirkung.

Da unter dem freien Nagelrand, in den Rinnen und Taschen der Haut um die Nagelplatte sich alle möglichen Mikroorganismen, mit denen die Hände im täglichen Leben in Berührung kommen, einnisten, können schon kleinste blutende Verletzungen (z. B. Nadelstich unter die Nagelplatte) zur Infektion führen.

Nietnägel, im Volksmund auch Nagelwurzel genannt, sind oberflächliche splitterartige Einrisse der Oberhaut. Da sie eine Eintrittsstelle von Infektionen darstellen, sind sie sorgfältig zu vermeiden. Ihre Behandlung besteht im vorsichtigen Abschneiden mit der Hautschere.

Veränderungen an den Nägeln können Ausdruck und Begleiterscheinungen von Hautkrankheiten, fieberhaften Erkrankungen oder Vergiftungen sein, aber auch ihre Ursache in Erkrankungen des Nagelbettes und der Nagelwurzel haben. Die Nagelplatte kann durch Pilze geschädigt werden. Nach schweren Infektionskrankheiten entstehen mitunter durch eine vorübergehende Verhornungsstörung *Querfurchen* auf den Nagelplatten. Die teilweise perlmutterartige *Weißfärbung der Nägel* erklärt man sich durch Schädigung der Nagelwurzel infolge Eindringens von Luft zwischen die Hornlamellen. Eine bläuliche Verfärbung der Nagelplatte beruht auf allgemeinen Stauungserscheinungen. Nagelverletzungen durch Quetschungen sind sehr schmerzhaft, Nagelerkrankungen sehr langwierig. Vgl. a. S. 283 „Einwachsen der Nägel".

Nagelpflegepräparate.

Zur Pflege der Nägel finden feste bis flüssige Zubereitungen zur Reinigung Pflege und Färbung der Nägel Verwendung. Die zur Anwendung kommenden Präparate dürfen weder Nagel- noch Hautreizungen hervorrufen. Die neuzeitlichen

Nagellacke enthalten neben Nitrocellulose und Lösungsmitteln Harze, harzähnliche Stoffe und Weichmacher, je nach dem gewünschten Farbton werden sie mit Pigmenten oder Farbstoffen gefärbt und durch Parfümzusatz in ihrem Geruch verbessert. Ein Zusatz von 0,5% Siliconöl verbessert die Nagellackqualität. Nagellack soll schnell trocknen, nicht kleben, guten Glanz geben, nicht zu früh abblättern und lichtecht gefärbt sein. Er soll auf der Nagelplatte leicht und ohne Streifen zu geben verteilbar sein. Bei der Anwendung wird der Nagellack auf die Nagelplatte aufgetragen und trocknet je nach dem verwendeten Lösungsmittel innerhalb von 10 bis 15 Min. zu einem zusammenhängenden, verhältnismäßig harten Film ein. Die Beständigkeit und Haltbarkeit des Nagellackfilms ist abhängig von der Qualität der Rohstoffe, ihrer richtigen Zusammensetzung und der Tätigkeit der Trägerin mit der Hand. Der Nagellackfilm löst sich innerhalb 5 bis 8 Tagen in dünnen Blättchen von der Nagelplatte wieder ab, dann muß der Rest mit Nagellackentferner entfernt und neu gelackt werden.

Man unterscheidet bei Nagellacken folgende Sorten:

1. Durchsichtigen, transparenten Nagellack, in dem die gewünschte Farbe gelöst wird,
2. deckenden sog. „Creme"-Nagellack oder Pigmentlack, in dem Körperfarben höchster Feinheit und Stoffe, die deren Sedimentation verzögern, verarbeitet werden,
3. Nagellack mit Perlmutterglanz, zu dem Fischschuppenessenz oder Fischsilberpaste verarbeitet werden.

Von einem guten Nagellack werden folgende Eigenschaften erwartet:

1. Wasserbeständigkeit, Säurefreiheit, guter Geruch,
2. schnelles, schleierfreies Auftrocknen zu einem hochglänzenden, elastischen, genügend widenstandsfähigen und leicht polierbaren Film,
3. gutes Haftvermögen, wenigstens eine Woche lang.

Nagelpoliermittel dürfen Stoffe, die den Nagel zerkratzen, nicht enthalten. Die verwendeten Putzkörper sollen vor der Herstellung durch Sieb Nr. 150 abgesiebt werden.

Zahlreiche Berichte in der medizinischen Literatur beschreiben Erkrankungen nach dem Gebrauch von Nagellack, so über Mißfärbungen der Nägel und Schuppungen, erhöhte Brüchigkeit der Nagelplatte, Trockenheit und dadurch Minderung ihrer Elastizität, Splittern der Nägel, sogar über allergische Hauterscheinungen, die durch Nagellack hervorgerufen wurden. Auch auf die antiseptische Wirkung der Bestandteile des Nagellacks und auf die Bedeutung des Lackierens der Nägel in bezug auf Infektionen der Nägel ist hingewiesen worden. Es ist kein Zweifel, daß eine richtige Nagelpflege erst die Handpflege vollendet, die sich sinngemäß aus der Hautpflege ergibt.

Nagelhautentferner.

Cuticle remover.

1. Trinatriumphosphat . . 8,0 | Wasser, dest. 80,0
Glycerin . . . . 12,0 | Parfümöl, wasserlöslich . . 0,5

2. Triäthanolamin . . . . 10,0 | Wasser, dest. 80,0
Glycerin . . . . 10,0 | Parfümöl, wasserlöslich . . 0,5

3. Triäthanolamin . . . . 25,0 | Pottasche 5,0
Glycerin . . . . 25,0 | Wasser, dest. 45,0

Trinatriumphosphat bzw. Pottasche werden im Wasser gelöst, die übrigen Bestandteile zugegeben und die Mischung filtriert.

4. Natriumperoxyd . . . . 1,0 | Glycerin 10,0
Triäthanolamin . . . . 3,0 | Weingeist (95%) 10,0
Wasser, dest. 76,0

5. Trinatriumphosphat . . 80,0 | Glycerin DAB. 6 200,0
Rosenwasser (3fach) . . . 720,0

Nagellack (HANSEL).

1. *niedrigviscos.*

Kollodiumwolle E 510 oder E 400 angefeuchtet mit 35% Butanol	15,0	Benzol	30,0
Butanol	15,0	Diäthylphthalat	5,0
Äthylalkohol	30,0	Bernstein	3,0
		Farbe und Parfüm	2,0

2. *hochviscos.*

Kollodiumwolle E 950 angefeuchtet mit 35% Butanol	12,0	Äthylacetat	15,0
Rizinusöl	3,0	Toluol	20,0
Benzoe	5,0	Benzoe	20,0
Butyl- oder Amylacetat	20,0	Farbe und Parfüm	5,0

Soll der Lack gegen Säureeinwirkung stabilisiert werden, versetzt man die Kollodiumwolle mit Harnstoff oder -Naphthylamin.

Nagellack. Hochglanzlack mit Perlmutterglanz.

In einer Mischung von

Amylacetat . . . . . . 70,0 | Aceton, wasserfrei . . . 200,0

werden gelöst

Celluloseacetat, mittelviscos . . 50,0

und der Lösung zugegeben

Rizinusöl 20,0

in dem verteilt sind

Fischschuppenessenz . . 50,0

Zum Überdecken der Gerüche der Lösungsmittel sind Lavendel-, Bergamotte- und Rosenöl bewährt. Als Farbstoffe finden acetonlösliche Teerfarbstoffe Verwendung.

Mittel gegen brüchige Nägel (PuS).

(Vgl. auch S. 435.)

Nagelöl.

Sojabohnenöl, raff.	50,0	Perubalsamöl	1,0
Lecithin	2,0	Sog. Vitamin FO	1,0
Ichthyol ®	1,0	Rizinusöl extra	45,0

Nagel-Lotion.

Lecithin, wasserlöslich	0,5	Rosenwasser	30,0
Orangenblütenwasser	20,0	Weingeist (90%)	10,0
Lavendelwasser, Destillat	10,0	Dest. Wasser	29,5

Farbe und Konservierungsmittel nach Bedarf.

Nagelpflegecreme.

Laceranum ® anhydricum	3,0	Glycerinsalbe DAB. 6	27,0
Siliconöl	0,15		

Verwendung. Bei trockenen Nägeln tägl. damit einzureiben.

Nagelpolierpulver (ROTHEMANN).

Zinnoxyd rein	600,0	Zinnoleat	10,0
Talcum Ia	100,0	Titandioxyd	60,0
Kaolin Ia weiß	100,0	Carnaubawachs Ia	20,0
Zinkoxyd, Weiß- oder Grünsiegel	100,0	Benzoetinktur (20%ig)	25,0
Parfümöl	5,0		

Die Pulverbestandteile sorgfältig mischen, zweimal durch ein Seidensieb bürsten. Das Carnaubawachs und das Parfümöl in wenig Weingeist (95%) lösen, die Benzoetinktur zugeben. Die alkoholische Mischung mit einem Zerstäuber über die gesiebten Pulver verteilen und das Ganze noch einmal sorgfältig mischen.

Nagelweiß.

Nail whiting.

(DAZ) Stearinsäure Erg.-B. 6 22,0 | Paraffin, flüssig 7,5

werden zusammengeschmolzen und der 80° warmen Schmelze die gleichwarme Lösung von

Triäthanolamin . . . . . . 2,0 | Wasser 43,0

unter Umrühren zugegeben.

Titandioxyd . . . . 7,5 | Glycerin 7,0
Wasser, dest. 10,0

werden in der Reibschale angerieben und der Mischung zugegeben und bis zum Erkalten gerührt.

Nasenpflege.

Nase, kalte.

Eine kalte Nase ist ein Zeichen mangelhafter Durchblutung. Die Erscheinung kann so unangenehm werden, daß sie die Betroffenen am Einschlafen hindert. Es empfiehlt sich, die kalte Nase wenigstens in der kalten Jahreszeit mit Creme zu bedecken und zu pudern, um damit einen Wärmeschutz zu erreichen. Auch die Massage mit Kampfersalbe, Bestrahlungen mit der Vitaluxlampe und Wechselbäder sind zweckmäßig.

Nasenröte.

Nasenröte kann auf schlechter Durchblutung der Nasenhaut oder einem Blutandrang zum Kopf beruhen. Häufig ist abnorme Nasenröte konstitutionell oder durch organische Erkrankungen bedingt, auch Erfrierungen können die Ursache sein. Unter dem Einfluß von Temperaturwechseln und bei seelischen Erregungen tritt sie besonders deutlich auf. Auf keinen Fall sollte eine Nasenröte vernachlässigt werden, da sie auch der erste Grad einer Kupferfinne sein kann, bei der die Rötung nicht nur auf die Nase beschränkt bleibt, sondern auch andere Hautveränderungen, wie Schuppung, Gewebsverdickung usw., auftreten. Um den gestörten Kreislauf wieder in Gang zu bringen, können örtliche Wechselbäder neben 10%iger Ichthyolsalbe Verwendung finden. Wichtig ist die Einhaltung einer richtigen Diät: Reizende und heiße Getränke, starker Tee und Kaffee sowie Alkohol sind zu vermeiden; neben der Regelung der Verdauung, der Behandlung etwa vorhandener Unterernährung, Bleichsucht oder Magenleiden, sind vor allem plötzliche Temperaturveränderungen aus dem warmen Zimmer in die kalte Luft oder umgekehrt schädlich. Auch eine sorgfältige Untersuchung des Naseninnern durch den Facharzt ist anzuraten, die Anwendung von Bleichcremes ist aussichtslos.

Borkenbildung in der Nase.

1. Borax . . . . 10,0 | Pfefferminzöl . . . . 10 Tr.
Natriumchlorid . . . 37,5 | Wasser . . . . auf 150,0

1 Kaffeelöffel voll auf 1 Glas lauwarmes Wasser zum Ausspülen der Nase mit dem Nasenspüler nach FRÄNKEL (vgl. Bd. I, S. 713).

2. *Nasensalbe.* Borsäure . 0,5 | Lanolin DAB. 6
Gelbes Vaselin . . . āā 10,0

Nasenbad.

Natriumbromid	0,05	Natriumsulfat, getrocknet	1,0
Kaliumsulfat	1,3	Borsäure	5,0
Borax	5,0	Natriumchlorid	77,65
Natriumhydrogencarbonat (-bicarbonat)	10,0		

Verwendung. Zum Nasenbad mittels des Fränkelschen Nasenspülers (s. Bd. I, S. 713, Abb. 220) bei trockener Nasenschleimhaut 1 Messerspitze voll in körperwarmem Wasser lösen.

Nasenemulsion (DEHYDAG).

Emulgade ® F (s. S. 115)	3,0	Borsäure	0,5
Cetiol ®	30,0	Terpentinöl DAB. 6	1,0
Menthol	0,2	Wasser	65,3

Riechmittel bei Schnupfen (SIDO).

Auf das Taschentuch getropft zum Einatmen.

Terpentinöl	60,0	Menthol	1,2
Kiefernnadelöl	15,0	Äther	20 Tr.
Eukalyptusöl	4,0	Cajeputöl	2 Tr.

Weingeist (90%) . . auf 180,0

Salbe gegen Nasenröte (BEIERSDORF).

Thigenol ®	0,4 bis 1,0	Wismutsubnitrat	2,0
Zinkoxyd, roh, DAB. 6	2,0	Kühlsalbe DAB. 6	

Laceranum, ® wasserfrei . . ää 20,0

Schneeberger Schnupftabak.

1. ANM ®	10,0	Veilchenwurzelpulver	55,0
Weizenstärke	55,0	Medizin. Seife	10,0

Quillajarinde, pulv. . . 5,0

Der Pulvermischung werden 8 bis 10 Tr. Bergamottöl einverleibt.

2. ANM ®	10,0	Veilchenwurzel, pulv.	34,0
Weizenstärke	50,0	Maiglöckchenblüten, pulv.	4,0

Nießwurz, weiß, pulv. . . 2,0

Der Pulvermischung werden 2 Tr. Nelkenöl einverleibt.

Schnupfensalbe (DEHYDAG).

Emulgade ® F (s. S. 115)	12,0	Kampfer	0,3
Cetiol ®	18,0	Borsäure	0,5
Paraffinöl	5,0	Eukalyptusöl	1,0
Menthol	0,1	Wasser, dest.	63,1

Schnupfenwatte (SIDO).

Menthol	1,0	Glycerin	
Hexamethylentetramin	1,5	Citronellöl	ää 0,5

Weingeist (90%) . . . auf 100,0

Die Watte wird mit der Lösung getränkt, dann läßt man den Weingeist bei Lufttemperatur verdunsten und füllt die Schnupfenwatte in bestverschlossenen Glasröhrchen oder Döschen ab.

Puder.

Siehe auch Gesichtspuder, S. 443ff., Kinderpuder, S. 411ff., Fußpuder, S. 286.

Mit Puder, *Pulvis inspersorius*, bezeichnet man äußerlich anzuwendende Pulver oder Mischungen pulverförmiger Stoffe oder deren Suspensionen in einer Flüssigkeit „flüssige Puder". Vielfach sind sie aus mehreren Bestandteilen zusammengesetzt, oft aus anorganischen und organischen Stoffen, weil kein Pudergrundstoff allen an einen Puder zu stellenden Anforderungen entspricht. Puder haben den physikalischen Zweck, gleitfähig zu machen, durch Oberflächenvergrößerung zu kühlen, Sekrete aufzusaugen und unschädlich zu machen und dadurch die Haut auszutrocknen, um ihre schädigende Auflockerung zu verhüten, aber auch die, ihnen zugesetzten Arzneimittel oder kosmetisch wirksamen Stoffe zur Wirkung zu bringen.

Nach v. CZETSCH-LINDENWALD/SCHMIDT-LA BAUME[1] sind folgende Kennzahlen zur Charakterisierung von Pudergrundstoffen oder Pudergrundlagen wichtig:

Wasseraufnahmefähigkeit	Haltbarkeit
Ölaufnahmefähigkeit	p_H-Wert der Puder-Wasser-Mischung
Schüttgewicht	Deckkraft (Haftfestigkeit)
Oberflächenabsorptionskraft	Gleitfähigkeit
Kühlvermögen	Verstäubungsneigung.

Für kosmetische Puder sind außerdem noch wichtig:

Kornfeinheit (weicher Griff)	Glanzlosigkeit
Unschädlichkeit	Reizlosigkeit.

Auf die nur physikalisch-chemisch feststellbaren Punkte soll hier nicht eingegangen werden, zur eingehenden Orientierung wird auf die Originalliteratur verwiesen.

Das *Schüttgewicht* ist der Raum ausgedrückt in ccm, den 1 g einer Substanz ausfüllt. 1 g gebrannte Magnesia füllen 8 ccm Raum aus, ihr Schüttgewicht ist also 8. Das Schüttgewicht ist jeweils abhängig von der Art und Größe der Stoffteilchen und dem spezifischen Gewicht des Stoffs.

Die *Absorptionskraft* ist naturgemäß in weitem Maße von dem zur Anwendung kommenden Material abhängig und daher sehr schwankend.

Das *Kühlvermögen* beruht auf der Fähigkeit der Puderbestandteile durch Vergrößerung der Verdunstungsfläche, der Haut mehr oder weniger Kalorien zu entziehen, und ist abhängig von der Wärmeleitfähigkeit und Wärmekapazität der betreffenden Stoffe.

Die *Haltbarkeit* ist bei anorganischen Stoffen meist unbeschränkt, bei organischen oft veränderlich, da sie häufig hygroskopisch sind und sich an feuchter Luft oder durch den Einfluß von Bakterien zersetzen und mit Wasser Schleime bilden.

Die *Deckkraft* ist die Kraft einer bestimmten Menge eines Pigments zu färben. Von den Weißpigmenten besitzt Titandioxyd die beste Deckkraft.

Die *Haftfestigkeit* gewährleistet erst die Wirkung eines Puders, sie ist also für medizinische und kosmetische Puder gleich wichtig. Man kann sie durch Feststellung der Menge eines Puders bestimmen, die auf trockener bzw. feuchter Haut auf einer Fläche von 100 qcm haftet. Durch Abpinseln der nichthaftenden Teile kann die Haftfestigkeit bestimmt werden.

Der p_H*-Wert der Puder-Wasser-Mischung* kann ungefähr durch einfache Messung der überstehenden Flüssigkeit mit Universal-Indikator-Papier gemessen werden.

Die *Gleitfähigkeit* hängt ab vom Schüttgewicht der verwendeten Stoffe, ihrer Teilchengröße und Adhäsion und ihrer Neigung zur Ballung. Insbesondere für die Abgabe von Pudern in Streudosen ist diese Eigenschaft von Pudergrundlagen wegen der Gefahr des Verstopfens der Streuöffnung wichtig.

Die *Verstäubungsneigung* ist besonders bei spezifisch sehr leichten Puderbestandteilen (Aerosil, Kolloidkaolin, Magnesiumverbindungen) ausgeprägt.

[1] v. CZETSCH-LINDENWALD/SCHMIDT-LA BAUME: Salben, Puder, Externa, 3. Aufl. Berlin/Göttingen/Heidelberg: Springer 1950.

Pudergrundstoffe.

An Pudergrundstoffen finden Verwendung: Anorganische, organisch-anorganische und organische, deren wichtigste nachstehend aufgeführt sind.

Anorganische Pudergrundstoffe.

Aerosil ®	Magnesiumoxyd
Aluminiumhydrosilikat	Magnesiumstearat
Aluminiumhydroxyd	Silicumdioxyd
Aluminiumoxyd	Strontiumsulfat
Bariumsulfat (nur chem. rein)	Talk[1]
Calciumcarbonat	Titandioxyd
Kaolin und Kolloid-Kaolin	Zinkcarbonat (natürliches)
Kieselgur	Zinkoxyd, rein
Magnesiumcarbonat (bas.)	Zinksilikat (natürliches)

Organisch-anorganische Pudergrundstoffe.

Aluminiumstearat	Magnesiumundecanat
Magnesiumlaurat	Zinklaurat
Magnesiumstearat	Zinkstearat

Zinkundecanat

Organische Pudergrundstoffe.

Als organische Pudergrundlagen fanden früher vor allem die verschiedenen *Stärkearten*, hauptsächlich Reisstärke Verwendung. Sie sind infolge ihrer leichten Zersetzlichkeit durch Mikroorganismen und Sekrete sowie durch Quellfähigkeit, Kleisterbildung mit Wasser zur Herstellung von medizinischen und kosmetischen Pudern gleichermaßen verdrängt worden.

Selbst feinste Stärken in kosmetischen Pudern setzen sich in den Hautporen fest und verkleben diese nach Adsorption von Feuchtigkeit. Bei längerer Anwendung solcher Puder wird die Haut so großporig, daß dieses Übel nur durch ein kräftiges „Make-up" verdeckt werden kann, wodurch der Schaden nur noch verschlimmert wird. In der ANM-Pudergrundlage ist eine ideale Pudergrundlage geschaffen, die für sich allein zu den verschiedensten medizinischen und kosmetischen Zubereitungen verarbeitet oder in Rezepten, die bisher gewöhnliche Stärke vorsahen, eingesetzt werden kann. Durch die Verwendung von ANM-Pudergrundlage wird die Qualität des Endprodukts wesentlich verbessert, vor allem ist sie ein vorzüglicher Wirkstoffträger, weil sie die Wirkstoffe sehr leicht adsorbiert, sie aber ebenso leicht an die Umgebung bei der Verwendung wieder abgibt. Als weitere organische Pudergrundlagen finden Verwendung *Mandelkleie* (s. Bd. II, S. 850), Lycopodium (s. Bd. II, S. 163). Als *künstliches Lycopodium*, das einen lockeren, leicht fließenden Puder ergibt, kann ein Gemisch aus 98 T. ANM, 1 T. basisches Magnesiumcarbonat und 1 T. wasserfreiem Wollfett, Walrat oder Carnaubawachs Verwendung finden. An pulverisierten Drogen finden als Puderzusätze feinstpulverisiert Salbeiblätter, Eibischblätter und Veilchenwurzel Verwendung.

Einteilung der Puder.

Die Puder werden nach ihrem Verwendungszweck eingeteilt in

Adstringierende Puder,	Kinderpuder,
Bühnenpuder,	Körperpuder,
Desodorisierende Puder,	Rasierpuder,
Fettpuder,	Schminkpuder,
Fußpuder,	Sonnenbrandpuder,
Gesichtspuder, lose und kompakt,	medizinische Puder.

[1] Vgl. Fußnote S. 286.

Puderherstellung.

Kleine Pudermengen können in der Pulvermischdose nach WOLSIFFER durchgeführt werden, größere in einer großen Reibschale mit anschließendem mehrmaligen Durchsieben durch ein den Puderbestandteilen entsprechend feines Sieb. Größere Mengen werden in Mischtrommeln, die häufig mit Sieben kombiniert sind, oder in Kugelmühlen gemischt. Das *Färben* wird so durchgeführt, daß ein Bestandteil des Puders gefärbt wird und dieser dem übrigen Puder zugemischt wird, während beim *Überfetten* entweder ein Teil des Puders mit dem Fett verrieben wird und die Mischung allmählich mit dem übrigen Material vermengt wird, oder aber daß der einzuverleibende Fettkörper in Äther, Petroläther oder einem anderen leicht zu verjagenden Lösungsmittel (*Vorsicht, Feuersgefahr!*) zur Lösung gebracht und der Puder mit dem gelösten Fettstoff getränkt wird. Diese Fettlösung oder das geschmolzene Fett kann auch unter Umrühren durch Aufsprayen auf den Puder diesem einverleibt werden. Die letzten Methoden gewährleisten eine gleichmäßigere Verteilung des Fettkörpers im Puder, besonders beim Aufsprayen. Die Verwendung von ANM-Pudergrundlage gestattet die Einverleibung von Wirkstoffen auch unter Verwendung von Wasser, selbstverständlich muß anschließend dann wieder getrocknet werden.

Zur Überfettung von Pudern sind Cetiol, Cetiol V, Eutanol G und gereinigte Fettalkohole vorzüglich geeignet. Die Puder gleiten und haften besser, und die genannten Stoffe begünstigen die Wasseraufnahme durch ihren hydrophilen Charakter. Ein weiterer Vorteil ist ihre ausgesprochene Hautfreundlichkeit und völlige Reizlosigkeit.

Verwendung von Puder. Man trägt Puder zweckmäßig mit einem Wattebausch (*bel*® ist für kosmetische Zwecke besonders geeignet), einer Puderquaste oder aus einer Streubüchse auf. Überall dort, wo die Haut näßt oder gar eitert, darf Puder nicht angewandt werden, weil unter den sich bildenden Krusten aus Sekret und Puder die krankhaften Veränderungen weiter gehen, ja sogar begünstigt werden.

Adstringierender Puder.

ANM®	20,0	Aluminiumstearat	5,0
Aerosil®	5,0	Zinkoxyd	5,0
Kaolin	20,0	Talcum[1]	45,0

Adstringierender Puder (Riedel-de Haën).

1.	Aluminiumstearat	5,0	Talcum 0000[1]	60,0
	Zinkoxyd	5,0	Kaolin	30,0
2.	Aluminiumstearat	3,0	Kaolin	37,0
	Talcum 0000	60,0		

Chloraminpuder.

Chloramin®	10,0	Magnesiumcarbonat	10,0
ANM®	10,0	Talk, feinst[1]	70,0

Verwendung. Als desodorisierender Puder.

Chlorophyllinpuder, desodorisierend (MUNCH).

Kalium-Kupfer-Chlorophyllin	2,0	Zinkstearat	4,0
Magnesiumcarbonat	25,0	Talcum[1]	auf 100,0
Parfüm	0,5		

Desinfizierender Puder.

1.	Chinosol®	2,0	ANM®	10,0
	Aerosil®	3,0	Talcum[1]	auf 100,0

[1] s. Fußnote S. 286.

2. (JANOWITZ) Borsäure	10,0	Nipagin ® M	0,3
Salicylsäure	2,0	Talcum[1]	60,0
Zinkperoxyd	1,0	Kaolin	20,0
Zinkstearat	6,0	Parfüm	0,7

Desinfizierender und desodorisierender Puder (RUEMELE).

Natriumperborat	10,0	Dinatriumphosphat	25,0
Natriumhydrogencarbonat (-bicarbonat)	50,0	Weinsäure	10,0
		Natriumthiosulfat	5,0
Tannin	1,0		

Desodorisierender Puder.

Raluben ®	1,0	Magnesiumstearat	10,0
Zinkoxyd, roh, DAB. 6	14,0	Kolloid-Kaolin	30,0
Magnesiumcarbonat	5,0	Talcum[1]	40,0

Dieser Puder ist besonders auch gegenüber Hautpilzen und gegenüber den Erregern der Zwischenzehenmykose wirksam.

Desodorisierender Puder (JANISTYN).

1. Zinksuperoxyd	25,0	Borsäure, pulv.	20,0
Talk Ia[1]	40,0	Kolloid-Kaolin	14,5
Parfüm	0,5		

2. Talk[1]	20,0	Zinkoxyd	10,0
Kolloid-Kaolin	40,0	Magnesiumstearat	5,0
Formaldehydstärke	10,0	Kieselsäure, kolloidal	5,0
Oxychinolinsulfat	1,0 bis 2,0		

3. Paraformaldehyd	3,0	Talk[1]	40,0
Magnesiumstearat	10,0	Kolloid-Kaolin	30,0
Zinkoxyd	10,0	Borsäure, pulv.	5,0
Calciumcarbonat	2,0		

Fettpuder.

ANM ®	43,0	Eutanol ® G oder Cetiol ® bzw. Cetiol V	2,0
Talk 0000[1]	43,0	Parfüm	nach Bedarf
Magnesiumstearat	10,0		

Flüssiger Schwefelpuder.

Schwefel, kolloidal in Glycerin	2,0	Aerosil ®	1,0
Talcum[1]	6,0	Magnesiumcarbonat	1,0
Kolloid-Kaolin	5,0	Karion ® F, flüssig,	5,0
Rosenwasser (1 : 1000)	800		

Verwendung. Bei Seborrhöe des Gesichts und der Kopfhaut.

Gesichtspudergrundlagen.

Gute *Deckkraft* zeigen: Bariumsulfat, chem. rein, Magnesiumoxyd, Titandioxyd, Zinkoxyd, Kaolin.

Gutes *Aufsaugvermögen* haben: Magnesiumcarbonat, Magnesiumoxyd, Aerosil.

Gutes *Haftvermögen* besitzen: Magnesium- und Zinkstearat, die auch gutes Gleitvermögen besitzen.

Zur Einverleibung und *Fixierung* von Duft- und Farbstoffen eignet sich besonders Magnesiumcarbonat.

---

[1] s. Fußnote S. 286.

Gesichtspudergrundlage.

Osmo-Kaolin	47,0	Talcum[1]	15,0
Titandioxyd	8,0	Magnesiumcarbonat	5,0
ANM ®	20,0	Magnesiumstearat	5,0

Farbe und Parfüm . . nach Belieben

Gesichtspuder (JANISTYN).

1. *leicht.*

Talk extra[1]	65,0	Kreide, gefällt	7,5
Kolloid-Kaolin	20,0	Zinkundecanat	7,5

2. *mittelschwer.*

Talk extra	55,0	Kolloid-Kaolin	30,0
Zinkstearat	7,0	Kreide, gefällt	8,0

3. *schwer.*

Titandioxyd	10,0	Kreide, gefällt	8,0
Zinkstearat	5,0	Kolloid-Kaolin	7,0

Talk, extra[1] . . . 70,0

Gesichtspuder mit ANM (Neckar-Chemie).

1. (*Tagespuder*)

Talcum, reinweiß	500,0	Titandioxyd	100,0
ANM ®	300,0	Parfümöl	20,0
Zinkoxyd	100,0	Puderfarbe	nach Bedarf

2.

ANM ®	70,0	Zinkweiß	50,0
Talcum[1]	100,0	Cold-Creme[2]	0,5

3.

Zinkoxyd	50,0	Talcum[1]	800,0
Zinkstearat	50,0	ANM ®	100,0

Das Parfümöl wird mit ANM verrieben und dann erst den übrigen Puderrohstoffen zugegeben. Dasselbe gilt für die Verwendung von Pigmenten.

Gesichtspuder, weiß.

Kolloid-Kaolin 000	50,0	Aerosil ®	3,0
Titandioxyd	12,0	Talcum, feinst[1]	15,0

Magnesiumstearat . . 5,0

Hamamelis-Lanolin-Puder.

Hamamelis-Destillat	50,0	Talcum[1]	550,0
Zinkoxyd	300,0	Magnesiumcarbonat	50,0

Wollfett, wasserfrei. . . 50,0

Das Wollfett auf dem Wasserbad schmelzen und mit dem Hamamelisdestillat mischen und bis zur mäßigen Bindung kaltrühren. Die Puderbestandteile in einer Kugelmühle mit der noch warmen Wollfett-Hamamelis-Mischung 20 Min. vermengen.

Kompaktpuder.

Reisstärke oder ANM ®	200,0	Zinkoxyd	50,0
Talk 0000[1]	400,0	Magnesiumstearat	50,0
Kaolin	300,0	Parfüm	nach Bedarf

Körperpuder.

ANM ®	35,0	Kaolin	20,0
Talk 0000[1]	35,0	Magnesiumstearat	10,0

Parfüm . . nach Bedarf

---

[1] s. Fußnote S. 286. — [2] Bequemer Eutanol ® G.

Körperpuder (JANISTYN).

1. Reisstärke . . . . 60,0 | Kolloid-Kaolin, bas., ... 10,0
Talk DAB. 6[1] . . . . 20,0 | Zinkstearat 5,0
Kieselgur, extra fein 5,0

2. Reisstärke . . . . 50,0 | Magnesiumcarbonat . . 20,0
Maisstärke . . . . 20,0 | Talk DAB. 6[1]. 10,0

Körperpuder mit ANM (Neckar-Chemie).

1. ANM ® . . . . . 100,0 | Kaolin, colloid. 60,0
Talcum[1]. . . . . . 700,0 | Titandioxyd 20,0
Zinkoxyd 50,0

2. AN®M . . . . . 100,0 | Magnesiumcarbonat . . 50,0
Talcum[1]. . . . . . 600,0 | Zinkoxyd 50,0
Kaolin, colloid. . . 250,0 | Salicylsäure 10,0

3. ANM ® . . . . . 20,0 | Magnesiumstearat. . . 10,0
Talcum[1]. . . . . . 80,0 | Kaolin, colloid. 40,0
Magnesiumcarbonat. 20,0 | Zinkoxyd 20,0

Körperpuder (mild adstringierend) (ROTHEMANN).

Talk, Ia weiß, glimmerfrei[1] . . 570,0 | Aluminiumstearat 50,0
Kolloid-Kaolin, hochdispers . . 200,0 | Aerosil® 50,0
Magnesiumcarbonat, leviss. . . 100,0 | Hamamelisextrakt 25,0
Parfümöl 5,0

Das Parfümöl mit Magnesiumcarbonat innig verreiben, in gut verschlossenem Gefäß eine Woche lagern lassen. Den Hamamelisextrakt mit Aerosil verreiben, dann mit Kaolin mischen. Zum Schluß alle Bestandteile mischen und zweimal durch ein enges Seidensieb bürsten.

Körperpuder (SIDO).

1. A. Weißes Wachs . . . 10,0 | Wollfett, DAB. 6. . . . 40,0
Weißes Vaselin 100,0

B. Formaldehydlösung DAB. 6 10,0 | Dest. Wasser 40,0

C. Zinkoxyd, roh, DAB. 6 . . 200,0 | Talcum[1]
Kieselgur | Stärke (besser ANM®) . . āā auf 1000,0

A. Schmelzen, B. einrühren, kaltrühren. Mit C. zu Puder verarbeiten.

2. A. Thymol . . 10,0 | Ätherweingeist . . 50,0
Talcum[1] 700,0

B. Wollfett, DAB. 6. . 50,0 | Äther 200,0
Calciumcarbonat, leviss. . . 240,0

A. Für sich bereiten und trocknen, B. ebenfalls, dann A. und B. mischen. *Vorsicht, Feuersgefahr!*

3. Oxychinolinsulfat. . 2,0 | Zinkstearat. 10,0
Borsäure . . . . . 5,0 | Talcum[1] 82,75
Duftstoff. 0,25

4. Paraamylmetakresol . . 0,25 | Zinksuperoxyd. 10,0
Borsäure . . . . 5,75 | Kaolin 15,0
Magnesiumstearat . . . 10,0 | Talcum[1] 59,0

Lanolin-Streupulver.

Wollfett DAB. 6 . . . . 5,0 | Borsäure, pulv. 2,0
Äther . . . . 20,0 | Talk DAB. 6[1]. 50,0
ANM ® . . . . 45,0 | Hoffmannscher Lebensbalsam . . 1 Tr.
Gaultheriaöl . . . . 1 Tr.

[1] s. Fußnote S. 286.

Das Wollfett wird in Äther gelöst und mit ANM verrieben, dann getrocknet. Dann wird die trockene Mischung mit den übrigen Zutaten vermengt und mehrmals durch Sieb 4 abgesiebt.

Luxuspuder (Rothemann).

Talcum Ia[1]	450,0	Aerosil ®	50,0
Kolloid-Kaolin	250,0	Magnesiumundecanat	50,0
Zinkoxyd (Weißsiegel oder Goldsiegel)	100,0	Vitamin F (250000 Sh-L-Einh. i.g.)	2,5
Titandioxyd	25,0	Spezialpuderfarbe	10,0 bis 20,0
Magnesiumstearat, rein, „Merck“	75,0	Parfümölkomposition	20,0

Die Puderfarbe mit etwa 100 g Talcum in der Reibschale innig zerreiben, dann die restliche Talcummenge dazumischen. Vitamin F und Parfümöl mit soviel Aerosil verreiben, daß sich ein trocken anzufühlendes Pulver ergibt. Dann werden sämtliche Bestandteile innig gemischt, einmal durch Sieb V und dann 6- bis 7mal durch Sieb VI gebürstet. Durch das wiederholte Sieben wird die Farbintensität der Mischung verfeinert.

Lycopodium, hautfarbiges. Lycopodium cuticolor (Munk).

Zinkoxyd	5,0	Eosinlösung, weingeistige (1%)	10,0
Lycopodium	85,0		

Verwendung. Als hautfarbiger Puder.

Pudergrundlage.

1.

ANM ®	30,0	Zinkstearat	10,0
Aerosil ®	5,0	Talcum[1]	55,0

2.

ANM ®	20,0	Kaolin geschlämmt, feinst	10,0
Aerosil ®	5,0	Magnesiumstearat	10,0
Talcum, feinst[1]	auf 100,0		

Puder, juckreizlindernd (Will).

Talk DAB. 6[1]	25,0	Zinkoxyd DAB. 6	5,0
Magnesiumcarbonat, bas.	30,0	Menthol	
Weißer Ton DAB. 6	10,0	Kampfer	
Kölnisch Wasser-Öl	ãã 0,5		

Puderkörper, zusammengesetzte, mit Stärke (Winter).

	1.	2.	3.
Mais- oder Reisstärke	450,0	300,0	350,0
Zinkoxyd	220,0	150,0	210,0
Talcum[1]	300,0	250,0	500,0
Magnesiumcarbonat	50,0	50,0	70,0
Kaolin, kolloid.	—	300,0	340,0
Titandioxyd	30,0 bis 50,0	150,0	110,0

Puderkörper ohne Stärke (Winter, Sido).

	1.	2.	3.	4.	5.	6.
Talcum[1]	110,0	340,0	600,0	160,0	100,0	100,0
Kaolin, kolloid.	20,0	60,0	200,0	240,0	—	—
Magnesiumcarbonat	10,0	20,0	100,0	25,0	50,0	10,0
Zinkoxyd	10,0	100,0	—	100,0	—	—
Zinkstearat	—	—	50,0	—	—	10,0
Titandioxyd	5,0	20,0	50,0	25,0	—	—
Bolus, weiß steril.	—	—	—	—	—	30,0

[1] s. Fußnote S. 286.

Puderkörper mit Zinkstearat (MERCK).

Nach der Anweisung des Reichsinnenministeriums vom 2. 12. 1932 ist Zinkstearat als Zusatz zu kosmetischen Präparaten gestattet, und zwar bei Gesichtspuder in Menge bis zu 30%, bie Körper- und Kinderpudern in Mengen bis zu 10%.

	1.	2.	3.
Talcum 0000[1]	70,0	45,0	70,0
Kaolin, fein geschlämmt	13,0	37,5	—
Magnesiumcarbonat	7,0	7,5	—
Zinkstearat E	10,0	10,0	15,0
Reisstärke (besser ANM)	—	—	30,0

Puderparfümöl (H & R).

1. Heliotropin amorphe (z. B. Heliokret Sch. & Co.) . . 40,0
Lilazon E 18,0
Jasminol ® W 8,0
Rosenöl, bulg., kstl. 16,0
Ylang-Ylang Ia 6,0
Irozon extra H & R 6,0
Cedrozon E H & R 6,0

2. Cedrozon E H & R . . 45,0
Lilazon E H & R . . . 20,0
Jasminol ® W 8,0
Rosenöl, bulg., kstl.. . 6,0
Irozon extra H & R . . . 15,0
Kumarin. 4,0
Zimtalkohol 6,0
Muscolid ® 10% 1,0
Ambra, fl., kstl. 5,0

3. Bergamotte, konz. 15,0
Neroli, kstl. 2,5
Jasminol ® W 6,0
Rosenöl, bulg., kstl.. 3,5
Farnesia H & R 2,0
Ylang-Ylang Nossi Bè. . . . 6,0
Dianthoflor A 4,0
Vetiveröl, verd. 3,0
Patchoulyöl, nard. 2,0
Toncarol, spez., H & R . . . 6,0
Moosalpin H & R 8,0
Beurre de Mousse C M. & B. . 2,0
Ambra, flüssig, kstl. 4,0
Musc Tonquin Nr. 7992 . . . 2,0
Ketonmoschus 4,0
Heliokret Sch. & Co.. 4,0
Vanillin 6,0
Vanolia Nr. 3021 20,0
Resin Vanille clair 10,0

Puderparfümöl (SÖFW).

1. Fougère alpine H & R . . . 30,0
Opoponax Typ L. G. . . . 20,0
Cedrozon E 10,0
Jasminöl ® W 4,0
Irozon extra H & R 6,0
Fichtengrün H & R 1,0
Jacinthol E 1,0
Dianthoflor A 6,0
Patschuliöl, nard. 1,0
Amylsalicylat 2,0
Ketonmoschus 3,0
Mousse soluble 15,0
Galbanol 10% 1,0

Das Parfümöl hat eine dezente Grünnote.

2. Mausse ambrée E 20,0
Mimosaflor E 10,0
Jasminol ® W 7,5
Mugoflor S 7,5
Rosenöl, bulg., kstl. 5,0
Farnesia H & R 2,5
Cedrozon E. 12,0
Irozone extra H & R. . . . 8,0
Dianthoflor A 6,0
Ylang Ylang Ia 4,0
Vetiveröl, nard. 2,0
Patchouliöl, nard. 1,0
Heliotropin 6,0
Kumarin 2,5
Ambra flüssig 4,0
Musc. Tonquin 7992 H & R . . 2,0

Schwere, orientalische Note, durch blumige Töne aufgehellt.

Puderparfümöl, Fougère ambrée (H & R) von unbegrenzter Haltbarkeit.

Fougère alpine H & R . . . 25,0
Bouvardia H & R 8,0
Jasminol ® W 4,0
Jasmin coupage 2,0
Rose, kstl. 6,0
Opoponax pudré H & R . . . 20,0
Base française 6020 H & R . . 30,0
Mousse ambrée 6432 20,0
Moos alpine 9167 5,0
Mousse de Chêne soluble . . . 4,0
Ambra 6464 H & R 9,5
Ambrea 6684 H & R. 10,0
Fixateur 404 10% Naef . . . 1,5
Ketonmoschus 2,0
Kumarin 3,0

[1] s. Fußnote S. 286.

Luxuspuder-Parfümöl. Ambre poudré (H & R).

Bergamotteöl nard.	4,0	Patchouliöl, nard.	1,0
Linaloeöl nard.	2,0	Sauge sclarée selection	1,0
Rose de Mai, kstl. 23027	7,0	Angelicaöl, nard. 10%	1,0
Rosenöl, kstl., Typ bulg.	1,0	Irisöl Butaflor Robertet	0,5
Tubéreuse abs. synth. H & R	5,0	Ambrettemoschus	4,0
Jasmin, kstl., Typ Absolue	3,0	Ketonmoschus	1,0
Jasmin chassis	3,0	Bourbonal	4,0
Ylang Ylang I a	2,0	Heliotropin	2,0
Sandelholzöl, ostind., nard.	6,0	Kumarin	3,0
Vetiveröl nard.	1,5	Ambra, synth., H & R	48,0

Puder, überfettet (DEHYDAG).

Eutanol® G oder Cetiol ® oder Cetiol V	2,0	Reisstärke o. ä. Stärke	48,0
Lanette ® O oder Lanette ® N	2,0	Talk[1]	48,0

Herstellung. Die Fettkörper zusammenschmelzen und die Schmelze der Pudermischung sorgfältig beimischen, dann durch Sieb 4 geben.

Talkumpuder (JANISTYN).

1. Talk[1], extra . . . 90,0 | Zinkstearat 5,0
Magnesiumcarbonat . . 5,0

2. Talk, extra[1] . . . 85,0 | Kolloid-Kaolin . . . 4,0
Zinkundecanat . . 10,0 | Titandioxyd 1,0

Parfüm nach Belieben 0,2 bis 0,5%.

Zur Färbung von Talkumpuder empfiehlt JANISTYN:

Rosa I.

Litholrot SR (Strontiumtoner) . . 5,0 | Oker, gelb 95,0

werden gemischt und mit Talk 1:10 vermengt. Von dieser Mischung werden 2,0 bis 2,5% verwendet.

Rosa II.

Litholrot BA (Ba-Lack) . . 70,0 | Oker, gelb 30,0

werden gemischt und mit Talk 1:10 vermengt. Von dieser Mischung werden 2,5% verwendet.

Teerpuder (JANISTYN).

Teer, kolloidal (HEYDEN)	2,0	Zinkoxyd, leicht	10,0
Zinkstearat	5,0	Kolloid-Kaolin	20,0
Siliciumdioxyd, kolloidal	5,0	Talcum, extra[1]	58,0

Verwendung. Bei unreiner Haut, Akne, Seborrhöe usw.

Toilettepuder.

1. Talk, feinst[1] . 60,0 | ANM ® 40,0
Titandioxyd . . . 1,0

2. *Schminkpuder, weiß* | Titandioxyd 50,0
Talk, feinst[1] . . . . 50,0 | Magnesiumcarbonat . . 5,0

Wundpuder. Wismut-Streupulver.

Wismutgalat, basisch . . . . . 20,0 | Calciumcarbonat, pulv. leviss. . . 60,0
ANM ® 20,0

Verwendung. Als trocknender und granulierender Puder.

[1] s. Fußnote S. 286.

Tabelle 5 zur Anwendung von Gesichtspuder
(Aus dem Leichner-Brevier der Firma L. Leichner, Berlin-Dahlem.)

Teint	Haarfarbe	Puder	
		für den Tag	für den Abend
blaß	blond	gelbrosa	gelbrosa
frisch	blond	ocre rosée	naturelle
brunette	blond	ocre orient	naturelle
blaß	braun	naturelle	naturelle
frisch	braun	Hautfarbe	pfirsich
brunette	braun	naturelle	bräunlich
blaß	tizian	naturelle	ocre rosée
frisch	tizian	ocre rosée	ocre rosée
brunette	tizian	pfirsich	naturelle
blaß	schwarz	naturelle	apricose
frisch	schwarz	pfirsich	pfirsich
brunette	schwarz	sonnenbraunhell	sonnenbraundunkel
blaß	grau	naturelle	naturelle
frisch	grau	pfirsich	bräunlich
brunette	grau	Hautfarbe	Hautfarbe

Rasierhilfsmittel.

Bei Männern trifft man häufig Seifenüberempfindlichkeit als Folge des Rasierens. Der mechanische Reiz von Rasiermesser oder Rasierklinge addiert sich zu der Reizwirkung der Rasierseife und macht dadurch die Haut besonders für Hautkrankheiten zugänglich. Zur Neutralisierung der Alkaliwirkung der Rasierseife finden deshalb saure Rasierwässer Verwendung. In den unsichtbaren Hautverletzungen beim Rasieren können sich Staphylokokken und Streptokokken einnisten. Das sorgfältige Nachwaschen mit reichlich Wasser nach dem Rasieren und eine adstringierende Desinfektion ist deshalb sehr wichtig.

Als Lösungsmittel in Rasierwässern finden Äthyl-, Isopropyl- oder n-Propylalkohol Verwendung, ihr p_H-Wert soll zwischen 4 und 7 liegen. Rasierwässer enthalten reinigende, adstringierende, desinfizierende und die Haut pflegende Stoffe, ihr Mindest-Weingeistgehalt soll 20 Vol.-% betragen. Eine etwaige Färbung darf nur mit giftfreien licht- und lösungsmittelbeständigen Farbstoffen erfolgen.

Eukalyptusessig. Acetum Eucalypti.

Eukalyptusöl	2,0	Essigsäure DAB. 6	45,0
Pfefferminzöl	4,0	Wasser, dest.	444,0
Sandelholztinktur, rote . .	5,0	Weingeist (90%)	500,0

Hamamelis-Rasierwasser.

Karion Ⓡ F flüssig . . .	60,0	Menthol	0,5
Hamameliswasser	90,0	Azulen, rein „Dragoco“ . .	0,05
Weingeist (90%)	80,0	Dest. Wasser	auf 500,0

Hautcreme, nach dem Rasieren anzuwenden.

Azulen, rein, Dragoco 50%ig, in Paraffinöl	0,02	Karion Ⓡ F flüssig.	2,0
		Orangenblütenwasser, dreifach . .	5,0

Lanette-Salbe . . . . auf 100,0

Parfüm für Rasiercreme (PuS.).

Kölnisch Wasser		*Lavendel*	
Bergamottöl	100,0	Lavendelöl	300,0
Citronenöl	50,0	Spiköl	150,0
Portugalöl	50,0	Geraniumöl	100,0
Rosmarinöl	30,0	Kumarin	5,0
Lavendelöl	20,0	Sandelöl, ostind.	3,0
Petitgrainöl	30,0	Bergamottöl	200,0
Neroliöl, künstl.	20,0	Citronenöl	50,0

Rasiercreme für Schaum-Aerosol (Bergwein).

Stearinsäure, 3fach gepreßt	65,0	Isopropylmyristinat	5,0
Myristinsäure, rein	15,0	Karion ® F flüssig	30,0
Triäthanolamin NG	40,0	Polyoxyäthylen-Sorbitanmonolaurat	55,0
Borax	1,0	Polyoxyäthylen-Sorbitanmonoleat	50,0
Grundseifenpulver	10,0	Parfümöl	1,0
Lanolin	8,0	Wasser	720,0

Grundseifenpulver, Karion F flüssig, Borax und Triäthanolamin mit Wasser auf etwa 75° erwärmen und in gleichmäßigem Strahle in die auf etwa 80° erwärmte Schmelze der Fettsäuren und fettartigen Stoffe einrühren. Bei etwa 40° parfümieren.

Rasiercreme, nicht schäumende.

	1.	2.
Stearinsäure	50,0	45,0
Vaselin, weiß	10,0	—
Triäthanolamin	1,5	2,5
Borax	1,5	—
Glycerin	—	15,0
Wasser, dest.	130,0	67,5
Hamamelisrindenwasser	—	50,0
Weingeist (95%)	3,0	—
Parfümöl	1,2	—

Die Fettstoffe schmelzen und bei etwa 70° in die 60° warme Mischung von Triäthanolamin, Wasser und Borax einrühren. Bei etwa 40° das mit dem Weingeist vermengte Parfümöl zusetzen.

Die weiße Rasiercreme mit Perlmutterglanz ist besonders für fette Haut geeignet.

Rasiercreme, seifenfrei (Keimdiät).

Stearin	20,0	Triäthanolamin	1,7
Protegin ® (s. S. 145)	6,0	Glykol	1,1
Johanniskrautöl „Dr. Grandel“	3,2	Dest. Wasser	68,0

Rasiercreme überfettet, neutral (Anorgana).

Stearinsäure . . . 38,0 | Cocosfettsäure . . . 9,5
Lanogen ® C 2,5

werden miteinander verschmolzen und eingetragen in eine Lösung von

Kaliumhydroxyd . . . . 5,4 | Triäthanolamin NG . . . 17,4
Dest. Wasser 75,0

bei etwa 80°.

Rasieressig.

Karion ® F flüssig	50,0	Kölnisch Wasser	100,0
Weingeist (90%)	450,0	Essigsäure DAB. 6	15,0
Arnikatinktur DAB. 6	50,0	Dest. Wasser	1000,0

Nach mehrtägigem Stehen wird filtriert.

Rasiermilch (DEHYDAG).

Kampfer	0,2	Hamamelisextrakt, Destillat	5,0
Menthol	0,2	Weingeist (90%)	30,0
Borsäure	0,5	Emulgade ® F	0,75
Glycerin	1,0	Emulgade ® F spez.	0,75
Eutanol ® G oder Cetiol ® V	1,5	Lavendelöl	0,3
Wasser	59,8		

Kampfer, Menthol, Cetiol V, Emulgade F, Emulgade F spez. und Lavendelöl werden im Weingeist, wenn nötig unter leichtem Erwärmen, gelöst. Diese Lösung wird in die ebenfalls kalte Lösung von Borsäure in Glycerin, Hamamelisextrakt und Wasser unter ständigem Umrühren hineingegossen und die fertige Emulsion maschinell nachhomogenisiert.

Rasierpuder.

1. Talcum Ia	109,985	ANM ®	20,0
Zinkstearat	5,0	Azulen, rein, „DRAGOCO“	0,015
Kolloid-Kaolin	15,0	Kölnisch Wasser-Öl	3,0
2. Talcum Ia	50,0	Aerosil ®	3,0
ANM ®	30,0	Magnesiumstearat	7,0
Zinkoxyd, leicht	10,0	Kölnisch Wasser-Öl	2,0
Azulen, rein, „DRAGOCO“	0,01		
3. Talcum	550,0	Basisches Wismutgallat	50,0
ANM ®	250,0	Aluminiumsulfat, pulv. subt.	30,0
Zinkoxyd, roh, DAB. 6	100,0	Borsäure, pulv.	20,0
4. Zinkstearat	5,0	Kolloid-Kaolin	5,0
Aerosil ®	3,0	ANM ®	10,0
Talcum	auf 100,0		

Rasierpuder (JANISTYN).

Alaun, feinst gepulv.	0,5	Zinkmyristinat	4,0
Borsäure, pulv.	2,0	Zinkoxyd, leicht	2,0
Kieselsäure, feinst gepulv.	10,0	Parfüm	0,5
Kolloid-Kaolin, extra	10,0	Farbenmischung	1,0
Talk	70,0		

Rasierwasser.

1. Zinkphenolsulfonat Erg.-B. 6	2,0	Zinksulfat DAB. 6	0,1
Rosenwasser	auf 100,0		
2. Karion ® F flüssig	5,0	Nipagin ® M	0,2
Milchsäure DAB. 6	1,0	Parfümöl	nach Bedarf
Dest. Wasser	auf 100,0		

Das Nipagin ist zunächst in kochend heißem Wasser vollständig zu lösen. Nach dem Abkühlen wird die Milchsäure und das Parfümöl zugesetzt.

3. Salicylsäure	2,0	Karion ® F flüssig	5,0
Arnikatinktur DAB. 6	5,0	Weingeist (70%)	
Lavendelspiritus DAB. 6	ää auf 100,0		

Rasierwasser.

Borsäure	3,0	Karin ® F flüssig	10,0
Benzoesäure	2,0	Dest. Wasser	400,0
Weingeist (90%)	100,0	Bayöl	
Citronenöl	ää 0,5		

Bor- und Benzoesäure im Weingeist lösen, die ätherischen Öle zugeben und dann das Wasser in kleinen Anteilen unter Umschütteln zufügen.

Rasierwasser.

	1.	2.	3.
Borsäure	2,0	—	3,0
Karion ® F flüssig	3,0	4,0	10,0
Menthol	0,2	—	—
Weingeist (90%)	20,5	38,4	100,0
Lavendelöl	0,12	0,12	—
Bergamottöl	0,12	0,4	—
Hamameliswasser	auf 100,0	57,0	—
Vanillin	—	0,08	—
Wäßrige Tropäolinlösung (1 : 1000)	—	10 Tr.	—
Benzoesäure	—	—	2,0
Bayöl	—	—	0,5
Citronenöl	—	—	0,5
Dest. Wasser	—	—	400,0

Rasierwässer.

1. Normolactol ® . . . 0,5 | Rosenwasser, 10fach . . 2,0
1,2-Propylenglykol . . 2,0 | Weingeist (40%) 95,5

2. Aluminiumlactat . . 0,5 | Glycerin 1,3
Menthol . . . . . . 0,2 | Rosenwasser, 10fach . . 2,0
Weingeist (40%) . . . 96,0

3. Menthol . . . . . . 0,3 | Alaun DAB. 6 0,3
Milchsäure DAB. 6 . . 0,3 | Rosenwasser, 10fach . . . 2,0
Glycerin . . . . . . 2,0 | Borsäure 0,1
Weingeist (40%) 95,0

4. (JANYSTIN) Zinkphenolsulfonat . . 0,2 | Glycerin 5,0
Perubalsamöl . . . . 0,1 | Hamameliswasser 30,0
Rosenwasser . . . . 4,7 | Weingeist (95%) 60,0

5. (JANYSTIN) Zinksulfat . . 0,5 | Sorbitsirup 3,0
Citronensäure . . . . . . 0,5 | Rosenwasser 20,0
Anästhesin ® . . . . . . 0,1 | Weingeist (95%) 25,0
Dest. Wasser 50,9

6. (JANYSTIN) Zinkphenolsulfonat . . 0,1 | Kampfergeist 1,9
Alaun . . . . 1,0 | Weingeist (95%) 15,0
Glycerin . . . . 2,0 | Isopropylalkohol, rein 15,0
Dest. Wasser 65,0

Rasierwasser mit haarerweichender Wirkung, vor dem Rasieren anzuwenden (JANISTYN).

Triäthanolaminlaurylsulfonat . . . . 1,0 | Weingeist (95%) oder Isopropylalkohol 5,0
Triäthanolaminphosphat . . . . . . 1,0 | Kampferwasser 8,0
Glycerin oder Sorbitsirup . . . . . . 5,0 | Rosenwasser, einfach 80,0

Rasierwasser, kühlend, erfrischend, adstringierend, mit moderner Parfümierung (ROTHEMANN).

Weingeist (95/96 Vol.-%) . . . . 350 ccm | Wasser, dest. . . . . 550 ccm
Menthol . . . . 0,5 g | Milchsäure (80%) . . . . 4,0 g
Parfümölkomposition | Borsäure . . . . 2,0 g
Typ „Opoponax Nr. 5“ L. G. . 3,5 g | Salbeitinktur Erg.-B. 6 . . . . . 100,0 g

Menthol und Parfümöl im Weingeist lösen, die Säuren separat im Wasser. Die wäßrige Lösung in die alkoholische geben, dann die Salbeitinktur zugeben, durchschütteln, am folgenden Tage filtrieren.

Rasierwasser, mild, antiseptisch.

Weingeist (95%) . . . . 400 ccm | Perubalsam . . . . 2,0 g
Parfümölkomposition | Wasser, dest. . . . . 494,15 ccm
„Heno de Padua“ P. & S. . . 3,5 g | Raluben ® . . . . 0,35 g
Hamameliswasser 100,0

Raluben wird im Weingeist unter Erwärmen, der Perubalsam und die Parfümölkomposition kalt gelöst. Die vereinigten, erkalteten, alkoholischen Lösungen werden mit der wäßrigen Mischung vereinigt.

Rasierwasser (SÖFW).

1. Borsäure	2,0	Perubalsam	0,8
Salicylsäure	1,0	Glycerin	3,0
Menthol	0,1	Hamameliswasser	11,0
Alaun	1,0	Weingeist (95%)	31,0
Kampfer	0,1	Wasser	50,0
2. (*Einfach*) Alaun	1,9	Menthol	0,1
Citronensäure	1,0	Glycerin	4,0
Benzoesäure	1,0	Weingeist (95%)	30,0
Wasser	62,0		
3. (*Antiseptisch*). Chlorthymol	0,1	Menthol	0,15
Euresol ®	1,0	Pfefferminzöl	0,75
Arnikatinktur	3,0	Weingeist (95%)	45,0
Wasser	50,0		
4. (*stark blutstillend*).			
Hamamelisextrakt, dest.	8,0	Glycerin	1,0
Borsäure	2,0	Alaun	3,0
Perubalsam	3,0	Weingeist (95%)	51,0
Wasser	33,0		
5. Phosphorsäure	2,0	Glycerin	50,0
Polyvitamin-Konzentrat	5,0	Weingeist (40%)	1000,0

Die Rasierwässer werden mit 0,3 bis 0,7% Parfümöl parfümiert und vor dem Abfüllen filtriert.

Die elektrische Rasur.

Die elektrische Rasur unterscheidet sich von der Rasur mit der Klinge oder dem Messer dadurch, daß bei ihr die Barthaare *gehärtet* und *aufgerichtet* werden müssen, während sie bei der alten Methode durch alkalischen Seifenschaum eingehüllt und erweicht werden sollen. Für die Elektrorasur werden deshalb *vor* dem Rasieren sog. „Trockenrasier-Tonics“ verwendet, welche die Barthaare härten, ihnen die durch Schweiß- und Talgabsonderungen bedingte Schlüpfrigkeit nehmen, so daß sie dem Scherkopf des Trockenrasierers nicht mehr ausweichen.

Trockenrasier-Tonic (ROTHEMANN).

Rasiermittel für elektrische Rasur.

I. Weingeist (95%)	55,0	Hostapon ® KM hochviscos	4,0
Normal-Propylalkohol	25,0	Wasser, dest.	14,2
Hamamelisextrakt, Destillat (15%)	20,0	Milchsäure (80%)	0,4
Calgon ® B_5	1,0	Parfümöl Lavendel „Dragoco“ 6448	0,5
Azulen „Dragoco“, 25%ig wasserlösl.	0,1		

Die Mischung ist auf einen p_H-Wert von 4,7 einzustellen.

II. Weingeist (95%)	40,0	Karion ® F flüssig	5,0
Wasser, dest.	54,0	Zinksulfat, rein	0,5
Parfüm Aperon LL 1504 „Dragoco“	0,5		

Das Zinksulfat im Wasser, das Parfüm im Gemisch der anderen Bestandteile lösen, die beiden Flüssigkeiten vereinigen und filtrieren.

Schleime.

Siehe a. „Schleime“ Bd. I, S. 55, Bd. III, S. 137.

Pflanzenschleime sind leicht verderblich, sie werden zweckmäßig statt mit destilliertem Wasser mit Aqua conservans (s. S. 703) hergestellt oder mit Nipagin (vgl. Bd. II, S. 986) konserviert.

Alginat-Schleim.

Algipon® G III	5,0	Karion® F flüssig	15,0
Glycerin	5,0	Aqua conservans	75,0

Flohsamenschleim.

Flohsamen	20,0	Dest. Wasser, warm	80,0

Man läßt einige Stunden lang unter Umrühren stehen und koliert.

Glyceringelatine.

Gelatine, weiß, Ia	1,5	Dest. Wasser	48,5
Glycerin DAB. 6	50,0		

Gelatine wird zunächst im heißen Wasser gelöst und noch warm das Glycerin zugemischt, dann bis zum Erkalten gerührt.

Leinsamenschleim.

Leinsamen	15,0	Dest. Wasser	85,0

Man läßt einige Stunden lang unter Umrühren stehen und koliert unter leichtem Auspressen.

Quittensamenschleim.

Quittensamen Erg.-B. 6	10,0	Dest. Wasser	90,0

Nach 12stündigem Stehen wird ohne Pressen koliert.

Quittensamenschleim wird durch Kongorot dunkelorangerot, durch Jod-Glycerin oder alkoholische Jodlösung mit nachfolgendem Glycerinzusatz rötlich gefärbt.

Seifen, flüssige.

Flüssige Seife (Hempel, Manneck usw.).

Abgesetzte Kernseife oder Fettalkoholsulfat (60%)	500,0	Celluton TL oder TLN-Lösung 1,5%	9500,0

Farbstoffe und Riechstoffe und andere kosmetische Zusätze, die sämtlich seifenecht sein müssen, können beliebig erfolgen.

Flüssige Seife mit Cohäsal (Laue).

Cohäsal® 21 GS	2,0	Schaummittel	12,0
Dest. Wasser	86,0	Riechstoffe	nach Bedarf

Cohäsal im lauwarmen Wasser zu einer gleichmäßigen, klumpenfreien Lösung verrühren, dann das Schaummittel und die Riechstoffe unter ständigem Rühren zugeben.

Seifenspiritus. Praktische Herstellungsmethode.

Olivenöl	100,0	Weingeist 90%	100,0
Kalilauge (33%)	52,0		

werden in einer Flasche bis zur völligen Homogenität geschüttelt. Diese erkennt man daran, daß einige herausgenommene Tropfen sich in Wasser klar lösen. Ist dies der Fall, gibt man noch zu

Weingeist (95%)	400,0	Wasser, dest.	350,0

und arbeitet gut durch.

Triäthanolaminseifen.

Triäthanolamin (vgl. Bd. II, S. 1305/6) spielt bei der Herstellung von medizinischen, kosmetischen und technischen Präparaten eine große Rolle. Meist findet es dabei in Form von Triäthanolaminseifen Verwendung, vor allem als Triäthanolaminstearat (vgl. Bd. II, S. 1306) und Triäthanolaminoleat (vgl. Bd. II, S. 1307). Dabei werden diese Triäthanolaminseifen zweckmäßig bei der Herstellung der einzelnen Erzeugnisse in einem Arbeitsgang hergestellt. Um dabei stets neutrale Seifen zu erhalten, ist es notwendig, den Alkalitätsgrad des zur Verwendung kommenden Triäthanolamins und die Säurezahl der zur Verwendung kommenden Fettsäure analytisch festzustellen. Der Alkalitätsgrad von T. wird durch Titration mit Normalsalzsäure, Methylrot als Indikator, bestimmt. Zur Neutralisierung von 1 g Triäthanolamin benötigt man 7,00 bis 7,4 ccm Normalsalzsäure, woraus sich der Wirkungswert (Mol.-Gew.) 1000: 7,0 bis 7,4 mit 137 bis 143, im Mittel 140 errechnet. 140 Gew.-T. Triäthanolamin entsprechen also 56 Gew.-T. Ätzkali (Mol.-Gew. von KOH = 56).

Für die Berechnung der äquivalenten Menge Fettsäure ist deren Säurezahl (SZ.) maßgebend. Nach der Gleichung:

Säurezahl der Fettsäure: gesuchte Menge Triäthanolamin
= Mol.-Gew. von KOH: Wirkungswert des Triäthanolamin

oder

$$\frac{\text{Wirkungswert des Triäthanolamin} \times \text{SZ.}}{56} = \left\{\begin{array}{l}\text{Gramm Triäthanolamin zur}\\ \text{Verseifung von 1 kg Fettsäure}\end{array}\right.$$

errechnet sich jeweils die zur Verseifung notwendige Menge Triäthanolamin. Nachstehende Zahlen können als Anhaltspunkte dienen. Zum genauen Arbeiten ist jedoch, wie obenstehend empfohlen, zu verfahren.

Zur Verseifung (Neutralisation) werden nachstehende Mengen Triäthanolamin benötigt

für: **Ölsäure** (Olein, SZ. = 195)
195: x = 56 : 140; x = 488 g Triäthanolamin;

Stearinsäure (Stearin, SZ. = 200)
200: x = 56 : 140; x = 500 g Triäthanolamin;

Kokosölfettsäure (SZ. = 260)
260: x = 56 : 140; x = 650 g Triäthanolamin;

Rizinusölfettsäure (SZ. = 184)
184: x = 56 : 140; x = 460 g Triäthanolamin.

Herstellung der Triäthanolaminseifen. Die Verseifung wird zweckmäßig in Kesseln mit Rührwerk und indirekter Beheizung ausgeführt. Die dabei zur Verwendung kommende Temperatur richtet sich nach dem Schmelzpunkt der verwendeten Fettsäuren. Obgleich die flüssige Ölsäure schon bei Raumtemperatur durch Triäthanolamin verseift wird, wird zweckmäßig auch bei flüssigen Fettsäuren eine höhere Temperatur angewandt. Bei Ölsäure etwa 60°, bei Stearinsäure etwa 80°. Arbeitet man mit eisernen Kesseln, läßt man zu den vorgelegten Triäthanolamin die erwärmte Fettsäure zufließen, stehen Kessel aus V2A-Stahl zur Verfügung, gibt man die berechnete Menge Triäthanolamin zu der im Kessel erwärmten Fettsäure. In beiden Fällen ist durch gutes Umrühren für innige Vermischung zu sorgen, bis die Masse vollkommen homogen ist. Heiße Triäthanolaminseifen sind weniger dickflüssig als kalte, während solche aus Fettsäuren mit höherem Schmelzpunkt kalt fest sind. Sie werden deshalb zweckmäßig sofort nach der Verseifung noch heiß in geeignete Gefäße gegeben.

Eigenschaften der Triäthenolaminseifen. Je nach der Farbe der verarbeiteten Fettsäure sind Triäthanolaminseifen gelblich bis bräunlich. T-Seifen sind wasserlöslich, werden aber beim Erwärmen teilweise hydrolysiert und haben die Eigenschaft sich in allen, auch organischen Lösungsmitteln aufzulösen und gleichzeitig diese Lösungsmittel in den wasserlöslichen Zustand überzuführen. Sie sind ausgezeichnete Emulgatoren für pflanzliche, tierische und Mineralöle und bessere Emulgatoren als Natrium- oder Ammoniumseifen zur Herstellung von kältebeständigen Ö/W-Emulsionen. Mit *Schwefel* und *Schwermetallsalzen* dürfen T-Seifen *nicht verarbeitet* werden, da die Base mit diesen Zusätzen reagiert. Auch bei der Parfümierung mit Vanillin entsteht gelbe Verfärbung.

Verwendung. Triäthanolaminseifen finden als nahezu neutrale, die Haut nicht angreifende Seifen zur Herstellung von kosmetischen Präparaten wie Brillantinen, Cremes, flüssigen Hautemulsionen, zu Möbel- und Bodenpflegemitteln, Bohrölen, Schuhcremes, Metallputzmitteln, Schmiermitteln, Druckereiwaschmitteln und zahlreichen anderen technischen Emulsionen, ferner zum Aufschließen von Kasein, zum Färben von Holz und vielen anderen Zwecken Verwendung. Triäthanolamin NG (Anorgana, Gendorf) ergibt farblose nicht nachgilbende Salben bzw. Seifen.

Sommersprossenmittel.

Sommersprossen. Ephelides.

Unter Sommersprossen versteht man kleine, rundliche oder unregelmäßige Pigmentflecke von meist gelblicher Farbe bei unveränderter Oberhaut. Besonders Menschen mit blondem oder rötlichem Haar sind von Sommersprossen befallen, die sich schon in früher Kindheit entwickeln, im Frühjahr und Sommer stärker hervortreten und vorzugsweise an Stellen der Sonneneinwirkung, aber auch an den Schultern und am Oberarm sitzen. Träger von Sommersprossen sind zweifellos durch eine gesteigerte Pigmentbereitschaft an den befallenen Stellen gegenüber UV-Strahlen zu Sommersprossen veranlagt. Im Winter blassen sie ab, um unter der stärkeren Lichteinwirkung im Frühjahr und Sommer wieder stärker in Erscheinung zu treten. Da der Farbstoff bei Sommersprossen zu tief in der Haut liegt und zu ihrer Vernichtung die darüberliegenden Hautschichten zerstört werden müßten, ist ihre kosmetische und medizinische Behandlung undankbar und führt zu nur vorübergehendem Erfolg. Dabei kann die Bleichmethode, Schälmethode oder Ätzmethode Anwendung finden. Neuerdings wird zu ihrer Entfernung durch den Hautarzt auch die Schleifmethode angewandt.

Bei der *Bleichmethode* kommen sauerstoffabspaltende Salben und Quecksilberpräcipitatsalbe zur Verwendung. Da viele Menschen auf Quecksilber allergisch sind, spielt die Sommersprossenbehandlung in letzter Zeit auch in der medizinisch-dermatologischen Fachpresse eine große Rolle. Wiederholt wurde dabei bei der Anwendung von Quecksilberpräparaten von tiefgreifenden Verätzungen und ausgesprochener Dermatitis berichtet. Quecksilberpräparate sollten nur Anwendung finden, wenn vorher durch Hautproben (Läppchenprobe) ihre Verträglichkeit festgestellt ist.

Die *Schälmethode* beruht vorwiegend auf der Anwendung hochprozentiger Salicylsäurepasten, ist jedoch schmerzhaft.

Die *Ätzmethode* mit verflüssigtem Phenol, Trichloressigsäure usw. soll die Abstoßung der alten Epidermis und ihre Neubildung veranlassen, wobei es gelegentlich zur Narbenbildung kommt, die für den Träger u. U. noch unangenehmer ist als die Sommersprossen selbst.

Das beste Mittel zur Verhütung von Sommersprossen ist die rechtzeitige Anwendung einer wirksamen Lichtschutzsalbe.

Bleich- und Sommersprossenmittel.

Als sauerstoffabgebende Mittel zur Herstellung von Bleich- und Sommersprossenmitteln finden Perhydrol und Peroxyde Verwendung. Bleich-Cremes, die Peroxyde oder Persalze enthalten, läßt man zweckmäßig unparfümiert, weil die Riechstoffe die genannten Wirkstoffe zersetzen.

Hautbleichcreme.

1. (Sido). A.

Weißes Wachs	25,0	Zeresin DAB. 6	25,0
Mandelöl	100,0		

B.

Natriumperborat	1,0	Wasserstoffsuperoxydlösung (3%)	5,0
Dest. Wasser	33,0		

A. bei möglichst niedriger Temperatur schmelzen, B. einrühren, kalt rühren, parfümieren.

2. (Sido).

Tegacid ®	12,0	Glycerin	4,0
Walrat	3,0	Salicylsäure	0,5
Lanolin	2,0	Citronensäure	0,2
Paraffinöl	5,0	Milchsäure	0,1
Wasserstoffsuperoxydlösung (30%)	3,0	Nipasol ®	0,1
Dest. Wasser	70,1		

Siehe Tegacid-Verarbeitung, S. 184.

3.

Borax	50,0	Wasser, dest.	170,0
Perhydrol ® (30%)	150,0	Vaselin, gelb	100,0
Wollfett, wasserfrei	300,0	Zeresin	30,0
Paraffinöl DAB. 6	200,0		

Wollfett, Vaselin, Zeresin und Paraffinöl auf dem Wasserbad schmelzen und zu dem kolierten Fettgemisch die filtrierte Lösung von Borax im Wasser geben. Zuletzt wird das Perhydrol und 1% Parfümmischung eingearbeitet. Zum Parfümieren eignet sich Lavendel, Eukalyptol, nicht aber Nelkenöl, Geraniumöl oder Terpineol.

4.

Perhydrol ®	25,0	Laceranum ® anhydricum	auf 100,0

Vgl. Laceranum anhydricum-Verarbeitung, S. 125.

Sommersprossencreme.

1.

Tegacid ® (s. S. 184)	15,0	Paraffin, flüssig	10,0
Vaselin, weiß	15,0	Citronensaft	60,0
Parfümöl	0,5		

2.

Lanolin	15,0	Perhydrol ® (30%)	6,0
Laceranum ® anhydricum	15,0	Parfümöl	0,6

3.

Wasserstoffsuperoxydlösung (10 Vol.-%)	30,0	Wollfett, wasserfrei	75,0

Kühl und *dunkel* aufzubewahren, in Porzellandosen abgeben.

4.

Wasserstoffsuperoxydlösung DAB. 6	25,0	Glycerin	25,0
Laceranum ® anhydricum	auf 100,0		

Vgl. Laceranum anhydricum-Verarbeitung, S. 125.

5. (Nowak).

Tegacid ® (s. S. 184)	120,0	Ascorbyl-Palmitat	20,0
Walrat	30,0	Karion ® F flüssig	50,0
Wollfett, wasserfrei	20,0	Fruitex Citrone	80,0
Paraffin, flüssig	20,0	Citronensäure	8,0
Cetiol ® V	30,0	Wasser, dest.	615,0
Nipagin ® M	3,0	Parfüm	4,0

Sommersprossensalbe mit Quecksilberpräcipitat.

1. Quecksilberpräcipitat . . 1,0	Wismutsubnitrat 1,0	
Glycerinsalbe DAB. 6 . . auf 20,0		

2. Quecksilberpräcipitat . . 50,0	Paraffin, weiß 200,0
Wismutsubnitrat . . . 50,0	Paraffin, flüssig 590,0
Wollfett, wasserfrei . . . 90,0	Parfümöl 20,0

Quecksilberpräzipitat und Wismutsubnitrat mit wenig Paraffinöl glatt anreiben. Die Mischung mit der Schmelze der übrigen Bestandteile verarbeiten.

3. Quecksilberpräcipitat . 50,0	Vaselin, weiß 480,0
Lanolin 450,0	Parfümöl 20,0

Sonnenschutz.

Sonnenbrand. Gletscherbrand. Erythema solare.

Die kurzwelligen UV-Strahlen der Sonne (vgl. Bd. II, S. 1311) rufen bei längerer Einwirkung eine Lichtschädigung — Verbrennung — hervor, die sich zunächst in einer Entzündung, Schwellung und Rötung der Haut (erster Grad) bei sehr starker, langandauernder Belichtung in Bläschen und Blasen (zweiter Grad) zeigt. Die Entzündung macht jede Hautbewegung zur Qual, vielfach schält sich die Haut. Sonnenbrand tritt auf, wenn man sich unvorbereitet in die Sonne legt oder versucht, eine Hautbräunung möglichst auf einmal zu erzwingen. Dies ist außerordentlich schädlich für das Nervensystem, die Schädigung zeigt sich jedoch erst nach Jahrzehnten. Zur Vermeidung des Sonnenbrands ist *langsame* Gewöhnung an die Sonne, die Vorbereitung durch Licht-Luft-Läder, Trockenbürsten und Ölen der Haut unbedingt nötig, um stärkeren Sonnenbrand zu vermeiden. Die Gefahr des Sonnen- oder Gletscherbrands besteht besonders dann, wenn große Wasser- (See) oder Schneeflächen (Gletscher) UV-Strahlen zurückspiegeln. Am stärksten tritt er auf nach erstmaliger Bestrahlung im Frühjahr, wenn die Haut pigmentarm ist. Bei Sonnenbrand zeigt der Harn eine Melaninreaktion: er dunkelt beim Stehen nach und färbt sich mit Schwefelsäure und Eisenchlorid dunkel. Dünne Gewebe schließen Sonnenbrand nicht aus. Wie tiefgehend die nervösen Schädigungen durch übermäßige Sonnenbestrahlungen sind, zeigen die Begleiterscheinungen des Sonnenbrands: Appetitmangel, nervöse Reizbarkeit, Schlaflosigkeit, Entzündung der Augenlider,

Sonnenschutz-(Lichtschutz-) Substanzen und ihre Anwendung.

Bezeichnung der Substanz	Verwendung in	%
Lichtschutzsubstanz „Merck BZ 6653“	Sonnenölen, wasserfreien Cremes	1 bis 2
Umbelliferonessigsäure „Merck“	Emulsionen, wasserhaltigen Cremes Typ Ö/W und W/Ö	1 bis 2
Parsol LG „Givaudan“	Sonnenölen, wasserfreien Cremes, Cremes Typ W/Ö	5 bis 10
Melanigen „Mühlethaler“ (öl- und wasserlöslich)	allen Arten von Sonnenschutzmitteln	5 bis 10
Prosolal „DRAGOCO“ (öl- und fettlöslich)	allen Arten von Sonnenschutzmitteln	5 bis 6 (bei Höhensonne 7 bis 10%)
Solprotex II hydro „Firmenich“ (wasserlöslich)	wäßrigen Lösungen	5
Solprotex I und III „Firmenich“ (öl- und fettlöslich)	Sonnenschutz-Ölen und -Fetten -Schutzcremes	5

Augenflimmern, Kopfschmerzen, Herzklopfen, Arbeitsunlust. Schwer kreislaufgestörte Menschen, Herzkranke, Fiebernde, Lungentuberkulöse dürfen keine Sonnenbäder nehmen.

Behandlung. Zunächst kein Fett, nur trocken mit gutem Wundpuder, dem zur Schmerzstillung 10% Anästhesin zugefügt wird. Erst wenn die stärksten Entzündungserscheinungen im Abklingen sind, eventuelle Blasen geplatzt sind, weiche Zinkpaste verwenden.

Hautcreme, schwach fettend (GOLDSCHMIDT).

Gegen Einflüsse von Sonne, Wind und Kälte.

Protegin ®	300,0	Paraffinöl	50,0
Wollfett	30,0	Glycerin	50,0
Wasser	570,0		

Herstellung s. Protegin-Verarbeitung, S. 145.

Hautöl mit Sonnenschutz.

1. (Keimdiät) Vitaminöl „Dr. Grandel“	40,0	Peröstron ® in Öl	2,0
Paraffinöl	20,0	Epidermin ® in Öl	1,0
Solprotex	5,0	Johanniskrautöl „Dr. Grandel“	2,0
Sesamöl	30,0		
2. (FÜHRER) Mandelöl Ia	300,0	Johanniskrautöl „Dr. Grandel“	20,0
Cosbiol	300,0	Epidermin ® in Öl	10,0
Sesamöl Ia	100,0	Peröstron ® in Öl	20,0
Flüssiges Paraffin DAB. 6	200,0	Solprotex I (Firmenich)	50,0

Lichtschutz-Creme (DRAGOCO).

Dragil ® „P“	140,0	Prosolal	70,0
Isopropylpalmitat	250,0	Karion ® F flüssig	30,0
Cetylalkohol	50,0	Wasser, dest.	457,0
Creme-Parfümöl Lavendel 8003	3,0		

Lichtschutz-Lotionen (JANISTYN).

1. Solprotex hydro	3,0	2. Melanigen (MÜHLETHALER)	5,0
Propylenglykol	5,0	Propylenglykol	4,5
Weingeist (95%)	45,0	Weingeist (95%)	35,0
Wasser, dest.	47,0	Wasser, dest.	55,0
Parfüm	nach Bedarf	Parfüm	0,5

Lichtschutzsalbe bei Ultraviolettbestrahlung und Sonnenbrand (KAISER).

Zinnober	1,0	Cibazolnatriumlösung (20%)	50,0
Rohes Zinkoxyd	50,0	Glycerin	10,0
Eucerin ® (Laceranum ®) anhydric.	auf 100,0		

Sonnenbrandhautöl.

1. (Edelfettwerke) Estarinum anhydricum GG	20,0	Aesculin	1,0
		Arachisöl	auf 100,0
2. Olivenöl Ia	99,0	Thymianöl	1,0

Dieses Sonnenbrandöl zeichnet sich durch rasche Schmerzstillung und schnelle Heilung aus.

3. (JANISTYN). Vogan ®	2,0	Dijoddithymol	0,5
Vitamin F	1,0	Kamillenextrakt-Öl (1:25 Olivenöl)	66,5
Lebertran	30,0		

Das Dijoddithymol wird im Lebertran unter 40° nicht übersteigender Erwärmung gelöst. Konserviert wird mit Nipagallin ®, s. Bd. II, S. 964.

4. (Keimdiät). Johanniskrautöl „Dr. Grandel" 10,0	Vitaminöl „Dr. Grandel" . . . 59,0
Paraffinöl 20,0	Lichtschutzmittel „Merck" . 1,0
Cetiol ® 10,0	Parfümöl . . . . . nach Bedarf

Sonnenbrand-Heilpuder.

Anästhesin ® . . . 10,0	ANM ® 30,0
Magnesiumstearat . . 10,0	Zinkoxyd 10,0
Aerosil ® 3,0	Talcum, feinst . . . 37,0

Sonnenbrandsalbe (BEIERSDOF).

Kalkwasser DAB. 6 100,0	Laceranum ® anhydricum . 100,0

Vgl. Laceranum anhydricum-Verarbeitung, S. 125.

Sonnenbraun-Lotion (nicht ölig).

Methylsalicylat . . 5,0	Karion ® F flüssig. 10,0
Weingeist (95%) . . 35,0	Wasser, dest. . . . 50,0

Sonnenschutz-Creme (CLR).

Wollfett, wasserfrei 8,0	Sesamöl 10,0
Walrat 8,0	Sonnenschutzmittel R öllöslich . . 1,0
Bienenwachs 6,0	Nip-Nip ® 0,1
Vaselin 15,0	Wasser 32,0
Cholesterin 0,5	Nip-Nip ® 0,1
Paraffinöl 20,0	

Die Fette zusammenschmelzen und so lange auf 65° erwärmen, bis sich das Sonnenschutzmittel und das Cholesterin vollkommen gelöst haben. Nip-Nip im Wasser kochend heiß vollkommen lösen und 65° warm langsam in die Fettschmelze einrühren. Weiterrühren bis 40°, dann parfümieren, anschließend homogenisieren.

Die Creme ist in Konsistenz und Haltbarkeit vorzüglich. Mit 2% Sonnenschutzmittel R-Gehalt wurden lange Gletschertouren in den Zentral- und Westalpen bei intensivster Sonneneinstrahlung unternommen, ohne daß Sonnenbrand auftrat. Auch eine Zersetzung durch Kälte, Hitze oder Schweiß konnte nicht bemerkt werden.

Sonnenschutzcreme (MÜHLETHALER).

1. (*fett*) Protegin ® X. 25,0	Sesamöl 4,0
Lanette ® N . . . 5,0	Melanigin 5,0
Bienenwachs 5,0	Nipagin ® M. 0,2
Kakaobutter 4,0	Wasser, dest. 51,0

Parfüm 0,8

2. (*fett*) Protegin ® X. 33,0	Melanigin 5,0
Sesamöl 5,0	Parfüm 0,8
Nipagin ® M . . . 0,2	Wasser, dest. 56,0

Nipagin M durch Kochen im Wasser vollständig lösen, verdampftes Wasser ergänzen. In der Nipaginlösung das Melanigen lösen. Siehe Protegin-Verarbeitung, S. 145.

3. (*halbfett*) A. Glycerinmonostearat . 7,8	Paraffinöl 11,7
Vaselin 11,7	Stearinsäure 2,0
B. Kaliumhydroxyd . . 0,08	Wasser, dest. 59,92
Melanigin 6,0	Titandioxyd 0,8

A. schmelzen, das Titandioxyd mit einem Teil der Schmelze anreiben, dann zur Schmelze geben. B. 70° warm in A., das gleiche Temperatur haben muß, unter ständigem Rühren zugeben.

Sonnenschutz-Creme (DEHYDAG).

1. *Mit Lanette.*

Lichtschutzsubstanz	1,0 bis 10,0	Eutanol Ⓡ G oder Cetiol Ⓡ V	20,0
Lanette Ⓡ N	15,0	Wasser	auf 100,0

Konservierungsmittel und Parfüm . . nach Bedarf

Herstellung s. Lanette-Verarbeitung, S. 126.

2. *Mit Amphocerin.*

Lichtschutzsubstanz	1,0 bis 10,0	Cetiol Ⓡ	10,0
Amphocerin Ⓡ K	45,0 bis 50,0	Wasser	auf 100,0

Parfüm . . . . nach Bedarf

Herstellung s. Amphocerin-Verarbeitung, S. 102.

3. (Tempelhof) (*fett*).

Almecerin Ⓡ	37,0	Weingeist (90%)	5,0
Lanolin	3,0	β-Methylumbelliferon	1,0
Flüssiges Paraffin	10,0	Hamadispulver	5,0

Dest. Wasser 44,0

Siehe Almercerin-Verarbeitung S. 100.

4. u. **5.** Typ W/Ö (DRAGOCO).

4. Emulgator 8972	510,0	Wasser	440,0

Prosolal. 50,0

5. Paraffin 50/52°	30,0	Wasser	420,0
Emulgator 8972	500,0	Prosolal	50,0

Emulgiert wird bei 60°, Prosolal wird der Fettphase zugesetzt und das auf 60° vorgewärmte Wasser zugerührt.

6. u. **7.** Ö/W Typ (DRAGOCO).

6. Dragil Ⓡ	120,0	Paraffin, flüssig, DAB. 6	60,0
Vaselin, weiß	60,0	Glycerin	30,0
Wollfett	40,0	Wasser	640,0

Prosolal 50,0

7. Dragil Ⓡ	110,0	Paraffin, flüssig, DAB. 6	100,0
Vaselin, weiß	200,0	Wasser	540,0

Prosolal 50,0

Emulgiert wird bei 70°.

8. (ROTHEMANN)

Lichtschutzsubstanz „Merck“ 6653 oder Dr. KURT RICHTER	10,0	Cetiol Ⓡ	100,0
		Azulen, rein 100%	0,2
Amphocerin Ⓡ K	500,0	Wasser, dest.	400,0

Parfümöl 0,3

Herstellung. Vgl. Amphocerin-Verarbeitung, S. 102.

9. (Tempelhof) (*nicht fettend*).

Cefatin Ⓡ	25,0	Borax	1,0
Glycerin	5,0	Nipagin Ⓡ M	0,15
Dest. Wasser	65,0	Weingeist (90%)	3,0

β-Methylumbelliferon . . 1,0

Herstellung. Siehe Cetafin-Verarbeitung, S. 109.

Sonnenschutz-Creme, flüssige (MÜHLETHALER).

A. Stearinsäure	20,0	Pfirsichkernöl	42,0
Zeresin	20,0	Paraffinöl	42,0
Bienenwachs, weiß	50,0	Nipagin ® M	2,0

A. auf dem Wasserbad zusammen schmelzen. In die 70° warme Schmelze, die ebenfalls 70° warme Lösung B. unter ständigem Rühren langsam zugeben:

B. Triäthanolamin	13,3	Melanigen	50,0
Borax	3,3	Wasser, dest.	747,4,

ist die Creme unter ständigem Rühren auf 30° abgekühlt, wird zugegeben:

Parfüm 10,0

und homogenisiert.

Sonnenschutz-Emulsion (DEHYDAG).

Lichtschutzsubstanz	1,0 bis 10,0	Mandelöl	15,0
Emulgade ® F	3,0	Wasser	auf 100,0
Eutanol ® G oder Cetiol ® V	15,0	Konservierungsmittel und Parfüm	nach Bedarf

Herstellung s. Emulgade-Verarbeitung, S. 115.

Sonnenschutz, fettfrei (DRAGOCO).

1. Weingeist (95%)	550,0	Wasser	200,0
n-Propylenglykol	200,0	Prosolal	50,0
2. Natriumalginat	15,0	Karion ® F, flüssig	150,0
Calciumcitrat	2,0	Wasser	783,0

Prosolal 50,0

Sonnenschutz-Lotion, Typ Ö/W (DRAGOCO).

1. Emulgator 8475 F	55,0	Glycerin	20,0
Isopropylmyristinat	30,0	Wasser	845,0

Prosolal 50,0

2. Paraffin, flüssig, DAB. 6	250,0	Polyoxyäthylensorbitanmonostearat	60,0
Sorbitanmonostearat	40,0	Wasser	600,0

Prosolal 50,0

Emulgiert wird bei 75°.

3. **(Typ W/Ö)** Paraffin, flüssig, DAB. 6	230,0	Sorbitansesquioleat	17,0
Bienenwachs	10,0	Polyoxyäthylensorbitanmonostearat	17,0
Sorbitanmonostearat	20,0	Wasser	656,0

Prosolal 50,0

Emulgiert wird bei 70°.

Sonnenschutzmittel.

1. Emulgator 157 (s. S. 274)	80,0	LS-Substanz 6653 „Merck"	10,0
Dest. Wasser	494,0	Stearin	14,0
Wollfett	40,0	Olein	13,0
Vaselinöl	343,0	Parfüm	6,0

Den Emulgator auf dem Wasser durch Erhitzen schmelzen und dann innig verrühren. LS-Substanz in der Schmelze der Fettbestandteile warm lösen, dann die Fettschmelze in die Emulgator-Wasser-Mischung unter gutem Verrühren eingießen. Beim Abkühlen auf 40° wird das Parfüm zugesetzt. Anschließend wird homogenisiert.

2. Emulgade ® F	20,0	Cetiol ®	20,0
Vaselinöl	280,0	Dest. Wasser	664,0
LS-Substanz 6653 „Merck"	10,0	Parfüm	6,0

Emulgade mit den übrigen Fettbestandteilen bei etwa 50° schmelzen und dann dem gleichwarmen Wasser zurühren. Die Emulgierung erfolgt im Rührwerk, besser im Emulgor.

3. *Nicht fettend* (DEHYDAG).

Lichtschutzsubstanz (öllöslich) . .	1,0 bis 2,0
Cetiol ®	99,0 bis 98,0

Parfüm (z. B. Lavendel) nach Belieben.

Sonnen- und Insektenschutz-Creme mit desinfizierenden und schmerzstillenden Zusätzen (CLR).

A. Sorbitansesquioleat. .	5,0	Vaselin	7,0
Bienenwachs	5,3	Paraffinöl	16,0
Lanolin	3,5		
B. Sonnenschutzmittel R . .	1,0	Isothymol.	0,5
Identhesin RICHTER . .	0,2	Dimethylphthalat	3,0
C. Wasser. .	58,3	Nip-Nip ® .	0,2

A. schmelzen, B. hinzugeben und auf 75° erwärmen. Nach vollständiger Lösung von B. gibt man Teil C., nachdem Nip-Nip im kochend heißen Wasser vollkommen gelöst ist, 80° warm unter Umrühren zur Fettschmelze. Bis auf 40° kaltrühren, dann homogenisieren.

Sonnenschutz-Salbe.

Phenylsalicylat . .	5,0	Lanettesalbe .	auf 100,0

Schminken und Abschminke.

Mit Schminken bezeichnet man flüssige oder feste Zubereitungen, die zur Hauttönung oder zum Verdecken von Schönheitsfehlern Verwendung finden. Zu ihrer Herstellung dürfen nur völlig giftfreie, lichtechte Farben, zu ihrer Parfümierung nur angenehme, nicht hautreizende Riechstoffe Verwendung finden. Bei ihrer richtigen Anwendung muß eine gleichmäßige, nicht streifige Farbaufnahme gewährleistet sein. Gute Schminken müssen sich mit den üblichen Mitteln auch wieder entfernen lassen, besonders Theater- und Filmschminken mit handelsüblichen Abschminkcremes.

Abschminke (SIDO).

Montanwachs, gebleicht („Nova"). .	35,0	Zeresin 38/60°	25,0
Vaselinöl, weiß	200,0		

Abschmink-Creme (Esperis).

Lanocerina	120,0	Vaselinöl	100,0
Walrat	20,0	Polyäthylenglykolmonostearat . . .	20,0
Vaselin	200,0	Wasser, dest.	500,0
Parfüm Violette Blanche	2,0		

Abschmink- und Reinigungscreme (DEHYDAG).

1. Emulgade ® F (s. S. 115) . .	10,0	Stearin (3× gepreßt)	10,0
Eutanol ® G oder Cetiol ® V	20,0	Paraffinöl	20,0
Wasser	40,0		
2. Emulgade ® F (s. S. 115) . .	15,0	Paraffinöl	10,0
Eutanol ® G oder Cetiol ® V	10,0	Vaselin, weiß	15,0
Wasser	50,0		

Konservierungsmittel und Parfüm nach Belieben.

Fettschminke.

Titandioxyd	25,0	Wachs, weiß	5,0
Paraffinöl	15,0	Kakaobutter	2,0

Paraffinöl, Wachs und Kakaobutter auf dem Wasserbad schmelzen und mit der Schmelze das Titandioxyd verarbeiten.

Wangenrot, Rouge wird vor dem Pudern aufgetragen, und zwar eine kleine Menge in Höhe des Backenknochens. Von dort aus verstreicht man sie sorgfältig mit den Fingerspitzen bis das Rouge *ohne Rand* in den Hautton übergeht. Auch die Ohrläppchen sollen einen Hauch erhalten. Flüssiges Wangenrot wird ebenfalls vor, Trockenrouge dagegen nach dem Pudern aufgetragen. Das Gesicht soll keineswegs angemalt, sein Farbton lediglich korrigiert werden. Die nachstehende Tabelle aus dem Leichner-Brevier der Firma L. Leichner, Berlin-Dahlem, soll Anregungen für die Anwendung von Wangenrot geben.

Tabelle 6.

Teint	Haarfarbe	Rouge	
		für den Tag	für den Abend
blaß	blond	television	orchidée
frisch	blond	orange	jugendrot
brunette	blond	erdbeer	vision
blaß	braun	koralle	St. Moritz
frisch	braun	St. Moritz	hellrot
brunette	braun	erdbeer	dunkelrot
blaß	tizian	koralle	St. Moritz
frisch	tizian	St. Moritz	St. Moritz
brunette	tizian	erdbeer	brunette II
blaß	schwarz	brunette II	erdbeer
frisch	schwarz	erdbeer	dunkelrot
brunette	schwarz	hellrot	dunkelrot
blaß	grau	St. Moritz	hellrot
frisch	grau	vision	kirschrot
brunette	grau	television	mandarine

Wangenrot-(Rouge-)Grundmasse.

1. (SÖFW)

Paraffinöl, mittelviscos	400,0	Wachs, weiß, DAB. 6	150,0
Ocenol ® K	100,0	Walrat	150,0
Stearin, dreifach gepreßt	50,0	Vaselin, weiß	135,0
Wollfett DAB. 6	50,0	Wollwachs, raffiniert	15,0

2. (Janistyn)

Stearin Ia	100,0	Lanolin Ia	200,0
Bienenwachs, gebleicht	50,0	Vaselin, weiß	700,0
Zeresin DAB. 6	50,0	Paraffin (50/52°)	35,0
Paraffinöl	375,0	Schweinefett (oder auch Vaselin)	100,0

Rouge-Puder (Redgove).

Osmo-Kaolin	45,0	Titandioxyd	10,0
Talcum	45,0	Karmoisin	1,0

Parfüm . . . . . nach Bedarf

Karmoisin in möglichst wenig Wasser lösen und mit dem Puder innig verreiben. Dann trocknen, parfümieren und durch ein Sieb reiben. Soll anders gefärbt werden, kann Karmoisin ganz oder teilweise durch ammoniakalische Karminlösung, Eosin oder armenischen Bolus ersetzt werden.

Schminkpulver (MERCK).

	1.	2.		1.	2.
Zinkstearat E	5,0	25,0	Talcum	90,0	—
Zinkweiß	5,0	—	Kaolin, feinst geschlämmt	—	25,0
Zinkcarbonat	—	25,0	Stärkepulver (besser ANM®)	—	25,0

Schönheitswässer. Toilettewässer.

Zu den Schönheitswässern, Toilettewässern, gehören außer Kölnisch Wasser Canangawasser, Floridawasser, Eau de Lubin, Eau de Portugal, Lavendelwasser (s. je unter dem Stichwort). Ihr Alkoholgehalt beträgt in der Regel 50 bis 80%. Ein geringerer Prozentsatz ist nicht zu empfehlen, weil dann die Wässer ihre kühlende Wirkung auf der Haut teilweise verlieren, die ihnen gerade durch den hohen Alkoholgehalt eigen ist, und das rasche Verdunsten des Alkohols bedingen.

Bei der Herstellung von Toilettewässern mit niedrigem Alkoholgehalt verreibt man die zu verwendende Riechstoffmischung mit 1 bis 2 T. Kieselgur, Talcum o. ä., schüttelt das erhaltene Pulver längere Zeit mit dem Gemisch aus der ganzen Wassermenge und $^{9}/_{10}$ der vorgeschriebenen Alkoholmenge. Dann wird filtriert und der Rest des Alkohols zugegeben. Auf diese Weise erhält man eine klare Lösung.

Canangawasser (WINTER).

	1.	2.	3.
Weingeist (95%)	300,0	100,0	300,0
Canagaöl	1,0	tsf. 0,3	3,8
Iristinktur	20,0	—	15,0
Bittermandelöl, künstlich	0,05—0,1	0,02	—
Bergamottöl	2,0	1,0	—
Wasser, dest.	50,0	300,0	150,0
Citronenöl	—	0,3	1,0
Solution Bittermandelöl 2 : 100	—	—	1,5
Xylolmoschus	—	—	0,08
Citral	—	—	0,1
Ylang-Ylangöl, künstlich	—	—	0,5

2. Vorschrift mit wenig Weingeist. 3. Vorschrift Ia Qualität.

Eau de Lublin-Art (WINTER).

Balsamisches Toilettewasser.

	1.	2.		1.	2.
Tolutinktur	150,0	—	Vanilletinktur	—	100,0
Solution Iris	12,0	—	Moschustinktur	6,0	10,0
Bergamottöl	30,0	10,0	Perubalsamtinktur	—	50,0
Ylang-Ylangöl	4,0	—	Ambratinktur	—	10,0
Lavendelöl	—	5,0	Benzoetinktur	—	20,0
Citronenöl	—	8,0	Weingeist (95%)	900,0	1000,0
Neroliöl	—	2,0	Orangenblütenwasser	40,0	—
Vanillin	0,4	—			

Eau de Portugal (WINTER).

	1.	2.		1.	2.
Weingeist (95%)	300,0	500,0	Bergamottöl	1,0	6,0
Pomeranzenöl, süß	10,0	—	Geraniumöl, afrikanisch	—	2,0
Pomeranzenöl, bitter	2,0	—	Citral	—	1,0
Portugalöl	—	40,0	Benzoetinktur	2,0	—
Citronenöl	1,0	10,0	Wasser, dest.	90,0	100,0

Floridawasser (WINTER).

	1.	2.		1.	2.
Angelikatinktur (1 : 10)	100,0	—	Vanillin	0,1	—
Iriswurzeltinktur	100,0	—	Moschustinktur	1,5	—
Bergamottöl	3,0	2,0	Benzoetinktur	7,2	—
Lavendelöl	3,0	1,2	Havanna-Honig	5,0	—
Geraniumöl, Bourbon	0,25	—	Neroliöl, echt	0,1	—
Nelkenöl	0,1	0,1	Neroliöl, künstl.	—	0,1
Citronenöl	—	1,0	Rosenwasser	50,0	50,0
Pomeranzenschalenöl	—	0,5	Weingeist (95%)	—	200,0
Cassiaöl	—	0,1			

1. Vorschrift Ia Qualität, 2. Vorschrift Konsumware.

Toilette-Essig.

Toilette-Essige finden als Gesichts- und Hautpflegemittel Verwendung, die in ihnen enthaltene verdünnte Essigsäure wirkt adstringierend, hornhautlösend und juckreizstillend. Besonders als Zusatz zum Waschwasser zum Schutz des Säuremantels der Haut bei alkalischen Seifenwaschungen, auch zur intimen Körperpflege finden sie, im letzten Fall alkoholfrei, Verwendung. Zur Parfümierung werden Kölnisch Wasser-Öle, Fichtennadelgerüche und Lavendelwasser Verwendung.

Fichtennadel-Toilette-Essig.

Latschenkiefernöl	20,0	Lavendelöl	2,0
Bergamottöl	0,5	Weingeist (80%)	600,0
Citronenöl	1,0	Essig (10%)	375,0

Nach 8tägigem Stehen wird filtriert.

Lavendel-Essig.

1.	Lavendelöl	5,0	Eis-Essig	40,0
	Rosenöl, künstlich	1,0	Wasser, dest.	434,0
	Weingeist (90%)	500,0		
2.	Lavendelspiritus DAB. 6	85,0	Essigsäure, verd. DAB. 6	15,0

Toilette-Essig.

	1.	2.	3.	4.	5.
Alkohol (94 Gew.-%)	48,0	600,0	600,0	550,0	—
Anthrasol®	—	—	—	10,0	—
Blütenwasser	—	—	—	—	930,0
Borsäure	—	—	—	20,0	—
Essigsäure (80%)	50,0	20,0	50,0	20,0	—
Essigäther	—	—	—	—	5,0
Menthol DRAGOCO	2,0	—	—	—	—
Salicylsäure	—	—	—	15,0	—
Parfümöl	—	20,0	10,0	10,0	—
Wasser, dest.	—	360,0	295,0	390,0	—

1. bis 5. Vorschriften nach DRAGOCO, 4. antiseptischer Toilette-Essig, 5. alkoholfreier Toilette-Essig.

Toilette-Essig, nach Art Vinaigre de Bully (CERVELAUD).

Orangenblütenwasser	4500,0	Lavendelöl	3,0
Rosenwasser	500,0	Nelkenöl	1,0
Eis-Essig	100,0	Benzoetinktur	50 ccm
Melissengeist	400,0	Myrrhentinktur	50 ccm
Bergamottöl	24,0	Moschustinktur	50 ccm
Citronenöl	24,0	Ambratinktur	5 ccm
Rosmarinöl	18,0	Essigäther	1 ccm
Portugalöl	10,0	Önanthäther	1 Tr.

Verwendung. Als aromatischer Zusatz zum Waschwasser, als neutralisierendes Mittel nach dem Rasieren.

Toilette-Essig. Vinaigre ambré (JANISTYN).

Weingeist (95%)	730 ccm	Iristinktur	10,0
Extrait ambré	50 ccm	Moschustinktur	5,0
Königssalbeiwasser (Destillat)	170 ccm	Ambratinktur	5,0
Kölnisch Wasser-Essenz	18,0	Benzoetinktur	5,0
Nerol	1,0	Eis-Essig	15,0
Ambré 205 (NAEF)	2,0	Vanillin	1,0
Resinoid Labdanum (50%)	2,0	Rosmarinöl, terpenfrei	1,0
Essigäther	2,0	Tolutinktur	1,0

Verwendung. Als Zusatz zum Waschwasser, als neutralisierendes Mittel nach dem Rasieren.

Warzen. Verrucae.

Mit Warzen bezeichnet man stecknadelkopf- bis erbsengroße derbe Verdickungen der Hornhaut, bei deren Aufbau auch die Lederhaut beteiligt ist. Ihre Oberfläche ist zerklüftet, weich oder hart, ihre Farbe hell, gelblich, bräunlich bis schwarzbraun. Meist treten sie bei Jugendlichen oder im mittleren Alter einzeln oder in großer Zahl mit Vorliebe auf den Finger- und Handrücken, aber auch seitlich des Nagelfalzes, auf der Handinnenfläche und Fußsohle, am behaarten Kopf und in den Mundwinkeln auf. Auf der Stirn treten sie häufig in ganzen Kolonien auf. Bei entsprechender Veranlagung sind sie übertragbar und verschwinden bei Jugendlichen gelegentlich von selbst. Bei älteren Personen, *Alterswarzen*, sind sie häufig gelbbraun bis braunschwarz gefärbt, nicht immer ungefährlich und können unter Umständen ein warzenähnlicher Krebs sein. Besonders am Rumpf und auf seborrhoischen Hautstellen bilden sich die Alterswarzen gern. In der Volksmedizin werden Warzen besprochen und auch andere Suggestivverfahren angewendet. Das teilweise geübte Abbinden mit einem Faden ist gefährlich, wenn die Warzenumgebung nicht sorgfältig desinfiziert und der verwendete Faden nicht steril ist, weil dabei durch Unsauberkeit Infektionen entstehen können. Das Wegätzen mit Salpetersäure ist nur in der Hand des Arztes möglich, das mit Höllenstein langwierig und überholt. An Ätzmitteln finden Milchsäure, Phenol, Trichloressigsäure oder eine Mischung von Salicylsäure mit Essigsäure Verwendung. Zur Verhinderung der Verätzung der normalen umgebenden Haut muß diese am Warzenfuß vorsichtig durch Vaselin oder Fettcreme geschützt werden. Der Hautarzt entfernt Warzen entweder durch Vereisung mit Chloräthyl mit dem sog. scharfen Löffel in Lokalanästhesie elektrokaustisch oder mit Kohlensäureschnee.

Warzenentfernungs-Mittel.

1. Trichloressigsäure . . . . . 10,0 | Formaldehydlösung DAB. 6 . . 10,0
Wasser, dest. 1,0

2. Trichloressigsäure . . . . . 10,0 | Weingeist (70%) 1,0

Verwendung. Zur Warzenentfernung durch Betupfen mittels Glasstab. *Vorsicht!* Die Flüssigkeit *ätzt stark.* Die Haut am Warzenfuß ist mit Vaselin zu schützen, etwa abfließende Flüssigkeit sofort wegzutupfen. Abgabe in Spezialglas mit Glasstab, *Gift!*

Warzenkollodium.

Salicylsäure . . . . . . 15,0 | Milchsäure DAB. 6 15,0
Elastisches Kollodium . . 70,0

Die Salicylsäure wird im Kollodium gelöst und die Milchsäure zugegeben.

Waschmittel für seifenempfindliche Personen.

Glycerin-Waschcreme.

Laceranum ® anhydricum	50,0	Glycerin	50,0

Die Emulgierung von Laceranum anhydricum mit Glycerin wird in der gleichen Weise durchgeführt wie mit Wasser (vgl. S. 125). Das Gemisch muß genügend durchgearbeitet werden, weil sich sonst die Emulsion trennt. Kräftiges Nachrühren bis zum Erkalten ist zur Erhöhung der Stabilität der Emulsion unerläßlich.

Hautpflegemittel mit biologischer Schutzwirkung (ROTHEMANN).

Weizenkeimmehl, stabilisiert	600,0	Texapon „W“ oder „Z“, pulv.	25,0
Vollsojamehl	365,0	Parfümöl	5,0

Verwendung. Wie Mandelkleie.

Mandelkleie.

Mandelkuchenpulver	1000,0	ANM ®	750,0
Veilchenwurzelpulver	250,0	Borax	100,0
Parfüm	nach Bedarf		

Mandelkleie (SIDO).

	1.	2.
Weizenmehl	—	1250,0
Reisstärke	160,0	—
Mandelpreßkuchenmehl	700,0	1250,0
Veilchenwurzel	70,0	150,0
Talk	—	100,0
Seifenpulver	—	100,0
Borax	—	50,0
Olivenöl	—	100,0

Sand-Mandelkleie.

Sand-Mandelkleie hat einen Zusatz von 10 bis 33% Seesand oder Marmorstaub. Quarzmehl ist für diesen Zweck zu scharfkantig.

1.

Mandelkleie	2300,0	Seesand, feinst	4400,0
Veilchenwurzelpulver	500,0	Borax	140,0
Bittermandelöl, blausäurefrei	80,0		

2. (MANN)

Mandelmehl	230,0	Borax	14,0
Veilchenwurzelpulver	50,0	Glycerin	12,0
Sand, feingemahlen	440,0	Bittermandelöl, blausäurefrei	8,0

Den Borax mit dem Sand mischen, dann die Mehle und das Glycerin, zuletzt das Bittermandelöl zusetzen. Soll die Mandelkleie gleichzeitig bleichen, gibt man auf 1000,0 g 80,0 g Perborat.

Sauerstoff-Mandelkleie (SIDO).

Sauerstoff-Mandelkleie enthält 1 bis 10% Natriumperborat und findet hauptsächlich für Sauerstoffmasken Verwendung.

	1.	2.		1.	2.
Natriumperborat	100,0	150,0	Weizenmehl	—	500,0
Weißer Ton	150,0	—	Mandelmehl	—	200,0
Infusorienerde	250,0	—	Kieselsäure (Terra silicea)	—	100,0
Talk	500,0	—			

Parfümöl für Mandelkleie (ROTHEMANN).

Bittermantelöl, echt, blausäurefrei	40,0	Iristinktur	4,0
Geraniumöl Réunion	5,0	Rosenöl, echt, bulgarisch	1,0

Verwendung. Zur Parfümierung von Mandelkleie 0,5%.

V. Parfümerie.

Auf dem Gebiet der ausgesprochenen Parfümerie wird der praktische Drogist in der Regel wenig zum Zuge kommen. Zur Entwicklung und Herstellung von Parfümen (lat. per fumum, durch Rauch, durch Dampf, weil die Parfüme des Altertums Räuchermittel waren) sind neben jahrelanger Erfahrung umfassende theoretische Kenntnisse notwendig, neben mühsamem, besonders kostspieligem Probieren. Außerdem sind die Rohstoffe zur Herstellung von Parfümen z. T. sehr teuer, erfordern daher großen Kapitalaufwand. Dazu kommt, daß einzelne Bestandteile in so geringen Mengen Verwendung finden, daß ihr Einkauf erschwert ist. Aus diesen Gründen lohnt sich die Herstellung von Parfümen im Kleinbetrieb nicht, und deshalb ist es zu empfehlen, soweit sich der Drogist mit eigener Herstellung auf diesem Gebiet befaßt, sich der Erzeugnisse der einschlägigen Industriefirmen zu bedienen, auch bei der Parfümierung etwaiger eigener kosmetischer Spezialitäten. Trotzdem sind auch einige die Parfümerie betreffende Vorschriften im folgenden Abschnitt aufgeführt. Für eingehende Orientierung auf diesem Sondergebiet sei auf die einschlägige Literatur: H. JANISTYN: Riechstoffe/Seifen/Kosmetika, Heidelberg, Verlag Dr. Alfred Hüthig 1950; F. WINTER: Die moderne Parfümerie, 5. Aufl., Wien: Springer 1942, und F. WINTER: Handbuch der gesamten Parfümerie und Kosmetik, 4. u. 5. Aufl., Wien: Springer 1949, verwiesen.

Parfümierung alkoholischer Kosmetika.

Zur Parfümierung alkoholhaltiger Kosmetika sind nur dann die üblichen ätherischen Öle zu verwenden, wenn ihr Alkoholgehalt so hoch ist, daß die zur Verarbeitung kommenden Mengen ätherischer Öle gelöst werden. Ist der Alkoholgehalt in dem herzustellenden Erzeugnis niedrig, müssen *terpenfreie ätherische Öle* Verwendung finden, die in niedrigprozentigem Weingeist leichter löslich sind, als gewöhnliche ätherische Öle. *Sesquiterpenfreie ätherische Öle* besitzen die überhaupt erreichbare Löslichkeit. Der Nachteil der terpenfreien und sesquiterpenfreien Öle beruht darauf, daß sie durch die Abtrennung der Terpene an ihrem natürlichen Charakter und ihrer Frische verlieren, was sich besonders bei Bergamott-, Citronen- und Pomeranzenölen auswirkt. Zweckmäßig verwendet man deshalb die Geruchskompositionen der bekannten Spezialfabriken von ätherischen Ölen und Riechstoffen, die für die üblichen Alkoholverdünnungen ausgearbeitet in den Handel kommen. Man erleichtert sich dadurch die Arbeit, erspart kostspielige Versuche oder gar Verluste.

Allgemeine Hinweise für die Herstellung von Parfümerien[1].

Parfüme sind weingeistige Lösungen natürlicher oder synthetischer Riechstoffe mit einem Mindestgehalt von 80 Vol.-% Weingeist. Sie sollen ein gewisses Haftvermögen besitzen und müssen bis mindestens + 8° C klar bleiben.

Zur Herstellung geruchlich befriedigender Parfümerien ist ein gut rektifizierter, geruchsreiner Äthylalkohol unbedingte Voraussetzung. Besitzt dieser eine stechend-

[1] Nach DRAGOCO-Vorschriften-Taschenbuch.

kratzige Geruchsspitze, können verschiedene Veredlungsmethoden angewendet werden. Vorher jedoch empfiehlt sich auszuprobieren, welches der Verfahren zum Ziele führt. Die Veredlungsmethoden beruhen auf einer Veresterung des Alkohols. Dadurch wird der Gehalt an Fuselölen und Aldehyden reduziert, der Weingeist erhält eine weichere Geruchsnote. Folgende Methoden haben sich bewährt:

1. *Behandlung des Alkohols mit Tierkohle* oder Absorptionskohle. Dabei werden 50 ccm Sprit mit 2 g Kohle kräftig geschüttelt und nach 10 Min. filtriert.

2. *Oxydationsmethoden.* a) 0,5 g Kaliumpermanganat werden in 1 kg Sprit gelöst und kräftig geschüttelt. Den dabei sich bildenden braunen Niederschlag (Braunstein) läßt man 24 Std. absetzen und filtriert.

b) 10 bis 15 Tr. Wasserstoffsuperoxydlösung (3%) werden auf 1 kg Sprit genommen, gut gemischt und die Mischung 14 Tage lang in gut gefüllten Flaschen dunkel gelagert.

3. *Katadynverfahren.* Mit dem *Katadyn-Esterator*, das auf der Wirkung feinverteilten Silbers beruht.

Die einfachste Geruchsverbesserung des Sprits wird durch Vorfixieren mit 3 bis 5 g *Fixatol* 8240 auf 1 kg Sprit durchgeführt. Dadurch wird die Geruchsharmonie der Duftstofflösung und die gleichmäßige Duftfülle eher erreicht und außerdem der Alterungsprozeß der Erzeugnisse beschleunigt.

Zur Ausreifung des Buketts (*Alterungsprozeß*) sind die Auffassungen sehr verschieden. Bei nicht vorbehandeltem Alkohol genügt in den meisten Fällen eine durchschnittliche Lagerung der Fertigerzeugnisse von etwa 2 Monaten. Ist eine längere Lagerung möglich, wirkt sie sich stets qualitätsmäßig günstig aus.

Grundsätzlich werden Parfümöle in dem gesamten zur Verwendung kommenden hochprozentigen Alkohol gelöst, gut gemischt, dann erst erfolgt der Zusatz von destilliertem Wasser. Zur Vermeidung von Trübungen muß die angewandte Menge des Parfümöls zum Alkoholgehalt des Erzeugnisses im richtigen Verhältnis liegen. Die Löslichkeit des Parfümöls (s. S. 762) ist deshalb natürlich zu berücksichtigen. Schwer- bzw. nur in hochprozentigem Alkohol löslich sind Parfümöle mit einem höheren Gehalt an festen Riechstoffen und balsamischen harzartigen Bestandteilen. Trübungen, die durch pflanzliche Wachskörper aus den natürlichen Bestandteilen der Komposition hervorgerufen sind, scheiden sich bei kühler Lagerung der Erzeugnisse ab, wodurch sich das Produkt von selbst klärt. Bei der Parfümierung von Seifen, Pudern, Cremes sind diese wachsartigen Begleitstoffe als natürliche Fixateure sehr beachtenswert. Jede Trübung ist durch Filtration über indifferentes Filtermaterial (Kieselgur, Seitz-Theorit 5 usw.) leicht zu beseitigen. Auch Parfümerien müssen grundsätzlich filtriert werden, damit sie kristallklar abgegeben werden können.

Bei der Herstellung von Parfümerien ist der Preis des Parfümöls bestimmend für den Preis des Fertigprodukts. Französische Parfüme enthalten durchschnittlich 10 bis 15% an Parfümöl, der Rest ist 90- bis 94%iger Alkohol. DRAGOCO bezeichnet den Zusatz von 5 bis 7% seiner duftfixierten Parfümöle für ausreichend.

Die Fixierung.

Zur Fixierung von Parfümerzeugnissen werden Tinkturen der natürlichen tierischen Riechstoffdrogen Ambra, Castoreum, Moschus, Zibeth verwendet. Diese wirken aktivierend auf den Riechvorgang. Die Parfümöle der Industriefirmen kommen heute durchweg fixiert, also haftfest und geruchsbeständig in den Handel. Auch die wohlriechenden Harze und Balsame und deren konzentrierte Auszüge, die in Form von Resinoiden usw. in den Handel kommen, sind ausgezeichnete Fixateure.

Parfümbasen.

Parfümbasen sind in sich geschlossene, einheitliche Duftgrundlagen in neuartigen Geruchsrichtungen. Man verwendet sie zum Verstärken von Parfümmischungen oder als Grundlage für andere Duftschöpfungen. Für neuzeitliche Parfümerien sind sie unentbehrlich.

Leicht lösliche Parfümöle.

Zur Herstellung von Parfümerzeugnissen mit geringem Alkoholgehalt benötigt man leicht lösliche Parfümöle, die jedoch die Geruchsrichtung des Originals beibehalten. *Wasserlösliche* Parfümöle bringt DRAGOCO unter der Bezeichnung „*Aquarole*" in den Handel, die selbstverständlich unter Verwendung von dest. Wasser hergestellt werden müssen.

Geruchsüberdeckung von Isopropylalkohol.

Der Eigengeruch von Isopropylalkohol läßt sich nach DD. am besten mit einer Lavendel-Opoponax-Komposition überdecken. Dabei wird folgende Zusammensetzung empfohlen:

Lavendelwasser-Öl . .	19,0	Zimtaldehyd	1,0
Kumarin	6,0	Opoponax	26,0
Kölnisch Wasser-Öl . .	48,0		

Isopropylalkohol in Parfümerien.

Die Prüfung von Haarwässern, Tinkturen, Einreibungen usw. auf Isopropylalkohol wird zweckmäßig nach folgender Methode (REIF: Ztschr. Unters. Lebensm. **57**, 277, 1929) vorgenommen:

Von der zu prüfenden Flüssigkeit werden 10 ccm auf einem siedenden Wasserbad abdestilliert und das Destillat bei guter Kühlung aufgefangen. 1 ccm davon wird mit ca. 0,1 g Hydroxylaminchlorhydrat in 3 ccm Wasser gemischt, nach 3 Min. 0,4 g Tierkohle „MERCK" zugefügt, gut geschüttelt, filtriert und das Filtrat mit 5 ccm 0,5%iger alkoholischer Piperonallösung und 20 ccm Schwefelsäure gemischt. 5 ccm des Gemischs werden in einem 50 ccm-Bechergläschen auf siedendem Wasserbad erwärmt. Bei Gegenwart von Isopropylalkohol treten rotbraune bis rote, sonst nur grünbraune oder braune Farbtöne auf.

Kölnisch Wasser.

Zur Herstellung von Kölnisch Wasser darf selbst für billigere Erzeugnisse nur Äthylalkohol Verwendung finden. Andere Alkohole sind, weil sie dem Handelsbrauch nicht entsprechen, unzulässig. In Flaschen abgefülltes Kölnisch Wasser soll wenigstens 65 bis 70 Vol.-% Weingeist enthalten und bis zur Temperatur von wenigstens $+8°$ klar bleiben. Kölnisch Wasser, Kabinettware oder für Waschzwecke, sollen wenigstens 40 Vol.-% Weingeist enthalten, müssen aber zur Verhinderung von Irreführungen oder Verwechslungen den Vermerk „Kabinettware" bzw. „Wasch-Eau-de-Cologne" führen.

Zur Entfernung des Eigengeruchs des Sprits wird dieser zweckmäßig mit Tierkohle oder den käuflichen Absorptionskohlen vermengt, öfter durchgeschüttelt und anschließend filtriert. Der Spritgeruch im Kölnisch Wasser läßt sich unter der Voraussetzung, daß einwandfreier Sprit verwendet wurde, am besten durch entsprechend langes Lagern beseitigen. Auch für die Geruchsnote ist genügend lange Lagerung ausschlaggebend. Eine harmonische Abrundung der Geruchsnoten erfolgt nur durch genügend lange Lagerung (6 Monate), während der bei kleinen Mengen ein öfteres Umgießen von Gefäß zu Gefäß erfolgen soll, da die Geruchsverfeinerung bei der Lagerung vor allem auf der oxydierenden Wirkung der Luft beruht. Die Großhersteller lagern Kölnisch Wasser oft bis zu 2 Jahren.

Man unterscheidet bei den Kölnisch Wässern nach der vorherrschenden Note solche mit Bergamott-, Citronen-, Lavendel-, Neroli-, Blüten- oder aromatischer Note. Zur Abrundung finden Rosenöl, Jasminöl und Ylang-Ylang-Öl sowie zahlreiche andere ätherische Öle Verwendung.

Kölnisch Wasser hat ohne Zweifel eine stark desinfizierende Wirkung, tötet zahlreiche Bazillen rasch und sicher, ist aber ein ausgesprochenes Schönheits- oder Duftwasser. Als Gesichtswasser ist es durch seinen hohen Alkoholgehalt ungeeignet, auch sein hoher Gehalt an ätherischen Ölen ist besonders für empfindliche Haut nicht zuträglich. Der hohe Alkoholgehalt entzieht der Haut zu viel Wasser, während die reichlich vorhandenen ätherischen Öle die Haut reizen. Zahlreiche Drogerien werden ihr Kölnisch Wasser zum losen Verkauf selbst nach eigener Hausvorschrift herstellen. Hat sich diese bewährt, ist nichts dagegen einzuwenden. Im anderen Fall empfiehlt sich der Bezug der Grundstoffe durch die einschlägige Riechstoffindustrie, welche vorzügliche Kölnisch Wasser-Öle mit den verschiedensten Geruchsnoten, auch bukettiert, mit bestimmten neuzeitlichen Parfümnoten, für alle Zwecke herstellt.

Kölnisch Wasser.

	1.	2.	3.
Lavendelöl	10,0	10,0	10,0
Rosmarinöl	8,0	10,0	7,0
Orangenblütenöl	15,0	15,0	—
Citronenöl	100,0	50,0	100,0
Bergamottöl	100,0	50,0	100,0
Benzylacetat	—	—	3,0
Ketonmoschus	—	—	3,0
Hydroxycitronellal	—	—	2,75
Pomeranzenblütenöl	—	—	10,0
Pomeranzenschalenöl	20,0	—	85,0
Petitgrainöl	—	—	30,0

Die obenstehenden Ansätze werden in 10 l Weingeist (95%) gelöst und 2 l dest. Wasser portionsweise unter Umschütteln zugegeben.

Kölnisch-Wasser-Basis (ROTHEMANN).

Bergamottöl tsf	58,0	Citronenöl tsf	1,0
Petitgrainöl tsf	20,0	Orangenöl tsf	2,0
Lavendelöl tsf	20,0	Neroliöl, künstl. Ia	50,0
Rosmarinöl tsf	5,0	Linalylisobutyrat	40,0
Rosenöl, künstl. Ia	4,0		

Kölnisch Wasser mit Blütengeruch (Typ Lavendel-Orangen) (DD).

	1.	2.	3.
Lavendelöl	10,0	25,0	12,0
Bergamottöl	2,0	3,0	1,5
Citronenöl	2,0	3,0	2,0
Portugalöl	1,0	4,0	2,0
Rosmarinöl	1,0	—	—
Rosenöl, künstl.	1,0	—	1,0
Neroliöl, künstl.	3,0	—	—
Nelkenöl	—	—	0,5
Orangenblütenöl	—	—	1,0
Wasser, dest.	150,0	—	—
Pomeranzenblütenwasser, 3fach	—	125,0	—
Pomeranzenblütenwasser, 1fach	—	—	120,0
Weingeist (95%)	830,0	840,0	860,0

Eau de Cologne ambrée (H & R).

Mit männlich-sportlichem Charakter.

Citronenöl	175,0	Lavande Barrême	30,0
Bergamottöl	75,0	Rosmarinöl frz.	15,0
Orangenöl, calif., kalt gepreßt	25,0	Opoponax poudré H & R	150,0
Verveine de Grasse 10%	50,0	Ambre 23023	30,0
Neroli big. petales	20,0	Resin Benzoe Siam 10%	80,0
Petitgrainöl de Grasse	10,0	Labdanum totale 10% P. & B.	40,0
Mandarinenöl	50,0	Ambratinktur kstl.	250,0

Kölnisch Wasser in Stangenform.

1. *Mit Stearinseife.*

Stearinsäure	8,5	Natriumhydroxyd	1,3
Alkohol	50,0	Alkohol	40,0

Stearinsäure in der ersten Alkoholmenge lösen, das Natriumhydroxyd in der zweiten. Beide Lösungen zusammen bis zur Klärung der Mischung erwärmen. Vor dem Erstarren gibt man 0,1 bis 0,2% Kölnisch Wasser-Öl hinzu und gießt in geeignete Formen aus. Zur Herstellung *desodorisierender Parfümstifte* gibt man 0,25% bis 1% Hexachlorophen (vgl. Bd. II, S. 576) zu.

2. *Mit Gelatine.*

Gelatine, weiß	100,0 bis 150,0	Glycerin (28°)	100,0
Wasser, dest.	800,0 bis 750,0	Köln. Wasser-Öl	1,0 bis 2,0
Menthol	0,25 bis 1,0		

Die Gelatine mit dem Wasser übergießen, 24 Std. stehenlassen. Dann gelinde erwärmen und Glycerin, in dem Kölnisch Wasser-Öl und Menthol gelöst bzw. fein verteilt sind, zugeben und in Stangenform ausgießen.

Kölnisch Wasser-Stift (DEHYDAG).

Luxusstearin 3 × gepreßt)	5,0	Glycerin	2,0
Eutanol Ⓡ G	2,0	Parfümöl	2,0
Comperlan Ⓡ 100 oder HS	3,0	Natriumhydroxydlösung 10%ig	7,5
Lanette Ⓡ O	3,0	Weingeist (95%)	75,5

Farbe nach Belieben.

Kölnisch Wasser-Stift mit Menthol (DEHYDAG).

Je nach dem gewünschten Mentholgehalt (2, 5 oder 10%) werden 2 g, 5 g oder 10 g Menthol im Weingeist gelöst der vorstehenden Masse zugefügt.

Herstellung. Die vier ersten Bestandteile werden mit dem Weingeist bei etwa 60° auf dem Wasserbad geschmolzen. Das Glycerin mit der Natriumhydroxydlösung vermischt wird ebenfalls auf etwa 60° erwärmt und der alkoholischen Fettschmelze unter Umrühren zugegeben. Nach dem Abkühlen auf etwa 50° werden das Parfümöl, evtl. eine Farblösung sowie gegebenenfalls das Menthol zugefügt und die Masse in Formen gegossen. Sie erstarrt innerhalb 5 Minuten und kann schon vor dem völligen Erkalten aus der Form genommen werden. Es empfiehlt sich einen kleinen Überschuß von Weingeist zu verwenden. Dieser beträgt bei kleineren Ansätzen etwa 10%, bei größeren entsprechend weniger. Die Menge des Mentholzusatzes ist hierbei ebenfalls zu berücksichtigen. Der fertige Stift muß wegen der Verdunstungsgefahr in Stanniolfolie und eine Hülse verpackt werden.

Die nach dieser Vorschrift hergestellten Stifte haben bei Verwendung von Comperlan 100 ein transparentes Aussehen. Ist diese Form nicht gewünscht, muß an Stelle von Comperlan 100 Comperlan HS verarbeitet werden, wodurch die Stifte undurchsichtig werden.

Lavendelwasser.

	1.	2.	3.	4.	5.
Lavendelöl, englisch	10,0	50,0	130,0	100,0	—
Lavendelöl, französisch	15,0	—	—	—	260,0
Rosenöl, künstl.	—	1,0	20,0	—	—
Bergamottöl Reggio	5,0	10,0	—	—	240,0
Citronenöl	—	5,0	—	—	—
Spiköl	—	—	—	10,0	—
Neroliöl, künstl.	—	—	—	—	20,0
Irisöl, konkr.	—	—	—	—	20,0
Iristinktur	5,0	—	—	—	—
Tonkinmoschustinktur 3%	2,0	10,0	—	10,0	200,0
Zibettinktur 3%	3,0	—	—	—	200,0
Tonkatinktur 20%	10,0	—	—	—	—
Vanilletinktur 10%	1,0	—	—	—	50,0
Resinoid Galbanum	0,1	—	—	—	—
Resinoid Macis	0,1	—	—	—	—
Rosenöl, bulg.	0,3	—	—	—	—
Eichenmoos abs.	—	—	—	—	1,0
Patschuliöl	—	0,05	—	—	1,0
Kumarin	—	3,0	5,0	4,0	8,0
Weingeist (80%)	1000,0	—	—	3000,0	s. u.
Weingeist (85%)	—	2000,0	3000,0	—	—
Dest. Wasser	—	—	—	500,0	—

1. Lavendelwasser, engl. Ia; — 3. Lavendelwasser, einfach; — 5. Lavendelwasser nach W. POUCHER. 7 bis 10% auf 1 l Weingeist 80% zu nehmen.

Lavendelwasser-Essenz.

1.

Spiköl. franz.	10,0	Linalool	1,0
Lavendelöl	50,0	Lemongrasöl	1,0
Geranylformiat	4,0	Linalylbutyrat	1,0
Kumarin	2,0	Patschuliöl	0,1

2.

Lavendelöl	150,0	Kumarin	2,0
Spiköl, franz.	50,0	Sandelöl, ostindisch	2,0
Geraniumöl, afrik.	75,0	Bergamottöl	100,0

Citronenöl 25,0

Eau de Lavande Royale.

Cassiaöl	5,0	Perubalsam	30,0
Bergamottöl	100,0	Benzoetinktur	200,0
Citronenöl	65,0	Storaxtinktur	200,0
Lavendelöl Ia	100,0	Tolutinktur	200,0
Neroliöl, künstl.	5,0	Moschustinktur	150,0
Geranylacetat	5,0	Iristinktur	600,0
Isoeugenol	15,0	Weingeist (90%)	7000,0
Ambrettemoschus	15,0	Dest. Wasser	1500,0

Aldehydparfüm „Gioconda" (H & R).

Aldehydine C H & R	50,0 bis 100,0	Vetiverylacetat	160,0
Bergamottöl	120,0	Cedrozon E H & R	120,0
Grapefruitöl nard.	30,0	Cedrat A	30,0
Linalylacetat extra	60,0	Zimtalkohol	20,0
Mugoflor S H & R	300,0	Muscolid ® 10%	45,0
Jasmin, Typ Absolue	120,0	Ambrettemoschus	20,0
Jasmin absolue	10,0	Ketonmoschus	30,0
Phenyläthylalkohol supra	25,0	Fixateur 404 10% Naef	50,0
p-Toluylacetaldehyd 15%	30,0	Mousse soluble H & R	100,0
Sauge sclarée selection	50,0	Ciste absolue	10,0
Irozon extra H & R	20,0	Resin Tolu	20,0

Ambrette abs. 10% Rob. . . 30,0

Ambré antique moderne (H & R).

Bergamottöl	150,0	Rosodor M H & R	200,0
Ambranol N H & R	300,0	Resin Tolu	60,0
Ambre liquide H & R	250,0	Perubalsamöl	80,0
Ess. totale Labdanum conc. P. & B.	100,0	Civette abs. 10%	20,0
Irozon extra H & R	100,0	Castorin 10% Heico	20,0
Alpha-Jonon extra	100,0	Musc Tonquin soluble	10,0
Sandelholzöl, ostindisch, nard.	50,0	Ambrarôme abs. 10% Syn.	10,0
Moscène L. G.	50,0		

Ambratinktur.

Ambra	2,0	Milchzucker	2,0
Ätherweingeist	100,0		

Die Ambra wird mit dem Milchzucker fein verrieben und dann mit dem Ätherweingeist die Pulvermischung 8 Tage mazeriert.

Ambratinktur mit Moschus (Hager).

Ambra	3,0	Milchzucker	3,0
Moschus	1,0	Ätherweingeist DAB. 6	150,0

Ambra und Moschus werden mit dem Milchzucker fein verrieben und dann mit dem Ätherweingeist die Pulvermischung 8 Tage mazeriert.

Ätherische Öle emulgieren.

Tylose SL 400 (4%)	50,0	Ätherisches Öl	5,0 bis 20,0
Wasser, dest.	45,0 bis 30,0		

werden unter Umrühren emulgiert.

„Blütentropfen".

Die Blütentropfen ähnlich der früher im Handel befindlichen „Dralles Illusion" sind hochkonzentrierte, alkoholfreie Essenzen. Als Lösungsmittel finden möglichst geruchlose, sich mit den Duftstoffen harmonisch vermischende organische Verbindungen Verwendung, während als Geruchsträger gute handelsübliche Blütenöle in Frage kommen.

„*Maiglöckchen*" (Mann-Winter).

Maiglöckenblütenöl	200,0	Vanillin	5,0
Benzylbenzoat	1000,0	Bittermandelöl, blausäurefrei	0,5
Jasminblütenöl	10,0		

An Stelle von Benzylbenzoat können auch Benzylalkohol, Terpineol usw. Verwendung finden.

Blütenwässer, künstlich.

Blütenwässer von Lavendel, Orangen, Rosen und Veilchen können aus den Blütenwasserölen DRAGOCO hergestellt werden. 10 Tr. des Blütenwasseröls auf 1 l angewärmtes dest. Wasser (bei größeren Mengen 2 bis 3 g auf 10 l Wasser) werden durch Schütteln innig vermischt.

Bois ambré (Wustmann).

Mit betonter Holznote.

Centiflor E H & R	120,0	Patschuliöl	35,0
Neroli, kstl.	100,0	Sandelholzöl, ostind.	20,0
Geraniumöl Bourbon	30,0	Ylang Ylang-Öl I a	35,0
Jasmaryl H & R	75,0	Amylsalicylat	35,0
Benzylacetat	25,0	Benzylsalicylat	5,0
Aldehyd C_{10} 10%	5,0	Ambranol N H & R	10,0
Cedrodor H & R	150,0	Ambrarôme abs. 5% Syn.	5,0
Cedernketon P H & R	50,0	Ambra synth. H & R	40,0
Iraldein Gamma H & R	40,0	Cuir ambré 10211 H & R.	75,0
Iraldein Delta H & R	30,0	Bourbonal	10,0
Vetiverylacetat	60,0	Ketonmoschus	15,0
Ambrettemoschus	30,0		

Bouquet ambré (H & R).

Mit Kölnisch Wasser-ähnlicher Kopfnote und schwerer orientalischer Note.

Bergamottöl	300,0	Vetiveröl nard.	10,0
Orangenöl, calif.	95,0	Cuirozon C H & R	10,0
Citronenöl	45,0	Opoponax Typ L. G.	50,0
Lavande Barrême	45,0	Mousse soluble	50,0
Coriandrol Robertet	15,0	Ambre 23023	50,0
Linaloeöl bras. nard.	75,0	Ambre liquide H & R	50,0
Aldehyd C_{11} 10%	10,0	Ambre noir liquide	25,0
Neroli, kstl.	25,0	Animalide H & R	20,0
Jasmin synth. Typ Absolue	60,0	Ambrarôme abs. 10%	15,0
Rose de Mai 23027	20,0	Zimtöl Ceylon	15,0
Geranium Bourbon nard.	10,0	Ketonmoschus	40,0
Sandelholz, ostindisch, nard.	80,0	Kumarin	40,0
Patschuliöl nard.	20,0	Vanillin	10,0
Labdanum Ciste F abs. P. & B.	15,0		

Bouquet animalisé (H & R).

Blumiges Phantasieparfüm mit animalischer Note auslaufend.

Bergamottöl	35,0	Vetiveröl nard.	20,0
Aldehyd C_{11} 10%	40,0	Heliotropin	20,0
M. N. Az. Ald. 10%	40,0	Kumarin	20,0
Muguetbase	100,0	Vanillin	5,0
Lilazon E H & R	70,0	Ketonmoschus	50,0
Grandiflora H & R	60,0	Muscolid ® 10%	50,0
Ess. Abs. Longoza 10%	55,0	Musc Tonquin soluble	30,0
Jasminöl, kstl.	50,0	Beurre Mousse de Chêne C 10% Méro & Boyveau	20,0
Jasminöl, kstl., Typ Absolue	100,0	Animalis Synarôme	10,0
Rose de Mai 23027	60,0	Zibeth abs. 10%	60,0
Neroliöl bigarade	5,0	Ambra 23023	30,0
Ylangöl I a	40,0	Ambre Ltfs. gris soluble	20,0
Cedrozon E H & R	60,0	Ambre noir liquide	30,0
Jonon 100%	10,0	Fixateur 404 Naef 10%	50,0
Sandelholzöl, ostind. nard.	10,0		

Bouquet „Nagoya“ (WEBER).

Modernes Juchtenparfüm mit animalisierender Fixage.

Aldehyd C_{11} 10%	40,0	Scutone R. B.	30,0
M. N. Az. Ald. 10%	20,0	Sauge sclarée P. u. B.	10,0
Orangenöl, calif., dest.	20,0	Ylang Ylang III	140,0
Citryl A 10%	20,0	Isoeugenol crist.	20,0
Neroli big. pet.	20,0	Mousse soluble H & R	40,0
Jasmin, kstl., Typ Absolue	40,0	Amylsalicylat	10,0
Ess. Rose de Mai 50%	20,0	Zibeth, ger. 10%	50,0
Ess. Jonquille abs. 50%	10,0	Animalide 10% H & R	50,0
Styrolylacetat 10%	60,0	Muscol A 10% H & R	50,0
Phenylacetaldehyd 10%	10,0	Resin Musc 10%	40,0
Irozon extra H & R	60,0	Ambra, flüssig H & R	40,0
Grünveilchen 6551 A 10% H & R	20,0	Costuswurzelöl 10%	60,0
Base Bois E	30,0	Muscolid ® 10%	40,0
Vetiverylacetat	30,0	Gerberlohe abs. 10%	20,0
Cedronalacetat	20,0	Ambrettemoschus	30,0
Sandelholzöl, ostind.	40,0	Kumarin	40,0
Juchten 6400	10,0	Heliotropin	10,0
Phthalester	50,0		

Chypre ambré (H & R).

Eau de Cologne-Essenz	100,0	Jasminol ® W	80,0
Bergamottöl nard.	100,0	Jasmin, synth., Typ Absolue	40,0
Bergamottöl	150,0	Rose, kstl.	90,0
Linaloeöl nard.	40,0	Rose de Mai abs.	10,0

(Fortsetzung nächste Seite)

Vioflor E H & R	30,0	Undecalacton 10%	10,0
Cedrozon E H & R	60,0	Heliotropin	30,0
Sandelholzöl, ostindisch nard.	10,0	Kumarin	10,0
Vetiverylacetat	10,0	Ambra 23023	60,0
Patschuliöl nard.	10,0	Ambre gris soluble Ltfs.	40,0
Estragonöl	10,0	Emarol entfärbt 9178	80,0
Sauge sclarée P. & B.	10,0	Fixateur 404 10% Naef	20,0

Chypre orientale (Wustmann).

Mit intensivem animalischem Nachgeruch.

Bergamottöl	150,0	Aldehyd C_{14} sog. 10%	5,0
Citronenöl	100,0	Costuswurzelöl 10%	5,0
Orangenöl, bitter	80,0	Basilicumöl	5,0
Neroliöl bigarade	10,0	Eugenol	5,0
Neroli, kstl.	50,0	Nelken-Resin	50,0
Linalool extra H & R	50,0	Patschuliöl	20,0
Jasminol Ⓡ W.	70,0	Sandelholzöl, ostind.	70,0
Jasmaryl H & R	30,0	Abs. Mousse de Chêne semidécol	75,0
Jasmin abs. extra	10,0	Zibeth ger. 10%	10,0
Phenyläthylalkohol supra	50,0	Benzoe Siam Resin	40,0
Rose abs. de Mai	10,0	Zimtalkohol	30,0
Iraldein 100%	50,0	Ketonmoschus	25,0

Muscozon extra H & R 100,0

Eau de Lubin concentrée.

Jasminöl, künstl., extra	25,0	Lavendelöl	5,0
Benzoetinktur	20,0	Citronenöl	5,0
Myrrhentinktur	10,0	Bergamottöl	5,0
Tolubalsam-Tinktur	5,0	Petitgrainöl	3,0
Moschuskörner-Tinktur	10,0	Geraniumöl über Rosen destilliert	3,0
Zibet-Tinktur	2,0	Orangenöl, süß	2,0
Perubalsam-Tinktur	2,0	Nelkenöl	2,0
Moschustinktur	1,0		

Verwendung. Nach Belieben mit Alkohol verdünnt und zum Parfümieren von Haarpflegemitteln.

„Erwachender Flieder“ (H & R).

Mit dem typischen Geruch der jungen Fliederrinde.

Methylacrolein 10%	30,0	Hyperessence Jasmin 10%	100,0
Folial H Naef	10,0	Jasmin, kstl., Typ Absolue	20,0
Verdural S H & R	15,0	Rose de Mai, kstl. 23027	40,0
Florophyll H & R	20,0	Alpha-Jonon 100%	20,0
Lilazon E H & R	620,0	Indoflor extra	30,0
Mugoflor S H & R	150,0	Muscolid Ⓡ 10%	5,0
Terpenylglycol	80,0	Zibethtinktur 5%	30,0

Florigan (H & R).

Bergamottöl	50,0	Anisalkohol	10,0
Orangeöl, kaliforn.	5,0	Anisaldehyd 10%	5,0
Sauge sclarée 10% Payan & Bertrand	5,0	Opoponax, Typ L. G.	180,0
Estragonöl 10%	10,0	Vetiveröl, nard.	15,0
Irozon extra H & R oder Iralia	160,0	Sandelholzöl ostind. nard.	10,0
Jasmin, synth., Typ Absolue	40,0	Patschuliöl nard.	10,0
Neroliöl bigarade	25,0	Cinamylol H & R	30,0
Fleurs d'Oranger abs. 10%	20,0	Alpha-Isopropylmuguetton	5,0
Rosenblütenöl, synth.	15,0	Heliotropin konkret	40,0
Rosenöl, Typ bulgarisch	15,0	Ketonmoschus	30,0
Dianthoflor A H & R oder Dianthine Naef	180,0	Castoreum konkret 10%	20,0
Ylang-Ylang extra Robertet	40,0	Resinoide Musc 10%	20,0
		Aurantesin	10,0
		Resin Iris extra	10,0
		Ambra flüssig 6018 A H & R	40,0

Gardenia (Poucher).

1.

Phenylmethylcarbinylacetat	30,0	Bergamottöl	100,0
Benzylacetat	100,0	Kumarin	10,0
Amylzimtaldehyd	40,0	Heliotropin	100,0
Hydroxycitronellal	150,0	Ketonmoschus	30,0
Ylang-Ylang, Bourbon	70,0	Resinoid-Tolu	20,0
Cyclohexanylbutyrat	30,0	Zibeth absol.	10,0
Alpha-Jonon	100,0	Jasmin absol.	20,0
Acetisoeugenol	35,0	Orangenblütenöl absol.	20,0
Phenylacetaldehyd	15,0	Octylaldehyd 10%	5,0
Linalool	100,0	Decylaldehyd 10%	5,0

2.

Alpha-Jonon	105,0	Phenyläthylalkohol	85,0
Styralylacetat	90,0	Citronellol	50,0
Dimethylbenzylcarbinol	35,0	Hydroxycitronellal	195,0
Methyloctincarbonat	5,0	Jasmin absol.	10,0
Acetylisoeugenol	35,0	Rose absol.	10,0
Phenylacetaldehyd 50%	15,0	Heliotropin	80,0
Benzylacetat	35,0	Kumarin	20,0
Zimtalkohol	70,0	Orange absol.	20,0
Terpineol extra	60,0	Neroli bigarade	5,0

Gardeniablütenöl (H & R).

Mit herber, trockener Note ähnlich blühender Gardenia.

Gardenozon E H & R	400,0	Jasmin, Typ Absolue	60,0
Methyljonon 100%	85,0	Ess. Karo Karoundé abs. 10%	100,0
Alpha-Jonon rein	35,0	Toncarôme liquide H & R	20,0
Alcool tubérique H & R	65,0	Heliotropin	40,0
Ylang-Ylang-Öl Robertet	65,0	Ketonmoschus	30,0

Kampferwasser, klarflüssig.

Synthetischer Kampfer	1,0	Weingeist (95%)	10,0
Dest. Wasser	989,0		

Den Kampfer im Weingeist lösen, das Wasser auf etwa 40° erwärmen, dann unter kräftigem Umschütteln die Kampferlösung mit dem Wasser mischen. Nach dem Erkalten filtrieren.

Maiglöckchen-Parfümöl.

Perfumery and Cosmetics 1937, Nov., Lily-of-the-Valley Fabre.

Hydroxycitronellal	235,5	Exaltolide 100% (Naef)	2,0
Muguet Longchamp (Polak & Schwarz)	198,0	Amylzimtaldehyd	50,0
Phenyläthyldimethylcarbinol	140,0	Zimtalkohol aus Styrax	30,0
Citronellol L	120,0	Jonon, weiß	30,0
Phenyläthylsalicylat	90,0	Rhodinalacetat	20,0
Heliotropin	30,0	Cyclamenaldehyd	5,0
Indol	2,0	Phenylpropylaldehyd	0,5
		Rosenöl, bulgarisch	7,0
Jasmin, absolue	40,0		

Maiglöckchen-Extrait.

Maiglöcken-Parfümöl	125,0	Weingeist (95%)	875,0

Narcisse inconnue (H & R).

Sehr durchschlagend und haftend.

Narzolia H & R	450,0	Arnolia L. G.	20,0
Muguetbase	150,0	Indoflor extra	30,0
Tubéreuse abs., synth.	25,0	Ylang Ylang I a	40,0
Jonquille, synth.	25,0	Ylang Ylang abs.	20,0
Jasmin abs., synth.	35,0	Ketonmoschus	40,0
Fleurs d'oranger, synth.	30,0	Ambre soluble Ltfs.	20,0
Ess. Fleurs d'oranger abs. de l'eau	5,0	Ambre art. 23023	40,0
Neroli big. petales	10,0	Ambrarôme abs. 10%	30,0
Sandelholz, ostindisch nard.	40,0	Musc Tonquin soluble	20,0
Vetiveröl nard.	20,0	Kumarin	20,0
		Heliotropin	30,0

Orangenblütengeist.

Orangenblütenöl	2,0	Weingeist (95%)	80,0
Wasser, dest.	20,0		

Das Öl wird im Weingeist gelöst und das dest. Wasser unter Umschütteln zugegeben.

Origambre (H & R).

Bergamottöl	50,0	Rose de Mai synth. 23027	5,0
Irozone extra H & R	200,0	Opoponax poudré H & R	120,0
Dianthoflor A	150,0	Heliokret Sch. & Co.	40,0
Cheirria Naef	40,0	Kumarin	20,0
Farnesia H & R	20,0	Ylang I a	40,0
Jasminol Ⓡ W	60,0	Resin Iris extra	10,0
Jasmin abs. Benzol 10%	50,0	Arnolia L. G.	20,0
Neroli big.	15,0	Ketonmoschus	25,0
Ess. Fleurs d'oranger abs. 50%	30,0	Fixateur 404 Naef	40,0
Ess. Fleurs d'oranger de l'eau incolore	5,0	Ambre liquide H &R	40,0
		Ambre Ltfs. gris soluble	40,0
Ess. Tubéreuse abs. enfleurage 50%	10,0	Ambre 23023	20,0

Parfümöle, wasserlösliche.

Ein bewährtes Lösungsmittel zur Herstellung wasserlöslicher Parfümöle ist Aquasol P.

1.	Lavendelöl Mont Blanc oder Barrême	24,0	Aquasol P	76,0
2.	Chypre-Parfümöl	45,0	Aquasol P	55,0
3.	Chypre-Parfümöl	8,0	Aquasol P	10,0
	Wasser	82,0		

Von dem Ansatz 1 gibt man z. B. 2 oder 3% in 98 oder 97% Wasser (Härtegrad nebensächlich). Auch die anderen Ansätze lassen sich mit jeder beliebigen Menge Wasser klar verdünnen. Dabei sind die Geruchsnoten selbst mit den feinsten Schattierungen klar zu erkennen.

Parfümöl „Yoshida" (H & R).

Mit betonter Aldehydspitzem blumiger Jasminnote, ausgeprägtem animalischem Nachgeruch und orientalischem Einschlag.

Bergamottöl konz.	50,0	Cedrylacetat, crist.	30,0
Rose C	80,0	Sandelholzöl, ostind. nard.	15,0
Benzylacetat	50,0	Amylsalicylat	30,0
Jasminal extra	70,0	Sauge sclarée selection	5,0
Jasmin abs. Benzol Robertet	10,0	Mousse soluble	45,0
Jasminol Ⓡ W	60,0	Base Nard, Th. M.	60,0
Dianthoflor A	30,0	Costuswurzelöl 10%	20,0
Nelkenöl nard.	10,0	Ambrarôme abs. 50%	10,0
Ylangöl extra	20,0	Zibeth abs. 10%	20,0
Gardenozon E	45,0	Muscin Robertet 50%	40,0
Ess. Genêt abs. 50%	20,0	Lichenia H & R	45,0
Ess. Fleurs d'oranger de l'eau 50%	5,0	Animalide 10% H & R	40,0
		Zimtalkohol	30,0
Neroliöl big. pet.	10,0	Vanillin	30,0
Aldehyd C_{11} 10%	60,0	Heliotropin	20,0
Aldehyd C_8 10%	30,0	Kumarin	15,0
M. N. Az. Aldehyd 10%	30,0	Ambrettemoschus	20,0
Bouquetton 10%	10,0	Ketonmoschus	20,0
Irozon extra	60,0	Resin Olibanum hell	45,0
Alpha-Jonon, rein	10,0	Parfümöl „Yoshida"	100,0
Vetiverol	20,0	Weingeist (95%)	70,0
Vetiverylacetat	30,0	Musc Tonquin soluble	50,0

Parfum Oriental (H & R).

Bergamottöl	50,0	Vetiveröl	30,0
Orangenöl, calif.	5,0	Sandelholzöl, ostind.	25,0
Iraldein Gamma H & R	150,0	Patschuliöl vieux	10,0
Irisöl liquid	10,0	Pfefferöl	5,0
Benzylacetat	30,0	Cinamylol H & R	30,0
Alpha-Amylzimtaldehyd	10,0	Heliotropin konkret	40,0
Neroliöl bigarade	20,0	Kumarin	20,0
Fleurs d'oranger de l'eau abs. 10%	10,0	Vanillin	10,0
Aurantesin H & R	10,0	Ketonmoschus H & R	25,0
Rhodinol extra	10,0	Ambrettemoschus H & R	10,0
Phenyläthylalkohol	10,0	Resinoide Benzoe Siam	40,0
Ess. Rose de Mai abs.	5,0	Resinoide Tolubalsam	20,0
Eugenol, reinst	60,0	Resinoide Olibanum	5,0
Isoeugenol crist H & R	20,0	Resinoide Myrrhe	5,0
Äthylisoeugenol H & R	10,0	Castoreum konkret 10%	30,0
Ylang-Ylang-Öl	15,0	Resinoide Musc 10%	20,0

Parfümstifte, Grundmasse.

(Vgl. Kölnisch Wasser-Stift, S. 473.)

Walrat	200,0	Wollfett, wasserfrei	10,0
Hartparaffin	150,0	Ätherische Öle	3,6

Die ersten 3 Bestandteile im Wasserbad bei niedriger Temperatur schmelzen. Die Duftstoffe nach Abkühlung vor dem Festwerden zugeben und in Stangenform ausgießen. Als desodorisierender Bestandteil kann 0,25% Hexachlorophen zugegeben werden.

Rose „Madame Abel Châtenay" (H & R).

Mit dem Charakter der Teerose.

Rosophyll E	60,0	Vioflor E H & R	40,0
Vert de Rose E	15,0	Irozon extra H & R	10,0
Citronellylacetat	15,0	Cyclantol M	40,0
Florophyll H & R	5,0	Jasminol ® W.	60,0
Rose C (6025 C)	450,0	Indoflor extra	20,0
Rosenöl, bulg. kstl.	250,0	Nactarol Naef	20,0
Guajylacetat	15,0		

Weißer Flieder (H & R).

1.

Terpineol, reinst	200,0	p-Cresylcaprylat 10%	20,0
Hydroxycitronellal	100,0	Styrolalkohol	20,0
Zimtalkohol	100,0	Indoflor H & R	10,0
Phenyläthylalkohol	150,0	p-Toluylacetaldehyd 10%	10,0
Anisaldehyd ex Anethol	60,0	Undecalacton 5%	10,0
Linalool extra	20,0	Ylang Ylang abs.	10,0
Isoeugenol, crist.	10,0	Heliotropin extra	80,0
Benzylacetat	35,0	Benzylalkohol	100,0
Alpha-Amylzimtaldehyd	15,0	Benzylsalicylat	50,0

Die Blumigkeit des weißen Flieders auf vorstehender Basis kann nach folgender Vorschrift erhöht werden:

2. *Mit erhöhter Blumigkeit.*

Basis für weißen Flieder (s. oben)	600,0	Anisalkohol	10,0
Jasmin chassis 10%	50,0	Heliotropin	40,0
Florophyll 10% H & R	30,0	Ketonmoschus	10,0
Dimethylfloral H & R	10,0	Indoflor extra H & R	30,0
Alpha-Isopropylmuguetton	10,0	Zibethtinktur 5%	10,0

Zibeth, künstlich (PuS).

1. *in Pastenform*		Vetiveröl	6,0
Ketonmoschus	30,0	Buttersäure	1,0
Ambrettemoschus	30,0	Phenylessigsäure	3,0
Xylolmoschus	20,0	Perubalsam	10,0
Indol	10,0	Resinoid Opoponax	15,0
2. *flüssig*		Perubalsam	24,0
Ambrettemoschus	30,0	Buttersäure	7,5
Xylolmoschus	42,0	Resinoid Opoponax	18,0
Ketonmoschus	18,0	Vetiveröl	6,0
Indol	6,0	Amyl-Phenylacetat	6,6
Phenylessigsäure	6,0	Benzylbenzoat	370,0

1. und 2. ersetzen den Naturzibeth in fast vollkommener Art.

Die zur Parfümierung von kosmetischen und technischen Erzeugnissen häufig verwendeten ätherischen Öle und Riechstoffe[1].

Die Parfümierung kosmetischer und technischer Erzeugnisse ist oft ausschlaggebend für ihren Absatz. Es ist wichtig, für die einzelnen Erzeugnisse die in Frage kommenden ätherischen Öle und Riechstoffe zu kennen, um sie zu verwenden. Nachstehend sind sie deshalb in alphabetischer Reihenfolge aufgeführt.

Parfümierung kosmetischer und technischer Erzeugnisse.

Es eignen sich zur Parfümierung

von	*äther. Öle*	*Riechstoffe/Komplexe*
Badesalzen	Coniferenöle	Bornylacetat
Bayrum	Bayöl	Eugenolmethyläther
Birkenteerduft	Birkenteeröl, Cadeöl	Eugenolheptyläther
Birkenwässern	Birkenknospenöl Kölnisch Wasser-Öl	
Brillantinen	Brillantinen-Parfümöle der einschlägigen Industriefirmen	
Canangawässer	Bayöl Bergamottöl Canangaöl Citronenöl Eugenol Geraniumöl Irisöl Lavendelöl Nelkenöl Patschuli Ylang-Ylang	Linalylacetat Methylsalicylat Moschus, künstl.
Chinawässern	Geraniumöl Kamillenöl	Äthylacetat Äthylformiat Birkenteer Cognac Geraniol Heliotropin Linaool Perubalsam Phenyläthylalkohol Terpineol Vanillin

[1] Nach A. MÜLLER: Internationaler Riechstoff-Kodex, Heidelberg: Dr. Alfred Hüthig Verlag, 1950.

von	*äther. Öle*	*Riechstoffe/Komplexe*
Eiskopfwässern	——	Geranium Menthol Rose Verbena
Floridawässern	Citronenöl Lavendelöl Rosenöl Zimtöl	Kumarin Linalylacetat Moschus
Haarwässern	s. Toilettewässer	
Herrenparfümen	Lavendel	Fougère, Leder-Typen
Mundwässern	——	Carvacrol Carvon Eugenolmethyläther Menthol Methylcinnamat Methylsalicylat
Nagellacken	Bergamottöl Lavendelöl Sandelholzöl Rosenöl	
Puderparfümen	konkr. äther. Öle natürl. Balsame	Geraniol Heliotropin (Spuren) Jonone Kumarin Methylphenylacetat Methylkumarin Moschus, künstl. Resinoide Santalol Vanillin Vetiverylacetat Vetiverol
Rasiersteinen	Orangenöl Rosenöl	Kumarin
Sonnenbrand-Cremes	Kamillenöl Lavendelöl	Thymol Menthol
Talkum-Puderparfümen	——	Aldehyd C_{11},—C_{12} Isoamylphenylacetat Methylkumarin Trichlormethylphenylcarbi-nylacetat
Toilette-Wässern	——	Äthylheptylat Essigester Rhodinylacetat
Zahnpräparaten	Anisöl Fenchelöl Nelkenöl Pfefferminzöl Zimtöl	Anethol Carvacrol Cineol Eucalyptol Eugenol Menthol Methylcinnamat Methyleugenol Methylsalicylat Thymol Vanillin

Parfümierung technischer Erzeugnisse.

Es eignen sich zur Parfümierung

von	*äther. Öle*	*Riechstoffe/Komplexe*
Bohnerwachsen	Citronellöl Kampferöl, leichtes	Amylsalicylat Benzaldehyd Methylphenylacetat
Desodorisierungsmitteln	Bergamottöl Citronenöl Eukalyptusöl Geraniumöl Lavendelöl Lemongrasöl Nelkenöl Rosmarinöl Thymianöl	
desinfizierenden Mitteln	Anisöl Cedernöl Eukalyptusöl Fenchelöl Fichtennadelöl Lemongrasöl Linaloeöl Rosmarinöl Terpentinöl	Eucalyptol Menthol Thymol
Fliegen-Anlockungsmitteln	Beifußöl Fenchelöl Lindenblütenöl	Alpha-Amylzimtaldehyd Ananasäther Bananenäther Wachsaroma
Fußbodenölen	Citronenöl Fichtennadelöl Kampfer	Borneol Bornylacetat
Insektenvertreibungsmittel	Bergamottöl Cassiaöl Cedernblätteröl Citronellöl Fenchelöl Fichtennadelöl Kampfer Lorbeerblätteröl Nelkenöl Sandelholzöl Sassafrasöl	Amylacetat Benzylacetat Benzylsalicylat Butylsalicylat Chlorbenzol Eugenol Hexylsalicylat Kumarin Linalylacetat Menthol Methylsalicylat Paracresolmethyläther Phthalate Terpenylacetat
Luftverbesserungsmittel	Citronenöl Fichtennnadelöl Latschenkiefernöl Lorbeerblätteröl Rosmarinöl Spiköl	Benzaldehyd Bornylacetat Isoborneol Menthol
Mineralölen (Deckparfüm)	Terpentinöl, terpenfrei	
Methylhexalin (Deckparfüm)	———	Amylacetat
Mottenkugeln	Citronenöl	
Petroleum	Bittermandelöl Citronenöl Eukalyptusöl Fichtennadelöl	
Rattenködern	Anisöl Fenchelöl Rosenholzöl	

von	*äther. Öle*	*Riechstoffe/Komplexe*
Rauchverzehrern	Citronenöl Fichtennadelöl Rosmarinöl Spiköl	
Räucherkerzen	Citronenöl Lavendelöl Sandelholzöl Thymianöl Zimtöl	Benzoe Eugenol Kumarin Perubalsam Sandelholz Storax
Sangajol (Deckparfüm)	Citronenöl Eukalyptusöl Fichtennadelöl Kampferöl	Amylacetat Benzaldehyd
Schuhcremes	——	Amylacetat
Spritzparfümen	siehe Luftverbesserer	
Tabaken	Anisöl Bergamottöl Cassiaöl Cascarillöl Cedernöl Corianderöl Geraniumöl Kümmelöl Lavendelöl Muskatnußöl Nelkenöl Orangenöl (süß) Patschuliöl Pfefferminzöl Rosenöl Sandelöl Sellerieöl Veilchenwurzelöl Zimtblätteröl *Balsame:* Perubalsam Tolubalsam	Acetophenon Amylacetat, -benzoat Amylbutyrat Anethol Äthylpelargonat Äthylphenylacetat Äthylbenzoat Carvon Diacetylglycerin Feigenkörper Geraniol Isobutylphenylacetat Isochinolin Isostyron Kumarin Linalool Heliotropin Methylsalicylat Methylphenylacetat Methylacetophenon Menthol (f. Zigaretten) Phenylacetate Piperiton Rosenalkohole Vanillin
Talg (Deckparfüm)	——	p-Kresol Safrol Thymen
Teeren (Deckparfüm)	——	Bornylacetat
Tetralin (Deckparfüm)	Cassiaöl	Amylacetat Zimtaldehyd
Theater-Sprays	Coniferenöle Kampferöl	Kampfer Menthol Phellandren Pinen
Wollfetten (Deckparfüm)	——	sog. Aldehyd C_{14} sog. Aldehyd C_{16} Anisaldehyd Apfeläther höhere Fettaldehyde in Verbindung mit Lavendel, Orangenblüte und Rose.

VI. Aromen, Essenzen, Limonaden.

Aromen, synthetische, für Lebensmittel[1].

Apfelaromen.

1.	Isoamylformiat	10,0	Acetaldehyd	2,0
	Isoamylacetat	10,0	Geranylacetat	1,0
	Isoamylcaproat	5,0	Geraniol	1,0
	Isoamylcaprylat	1,0		
2.	Äthylacetat	50,0	Geraniol	10,0
	Äthylacetylacetat	200,0	Geranylformiat	10,0
	Äthylformiat	20,0	Geranylacetat	10,0
	Äthylcaprat	20,0	Äthylbutyrat	50,0
	Äthylcaprylat	20,0	Phenyläthylvalerianat	20,0
	Isoamylformiat	50,0	Benzaldehyd	5,0
	Isoamylacetat	50,0	Äthylheptonat	50,0
	Isoamylvalerianat	100,0	Cinnamylpropionat	50,0
	Isoamylcaprat	50,0	Äthylmalonat	64,0
	Isoamylcaprylat	100,0	Portugal Guinee	20,0
	Acetaldehyd	50,0	Rosenöl Marokko	1,0

Aprikosenaroma.

Acetylmethylcarbinol	5,0	Nerolin	10,0
Äthylbutyrat	100,0	Anethol	10,0
Amylbutyrat	50,0	Vanillin	10,0
Amylvalerianat	20,0	Decalacton	50,0
Benzylbutyrat	100,0	Undecalacton	50,0
Äthylbenzoat	10,0	Äthylcaprat	100,0
Benzylpropionat	50,0	Musc BRB 10%	1,0
Phenyläthylbutyrat	20,0	Bittermandelöl	20,0
Allylcinnamat	100,0	Neroliöl	10,0
Benzylcinnamat	30,0	Jasmin absolut	1,0
Geranylcinnamat	30,0	Rosenöl Marokko	2,0
Amylcinnamat	20,0	Petitgrainöl big.	10,0
Geranylphenylacetat	30,0	Ylang-Ylangöl	5,0
Benzylphenylacetat	50,0	Benzylalkohol	75,0
Linalylanthranilat	30,0	Maltol	6,0
Benzylsalicylat	20,0	Nelkenöl Bourbon	5,0

Birnenaroma.

Acetaldehyd	4,0	Butanol	1,0
Äthylacetylacetat	100,0	Äthylcaprat	100,0
Äthylacetat	130,0	Amylvalerianat	50,0
Acetylmethylcarbinol	4,0	Cinnamylacetat	100,0
Diacetyl	1,0	Ingweröl	5,0
Äthylbutyryllactat	100,0	Kumarin	10,0
Geranylpropionat	50,0	Vanillin	20,0
Geranylbutyrat	100,0	Musc BRB 10%	2,0
Linalybutyrat	10,0	Orangenschalenöl	50,0
Phenyläthylbutyrat	50,0	Ess. dregs of wine	2,0
Hexylacetat	50,0	Bittermandelöl	20,0
Hexylbutyrat	20,0	Rosenöl Marokko	1,0
Hexanol	20,0		

[1] Americ. Perf. Vol. 62 425 (1953).

Haselnußaroma.

Acetylmethylcarbinol	5,0	Kumarin	10,0
Diacetyl	2,0	Dihydrokumarin	10,0
Äthylacetat	200,0	Äthylbutyryllactat	100,0
Äthylcaprat	200,0	Dimethylresorcin	10,0
Anisylacetat	23,0	Methylcyclopentenolon-acetat	20,0
Äthylbenzoat	2,0	Eichenmoos abs.	5,0
Benzaldehyd	100,0	Bittermandelöl	13,0
Benzylalkohol	165,0	Muskatnußöl	30,0
Glycidester des Benzaldehyds	50,0	Vanille abs. Bourbon	5,0
Vanillin	20,0	Maltol	10,0

Pflaumenaroma.

Äthylacetat	100,0	Benzylphenylacetat	100,0
Äthylbutyrat	50,0	Musc BRB 10%	1,0
Äthylacetylacetat	100,0	Vanillin	10,0
Äthylbenzoat	20,0	Bittermandelöl	20,0
Benzylbutyrat	50,0	Rosenöl Marokko	1,0
Äthylcaprat	100,0	Zimtöl, Ceylon	5,0
Amylacetat	30,0	Guajaköl	20,0
Linalool	10,0	Petitgrainöl big.	10,0
Jonon	2,0	Maltol	5,0
Pseudojonon	5,0	Benzylalkohol	141,0
Kumarin	10,0	Glycidester des Benzaldehyds	100,0
Allylcinnamat	100,0		
Nonalacton	10,0		

Stachelbeerenaroma.

Äthylacetat	100,0	Geraniol	20,0
Äthylformiat	50,0	Geranylacetat	10,0
Äthylbutyrat	50,0	Zimtöl	20,0
Styrallylacetat	50,0	Rosenöl Marokko	2,0
Styrallylbutyrat	20,0	Ess. dregs of wine	10,0
Äthylcaprylat	100,0	Geranium afrik.	18,0
Äthylcaprat	50,0	Himbeeressenz	100,0
Äthylheptanoat	100,0	Erdbeeressenz	200,0
Äthylcaprat	100,0		

Walnußaroma.

Acetylmethylcarbinol	5,0	Methylcyclopentenolon-butyrat	100,0
Diacetyl	2,0	Methylcyclopentenolon-acetat	50,0
Äthylacetat	150,0	Methylcyclopentenolon	100,0
Äthyllaurat	100,0	Maltol	10,0
Laurylacetat	100,0	Eichenmoos abs.	2,0
Anisylacetat	13,0	Octanolid	28,0
Benzaldehyd	18,0	Muskatnußöl	30,0
Benzylalkohol	230,0	Dimethylresorcin	2,0
Kumarin	10,0		
Äthylbutyryllactat	50,0		

Backaromen mit Tegomuls.

Backaromen in Emulsionsform[1] bieten die Möglichkeit besserer Dosierung, die Aromen sind darin gleichmäßiger verteilt. Mit Aromastoffen, die mit Wasser oder Luftsauerstoff chemische Umsetzungen erleiden, aus denen emulsionszerstörende Verbindungen entstehen, können keine haltbaren Emulsionen hergestellt werden. Bekanntlich wirken auf Emulsionen zerstörend Elektrolyte (Salze, Säuren usw.) und größere Mengen wasserlöslicher Alkohole. Benzaldehyd wird durch Luftsauerstoff

[1] Nach einem Prospekt der Th. Goldschmidt A.G., Essen.

bei Anwesenheit von Wasser zu Benzoesäure und Benzylalkohol oxydiert. Ist die Oxydation genügend weit vorgeschritten, wird durch die entstandene Benzoesäure die ursprünglich stabile Emulsion durch diese zerstört, wodurch der Benzaldehydgehalt stark absinkt. Auch mit anderen Aldehyden, die ähnliche chemische Eigenschaften besitzen, können haltbare Emulsionen nicht hergestellt werden.

Tegomuls GA eignet sich in Verbindung mit neutralen Aromastoffen unter Berücksichtigung der nachstehenden Herstellungsvorschrift zur Herstellung nahezu unbegrenzt beständiger Emulsionen. Auf ihre Beständigkeit in Emulsionen sind nachstehende Aromastoffe geprüft worden.

1. Ameisensäureäthylester,
2. Essigsäureäthylester,
3. Amylacetat,
4. Amylvalerianat,
5. Buttersäureäthylester,
6. Phenylessigsäureäthylester,
7. Diacetyl,
8. Citronenöl,
9. Nelkenöl,
10. Vanillin, gelöst in Äthylalkohol.

Werden die Aromen in Alkohol gelöst, so werden in mit Tegomuls hergestellten Emulsionen diese zu 4 bis 5% gut vertragen.

Herstellung. Grundsätzlich darf nur destilliertes, enthärtetes oder Kondenswasser Verwendung finden. Die zugesetzte Aromamenge soll die angewandte Tegomulsmenge nicht überschreiten. Bei Zusatz von etwa 5% Aromastoff müssen also auch mindestens 5% Tegomuls zur Emulgierung eingesetzt werden. Emulsionen mit einem Tegomulsgehalt unter 3% sind nicht ratsam, ebenso nicht über 7%, da die letzten u. U. bereits zu dickflüssige Emulsionen ergeben. Das beste Verhältnis ist, 1 bis 5% Aromastoffe mit 3 bis 7% Tegomuls zu emulgieren. Man verfährt zweckmäßig wie folgt: Tegomuls wird mit dem Wasser zusammen so lange erwärmt, bis alles Tegomuls geschmolzen ist. Dann setzt man (u. U. nach Abkühlen bis auf ca. 60°) den Aromastoff zu und mischt, zweckmäßig mit einer gutwirkenden Emulgiermaschine, kräftig durch. Die Emulsion wird bis zum Erkalten weitergerührt.

Ananasessenz-Destillat (Drogenhändler).

Ananas 800,0

werden in kleine Würfel zerschnitten und mit 250 g Ungarwein zu einem gleichmäßigen Brei verarbeitet. Dieser wird mit $^3/_4$ bis 1 l dest. Wasser in einem geräumigen Glaskolben gespült, durchgeschüttelt und 2 bis 3 Std. der Ruhe überlassen. Dann mengt man 1 l Weingeist darunter und destilliert 1 kg Essenz ab.

Ananasessenz (HAGER) **zu Punschextrakten und Fruchtäthern.**

Frische Ananas 500 g werden zerkleinert mit Weingeist 8 Tage lang ausgezogen, abgepreßt und filtriert. Nach Zusatz von einigen Gramm Vanilletinktur wird so viel Weingeist (90%) zugesetzt, daß 1 kg Essenz erhalten wird.

Apfelsinenessenz für Brauselimonaden usw. (Dorgenhändler).

250,0 frische, expulpierte Apfelsinenschalen werden ganz fein zerschnitten und mit 500,0 Weingeist und 2 l dest. Wasser einen Tag lang ausgezogen, mit 2 Tr. terpenfreiem Citronenöl und 4 Tr. terpenfreiem, süßem Pomeranzenöl versetzt und in einen Glaskolben gebracht. Man destilliert 1 kg ab, versetzt mit einer Mischung aus 5,0 Vanilletinktur (1 : 10) 1,0 Safrantinktur (1 : 10) und färbt mit einigen Tr. Zuckercouleurtinktur. Eine etwa eintretende Trübung entfernt man nach etwa 10tägigem Stehen durch Filtration über Kieselgur.

Arrakessenz (D. LAAS).

Ameisenäther	1000,0	Butteräther	20,0
Rumessenz (Grundäther)	50,0		

werden gemischt und zugesetzt:

Vanillin (in wenig Alkohol gelöst)	1,0	Weinbeeröl, echt	12 Tr.
Ceylon-Zimtöl	6 Tr.	Nelkenöl	6 Tr.
		Bergamottöl	4 Tr.

Arrakpunschessenz, alkoholfrei.

Zuckersirup	98 l	Arrakessenz	500,0
Citronenessenz	500,0	Citronensäurelösung (1 : 1)	200,0
Vanilleessenz	100,0		

Bittermandelölessenz (DAZ.).

1. Bittermandelöl, blausäurefrei . . 1,0 | Weingeist (90%) 20,0

Man färbt leicht mit Curcumatinktur oder einem gelben, giftfreien Anilinfarbstoff.

2. Benzaldehyd 3,0

werden vermischt mit

heißem, dest. Wasser . . 100,0

Nach Zusatz von etwas gebrannter Magnesia läßt man einige Tage unter Umschütteln stehen und filtriert.

Citronenessenz für alkoholfreie Getränke (HAGER).

Citronenöl, terpenfrei	5,0	Citronensäure	800,0
Weingeist (90%)	3000,0	Orangenblütenwasser	1500,0

Citronenessenz für Brauselimonaden usw. (Drogenhändler).

200,0 frische expulpierte Citronenschalen werden aufs feinste zerschnitten, mit 500,0 Weingeist und 1 l Wasser 1 Tag ausgezogen, mit 3 Tr. terpenfreiem Citronenöl und 1 Tr. terpenfreiem bitterem Pomeranzenöl gemischt und in einen Glaskolben gebracht. Man destilliert 1 kg ab und versetzt mit einem Gemisch aus 3,0 Vanilletinktur (1 : 10), 15 Tr. Curcumatinktur (1 : 5), 20 Tr. Zuckercouleurtinktur. Eine entstehende Trübung wird nach 10tägigem Stehen durch Filtration über Kieselgur entfernt.

Erdbeeressenz.

Walderdbeeren (Gartenbeeren sind nicht verwendbar) . . 1000,0

werden mit einem Gemisch aus

Ungarwein . . . . . . 300,0 | Weingeist (90%) . . . 100,0

zu einem Brei zerknetet und dieser mit

Weingeist (90%) . . . 300,0 | Dest. Wasser 750,0

in einen Glaskolben gespült, dann zugesetzt

Vanille, fein zerschn. . . . 2,0

Nach 48 Stunden wird 1 kg abdestilliert. Das Destillat wird mit 0,5 Safranin T extra gefärbt.

Himbeeraroma für Fondantmassen und ähnliche Konditorwaren (SÖFW).

Amylbutyrat	40,0	Äthylvanillin	25,0
Iriswurzelöl, konkret	10,0	Diacetyl	1,0
Rosenöl Extraktionsprodukt, absolut	5,0	Äthylformiat	19,0

Himbeeraroma für Karamellen (kochfest) (SÖFW).

Amylbutyrat	32,0	Methyljonon alpha	4,0
Äthylpelargonat	6,0	Iriswurzelöl konkret	5,0
Äthyllaurinat	2,0	Anisaldehyd	1,0
Undecalacton	1,0	Pomeranzenöl, süß, terpenfrei	1,0
Citronellol	10,0	Äthylvanillin	25,0

Äthylformiat (als Süßstoff) . . . 13,0

Johannisbeeressenz.

Frische, weiße oder rote, von den Stielchen befreite Johannisbeeren . 4000,0
werden zerquetscht oder mittels einer Fruchtsaftpresse ausgepreßt. Der Fruchtbrei oder Saft wird während 48 Std. in einem mäßig warmen Raum (20°) vergoren, dann in einen Glaskolben gebracht und davon . . . 700,0
in eine Vorlage abgezogen, in der sich befinden
Weingeist (90%) . . . 300,0
Das Destillat wird gefärbt mit
Safranin T extra . . . 0,1
und Safrantinktur (1:10) . . . 3 Tr.

Kokosnußaroma (nach SÖFW).

	1.	2.		1.	2.
Nonalacton	840,0	880,0	6-Methylkumarin	—	30,0
6-Äthylkumarin	85,0	35,0	Heptaldehyddiäthylacetat	—	20,0
Methylundecylketon	40,0	25,0	Methylnonylketon	—	5,0
Heptylbutyrat	30,0	—	Allylundecylat	—	5,0
Caprylsäure	5,0	—			

Kümmel-Essenzen (D. Laas).

1. *Allasch-Kümmelöl.*

Carvon	150,0	Angelikaöl	20 Tr.
Korianderöl	20 Tr.	Anisöl, russisch	40 Tr.

Ingweröl . . . . 14 Tr.

2. *Berliner Kümmelöl.*

Carvon	600,0	Cassiaöl	5,0
Anisöl, russisch	25,0	Korianderöl	2,0

3. *Breslauer Kümmelöl.*

Carvon	600,0	Korianderöl	2,0
Essigäther	30,0	Sternanisöl	4,0
Römisch-Kamillenöl	2,0	Angelikaöl	1,0

4. *Danziger Kümmelöl.*

Carvon	60,0	Cassiaöl	5,0
Anisöl, russisch	20,0	Korianderöl	2,0

Nelkenöl 2,0

Anwendung. Für 42 l Weingeist (96 Vol.-%) 35 bis 45 g Essenz.

Liköraromen (D. Laas).

1. *Curaçaoessenz.*

Curaçaoschalen, geschält	3500,0	Ysopkraut	500,0
Pomeranzenschalen, geschält	225,0	Angelikawurzel	250,0

1. Aufguß: 15 l Sprit (60 Vol.-%); 2. Aufguß 10 l Sprit (60 Vol.-%).

Dem abgepreßten filtrierten Auszug setzt man zu:

Essigäther	30 ccm	Himbeerspiritus	500 ccm

Weinbeeröl, echt . . . 30 Tr.

Für 44 l Weingeist 95 Vol.-% 9,5 kg Essenz.

2. *Pfirsichessenz* (*Persiko*).

Citronenöl	20,0	Korianderöl	2,0
Macisöl	3,0	Rosenöl	1,0
Neroliöl	2,0	Bittermandelöl, blausäurefrei	210,0

Alkohol, absolut (zur Klärung) . . 12,0

Für 34 l Weingeist 95 Vol.-% 30 g Essenz.

Likoressenz nach Art des Benediktiners.

Rhabarber DAB. 6	105,0	Vanille	28,0
Tausendgüldenkraut	210,0	Gewürznelken	28,0
Ivakraut	168,0	Ingwer	28,0
Pomeranzenschalen DAB. 6	420,0	Nelkenzimt	70,0
Unreife Pomeranzen	70,0	Angelikawurzel	168,0
Malabar-Kardomomen	35,0	Meisterwurzel	105,0

Safran 5,0

Die grob gepulverten Drogen werden mazeriert mit

Weingeist (95%) . . 5250,0 | Wasser 3500,0

und zugefügt Echtes Weinbeeröl . . 140 Tr.

Magenbitteressenz (Boonekamp ähnlich) (SIDO).

A. Safran	4,0	Süßholz	60,0
Enzianwurzel	50,0	Rhabarber	15,0
Galgantwurzel	20,0	Lärchenschwamm	10,0
Wermut	30,0	Tausendgüldenkraut	30,0

Weingeist (50%) 1000,0

B. Versüßter Salpetergeist . . 15,0 | Fenchelöl 0,5

Anisöl 1,0

Dem nach A. aus den grob gepulverten Drogen hergestellten Mazerat werden die Stoffe von B. zugegeben. Zur Herstellung von 10 l Magenbitter benötigt man 250 g Essenz.

Pfefferminzessenz für alkoholfreie Getränke (HAGER).

Pfefferminzöl, terpenfrei	10,0	Wasser, dest.	700,0
Weingeist (95%)	300,0	Citronensäure	80,0

Pomeranzenessenz für alkoholfreie Getränke (HAGER).

Süßes Pomeranzenöl, terpenfrei	5,0	Wasser, dest.	7000,0
Weingeist (95%)	3000,0	Citronensäure	800,0

Rosenessenz.

Rosenöl . . . . . 1,0 | Weingeist (90%) . . 70,0

Dest. Wasser . . . 30,0

Rumessenz (D. LAAS).

Der Rumäther wird wie folgt angesetzt:

Feinsprit (95%)	120 kg	Schwefelsäure (66° Bé)	30 kg
Holzessig (8 bis 12% Säuregehalt)	50 kg	Braunstein, grob gepulv.	8 kg

Das Gemisch in verbleiter Destillierblase mit hoher Rektifiziersäule einige Stunden stehenlassen und langsam abtreiben. Ausbeute 130 kg Grundäther mit etwa 80% Spritgehalt. Den Grundäther versetzt man mit 20 kg Essigäther und erhält so als Grundlage für die darauf zubereitenden Essenzen 150 kg Rumäther.

Einfache Rumessenz.

Grundäther	40,0	Birkenteeröllösung (2,5%ig)	1,0
Essigäther	6,0	Wasser	53,0

Konzentriertere Rumessenz.

Rumäther	950,0	Ölkomposition	50,0

Ölkomposition.

Weinbrandöl, kombiniert (s. Weinbrandessenz)	100,0	Safraninfusion	35,0
		Vanillin	50,0
Zimtöl, echt	5,0	Birkenteeröllösung (10%)	50,0

Schweizer Alpenkräuteressenz.

Wermut		Pfefferminz	30,0
Anis	āā 45,0	Wacholderbeeren	25,0
Kalmus	40,0	Angelikawurzel	
Salbei		Lavendelblüten	āā 20,0
Pomeranzenschale	āā 30,0	Nelken	15,0

Die Drogen werden, mit Ausnahme der Lavendelblüten, die ganz verwendet werden, als grobe Pulver mit Weingeist (90%) zu einem Liter Essenz mazeriert.

Wacholderschnapsessenz.

Citronenöl, terpenfrei	15,0	Wacholderöl, terpenfrei	50,0
Weingeist (95%)	935,0		

Von vorstehender Essenz verwendet man 50 g auf 100 l Fertigware. Diese darf jedoch nicht als „Steinhäger" bezeichnet werden.

Waldmeisteressenz. Maitrankessenz. Maiweinessenz (Hager).

1. Frischer, kurz vor dem Aufblühen gesammelter Waldmeister wird unzerkleinert, aber von den unteren Stengelteilen befreit, in einer Weithalsflasche leicht zusammengedrückt und mit reinem Weingeist (95%) übergossen. Nach 30 bis 40 Minuten wird der Auszug abgegossen und das Kraut leicht ausgepreßt. Der Auszug wird auf eine neue Menge Waldmeister gegeben, nach 30 bis 40 Minuten wieder abgegossen und filtriert. Die Essenz ist anfangs rein grün, färbt sich aber bald braungrün. Auf 1 l Maiwein finden 10 ccm der Essenz Verwendung.

2. 20 T. ganzer, vor dem Aufblühen gesammelter Waldmeister werden mit 40 T. Weißwein, je 2 T. Rosen- und Pomeranzenblütenwasser und 4 T. Weingeist (90%) übergossen, 8 Stunden stehengelassen, leicht ausgepreßt und filtriert.

3. Frischer, vor dem Aufblühen gesammelter Waldmeister, 250 g, wird mit Weingeist (40%) zu einem Liter ausgezogen, nach 8 Tagen ohne Pressung abfiltriert und 50 g Citronengeist (s. S. 503) zugefügt.

2 bis 3 Teelöffel dieser Essenz liefern mit 6 Flaschen Weißwein, 500 g Zucker und 1 Flasche Schaumwein eine sehr gute Maibowle.

Waldmeisteressenz, künstlich.

A.	Kumarin	0,1	Grüner Tee	10,0
	Citronensäure	1,0	Weingeist (70%)	100,0
B.	Apfelsinenöl		Pomeranzenöl	āā 0,5

A. 3 Tage mazerieren, abpressen, B. zusetzen, grün färben, filtrieren.

$^1/_2$ Kaffeelöffel dieser Essenz gibt mit 75 g Zucker, $^1/_2$ bis 1 Weinglas voll Selterswasser und 1 Flasche leichtem Weißwein einen guten Maitrank.

Weinbrandessenz (D. LAAS).

Rumäther	400,0	Vanillin	100,0
Weinhefenöl, grün oder weiß	300,0	Irisöl, konkret	5,0
Weingeist (95%)	195,0		

Limonaden.

Nach BEYTHIEN-HEIMANN[1] sind Limonaden und Brauselimonaden Mischungen von Obstsäften, Obstsirupen, Obstdicksäften bzw. Limonadensirupen (Mixturen mehrerer Obstsirupe) mit Wasser bzw. kohlensäurehaltigem Wasser und Zucker. Ähnliche Erzeugnisse, die statt aus Obstsäften aus „Brauselimonadengrundstoffen", d. h. dickflüssigen Zubereitungen aus Wasser, Zucker, Stärkesirup, Wein-, Citronen- oder Milchsäure, Farbstoffen und natürlichen Essenzen hergestellt sind, sog. *Essenzlimonaden*, dürfen unter der Bezeichnung „Brauselimonade mit Himbeer- usw. Geschmack" in den Verkehr gebracht werden, während bei Verwendung künstlicher Essenzen die Bezeichnung „künstliche Brauselimonade" anzubringen ist.

Zur Herstellung der vorstehenden Brauselimonaden bringt man in die Flaschen aus einer automatischen Füllvorrichtung die erforderliche Menge Limonadensirupe, und zwar so viel, daß die fertige Limonade mindestens 7% Zucker enthält, setzt dann die Flaschen in die Füll- und Verkorkungsmaschine und läßt das reine Wasser, das bei 4 bis 5 Atmosphären mit Kohlensäure imprägniert ist, unter gleichem Druck einfließen. Die sofort verkorkten und verdrahteten oder bei Verwendung von Siphons, Patent- oder Kugelflaschen in geeigneter Weise verschlossenen Flaschen werden in kühlen Räumen liegend aufbewahrt. Seit einigen Jahren wird Brauselimonade auch aus Fässern unter Kohlensäuredruck ausgeschenkt (*Faß-* oder *Schankbrause*).

Für alle Limonaden und Brauselimonaden sind Mineralsäuren (Ausnahme bis 700 mg Phosphorsäure/Liter) und, abgesehen von Faßbrause, Schaummittel (Saponine usw.) verboten. Grundsätzlich verboten ist auch die chemische Konservierung. Als Süßungsmittel galt früher nur reiner Verbrauchszucker als zulässig, während jetzt für „künstliche Limonaden" daneben auch Stärkezucker, Stärkesirup und Süßstoff benutzt werden. Faßbrause muß sogar ausschließlich mit Süßstoff gesüßt werden und darf auch Schaummittel enthalten. Künstliche Färbung ist nur für Obstlimonaden verboten. Verwendung von Coffein muß gekennzeichnet werden. Brauselimonadenpulver und -tabletten zur Herstellung künstlicher Brauselimonaden enthalten neben Zucker oder Süßstoff natürliche oder künstliche Essenzen, Wein-, Milch- oder Citronensäure, Natriumhydrogencarbonat und Farbstoff. Zur Schaumbildung dürfen sie geringe Mengen Eiereiweiß oder Glyzyrrhizin enthalten.

Limonaden-Brause-Pulver (SIDO).

Weinsäurepulver	205,0	Natriumhydrogencarbonat	195,0
Zuckerpulver	600,0	Geschmackstoffe nach Bedarf	

Farbe nach Bedarf.

Die Weinsäure, den Zucker, die Geschmacksstoffe und die Farbe mischen und gut trocknen, dann das Natriumhydrogencarbonat beimischen.

Geschmacks- und *Farbzusätze*:

Ananas:		*Himbeer*:	
Ananasessenz	13,0	Himbeeressenz	30,0
Echtgelb	1,0	Himbeerrot	2,5

[1] BEYTHIEN-HEIMANN: Einführung in die Lebensmittelchemie, 4. Aufl., Dresden und Leipzig: Theodor Steinkopff 1956.

Erdbeer:		*Orange:*	
Erdbeeressenz	25,0	Apfelsinenessenz	45,0
Erdbeerrot	2,0	Orangegelb	0,2

Citrone:

Citronenessenz	40,0	Echtgelb	1,5

Limonadensirupe (Sido).

Ananassirup.

Preßsaft von geschälter Ananas	1000,0	Zucker	2000,0

werden zu Sirup verkocht.

Apfelsirup.

Apfelpreßsaft (aus entkernten, zerquetschten Äpfeln	1000,0
Zucker	2000,0

Nach dem Lösen des Zuckers im Saft wird aufgekocht und abgeschäumt.

Apfelsinensirup.

Preßsaft von geschälten Apfelsinen	1000,0	Citronensäure	2,0
Ananaspreßsaft	100,0	Weißwein, südfranzösisch	200,0
Zucker	2300,0		

Citronensirup.

1. Citronenpreßsaft (von ganzen Früchten)	40,0	Zucker	60,0

werden zum Sirup gekocht, eignet sich nicht zum längeren Aufbewahren.

2. *künstlich.*

Citronensäure	10,0 bis 20,0	Zucker	650,0
Dest. Wasser	330,0	Citronenspiritus	20,0

Citronenspiritus erhält man durch Mazerieren der fein geschnittenen Schalen von 12 großen Citronen mit 1 l Weingeist (90%) 3 bis 4 Tage lang.

Man kann auch die Apfelsinenschalen mit verwenden, dabei zerkleinert man eine genügende Menge und mazeriert sie 1 bis 2 Tage mit Weißwein. Von dem Mazerat verwendet man zur Sirupherstellung eine dem Geschmack entsprechende Menge.

Ingwersirup.

A. Zucker	500,0	Weinsäure	12,0
Honig	200,0	Dest. Wasser	400,0
B. Ingwertinktur	60,0	C. Dest. Wasser	auf 1200,0

A. aufkochen, dabei etwas Tierkohle oder Kieselgur zusetzen, blank filtrieren, dann B. zugeben, zuletzt C., und schließlich mit Zuckercouleur färben.

VII. Säfte, Süßmoste, Sirupe.

Säfte. Obstsäfte.

(Vgl. Bd. I, S. 59f.; Bd. II, S. 491 „Fruchtsäfte“).

Citronensaft, künstlicher.

Citronensäure, bleifrei	70,0	Benzoesäure	1,0
Zucker	50,0	Wasser, dest.	1000,0

werden zum Sieden gebracht und 5 g Citronenölzucker der heißen Lösung unter Umschütteln zugefügt.

Kirschsaft, entsäuern.

Zur Entsäuerung von Fruchtsäften verwendet man auf 1 Liter Fruchtsaft 1 bis 2 Eßlöffel voll präzipitiertes Calciumcarbonat. Der Saft wird damit auf dem Wasserbad so lange unter ständigem Umrühren erwärmt, bis keine Kohlensäureentwicklung mehr stattfindet. Nach 24stündigem Absetzen wird nochmals auf dem Wasserbade erwärmt und dann nach dem Absetzen filtriert.

Quittensaft. Succus Cydoniae.

Fast reife Quitten werden mit einem groben Tuch abgerieben und die fleischigen Teile zu Brei verarbeitet. Dieser wird ausgepreßt, der Saft der Gärung (vgl. Filtragol, Bd. II, S. 464) überlassen, bis er sich klärt und dann filtriert.

Verwendung. Zur Herstellung von Quittensirup und Quittenlikör.

Süßmoste.

Süßmoste (vgl. Bd. I, S. 584) sind die wichtigsten Vertreter der alkoholfreien Getränke. Da die Süßmostherstellung richtig angefaßt eine ansehnliche Erwerbsquelle darstellt und auch für die Volks- und Landwirtschaft große Bedeutung hat, kann dieses interessante Gebiet für Drogisten in Erzeugergegenden zu einem nicht zu verachtenden Nebenbetrieb werden. Dies um so mehr, als der Drogist durch seine Ausbildung dazu besonders vorgebildet ist. Auf alle Fälle muß aber der Drogist in der Lage sein, seinen Kunden, die selbst Süßmoste herstellen, auch auf diesem Gebiet Rat zu erteilen. Auch diejenigen Drogisten, die Süßmoste in Flaschen beziehen und verkaufen, müssen über diese hinreichend Bescheid wissen.

Nach der behördlich anerkannten Begriffsbestimmung sind Obstsüßmoste zum unmittelbaren Genuß bestimmte, praktisch alkoholfreie Getränke, die durch Pressen von unvergorenem, frischem Obst gewonnen, nach bestimmten vorgeschriebenen Verfahren behandelt und geklärt und durch Pasteurisierung, Entkeimungsfiltration (EK.-Filtration) oder Einlagerung unter Kohlensäuredruck haltbar gemacht worden sind.

Inhaltstoffe und ernährungsphysiologischer Wert der Süßmoste.

Das zu Süßmosten verarbeitete Obst enthält neben unverdaulicher Cellulose *Fruchtzucker*, Fructose (vgl. Bd. II, S. 492), Pektin, Fruchtsäuren, Gerbstoff- und Eiweißverbindungen, Mineralstoffe, Vitamine, Fermente, Aroma- und Farbstoffe, im Kernobst auch ungelöste Stärke. Beim Keltern gehen die ernährungsphysiologisch wertvollen Bestandteile des Obstes in den Süßmost über. Durch den Gehalt an unmittelbar vom Körper verdaulichem Fruchtzucker sind Süßmoste ein vorzügliches, fast augenblicklich wirkendes *Kräftigungs-* und *Stärkungsmittel* für den erschöpften und geschwächten Organismus. Diese Tatsache findet in Sportkreisen weitestgehende Beachtung.

Die im Obst enthaltenen *Fruchtsäuren* Apfelsäure, Citronensäure, Weinsäure wirken anregend auf die Drüsentätigkeit, dadurch wird die Absonderung von Mundspeichel, Magen- und Darmsäften erhöht und somit Appetit und Verdauung gefördert. Die Wirkung der Säuren im Körper tritt nur infolge einer *Pufferung* durch andere biologisch wertvolle Begleitstoffe (Mineralstoffe, Extraktstoffe) ein.

Die *Mineralstoffe* finden sich als Salze von Kalium, Calcium, Magnesium, Natrium, Eisen, seltener von Aluminium, in Spuren mitunter von Mangan. Diese Basen neutralisieren z. B. die auf den Körper *giftig wirkende Harnsäure* und sind auch für den biologisch richtigen p_H-Wert des Blutes ausschlaggebend. Knochen-

und Zahnbildung, der Stoffwechsel und die Blutbildung, sollen sie normal vor sich gehen, sind ebenfalls von den Mineralstoffen abhängig.

An *Säuren* sind Schwefelsäure, Phosphorsäure, Kieselsäure und wenig Chlorwasserstoffsäure im Obst enthalten. Die Phosphorsäure ist für die Knochenbildung und die Ernährung der Nerven unentbehrlich. Von den *Vitaminen* (vgl. Bd. II, S. 1327) kommen A, B_1, B_2 und C in unterschiedlichen Mengen in den Obstarten vor, besonders die Vitamine A und C. Tab. 7 gibt einen Einblick in den Vitamingehalt verschiedener Obstarten nach MEHLITZ.

Tabelle 7.

Obstart	Vitamin A	Vitamine B_1 und B_2	Vitamin C
Äpfel	(+)	(+)	(+) bis +
Birnen	(+)	(+)	(+)
Trauben	(+)	(+) bis +	(+)
Kirschen	(+) bis +	(+) bis +	(+)
Erdbeeren	(+)	(+)	++
Himbeeren	++	(+)	+
Johannisbeeren, rot	+	(+)	+
Johannisbeeren, schwarz	++	(+)	++
Stachelbeeren	+	(+)	+
Heidelbeeren	+	(+)	(+)
Brombeeren	++	+	+

Daraus ist ersichtlich, daß vor allem die Beerenfrüchte mit Ausnahme der Trauben reich an Vitaminen sind, weniger sind diese im Steinobst, am wenigsten im Kernobst enthalten. Beim Mahlen und Pressen der Früchte und beim Filtrieren und Pasteurisieren der Säfte ist der Verlust an Vitamin C verhältnismäßig gering, erst während der Lagerung treten größere Verluste ein. Bei der Behandlung von Beerenmaischen mit Filtrationsenzymen wurde dagegen eine beachtliche Steigerung des Vitamin C-Gehalts in den Säften festgestellt.

Bei der Süßmostherstellung ist die möglichste Erhaltung der Vitamine eine wichtige Aufgabe und das Herstellungsverfahren entsprechend einzurichten. Dabei sind vor allem Schädigungen durch Hitze, Luftsauerstoff und Metalle (Vitamin C) zu vermeiden. Man erreicht dies durch die Kaltverfahren (EK.-Filtration) oder die geschlossenen Sterilisations- und Pasteurisationsverfahren.

Die *Fermente* (vgl. Bd. II, S. 449), die sich im Preßsaft der Obstarten finden, bewirken hauptsächlich den geschmacklichen und sonstigen Ausbau der Süßmoste. Da auch sie durch Wärme geschädigt bzw. vernichtet werden, gelten auch hier die gleichen Vorsichtsmaßnahmen wie bei den Vitaminen.

Die *Aromastoffe* wirken auf die Geruchs- und Geschmacksnerven und dadurch appetitanregend und belebend auf die Nerven. Auch sie müssen bei der Herstellung von Süßmosten tunlichst erhalten bleiben. Die *Farbstoffe* der Obstarten, die im Zellsaft gelöst (Anthocyane) oder ungelöst als grüne Chlorophyllstoffe und gelbe bis gelbrote Chromoplasten vorkommen, spielen für das Aussehen der Süßmoste eine wichtige Rolle. Die Anthocyane werden durch die Reduktionswirkung der schwefligen Säure entfärbt, während eine Verminderung der natürlichen Färbung von Süßmosten durch adsorbierende Entfärbungskohle erreicht werden kann. Zur weitgehenden Erhaltung der natürlichen Farbstoffe werden deshalb Verfahren angewendet, die diese nicht nur erhalten, sondern sogar vermehren: Klär- und Maischebehandlungsverfahren mit Filtrationsfermenten (s. S. 499).

Die Herstellung von Süßmosten.

Die Güte von Süßmosten hängt in hohem Maße von der Beschaffenheit des zur Verwendung kommenden Obstes ab. Es darf nur gesundes, vollreifes Obst gekeltert werden. Überreifes oder krankes Obst enthält bereits *Zersetzungsprodukte*, die zu geruchlichen und geschmacklichen Fehlern führen oder aber den höchst zulässigen Alkoholgehalt für alkoholfreie Getränke von 0,5% überschreiten lassen. Kranke, faule, schimmelige, stark verunreinigte (auch durch Laub-, Stengel- oder Aststücke) oder verletzte Früchte ergeben keine reintönigen Süßmoste. Vor allem ist wichtig, daß die Früchte *nach der Ernte schnellmöglich* gekeltert werden.

A. Die zur Süßmostherstellung geeigneten Obstarten.

1. Kernobst. Neben der Beschaffenheit des Mostobstes sind auch die zur Verwendung kommenden Sorten besonders beim Kernobst wichtig. Äpfel sind das wichtigste Mostobst bei der Süßmostherstellung und liefern einen angenehmen süßsäuerlich schmeckenden und erfrischenden Süßmost. Nicht alle *Äpfel*sorten sind zur Süßmostherstellung geeignet. Nach MEHLITZ eignen sich nur solche, die roh eßbar sind, dabei saftig und angenehm säuerlich schmecken und im Aroma befriedigen. Mehlige und saftarme Sorten sind unbrauchbar. Kleine unscheinbare Äpfel geben durch ihre größere Oberfläche, in der die Aromastoffe sitzen, sehr gut schmeckende und besonders aromatische Süßmoste. Gewissse Tafeläpfelsorten können zur Erhöhung und Abrundung des Aromas bis zum Verhältnis 1 : 4 zugegeben werden. Die umstrittene Verwendung von Falläpfeln empfiehlt MEHLITZ unter der Voraussetzung, daß sie reif und gesund sind und die Möglichkeit besteht, den Süßmostgeschmack unter Zusatz von normalreifen Äpfeln oder durch Verschnitt mit besonders gutem Süßmost zu verbessern. Als zur Süßmostherstellung geeignete Äpfelsorten nennt MEHLITZ: Rheinischer Bohnapfel, Roter und Weißer Trierer Weinapfel, Boikenapfel, Roter Eiserapfel, Schöner aus Boskoop, Sauergrauech (Schweiz), Jakob Lebel, Luikenapfel, Ontario. Für bestimmte Anbaugebiete Echter Matapfel, Champagner-Renette, Grahams Jubiläumsapfel, Winter-Taubenapfel, Bellefleur, Welsch Isner, Winterrambur und Prinzenapfel. Als aromagebende Verschnittäpfel Taffetapfel, Muskat-, Kanada-, Coulons, Landsberger und Baumanns Renetten, Winter-Kalvill, Winter-Goldparmäne, Borsdorfer, Parkers Pepping u. a., als herber, saurer Verschnittapfel Danziger Kantapfel.

Birnen ergeben infolge mangelnder Säure zu süße und fadschmeckende Süßmoste, außerdem ziehen sie durch ihren hohen Gerbsäuregehalt die Schleimhäute zusammen. Zur Süßmostherstellung eignen sich nach MEHLITZ folgende Sorten: Hohenheimer und Luxemburger Mostbirne, Knausbirne, Katzenkopf, Weinbirne, Champagner Bratbirne, Späte Grünbirne, Sievenicher Mostbirne, Weilersche Mostbirne u. a.

2. Steinobst. Sauerkirschen liefern einen vorzüglichen aromatischen Süßmost, während Süßkirschen (kräftig färbende werden vorgezogen) einen Säurezusatz durch Verschneiden mit Sauerkirschen- oder Johannisbeerenmost benötigen. Auch hier dürfen weder Blätter, Stiele noch Aststückchen mitgepreßt werden. Zweckmäßig werden die Kirschen *ohne Stiele* gepflückt, damit die Arbeit des Entstielens entfällt. Geeignete Kirschensorten sind Nattern, Ostheimer Weichsel, Schattenmorellen.

3. Beerenobst. Das Beerenobst ist zur Herstellung von Süßmosten wichtiger als Kern- und Steinobst. Verwendung finden hierzu Erdbeeren, Himbeeren, Johannisbeeren, Stachelbeeren, Heidelbeeren, Brombeeren, Holunderbeeren. Besonders empfindlich sind die weichen Früchte Erdbeeren, Himbeeren, Brombeeren, deren Ernte im Hochsommer erfolgt und die deshalb besonders gefährdet sind. Beerenobst soll normal reif, rechtzeitig bei trockenem Wetter in den kühleren Morgenstunden geerntet, beim Transport weder gedrückt noch verletzt und möglichst *sofort gekeltert* werden.

a) *Erdbeeren* sollen reif, nicht überreif und sandfrei sein. Zahlreiche weiße oder unreife grüne Stellen ergeben einen herb- oder bitter schmeckenden Süßmost. Für feinere Süßmoste müssen Stiele und Kelche entfernt werden. Mittelgroße, kleine oder Walderdbeeren ergeben wohl etwas weniger Saft, aber einen imAroma hochwertigeren Süßmost als große Früchte. Eine Vertiefung der Farbe des Mostes erreicht man durch Maischefermentierung mit Filtrationsfermenten (s. S. 499), die auch eine Erhöhung der Saftausbeute ergibt. Besonders geeignete Sorten sind nach MEHLITZ Amerikanische Volltragende, Hansa, Jukunda, Wunder von Köthen (Bluterdbeere).

b) *Heidelbeeren* dürfen wohl gut gereift, aber nicht überreif und müssen sorgfältig verlesen ohne die sehr gerbstoffhaltigen Blättchen gekeltert werden. Beim Transport ist zu hohe Schichtung wegen möglicher Erwärmungsgefahr zu vermeiden.

c) *Holunderbeeren.* Nur reife, dunkle Holunderbeeren werden zu Holundersaft, der gegen Grippe wirksam sein soll, verwendet. Zu feineren Säften werden die Beeren entstielt.

d) *Johannisbeeren, rote,* finden fast ausschließlich zur Süßmostherstellung Verwendung. Sie sollen prall, vollreif und können auch mit den Kämmen gepreßt werden, da der Geschmacksunterschied von ohne Kämme gepreßten Süßmosten unerheblich ist.

e) *Johannisbeeren, schwarze,* ergeben durch ihren hohen Vitamingehalt besonders wertvolle Süßmoste. Sie finden infolge ihrer starken Färbekraft und dem muskatartigen Geschmack für sich und zum Verschneiden von Mosten aus roten Johannisbeeren Verwendung.

MEHLITZ zählt als empfehlenswerte Johannisbeersorten auf: Holländische Rote, Rote Versailler und Langtraubige Schwarze.

f) *Stachelbeeren.* Von Stachelbeeren finden grüne, gelbe und weiße Sorten für Süßmostzwecke Verwendung. Bei der Verwendung roter Sorten ist die Farbe ohne Zusatz anderer färbender Moste nicht haltbar.

g) *Brombeeren* geben infolge ihres hohen Vitamingehalts besonders wertvolle Süßmoste mit anerkanntem Heilwert. In Deutschland finden sie leider noch nicht die nötige Beachtung.

4. Weintrauben. Traubensüßmoste werden meist von Weinkellereien hergestellt, die im gemischten Betrieb Wein- und Süßmost erzeugen. Weintrauben sind sehr transportempfindlich und sehr zuckerhaltig, deshalb resultieren oft trotz schnellen Arbeitens Traubenmoste mit über 0,5% Alkohol.

B. Die technische Durchführung der Süßmostherstellung.

Die technische Durchführung der Süßmostherstellung ist ein so umfangreiches Sondergebiet, daß sie im Rahmen der folgenden Ausführungen nur abrißartig wiedergegeben werden kann. Als Literatur zu eingehenderem Studium wird empfohlen:

MEHLITZ, A.: Süßmost, Fachbuch der gewerbsmäßigen Süßmosterzeugung, 7. Aufl., Braunschweig: Verlag Dr. Serger & Hempel 1951.

BAUMANN, J.: Handbuch des Süßmosters, 4. Aufl., Stuttgart: Eugen Ulmer 1951.

KOCH, J.: Neuzeitliche Erkenntnisse auf dem Gebiet der Süßmostherstellung, 2. Aufl., Frankfurt a. M.: Horn 1956.

1. *Die Saftgewinnung.*

Die richtige **Vorbereitung des Kelterobstes** ist die erste Voraussetzung für einwandfreie Süßmoste, Kernobst muß vor dem Mahlen zur Entfernung von Staub, Schmutz und zur Verminderung der ihm anhaftenden Bakterien, Schimmelpilze und Hefen gewaschen werden. Dies wird praktisch so durchgeführt, daß das Obst in einem Bottich aus Holz oder Steingut mit einem nicht zu harten Besen in fließendem Wasser sorgfältig gewaschen wird. Im Großbetrieb finden besondere Waschmaschinen Verwendung, die teilweise anschließend das Obst direkt in die Obstmühle befördern. Stein- und Beerenobst bringt man in grobmaschige Siebe, die man wiederholt in frisches Wasser taucht oder das Obst darin vorsichtig abspritzt.

Gewaschenes Kernobst wird dann zweckmäßig in einer *Igel-* oder *Stachelmühle*, einer *Rätzmühle* oder *Schleuderfräse* mit nichtrostenden Metallteilen (V 2 A-Stahl, Silumin) gemahlen. Sind Eisenteile an der Mühle vorhanden, sind diese sorgfältig mit *Kelterlack* zu isolieren. Die Wahl der richtigen Mühle ist auch für die Saftausbeute wichtig. Zum Mahlen von Stein- und Beerenobst finden Mühlen mit zwei ineinandergreifenden gerieften Kegelwalzen, die sich gegeneinander drehen und im Abstand verstellbar sind, Verwendung. Bei Kirschen werden die Walzen so eingestellt, daß *nur ein Viertel* der Kirschenkerne zur Erhöhung des Aromas zerdrückt werden. Werden alle Kirschenkerne zerdrückt, nimmt der Süßmost einen aufdringlichen, fremdartigen Geschmack an.

Das Pressen des Obstes. Das Pressen des Obstes kann beim Anfall kleinerer Mengen mit den im Abschnitt „Fachtechnik" unter *Auspressen* (s. S. 19) besprochenen Pressen erfolgen. Im Großbetrieb finden hydraulische Pressen, Packpressen oder Zwillingspressen Verwendung. Die Packpressen ergeben die höchste Saftausbeute bei einmaliger Pressung.

Die Saftausbeute ist abhängig von der Obstsorte, der Größe der Früchte und ihrem Reifegrad. Auch die Mahlweise (das Mahlgut soll gleichmäßig, fein und locker, nicht platt gequetscht sein) ist für die Saftausbeute mitbestimmend. Vor allem ist die Stapelung des Preßgutes in der Presse und ein langsam und allmählich zu steigernder Druck wichtig. Tab. 8 gibt nach MEHLITZ die ungefähren Saftausbeuten der einzelnen Obstarten mit Korb- und Packpressen an.

Tabelle 8.

Obstart	100 kg ergeben etwa Liter Saft	Obstart	100 kg ergeben etwa Liter Saft
Äpfel	65 bis 80	Himbeeren	70 bis 85
Birnen	65 bis 80	Johannisbeeren	70 bis 85
Trauben	70 bis 85	Stachelbeeren	70 bis 85
Kirschen	65 bis 75	Brombeeren	75 bis 90
Erdbeeren	70 bis 85	Heidelbeeren	80 bis 90

Da beim Keltern von Stein- und Beerenobst die im Großbetrieb vorhandenen Hochleistungspressen fehlen, kann eine dadurch eintretende Safteinbuße durch Verwendung des Filtrationsfermentes „Filtragol" (s. Bd. II, S. 464, Bd. III, S. 499) ausgeglichen werden. Dazu wird der Preßrückstand der ersten Pressung mit 5 g Filtragol auf 1 kg Rückstand versetzt und nach gutem Durcharbeiten mehrere Stunden bei Zimmertemperatur stehengelassen. Dieses Verfahren bietet den Vorteil, daß bei der zweiten Pressung der Saft völlig abfließt und nach WIDMER („Gärungslose Früchteverwertung" 1933, S. 85f.) noch gehaltvoller ist als derjenige der ersten Pressung. Außer diesem Vorteil bewirkt die Verwendung von Filtragol bei der Fermentierung der Maische (2 bis 3 g Filtragol auf 1 kg) infolge des dabei erfolgenden Aufschlusses der Zellsubstanz ein vollkommeneres Herauslösen der Farbstoffe und somit feurigere Farben von Süßmosten roter Früchte, die Süßmoste werden auf diese Weise naturrein an Farbe und Aroma erhalten.

2. Die Klärung des Keltermostes.

In jedem Keltersaft ist das die Pektinstoffe abbauende Ferment *Pectase* vorhanden, das je nach seiner Konzentration fähig ist, Fruchtsäfte in wenigen Stunden oder in Wochen oder gar Monaten zu klären. Da der Pectasegehalt ein unbekannter Faktor ist, müsssen die Moste zur Verhütung der Gärung längstens innerhalb 24 Stunden entkeimt oder keimarm kühl oder unter Kohlensäuredruck eingelagert werden. Es gilt also, die Pektinstoffe, welche die Viscosität der Süßmoste erhöhen und deshalb die Ursache ihrer schlechten Filtrierbarkeit, aber auch die Ursache der Gefahr dauernder Nachtrübungen bei der Lagerung von Süßmosten sind, durch Filtrationsfermente abzubauen. Dieses Verfahren hat sich zur Herstellung von Qualitätssüßmosten auf kaltem Wege unter Verwendung der scharf filtrierenden Glanz- und Entkeimungsfilter bestens bewährt. Dabei bleibt dem Saft das Pektin in aufgeschlossener Form erhalten und bedingt wahrscheinlich die Geschmacksfülle und die Vollmundigkeit der so gewonnenen Süßmoste. Die Prüfung auf die richtig durchgeführte Fermentierung mit Filtragol wird nach dem Filtragolprospekt von Bayer, Leverkusen, wie folgt durchgeführt:

Anwendungsvorschriften für Filtragol ®.

a) Verarbeitung von Beerenfrüchten. 1. *Beerenmuttersaft.* *α*) 2—3 g Filtragol je 1 kg Maische werden beim Mahlvorgang nach und nach der Maische zugesetzt. Beim Mahlen und hinterher die Maische gut durchstoßen!

β) Nach dem Mahlen lassen Sie Filtragol wie folgt einwirken:

Wirkzeit	Temperatur der Maische
ca. 5—6 Std.	20—30° C
ca. 4 Std.	30—35° C
ca. 2—3 Std.	35—40° C (nicht überschreiten!)

γ) Warmeinlagerung, EK-Einlagerung bzw. Flaschenfüllung und Tankeinlagerung unter Hochdruck sind die Möglichkeiten, die Ihnen nach dem Pressen bleiben. Mit dem fermentierten Saft erzielen Sie jederzeit eine einwandfreie, schichtensparende Filtrierung.

2. *Beerensüßmost.* *α*) Die erforderliche Menge Filtragol (2—3 g je 1 kg Maische) wird in der 10fachen Menge Saft etwa zwei Stunden lang aufgeschwemmt und der Maische während des Mahlvorgangs nach und nach zugesetzt. Dadurch verringert sich die für Beerenmuttersaft genannte Wirkzeit (s. o.) um ca. 25%.

β) Beim Mahlen und hinterher die Maische mehrfach gut durchstoßen! Dadurch verteilt sich das Enzym gleichmäßig, baut das Pektin ab und sorgt durch Aufschließen der Beerenhülsen für eine intensive Färbung. Nach der Einwirkzeit erfolgt das Pressen.

3. *Ohne Fermentation eingelagerte Beerensüßmoste* können zur leichteren Filtrierung vor dem Abziehen auf Flaschen nachfermentiert werden. Sie verwenden dazu 1—1,5 g Filtragol je 1 Liter Most. Die entsprechende Menge wird vor dem Fermentieren in der 10- bis 20fachen Menge Most aufgeschwemmt und gut umgerührt. Der zu fermentierende Süßmost wird in einen Bottich gefüllt, wobei darauf zu achten ist, daß die während der Einlagerung abgesetzten Trubteilchen nicht wieder aufgewirbelt werden. Dann gibt man das aufgeschwemmte Filtragol hinzu und rührt abermals gut um. Zur Verteilung des Enzyms im Süßmost sind folgende Wirkzeiten nötig:

Wirkzeit	Temperatur des Mostes
10—12 Std.	12—15° C
5—6 Std.	20—30° C
2—5 Std.	30—40° C (Höchsttemperatur!)

b) Herstellung von roten Traubensäften. *α*) Um vollfarbige Säfte zu erhalten, empfiehlt es sich, Filtragol unbedingt schon als Zusatz zur Maische zu verwenden.

β) Die erforderliche Menge beträgt 2—3 g Filtragol je kg Maische. Ein Entrappen der Beeren ist nicht nötig. Als besonders vorteilhaft hat es sich erwiesen, die insgesamt notwenige Menge Filtragol vorher in der 10fachen Menge Maische gründlich anzurühren und dann der Hauptmenge unter ständigem Rühren zuzugeben.

γ) Die Wirkzeit des Enzyms auf Maische ist um so länger, je niedriger die Temperatur ist:

Wirkzeit	Saft-Temperatur
10—12 Std.	12—15° C
5— 6 Std.	20—30° C
2— 5 Std.	30—40° C (Höchsttemperatur!)

Es ist darauf zu achten, daß die Maische während der Fermentation gründlich umgerührt wird. Um außerdem die Zeit, in der die Maische-Bottiche gefüllt werden, für die Fermentation auszunutzen, empfiehlt es sich, die Filtragol-Aufschwemmung (s. unter b) von Anfang an zuzusetzen und die neu zukommenden Maische-Mengen intensiv mit dem Ansatz zu vermischen.

δ) Anschließend an die Fermentierung erfolgt die Kelterung. Eine weitere Behandlung mit Filtragol ist nicht mehr erforderlich, da alle roten Farbstoffe freigesetzt sind und das Pektin abgebaut ist. Es genügt, wenn der gekelterte Saft mehrere Stunden bis zum Absetzen der Trubstoffe stehen bleibt.

Weitere Behandlung wie üblich.

c) Herstellung von weißem Traubensüßmost. α) Es empfiehlt sich, das für die Gesamtmenge nötige Filtragol (1—1,5 g je Liter Traubensaft) zunächst in der 10fachen Menge Saft aufzuschwemmen.

β) Diese Aufschwemmung wird dann mit dem frisch aus der Kelter in einen Klärbottich abfließenden weißen Traubensüßmost unter ständigem Rühren gründlich vermischt.

γ) Die Wirkzeit des Enzyms hängt von der Temperatur des Mostes ab:

Wirkzeit	Most-Temperatur
10—12 Std.	12—15° C
5— 6 Std.	20—30° C
2— 5 Std.	30—40° C (Höchsttemperatur!)

δ) Nach Ablauf der Wirkzeit ist das Pektin abgebaut.

Klären und Einlagern wie üblich.

Da bei dieser Behandlung ein rascher und gründlicher Viscositätsabsturz erfolgt, läßt sich der fermentierte Saft leicht filtrieren.

3. Das Filtrieren der Süßmoste.

Süßmoste müssen *klarfiltriert* in den Handel kommen, da nur solche vom Verbraucher durch bloßen Augenschein auf äußerlich erkennbare Krankheitserscheinungen und Fehler geprüft werden können. Vgl. Filtrieren, S. 45ff. Es ist klar, daß die zur Verwendung kommenden Filter aus gegen Fruchtsäuren beständigem Material wie Bronze, besser noch verzinnte oder versilberte Bronze, doppelt gehärtetes Silumin, Porzellan oder Glas, keinesfalls aber aus Eisen bestehen müssen und die Filtration *unter tunlichstem Luftabschluß* erfolgt, da gewisse Moste durch Lufteinwirkung nachdunkeln und vor allem Vitamin C geschädigt wird.

4. Das Haltbarmachen von Süßmosten.

a) Die Kaltverfahren. Zum Haltbarmachen von Süßmosten im Kaltverfahren finden Anwendung: Die Entkeimungsfiltration (EK.-Filtration), die Tiefkühlung keimarmer Süßmoste, das Gefrieren und die Einlagerung keimarmer Süßmoste unter Kohlensäuredruck.

α) *Entkeimungsfiltration.* Bei der Entkeimungsfiltration werden in den Säften enthaltene Keime mit einem genügend engporigen Entkeimungsfilter (EK.-Filter) mechanisch aus den Säften entfernt (vgl. S. 52). Obgleich diese Filter so engporig sind, daß sie alle Mikroorganismen und deren Sporen zurückhalten, sind sie gut durchlässig. Dabei wird praktisch wie folgt verfahren: Der frisch gekelterte Most wird in hohe Klärungsbottiche gebracht und mit Filtragol fermentiert. Man läßt über Nacht bei etwa 15° stehen und filtriert dann durch ein gewöhnliches Filter blank. Diese Klärung ist notwendig, weil die EK.-Filter nur für die Entkeimung blankfiltrierter Säfte geeignet sind. Außerdem würden die engporigen EK.-Filter sonst schnell durch vorhandene Trübstoffe verstopft. Es ist selbstverständlich, daß man beim Arbeiten mit Entkeimungsfiltern nur mit *völlig keimfreien Geräten* und *völlig aseptisch* arbeiten muß. Auch im EK.-filtrierten Most gehen noch Reifungsvorgänge vor sich, bei denen Ausscheidungen erfolgen können, deshalb wird EK.-filtrierter Most nicht sofort in Flaschen abgefüllt, sondern zunächst in keimfreie Tanks eingelagert. Das Abfüllen auf Flaschen muß dann allerdings erneut über ein Entkeimungsfilter vorgenommen werden.

β) Tiefkühlung keimarmer Süßmoste. Die Haltbarmachung von keimarmen Süßmosten durch Tiefkühlung auf —2 °C erfolgt nach vorausgegangener Entkeimungsfiltration. Dieses Verfahren erfordert besonders kostspielige Kühlautomaten und Lagerbehälteranlagen, kommt also nur für Großbetriebe in Betracht.

b) Die Warmverfahren.

α) Pasteurisieren. PASTEUR hat 1860 bewiesen, daß die Abtötung gewisser Bakterien schon bei geringeren Temperaturen als der des Siedepunktes erfolgt. Aus dieser Tatsache heraus haben sich die folgenden Pasteurisierverfahren entwickelt:

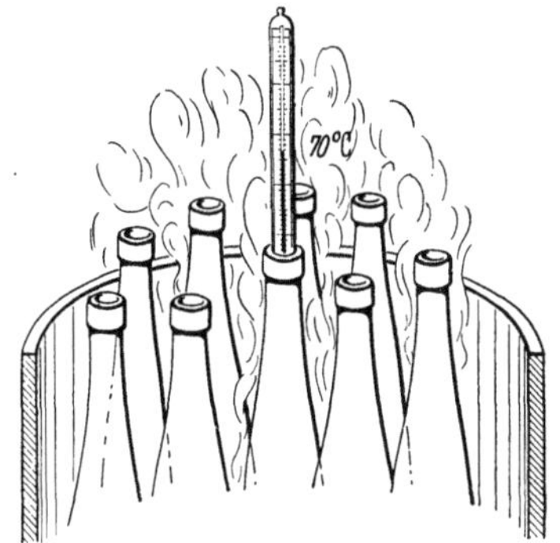

Abb. 214. Pasteurisieren im Offenverfahren.

Beim *Offenverfahren* werden die mit Süßmost bis 4 cm unter den Flaschenhalsrand gefüllten Weinflaschen offen im Wasserbad auf 70° erwärmt und 15 Minuten lang auf dieser Temperatur gehalten (Abb. 214). Die Temperatur wird durch ein in eine zu pasteurisierende Flasche gestelltes Thermometer festgestellt und während der ganzen Zeit kontrolliert. Dann werden die Flaschen sofort mit Gummi-Pasteurisierkappen (Abb. 215) verschlossen und sofort umgelegt. Da beim Abkühlen des Flascheninhalts ein luftverdünnter Raum entsteht, werden die Gummikappen in den Flaschenhals eingesogen (Abb. 215, rechts) und bewirken dadurch ihren luftdichten Verschluß.

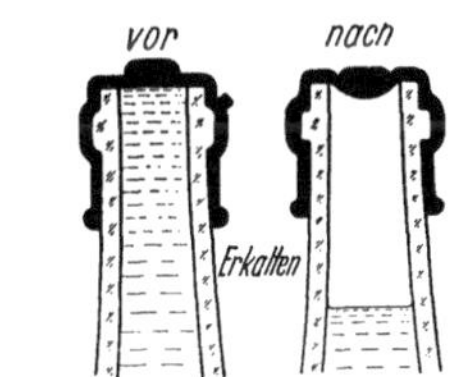

Abb. 215. Gummi-Pasteurisierkappen zum Verschließen nach dem Pasteurisieren im Offenverfahren; *links* vor dem Pasteurisieren, *rechts* nach dem Pasteurisieren und Erkalten.

Beim *Geschlossenverfahren* werden die Weinflaschen mit Süßmost bis etwa 7 bis 8 cm unter dem Flaschenhals gefüllt und mit durch Einlegen in schweflige Säure (2%) keimfrei gemachten und wieder abgetrockneten fehlerfreien, engporigen zylindrischen Korken verschlossen. Dann werden die Flaschen mit Pasteurisierklammern (Abb. 216) versehen, um das Heraustreiben der Korken beim Erwärmen zu vermeiden und wie beim Offenverfahren in bezug auf Temperatur und Zeitdauer erwärmt. Im Großbetrieb sind besondere Pasteurisierapparate im Gebrauch.

Auch größere Mengen Süßmost können im Offenverfahren pasteurisiert werden, so z. B. in tadellos gereinigten Korbflaschen, die mit dem Korb in ein Wasserbad (Waschkessel) gestellt werden. Dabei verfährt man wie oben angegeben. Nach der Pasteurisierung verschließt man sofort mit einer großen Pasteurisiergummikappe oder mit einer keimsicheren Zapfvorrichtung, bestehend aus einem passenden doppelt durchbohrten Gummistopfen, einem Glasheber mit Schlauch und Hahn (Abb. 217) und einem Aluminiumkeimfilter mit als Keimfilterwatte dienender Salicylwatte (Abb. 218). Bei Fässern wird die keimsichere Zapfvorrichtung nach Abb. 219 durchgeführt.

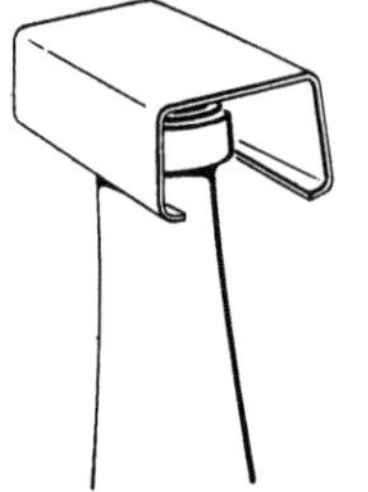

Abb. 216. Pasteurisierklammern zur Verwendung beim Geschlossenverfahren.

β) Das *Konzentrieren von Süßmosten durch Vakuumverdampfung*. Durch die Schaffung geeigneter Vakuumverdampfapparate, Vakuum-Umlaufverdampfer (vgl. a. S. 28) ist das Konzentrieren von Süßmosten schon bei 40° unter Luftabschluß möglich. Aroma, Farbe, Geruch, Geschmack sowie die hitzeempfindlichen Vitamine bleiben bei diesem Verfahren erhalten und werden nicht geschädigt. Auf diese Weise werden Obst- und Traubendicksäfte hergestellt.

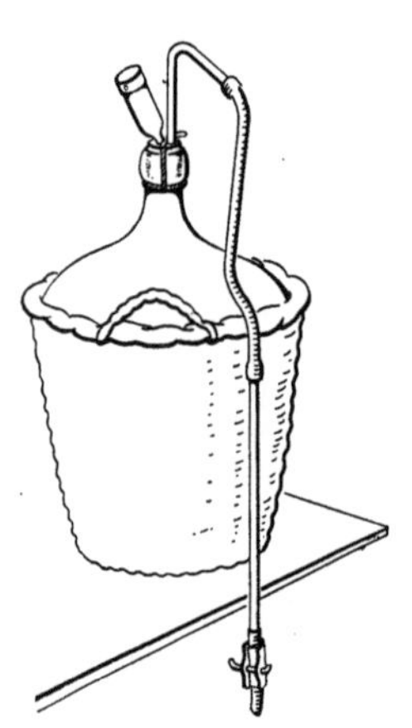

Abb. 217. Keimsichere Zapfvorrichtung für Korbflaschen.

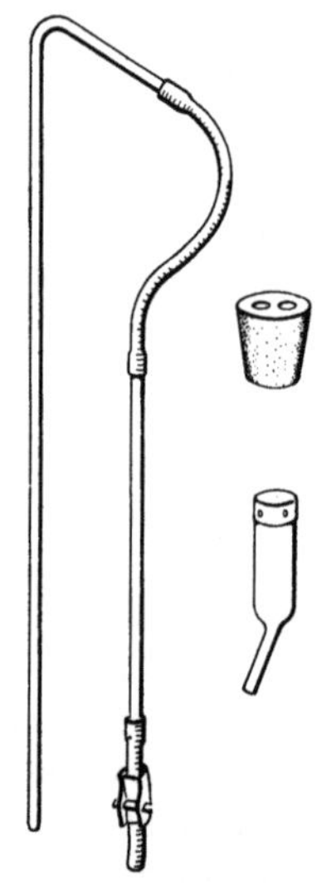

Abb. 218. Keimsichere Zapfvorrichtung aus doppelt durchbohrten Gummistopfen, Glasheber mit Schlauch und Hahn und Aluminiumkeimfilter.

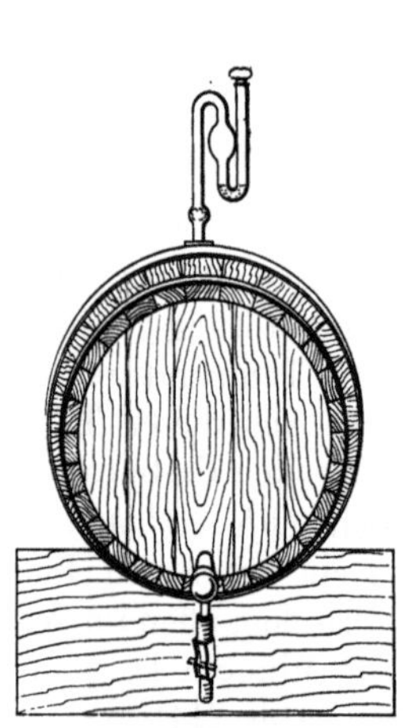

Abb. 219. Faß mit keimsicherer Zapfvorrichtung.

5. *Das Abfüllen von Süßmosten in Flaschen.*

Das Abfüllen von Süßmosten in Flaschen erfolgt nach den auf S. 9 gemachten Ausführungen. Es ist selbstverständlich, daß nur tadellos in 60° warmem Wasser, dem man 0,5 bis 1% Trosilin G, P 3 steril, oder ähnliche Reinigungsmittel zugesetzt hat, gereinigte Flaschen zur Verwendung kommen dürfen. Über die richtige Durchführung der Flaschenreinigung vgl. S. 9 bis 11.

Gesetzliche Vorschriften für Süßmoste und gewerbliche Süßmostbetriebe.

Zur Zeit gibt es keine allgemein gültigen gesetzlichen Bestimmungen über die Beschaffenheit von Süßmosten aller Art. Soweit nicht durch Verordnungen der einzelnen deutschen Länder neue Bestimmungen gelten, sind die „Normativbestimmungen für Obstsüßmoste, Obstdicksäfte und Obstgetränke“ der Hauptvereinigung der Deutschen Garten- und Weinbauwirtschaft bzw. die „Anordnung betr. Herstellung von Traubensüßmost, Traubensüßmostschorle und Traubendicksaft“ der Hauptvereinigung der Deutschen Weinbauwirtschaft vom 22. Mai 1941 maßgeblich.

Sirupe.

(Vgl. Bd. I, S. 55, 590, 597, 598; Bd. II, S. 491 „Fruchtsirupe".)

Fruchtsirupe, auskristallisierte.

In Fruchtsirupen wird der verwendete Rohrzucker durch die freien Säuren der Säfte beim Kochen zum größten Teil in den leichter löslichen Invertzucker verwandelt. Da in trockenen Sommern die Fruchtsäfte nur wenig freie Säure enthalten, verläuft die Hydrolyse der Saccharose so unvollständig, daß der fertige Sirup bei der Kellertemperatur an Rohrzucker leicht übersättigt ist und deshalb mit der Zeit auskristallisiert. Für solche Fälle empfiehlt sich ein Zusatz von etwas Citronensäure. Bereits auskristallisierte Sirupe lassen sich beim Wiederaufkochen nach Zusatz von etwas Citronensäure wieder verflüssigen.

Ananassirup, künstlich (Hager).

Ananasessenz	30,0	Zuckersirup DAB. 6	1000,0
Weinsäure	5,0	Zuckercouleur	nach Bedarf

Citronensirup, künstlich.

Citronensäure, bleifrei	30,0	Citronenöl	3 Tr.

Zuckersirup DAB. 6 . auf 1000,0

Citronensirup, künstlich.

	1.	2.		1.	2.
Citronensäure	10,0	2,0	Citronengeist (Essenz)	20,0	1,5
Wasser, dest.	—	2,5	Zuckersirup	970,0	94,0

Citronengeist (*-Essenz*).

Zu 1. Citronenöl . . 10,0 | Weingeist (80%) . . 990,0

Zu 2. 120 g frische Citronenschalen werden 3 Tage lang mit 1000 g Weingeist mazeriert. Der Weingeist wird abdestilliert, das Destillat mit 200 g Wasser versetzt und rektifiziert, bis 1000 g übergegangen sind.

Erdbeersirup. Sirupus Fragariae.

Walderdbeeren, nicht gewaschene . 1000,0

werden in einem gläsernen Perkolator umschichtig eingelagert mit

Zuckerpulver 1000,0

und einige Tage unter gutem Verschluß des Perkolators stehengelassen. Dann läßt man die Flüssigkeit ablaufen, koliert den Perkolatorrückstand unter leichtem Druck, kocht die Mischung einmal auf, koliert erneut und füllt sofort auf Flaschen ab.

Heidelbeersirup. Sirupus Myrtilli.

Heidelbeersaft, vergoren und filtriert . . 100,0

werden zu Sirup verkocht mit

Zucker 160,0

Johannesbeersirup, schwarzer.

Schwarze Johannisbeeren werden nach dem Abspülen entstielt, unter Zusatz von etwas Wasser weichgekocht, dann mit einer Presse unter gelindem Druck entsaftet. Der gewonnene Saft wird wie folgt zu Sirup verarbeitet:

1. Schwarzer Johannisbeersaft . . 35,0 | Zucker 65,0

Der Zucker wird im Johannisbeersaft heiß gelöst, die Lösung einmal aufgekocht und koliert. Um nachträgliches Gelieren zu vermeiden, werden möglichst überreife Beeren bzw. Filtragol (vgl. Bd. II, S. 464, Bd. III, S. 499) verwendet.

2. *pasteurisiert.* In ½ l Saft werden 300 g Zucker gelöst, in Flaschen gefüllt und im Wasserbade bei 75° 15 bis 20 Minuten lang pasteurisiert. Der so zubereitete schwarze Johannisbeersaft ist nach dem Öffnen der Flasche *nur beschränkt haltbar* und muß bald verwendet werden.

Kakaosirup (USP.).

Kakao, entölt	50,0	Maispuder (besser Gelatine, weiß)	10,0
Kakaobutter	10,0	Zucker	800,0
Vanillietinktur	50,0	Wasser, dest.	80,0

400 ccm Wasser zum Sieden erhitzen, dazu Kakao (am besten vorher angerieben) und Maispuder bzw. Gelatine geben. Nach kurzem Aufsieden Zucker zugeben und 10 Min. im Kochen erhalten. Gleichzeitig mit dem Zucker die Kakaobutter zugeben. Nach dem Abkühlen die Vanilletinktur zusetzen und mit destilliertem Wasser auf 1000 ccm auffüllen.

Quittensirup. Sirupus Cydoniae.

Der Sirup wird aus gegorenem und filtriertem Quittensaft, wie Sirupus Cerasorum, hergestellt.

Roter Johannisbeersirup. Sirupus Ribis rubri.

Johannisbeersaft, rot, vergoren und filtriert . . 70,0
werden zu Sirup verkocht mit
Zucker 130,0

Knoblauchsaft. Sirupus Allii (Hager).

Frischer Knoblauch wird vom Schwammgewebe befreit, zerkleinert und mit dem gleichen Gewicht Weingeist (90%) 8 Tage lang mazeriert, dann wird abgepreßt und filtriert. 5 g dieses Mazerats geben mit 95 g weißem Sirup DAB. 6 ein blankes haltbares Präparat.

Verwendung. 3mal täglich 1 Eßlöffel voll als Mittel gegen Arterienverkalkung mit blutdrucksenkender und blutgefäßerweiternder Wirkung, gegen Darmgärungen, Blähungen und das Überwuchern der Koliflora im Darm.

Sanddornbeeren-Sirup.

Zur Herstellung von Sanddornbeeren-Sirup gibt M. Löhner[1] im Pharmazeutischen Taschenbuch von H. Kaiser, 1943, folgende Hinweise:

Die Beeren sind bei trockenem Wetter im August bis Oktober vor der Überreife zu sammeln, wobei man sie zweckmäßig mit einer Schere unmittelbar am Stielchen abschneidet. Ihre Weiterverarbeitung muß möglichst bald nach dem Einsammeln erfolgen. Zunächst sind die Sanddornbeeren einer sorgfältigen Reinigung zu unterziehen, wobei Blätter, Rindenteilchen, Sand oder sonstige zufällige Beimengungen, wie kleine Insekten, aber auch zahlreiche Sproßpilze und Sporen, mit denen die Beeren meist dicht besetzt sind, entfernt werden müssen. Man braust mit kaltem Leitungswasser ab und läßt auf einem Filtertuch abtrocknen. Dann wird mit einer Rohkostmaschine oder Haushaltssaftpresse fein zerkleinert, so daß

[1] SAZ. 7, 153 (1946) und Kaiser: Pharm. Taschenbuch 1943, Bd. I, S. 458 bis 461.

ein dickflüssiger, homogener Saft entsteht. Ist dieser nicht gleichmäßig oder enthält noch beigemengte Samen, wird durch ein Sieb aus Hydronaliumgewebe (0,24mm/30) geseiht, wobei ungenügend zerkleinerte Fruchtschalen und Samen zurückgehalten werden. Der Sanddornbeerensaft stellt einen dickflüssigen, orangenfarbenen, sehr sauren (p_H-Wert 2 bis 3) Fruchtsaft mit angenehm erfrischendem Geruch und Geschmack dar. Dieser trennt sich nach mehrstündigem Stehen in drei Schichten. Die obere Schicht enthält fettes Öl aus den Fruchtschalen und aus zerriebenen Samen, die mittlere besteht aus dem dünnflüssigen Anteil, die untere aus weniger fein zerriebenen Fruchtschalen und mitunter aus einzelnen Samen. Der Rohsaft muß auch konserviert, kühl und von direktem Sonnenlicht geschützt gelagert werden. Dieser Rohsaft schimmelt leicht und gerät nach kurzer Zeit in Gärung, wodurch der Gehalt an Vitamin C beträchtlich gemindert wird. Um den Saft haltbar zu machen, wird er unmittelbar nach der Herstellung im Kühlschrank auf —2° abgekühlt und wird dort bis zur Weiterverarbeitung gelagert. Beim Pasteurisieren oder Sterilisieren verfärbt sich der Saft nach gelb und büßt auch im Geschmack beträchtlich ein. LÖHNER empfiehlt zur Konservierung „Friko", während die Biol.-Chem. Forschungsanstalt Berlin das sich durch Aufnahme von Farbstoffe braunrot gefärbte Öl von der Oberfläche des Saftes durch Abschöpfen entfernen läßt. In dem nach dem Kolieren erhaltenen klaren Saft werden in 1000 g ein Gemisch von 1500 g gepulvertem Rohrzucker und 1,5 g Nipagin M unter raschem Erhitzen und kurzen Aufkochen gelöst. Gegen Schimmelbefall wird der Sirup durch den Nipaginzusatz geschützt, während Gärung durch den Zuckergehalt verhindert wird, der auch die Oxydation des Vitamins C verhindert. Bei der Gewinnung von Rohsaft und Sirup dürfen diese mit Geräten, die Eisen oder Kupfer abgeben, nicht in Berührung kommen. Ebenso sind Lufteinwirkung und höhere Temperaturen zu vermeiden.

Der fertige Sanddornbeeren-Sirup ist sofort in möglichst volle und luftdicht abzuschließende Gefäße abzufüllen. Der Kork wird zweckmäßig mit festem Paraffin oder Trockenkapseln verschlossen, so daß das Eindringen von Luftsauerstoff erschwert wird.

Verwendung. Unverdünnt oder mit Leitungswasser verdünnt als Vitamin C-Spender. Wäßrige Verdünnungen sind sofort zu verwenden, da in ihnen das Vitamin rasch oxydiert wird. Der Gehalt an Vitamin C ist in Sanddornbeeren-Sirup verschieden und hängt von demjenigen der verwendeten Sanddornbeeren ab.

Vanillesirup.

Vanilletinktur Erg.-B. 6. . 5,0 | Zuckersirup DAB. 6 . . . 95,0

Zuckerrübensirup (Pharm. Ztg.).

Die Zuckerrüben werden gut gewaschen, geschnitzelt, mit heißem Wasser von mehr als 60° übergossen und die Schnitzel ausgelaugt. Der Saft wird entfernt und zum Auslaugen neuer Rübenschnitzel verwendet. Die ausgelaugten Schnitzel werden in einem geräumigen Kessel mit frischem Wasser ausgekocht, dann kräftig abgepreßt, unter Vermeidung einer Berührung mit Metall. Diese Abkochung mit der Preßflüssigkeit dient dann zur ersten Auslaugung einer dritten Schnitzelpartie, während die Säfte der ersten beiden Ansätze nunmehr eingeengt werden. So arbeitet man nach und nach, indem man die zuckerärmere Abkochung der bereits heiß ausgelaugten Schnitzel zum ersten Auslaugen der nächsten Charge nimmt und die so angereicherten Auszüge einengt. Dabei sind emaillierte Behälter und Pfannen zu verwenden, da die Berührung mit Metall dem Sirup einen unangenehmen Metallgeschmack verleiht. Die erhaltenen Säfte werden vor dem Eindampfen koliert.

Zwiebelsirup.

Zwiebeln, frisch gerieben . . 150,0 | Wasser, dest. 600,0
Weingeist (90%) 150,0

werden zu Sirup gekocht mit

Zucker 1500,0

Verwendung. Als Zusatz zu Hustenmischungen und zur Herstellung von Zwiebelbonbons.

VIII. Süßwaren.

Gelees. Marmeladen. Fruchtpasten.

Apfelsinen-(Orangen-)Gelee (OPEKTA[1]).

Saft von 18 Apfelsinen | Saft von 3 Citronen
1 Normalflasche Opekta ®

Man preßt aus 18 Apfelsinen und 3 Citronen den Saft aus und schneidet von den 3 der ausgepreßten Apfelsinen die äußere gelbe Schale, nach Belieben auch die innere weiße, in ganz feine, papierdünne Streifen, fügt diese dem Saft bei und gibt dann so viel Wasser hinzu, daß Saft, Schalen und Wasser zusammen $1^1/_4$ l ($2^1/_2$ Pfund) ausmachen, rührt 750 g Zucker (keinesfalls weniger) hinzu und bringt unter leichtem Rühren zum Kochen. Wenn die Masse durch und durch brausend kocht, 10 Min. (nicht kürzer, nach der Uhr sehen!) unter Rühren bei möglichst großer Hitze gründlich durchkochen lassen, nach dieser Zeit eine Normalflasche oder eine halbe Doppelflasche Opekta ® einrühren, nochmals 4 bis 5 Sek. durchkochen lassen und in Gläser füllen, die man sofort verschließt.

Bienenhoniggelee (OPEKTA).

Bienenhonig . .	50,00	Zucker	1500,0
Wasser	1000,0	Opekta ® . .	1 Normalflasche

Saft einer Citrone nach Belieben

Das Wasser wird mit dem Zucker unter leichtem Rühren zum Kochen gebracht. Wenn es durch und durch brausend kocht, 10 Min. (nicht kürzer!) unter Rühren bei möglichst großer Hitze möglichst gründlich durchkochen lassen, nach dieser Zeit 1 Normalflasche oder ½ Doppelflasche Opekta ® und den Bienenhonig, nach Belieben auch den Saft einer Citrone, einrühren, nochmals 4 bis 5 Sek. durchkochen lassen und in Gläser füllen, die man sofort verschließt.

Citronengelee (OPEKTA).

Man preßt 8 Citronen aus und ergänzt den Saft mit Wasser anf $^3/_4$ l (750 g). Zubereitung nach dem Gelee-Einheitsrezept, S. 509.

Citronengelee (OPEKTA).

Saft von 14 Citronen		Zucker.	1500,0
Wasser	750,0	Opekta ® . . .	1 Normalflasche

Den Zucker mit dem Wasser unter leichtem Rühren zum Kochen bringen. Wenn es durch und durch brausend kocht, 10 Min. (nicht kürzer!) unter Rühren bei möglichst großer Hitze gründlich durchkochen lassen, nach dieser Zeit den Saft der

[1] Die Opekta-Rezepte je nach Literatur der Opekta-Gesellschaft m. b. H., Köln-Riehl.

Citronen und Opekta einrühren. Dann nochmals 4 bis 5 Sek. durchkochen lassen und in Gläser füllen, die man sofort verschließt.

Diabetiker-Gelee (OPEKTA).

(Einheitsrezept für 500 g)

$^1/_4$ l Fruchtsaft bringt man mit 250 g Sionon ® (keinesfalls weniger!) unter ständigem Rühren zum Kochen und läßt vom brausenden Aufwallen an gerechnet 5 Min. lang, genau nach der Uhr, sprudelnd und schäumend durchkochen. Nach dieser Zeit fügt man 3½ Eßlöffel Opekta ® flüssig hinzu, läßt wieder 4 bis 5 Sek. durchkochen, nimmt vom Feuer und füllt in Gläser, die man sofort verschließt.

Diabetiker-Kirschmarmelade (OPEKTA).

Sauerkirschen, entsteinte. . 200,0 | Süßkirschen, entsteinte . . 50,0

werden vollständig zerkleinert und zum Kochen gebracht mit

Sionon ® 250,0

Vom brausenden Aufwallen an gerechnet, 4 Min. sprudelnd durchkochen lassen, 2½ Eßlöffel Opekta ® flüssig hinzurühren, nochmals 4 bis 5 Sek. aufkochen und in Gläser füllen, die man sofort verschließt.

Diabetiker-Marmelade (OPEKTA).

(Einheitsrezept für 500 g)

Die Früchte müssen vorher restlos zerkleinert werden, da in den wenigen Minuten ein gründliches Durchkochen größerer Fruchtstücke nicht erfolgt. Hartfleischige Früchte dreht man am besten durch die Fleischhackmaschine. Äpfel und Quitten sind vorher musig zu kochen. In jedem Fall darf also nur Fruchtbrei genommen werden.

250 g Fruchtbrei bringt man mit 250 g Sionon ® (keinesfalls weniger!) unter ständigem Rühren zum Kochen und läßt vom brausenden Aufwallen an gerechnet 4 Min., nicht kürzer, genau nach der Uhr, sprudelnd und schäumend durchkochen, dann fügt man 2½ Eßlöffel Opekta ® flüssig hinzu, läßt wieder 4 bis 5 Sek. lang durchkochen, nimmt vom Feuer und füllt in Gläser, die man sofort verschließt.

Diabetiker-Marmeladen und -Gelees (OPEKTA).

Bei der Bereitung von Marmeladen und Gelees für Diabetiker verwendet man statt der vorgeschriebenen Zuckermenge *Sionon* ® „Bayer", und zwar die gleiche Menge wie für Zucker vorgeschrieben. Süßstoff kann nicht verwendet werden, weil bei seiner Verwendung keine Gelierung erfolgt. Bei der Bereitung von Diabetiker-Marmelade oder -Gelee kann nur Opekta ® flüssig verwendet werden.

Eiskaffee (SIDO).

Gemahlener Kaffee wird mit kochender Milch aufgegossen, nach dem Ausziehen koliert. Dann wird die Kolatur gesüßt, stark gekühlt und mit Vanilleeis versetzt.

Erdbeer-Diabetiker-Marmelade.

250 g Erdbeeren zu Brei zerdrücken und 250 g Sionon ® zum Kochen bringen. Vom brausenden Aufwallen an gerechnet 4 Min. sprudelnd durchkochen lassen. 2½ Eßlöffel Opekta ® flüssig und 1 Teelöffel Citronensaft hinzurühren und in Gläser füllen, die man sofort verschließt.

Erdbeer-Marmelade (OPEKTA).

Die Erdbeere ist die empfindlichste aller Früchte. Erdbeermarmelade ist deshalb besonders sorgfältig herzustellen. Daher sind alle Punkte des nachstehenden Rezeptes genau zu beachten.

Erdbeeren	1750,0	Opekta®. . .	1 Normalflasche
Zucker	1750,0	Saft einer Citrone.	

1. Die gewaschenen Früchte auf einem Sieb gut abtropfen lassen, dann erst Stiele und Blättchen entfernen.

2. Die Früchte mit einem Holzstampfer gründlich zerdrücken. Größere Fruchtstücke kochen in der kurzen Zeit von 10 Minuten nicht genügend durch, was Festwerden und Haltbarkeit der Marmelade beeinträchtigt. Große Früchte zweckmäßig vor dem Zerdrücken ein- oder zweimal durchschneiden.

3. Vorgeschriebene Zuckermenge (nicht weniger!) zufügen und das Kochgut in einem reichlich großen Topf unter Rühren zum Kochen bringen. Der Topf soll höchstens bis zur Hälfte gefüllt sein. Eisentöpfe sind ungeeignet.

4. Vom Kochbeginn an 10 Minuten (nicht kürzer!) brausend durchkochen. Bei schwacher Hitze werden die Fruchtteilchen nicht genügend durchgekocht.

5. Nach 10 Minuten Kochzeit eine Normalflasche oder eine halbe Doppelflasche Opekta einrühren. Gleichzeitig den Saft einer Citrone zugeben. Dann wieder unter leichtem Rühren zum Kochen kommen lassen und nochmals 4 bis 5 Sekunden durchkochen.

6. *Ganz heiß in Gläser füllen,* um ihr Springen zu vermeiden vorerst mit etwas heißer Marmelade zum Anwärmen ausschwenken oder auf ein feuchtes Tuch stellen. Gläser sofort mit angefeuchteter Einmachhaut oder Pergamentpapier verschließen. Blech- oder Glasdeckel dürfen nicht verwandt werden.

Fruchtpasten (OPEKTA). **(Nicht für Äpfel und Quitten.)**

Die gereinigten Früchte werden vollständig zerkleinert, am besten durch ein Sieb getrieben. Hartschalige Früchte kocht man vorher in etwas Wasser gar. Nach dem Durchreiben wird der Saft abgeschöpft und nur das Fruchtmark verwendet. Der übrig gebliebene Fruchtsaft dient als Beigabe zu Süßspeisen.

750 g Fruchtmark bringt man mit 625 g Zucker zum Kochen, läßt 10 Min. brausend durchkochen und rührt die Hälfte einer Normalflasche Opekta ® (= 7 Eßlöffel) und nach Belieben den Saft einer Citrone hinzu. Die Kochung wird dann sofort auf eine große flache Schüssel gegeben und wie bei Quittenpaste angegeben weiterbehandelt.

Fruchtsaft-Gewinnung zur Gelee-Bereitung (OPEKTA).

Saftreiche Früchte (Johannisbeeren, Himbeeren, dunkle Kirschen usw.) werden gereinigt, in einem Kochtopf gründlich zerstampft und unter Umrühren auf 70 bis 90° (keinesfalls bis zum Kochen!) erhitzt. Dann den Inhalt des Kochtopfes auf ein aufgespanntes Leinentuch geben, den Saft durchlaufen lassen und die Rückstände mit der Hand gründlich auspressen. Gehen dabei Fruchtteile in den Saft über, wird dieser noch einmal, um ein ganz klares Gelee zu erhalten, durch ein Leinentuch koliert. Dann wird der Saft abgewogen und nach dem betreffenden Gelee-Rezept verarbeitet. Auch die handelsüblichen Fruchtpressen sind zur Fruchtsaftgewinnung geeignet.

Saftgewinnung aus Äpfeln und Quitten: Von den gewaschenen Früchten Stiel, Blume und wurmige Stellen entfernen; Kerngehäuse und Schalen werden belassen. Bei Quitten entfernt man den weißen Pelz möglichst vollständig durch Abreiben mit einem Tuch.

2 bis 2,5 kg der so gereinigten Früchte läßt man in zugedecktem Kochtopf mit 1,5 l Wasser gar kochen (nicht musig!) und verfährt wie oben beschrieben. Mit Weinsteinsäure gewonnener Fruchtsaft ist für die Geleebereitung ungeeignet, weil diese bereits gelierten Saft wieder verflüssigt.

Geleefrüchte mit Cohäsal (Laue).

Zucker	100,0	Cohäsal ® I „H“. .	2,5
Wasser	40,0	Citronensäure. . . .	0,3
Kapillär-Sirup . .	25,0	Essenz.	0,3

Das Cohäsal wird zweckmäßig am Vorabend vor der Verarbeitung mit warmem oder kaltem Wasser angerührt und zum Quellen beiseite gestellt. Am folgenden Morgen wird diese Lösung dann erhitzt und mit Zucker und dem Sirup gekocht. Sodann werden die Säure und Essenz zugefügt.

Geleerezept, einheitliches (OPEKTA).

Einheitliches Gelee-Rezept für Apfel-, Brombeer-, Erdbeer-, Himbeer-, Johannisbeer- (rot, weiß und schwarz), Kirsch- (Süß- und Sauerkirschen) und Quittengelee. Man kocht nach folgendem Rezept:

Saft	1¼ l (2 ½ Pfund)
Zucker.	1,5 kg
Opekta ® .	1 Normalflasche

Saft einer Citrone, ausgenommen bei Brombeer-, Johannisbeer- und Sauerkirschgelee. Gewinnt man weniger als 1¼ l Fruchtsaft, so ist mit Wasser auf 1¼ l zu ergänzen, bei mehr als 1¼ l Fruchtsaft ist der zuviel erhaltene Saft anderweitig zu verwenden.

1¼ l Fruchtsaft bringt man mit 3 Pfund Zucker (keinesfalls weniger) unter leichtem Rühren zum Kochen. Nachdem es durch und durch brausend kocht, 10 Min. lang, genau nach der Uhr, unter Rühren bei möglichst großer Hitze durchkochen lassen. Nach dieser Zeit 1 Normalflasche oder ½ Doppelflasche Opekta ® und den Saft einer Citrone einrühren, ausgenommen bei Brombeer-, Johannisbeer- und Sauerkirsch-Gelee, nochmals 4 bis 5 Sek. durchkochen lassen und in Gläser füllen, die man sofort verschließt.

Marmeladen und Gelees mit Opekta trocken (OPEKTA).

Die Normalflasche Opekta ® reicht bei der Marmeladebereitung durchschnittlich für 2 kg Obst und 2 kg Zucker. Für kleinere Mengen wird zweckmäßig Opekta ® trocken verwendet. Auch Opekta trocken enthält als gelierenden Bestandteil Apfelpektin; es besteht also gegenüber Opekta flüssig kein Unterschied in der Qualität, sondern nur in der Anwendung.

Einheitliches Marmeladenrezept für Opekta trocken.

Aprikosen, Heidelbeeren, Brombeeren, Erdbeeren, Himbeeren, Johannisbeeren (rote, weiße und schwarze), Mirabellen, Pfirsiche, Pflaumen, Reineclauden, Süßkirschen, Sauerkirschen, reife Stachelbeeren, Zwetschgen, einzeln oder in beliebiger Mischung, kocht man nach folgendem Rezept:

Obst, gereinigt, entsteint. .	1000,0	Zucker.	875,0

Opekta ® trocken . . . . 1 Beutel

Einheitliches Geleerezept. Opekta trocken.

Apfel-, Brombeer-, Erdbeer-, Himbeer-, Johannisbeer- (rot, weiß und schwarz), Sauerkirsch-, Süßkirsch- und Quittengelee werden nach nachstehend einheitlichem Rezept hergestellt:

Saft	750 ccm	Opekta ® trocken 1 Beutel
Zucker.	750,0	Saft einer Citrone

Marmeladenrezept, einheitliches (OPEKTA).

Für Aprikosen, Heidelbeeren, Brombeeren, Himbeeren, Mirabellen, Pfirsiche, Pflaumen, Reineclauden, reife Stachelbeeren, Zwetschgen.

Obst, gereinigt, entsteint . .	2000,0	Opekta ® . . . . 1 Normalflasche
Zucker.	2000,0	Bei süßen Früchten Saft einer Citrone.

1. Obst waschen, auf einem Sieb abtropfen lassen, dann Stiele, Blättchen und Steine entfernen. Von dem gereinigten und entsteinten Obst genau 2 kg abwiegen. Bei Pfirsichen und Aprikosen lassen sich die Schalen leicht abziehen, wenn man die Früchte vor dem Entsteinen kurz in heißes Wasser legt.

2. Das Obst wird gründlich zerkleinert, Beerenobst am besten mit einem Holzstampfer zu Fruchtbrei zerdrückt, Steinobst zuerst in kleinste Stückchen zerschnitten, mit dem Wiegemesser zerkleinert und dann mit dem Holzstampfer gründlich zerdrückt. Hartschaliges Obst wird am besten durch die Fleischhackmaschine zerkleinert.

Dann wird weiter wie bei Erdbeermarmelade verfahren, bei süßen Früchten der Saft einer Citrone hinzugefügt zur Verfeinerung des Obstaromas. Bei Brombeeren darf *kein* Citronensaft zugefügt werden.

Paste aus Opekta-Marmelade (OPEKTA).

Von einer beliebigen Opektamarmelade rührt man soviel durch ein Sieb, daß man 750 g erhält. Die durchgerührte Marmelade bringt man mit 250 g Zucker zum Kochen und läßt 5 Min. brausend durchkochen. Danach gibt man $^1/_4$ einer Normalflasche Opekta ® (= $3\frac{1}{2}$ Eßlöffel) hinzu und gibt die Kochung sofort auf eine große flache Schüssel, dann wird wie bei Quittenpaste weiterbehandelt.

Quittenpaste (OPEKTA).

1 kg Quitten werden gewaschen, mit einem Tuch gut abgerieben und Kelchrest, Stiel sowie wurmige Stellen entfernt. Man zerschneidet die Früchte in *kleinste* Stücke und kocht sie mit Schalen und Kerngehäuse mit $^1/_2$ l Wasser unter ständigem Rühren zu Mus. Dann wird das Kochgut durch ein Drahtsieb passiert.

Von dem so gewonnenen Quittenmus werden 500 g mit 750 g Zucker zum Kochen gebracht und 10 Min. brausend durchgekocht. Dann rührt man die Hälfte des Inhalts einer Normalflasche (= 7 Eßlöffel) Opekta ® und nach Belieben den Saft von 1 bis 2 Citronen hinzu und gießt die Mischung sofort auf eine große flache Schüssel, wo sie schnell zu erstarren beginnt. Sobald die Paste schnittfest ist, werden Würfel geschnitten, die man in Zucker wälzt und anschließend an einer warmen trockenen Stelle gut trocknen läßt. Während des Trocknens müssen die Würfel von Zeit zu Zeit gewendet werden, damit alle Flächen trocknen können. In Dosen oder Gläsern kann die getrocknete Quittenpaste längere Zeit aufbewahrt werden.

Weintraubengelee (OPEKTA).

2000 g helle oder dunkle Weintrauben werden entstielt, dann in einem Kochtopf gründlich zerdrückt und unter Rühren auf 70° bis 90° — also bis kurz vor dem Kochen — erhitzt. Die weitere Saftgewinnung erfolgt nach den Anweisungen zur

„Gewinnung von Fruchtsaft zur Geleebereitung“ für saftreiche Früchte und die Bereitung des Gelees nach dem einheitlichen Gelee-Rezept.

Hagebuttenmus.

Die nach der Halbierung im Längsschnitt von den Nüßchen und seidenglänzenden Borstenhaaren befreiten reifen Scheinfrüchte der Hundsrose (Rosa canina, vgl. Bd. II, S. 549) werden in einem Porzellangefäß mit etwas Weißwein übergossen und erweichen gelassen. Die erweichte Masse drückt man durch ein Haarsieb. Dann werden zwei Teile Mus unter gelindem Erwärmen mit drei Teilen Zuckerpulver gemischt.

Holunderbeer-Apfel-Gelee (OPEKTA).

Holunderbeeren allein gelieren schlecht. Man vermischt deshalb Holunderbeersaft mit Apfelsaft:

Holunderbeersaft	750 ccm	Zucker	1500,0
Apfelsaft	500 ccm	Opekta ®	1 Normalflasche

Saft einer Citrone oder 2,0 Citronensäure, krist.

Die Zubereitung erfolgt nach dem „Einheitlichen Geleerezept“ S. 509.

Kumarinzucker (DIETRICH). Elaeosaccharum Cumarini.

Kumarin	1,0	Zuckerpulver	999,0

Verwendung. Zur Herstellung von Waldmeisterbowle 2 g auf 1 Flasche Moselwein.

Pfefferminzplätzchen. Rotulae Menthae piperitae.

Zuckerplätzchen	100,0	Essigäther	0,5
Mitcham-Pfefferminzöl	0,5	Vanillin-Spiritus (3%)	0,5

Die drei Flüssigkeiten werden gemischt und dann die Plätzchen durch inniges Vermischen in einem gut mit Glasstopfen verschlossenen Gefäß mit der Lösung getränkt. Vgl. a. S. 150.

Schokolade.

Die Herstellung konkurrenzfähiger Schokolade erfordert neben neuzeitlichen technischen Einrichtungen größte Erfahrung. Die Selbstherstellung lohnt sich deshalb nicht. Trotzdem finden nachstehend einige Vorschriften für Schokolade, entnommen dem Prospekt „Vanillin ‚Boehringer‘“ chemisch rein 100% — DAB. 6“ Aufnahme.

1.	Kakaomasse	5000,0	Vanillin „Boehringer“	2,5
	Zucker	5000,0	Macis	2,0
	Zimt	100,0	Kardamomen	4,2
2.	Kakaomasse	5000,0	Kardamomen	82,0
	Zucker	5000,0	Macis	44,0
	Zimt	116,0	Vanillin „Boehringer“	2,5
	Nelken	50,0	Citronenöl	1,0
3.	Kakaomasse	5000,0	Zimt	160,0
	Zucker	5000,0	Vanillin „Boehringer“	1,2
4.	Kakaomasse	4500,0	Zimt	150,0
	Zucker	5500,0	Vanillin „Boehringer“	1,5
5.	Kakaomasse	4000,0	Zimt	120,0
	Zucker	6000,0	Vanillin „Boehringer“	1,6
	Nelken	20,0		

Schokolade-Puddingpulver.

Kakaopulver . . . . 500,0 | Maisstärkepuder . . 4500,0

Abzugeben in Paketen zu 45 g Inhalt.

Vanillin-Plätzchen.

Zuckerplätzchen . . 500,0 | Vanillin 0,3
Äther 5,0

Das Vanillin wird im Äther gelöst und dann die Plätzchen wie Pfefferminz-Plätzchen (s. S. 150) hergestellt.

Vanillin-Soßenpulver.

Maisstärkepuder . . 1000,0 | Vanillin 20,0
Nudelgelb 1,0

Vanillinzucker.

Als Vanillinzucker in den Handel gebrachte Erzeugnisse müssen nach dem Handelsgebrauch einen Mindestgehalt von 1% Vanillin haben. Er wird hergestellt durch Vermischen von feinst zerriebenem Vanillin mit feinem Sandzucker, besser noch durch vorheriges Auflösen des Vanillins in Weingeist (25,0 Vanillin in 100,0 Weingeist, 95%) und sorgfältiger Vermischung der Lösung mit 975,0 feinem Sandzucker. Bei der letzten Herstellungsart läßt man den Weingeist kurze Zeit an mäßig warmem Orte abdunsten und stellt aus 40,0 der erhaltenen Stammischung und 60,0 feinem Sandzucker den Vanillinzucker her.

Beim Abfüllen von Vanillinzucker muß mit einem Vanillinverlust von 10% in etwa 3 Monaten gerechnet werden, er muß deshalb in möglichst undurchlässige Beutel (Wachs- oder Hydroloidpapier) abgefüllt werden. Wird er vom Fabrikanten oder dem Großhandel bezogen, empfiehlt sich der Bezug jeweils kleiner Mengen, die kurzfristig abgesetzt werden können.

Speiseeis (Grundrezept).

Zucker. . . . . 15,0 | Eigelb, getrocknet. . . 0,5
Magermilchpulver . . 5,1 | Gelatine, fein pulv. . . 0,3

Dieser Mischung wird vor dem Gefrieren zugesetzt

Vollmilch . . 41,4 | Sahne, süß . . 27,7
Aroma . . . nach Bedarf

Speiseeis.

Speiseeis und Speiseeispulver müssen den Begriffsbestimmungen der Speiseeisverordnung vom 15. 7. 1933[1] voll genügen. Zur Herstellung von beiden Erzeugnissen eignen sich[2] infolge ihrer weitgehenden Resistenz auch in wäßriger Lösung gegenüber Mikroorganismen die Tylose®-Marken SL und KN. Tylose® SL 600 zeichnet sich besonders dadurch aus, daß sie dem mit ihr bereiteten Speiseeis eine hohe Aufschlagfähigkeit verleiht. Man verwendet sie deshalb besonders für Speiseeisansätze, welche durch Eigelb, Milcheiweiß und ähnliche Bestandteile bereits genügend Bindung haben, denen jedoch wegen ihrer Schwere das gewünschte Schwellvermögen fehlt. Tylose® KN 2000 findet vor allem dort Verwendung, wo bereits durch verwendetes Milcheiweiß ein gutes Aufschlagvermögen der Mischung besteht, aber eine starke Bindung nötig ist. Speiseeis, das zum Splitterigwerden neigt, läßt sich durch Zusatz

[1] Vgl. F. EGGER: Lebensmittelchemisches Taschenbuch, Stuttgart 1950.
[2] Prospekt der Kalle & Co. Aktiengesellschaft, Wiesbaden-Biebrich.

von Tylose KN 2000 wesentlich verbessern, Fettanteile werden ausgezeichnet emulgiert und stabilisiert, das Speiseeis erhält einen hervorragenden sahnigen Charakter. Besonders zur Herstellung von *Stieleis* eignet sich Tylose KN 2000 gut. Der Tylosezusatz soll 0,6% in keinem Falle überschreiten. Meist kann er geringer gehalten werden. Je nach der Qualität des herzustellenden Eises können folgende Zahlen als Mittelwerte zugrunde gelegt werden:

Cremeeis und Rahmeis	0,1 bis 0,2%
Fruchteis	0,25%
Milchspeiseeis, Eiscreme und Einfacheiscreme	0,3 bis 0,4%
Kunstspeiseeis (Einfacheis)	0,3 bis 0,4%
Fetthaltiges Stieleis und Speiseeis-Vollkonserven	0,5%

Im allgemeinen genügt zur Herstellung von Speiseeispulver zum Mischen der Bestandteile eine Mischtrommel, wenn Tylose KN 2000 in Pulverform verarbeitet wird. Bei Tylose SL 600, die feingrießig ist, wird gegebenenfalls eine Feinvermahlung des Gemisches in einer Schlagkreuzmühle durchgeführt. Die Verarbeitung von Tylose als Eisbindemittel bei der Herstellung von Speiseeis erfolgt bei Tylose KN 2000 durch Einstreuen und kräftiges Rühren in die kalte oder erhitzte Flüssigkeit. Tylose SL 600 löst sich auf die gleiche Weise etwas langsamer; in heißer Flüssigkeit quillt sie zunächst nur, geht aber beim Abkühlen in Lösung und ist dann voll wirksam. Vor dem Eintragen in die Flüssigkeit empfiehlt sich das Durchmischen mit dem Zuckeranteil, besonders wenn der Speiseeismix rasch angesetzt werden soll. Der volle Wirkungswert eines Bindemittels kommt jedoch erst zur Geltung, wenn man es sich für sich allein oder im Mix genügend lange reifen läßt. Die Reifungszeit kann abgekürzt werden, wenn der angesetzte Mix pasteurisiert und homogenisiert wird. Für Eiscreme und Einfacheiscreme sind diese beiden Arbeitsvorgänge und das anschließende Stehenlassen bei niedriger Temperatur vor dem eigentlichen Gefrierprozeß vorgeschrieben. Diese Maßnahme des Reifens erzielt beim späteren Aufschlagen des Mixes durch die dadurch erreichte höchste Wirksamkeit des Bindemittels eine beträchtliche Volumenzunahme.

Speiseeispulver.

Die nachstehenden Vorschriften können innerhalb bestimmter Grenzen abgewandelt werden. Die Zusammensetzung der Speiseeispulver muß jedoch den Begriffsbestimmungen der Speiseeisverordnung voll genügen.

Eispulver für Milchspeiseeis.

Vollmilchpulver	100,0
Puderzucker	160,0 bis 180,0
Vanillin oder Äthylvanillin	1,0
oder Kakao	40,0
Tylose ® KN 2000-Pulver	4,0

Diese Menge ist mit so viel Vollmilch oder Wasser zu lösen, daß 1000,0 Eismix entstehen.

Eispulver für Einfacheiscreme.

Vollmilchpulver	140,0
Puderzucker	150,0
Tylose ® KN 2000-Pulver	4,0

Verarbeitung sinngemäß wie Eispulver für Eiscreme.

Eisbindemittel, neutral, für alle Eissorten.

Tylose ® KN 2000, Pulver	3,0
Tylose ® SL 600	1,0
Puderzucker	6,0

Die Verwendung des vorstehenden neutralen Bindemittels erfolgt bei allen Speiseeissorten zur Erzielung der bekannten Wirkungen. Auf 1000,0 Eismix sind 10,0 des Bindemittels erforderlich.

Eispulver für Eiscreme.

Sahnepulver (mit etwa 40% Fett)	100,0	Tylose ® KN 2000-Pulver	3,0
Puderzucker	150,0	Tylose ® SL 600	1,0

Diese Menge wird zusammen mit 75,0 Süßwarenbitter oder 200,0 Schlagsahne und den weiteren Zutaten, insbesondere den natürlichen Aromastoffen, gegebenenfalls auch Früchten mit Vollmilch, Magermilch oder Wasser auf 1000,0 Eismix gebracht, der alsdann laut Vorschrift homogenisiert, pasteurisiert und tiefgekühlt werden muß.

Eispulver neutral für Fruchteis oder Einfacheis.

Magermilchpulver	93,0	Tylose ® KN 2000-Pulver	4,0
		Natriumcitrat, neutral	3,0

Die vorstehende Menge Eispulver ergibt mit 200,0 Früchten und 250,0 bis 300,0 Zucker unter Verwendung von soviel Vollmilch, Magermilch oder Wasser, daß 1000,0 Eismix entstehen, ein Fruchteis. Verarbeitet man weniger Früchte mit etwa 150,0 Zucker oder mit natürlichen Aromastoffen oder Vanillin (dann Kennzeichnung: „mit Vanillearoma“), so erhält man unter sonst gleichen Bedingungen ein Einfacheis.

Fruchteispaste als Vollkonserve.

Fruchtmark	200,0	Tylose ® KN 2000-Pulver	2,0
Zucker	297,0	Tylose ® SL 600	1,0

Die einzelnen Bestandteile müssen durch Naßvermahlung in einer Kolloidmühle homogenisiert, danach abgefüllt und sterilisiert werden.

Speiseeis mit Tylose (Kalle).

Die nachstehenden Vorschriften, die als Richtlinien angesehen werden sollen, ergeben ein Speiseeis, dessen Zusammensetzung den Begriffsbestimmungen der Speiseeisverordnung voll genügen muß. Die Verarbeitung der Tylose® wird so durchgeführt, daß man sie nach dem Vermischen mit dem Zucker unter Umrühren in der zu verwendenden Flüssigkeit löst und anschließend die festen Bestandteile, also Milchpulver, Früchte,. Aromastoffe und die weiteren Zutaten zugibt. Wird Kakao verwendet, so kocht man diesen in einem Teil der Milch kurz auf. Die gemeinsame Verarbeitung kann warm oder kalt erfolgen. Es ist aber ratsam, die erkaltete Mischung nicht sofort in der Maschine zu gefrieren, sondern diese zuvor 2 bis 3 Std. im Gefrierfach reifen zu lassen. Auf die Verwendung kombinierter Bindemittel, durch die eine Steigerung im Wirkungsgrad zu erzielen ist, die über die Summe der Einzelwirkungen oft hinausgeht, soll besonders hingewiesen werden. Es wird empfohlen, durch eigene Versuche die bestgeeignete Arbeitsweise unter den gegebenen Betriebsbedingungen zu ermitteln.

Cremeeis.

Vollei	240,0	Vanillefrüchte, gemahlen, ca. 2	8,0
Vollmilch	300,0 bis 500,0	oder Früchte	200,0
Zucker	250,0	Tylose ® SL 600	2,0

Fruchteis.

Vollmilch, Magermilch oder Wasser	500,0	Früchte (eingedoste Erdbeeren, Himbeeren, Apfelsinen, von Citronen nur 100,0)	200,0
Zucker	295,0		

Tylose ® SL 600	1,0
Tylose ® KN 2000-Pulver	2,0

Rahmeis.

Schlagsahne (ca. 30% Fett)	600,0	oder Vanilleschoten, gemahlen	8,0 bis 12,0
Zucker	175,0	Tylose Ⓡ KN 2000-Pulver	2,0
Kakao	40,0	Vollmilch oder Wasser bis auf	1000,0
oder Fruchtsaft oder Früchte	200,0		

Eismix

Eiskrem.

Schlagsahne (ca. 30% Fett)	220,0 bis 250,0	Nußpaste, Mokkapaste oder ähnliche Zutaten	45,0 bis 75,0
Vollmilch	450,0 bis 500,0	Vanillefrucht, gemahlen	3,0 bis 5,0
Vollmilchpulver (ca. 25% Fett	100,0	Tylose Ⓡ KN 2000-Pulver	3,0 bis 4,0
Zucker	150,0	Tylose Ⓡ SL 600	1,0

oder

Schlagsahne	200,0	Früchte	200,0
Vollmilch	300,0	Zucker	245,0
Vollmilchpulver	50,0	Tylose Ⓡ KN 2000-Pulver	3,0 bis 4,0

Milchspeiseeis.

Vollmilch	700,0 bis 825,0	oder Nußpaste	60,0 bis 80,0
Zucker	150,0 bis 170,0	oder Vanillin oder Äthylvanillin	0,6 bis 1,0
Tylose Ⓡ KN 2000-Pulver	4,0	oder Obstfruchtfleisch	150,0
Kakao	40,0		

Einfacheiskrem.

Vollmilch	700,0 bis 750,0	Nußpaste, Mokkapaste oder ähnliche Zutaten	45,0 bis 75,0
Vollmilchpulver	50,0 bis 70,0	oder Vanillefrucht, gemahlen, ca. ½ bis 1	3,0 bis 5,0
Zucker	150,0 bis 170,0		
Tylose Ⓡ KN 2000-Pulver	3,0 bis 4,0		

Einfacheis.

Magermilch	750,0	Kakao oder die entsprechende Menge eines anderen Aromastoffes	45,0
Puderzucker	200,0		

Tylose Ⓡ KN 2000-Pulver 5,0

Speiseeispulver.

Speiseeispulver ist nicht zum unmittelbaren Genuß, sondern zur Weiterverarbeitung auf Speiseeis bestimmt und fällt unter den § 2 der Verordnung über Speiseeis vom 15. 7. 1933; es zählt zu den Halberzeugnissen für Speiseeis. Zur Herstellung von Speiseeispulver finden Verwendung: Technisch reiner Verbrauchszucker, Stärkemehl, Traganth, Obstpektin oder Gelatine mit oder ohne Verwendung von natürlichen oder künstlichen Geschmacks- oder Geruchsstoffen, Weinsäure, Citronensäure und Farbstoffen. Mitunter enthalten sie auch noch Eizusätze. Speiseeispulver darf nach der genannten Verordnung *nur in Behältnissen oder Packungen* in den Verkehr gebracht werden. Sie müssen in deutscher Sprache und an einer in die Augen fallenden Stelle in deutlich sichtbarer, leicht lesbarer Schrift Namen, Firma und Ort der gewerblichen Hauptniederlassung tragen, der das Halberzeugnis herstellt. Ferner muß der Inhalt nach seiner Art als Speiseeispulver und nach deutschem Gewicht, die Speiseeissorte, zu deren Herstellung das Halberzeugnis bestimmt ist, und die zur Erzielung der angegebenen Speiseeissorte erforderlichen Zutaten nach deutschem Maß oder Gewicht tragen. Die Verwendung von Magermilchpulver ist erlaubt, nicht dagegen die von Milchpulver, dessen Zusatz die Verderblichkeit erhöht. Speiseeispulver, dem künstliche Farbstoffe oder künstliche Geschmacks- und Geruchsstoffe (außer Vanillin oder dem ihm entsprechenden Äthyläther) zugesetzt sind, darf nur zur Herstellung von Kunstspeiseeis dienen. Speiseeispulver, zu deren Herstellung künstliche Geschmacks- oder Geruchsstoffe oder künstliche Farbstoffe verwendet worden sind, müssen als „Speiseeispulver für Kunstspeiseeis" kenntlich gemacht sein, sonst liegt nach § 3 der oben genannten Verordnung eine irreführende Bezeichnung, Angabe oder Aufmachung vor.

Eiscreme mit Cohäsal (Laue).

Die Vorschrift kann je nach Bedürfnis des einzelnen Verbrauchers modifiziert werden.

Cohäsal® gibt dem Speiseeis die gewünschte Konsistenz und erhält weitgehend das aufgeschlagene Volumen, gibt dem fertigen Eis einen hervorragenden, sahnigen Geschmack, wirkt nicht nur als Stabilisator, sondern auch als emulgierender Bestandteil. Das Schmelzen des Speiseeises wird durch Cohäsal weitgehend verlangsamt. Die häufig bei Speiseeis zu beobachtende Trennung des Wassers von der trockenen Substanz und die Bildung von Eiskristallen verhindert Cohäsal. Die zu verwendende Höchstmenge in einer Speiseeismischung beträgt Cohäsal I „H“ 2‰.

Herstellung.

1. 20 bis 30% der Creme in einem Behälter auf ungefähr 50° erhitzt.
2. Cohäsal wird mit dem erforderlichen Zucker vermischt und in dieser Mischung langsam unter dauerndem Rühren der Creme zugesetzt.
3. Die Mischung wird 5 bis 10 Min. gerührt, bis sie homogen und völlig klumpenfrei ist. Dabei muß die Temperatur von 50° beibehalten werden.
4. Restliche trockene Substanzen, z. B. Trockenmilch, Eipulver usw., und der Rest der Creme wird dann zugefügt.
5. Dann erfolgt Erhitzung der Mischung auf 70°.
6. Nach dem Abkühlen der Masse kann sie sofort gefroren werden.

Wird an Stelle von Creme Milch und Butter verwendet, wird das Cohäsal vorher in Wasser aufgelöst. Ebenso ist zu verfahren, wo keine Rührvorrichtung vorhanden ist. In diesem Fällen soll Cohäsal mit einem Teil Zucker gemischt und die Mischung mit Wasser zu einer 5%igen, klumpenfreien Cohäsallösung verrührt werden. Es sollen also bei z. B. 200 kg Speiseeisbereitung höchstens 0,4 kg Cohäsal® I „H“ mit 8 l Wasser vermischt werden. Dieser Mischung sollen dann unter dauerndem Rühren Milch und die übrigen Bestandteile hinzugefügt werden.

Walnüsse, grüne, gedünstet.

Die verlesenen und gewaschenen Früchte werden von allen Seiten mit einem spitzen Hölzchen etwa 10mal durchstochen und 12 bis 15 Tage lang in täglich erneuertes Wasser gelegt, bis sie schwarz werden. Dann werden sie in Konservengläser gelegt und mit einem Zuckersirup aus 1 kg Zucker und 1 l Wasser übergosssen. Zum Aromatisieren gibt man in die Zuckerlösung einige Nelken, etwas Ceylonzimt und Citronenschale und kocht damit auf. In den Gläsern wird dann 25 Min. bei 100° erhitzt.

IX. Weine und weinähnliche Getränke.

Die gesetzliche Grundlage für Erzeugung, Kellerbehandlung, Weiterverarbeitung und den Handel mit Wein und weinähnlichen Getränken bildet das Weingesetz (vgl. Bd. I, S. 581), die hierzu erlassenen Verordnungen, ferner das Lebensmittelgesetz (vgl. Bd. I, S. 588ff.), das Warenzeichengesetz und das Gesetz gegen den unlauteren Wettbewerb.

Bei den vielfältigen Beziehungen zwischen Drogerie und Wein ist die Kenntnis und Beachtung dieser gesetzlichen Bestimmungen außerordentlich wichtig. Die meisten Drogerien führen In- und Auslandsweine oder Fruchtweine, die zum Teil lose bezogen und auf Flaschen abgefüllt werden. Auch die Weiterverarbeitung von

Ansatzweinen zu Wermut-, Rosmarinwein usw. kommt in der Drogerie häufig in Frage. Von den Fällen, daß Drogerien in den Wein- und Obstbaugebieten gleichzeitig Erzeuger sein können, kann hier abgesehen werden. Viel weitergehender aber ist die Verantwortung des Drogisten in bezug auf den Verkauf aller Artikel, die der Weinbereitung dienen, besonders aber in bezug auf die damit zusammenhängende Beratung der Käufer.

Von der Nachfrageseite her kann man folgende Einteilung treffen:

1. Kunden der Drogerie *in den Weinbaugebieten:* Alle weinbautreibenden Betriebe, Winzer, Weingüter, Winzergenossenschaften, Weinkellereien, Weinküfer usw.

2. Kunden der Drogerie *in den Obstbaugebieten:* Obstbauern, Obstbaugenossenschaften, Obst- und Gartenbauvereine, Küfer, private Grundstücksbesitzer.

3. Kunden der Drogerie *in den Verbrauchsgebieten:* Kleingarten- und Siedlervereine, landwirtschaftliche Betriebe, private Grundstücksbesitzer, private Weinbereiter und schließlich Weinkäufer aus allen Kreisen.

Bei den Kunden zu 1. und 2. kann eine gewisse Sachkenntnis und Eigenverantwortung bei der Herstellung der Trauben- und Obstweine vorausgesetzt werden, nachdem in den Wein- und Obstbaugebieten die Weinbereitung in größeren Mengen, also in Fässern, vorwiegend zu gewerblichen Zwecken erfolgt. Gerade hier ist aber ein ziemlich reichhaltiges Angebot der Drogerie in allen möglichen Bedarfsartikeln notwendig. Insbesondere werden in der Drogerie folgende Artikel verlangt:

Reinzuchthefe, Kaliumpyrosulfit, Hefenährsalz für Obstwein, Schönungsmittel, Säuretabletten, Gäraufsätze, Schwefelschnitten, Faßhahnen, Faßspunde, Selbstschwefler sowie die verschiedenen Meßinstrumente zur Ermittlung des Zucker-, Säure- und Alkoholgehaltes.

Der unter 3. gekennzeichnete Kundenkreis dagegen fällt nicht in den gewerblichen Sektor und betreibt die Weinbereitung im eigenen Haushalt und nur für den eigenen Verbrauch. Dementsprechend sind die strengen Bestimmungen des Weingesetzes hier nicht in vollem Umfange anzuwenden, mindestens nicht, solange keine Gefahr der Weinfälschung gegeben ist. Bei dieser Hausweinbereitung liegt das Hauptgewicht auf der Anregung und Beratung durch den Drogisten. Hier ist also weniger die Kenntnis des Weinbereitungsvorganges für den Drogisten unbedingt erforderlich.

Weine.

Alkoholgehalt einiger Weine (Vol.-%).

	Vol.-%		Vol.-%
Bordeaux-Weine	9 bis 12	Malaga	14 bis 18
Burgunderweine	9 bis 11	Malvasier	8 bis 15
Schaumweine (Sekt)	12 bis 15	Marsala	19 bis 23
Rotweine, einf. franz.	7 bis 11	Muskateller	15 bis 18
Rotweine für Verschnittzwecke	14 bis 15	Portwein	18 bis 22
Spanische Rotweine	10 bis 13	Sauternes	12 bis 15
Spanische Weißweine	12 bis 14	Sherry	18 bis 23
Rhein- und Moselweine	8 bis 11	Samos	15 bis 18
Nahe- und Pfälzer Weine	8 bis 11	Tarragona	14 bis 18
Madeira	18 bis 21	Tokayer	10 bis 20

Glühwein

Deutscher Rotwein	1 Fl.	Zucker	100,0

werden, ohne zum Sieden kommen zu lassen, erhitzt unter Zugabe von etwas ganzem Ceylon-Zimt und 2 bis 3 Gewürznelken. Kurz vor dem Servieren läßt man eine Citronenscheibe 5 bis 10 Min. mit durchziehen.

Glühwein sehr stark.

Kräftiger Rotwein . .	2 Fl.	Zucker	500,0

das Abgeriebene einer Citrone

werden, ohne es zum Sieden kommen zu lassen, erhitzt und nach dem Abkühlen auf Trinktemperatur zugesetzt

Dann fügt man zu

Arrak oder Rum	½ Fl.
Schwarzen, starken Tee . . .	1 l

Pomeranzenwein (SAB. III).

Pomeranzenschalen, grob zerschn. . .	20,0	Natriumcarbonat	2,0
Zimtrinde, grob gepulv.	4,0	Weingeist (95%)	8,0

Malagawein 100,0

werden 8 Tage lang mazeriert, dann ausgepreßt. In der Flüssigkeit werden gelöst

Kardobenediktenextrakt . .	2,0	Enzianextrakt	2,0
Kaskarillextrakt	2,0	Wermutextrakt	2,0

Verwendung. Als appetitanregender Wein, ein Likörglas voll vor dem Essen zu nehmen.

Rosmarinwein (DAZ).

Rosmarinblätter, grob gepulv. . .	50,0	Xereswein	auf 1000,0

läßt man 8 Tage lang unter häufigem Umschütteln bei Zimmertemperatur stehen, preßt ab und filtriert nach dem Absetzen.

Verwendung. Volkstümlich als nervenstärkendes, krampflösendes und blähungtreibendes Mittel.

Weinähnliche Getränke.

§ 1 des Weingesetzes besagt: „Wein ist das durch alkoholische Gärung aus dem Safte der frischen Weintraube hergestellte Getränk". Der § 9 bestimmt: „Es ist verboten, Wein nachzumachen." Demnach ist die Herstellung von Erzeugnissen, die nach ihrem sinnfälligen Gesamteindruck (Aussehen, Farbe, Geruch, Geschmack, Flüssigkeitsgrad) wirklichem Wein so ähnlich sind, daß sie vom Durchschnittspublikum mit solchem verwechselt werden können (Kunstwein), verboten. Nach § 10 des Weingesetzes fällt aber unter dieses Verbot nicht „die Herstellung von dem Weine ähnlichen Getränken aus dem Safte von frischem Stein-, Kern- oder Beerenobst sowie aus Hagebutten oder Schlehen, aus frischen Rhabarberstengeln, aus Malzauszügen oder aus Honig" unter der Voraussetzung, daß sie keinen Wein enthalten und „als Wein nur in solchen Wortverbindungen bezeichnet werden, welche die Stoffe kennzeichnen, aus denen sie hergestellt sind. Werden solche Getränke mit Phantasienamen bezeichnet, so muß der Bezeichnung eine Angabe über die Stoffe beigefügt werden, aus denen sie hergestellt sind".

Nicht zulässig ist die Verwendung von Dörrobst sowie von Südfrüchten, wie Apfelsinen, Ananas, Bananen, Datteln, Feigen, Mandarinen, Tamarinden, insbesondere ist der früher als „Likörgrundstoff" vertriebene Feigenwein verboten. Hinsichtlich der erlaubten und zulässigen Stoffe gelten größtenteils dieselben Vorschriften wie beim Wein.

Obst- und Beerenweine sind keine Konkurrenzerzeugnisse für den deutschen Wein. Beide Getränkearten besitzen seit langer Zeit ihre Freunde. Der Württemberger „*Most*" und der Frankfurter „*Äbbelwoi*" sind fast international bekannt. Wenn dieser zur Herstellung für den Drogisten kaum von Interesse ist, muß er doch in der

Lage sein, auch hierüber seine Kundschaft nötigenfalls zu beraten. Dagegen kann die Herstellung von Fruchtweinen für Drogisten in Erzeugergebieten, in denen bei guten Ernten oft große Fruchtmengen anfallen, die sich in frischem Zustand bei reichlichen Ernten oft nicht direkt an den Verbraucher bzw. die einschlägige Konservenindustrie oder Süßmostereien verkauft werden können, zu einem dankbaren Nebenbetrieb werden. Er schützt sie damit vor dem Verderben und erhält sie der Volkswirtschaft. Dazu ist es nötig, daß man sich mit den wichtigsten Erkenntnissen der Gärungsphysiologie und Mikrobiologie insoweit vertraut macht, daß geschmacklich und gesundheitlich einwandfreie Erzeugnisse hergestellt werden können.

Die stark berauschende Wirkung von Obstweinen beruht auf der Tatsache, daß in den meisten Fällen bei der Vergärung den Gärungserregern nicht der zum Eiweißaufbau nötige Stickstoff in Form von Ammoniumsalz dargeboten wird. Dadurch sind sie gezwungen, die im Most enthaltenen Eiweißstoffe anzugreifen, besonders das Leucin. Dabei verbleiben dann als Restprodukte verschiedene Fuselöle, welche die berauschende Wirkung dieser Weine bedingen. Um bekömmliche Obstweine zu erhalten, muß man vor der Vergärung für ausreichende Nährsalzzuführung Sorge tragen (Ph. Ztg. 1937, 69).

Für die gewerbsmäßige Herstellung weinähnlicher Getränke sind noch die nachstehenden

Ausführungsbestimmungen zum § 10 des Weingesetzes

(Fassung vom 6. 5. 1936 RGBl. I 443)

maßgebend.

(1) Bei der gewerbsmäßigen Herstellung der dem Weine ähnlichen Getränke dürfen Stoffe irgendwelcher Art nur nach Maßgabe der Abs. 2, 3, 4 zugesetzt werden.

(2) Gestattet ist

A. Allgemein. 1. die Verwendung von frischer, gesunder, flüssiger Hefe, von weinähnlichen Getränken oder von flüssiger Reinhefe, um die Gärung einzuleiten oder zu fördern. Die Reinhefe darf nicht unter Verwendung von Traubenmost oder Wein vermehrt werden;

2. die Verwendung von frischer, gesunder oder gereinigter flüssiger Hefe von weinähnlichen Getränken oder von flüssiger Reinhefe in Verbindung mit einem 10 g im Liter nicht übersteigenden Zuckerzusatz zur Auffrischung kohlensäurearmer, weinähnlicher Getränke;

3. der Zusatz von chemisch reinen Ammoniumsalzen in Form von Chlorid, Karbonat, Phosphat oder Sulfat bis zur Höchstgrenze von 40 g auf 100 l der zu vergärenden Flüssigkeit, um die Gärung anzuregen oder zu fördern;

4. die Entsäuerung mit reinem, gefälltem kohlensaurem Kalk;

5. das Schwefeln mittels folgender Verfahren, sofern hierbei nur kleine Mengen von schwefliger Säure oder Schwefelsäure in die Flüssigkeit gelangen;

a) Verbrennen von Schwefel oder Schwefelschnitten, mit Ausnahme von gewürzhaltigem Schwefel, — b) Verwendung von reiner, gasförmiger schwefliger Säure, — c) Verwendung von mindestens 5 v. H. Schwefeldioxyd enthaltenden Lösungen reiner, gasförmiger schwefliger Säure in destilliertem Wasser, — d) Verwendung von technisch reinem Kaliumpyrosulfit auch in Tablettenform;

6. die Verwendung von reiner, gasförmiger oder verdichteter Kohlensäure oder der bei der Gärung entstehenden Kohlensäure;

7. die Klärung (Schönung) mit folgenden technisch reinen Stoffen:

a) in weinähnlichen Getränken gelöster Hausen-, Stör- oder Welsblase, — b) Gelatine. Agar-Agar, — c) Tannin bei gerbstoffarmen Getränken bis zur Höchstmenge von 10 g auf 100 Liter, — d) Eiereiweiß, — e) . . . gestrichen durch VO vom 6. 5. 1936, — f) spanischer Erde, weißer Tonerde (Kaolin), — g) mechanisch wirkenden Filterdichtungsstoffen (Asbest, Cellulose u. dgl.);

8. die Verwendung von gereinigter Holz- oder Knochenkohle, soweit sie zum Klären (Schönen) oder zur Beseitigung von Fehlern oder Krankheiten erforderlich ist;

9. die Klärung (Schönung) mit chemisch reinem Ferrozyankalium auch in Verbindung mit den in Nr. 7 und 8 genannten Stoffen, sofern der Zusatz so bemessen wird, daß in der geklärten Flüssigkeit keine Zyanverbindungen gelöst verbleiben.

B. Bei der Herstellung von Apfel- oder Birnenwein. 10. Der Zusatz von technisch reinem, nicht färbendem Rüben-, Rohr-, Invert- oder Stärkezucker zu Apfel- oder Birnenmost bis zur Erreichung eines Mostgewichtes von höchstens 55 Grad Oechsle;

11. der Zusatz eines wäßrigen Auszuges der abgepreßten Apfel- oder Birnentrester, sofern dadurch nicht mehr Wasser hinzu kommt, als einem Zehntel der gesamten Flüssigkeit entspricht;

12. der Zusatz von höchstens 3 Gramm reiner Milchsäure auf 1 Liter.

C. Bei der Herstellung von Getränken aus Beerenobst, Steinobst, Hagebutten, Schlehen oder Rhabarberstengeln. 13. Der Zusatz von technisch reinem, nicht färbendem Rüben-, Rohr-, Invert- oder Stärkezucker;

14. der Zusatz von reinem Wasser oder wäßrigen Auszügen der Preßrückstände in der technisch erforderlichen Menge·

D. Bei der Herstellung von süßvergorenen Getränken aus Kernobst, Beerenobst, Steinobst, Hagebutten, Schlehen oder Rhabarberstengeln. 15. Der Zusatz von technisch reinem, nicht färbendem Rüben-, Rohr-, Invert- oder Stärkezucker;

16. der Zusatz von reinem Wasser oder wäßrigen Auszügen der Preßrückstände in der technisch erforderlichen Menge, doch darf bei der Herstellung von süßvergorenem Apfelwein der Zusatz von Wasser nur nach Maßgabe der Nr. 11 erfolgen;

17. der Zusatz von höchstens 20 Gramm Alkohol auf 1 Liter in Form von reinem, mindestens 90 Raumhundertteile enthaltendem Sprit;

18. der Zusatz von kleinen Mengen gebrannten Zuckers (Zuckercouleur);

19. bei der Herstellung von süßvergorenem Erdbeer- oder Hagebuttenwein der Zusatz von höchstens 3 Gramm reiner Milchsäure auf 1 Liter.

E. Bei der Herstellung von Getränken aus Malzauszügen. 20. Der Zusatz von höchstens 2 Gewichtsteilen reinem Wasser auf 1 Gewichtsteil Malz.

F. Bei der Herstellung von dessertweinähnlichen, mehr als 100 Gramm Alkohol im Liter enthaltenden Getränken aus Malzauszügen. 21. Der Zusatz von höchstens 1,8 Gewichtsteilen reinem Zucker auf 1 Gewichtsteil Malz;

22. der Zusatz von höchstens 2 Gewichtsteilen reinem Wasser auf 1 Gewichtsteil Malz und Zucker.

G. Bei der Herstellung von Getränken aus Honig. 23. Der Zusatz von höchstens 2 Gewichtsteilen reinem Wasser auf 1 Gewichtsteil Honig;

24. der Zusatz von gebranntem (karamelisiertem) Honig;

25. der Zusatz von Hopfen;

26. der Zusatz von Gewürzen.

(3) In Württemberg, Baden, dem bayerischen Regierungsbezirk Schwaben und Neuburg und den Hohenzollerschen Landen richtet sich die Herstellung der dort landesüblichen, als Most bezeichneten Getränke aus Most nach Landesbrauch, jedoch darf der Zusatz von Wasser nicht mehr als ein Drittel der gesamten Flüssigkeit betragen. Sofern das Erzeugnis außerhalb Württembergs, Badens, des bayerischen Regierungsbezirks Schwaben und Neuburg und der Hohenzollernschen Lande in den Verkehr gebracht wird, muß es als Schwäbischer Most, Württembergischer Most oderBadischer Most bezeichnet und die durch Zusatz in das Mostgetränk gelangte Wassermenge zahlenmäßig richtig angegeben werden.

(4) Die unter Verwendung anderer als der im Absatz 2 Nr. 1 bis 9 genannten Stoffe hergestellten Getränke dürfen nicht als naturrein oder mit einer das Wort Natur enthaltenden Wortbildung bezeichnet werden. Außer nach den Bestimmungen des Weingesetzes hat sich der gewerbliche Obst- und Beerenweinhersteller an die folgenden Normativbestimmungen in ihrer Fassung vom 30. September 1948 zu halten.

Normativbestimmungen für Obst- und Beerenweine, Hagebutten- und Rhabarberwein[1].

(Fassung vom 30. 9. 1948.)

A. Herstellungsvorschriften. I. Unbeschadet der Bestimmungen des Weingesetzes vom 25. Juli 1930 sowie der dazu ergangenen Ausführungsbestimmungen (insbesondere § 10 und Artikel 7) müssen die im Verzeichnis aufgeführten Getränke so hergestellt werden, daß

[1] Nach SCHANDERL-KOCH: Die Fruchtweinbereitung, 3. Aufl. Stuttgart: Eugen Ulmer 1951.

sie den dort festgelegten Begriffsbestimmungen entsprechen. Die Trennung zwischen dessertweinähnlichen und tischweinähnlichen Getränken muß in der Herstellung entsprechend den analytischen Daten der Begriffsbestimmungen einwandfrei durchgeführt werden.

II. Verschnitte der fertigen Getränke sind zulässig zwischen

a) dessertweinähnlichen Getränken (Verzeichnis I, 1—8);

b) tischweinähnlischen Getränken (Verzeichnis IIa, 1—3); unter Kennzeichnung auch mit Apfel- bzw. Birnenwein (Verzeichnis IIb, 1—4).

Bei Verwendung anderer weinähnlicher Getränke zum Verschnitt sind die Kennzeichnungsvorschriften C 2 zu beachten. Ein Verschnitt mit Rhabarberwein ist in jedem Fall unzulässig.

B. Verpackungsvorschriften. 1. Für die Verpackung von Obst- und Beerenweinen sind die Vorschriften des Maß- und Gewichtsgesetzes vom 13. Dezember 1935 maßgebend.

2. Die Verpackung erfolgt in Flaschen, Korbflaschen, Holzfässern oder Tanks. Die Gebinde müssen so beschaffen sein, daß die Getränke hierdurch keine Wertminderung erfahren.

C. Kennzeichnungsvorschriften. 1. Die Kennzeichnung des Getränkes richtet sich nach der Fruchtart, die zu dessen Herstellung verwendet wurde; der Unterschied zwischen dessert- und tischweinähnlichen Getränken muß in der Kennzeichnung klar hervortreten. Werden Sortenbezeichnungen und die unterscheidende Bezeichnung „Dessert- bzw. Tischwein" nicht zu einem Wort verbunden, so müssen sie in unmittelbarem Zusammenhang miteinander stehen. Die Bezeichnung als Dessert- bzw. Tischwein muß alsdann — in Klammern gesetzt — in halb so großen Buchstaben in gleicher Schriftart und Farbe wie die Sortenbezeichnung angebracht sein.

2. Bei Verschnitten müssen, unbeschadet der Kenntlichmachung als „Dessert- bzw. Tischwein" nach Ziffer 1 dieses Abschnittes, die einzelnen Fruchtarten, aus denen das Getränk hergestellt ist, namentlich aufgeführt werden; es sind jedoch Sammelbezeichnungen wie „Mehrfrucht-Dessertwein", „Mehrfrucht-Tischwein", „Beeren-Dessertwein" ohne nähere Angaben der verwendeten Obstarten als ausreichende Kennzeichnung zulässig, sofern die im Verzeichnis unter I, 1—8, IIa, 1—3, genannten Getränke zum Verschnitt verwendet werden. Die Verwendung von Kernobstweinen (abgesehen von der Verwendung von Apfeldessertwein zu Mehrfruchtdessertweinen) sowie von nicht im Verzeichnis aufgeführten weinähnlichen Getränken bei Verschnitten muß namentlich gekennzeichnet werden. Für Verschnitte zwischen Apfel- und Birnenweinen (D. IIb, 3—4) gilt die Kennzeichnung als „Obstwein" für ausreichend[1].

3. Die Bezeichnung „naturrein" darf nur für die im Verzeichnis unter IIb/1 und 2 angeführten Erzeugnisse verwendet werden. Bezeichnungen wie „Süßer Most" für in Gärung befindliche Obstsäfte sind im Hinblick auf die alkoholfreien Obstsäfte (Süßmoste) irreführend.

4. Die Verwendung von Phantasienamen ist nur bei Mehrfruchterzeugnissen zulässig, und zwar muß in unmittelbarem Zusammenhang damit und in mindestens halb so großen Buchstaben die Bezeichnung als „Mehrfruchtdessertwein" bzw. „Mehrfruchttischwein" (vgl. C 2) angegeben werden. Apfel- und Birnenweine bzw. deren Verschnitte miteinander dürfen nicht mit einem Phantasienamen belegt werden.

D. Verzeichnis der normierten weinähnlichen Getränke. 5. Hinweise auf die Güte bzw. Verfahren der Zubereitung sind zusätzlich gestattet, sofern diese den Tatsachen entsprechen und ein Nachweis hierfür einwandfrei erbracht werden kann.

6. Bei Abgabe der Flaschen müssen neben der Sortenbezeichnung auf den Flaschenschildern angegeben sein: der Name oder die Firma und der Ort der gewerblichen Niederlassung des Herstellers. Bringt ein anderer als der Hersteller die Getränke in den Verkehr, so können anstatt der Angaben über den Hersteller Name oder Firma sowie Ort der gewerblichen Niederlassung des Händlers angegeben werden.

---

[1] Ein aus Gründen der Farberhaltung vorgenommener geringfügiger Zusatz eines anderen Obstweines zu einem Johannisbeerwein gilt nicht als Verschnitt.

Tabelle 9.

	Mindestalkohol Vol.-%	Mindestalkohol g/l	Mindestgehalt an nicht flüchtiger Säure g/l[1]	Höchstgehalt an flüchtiger Säure g/l[2]
I. Dessertweinähnliche Getränke				
1. a) Johannisbeerdessertwein, rot b) Johannisbeerdessertwein, weiß c) Johannisbeerdessertwein, schwarz	13	103,1	7	1,8
2. Stachelbeerdessertwein	13	103,1	7	1,8
3. Brombeerdessertwein	13	103,1	7	1,8
4. Sauerkirschdessertwein	13	103,1	6	1,8
5. Erdbeerdessertwein	13	103,1	6	1,8
6. Heidelbeerdessertwein	12,5	99,2	7	1,8
7. Apfeldessertwein	13	103,1	4	1,8
8. Hagebuttendessertwein	13	103,1	6	1,8
9. Rhabarberdessertwein	13	103,1	6	1,8
10. Mehrfruchtdessertwein	13	103,1	6	1,8

Tabelle 10.

	Mindestalkohol Vol.-%	Mindestalkohol g/l	Höchstalkohol Vol.-%	Höchstalkohol g/l	Mindestgehalt an nicht flüchtiger Säure g/l	Höchstgehalt an flüchtiger Säure g/l	Mindestgehalt an zuckerfreiem Extrakt g/l
II. Tischweinähnl. Getränke							
a) Beerenweine (süß oder herb)							
1. Johannisbeertischwein, rot	8	63,5	10	79,4	5	1,4	—
2. Brombeertischwein	8	63,5	10	79,4	5	1,4	—
3. Heidelbeertischwein	8	63,5	11	87,3	5	1,4	—
4. Mehrfruchttischwein	8	63,5	10	79,4	5	1,4	—
b) Apfel- u. Birnenweine[3]							
1. Apfelwein, naturrein	5,5	43,6	—	—	—	1,4	22
2. Birnenwein, naturrein	5,5	43,6	—	—	—	1,4	25
3. Apfelwein	5,0	39,7	—	—	—	1,4	20
4. Birnenwein	5,0	39,7	—	—	—	1,4	23
5. Obstwein	5,0	39,7	—	—	—	1,4	20

I. Die Herstellung von Obst- und Beerenweinen.

Bei der Herstellung einwandfreier Obst- und Beerenweine dürfen beim Sammeln, Aufbewahren und Keltern der Früchte weder Zink- noch Eisen- oder Aluminiumgefäße verwendet werden, sondern nur Holzgeräte oder völlig unbeschädigte Email-

[1] Der Gehalt an nichtflüchtigen Säuren ist jeweils als Weinsäure berechnet.

[2] Der Gehalt an flüchtigen Säuren ist jeweils als Essigsäure berechnet.

[3] Beurteilungsgrundsätze: „Apfelwein, naturrein", „Birnenwein, naturrein" sind die aus dem unverdünnten reinen Saft der Äpfel bzw. Birnen hergestellten Getränke. Die angegebenen Werte für Alkohol und zuckerfreies Extrakt stellen Mindestwerte dar. Eine Unterschreitung dieser Werte kann, wie das umfangreiche Analysenmaterial aus einer Reihe von Jahren gezeigt hat, nur in seltensten Ausnahmefällen eintreten, und zwar bedingt durch die Verwendung von Obst, dessen Saft auf Grund besonderer Wachstumsbedingungen anormal zusammengesetzt ist. (Es ist vorgesehen, alljährlich Kennzahlen über die Zusammensetzung der Säfte bestimmter Obstsorten aus einer Reihe geschlossener Anbaugebiete aufzustellen. Diese Kennzahlen sollen die Grundlage für eine umfassendere Beurteilung der naturreinen Obstweine der verschiedenen Jahrgänge geben.)

bzw. V2A-Stahleimer. Faule Stellen beim Obst sind herauszuschneiden. Auch *sorgfältiges Waschen* der Früchte insbesondere bei Kernobst ist unerläßlich. Im Gewerbebetrieb werden hierzu besondere Waschmaschinen eingesetzt, während Beeren- und Steinobst in Körben, aus denen das Wasser abfließen kann, mit Wasser überbraust werden. Nach dem Waschen müssen vorhandene *grüne Stengelteile*, soweit sie vorhanden sind (z. B. bei Johannisbeeren), und Blätter entfernt werden, da sie Geschmacks- und Bitterstoffe enthalten, die sich dem Most mitteilen und dessen Geschmack verderben. Bei Kirschen verwendet man deshalb zweckmäßig gestrippte Ware. Faules oder schimmeliges Obst ist sorgfältig zu entfernen, weil sie den Fuchtwein geschmacklich verderben.

Zur Erzielung einer möglichst *hohen Saftausbeute* wird das gewaschene Obst durch geeignete Obst- oder Beerenmühlen zerkleinert. Im kleinen Maßstab können hierzu die im Handel käuflichen *Fruchtsaftpressen* für den Haushalt Verwendung finden, für den gewerblichen Betrieb stellen verschiedene Firmen Spezialmaschinen her. Zum Zerkleinern im Haushalt wird vielfach der übliche Fleischwolf verwendet, dessen Verzinnung oder Emaillierung nicht mehr einwandfrei ist. Der Erfolg ist, daß dadurch die Maische eisenhaltig wird und mit den Gerbstoffen und Fruchtsäuren der Früchte reagiert. Durch die entstandenen Metallverbindungen schmecken die Fruchtweine dann „metallisch" und neigen auch zu anderen Fehlern. Gegen gut verzinnte oder emaillierte Spezialfruchtpressen ohne schadhafte Stellen, die gleichzeitig zerkleinern und pressen, ist nichts einzuwenden. Metall- und Holzteile der zur Verwendung kommenden Presse werden aus dem gleichen Grunde mit einem säurefesten Lack überzogen. Zum Pressen kleinerer Mengen eignen sich auch die im Haushalt üblichen Schnecken- oder Spindelpressen, während man sich für größeren Bedarf geeigneter Spezialpressen der Industrie bedient. Zur gewerblichen Herstellung von Obstwein finden hydraulische Packpressen Verwendung, wie sie in Spezialausführung von „Kleemann's Vereinigte Fabriken", Stuttgart-Obertürkheim, und anderen geliefert werden. Beim *Pressen* ist auf zwei Umstände besonders zu achten: Stets langsam pressen, damit der Saft gleichmäßig abfließt, und das Preßtuch nach jedem Gebrauch *sorgfältig mit heißem Wasser* mehrmals auswaschen und an der Luft *trocknen*, um die Bildung von Essigbakterien und Schimmelpilzen zu vermeiden. Beim Pressen mit Spindelpressen ist ein Nachpressen zu empfehlen. Zu diesem Zweck werden die Trester gelockert und mit so viel Wasser verrührt, daß dies 10% der ersten Saftausbeute beträgt. Um dabei gleichzeitig Pektine abzubauen, empfiehlt sich, je kg Rückstand der ersten Pressung 3 g *Filtragol* zuzusetzen (vgl. Bd. II, S. 464, Bd. III, S. 499), wodurch sich die Ausbeute erhöhen läßt. Die Menge des den Trestern zugesetzten Wassers muß zur Berücksichtigung bei späterer Berechnung des Zuckerzusatzes notiert werden. Bei Apfel- und Birnenwein, die gewerblich hergestellt werden, darf die Wassermenge 10% der ersten Preßausbeute nicht übersteigen.

Unabdingbare Voraussetzungen zur Herstellung einwandfreier und bekömmlicher weinähnlicher Getränke (Obst- und Fruchtweine) sind nach O. KRAMER[1]:

1. Sauberkeit und Reinlichkeit bei allen Arbeiten, an allen Geräten und Behältern sowie in den Räumen.
2. Faule Früchte oder Stellen aussondern.
3. Gärbehälter vor der Füllung gründlich reinigen.
4. Keine Metallgefäße verwenden, nur Holz- oder Emailgefäße.
5. Anwendung von Reinzuchthefe bei der Vergärung.
6. Gärbehälter mit Gärspund oder Gärröhre verschließen.
7. Einstellung der richtigen Gärtemperatur, 15 bis 20°.
8. Auffüllen der Gärgefäße nach beendigter Gärung.

[1] Das Drogisten-Fachblatt **12**, 554 (1956).

9. Abziehen zur rechten Zeit von der abgesetzten Hefe und Einschwefeln mit 1 g Kaliumpyrosulfit auf 10 l Wein zur Erhöhung der Haltbarkeit und Förderung der Klärung.
10. Lagerung nur in spundvoll gehaltenen Behältern.

Zum eingehenden Studium des umfangreichen Gebietes ist außer der zitierten Literatur zu empfehlen: K. KROEMER und G. KRUMBHOLZ: Fachbuch der gewerbsmäßigen Obst- und Beerenweinbereitung, Braunschweig: Verlag Dr. Serger & Hempel.

Tabelle 11.

Die Saftausbeuten verschiedener Früchte (nach SCHANDERL/KOCH).

100 kg Äpfel	ergeben	52 bis 74 l	Saft
100 kg Birnen	„	63 bis 76 l	„
100 kg Brombeeren	„	75 bis 91 l	„
100 kg Erdbeeren	„	70 bis 84 l	„
100 kg Himbeeren	„	65 bis 84 l	„
100 kg rote Johannisbeeren	„	78 bis 91 l	„
100 kg schwarze Johannisbeeren	„	64 bis 75 l	„
100 kg weiße Johannisbeeren	„	83 bis 91 l	„
100 kg Stachelbeeren	„	72 bis 89 l	„
100 kg Trauben	„	65 bis 81 l	„

Gärungs- und Weinschädlinge.

(Vgl. a. Die Ursachen und die Beseitigung von Weinfehlern und Weinkrankheiten S. 540.)

Zur Herstellung gesunder Weine ist es notwendig, durch die zur Verwendung kommende Reinzuchthefe (s. S. 525) Bedingungen zu schaffen, die es ermöglichen, anderen Kleinlebewesen, die mit den Früchten in den Most gelangen, ihre Lebensbedingungen zu erschweren und ihre Tätigkeit zu unterdrücken. Dies gilt vor allem für andere, nicht geeignete *wilde Hefen* (Abb. 228) und die *Kahmhefen* (Abb. 231), die ständig auf Früchten zu finden sind, kein Gärvermögen besitzen, dagegen die wertvollen Weinbestandteile Fruchtsäuren, Alkohol, Extrakte und Aromastoffe angreifen und vermindern. Dadurch leidet der Wein im Geschmack und in seiner Haltbarkeit. Die Kahmhefen sind in jedem Fruchtsaft enthalten und bilden auf der Weinoberfläche mehr oder weniger dicke, weiße, graue oder graurötliche Häute, da sie zum Leben Luftsauerstoff benötigen. Andere Sproßpilze, die ebenfalls nicht fähig sind, Zucker in Alkohol und Kohlendioxyd zu verwandeln, zerlegen diesen in schleimartige Stoffe, wodurch der Wein dickflüssig wird.

Essigbakterien (Abb. 229) kommen zahlreich mit den Früchten in die Maische oder den Most, besonders zahlreich bei beschädigten oder faulen Früchten. Auch durch die sog. *Frucht- und Essigfliegen* (s. Bd. I, S. 868) werden sie auf Maischen und Säfte übertragen. Essigbakterien sind die gefährlichsten Feinde bei der Weinherstellung. Schon sehr geringe Mengen sind im Geschmack wahrnehmbar, bei größerem Essigsäuregehalt gilt der Wein als verdorben. Da auch sie zu ihrer Entwicklung Luftsauerstoff benötigen, unterdrückt man sie zweckmäßig durch Lagerung von Most und Wein in vollständig gefüllten Gefäßen. *Schimmelpilze* (Abb. 232 bis 234) schaden zwar den Getränken im allgemeinen nicht. Der muffige Geruch, den sie den Aufbewahrungsgefäßen und den bei der Weinherstellung verwendeten Geräten geben, kann sich jedoch dem Wein mitteilen und ihn ungenießbar machen. Der Wirkung von wilden Hefen, Kahmhefen und Essigbakterien beugt man wirksam durch Abdecken und Einschwefeln der gärenden Maische und Vergären der Weine unter Verwendung eines Gärspundes vor.

Durch die Erzeugung von Alkohol und Kohlensäure im gärenden Most bei Vorhandensein von genügend echter Hefe werden die Lebensbedingungen der vorgenannten Schädlinge erschwert. Sie werden von der echten Hefe überwuchert, durch die entstehende Kohlensäure wird die Luft in den Gärgefäßen verdrängt und werden die schädlichen Mikroorganismen, die zum Leben Luft benötigen, zur Untätigkeit gezwungen. Es ist wichtig zu wissen, daß sie dadurch nicht abgestorben, sondern jederzeit fähig sind, sich bei Verbesserung ihrer Lebensbedingungen von neuem zu vermehren. Dies ist bei der Herstellung von Fruchtweinen besonders wichtig, da den hierbei zur Verwendung kommenden Früchten mehr gärungs- und weinschädliche Mikroorganismen anhaften als echte, gute Hefen (s. a. Bd. II, S. 1386: Weinfehler und Weinkrankheiten, Bd. III, S. 540).

Reinzuchthefen.

Reinzuchthefen haben gegenüber anderen Hefen den Vorteil, daß sie von einer einzelnen, sorgfältig gezüchteten und isolierten Hefezelle abstammen, die man in sterilem Most vermehren läßt. Sämtliche dabei sich bildenden Hefezellen stammen von der gleichen Mutterzelle ab, besitzen also auch deren Eigenschaften. Die auf diese Weise gewonnenen *Reinkulturen* werden durch Gärversuche geprüft und sind, soweit sie gute Eigenschaften zeigen, von den staatlichen Hefereinzuchtanstalten oder zuverlässigen Industriefirmen zu beziehen. Die Verwendung von Reinzuchthefen zur Durchführung einer einwandfreien Gärung bildet eine sichere Grundlage für die Herstellung von weinähnlichen Getränken unter der Voraussetzung, daß die Hefe den Most möglichst frühzeitig, zweckmäßig sofort nach dem Abpressen zugesetzt wird. *Preßhefe* ist keine zum Vergären von Wein geeignete Hefe, da sie zahlreiche Keime und Bakterien enthält, sich auch für den Gärvorgang viel zu langsam entwickelt und deshalb nur fähig ist, eine langsame und unsaubere Gärung hervorzurufen.

Sulfitreinhefen sind Weinhefen, die gegen die Schwefelung des Mostes oder der Maische unempfindlich sind und trotz der Anwesenheit schwefliger Säure eine normale und saubere Vergärung gewährleisten. Durch die Schwefelung von Most oder Maische werden die darin vorhandenen gärungs- und weinschädlichen Mikroorganismen an ihrer Entwicklung gehindert, so daß die Reinzuchthefe sich inzwischen rasch vermehren kann.

Kaltgärhefen gewährleisten noch bei Temperaturen bis herab auf + 5 bis + 6° die Gärung zuckerhaltiger Flüssigkeiten, allerdings verläuft die Gärung bei ihrer Anwendung langsamer.

Die Gärgefäße.

Als *Gärgefäße* für die alkoholische Gärung (vgl. Bd. I, S. 97, 249, Bd. II, S. 33, 743) kommen für kleinere Mengen Korbflaschen oder Fässer von 100 l Inhalt in Frage. Im Gewerbebetrieb finden größere Fässer oder besondere Tanks Verwendung. Alle Gärgefäße müssen sorgfältig gepflegt werden, um die Ansiedlung von Bakterien und Pilzen zu vermeiden. Für den Fruchtweinhersteller im Haushalt ist der Glasballon das Gegebene. Haben sich an der inneren Glaswand Ansätze gebildet, wird mit Sodalösung gebürstet und anschließend sorgfältig mit frischem Wasser gespült. Finden Fässer als Gärgefäße Verwendung, wird das Faß zunächst dreimal in zweitägigem Abstand mit frischem Wasser gefüllt, um dabei die früher beim Schwefeln des Fasses entstandene *schweflige Säure* zu entfernen. Um diese auch aus den Dauben zu entfernen, wird noch mit 2%iger Sodalösung gebrüht. Anschließend wird sorgfältig mit frischem Wasser gespült, bis das abfließende Wasser nicht mehr alkalisch reagiert. Vor dem Einbringen des gekelterten Mostes in das Gärgefäß wird geschwefelt (eine halbe, nicht tropfende *Schwefelschnitte* auf 100 l Fassungsvermögen oder 5 ccm flüssige schweflige Säure, die man über Nacht einwirken läßt). Kommen Fässer zur Verwendung, die weder gebraucht noch richtig gepflegt wurden, müssen sie gedämpft werden, weil *essigsäurebildende Bakterien* tief in das Holz eindringen und nur durch Dämpfen, bis sich das Holz von außen heiß anfühlt, entfernen lassen. Dann wird mit Schwefelsäurelösung (0,1%) während drei aufeinanderfolgenden Tagen und anschließend gleich lange mit Sodalösung (2%) gewässert. Mit reinem Wasser muß dann so lange gespült werden, bis das Spülwasser keinerlei Essiggeruch und Reaktion mehr zeigt. Auch mit Schimmel befallene Fässer werden so behandelt. Am besten ist, man kleidet die Fässer mit Kunststoffen wie *Steramit-Vino, Mammut-Ventur* u. a. aus. Dadurch wird das Eindringen von Bakterien in das Faßholz unmöglich gemacht und die Reinigung durch die entstandene glatte Oberfläche erleichtert. Nur einwandfreie Gärgefäße ergeben einwandfreie Erzeugnisse. Ihre sachgemäße Behandlung ist daher eine wichtige Voraussetzung für erfolgreiche Arbeit.

Gärspunde. Die frühere Methode, die Gärgefäße offen zu lassen, wodurch Essigfliegen und Mikroorganismen ungehindert Zutritt zum Gärgut möglich war, ist unbedingt zu verwerfen. Dabei entstehen stets *essigstichige Weine*. Grundsätzlich muß also ein Gärverschluß Verwendung finden. Dieser verhindert das Befallen des Gärguts mit Staub, Bakterien, Essig- und Fruchtfliegen sowie anderen Insekten. Außerdem ist bei Verwendung eines Gärspunds die Stärke, der Verlauf und das Ende der alkoholischen Gärung zu beobachten. Durch den Gärspund wird auch verhindert, daß die durch die Gärung entstandene Kohlensäure, die über dem Spiegel des Gärguts lagert, entfernt wird und an ihrer Stelle Luft in das Gärgefäß eindringt. Ohne Luftzutritt können Essigbakterien und Kahmhefen nicht wirksam werden. Zur Verwendung kommen verschiedene Formen der NESSLERschen Gärröhren (Abb. 220, 221). Bei ihrer Füllung mit Sperrflüssigkeit (wäßrige Kaliumpyrosulfitlösung) ist darauf zu achten, daß nicht zu viel Sperrflüssigkeit eingefüllt wird, sie darf nur bis zu den zwei unteren Kugeln reichen (s. Abb. 220). Für Fässer findet zweckmäßig ein Gärspund aus Glas oder Steingut, der *Alar-Gärtrichter*[1] (Abb. 222, 223) oder der *Duplex-Gärverschluß*[1] (Abb. 224, 225) Verwendung, bei dem ebenfalls als Sperrflüssigkeit wäßrige Kaliumpyrosulfitlösung Verwendung findet. *Glycerin*, das vielfach als Sperrflüssigkeit Verwendung fand, ist *ungeeignet*, weil es einen guten Nährboden für Pilze und Bakterien bildet. Nach der Hauptgärung füllt man die obere Kugel zweckmäßig mit *steriler Watte*.

Bei zahlreichen Früchten wie Hagebutten, Heidelbeeren, Johannisbeeren, Kirschen, auch bei Rhabarberstengeln wird bei der Herstellung von Dessertweinen die Maischegärung durchgeführt. Hierzu eignen sich Holz- oder Steinzeugbottiche, Metallgefäße kommen nur dann in Frage, wenn sie einwandfrei emailliert, mit säurefestem Lack gestrichen oder aus V 2 A-Stahl hergestellt sind.

Die Maischegärung.

Da die Maischegärung einen höheren Extraktgehalt ergibt, ist sie bei der Herstellung alkoholfreier Dessertweine stets zu empfehlen. Der Extraktgehalt ist bei ihnen sehr wichtig, ist er niedrig, schmecken sie „brandig“. Bei farbstoffhaltigen Früchten, Brombeeren, Hagebutten, Heidelbeeren, Holunderbeeren, Johannisbeeren und Kirschen, ist die Maischegärung unerläßlich, weil nur bei ihr die Farbstoffe der Fruchtschalen genügend in Lösung gehen. Die Maischegärung gestattet deshalb bei der Tischweinherstellung u. U. einen höheren Wasserzusatz. Außerdem werden *Eiweiß-*, *Enzym-* und *Pektinstoffe* zur Ausscheidung gebracht und dadurch eine bessere Saftausbeute erzielt. Die Gefahr, daß beim Pressen der pektinhaltige Saft

---

[1] Lieferant Paul Arauner KG., Kitzingen/Main.

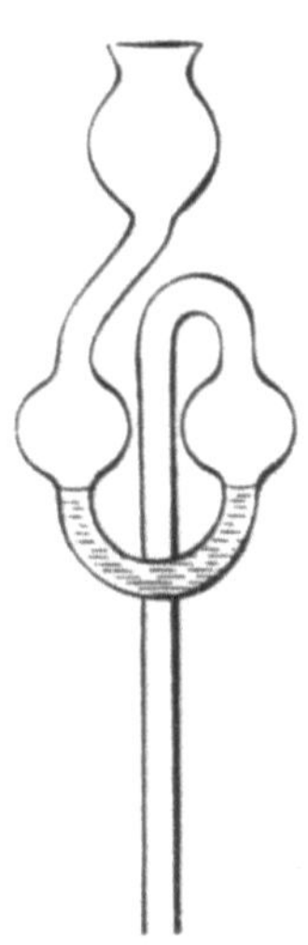

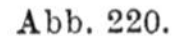

Abb. 220. NESSLERsche Gärröhre. Abb. 221.

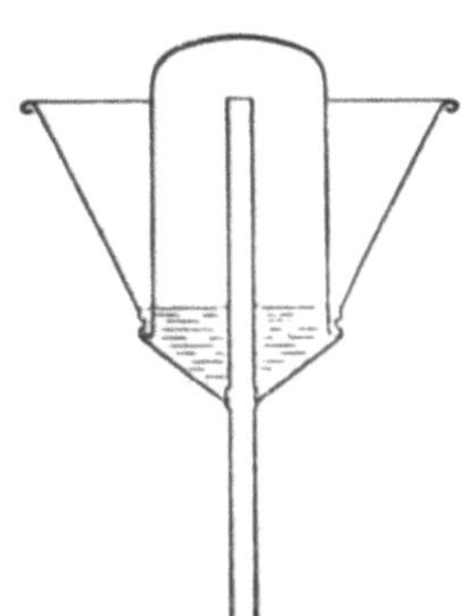

Abb. 222. Alar-Gärtrichter. Abb. 223.

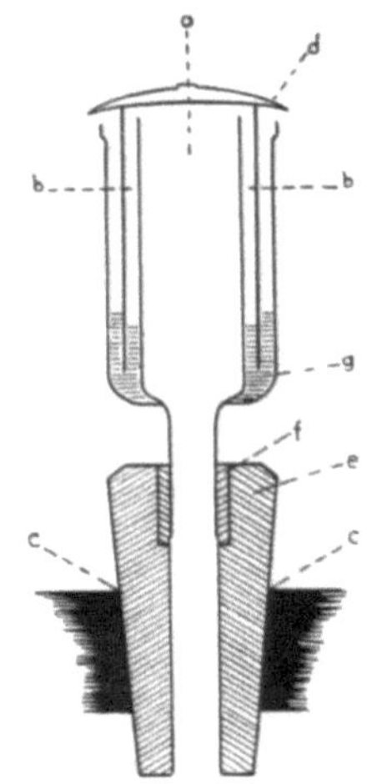

Abb. 224. Duplex-Gärverschluß. Abb. 225.

schlecht abläuft und sich die Pektinstoffe später als voluminöser Niederschlag im Saft ausscheiden, wird vermieden, weil bei der Maischegärung die Pektinstoffe abgebaut werden. Die Maischegärung wird unterstützt durch Zusatz geeigneter pektinabbauender Fermente, wie *Filtragol* und *Pektinol „K" doppelt konzentriert*, von denen man 3 bis 5 g auf 1 kg Früchte gibt. Außerdem werden bei Maischegärungen unter Verwendung von an schweflige Säure gewöhnten *Reinzuchthefen* (*Sulfithefen*) Alkoholausbeuten um 20 Vol.-% erzielt. Zur Verminderung der bei der Maischegärung auftretenden Gefahren gibt man auf 100 l Maische die Lösung von einer Kaliumpyrosulfittablette gelöst in Wasser. Zur Einleitung von schwefliger Säure wird zweckmäßig das *Fulgurgerät* verwendet, mit dem 5 g flüssige schweflige Säure auf 100 l Maische gebraucht werden. Die schweflige Säure verhindert eine Bräunung der Maische, wodurch die Farbe ungünstig beeinflußt werden kann, und unterbindet die Entwicklung von Bakterien, wilden Hefen und Schimmelsporen und ermöglicht so der zugegebenen Reinzuchthefe, eine reine und rasche Gärung zu bewirken. Um das Aufkommen von Esssigbakterien und Kahmhefen zu verhindern, muß die Oberfläche der Trester öfter nach unten gestoßen werden oder durch Anwendung eines durchlöcherten und beschwerten Zinkbodens dafür gesorgt werden, daß die *Maische stets von Flüssigkeit bedeckt* ist. Zur Verhinderung von Lufteinwirkung wird der Maischebottich mit einem Deckel verschlossen. Bekanntlich verhindert hohe Zuckerkonzentration das Wachstum von Mikroorganismen. Diese Tatsache verwendet man beim Bestreuen der Maischenoberfläche mit so viel Zucker, daß er ungelöst zu sehen ist. Die dazu verwendete Zuckermenge muß bei der weiteren Verwendung von Zucker abgezogen werden.

Das Berechnen des Wasser- und Zuckerzusatzes.

Die meisten Früchte enthalten nicht genügend Zucker oder zu viel Säure, um einen trinkbaren Wein aus ihnen zu erhalten. Dem Keltermost muß deshalb Zucker oder Zuckerwasser zugesetzt werden. Bei zu starker Verdünnung werden die Weine von Bakterien befallen, deshalb darf der Säuregehalt des verdünnten Mostes nie unter 5‰ liegen. Vom genügenden Zuckerzusatz hängt aber der gewünschte Alkoholgehalt ab. Tischweine müssen wenigstens 8, höchstens 10 Vol.-%, Dessertweine wenigstens 13 Vol.-% Alkohol enthalten. 100 g Rohrzucker ergeben bei der Vergärung 46 g Äthylalkohol. Nach SCHANDERL-KOCH liefern bei der Gärung

87 g	Rohrzucker	im	Liter	Saft . .	5	Vol.-%	Alkohol
103 g	„	„	„	„ . .	6	„	„
120 g	„	„	„	„ . .	7	„	„
139 g	„	„	„	„ . .	8	„	„
155 g	„	„	„	„ . .	9	„	„
172 g	„	„	„	„ . .	10	„	„
189 g	„	„	„	„ . .	11	„	„
206 g	„	„	„	„ . .	12	„	„
223 g	„	„	„	„ . .	13	„	„
241 g	„	„	„	„ . .	14	„	„
258 g	„	„	„	„ . .	15	„	„
275 g	„	„	„	„ . .	16	„	„
292 g	„	„	„	„ . .	17	„	„
309 g	„	„	„	„ . .	18	„	„

Der höchstmögliche Alkoholgehalt mit Reinzuchthefen unter günstigen Bedingungen im Keltermost ist 17 bis 18 Vol.-%, in Fruchtmaischen bis 20 Vol.-% Alkohol. Für süßschmeckende Weine müssen stets mehr als 250 g Zucker auf 1 l Saft verwendet werden.

Zuckergehalt der Fruchtsäfte, Mittelwerte nach SCHANDERL-KOCH.

Unverdünnter Saft von	g Zucker in 1 Liter
Johannisbeeren, rot	60
Johannisbeeren, schwarz	75
Johannisbeeren, weiß	85
Stachelbeeren	72
Erdbeeren	43
Heidelbeeren	53
Süßkirschen	98
Sauerkirschen	99

Für den Haushalt empfehlen die gleichen Autoren Wasserzusatz wie folgt:

Je Liter Keltersaft aus	werden verdünnt mit Liter Wasser zur Herstellung von	
	Tischwein	Dessertwein
Johannisbeeren, schwarz	—	1,0 l
Johannisbeeren, rot	2,0 l	1,5 l
Stachelbeeren	—	0,75 l
Erdbeeren	—	0,25 l
Heidelbeeren	0,4 l	—
Sauerkirschen	—	0,5 l

Der Zuckergehalt dieser Säfte reicht nicht aus, um bei der Gärung den erforderlichen Alkoholgehalt zu erzeugen. Man kann nun nach der Tabelle auf S. 528 zuckern oder aber den notwendigen Zuckergehalt mit dem Aräometer nach OECHSLE, auch mit *Oechsle-Waage* bezeichnet, bestimmen. Dabei wird genau wie bei den üblichen Dichtebestimmungen (vgl. Bd. I, S. 331ff.) verfahren. Das OECHSLE-Aräometer ist auf eine Temperatur von 15° C geeicht, jeder Grad Temperaturunterschied verlangt eine Korrektur des abgelesenen OECHSLE-Grades (Oe°) um 0,2°. Liegt die Temperatur des Keltersaftes unter 15°, muß die Korrektur dem abgelesenen Wert zugezählt, liegt sie darunter, muß sie abgezogen werden. Ergibt z. B. das abgelesene OECHSLE-Gewicht 44 bei 20°, so hat der gewogene Keltersaft bei 15° 5×0,2° mehr, also 45 °Oe. Das bedeutet, daß ein Liter von diesem Saft bei 15° 45 g mehr als ein Liter Wasser = 1000 g bei +4°, also 1045 g, wiegt. Mit anderen Worten: der Keltersaft hat die Dichte 1,045. Dieses erhöhte spezifische Gewicht gegenüber Wasser beruht vor allem auf dem Gehalt des Saftes an Fruchtzucker neben Fruchtsäuren, Farbstoffen und Eiweiß.

Der Zuckergehalt in Kernobstsäften kann aus dem gemessenen OECHSLE-Gewicht annähernd errechnet werden nach der Formel:

$$\frac{\text{OECHSLE-Gewicht}}{5} + 1 = \text{g Zucker in 100 ccm Most.}$$

Demnach enthält ein Apfelsaft von 45 °Oe $\frac{45}{5} = 9 + 1 = 10$ g Zucker in 100 ccm.

Für mit Wasser verdünnte Beerenmoste gilt die Formel:

$$\frac{\text{OECHSLE-Gewicht}}{4} - 2 = \text{g Zucker in 100 ccm Most.}$$

Demnach enthält ein mit Wasser verdünnter Johannisbeermost von 36 °Oe $\frac{36}{4} - 2 = 7$ g Zucker in 100 ccm Most.

Auch auf den Alkoholgehalt nach der Gärung können aus dem OECHSLE-Gewicht Schlüsse gezogen werden. 1 °Oe eines frisch gekelterten Mostes entspricht bei sachgemäßer Herstellung des Weines nach der Gärung 1 g Alkohol im Liter Obstwein. Demnach muß ein Apfelmost von 45 °Oe nach der Gärung 45 g/l Alkohol enthalten. Der etwaige Vol.-%-Gehalt errechnet sich durch Division mit 8, also 45 : 8 = 5,63 Vol.-%. S. a. Abb. 226.

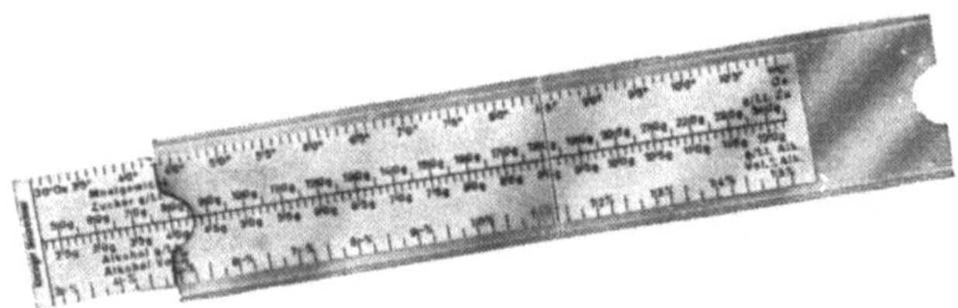

Abb. 226. Mostrechner mit Zuckerungstabelle, ein zur schnellen Auskunftserteilung vorzüglich geeignetes Gerät (Lieferant Paul Arauner KG., Kitzingen a. M.).

Der Säurezusatz.

Wird bei der Titration eines gekelterten Mostes bzw. eines mit Wasser verdünnten Mostes ein Gesamtsäuregehalt unter 4,5‰ festgestellt, muß dem Most Milchsäure zugesetzt werden. Dieser Zusatz ist nach dem Weingesetz bei der Herstellung von Getränken aus Stein-, Kern- und Beerenobst sowie Hagebutten, Schlehen und Rhabarberstengeln erlaubt. Auch bei der Herstellung von Apfel- und Birnenwein ist Säurezusatz gestattet. Bei der gewerblichen Herstellung darf er jedoch nicht zur Verdeckung eines unzulässig hohen Wassergehaltes erfolgen. Für die Beerenweinhersteller im Haushalt wird vielfach die Verwendung von Citronensäure empfohlen. Dies ist wissenschaftlich nicht begründet, weil Citronensäure durch Bakterien abgebaut werden kann, ein Umstand, der bei der Milchsäure nicht eintritt. Nach der Ausführungsverordnung im Weingesetz ist die Verwendung reiner Milchsäure bis zur Höchstmenge von 3 g je Liter gestattet. Um die bakterizide Wirkung der Fruchtsäuren zu gewährleisten, darf ihre Konzentration nicht unter 4‰ liegen. Zweckmäßig wird die notwendige Milchsäure mit einer Meßpipette gemessen. (s. a. S. 533/34).

Die Hauptgärung.

Um die Entwicklung schädlicher Mikroorganismen und die durch sie bewirkten oxydativen Vorgänge zu verhindern, darf kein Most zum Gären kommen, der nicht wenigstens 50 mg schweflige Säure je Liter enthält. Man verwendet zur *Schwefelung des Mostes* Kaliumpyrosulfit-Tabletten zu 10 g (s. Bd. II, S. 672), die beim Auflösen im Wein 5 g schweflige Säure entwickeln. Außer der Schwefelung des zur Gärung kommenden Gemisches ist auch das Schwefeln der Gärgefäße unerläßlich (s. S. 525). Ist der Most mit Wasser verdünnt worden oder sollen Dessertweine mit hohem Alkohol hergestellt werden, muß der zu vergärenden Mischung genügend *Gärsalz* beigefügt werden. Hefen benötigen zu ihrem Wachstum reichlich Stickstoffverbindungen, die in mit Wasser verdünnten Mosten nicht mehr genügend vorhanden sind. Das bestgeeignete Gärsalz ist *Ammoniumphosphat* (s. Bd. II, S. 84), weil auch die Phosphorsäure beim Gärungsvorgang mitwirkt. Das Weingesetz erlaubt einen Zusatz von höchstens 40 g Ammoniumsalz auf 1 hl.

Der vorher geschwefelte *Gärbehälter* darf nur zu ²/₃ gefüllt und muß mit einem Gärspunden (s. Abb. 220 bis 225, S. 527) abgeschlossen werden. Ist der Gärbehälter zu voll, besteht die Gefahr des Überlaufens bei stürmischer Gärung. Will man bei der Gärung Weine mit höherem Alkoholgehalt herstellen, reicht die Leistungsfähigkeit der natürlichen wilden Hefen nicht aus. Diese genügt nur für eine Gärleistung, die einen Alkoholgehalt von 5 bis 7 Vol.-% ergibt. Für höhere Alkoholgehalte empfiehlt sich daher die Verwendung von *Reinzuchthefe* (s. S. 525), die jedoch gärfähig sein und in genügenden Mengen zugesetzt werden muß. Reinzuchthefen in Ampullen müssen *vor* ihrem Gebrauch frisch herangezogen und vermehrt werden. Nur dann sind sie in der Lage, die natürlich vorhandenen wilden Hefen, die sich im Keltermost bereits in großer Menge im sprossenden Zustand befinden, zu überwuchern und in ihrer Wirksamkeit unschädlich zu machen. Ampullenhefen werden deshalb schon einige Tage vor dem Keltern vermehrt: 1 bis 2 l Fruchtsaft, dem man 100 bis 150 g Zucker auf das Liter zusetzt, wird einmal kurz aufgekocht und nach dem Abkühlen auf 20° mit der Ampullenhefe versetzt. Bequemer in der Anwendung sind die flüssigen, im gärenden Zustand und deshalb unter Druck befindlichen Hefekulturen, die vom Institut für Hefereinzucht Lehr- und Forschungsanstalt, Geisenheim/Rhein, bezogen werden können. Sie enthalten in einer $^1/_4$-l-Kultur 20 bis 40 Milliarden Hefezellen und bieten folgende Vorteile:

1. Höheren Alkoholgehalt, bei Dessertweinen deshalb unentbehrlich,
2. reiner verlaufende Gärung, da sie weniger Essigsäure bilden als wilde Hefen.

Sind die zur Verwendung kommenden Früchte schon angegoren oder matschig, verwendet man Reinzuchthefe als *Sulfithefe* (s. S. 525). Man versteht darunter Heferassen, die durch schweflige Säure in größerer Menge nicht geschädigt werden.

Die Gärtemperatur ist von größter Bedeutung für den richtigen Verlauf der Gärung. In Laienkreisen hört man oft die falsche Auffassung, daß ein Wein um so besser wird, je wärmer er bei der Gärung gelagert wird, d. h. um so stürmischer er gärt. Die Erreger der Weinkrankheiten sind aber hauptsächlich Bakterien, die zu ihrem Wachstum erhöhte Temperatur benötigen. Außerdem sind hohe Wärmegrade für die Hefe schädlich. Da aber bei der alkoholischen Gärung selbst Wärme erzeugt wird, soll die *Gärtemperatur* nicht möglichst hoch, sondern *möglichst niedrig* gehalten werden. Der richtige Ort zur Durchführung einer einwandfreien Gärung ist der Keller mit einer Temperatur, die 15 °C nicht übersteigen soll. Eine niedrige Temperatur hemmt nicht nur die Entwicklung der Bakterien, die Gärung verläuft auch langsamer, wobei das Fruchtaroma besser erhalten bleibt. Die Gärung muß spätestens nach 3 Tagen einsetzen und soll ohne Unterbrechung verlaufen. Stoffe, die ihren Geruch an den Most abgeben können, ebenso Kartoffeln, dürfen nicht im Gärraum lagern.

Der Abstich.

Nach beendeter Gärung kann der Wein noch vier bis sechs Wochen auf der Hefe liegen, dann hat der *erste Abstich* zu erfolgen. Dies ist notwendig, um eine mögliche Zersetzung der Hefe und damit einen Geschmacksfehler des Weines, den „*Hefeböckser*" zu vermeiden. Diese Gefahr besteht um so mehr, wenn die Hauptgärung in einem warmen Gärraum vor sich gegangen ist. Bei der Zersetzung der Hefe entstehen Stickstoffverbindungen, welche das Wachstum der Bakterien begünstigen, während Abbauprodukte von Hefeeiweiß den Wein trüben. Der erste Abstich ist dann durchzuführen, wenn die Gärung völlig beendet ist, der Wein nicht mehr „arbeitet". Vor dem ersten Abstich entnimmt man tags zuvor ein Glas voll Wein und läßt es offen über Nacht im Keller stehen. Dabei darf die Probe weder nachdunkeln noch eine schwarze Farbe annehmen. Beides wäre ein Zeichen dafür, daß die Weinfarbstoffe durch Luft noch verändert werden, der Wein als so zusätzlicher schwefliger Säure bedarf. In diesem Fall gibt man auf 100 hl noch eine halbe Kaliumpyrosulfittablette. Beim Abstich wird der auf der Hefe stehende Wein vorsichtig abgehebert und der Hefetrub für sich filtriert. Das Filtrat wird mit dem abgelassenen Wein in ein anderes frisch geschwefeltes Faß gegeben, das man mit einem Gärspund (Abb. 220 bis 225) verschließt. Bei Apfelwein und Tischweinen muß das neue Faß spundvoll sein, bei Dessertweinen, die zu ihrem weiteren Ausbau Luft benötigen, ist dies nicht erforderlich.

Der *zweite Abstich* erfolgt sechs bis acht Wochen nach dem ersten, nachdem man wieder, wie beim ersten Abstich, festgestellt hat, ob eine Nachschwefelung erforderlich ist. Nötigenfalls wird wie oben verfahren. Ist der Säuregehalt des Weines zu hoch und der Geschmack nicht zusagend, schiebt man den zweiten Abstich zum weiteren Säureabbau noch hinaus. Im Haushalt kann nach dem zweiten Abstich klar auf Flaschen gefüllt werden (vgl. S. 9ff. „Abfüllen von Flüssigkeiten").

Das Filtrieren.

Das Filtrieren der Fruchtweine ist deshalb besonders wichtig, weil der Verbraucher heute ein „glanzhelles" Erzeugnis verlangt, das keinerlei Trübungen aufweist. Für den Drogisten ist die Filtration eine oft geübte fachtechnische Arbeit (s. S. 45ff.), die hier nicht besonders abgehandelt ist. Kieselgur darf hierbei nur völlig eisenfrei verwendet werden, da sonst Verfärbungen oder gar Fällungen durch die Fruchtsäuren oder Gerbstoffe der Früchte entstehen können. Nach dem Filtrieren soll der Wein erst etwa nach dreiwöchiger Ruhezeit getrunken werden. Volkstümlich wird behauptet, daß durch scharfe Filtration dem Wein „der Rock ausgezogen" werde, er dabei im Geschmack leide.

Die Flaschenfüllung.

Abb. 226a[1]. Flaschenfüllung aus einer Korbflasche.

Tischweine verlieren bei längerer Lagerung im Faß nach dem zweiten Abstich an Frische, Bukett und Charakter, während Dessertweine beim Lagern die erwünschte Alterung durch Luftaufnahme erfahren. Nach SCHANDERL-KOCH empfiehlt es sich, Fruchtweine des Sommers im Dezember auf Flaschen zu füllen. Im Großbetrieb werden die Flaschen nach maschineller Reinigung (s. S. 9) mit einer Lösung von schwefliger Säure (½%) ausgespült und nach dem Ablaufen der Lösung gefüllt und verkorkt (s. Abb. 226a und S. 91, 92). Zur Verwendung dürfen nur einwandfreie, wenigstens 4 cm lange Korke kommen, die ebenfalls in einer Lösung von schwefliger Säure (½%) eingeweicht werden. Wird steriler Fruchtwein abgefüllt, müssen die Korke in 1,5%iger schwefliger Säurelösung untergetaucht 12 Stunden lang stehen. Die Flaschen sind möglichst bis unter den Kork zu füllen und liegend bei etwa 10° oder noch weniger zu lagern. Da Fruchtweine beim Lagern an Qualität und Bekömmlichkeit wesentlich zunehmen, sollen Tisch-, besonders aber Dessertweine erst nach einjähriger Lagerung verbraucht werden.

[1] Nach: Kitzinger Weinbuch.

II. Die Obst- und Fruchtweinarten.

A. Kernobstweine.

1. Apfelwein.

Wie schon oben erwähnt, ist besonders in Hessen und Baden-Württemberg der Apfelwein das meistgetrunkene Hausgetränk, besonders in bäuerlichen Kreisen. In zahllosen Fällen ist jedoch dieses Hausgetränk verdorben und gesundheitsschädlich. Apfelwein besitzt den niedrigsten Alkoholgehalt der Obstweine, sein Säuregehalt besteht nahezu 100%ig aus Apfelsäure, so daß der bakterielle Säureabbau in ihm besonders stark ist. Dieser bedingt aber andererseits gesteigertes Bakterienwachstum. Zur Apfelweinherstellung ist deshalb saubere und rasche Führung der Gärung eine wichtige Voraussetzung. Weil der Säuregehalt für die Gesundheit von Fruchtweinen unbedingte Voraussetzung ist, sollen zum Keltern von Apfelwein Apfelsorten mit *hohem Säuregehalt* verwendet werden. Als besonders geeignete Apfelsorten kommen in Frage der Rheinische Bohnapfel, Borsdorfer, Trierer Weinapfel, Luiken, Renetten, Wintergoldparmäne, grüner Fürstenapfel, roter Eiserapfel, Schafsnase und großer Bohnapfel. Frühäpfel sind zur Herstellung von Apfelweinen nicht geeignet, da sie weder genügend Zucker noch Säure bzw. Extrakt enthalten, um einen geschmacklich einwandfreien Apfelwein zu ergeben. Der Säuregehalt eines Apfelmostes soll vor Beginn der Gärung mindestens 6 g/l betragen. Liegt der Wert unter dieser Grenze, ist die Most-Milchsäure bis zu diesem Säuregehalt zuzusetzen. Bei der gewerblichen Herstellung ist wichtig zu wissen, daß der Säurezusatz nur zum *Most* gemacht werden darf, ein *Ansäuern des Weins* gilt als *Weinfälschung.*

2. Apfelzider, Apfeldessertwein.

Apfelzider ist ein Apfelwein, der bis 17 Vol.-% Alkohol enthält. Zu seiner Herstellung sind deshalb Reinzuchthefen notwendig. Für den Kleinbetrieb ist seine Herstellung nicht lohnend, da er zweckmäßig mit Plattenerhitzern entkeimt und dann rückgekühlt werden muß.

3. Birnenwein.

Birnen eignen sich infolge ihres hohen Gerbstoff- und verhältnismäßig niedrigen Äpfelsäuregehalts für sich nicht zur Weinherstellung. In Süddeutschland werden sie deshalb zur Herstellung von Haustrunk meist zusammen mit Äpfeln gekeltert. Um naturreine Birnenweine herzustellen, ist die Verwendung von Kaltgärhefe zu empfehlen, mit der schon bei Kellertemperaturen von 6 bis 8° vergoren werden kann. Als Gärsalz ist der Zusatz von Ammoniumphosphat, bei Säurearmut der Birnen entsprechender Zusatz von Mostmilchsäure unerläßlich.

4. Verbesserung von Obstwein (Obstmost), Most[1].

Feststellung des Säuregehalts.

Bei zu geringem Säuregehalt des Mostes wird dieser schwarzstichig. Um dies zu verhindern, muß dem Most die fehlende Säure durch Zusatz von Citronensäure[2], Weinsäure (beide rein, kristallisiert) oder reine Milchsäure für Genußzwecke beigegeben werden. Dies ist der Fall bei Obstmosten bei einem Säuregehalt, der weniger als 5,0 g auf 1000 ccm beträgt.

---

[1] Nach H. KAISER: Pharmazeutisches Taschenbuch, 2. Auflage, Stuttgart: Verlag Süddeutsche Apotheker-Zeitung 1943.

[2] Citronensäurezusatz vgl. S. 530 unter „Der Säurezusatz".

Die Feststellung des Säuregehalts wird wie folgt durchgeführt:

25 ccm Most werden bis zum beginnenden Sieden (nicht stärker wegen der Kohlensäure und um einen genauen Umschlag zu erhalten!) erhitzt und die heiße Flüssigkeit am zweckmäßigsten mit einer $^1/_3$-Normalkalilauge titriert. Der Sättigungspunkt wird durch Tüpfeln auf empfindlichem, violettem Lackmuspapier festgestellt; dieser Punkt ist erreicht, wenn ein auf das trockene Lackmuspapier aufgesetzter Tropfen der Untersuchungsflüssigkeit keine Rötung mehr hervorruft. Bei der Tüpfelmethode wird zunächst eine Vorbestimmung gemacht, und erst dann erfolgt eine weitere genaue Bestimmung.

Berechnung. Wurden zur Sättigung von 25 ccm Most *a* ccm $^1/_3$-Normalkalilauge verbraucht, so sind in 1000 ccm Most *a* Gramm freie Säure (Gesamtsäure), berechnet als Weinsäure, denn nach der Formel:

$$\begin{array}{l} CH(OH)\cdot COOH \\ | \\ CH(OH)\cdot COOH \\ \quad 150 \end{array} + \underset{112}{2\,KOH} = \begin{array}{l} CH(OH)\cdot COOK \\ | \\ CH(OH)\cdot COOK \end{array} + 2\,H_2O$$

entsprechen 75,0 g Weinsäure rund 56,0 g KOH oder 1000 ccm n/1-Kalilauge. Damit entsprechen aber auch:

1000 ccm $^1/_3$-Normalkalilauge = 18,7 g KOH = 25,0 g Weinsäure,

1 ccm $^1/_3$-Normalkalilauge = 0,0187 g KOH = 0,025 g Weinsäure.

Werden somit zu einer Feststellung des Säuregehalts 25 ccm Most verwandt, so entspricht 1 ccm $^1/_3$-Lauge = 0,025 g Weinsäure in diesen 25 ccm Most oder = 1 g Weinsäure in 1000 ccm Most.

Bei der Verwendung von $^1/_3$-Lauge und 25 ccm Most fällt somit jede weitere Berechnung fort, denn die verbrauchten Kubikzentimeter $^1/_3$-Lauge entsprechen direkt der Anzahl Gramm Weinsäure im Liter Most.

Beispiel. 25 ccm Most verbrauchten 2,5 ccm $^1/_3$-Lauge. Damit enthält das Liter Most 2,5 g Weinsäure. Diesem säurearmen Most sind deshalb pro Liter noch 2,5 g Weinsäure zuzusetzen, um den Normalgehalt von 5 g in 1000 ccm zu erreichen.

Bei säurearmem Most müssen auf je 100 Liter zugesetzt werden:

Festgestellter Säuregehalt	Erforderliche Menge Weinsäure	Erforderliche Menge Milchsäure (60%)
1 g/1000 ccm	400 g	670 g
2 g/1000 ccm	300 g	500 g
3 g/1000 ccm	200 g	335 g
4 g/1000 ccm	100 g	170 g
5 g/1000 ccm	—	—

B. Beeren-, Steinobst- und andere Fruchtweine.

1. Johannisbeerwein.

Infolge ihres hohen Gehaltes an Fruchtsäuren und durch ihre Farbe sind Johannisbeeren zur Herstellung bekömmlicher Tischweine und wohlschmeckender Dessertweine besonders geeignet. Für Wein aus schwarzen Johannisbeeren gibt es infolge des eigenartigen Geschmackes wenig Liebhaber. Soll Wein aus schwarzen Johannisbeeren hergestellt werden, wird er zweckmäßig als süßer Dessertwein hergestellt (s. S. 535). Dagegen ist die Mitverwendung von 1 bis 5% schwarzer Johannisbeeren bei der Herstellung von Weinen aus roten Johannisbeeren durch Maischegärung deshalb zu empfehlen, weil die Weine dadurch eine leuchtend rubinrote Farbe erhalten.

a) Tischweine aus roten Johannisbeeren (nach SCHANDERL-KOCH). Der Zucker in Wasser gelöst sollen 2 l Lösung ergeben. Ein höherer Wasserzusatz ist nicht zu empfehlen, da dadurch säurearme Weine entstehen, die schlecht haltbar sind und deren Geschmack nicht befriedigt.

	Tischwein mit 8 Vol.-% Alkohol	Tischwein mit 10 Vol.-% Alkohol
Johannisbeersaft	1 l	1 l
Zucker	345 g	445 g
Wasser	auf 2 l	auf 2 l

b) Dessertweine aus roten Johannisbeeren. Dessertweine aus roten Johannisbeeren stellt man durch Maischegärung (s. S. 526) her. Man läßt die Beeren nach dem Quetschen, Stampfen oder Mahlen zunächst „Brühe ziehen", löst in je 50 kg Früchten $^{1}/_{2}$ Tablette Kaliumpyrosulfit, mischt sorgfältig durch und setzt *sofort* Reinzuchthefe zu. Um die Gefahr des Essigstichs herabzusetzen, empfiehlt sich der Zusatz von $^{1}/_{5}$ der später zuzusetzenden Zuckermenge, wodurch ein höherer Alkoholgehalt in der Maische entsteht. Bei der späteren Zuckerung ist dieses Fünftel jedoch in Abzug zu bringen. Der Zeitpunkt des Kelterns ist daraus ersichtlich, daß der Farbstoff der Beerenhäute in Lösung gegangen ist, er ist abhängig von der Temperatur und tritt spätestens innerhalb von 4 Tagen ein. Wie auf S. 526 ausgeführt, kann die Maischegärung durch pektinabbauende Fermente *Filtragol* (s. Bd. II, S. 464, Bd. III, S. 499) oder *Pektinol „K"* doppelt konzentriert, von denen 3 g bis 5 g auf 1 kg Früchte Verwendung finden, unterstützt und auch die Saftausbeute verbessert werden.

Nach SCHANDERL-KOCH sind für Johannisbeerdessertweine nachstehende Mengen Saft, Zucker + Wasser für je 3 l Wein nötig:

Tabelle 12. *Zuckerungstabelle für Johannisbeer-Dessertwein.*

Gewünschter Alkoholgehalt	Saft, Liter	Zucker aufgelöst zu 2 l (Gesamtlösung) Wasser für Johannisbeerwein (Gesamtsäure)	
		8 ‰	10 ‰
12 Vol.-%	1	530 g	400 g
13 Vol.-%	1	580 g	445 g
14 Vol.-%	1	630 g	490 g
15 Vol.-%	1	685 g	530 g
16 Vol.-%	1	735 g	570 g
17 Vol.-%	1	790 g	610 g

Anwendungsbeispiele der Tabelle nach SCHANDERL-KOCH:

1. Aus 45 l Saft soll ein Dessertwein von etwa 8‰ Säure und 15 Vol.-% Alkohol hergestellt werden: Die Tabellenwerte sind mit 45 zu vervielfachen, also 45 × 790 = 35550 g Zucker, die in Wasser zu insgesamt 90 l Lösung zu lösen sind. Man erhält eine Weinmenge von 45 + 90 = 135 l.

2. Bei der Maischegärung wurden 6 kg Zucker zugesetzt. Gewünscht ist derselbe Alkohol- und Säuregehalt wie bei 1., Saftausbeute 45 l. Da 1 kg Zucker gelöst 0,6 l Raum einnimmt, so würde die Saftausbeute um 6 × 0,6 = 3,6 l vermehrt. Die *wahre Saftausbeute* ist also nur 45 — 3,6 = 41,4 l. Daraus ergibt sich, daß die Tabellenwerte in diesem Fall nicht mit 45, sondern mit 41,4 zu vervielfachen sind, also 0,790 × 41,4 = 32,706 kg Zucker. Da schon 6 kg Zucker der Maische zugesetzt waren, sind diese in Abzug zu bringen, 32,706 — 6 = 26,706 kg Zucker zu verwenden und mit Wasser auf 2 × 41,4 = 82,8 l aufzufüllen und zu lösen. Aus 45 l Saft, 82,8 l Zuckerwasser ergibt sich eine voraussichtliche Weinmenge von 127,8 l.

c) Weine aus schwarzen Johannisbeeren. Weine, die nur aus schwarzen Johannisbeeren hergestellt sind, sind den meisten Menschen im Geschmack zu streng. Sollen nur schwarze Johannisbeeren bearbeitet werden, empfiehlt es sich, den Wein als süßen Dessertwein zu bereiten.

d) Weine aus weißen Johannisbeeren. Weine aus weißen Johannisbeeren zeichnen sich durch ihre goldgelbe Farbe, ihren Gehalt und angenehmen Geschmack aus. Zu ihrer Herstellung empfiehlt sich die Maischegärung nicht. Man nimmt zu Tisch- und Dessertweinen mit 8‰ Gesamtsäure auf 1 l Saft 2 l Zuckerwasser, zu Dessertweinen mit 10‰ Gesamtsäure auf 1 l Saft 1,4 l Zuckerwasser (s. Tab. 13), dabei kann der höhere Zuckergehalt des weißen Johannisbeersaftes von 25 g je Liter eingespart werden.

2. Stachelbeerweine.

Bei der Herstellung von Stachelbeerweinen ist deren wesentlich geringerer Säuregehalt (durchschnittlich 14‰ Gesamtsäure gegenüber 24 bis 25‰ bei Johannisbeeren) zu berücksichtigen. Um nicht Stachelbeerweine mit zu geringem Säuregehalt herzustellen, die leicht bakterienkrank werden, soll zu einem Liter Stachelbeersaft grundsätzlich höchstens 1 l Zuckerwasser zugegeben werden.

a) Stachelbeer-Tischweine. Stachelbeeren eignen sich weniger gut zur Herstellung von Tischweinen und werden deshalb meist als Dessertweine gekeltert. Die Maischegärung empfiehlt sich nicht zu ihrer Herstellung. Um sie besser haltbar zu machen, müssen 1 bis $1^1/_2$ Kaliumpyrosulfittabletten je hl Verwendung finden. Man verwendet nach SCHANDERL-KOCH für Stachelbeer-Tischwein von

8 Vol.-% Alkohol : 1 l Saft, 190 g Zucker }
10 „ „ : 1 l „ 250 g „ } zu 1 l Wasser gelöst.

b) Stachelbeer-Dessertweine. Zur Herstellung von Stachelbeer-Dessertweinen führt man zweckmäßig eine Maischegärung (s. S. 526) durch, wodurch die Früchte besser ausgenutzt und leichter abgepreßt werden können. Zur Verhinderung entstehenden Grasgeschmackes soll sie jedoch nicht zu lange ausgedehnt werden. Nach SCHANDERL-KOCH ist die erforderliche Zuckermenge für 1 l Saft (7% mittlerer Fruchtzuckergehalt):

Gewünschter Alkoholgehalt	Gramm Zucker	
12 Vol.-%	320	Der Zucker wird so gelöst, daß Wasser + Zucker zusammen 1 l Raum einnehmen.
13 Vol.-%	350	
14 Vol.-%	390	
15 Vol.-%	420	
16 Vol.-%	445	
17 Vol.-%	490	

Stachelbeer-Dessertweine eignen sich besonders zur Herstellung besonderer Weintypen nach dem Sherrysierungsverfahren. Näheres hierüber s. H. SCHANDERL und I. KOCH: Die Fruchtweinbereitung, 3. Aufl., Stuttgart: Eugen Ulmer 1951.

3. Erdbeerweine.

Bei großem Angebot und heißer Witterung ist die Gefahr völligen Verderbens von Erdbeeren in Erzeugergebieten außerordentlich groß.

Um sie der Volkswirtschaft zu erhalten, werden sie zweckmäßig auf Wein verarbeitet. Zwei Faktoren sind hierbei grundsätzlich zu berücksichtigen: Der richtige Säuregehalt des Weinansatzes und die Verwendung von Reinzuchthefe. Erdbeeren enthalten reichlich Pektin, zu dessen Abbau je kg 1 g Filtragol gegeben und dann eine 24- bis 48stündige Maischegärung durchgeführt wird. Die Reinzuchthefe (Sulfithefe) muß frisch vermehrt oder flüssig zur Verwendung kommen und die Maische sofort mit 10 bis 15 g Kaliumpyrosulfit auf 50 kg geschwefelt werden. Zur Erzielung eines haltbaren Tischweins aus unverdünntem Erdbeersaft müssen auf 1 l Saft 150 bis 200 g Zucker zugegeben werden. Trotzdem ist ein Wasserzusatz aus wirtschaftlichen Gründen notwendig und erlaubt, als Höchstzusatz soll aber nur 1 l Zuckerwasser auf 1 l Erdbeersaft Verwendung finden. Auf 1 l Wein können bis zu 3 g Mostmilchsäure zugegeben werden. Zweckmäßig setzt man etwa die Hälfte schon bei der Gärung zu und stellt nach dieser durch Geschmacksprobe fest, ob das Gärprodukt nicht schon zu sauer schmeckt. Für 1 l unverdünnten Erdbeersaft von mittlerem Zuckergehalt (4%) sind nach SCHANDERL-KOCH folgende Zuckermengen zur Herstellung von Erdbeer-Dessertwein nötig:

Gewünschter Alkoholgehalt	Gramm Zucker	
12 Vol.-%	350	Der Zucker wird so gelöst, daß Wasser + Zucker zusammen 1 l Raum einnehmen.
13 Vol.-%	380	
14 Vol.-%	420	
15 Vol.-%	450	
16 Vol.-%	485	
17 Vol.-%	520	

Erdbeer-Dessertweine lassen sich durch das „Überhefeverfahren“ zu madeiraartigen Weinen verarbeiten. Näheres hierüber s. H. SCHANDERL und I. KOCH: Die Fruchtweinbereitung, 3. Aufl., Stuttgart: Eugen Ulmer 1951. Durch das Überhefeverfahren erreicht man in einigen Wochen, was sonst bei Erdbeer-Dessertweinen nur nach mehrjährigem Lagern zu erreichen ist, nämlich eine Milderung des aufdringlichen Aromas.

4. Heidelbeerweine.

Aus Heidelbeeren läßt sich ein sehr bekömmlicher infolge seines Gerbstoffgehaltes in Geschmack und Farbe rotweinähnlicher, vielfach von Ärzten für Genesende empfohlener Fruchtwein herstellen. Man bedient sich dabei der Maischegärung über 24 bis 48 Stunden, je 50 kg Beeren werden zur Vermeidung des Essigstichs mit 10 g Kaliumpyrosulfit geschwefelt. Obwohl dadurch die Farbe zunächst gebleicht wird, wird sie später um so feuriger. Die stickstoffarmen Heidelbeeren benötigen zur richtigen Gärung auf 100 l Wein 40 g Ammoniumphosphat. Die Zuckerung von Heidelbeerweinen erfolgt nach SCHANDERL-KOCH unter Zugrundelegung eines mittleren Zuckergehaltes von 5,2% wie folgt:

Zuckerung von Heidelbeer-Tischweinen zum baldigen Hausverbrauch.

Auf 1 l Muttersaft:

Gewünschter Alkoholgehalt	Gramm Zucker	
8 Vol.-%	270	Der Zucker wird so gelöst, daß Wasser + Zucker zusammen 1,5 l Raum einnehmen.
9 Vol.-%	310	
10 Vol.-%	350	

Zu Heidelbeerwein, der als Hausgetränk Verwendung findet, kann je Liter 2 g Mostmilchsäure zur Erhöhung der Haltbarkeit gegeben werden. Für Heidelbeerweine des Handels ist dies nicht zulässig. Bei der Herstellung von Heidelbeer-Tischweinen mit geringerem Alkoholgehalt empfehlen SCHANDERL-KOCH eine Kaltgärung. Das Heidelbeerbukett bleibt dabei in kräftiger Frische erhalten.

Zuckerung von Heidelbeer-Tischweinen mit längerer Haltbarkeit.

Auf 1 l Muttersaft:

Gewünschter Alkoholgehalt	Gramm Zucker	
8 Vol.-%	210	Der Zucker wird so gelöst, daß Wasser + Zucker zusammen 1 l Raum einnehmen.
9 Vol.-%	240	
10 Vol.-%	270	
11 Vol.-%	310	

Süße Heidelbeer-Tischweine müssen nach der Nachzuckerung zur restlosen Beseitigung von Hefen pasteurisiert oder durch ein E-K-Filter (s. S. 52) filtriert werden. Im anderen Falle vergären bei niedrigem Alkoholgehalt die Hefen neu zugefügten Zucker.

Zuckerung von Heidelbeer-Dessertwein.

Auf 1 l Muttersaft:

Gewünschter Alkoholgehalt	Gramm Zucker	
12 Vol.-%	325	Der Zucker wird so gelöst, daß Wasser + Zucker zusammen 1 l Raum einnehmen.
13 Vol.-%	375	
14 Vol.-%	405	
15 Vol.-%	435	
16 Vol.-%	475	
17 Vol.-%	505	

5. Brombeerweine.

Brombeerwein wird zweckmäßig nach vorherigem Zerquetschen oder Mahlen durch Maischegärung während 2 bis 3 Tagen und anschließende Verarbeitung auf süße Dessertweine nach der Tabelle der Heidelbeer-Dessertweine (s. oben) hergestellt. Dabei ist zu berücksichtigen, daß der Saft der *Ackerbrombeere* oder *Kratzbeere*, „Kroatzbeere", von *Rubus caesius*, infolge ihres geringen Säuregehaltes kaum mit Wasser verdünnt werden darf, während der Saft der *gemeinen Brombeere*, *Rubus fruticosus*, der schwarzfrüchtigen Art, eine Verdünnung mit Zuckerwasser 1 : 1 verträgt.

6. Kirschweine.

Süßkirschen ergeben bei der Gärung infolge ihres geringen Säuregehaltes, der dabei oft noch stark abgebaut wird, keinen wohlschmeckenden, sondern schal und aufdringlich nach Kirschen schmeckenden Wein. Sie werden deshalb zweckmäßig mit Sauerkirschen vergoren bzw. verwendet man ihren vergorenen Saft zum Verschnitt von Sauerkirsch- oder Johannisbeerweinen. Sauerkirschen, besonders die dunkelroten *Schattenmorellen* und die *Maraschkakirschen*, eignen sich dagegen besonders gut zur Weinbereitung. Zu diesem Zweck werden sie einfach von den Stielen abgestreift und somit vermieden, daß Stiele in die Maische kommen. Beim Zerquetschen oder Mahlen der Kirschen sollen höchstens 10% der Kerne aufgebrochen werden zur Vermeidung eines zu hohen Gehaltes an Blausäure bzw. zu starken Geschmacks nach bitteren Mandeln. Der Maische werden je 50 kg 10 g Kaliumpyrosulfit und 2 bis 4 kg Zucker zugegeben und diese mittels frischer Sulfithefe 2 bis 4 Tage lang angegoren. Die Oberfläche der Trester muß entweder mit einem mit Steinen beschwerten Zinkboden bedeckt oder mehrmals täglich in die Flüssigkeit zurückgestoßen werden. Nach SCHANDERL-KOCH nimmt man auf 1 l Muttersaft:

Gewünschter Alkoholgehalt	Gramm Zucker	
12 Vol.-%	290	Der Zucker wird so gelöst, daß Wasser + Zucker zusammen 1 l Raum einnehmen.
13 Vol.-%	325	
14 Vol.-%	360	
15 Vol.-%	395	
16 Vol.-%	430	
17 Vol.-%	465	

Die vor der Maischegärung zugegebene Zuckermenge muß selbstverständlich bei der neuen Zuckerung in Abzug gebracht werden. Wurde der Maische z. B. 4 kg Zucker zugesetzt und war die Saftausbeute 40 l, so sind in 1 l 100 g Zucker vergoren vorhanden. Zur Herstellung von Weinen mit besonders hohem Alkoholgehalt wird der Zucker portionenweise zugegeben.

7. Holunderbeerweine.

Holunderbeerenwein wird meist für den Hausgebrauch hergestellt. Dazu werden die sauber abgezupften Holunderbeeren (s. Bd. II, S. 584) zerstampft oder zerstoßen und unter Zusatz von 100 g Zucker auf 1 kg Beeren und eines gut gärenden Hefeansatzes 2 bis 3 Tage lang Maischegärung durchgeführt. Dann wird abgepreßt und je nach dem gewünschten Alkoholgehalt die notwendige Menge Zucker (s. S. 528) zur Vergärung zugesetzt. Da Holunderbeeren einen geringen Säuregehalt haben, wird auf 1 l Holunderbeerwein höchstens 3 g Mostmilchsäure (100%) zugegeben.

8. Schlehenweine.

Da die Früchte des Schlehdorns, *Prunus spinosa* L., wenn sie überreif sind, mehr Zucker und weniger Säure bzw. Tannin enthalten als normalreife, empfiehlt sich, zur Schlehenweinherstellung überreife Früchte zu verwenden. Diese werden mit einem Holzstempel gestampft, damit sie Saft ziehen. Auf 500 g Schlehen gibt man 1 l Wasser, in dem der notwendige Zucker teilweise gelöst ist. Nach Zusatz von Reinzuchthefe läßt man 8 bis 10 Tage gären und preßt dann ab. Je nach dem gewünschten Alkoholgehalt erfolgt der Zuckerzusatz (s. S. 528), wobei zu berücksichtigen ist, daß 500 g Schlehen etwa 1,5 bis 2 Vol.-% Alkohol liefern.

9. Hagebuttenweine.

Zur Herstellung von Hagebuttenweinen finden die von Blüten- und Stielresten befreiten Scheinfrüchte von Wild- und Gartenrosenarten Verwendung, die man im Fleischwolf zerreißt. Auf 1 kg Hagebutten gibt man 1 l kochendes Wasser und preßt nach dem Erkalten scharf aus. Zum Preßsaft gibt man 200 g Zucker, 2 bis 3 g Mostmilchsäure, 0,5 g Ammoniumphosphat und $^1/_4$ l flüssige Reinzuchthefe. Nach dem Aufsetzen einer Gärröhre läßt man bei 15 bis 18° vergären. Zur Herstellung von Dessertweinen nimmt man von dem durch Maischegärung erhaltenen Muttersaft auf 1 l Muttersaft 1 bis 1,5 l Wasser und nochmals 300 bis 600 g Zucker, ferner auf 1 l Maische 0,1 bis 0,2 g Kaliumpyrosulfit.

C. Rhabarberweine.

Rhabarberweine werden aus den Blattstielen der Rhabarberarten *Rheum rhaponticum* (vgl. Bd. II, S. 1092) und *Rheum undulatum* hergestellt. Bleiche oder rote Rhabarberstengel (grüne sind weniger geeignet) werden, nachdem sie sauber gewaschen sind, in kleine Stücke geschnitten, zerquetscht und nach Zusatz von 50 bis 100 g Zucker je kg Stengel der Maischegärung überlassen. Auf 100 l werden als Nährsalz 20 bis 40 g Ammoniumphosphat zugegeben. Nach SCHANDERL-KOCH gibt man zur Ausfällung der Oxalsäure als Calciumoxalat je kg Rhabarberstengel 1,5 g Calciumcarbonat, das man mit der Maische vor Beginn der Gärung gut vermengt. Bekanntlich ist Oxalsäure giftig, auch in kleineren Mengen mindestens als unbekömmlich zu bezeichnen. Trotz der Ausfällung der Hauptmenge Oxalsäure kann Rhabarberwein noch 0,05 bis 0,07% Oxalsäure enthalten. 40 kg Rhabarberstengel geben 33 bis 36 l Saft, der mit 64 bis 76 l Zuckerwasser versetzt wird. Da Rhabarberweine zweckmäßig auf Dessertweinstärke eingestellt werden, müssen nach SCHANDERL-KOCH in 100 l Saft/Wasser-Gemisch kommen:

für 12 Vol.-% Alkohol	19,4 kg Zucker	für 15 Vol.-% Alkohol	24,0 kg Zucker
„ 13 „ „	21,0 kg „	„ 16 „ „	26,0 kg „
„ 14 „ „	22,6 kg „	„ 17 „ „	27,6 kg „
für 18 Vol.-% Alkohol	29,2 kg Zucker		

Für Rhabarberweine ab 14 Vol.-% wird der Zucker in zwei bis drei Portionen zugegeben. Nach SCHANDERL-KOCH hat sich dabei folgendes Verfahren bewährt: Bei Zusatz von 30 kg Zucker auf 1 hl Rhabarberwein werden der Maische 4 kg Zucker zugegeben, wodurch man beim Pressen $0,6 \times 4 = 2,4$ l Saft mehr erhält. Dem gekelterten Saft gibt man nicht 26 kg Zucker auf einmal, sondern nur 16 kg zu, so daß ein Rest vonn 10 kg verbleibt. Da diese 10 kg gelöst $10 \times 0,6 = 6,0$ l Raum einnehmen, müssen diese in Abzug gebracht werden. Der Saft darf deshalb nicht auf 100 l, sondern nur auf 94 l mit Wasser aufgefüllt werden. Der letzte Zuckerrest von 10 kg wird erst zugesetzt, wenn der Wein bereits einige Tage stürmisch gärt. Rhabarberweine eignen sich besonders gut zur Sherrysierung (vgl. S. 536), wodurch sie erst Weincharakter und das gewünschte Bukett erhalten.

D. Honigwein.

Honigwein, der ohne Gewürz hergestellt wird, ist im Geschmack wenig ansprechend. Er wird deshalb zweckmäßig gewürzt. Dazu finden Verwendung Walnußblätterauszug (0,5 kg auf 50 l warmes Wasser, nach dem Erkalten abpressen und auf 100 l mit Wasser ergänzen), Apfelsaft oder aber wird während der Vergärung ein mit sauberen Steinchen beschwertes Gewürzsäckchen in das Gärgefäß eingehängt, enthaltend eine Mischung aus Ingwer (etwa 10 g auf 10 l Wein), wenig Muskatblüte, Nelken und Zimt. Nur reiner, geschleuderter Bienenhonig ergibt ein vollwertiges Getränk. Nach SCHANDERL-KOCH wird folgendes Herstellungsverfahren empfohlen: 5 kg Blütenhonig werden mit 4,5 l Wasser und 4,5 l Walnußauszug oder Apfelsaft versetzt und unter ständigem Abschäumen aufgekocht, bis die Lösung blank ist. Nach dem Abkühlen auf 20° werden zugegeben: 50 g Mostmilchsäure (80%), 25 g Weinsäure und 4 g Ammoniumphosphat. Nach Zusatz von Reinzuchthefe wird mit 50 mg/l schwefliger Säure geschwefelt und bei möglichst 15° vergoren. Nach den beiden Abstichen lagert man Honigwein in zu $^9/_{10}$ gefüllten Fässern, da er bei Luftzutritt eine sherryähnliche Geschmacksnote erhält.

III. Die Ursachen und die Beseitigung von Weinfehlern und Weinkrankheiten[1].

Weinfehler und Weinkrankheiten haben ihre Ursache häufig in Mikroorganismen, die sich auf dem Obst befinden, beim Pressen desselben in den Most gelangen und diesen biologisch in unerwünschter Weise verändern können. Man kann sie bei der mikroskopischen Untersuchung des Mostes erkennen. Bei vorschriftsmäßiger Herstellung von Obst- und Beerenweinen (auch von Süßmosten) und einwandfreier Kellertechnik werden diese Keime entweder abgetötet oder aus dem Most restlos entfernt. Die Vorschriften bei der Herstellung und für die Kellertechnik sind daher

[1] Nach Kitzinger Weinbuch der Firma Paul Arauner KG, Kitzingen/Main.

unbedingte Voraussetzungen für den gewünschten Erfolg. Abb. 227 zeigt eine sprossende Heferasse, Abb. 228 sog. wilde Hefe.

Essigstich. *Kennzeichen.* Beim Beginn gibt eine erwärmte und umgeschüttelte Probe deutlichen Geruch nach Essig. Der Geschmack wird rauh und kratzig, auf der Oberfläche ist feiner weißlicher Schleier bis dicke sulzige Haut (Essigmutter) erkenntlich. Zahlreiche Essigfliegen in der Nähe des Spundlochs.

Ursache. Durch Essigfliegen übertragene Essigbakterien (Abb. 229), die sich in der Wärme und bei Luftzutritt rasch vermehren und Alkohol zu Essig oxydieren. Bei Weinen und weinähnlichen Getränken tritt Essigstich auf, wenn sie offen zu lange der Luft ausgesetzt waren. Dasselbe trifft bei zerkleinerten Früchten, die nicht sofort zur Pressung gelangen, und bei Maischen, die zu lange der Luft ausgesetzt sind, zu.

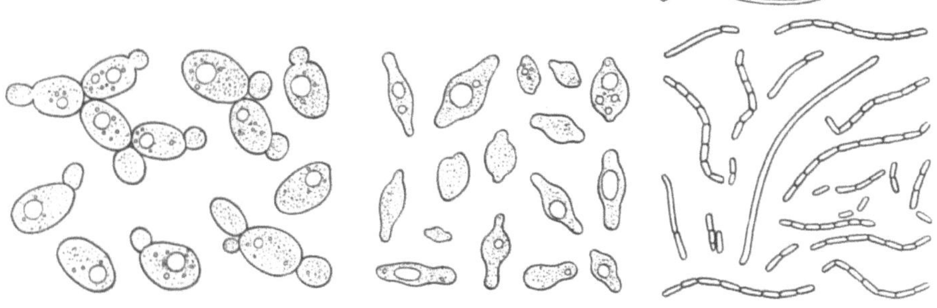

Abb. 227[1]. Sprossende Hefe, Rasse Laureiro. Abb. 228[1]. Apikulatushefe, sog. wilde Hefe. Abb. 229[1]. Essigbakterien.

Folgen. Essigsaure Weine sind nicht mehr genießbar und dürfen weder verkauft noch gebrannt werden.

Verhütung. Maischen nur in Behältnissen mit Gärverschlüssen ansetzen. Offene Bottiche gut und fliegensicher abdecken. Tresterhut möglichst oft unterstoßen. Baldmöglichst mit Reinzuchthefe ansetzen, zur raschen Erzielung eines hohen Alkoholgehalts und starker Kohlensäureentwicklung. Gärgefäß nur zu $^4/_5$ füllen, Gärverschluß sofort aufsetzen.

Heilung. Nur essigstichverdächtige Weine können wie folgt geheilt werden: Durch Erhitzen auf 70° tötet man die Essigbakterien ab, dann läßt man unter Zusatz von Reinzuchthefe und Zucker umgären. Auch durch EK-Filtration (s. S. 500) können die Essigbakterien entfernt werden. Das anschließende Neutralisieren der Essigsäure mit Calciumcarbonat macht den Wein im Geschmack schal und widerlich. Die Heilung essigstichiger Weine ist schwierig und oft nicht von Erfolg begleitet. Es empfiehlt sich, den Essigstich, die gefährlichste und unangenehmste Weinkrankheit, tunlichst zu vermeiden.

Milchsäurestich. *Kennzeichen.* Der Wein erinnert im Geruch und Geschmack an Sauerkraut (Abb. 230).

Ursache. Das Lagern von Wein in Räumen, in denen milchsäurehaltige Nahrungsmittel aufbewahrt werden (Sauerkraut, saure Gurken, saure Milch, Salzbohnen usw.). Die Gefahr des Milchsäurestichs ist besonders groß in warmen Räumen und bei weinsäure- und alkoholarmen Weinen. Auch Mangel an schwefliger Säure und zu später Abstich begünstigen den Milchsäurestich.

Verhütung. Den Wein gut schwefeln, kühl lagern, frühzeitig von der Hefe abziehen.

[1] Nach A. MEHLITZ: Süßmost, Braunschweig: Dr. Serger & Hempel 1951.

Heilung. Wein oder Most auf 60 bis 70° erhitzen, nach dem Erkalten unter Zusatz von 2 bis 3 kg Zucker, 40 g Hefenährsalz auf je 100 l mit Reinzuchthefe umgären. Auf richtige Gärtemperatur (etwa 20°) bei der Vergärung achten.

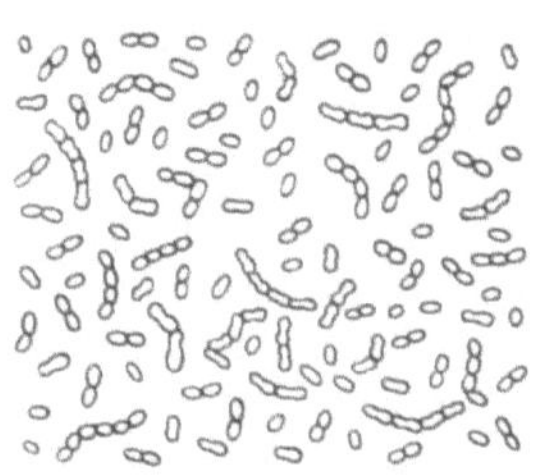

Abb. 230[1]. Milchsäurebakterien, Bacterium gracile. Reinzucht aus Birnenmost.

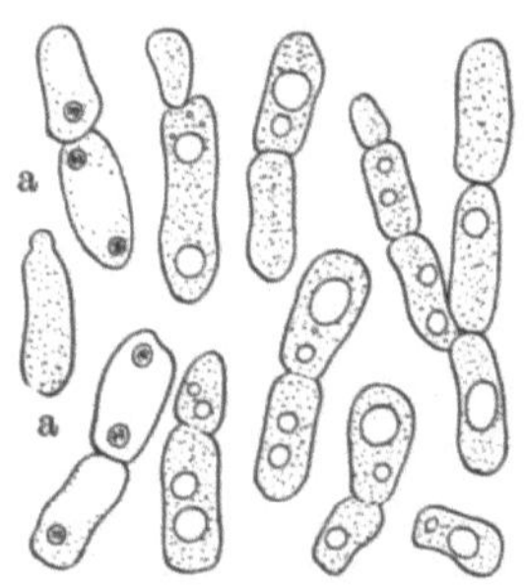

Abb. 231[1]. Kahmpilze, bei a alte Zellen. (Original *Moog*.)

Kahmigwerden. *Kennzeichen.* Geschmack sehr unangenehm, fast faulig. Auf dem Wein zeigt sich eine weiße, faltige Haut, die sich an der Gefäßwandung 2 bis 3 cm hochzieht. Braune Fäden hängen von der Decke in den Wein.

Ursache. Nicht luftdicht gelagerte alkoholarme Weine werden von der Kahmhefe (Abb. 231) befallen, die den Alkohol aufzehrt, den unangenehmen Geschmack erzeugt und den Wein auch durch Abbau seiner Aromastoffe vollkommen verdirbt.

Verhütung. Den Vorschriften entsprechend schwefeln. Lagerfässer spundvoll halten, Anbruchfässer mit Selbstschwefler versehen, damit nur keimfreie Luft beim Entnehmen in das Faß gelangen kann.

Heilung. Vorsichtig in ein anderes, kleineres, gut geschwefeltes Faß abziehen, bis das Faß leer ist, so daß die Kahmdecke langsam zu Boden sinkt. Zur Abtötung der Kahmhefe auf 70° erhitzen und unter Zuckerzugabe zur Erhöhung des Alkoholgehalts umgären. Das kleinere Faß möglichst spundvoll unter Verschluß lagern. Das kahmhaltige Faß muß sorgfältig und wiederholt gereinigt und bis zur Wiederverwendung stark eingeschwefelt werden.

Schleimigwerden und Zähwerden. *Kennzeichen.* Der Wein oder Most fließt ölig, wird nach kurzer Zeit schleimig-zäh und zieht Fäden. Schließlich kann er gallertartig werden.

Ursache. Schleimhefen, die alkohol- und säurearme Weine angreifen und sie verderben.

Bei säurearmen Apfel- und Birnenweinen, stark gewässertem schwäbischen „Most", besonders wenn die Gärgefäße spundvoll waren und dadurch der Infektion mit Schleimhefen Vorschub geleistet wurde, tritt das Zähwerden vor allem auf.

Verhütung. Mit Reinzuchthefe und genügend Zucker vergären zur Erreichung rascher und hoher Alkoholbildung; ist der Säuregehalt vor der Gärung unter $8^0/_{00}$, gibt man pro Liter 1 bis 3 g Milchsäure zu.

Heilung. Gallertartig gewordener Wein ist nicht zu heilen. Zunächst wird auf 70° erhitzt, um die Mikroorganismen abzutöten, dann mit Reisigbesen oder Schaumschläger durchgepeitscht, um die Schleimfäden zu trennen. Nach dem Erkalten wird unter Säure- und Zuckerzusatz mit hochgärfähiger Reinzuchthefe möglichst rasch umgegoren. Durch rasche Alkoholbildung werden die Eiweißstoffe, welche den Schleim bilden, zum Gerinnen gebracht und fallen aus.

In Fällen, in denen die Krankheit noch nicht zu weit vorgeschritten ist, kann man sie durch starkes Schwefeln hemmen und durch Zugabe von 10 bis 15 g Tannin auf 100 l eine gewisse Entschleimung erreichen. Auch in diesem Fall muß wie vorstehend angegeben eine Umgärung stattfinden, um eine längere Haltbarkeit zu gewährleisten.

---

[1] Siehe Fußnote 1, S. 541.

Mäuselgeschmack. *Kennzeichen.* Der Geruch des Weines erinnert an Mäuse, er schmeckt abscheulich und kratzt in der Kehle.

Ursache. Leicht stichige, süße und säurearme Weine, die nicht oder wenig geschwefelt wurden, neigen zum Mäuselgeschmack.

Verhütung. Maischen und Gärgut mit 5 g Kaliumpyrosulfit auf 100 l einschwefeln. Geschlossene Gärgefäße mit Gärverschluß verwenden. Fertige Weine spundvoll und kühl lagern. Frühzeitiger Abstich von der Hefe.

Heilung. Wein auf 70° erhitzen, nach dem Erkalten unter Zusatz von 2 bis 3 kg Zucker je 100 l und Gärsalz mit Reinzuchthefe umgären. Säuregehalt auf 7 bis 8 g pro Liter vorher erhöhen.

Schwarzer Bruch. *Kennzeichen.* Der Wein verliert nach kurzem Stehen an der Luft sein normales Aussehen, färbt sich bläulich bis schwarz. Bei längerem Stehen verfärbt sich der ganze Inhalt des Gefäßes dunkel. Meist ist ein Eisengehalt des Mostes die Ursache. Bei der Prüfung im Reagensglas klärt sich beim Umschütteln nach Zusatz von 2 bis 3 Tr. konzentrierter Salzsäure die Trübung.

Ursache. Der Most oder Wein ist beim Mahlen, Pressen oder der weiteren Behandlung mit Eisen oder Rost in Berührung gekommen und dadurch eisenhaltig geworden. Auch beschädigte Emaileimer, Keltern, deren Eisenteile nicht mit Kelterlack bedeckt wurden, blanke Eisengeräte, Nägel, Drähte vom Einhängen von Schwefelschnitten können die Ursache sein. Mit der Äpfelsäure bildet sich ***Eisenmalat***, das sich durch Oxydation mit Luftsauerstoff grau bis schwarz färbt.

Heilung. Überführung des apfelsauren Eisens in gerbsaures Eisen durch Zufügung von Tannin. Dabei wird die Trübung oder Färbung zunächst noch stärker. Nach kurzer Zeit setzt sich aber das Eisentannat als grauschwarzer Schlamm zu Boden, der wieder klar gewordene Wein kann abgezogen werden. Auch die „Blautönung", die besonders in gewerblichen Betrieben bei größeren Mengen durchgeführt wird, hat sich bewährt.

Böckser. *Kennzeichen.* Geruch nach faulen Eiern.

Ursache. Mitunter schon bei der Gärung von Weintraubenmosten aus stark gedüngten Weinbergen. Auch bei Überschwefelung, wenn beim Einbrennen mit Schwefelspan Schwefel in das Gärgefäß abtropfte. Weitere Ursache kann sich zersetzende Hefe sein.

Verhütung. Nichttropfende Schwefelschnitten verwenden, frühzeitiger Abstich.

Heilung. Wein mit Böcksergeschmack sofort vom Trub unter starker Lüftung ablassen. Beim Umgären mit Reinzuchthefe wird der den Böcksergeschmack verursachende Schwefelwasserstoff mit der Kohlensäure entfernt.

Bittergeschmack. *Kennzeichen.* Der Wein schmeckt bitter und ist oft bräunlich verfärbt.

Ursache. Zu lange Lagerung von Früchten oder Maische vor dem Keltern, besonders wenn sie schon zersetzt sind, grünfaule, von Pinselschimmel (Abb. 234) befallene Früchte, zu lange Lagerung von Wein auf abgestorbener oder zersetzter Hefe.

Verhütung. Keine faulen Früchte verwenden. Maischen schwefeln und höchstens 6 bis 8 Tage gären lassen. Fruchtsäfte mit der Reinzuchthefe vergären. Zerkleinerte Früchte sofort abpressen oder einmaischen. Rechtzeitiger Abstich von der Hefe.

Heilung. Sofort von der Hefe abziehen und stark einschwefeln.

Schimmelgeschmack. *Kennzeichen.* Geruch und Geschmack nach Schimmel.

Ursache. Schimmelbehaftetes Keltermaterial, schlecht gereinigte Keltergeräte, schlecht gelagerte verschimmelte Korke. Auch das Ausbleiben der Gärung wegen mangelnder Reinzuchthefe, Hefenährsalz und zu niedriger Temperatur kann die Ursache von Schimmelbildung auf der Oberfläche des Mostes sein (Abb. 232, 233, 234).

Heilung. Meist leicht durch Filtration über Kohle möglich. Da dabei auch wertvolle Geschmacksstoffe entfernt werden, ist die Umgärung mit Reinzuchthefe vorzuziehen.

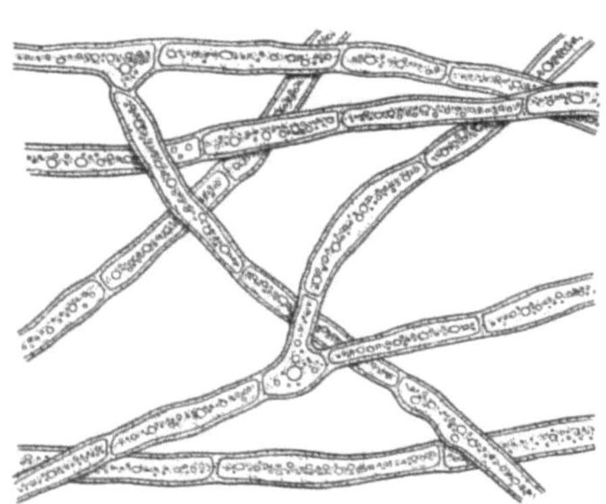

Abb. 232[1]. Kellerschimmel, Rhacodium cellare. (Vergr. 560.)

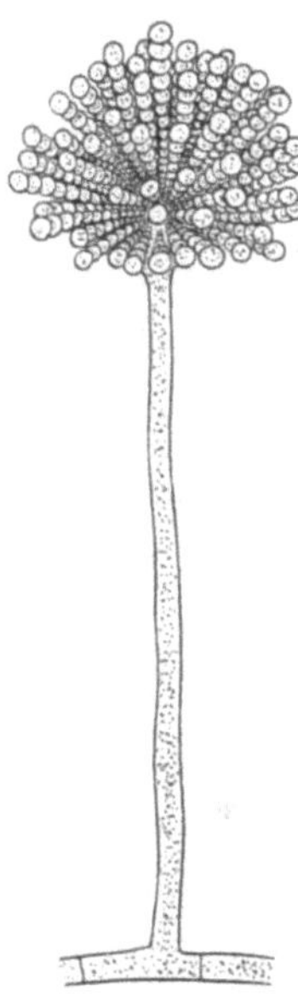

Abb. 233[1]. Gießkannenschimmel, Aspergillus glaucus, Konidienträger.

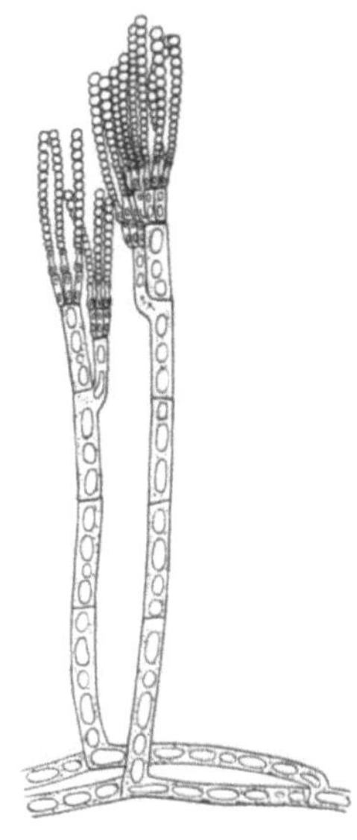

Abb. 234[1]. Pinselschimmel, Penicillium glaucum; Myzel mit Konidienträgern. (Original *Moog.*)

Braun-, Rot- und Fuchsigwerden. *Kennzeichen.* An sich klarer und normalfarbiger Wein oder Most färbt sich von oben her mehr oder weniger schnell braun bis schmutzigrot.

Ursache. Oxydationsvorgänge unter dem Einfluß von Oxydasen.

Verhütung. Durch rechtzeitige Behandlung der Moste mit schwefliger Säure oder Pasteurisieren.

Heilung. Durch Schwefeln mit 10 bis 15 g Kaliumpyrosulfit auf 100 l verschwindet die braune Farbe. Bei säurearmen Fruchtweinen Säurezusatz.

Überschwefelter süßer Most. *Kennzeichen.* Durch zu hohen Gehalt an schwefliger Säure kommt der süße Fruchtsaft nicht zum Gären, riecht und schmeckt stark nach schwefliger Säure.

Ursache. Zu starkes Einschwefeln des Gärgefäßes bzw. Unterlassung des Ausspülens desselben mit kaltem Wasser vor dem Einfüllen des süßen Fruchtsaftes.

Heilung. Bei Traubenmosten gründliche Berührung mit Luft durch wiederholtes Umgießen, anschließend Vergärung mit Reinzuchthefe. Bei Fruchtweinen das gleiche Verfahren unter Zugabe von 20 ccm Wasserstoffsuperoxydlösung (3%) auf 100 l. Anschließend Vergärung mit Reinzuchthefe.

[1] Siehe Fußnote 1 S. 541.

IV. Die Hausweinbereitung.

Man versteht darunter die nichtgewerbliche Bereitung von Wein oder weinähnlichen Getränken im Haushalt und für den eigenen Gebrauch im Haushalt. Im allgemeinen werden dabei die Früchte des eigenen Gartens, vorwiegend also Beeren verwendet, vielfach aber auch das erforderliche Obst bei Verwandten auf dem Lande besorgt oder in der Zeit der Obstschwemme günstig eingekauft bzw. als Waldfrüchte kostenlos gesammelt.

Für diese nichtgewerbliche Weinbereitung stehen auch nur die im Haushalt üblichen Geräte wie Fruchtpressen oder Entsafter zur Verfügung, und fast durchweg wird die Vergärung wegen der kleinen Mengen nicht in Fässern, sondern in Glasballons vorgenommen.

Der private Weinbereiter kauft seine Bedarfsgegenstände ausschließlich in der Drogerie, wo er sich auch den erforderlichen Rat holt.

Die Werbung für diese private Weinbereitung wird ausschließlich von den privaten Hefe-Reinzucht-Anstalten getragen, obwohl noch eine ganze Reihe anderer Industriezweige, also z. B. die Hersteller der Glasballons, Flaschen, Gummikappen, Gäraufsätzen sowie die Zuckerindustrie davon profitieren.

Bezüglich der Methoden bei der privaten Weinbereitung bedarf es keiner besonderen Ausführungen, es kann hier auf die Ausführungen bei der Obst- und Fruchtweinbereitung verwiesen werden. Im übrigen geben die privaten Hefe-Reinzucht-Anstalten sehr gute Weinbücher heraus, aus denen alle wesentlichen Anleitungen und Rezepte entnommen werden können. Diese Weinbücher eignen sich wegen eines guten Bildmaterials und eines Stichwortregisters auch sehr gut zur Kundenberatung in der Drogerie.

V. Kalendarium zur Bereitung von Wein und weinähnlichen Getränken[1].

Die Bereitung von Wein und weinähnlichen Getränken ist für die einzelnen Monate wie folgt zu empfehlen:

Januar Februar März	Wein aus Südfrüchten
April Mai	Rhabarberwein
Juni	Erdbeerwein, Johannisbeerwein, Kirschwein, Stachelbeerwein
Juli	Aprikosenwein, Pfirsich-, Himbeer-, Johannisbeer-, Stachelbeerwein
August	Heidelbeerwein, Brombeerwein, Holunderbeerwein
September	Apfelwein, Birnenwein, Schlehenwein, Traubenwein
Oktober	Traubenwein, Apfelwein, Birnenwein, Hagebuttenwein
November	Hagebuttenwein, Quittenwein, Traubenwein
Dezember	Wein aus Südfrüchten

Für die Bereitung weinähnlicher Getränke eignen sich besonders:

Für herbe Tischfruchtweine mit 8 bis 10 Vol.-% Alkohol.

Äpfel; — Birnen; — weiße Johannisbeeren; — Rhabarber; — Stachelbeeren; — Löwenzahnblüten; — Ananas.

Für herbe Fruchtrotweine mit 10 bis 12 Vol.-% Alkohol.

Heidelbeeren; — Schlehen; — rote Johannisbeeren; — schwarze Johannisbeeren; — Brombeeren; — Sauerkirschen.

[1] Nach Kitzinger Weinbuch der Firma Paul Arauner KG, Kitzingen/Main.

Für süße Dessertfruchtweine mit 13 bis 15 Vol.-% Alkohol.

Rote Johannisbeeren; — Stachelbeeren; — Heidelbeeren; — Hagebutten; — Kirschen; — Erdbeeren; — Brombeeren; — Himbeeren; — Sauerkirschen; — schwarze Johannisbeeren; — Äpfel; — Rhabarber; — Apfelsinen; — Ananas; — Honig; — Malzextrakt.

VI. Vorschriften zur Herstellung von Obst- und Fruchtweinen mit Kitzinger Reinzuchthefen.

Für 10 l Wein.

1. Herbe tischweinähnliche Getränke[1].

Bei den Weinen mit Kreuz sind noch Zutaten, die am Ende der Tabellen unter den laufenden Nummern aufgeführt sind, zuzusetzen.

Fruchtwein	Saft Liter	Wasser Liter	Zucker kg	Hefenährsalz g	Kitzinger Heferasse
1. Ananaswein	8	1	2	4	Steinberg
2. Apfelwein naturrein	10	—	—	3	Steinberg
3. Apfelwein	8	1	1,5	4	Steinberg
4. Birnenwein a+	8	1	1,5	4	Steinberg oder Bernkastler
5. Birnenwein b+	10	—	—	3	Steinberg oder Bernkastler
6. Johannisbeerwein, weiße Johannisbeeren	3	6	2	4	Steinberg
7. Obstwein aus Fallobst	8	1	1,5	4	Steinberg
8. Rhabarberwein	4 kg Stiele	6	2	4	Steinberg oder Bernkastler
9. Stachelbeerwein	6	3	1,5	4	Steinberg oder Liebfrauenmilch

+ Zu 4a müssen noch zugesetzt werden Milchsäure (80%) 30 g,
zu 5b müssen noch zugesetzt werden Milchsäure (80%) 30 g, Tannin 1 g.

2. Herbe rotweinähnliche Getränke[1].

für je 10 l Wein.

Fruchtwein	Saft Liter	Wasser Liter	Zucker kg	Hefenährsalz g	Kitzinger Heferasse
1. Brombeerwein+	6	3	2,5	4	Burgunder oder Bordeaux
2. Heidelbeerwein	6	1,5	2	6	Burgunder
3. Johannisbeerwein, rot	3+	6	2	4	Aßmannshäuser
4. Sauerkirschwein	5	4	1,5	4	Burgunder
5. Schlehenwein	4 kg Schlehen	7	2	5	Burgunder oder Bordeaux

+ Zu 1. müssen zugesetzt werden Milchsäure (80%) 20 g,
zu 3. Saft von roten Johannisbeeren.

[1] Nach Kitzinger Weinbuch der Firma Paul Arauner KG, Kitzingen/Main.

3. Süße dessertweinähnliche Obst- und Fruchtweine[1]

für je 10 l Wein.

Fruchtwein, Dessertwein	Saft Liter	Wasser Liter	Zucker kg	Hefenährsalz g	Kitzinger Heferasse
1. Ananaswein	8	—	3	4	Haut Sauternes
2. Apfel-Dessertwein, Zider	8	—	3	3	Haut Sauternes
3. Apfelsinenwein	4	4	3	4	Portwein
4. Aprikosenwein+	6	2	3	4	Portwein
5. Brombeerwein+	6 l Fruchtbrei	3	3	4	Burgunder
6. Erdbeerwein+	6 l Fruchtbrei	3	3	4	Tokayer oder Portwein
7. Hagebuttenwein+	5 kg Früchte	10	3	4	Malaga
8. Heidelbeerwein+	6	2	3	6	Burgunder
9. Himbeerwein	6 l Fruchtbrei	3	3	4	Portwein
10. Holunderbeerwein	4 l Fruchtbrei	5	3	5	Portwein
11. Honigwein+	3,5 kg Bienenhonig	7	—	4	Portwein
12. Johannisbeerwein	3	5	3	4	Portwein
13. Kirschwein aus Sauerkirschen	4	4	3	4	Portwein oder Bordeaux
14. Kirschwein aus Süßkirschen a	Sauerk. 2 Süßk. 5	1	2 bis 3	4	Burgunder
15. Kirschwein aus Süßkirschen b +	8	—	2,5	4	Bordeaux oder Portwein
16. Pfirsichwein+	6	2	3	4	Portwein
17. Pflaumenwein, auch Mirabellen- und Reineclaudenwein +	6	2	3	4	Portwein
18. Quittenwein	10 kg Früchte	5	3,5	5	Portwein oder Sherry
19. Rhabarberwein	4 kg Stiele	5	3	4	Haut Sauternes
20. Stachelbeerwein	6	2	3	4	Portwein oder Haut Sauternes

+ Zu 4., 5., 6. und 7. müssen noch zugesetzt werden je Milchsäure (80%) 30 g,
zu 7. werden getrocknete Früchte verwendet, genügen 1,5 kg,
zu 8. müssen noch zugesetzt werden Milchsäure (80%) 20 g,
zu 11., 15b, 16. und 17. müssen noch zugesetzt werden je Milchsäure (80%) 30 g.

Weinhaltige Getränke.

Kräuterwein.

Kalmuswurzel	25,0	Pomeranzenschale DAB. 6	25,0
Galgantwurzel	20,0	Chinarinde	25,0
Zitwerwurzel	25,0	Wermut	10,0

Xereswein . . . . 1000,0.

Die fein geschnittenen Drogen werden mit dem Wein 10 Tagen lang mazeriert, dann abgepreßt und nach dem Absatzen filtriert.

[1] siehe Fußnote 1 S. 546.

Wermutwein (SIDO).

(Vgl. Bd. I, S. 585, Bd. II, S. 1395.)

1. A.	Wermut 80,0	Angelikawurzel
	Schafgarbe	Kardamomen
	Muskatnuß	Gewürznelken . . . . . . ää 20,0
	Pomeranzenschalen ää 20,0	Weingeist (90%) 800,0

Rosenwasser 200,0

B.	Mazeratio A 300,0	Zucker 250,0
	Weingeist (90%) . . . 500,0	Muskateller . . . . 10 l

A. 8 Tage mazerieren und abpressen; dann B. zugeben, einige Wochen kühl lagern, schließlich filtrieren.

2.	Wermut 300,0	Moschusschafgarbenkraut . . 100,0
	Ceylonzimt 4,0	Muskatnuß 2,0
	Ingwerwurzel 3,0	Weinbrand 2400,0

Sherry oder Malaga 20000,0

10 Tage mazerieren, abpressen, 14 Tage kühl lagern, filtrieren.

X. Spirituosen.

(Siehe auch Essenzen, S. 488 ff.)

Unter der Bezeichnung Spirituosen faßt man die Trinkbranntweine und Liköre zusammen, die sich von anderen alkoholischen Getränken (Bier, Wein, Sekt usw.) durch ihren besonders hohen Alkoholgehalt unterscheiden (vgl. Bd. I „Trinkbranntwein fremder und eigener Herstellung für Genußzwecke“ S. 574/77). Dieser wird entweder durch Destillation in der Branntweinbrennerei angereichert oder durch Zusatz von Weingeist erreicht.

Trinkbranntweine sind Brennereierzeugnisse, die nach der Rektifikation mit Wasser auf Trinkstärke verdünnt, meist eine gewisse Lagerzeit durchgemacht und mitunter wenig aromagebende Zusätze erhalten haben.

Liköre enthalten verhältnismäßig viel Zucker, der ihnen neben dem süßen Geschmack meist auch die sahnige Konsistenz verleiht. Nach den gesetzlichen Bestimmungen sind Liköre im engeren Sinne Erzeugnisse, die einen Extraktgehalt von mindestens 22 g in 100 ccm aufweisen mit einem für einzelne Sorten besonders festgesetzten Mindestalkoholgehalt[1]. Liköre im weiteren Sinne dürften weniger Extrakt enthalten und müssen nach dem Branntwein-Monopolgesetz mindestens 32 Vol.-% Alkohol aufweisen (vgl. Bd. I, S. 574ff).

Durch das Brennereiverfahren werden außer den Erzeugnissen der Wein- und Getreidebrennerei, Rum und Arrak auch die aus Steinobst, Kernobst, Beerenobst- und Wurzeln gewonnenen Trinkbranntweine hergestellt, während alle übrigen, beisonders die einfachen, teilweise aromatisierten Trinkbranntweine sowie die Bitteren durch Mischungsverfahren aus hochprozentigem Industriesprit hergestellt werden.

Likörbereitung.

Während die Trinkbranntweine hauptsächlich in den entsprechenden Gewerbe- oder Industriebetrieben hergestellt werden, kann die Likörherstellung, insbesondere die auf kaltem Wege, vom Drogisten sehr wohl durchgeführt werden, zumal ihm die

[1] Siehe Begriffsbestimmungen für Spirituosen (Fassung v. 10. XI. 1956), amtlicher Text 1957 zu beziehen durch Versuchs- und Lehranstalt für Spiritusfabrikation, Berlin N 65.

zur Herstellung der notwendigen Halbfabrikate notwendigen Arbeitsgänge wie Mazeration, Perkolation, Filtration, Klärung usw. neben anderen fachtechnischen Arbeiten geläufig sind.

Die Herstellung der Liköre kann nach verschiedenen Arten erfolgen:

1. Aus ätherischen Ölen,
2. durch kalte Kräuterauszüge, Mazeration oder Perkolation,
3. durch warme Kräuterauszüge, Digestion,
4. durch direkte Destillation.

Im Kleinbetrieb des Drogisten kommen vor allem die Herstellungsarten nach 1. und 2., u. U. auch 3. in Frage. Zur Herstellung von Likören aus ätherischen Ölen (auf 1 l Likör rechnet man 3 bis 5 g ätherisches Öl) wird das benötigte ätherische Öl zunächst in der Gesamtspritmenge gelöst und dann erst in kleinen Anteilen die vorgeschriebene Wassermenge zugegeben und anschließend der Sirup mit der Mischung vermengt. Zweckmäßig stellt man sich alkoholische Lösungen der ätherischen Öle 1:10 her.

DOBISLAW schlägt vor, dann wie folgt zu verfahren:

Zur weiteren Verarbeitung vermischt man die Vorratslösung 1:10, indem man z. B. 300 ccm derselben mit 230 ccm Sprit vermischt und mit Wasser auf 1000 ccm auffüllt. Man mischt gründlich durch und trennt im Scheidetrichter die wertlose Terpenschicht und filtriert die klare Lösung über Asbest. Das erhaltene Filtrat wird mit Sprit auf 1000 ccm aufgefüllt und stellt jetzt eine nichttrübende Essenz 1 : 100 dar. *Likeröle* sind Mischungen mehrerer ätherischer Öle zur Herstellung eines bestimmten Likörtyps, z. B. Abteilikör usw. Liköre, aus ätherischen Ölen und Drogen hergestellt, gewinnen stark an Aroma, aber auch bei feinsten Likörsorten finden ätherische Öle zusätzliche Verwendung. Kümmellikör, Pfefferminzlikör und Rosenlikör werden nur aus ätherischen Ölen hergestellt, ihre Güte hängt von der Reinheit der verwendeten Öle ab.

Zur Likörherstellung kommt nur *Primasprit* (Äthylalkohol, vgl. Bd. II, S. 33) von hoher Reinheit in Frage, der nur von dem feinfiltrierten und extra feinfiltrierten Sprit übertroffen wird, dessen Reinheitsgrad nach Filtration durch Kohle und darauffolgender sorgfältiger Rektifikation erzielt wird. *Kornsprit* ist zur Likörherstellung zu teuer, findet aber zur Herstellung von einigen Likörsorten trotzdem Verwendung und ist für diese kennzeichnend (Danziger Goldwasser, Kurfürstlicher Magenbitter u. a.). Vorwiegend dient jedoch Kornsprit zur Herstellung von Kornbranntwein. Zur Likörherstellung findet in Deutschland in erster Linie *Kartoffelsprit* aus den landwirtschaftlichen Brennereien Verwendung. Als Zusatz für besonders feine Edelliköre in geringen Mengen finden *Weinbrand*, *Rum* und *Arrak* Verwendung. Für Primasprit hat die Reichsmonopolverwaltung für Branntwein nachstehende Bedingungen festgesetzt:

Geruch und Geschmack:	frei von jedem Nebengeruch und -geschmack (neutral)
Aussehen:	klar und farblos, mit Wasser klar mischbar
Weingeiststärke:	mindestens 94,4 Gew.-%
Aldehyd:	höchstens 4 mg/l, bezogen auf Acetaldehyd
Fuselöl (nach KOMAROWSKY):	höchstens 5 mg/l, bezogen auf Isoamylalkohol
Säure:	höchstens 7 mg/l, bezogen auf Essigsäure
Furfurol:	frei
Flüchtige Basen:	praktisch frei
Methylalkohol:	höchstens 0,3 Vol.-%

Das Wasser, das zur Herstellung von Likören Verwendung findet, muß den Anforderungen, die an gutes Trinkwasser gestellt werden, entsprechen. Es muß klar, farb- und geruchlos sein, darf nur wenig organische Substanz (Kaliumpermanganatverbrauch höchstens 10 bis 12 mg/l), weder Ammoniak noch salpetrige Säure und

Chlorverbindungen nur in geringer Menge enthalten. Hartes Wasser, das Carbonate und Sulfate von Calcium und Magnesium enthält, scheidet beim Vermischen mit Sprit infolge ihrer geringeren Löslichkeit in alkoholischer Lösung diese Salze als Trübungen aus und ist deshalb unbrauchbar. Diese Ausscheidungen treten oft erst nach Tagen oder Wochen infolge von Temperatureinflüssen ein und können dann zu Verlusten führen. Es muß deshalb entweder stets enthärtetes Wasser zur Likörherstellung Verwendung finden oder muß der Likör vor dem Abziehen auf Flaschen über lange Zeit auch in der Kälte gelagert werden, damit sich eine etwaige Trübung restlos vollzogen und sich diese zu Boden gesetzt haben kann. Zur Enthärtung eignet sich das Permutit-Verfahren der Permutit AG. Berlin (vgl. Bd. II, S. 1423 und 2366). Beruht die Härte des zur Verwendung kommenden Wassers nur auf Carbonaten, genügt das Aufkochen und Erhalten des Wassers über einige Zeit im wallenden Sieden. Das enthaltene Calciumhydrogencarbonat gibt dabei Kohlensäure ab und scheidet sich als schwerlösliches Calciumcarbonat ab, das durch Filtration entfernt wird.

Zuckercouleursorten. Nach WÜSTENFELD-HAESELER werden im Handel nachstehende Zuckercouleursorten unterschieden:

1. Raffinadecouleur aus reinem Rüben- oder Rohrzucker, vorgeschrieben zum Färben von Weinbrenn-Erzeugnissen sowie weinhaltigen Spirituosen,

2. sogenannte Rumcouleur aus Stärkezucker zum Färben von Rum und anderen Branntweinen verschiedenster Art, vor allem zu Likören,

3. Weincouleur für Weine, hergestellt aus Raffinade, sie kann bei höherprozentigen Spirituosen zu Trübungen führen.

Außer diesen gibt es noch Biercouleur und Essigcouleur, die besonders widerstandsfähig gegen Säure sind.

Zucker. Zur Likörherstellung wird nur feinste, reine ungebläute Kristallraffinade verwendet, weißer Kandis und Hutzucker sind besonders gut. Rohrzucker, Melis, Farin sind ungeeignet, da sie den Likör gelblich-bräunlich verfärben und den Geschmack beeinträchtigen. Außerdem erschweren sie die Filtration des fertigen Likörs. Gebläuter Zucker kann sich in Gegenwart von Säure unter Abspaltung von Schwefelwasserstoff zersetzen. Im Notfall können Farb- und Geschmacksfehler des Zuckers durch Behandlung des heißen Sirups mit Kohle und anschließender Filtration beseitigt werden.

Die *Lösung des Zuckers* kann warm oder kalt erfolgen, mit oder ohne Inversion. Während der übliche Zuckersirup aus 60 kg Zucker und 40 kg Wasser besteht, ist die Herstellung einer invertierten Zuckerlösung, von der 1 l des fertigen Sirups 1 kg Zucker enthält, zweckmäßiger. Man kann auf diese Weise bei der Likörherstellung die invertierte Zuckerlösung ohne Umrechnung verwenden, da die Litermenge des Sirups dem gewünschten Zuckergehalt des Likörs entspricht. Dieser wird stets in Gramm für 100 ccm Likör angegeben, während der Zuckergehalt in Zuckersirupen in Gewichtsprozenten angegeben wird.

Inversion des Rohrzuckers. Diese hat den Zweck, die störenden Zuckerausscheidungen in Likören zu vermeiden. Man invertiert mit 0,08% Citronen- oder Weinsäure oder 0,1% Milchsäure. Die Inversion (vgl. Bd. I, S. 298; Bd. II, S. 611) bewirkt, daß der dabei entstandene Traubenzucker im Gemisch mit Fruchtzucker und nicht invertiertem Rohrzucker auch in höherer Konzentration, sogar in der Kälte, in Lösung bleibt. Die Süßkraft des Invertzuckers entspricht etwa $^4/_5$ derjenigen des Rohrzuckers. Damit hergestellte Liköre schmecken deshalb weniger süß als mit der gleichen Menge nicht invertierten Zuckers hergestellte Liköre. Säureenthaltende Liköre, z. B. Fruchtsaftliköre, verlieren mit der Zeit an Süße, weil auch in der Kälte in ihnen enthaltener Rohrzucker invertiert wird.

Herstellung von Invertzuckerlösung.

Raffinade . . . . 10 kg	Wasser, heiß . . . . 4,2 kg

Citronensäurelösung (1 : 1) . . 14 ccm

Die Raffinade wird durch Rühren im heißen Wasser gelöst, kurz vor dem Kochen ist die Citronensäurelösung zuzugeben, dann wird unter Abschäumen 10 Min. lang gekocht. Die Invertzuckerlösung ist praktisch unbegrenzt haltbar und zur Likörherstellung bequem zu verarbeiten. Zu 10 l Likör mit einem Zuckergehalt von 300 g pro Liter benötigt man 3 l der Invertzuckerlösung.

Kapillärsirup dient in der Likörherstellung als Verdickungsmittel und nicht als Süßungsmittel. Schon kleine Zusätze erhöhen die Viscosität der Liköre und verleihen ihnen „ölige Konsistenz". Mit Raffinadesirup ist diese häufig erwünschte Eigenschaft allein nicht zu erreichen, ohne gleichzeitig ein übermäßig süßes Erzeugnis zu erhalten. Zu berücksichtigen ist ein bei Verwendung von Kapillärsirup möglicher Nachteil: Wird zu viel von ihm verwendet, kann infolge der Schwerlöslichkeit der Dextrine in hochprozentigen Alkohol-Wasser-Mischungen *Dextrintrübung* entstehen, die durch Filtration nicht beseitigt werden kann. Dies tritt besonders in der Kälte ein. Aus diesem Grunde darf zur Viscositätserhöhung in Likören nur 4 bis 10% Kapillärsirup zugesetzt werden. Bonbonsirup ist wegen seines hohen Gehalts an Dextrinen ungeeignet. Den Kapillärsirup löst man zunächst unter Zusatz von 50% heißem Wasser unter Umrühren, er kann aber auch dem nicht invertierten Raffinadesirup beim Einkochen zugesetzt werden. Dagegen ist es nicht angebracht, Kapillärsirup bei der Herstellung von Invertzuckersirup zuzufügen, da die dem Ansatz zur Invertierung der Raffinade zugegebene Säure das Dextrin teilweise abbaut und die dickende Wirkung des Kapillärsirups dadurch vermindert wird.

Nachbehandlung fertiger Liköre. Es ist falsch, fertiggestellte Liköre sofort zu filtrieren, weil nachträgliche Trübungen auftreten. Diese können verschiedene Ursache haben. Durch die Ausscheidung von Trübstoffen erfolgt in den Likören häufig eine deutliche Geschmacksveränderung. Filtrierter Likör schmeckt reiner und feiner als unfiltrierter. Um festzustellen, ob die Trübung durch ausgeschiedene ätherische Öle, fett- oder wachsartige Stoffe entstanden ist, fügt man einer Probe einige Tropfen konzentrierten Weingeist zu. Verschwindet die Trübung, ist die Ursache in den genannten Stoffen zu suchen, im anderen Falle durch anorganische und organische Trübstoffe.

Alkohol-Alterung. Die Alterung von Alkohol kann nach WÜSTENFELDT-HAESELER wie folgt durchgeführt werden: Zu 100 l werden 2,5 g in wenig Wasser aufgelöstes Kaliumpermanganat und 4 g Essigsäure (80%) zugemischt. Nach einer halben Stunde setzt man weiter eine Lösung von 20 g doppeltkohlensaurem Natron hinzu und läßt 1 bis 2 Tage stehen. Dann wird von dem abgeschiedenen braunen Niederschlag (Braunstein) abfiltriert. Die oxydierende Wirkung des Kaliumpermanganats in saurer Lösung bringt, ähnlich wie Ozon, einen gewissen Alterungseffekt mit sich. Nach der Filtration ist im Endprodukt Mangan praktisch nicht nachzuweisen.

Schönung und Klärung. In der Regel tritt bei genügender Lagerzeit von Spirituosen eine ausreichende Klärung derselben ein, so daß die Filtration genügt, um ein klares Erzeugnis zu erhalten. Wird dies auch nach längerer Lagerung und Feinfiltration durch Asbest nicht erreicht, greift man zur *Schönung.* Hierzu werden verwendet *Magermilch* (das Milchfett von Vollmilch kann zu Geschmacksveränderungen Anlaß geben) und *Hausenblase.* Auch *Aerosil* (0,3%) (vgl. Bd. II, S. 16), *gebrannte Magnesia, Kieselgur* und *Kaolin* sind geeignet.

Magermilch wird z. B. einem kleinen Teil von 10 l Branntwein unter sorgfältiger Verteilung mit einem Schneeschläger zugegeben und dann dieser Mischung die Gesamtmenge Branntwein zugefügt. Das Milchkasein scheidet sich dabei in Flocken aus und bewirkt oft schon nach 1- bis 2tägigem Stehen Klärung.

Gebrannte Magnesia zur Schönung von Trinkbranntweinen und Likören. Auf 10 l Flüssigkeit gibt man 10 bis 20 g, die zunächst mit einem Teil zu einem homogenen Brei verrieben werden, dem dann portionenweise die Hauptmasse der zu schönenden Flüssigkeit unter Umrühren zugegeben wird. Nicht verwertbar ist gebrannte Magnesia für Fruchtsäuren enthaltende Flüssigkeiten, weil sich dabei Salze bilden.

Kieselgur zweckmäßig mit Asbest oder 0,3% Aerosil ® für schwer filtrierbare Trübungen. Nur eisenfreie Qualitäten sind brauchbar.

Kaolin 20 bis 50 g auf 10 l wie bei Magnesia angegeben zu verwenden.

Aerosil ® auf 10 l verwendet man 30 g und verfährt wie bei Magnesia angegeben.

Hausenblase wird zur Aufquellung und Reinigung zunächst in *kaltem* Wasser 1 bis 2 Tage lang gründlich gewaschen, dann unter *Erwärmen* gelöst. Auf 10 l zu schönender Spirituosen werden 0,2 bis 2 g trockene Hausenblase verwendet.

Filtration. Zur Filtration von Spirituosen (s. „Filtrieren“ S. 45ff.) eignen sich besonders die *Theorit-Sorten*[1] D 2, 3, 5 und 7. D 2 ist die durchlässigste Qualität. *Brillanttheorit*[1] derselben Firma ergibt noch feinere Filtration. Zur Vermeidung eines Verlustes an Alkohol filtriert man mit geringem Überdruck.

Drogen zur Likörbereitung[2].

Die Mengenangaben beziehen sich auf je 10 l Fertigerzeugnis. Näheres über die aufgeführten Drogen s. Bd. II.

Wurzeln. *Alant* (als Mazerat) zu Boonekamp (10—25 g), Feinbittern (5 g), Abteilikör (5 g).

Alkanna (als Mazerat) zum Färben von Bitterlikören.

Angelika (als Mazerat) zu Angelikalikör (30—100g), Alpenkräuterlikör(8—50 g), Altvater (12—30 g), Angostura (10 g), Aromatique (3 g), Benediktiner (3—17,5 g), Boonekamp (10—60 g), Chinabitter (5 g), Feinbitter (9 g), Kartäuser (3—12 g), Poln. Reiterlikör (5—10 g), Stonsdorfer (1,5—40 g), Westfälischer Bitter (10 g).

Baldrian (als Mazerat) zu Feinbitter (3 g), Boonekamp (6 g).

Enzian (als Mazerat) zu Alpenkräuterlikör (15 g), Alter Schwede (35 g), Angostura (4—10 g), Aromatique (2,5—3,5 g), Bayrischer Kräuterlikör (25—40 g), Bittere Tropfen (15 g), Boonekamp (10—50 g), Chinabitter (10 g), Feinbitter (5 g), Halb und Halb (15 g), Karlsbader Bitter (15 g), Kurfürstlicher Magenbitter (15—20 g), Poln. Reiterlikör (10—34 g), Rachenputzer (20 g), Stonsdorfer (2—4 g), Westfälischer Bitter (20 g).

Galgant (als Mazerat) zu Alpenkräuterbitter (8 g), Alter Schwede (17,5 g), Altvater (12 g), Angostura (3,5—20 g), Aromatique (8—20 g), Benediktiner (3—7,5 g), Bittere Tropfen (15 g), Boonekamp (10 g), Chinabitter (6 g), Feinbitter (5—12,5 g), Halb und Halb (5 g), Hamburger Bitter (30—50 g), Kurfürstlicher Magenbitter (4 g), Poln. Reiterlikör (25 g), Riesengebirgsbitter (10 g), Stonsdorfer (2,5—25 g).

Ingwer (als Mazerat) zu Alpenkräuterlikör (10 g), Angostura (5—10 g), Aromatique (5—8 g), Bittere Tropfen (30—40 g), Boonekamp (5 g), Chinabitter (2 g), Feinbitter (9—10 g), Gin (5—16 g), Halb und Halb (5—16 g), Kartäuser (3—7,5 g), Kurfürstlicher Magenbitter (5—50 g), Pfefferminz (5 g), Poln. Reiterlikör (25 g), Stonsdorfer (10 g).

---

[1] Lieferant Seitz-Werke G.m.b.H., Kreuznach (Rheinland).

[2] Nach Wüstenfeld-Haeseler: Trinkbranntweine und Liköre, 3. Aufl., Berlin und Hamburg: Paul Parey 1953.

Kalmus (als Mazerat) zu Alpenkräuterbitter (12—20 g), Angelicalikör (1—4 g), Aromatique (5—50 g), Benediktiner (1—12,5 g), Boonekamp (8—12,5 g), Cordial Médoc (12,5 g), Goldwasser (5—20 g), Halb und Halb (4 g), Kalmuslikör (100 bis 500 g), Kartäuser (2—5 g), Kurfürstlicher Magenbitter (5—12 g), Poln. Reiterlikör (37—38 g), Rachenputzer (20 g), Starkbitter (2,5 g), Stonsdorfer (10 g).

Liebstöckel (als Mazerat) zu Alpenkräuterbitter (2 g), Aromatique (2 g).

Nelkenwurz (als Mazerat) zu Alpenkräuterlikör (150 g).

Ratanhia (als Mazerat) zu Boonekamp (20 g).

Rhabarber (als Mazerat) zu Alpenkräuterbitter (40 g), Boonekamp (25—60 g), Alter Schwede (17,5 g), Kräuterlikör (8 g).

Schlangenwurzel, Radix Serpentariae (als Mazerat) zu Angostura (5 g), Boonekamp (25—30 g).

Sellerie (als Mazerat) zu Sellerielikör (100 g frische Knollen).

Süßholz (als Mazerat) zu Alpenkräuterlikör (75 g), Boonekamp (50—120 g), Stonsdorfer (20 g).

Tormentill (als Mazerat) wie Ratanhiawurzel als Ersatz für diese zu Bitteren und Bitterlikören.

Veilchenwurzel, Rhizoma Iridis (als Mazerat) zu Alpenkräuterlikör (10 g), Benediktiner (0,5—2 g), Cordial Médoc (5 g), Goldwasser (10 g), Poln. Bitter (10 g), Stonsdorfer (10—15 g).

Zitwer (als Mazerat) zu Alpenkräuterlikör (24 g), Alter Schwede (10 g), Altvater (7,5 g), Angostura (5—20 g), Aromatique (4 g), Boonekamp (20—25 g), Chinabitter (10 g), Stonsdorfer (5 g), gelegentlich in Halb und Halb.

Kräuter. *Alpenbeifuß* (als Mazerat) zu Alpenkräuterlikör (50 g), Benediktiner (6—12,5 g), Kartäuser (5—30 g), Westfälischer Bitter (18 g).

Balsamkraut (als Mazerat) zu Kartäuser (2,5—6 g).

Basilienkraut (als Mazerat) zu Benediktiner (5 g), Kartäuser (3—6 g).

Bitterdistel, Kardobenediktenkraut (als Mazerat) zu Alpenkräuterbitter (5 g), Bittere Tropfen (75 g), Feinbitter (5 g), Halb und Halb (17 g), Starkbitter (4—10 g).

Bitterklee (als Mazerat) zu Aromatique (5 g), Boonekamp (20 g), Chinabitter (10 g), Fein- und Starkbitter (4—20 g), Halb uud Halb (3—5 g), Kräuterlikör (4 g), Rachenputzer (12,5 g).

Ivakraut (als Mazerat) zu Alpenkräuterlikör (10—24 g), Altvater (12—30 g), Benediktiner (5—12,5 g), Feinbitter (12,5—25 g), Ivalikör (90—120 g), Kartäuser (5—12,5 g), Kurfürstlicher Magenlikör (10—20 g).

Krauseminze (als Mazerat) zu Alpenkräuterlikör (5 g), Benediktiner (1,5 g), Starkbitter (4 g), Stonsdorfer (5 g); wirkt in größeren Mengen aufdringlich.

Majoran (als Mazerat) zu Alpenkräuterlikör (5—20 g).

Melisse (als Mazerat) zu Alpenkräuterlikör (100 g), Aromatique (3—35 g), Benediktiner (5—25 g), Cordial Médoc (40 g), Feinbitter (8 g), Kartäuser (12,5 bis 70 g), Pfefferminz (20 g).

Pfefferminze (als Mazerat) zu Alpenkräuterlikör (10—60 g), Aromatique (3—5 g), Benediktiner (5—12,5 g), Kartäuser (12,5—30 g), Stonsdorfer (10—15 g); in geringen Mengen zu Bittern und Süßbitterlikören zur Erzielung einer kühlenden Note im Nachgeschmack.

Rosmarin (als Mazerat) zu Alpenkräuterlikör (10 g), Aromatique (2 g), Benediktiner (1 g), Goldwasser (5 g), Stonsdorfer (7,5 —10 g).

Tausendgüldenkraut (als Mazerat) zu Aromatique (10 g), Benediktiner (1,5 g), Boonekamp (10 g), Fein- und Starkbitter (4—20 g), Halb und Halb (8 g).

Thymian (als Mazerat) zu Alpenkräuterlikör (6—40 g), Benediktiner (1,2—2 g), Bitteren (2,5 g), Kartäuser (1—3 g), Stonsdorfer (7,5—20 g).

Wermut (als Mazerat) zu Alpenkräuterlikör (6—50 g), Benediktiner (3—5 g), Boonekamp (20 g), Feinbitter (2—9 g), Kartäuser (5—15 g), Rachenputzer (30 g), Starkbitter (5—12 g), Stonsdorfer (2,5—5 g).

Ysop (als Mazerat) zu Alpenkräuterlikör (50 g), Altvater (2,5 g), Benediktiner (3—12,5 g), Kartäuser (8—20 g).

Blüten. *Arnika* (als Mazerat) zu Altvater (7,5 g), Aromatique (25 g), Benediktiner (1—5 g), Kartäuser (2,5—25 g).

Kamillen (als Mazerat) zu Aromatique (Römische Kamillen 10 g), Alpenkräuterlikör (Echte Kamille 3 g), Benediktiner (Römische Kamille 1,5 g), Feinbitter (Römische Kamille 5 g), Kartäuser (Echte Kamille 12 g).

Lavendel (als Mazerat) zu Aromatique (2 g), Gin (0,5—2,5 g), Goldwasser (5 g), Kartäuser (2 g).

Nelken (als Mazerat) zu Alpenkräuterlikör (3—5 g), Angostura (3—15 g), Aromatique (2—10 g), Benediktiner (1—1,5 g), Bittere Tropfen (37,5 g), Boonekamp (2,5—20 g), Cassis (5 g), Chinabitter (4 g), Curaçao (2—3 g), Feinbitter (3,5—12,5 g), Goldwasser (5—8 g), Halb und Halb (7 g), Kakao (5—10 g), Kartäuser (1—3 g), Kurfürstlicher Magenbitter (14—20 g), Nelkenlikör (50 g), Persicolikör (20 g), Poln. Reiter (10 g), Rachenputzer (7,5 g), Starkbitter (1 g), Stonsdorfer (1,5—30 g).

Orangen (als Mazerat) zu Altvater (15 g), Benediktiner (20 g), Curaçao (10 g), Goldwasser (100 g Blütenwasser), Halb und Halb (3 g), Kurfürstlicher Magenbitter (2 g = 50 ccm Blütenwasser), Stonsdorfer (10 g).

Safran (als Mazerat) zu Alter Schwede (3 g), Benediktiner (1,2 g), Boonekamp (4—10 g), Kartäuser (1—3 g).

Wollblumen (als Mazerat) zu Altvater (30 g).

Zimtblüte (als Mazerat) zu Alpenkräuterlikör (7 g), Angostura (40 g), Anisette (10 g), Aromatique (5—50 g), Benediktiner (3 g), Stonsdorfer (20 g), Zimtlikör (40 g); vollwertiger Ersatz für Zimtrinde, sehr geeignet für Liköre.

Samen und Früchte. *Angelika* (als Mazerat) zu Alpenkräuterlikör (25 g), Altvater (25—50 g), Angelikalikör (20—50 g), Benediktiner (5—10 g), Kartäuser (5—12,5 g), Stonsdorfer (5—12,5 g).

Anis (als Mazerat) zu Alpenkräuterlikör (10—50 g), Anisette (160 g), Aromatique (5 g), Benediktiner (5 g), Boonekamp (25 g), Cordial Médoc (27 g), Goldwasser (5—15 g), Kartäuser (5—15 g), Stonsdorfer (15—30 g).

Bittere Mandeln (als Mazerat) zu Eierlikör (1 g blausäurefreies Bittermandelöl), Goldwasser (20 g), Kakao (22,5 g), Persicolikör (200 g), Prünellenlikör (75—100 g).

Fenchel (als Mazerat). In kleineren Mengen als Zusatz zu feineren Likören und zu zu stark schmeckenden Bittern, Alpenkräuterlikör (50 g), Anisette (5 g), Aromatique (5 g), Boonekamp (20—50 g), Cordial Médoc (27 g), Stonsdorfer (30—40 g).

Heidelbeeren (als Mazerat) zu Stonsdorfer (35—40 g).

Johannisbrot (als Mazerat) zu Angostura (5 g), Boonekamp (50—100 g), Cordial Médoc (10 g), Halb und Halb (20 g), Stonsdorfer (15—30 g).

Kaffee (Perkolat oder Aufguß) zu Kaffeelikör (300—500 g).

Kakao (Mazerat, weiß: Destillat) zu Kakaolikör (300—500 g).

Kardamomen (als Mazerat) zu Angostura (5—10 g), Benediktiner (0,5—3 g), Boonekamp (0,5—10 g), Cassislikör (1 g), Cordial Médoc (1 g), Curaçao (10 g), Feinbitter (1—3 g), Goldwasser (6—15 g), Halb und Halb (4 g), Kakaolikör (3 g), Kartäuser (2,5—5 g), Kurfürstlicher Magenbitter (2—5 g), Pomeranzenlikör (2 g), Starkbitter (2,5 g).

Kolanuß (als Mazerat) zu Kakaolikör (100 g).

Koriander (als Mazerat) zu Alpenkräuterlikör (10 g), Anisette (5 g), Benediktiner (6,5—15 g), Boonekamp (12,5 g), Cordial Médoc (5—20 g), Goldwasser (13—40 g),

Kartäuser (10—100 g), Stonsdorfer (3—50 g), Westfälischer Bitter (5 g); auch für Kümmel, Gin, Nordhäuser und andere aromatisierte Trinkbranntweine.

Kubeben (als Mazerat) zu brennend wärmenden Bittern, Aromatique (2 g), Benediktiner (3,5 g), Goldwasser (10 g), Stonsdorfer (15—30 g).

Kümmel (als Mazerat) zu Kümmellikören, Allasch (200 g), Aquavit (10—30 g), Eiskümmel (200 g), Berliner Kümmel (150 g), ferner zu Alpenkräuterlikör (5 g), Goldwasser (5 g), Starkbitter (4 g).

Muskatblüte (als Mazerat), wichtiger Bestandteil vieler Bitteren, Angostura (5 g), Aromatique (2 g), Benediktiner (1,5—2,5 g), Cordial Médoc (1,5 g), Curaçao (2—7,5 g), Feinbitter (1 g), Goldwasser (3—10 g), Kakao (12,5 g), Kartäuser (1 bis 3 g), Muskatlikör (50 g).

Muskatnuß (als Mazerat) zu Benediktiner (0,5 g), Feinbitter (1 g), Kartäuser (5 g), Muskatlikör (50 g).

Piment (als Mazerat) zu Aromatique (3—5 g), Benediktiner (7,5 g), Kartäuser 3 g), Stonsdorfer (7,5—10 g).

Selleriefrüchte (als Mazerat) zu Goldwasser (5 g), Kartäuser (2,5—3 g), Sellerielikör (50 g).

Sternanis (als Mazerat) zu Anisette (50 g), Benediktiner (12,5—20 g), Boonekamp (25—100 g), Goldwasser (2,5—10 g), Stonsdorfer (20 g).

Tonkabohnen (als Mazerat) Zusatz zu Kräuter- und Bitterlikören, um diesen Waldmeisteraroma zu verleihen, Alpenkräuterlikör (15—30 g), Angostura (10—50 g), Aromatique (25 g), Benediktiner (0,5—2,5 g), Halb und Halb (2,5g), Kartäuser (2,5 g).

Vanille (als Mazerat, häufig durch Vanillin ersetzt) zu Cordial Médoc (5 g Frucht), Eierlikör (1—2,5 g Vanillin), Kaffeelikör (2,5 g Frucht), Kakaolikör (10 g Frucht oder 0,15 g Vanillin), Kolalikör (10 g Frucht), Schokoladenlikör (1,5 g Vanillin), Schwedenpunsch (8 g Frucht), Teelikör (2,5 g Frucht), Vanillelikör (40—50 g Frucht).

Wacholderbeeren (als Mazerat) zur Feinaromatisierung von Kornbranntweinen nach Art des Genever und Gin, des Steinhäger und Wacholderlutter, ferner zu Alpenkräuterbitter (20 g), Aromatique (15 g), Feinbitter (9 g), Goldwasser (5 g).

Rinden und Hölzer. *Angostura* (als Mazerat) zu Angosturabitter (30—80 g), Aromatique (50 g), Halb und Halb (2,5—10 g), Pomeranzenlikör (15 g), Stonsdorfer (4 g).

Chinarinden (als Mazerat) zu Alpenkräuterbitter (15 g), Angostura (5—20 g), Aromatique (50 g), Chinabitter (80 g), Halb und Halb (5 g), Stonsdorfer (5—10 g).

Guajakholz (als Mazerat) zu Boonekamp (25—40 g).

Quassiaholz (als Mazerat) zu Altvater (18 g), Feinbitter (2 g), Kurfürstlicher Magenbitter (10 g), Starkbitter (3 g).

Zimtrinden: Ceylonzimt (als Mazerat) zu Angostura (15—30 g), Aromatique (25 g), Benediktiner (1,5—4 g), Bittere Tropfen (75 g), Boonekamp (12,5 g), Cordial Médoc (5 g), Feinbitter (15 g), Goldwasser (5 g), Halb und Halb (8 g), Kaffee- und Teelikör (1,5—2,5 g), Kakaolikör (10—12,5 g), Kartäuser (1—3 g), Kurfürstlicher Magenbitter (5—25 g), Persicolikör (30 g), Pomeranzenlikör (10 g), Zimtlikör (30 g).

Chinesischer Zimt (als Mazerat) zu Boonekamp (10—12,5 g), Cassislikör (7,5 g), Feinbitter (5 g), Goldwasser (10 g), Starkbitter (2,5 g), Zimtlikör (30 g).

Sonstige Drogen. *Aloe* (als Mazerat) zu Alter Schwede (36 g), Boonekamp (10 bis 60 g), Chinabitter (1 g), Halb und Halb (4 g), Stonsdorfer (25—40 g).

Guajakharz (als Mazerat) zu Boonekamp (25—35 g).

Lärchenschwamm (als Mazerat) zu Boonekamp (12,5—25 g), bei dieser Dosierung bestehen keinerlei gesundheitliche Bedenken.

Myrrhe (als Mazerat) zu Boonekamp (2,5—10 g).

Alkoholgehalt einiger Spirituosen (Vol.-%).

	Vol.-%		Vol.-%
Arrak, Orig.-Importware	57 bis 60	Weinbrand, reines Destillat	58 bis 60
Arrak, Importware, verd.	45	Weinbrand, rein	38 bis 42
Arrak-Verschnitt	38 bis 45	Weinbrand-Verschnitt	38 bis 40
Rum, Orig.-Importware	74 bis 77	Liköre	32 bis 40
Rum, Importware, verd.	45	Einfache Branntweine	35 bis 45
Rum-Verschnitt	38 bis 55	Bitter-Schnäpse	40 bis 50

Kirschwasser, Zwetschgenwasser 48 bis 50 Vol.-%

Angostura-Bitter (Sido).

Angosturarinde	140,0	Quassiaextrakt, wäßrig	2,0
Kassiablüte	70,0	Zimtöl	0,4
Kardamomen	25,0	Nelkenöl	0,2
Nelken	7,5	Weingeist (90%)	500,0

Wasser, dest. 500,0

Nach viertägigem Mazerieren mit dem Weingeist das Wasser zufügen, nach weiteren vier Tagen abpressen. 500 bis 800 g Essenz mit 300 bis 500 g Zucker und 10 l Weingeist (36%) zum Likör verarbeiten.

Apéritif.

Anisöl		Pfefferminzblätter	4,0
Sternanisöl		Wermut	0,5
Anis		Weingeist (90%)	650,0
Sternanis	ää 2,0	Wasser, dest.	350,0

10 Tage lang mazerieren, dann filtrieren.

Verwendung. Beim Servieren 1 T. Apéritif mit 2 T. Wasser verdünnen und mit 2 bis 3 Stück Zucker süßen. Im Sommer serviert man eisgekühlt.

Augsburger Lebensessenz (Sido).

A.	Quassiaholz	15,0	Enzianwurzel	5,0
	Unreife Pomeranzen	15,0	Alantwurzel	5,0
	Pomeranzenschale	10,0	Lärchenschwamm	5,0
	Rhabarber	10,0	Safran	2,5
	Aloe	10,0	Myrrhe	2,5
	Zitwerwurzel	5,0	Malaga	320,0
	Weingeist 80%)	480,0		
B.	Zuckersirup	20,0	Ananasessenz	50,0

A. 14 Tage mazerieren, abpressen, B. zusetzen.

„Bärenfang."

Bärenfang muß nach den betr. Begriffsbestimmungen in 100 l mindestens 25,5 kg Honig enthalten. Die Verwendung von Aromastoffen, die einen höheren Honiggehalt vortäuschen sollen, ist verboten, die Färbung mit Zuckercouleur ist erlaubt. Der Mindestweingeistgehalt muß 30 Vol.-% betragen. Ohne geeignete Maßnahmen ist „Bärenfang" trübe, wenn man die Eiweiß- und sonstigen Honigbegleitstoffe nicht entfernt. Hierzu wird der Honig zweckmäßig in der vorgesehenen Menge destilliertem Wasser gelöst und mit etwa 5% frisch gefälltem Aluminiumhydroxyd geschüttelt und nach kurzem Stehen blank filtriert. Auch teigförmiges Aluminiumhydroxyd des Handels kann verwendet werden. Will man diese Arbeit umgehen, kann auch gereinigter Honig DAB. 6 Verwendung finden. Das Aluminiumhydroxyd wird hergestellt aus einer heißen Aluminiumsulfatlösung durch Fällung mit konz. Ammoniakflüssigkeit, Sammeln des gallertigen Niederschlags und Auswaschen mit heißem Wasser bis zum Verschwinden der alkalischen Reaktion.

„Bärenfang" mit annähernd 50% Alkoholgehalt erhält man durch Vermischen von verflüssigtem Honig und Weingeist (90%) zu gleichen Teilen. Die Klärung der Mischung soll auch durch Sonneneinwirkung erfolgen. Die Qualität und die Bekömmlichkeit von „Bärenfang" soll durch die Lagerung besonders gewinnen.

Benediktiner-ähnlicher Likör. („DD.")

Raffinadesirup (aus 37 kg Raffinade)	55,8 l	Weingeist (95%)	44,2 l
		Benediktiner-Likÿressenz	3 bis 3,5 kg

Enthält die Benediktiner-Likÿressenz kein echtes Weinbeeröl, setzt man auf 100 l Likör 500 g Weinbrand zu.

Birkenlikör.

Frischer Birkensaft	500,0	Zucker	200,0
Weingeist (90%)	300,0		

Der Zucker wird im Birkensaft gelöst und dann der Spiritus zugesetzt. Nach einer Lagerzeit von einigen Wochen wird filtriert.

Bittere Kräuter zur Herstellung von Bitterschnäpsen.

1.

Unreife Pomeranzen	82,0	Gewürznelken	62,0
Angelikawurzel	4,0	Enzianwurzel	52,0
Galgant	8,0	Quassiaholz	8,0
Zimt, chin.	8,0		

Die fein zerschnittenen oder grob gepulverten Drogen werden vermengt mit einer Mischung aus

Citronenöl	1,0	Pomeranzenschalenöl	1,0
Zimtöl	1,0		

2. (Hager)

Safran	2,0	Malvenblüten (silvestris)	5,0
Rhabarber	10,0	Klatschrosenblüten	5,0
Zitwerwurzel	10,0	Pfefferminze	5,0
Ingwerwurzel	10,0	Tausendgüldenkraut	5,0
Galgant	10,0	Bitterklee	5,0
Kalmus	10,0	Stiefmütterchen	5,0
Pomeranzenschale	10,0	Bitterorangenblätter	5,0
Sandelholz	10,0	Lärchenschwamm	5,0
Guajakholz	10,0	Angelikawurzel	5,0
Lavendelblüten	5,0	Enzianwurzel	25,0
Aloe	50,0 bis 125,0		

Bitterlikör (Daz).

Kardamomen		Pomeranzentinktur aus unreifen Früchten	
Kubeben	ää 15,0	Pomeranzenschale DAB. 6	ää 50,0
Tausendgüldenkraut		Ceylonzimt	
Kardobenediktenkraut		Koriander	
Enzian	ää 30,0	Kalmus	ää 10,0
Galgantwurzel	50,0	Gewürznelken	5,0

Die grob gepulverten Drogen werden mit 2 l Weingeist (90%) 3 Wochen mazeriert. Dem Preßsaft setzt man 1 l Weingeist (90%), 3,5 l Wasser und 2 kg Zucker zu, den man kalt löst. Nach 8 Tagen wird filtriert.

Bitterlikör, Boonekamp-ähnlich.

Lärchenschwamm, fein geschn.	Weingeist (40%) 950,0
Süßholz, fein geschn.	Weinbrand 20,0
Bitterklee-Extrakt . . . . ää 5,0	Salpetergeist, versüßt 3,0
Galgantwurzel, fein geschn. 10,0	Sternanisöl
Zucker 20,0	Fenchelöl . . . . ää 0,5

Bitter-Schnaps.

Zimt, chinesisch, grob gepulv. 2,5	Pomeranzenfrüchte, grob gepulv. . . 30,0
Angelikawurzel, grob gepulv. 5,0	Tausendgüldenkraut, fein geschn. . 10,0
Enzianwurzel, grob gepulv. 7,5	Bitterklee, fein geschn. 10,0
Zitwerwurzel, grob gepulv. 10,0	Pfefferminzkraut, fein geschn. . . . 15,0
Galgant, grob gepulv. 10,0	Weingeist (95%) . . . . 2,250 l

Wasser, dest. . . . . 3,100 l

Die Kräuter werden mit der Weingeist-Wasser-Mischung 8 Tage lang unter häufigem Umschütteln ausgezogen, dann koliert und mit Zuckercouleur nach Wunsch gefärbt. Nach dem Absitzenlassen in der Kälte wird filtriert.

Blackberry-Brandy (Sido).

Brombeersaft, frisch gepreßt . . 430,0	Zucker 330,0

Weingeist (95%) 250,0

Den Brombeersaft mit dem Zucker zum Sirup verkochen, noch heiß mischen und filtrieren.

Blutorange (Sido).

A. Citronenschale, frisch, expulpiert 15,0	C. Essenz wie vorstehend . . . 20,0
Apfelsinenschale, frisch, expulpiert 30,0	Weingeist (90%) 375,0
Weingeist (70%) 575,0	D. Zucker 350,0
B. Apfelsinenschalenöl 3,0	Wasser, dest. 360,0
	E. Himbeerrot . . . . . nach Bedarf

A. eine Woche lang mazerieren, abpressen, filtrieren, B. zugeben. Die erhaltene Essenz nach C. mischen, D. durch Aufkochen bereiten. C. und D. heiß mischen, färben.

China-Bitterlikör.

Chinatinktur 500,0	Citronenöl . . . . 5 Tr.
Pomeranzenschalentinktur . . 100,0	Ätherisches Bittermandelöl, blausäurefrei . . . . 2 Tr.
Ingwertinktur 50,0	Zuckersirup 500,0
Arrak 20,0	

Kornsprit (90%) . . . . . . 4,5 l

werden gemischt und die kochend heiße Lösung von

Zucker . . 3000,0 | Wasser . . 4000,0

dazugegeben. Man läßt im bedeckten Gefäß erkalten und filtriert.

China-Elixier (Sido).

Sternanis	Pomeranzenschalen . . 60,0
Cochenille	Calisaya-Chinarinde . . 120,0
Kümmel	Weingeist (90%) . . . 500,0
Kardamomen . . . ää 7,5	Dest. Wasser 1500,0
Koriander 30,0	Weinbrand 12500,0
Ceylonzimt 30,0	Zuckersirup 1250,0

Die grob gepulverten bzw. zerstoßenen Drogen werden 8 Tage lang mit dem Menstruum mazeriert. In die Kolatur wird der kochende Sirup eingegossen. Noch warm wird filtriert.

China-Likör.

Chinarinde, grob gepulv.	200,0	Chinesischer Zimt, grob gepulv.	30,0
Pomeranzenschalen, fein zerschn.	120,0	Nelken, grob gepulv.	1,0
Curaçaoschalen, fein zerschn.	50,0	Malabar-Kardamomen, grob gepulv.	2,0

Weingeist (90%) 6000,0

mazeriert man nach Zusatz von

Gelatine 1,0

gelöst in

Dest. Wasser 4500,0

2 Tage lang, preßt dann aus und löst darin

Zucker 7000,0

dann wird filtriert.

China-Likör riecht aromatisch, hat einen angenehmen, bitteren Geschmack und ist schön gefärbt.

China-Magenbitter (Sido).

1. A.	Pomeranzenschalen	20,0	Galgant	80,0
	Ingwerwurzel	20,0	Enzianwurzel	80,0
	Gewürznelken	20,0	Chinarinde	760,0

Weingeist (40%) 10000,0

B.	Mazerat a)	1 l	Weingeist (95%)	2,8 l
C.	Zuckersirup DAB. 6.	1 l	Dest. Wasser	5,6 l

A. 8 Tage mazerieren, abpressen, mit B. mischen, C. bis nahe ans Kochen erhitzen und ebenfalls hinzumischen, schließlich heiß filtrieren.

2. A.	Muskatnuß	8,0	Curaçaoschalen	50,0
	Enzianwurzel	25,0	Chinarinde	100,0
	Zimt	50,0	Weingeist (95%)	2 l

Dest. Wasser . . . . 1 l

B.	Mazerat a)	3 l	Weingeist (95%)	2,7 l
C.	Zuckersirup	1,2 l	Dest. Wasser	3,5 l

A. 14 Tage mazerieren, abpressen, mit B. mischen, C. bis nahe zum Kochen erhitzen, warm hinzumischen und filtrieren.

Die Drogen werden für beide Vorschriften *grob gepulvert* mazeriert.

3. A.	Chinarinde	60,0	Koriander	40,0
	Pomeranzenschalen	40,0	Zimt	50,0
	Kardamomen	6,0	Weingeist (95%)	1800,0
	Gewürznelken	10,0	Dest. Wasser	2600,0
B.	Bittermandelwasser	50,0	Kirschsirup	500,0

A. 1 Woche lang mazerieren, abpressen, Kolatur filtrieren, B. zusetzen. Die Drogen kommen grob gepulvert zur Mazeration.

China-Magenlikör.

Chinatinktur	500,0	Himbeersirup	500,0
Pomeranzenschalentinktur	75,0	Weingeist (90%)	2000,0
Ingwerwurzeltinktur	30,0	Wasser, dest.	1000,0
Citronenöl	0,5	Ungarwein	250,0
Bittermandelwasser	20,0	Zuckercouleur	50,0

Weißer Sirup 1000,0

werden gemischt und nach sechs Tagen filtriert.

Citronenlikör (DIETERICH).

Apfelsinenöl	5 Tr.	Citronensäure pulv.	5,0
Citronenöl	2,0	Arrak	50,0
Cochenille, fein zerrieben	0,5	Weingeist (90%)	4 l

werden gemischt und in die Mischung eine hochend heiße Lösung von

Zucker	3500,0	Wasser	4000,0

eingegossen und das Gefäß gut bedeckt. Nach dem Erkalten färbt man mit einigen Tropfen Curcumatinktur blaßgelb und filtriert. Mit Schokoladenlikör gemischt, ergibt sich ein besonders feines Aroma.

Curaçao-Likör (DIETERICH).

1. Curaçaorinde, fein zerschn. . . . 500,0

werden mit

Weingeist (90%) . . . . 5 l

8 Tage lang mazeriert, das Ganze in eine Destillierblase gebracht und zugefügt

Ätherisches Bittermandelöl, blausäurefrei	5 Tr.	Arrak	50,0
		Dest. Wasser	4000,0
Citronenöl	2 Tr.	und destilliert	6000,0 über.

Besonders werden gelöst

Zucker 3500,0

in

Wasser 3000,0

Die kochend heiße Zuckerlösung wird in das Destillat gegossen und nach dem Erkalten filtriert.

2.

Curaçaorinde, fein zerschn.	25,0	Ätherisches Bittermandelöl, blausäurefrei	5 Tr.
Apfelsinenöl	1,0	Cochenille, fein zerrieben	1,0
Pomeranzenschalenöl	1,0	Weinbrand	50,0
Citronenöl	10 Tr.		

Weingeist (90%) . . . . 4,5 l

mischt man und gießt eine kochend heiße Lösung von

Zucker	3500,0	Wasser	4000,0

zu und bedeckt das Gefäß. Nach dem Erkalten gibt man zu

Zuckercouleurtinktur . . . . . . 10 Tr.

und filtriert.

Damenlikör (SIDO).

Rosenöl	3 Tr.	Zucker	500,0
Vanilletinktur	10,0	Stärkesirup	1000,0

Dreisterniger 1500,0

Danziger Goldwasser (HAGER P-TM).

Citronenöl	10 Tr.	Safrantinktur	10 Tr.
Macisöl	10 Tr.	Weingeist (90%)	1000,0
Zimtöl	10 Tr.	Rosenwasser	1000,0

Orangenblütensirup . . 1000,0

werden gelöst und nach dem Filtrieren kleine Stückchen Blattgold beigefügt.

Dreisterniger (SIDO).

A. Sultaninen, ungewaschen, geschnitten	250,0	Vanille	2,0
Backpflaumen	75,0	Wasser, dest.	3000,0
Mandeln, süß, geröstet und zerkleinert	25,0	Zucker	2000,0
		B. Weingeist (95%)	1500,0

A. vier Wochen lang mit Gärspund der Gärung überlassen, kolieren und B. zufügen.

Eibenstöcker Magenbitter (SIDO).

Von der nachfolgenden Ölmischung, die schon längere Zeit gelagert haben soll, ist 1 g auf 1 l Weingeist (40%), der etwa 10% Zucker enthält, zu verwenden.

Ölmischung.

Macisöl	30,0	Citronenöl	8,0
Nelkenöl	15,0	Ingweröl	4,0
Zimtöl	15,0	Kardamomenöl	2,0
Wermutöl, franz.	15,0	Kubebenöl	2,0
Pomeranzenöl, bitter	8,0	Sassafrasholzöl	2,0

Eier-Weinbrand (SIDO).

Frische Dotter von 12 Eiern		Zucker, mittelfein pulv.	180,0
Weinbrand	1000,0		

Das Eigelb durch Mull pressen und mit dem Zucker verquirlen, den Weinbrand nach und nach zugeben.

Feuerzangenbowle.

1. Weißwein	1000 ccm	Rum oder Arrak	250 ccm
Hut- oder Würfelzucker.	500,0	Citrone	1 Stck.

Den Saft der Citrone gibt man ausgepreßt zum Wein und läßt einige Scheiben der Citrone kurze Zeit im Wein ausziehen. Als Gefäß verwendet man eine Bowlenschüssel aus Steingut oder ein solches aus Jenaer Glas. Den Zucker tränkt man auf einem weitmaschigen, über das Gefäß gelegten Drahtnetz (bei Hutzucker in einem Stück mit einer Tiegelzange haltend) mit dem Rum oder Arrak, zündet diesen an und läßt das dabei Abtropfende in die Bowle tropfen. Je nach Geschmack können auch noch weitere bei Bowlen übliche Aromastoffe zugegeben werden.

2. Man brüht 1 l guten schwarzen Tee auf, gießt ihn durch ein Sieb in ein glasiertes oder feuerfestes Geschirr, in dem die Bowle auch serviert wird, fügt 2 Flaschen Rotwein, den Saft einer Zitrone und einer Apfelsine hinzu und erhitzt die Mischung bis kurz vor dem Kochen. Dann stellt man den Topf auf ein Servierbrett, legt eine Feuerzange oder zwei Eisenstäbe quer über den Topf und darauf ein 1 kg schweres Stück Zucker, das man mit hochprozentigem, feinem Jamaika-Rum oder Arrak ganz durchtränkt und dann entzündet. Der schmelzende Zucker tropft dann in die Bowle und erzeugt hier ein liebliches Aroma. Je nach Geschmack rechnet man auf die obige Mischung $\frac{1}{2}$ bis $1/_1$ Flasche Rum oder Arrak, den man mit einem Löffel nach und nach über den Zucker gießt.

Fruchtsaftliköre.

Zur Herstellung von Fruchtsaftlikören können entweder die zerkleinerten Früchte, die mit Weingeist angesetzt werden, Verwendung finden, besser jedoch die Muttersäfte aus diesen, weil bei der Verwendung der Früchte der im Preßrückstand verbleibende Alkohol ohne Destillation verlorengeht. Bei kleinen Mengen lohnt sich aber eine Destillation nicht. Zur Fruchtsaftlikör-Herstellung eignen sich von den Garten- und Waldfrüchten Aprikosen, Brombeeren, Erdbeeren, Himbeeren, Johannisbeeren und Kirschen, von Südfrüchten Ananas, Apfelsinen und Mandarinen.

Fruchtsaftlikör.

Weingeist (95%)	300 ccm	Zucker	300,0
Muttersaft	300 ccm	Wasser	200,0

Die Vorschrift ergibt etwa 1000 ccm Fruchtsaftlikör mit etwa 30% Alkoholgehalt.

Früchtelikör.

Johannisbeeren, rot		Himbeeren	
Johannisbeeren, schwarz	ā 1000,0	Erdbeeren.	āā 1000,0

Weingeist (95%) . . . 2000 ccm

Die Beeren werden, wie sie bei der Ernte anfallen, völlig zerquetscht und mit dem Spiritus angesetzt. Man läßt 14 Tage bei täglichem Umschütteln stehen, dann wird abgepreßt, durch ein Seitz-Filter filtriert und auf 900 ccm Auszug ein heißer Sirup, hergestellt aus

Zucker . . 275,0 | Wasser . . 225,0

zugegeben, nochmals filtriert und auf Flaschen gefüllt. Der prächtig rot gefärbte, kristallklare Likör ist nach genügender Lagerzeit von vorzüglichem Aroma.

Hagebuttenlikör.

Hagebuttenschalen (entkernt, schimmelfrei, trocken) . . 1000,0

werden mit

Weingeist (50%) . . . . 2 l

14 Tage lang mazeriert.

Nach dem Abfiltrieren des Weingeistes wird die Droge ausgepreßt, die gewonnene Flüssigkeit ebenfalls filtriert und mit dem ersten Filtrat vereinigt. Dann gibt man 1 l heiße Zuckerlösung (65%) hinzu, läßt einige Tage stehen, filtriert, wenn nötig, nochmals und färbt mit giftfreier Teerfarbe leicht rot bzw. gelb.

Johannisbeerlikör.

Schwarze Johannisbeeren . .	500,0	Bittere Mandeln	5,0
Zimt, grob gepulvert	4,0	Weingeist (95%)	500,0
Nelken, grob gepulvert . .	2,0	Wasser, dest.	500,0
Koriander, grob gepulvert. .	2,0	Zucker	500,0

Die zerquetschten Beeren werden mit den Gewürzen, dem Weingeist und dem Wasser 8 Tage lang unter öfterem Umschütteln ausgezogen. Dann wird abgepreßt, nach dem Absetzen blank filtriert und im Filtrat der Zucker gelöst. Zur Förderung des Pektinabbaues empfiehlt sich die Verwendung von Filtragol (s. S. 499).

Kaffeelikör.

Kaffeebohnen, geröstet . . .	250,0	Weinbrand	20,0
Ceylonzimt, pulv.	2,0	Arrak, echt.	30,0
Macis, pulv.	2,0	Weingeist (95%)	3,5 l
Vanille, fein zerschnitten .	5,0	Zuckersirup DAB. 6	3,0 l

Wasser, dest. . . . . 4,0 l

Zunächst werden die gemahlenen Kaffeebohnen mit 2 l kochendem Wasser übergossen und 10 Min. ziehen gelassen, dann wird koliert. Mit dem Kaffeebohnenrest wird mit der gleichen Menge kochendem Wasser derselbe Vorgang wiederholt und ebenfalls nach 10 Min. koliert. Zu den vereinigten, abgekühlten Auszügen wird der Weingeist gegeben. Die Gewürze werden mit der Mischung aus Weinbrand und Arrak 5 Tage lang ausgezogen, dann koliert und die Kolatur mit dem Kaffeeauszug und dem Zuckersirup vermengt. Dann wird filtriert und mit Zuckercouleur nach Belieben gefärbt.

Kakao-Likör (SIDO).

	1.	2.		1.	2.
A. Kakaopulver	100,0	250,0	Vanille	8,0	5,0
Macis	0,25	6,0	Weingeist (70%)	1 l	—
Koriander	3,0	—	Weingeist (50%)	—	6 l
Zimt	0,75	30,0	Weinbrand	0,1 l	—
Nelken	0,25	3,0	B. Zucker	800,0	2500,0
Ingwer	0,1	—	Wasser, dest.	auf 2,000,0	

A. fünf Tage lang mazerieren, filtrieren und das Filtrat in die noch heiße Zuckerlösung B. geben.

Farblos.

A. Kakaopulver	200,0	Zimt	2,0
Vanille	3,0	Weingeist (95%)	1 l

Wasser, dest . . . . 1 l

B. Wasser, dest.	750,0	C. Zucker	750,0

A. 24 Stunden mazerieren, 1,5 l abdestillieren; B. in die Blase geben, weitere 500 ccm abdestillieren, gesondert auffangen. Im zweiten Kondensat C. heiß lösen und das erste Destillat der heißen Lösung zugeben.

Kolalikör (DIETERICH).

Kolasamen, geröstet, pulv.	250,0	Arrak	100,0
Cochenille, fein pulv.	2,0	Weingeist (90%)	3500,0
Zucker	3000,0 bis 4000,0	Wasser, dest.	3500,0

Die ersten 4 Bestandteile werden 8 Tage lang digeriert, das Filtrat mit dem heißen Zuckersirup gemischt und nach dem Erkalten die Vanilletinktur und das Bittermandelöl zugesetzt:

Vanilletinktur	5,0
Ätherisches Bittermandelöl, blausäurefrei	3 Tr.

Kräuterlikör Kräutermagenbitter (DIETERICH).

Bittermandelöl, äther., blausäurefrei	5 Tr.	Schafgarbenöl	5 Tr.
Angelikawurzelöl	2 Tr.	Wermutöl, franz.	5 Tr.
Kalmusöl	5 Tr.	Salpetergeist, versüßt	50,0
Macisöl	5 Tr.	Enziantinktur	50,0
Krauseminzöl	5 Tr.	Weingeist (90%)	4,5 l

Wacholdermus 300,0

werden gemischt und dazu gegeben die kochend heiße Lösung aus

Zucker	3000,0	Wasser, dest.	4000,0

und der Mischung sofort zugegeben:

Melissenblätter, geschnitten	50,0	Süßholzpulver	25,0
Galgantwurzelpulver	25,0	Bitterklee-Extrakt	20,0
Ingwerpulver	25,0	Gerbsäure	10,0

Nach gründlichem Durchmengen läßt man in einem bedeckten Gefäß 24 Std. lang stehen, filtriert und färbt zu einem gesättigten Gelbgrün.

Kümmellikör (DIETERICH).

1. *Russischer Kümmellikör.*

Anisöl	2 Tr.	Carvol	2,0
Bittermandelöl, äther., blausäurefrei	2 Tr.	Vanilletinktur	2,0
Petersilienöl	5 Tr.	Salpetergeist, versüßter	20,0
Rosenöl	3 Tr.	Weingeist (90%)	4,5 l

werden gemischt und dazugegeben die kochend heiße Lösung aus

Zucker	3000,0	Wasser, dest.	3500,0

und filtriert.

2. *Französischer Kümmellikör.*

Anisöl	2,0	Salpetergeist, versüßt	100,0
Rosenöl	2,0	Weingeist (90%)	4,5 l
Carvol	4,0	Zucker	3000,0
Vanilletinktur	50,0	Wasser, dest.	3000,0

Herstellung wie 1.

Laxierender Likör. Haemorrhoidallikör (Sido).

1.

Alantwurzel		Enzianwurzel	
Galgantwurzel	ää 5,0	Rhabarberwurzel	
Lärchenschwamm		Zeduariawurzelstock	ää 10,0
Myrrhe		Aloe	80,0
Angelikawurzel	ää 10,0	Weingeist (90%)	1500,0

Die grob gepulverten Drogen werden bei 30 bis 40° etwa 8 Tage lang mazeriert und in dem Auszug 175,0 Zucker gelöst.

2.

Entbittertes Cascara-Sagrada-Fluidextrakt	50,0	Zuckersirup	170,0
Sherry- oder Hagebuttenwein	125,0	Entbittertes Faulbaumrinden-Fluidextrakt	30,0
Weingeist (90%)	125,0	Vanilletinktur	5,0

LikÖransatz (ohne Aroma) zur Selbstherstellung.

	1.	2.		1.	2.
Wasser, dest.	500,0	280,0	Weingeist (95%)	250,0	—
Zucker	200,0	120,0	Weingeist (90%)	—	200 ccm

Likör nach Benediktiner Art.

Weingeist (95%)	44,2	Likóressenz nach Art des Benediktiners	2,0 bis 3,5
Raffinadesirup (aus 37 kg Raffinade)	55,8		

Ist echtes Weinbeeröl bei der Herstellung der Essenz (s. S. 490) nicht verfügbar, verwendet man auf 100 l Likör 500 g Weinbrand.

Magenbitter.

Muskatnuß	2,0	Enzian	6,0
Wermut	2,0	Heidelbeeren	6,0
Koriander	2,0	Pomeranzenfrüchte	8,0
Kalmus	3,0	Sternanis	10,0
Zimt	20,0	Piment	10,0
Fenchel	4,0	Zitwerwurzel	12,0
Angelikawurzel	4,0	Nelken	16,0
Anis	4,0	Curaçaoschalen	16,0
Pomeranzenschalen	4,0	Ingwer	20,0
Kardamomen	5,0	Johannisbrot	22,0
Galgant	24,0		

Die grob pulverisierten Gewürze setzt man mit einer Mischung aus 8 l Weingeist (95%) und 8 l dest. Wasser an und zieht unter öfterem Umschütteln 8 Tage lang aus. Dann wird koliert, nach dem Filtrieren 4,8 l Zuckersirup DAB. 6 zugefügt und mit Zuckercouleur nach Belieben gefärbt.

Magenlikör (Sido).

Mit der nach den unten angegebenen Richtlinien selbst herstellbaren Magenliköressenz wird ein ausgezeichnet schmeckender Magenlikör erhalten, der bei Lagerung in 12 Monaten eine besonders hervorzuhebende Abrundung erfährt.

A. Magenlikóressenz	100,0	Weingeist (90%)	1600,0
B. Zucker	1350,0	Dest. Wasser	1950,0

A. mischen, B. aufkochen, abschäumen und heiß in dünnem Strahl unter Umrühren in A. gießen. Mit warmem Wasser auf 5000,0 Gesamtmenge ergänzen und noch warm filtrieren.

Magenlikóressenz.

Myrrhe, pulv.		Ingwerwurzel, pulv.	
Kardamomen, pulv.		Galgant, pulv.	
Macis, pulv.	ää 1,0	Pomeranzenschalen, pulv.	ää 10,0
Aloeextrakt	4,0	Weingeist (90%)	160,0

Dest. Wasser 80,0

werden als Tinktur angesetzt, nach 10 Tagen abgepreßt, filtriert und folgende Mischung zugesetzt:

Zuckercouleur		Pomeranzenschalenöl	
Süßholzlösung (1 + 1)	ää 40,0	Anisöl	
Versüßter Salpetergeist	200,0	Cascarillöl	ää 15 Tr.
Essigäther	30,0	Bittermandelöl (blausäurefrei)	12 Tr.
Kumarin	0,12	Schafgarbenöl	10 Tr.
Salmiakgeist (0,960)		Sassafrasöl	7 Tr.
Ingweröl		Angelikaöl	6 Tr.
Vanillezucker	ää 1,0	Ysopöl	4 Tr.
Galgantöl	2,0	Kardamomenöl	
Wermutöl	2,5	Wacholderbeeröl	ää 2 Tr.
Citronenöl	15 Tr.	Rosmarinöl	1 Tr.

Nach 3tägigem Stehen filtrieren und das Filter mit Weingeist (70%) nachwaschen bis zum Gesamtgewicht von 500,0.

Muskatlikör (DIETERICH).

Bittermandelöl, äther., blausäurefrei	5 Tr.	Cochenille, fein pulv.	0,5
Majoranöl	5 Tr.	Salpetergeist, versüßt	20,0
Nelkenöl	5 Tr.	Weingeist (90%)	4,5 l
Macisöl	3,0	Honig, gereinigt	500,0

werden gemischt und die kochend heiße Lösung aus

Zucker	3000,0	Wasser, dest.	4000,0

dazugegeben und sofort hinzugefügt

Galgantwurzelpulver	25,0	Zimt, chin. pulv.	25,0
Ingwerpulver	25,0	Gerbsäure	5,0

Nach 24stündigem Stehen in einem bedeckten Gefäß wird filtriert und mit Zuckercouleur lebhaft madeiragelb gefärbt.

Nordhäuseressenz.

Weingeist	1000,0	Wacholderspiritus (Destillat)	5,0
Kornfuselöl	120,0	Ameisensäureäther, konz.	10,0
Ätherisches Bittermandelöl, blausäurefrei	20 Tr.	Essigäther (0,890)	20,0

Zu 100 l Nordhäuser-Branntwein werden etwa 300 g verwendet.

Nußlikör (DIETERICH).

Walnußschalen, frische, grüne, zerschn.	1000,0	Citronenschalen, frische	20,0
		Weingeist (90%)	4,5 l

Wasser 4000,0

bringt man in eine Destillierblase, läßt 24 Stunden mazerieren und destilliert ab 6000,0; dem Destillat gibt man zu

Honig, gereinigt	500,0	Weinbrand	100,0
Walnußschalen, frische, grüne, zerschn.	200,0	Kumarinzucker	3,0
Süßholzpulver	10,0	Wermutöl, franz.	5 Tr.
Salpetergeist, versüßt	20,0	Nelkenöl	15 Tr.
		Cassiaöl	5 Tr.

Bittermandelöl, äther., blausäurefrei 5 Tr.

und gießt die kochend heiße Lösung aus

Zucker . . . . . 3000,0 | Wasser, dest. . . 2500,0

darunter.

Nach 24stündigem Stehen wird filtriert und mit Zuckercouleur kaffeebraun gefärbt.

Pfefferminzlikör.

1. Pfefferminzlikôressenz	100,0	Zuckersirup DAB. 6	2,0 l
Weingeist (95 %)	3,4 l	Wasser, dest.	4,85 l

Gefärbt wird mit grüner Konditorfarbe, dann filtriert.

Pfefferminzlikôressenz.

Pfefferminzöl (Mitcham)	2,0	Rosenöl	2 Tr.
Melissenöl	2 Tr.	Salpetergeist, versüßter	20,0
Benzaldehyd	2 Tr.	Weingeist (95%)	78,0

2. Pfefferminzöl Ia.	0,1 bis 0,2	Weingeist, rein (36 Vol.-%)	72,4 bis 64,8

Zucker . . . . 27,5 bis 35,0

Der Likör wird nach Geschmack mit Citronen-, Anisöl und Benzaldehyd abgerundet.

Quittenlikör (DIETERICH).

Citronenöl	5 Tr.	Arrak	50,0
Cochenille, fein zerrieben	1,0	Weingeist (90%)	4 l

Quittensaft . . . . 2 l

mischt man und gießt eine kochend heiße Lösung von

Zucker . . 4000,0 | Wasser . . 2000,0

unter Umrühren nach und nach hinzu. Das Gefäß wird gut bedeckt, der Inhalt am nächsten Tage filtriert und das Filtrat mit Curcumatinktur blaßgelb gefärbt.

Schlehenlikör (ULBRICH).

Reife, blaue Schlehen . . 2000,0

werden im Bunzeltopf 10 Min. gekocht mit

Wasser 1000,0

dann werden zugesetzt

Weingeist (90%) 2500,0

und bis zur Ätherisierung des Alkohols stehengelassen. Nach 8 Tagen setzt man zu

Mandelmilch (mit Rosenwasser hergestellt)	300,0	Vanilletinktur	3,0
Bittermandelwasser	5,0	Nelken, pulv.	2,0
		Ceylonzimt	3,0

und rührt öfter um. Dann wird im Preßsaft je nach Geschmack gelöst

Zucker. . . . . . . bis 3000,0

und verdünnt mit Wasser auf 8 l Likör. Dann wird filtriert.

Bei der Herstellung dürfen die frischen Früchte und der Ansatz *mit Eisen nicht in Berührung* kommen, weil sonst eine Mißfärbung auftritt, die auch den Geschmack beeinträchtigt.

Schokoladelikör (DIETERICH).

Kakaobohnen, geröstet, fein pulv.	250,0	Vanilletinktur	50,0
Bittermandelöl, äther., blausäurefrei	3 Tr.	Arrak	100,0
Cochenille, fein pulv.	2,0	Weingeist (90%)	4000 ccm

werden in einer Ansatzflasche 8 Tage lang bei 30° bis 40° digeriert. Dann wird kochend heiß zugegeben die Lösung aus

Zucker	4500,0	Wasser, dest.	3500,0

Nach dem Erkalten, das man in einem bedeckten Mischgefäß vor sich gehen läßt, läßt man mehrere Tage in einem kalten Raum stehen und filtriert dann.

Sherry Brandy (SIDO).

Kirschen, saure	5000,0	Wasser, dest.	4000,0
Sultaninen	250,0	Stärkesirup	3000,0
Zucker, ungebläut	600,0	Weingeist (95%)	3000,0

Die Kirschen gründlich waschen, entkernen, Kerne zerstoßen. Sultaninen *ungewaschen* zerschneiden. Kirschen, Kerne, Sultaninen mit 4 kg Zucker mischen und mit etwas Wasser übergießen. Das Gefäß zubinden, 14 Tage möglichst in der Sonne stehen lassen, dann auspressen. Zur Kolatur den schwach angewärmten Stärkesirup, den Zuckerrest und zuletzt langsam den Weingeist zugeben.

Teelikör.

Schwarzer Tee	3000,0	Jamaica-Rum (75%), echt	1 l
Ceylonzimt	25,0	Weingeist (95%)	3 l
Bourbon-Vanille	25,0	Rosenwasser	0,5 l
Weindestillat (60%)	1 l	Orangenblütenwasser	0,5 l
Dest. Wasser	4 l		

werden perkoliert und ergeben 10 l Perkolat.

Zusammenstellung:

Weingeist (95%)	27 l	Ananasessenz	0,3 l
Perkolat (42%)	10 l	Citronenessenz	0,1 l
Rosinenessenz	0,5 l	Zuckersirup (60%)	40 l
Wasser	24 l		

Mit Zuckercouleur wird gelbbraun gefärbt.

Theriak. Electuarium aromaticum. Electuarium Theriaca.

Angelikawurzel	6,0	Schlangenwurzel	4,0
Baldrianwurzel	2,0	Nelken	1,0
Ceylonzimt	3,0	Myrrhe	1,0
Zitwerwurzel	2,0	Spanischer- oder Xereswein	6,0
Malabar-Kardamomen	1,0	Honig, gereinigt	40,0
Ingwer	3,0	Zuckersirup DAB. 6	30,0

Die fein pulverisierten Bestandteile mit den übrigen Bestandteilen mischen und die Mischung auf dem Wasserbad zu einem dicken Mus erwärmen.

Schwarzbraunes, würziges Mus.

Verwendung. Zur Branntweinherstellung.

Vanillelikör.

1. Vanilletinktur (hergestellt 1:10 aus bester Bourbon-Vanille)	50,0	Weingeist (95%)	3,75 l
		Zucker	5000,0
		Wasser	auf 10 l

Das Aroma kann noch durch Zusatz von 0,5 g Orangenblütenöl und Zusatz von Jamaika-Rum (je nach Geschmack) verfeinert werden.

2. Vanille, fein zerschnitten	50,0	Rosenwasser	10,0
Zimt, grob pulv.	10,0	Weinbrand	250,0
Rosinen	6,0	Weingeist (95%)	3,5 l
Vanillin	1,0	Wasser, dest.	5,0 l
Zuckersirup DAB. 6	2,0 l		

Die Gewürze werden mit dem Weingeist und 1,5 l dest. Wasser 4 Tage lang unter wiederholtem Umschütteln ausgezogen, dann koliert und das Rosenwasser, der Weinbrand, die fehlenden 3,5 l dest. Wasser und der Zuckersirup zugefügt. Gefärbt wird nach Belieben mit Zuckercouleur und nach dem Absetzen filtriert.

Wacholderschnaps (SIDO).

A. Wacholderbeeren	250,0	Pomeranzenschalen	10,0
Piment	10,0	Angelikawurzel	15,0
Zimt	8,0	Weingeist (90%)	4,5 l
Wasser	5,5 l		
B. Zucker	500,0	Wasser	auf 10 l

A. 8 Tage mazerieren, abpressen, B. zusetzen, filtrieren.

Walnuß-Likör (SIDO).

A. Walnüsse, grün	40 Stück	Nelken	7,5
Zimt	30,0	Weingeist (90%)	1080,0
Wasser, dest.	540,0		
B. Weingeist (90%)	750,0	Wasser, dest.	420,0
C. Zucker	600,0	Wasser, dest.	750,0

A. Die klein geschnittenen Nüsse werden mit den grob gepulverten Zimt und Nelken 8 Tage mazeriert, dann abgepreßt und der Preßrückstand erneut mit B. mazeriert. Nach dem Abpressen werden beide Kolaturen vereinigt, mit dem kochenden Sirup C. gemischt und filtriert.

Zuckercouleur.

Zucker- oder Stärkesirup	1000,0	Kaliumcarbonat	20,0
Wasser	400,0		

werden in einem blanken kupfernen Kessel so lange erhitzt, bis die Masse dunkelbraun geworden ist. Nachdem sie halb erkaltet ist, wird sie auf Zuckercoleurtinktur verarbeitet.

Zuckercouleurtinktur (HAGER). Tinctura Sacchari tosti.

Gebrannter Zucker (Zuckercouleur)	100,0	Weingeist (90%)	400,0
Wasser, dest.	500,0		

Verwendung. Zum Braunfärben von Spirituosen und Speisen aller Art.

Orangenpunsch.

Apfelsinen	2 bis 3 Stck.	Weißwein	1 Fl.
Citrone	½ Stck.	Zucker	150 g

werden, ohne zum Kochen kommen zu lassen, erhitzt und dann zugefügt

Schwarzer Teeaufguß	300 ccm	Arrak	50 ccm

Die Apfelsinenschale läßt man kurz mitziehen.

Schwedenpunsch (SIDO).

	1.	2.		1.	2.
Arrak	500,0	540 ccm	Citronensäure	45,0	—
Weinbrand	250,0	—	Zucker	250,0	330,0
Rum	50,0	60 ccm	Weißwein	200,0	—
Zimttinktur	10,0	—	Wasser, heiß	—	1000,0

Den Zucker heiß im Weißwein bzw. im heißen Wasser lösen. Die Spirituosen der heißen Lösung zusetzen. Kalt servieren.

Teepunsch (Sido).

A. Zucker	1750,0	B. Arrak (oder Rum)	2000 ccm
Citronensäure	15,0	Weingeist (90%)	500 ccm
Teeaufguß	1000,0	Citronenöl	3 Tr.
		Pomeranzenschalenöl	2 Tr.

A. heiß lösen, B. zugeben.

„Seehund“.

Weißwein wird mit Zucker, etwas ganzem Zimt und einer in Scheiben geschnittenen Citrone heiß gemacht. In der heißen Flüssigkeit läßt man eine Handvoll Rosinen quellen.

XI. Gewürze und Bäckereibedarf.

(Siehe auch Backpulver S. 579.)

Gewürze.

Der Handel mit Gewürzen kann bei richtiger Pflege in der Drogerie einen wesentlichen Prozentsatz des Umsatzes erreichen, wenn der Drogist auf Grund seiner botanischen und pharmakognostischen Kenntnisse dafür sorgt, daß in seinem Geschäft nur *reine, unverfälschte* Gewürze zum Verkauf kommen. Trotz großer Bemühungen, die einheimischen Würzkräuter in größerem Umfange in den Verkehr zu bringen, ist dies bisher nicht gelungen. Die Verbraucher ziehen die schärferen, überseeischen Gewürzdrogen vor. Dies hat seinen Grund z. T. wohl darin, daß die Mahlprodukte unserer einheimischen, milder schmeckenden Gewürze leichter als die stärkeren überseeischen durch Verluste an Aromastoffen wertlos werden.

Die heute vorwiegend gebrauchten tropischen und subtropischen Gewürzdrogen sind Gewürznelken, Kardamomen, Muskatnuß, Muskatblüte, Pfeffer, Piment, spanischer Pfeffer und Vanille. Safran und Salbei finden weniger und nur noch für bestimmte Zwecke (z. B. Aal in Salbei) Verwendung. Zahlreiche Gewürzdrogen sind, obgleich diese ihre frühere große Bedeutung für Heilzwecke z. T. verloren haben, im DAB. 6 aufgeführt, dienen aber hauptsächlich zur Herstellung galenischer Präparate. Die kennzeichnenden und wirksamen Bestandteile der Gewürze sind vornehmlich ätherische Öle, scharf schmeckende Stoffe verschiedener Art, z. B. Capsaicin, Gingerol, Piperin, teilweise auch kristallisierende Duftstoffe wie Kumarin und Vanillin. Die ätherischen Öle der Laucharten, von Meerrettich und Senfsamen sind schwefelhaltig. Diesen Inhaltstoffen verdanken die Gewürze ihre geschmacksverbessernde, appetit- und magensekretionsanregende und dadurch verdauungsfördernde Wirkung. Deshalb sind sie, obgleich sie keine beachtlichen Nährstoffmengen enthalten, für die *Ernährung von beachtlicher Bedeutung.* Bei übermäßiger Verwendung von scharfen Gewürzen können jedoch Gesundheitsstörungen eintreten; bei bestimmten Krankheiten von Magen und Darm, bei denen Schonkostformen verordnet werden, dürfen scharfe Gewürze überhaupt nicht gegeben werden. Als Gewürze im weiteren Sinne sind auch Kochsalz (s. Bd. II, S. 929, 931) und Essig (s. Bd. II, S. 423ff) aufzufassen.

Wichtig ist, zu wissen, daß *gemahlene Gewürze* durch den Zutritt von Licht und Luft an Würzwert verlieren. Schon beim Mahlvorgang gehen durch die dabei auftretende Erwärmung der Drogen beträchtliche Mengen der leicht flüchtigen ätherischen Öle verloren. Besonders aber in den üblichen Kleinpackungen aus Papier, wie sie für den Haushalt bestimmt sind, ist der Verlust an Würzstoffen beträchtlich. Da die meisten Gewürze in unzerkleinertem Zustand fast unbegrenzt haltbar sind, sollten tunlichst immer möglichst kleine Mengen zermahlen und für Kleinverbraucher in *luftdichten Verpackungen* aufbewahrt und abgegeben werden.

Ersatzgewürze oder *Kunstgewürze* sind Erzeugnisse, die dazu bestimmt sind, ein natürliches Gewürz zu ersetzen. Sie werden meist durch Aufziehen von natürlichen oder künstlich hergestellten Geschmacks- und Geruchstoffen auf indifferente Würzstoffträger oder durch Vermengen mit anderen Naturgewürzen hergestellt. Als Würzstoffträger finden pflanzliche Abfallstoffe (Bucheckernschalen, Haferschalen, Mandelschalen, Nußschalen, gemahlene Obststeine u. a.) sowie Kochsalz, Zucker und stärkereiche Mehle Verwendung. Die Schärfe bei Pfefferersatz wird gewöhnlich durch Chillies (s. Bd. II, S. 271), Ingwer, scharfen Paprika in gemahlener Form oder durch Auszüge dieser Stoffe, aber auch durch Piperin, das man aus Pfefferschalenauszug gewinnt, oder durch synthetisches Piperidid erreicht. Zimtersatz wird mit Zimtaldehyd (s. Bd. II, S. 1428) u. U. unter Zusatz von 10% Eugenol (s. Bd. II, S. 434) gewürzt. Erssatzgewürze dürfen nicht mehr als 50% stärkereicher Mehle enthalten. Ihr Würzwert soll annähernd dem des zu ersetzenden Gewürzes entsprechen.

Die mikroskopische Untersuchung von Gewürzdrogenpulvern und die dazu notwendigen Geräte und Reagentien sind im Band I, S. 743ff. zu finden.

Gesetzliche Bestimmungen über Gewürze und Ersatzgewürze.

Im folgenden sind die im zweiten Weltkrieg erlassene „Verordnung über Ersatzgewürze", die vom Reichsgesundheitsamt bekannt gegebenen und noch gültigen „Richtlinien für die Herstellung und den Vertrieb von Ersatzgewürzen und Ersatzgewürzmischungen" und die für West-Berlin gültige „Verordnung über Gewürze", die nicht für die Bundesrepublik gilt, wiedergegeben.

Genehmigungen für Ersatzgewürze und Ersatzgewürzmischungen haben in der Bundesrepublik vom Bundesgesundheitsamt, in West-Berlin vom Landesgesundheitsamt zu erfolgen.

Verordnung über Ersatzgewürze.

Vom 4. Mai 1942 (RGBl. I S. 278).

Auf Grund des § 5 Nrn. 2, 4, 6 und des § 20 des Lebensmittelgesetzes in der Fassung vom 17. Januar 1936 (Reichsgesetzbl. I S. 17) wird verordnet:

§ 1. Erzeugnisse, die an Stelle von Gewürzen verwendet werden sollen (Ersatzgewürze, Kunstgewürze), auch in Mischungen untereinander oder mit echten Gewürzen, dürfen nur mit Genehmigung des Reichsministers des Innern gewerbsmäßig hergestellt, aus dem Ausland eingeführt, zum Verkauf vorrätig gehalten oder in den Verkehr gebracht werden. Die Genehmigung kann jederzeit zurückgenommen werden.

§ 2. Die im § 1 bezeichneten Erzeugnisse dürfen nur in Packungen oder Behältnissen in den Verkehr gebracht werden, auf denen angegeben ist, bis zu welchem Zeitpunkt bei geeigneter Aufbewahrung ein eausreichende Würzkraft erhalten bleibt.

§ 3. (1) . . .

(2) Die Vorschriften über die Verordnung über die Anmeldepflicht von Ersatzmitteln und neuen Erzeugnissen vom 27. Januar 1941 (Reichsgesetzbl. I S. 75) und die dazu erlassenen Richtlinien bleiben unberührt.

Richtlinien für die Herstellung und den Vertrieb von Ersatzgewürzen und Ersatzgewürzmischungen.

Reichs-Gesundheitsblatt Nr. 44, 1943, S. 730/31.

Nach Erlaß des Reichsministers des Innern vom 30. September 1943 — A e 12716/ 43-4223 — wird auf die Grund der Verordnung über Ersatzgewürze vom 4. Mai 1942[1] (RGBl. I S. 278) zu erteilende Genehmigung unter Beobachtung der nachstehenden, neu aufgestellten Richtlinien[2] erfolgen.

---

[1] Reichs-Gesundheitsbl. **1942**, S. 452.

[2] Die bisherige Fassung siehe Reichs-Gesundheitsbl. **1942**, S. 630.

1. Unter Gewürzen im engeren Sinne versteht man Pflanzenteile verschiedener Art (Wurzeln, Rinden, Blätter, Kräuter, Blüten, Früchte, Samen oder Teile davon), die wegen ihres aromatischen oder scharfen Geschmackes und Geruches als würzende Zutaten zur menschlichen Nahrung dienen.

2. Ersatz- und Kunstgewürze sind Erzeugnisse, die dazu bestimmt sind, ein natürliches Gewürz zu ersetzen. Es handelt sich hierbei insbesondere um Geschmack- und Geruchstoffe, die aus natürlichen aromatischen Stoffen, also auch aus natürlichen Gewürzen gewonnen sind, sowie um künstlich (synthetisch) hergestellte, mit und ohne Verwendung von Würzstoffträgern. Geschmack- und Geruchstoffe, die nicht als Ersatz für Naturgewürze angeboten werden, fallen nicht unter diese Verordnung.

3. Ersatzgewürzmischungen sind Mischungen mehrerer Ersatzgewürze, aber auch Mischungen von einem Ersatzgewürz mit einem oder mehreren Naturgewürzen oder mit Kochsalz oder Zucker.

4. Die Würzkraft von Ersatz- und Kunstgewürzen soll der des zu ersetzenden Naturgewürzes annähernd entsprechen.

5. Das Herstellen von Ersatzgewürzen durch Vermischen der zu ersetzenden natürlichen Gewürze mit Stoffen ohne eigenen Würzwert (Herstellen gestreckter Gewürze) ist nicht zulässig, desgleichen die Verwendung anorganischer Stoffe mit Ausnahme von Kochsalz.

6. Werden Mahlerzeugnisse stärkereicher Pflanzenteile als Würzstoffträger verwendet, so darf ihr Gesamtanteil 50 Gewichtshundertteile nicht überschreiten.

7. Künstliche Färbung ist auf der Packung kenntlich zu machen, rote Färbung ist nicht zulässig.

8. Zur Verbesserung der Güte dürfen Ersatzgewürze bis zu 15 Gewichtshundertteilen von dem zu ersetzenden Naturgewürz enthalten.

9. Der Sandgehalt darf 3 Gewichtshundertteile nicht überschreiten. Der natürliche Kieselsäuregehalt der Ausgangsstoffe ist nicht als Sand zu berechnen.

10. Ersatz- und Kunstgewürze sowie Ersatz- und Kunstgewürzmischungen sind nur in Packungen und unter Bezeichnungen in den Verkehr zu bringen, aus denen zu ersehen ist, daß es sich um Ersatz- oder Kunsterzeugnisse handelt. Bei Ersatzgewürzen und Ersatzgewürzmischungen, die ausschließlich aus Extrakten natürlicher Gewürze und Würzstoffträgern bestehen oder zum Teil natürliche Gewürze enthalten, ist ein Hinweis auf die Verwendung natürlicher Extrakte bzw. die mengenmäßige Angabe des Gehalts an Naturgewürzen zulässig.

11. Auf jeder Packung ist außer den durch die Lebensmittelkennzeichnungsverordnung[1] vorgeschriebenen Angaben der Kochsalz- und Zuckergehalt in Gewichtshundertteilen anzugeben, künstliche Färbung kenntlich zu machen (siehe Ziffer 7), die Genehmigung zu vermerken mit den Worten: „Genehmigt unter Nr. . . .“ und der Zeitpunkt nach Monat und Jahr anzugeben, bis zu welchem der Inhalt bei sachgemäßer Lagerung seinen Würzwert behält.

12. Der beim Reichsgesundheitsamt, Berlin NW 87, Klopstockstraße 18, einzureichende Genehmigungsantrag muß folgende Angaben enthalten:

a) die Bezeichnung, unter der das Erzeugnis in den Verkehr gebracht werden soll, — b) die Bestandteile nach Art und Menge; bei den verwendeten Geschmack- und Grundstoffen ist außerdem zu vermerken, ob es sich um natürliche oder synthetische handelt, — c) den Gehalt der zum Aromatisieren verwendeten Aromen und Essenzen an ätherischen Ölen, insgesamt oder für jeden Stoff gesondert, — d) die Bezugsquellen für die zum Aromatisieren benutzten Stoffe gesondert und für künstliche Geschmacksstoffe, — e) im Falle einer künstlichen Färbung Art, Menge und Bezugsquelle des verwendeten Farbstoffs, — f) eine genaue Beschreibung etwaiger besonderer Behandlungsverfahren, — g) den Preis, zu dem das Erzeugnis an den Verbraucher abgegeben werden soll.

Außerdem sind beizufügen:

h) die Gebrauchsanweisung, — i) Entwürfe von Packungen und Werbeschriften, — k) bei Kuchengewürzersatzmischungen ein Gutachten des Instituts für Bäckerei an der Versuchsanstalt für Getreideverarbeitung, Berlin N 65, Seestraße 11, über die praktische Brauchbarkeit des Ersatzerzeugnisses. Für Wurstgewürzersatzmischungen wird diese Prüfung vom Reichsgesundheitsamt vorgenommen.

Ferner: l) eine Probe des Ersatzzeugnisses (etwa 100 g, von Wurstgewürzersatzmischungen 500 g).

13. Zugleich mit dem Genehmigungsantrag ist eine Gebühr von 30 DM, bei einer Wurstgewürzersatzmischung von 50 DM an die Kasse des Reichsgesundheitsamtes, Berlin NW 87, Postsckeckamt Berlin, Konto Nr. 74, unter Bezugnahme auf den Antrag zu überweisen. Für etwa erforderliche weitere Untersuchungen hat der Antragsteller die Kosten zu tragen.

---

[1] Vom 8. Mai 1935 (RGBl. I S. 590).

14. Jede Änderung der Zusammensetzung oder der Herstellungsweise ist dem Reichsgesundheitsamt anzuzeigen zwecks Herbeiführung einer Entscheidung, ob eine neue Genehmigung erforderlich ist.

15. Die Erteilung der Herstellungsgenehmigung gibt kein Anrecht auf Zuteilung bewirtschafteter Ausgangsstoffe.

16. Die für den Herstellungsort des Ersatzerzeugnisses zuständige Chemische Untersuchungsanstalt erhält vertrauliche Mitteilung über seine Zusammensetzung, von der sie gegebenenfalls andere an der Lebensmittelüberwachung beteiligte Anstalten vertraulich unterrichten kann.

Verordnung über Gewürze.

Verordnungsblatt für Groß-Berlin, Teil I vom 7. Juli 1948, S. 367.

Auf Grund des § 5 Nrn. 3 und 5 hinsichtlich des § 5 dieser Verordnung auf Grund des § 5 Nr. 4 des Lebensmittelgesetzes in der Fassung vom 17. Januar 1936 (RGBl. I S. 17)/ 14. August 1943 (RGBl. I S. 488) wird verordnet:

§ 1. (1) Gewürze sind Pflanzenteile (Wurzeln, Wurzelstöcke, Zwiebeln, Rinden, Blätter, Kräuter, Blüten, Früchte, Samen oder Teile davon), die wegen ihres aromatischen oder scharfen Geschmacks oder Geruchs als würzende Zutaten zur menschlichen Nahrung dienen.

(2) Würzkräuter sind Kräuter, die diesem Zwecke dienen.

(3) Gewürzsalze sind Gemenge von Gewürzen einschließlich der Würzkräuter mit mindestens 50 v. H., jedoch höchstens 70 v. H. Kochsalz.

§ 2. In gemahlenem Zustand dürfen die nachstehend aufgeführten Würzkräuter und Teile von ihnen als solche im Kleinhandel nicht in den Verkehr gebracht werden:

1. Bohnenkraut, Basilikum, Dill, Estragon, Melisse, Beifuß, Petersilie;
2. die beim Rebeln von Würzkräutern jeder Art abfallenden Stengelteile;
3. getrocknete Würzkräuter jeder Art, die nicht gerebelt sind, also noch die Stengelteile enthalten (sogenannte Stengelware).

§ 3. In *fein* gemahlenem Zustande dürfen nicht in den Verkehr gebracht werden:

1. Würzkräuter jeder Art:
2. zur Würzung dienende Wurzeln oder Wurzelstöcke, wie die von Liebstöckel, Engelwurz, Sellerie, Petersilie, Kalmus;
3. die Früchte von Anis, Fenchel, Kümmel, Koriander, Sellerie.

§ 4. (1) Gemenge von Gewürzen einschließlich der Würzkräuter mit Kochsalz, die unter Bezeichnungen wie Küchengewürz, Kräutergewürz, Soßengewürz oder dergleichen in den Verkehr gebracht werden, dürfen höchstens 20 v. H. Kochsalz enthalten. Mit Kochsalz haltbar gemachte frische Würzkräuter oder Teile davon dürfen höchstens 25 v. H. Kochsalz enthalten. Erzeugnisse mit mehr als 50 v. H. Kochsalz dürfen nur als Küchengewürzsalz, Kräutergewürzsalz, Soßengewürzsalz oder dergleichen bezeichnet werden.

(2) Gewürzsalze müssen mindestens 30 v. H. Gewürze, einschließlich der Würzkräuter, enthalten.

(3) Die in § 2 Nr. 1 genannten Würzkräuter dürfen zur Herstellung von Gewürzsalzen nur in geschnittenem Zustande Verwendung finden.

§ 5. (1) Gemahlene Gewürze dürfen nur in ausreichend geruchsdichten Packungen oder Behältnissen aufbewahrt und in den Verkehr gebracht werden.

(2) Auf den Packungen oder Behältnissen der gemahlenen Gewürze, der Gewürzgemenge und Gewürzsalze (§ 4) muß der Zeitpunkt nach Monat und Jahr angegeben sein, bis zu dem ihr Inhalt bei sachgemäßer Lagerung einen ausreichenden Würzwert behält. Bei kochsalzhaltigen Gewürzgemengen und bei Gewürzsalzen muß außerdem der Kochsalzgehalt in Gewichtshundertteilen angegeben sein.

(3) Die Vorschrift der Verordnung über die äußere Kennzeichnung von Lebensmitteln vom 8. Mai 1935 (RGBl. I S. 590) bleiben unberührt.

§ 6. Als verfälscht sind insbesondere anzusehen und auch bei Kenntlichmachung vom Verkehr ausgeschlossen:

1. Ausgezogene Gewürze einschließlich der Würzkräuter;
2. Gewürze, einschließlich der Würzkräuter, deren Gehalt an Sand und Ton (in unverdünnter Salzsäure unlösliche Bestandteile der Asche) 3 v. H., bei Majoran 5 v. H. übersteigt;
3. Gewürzgemenge und Gewürzsalze, die Streckmittel enthalten;
4. Gewürzsalze, deren Kochsalz- oder Gewürzgehalt nicht den Vorschriften des § 4 (1) entsprechen;
6. Gewürzgemenge, Würzkräuter und Gewürzsalze, die Nitritpökelsalz enthalten.

§ 7. Als verdorben sind insbesondere anzusehen und auch bei Kenntlichmachung vom Verkehr ausgeschlossen Gewürze einschließlich der Würzkräuter, Gewürzgemenge und Gewürzsalze, die infolge zu langer oder mangelhafter Lagerung ihren Würzwert größtenteils eingebüßt haben.

§ 8. Diese Verordnung tritt drei Monate nach ihrer Verkündung in Kraft.

Als Gewürze finden Verwendung:

Samen und Früchte.

	Band II, Seite		Band II, Seite
Anis	99	Muskatnuß	909
Cayennepfeffer	271	Muskatblüte	909
Dill	351	Pfeffer	1011/12
Fenchel	447	Pfeffer, langer	1013
Kardamomen	687	Pfeffer, spanischer	1221
Koriander	751	Piment	1039
Kubebenpfeffer	769	Senf	1192
Kümmel	771	Sternanis	1240
Lorbeerfrüchte	820	Vanille	1314

Wacholder . . . . . Bd. II, S. 1336

Knospen, Blüten und Blütenteile.

	Band II, Seite		Band II, Seite
Gewürznelken	514	Kapern	686
Mutternelken	516	Safran	1108

Zimtblüten . . . Bd. II, S. 1428

Vegetative Pflanzenteile.

a) *Meist frisch* zur Verwendung kommende:

	Band II, Seite		Band II, Seite
Basilikum	166	Kerbel	705
Bohnenkraut	218	Petersilie	1009
Boretschkraut (Gurkenkraut)	220	Schnittlauch Bd. I,	165
Dillkraut	351	Sellerie	1191
Estragon	432	Zwiebel	145

b) *Getrocknet* zur Verwendung kommende:

	Band II, Seite		Band II, Seite
Dost, kretischer	1220	Lorbeerblätter	819
Galgant	496	Majoran	844
Ingwer	607	Salbei	1110
Kalmus	676	Thymian	1290
Kurkuma	506	Zimt (Ceylon)	1425

Zimt (chinesischer) Bd. II, S. 1427.

Curry-Gewürz. Curry-powder.

Ostindisches Ragoutpulver.

1.	Spanischer Pfeffer	75,0	Kardamomen	75,0
	Ingwer	75,0	Piment	100,0
	Kurkuma	100,0	Koriander	300,0
	Zimt, chines.	150,0	Pfeffer, schwarz	125,0
2.	Kurkuma	230,0	Koriander	230,0
	Pfeffer, schwarz	150,0	Ingwer	100,0
	Zimt, chines.	30,0	Macis	30,0
	Nelken	30,0	Kardamomen	60,0
	Kümmel	15,0	Spanischer Pfeffer	125,0

Die mittelfein bis fein pulverisierten Gewürze werden sorgfältig gemischt.

Currypowder.

	1.	2.	3.		1.	2.	3.
Spanischer Pfeffer	2,0	40,0	75,0	Muskatnuß	—	10,0	—
Schwarzer Pfeffer	—	15,0	125,0	Gewürznelken	—	10,0	—
Weißer Pfeffer	6,0	—	—	Kassiazimt	—	—	150,0
Koriander	2,0	20,0	300,0	Kardamomen	—	—	75,0
Schwarzer Senf	3,0	10,0	—	Piment	3,0	15,0	100,0
Ingwer	—	20,0	75,0	Weinsäure	—	10,0	—
Kümmel	2,0	—	—	Süße Mandeln	—	100,0	—
Anis	—	5,0	—	Zucker	—	100,0	—
Kurkumawurzel	20,0	40,0	100,0				

werden in mittelfein bis feingepulvertem Zustande gemischt.

Essigherstellung aus Obstresten (Ph. Z.).

Gereinigtes Fallobst wird zu einem Brei zerquetscht, unter öfterem Umrühren etwa 2 Tage lang stehengelassen, dann abgepreßt. Der erhaltene Saft wird unter Zugabe von $^1/_{10}$ des Gewichts Zucker und in ein nicht geschwefeltes, *offenes* Gefäß, das zur Abhaltung von Insekten mit Gaze bedeckt wird, bei etwa 23 bis 25° der Gärung ausgesetzt. Nach 1 bis 2 Wochen entsteht ein Obstwein, den man dann von der Hefe abzieht und in ein sauberes, nicht geschwefeltes Faß bringt. Auf 1 hl Wein bringt man etwa 5 l fertigen Obstessig und läßt die einige Wochen währende Essigbildung vor sich gehen. Während der Oxydation des Alkohols zur Essigsäure darf der Spund des Fasses nicht geschlossen sein, man bedeckt auch hier das Spundloch zur Abhaltung von Essigfliegen mit Gaze. Der fertige Obstessig wird später in gut verschlossenen Gefäßen aufbewahrt.

Entsteht nach einiger Zeit an der Oberfläche des Essigs eine durch Kahmpilze entstandene weiße Schicht, so gibt man mit Hilfe eines Glastrichters oder einer Pipette unter die Kahmdecke etwas Weingeist (90%), in dem 0,2% Nipagin gelöst ist.

Gewürzmischungen für Kleingebäck.

Bei Gewürzmischungen ist darauf zu achten, daß die Bestandteile feingepulvert und sehr gut gemischt sind. In diesem Zerkleinerungsgrad verlieren die Drogen jedoch rasch an ihrem ätherischen Ölgehalt. Aus diesem Grunde werden Gewürzmischungen zweckmäßig nur in Zeiten des Verbrauchs und in Mengen hergestellt, die rasch abgesetzt werden. Längere Zeit gelagerte Gewürzmischungen in Pulverform sind minderwertig.

	I	II	III	IV	V	VI	VII	VIII	IX	X	XI
Anis							5,0	10,0		5,0	
Ingwer					10,0		7,0	3,0			
Kassiablüten		30,0	19,0	20,0					12,5	20,0	10,0
Koriander						10,0		10,0		5,0	
Kardamomen	3,0				5,0		5,0		3,5		5,0
Macis	2,0	7,0	2,0	3,0		10,0	3,0				
Muskatnuß					5,0						
Nelken	4,0	20,0	12,0	12,0	15,5	20,0	10,0	7,0	12,5	12,5	10,0
Piment	4,0	8,0	48,0	50,0	5,0	10,0		20,0	25,0	5,0	10,0
Vanillezucker				50,0					12,8		
Zimt, chin.	10,0	35,0	19,0	20,0	60,0	50,0	70,0	50,0	12,5	25,0	65,0

Von den obenstehenden Gewürzen werden je nach Geschmack 10 bis 20 g auf 1 kg Mehl verwendet.

I Spekulatius (DDF.)	VI Lebkuchen, Pfefferkuchen (DFF.)
II Lebkuchen Baseler Art (DDF.)	VII Pfeffernüsse (DDF.)
III Lebkuchen Baseler Art (DDF.)	VIII Pfeffernüsse (DDF.)
IV Baseler Leckerli (WILL)	IX Thorner Lebkuchen (WILL)
V Lebkuchen, Pfefferkuchen (DDF.)	X Honigkuchen (WILL)

XI Lebkuchen nach Nürnberger Art

Gurkengewürz.

1. *Essiggurken.*

Nelken	6,0	Peffer, weiß	60,0
Lorbeerblätter	6,0	Ingwer	120,0
Dill	24,0	Perlzwiebeln	240,0
Beifuß	24,0	Meerrettich	180,0

Estragon 340,0

2. *Gewürzgurken.*

Dill	250,0	Piment	100,0
Nelken	100,0	Lorbeerblätter	100,0

Senf, weiß 450,0

3. *Pfeffergurken.*

	I	II		I	II
Dill		150,0	Perlzwiebeln	36,0	
Ingwer		100,0	Pfeffer, weiß	450,0	
Lorbeerblätter	6,0	100,0	Pfefferkraut	150,0	
Macis	12,0		Piment		100,0
Nelken		100,0	Senf, weiß		300,0
Paprikaschoten	346,0	150,0			

4. *Salzgurken.*

Basilikum	90,0	Lorbeerblätter	18,0
Dill	660,0	Nelken	12,0
Estragon	90,0	Pfeffer, weiß	130,0

5. *Senfgurken.*

Estragon	150,0	Meerrettich	200,0
Lorbeerblätter	30,0	Paprikaschoten	90,0
Muskatnüsse	30,0	Pfeffer, weiß	200,0

Senf, weiß 300,0

6. *Süßgurken.*

Nelken	200,0	Ceylonzimt	400,0

Ingwer 400,0

Herstellung s. Gurken-Einmach-Gewürz.

Gurken-Einmach-Gewürz.

Weißer Senf	Wacholderbeeren
Schwarzer Pfeffer	Lorbeerblätter
Dillfrüchte	Estragon
Petersilienfrüchte	Spanischer Pfeffer . . .āā 10,0

Früchte und Zwiebeln bis auf Paprikaschoten werden ganz, Früchte mit ätherischen Ölen zerquetscht, Lorbeerblätter, Beifuß, Pfefferkraut, Estragon und Paprikaschoten sowie der Meerrettich grob zerschnitten zugegeben. Die Mischungen werden in Cellophanbeuteln mit 30 g Inhalt abgefüllt.

Hausmacherwurst-Gewürz.

Schwarzer Pfeffer	176,0	Piment	220,0
Paprika	146,0	Kassia-Zimt	83,0
Ingwer	125,0	Kardamomen	42,0
Nelken	52,0	Koriander	156,0

Die grob gepulverten Gewürze werden gemischt, durch Sieb IV geschlagen, kurz bei gelinder Wärme übertrocknet und dann in Cellophanbeutel abgefüllt.

Klostergewürz.

Weißer Senfsamen	300,0	Nelken	5,0
Koriander	23,0	Kümmel	5,0
Pfeffer	20,0	Paprika, fein zerschnitt.	10,0
Fenchel	10,0	Lorbeerblätter, fein zerschnitt.	5,0
Piment	20,0	Ingwer, fein zerschnitt.	2,0

Verwendung. Die Gewürzkräuter werden beim Einlegen von Gurken, Heringen, Wild- und Sauerbraten in dünnen Lagen dazwischen gelegt und dann der Essig dazugegeben. Abzugeben in Cellophanbeuteln.

Klostergewürz (Einmachgewürz).

Für Gurken, Rote Beete, Mixed Pickles, Zwiebeln, Heringe, Bratentunken.

	1.	2.	3.
Gelber Senf, ganz	50,0	40,0	60,0
Dill	10,0	12,0	15,0
Estragonkraut, Kleinschnitt	2,0	—	—
Lorbeerblätter, Kleinschnitt	5,0	7,0	6,0
Pfefferkörner, weiß	10,0	10,0	5,0
Pfefferkörner, schwarz	3,0	5,0	6,0
Piment, Kleinkorn	10,0	10,0	8,0
Nelken, ganze	1,0	2,0	—
Korianderkörner	2,0	3,0	—
Cayennepfeffer, kleine Schoten	1,0	3,0	—
Ingwerwurzel, Kleinschnitt	5,0	8,0	—
Petersilienwurzel, Kleinschnitt	1,0	—	—

Vorschrift 1 ergibt eine hocharomatische, Vorschrift 2 eine besonders scharfe Mischung, während die Vorschrift 3 eine einfache und billige Qualität ergibt. Die Verpackung erfolgt in Cellophanbeuteln.

Kräuteressig (Hager P-TM).

Estragonkraut, frisch geschn.	200,0	Moschusschafgarbenkraut, geschn.	25,0
Dill, frisch geschn.	200,0	Lorbeerblätter, geschn.	25,0

Die Drogen werden mit verdünntem Weingeist befeuchtet und nach 24stündigem Stehen mit 50 l Essig mazeriert.

Lebkuchengewürz. Musgewürz.

Zimt, grob pulv.	550,0	Anis, grob pulv.	100,0
Piment, grob pulv.	100,0	Fenchel, grob pulv.	100,0
Nelken, grob pulv.	100,0	Koriander, grob pulv.	50,0

Verwendung. Als Gewürz für Lebkuchen, Früchtebrot nach Belieben zusetzen. Zum Gewürzen von Musen setzt man das Gewürz in beliebiger Menge zu, bevor man es vom Feuer nimmt.

Kräuteressiggewürz.

Aus frischen, deutschen Kräutern.

Estragon	20,0	Majoran	8,0
Dill	20,0	Pfefferkraut	8,0
Petersilie	20,0	Salbei	4,0
Thymian	8,0	Perlzwiebeln	12,0

Die Mischung wird mit 1 l Weinessig 8 Tage lang ausgezogen.

Pfefferkuchengewürz.

1. Ceylonzimt. . . . 90,0	Ingwer 15,0
Nelken	Sandelholz, rot . . . 45,0
Muskatblüte . . ää 15,0	Zucker 820,0

Die fein gepulverten Bestandteile werden gemischt.

2. Anis 60,0	Nelken 10,0
Ceylonzimt 15,0	Pomeranzenschale . . 10,0

Kardamomen 5,0

Die grob gepulverten Bestandteile werden gemischt.

3. Ceylonzimt	Kardamomen
Piment	Nelken . . . . . ää 10,0
Muskatblüte . . ää 10,0	Citronenölzucker

Mandelölzucker . . ää 25,0

Die Gewürze kommen fein gepulvert zur Verwendung.

Pflaumenmusgewürz (DIETERICH).

Malabar-Kardamomen . . 10,0	Zimt 20,0
Ingwer 10,0	Nelken 20,0

Koriander 40,0

werden als mittelfeine Pulver gemischt.

Senfgurkenherstellung.

Die geschälten und gestichelten Gurkenstücke werden in 5%igen Weinessig, der etwa 70° warm ist, eingelegt und weiter bis auf 90° erwärmt, dabei beginnen die Gurken ein glasiges Aussehen anzunehmen. Dann läßt man das Ganze in einem Emailgeschirr 2 bis 3 Stunden ziehen, anschließend abtropfen. Der zum Vorkochen benutzte Essig dient nach dem Kolieren durch ein Sieb und Verstärkung mit Weinessig als Aufguß auf die Senfgurken. In 10 l Flüssigkeit werden noch 400 g Kochsalz und 400 g Zucker gelöst und Senfgurkengewürz zugesetzt (s. Senfgurkengewürz, S. 575). Konserviert wird mit Nipagin.

Stollengewürz.

1. Zimt, chines. . . 40,0	Kardamomen . . 20,0
Ingwer 20,0	Nelken 10,0

Galgantwurzel . . 10,0

je nach Geschmack 10 bis 25 g auf 1 kg Mehl verwenden.

2. Zimt, chines. . 40,0	Galgantwurzel . . 8,0
Ingwer 23,0	Muskatblüte . . . 7,0
Nelken 15,0	Muskatnuß . . . 7,0

je nach Geschmack 10 bis 20 g auf 1 kg Mehl verwenden. 1. und 2. kommen feingepulvert zur Verwendung.

Weinessig.

Aus essigstichigen alkoholischen Getränken.

Um essigstichige alkoholische Getränke (Wein, Beerenwein, Apfelmost) zu verwerten, bringt man diese in ein mit warmem Weinessig ausgeschwenktes Gebinde, das man nur zu $^3/_4$ füllt, um der Luft möglichst Zutritt zu verschaffen. Man bedeckt nur lose mit einem Stück Mull und lagert gleichmäßig warm bei 20 bis 30°. Zeitweiliges Umschwenken beschleunigt die Essiggärung. Je nach der zu vergärenden

Menge und der angewandten Temperatur ist die Essigbildung in 2, 4 bis 6 Wochen beendigt. Der filtrierte Essig wird dann auf Flaschen gezogen und gut verkorkt aufbewahrt. Bei der Verwendung von Beeren- und Obstweinen erhält man aromatische Fruchtessige.

Worcestersoße-Ersatz.

Piment, grob pulv.	12,0	Koriander, grob pulv.	3,0
Senf, schwarz, entölt, grob pulv.	12,0	Pfeffer, weiß, grob pulv.	20,0
Kümmel, grob pulv.	5,0	Spanischer Pfeffer, grob pulv.	3,0
Essig (6%)	100,0		

Die Drogenpulver werden mit dem Essig acht Tage mazeriert, dann filtriert.

Wurstgewürz.

Für je 1 kg Wurstmasse (Brät).

1. *Delikateßleberwurst.*

Kochsalz	25,0	Ingwer	0,5
Weißer Pfeffer	2,0	Kardamomen	0,6
Muskatblüte	1,0	Maggi	nach Geschmack

2. *Landleberwurst.*

Kochsalz	26,0 bis 30,0	Nelken	0,5
Pfeffer	2,0	Majoran	1,0
Ingwer	2,0	In Fett geschmorte Zwiebeln	50,0

3. *Mettwurst,* Braunschweiger Art.

Kochsalz	28,0	Zucker	1,0
Pfeffer	1,0	Muskatnuß	1,0
Salpeter	0,3		

4. *Salami,* ungarische Art.

Kochsalz	16,0	Paprika	0,75
Weißer Pfeffer	1,0	Salpeter	0,2
Zucker	0,5		

5. *Salami,* italienische Art.

Kochsalz	17,5	Salpeter	0,2
Weißer Pfeffer	2,0	Zucker	0,5
Kardamomen	0,3		

Auf 1 kg Brät kommen etwa 10 Zehen Knoblauch, die man einige Stunden zuvor in kräftigem Südwein ausziehen läßt.

6. *Teewurst,* Rügenwalder Art.

Kochsalz	28,0	Zucker	2,0
Pfeffer	2,0	Salpeter	0,3

Wurstgewürz.

Pfeffer, weiß	250,0	Muskatnüsse	50,0
Pfeffer, schwarz	250,0	Koriander	50,0
Piment	200,0	Nelken	50,0
Majoran	200,0	Ingwer	10,0
Paprika	50,0	Kardamomen	5,0

Die gepulverten Gewürze werden gut gemischt.

Verwendung. Dieses Wurstgewürz ist für alle Wurstarten verwendbar. Der Zusatz erfolgt nach Belieben.

Bäckereibedarf.

(S. a. Gewürze, S. 569 ff.)

Backpulver.

Zur Herstellung von Backpulver (s. Bd. II, S. 150) wurden im ersten Weltkrieg Richtlinien für seine Zusammensetzung aufgestellt, die in den „Grundsätzen für die Erteilung und Versagung der Genehmigung von Ersatzlebensmitteln“ festgelegt waren. Die Ersatzlebensmittelverordnung ist z. Z. außer Kraft getreten, jedoch richteten sich im allgemeinen sowohl die Hersteller als auch die Lebensmittelkontrolle nach den besonderen Richtlinien über Backpulver. Im Jahre 1931 ist ein umfassender Verordnungsentwurf als Ausführungsbestimmung zum Lebensmittelgesetz ausgearbeitet worden, der folgende Bestimmungen umfaßt:

Entwurf einer Verordnung über Backpulver, Hirschhornsalz (Ammoniumcarbonat) und Pottasche für Backzwecke[1].

§ 1. Zur Herstellung von Backpulver sind nur zugelassen:

als Kohlensäureträger: doppeltkohlensaures Natrium (Natriumbicarbonat, Natron);

als saurer Bestandteil: Weinsäure, Citronensäure und die sauren Natrium-, Kalium-, Ammonium- oder Calciumsalze dieser Säuren oder der Phosphorsäuren oder milchsaures Calcium (Calciumlactat) oder Gemische der vorgenannten Stoffe;

als Trennungsmittel: Stärkemehle oder Weizenmehle.

Backpulver müssen in der für 0,5 kg Mehl bestimmten Menge mindestens 2,35 g wirksame Kohlensäure (entsprechend 1200 ccm Kohlendioxyd — bezogen auf 0° und Normaldruck) enthalten. Bei milchsaures Calcium enthaltendem Backpulver dürfen höchstens 20% der wirksamen Kohlensäure durch Umsetzung von milchsaurem Calcium entwickelt werden.

Die Backpulverbestandteile müssen den Anforderungen des Deutschen Arzneibuches entsprechen, soweit darin Vorschriften für diese Stoffe gegeben sind. Unter Verwendung von sauren Calciumphosphaten oder sauren Calciumpyrophosphaten hergestellte Backpulver dürfen nicht mehr als 1 Hundertteil Calciumsulfat (berechnet als $CaSO_4 + H_2O$) und nicht mehr als 4 Hundertteile Tricalciumphosphat (berechnet auf das gesamte Backpulver) enthalten. In der für 0,5 kg Mehl bestimmten Menge Backpulver dürfen nach der Umsetzung nicht mehr lösliche Carbonate enthalten sein, als 0,8 g Natriumbicarbonat entsprechen.

§ 2. Eine *irreführende Bezeichnung, Angabe oder Aufmachung* liegt insbesondere vor, wenn

1. Backpulver sowie Hirschhornsalz oder Pottasche für Backzwecke unter einem Phantasienamen in den Verkehr gebracht werden, ohne daß sie gleichzeitig als solche gekennzeichnet sind;
2. in der Bezeichnung von Backpulvern auf einen Bestandteil hingewiesen wird, der ganz oder teilweise durch andere Bestandteile ersetzt ist;
3. Hirschhornsalz, Ammoniumphosphat enthaltende Backpulver oder Pottasche für Backzwecke mit Angaben oder in einer Aufmachung in den Verkehr gebracht werden, die sie zur Herstellung von anderen Backwaren als Flachgebäcken geeignet erscheinen lassen;
4. Backpulver sowie Hirschhornsalz oder Pottasche für Backzwecke unter Bezeichnungen, Angaben oder Aufmachungen in den Verkehr gebracht werden, die auf eine eisparende Wirkung hinweisen, wie Eierkuchen-Backpulver, Eisparmittel, Eiersatzmittel u. dgl.

§ 3. *Vorschriften über Verpackung.*

Werden Backpulver oder Hirschhornsalz für Backzwecke in Packungen oder Behältnissen an den Verbraucher abgegeben, so muß auf den Packungen oder Behältnissen deutlich angegeben sein, für welche Mehlmenge der Inhalt bestimmt ist. Der Inhalt der Packungen muß mindestens zur Verarbeitung von 0,5 kg Mehl ausreichen.

---

[1] Der Entwurf hat noch keine eigentliche Gesetzeskraft, jedoch richten sich die Gerichte auf Grund eines Kammergerichtsurteils bezüglich der Beurteilung von Backpulvern nach diesem.

Kohlensäureträger. Als Kohlensäureträger bei der Backpulverherstellung kommt Natriumhydrogencarbonat (Natriumbicarbonat) zur Verwendung. Lediglich in Notzeiten sind Magnesium- und Calciumcarbonat als Trennmittel, nicht aber als Kohlensäureträger zugelassen.

Saure Bestandteile. Als solche sind alle Säuren bzw. saure Salze verwendbar, welche selbst oder ihre Umsetzungsprodukte mit Natriumhydrogencarbonat nicht gesundheitsschädlich sind. Durch sie darf weder der Geschmack noch der Geruch oder die Farbe des Gebäcks verschlechtert werden. Nicht verwendbar sind hygroskopische Säuren oder saure Salze, weil bei deren Verwendung, selbst bei Zugabe eines Trennmittels, das Backpulver sich zu schnell zersetzt. Aus nachstehenden Formeln sind die wichtigsten Säureträger und die Vorgänge bei ihrer Umsetzung mit Natriumhydrogencarbonat ersichtlich[1]. Zur raschen Berechnung steht unter jeder Formel das Molekulargewicht.

Weinsäure

$$\underset{2\times 84}{2\,NaHCO_3} + \underset{150}{C_4H_6O_6} \rightarrow \underset{194}{C_4H_4O_6Na_2} + \underset{2\times 44}{2\,CO_2} + \underset{2\times 18}{2\,H_2O}$$

Weinstein

$$\underset{84}{NaHCO_3} + \underset{188}{C_4H_5O_6K} \rightarrow \underset{210}{C_4H_4O_6NaK} + \underset{44}{CO_2} + \underset{18}{H_2O}$$

Natriumpyrophosphat

$$\underset{2\times 84}{2\,NaHCO_3} + \underset{333}{Na_2H_2P_2O_7} \rightarrow \underset{266}{Na_4P_2O_7} + \underset{2\times 44}{2\,CO_2} + \underset{2\times 18}{2\,H_2O}$$

Phosphorsäure

$$\underset{2\times 84}{2\,NaHCO_3} + \underset{98}{H_3PO_4} \rightarrow \underset{142}{Na_2HPO_4} + \underset{2\times 44}{2\,CO_2} + \underset{2\times 18}{2\,H_2O}$$

Monocalciumphosphat

$$\underset{8\times 84}{8\,NaHCO_3} + \underset{3\times 234}{3\,Ca(H_2PO_4)_2} \rightarrow \underset{4\times 142}{4\,Na_2HPO_4} + \underset{310}{Ca_3(PO_4)_2} + \underset{8\times 44}{8\,CO_2} + \underset{8\times 18}{8\,H_2O}$$

Dicalciumphosphat

$$\underset{2\times 84}{2\,NaHCO_3} + \underset{3\times 136}{3\,CaHPO_4} \rightarrow \underset{142}{Na_2HPO_4} + \underset{310}{Ca_3(PO_4)_2} + \underset{2\times 44}{2\,CO_2} + \underset{2\times 18}{2\,H_2O}$$

Calciumlactat

$$\underset{2\times 84}{2\,NaHCO_3} + \underset{218}{C_6H_{10}O_6Ca} \rightarrow \underset{2\times 112}{2\,NaC_3H_5O_3} + \underset{100}{CaCO_3} + \underset{44}{CO_2} + \underset{18}{H_2O}$$

Aluminiumsulfat

$$\underset{6\times 84}{6\,NaHCO_3} + \underset{342}{Al_2(SO_4)_3} \rightarrow \underset{3\times 142}{3\,Na_2SO_4} + \underset{2\times 78}{2\,Al(OH)_3} + \underset{6\times 44}{6\,CO_2}$$

Bei den organischen Säuren Adipin-, Bernstein-, Citronen-, Fumar- und Malonsäure verläuft die Reaktion in gleicher Weise wie bei der Weinsäure. Aus der nachstehenden Tabelle[2] ist ersichtlich, wieviel von den einzelnen sauren Bestandteilen zur Zersetzung von 5 g Natriumhydrogencarbonat notwendig sind:

Saures Natriumpyrophosphat	6,61 g	Bernsteinsäure	3,51 g
Weinstein	11,19 g	Malonsäure	3,10 g
Weinsäure	4,46 g	Na-Bisulfat m. H_2O	8,21 g
Citronensäure	3,81 g	K-Alaun (12 H_2O)	9,42 g
Milchsäure	5,36 g	Methylmilchsäure	6,19 g
Adipinsäure	4,34 g	saur. Ca.-Lactat	12,91 g
prim. Na-Citrat	6,37 g		

Außerdem seien erwähnt:

Monocalciumphosphat mit 1 H_2O	7,5 g	Monoammoniumphosphat	3,42 g

[1] Nach K. Schiller: Back- und Puddingpulver, Vanillinzucker, Kindernährmittel. Stuttgart: Wissenschaftliche Verlagsgesellschaft 1950.

[2] Nach H. Jesser in Südd. Apoth. Ztg. **86**, 36 (1946).

Diese Zahlen lassen sich praktisch nur verwerten, wenn es sich um chemisch reine, einheitliche Substanzen handelt. Häufig schwankt der Wirkungswert bei den Säureträgern, es ist deshalb zu empfehlen, bei der Reinheitsprüfung auch den Titrationswert bzw. den Wirkungswert zu bestimmen.

Trennungsmittel (Trennmittel). Als Trennungsmittel dienen in normalen Zeiten hauptsächlich Mais- und Reisstärke, auch Weizenmehl ist zulässig. Ihre Aufgabe im Backpulver ist, das Natriumhydrogencarbonat und den sauren Backpulverbestandteil zu trennen, während der Lagerung eindringende Feuchtigkeit zu binden und somit das Backpulver vor vorzeitiger Gasentwicklung zu schützen. Außerdem soll das Trennungsmittel das Backpulver feinkörnig halten. Trennungsmittel dienen also nicht der Streckung des Backpulvers.

Die Herstellung von Backpulver.

Die Herstellung von Backpulver stellt einen einfachen Mischprozeß dar und ist ohne große Einrichtung durchzuführen. Wichtig ist, daß die Rohstoffe gründlich durchgemischt werden. Zweckmäßig wird dem Trennmittel zunächst der Säureträger zugefügt und erst nach deren sorgfältiger Vermengung das Natriumhydrogencarbonat zugegeben. Im Großbetrieb wird die Mischung in Trogmischern mit Mischwerk oder Knetarmen bzw. -flügeln oder mit rotierenden Trommelmischern durchgeführt. Aus den Vorratsbehältern wird dort in automatischen Abfüllmaschinen für Kleinverbraucher in Papierbeutel, für Großverbraucher in große Papierbeutel, Blechdosen usw. abgefüllt. In der Gebrauchsanweisung ist anzugeben, wieviel Gramm auf 0,5 kg Mehl zu verwenden sind.

Lagerung von Backpulver.

Backpulver muß bei nicht allzu hoher Temperatur *trocken* gelagert werden. In feuchten Räumen geht die Zersetzung von Backpulver so rasch vor sich, daß es innerhalb weniger Wochen unwirksam wird. Papierbeutel sind für Wasserdampf so durchlässig, daß sie in feuchten Räumen keinen ausreichenden Schutz bieten. Gemischt verpacktes Backpulver hat unter normalen Bedingungen eine Lagerfähigkeit von etwa einem halben Jahr, die nur unter günstigen Bedingungen auf ein Jahr ausgedehnt werden sollte.

Backpulvervorschriften.

Die Summe der Bestandteile nachstehender Rezepte entsprechen dem Inhalt eines Beutels, ausreichend für 0,5 kg Mehl.

Mit Weinstein.

	1.	2.	3.	4.
Natriumhydrogencarbonat	4,2	4,5	7,0	3,7
Weinstein	9,8	10,5	5,0	7,4
Stärkemehl (Mais- oder Reisstärke)	6,0	5,0	—	—
Gebrannte Magnesia	—	—	—	0,25
Kartoffelstärke	—	—	8,0	—
Zuckerpulver	—	—	—	13,7
	20,0	20,0	20,0	25,05

2. nach OETKER, 4. nach PATZSCH.

Mit Weinsäure.

	1.	2.	3.
Natriumhydrogencarbonat	6,5	5,0	4,8
Weinsäure	6,0	7,5	4,4
Mehl oder Mehldunst	7,5	—	7,0
Reisstärke	—	7,5	—
	20,0	20,0	16,2

1. nach OETKER, 2. nach PATZSCH, 3. nach HÄCKER.

Mit Adipinsäure.

	1.	2.
Natriumhydrogencarbonat	7,0	4,8
Adipinsäure	3,5	4,2
Alaun	1,5	—
Mehl oder Mehldunst	4,5	7,0
	16,5	16,0

1. nach JESSER, 2. nach HÄCKER.

Mit Phosphaten.

	1.	2.	3.	4.
Natriumhydrogencarbonat	5,0	5,0	6,0	5,6
Monocalciumphosphat	5,0	6,0	—	—
Dinatriumphosphat, wasserfrei	—	3,0	—	—
Monoammoniumphosphat	—	—	3,6	—
Diammoniumphosphat	—	—	3,4	—
Natriumpyrophosphat, sauer	—	—	—	6,6
Mehl	5,0	—	7,0	—
Stärkemehl	—	6,0	—	4,8
	15,0	20,0	20,0	17,0

1. nach BRAUER, 2. nach HASTERLIK, 3. nach HASTERLIK, 4. nach Chimist and Druggist.

Die Untersuchung der Backpulverrohstoffe und der fertigen Backpulver.

Die Untersuchung der Backpulverrohrstoffe erstreckt sich vor allem auf deren Reinheit und die Gehaltsbestimmung nach den bekannten Methoden.

Bei fertigen Backpulververmischungen werden neben der Sinnen- und mikroskopischen Prüfung auch eine Probe auf Löslichkeit und ein Backversuch durchgeführt, nach dem die Farbe des Gebäcks, sein Geschmack, die Porenbildung, der Rauminhalt des fertigen Gebäcks und sein Lockerungsgrad festgestellt werden. Die wichtigste chemische Untersuchung ist die Feststellung der *Triebkraft* des Backpulvers. Dabei wird die in dem Backpulver vorhandene *Gesamtkohlensäure* zuerst bestimmt und anschließend die Kohlensäuremenge, die beim Backprozeß nicht in Freiheit gesetzt werden kann und die man mit *unwirksame Kohlensäure* bezeichnet. Aus der Differenz von gesamter und unwirksamer Kohlensäure errechnet man den *Gesamttrieb.* Die Kohlensäuremenge, die sich schon bei Zimmertemperatur beim Anrühren des Teiges entwickelt, bezeichnet man mit *Vortrieb.* Der *Nachtrieb* ergibt sich aus dem Unterschied von Gesamttriebkraft und Vortrieb. Die Triebkraftbestimmung wird mittels eines Apparates nach TILLMANNS durchgeführt.

Brezellauge. Bäckerlauge.

Unter der Bezeichnung Brezellauge findet dünne Natronlauge mit einem Gehalt unter 5% Ätznatron Verwendung. Die fertig geformten Brezeln werden kurz in die kalte Lauge getaucht und dadurch die Stärke an der Oberfläche verkleistert. Beim folgenden Backprozeß wird die verkleisterte Stärke dextriniert. Gewöhnlich finden Brezellaugen mit 3% Ätznatrongehalt, D. (15°) 1,035 bzw. 5% Ätznatrongehalt, D. (15°) 1,059 Verwendung.

Konditorfarbe, rote.

1. Karmin	10,0	Ammoniakflüssigkeit DAB. 6	20,0
Glycerin	100,0	Wasser	900,0

Das Karmin mit der Ammoniakflüssigkeit anreiben, das Glycerin zumischen, die Mischung so lange auf dem Wasserbade erwärmen, bis kein Ammoniakgeruch wahrnehmbar ist. Hierauf mit dem Wasser verdünnen und filtrieren.

2. *Mit kräftigerem Farbton.*

Cochenille, pulv.	30,0	Pottasche	60,0
Wasser, dest.	750,0		

werden 2 Tage lang unter gelegentlichem Umschütteln mazeriert und in einer geräumigen Schale verrührt mit

Weinstein	180,0	Alaun	15,0

Konserviert wird mit 2,25 g Nipagin M, das in dem destillierten Wasser kochend heiß und vollständig gelöst werden muß.

Konfitürenlack

(zum Lackieren von Mandeln, Schokolade, Marzipan usw.).

1. Siambenzoe, grob pulv.	10,0	Weingeist (90%)	50,0

Nach dem Lösen des Harzes im Weingeist wird vom Bodensatz abgegossen und filtriert. Als Verdünnungsmittel wird Weingeist 90%ig verwendet.

2. Sandarak	10,0	Alkohol (95%, besser absoluter)	20,0

Herstellung wie oben.

Verwendung. Die Harzlösungen müssen so weit verdünnt werden, daß Probelackierungen nicht weiß anlaufen und nach erfolgter Trocknung genügenden Glanz zeigen. Im allgemeinen genügt eine Konzentration von 10%.

Trennemulsionen mit Lanette.

Trennemulsionen mit Lanette N haben sich seit langem besonders für angeschobene Brote (auch Lanette O und E finden Verwendung) bewährt (näheres über die einzelnen Lanettemarken s. Bd. II, S. 792/93). Die frühere Reichsanstalt für Getreideverarbeitung und heutige Arbeitsgemeinschaft für Getreideforschung Detmold haben nach ausgedehnten Prüfungen festgestellt, daß die mit Lanette hergestellten Trennemulsionen alle Anforderungen erfüllen, die an ein zuverlässiges Trennmittel gestellt werden müssen.

Lanette O, E und N eignen sich sowohl für Emulsionen mit höherem Fettgehalt (z. B. 25%) als auch für 10%ige Trennemulsionen. Nach der jüngsten Auffassung werden die Ätherextrakte aus Trennemulsionen als „Rohfett" bezeichnet, so daß in diesem Sinne Lanette als Fettanteil gelten kann. Neutrale Öle, wie Sojaöl, Erdnußöl, Sonnenblumenöl u. ä., werden von Lanette fein verteilt emulgiert; daraus ergibt sich ein sparsamer, gleichmäßiger und leichter Aufstrich der Emulsion bei zuverlässiger Trennwirkung. Lanette-Trennemulsionen sind wärmebeständig und bleiben auch über einen langen Zeitraum hinweg stabil.

Ansatzbeispiele (Dehydag).

a) 10 % Fett	1.	2.	b) 25 % Fett	1.	2.
Lanette O	2,5	—	Lanette N	5,0	—
Lanette E	0,5	—	Lanette O	—	4,3
Fett od. fett. Öl	7,0	7,0	Lanette E	—	0,7
Wasser	90,0	90,0	neutrale Öle	20,0	20,0
Lanette N	—	3,0	Wasser	75,0	75,0

Konserviert wird mit 0,15% Nipagin, das in kochendem Wasser vor Zugabe zur Fettschmelze gelöst wird.

Arbeitsweise.

1. Die auf etwa 70 bis 75° erwärmte Schmelze aus Lanette und Fett wird mit dem auf die gleiche Temperatur erwärmten Wasser, in welchem das Lanette E zunächst aufgelöst worden ist, zusammengegeben und im Rührwerk verrührt, wobei zu beachten ist, daß die Schaufeln zur Vermeidung von Schaumbildung bedeckt bleiben. Ein Schnellrührer ist vorzuziehen. Nach erfolgterEmulsionsbildung empfiehlt es sich, die Masse etwa 50° warm zu homogenisieren.

2. Es können auch alle Bestandteile gemeinsam eingefüllt und unter ständigem Rühren erhitzt werden. Die zweckmäßige Temperatur ist von der Apparatur abhängig und wird am besten durch einen Versuch ermittelt. Auch die günstige Abfülltemperatur muß berücksichtigt werden. Der erhitzte Gesamtansatz wird einige Zeit gerührt und dann homogenisiert. Der Zeitpunkt richtet sich nach der verlangten Konsistenz der verlangten Emulsion.

3. Die Trennemulsionen sollen möglichst unmittelbar aus der Homogenisiermaschine abgefüllt werden, zweckmäßig mit Hilfe eines Schlauches, der bis auf den Boden des Gefäßes reicht, damit der bei freiem Fall auftretende Schaum vermieden wird. Die gefüllten Gefäße sollen zur Vermeidung der Bildung von Kondenswasser über Nacht offen gehalten werden.

Wichtig! Lanette-Trennemulsionen müssen wie alle Emulsionen vor Frost geschützt werden.

Trennemulsionen mit Tegomuls (ATLAS-GOLDSCHMIDT).

1. *Cremeartige Trennemulsion.*

Tegomuls GA . . 5% bis 6%	Nipagin A II. . .	0,12%
Öl . . . . . etwa 20%	Rest Wasser	

Die Herstellung kann auf verschiedene Weise erfolgen. Zweckmäßig wird das Wasser zusammen mit dem Konservierungsmittel Nipagin A II so lange bis zum Kochen erhitzt, bis das Nipagin A II vollständig gelöst ist. Dann kann das Tegomuls GA in fester Form oder geschmolzen zusammen mit dem Öl dem Wasser beigegeben und das Gemisch nach Schmelzen aller Bestandteile gut durchgerührt werden. Hierbei emulgiert die Mischung sofort. Sie wird dann kalt gerührt und abgefüllt oder man bearbeitet zur Verbesserung der Konsistenz die Emulsion noch in warmem Zustande durch eine Zenith- oder Homogenisiermaschine. Anschließend läßt man die Emulsion abkühlen und füllt ab.

2. *Flüssige Emulsion.*

Tegomuls G III . . 5% bis 6%	Nipagin A II . . .	0,12%
Öl . . . . . etwa 20%	Rest Wasser	

Nipagin A II wie bei 1. in kochend heißem Wasser lösen. Dann Tegomuls G III hinzugeben. Nachdem dieses geschmolzen ist, wird die Mischung gut verrührt bis zur Bildung einer gleichmäßigen Emulsion. Dann gießt man das Öl, das nicht erwärmt zu sein braucht, unter dauerndem Rühren in gleichmäßigem Strahl in die Emulsion und rührt noch einige Zeit, bis das Öl gleichmäßig verteilt ist. Die entstandene Emulsion wird bei 175 bis 200 atü Druck mittels einer Homogenisierungsmaschine homogenisiert. Die milchartige Emulsion wird dann zweckmäßig sofort abgekühlt, und zwar läßt man sie entweder nach dem Verlassen der Homogenisiermaschine über einen Milchkühler laufen oder rührt sie bis zum Erkalten in einem mit Kühlmantel versehenen Rührwerk. Ist das Homogenisieren der Emulsion sofort nicht durchführbar, kann man sie auch erst kalt rühren und dann nach kürzerer oder längerer Zeit bei gewöhnlicher Temperatur homogenisieren.

XII. Photographie.

Die Herstellung eines Bildes auf photographischem Wege erfolgt in fünf verschiedenen Arbeitsgängen, die man mit Negativverfahren zusammenfaßt, diese sind:

1. Die Belichtung der lichtempfindlichen Emulsion von Platten oder Filmen in der Kamera. Dabei entsteht ein unsichtbarer Lichteindruck, das „*latente Bild*".

2. Die Entwicklung des belichteten Materials, wobei die Silbersalze der Emulsion im Verhältnis der erfolgten Belichtung zu metallischem Silber reduziert werden. Dadurch entsteht das *negative Bild,* das auch noch unentwickelte Silbersalze enthält.

3. Durch die Fixierung des Negatives werden die unentwickelten, lichtempfindlichen Silbersalze wasserlöslich gemacht.

4. Die Wässerung hat den Zweck, das Fixiermittel und die wasserlöslich gemachten Silbersalze vollständig auszuwaschen.

5. Die Trocknung und etwa notwendige Korrektur des Negativs durch Nachbehandlung (Abschwächung, Verstärkung usw.).

In gleicher Weise wie der Negativprozess verläuft auch der Positivprozeß. Bei ihm wird unter Zwischenschaltung eines Negatives eine Positivemulsion belichtet, dann folgen auch hier die unter 2. bis 5. aufgeführten Prozesse. Vgl. a. Bd. II, S. 281 bis 286 „Chemikalien für photographische Zwecke".

Entwickler.

Für die obengenannten Prozesse werden ausschließlich wäßrige Lösungen verwendet. Dabei ist es wichtig, daß einwandfreies Wasser zur Verwendung kommt Bei Verwendung von hartem Wasser entstehen in photographischen Lösungen durch Sulfate oder Carbonate Ausfällungen von Calciumsulfat und Calciumcarbonat, die eine Trübung verursachen und sich mit der Zeit am Boden absetzen. Wird bei der Verwendung einer solchen Lösung die Suspension in dieser durch Bewegung verhindert, kann er hingenommen werden, besser ist es, der Niederschlag wird von der Lösung durch Filtration getrennt. Rostiges Wasser oder solches, das Staub oder Sand enthält, ist ebenfalls ungeeignet. Durch Chlor oder Hypochlorit sterilisiertes städtisches Leitungswasser ist zur Herstellung von photographischen Lösungen ungeeignet, da schon geringste Spuren dieser Chemikalien auf photographisches Material schädlich einwirken, ganz besonders aber in der Farbenphotographie. Im allgemeinen ist die Verwendung von destilliertem Wasser für photographische Zwecke nicht nötig. Dagegen soll für Colorverfahren der Ansatz von Lösungen nur mit destilliertem und völlig neutralem Wasser erfolgen. Liebhaberphotographen, die ihre photographischen Lösungen selbst ansetzen, verwenden zweckmäßig hierzu *abgekochtes Wasser,* das nach dem Absetzen filtriert wird. Im Photolabor mit laufend starkem Wasserbedarf empfiehlt sich die Anschaffung einer Permutitanlage zur Enthärtung des Wassers (Hersteller: Permutit-AG, Berlin). Näheres über die Wirkung der Permutite s. Bd. II, S. 1423. MUTTER empfiehlt zur chemischen Reinigung größerer Wassermengen den Zusatz von 25 g Kalialaun oder 100 g Trinatriumphosphat auf je 100 l Wasser, wodurch die Kalksalze ausgefällt und schleimige Bestandteile koaguliert werden, so daß das Wasser nach dem Stehen über Nacht klar ist. Nach dem Abhebern vom Bodensatz ist das Wasser so gereinigt und enthärtet, daß es zum Ansatz der Lösungen verwendet werden kann.

Calgon®-Foto (BENCKISER) enthärtet durch komplexe Bindung der Kalk- und Magnesiumsalze des Wassers fällungsfrei. Es verhindert die Bildung von Kalkschleiern und Schattierungen auf dem Negativ- bzw. Positivmaterial und schaltet somit unliebsame Begleiterscheinungen des photographischen Prozesses aus. Bei technischen und medizinischen Aufnahmen (Mikro- und Röntgenbildern) ist die erhöhte Klarheit des Bildtones von wesentlicher Bedeutung. Die mit Calgon-Foto (C-F) angesetzten Entwicklerlösungen bleiben vollkommen klar, da die im Wasser vorhandene „Störenfriede“ inaktiviert werden und somit keine unlöslichen Verbindungen mit den Alkalien eingehen können. Diese meist flockigen Ausscheidungen sind häufig die Ursachen von Entwicklungsfehlern. Bei der Verwendung von Calgon-Foto werden das Filtrieren und andere Reinigungsarbeiten erspart.

Verwendung. Die Zugabenmengen von C-F richten sich im allgemeinen nach der Härte des Gebrauchswassers. Zur Ausschaltung der Härtebildner des Wassers sind pro Grad deutscher Härte und Liter 0,125 g erforderlich. Bei der Herstellung von Entwicklern empfiehlt es sich, auf 1 l Konzentrat etwa 3 bis 5 g C-F, je nach Wasserhärte, zuzusetzen, da der Entwickler entsprechend verdünnt verwendet wird. Auch bei stark kalkhaltigem Wasser erhält man eine absolut klare Entwicklerlösung. Es empfiehlt sich, die Zusatzmengen mit Hilfe eines kleinen Versuches zu ermitteln.

Nach dem internationalen Photographischen Kongreß 1900 sollen Rezepte die einzelnen Bestandteile stets in der Reihenfolge enthalten, wie sie sich lösen. Ein Entwickler setzt sich im allgemeinen zusammen aus einer oder mehreren Entwicklersubstanzen, dem *Konservierungsmittel* (Sulfite), dem *Alkali* (Borax, Pottasche, Soda), dem *Verzögerer* und anderen besonderen Zusätzen. Beim Ansetzen von Entwickler wird zunächst das Konservierungsmittel gelöst und erst *nach dessen völliger Lösung* die Entwicklersubstanz in Lösung gebracht, dann wird das Alkali zugefügt und dann etwaige restliche Bestandteile. *Wird* als Entwicklersubstanz Monomethyl-p-aminophenolsulfat, das unter den Handelsbezeichnungen *Metol*®, Kodamet, Temal u. a. geliefert wird, *verwendet, muß anders verfahren werden.* Zunächst fügt man dem Ansatzwasser nur wenig Sulfit, pro Liter etwa 2 g, zu und setzt erst nach dessen Auflösung das Metol zu und bringt dies zur Lösung. Dann folgt die Zugabe der restlichen Sulfitmenge, nach dessen Auflösung das Hydrochinon gelöst wird und dann erst das Alkali und die weiteren Substanzen. MUTTER[1] gibt folgende Ansatzregeln für Entwickler:

1. Man löst das Konservierungsmittel immer zuerst mit Ausnahme bei Ansätzen, die Metol ® enthalten. Bei Metolentwicklern und metolhaltigen Entwicklern wird nur ein kleiner Teil des Konservierungsmittels gelöst, anschließend ist die Reihenfolge Metol-Sulfit-Hydrochinon-Alkali-Zusätze zu beachten.
2. Enthält eine Ansatzvorschrift gleichzeitig Natriumsulfit und Bisulfite (Natriumbisulfit, Kaliummetabisulfit), so löst man beide gleichzeitig oder nacheinander auf.
3. Kalkausfällende Zusätze („Calgon“ s. oben) setzt man am besten mit dem Konservierungsmittel zu, damit sich erst gar keine Ausfällungen bilden können.
4. Der Ansatz erfolgt stets bei einer möglichst niedrigen Temperatur, 50° soll keinesfalls überschritten werden.
5. Man füge die weiteren Chemikalien erst zu, wenn die vorhergehenden vollkommen gelöst sind.
6. Wasserfreie Chemikalien werden stets dem Wasser zugesetzt und nicht umgekehrt.
7. Nach Lösung aller Chemikalien fülle man auf das vorgeschriebene Volumen auf.
8. Beim Ansatz von konfektionierten Entwicklern beachte man stets die gegebene Gebrauchsvorschrift.

Wird bei metolhaltigen Entwicklern die Gesamtmenge des Sulfits zuerst gelöst und anschließend das Metol zugegeben, bildet sich besonders bei hoher Sulfitkonzentration ein weißer, nachträglich nicht mehr zur Lösung zu bringender Niederschlag und *Metolsulfit.*

---

[1] MICHEL, K.: Die wissenschaftliche und angewandte Photographie, Bd. V: Die Technik der Negativ- und Positivverfahren von E. MUTTER, Wien: Springer 1955.

Die Wirkung eines Entwicklers ist in hohem Maße von seiner Alkalität abhängig. Diese wird zweckmäßig durch Feststellung des p_H-Wertes mittels eines Universalindikatorpapiers bestimmt. Es ist wichtig, den p_H-Wert festzustellen, da man von ein und demselben Entwickler nur dann gleichbleibende Ergebnisse erwarten kann, wenn der p_H-Wert konstant ist. Besonders reine Metol-Sulfit-Entwickler, die kein Alkali enthalten, müssen auf den p_H-Wert geprüft werden, da man bei ihnen u. U. einen neutralen oder sogar schwach sauer reagierenden Entwickler erhalten kann. Dies bedingt aber, daß er nur schwach oder fast gar nicht entwickelt.

Die Haltbarkeit eines richtig angesetzten Entwicklers hängt in hohem Maße von seiner *richtigen Aufbewahrung* ab. Um ihn vor Lichteinfluß zu schützen, muß er grundsätzlich in brauner Flasche aufbewahrt werden, die gut verschlossen und bis zum Rande gefüllt ist, um den Entwickler auch weitgehend vor Lufteinfluß zu schützen. Ein so aufbewahrter Entwickler ist im allgemeinen sechs Monate haltbar. Bei Entnahme von Entwickler aus der Flasche erleiden Entwicklersubstanz und Konservierungsmittel eine Oxydation. Dadurch färbt sich die Entwicklerlösung braun. Frisch angesetzter Entwickler ruft zuweilen einen Luftschleier bei der Entwicklung hervor, es empfiehlt sich deshalb, Entwicklerlösungen vor dem Gebrauch über Nacht, wenigstens aber sechs Stunden lang stehen zu lassen. Die Haltbarkeit eines Entwicklers ist abhängig von seiner Alkalität, dem Sulfitgehalt und seiner Konzentration. Alkalische Entwickler sind nur wenige Wochen haltbar, stark alkalische noch weniger als weniger alkalische. Je höher die Konzentration eines Entwicklers ist, um so höher ist seine Haltbarkeit. Es empfiehlt sich deshalb, *Entwickler* grundsätzlich *hochkonzentriert anzusetzen* und die erhaltene Vorratslösung vor Gebrauch entsprechend zu verdünnen. In nur teilweise gefüllten Flaschen sinkt die Haltbarkeit des Entwicklers rasch, er ist dann nur noch etwa zwei Monate haltbar. Noch kürzer ist seine Haltbarkeit beim offenen Stehen in der Entwicklerschale, hier kann die Haltbarkeit auf Wochen, mitunter auch auf Tage verkürzt werden. In teilgefüllten Flaschen ersetzt man zweckmäßig den Leerraum mit Glasperlen. Da auch die Temperatur bei der Haltbarkeit von Entwicklern mitentscheidend ist, sind Entwickler grundsätzlich kühl zu lagern.

Reinigung der Entwicklungsgeräte.

Die bei der Entwicklung verwendeten Geräte werden mit der Zeit durch Silberniederschläge, Oxydationsprodukte, Gelatinereste usw. verunreinigt. Deshalb müssen Schalen, Tanks, Dosen, Rahmen, Klammern usw. von Zeit zu Zeit gereinigt werden. Schalen, Tanks und Dosen reinigt man mit einer kleinen Menge folgender Lösung:

Kaliumdichromat . . . 90,0 | Wasser 1000,0
Schwefelsäure, konz. . . 90 ccm

Das Kaliumdichromat wird in Wasser gelöst und dann die Schwefelsäure *in dünnem Strahl unter Umrühren* zugefügt. Man kommt hierbei mit einer kleinen Menge Lösung aus, mit der man die Gefäße durch Hin- und Herbewegen allseitig benetzt, wobei sämtliche Verunreinigungen schnell entfernt werden. Anschließend muß *sorgfältig* mindestens sechsmal *mit frischem Wasser* gespült werden, um alle Reste zu entfernen. Zur Reinigung von Metallteilen kann diese Lösung nicht verwendet werden. Wegen ihrer Giftigkeit und der Ätzwirkung ist dabei vorsichtig, zweckmäßig mit Gummihandschuhen, vorzugehen. Für den gleichen Zweck empfiehlt MUTTER noch nachstehende Lösung:

Lösung A. Wasser . . . . 1000,0 | Kaliumpermanganat . . 15,0
Schwefelsäure, konz. . . 5 ccm

Die Herstellung der Lösung erfolgt wie die der vorstehenden.

Lösung B. Wasser . . . . 1000,0 | Kaliummetabisulfit. . . 50,0

Man läßt Lösung A fünf Min. lang auf alle zu reinigenden Geräteteile einwirken, dann wird mit Wasser gespült und mit Lösung B behandelt, bis jede Braunfärbung verschwunden ist. Abschließend wird reichlich mit frischem Wasser gespült. MUTTER empfiehlt diese Methode auch zur Reinigung der Hände, die zunächst in Lösung A fünf Min. lang unter starkem Reiben gewaschen werden, wobei sie sich braun färben. Dann wird abgespült und in Lösung B bis zur Entfärbung gebadet. Es folgt dann sorgfältiges Spülen mit frischem Wasser. Nach sorgfältigem Abtrocknen ist die Verwendung einer guten Fettcreme unerläßlich.

Die Entwicklertypen und ihre Anwendung.

Eine kennzeichnende Eigenschaft jedes Entwicklers ist seine *Rapidität*, d. h. seine Entwicklungsgeschwindigkeit. Bezieht man die Rapidität eines Entwicklers auf das Erscheinen der Lichteindrücke, kann man folgende Entwicklertypen unterscheiden:

Rapidentwickler, bei denen bei der Entwicklung das Bild nach verhältnismäßig kurzer Zeit in allen seinen Teilen fast gleichzeitig erscheint. Dabei erfolgt die Entwicklung zunächst oberflächlich in den höchsten Lichtern und in den Schatten. Mit der Entwicklung schreitet dann die Kräftigung der Lichter und Halbtöne nach der Tiefe hin fort, während die Feinheiten in den Schatten stehenbleiben. Man erhält dadurch meist sehr kontrastreiche Negative. Zu den Entwicklern dieses Typus zählen alle ätzalkalischen Entwickler, Metol-Alkalicarbonat, p-Aminophenol, Amidolsulfit. In derselben Weise wirkt auch Metol-Hydrochinon-Alkalicarbonat ohne Zusatz von Bromkalium. Rapidentwickler finden besonders bei der Entwicklung kürzester Momentaufnahmen und solchen bei ungünstigen Lichtverhältnissen, bei denen auch die letzten Belichtungsspuren aus dem Negativ herausgeholt werden müssen, Verwendung. Ein Hauptnachteil im Zeitalter des Kleinbilds ist das verhältnismäßig grobkörnige Bild, das sie erzielen.

Normal- oder Universalentwickler. Dieser Entwicklertyp ist der gebräuchlichste. Normal- oder Universalentwickler eignen sich für alle Zwecke des Negativ- und Positivprozesses. Bei ihrer Verwendung erscheinen zunächst, wenn das Negativ richtig belichtet ist, nach einer verhältnismäßig langen *Latenzzeit* (Erscheinen des ersten Lichteindruckes) nur die hohen Lichter. Diese Tatsache ist durch die vorhandenen Bromionen bedingt. Erst beim Fortschreiten der Entwicklung schwärzen sich die Mitteltöne, und erst am Ende der Entwicklung erscheinen die Einzelheiten in den Schatten. Aus diesem Grunde bezeichnet man derartige Entwickler auch als *Tiefenentwickler*. Hierzu gehören: Glycin, Hydrochinon-Pottasche, Pyrogallol. Aber auch Metolentwickler mit wenig Alkali und hohem Gehalt an Kaliumbromid wirkt als Tiefenentwickler.

Ein ausgesprochener Universalentwickler ist der *Mehrfach-Entwickler*, wie er bei der deutschen Luftwaffe Verwendung fand. Hier kommen Metol- und Hydrochinon zur Verwendung. Die Entwicklersubstanzen werden dabei für sich mit Konservierungsmitteln, das Alkali als carbonatalkalische oder Boraxlösung und getrennt davon in einer dritten Lösung das Kaliumbromid als konzentrierte Vorratslösungen angesetzt.

Ausgleichsentwickler. Bei allen Aufnahmen, bei denen große Kontraste den Anreiz boten (einseitig beleuchtete Räume, enge Gassen, dunkle Wälder mit Sonneneinstrahlung, Gegenlichtaufnahmen, Porträts usw.), müssen zum Ausgleich der Lichtkontraste Ausgleichsentwickler Verwendung finden. Die Wirkung der Ausgleichsentwickler beruht auf ihrem Vermögen, die Entwicklung zu hemmen, so daß eine zu hohe Deckung der Lichter im Negativ vermieden wird.

Feinkornentwickler. Zur Erreichung eines Negativs mit sehr feinem Korn verwendet man die eigens hierzu geschaffenen neuzeitlichen *Negativmaterialien mit Feinkornschichten.* Wohl ist die Korngröße des entwickelten Silbers in erster Linie von der Größe des Bromsilberkorns der Emulsion abhängig, aber auch durch die Entwicklung, besonders bei hochempfindlichem Negativmaterial, läßt sich die Körnigkeit der Emulsion weitgehend beeinflussen. Besonders in der Kleinbildtechnik, bei der die Negative vergrößert werden, ist es wichtig, Negative mit möglichst feinem Korn zu erhalten. Man unterscheidet bei Feinkornentwicklern

Feinkorn-Ausgleichsentwickler

Ultra-Feinkornentwickler (echte Feinkornentwickler).

Unterbrechung der Entwicklung.

Die Unterbrechung der Entwicklung muß aus zwei Gründen erfolgen:

1. Soll die Weiterentwicklung gestoppt werden, 2. soll vermieden werden, daß alkalischer Entwickler in das Fixierbad kommt und dessen Beschaffenheit beeinträchtigt. Fleckenbildung und dichroitischer Schleier sind häufig durch im Fixierbad fortschreitende Entwicklung bedingt. Im Negativverfahren werden einzelne Negative durch Abspülen mit einem leichten Wasserstrahl vor- und rückseitig zwischengewässert; bei Dosenentwicklung reicht zweimaliger Wasserwechsel aus, während bei Tankentwicklungsanlagen im fließenden Wasser eine Min. lang gewässert wird. Wirksamer als die einfache Zwischenwässerung sind *saure Unterbrechnungsbäder*, die in der Praxis fast immer beim Positivprozeß Verwendung finden. Man verwendet hierzu Essigsäurebäder (2%) oder Bäder mit sauren Sulfiten (Natriumhydrogensulfit) oder Kaliummetabisulfit (je 4%), wobei die Photopapiere nicht länger als $^1/_2$ Min. im Bad verbleiben sollen. Zu lange Behandlungsdauer im Unterbrechungsbad wirkt sich ebenso wie zu hohe Säurekonzentrationen ungünstig auf den Säuregrad des Fixierbades aus und damit auf die Auswaschbarkeit der Fixiersalze bei der Schlußwässerung. In 1 Liter Unterbrechungsbad vorgenannter Stärke können bei Verwendung normal alkalischer Papierentwickler 500 Abzüge 9×12 behandelt werden.

Härtende Unterbrecherbäder sind bei Verarbeitungstemperaturen über 26° zu empfehlen, um Schädigungen des Negativmaterials zu vermeiden. Die Härtung erst im Fixierbad durchzuführen ist deshalb nicht zu empfehlen, weil das saure Fixierbad, wesentlich haltbarer ist als ein härtendes und außerdem aus dem ersten die Silberrückgewinnung einfacher ist.

Härtendes Unterbrecherbad.

1. Kalialaun . . 50,0 | Wasser . . auf 1000,0

2. Chromalaun . . . . 30,0 | (Natriumsulfat, getrocknet . . 100,0)
Wasser . . . . auf 1000,0

Verwendung. Als härtendes Unterbrecherbad, Dauer 2 bis 3 Min.

Bei Vorschrift 2. ist der Natriumsulfatzusatz nicht unbedingt erforderlich; in den Tropen ist seine Verwendung jedoch zu empfehlen.

Das Fixieren.

Bei der Entwicklung wird nur ein verhältnismäßig kleiner Teil der Silbersalze der photographischen Emulsion zu Silber reduziert, etwa 75% (!) derselben bleibt unverändert in der Schicht. Infolge ihres weißlichen Aussehens wird durch sie der Kontrast des negativen Bildes vermindert, außerdem ist ein solches Negativ gegenüber Tageslicht vollkommen unbeständig. Durch den Fixierprozeß werden diese nicht reduzierten Silbersalze in eine lösliche Form übergeführt und durch die anschließende Wässerung entfernt. Als geeignetes Lösungsmittel für das in der Schicht verbleibende Halogensilber finden ausschließlich die Thiosulfate von Natrium und Ammonium Verwendung, am häufigsten das Natriumthiosulfat (vgl. Bd. II, S. 953), das kristallisiert und entwässert im Handel ist. 1 g entwässertes Natriumthiosulfat entspricht 1,6 g kristallisiertem Natriumthiosulfat. Das entwässerte Salz hat den Vorteil, auch bei ungünstigsten Lagerbedingungen beständig zu sein, während das kristallisierte Salz in feuchter Luft leicht zerfließt, in trockener Luft verwittert. Das kristallisierte Salz kühlt beim Auflösen die Lösung sehr stark ab, eine Erscheinung, die wichtig ist, weil *kalte Fixierbäder sehr langsam fixieren.* Im Gegensatz hierzu löst sich das entwässerte Salz ohne Abkühlung und schnell auf, ein damit hergestelltes Fixierbad ist sofort gebrauchsfähig. Es ist wichtig, daß beim Fixierprozeß das Thiosulfat stets im Überschuß vorhanden ist, damit leichtlösliche Komplexverbindungen entstehen. Diese werden beim Badprozeß leicht entfernt, ist dagegen die Thiosulfatkonzentration zu gering und ein Überschuß an löslichen Silbersalzen vorhanden, so entstehen *Silberthiosulfat-Verbindungen,* die sich in Wasser fast augenblicklich in braunes Schwefelsilber und Schwefelsäure zersetzen. Die auf Negativen und Positiven bekannten Abdrücke der mit Thiosulfat verunreinigten Finger entstehen auf diese Weise. Von Einfluß auf die Fixiergeschwindigkeit sind die Natur der Emulsion (Emulsionen mit Jodsilber-Gehalt fixieren sehr langsam), die Konzentration des Fixierbades, die Art des Thiosulfats, die Gegenwart von anderen Salzen, die Temperatur, die Bewegung und der Grad der Erschöpfung. Durch Zusatz von *Ammoniumchlorid* wird die Fixiergeschwindigkeit wesentlich erhöht. Je nach der Thiosulfatkonzentration schwankt die Zusatzmenge: Bei 10% Thiosulfatlösung werden 5%, bei 20% Thiosulfatlösung 4%, bei 40% Thiosulfatlösung 3% Ammoniumchlorid zugesetzt. Der Nachteil eines solchen *Schnellfixierbades* ist eine etwa nur halb so große Ausnutzungsfähigkeit wie beim normalen sauren Fixierbad. Die günstigste Fixiertemperatur liegt zwischen 16 und 21°. Bei höheren Temperaturen sind härtende Zusätze zu empfehlen, um eine zu starke Aufquellung der Gelatine zu verhindern.

Die Fixierbäder kommen zur Anwendung als *neutrales Fixierbad,* das zur Negativfixierung 20%ig, zur Positivfixierung 10%ig Verwendung findet, als *saures Fixierbad,* das einen Zusatz von etwa 10% Natriumhydrogensulfit oder Kaliummetabisulfit enthält, p_H-Wert 4,2 bis 5,0. Starke Säuren (Salz- oder Schwefelsäure) zersetzen das Fixierbad unter Schwefelabscheidung. *Härtendes Fixierbad* enthält einen Zusatz von Chromalaun zum sauren Fixierbad und hat einen p_H-Wert 3 bis 4.

Von der sorgfältigen Durchführung des Fixierprozesses hängt die einwandfreie Beschaffenheit der Negative in hohem Maße ab. Der Fixage ist also die gleiche Sorgfalt zu widmen wie dem Entwicklungsprozeß.

Besonders wichtig ist der sorgfältige Umgang mit Fixiernatron und Fixiernatronlösung. Auch bei der geringsten Verunreinigung müssen die Hände stets mit frischem Wasser sorgfältig abgespült und abgetrocknet werden.

Die Prüfung von Fixierbädern.

Für den Zustand und die Brauchbarkeit des Fixierbades sind der Säuregrad und sein Silbergehalt maßgebend. Der Säuregrad ist besonders wichtig bei härtenden Fixierbädern. Man stellt ihn zweckmäßig durch Indikatorpapiere (vgl. Bd. II, S. 605) fest. In bezug auf den Silbergehalt prüft man das Fixierbad durch die Kaliumjodidprobe: Zu 10 ccm Fixierbadlösung gibt man im Reagensglas 2 Tr. Kaliumjodidlösung (5%). Bildet sich dabei ein gelblicher Niederschlag (Silberjodid), so muß das Bad erneuert werden. Am einfachsten im Gebrauch sind die handelsüblichen Fixierbadprüfer und Fixierhilfen von Agfa ® und Tetenal ®.

Die Wässerung.

Für die Haltbarkeit von Negativen und Positiven entscheidend ist ihre genügende Wässerung. Durch sie sollen die beim Fixieren gebildeten komplexen Silberthiosulfatsalze und unverbrauchtes Thiosulfat möglichst vollständig aus der Schicht entfernt werden. Eine restlose Beseitigung der Thiosulfatsalze ist nicht erreichbar, sie ist dann genügend, wenn nach dem Trocknen kein schädigender Einfluß mehr ausgeübt werden kann. Größere Mengen von Thiosulfat werden sowohl in Negativen wie in Positiven allmählich unter Luft- und Lichteinfluß zersetzt, es entsteht *Schwefelsilber*, das sich durch gelbe oder braune Flecken bzw. Vergilbung zeigt. Besonders bei Feinkorn-Negativ und -Positivfilmen ist diese Gefahr groß. Bei der Wässerung unterscheidet man die *stehende* und die *fließende Wässerung*. Bei der stehenden wird das Waschwasser mindestens fünfmal erneuert, bei einer Wässerungsdauer von je fünf Minuten. Bei der fließenden Wässerung ist darauf zu achten, daß das mit Fixiernatron angereicherte Wasser spezifisch schwerer ist, also zu Boden sinkt. Der Abfluß bei Tankwässerung muß deshalb am Boden, der Zufluß von oben erfolgen. Bei richtiger Anlage ist eine Wässerung in fließendem Wasser während 30 Min. ausreichend. Verständlicherweise verläuft der Waschprozeß bei höherer Temperatur schneller als bei niedriger. Die Temperatur des Waschwassers soll 18 bis 24% betragen und soll sich nicht wesentlich von der Temperatur des Fixierbades unterscheiden.

Besonders in der warmen Jahreszeit bilden sich in den Wässerungsbehältern leicht Algen und Ansammlungen von Bakterien, deshalb sind Wässerungstanks usw. von Zeit zu Zeit durch Abbürsten der Wände mit warmer Seifenlösung gründlich zu reinigen und anschließend mit Chloraminlösung (1%, vgl. Bd. II, S. 296) zu desinfizieren. Anschließend muß mit Wasser sorgfältig gespült werden.

Kontrolle des Waschwassers.

Zur Prüfung des Waschwassers führt MUTTER folgende Prüfung an:

In ein Reagensglas wird das Tropfwasser von gewässertem Material und in ein zweites dieselbe Menge frisches Leitungswasser gefüllt. Zu beiden Gläsern gibt man dann je 1 Tr. einer Lösung von 0,1% Kaliumpermanganat und 2% wasserfreier Soda. Bleibt die Färbung im Waschwasser ebensolange bestehen wie im Leitungswasser, dann kann die Wässerung als ausreichend angesehen werden. Enthält das Leitungswasser organische Substanz, so kann diese eine Entfärbung der Testfärbung verursachen. In diesem Falle gibt man zunächst zum Frischwasser so viel Tropfen der Testlösung, daß eine schwache violette Färbung bestehen bleibt. Dieselbe Tropfenzahl muß dann auch zu der Prüflösung zugesetzt werden. Als Fixiernatronzerstörer zur Abkürzung der Wässerung findet Alaun Verwendung. Nach einer Wässerung von etwa 10 Min. erfolgt die Behandlung in einem etwa 0,5%igen Alaunbad während 5 bis 10 Min.; dann wird erneut gewässert. Von EDER wurde 2%ige Chloraminlösung empfohlen, die jedoch keineswegs in höherer Konzentration und länger einwirkend angewandt werden darf, weil es sonst auch zu einer Abschwächung des Silberbildes kommen kann. Von Kodak wird zur Zerstörung der Fixiernatronreste in photographischen Papieren folgende Methode als einwandfrei empfohlen: Nach Wässerung von 20 Min. werden die Papiere etwa 10 Min. lang in einem Bad, bestehend aus

Wasser	1000 ccm
Wasserstoffsuperoxydlösung (3%) . .	125 ccm
Ammoniakflüssigkeit (22° Bé) . . .	15 ccm,

behandelt, anschließend muß nochmals etwa 10 Min. gewässert werden. 1 Liter dieses Bades ist ausreichend zur Behandlung von 12 Bildern 18×24. In dringenden Fällen kann durch diese Behandlung auch eine Kurzwässerung von Negativmaterial durchgeführt werden, wobei die Negative zunächst 2 bis 5 Min. gewässert werden, anschließend 5 Min. in obiger Lösung gebadet und dann nochmals 1 bis 2 Min. nachgewässert werden.

Schnelltrocknung von Negativen.

Zur Beschleunigung der Trocknung, zur Entfernung von Verunreinigungen und zur Verhütung von Trockenflecken wird das Negativmaterial mit einem Lederlappen oder Schwammgummi abgestreift. Die Negativschicht hält Temperaturen bis 40° C ohne besondere Behandlung aus. Bei höheren Temperaturen muß durch ein Unterbrecherbad oder Härtefixierbad gehärtet werden. Alaunbäder machen Negative von 50 bis 60°, Formalinbäder sogar bis 100° gegen Wärmeeinflüsse widerstandsfähig. Auf diese Weise gehärtete Schichten können ohne Nachteil in direktem Sonnenlicht getrocknet werden. Ein Nachteil der Formalinhärtung ist, daß Glasplatten welche hohen Temperaturschwankungen unterliegen, zerspringen.

Zur Schnelltrocknung muß eine Flüssigkeit verwendet werden, deren Siedepunkt niedriger ist als der des Wassers. Aceton und Methylalkohol sind zur Schnelltrocknung von Filmen nicht geeignet, weil sie Celluloid sehr stark angreifen. Praktisch kommt zur Schnelltrocknung nur Brennspiritus in Frage. Zur Trocknung von Glasnegativen wird der Brennspiritus mit 10 T. Wasser verdünnt, während seine Konzentration bei Filmnegativen höchstens 70% betragen darf. Man badet 10 Min. lang und trocknet anschließend 1 Min. lang mit einem Ventilator. Beim Verdünnen von Brennspiritus entsteht eine Trübung, die man vor der Verwendung der Mischung sich absetzen läßt oder durch Filtration entfernt.

Die Korrektur des Negatives durch Nachbehandlung.

Fehler auf Negativen entstehen durch Fehlbelichtungen bei der Aufnahme und durch ungeeignete Entwicklung. Während die Belichtung sich auf die Dichte des Negativs auswirkt, beeinflußt die Entwicklung die *Gradation*, den Kontrast des Negatives. Bei der Nachbehandlung fehlerhafter Negative können deshalb zwei Methoden notwendig sein. Die Methode, welche die Dichte oder die Gradation vermindert, bezeichnet man mit *Abschwächen*, die Methode, welche das Gegenteil verfolgt, mit *Verstärken*. Wiewohl durch die Schaffung zahlreicher Papiergradationen heute die Gradation eines Negativs und seine mehr oder weniger große Dichte keine ausschlaggebende Rolle mehr spielen und deshalb auch fehlerhafte Negative kopier- bzw. vergrößerungsfähig sind, besteht doch die Möglichkeit, daß ein Negativ verbessert werden muß.

Die Abschwächungen.

Die bei der Abschwächung zur Verwendung kommenden Chemikalien sind Oxydationsmittel, die das metallische Silber entweder direkt in ein in Wasser lösliches Salz verwandeln oder bei denen ein zweites Lösungsmittel die Umwandlung des metallischen Silbers in die wasserlösliche Form vollzieht. Negative, die überexponiert, zu stark gedeckt oder schleierig ausgefallen sind, werden zweckmäßig in *Blutlaugensalz-Abschwächer* nach FARMER abgeschwächt. Dabei wird der an der Oberfläche liegende Schleier entfernt und die zu stark gedeckten Schattenpartien aufgehellt. Die Negative können hierbei unmittelbar nach dem Fixieren oder nach der Wässerung, aber auch nach dem Trocknen abgeschwächt werden (vgl. S. 610). Der FARMERsche Blutlaugensalz-Abschwächer ist besonders auch zur Klärung schleieriger Diapositive zu empfehlen.

Der *Ammoniumpersulfat-Abschwächer* findet zur Abschwächung von Negativen mit übermäßig hohen Kontrasten Verwendung. Man bedient sich seiner bei unterexponierten, zu lange entwickelten und deshalb hart gewordenen Negativen, mit dem Ziel, die Lichter abzuschwächen, ohne daß dabei die Halbtöne verlorengehen. Wichtig ist bei der Anwendung dieses Abschwächers, daß die Negative sehr gut fixiert und so vollständig ausgewässert sein müssen, daß sie *keine Spur von Fixiernatron* mehr enthalten. Schon die kleinste Spur Fixiernatron wirkt zersetzend auf das Persulfat, so daß die Methode versagt oder gar Flecke entstehen. Um diese zu entfernen, empfiehlt sich, zwischen Fixage und Wässerung ein Sodabad (3%) einzuschalten. Ältere Negative müssen 1 Std. lang gewässert werden. Man stellt eine 2- bis $2^1/_2$%ige Lösung von Ammoniumpersulfat in destilliertem Wasser her, der man 1 ccm Schwefelsäure (10%) zufügt. Bei der Auflösung von Ammoniumpersulfat in Wasser muß ein Knistern auftreten, geschieht dies nicht, ist damit zu rechnen, daß das Salz verdorben ist. Auf dem in den Abschwächer eingebrachten Negativ treten schon in den ersten Minuten immer stärker werdende Trübungen auf, besonders an den dichten Bildpartien. In Abständen von $^1/_4$ Min. wird der Fortgang der Abschwächung kontrolliert und *vor* Erreichung des endgültigen Abschwächungsgrades das Negativ aus der Lösung genommen. Der Abschwächungsprozeß dauert etwa 5 bis 6 Min., wobei sich die Lösung stark trübt, die dadurch unbrauchbar geworden ist. Zur Unterbrechung des Abschwächungsvorganges wird nach kurzer Spülung mit Wasser das Negativ 5 bis 7 Min. lang in eine *Natriumsulfitlösung* (10%) gelegt, wodurch die Persulfatreste zerstört werden. Während der FARMERsche Blutlaugensalz-Abschwächer klärend wirkt, wirkt der Ammoniumpersulfat-Abschwächer weich machend. Der AGFA-Abschwächer verändert die Gradation des Negatives kaum, entfernt aber den Schleier und klärt die Schicht. Er wirkt sicher und unbedingt zuverlässig.

Die Verstärkungen.

Eine Verstärkung von Negativen kommt nur bei richtig belichteten, aber unterentwickelten Negativen in Frage. Dabei ist es unmöglich, Einzelheiten in den Schatten zu erzeugen, nur vorhandene Schwärzungen können verstärkt werden. Zu wenig gedeckte und an Kontrasten arme Negative können also durch Verstärkung dem normalen Zustand näher gebracht werden. Verwendung finden der Uranverstärker, der die durchgreifendste Verstärkung bewirkt, der Sublimatverstärker und der Silberverstärker. (Vgl. S. 612.)

Die Entwicklung des positiven Bildes.

Die Belichtung der Positivpapiere erfolgt im Kontaktdruck oder auf optischem Wege. Das belichtete Positivpapier wird vollkommen trocken schnell und vollständig in die Entwicklerlösung eingetaucht und bewegt. Wird die Bewegung unterlassen, können besonders bei schnell entwickelnden Papieren Flecken und ungleichmäßige Schwärzungsflächen entstehen. Es ist wichtig, daß man die Entwicklungszeit der Kontaktpapiere einhält, sie beträgt bei richtiger Belichtung und bei einer Temperatur von 18 bis 20° des Entwicklers 60 Sek., für Bromsilberpapier 2 bis 3 Min. Als Entwickler kommen hauptsächlich Metol-Hydrochinon-Entwickler, die verhältnismäßig hoch konzentriert sind und kräftig arbeiten, in Frage. Ob ein Entwickler härter oder weicher arbeitet, hängt von seiner Zusammensetzung ab. So arbeiten Metol-Soda-Entwickler weich, durch Hydrochinonzusatz jedoch kontrastreicher. Der Entwicklungs- und Belichtungsspielraum gestattet es, Fehlbelichtungen durch Veränderung der Entwicklungszeit auszugleichen. Deshalb muß bei Überbelichtung entsprechend kürzer entwickelt werden, während bei sehr kurzer Belichtung die Entwicklung zur Erreichung eines noch genügend kräftigen Bildes entsprechend verlängert werden muß. Zur Erzielung eines besonderen Bildtones werden den Entwicklern Chemikalien zugesetzt, so zur Erreichung eines blauen Bildtones Benzotriazol, während andere Zusätze mehr graue oder warme schwarze Bildtöne erzeugen.

Innenaufnahmen, technische Aufnahmen und Gegenlichtaufnahmen mit sehr hohen Kontrasten entwickelt man zweckmäßig nach der Zweischalenmethode. Zunächst wird in Metol-Soda-Entwickler entwickelt, bis die richtige Lichterzeichnung erreicht ist und anschließend ohne Zwischenwässerung in einem kräftig arbeitenden Metol-Hydrochinon-Entwickler fertig entwickelt. Die letzte Entwicklung gibt den Schatten die erforderliche Tiefe und die Brillanz des Bildes.

Die Unterbrechung der Entwicklung, die Fixierung und Wässerung des positiven Bildes wird wie beim Negativverfahren durchgeführt, beim Positivprozeß jedoch wird die Unterbrechung der Entwicklung und die Fixage in Schalen vorgenommen. In Großbetrieben finden zur Bewegung des Fixierbades besondere Einrichtungen Verwendung, während die Wässerung in besonderen Wässerungsmaschinen durchgeführt wird, in denen die Positive durch die Wasserströmung dauernd bewegt werden.

Die Tonung von Positiven.

Entwicklungspapiere ergeben an und für sich ein schwarzes Silberbild, das durch geeignete Tonungsverfahren in verschiedenfarbige Töne umgewandelt werden kann. So erhält man Sepia- und Brauntöne durch Schwefeltonung, Blautonung durch Eisenalaun, Rötlich-Braun-Tonung mit Uran, kirschrote Töne mit Kupfer, grüne Töne mit Ferriammoniumcitrat und Vanadiumchlorid. Bei der Tönung von Positiven ist ihre vorherige Behandlung von größtem Einfluß. So werden überbelichtete und deshalb zu kurz entwickelte Bilder bei der Tonung zu hell, während bei der Entwicklung gequälte Bilder schwärzliche Töne erhalten.

Die vorstehenden kurzen Ausführungen über die Photographie sind dem Rahmen des Vorschriftenbuches angepaßt. Zum eingehenden Studium der Photographie seien als Standardwerke empfohlen:

GRITTNER, R.: Handbuch der Kamerakunde, München: Luitpold Lang. — Die wissenschaftliche und angewandte Photographie in einzeln käuflichen Monographien, herausgegeben von K. MICHEL, Wien: Springer 1955 bis 1957.

Vorschriften für photographische Lösungen.

I. Entwicklervorschriften.

1. Universalentwickler.

Mit Universalentwicklern bezeichnet man solche, die sich zur Negativ- und Positiventwicklung eignen. Hierzu eignen sich infolge ihrer hohen Ergiebigkeit und Haltbarkeit besonders die

a) Metol-Hydrochinon-Entwickler.

	1. Ansco 125	2. Ilford ID-36	3. Kodak D-72
Wasser (etwa 40 bis 50°)	750 ccm	750 ccm	750 ccm
Metol ®[1]	3,0	1,5	3,1
Natriumsulfit, wasserfrei	64,0	25,0	45,0
Hydrochinon	12,0	6,3	12,0
Soda, wasserfrei	55,25	34,5	68,0
Kaliumbromid	2,0	0,4	1,0
Wasser	auf 1000 ccm	auf 1000 ccm	auf 1000 ccm

[1] Siehe auch S. 586, 1.

Zu 1. *Negativ-Entwicklung.* Verdünnung 1:1, Entwicklungszeit 3 bis 5 Min. (20°); für weichere Entwicklung Verdünnung 1:3, Entwicklungszeit wie vorstehend.

Positiv-Entwicklung. Für Kondakt- und Vergrößerungspapiere Verdünnung 1 : 2, Entwicklungszeit 1 bis 2 Min. (20°); für weichere Entwicklung Verdünnung 1:4, Entwicklungszeit 1,5 bis 3 Min. Zur Erzielung höherer Brillanz *kurz* belichten und *lang* entwickeln.

Zu 2. *Negativentwicklung.* Für Schalenentwicklung 1:1 verdünnen, 3 bis 5 Min. entwickeln (20°), für Tankentwicklung 1:3 verdünnen, 6 bis 10 Min. entwickeln (20°).

Positiventwicklung. Gebrauchsfertig für Kontaktpapiere 45 bis 60 Sek. entwickeln, für Vergrößerungspapiere 1,5 bis 3 Min.

Zu 3. *Negativentwicklung.* Verdünnung 1:1 bis 1:2 je nach dem gewünschten Kontrast, 5 bis 10 Min. entwickeln (20°).

Positiventwicklung. Verdünnung 1:1, 1 Min. entwickeln (20°). Zur Hervorrufung warmer Töne Verdünnung 1:3 bis 1:4 und Zusatz von 8 ccm Kaliumbromidlösung (10%) auf 1 l gebrauchsfertige Lösung, 1,5 Min. entwickeln. Zur Erzielung von höheren Kontrast Verdünnung 1:1 mit Zusatz von 1 g Kaliumbromid auf 1 l gebrauchsfertige Lösung.

Entwicklung von Diapositiven. 1:2 verdünnen, 1 bis 2 Min. entwickeln, für kontrastreiche Entwicklungen 1:1 verdünnen, für weiche Entwicklungen 1:4 verdünnen.

b) p-Aminophenol-Entwickler.

p-Aminophenol eignet sich besonders zur Herstellung von hochkonzentrierter Entwicklerlösung. Durch Veränderung der Gebrauchskonzentration ist der Entwickler leicht abstimmbar.

p-Aminophenol-Entwickler nach EDER.

Lösung A.	Wasser	750 ccm	Aminophenol, salzsauer	20,0
	Wasser		. . auf 1000 ccm	
Lösung B.	Wasser	1000 ccm	Natriumsulfit, wasserfrei	60,0
	Kaliumcarbonat . .	120,0	Wasser	auf 2000 ccm

Negativentwicklung. 1 T. Lösung A. + 2 T. Lösung B. + 1 bis 2 T. Wasser; Entwicklungszeit 4 bis 7 Min. (20°).

Positiventwicklung. 1 T. Lösung A. + 2 T. Lösung B.; Entwicklungszeit für Kontaktpapiere etwa 1 Min., für Bromsilberpapiere 2 bis 3 Min.

c) Entwickler aus verschiedenen Stammlösungen[1].

Dieses Verfahren bietet die Möglichkeit, je nach dem vorgesehenen Verwendungszweck die Mischungen zu variieren.

Ansätze nach Schwörer (Photo-Schule, Hamburg).

Lösung A.	Wasser (40 . . . 50° C)	750,0 ccm	Natriumsulfit sicc.	140,0 g
	Metol ®[2]	14,0 g	Wasser bis auf	1000,0 ccm
Lösung B.	Wasser (40 . . . 50° C)	750,0 ccm	Hydrochinon	18,0 g
	Natriumsulfit sicc. .	100,0 g	Wasser bis auf	1000,0 ccm
Lösung C.	Wasser	750,0 ccm	Pottasche	150,0 g
	Wasser bis auf		. . 1000,0 ccm	
Lösung D.	Wasser	750,0 ccm	Soda sicc.	110,0 g
	Wasser bis auf		. . 1000,0 ccm	
Lösung E.	Wasser	750,0 ccm	Kaliumbromid	100,0 g
	Wasser bis auf		. . 1000,0 ccm	

(Forts. S. 597.)

[1] Nach E. MUTTER: Die Technik der Negativ- u. Positivverfahren, Wien: Springer 1955.
[2] Siehe auch S. 586.

Positiv-Entwicklung[1].

Papiersorte	Bildton und Gradation	Anzahl ccm der Stammlösungen A	B	C	D	E	Wasser	Temp. °C	Entwicklungszeit Min.
				Kontaktpapiere (Chlorsilber):					
Agfa ®									
Lupex ®, weiß	reinschwarz	20	50	—	70	3	150	18	1
	reinschwarz weich	65	—	30	90	1,5	205	18	1,5
	blauschwarz	40	100	—	90	1,5	70	18	1
Lupex ®, chamois	braunschw.	—	133	53	—	2	114 bis 400	18	4
Kodak ®									
Velox ®	reinschwarz	30	100	—	60	0,7	110	18	0,75
	warmschwarz	30	100	—	80	4,5	90	18	1
Leonar ®									
Lumarto ®	reinschwarz	30	70	—	85	2	115	19	1
	warmschw.-braun	—	60	—	240	12	—	18	5
Mimosa ®									
Sunotyp ®	reinschwarz	35	100	—	100	3	65	18	1
				Chlorbromsilberpapiere:					
Agfa ®									
Portriga ®	warmschwarz	20	50	—	70	3	160	18	1
Kodak ®									
Kodura, Kodopal	warmschwarz	20	65	—	25	10	190	19	1,5
Kodura, Kodopal	braun	17	55	—	35	48	195	20	2,5
Kovita	reinschwarz	20	60	—	20	9	200	20	1,5
Leonar ®									
Imago	warmschwarz	45	100	—	70	3	85	18	1
Mimosa ®									
Velotyp ®	braunschw.	50	50	—	25	2	175	18	1
Carbon-Braun	rotbraun	—	55	35	—	1	212	20	5
				Vergrößerungspapiere (Bromsilber):					
Agfa ®									
Portriga ® Rapid	warmschwarz	20	50	—	70	3	160	18	1
Brovira ®	reinschwarz	20	50	—	70	3	160	18	1
Kodak ®									
Bromsilber	reinschwarz	25	70	—	40	0,5	165	18	1,5
Leonar ®									
Leigrano	reinschwarz	30	65	—	85	2,5	120	18	2
Grandamo ®	reinschwarz kräftig	30	65	—	85	2,5	120	18	2
Mimosa ®									
Bromosa ®	reinschwarz	100	95	—	50	3 bis 4	55	18	2
Gravura ®	reinschwarz	50	50	—	25	2	175	18	2
Orthotyp ®	reinschwarz	50	50	—	25	2	175	18	2

[1] Siehe Fußnote S. 595, 1.

Negativentwicklung. (Zu S. 595, unten)

Art der Entwicklung	Anzahl ccm der Stammlösungen A	B	C	D	E	Wasser	Temp. °C	Entwicklungszeit Min.
Ausgleichs-Entw., weich	100	—	—	—	—	100	18	8 bis 12
Ausgleichs-Entw., kräftig	100	—	10	—	—	100	18	6 bis 7
normal belichtet, weiche Entw.	20	5	10	—	1 bis 3	100	18	4
normal belichtet, normale Entw.	10	10	10	—	3	100	18	4
normal belichtet, harte Entw.	5	20	10	—	2 bis 3	75	18	4
normal belichtet, sehr harte Entw.	—	40	20	—	6 bis 10	60	18	4
überbelichtet, normale Entw.	100	200	100	—	3 bis 5	—	18	4 bis 5
überbelichtet, harte Entw.	—	300	50	—	3 bis 5	—	18	4 bis 5
unterbelichtet, schnelle Momentaufnahmen	20	5	20	—	—	150	19 bis 24	3 bis 5

2. Negativ-Entwickler.

a) Entwickler zum Entwickeln in der Schale nach Sicht.

Hochkonzentrierte und rapid arbeitende Entwickler.

Metol-Entwickler nach EDER.

Wasser (40 bis 50°) . . .	500 ccm	Soda, wasserfrei . . .	100,0
Metol ® [1]	15,0	Kaliumbromid . . .	1,5
Natriumsulfit, wasserfrei	60,0	Wasser	auf 1000 ccm

Für kräftige Entwicklung 1:1, für weichere Entwicklung 1:2 verdünnen.

Metol-Hydrochinon-Entwickler nach EDER.

Wasser (40 bis 50°) . . .	500 ccm	Natriumsulfit, wasserfrei	75,0
Metol ® [1].	7,0	Soda, wasserfrei	100,0
Hydrochinon	7,0	Kaliumbromid	1,0

Wasser . . . . . auf 1000 ccm

Für Moment- und Porträtaufnahmen besonders geeigneter Entwickler. Verdünnung je nach der gewünschten Gradation 1:2 bis 1:3.

Metol-Hydrochinon-Entwickler, Gevaert G. 212, weich arbeitend.

Wasser (50°)	750 ccm	Hydrochinon	1,5
Metol ® [1].	2,0	Soda, wasserfrei	30,0
Natriumsulfit, wasserfrei	25,0	Kaliumbromid	0,5

Wasser . . . . auf 1000 ccm.

Ohne Verdünnung gebrauchsfertig, Entwicklungszeit 5 Min. (18°).

Metol-Pyrogallol-Entwickler, Ilford ID-4.

Lösung A.

Wasser (50°)	750 ccm	Kaliummetabisulfit . . .	12,0
Metol ® [1]	4,0	Pyrogallol	12,0

Wasser . . . . auf 1000 ccm

Lösung B. Soda, wasserfrei . . . . . 74,0 | Wasser . . . . . auf 1000 ccm

Zum Gebrauch gleiche Teile Lösung A. und Lösung B. mischen.

Amidol-Entwickler, Ilford ID-9.

Wasser (50°)	750 ccm	Amidol ®	18,0
Natriumsulfit, wasserfrei	100,0	Kaliumbromid	4,0

Wasser . . . auf 1000 ccm

Der Entwickler ist nur kurz haltbar und muß bald verwendet werden. Entwicklungszeit 6 bis 10 Min. (20°).

[1] Siehe auch S. 586, 1.

Glycin-Entwickler, Ilford ID-10.

Wasser (50°)	750 ccm	Natriumsulfit, wasserfrei	26,6
Glycin	33,3	Kaliumcarbonat	166,6
Wasser	auf 1000 ccm		

Verdünnung: 1 T. des Entwicklers mit 1 T. Wasser verdünnen, Entwicklungszeit je nach dem gewünschten Kontrast 12 bis 20 Min.

Brenzkatechin-Entwickler nach Windisch.

Stammlösung:		*Gebrauchslösung:*	
Brenzkatechin	20,0	Stammlösung	5 ccm
Natriumsulfit, wasserfrei	2,5	Wasser	100 ccm
Wasser	auf 100 ccm	Natronlauge (10%)	5 ccm

Entwicklungszeit für die Gebrauchslösung 10 bis 15 Min. (18°).

b) Negativ-Schalen- und -Tankentwickler.

Werden Entwickler nach den nachstehenden Vorschriften als Tankentwickler über längere Zeiträume verwendet, müssen sie durch Zugabe von Nachfüllösungen regeneriert werden. Die nach folgenden Vorschriften hergestellten Entwickler eignen sich hauptsächlich zur Entwicklung von Roll- und Planfilmen, jedoch dagegen *nicht für Kleinbildfilme,* die stark vergrößert werden sollen.

Metol-Hydrochinon-Entwickler, Ansco 47 mit Regenerator Ansco 47a.

	Ansco 47	Ansco 47a Regenerator
Wasser (50°)	750 ccm	750 ccm
Metol® [1]	1,5	3,0
Natriumsulfit, wasserfrei	45,0	45,0
Natriumbisulfit	1,0	2,0
Hydrochinon	3,0	6,0
Soda, wasserfrei	5,1	120,0
Kaliumbromid	0,8	—
Wasser	auf 1000 ccm	auf 1000 ccm

Für *Schalenentwicklung* unverdünnt verwenden; Entwicklungszeit 6 bis 8 Min. (20°).

Für *Tankentwicklung* 1 T. Entwickler + 1 T. Wasser, Entwicklungszeit 12 bis 16 Min. (20°).

Metol-Hydrochinon-Entwickler, Kodak D-61 mit Regenerator Kodak D 61a.

		Kodak D-61	Kodak D-61a Regenerator
Lösung A.	Wasser (50°)	500 ccm	500 ccm
	Metol® [1]	3,1	1,0
	Natriumsulfit, wasserfrei	90,0	30,0
	Natriumbisulfit	2,1	0,6
	Hydrochinon	5,9	2,0
	Soda, wasserfrei	14,0	—
	Kaliumbromid	1,7	0,5
	Wasser	auf 1000 ccm	auf 1000 ccm
Lösung B:	Soda, wasserfrei		40,0
	Wasser		auf 1000 ccm

Für *Schalenentwicklung* 1 T. Entwickler + 1 T. Wasser, Entwicklungszeit etwa 6 Min. (20°).

Für *Tankentwicklung* 1 T. Entwickler + 3 T. Wasser; Entwicklungszeit etwa 12 Min. (20°).

Zur Ergänzung der Entwicklerverluste findet der Regenerator Verwendung. Zum Gebrauch 3 T. A mit 1 T. B mischen und jeweils nach Bedarf dem Tankentwickler zusetzen. Auf diese Weise arbeitet der Entwickler über lange Zeiträume sehr konstant.

---

[1] Siehe auch S. 586, 1.

Metol-Entwickler nach H. JACOBSON.

Wasser (50°)	500 ccm	Kaliumcarbonat	75,0
Metol®[1]	15,0	Kaliumbromid	2,0
Natriumsulfit, wasserfrei	75,0	Wasser	auf 1000 ccm

Für *Schalenentwicklung* 1:4 mit Wasser verdünnen, Entwicklungszeit 3 bis 5 Min. (18°).

Für *Tankentwicklung* 1:10 mit Wasser verdünnen, Entwicklungszeit etwa 20 Min. (18°).

Glycin-Entwickler, Ansco 72.

Wasser (50°)	750 ccm	Kaliumcarbonat	250,0
Natriumsulfit, wasserfrei	125,0	Glycin	50,0
Wasser	auf 1000 ccm		

Für *Schalenentwicklung* 1:4 mit Wasser verdünnen, Entwicklungszeit 5 bis 10 Min.

Für *Tankentwicklung* 1:15 mit Wasser verdünnen, Entwicklungszeit 20 bis 25 Min.

Metol-Pyrogallol-Entwickler. Kodak D-7.

Lösung A.	Wasser (50°)	500 ccm	Pyrogallol	30,0
	Metol®[1]	7,5	Kaliumbromid	4,2
	Natriumbisulfit	7,5	Wasser	auf 1000 ccm
Lösung B.	Wasser	1000 ccm	Natriumsulfit, wasserfrei	150,0
Lösung C.	Wasser	1000 ccm	Soda, wasserfrei	76,5

Für *Schalenentwicklung* 1 T. A + 1 T. B + 1 T. C + 8 T. Wasser; Entwicklungszeit etwa 7 Min. (20°).

Für *Tankentwicklung* 1 T. A + 1 T. B + 1 T. C + 13 T. Wasser. Haltbarkeit des Entwicklers 2 bis 3 Wochen. Als *Nachfüllösung* wird die folgende Mischung der Lösung verwendet 1 : 1 : 1 : 4, Entwicklungszeit etwa 10 Min. Nach längerem Gebrauch Entwicklungszeiten verlängern.

c) Negativ-Tankentwickler.

Metol-Hydrochinon-Entwickler.

	Agfa 42	Agfa 17	Agfa 48
Metol®[1]	56,0	105,0	105,0
Kaliummetabisulfit	280,0	—	—
Hydrochinon	84,0	210,0	125,0
Natriumsulfit, wasserfrei	3150,0	5600,0	1000,0
oder Natriumsulfit, krist.	6300,0	11200,0	2000,0
Soda, wasserfrei	560,0	—	315,0
oder Soda, krist.	1470,0	—	865,0
Bromkalium	70,0	35,0	42,0
Borax, wasserfrei	—	210,0	—
Wasser	70 l	70 l	70 l

Nachfüllösung zum Tankentwickler Agfa 17.

Wasser	10 l	Natriumsulfit, wasserfrei	800,0
Metol®[1]	22,0	oder krist.	1600,0
		Hydrochinon	45,0
Borax	300,0		

Mit dieser Lösung soll die verbrauchte Entwicklermenge im Tank täglich nachgefüllt und gut umgerührt werden.

AGFA 42 billiges Rezept für kürzere Verwendungszeit, arbeitet normal,
AGFA 17 gut haltbares Borax-Rezept, arbeitet weich und feinkörnig,
AGFA 48 normaler Metol-Hydrochinon-Tankentwickler. (Forts. S. 602.)

[1] Siehe auch S. 586, 1.

Metol-Hydrochinon-Tankentwickler[1].

	Agfa 42	Agfa 45	Ansco 17 M	Ansco 17 M a Nchf.	Ansco 48 M	Ansco 48 M a Nchf.	Gevaert G. 210	Gevaert G. 210 Nachf.	Ilford ID-34	Ilford ID-34 R Nachf.	Kodak DK-50	Kodak DK-50 R Nachf.	Kodak DK-60 a	Kodak DK-60a TR Nachf.
Wasser (von etwa 50 °C)	750,0	750,0	750,0	750,0	750,0	750,0	750,0	750,0	750,0	750,0	500,0	750,0	750,0	750,0
Metol[2] ®	0,8	1,1	1,5	2,2	2,0	8,3	0,6	1,2	0,6	3,1	2,5	3,0	2,5	5,0
Natriumsulfit sicc.	45,0	13,0	80,0	80,0	40,0	30,0	19,0	8,0	10,0	19,5	30,0	50,0	50,0	50,0
Natriumbisulfit	—	—	—	—	—	—	—	—	2,5	4,6	—	—	—	—
Hydrochinon	1,2	1,8	3,0	4,5	2,5	10,0	1,6	3,4	3,1	3,1	2,5	10,0	2,5	10,0
Soda sicc.	8,0	4,5	—	—	—	—	4,0	9,0	9,2	18,5	—	—	—	—
Natrium-metaborat	—	—	2,0	8,0	10,0	40,0	—	—	—	—	—	—	—	—
Kodalk	—	—	—	—	—	—	—	—	—	—	10,0	40,0	20,0	40,0
Kaliumbromid	1,5	0,65	0,5	—	0,5	—	0,5	—	0,3	—	0,5	—	0,5	—
Wasser bis auf	jeweils 1000,0 ccm													
Entw.-Zeit in Minuten	—	—	10 bis 15		4 bis 6	—	8	—	8 bis 12	—	5 bis 10	—	7	—

Volumen- und Mengenangaben in ccm bzw. in g.

[1] Nach E. Mutter: Die Technik der Negativ- und Positivverfahren, Wien: Springer 1955.

[2] Siehe auch S. 586, 1.

Metol-Hydrochinon-Entwickler[1].

	Kodak D-76	Kodak D-76 R	Kodak D-76 d	Ansco 17	Ansco 17 a R	Ansco 17 M	Ansco 17 Ma R	Ilford ID-11	Gevaert G. 206	Du Pont 6-D	Du Pont 6-DR
Wasser (von etwa 50° C)	750,0	750,0	750,0	750,0	750,0	750,0	750,0	750,0	750,0	750,0	900,0
Metol Ⓡ[3]	2,0	3,0	2,0	1,5	2,2	1,5	2,2	2,0	2,0	2,0	3,0
Natriumsulfit sicc.	100,0	100,0	100,0	80,0	80,0	80,0	80,0	100,0	100,0	98,0	10,0
Hydrochinon	5,0	7,5	5,0	3,0	4,5	3,0	4,5	5,0	4,0	5,0	7,5
Borax	2,0[2]	20,0	8,0	3,0	18,0	—	—	2,0	2,0	2,0	20,0
Borsäure	—	—	8,0	—	—	—	—	—	—	—	—
Natriummetaborat	—	—	—	—	—	2,0	8,0	—	—	—	—
Ammoniumchlorid	—	—	—	—	—	—	—	(40,0)	—	—	—
Kaliumbromid	—	—	—	0,5	—	0,5	—	—	—	—	—
Wasser bis auf	jeweils 1000,0 ccm										
Entw.-Zeit in Min. bei 18° C.	16 bis 25	—	15 bis 20	10 bis 20	—	10 bis 15	—	5 bis 13	8 bis 10	10 bis 20	—

Volumen- und Gewichtsangaben jeweils in ccm bzw. g.
Rezepturformeln mit der Zusatzbezeichnung „R“ sind Nachfüllösungen zu dem betreffenden Entwickler.

[1] Nach E. MUTTER: Die Technik der Negativ- und Positivverfahren, Wien: Springer 1955.
[2] Boraxzusatz kann erhöht werden bis auf 20 g pro Liter, wodurch die Entwicklungszeit auf ein Viertel sinkt.
[3] Siehe auch S. 586, 1.

Entwicklungszeiten: bei AGFA 42, 10 bis 12 Min. (18°)
bei AGFA 17, 18 bis 20 Min. (18°)
bei AGFA 48, 10 bis 12 Min. (18°).

Pyrogallol-Metol-Entwickler, du Pont 2-D.

Lösung A.	Wasser (50°) . .	900 ccm	Pyrogallol	30,0
	Metol®[1]. . . .	7,5	Kaliumbromid	4,0
	Natriumbisulfit .	7,5	Wasser	auf 1000 ccm
Lösung B.	Wasser (50°) . .	900 ccm	Natriumsulfit, wasserfrei	150,0
	Wasser			auf 1000 ccm
Lösung C.	Wasser (50°). . .	900 ccm	Soda, wasserfrei	75,0
	Wasser			auf 1000 ccm

Für *Tankentwicklung* 1 T. A + 1 T. B + 1 T. C + 13 T. Wasser. Zur *Nachfüllung* gleiche Teile der Lösungen A, B, C mischen und nach Bedarf zusetzen. Entwicklungszeit 7 bis 14 Min. (18°).

3. Feinkorn-Entwickler.

Um Negative mit möglichst feinem Korn zu erhalten, verwendet man Negativmaterial mit neuzeitlichen Feinkornschichten und zu deren Entwicklung besonders zusammengesetzte Entwickler. Dies ist um so nötiger, wenn die Negative stark vergrößert werden sollen. Werden Rapid-Entwickler verwendet, wird das Korn der Schicht zu grob. Man unterscheidet *Feinkorn-Ausgleichsentwickler* und *echte, Ultra-Feinkornentwickler* oder *Feinstkornentwickler*.

a) Feinkornausgleichsentwickler.

Da die Entwicklungsgeschwindigkeit in hohem Maße vom Alkaligehalt der Entwickler abhängt, enthalten Feinkornausgleichsentwickler verhältnismäßig wenig Alkalicarbonat, dafür die schwachen Alkalien Borax oder Natriummetaborat. Dadurch ist eine Verlangsamung der Entwicklung gewährleistet und die Erzielung eines feineren Korns.

Metol-Entwickler[2].

	Agfa 14	Ansco 12	Andresen	Kodak DK-20	Kodak DK-20 R[3]	Kodak D-23	Kodak D-25	Kodak D-25 R[3]	Gevaert G. 224
Wasser (von etwa 50° C)	750,0	750,0	750,0	750,0	750,0	750,0	750,0	750,0	750,0
Metol®[1]	4,5	8,0	15,0	5,0	7,5	7,5	7,5	10,0	6,0
Natriumsulfit sicc.	85,0	125,0	75,0	100,0	100,0	100,0	100,0	100,0	90,0
Soda sicc.	1,0	4,9	—	—	—	—	—	—	—
Borax	—	—	—	—	—	—	—	—	3,0
Kodalk®	—	—	—	2,0	20,0	—	—	20,0	—
Natrium-rhodanid	—	—	—	1,0	5,0	—	—	—	—
Kaliumrhodanid	—	—	—	—	—	—	—	—	1,0
Natriumbisulfit	—	—	—	—	—	—	15,0[4]	—	—
Kaliumbromid	0,5	2,5	0,2	0,5	1,0	—	—	—	0,5
Wasser bis auf	jeweils 1000,0 ccm								
Entw.-Zeit bei 18° C in Min.	6 bis 10	9 bis 16	10 bis 15	15 bis 25	—	15 bis 20	20 bis 35	— —	— 13 bis 24

Gewichts- und Volumenangaben in g bzw. ccm.

[1] Siehe auch S. 586, 1.
[2] Nach E. Mutter: Die Technik der Negativ- und Positivverfahren, Wien: Springer 1955.
[3] Vorschriften mit R sind Nachfüllösungen zum betreffenden Entwickler.
[4] Bei Temperaturen über 25 °C die Hälfte.

b) Echte Feinkorn- (Feinstkorn- oder Ultra-) entwickler.

Als Entwicklersubstanzen für echte Feinkornentwickler finden o- und p-Phenylendiamin teils in Verbindung mit Metol, Glycin oder Hydrochinon Verwendung. Ihr Nachteil besteht in der Giftigkeit des p-Phenylendiamins und der starken Färbekraft auf die Haut durch die bei der Entwicklung mit diesen Entwickler entstehenden Oxydationsprodukte. Außerdem reizen diese Entwickler die Haut, teilweise tritt bei ihrer Anwendung dichroitischer Schleier auf oder erfordern sie beachtliche Überbelichtung. Aus diesem Grunde empfiehlt sich die Verwendung der von den einschlägigen Industriefirmen hergestellten Ultra-Feinkornentwickler.

o-Phenylendiamin-Entwickler.

	WINDISCH W 665	SEYEWETZ 1936
Wasser (50°)	750 ccm	750 ccm
Metol [1]®	12,0	5,0
Natriumsulfit, wasserfrei . .	90,0	60,0
Hydrochinon	—	1,5
o-Phenylendiamin	12,0	5,0
Trinatriumphosphat . . .	—	3,5
Kaliummetabisulfit	10,0	—
Kaliumbromid	—	0,7
Wasser	auf 1000 ccm	auf 1000 ccm

Entwicklungszeit bei 18° 12 bis 15 Min.

4. Röntgenentwickler.

Zur Entwicklung von Röntgenaufnahmen benötigt man kontrastreich arbeitende Entwickler, sie können auch zur Entwicklung von Luftbildaufnahmen verwendet werden.

Metol-Hydrochinon-Entwickler (KAISER)

zur Entwicklung von Röntgenaufnahmen

Dest. Wasser . . .	250,0	Natriumsulfit . . .	30,0
Metol®[1]	1,25	Kaliumcarbonat . .	30,0
Hydrochinon . . .	2,0	Kaliumbromid . .	0,375

Die Lösung muß in obiger Reihenfolge durchgeführt werden.

Verwendung. Mit 2 bis 3 T. Wasser verdünnt.

	EGGERT	Gevaert G. 209a	Du Pont 30-D
Wasser (50°)	750 ccm	750 ccm	750 ccm
Metol [1]®	3,0	4,0	5,0
Natriumsulfit, krist.	180,0	—	—
Natriumsulfit, wasserfrei . .	—	65,0	60,0
Hydrochinon	7,0	10,0	7,5
Kaliumcarbonat	50,0	—	—
Soda, wasserfrei	—	45,0	50,0
Kaliumbromid	5,0	5,0	4,5
Wasser	auf 1000 ccm	auf 1000 ccm	auf 1000 ccm

Auch der Entwickler *Du Pont 60-D*, S. 604, ist geeignet.

[1] Siehe auch S. 586, 1.

5. Entwickler für Reproduktionen.

a) für allgemeine Reproduktionsaufnahmen.

	Ansco 90	Du Pont 10-D	Kodak D-11
Wasser (50°)	750 ccm	750 ccm	750 ccm
Metol[1] ®	5,0	—	1,0
Natriumsulfit, wasserfrei	40,0	15,0	75,0
Hydrochinon	6,0	16,5	9,0
Soda, wasserfrei	34,0	50,0	25,5
Pottasche	—	50,0	—
Borsäure	—	30,0	—
Kaliumbromid	3,0	2,0	5,0
Wasser	auf 1000 ccm	auf 1000 ccm	auf 1000 ccm

b) für Mikroskopiefilme.

Kodak D-41.

Wasser (50°)	750 ccm	Hydrochinon	5,0
Metol ®[1]	2,0	Borax	5,0
Natriumsulfit, wasserfrei	100,0	Benzotriazollösung (0,2%)	5 ccm

Wasser . . . . auf 1000 ccm

c) Entwickler für Dokumentenpapiere.

	Gevaert G. 255	Du Pont 57-D
Wasser (50°)	750 ccm	750 ccm
Metol ®[1]	3,0	1,5
Natriumsulfit, wasserfrei	60,0	19,5
Hydrochinon	10,0	6,0
Soda, wasserfrei	45,0	24,0
Kaliumbromid	4,0	0,8
Wasser	auf 1000 ccm	auf 1000 ccm

d) Entwickler für Registrierpapiere.

Agfa Nr. 111[2].

Vorratslösung I:

Wasser	1000 ccm	Kaliumhydroxyd	10,0

Vorratslösung II:

Wasser	1000 ccm	Kaliummetabisulfit	40,0
Agfa-Hydrochinon	40,0	Kaliumbromid	8,0

Zum Gebrauch Lösung I und II zu gleichen Teilen mischen und die Mischung im Verhältnis 1:1 mit Wasser verdünnen. Entwicklungszeit 40 bis 50 Sek. bei 18°, nicht über 20°!

Du Pont 60-D.

Wasser (50°)	750 ccm	Hydrochinon	7,5
Metol ®[1]	5,0	Soda, wasserfrei	50,5
Natriumsulfit, wasserfrei	60,0	Kaliumbromid	4,5

Wasser . . . . auf 1000 ccm

Entwicklungszeit 5 Min. (20°), auch für Röntgenaufnahmen geeignet.

6. Positiventwickler.

a) Diapositiventwickler.

Richtig belichtete Diapositive sind in etwa 2 bis 3 Min. fertig entwickelt. Unbelichtete Stellen müssen glasklar sein. Notfalls wird mit verdünntem FARMERschem Abschwächer geklärt.

---

[1] Siehe auch S. 586, 1.

[2] Nach BECK-WESTENDORP: Das große Agfa Labor-Handbuch, Düsseldorf-Oberkassel: Fotografische Verlagsgesellschaft 1949.

Agfa 20[1].

Wasser (50°)	750 ccm	Hydrochinon-Agfa Ⓡ . . .	4,0
Metol-Agfa Ⓡ[2]	2,0	Soda, wasserfrei (krist. 50,0)	18,5
Natriumsulfit, wasserfrei (krist. 50,0)	25,0	Kaliumbromid	2,0
		Wasser	auf 1000 ccm

Der Entwickler wird unverdünnt verwendet.

Agfa 22[1] hart arbeitend für Schrift- und Strichdiapositive.

Wasser (50°)	750 ccm	Natriumsulfit, wasserfrei (krist. 80,0) .	40,0
Metol-Agfa Ⓡ[2]	0,8	Kaliumcarbonat	50,0
Hydrochinon-Agfa Ⓡ	8,0	Kaliumbromid	5,0

Wasser . . . . auf 1000 ccm

Der Entwickler wird unverdünnt verwendet.

Kodak D-32 für warme Bildtöne.

Lösung A.	Wasser (50°)	500 ccm	Kaliumbromid	3,5
	Natriumsulfit, wasserfrei	6,3	Citronensäure	0,7
	Hydrochinon	7,0	Wasser	auf 1000 ccm
Lösung B.	Wasser, kalt	1000 ccm	Soda, wasserfrei	30,0
	Natriumhydroxyd	4,2		

1 T. Lösung A + 1 T. Lösung B mischen, für wärmere Töne 1 T. Lösung A + 2 T Lösung B. Entwicklungszeit 5 Min. (21°).

Ilford ID-37 für braune bis Röteltöne.

Lösung A.	Wasser (50°) . . .	750 ccm	Kaliummetabisulfit	4,0
	Pyrogallol	12,0	Wasser	auf 1000 ccm
Lösung B.	Wasser (50°) . . .	750 ccm	Natriumsulfit, wasserfrei . . .	50,0
	Soda, wasserfrei . .	35,0	Kaliumbromid	2,0
	Wasser	auf 1000 ccm		
Lösung C.	Wasser (50°) . . .	750 ccm	Ammoniumbromid	100,0
	Ammoniumcarbonat	100,0	Wasser	auf 1000 ccm

Bildton in Abhängigkeit von der Belichtung, Zusammensetzung des Entwicklers und der Entwicklungszeit.

Bildton	Relative Belichtung	Entwicklerzusammensetzung in ccm A	B	C	Entwicklungszeit in Min.
Warmschwarz	1	100	100	—	2,5
Sepia	1,5	100	100	10	3
Braun	2	100	100	25	4
Rotbraun	4	100	100	50	6
Rötel	8	100	100	100	18

b) Entwickler für Positivpapiere.

1. Normalentwickler.

Agfa Nr. 100[1] für reinschwarze Bildtöne auf Lupex-Weiß sowie für warmschwarze Töne auf Lupex-Chamois, Portriga, Portriga-Rapid und Brovia-Chamois-Braun.

Wasser	1000 ccm	Natriumsulfit, wasserfrei . .	13,0
Agfa-Metol Ⓡ[2]	1,0	Soda, wasserfrei	26,0
Agfa-Hydrochinon Ⓡ . . .	3,0	Kaliumbromid	1,0

Der Entwickler ist gebrauchsfertig.

---

[1] Siehe Fußnote 2, S. 604. [2] S. 586, 1.

Vorratslösung:

Wasser	2500 ccm	Natriumsulfit, wasserfrei	130,0
Agfa-Metol®[1]	10,0	Soda, wasserfrei	260,0
Agfa-Hydrochinon®	30,0	Kaliumbromid	10,0

Zum Gebrauch 1:3 mit Wasser verdünnen. Entwicklungszeit 1 Min. (18°).

Entwickler für neutralschwarze Bildtöne:

	Gevaert G. 251	Kodak D-72
Wasser (50°)	750 ccm	750 ccm
Metol®[1]	1,5	3,1
Natriumsulfit, wasserfrei	25,0	45,0
Hydrochinon	6,0	12,0
Soda, wasserfrei	40,0	68,0
Kaliumbromid	1,0	1,9
Wasser	auf 1000 ccm	auf 1000 ccm

Der Gevaert-Entwickler ist gebrauchsfertig, der Kodak-Entwickler zum Gebrauch 1 : 1 zu verdünnen. Entwicklungszeit (20°) beim Gevaert-Entwickler für Gaslichtpapiere 1 bis 1,5, für Bromsilberpapiere 1,5 bis 2 Min., beim Kodak-Entwickler für Gaslichtpapiere 1 Min.

2. Weich arbeitende Papierentwickler.

Agfa Nr. 105[2] für reinschwarze Bildtöne auf Lupex- und Brovira-Papier bei extrem harten Negativen.

Vorratslösung:

Wasser	1000 ccm	Natriumsulfit, wasserfrei	75,0
Agfa-Metol®[1]	15,0	Pottasche	75,0
Kaliumbromid	2,0		

Zum Gebrauch Vorratslösung mit 4 bis 5 T. Wasser verdünnen. Durch Vermischen des weich arbeitenden Entwicklers mit Normalentwickler, etwa im Verhältnis 1 : 3 bis 3 : 1, ist es möglich, die Gradation der Kopie beliebig zu beeinflussen. Entwicklungszeit für alle Papiere etwa 1½ Min. (18°).

Du Pont 59-D und Gevaert G. 253.

	Du Pont 59-D	Gevaert G. 253
Wasser (50°)	750 ccm	750 ccm
Metol®[1]	3,0	3,0
Natriumsulfit, wasserfrei	36,0	20,0
Soda, wasserfrei	18,0	20,0
Kaliumbromid	4,0	10,0
Wasser	auf 1000 ccm	auf 1000 ccm

Du Pont 59-D 1:3 verdünnen, Entwicklungszeit 3 bis 4 Min. (20°).
Gevaert G. 253 1:1 verdünnen, Entwicklungszeit 1 bis 2 Min. (20°).

3. Hart arbeitender Papierentwickler.

Agfa Nr. 108[2] für Lupex und Brovira, als Spezialentwickler für Portriga beim Kopieren technischer Objekte.

Gebrauchsfertige Lösung:

Wasser	1000 ccm	Natriumsulfit, wasserfrei	40,0
Agfa-Metol®[1]	5,0	Pottasche	40,0
Agfa-Hydrochinon®	6,0	Kaliumbromid	2,0

Entwicklungszeit (18°) für Lupex 1 Min., für Portriga 1 bis 1½ Min., für Brovira 1½ bis 2 Min.

[1] Siehe Fußnote S. 586, 1. [2] Siehe Fußnote 2, S. 604.

4. Extrahart arbeitender Entwickler.

Agfa Nr. 111[1] für Registrierpapiere und phototechnische Arbeiten.

Vorratslösung I:

Wasser	1000 ccm	Kaliumhydroxyd	10,0

Vorratslösung II:

Wasser	1000 ccm	Kaliummetabisulfit	40,0
Agfa-Hydrochinon®	40,0	Kaliumbromid	8,0

Zum Gebrauch Lösung I und II zu gleichen Teilen mischen, die Mischung 1:1 mit Wasser verdünnen. Entwicklungszeit 40 bis 50 Sek. (18°), nicht über 20°!

5. Agfa Nr. 115[1] *Spezialentwickler für Brovira und blauschwarze Bildtöne auf Lupex.*

Gebrauchsfertige Lösung:

Wasser	1000 ccm	Natriumsulfit, wasserfrei	25,0
Agfa-Metol®[2]	2,0	Soda, wasserfrei	33,0
Agfa-Hydrochinon®	6,0	Kaliumbromid	0,5

Vorratslösung:

Wasser	5000 ccm	Natriumsulfit, wasserfrei	250,0
Agfa-Metol®[2]	20,0	Soda, wasserfrei	330,0
Agfa-Hydrochinon®	60,0	Kaliumbromid	5,0

Zum Gebrauch 1:1 mit Wasser verdünnen. Entwicklungszeit (18°) für Brovira $1^1/_2$ bis 2 Min., für Lupex 45 Sek.

6. Papierentwickler für braune bis rotbraune Bildtöne.

Agfa Nr. 120[1] *Braunentwickler* für braunschwarze Bildtöne auf Brovira, Brovira-Chamois-Braun, Lupex-Chamois, Portriga und für olivbraune auf Portriga-Rapid.

Vorratslösung:

Wasser	1000 ccm	Natriumsulfit, wasserfrei	60,0
Agfa-Hydrochinon®	24,0	Pottasche	80,0

Kaliumbromid 2,0

Belichtungsdauer, erforderliche Verdünnung und Entwicklungszeit für die einzelnen Papiersorten[1].

Papiersorte	Belichtungsdauer	Verdünnung	Entwicklungszeit bei 18°
Brovira®	2- bis 3mal länger als normal	1 : 5	5 bis 6 Minuten
Lupex® -Chamois	1,5mal länger als normal	1 : 3	etwa 2 Minuten
Portriga®	1,5mal länger als normal	1 : 2	etwa 3 Minuten
Portriga® -Rapid	2- bis 3mal länger als normal	1 : 4	4 bis 5 Minuten
Brovira® -Chamois-Braun	3mal länger als normal	1 : 2	3 bis 4 Minuten

Unter normaler Belichtungsdauer ist diejenige zu verstehen, die zur Erzielung einer richtig belichteten Kopie bei Verwendung des unverdünnten Entwicklers erforderlich ist.

Gevaert G 265.

Wasser (50°)	750 ccm	Soda, wasserfrei	30,0
Natriumsulfit, wasserfrei	40,0	Natriumhydrogencarbonat	10,0
Hydrochinon	6,0	Glycin	6,0

Wasser . . . . auf 1000 ccm

Verdünnung je nach dem gewünschten Bildton 1:4, Belichtungszeit 3- bis 5mal verlängern, Entwicklungszeit je nach Verdünnung und Belichtung 3 bis 10 Min. (20°). Der Bildton wird um so rötlicher, je stärker die Verdünnung ist.

---

[1] Siehe Fußnote 2, S. 604. [2] Siehe Fußnote S. 586, 1.

7. Papierentwickler für olivbraune Töne.

Agfa Nr. 24[1] für Portriga-Rapid und Brovira-Chamois-Braun.

Gebrauchsfertige Lösung:

Wasser	1000 ccm	Natriumsulfit, wasserfrei	15,0
Agfa-Metol ®[2]	0,8	Soda, wasserfrei	9,0
Agfa-Hydrochinon ®	4,0	Kaliumbromid	8,0

2mal überexponieren, Entwicklungszeit 2 bis $2^1/_2$ Min. (18°).

II. Vorschriften für Unterbrechungsbäder.

(Vgl. a. „Unterbrechung der Entwicklung" S. 589.)

Als saure Unterbrechungsbäder vor dem Einlegen der Bilder in das Fixierbad finden solche mit Essigsäure und Kaliummetabisulfit Verwendung. Sie haben den Zweck, den in der Emulsion noch festgehaltenen Entwickler rasch zu neutralisieren und dadurch unwirksam zu machen. Geschieht dies nicht, dunkelt das Bild noch nach. Dabei spielen *Sekunden* eine *ausschlaggebende Rolle.* Bei zu langem Verbleiben im Unterbrechungsbad (*Höchstzeit* ½ Min.!!) läßt sich das Papier beim späteren Wässern sehr schwer vom Fixiernatron in der erforderlichen Weise trennen.

1. Wasser	1000 ccm	Essigsäure (96%)	20 ccm
2. Kaliummetabisulfit	40,0	Wasser	1000 ccm

Höchstdauer der Anwendung für 1. und 2. *eine halbe Minute.* Zweckmäßig werden die Unterbrechungsbäder laufend mit Universal-Indikatorpapier auf den p_HWert kontrolliert und notfalls rechtzeitig erneuert.

Härtendes Unterbrecherbad bei tropischen Temperaturen, für Negative.

Kodak SB-4.

Wasser (50°)	750 ccm	Natriumsulfat, wasserfrei (oder krist. 140,0)	60,0
Chromalaun	30,0		
Wasser	auf 1000 ccm		

Das Bad ist frisch blauviolett, wird aber beim Gebrauch gelbgrün gefärbt und härtet dann nicht mehr. Bildet sich beim Ansatz ein grüner Niederschlag, werden 2 ccm konz. Schwefelsäure zugesetzt. Die mit Wasser abgespülten Negative werden 3 Min. im Unterbrecherbad gelassen.

III. Fixierbäder.

(Vgl. a. „Das Fixieren" S. 589.)

Zur Herstellung der Fixierbäder kann kristallisiertes oder wasserfreies Natriumthiosulfat Verwendung finden. Lautet die Vorschrift auf kristallisiertes Salz und soll wasserfreies verwendet werden, muß die Mengenangabe des kristallisierten Salzes mit dem Faktor 0,64 multipliziert werden und die so erhaltene Menge Verwendung finden. Soll dagegen statt im Rezept aufgeführtem kristallisiertem Natriumthiosulfat wasserfreies verwendet werden, muß die Mengenangabe des kristallisierten Salzes mit dem Faktor 1,57 multipliziert und die so erhaltene Menge Verwendung finden.

1. Saure Fixierbäder.

Das Ansäuern der Fixierbäder mit Kaliummetabisulfit (s. Bd. II, S. 672), Natriumbisulfit (s. Bd. II, S. 924) oder käuflicher Bisulfitlauge (s. Bd. II, S. 285), also mit schwefliger Säure, die allein ohne Zersetzung des Fixiernatrons hierfür brauchbar ist, hat den Zweck, den Entwicklungsprozeß schnell zu unterbrechen und das

[1] Siehe Fußnote 2, S. 604. [2] Siehe S. 586, 1.

Fixierbad gegen eingeschleppte Entwicklerreste widerstandsfähiger zu machen. 100 g Kaliummetabisulfit entsprechen 94 g Natriumbisulfit bzw. 250 ccm der käuflichen Bisulfitlauge.

Saures Fixierbad für Negative und Positive Kodak F-24.

Wasser (50°)	750 ccm	Natriummetabisulfit oder Natriumbisulfit	25,0
Natriumthiosulfat, krist.	240,0	Natriumsulfit, wasserfrei	10,6

Wasser . . . . auf 1000 ccm

Fixierzeit für Negativmaterial 5 bis 10 Min. (20°).

Saures Fixierbad für Positive Agfa [1].

Wasser	1000 ccm	Natriumthiosulfat, krist.	20,0

Kaliummetabisulfit 20,0

Fixierdauer 10 Min. In einem Liter Fixierbad sollen höchstens 300 Kopien 9 × 12 fixiert werden. Sollen besonders warme Bildtöne bei Lupex-Chamois erreicht und die Kraft der Bilder erhalten bleiben, kann man je Liter Fixierbad 0,5 g Kaliumjodid zusetzen.

2. Härtende Fixierbäder.

Negative mit weicher Gelatineschicht oder stark beanspruchte Negative wie Kinofilme bedürfen der Härtung. Auch Positive, die in der Hitze getrocknet werden, bedürfen eines Schutzes der Schichtseite. Man erreicht dies durch Verwendung eines härtenden Fixierbades.

1. Für Filme, Platten und Papiere.

Kodak F-5.

Wasser (50°)	600 ccm	Eisessig (98/100%)	60 ccm
Natriumthiosulfat, krist.	240,0	Borsäure	7,5
Natriumsulfit, wasserfrei	15,0	Kalialaun	15,0

Wasser . . . . auf 1000 ccm

2. *Kodak* F-5a *Vorratslösung.*

Wasser (50°)	600 ccm	Borsäure	37,5
Natriumsulfit, wasserfrei	75,0	Kalialaun	75,0
Eisessig (98/100%)	65,8 ccm	Wasser	auf 1000 ccm³

Die Chemikalien müssen in der angegebenen Reihenfolge gelöst werden. Dabei ist darauf zu achten, daß jede Substanz *völlig* gelöst ist, bevor die nächste zugegeben wird. Besonders das Natriumsulfit muß *vor* der Zugabe der Essigsäure vollständig gelöst sein, weil sonst Schwefelausscheidung erfolgt.

Kodak F-5: Fixierzeit im frischen Bad etwa 10 Min. 1 l Fixierbad reicht für etwa 30 Roll- oder Leicafilme.

Kodak F-5a: Zur Herstellung eines gebrauchsfertigen Härtefixierbades wird 1 T. der Vorratslösung zu 4 T. Natriumthiosulfatlösung (30%) gegeben.

Agfa Nr. 302 [1] für Papiere.

Die Verwendung dieses Härtebades setzt die Einschaltung eines sauren Unterbrechungsbades nach der Entwicklung voraus.

Auf 1 l saures Fixierbad (s. oben) wird folgende Lösung zugegeben:

Wasser	150 ccm	Natriumsulfit, wasserfrei	7,5
Kalialaun (heiß lösen, auf 20° abkühlen)	15,0	Eisessig	12 ccm

[1] Siehe Fußnote 2, S. 604.

3. Schnellfixierbäder für Negative und Positive *Kodak F-7*.

Wasser (50°)	600 ccm	Eisessig (98/100%)	
Natriumthiosulfat, krist.	360,0	(oder 80% 16,25 ccm)	13 ccm
Ammoniumchlorid	50,0	Borsäure	7,5
Natriumsulfit, wasserfrei	15,0	Kalialaun	15,0

Wasser . . . . auf 1000 ccm

Die Chemikalien in der angegebenen Reihenfolge lösen! Sehr ergiebiges und schnell arbeitendes Fixierbad. Feinkornfilme und Papiere dürfen nicht über die erforderliche Zeit hinaus fixiert werden, sonst erfolgt Abschwächung. Nicht rostende Stahlgeräte werden durch Ammoniumchlorid angegriffen, finden solche Verwendung, werden die 50 g Ammoniumchlorid durch 60 g Ammoniumsulfat ersetzt.

4. Formalin-Härtebad *Kodak SH-1*.

Zur Nachhärtung nach dem Fixieren vor dem Abschwächen oder Verstärken.

Wasser	500 ccm	Soda, wasserfrei	5,0
Formaldehydlösung (40%)	10 ccm	Wasser	auf 1000 ccm

Man badet 3 Min. in dem Härtebad, spült kurz ab, fixiert in frischem Fixierbad nach und wässert dann 15 bis 20 Min. lang. Die Nachbehandlung kann dann ohne Zwischentrocknung erfolgen. Soll die Härtung wieder aufgehoben werden, behandelt man wiederholt mit heißem Wasser.

5. Fixiernatrontest. *Du Pont 1-WT*.

Zur Feststellung des Auswässerungsgrades bei Negativen und Positiven.

Lösung A.	Wasser	30 ccm	Jod, resubl.	13,5
	Kaliumjodid	30,0	Wasser	auf 500 ccm
Lösung B.	Stärke	2,5	warm lösen in Wasser	500 ccm
Lösung C.	Unterchlorige Säure, konz.	30 ccm	Wasser	270 ccm

Zum Gebrauch werden gemischt:

Lösung B	60 ccm	Lösung C	3,5 ccm
Lösung A	3,5 ccm	Wasser	auf 500 ccm

Die gebrauchsfertige Lösung ist tiefblau. In einem Regensglas läßt man zu etwa 4 ccm der Mischung die gleiche Menge Tropfwasser von Negativen oder Positiven zutropfen. Bleibt die Blaufärbung bestehen oder erfolgt nur eine geringe Aufhellung, ist die Wässerung beendigt. Wird die Lösung aber entfärbt, muß weiter gewässert werden.

IV. Abschwächer für Negative.

Das Abschwächen von Negativen ist durch die fortschreitende Entwicklung des Negativ- und Positivmaterials eine nur noch selten vorkommende Arbeit. Trotzdem kann sie in den Fällen, in denen sie noch praktisch wird, sehr wichtig sein. Man unterscheidet zwei Abschwächerarten. *Klärende Abschwächer*, die bei überbelichteten, zu stark gedeckten und schleierigen Negativen Verwendung finden, und *weichmachende Abschwächer*. Die klärenden Abschwächer beheben vorhandenen Schleier, hellen zu stark gedeckte Schatten auf, wirken aber auf die Lichter weniger ein.

Kaliumferricyanid-Abschwächer nach FARMER

zur Verminderung der Dichte (Überbelichtung) und Klärung von verschleierten Negativen.

		Agfa[1]	EDER	Kodak R-4a
Lösung A:	Kaliumferricyanid	20,0	25,0	18,75
	Wasser	200 ccm	auf 500 ccm	auf 250 ccm
Lösung B:	Natriumthiosulfat, krist. (sicc. 62,0)	100,0	50,0	240,0
	Wasser	1000 ccm	auf 1000 ccm	auf 1000 ccm

Zu Agfa: Zum Gebrauch werden 5 bis 10 ccm von Lösung A mit 100 ccm von Lösung B gemischt. Je mehr von A genommen wird, desto schneller und intensiver wirkt die Lösung. Von $^1/_4$ Minute zu $^1/_4$ Minute wird in der Durchsicht kontrolliert.

Zu Eder: 100 ccm Lösung B mit 20 bis 30 ccm Lösung A mischen.

Zu Kodak R-4a: 30 ccm Lösung A mit 120 ccm Lösung B mischen und mit Wasser auf 1000 ccm auffüllen.

Die Lösung A und B für sich sind lange, die gebrauchsfertigen Lösungen dagegen nur kurze Zeit haltbar, die letzten werden also zweckmäßig erst vor Gebrauch hergestellt. Nach der Abschwächung müssen die Negative *sofort gut gespült* und dann *gründlich gewässert* werden. Zur Vermeidung von Fehlern müssen die Negative gut fixiert und gewässert sein. Die Abschwächung kann sowohl gleich nach dem Fixieren und anschließender Wässerung während 5 bis 10 Min., als auch an alten Negativen nach Jahren nach vorhergegangener Reinigung der Schicht und längerem Einweichen vorgenommen werden. Man soll stets nur 1 Negativ unter ständigem Bewegen abschwächen.

Ammoniumpersulfat-Abschwächer

für unterbelichtete, zu lange entwickelte und dadurch harte Negative. Schleier wird nicht entfernt.

Ammoniumpersulfat (s. Bd. II, S. 84) muß beim Auflösen knistern, geschieht dies nicht, kann das Salz verdorben sein. Nur bestens gewässerte Negative (ältere wenigstens 1 Stunde lang) können ohne Versager und Fleckenbildung mit Ammoniumpersulfat abgeschwächt werden. An dichten Bildstellen treten gleich bei Beginn der Abschwächung weiße Trübungen auf. Alle $^1/_4$ Stunde muß der Fortgang der Abschwächung kontrolliert und das Negativ *vor* Erreichung des gewünschten Abschwächungsgrades aus dem Abschwächer genommen werden, da dieser noch nachwirkt. Die stark getrübte Lösung ist unbrauchbar. Nach kurzem Abspülen wird der Abschwächungsprozeß im *Unterbrecherbad,* 10%ige Natriumsulfitlösung, 2 Minuten gebadet, dann gut gewässert.

Agfa[1]:

In	Wasser, dest.	100 ccm
werden gelöst	Ammoniumpersulfat	2,5
und der Lösung zugefügt	Schwefelsäure (10%)	1 ccm

Kupfersulfat-Abschwächer *Agfa*[1]

mit gleichzeitiger Kornverfeinerung.

Der nachstehende Abschwächer eignet sich besonders zur Verbesserung hart entwickelter und dadurch grobkörnig gewordener Kleinbildnegative.

Wasser	1000 ccm	Natriumchlorid	100,0
Kupfersulfat	100,0	Schwefelsäure, konz.	25 ccm

[1] Siehe Fußnote 2, S. 604.

Das sehr gut gewaschene Negativ wird im hellen Tageslicht mit der Abschwächerlösung ausgebleicht, wobei metallisches Silber in Chlorsilber verwandelt wird. Nach kurzer Wässerung wird in einem Feinkornentwickler, z. B. Atomal, so lange entwickelt, bis das Bild gerade bis zum Grund der Schicht durchentwickelt ist (an der Rückseite erkenntlich). Gewöhnlich genügen hierzu 2 Minuten. Ein leichter weißlicher Schleier ist belanglos. Bei zu kurzer Entwicklung gehen in den Lichtern Einzelheiten verloren. Man fixiert im sauren Fixierbad und wässert anschließend.

V. Verstärker für Negative.

Verstärker dienen dem Zweck, schlecht gedeckte Negative oder solche mit zu wenig Kontrasten zu verbessern. Voraussetzung für den gewünschten Erfolg ist beste Wässerung der Negative, die frei von jeder Verunreinigung sein müssen. Die Schichtseite darf mit den Händen nicht berührt werden.

☠ *1.* Quecksilberverstärker.

	Gevaert G. 526	*Kodak* In-1
Wasser (50°)	750 ccm	750 ccm
Quecksilberchlorid . .	20,0	22,0
Kaliumbromid	24,0	22,5
Salzsäure, konz. . . .	4 ccm	—
Wasser	auf 1000 ccm	auf 1000 ccm

Bei der Verwendung des Quecksilberverstärkers oder bei dessen Verkauf ist darauf zu achten, daß Quecksilberchlorid Gift 1 ist. Die Negative werden zunächst bis zur Weißfärbung gebleicht, anschließend 10 Minuten lang gewässert und dann in einem 10%igen Ammoniakbad oder mit Metol-Hydrochinon-Entwickler geschwärzt. Mit Entwickler geschwärzte Negative können wiederholt ausgebleicht und verstärkt werden. Ist die Verstärkung zu intensiv erfolgt, kann mit schwacher Fixiernatronlösung wieder aufgehellt werden.

Uranverstärker

ergibt nach EDER und Gevaert G. 527 die intensivste Verstärkung.

☠ *1. Lösung A.* Urannitrat . . . 10,0 | Wasser . . . . . . auf 1000 ccm

Lösung B. Kaliumferricyanid 10,0 | Wasser . . . . . . auf 1000 ccm

5 T. Lösung A + 5 T. Lösung B + 1 T. Eisessig (98/100%) mischen. Die Negative nach der Verstärkung waschen, beim zu langen Waschen geht die Verstärkung zurück. Ist diese zu intensiv ausgefallen, kann sie durch Baden in verdünnter Ammoniakflüssigkeit oder Sodalösung rückgängig gemacht werden.

Agfa[1]:

☠ *1. Lösung 1.* Wasser . . . 100 ccm | Urannitrat 1,0
Eisessig . . . . 10 ccm

Lösung 2. Wasser . . . 100 ccm | Kaliumferricyanid 1,0

Zum Gebrauch 1 T. Lösung 1 mit 1 T. Lösung 2 mischen.

Eine gelbliche Färbung in den Lichtern nach der Verstärkung mit Uranverstärkern kann man durch Einlegen in Natriumchloridlösung (5%) beheben.

Silberverstärker.

Für Negative und Diapositive.

Die sehr gut gewässerten Negative müssen frei von Fixiernatronspuren sein. Es empfiehlt sich eine Vorhärtung in einem alkalischen Formalinhärtebad.

---

[1] Siehe Fußnote 2, S. 604.

Kodak In-5:

Lösung A:	Silbernitrat 60,0	Wasser	auf 1000 ccm
Lösung B:	Natriumsulfit, wasserfrei . 60,0	Wasser	auf 1000 ccm
Lösung C:	Natriumthiosulfat, krist. . 105,0	Wasser	auf 1000 ccm
Lösung D:	Metol[1] 24,0	Natriumsulfit, wasserfrei	. 15,0
	Wasser . . . . auf 1000 ccm		

Lösung A muß *in brauner Flasche* aufbewahrt werden.

Zum Gebrauch wird 1 T. Lösung D unter Umrühren zu 1 T. Lösung A gegeben. Der entstehende weiße Niederschlag löst sich bei Zusatz von 1 T. Lösung C. Die so entstandene Mischung bleibt bis zur Klärung einige Minuten stehen, dann werden 3 T. Lösung D zugefügt. Der nun gebrauchsfertige Verstärker muß sofort verwendet werden. Der Grad der Verstärkung hängt von der Behandlungsdauer ab, die nicht länger als 25 Minuten betragen soll. Dann wird 2 Minuten lang in 25%igem Natriumthiosulfatbad belassen und dann gewässert.

VI. Tonbäder für Papiere.

Das Tonen von Entwicklungspapieren mit Schwefeltonern ist ein Vorteil in bezug auf die Haltbarkeit der Positive, weil das dabei entstehende Silbersulfid haltbarer ist als metallisches Silber. Dies trifft jedoch auf andere Bunttonungen mit Metallsalzen nicht zu; mit Ausnahme von roten Gold-Schwefel- und blauen Goldtonungen kann eine Gewähr für ihre Haltbarkeit nicht übernommen werden. Über die bei Tonungsmethoden notwendigen Vorsichtsmaßregeln, deren genaue Einhaltung nur das gewünschte Resultat verbürgt, sei auf die einschlägige Spezialliteratur verwiesen. Man unterscheidet das direkte Tonungsverfahren, bei dem das Silber des Positivs durch geeignete Lösungen in Silbersulfid übergeführt wird und das indirekte Verfahren, bei dem das Silber des Positivs erst durch ein Bleichbad in Bromsilber und dann erst durch Anwendung schwefelhaltiger Chemikalien in Silbersulfid verwandelt wird. Auch Selen verbindet sich mit Silber zu Silberselenid, Ag_2Se, das ebenso haltbar ist wie Silbersulfid.

1. Bäder zur Brauntonung (direkte Tonung).

Schwefelammonium-Ferricyankalium-Umtoner, für alle Entwicklungspapiere geeignet.

Lösung A.	Schwefelammonium (10%) 25 ccm	Wasser	auf 125 ccm
Lösung B.	Ferricyankalium 2,0	Kaliumbromid	4,0
	Wasser . . . . auf 1000 ccm		

Lösung B langsam unter Umrühren der Lösung A zusetzen. Die Mischung klärt sich allmählich und ist mehrere Wochen haltbar. Tonungsdauer 3 bis 15 Min.

Schwefellebertoner, Kodak T 8, für chlorsilberhaltige Papiere besonders geeignet.

Wasser . . . . . . 750 ccm	Soda, wasserfrei . . 2,0
Schwefelleber . . . 7,5	Wasser . . . . auf 1000 ccm

Die Papiere müssen gut gewaschen sein, Tonungsdauer (18°) 15 bis 20 Min. (38°) 3 bis 4 Min. Wird das Bad während des Gebrauchs trübe, kann es durch Zusatz der gleichen Menge wasserfreier Soda wieder aufgefrischt werden. Getonte Bilder 30 Min. lang wässern.

Selen-Toner, Ilford IT-3, für chlorsilberhaltige Papiere besonders geeignet.

Wasser (50°) . . . . . 500 ccm	Selen, pulv. 6,8
Natriumsulfit, krist. . . 100,0	Wasser . . . . . . auf 1000 ccm

[1] Siehe S. 586, 1.

Das Natriumsulfit heiß lösen, dann Selen zusetzen und bis zu dessen Lösung weiter erhitzen.

Zum Gebrauch 1:10 verdünnen, Tonungsdauer etwa 2 bis 3 Min. Getonte Bilder 30 Min. wässern.

2. Bäder zur Brauntonung (indirekte Tonung).

Schwefel-Sepia-Toner.

	Kodak T-7a	Du Pont 4a-T
Lösung A. (Bleicher). Wasser (50°)	750 ccm	750 ccm
Kaliumferricyanid	75,0	25,0
Kaliumbromid	75,0	27,4
Ammoniakflüssigkeit 0,910	—	2 ccm
Kaliumoxalat	195,0	—
Eisessig (98/100%)	11,2 ccm	—
Wasser	auf 2 l	auf 1 l

Kodak T-7a: Zum Gebrauch 1:1 verdünnen, Bleichzeit 1 Min.

Du Pont 4a-T: Zum Gebrauch 1:8 verdünnen, Bleichzeit 1 Min. Nach der Bleichung etwa 10 Min. wässern.

	Kodak T-7a	Du Pont 4a-T
Lösung B. (Toner). Natriumsulfid, krist.	45,0	50,0
Wasser	auf 1 l	auf 1 l

Gebrauchsverdünnung des Toners Kodak T-7a 1:7, Du Pont 4a-T 1:8, Tonungsdauer für beide Toner $^1/_2$ bis 1 Min. Etwa entstandene Flecken oder Fingerabdrücke werden durch Baden während einiger Min. in Essigsäure (3%) entfernt. Papiere mit gerauhter Oberfläche werden vor der Bleichung zweckmäßig getrocknet. Papiere, die bei der Entwicklung warmschwarze Töne ergeben, erhalten bei der Schwefeltonung einen schmutziggelben Ton. Sie werden deshalb besser nach der Bleichung in Lösung A. im Selentoner Ilford IT-3 (S. 613) getont.

3. Bäder zur Röteltonung.

Goldtoner, Ansco 231.

Wasser (50°)	750 ccm	Goldchloridlösung (1%)	60 ccm
Ammoniumrhodanid	105,0	Wasser	auf 1000 ccm
oder Kaliumrhodanid	135,0		

Zur Erzielung von *Röteltönen* müssen die Positive erst in Schwefel-Sepia-Toner behandelt sein und werden dann ungewässert in obige Goldtonerlösung gebracht. Der gewünschte Ton wird in 15 bis 45 Min. erzielt. Zur Erzielung röterer Töne wird die Rhodanidmenge halbiert. *Tiefblaue Töne* werden ohne Vortonung im Goldtoner getont. Nach der Tonung wird gewässert.

4. Bäder zur Blautonung.

Eisenblautoner Kodak T-12.

Wasser (50°), dest.	500 ccm	Kaliumferricyanid	4,0
Ferriammoniumcitrat, grün	4,0	Oxalsäure	4,0
Wasser, dest.	auf 1000 ccm		

Die gut gewässerten Bilder werden je nach dem gewünschten Ton 10 bis 15 Min. im Toner belassen. Die Bilder erscheinen bei voller Durchtonung zunächst grünlich, erst durch reichliches Wässern entsteht ein klarer blauer Ton. Da die Bilder durch die Tonung verstärkt werden, müssen sie beim Kopieren etwas heller gehalten werden. Zur Erhaltung des blauen Tons wäscht man in mit einigen Tropfen Essigsäure angesäuertem Wasser.

5. Bäder zur Grüntonung.

Vanadiumtoner, Tetenal.

Wasser	750 ccm	Ferrichlorid	1,0
Oxalsäure	7,0	Ferricyankalium	1,0
Vanadiumchlorid	1,0	Wasser	auf 1000 ccm

Tonungsdauer 5 bis 10 Min., zur Klärung der Weißen muß gewässert werden. Vanadiumtoner ist nur kurze Zeit haltbar.

VII. Wiedergewinnung von Silber aus Rückständen photographischer Negative und photographischer Lösungen.

Die Schicht photographischer Negative enthält etwa 10 g, diejenige von Positiven etwa 2 g metallisches Silber je Quadratmeter Fläche. Es lohnt sich daher, insbesondere von Negativen das Silber wieder zu gewinnen. Da beim Fixieren etwa 75% der Silbermenge in das Fixierbad gehen, enthält ein normal ausgenutztes Fixierbad im Liter 4 bis 5 g, bei sehr starker Ausnutzung sogar 10 bis 15 g metallisches Silber.

1. Behandlung fester Rückstände.

Das Ablösen von Silberschichten von Platten und Filmen. Die Schicht von ungehärtetem Negativmaterial läßt man 24 Stunden bei Zimmertemperatur im Wasser quellen und trennt sie dann mit einem Spatelmesser von der Unterlage. Zur Zerstörung der Gelatine erhitzt man mit verdünnter Salpetersäure (1:30) 4 bis 6 Stunden auf dem Wasserbad unter dem Abzug, wobei sich das Halogenfilter quantitativ gut filtrierbar abscheidet (EDER).

2. Behandlung photographischer Bäder.

Die Wiedergewinnung des Silbers aus photographischen Bädern kann auf chemischem oder elektrolytischem Wege erfolgen. Im Kleinbetrieb kommt nur die chemische Methode mit geeigneten, wirtschaftlich arbeitenden Fällungsmitteln in Betracht. Die Arbeit wird zweckmäßig nicht in der Dunkelkammer und auch nicht in einem Tank der Tankanlage für die Entwicklung durchgeführt, sondern in einem besonderen Raum in einem eigens diesem Zweck dienenden Holz- oder Tonbottich mit Abfluß am unteren Teil. Hat sich der bei der Fällung entstandene Niederschlag abgesetzt, hebert man die klare darüber stehende Flüssigkeit ab, sammelt erneut verbrauchtes Fixierbad im Bottich und fällt das Silber von neuem auf gleiche Weise. Zur Prüfung, ob alles Silber aus dem Fixierbad ausgefällt ist, wird ein blanker Kupferdraht oder ein blankes Kupferblech 3 Min. lang in die überstehende Flüssigkeit gehängt. Entsteht hierbei kein Belag auf dem Kupfer, ist alles Silber ausgeschieden, entsteht ein Belag, muß durch Zugabe einer kleinen Menge Fällungsmittel das restliche im Fixierbad befindliche Silber ausgeschieden werden. Der gesammelte Silberschlamm, der 95% reines Silber enthält, wird dann nach dem Waschen und Polieren getrocknet.

a) *Zinkstaubmethode.* Die Zinkstaubmethode ist einfach, billig, der Silbergehalt des Niederschlags beträgt etwa 53%, sie liefert jedoch kein reines Silber. Man verrührt etwa 5 bis 10 g Zinkstaub gut mit 1 l Fixierbad. Dabei setzt sich der Niederschlag in einigen Tagen leicht ab. Zur Fällung von 1 kg Silber benötigt man 2,8 kg Zinkstaub.

b) *Blankit-Soda-Methode.* Bei der Blankit-Soda-Methode wird für 1 g Silber 3 g Blankit und für je 1 l Bad 15 g wasserfreies Soda verwendet. Anschließend wird kurz gekocht, wobei sehr reines Silber ausfällt. Zur Fällung von 1 kg Silber werden 3 kg Blankit und 3,1 kg Soda benötigt. (Forts. S. 618.)

Kamera-

Kamera-Typ	Aufnahmeformat	Eigenschaften der Kamera						
		Vielseitigkeit	Auflösungsvermög.	Rasche Aufnahmebereitschaft	Leicht mitzuführen	Einfach zu bedienen	Elegantes Aussehen	Niedriger Preis
Boxkamera	6 × 9 cm 6 × 6 cm			●●●	●●	●●●●	●	●●●●
	24 × 36 mm 24 × 24 mm			●●●	●●●	●●●	●●	●●●
Einfache Tubuskamera	6 × 6 cm		●●	●●	●●	●●	●	●●●
	24 × 36 mm 24 × 24 mm		●	●●●	●●●	●●	●●	●●
Tubuskamera mit Wechseloptik	24 × 36 mm 24 × 24 mm	●●	●	●●●	●●	●●	●●	●
Tubuskamera mit Wechseloptik u. gekuppeltem Entfernungsmesser	24 × 36 mm 24 × 24 mm	●●	●	●●●	●●	●●	●●●	
Einfache Springkamera	6 × 9 cm 6 × 6 cm		●	●●	●●●	●●	●●	●●●
Springkamera mit Entfernungsmesser	6 × 9 cm 6 × 6 cm	●	●●	●●	●●●	●●	●●	●●
	24 × 36 mm	●	●	●●	●●●●	●●	●●	●●
Präz.-Springkamera mit gekuppeltem Entfernungsmesser	6 × 9 cm 6 × 6 cm	●	●●●	●●	●●	●●	●●●	●
	24 × 36 mm	●●	●●	●●●	●●●	●●	●●●	●
Springkamera mit gekuppeltem Entfernungsmesser und Wechseloptik	6 × 9 cm	●●●●	●●●	●	●		●●	
	6 × 6 cm	●●●	●●	●●	●●●	●●	●●	●
Einäugige Spiegelkamera	9 × 12 cm	●	●●●	●				●
	6 × 9 cm 6 × 6 cm	●●	●●	●●	●	●	●	●
	24 × 36 mm	●●●●	●	●●●	●●	●●	●●●	●
Zweiäugige Spiegelkamera	6 × 6 cm	●	●●●	●●●	●●	●●●	●●●	●
Schlitzverschlußkamera mit Wechseloptik	24 × 36 mm	●●	●●	●●●	●●●	●	●●●●	
Schlitzverschlußkamera mit Spiegelkasten	24 × 36 mm	●●●	●●	●	●	●	●●	
Laufbodenkamera	13 × 18 cm 9 × 12 cm $6^1/_2$ × 9 cm	●●●	●●●●	●	●		●●	
Reisekamera	18 × 24 cm 13 × 18 cm 9 × 12 cm	●●	●●●●					●
Studiokamera	13 × 18 cm 18 × 24 cm 9 × 12 cm	●●●	●●●●				●	

[1] Aus R. GRITTNER: Handb. der Kamerakunde, München: Verlag Luitpold Lang 1954.

typen[1].

Eignung für die Aufnahmegebiete							
Landschaft	Architektur	Aufnahme kleiner Dinge	Beruf Wissenschaft Technik	Porträt	Kinderbilder	Sportaufnahmen	Bildserien
●				●	●		●
●				●	●●	●	●●●
●●	●		●	●	●	●	●
●	●		●	●	●●	●●	●●●
●●	●●	●	●●	●●	●●	●●●	●●●
●●	●●	●	●●	●●●	●●●	●●●	●●●● (Robot)
●●	●		●	●	●	●	●
●●	●●		●●	●●	●	●●	●
●	●	●	●●	●	●●	●●●	●●
●●	●		●●	●●	●●	●●	●
●	●	●	●●	●	●●	●●●	●●●
●●●●	●●●	●●●	●●●	●●	●●	●	●
●●●	●●	●	●	●●●	●●●	●●●	●●
●●	●	●	●●	●●●●	●●	●	
●●●	●●	●●	●●●	●●●	●●●	●●	●●
●●●	●●	●●●	●●●●	●●	●●●	●●	●●●
●●	●●	●	●●	●●	●●●●	●●●	●●●
●●	●●	●	●●	●●	●●●	●●●●	●●●
●●●	●●●	●●●●	●●●	●●●●	●●●	●●●	●●●
●●●●	●●●●	●●●	●●●●	●●●	●	●●	
●●●	●●●	●●	●●●	●●			
●●●	●●●●	●●●	●●●	●●			

Erläuterung zur Punktbewertung.

Die Eignung der verschiedenen Kameratypen ist für bestimmte Aufnahmegebiete durch null bis vier Punkte bezeichnet.

Kein Punkt bedeutet: der Typ ist für das betreffende Aufnahmegebiet nicht geschaffen. Das heißt nicht, man könnte die betreffenden Aufnahmen mit einer derartigen Kamera überhaupt nicht machen, sondern daß es entweder umständlich ist oder besonderes Zubehör erfordert oder die Aufnahmen nicht voll befriedigen.

Ein Punkt bedeutet: Der Typ ist für das Aufnahmegebiet geeignet. Ein Punkt genügt, wenn man auf dem betreffenden Gebiet gelegentlich arbeiten will.

Hat der Photograph besonderes Interesse für ein bestimmtes Aufnahmegebiet, so empfiehlt es sich, eine Kamera zu wählen, deren Typ auf diesem Gebiet *zwei bis drei Punkte* aufweist.

Vier Punkte bedeuten: Die Kamera ist als Spezialgerät demjenigen Photographen zu empfehlen, dessen Hauptinteresse dem betreffenden Gebiete gilt.

Verschiedene Konstruktionen von Kameras desselben Typs können um einen Punkt von den angegebenen Werten abweichen.

Diese Erklärung gilt sinngemäß für die linke Seite der Tabelle.

Es sei davor gewarnt, die Gesamtzahl der Punkte auszurechnen, in der Hoffnung, doch noch die „beste Kamera" zu ermitteln. Die in den einzelnen Spalten aufgezählten Eigenschaften wiegen nämlich nicht gleich schwer. In vielen Fällen sind drei oder vier Punkte in bestimmten Spalten wichtiger als alle übrigen Punkte zusammengenommen.

c) *Agfa-Reargan®-Methode.* Dieses Silber-Rückgewinnungsmittel zeichnet sich durch besonders einfache Handhabung aus und liefert fast reines Silber. Für einen 70 l-Tank benötigt man bei einem Silbergehalt von 5 g je l eine Packung, für 1 l verbrauchtes Fixierbad 12 g, für 5 l v. F. 60 g, für 10 l v. F. 120 g, für 35 l v. F. 420 g. Aus dem getrockneten Niederschlag der Agfa-Rergan-Fällung können 95% Silber erwartet werden.

Das auf eine der vorstehenden Methoden zurückgewonnene Silber übergibt man einer Scheideanstalt zur Abscheidung des Edelmetalls, da zu dessen quantitativer Gewinnung kostspielige Apparaturen notwendig sind.

Blaudruck. Blaupause. Cyanotypie.

Der Blaudruck beruht auf der Lichtempfindlichkeit gewisser Ferrisalze, die im Licht zu Ferrosalzen reduziert werden. EDER gibt folgende Vorschrift:

1. Ammoniumferricitrat, grün	25,0	Wasser	60 ccm
2. Ferricyankalium	9,0	Wasser	60 ccm

Die für sich hergestellten Lösungen werden gemischt. Die Intensität der Blaufärbung kann durch Verminderung der Wassermenge bis auf die Hälfte verstärkt werden. Ein Zusatz von 0,1 bis 0,5 g Ammonium- oder Natriumbichromat auf dasselbe Quantum vermehrt die Intensität der Blaupausen, erhöht die Einheit der Weißen und vermindert die Empfindlichkeit. Durch Zusatz von etwa 0,5 g Citronen- oder Weinsäure oder deren Alkalisalze auf obiges Gemisch kann die Empfindlichkeit erhöht werden, dabei wird aber die Reinheit der Weißen geschädigt und die Haltbarkeit vermindert. Mit der gemischten Lösung wird gut geleimtes holzfreies Papier bestrichen, nach dem Trocknen kopiert und durch Waschen mit Wasser fixiert. Blaupausen werden brillanter und tiefer im Farbton, wenn sie nach dem Fixieren mit Wasser in ein Bad aus 10 ccm Ammonium- oder Kaliumdichromatlösung (20%) und 1 bis 2 l Wasser eingelegt werden.

Flecken, braune, von Filmen entfernen.

Bei schlecht gewässerten Negativen wird das Bildsilber im Laufe der Jahre allmählich in braunes Schwefelsilber umgewandelt. Infolgedessen werden die Negative fleckig und verbräunen schließlich vollkommen. Um die Negative in den ursprünglichen Zustand zurückzuverwandeln, badet man die Filme etwa $^1/_2$ Stunde lang in folgender Lösung:

Wasser, dest	200 ccm	Kaliumdichromatlösung (10%)	5 ccm
Salzsäure, konz.	5 ccm		

Anschließend wäscht man die Filme kurz und legt sie dann in einen Entwickler, bis das im ersten Bad entstandene Chlorsilber wieder restlos in Silber umgewandelt worden ist. Dann wird nochmals gründlich gewässert.

Mattlack für Negative (EDER).

Mattlack wird in der Regel auf die Rückseite der Negative aufgegossen und hat den Zweck, das durchfallende Licht zu dämpfen oder Retuschen anzubringen. An Stellen, an denen die Negative zu langsam kopieren, wird der Mattlack durch Schaben oder Wischen mit einem mit Alkohol befeuchteten Lappen entfernt.

Äther	192 ccm	Mastix	4,0
Sandarak	18,0	Benzol	70 ccm

Bei Verwendung von vollständig wasserfreien Äther wird 1,5 ccm Wasser hinzugefügt zur Erzielung einer matten Schicht. Durch Variation des Benzolgehalts läßt sich ein feineres oder gröberes Korn erzielen. Der Mattlack ist *sehr feuergefährlich!*

Mattolein für photographische Zwecke.

Die Verwendung von Mattolein auf Filmen und Platten hat den Zweck, deren Bildschicht für die Bleistiftretusche leichter empfänglich zu machen. Man verwendet hiervon einige Tropfen.

1. Dammar	1,0	Terpentinöl	5,0
2. Weingeist, vergällt	800,0	Balsamterpentinöl	200,0

werden gut durchgeschüttelt und einige Zeit stehengelassen. Die zunächst trübe Mischung läßt man zur Klärung stehen. Dann wird der obere klare Anteil vorsichtig von dem unten abgesetzten Terpentinöl abgegossen oder mit dem Heber abgezogen und in je 900 g gelöst:

Sandarak	300,0	Lärchenterpentin	60,0

XIII. Schädlings- und Unkrautbekämpfung.

(Vgl. Bd. I, S. 828 bis 1038 „Schädlinge und Schädlingsbekämpfungsmittel".)

Algenbekämpfung.

In Schwimmbecken aus Beton kann der Algenbefall durch Härtung mit Natriumsilicofluoridlösung (1 T. in 153 T. Wasser) verhindert werden. In gekachelten Schwimmbassins genügt das Einhängen von dünnen Kupferblechen, die in bestimmten Zeitabständen wieder blank gescheuert werden müssen. Auch ein Zusatz von Kupfersulfat (etwa 2 g pro cbm) hat sich zur Algenbekämpfung bewährt, ebenso *Para-Caporit* ® (0,5%, vgl. Bd. II, S. 253).

Ameisenbekämpfungsmittel.

	1.	2.	3.	4.	5.	6.	7.
Bierhefe	30,0	—	—	—	—	—	—
Bleiarseniat	—	1,0	—	—	—	—	—
Chloralhydrat	—	—	2,5	—	—	—	—
Natriumsilicofluorid	—	—	—	5,0	—	—	—
Brechweinstein	—	—	—	—	5,0	—	—
Pottaschelösung (10%)	—	—	—	—	—	50,0	—
Sirup	—	—	100,0	—	—	50,0	—
Borax	—	—	—	—	—	—	30,0
Berliner Blau	—	—	—	2,0	—	—	—
Teerfarbe, grün wasserlösl.	—	nach Bedarf	—	—	—	—	—
Zucker, pulv.	70,0	99,0	—	95,0	—	—	70,0
Zuckerlösung (30%)	—	—	—	—	95,0	—	—

2. ☠ 1; 3. bis 5. ☠ 2.

Die Ameisenbekämpfungsmittel sind weitgehend durch die neuzeitlichen Insektizide verdrängt. Bei der Anwendung der pulverförmigen Mittel ist darauf zu achten, daß in einem geeigneten Gefäß Wasser aufgestellt wird, da dadurch die Wirkung des Mittels erhöht wird. (Vgl. Bd. I, S. 830f.)

Ameisenvertilgung.

1. Im Freien: Phenolhaltige Teeröle oder rohe Karbolsäure werden auf den Boden geträufelt, wodurch sich die Ameisen nach kurzer Zeit vollkommen zurückziehen.

2. (Ph. Ztg.): Arsenige Säure 0,1 bis 0,2%, Chloralhydrat 2,5%, Brechweinstein 0,5% oder Bleiarseniat 0,85% werden zu Köderflüssigkeiten, die mit Melasse ver-

süßt werden, verarbeitet, damit Schwämme getränkt und auf dem verseuchten Boden ausgelegt. Auf die Giftigkeit der ausgelegten Köder und dadurch bedingte größte Sorgfalt ist besonders hinzuweisen.

3. Die Niststellen und ihre Umgebung werden mit Petroleum begossen, wodurch die Ameisen zugrunde gehen.

Auch durch Acetylen gehen die Tiere zugrunde. Man legt einige Stücke Calciumcarbid auf die Niststellen, gießt Wasser darüber und stülpt eine große Blechschüssel, welche die ganze Niststelle bedeckt, darüber. Die Blechschüssel wird an der Berührungsstelle mit dem Boden mit Erde abgedichtet. Durch das Eindringen des Acetylens in die Erde werden die Tiere getötet.

Vorsicht wegen *Feuersgefahr!*

Zur gründlichen Vertilgung von Ameisen ist es wichtig, ihre Niststellen ausfindig zu machen und dort die Vernichtung zu beginnen. Dazu wartet man ab, bis die Tiere abends im Bau sind.

Sind größere Geländeflächen durch Ameisen verseucht, geht man zweckmäßig bezirksweise vor, indem man die Köder täglich einige Meter weiter verlegt.

4. (Sido). Kaliumcarbonat . 1,0 | Wasser 9,0
Honig 10,0

5. (Sido). Preßhefe . . . . 10,0 | Honig 20,0

4. und 5. werden gemischt und auf Tellern ausgelegt.

Blattläuse. Blutläuse.

Blattläuse und Blutläuse werden zweckmäßig durch Winter- bzw. Sommerspritzmittel der Industrie bekämpft. Diese müssen jedoch möglichst frühzeitig beim Auftreten der ersten Schädlinge erfolgen. Für Topfpflanzen verwendet man zweckmäßig Tauchmittel. Als Winterspritzmittel werden Obstbaumkarbolineumlösung in Wasser (10 bis 20%) und Schwefelkalkbrühen verwendet. Zu ihrer direkten Bekämpfung finden Spritzmittel auf Basis von Seifen, Quassiatinktur, Derris, Pyrethrum oder Petroleumemulsionen Verwendung, z. B. Schmierseifenlösung (2%) oder Schmierseifenlösung (0,5%) mit 0,3% Quassiatinktur und 2% Salicylsäure.

Bremsenmittel.

Die Bremsen (Familie *Tabanidae*) sind Zweiflügler, die gleichermaßen Menschen, Rinder und Pferde plagen. Die gegen diese Plagegeister wirksamen Abwehrmittel, die geruchlich wirken, riechen selbst meist sehr unangenehm. Die Bremsenabwehrmittel kommen als wäßrige Lösung, als Öle, Salben und Linimente zur Anwendung (vgl. Bd. I, S. 856).

Bremsenmittel, flüssig.

	1.	2.	3.	4.	5.
Lorbeeröl	5,0	3,0	—	—	—
Eukalyptusöl	5,0	3,0	—	—	—
Stinkendes Tieröl	—	—	60,0	—	10,0
Nelkenöl	—	—	—	—	—
Rüböl	—	—	—	90,0	—
Petroleum	—	—	40,0	—	10,0
Creolin® oder Kresolseifenlösung	—	—	—	10,0	—
Terpentinöl	20,0	—	—	—	—
Naphthalin	10,0	5,0	—	—	—
Schmierseife	—	—	—	—	10,0
Weingeist, denat., verdünnt	60,0	40,0	—	—	—
Wasser	—	—	—	—	70,0

Herstellung zu 5. Die Mischung von Tieröl und Petroleum wird mit der Schmierseife emulgiert und in kleinen Portionen mit dem Wasser verdünnt.

1. und 2. Essenz, 3. und 4. Öle, 5. Liniment.

Bremsenöl.

1. Rüböl . . . . 90,0 | Creolin ® 10,0

2. (OTTO) Rohes Tieröl | Roher Lebertran . . āā

Die Mischung hat den Vorteil, nicht so stark zu harzen und länger anzuhalten als rohes Tieröl allein. Zum Anstreichen der Tiere.

3. (SIDO). Lorbeeröl | Nitrobenzol 10,0
Eukalyptusöl . . . āā 5,0 | Petroleum. 30,0
Rapsöl 50,0

Bremsensalbe (SIDO).

Zeresin . . . . . . 350,0 | Lorbeeröl 50,0
Flüssiges Paraffin . . 650,0 | Eukalyptusöl 40,0
Anisöl 10,0

Die Paraffine werden zusammengeschmolzen, nach dem Abkühlen vor dem Erstarren die Öle zu esetzt und kaltgerührt (vgl. Bd. I, S. 856).

Filzläusemittel.

Zephirol® . . . . 10,0 | Weingeist (90%) . . 50,0
Aceton . . . . . . 10,0 | Dest. Wasser . . . 30,0

Die befallenen Körperstellen werden gründlich mit der Lösung befeuchtet. Nach 5 Minuten langer Einwirkung wird mit warmem Wasser und Seife gewaschen und die Behandlung am nächsten Tage wiederholt (vgl. Bd. I, S. 869).

Fliegenleim (C. BECHER jun.).

(Vgl. Bd. I, S. 975—977.)

Fliegenleim und Fliegenfänger sind durch die neuzeitlichen Kontaktinsektizide obsolet geworden. Trotzdem folgen einige Vorschriften:

	1.	2.	3.	4.
Kolophonium . . .	60,0	55,0	50,0	60,0
Zeresin	5,0	—	—	—
Spindelöl	35,0	—	—	—
Spindelölraffinat . .	—	15,0	—	30,0
Baumöl	—	15,0	—	—
Harzöl	—	15,0	—	—
Rüböl	—	—	25,0	8,0
Rizinusöl	—	—	20,0	—
Melasse	—	—	5,0	—
Rohkautschuk . .	—	—	—	2,0

Zunächst die festen Stoffe unter Vermeidung von Überhitzung schmelzen, dann die flüssigen Stoffe zugeben. Als Lockmittel Honigaroma in Glycerin einarbeiten. Die Einarbeitung des Rohkautschuks verlangt u. U. Temperaturen bis 130 und 140° (Glycerinbad).

Fliegenteller, giftfreie.

Quassiaholz, geschn. . . . . 500,0 | Schwarzer Pfeffer, grob gepulv. . . 50,0
werden mit
Wasser 2500,0

abgekocht und das Filtrat auf 1000,0 eingedampft. Darin werden 100,0 Zucker gelöst. In der erhaltenen Lösung läßt man die Pappteller vollsaugen, preßt sie zwischen Walzen aus und trocknet auf Horden.

Zum Gebrauch müssen sie mit Wasser angefeuchtet werden.

Flohbekämpfung.

1. Durch häufiges und gründliches Aufwischen der Zimmerböden mit 10%iger Kresolseifenlösung.

2. Durch Aufstellen starker Ammoniakflüssigkeit in flachen Gefäßen auf den Fußboden.

3. Durch Aufwaschen des Fußbodens mit einem Aufguß von Wermut (100 g auf 1 l), wobei die Lösung hauptsächlich in die Bodenritzen eindringen soll.

4. Einlegen frischer Walnußblätter, Wermutkraut, Waldmeister, Steinklee in Strohsäcke und Tierlager.

5. Tierflöhe: *Hundeflöhe:* Einstäuben mit Insektenpulver, nach 15 Minuten waschen mit

☠ *3.* Lysol® . . 50,0 | Kaliseife . . 500,0
Wasser . . 1000,0

Tierflöhe bei größeren Tieren (SIDO):

Creolin ®. . . . . 30,0 | Warmes Wasser . . 1000,0

Zur stellenweisen Behandlung der Tierhaut. Täglich wird ein Viertel bis ein Drittel der Hautoberfläche behandelt.

Die Blutsauger *Flöhe* (s. Bd. I, S. 870) befallen Menschen, Säugetiere, Vögel. Sie sind nicht nur unangenehme stechende und saugende Insekten, sondern auch fähig, Krankheiten zu übertragen. Die Eiablage der Flöhe erfolgt hauptsächlich in Dielenritzen, staubigschmutzigen Räumen, in Sägespänen und Müll. In Wohnräumen wird durch desinfizierende Aufwaschmittel (Kresol, Kresolseifenlösung, Sagrotan u. a.) die Plage bekämpft. Dabei sind auch Scheuerleisten und Möbel zu desinfizieren. Nach BECHER jun. sind folgende durch ihren Geruch Flöhe vertreibende Mittel wirksam:

☠ *3.* **1.** Kölnisch Wasser . . 95,0 | Phenol, flüssig 5,0

2. Birkenteeröl . . . . 10,0 | Lavendelöl 10,0
Weingeist (90%) . . . 80,0

3. *Puder;* mit alkoholischer Menthol- oder Kampferlösung (5 bis 10%) wird folgender Puderkörper imprägniert:

1. Stärke . . . . 45,0 | Talcum 30,0
Zinkweiß. . . 25,0

2. Kaolin . . . . 40,0 | Zinkweiß 12,0
Talcum . . . 40,0 | Titandioxyd . . 8,0

☠ *2.* Giftgetreide.

Mit Strychnin vergiftetes Getreide zur Vergiftung von Mäusen ist nicht mehr gebräuchlich, die folgende Vorschrift folgt lediglich der Vollständigkeit halber.

10 Kilo Getreide, Weizen oder besser entspelzter Hafer werden in einem kupfernen oder einem Emailkessel mit 5 l kochendem Wasser übergossen und unter häufigem Umrühren so lange warm gestellt, bis alles Wasser aufgesogen ist. Dabei quillt das Getreide auf und wird weich. Durch den dabei eingetretenen Keimungsprozeß ist die Stärke teilweise in Maltose übergegangen, der Geschmack des Getreides dadurch süß geworden. Nun wird bei mäßigem Feuer unter ständigem Umrühren erwärmt, bis die Mischung heiß ist, und dann zugesetzt die Lösung aus

Strychninnitrat . . 20,0 | Methylviolett . . . 5,0
Kochendem Wasser . . 5000,0

Dann wird unter ständigem Umrühren weiter erhitzt, bis das Getreide so trocken ist, daß es vom Rührholz abfällt. Soll zur längeren Aufbewahrung abgefüllt werden, ist noch auf Hürden sorgfältig nachzutrocknen.

Man erhält auf diese Weise ein Giftgetreide, dessen ganzes Korn durch Eindringen der Giftlösung rötlich gefärbt ist.

☠ 2. Giftweizen mit Zinkphosphid.

1. Getreide etwa 10 Min. lang auf 80° zur Zerstörung der Keimfähigkeit erhitzen.

2. Ein Kilo des wieder abgekühlten Getreides mit Sirup aus

Zucker . . 1000,0 | Wasser . . 200,0

benetzen und anschließend gut vermischen mit

Zinkphosphid (vgl. Bd. II, S. 1437) . . 55,0

Zuletzt rot färben mit

Fuchsin 2,0

Holzwurmbekämpfung.

Vor Anwendung von Holzwurmmitteln (vgl. Bd. I, S. 883 und 936) müssen die Bohrlöcher mittels eines Gummiballs sorgfältig ausgeblasen werden, um sie von Bohrmehl zu befreien. Dann bringt man unter Verwendung einer Pravazspritze eine Lösung von Hexachloräthan (10%ig) in Tetrachlorkohlenstoff, Trichloräthylen oder Chloroform in die ausgeblasenen Bohrlöcher. Um das rasche Verdunsten des Hexachloräthans zu vermeiden, kann der Lösung noch 10% Hartparaffin zugefügt werden. Auch wäßrige 5%ige Lösungen von Chloramin oder Formaldehydlösungen sind brauchbar, diese Anwendung muß jedoch nach einer Woche wiederholt werden. Die Bohrlöcher sind jeweils nach der Anwendung abzudichten. Nach der Behandlung mit den organischen Lösungsmitteln müssen polierte Holzgegenstände meist mit Schellackpolitur nachbehandelt werden.

Holzwurmbefall vorbeugen (SIDO).

1. Einlegen frisch geschälter Eicheln in die gefährdeten Möbelstücke, die von Zeit zu Zeit gesammelt und verbrannt werden. Die Käfer ziehen sich in und an die Eicheln.

2. A. Salicylsäure . . 25,0 | Kaliwasserglas . . . 25,0
Borax . . . . 15,0 | Natronwasserglas . . 75,0
Wasser 150,0

B. Schellack . . . 300,0 | Borax 100,0
Salicylsäure . . 175,0 | Wasser 2500,0

A. wird kalt gelöst. B. Schellack wird in der Boraxlösung durch Kochen gelöst, zum Schluß wird die Salicylsäure eingetragen. Holz zunächst mit A., nach 8 Tagen mit B. bestreichen.

Holzwurmbekämpfung.

Mit Holzwürmern bezeichnet man die Larven holzzerstörender Insekten. Sie werden bekämpft durch Einspritzen geeigneter Lösungen mittels Pravazspritze mit feiner Kanüle in die vom Bohrmehl möglichst befreiten Bohrlöcher.

	1.	2.	3.	4.	5.	6.
p-Dichlorbenzol	10,0	—	—	—	10,0	—
Hexachloräthan	—	10,0	10,0	20,0	10,0	20,0
Terpentinöl	—	10,0	—	—	15,0	30,0
Tetrachlorkohlenstoff . .	—	auf 100,0	—	80,0	30,0	90,0
Trichloräthylen	—	—	50,0	—	—	—
Tetralin®	—	—	40,0	—	—	—
Benzin	90,0	—	—	—	—	—
Hartparaffin.	—	—	—	—	—	10,0

Zu 6. Das Paraffin schmelzen. Vom Feuer nehmen und der abgekühlten Schmelze vor dem Erstarren das Terpentinöl und dann den Tetrachlorkohlenstoff zugeben. In der Mischung wird das Hexachloräthan gelöst.

Hundebad gegen Ungeziefer.

Obwohl die Bekämpfung von Hundeungeziefer durch die neuen Kontaktinsektizide weniger problematisch geworden ist, wollen manche Hundebesitzer das Ungeziefer ihrer Tiere mit Bädern angehen. Als Zusätze zu den Bädern eignen sich zum Beispiel:

Rohchloramin® (2%) | *Raschit*® flüssig

Mittel gegen Insektenstiche (Stechmücken, Bienen usw.).

1. Salmiakgeist (0,960) | Weingeist (95%) . . ää
2. Naftalan ® | Wasserfreie Seife . . ää

1. Zum Betupfen. 2. Beim Einmassieren der Mischung geht der Juckreiz nach 3 bis 5 Minunten zurück, ebenso die Quaddelbildung. Die entzündungswidrige Wirkung tritt rasch und sicher ein.

Insektenstift zur Abwehr von Mücken usw.

Stearin	275,0	Gelbes Zeresin	45,0
Gelbes Wachs	45,0	Eukalyptusöl	25,0
Gelbes Vaselin	590,0	Nelkenöl	20,0

Fette auf dem Wasserbad schmelzen, bei etwa 35° die Öle einrühren. Die Masse noch flüssig in Formen gießen.

(DEHYDAG).	1.	2.	3.
Dimethylphthalat	12,0	12,0	12,0
Äthylhexandiol	18,0	18,0	18,0
Isopropylalkohol	31,5	32,0	22,0
Natriumstearat	10,5	—	—
Luxusstearin (3 × gepreßt)	—	9,3	9,3
Comperlan® 100 oder HS	10,0	8,0	8,0
Glycerin	12,0	12,0	12,0
Wasser	3,5	—	—
Natriumhydroxydlösung (38%)	—	3,5	3,5
Eutanol® G	—	—	10,0
Menthol	—	2,0	2,0
Parfüm	1,2	2,0	2,0
Farblösung	1,3	1,2	1,2

Herstellung. Zu 1. Alle Substanzen mit Ausnahme des Parfümöls und der Farblösung bis zur klaren Lösung auf dem Wasserbad erwärmen. Nach dem Abkühlen auf etwa 50° Parfümöl und Farblösung zugeben und die Masse in Formen ausgießen. Da die Auflösung des Natriumstearats längere Zeit beansprucht, ist es empfehlenswert, unter Rückflußkühler zu arbeiten. Der fertige Stift muß wegen der Verdunstungsgefahr in Stanniolfolie und Hülse verpackt werden. Bei Verwendung von Comperlan 100 erhält man transparente, bei Verwendung von Comperlan HS undurchsichtige Stifte.

Zu 2. und 3. Stearin, Isopropylalkohol, Comperlan, Eutanol, Dimetylphthalat und Äthylhexandiol bis zur Lösung des Comperlans auf dem Wasserbad auf 60° erwärmen. Das Glycerin mit der Natriumhydroxydlösung ebenfalls auf 60° erwärmen und der alkoholischen Fettlösung zugeben. Nach dem Abkühlen auf etwa 50° das Menthol in dem Gemisch lösen, dann Parfüm und Farblösung zugeben und fortfahren wie bei der Herstellung von Kölnisch-Wasser-Stift (DEHYDAG) S. 473 angegeben. Transparente oder undurchsichtige Stifte siehe unter 1. Der Insektenstift 3 ohne Farbzusatz zeichnet sich durch besonders schönes Aussehen aus.

Kakteenschädlinge.

Trotz sorgfältiger Pflege können Kakteen durch Schädlinge derart beschädigt werden, daß sie durch Entzug der Nährstoffe im Wachstum geschädigt oder die Pflanzen sogar zum Absterben gebracht werden. Die gefährlichsten tierischen Schädlinge sind die *rote Spinne*, Tetranychus telarius (vgl. Bd. I, S. 946), und die *Wollaus*, Rhizococcus, in verschiedenen Abarten. Die rote Spinne ist eine winzige, für ein gutes Auge gerade noch sichtbare rote Milbe, die sich rasch vermehrt, von dem Saft der befallenen Pflanze ernährt und die oberflächlichen Gewebsschichten zerstört. Stillstand des Wachstums, verbunden mit Nachlassen des Scheitelglanzes und später auftretender gelblichbrauner, rostfarbener trockener Fleckchen, die sich rasch vergrößern, ist das Zeichen dafür, daß die Pflanze von diesem Schädling befallen ist. Es empfiehlt sich deshalb öfteres Betrachten der Kakteen mit einer guten Leselupe, damit der Schädling entdeckt wird, ehe er die geschilderten Schäden angerichtet hat. Mit Vorliebe werden solche Kakteen befallen, die eine weiche und zarte Oberhaut besitzen, aber auch Sämlinge und Neutriebe älterer Kakteen. Trockene, warme Luft begünstigt das Auftreten der roten Spinne. Am wirksamsten bekämpft man sie mit methylalkoholischer Nikotinlösung „Parasitol" ®, das man mit einem Zerstäuber auf die Pflanzen aufspritzt. In 10tägigem Abstand ist diese Arbeit 2- bis 3mal zu wiederholen. Im Sonnenschein darf sie nicht angewandt werden.

Die Wollaus ähnelt in ihrer Gestalt der Kellerassel, ist aber wesentlich kleiner und kaum 5 mm lang. Durch eine mehlige Wachsausscheidung erscheint sie weiß gepudert. Sie bevorzugt für ihren Aufenthalt die dichten Haarbüschel oder andere unzugängliche Winkel. Soweit sie den oberirdischen Pflanzenteil befallen hat, bekämpft man sie wie die rote Spinne. Mit Vorliebe nistet sie sich jedoch am Wurzelboden und in den Achseln der Bartwurzeln ein. Dort entdeckt man sie meist erst dann, wenn die Pflanze durch ihr kümmerliches Aussehen den Pfleger veranlaßt, sie auszutopfen. Durch bläulichweiße, wollige Ausscheidungen, die oftmals ganze Nester bilden, wird der Schädling dabei erkannt. Der Wurzelballen sieht aus wie mit Schimmel durchsetzt. Die verseuchte Erde muß vollständig entfernt werden, das Wurzelwerk unter dem Strahl des Wasserhahns tüchtig abgesprizt und dann für einige Minuten in eine Parasitollösung getaucht werden. Nach dem Abtrocknen (evtl. erst am nächsten Tage) werden die Kakteen in einen neuen Topf mit frischer Erde gepflanzt. Die Kakteen benötigen allerdings zur Überwindung der Störung des Umtopfens eine geraume Zeit. Am meisten gefährdet sind Kakteen in der kühlen Jahreszeit, ihrer Ruhezeit, in der ihre Lebenstätigkeit herabgesetzt ist. Feuchtigkeit begünstigt das Wachstum feiner Pilzfäden. Besonders Schimmelpilze und Fäulniserreger setzen sich an den Wurzeln der Pflanzen ab. Ein gutes Bekämpfungsmittel der Pilze ist Kupfersulfatlösung (2%), die aber nur bei gleichzeitiger Umtopfung möglich ist. Ohne schädliche Wirkung ist Nipagin ® M-Lösung. Man stellt sie her, indem man 0,7 bis 1,0 g Nipagin ® M in 100 ccm *kochendheißem* Wasser *vollständig* löst und dann auf 1 l mit Wasser verdünnt. Mit der kalten Lösung bespritzt man mittels Zerstäubers die Pflanze und benetzt die Erde nur so viel, daß die Oberfläche höchstens bis zu 1 cm Tiefe durchfeuchtet wird. Die einmalige Anwendung genügt, Pilzwachstum und Schimmelbildung hintanzuhalten. Eine geeignete Nipaginstammlösung stellt man her:

Nipagin ® M . . .	3,5 bis 5,0	Weingeist (90%) . .	20,0
		Aqua dest.	30,0

Das Nipagin ® wird zunächst im Weingeist gelöst und dann das Wasser zugegeben. Zum Gebrauch verdünnt man 10 ccm der Stammlösung mit 1 l Wasser. (Nach „Zentralblatt für Pharmazie" Nr. 23, 1931.)

Kaninchen vertreiben.

Zum Vertreiben von Kaninchen werden stark riechende Mittel, wie Steinkohlenteer, Rohkresol oder rohes Tieröl verwendet. Nach Ph.Ztg. wird als Spritzmittel empfohlen:

Rohes Wollfett . .	100,0	Rohes Tieröl . . .	20,0
Fichtenharz . . .	10,0	Kienteer	5,0
Stinkasant	10,0	Petroleum	5,0

Die Bestandteile werden zusammengeschmolzen und bis zur spritzfähigen Konsistenz mit Petroleum verdünnt. Die Maßnahmen sind nur vorübergehend wirksam, zur Vernichtung wird die Benetzung von Sackleinen mit Schwefelkohlenstoff und das Einschieben der Sackleinenstücke in die Baue empfohlen.

☠ *1.* Kellerasselnbekämpfung.

1. Borax	15,0	**2.** Schweinfurter Grün . . .	10,0
Weizenmehl	65,0	Malachitgrün, wasserl. . .	0,5
Zucker	20,0	Zucker, pulv.	89,5

Verwendung. Zweckmäßig werden mit diesen Mitteln Kartoffelscheiben bestreut oder 2. mit Kartoffelbrei vermischt. Bei 2. sind die Vorschriften der GPV. zu beachten.

3. Als Falle wird ein unter Moos oder Stroh verborgen liegender Blumentopf benutzt, der gekochte Kartoffeln enthält. Die sich darin ansammelnden Tiere werden getötet.

4. Als Fraßgift dient folgender Brei:

Kaliumdichromat . .	1,0	Hafermehl	50,0
Traubenzucker . . .	2,0	Wasser	30,0

Köder für Schmetterlinge.

1. *Für Tagfalter.* Apfelscheiben werden mit einer Mischung aus

Honig . . .	50,0	Kumarin . .	0,2
Apfeläther . .	5,0		

bestrichen und nebeneinander aufgereiht.

2. *Für Nachtfalter.* Altes Bier wird mit Honig und Marmelade gesüßt und dann der Gärung überlassen. Vor Gebrauch wird der Masse wenig Apfeläther zugesetzt.

Ködermittel gegen Schnecken.

Metaldehyd . .	10,0	Weizenkleie . .	90,0

Der Köder wird ausgestreut oder in Häufchen ausgelegt. Durch den Geruch werden die Schnecken angelockt.

Läusemittel.

Natriumtaurocholat . .	10,0	Wasser	950,0
Eukalyptusöl	50,0		

☠ *3.* Meerzwiebelpaste (SIDO)[1].

1. Ölpreßkuchen (Rizinuspreßkuchen)	250,0	Roggenmehl	100,0
Rote, frische Meerzwiebel fein gewiegt	350,0	Quark	100,0
		Schmalz	50,0
Weingeist (95%)	150,0		

[1] Als Giftfertigware abgepackt, gemäß der Pflanzenschutzmittel-Verordnung ☠ 3, bei loser Abgabe ☠ 2.

Die Masse wird in der Misch- und Knetmaschine gut durchgearbeitet und der Weingeist zuletzt zugesetzt. Dann wird in Blechdosen abgefüllt und mit geschmolzenem Paraffin übergossen. Zum Gebrauch wird die Paraffinschicht abgehoben und die Masse auf Brot gestrichen.

☠ *3.* **2.** Meerzwiebel . . 200,0 | Weizenmehl 50,0
Kartoffelmehl . . 50,0 | Schmalz 100,0

Die Meerzwiebel durch den Fleischwolf drehen und den entstandenen Brei mit den anderen Bestandteilen zur Paste verarbeiten. Abfüllung und Verwendung wie bei 1.

Meerzwiebelsaft wirkt stark reizend auf die Haut, deshalb werden zweckmäßig Gummihandschuhe getragen. Dies ist auch deshalb zu empfehlen, weil jede Berührung des Köders mit der Hand oder dem menschlichen Körper vermieden werden muß, da Ratten den Köder sonst nicht annehmen.

Mittel gegen Kakerlaken, Franzosen, Russen, Schwaben (Becher jun.).

☠ *3.* **1.** DDT-Wirkstoff . . . . . 10,0 | Talk 90,0

2. Derriswurzelpulver . . . 45,0 | Pyrethrumblütenpulver . . 45,0
Quillajarindenpulver . . . 10,0

☠ *3.* **3.** DDT-Wirkstoff . . . . . 5,0 | Petroleum, raffiniert oder Monochlorbenzol . . 95,0

4. Borax-Pulver . . . . . .45,0 | Kupfervitriol 4,0
Hafer- oder Erbsenmehl . . 51,0

☠ *2.* **5.** Natriumfluorid . . . . . 50,0 | Weizenmehl 50,0

1. und 2. Stäubemittel, 3. Sprühmittel, 4. Ködermittel, 5. Ködermittel.

Moosbeseitigung auf Wegen und Plätzen.

Die Moosbeseitigung erfolgt durch Aufspritzen 20%iger Eisenvitriollösung oder Aufstreuen von Eisenvitriol in Pulverform auf das feuchte Moos (s. a. Unkrautvertilgung durch Natriumchlorat, S. 555).

Mottenäther

(durch die Kontaktinsektizide obsolet!).

Die Wirkung der Mottenäther ist äußerst fraglich, weil die mit ihnen bewirkten Konzentrationen zum Abtöten von Motten und Mottenraupen nicht ausreichen. Einige Vorschriften aus der Literatur seien trotzdem angefügt:

	1.	2.	3.	4.
Naphthalin	10,0	—	5,0	—
p-Dichlorbenzol	10,0	2,0	—	—
Hexachloräthan	—	1,0	—	5,0
Kampfer	—	1,0	5,0	—
Senföl, künstlich	—	1,0	—	—
Benzin	40,0	—	—	—
Tetrachlorkohlenstoff . .	40,0	95,0	—	50,0
Trichloräthylen	—	—	88,0	45,0
Patschuliöl	—	—	2,0	—
Eukalyptusöl	—	—	—	1,0
Lavendelöl	—	—	—	1,0

Mückensalbe (Zabler).

Thymol . . . . 2,0 | Natriumcarbonat, getrocknet . . 3,0
Methylsalicylat . . . . 3,0 | Formaldehydlösung 5,0
Vaselin, gelb 87,0

Mückenschutzmittel (Pharm. Weekblad 1942).

1. Thymianöl . . . . 1,0 | Pyrethrumextrakt . . 1,0
Rizinusöl . . . 2,0 bis 3,0

Pyrethrumextrakt wird wie folgt zubereitet:

Pyrethrumblüten . . 100,0

werden in einer geschlossenen Flasche 12 Std. lang mazeriert mit

Äther 250,0

Dann wird die Mazeration wiederholt. Die vereinigten Mazerate werden mit 12,5 flüssigem Paraffin gemischt und der Äther abdestilliert.

2. Chininhydrochlorid . . 6,0 | Nelkenöl 9,0
Menthol . . . . . . 6,0 | Weingeist (90%) 150,0
Citronellöl . . . . . auf 300 ccm

Verwendung. Die unbedeckte Haut ist zum Schutze gegen Mückenstiche damit einzureiben.

3. Thymol | Formaldehydlösung 5,0
Menthol . . . . .āā 0,5 | Weingeistige Ammoniakflüssigkeit
Lavendelöl . . . . 1,0 | Erg.-B. 6 . . . . auf 50,0

4. Dimethylphthalat | Isopropylalkohol āā

5. Dimethylphthalat . 100,0 | Magnesiumstearat . . . 15,0
Zinkstearat 35,0

Mückenstichsalbe. Glykokoll.

Ammoniakflüssigkeit, weingeistige . . 3,0 | Glykokoll „Merck“ 2,0
Trichlorisobutylalkohol . . . . 3,0 | Lanettesalbe 95,0

Schutzsalbe gegen Mückenstiche (BOEHRINGER).

Chininhydrochlorid . . 1,0 | Wollfett, wasserfrei . . 70,0
Wasser, dest. . . . . 3,5 | Lebertran 25,5
Parfüm . . nach Bedarf

Das Chinin mit dem Wasser anreiben und die Mischung mit dem Wollfett verarbeiten, dann den Lebertran zufügen.

☠ *1.* **Phosphoreier.**

A. Phosphor . . 12,0 | Glycerin . . . . 250 ccm
B. Weißer Ton . . nach Bedarf

A. wird so lange erwärmt, bis der Phosphor schmilzt, dann wird zur Verteilung umgeschüttelt und so viel Bolus zugegeben, daß ein dünnfließender Brei entsteht. Dann werden Eier angebohrt und mit einer Pipette mit weitem Ausfluß etwas Ei entnommen und von der Phosphormasse etwa 6 bis 8 Tr. eingefüllt. Das Bohrloch an den Eiern wird mit Gispbrei wieder verschlossen und der Brei als giftig markiert, um Verwechslungen auszuschließen.

☠ *1.* **Phosphorlatwerge** (DAZ) *obsolet!*

1. Phosphor . . . 25,0 | Salicylsäure 2,0
Glycerin . . . . 50,0 | Bockshornklee, pulv. . 10,0
Wasser . . . . 100,0 | Roggenschrot . . . 110,0
Anisöl . . . . 2 Tr.

Der Phosphor wird im Mörser mit der heißen Glycerin-Wasser-Mischung übergossen; sobald er geschmolzen ist, werden die anderen Bestandteile eingearbeitet.

2. A. Traganth | B. Phosphor
Weingeist (90%) . . . . .āā 5,0 | Schwefelkohlenstoff . . . . .āā 30,0
Wasser . . nach Bedarf (etwa 50,0) | C. Schweineschmalz nach Bedarf auf 500,0

Nach A. einen dicken Schleim bereiten und in Lösung B. einarbeiten. Nach der Emulgierung mit dem geschmolzenen und halb erkalteten Schweineschmalz gut mischen.

3. A.			B.	
	Zuckersirup	150,0	Gelatine	15,0
	Wasser	500,0	Wasser	250,0
	Phosphor	20,0	Ei, roh	1 Stück

Den Phosphor mit dem Wasser-Sirup-Gemisch erwärmen und bis zur Verteilung des Phosphors rühren, Gelatinelösung und Ei zusetzen und bis zum Erkalten rühren.

Raupenleim (C. Becher jun.).

	1.	2.	3.
Kolophonium	60,0	60,0	—
Talg oder Wollfett	—	15,0	10,0
Harzöl, roh	30,0	—	—
Rüböl	10,0	15,0	—
Dickterpentinöl	—	10,0	—
Spindelraffinat	—	—	30,0
Cumaronharz, weich	—	—	60,0

Die Herstellung erfolgt wie bei Fliegenleim, S. 621, angegeben.

☠ *1.* Schildläusevertilgungsmittel.

Nikotin	2,0	Kaliseife	8,0
Methanol	5,0	Quassiaabkochung	100,0

Die Lösung ist vor dem Gebrauch mit 40 bis 50 T. Wasser zu verdünnen.

☠ *1.* Schmetterlingstötungsmittel für Schmetterlingssammler.

In ein Weithalsglas mit entsprechend großer Öffnung werden eingelegt

Cyankalium . . 5,0

und mit einem Brei übergossen, der aus

Gips . . . 95,0 | Wasser . . nach Bedarf

hergestellt ist. Nach dem Erhärten des Gipsbreis ist das Fangglas verwendungsfähig. Wegen der Giftigkeit des Cyankalis ist es vorschriftsmäßig mit Giftköpfen zu bekleben. Bleibt das Gefäß längere Zeit verschlossen, sammelt sich durch Einwirkung von Kohlensäure der Luft auf das Cyankali Blausäure im Gefäß an, so daß das Öffnen in geschlossenen Räumen vermieden werden muß und auch im Freien nur mit Vorsicht geschehen darf.

Schneckenvertilgung.

1. Meta ® -Brennstoff 1,0 | Weizenkleie . . . . . auf 10,0

Der Metabrennstoff wird zunächst im Mörser zerrieben und dann mit der Weizenkleie gemengt. Die Mischung wird an den betreffenden Stellen ausgelegt, wobei die Schnecken durch den Geruch angezogen und durch den Aldehyd vergiftet werden.

2. Auf Gemüsebeeten werden Schnecken durch Bestreuen mit Asche, Kochsalz oder besonders wirksam mit einer Mischung aus 1 T. Kupfersulfat mit 10 bis 20 T. Kainit vertilgt. Auch Kainit allein (100,0 auf 1 qm) ist bewährt, ebenso das Besprühen mit 3%iger Kupfersulfat- oder 30%iger Ferrosulfatlösung.

Schutzcreme gegen Insekten.

Glycerinsalbe DAB. 6.	55,0	Lanolin	35,0
Nelkenöl	10,0		

Schwefelkalkbrühe. Kalifornische Brühe.

Schwefelblüte . . 14,5 kg | Kalk . . . . . . 8,5 kg

werden gut gemischt und versetzt mit

Wasser . . 10 l

und die Mischung in einem eisernen oder emaillierten Kessel unter ständigem Umrühren zur Verhinderung des Absetzens gekocht. Das verdampfende Wasser muß dabei ständig ersetzt werden. Die gewonnene gelbrote, klare 20%ige Stammlösung muß vor Frost und Luft geschützt aufbewahrt werden. Man überschichtet die Flüssigkeit mit einer dünnen Ölschicht. Der verwendete Kalk darf kein Magnesium enthalten, weil dieses den Zerfall der entstandenen Polysulfide begünstigt, muß mindestens 90% CaO und darf nie mehr als 5% MgO enthalten. Die wirksamen Bestandteile der Brühe sind Calciumtetrasulfid, CaS_4, und Calciumpentasulfid, CaS_5. Ihre Bildung kann durch Zugabe von etwas Natronlauge beschleunigt werden.

Silberfischchenvertilgungsmittel.

1. Aufstellung von flachen Schalen mit einer Lösung aus

Formaldehydlösung . . 3,0 | Glycerin 4,0
Wasser 13,0

☠ *2.* 2. Kieselfluornatrium . . 1,0 | Puderzucker oder Mehl . . 9,0

Außerdem kommen die hochwirksamen Kontaktgifte zur Verwendung.

Stockpilzvernichtung an Kalkwänden.

Die feuchten Kalkwände werden mit 20%iger alkoholischer Salicylsäurelösung mit einem weichen Pinsel wiederholt überstrichen, wodurch die Stockpilzkolonien meist durchgreifend zerstört werden.

☠ *3.* **Tabakextrakt.** (Biolog. Reichsanstalt für Land- und Forstwirtschaft.)

Tabakblätter (Nicotiana rustica), zerkleinert . . 5000,0

werden 3mal je 24 Std. ausgezogen mit

Wasser . . . . 35 l

Die Auszüge werden koliert und vereinigt, zusammen 100 l. Der Nikotingehalt des Extraktes schwankt je nach dem Gehalt der Blätter an Nikotin um 0,1%, doch gibt es auch Brühen mit stark angereichertem Nikotingehalt über 4%.

Trockenreinigungspulver für Tiere, gleichzeitig Ungeziefer vertilgend.

Trikresol . . 25,0 | Talk. . . . 400,0
Kohlensaure Magnesia, pulv. . . 575,0

Das Trikresol mit dem Talk sorgfältig verreiben, dann kohlensaure Magnesia darunter mengen.

Verwendung. Zum Einstreuen in das Fell der Tiere. Nach längerer Einwirkungszeit wird das Fell durchgebürstet.

Unkrautvertilgungsmittel.

Unkrautvertilgungsmittel oder Unkrautmittel (s. a. Bd. I, S. 1032ff.) teilt man ein in 1. Mittel gegen Unkräuter auf Wegen und Plätzen, chlorathaltige und arsenhaltige Mittel, 2. Mittel gegen Unkräuter in Getreidebeständen, auf Wiesen und Weiden, die wieder untergeteilt werden in wuchsstoffhaltige Mittel, dinitrokresolhaltige Mittel und Streumittel gegen Unkräuter, 3. Mittel gegen Unkräuter in besonderen Kulturen.

Unkrautvertilgungsmittel für Gartenwege, Hof- und Spielplatz.

1. ☠ *3.* Natriumchloratlösung (2% bis 3%), 1 l pro qm.
2. ☠ *3.* Konzentrierte Lösungen von 85 T. Natriumchlorat und 15 T. Soda, calc., werden gemischt.
3. Reichliches Besprengen mit Zinkchloridlösung (100 : 900).
4. Eisenvitriollösung (2,5%) mit 5% Salzsäure angesäuert.
5. Eisenvitriol 20,0, Alaun 20,0 in Wasser 960,0.
6. Zinksulfat, roh 80,0 in 320,0 Wasser.

Unkrautvertilgung durch Natriumchlorat, $NaClO_3$

Die Unkrautbekämpfung mit Natriumchlorat kann durch Versprühen von Natriumchloratlösung auf den Blättern, besser durch die Wurzelbehandlung durchgeführt werden, da durch die Blattbehandlung eine nur verhältnismäßig geringe Menge Natriumchlorat der Pflanze zugeführt wird. Natriumchlorat kommt nur zur Unkrautvernichtung auf Straßen, Wegen und Plätzen in Betracht, zur Entkrautung landwirtschaftlicher Nutzflächen (Getreidefelder) kann man nur selektive Unkrautvernichtungsmittel heranziehen. Die beste Wirkung wird erzielt, wenn die Blattbehandlung mit der Wurzelbehandlung zusammen durchgeführt wird. Dabei verfährt man wie folgt: Auf 1 qm Fläche rechnet man 1 l Natriumchloratlösung (2- bis 3%ig) zum Besprengen der Unkräuter. Diese beginnen schon nach wenigen Stunden zu welken und sterben nach einiger Zeit ab. Auf einem so behandelten Boden ist Pflanzenwuchs auf etwa 3 bis 6 Monate unmöglich. Bei der Behandlung muß die Art des Bodens berücksichtigt werden. Bei sandigem Boden werden auch tiefwurzelnde Pflanzen erfaßt, während bei schweren Böden tiefwurzelnde erst nach längerer Zeit durch die Natriumchloratlösung erreicht werden. Die besten Erfolge erzielt man vor der Blütezeit der Unkräuter bzw. am Ende ihrer Vegetationsperiode. Die günstigste Zeit zum Besprengen mit Natriumchloratlösung liegt in den Morgenstunden, weil bekanntlich Sonnenlicht die Assimilation anregt und auf diese Weise das Natriumchlorat schneller in den Pflanzenkörper gelangt.

Obgleich Natriumchlorat ein ausgesprochenes Pflanzengift mit absolut zuverlässiger Wirkung ist, übt es weder in Substanz noch in Lösung eine Schädigung auf Haut, Textilien oder Schuhwerk aus. Dagegen werden diese, wenn sie bei der Unkrautvernichtung mit Natriumchloratlösung benetzt werden, leicht, schon *beim Trocknen, entzündbar*. Sie bieten deshalb auch *in trockenem Zustand* bei einer Berührung mit offener Flamme *erhöhte Entzündungsgefahr*. Mit Natriumchloratlösung benetzte Kleidung muß daher sofort nach der Anwendung durch reichliches Spülen mit Wasser sorgfältig von dem Natriumchlorat befreit werden.

Viehläusebekämpfung.

1. ☠ *3.* DDT-Wirkstoff . 10,0 | Talcum 90,0

2. Derrispulver . . . . 20,0 | Tabakstaub 80,0

3. Insektenpulver . . . 30,0 | Quillaiarindenpulver . . 10,0
Quassiaholzpulver . . 10,0 | Tabakstaub 30,0
Talcum 20,0

4. Quassiaholzpulver . . 75,0 | Schwefelpulver 10,0
Aloepulver . . . . . 6,0 | Zinksulfat, roh, pulv. . . 9,0

Viehwaschessenz (Sido).

Quassiatinktur | Asanttinktur 50,0
Quillajatinktur . . ãã 100,0 | Weingeist, denaturiert
Aloetinktur . . . . 50,0 | (Brennspiritus) . . 100,0

Zum Gebrauch mit 20 l Wasser verdünnen.

Viehwaschmittel (C. Becher jun.).

Zur Herstellung von Viehwaschmitteln finden Seifen oder synthetische Waschmittel Verwendung. Als desinfizierende Zusätze wird ihnen Chloramin ®, Kresol, Creolin ® oder ähnliche desinfizierende Stoffe zugesetzt.

1. Seifenpulver mit hohem Fettgehalt	84,0	Chloramin (oder p-Chlor-m-kresolnatrium)	4,0
Natriumperborat	5,0	Parfüm (bestehend aus Citronellöl 55%, Eukalyptusöl 20%, Kampfer 5%, Thymol 20%)	1,0
Natriumthiosulfat	6,0		

2. Pyrethrumextrakt in Petroleum gelöst	90,0	Natronseife	2,0
		Wasser	8,0

Die Pyrethrumextraktlösung wird in die warme Lösung der Seife im Wasser unter Umrühren eingegossen. Dabei entsteht ein gelartiges Präparat.

3. Schmierseife	95,0	Kresol	5,0

4. ☠ *3.* Schmierseife	60,0	Wasser	30,0
Tabakextrakt	10,0		

Verwendung. Mit Wasser verdünnt im Verhältnis 1:9, anschließend ist mit reinem Wasser gut nachzuspülen.

Viehwaschmittel.

1. ☠ *2.* Sabadillsamen, pulv.	75,0	Weiße Nieswurz, pulv.	15,0
Zinksulfat, roh	10,0		

Bei der Herstellung und Abgabe ist die große Giftigkeit zu beachten und der Käufer entsprechend zu belehren.

2. (Sido). Quassiaholz, pulv.	200,0	Asanttinktur	10,0
Zinksulfat, roh	40,0	Terpentinöl	2,0

Wespen vernichten.

Das Vernichten von Wespen erfolgt am zweckmäßigsten in deren Nestern, in die man mittels einer Ohrenspritze rasch 30 bis 50 ccm Schwefelkohlenstoff spritzt und die Nestöffnung sofort mit einem ebenfalls mit Schwefelkohlenstoff benetzten Wattebausch verschließt. (*Vorsicht* wegen der *Feuergefährlichkeit* von Schwefelkohlenstoff!)

Ist das Wespennest nicht erreichbar, verfährt man nach Sido wie folgt: In eine leere, trockene Boxbeutelflasche bringt man, ohne den Flaschenhals dabei zu verschmieren, erwärmten Fliegenleim und überzieht damit die Innenwand der Flasche (mehrmaliges Drehen der Flasche empfiehlt sich). Nach der Abkühlung des Fliegenleims wird die Flasche etwa zu $^1/_4$ mit Zuckerlösung gefüllt, wieder unter Vermeidung einer Benetzung des Flaschenhalses, damit die Wespen in diesem abrutschen und die Flaschenöffnung nicht verstopfen können.

Witterungsmittel für Raubzeug und andere Tiere.

Fuchs.

Trimethylamin und Acetamid verstreicht man in einem möglichst alten Hering.

Marder, Iltis, Wiesel.

1. Nitrobenzol	5,0	Anisöl	4,0
Asanttinktur	2,0	Benzoetinktur	12,0

2. Mehl	10,0	Veilchenwurzel	1,0
Moschustinktur	10 Tr.	Bibergeil	1,0
Baldrianöl	4 Tr.		

3. Baldrianwurzel . . 20,0 | Zibet 1,0
Asant . . . . . 5,0 | Kampfer 2,0
Anisöl 1,0

4. Propylamin . . . 10,0 | Moschus 1,0
Asant . . . . . 2,0 | Baldrianwurzel . . . 2,0

5. Moschus . . . . 0,05 | Bibergeil 0,4
Zibet . . . . . . 0,05 | Baldrianwurzel . . 25,0

6. Moschus . . . . . 0,1 | Anisöl 1,0
Fenchelpulver . . 50,0

Die Witterungsmittel werden nur in geringen Mengen angewandt.

Witterungen für Tiere (Hager P-TM).

1. Für Füchse.

a) Kampferpulver . . . . 1,0 | Benzoepulver 0,3
Zibet . . . . 0,12 | Anisöl . . . . 6 Tr.

b) Trimethylamin . . . 5,0 | Bockshornsamenpulver . . 1,0
Perubalsam 0,8

2. Für Iltisse und Marder.

a) Moschus . . 0,08 | Bibergeil . . . 0,2
Ambra . . 0,2 | Anisöl 3,0
Span. Hopfenöl . . 5 Tr.

b) Zibet . . . . 0,5 | Bibergeil . . . 0,1
Bockshornsamen, pulv. . . 3,0

3. Für Krebse.

Rindsblut . . 200,0 | Gelatine . . . 25,0

werden gekocht und zugefügt

Benzoesäure 3,0

Man läßt erkalten und schneidet die Masse in Streifen.

4. Für Marder.

Fenchel, pulv. . . . . . 40,0 | Moschus 0,5
Baldrianwurzel, pulv. . . 4,0 | Anisöl 1,0

5. Für Maulwürfe.

Anisöl . . . 2,0 | Rosenöl . . 0,1
Baldrian, pulv. . . 2,0

6. Für Schmetterlinge.

Honig wird wenig Apfel- oder Birnenäther zugesetzt.

7. Für Tauben.

Fenchel, pulv. . . 10,0 | Anisöl 3,0
Bolus, pulv. . . . 3,0 | Wasser 5,0

werden zusammengeknetet und aus dem Teig Kugeln geformt.

Wühlmausbekämpfung.

Zur Vertilgung von Wühlmäusen füllt man Calciumcarbid in die Gänge, gießt reichlich Wasser nach und verschließt die Gänge sorgfältig mit Erde.

Wurmeier an Gemüse vernichten.

Das möglichst wenig zerkleinerte Gemüse legt man 1 Stunde lang in Salzwasser (4 Eßlöffel Kochsalz auf 1 Liter Wasser), dann wird mit fließendem Wasser nachgewaschen. Wurmeier werden dadurch zuverlässig vernichtet.

Zellers Pomade. Zellers Läusesalbe (Sido).

1. Quecksilberpräcipitat, weiß . . 5,0 | Schweineschmalz 100,0
Bergamotteöl . . . . 5 Tr.

2. Quecksilberpräcipitat, weiß . . 25,0 | Schweinefett 450,0
Paraffin, flüssig . . . nach Bedarf | Lavendelöl . . . . 10 Tr.
Anisöl . . . . 10 Tr.

Die Verwendung dieser Salben ist durch die modernen Insektizide *obsolet.*

XIV. Technische Zubereitungen.

Automobilbedarf.

Automobilpflegemittel. Automobilspritzpolituren.

Schwerbenzin . . . . 620,0 | Triäthanolamin 3,3
Olein . . . . 10,0 | Ammoniakflüssigkeit (0,910) . . 10,0
Waschpetroleum . . . . 70,0 | Wasser 1280,0

Schwerbenzin und Olein werden zunächst zu einer klaren Lösung gemischt und dann zu dem in einem besonderen Gefäß mit Wasser verdünnten und mit Waschpetroleum verrührten Triäthanolamin gegeben.

Automobillack-Pflegemittel.

Spindelölraffinat . . 16,0 | Methylhexalin® . 4,0
mischt man mit einer Schmelze von
Emulphor® O . . . 0,2 | Olein. 4,8
und emulgiert mit einer Lösung von
Pottasche. . . . . . 2,0 | Wasser 75,0

Autolackpflegepaste.

Gersthofenwachs O . . . 10,0 | Paraffin (50 bis 52°) . . 5,0
Gersthofenwachs BJ . . 7,0
werden gelöst in
Hydroterpin® oder Testbenzin . . 78,0

Autopoliermittel.

1. (Sido). Gelbes Wachs . . 5,0 | Vaselinöl 65,0
Terpentinöl . . . . . . 10,0 | Olein 20,0
schmelzen, kaltrühren.

2. (Sido). Zeresin (60 bis 62°) . . 6,0 | Montanwachs, gebleicht 10,0
Hartparaffin . . . . 12,0 | Sangajol® 72,0

3. (Sido). *Autopolierwasser* | B. Leinöl 7,5
A. Schwefelsäure (66°) . . . 4,0 | Kampferöl, dickflüssig . . 7,5
Wasser . . . . 79,0 | Bimssteinpulver 2,0

Man mischt erst A. und B. für sich und gibt dann A. nach und nach unter Rühren zu B.

4. (SIDO). A. Polieröl, gelb . . 70,0 | Petroleum 50,0
Leinöl . . . . 30,0 | Dekalin® 50,0
Methylhexalin® 10,0
B. Neuburger Kieselkreide . . 90,0
C. Milchsäure, techn. 50%. 50,0 | Wasser 400,0

A. mischen, B. gut getrocknet und feinst gepulvert einrühren. C. (am besten auf der Emulsionsmaschine) einarbeiten. Die Emulsion setzt nicht ab.

5. (SIDO). Terpentinölersatz (Sangajol®, Dipenten, Hydroterpin® o. a.) 250,0
Petroleum 150,0
Olein, gereinigt 100,0
Kaolin 150,0
Calciumcarbonat 150,0
Englischrot 50,0
Gelbes Mineralöl 20,0
Triäthanolamin 30,0
Wasser 100,0

Terpentinölersatz, Petroleum, Olein und gelbes Mineralöl werden gemischt und mit der heißen Lösung von Triäthanolamin in Wasser verseift, dann die festen Stoffe daruntergemischt.

6. (SIDO). Olein 80,0
Paraffinöl 250,0
Ätzkali 16,0
Traganth oder Tylose . . 6,0
Weingeist 10,0
Wasser . . . . . . auf 1000,0

Olein und Paraffinöl mischen, Ätzkali in 200 ccm Wasser gelöst, langsam zugeben, durchschütteln. Traganth mit Spiritus anschütteln (Tylose im Wasser lösen), 500 ccm Wasser zugeben. Traganthschleim bzw. Tyloseschleim der Ölemulsion zumischen, auf 1000 ccm auffüllen.

7. Montanwachs 1,5
Gersthofenwachs OP 1,5
Paraffin (52 bis 54°) 2,25
Lösungsmittel (Testbenzin, Hydroterpin® usw.) 94,0

8. Auch *für Möbel* verwendbar.

Wachs Gersthofen N . . 12,0
Wachs Gersthofen E . . . 4,0
Wachs Gersthofen BJ . . 2,0
Paraffin, 50/52° 4,0
Triäthanolamin 3,0
Wasser 152,0
Lösungsmittel (Testbenzin u. a.) . . 148,0

Die Wachse werden unter Erwärmen vorsichtig im Testbenzin gelöst und bei 70° mit der auf gleiche Temperatur gebrachten Lösung von Triäthanolamin im Wasser emulgiert. Zur Erhöhung der Stabilität kann man 1% Emulphor® zusetzen.

9. (*Schlickum*). Autopolitur-Wachs Type 4949. . 10,0
werden bei 100 bis 110° aufgeschmolzen und versetzt mit
Testbenzin (20 bis 25°) 40,0
und dann mit
kochendem Wasser 40,0
unter Umrühren emulgiert. Nach dem Abkühlen auf 50° wird zugesetzt
vergällter Alkohol 10,0

Die Mischung wird bis zu etwa 40° kaltgerührt.

Die Autopolitur weist eine hohe Reinigungs- und Glanzwirkung auf, wenn man, unmittelbar nach dem Einreiben einer kleinen Fläche, diese auf Glanz poliert. Soll Silikonöl zugesetzt werden, kann mit der Wachskonzentration merklich heruntergegangen werden. Man erhält dabei einen bessnders wasserabweisenden Wachsfilm.

10. A. Olein . . . . . . 12,0 | Leinöl 12,0
Triäthanolamin . . 6,0 | Heißes Wasser 70,0
B. Schellack, blond . 12,0 | Borax 8,0
Heißes Wasser 80,0

Die Lösungen A. und B. werden heiß kräftig durchgeschüttelt und dann nach dem Erkalten miteinander vereinigt.

11. (F. v. Artus). Schwerbenzin . . 87,0 | Ammoniakflüssigkeit (0,910) 10,0
Olein . . . . 50,0 | Triäthanolamin 40,0

werden verseift und dem Seifenleim zugegeben

Wasser, heißes . . 600,0

Bis zum Erkalten ist zu rühren.

12. Olein . . . . 15,0 | Gersthofenwachs OP . . 1,0

werden gelöst in

Testbenzin 90,0

Dann werden zugemischt

Bentonit 45,0

und verseift mit

Salmiakgeist (25%) . . 1,0

Ein Zusatz von 1% Triäthanolamin verbessert die Masse.

Reinigungsmittel für Auto-Kunstglasfenster (SZ).

Triäthanolaminoleat . . 5,0 | Glycerin (1,23) 22,0
Weingeist (90%) . . . 3,0 | Wasser 60,0

werden gelöst und mit der Lösung verrieben:

Tripel, weich, feinst gesiebt . . 10,0

Verwendung. Vor dem Gebrauch umzuschütteln! Das Reinigungsmittel wird mit einem weichen Lappen auf die Celluloidscheiben gebracht und fein verteilt, dann mit einem reinen Lappen poliert. Reinigungsmittelreste aus den Ecken werden mit einer weichen Bürste entfernt.

Bleichen.

(S. a. Bd. II, S. 214.)

Bleichen von Elfenbein, Billardkugeln, Knochen usw.

1. Die zu bleichenden Gegenstände werden zunächst mit Benzin oder Äther entfettet, das man anschließend verdunsten läßt. Dann werden die Gegenstände in Wasserstoffsuperoxydlösung (25%), der etwas Ammoniakflüssigkeit zugesetzt wird, gelegt, auf 30° erwärmt und 24 Stunden darin belassen. Genügt die Bleichung noch nicht, wird das Verfahren ohne Erwärmen wiederholt. Nach vollendeter Bleichung wird sorgfältig mit Wasser abgespült und im Sonnenlicht getrocknet.

2. In einem Terpentinölbad wird das Elfenbein fünf Tage lang dem Sonnenlicht ausgesetzt.

Gehörn bzw. Geweih oder Schädel bleichen (Sido).

1. Zur Entfernung von Fett, Fleisch usw. wird zunächst in Sodalösung (5%) so lange gekocht, bis sich diese restlos und leicht ablösen. Dann wird in lauwarmer Sodalösung nochmals gespült bzw. gebürstet und mit klarem Wasser nachgespült.

2. a) Mit Kaliumpermanganatlösung (5%) bestreichen, eintrocknen lassen, sodann mit Natriumthiosulfatlösung (10%) bestreichen, eintrocknsn lassen und nun mit roher Salzsäure, 1 + 1 mit Wasser verdünnt, rasch mit einem um einen Holzstab gewickelten Wattebausch überstreichen.

b) Oder einlegen in eine Mischung von

Wasserstoffsuperoxydlösung . 60,0 bis 100,0 | Wasser 1000,0
Salmiakgeist (0,960) 4,0

Sobald die Bleichung genügt, wird mit klarem Wasser gut abgespült.

Nach vollständigem Trocknen wird mit einer dünnen Lösung eines wasserlöslichen blauen Anilinfarbstoffes bepinselt, wodurch der letzte gelbliche Schimmer (Komplementärfarbe) in Weiß übergeht.

Klaviertasten bleichen.

Nach der Entfernung von Schmutz und Fett mit warmer Sodalösung (2 bis 5%) wird mit klarem Wasser nachgespült und getrocknet. Zum Bleichen kann ammoniakalische Wasserstoffsuperoxydlösung, mit der man die Tasten abreibt, verwendet werden.

Bleichen von Knochen- und Tierkörperfett.

Knochen- und Tierkörperfette werden mit Wasserstoffsuperoxydlösung (30%) dadurch gebleicht, daß sie in einem emaillierten Kessel nur wenig über der Schmelztemperatur mit 1 bis 3% des Bleichmittels vom Fett erhitzt werden.

Bleichen von Schwämmen.

Die durch Klopfen von anhaftendem Staub befreiten Schwämme werden in Wasser ausgewaschen und nach dem Trocknen in eine Lösung von

Kaliumpermanganat	2,0	Wasser	1000,0

gelegt. Dabei werden nach etwa 20 Minuten die violette Lösung und die Schwämme dunkelbraun gefärbt. Nach dem Ausdrücken der Schwämme bringt man sie in ein 1- bis 2%iges Salzsäurebad und läßt sie darin über Nacht liegen. Anschließend werden sie gut ausgedrückt, wiederholt mit Wasser bespült und wieder ausgedrückt, bis das letzte Waschwasser mit Silbernitrat keinen Niederschlag mehr gibt, also die Salzsäure vollkommen entfernt ist. Diese etwa durch ein Sodabad zu entfernen, ist unmöglich, weil dadurch die Schwämme sich wieder dunkler färben.

Bleichpulver für Strohhüte.

Natriumbisulfat	100,0	Weinsäure	20,0
Borax	10,0		

Verwendung. Mit Wasser zu einem Brei anreiben und diesen einige Zeit einwirken lassen. Dann gut mit Wasser spülen.

Desinfektionsmittel.

(S. a. Bd. I, S. 374ff.)

Beckensteine. Pissoirsteine.

Naphthalin	70,0	p-Dichlorbenzol	4,0
Kampfer, synth.	15,0	Paraffin (52/54°)	10,0
Preventol® O oder O extra	3,0		

werden verschmolzen und beim Abkühlen zugesetzt

Fichtennadelöl oder Bornylacetat . . 1,0

Dann wird in Kugel- oder Würfelformen gegossen.

DAKINsche Lösung.

Chlorkalk	20,0	Borsäure	nach Bedarf
Natriumcarbonat, krist.	40,0	Wasser, dest.	auf 1000,0

Der Chlorkalk wird in die Sodalösung eingerührt und nach dem Absetzen filtriert. Dann wird Borsäure bis zur neutralen Reaktion zugesetzt.

Verwendung. Als hypochlorithaltiges Desinfektionsmittel, das durch Verbandwatte unwirksam wird.

Desinfektionsflüssigkeit (KAISER) zur Aufbewahrung keimfreier Instrumente.

Formaldehydlösung DAB. 6	0,3	Verflüssigtes Phenol DAB. 6	1,5
Borax DAB. 6	1,5	Dest. Wasser	auf 100,0

Desinfektionsflüssigkeit gegen Hautpilzerkrankungen.

Chinosol ®	0,1	Hexylresorcin	1,0
Salicylsäure	1,0	Weingeist (90%)	40,0
Borsäure	1,5	Wasser, dest.	50,0

Desinfektionslösung für Fernsprechermuscheln.

1. Formaldehydlösung	5 Tr.	2. Thymol	1,0
Latschenkiefernöl	5 Tr.	Kiefernnadelöl	15 Tr.
Rosmarinöl	6 Tr.	Pfefferminzöl	15 Tr.
Lavendelöl	6 Tr.	Isopropylalkohol	5 ccm
Aceton	5 ccm	Seifenspritus	10 ccm
Isopropylalkohol	auf 50,0	Wasser	auf 50,0

Verwendung. 1. Als Spray anzuwenden, 2. als desinfizierende Reinigungslösung zum Abwaschen mit einem damit befeuchteten Wattebausch.

Juckreizlindernde Einreibung.

1. Menthol, Kampfer	ãā 0,5	Latschenkiefernöl	1,0
		Weingeist (70%)	auf 100,0
2. Menthol	3,0	Weingeist (70%)	auf 100,0

Pissoiröl.

Anthracenöl	60,0	Rohkresol	20,0
Spindelöldestillat, kältebeständig	20,0		

Rasierklingen desinfizieren.

Chloramin ® -Lösung . . 0,5%ig

Man läßt die Rasierklingen einige Minuten in der Lösung liegen und trocknet sie dann ab.

Spülmittel für Frauen.

Bei der intimen Toilette der Frau ist es wichtig zu wissen, daß stark desinfizierende Flüssigkeiten dauernd angewendet die Vaginalschleimhaut reizen, so daß es allmählich zu deren Entzündung kommt. Außerdem wird dadurch die normale Bakterienflora gestört und die für die Gesundheit der Vaginalschleimhaut notwendige Bildung von Milchsäure unterbunden. Regelmäßige Scheidenspülungen erübrigen sich bei der gesunden Frau vollkommen. Äußere Waschungen sind durchaus ausreichend. Sollen aber aus Reinigungsgründen Spülungen durchgeführt werden, verwendet man zweckmäßig Kamillenblüten oder Salbeiblätter, 10 bis 20 g auf 1 l Aufguß, die man körperwarm (37°) zur Anwendung bringt. Auch essigsaure Tonerde, $1^1/_2$ Eßlöffel auf 1 l Wasser, ist geeignet. Zur Desinfektion wird Kaliumpermanganat (0,1% bis 0,2%) verwendet. An organischen Mitteln finden Verwendung Chloramin ® in 0,2%iger Lösung und roher oder gereinigter Holzessig in 3- bis 5%iger Lösung.

Spülflüssigkeit zur intimen Toilette.

Chlorthymol	1,3	Menthol	2,0
Milchsäure DAB. 6	auf 180,0		

Verwendung. 1 Teelöffel voll auf 2 l körperwarmes Wasser zur Spülung.

Stall-Desinfektion.

Die Stall-Desinfektion wird praktisch durch Tünchen mit Kalkmilch durchgeführt, der man, um ihre desinfizierende Wirkung zu erhöhen, Chloramin ®, Formaldehyd oder p-Chlor-m-kresolnatrium 2 bis 5%, berechnet auf die gebrauchsfertige

Tünche, zufügt. Auch Xylamon hat sich bewährt, wodurch die Ställe längere Zeit fliegenfrei bleiben. Bei Verwendung von DDT-Wirkstoff wird statt Ätzkalk Schlämmkreide verwendet. Nach dem Tünchen sind die Ställe sorgfältig zu lüften, weil bei Milchtieren die Gefahr besteht, daß die Milch den Geruch des Desinfiziens annimmt.

Trypaflavin-Tabletten (ZABLER).

Trypaflavin®	3,0	Gelatine, weiß	1,5
Kakao, pulv.	70,0	Wasser, dest.	40,0
Süßholzsaft, pulv. . .	50,0	Zucker, feinst pulv. . .	391,0
Vanillin	4,0	Weizenstärke	40,0
Weingeist (90%) . . .	8,0	Talk.	40,0

1000 Tabletten zu 0,6 g.

Kakao, Zucker, Stärke und Süßholzsaft mit der Hälfte des Talks mischen und durch Sieb 4 schlagen. Trypaflavin und Gelatine in je 20 g Wasser heiß lösen und filtrieren. Mit den nicht zu heißen Filtraten wird die Pulvermischung durchfeuchtet, durch Sieb 3 gedrückt und scharf getrocknet. Das Granulat wird mit der Mischung des Vanillins im Weingeist durchfeuchtet und mit dem Rest des Talks gemischt.

Verwendung. Zur Desinfektion der Mund- und Rachenhöhle, stündlich 1 bis 2 Tabletten im Munde langsam zergehen lassen.

Düngemittel.

Blumendünger.

	1.	2.	3.	4.
Ammoniumphosphat . .	30,0	—	—	—
Ferriphosphat	—	5,0	33,0	50,0
Calciumnitrat	—	—	710,0	—
Kaliumchlorid	—	—	161,0	—
Kaliumnitrat	25,0	25,0	—	200,0
Kaliumphosphat	—	25,0	133,0	—
Magnesiumsulfat . . .	25,0	25,0	12,0	250,0
Natriumnitrat	25,0	—	—	—
Calciumphosphat. . . .	—	100,0	—	—
Superphosphat	—	—	—	100,0

Die pulverisierten Chemikalien werden sorgfältig gemischt, und in dicht schließenden Gefäßen abgegeben.

Verwendung. 2 g der Mischung werden in 1 l Gießwasser gelöst, einmal wöchentlich bei Topfpflanzen anzuwenden.

Düngesalz für Blumen und Balkonpflanzen.

Kaliumnitrat	250,0	Ammoniumphosphat . .	200,0
Kaliumsulfat	60,0	Ammoniumchlorid . . .	50,0

Eisensulfat 40,0

Aufbewahrung und Abgabe. Trocken und in best verschlossenen Glasgefäßen oder Blechdosen.

Verwendung. 20 g auf 10 l Gießwasser.

Nährlösung für Wasserkulturen.

1.	Wasser, dest. . . .	1000,0	Calciumphosphat . . .	0,2
	Salpeter	0,5	Magnesiumsulfat . . .	0,2

Eisensulfat 0,1

2.	Wasser, dest. . . .	1000,0	Kaliumchlorid	0,25
	Calciumnitrat . . .	1,0	Magnesiumsulfat. . . .	0,2

Kaliumphosphat. 0,25

Tabelle 13. **Düngungs-**

Die Tabelle ist berechnet auf 10 Quadratmeter Land und gibt an, wieviel Kilogramm

Nr.	Fruchtart	Schwefelsaures Ammoniak	Kalkammoniak	Kalkstickstoff	Harnstoff BASF
1	Beerensträucher	0,250 bis 0,375	0,325 bis 0,525	0,250 bis 0,375	0,100 bis 0,175
2	Bohnen	0,075 bis 0,150	0,100 bis 0,200	0,075 bis 0,150	0,050 bis 0,075
3	Blumenkohl	siehe Kohlarten			
4	Erbsen	Düngung wie Bohnen			
5	Erdbeeren	0,200 bis 0,300	0,250 bis 0,400	0,200 bis 0,300	0,075 bis 0,125
6	Gurken	0,300 bis 0,575	0,400 bis 0,800	0,300 bis 0,575	0,125 bis 0,250
7	Kartoffeln	0,200 bis 0,300	0,250 bis 0,400	0,200 bis 0,300	0,075 bis 0,125
8	Kohlarten (Weiß- u. Rotkohl, Kohlrabi, Wirsing-, Rosen-, Blumen-, Winterkohl)	0,300 bis 0,575	0,400 bis 0,800	0,300 bis 0,575	0,125 bis 0,250
9	Kohlrabi	siehe Kohlarten			
10	Kohlrüben	siehe Runkelrüben			
11	Karotten	0,250 bis 0,325	0,325 bis 0,450	0,250 bis 0,325	0,100 bis 0,150
12	Kürbis	—	—	—	—
13	Möhren	siehe Karotten			
14	Mohrrüben	0,200 bis 0,275	0,250 bis 0,375	0,200 bis 0,275	0,075 bis 0,125
15	Rote Rüben	Düngung wie Karotten			
16	Rosenkohl	siehe Kohlarten			
17	Rotkohl	siehe Kohlarten			
18	Runkelrüben	0,300 bis 0,375	0,400 bis 0,525	0,300 bis 0,375	0,125 bis 0,175
19	Salat	0,250 bis 0,325	0,325 bis 0,450	0,250 bis 0,325	0,100 bis 0,150
20	Sellerie	Düngung wie Karotten			
21	Spinat	Düngung wie Salat			
22	Spargel	0,300 bis 0,375	0,400 bis 0,525	0,300 bis 0,375	0,125 bis 0,175
23	Tomaten	Düngung wie Gurken			
24	Weißkohl	siehe Kohlarten			
25	Winterkohl	siehe Kohlarten			
26	Wirsingkohl	siehe Kohlarten			
27	Wruken	siehe Runkelrüben			
28	Zwiebeln	Düngung wie Karotten			
29	Obstanlagen	Düngung wie Beerensträucher			

Anwendung der in der Tabelle angegebenen Düngemittel. Schwefelsaures Ammoniak, frühzeitig anzuwenden, und zwar in der Regel als Grunddünger vor der Saat. — Ammon- und nach dem Auflaufen bzw. Auspflanzen auf den Kopf zu geben. Natronsalpeter und Kalk-

Farben und Lacke.

(Siehe auch Bd. I, S. 426ff., 479ff., 508.)

Abbeizmittel.

(Siehe auch Bd. I, S. 485ff.; Bd. II, S. 1.)

Alkalische Abbeizmittel.

Alkalische Abbeizmittel sind nur für Ölfarben, Öllacke und lufttrocknende Alkydharzlacke verwendbar, da sie nur Öle und Harze zu verseifen vermögen, nicht aber die meisten Kunstharze. Die verseiften Öle und Harze sind wasserlöslich und können mit Wasser abgewaschen werden. Bei gerbstoffhaltigen Hölzern, z. B. Eichenholz, tritt bei Verwendung alkalischer Abbeizmittel bräunliche Verfärbung ein, die

[1] Nach „Deutsche Drogistenschaft" **26**, 20 (1935).

Tabelle[1].

eines bestimmten Stickstoffdüngemittels oder Volldüngers dafür notwendig sind.

Kalksalpeter Natronsalpeter	Ammon-sulfatsalpeter	Kalkammon-salpeter	Kaliammon-salpeter	Nitrophoska® III	Hakaphos ®
0,325 bis 0,500	0,200 bis 0,300	0,250 bis 0,400	0,300 bis 0,500	0,300 bis 0,475	0,350 bis 0,500
0,100 bis 0,200	0,050 bis 0,125	0,075 bis 0,150	0,100 bis 0,200	0,100 bis 0,175	0,100 bis 0,200
0,250 bis 0,375	0,150 bis 0,225	0,200 bis 0,300	0,250 bis 0,375	0,250 bis 0,350	0,200 bis 0,300
0,375 bis 0,750	0,225 bis 0,450	0,300 bis 0,575	0,375 bis 0,750	0,350 bis 0,725	0,300 bis 0,400
0,250 bis 0,375	0,150 bis 0,225	0,200 bis 0,300	0,250 bis 0,375	0,250 bis 0,350	—
0,375 bis 0,750	0,225 bis 0,450	0,300 bis 0,575	0,375 bis 0,750	0,350 bis 0,725	0,400 bis 0,700
0,325 bis 0,450	0,200 bis 0,275	0,250 bis 0,350	0,300 bis 0,425	0,300 bis 0,425	0,300 bis 0,400
—	—	—	—	0,700 bis 1,000	0,400 bis 0,600
0,250 bis 0,350	0,150 bis 0,200	0,200 bis 0,275	0,250 bis 0,350	0,250 bis 0,325	—
0,375 bis 0,500	0,225 bis 0,300	0,300 bis 0,400	0,375 bis 0,500	0,350 bis 0,475	—
0,325 bis 0,450	0,200 bis 0,275	0,250 bis 0,350	0,300 bis 0,425	0,300 bis 0,425	0,250 bis 0,350
0,375 bis 0,500	0,225 bis 0,300	0,300 bis 0,400	0,375 bis 0,500	0,350 bis 0,475	0,300 bis 0,400

Kalkammoniak, Kalkstickstoff, Perlkalkstickstoff und Harnstickstoff BASF sind möglichst sulfatsalpeter, Kalkammonsalpeter, Kaliammonsalpeter und Nitrophoska sind vor der Saat salpeter können auch noch bei fortgeschrittenem Wachstum als Kopfdünger gegeben werden.

durch Nachwaschen mit verdünnten Säuren (Schwefelsäure, Essigsäure, Oxalsäure) wieder behoben werden kann, während Eisenteile Rost bilden können.

Abbeizmittel für Öl- und Lackanstriche.

Bei Abbeizmitteln unterscheidet man pulverförmige, flüssige und salben- (pasten-) förmige. Während die pulverförmigen aus starken Alkalien und einem Füllkörper (Talk, Schlämmkreide, Tripel, Kaolin, Ton, Kieselkreide usw.) bestehen, enthalten die Pasten nur starke Alkalien oder einen Zusatz von Lösungsmitteln. Werden alkalische Abbeizmittel für Anstriche auf Holz verwendet, muß anschließend mit lauwarmem Essigwasser nachgewaschen werden, um die holzschädigenden Laugenreste zu neutralisieren. Für Holz werden deshalb besser lösende Abbeizmittel verwendet.

Soweit Abbeizmittel *feuergefährliche Stoffe* enthalten, müssen sie *entsprechend deklariert* werden.

Abbeizmittel, alkalische.

A. *Pulverförmig.*

1. Ätznatron, pulv. . . 15,0 | Kalkhydrat 60,0
Schlämmkreide . . 25,0

Die Bestandteile müsssen völlig trocken sein und luftdicht verpackt werden. Zur Verwendung wird mit Wassser angeteigt.

2. Ätznatron (Schuppen) . . . 2,0 | Soda 100,0
Celluloseäther (Flocken) . . . 20,0 bis 30,0

Verwendung wie 1.

B. *Pasten.*

1. Ätznatron . . . . . 28,0 | Carrageen 7,0
Ätzkali . . . . . . 28,0 | Methanol 5,0
Fullererde . . . . . 5,0 | Wasser 27,0

2. Trinatriumphosphat . 10,0 | Quarzpulver 12,0
Ätznatron . . . . . 3,0 | Schmierseife 7,0
Kaolin . . . . 28,0 | Wasser 40,0

3. Ätznatron . . . . . 15,0 | Bentonit 3,0
Schlämmkreide . . . 17,0 | Stärke 5,0
Wasser 60,0

Abbeizmittel, Emulsion (DDZ).

Für alte Nitrocellulose- und viele Kunstharzlacke

Wolle, Wasag Nr. 18 . . 4,0 | Butylacetat 40,0
Weingeist . . . . 3,0 | Toluol 32,0
Xylol 21,0

Die erhaltene Lösung wird emulgiert durch kräftiges Schütteln mit einer Lösung von

Wasser . . . . 6,0 | Türkischrotöl . . 1,0

Abbeizmittel, flüssig.

1. Aceton . . . . . . 40,0 | Ätylendichlorid 25,0
Amylacetat . . . . 10,0 | Tetrachlorkohlenstoff . . 25,0

2. Weingeist, vergällt . . 22,0 | Toluol (oder Benzol) . . 48,0
Aceton . . . . . . 24,0 | Paraffin 6,0

3. Benzol . . . . 30,0 | Essigester 20,0
Aceton . . . . . . 25,0 | Amylacetat 10,0
Tributylcitrat . . 15,0

4. Äthylendichlorid . . 50,0 | Trichloräthylen 40,0
Methylcyclohexanol . . 10,0

5. (DDZ.) Aceton . . . . 450,0 | Äthylenglykol 160,0
Benzol (kann ganz oder teilweise durch Toluol oder Xylol ersetzt werden) . . . . 340,0 | Diacetonalkohol 50,0

Als Verdickungsmittel können Wachse oder Cellulosederivate verwendet werden. Werden hochviskose Celluloseester verwendet, werden diese in dem Kohlenwasserstoff mit höchster Lösungswirkung, Aceton, aufgelöst bzw. angeteigt, ehe aromatische Kohlenwasserstoffe zugegeben werden.

1. *Für Nitrolacke* (DDZ). Aceton . 5000,0 | Butylacetat 3000,0
Lösungsmittel E 13 . . 2000,0

Verdickt wird durch Zusatz von 8% Paraffin.

2. Wolle Wasag Nr. 18 . . 4,0 | Butylacetat 40,0
Alkohol . . . . 3,0 | Toluol 32,0
Xylol 21,0

Diese Mischung wird durch inniges Schütteln mit einer Lösung von
Wasser . . . . 6,0 | Türkischrotöl . . 1,0
emulgiert.

Abbeizmittel mit Tylose. Abbeizfluid (Kalle).

Nachstehende Vorschriften sollen als Anhaltspunkte dienen und können beliebig abgeändert werden.

	1.	2.	3.
Methylenchlorid . .	68,0 bis 69,0	70,0 bis 71,0	66,0 bis 67,0
Tylose Ⓡ A 400 . .	3,0 bis 2,0	3,0 bis 2,0	3,0 bis 2,0
Acetylcellulose . .	2,0	2,0	2,0
Methanol	14,0	16,0	13,0
Aceton	3,0	—	—
Polysolvan Ⓡ 0 . .	8,0	6,0	6,0
Toluol	2,0	2,5	8,5
Paraffin	—	0,5	1,5

Tylose und Acetylcellulose (oder Nitrocellulose) werden in einem geschlossenen Gefäß gleichmäßig mit Methylenchlorid durchtränkt und kurze Zeit quellen gelassen. Dann wird unter Rühren Sprit oder Methanol zugesetzt, wobei in kurzer Zeit fast vollständige Lösung eintritt. Nun gibt man die anderen Lösungsmittel hinzu und zuletzt die Lösung des Paraffins in erwärmtem Toluol oder Xylol.

An Stelle von Polysolvan können auch andere schwerflüchtige Lösungsmittel wie Benzylalkohol, Methyl- oder Äthylglykolacetat, Diacetonalkohol und andere im Interesse der Tiefenwirkung verwendet werden. Man erhält so dickflüssige Erzeugnisse mit guter Streichfähigkeit, Stehen des Aufstriches an senkrechten Flächen, schnelle und tiefe Wirkung auf die verschiedensten Lacke, langsames Trocknen, leichtes Abspachteln und einfaches und sicheres Nachreinigen.

Abbeizpasten auf Lösungsmittelbasis.

Abbeizmittel auf Lösungsmittelbasis, die mehr als 5% Benzol, 10% Chlorkohlenwasserstoffe, 30% Toluol bzw. Xylol oder 60% Methanol enthalten, müssen nach der Lösungsmittelverordnung vom 26. 2. 1954 (vgl. S. 770) gekennzeichnet werden. Ihr Vorteil gegenüber den alkalischen Abbeizmitteln beruht auf dem Wegfall des Nachwaschens mit Wasser, der dadurch notwendigen Trocknung und der Möglichkeit sofortigen Neuanstriches.

1. Paraffin . . . . 10,0 | Aceton 15,0
Amylacetat . . 10,0 | Tetralin Ⓡ 25,0
Essigester . . . 10,0 | Benzol 30,0

2. (*Alkali + Lösungsmittel*).
Methylenchlorid . . 100,0 | Aceton 200,0
Türkischrotöl . . . 10,0
werden emulgiert mit einer Lösung aus
Ätznatron . . 50,0 | Wasser . . . 100,0

3. Methylenchlorid . . 70,0 | Aceton 5,0
Paraffin (52/54°) . . . 25,0

4. (DDZ.) Aceton 2000,0	Benzol, Toluol oder Xylol . . 5000,0
Lackbenzin 2000,0	Paraffin 1000,0
5. Weingeist, denat. 2000,0	Benzin, Toluol oder Xylol . . 3000,0
Lackbenzin 1000,0	Paraffin 1000,0

Farben und Lacke.

Vgl. Bd. I, S. 426 bis 513 „Farbwarenkunde".

Aluminium-Ofenrohrlack.

Cumaronharz . . 226,0 | Holzöl 225,0
Kobaltlinoleat . . 2,0

werden gelöst in einem Gemisch aus

Benzin und Tetralin® . 530,0

Kurz vor Gebrauch wird das Aluminiumpulver (10%) mit dem Lack vermischt und die Mischung aufgetragen.

Beize für Labortische (SÖFW).

☠ *1.* **1.** Kupfersulfat . . 10,0 | Kaliumchlorat . . 10,0
Wasser 980,0

2. Anilinchlorhydrat . . 20,0 | Weingeist (90%) 80,0

Zuerst wird mit der Lösung 1. wiederholt bestrichen und nach vollständigem Trocknen einige Male mit Lösung 2. behandelt. Ist das Holz vollständig trocken, wird mit einem Gemisch aus Lein- und Terpentinöl (1 : 1) eingerieben und schließlich mit Paraffin behandelt.

(HERES in SÖFW). Tiefschwarz, säurebeständig.

3. Anilinhydrochlorid . . 145,0 | Wasser, dest. 1000,0

4. Kupferchlorid . . . . 20,0 | Vanadinchlorid 0,5
Eisessig . . . . 20,0 | Wasser, dest. 1000,0

5. Kaliumdichromat. . . 35,0 | Schwefelsäure 15,0
Wasser, dest. . . . auf 1000,0

Bei der Herstellung von Lösung 3. *Vorsicht,* Schwefelsäure in dünnem Strahl ins Wasser geben.

Verwendung. Mit Lösung 1. streicht man die Platte dreimal an. Wenn sie nach dem dritten Anstrich noch leicht feucht ist, überstreicht man rasch und reichlich mit Lösung 2. und läßt einziehen. Nach dem Abtrocknen trägt man Lösung 3. siedend auf, bohnert nach dem Trocknen mit Paraffinöl und entfernt Überschüssiges.

Eisenlack (SÖFW).

Asphalt 200,0	Mennige 9,5
Kolophonium 100,0	Braunstein 6,25
Albert-Harzester® 92 R/25 . 150,0	Lackbenzin 145,0
Leinöl, gekocht 110,0	Benzolbenzin (0,78) 525,0

Das Kolophonium kann durch entsprechende Kunstharze ersetzt werden.

Verwendung. Als schnelltrocknender, glänzender und gut haftender Eisenlack.

Emailschalen usw., schadhafte, ausbessern (Ph.Z.).

Zunächst sind die schadhaften Stellen von Rost zu befreien, indem man sie nach mehrtägigem Einweichen in Petroleum oder Bestreichen mit Vaselin mit feinem Schmirgelpapier abreibt. Dann wird die schadhafte Stelle erwärmt und darauf gestrichen eine Mischung aus gleichen Teilen

Dammarharz . . 10,0 | Kopal 10,0
Terpentin, venetian. . . 10,0

die man zusammenschmilzt und der Mischung, wenn nötig, eine kleine Menge Weingeist zufügt und durch Einrühren von

Zinkweiß. . 10,0

zu einem dicken, zähen Brei verarbeitet. Nach dem Auftragen wird glatt gestrichen. Nach einigen Tagen ist das Gerät wieder benutzbar.

Emailschilder von Glasstandgefäßen entfernen.

Mit einem auf 1 Glasstäbchen gerollten Wattebausch, der mit konz. Fluorwasserstoffsäure befeuchtet ist, reibt man das Emailschild ab und spült nach der Behandlung gründlich mit Wasser nach. *Äußerste Vorsicht* und das Anlegen von Gummihandschuhen ist unerläßlich.

Etikettenlack.

1. Celluloidabfälle . . 3,0

(zweckmäßig von der Bildschicht restlos befreite alte Filme, die man in kleine Streifen schneidet)

Amylacetat . . 10,0 | Aceton 90,0
Rizinusöl . . . 1,0

2. Kollodiumwolle . . 7,5 | Amylacetat 55,0
Weingeist (90%) . . 37,5

Verwendung. Nach dem Aufkleben der Etiketten müssen diese zunächst gut trocknen und werden dann einmal mit Kollodium lückenlos überstrichen. Nach dem Trocknen des Kollodiumanstriches kann sofort lackiert werden.

Fixativ.

Zum Fixieren von Kohle-, Kreide- und Pastellzeichnungen (DDZ.).

Wäßrige Fixative stellen dünne Leimlösungen (Kaseinleim, Gelatine) mit oder ohne Zusatz von Weingeist dar, sind aber wegen ihrer zu langsamen Verdunstung und zu starken Veränderungen im Bilde, die sie ergeben, weniger geeignet.

	1.	2.	3.
Schellack, gebleicht	2,0	—	—
Kollodiumwolle, niedrig viscos	—	6,0	—
Sandarak	—	—	20,0
Mastix	—	—	10,0
Terpentinbalsam	—	—	6,0
Weingeist (95%)	1000,0	900,0	964,0
Lösungsmittelgemisch (Ester + Weingeist)	—	100,0	—

Die pulverisierten Filmbildner werden bei 1. in 100,0 Weingeist, bei 2. in dem Lösungsmittelgemisch, bei 3. in 64 g Weingeist kalt gelöst, bei größeren Mengen zweckmäßig durch das Deplazierungsverfahren (Einhängen des Harzes in einem Leinenbeutel bis wenig unter den Flüssigkeitsspiegel) und der entstandene Alkoholfirnis mit Weingeist je auf 1000,0 aufgefüllt.

4. Venetianisches Terpentin . . 1,0 | Weißer Schellack 4,0
Sandarak 20,0

werden gelöst in

Alkohol, absolut 180,0

Verwendung. Mittels Glaszerstäuber auf die Zeichnungen auftragen.

Flächenlack für Porzellan zum Schreiben mit Bleistift.

Mastix . . 2,0 bis 5,0

werden gelöst in

Äther 50,0

Verwendung. Das Porzellan wird mit dem Flächenlack bestrichen und nach dem Abdunsten darauf mit gewöhnlichem Bleistift geschrieben.

Flammenschützende Anstriche (V. ARTUS).

1. Aluminiumsulfat . . . 8,0 kg | Borax . . . . 1,75 kg
Salmiak . . . . . . 2,5 kg | Stärke . . . . 2,0 kg
Borsäure . . . . . . 3,0 kg | Wasser . . . . 100 l

2. Alaun . . . . 5,0 kg | Ammoniumsulfat . . . . 5,0 kg
Wasser . . . . . . 100 l

3. Ammoniumsulfat . . . 2,5 kg | Borax . . . . 2,0 kg
Ammoniumcarbonat . . 3,0 kg | Stärke . . . . 2,0 kg
Borsäure . . . . 3,0 kg | Wasser . . . . 100 l

4. Ammoniumchlorid . . 8,0 kg | Ammoniumsulfat . . . . 10,0 kg
Natriumthiosulfat . . 2,25 kg | Borax . . . . 4,5 kg
Wasser . . . . 75,25 l

Flaschenkapsellack. Kapseltauchlack.

1. (SZ.) Als Flaschenkapsellack kann jeder Tauchlack mit höherem Celluloidgehalt verwendet werden. Aus Filmabfällen kann er hergestellt werden:

Filmabfälle, hell . . 12,0 bis 15,0

werden gelöst in einer Mischung aus

Aceton . . . . 20,0 | Benzin 20,0
Weingeist (90%) . . . . 25,0 | Weichmacher (Kampfer,
Butylacetat . . . . 20,0 | (Platinole, Rizinusöl u. a.) . . 1,0

Sollen die Kapseln undurchsichtig gefärbt werden, werden Pigmentfarben mit dem Lack angerieben, für Weiß: Zinkweiß, Titanweiß, für Gelb: Kadmium-, Chrom-, Zinkgelb, für Rot: Eisenoxydrot, für Blau: Berliner Blau, Heliomarin, für Grün: Chromgrün, für Schwarz: Rebschwarz, Ruß. Durchschnittlich werden 15 bis 30% des Lackes an Pigmenten benötigt werden.

2. Celluloid . . . . . 15,0 | Aceton 168,0
Weingeist (95%) . . 200,0 | Rizinusöl 7,5

Gefärbt wird mit Pigmentfarben. Hellblaue Farbe kann durch Zusatz eines Gemisches aus Ultramarin und Titanweiß, das etwa $^1/_5$ des Lackes ausmacht, erzielt werden.

Gemäldefirnis (nach DDZ).

1. *Mastixfirnis*
Mastix . . . . 100,0 | Terpentinöl . . 300,0

2. *Sandarak-Mastix-Firnis*
Sandarak . . . . . 20,0 | Terpentinbalsam . . 6,0
Mastix . . . . . . 10,0 | Weingeist (95%) . . 64,0

Zu 1. Mastix zunächst pulverisieren und dann durch gelindes Erwärmen entwässern. Das gepulverte Harz in einen Leinenbeutel füllen und in ein best verschließbares Glas mit Terpentinöl hängen, wobei das Harz etwa fingerbreit in das Terpentinöl eintauchen muß. Nach Lösung des Harzes erhält man einen vollständig klaren Firnis.

Zu 2. Die drei ersten Bestandteile werden im Weingeist gelöst und anschließend die Lösung, wenn nötig, filtriert.

Glanzlacke (DDZ).

Glanzlacke oder Schnell-Glanzpolituren sind Schellack-Polituren, denen zur Erhöhung des Glanzes und der Elastizität Balsame oder Harze zugesetzt werden.

Glanzlack I A		*Glanzlack II A*	
Rubin- oder Orangeschellack	12 kg	Schellack	20 kg
Terpentin oder Gallipot	5 kg	Kolophonium	15 kg
Spiritus	60 kg	Terpentin oder Gallipot	8 kg
		Spiritus	100 kg

Die Harze lösen sich im Spiritus ohne Erwärmung. Als Apparaturen werden am besten geschlossene Behälter mit Rührwerk verwendet.

Glühlampenlack.

1. Celluloid . . . . . 15,0 | Weingeist (95%) . . . 30,0
Amylacetat 200,0

Die entstandene Lösung wird allmählich verdünnt mit

Weingeist (95%) . . 225,0

2. Celluloidabfälle . . 4,0 | Weingeist (95%) . . . 25,0
Butylacetat . . . . 30,0 | Lösungsmittel E 13. . 21,0
Benzin 20,0

Gefärbt wird bei 1. und 2. mit lichtechten Teerfarbstoffen z. B. Zaponechtrot, -blau, -gelb.

Kerzen lackieren.

Kerzen können durch Tauchen in Zapontauchlack lackiert werden. Den entstehenden Glanz zu dämpfen, kann eine Lösung aus

Bienenwachs . . 10,0 | Terpentinöl . . 30,0

nach Bedarf zugesetzt werden.

Leinölfirnis s. Bd. I, S. 473.

Mattierung.

Schellack, gebleicht . . 50,0 | Weingeist (95%) . . . 100,0

Metallüberzugslack. Zaponlack.

Albertol® 82 G/10 . . . . 100,0 | Nitrocellulose Wasag 8a (trocken) . . 90,0
Lösungsmittel 1500,0

Das Lösungsmittel wird hergestellt aus

Amylacetat . . 50,0 | Benzol 30,0
Butanol. . . . 15,0 | Weingeist . . . 5,0

Vorsicht! feuergefährlich!

Nitrocellulose-Hartgrund für Möbel (STÜDEMANN).

Nitrocellulosewolle, hochviscos	10,0	Butylacetat (85%)	30,0
Nitrocellulosewolle, niedrig viscos	10,0	Butanol	10,0
Lösungsmittel, niedrigsiedend (Drawin® 24 oder 28 oder Essigäther)	10,0	Toluol, gereinigt	50,0
		Methylalkohol	5,0
		Weichmacher	5,0

Nitro-Grundierung.

Kollodiumwolle, hochviscos	16,0	Manilakopallösung (1 : 2)	10,0
Amylacetat	20,0	Tetralin®	10,0
Butylalkohol	2,0	Lösungsmittel E 13	25,0
Platinol® A	2,0	Weingeist (95%)	25,0

Pappstandgefäße, auffrischen.

Celluloidabfälle farblos	4,0 bis 6,0	Weingeist (95%)	25,0 bis 23,0
Essigäther	14,0	Toluol	34,5
Butylacetat	20,0	Rizinusöl	0,5
Platinol® C	2,0		

Gefärbt wird mit lichtechten Zapon-Teerfarbstoffen.

Pinsel rostbraun färben.

p-Phenylendiamin . . 13,5 | Natriumhydroxyd . . 14,0
Wasser, dest. 952,5

Die sorgfältig entfetteten Haare werden so lange in der Farblösung belassen, bis sie völlig davon durchdrungen sind. Dann werden sie in Eisenchloridlösung (5%) gelegt und nach 24 Std. in fließendem Wasser sehr gründlich ausgewässert. Die dabei auf dem Haar erzeugte Farbe ist absolut echt. Das Färben mit Anilinfarben ergibt keine beständige Färbung.

Säurefester Anstrich.

Pergut® . . 20 kg | Clophen® A. . 7 bis 8 kg
Xylol . . . 60 bis 70 kg

Soll der farblose Lack Pigmente enthalten, müssen diese säurefrei sein, für Weiß Titandioxyd, für Grau eine Mischung von Titandioxyd und Farbruß.

Schiefertafellack (Römpp).

Weingeist (90%)	400,0	Sandarak	40,0
Äther	20,0	Manilakopal	20,0
Rubinschellack	100,0	Terpentin	3,0

Schellack und die Harzkörper werden in Weingeist-Äther-Gemisch gelöst und der Lack angerieben mit einer Mischung aus:

Ruß . . . . . 15,0 | Ultramarin . . 5,0
Naxosschmirgel, mittelfein pulv. . . 100,0

Der erste Auftrag wird abgebrannt, der zweite bleibt stehen.

Schultafellack.

Akaroidharz, rot . . . . . . 50,0 | Manilakopal, spirituslöslich . . 10,0
Weingeist (95%) 90,0

Die Lösung wird filtriert und zugegeben

Salmiakgeist (0,910) 2,5

Mit der entstandenen Lösung verreibt man zuerst gründlich

Rebenschwarz 30,0

und anschließend

Schmirgel- oder Schiefermehl, feinst pulv. . . 15,0

Vor dem Gebrauch sind die sich absetzenden Teile sorgfältig aufzurühren und anschließend der Lack sofort zu verwenden.

Siegellack.

	1.	2.	3.	4.	5.
Schellack (i. Blättern)	250,0	200,0	250,0	—	360,0
Fichtenharz	—	20,0	—	300,0	160,0
Kolophonium	—	—	—	350,0	—
Zeresin	—	—	—	50,0	—
Japanwachs	—	—	—	50,0	—
Lärchenterpentin	—	—	125,0	—	—
Zinnober	100,0	30,0	—	—	—
Kreide	—	—	125,0	—	360,0
Talkum	—	70,0	—	—	—
Terpentin	—	100,0	—	—	125,0
Minium	—	—	125,0	—	125,0
Brennspiritus	—	—	—	25,0	—
Anilinfarbe (Sudanrot)	—	—	—	13,0	—

Die Wachse und Harze werden verschmolzen, dann der Farbstoff und zuletzt Kreide bzw. Talkum zugegeben. Ist die Masse auf etwa 60° abgekühlt, wird Terpentin bzw. Brennspiritus zugegeben, gut durchgemischt und zum Erstarren in Formen gegossen.

Spachtelmassen.

Spachtelmassen (vgl. a. Bd. I, S. 488) oder „Spachtel" sind brei- oder pastenförmige Zubereitungen aus Kreide, Schwerspat, Lithopone, Kaolin, Zinkweiß, Titanweiß, Eisenoxyd u. a. mit einem Bindemittel (Leim, Leinöl, Lacken, Emulsionen, Nitrocellulose, Polyvinylacetat u. a.), u. U. mit Sikkativen.

Verwendung. Zum Ausgleichen von Unebenheiten des Untergrunds durch Verstreichen mit dem Spachtelmesser und zum Glätten von Anstrichflächen.

Tennisschlägerlack (SIDO).

1. Schellack	60,0	Rizinusöl	10,0
Sandarak	30,0	Brennspiritus	300,0
2. Schellack	90,0	Sandarak	22,5
Manilakopal	25,0	Rizinusöl	5,5
Methylalkohol (vgl. S. 770!)			900 ccm

Giftigkeit der Methylalkoholdämpfe beachten!
Zum Aufpinseln auf den völlig trockenen Schläger.
Auch helle Kopallacke und Celluloselacke (Zaponlacke) finden hierzu Verwendung.

Tennisschlägeröl.

Leinöl wird mit dem Handballen kräftig eingerieben.

Färben und Entfärben.

Alkannalösung

zum Rotfärben von weingeistigen Flüssigkeiten:

Alkannawurzel, pulv.	10,0	Alkohol, absolut	100,0
Essigsäure (96%)	1,0		

zum Blaufärben von wäßrigen Lösungen:

Alkannawurzel, pulv.	10,0	Wasser, dest.	65,0
Soda, krist.	10,0	Weingeist (90%)	35,0

Die Ansätze der pulverisierten Wurzel werden 8 Tage lang mazeriert und dann filtriert.

Gehörn bzw. Geweih braun färben (SIDO).

Das entfettete Gehörn oder Geweih (s. Gehörn bleichen S. 636) wird ein oder mehrere Male mit Kaliumpermanganatlösung (1%) bepinselt und an der Luft trocknen gelassen. Die Färbung stellt sich erst nach einiger Zeit ein. Sollen nachträglich einzelne Stellen wieder weiß gemacht werden, so reibt man dort mit feinem Glaspapier nach.

Über das Entfärben und Färben in der Kleiderfärberei[1].

In dem großen Gebiet der Textilfärberei zeichnet sich die sogenannte Kleiderfärberei durch die Einfachheit ihrer Methodik und die Möglichkeit, die Färbung auch mit technisch einfachen Mitteln durchzuführen, besonders aus. Ein spezielles Gebiet

[1] Die Abhandlung ist von der „Brauns Anilinfarbenfabrik München KG.", Bad Aibling/Obb. verfaßt worden.

der Kleiderfärberei ist die *Haushaltsfärberei*. Die Voraussetzungen, im Haushalt Auf- und Umfärbungen vorzunehmen, sind immer dann gegeben, wenn Textilien vorliegen, die durch längeres Tragen und sonstige Einwirkungen noch nicht zu sehr abgenutzt worden sind. Gewebe, die durch vielen Gebrauch verschlissen sind, sind weitgehend zerstört und haben für Farbstoffe sehr unterschiedliches Aufnahmevermögen. Derart geschädigte Gewebe ergeben im Endeffekt ungleichmäßige Färbungen.

Bevor an eine Auf- oder Umfärbung gedacht wird, ist zunächst festzustellen, welches Material vorliegt. Grundsätzlich gibt es drei Möglichkeiten zur Faseruntersuchung, nämlich

a) eine chemische, — b) eine physikalische, — c) eine färberische Diagnostik.

Die physikalischen und chemischen Untersuchungsmethoden sind sehr vielfältig und können den einschlägigen Fachbüchern entnommen werden. Eine Aufzählung aller Methoden würde den Rahmen dieser kurzen Abhandlung überschreiten. Einfach in der Durchführung und auch leicht zu handhaben ist die sogenannte Anfärbereaktion, bei der das Fasergemisch mit einer Komposition verschiedener Farbstoffe, wie sie beispielsweise das *Neocarmin W* (Lieferant: Firma Fesago, Heidelberg) enthält, gefärbt wird. Die in der Komposition Neocarmin W enthaltenen Farbstoffe färben die einzelnen Faserarten sehr unterschiedlich und leicht erkennbar an. So wird beispielsweise die *Wollfaser* rein *gelb*, die *Baumwolle* dagegen *blau* eingefärbt. Besonders innige Mischungen ergeben allerdings Zwischentöne, so daß nicht in allen Fällen eine eindeutige Unterscheidung durchgeführt werden kann. In neuerer Zeit ist jedoch eine wertvolle Ergänzung durch das Faserreagens MS (Lieferant: Firma Fesago, Heidelberg) geschaffen worden. Wer also auf eine exaktere, aber einfache Erkennungsmethode Wert legt, sollte sich beider Reagentien bedienen. Schließlich sei die in weiten Kreisen bekannte Verbrennungsprobe genannt, wobei unterschieden wird nach dem Geruch des verbrannten Hornes, Papier und nach unbrennbaren Bestandteilen. Diese Methode kann jedoch nur zu orientierenden Ergebnissen führen und versagt bei extremen Mischungsverhältnissen. Beispielsweise läßt sich in einer Mischung von 80% Baumwolle und 20% Wolle wegen des sehr charakteristischen Horngeruchs die Wolle noch sehr gut feststellen, während im umgekehrten Fall der Geruch nach verbranntem Papier praktisch nicht mehr wahrzunehmen ist. Man würde also bei einer Mischung aus 80% Wolle und 20% Baumwolle auf reine Wolle entscheiden. Immerhin kann diese Methode in vielen Fällen Hinweise bezüglich der anzuwendenden Farbstoffe erteilen.

Bevor man nun an das Färben der Textilien herangeht, ist zu entscheiden, ob man auf den bisherigen Farbton auffärben will oder ob nach dem Abziehen des Farbstoffes die Färbung auf einen grauen oder weißen Grundton aufgebracht werden soll. Wenn die Textilien nicht abgezogen werden, entstehen sogenannte Mischfarben. Im übrigen ist wohl einleuchtend, daß dunkle Textilien nicht mit hellen Farbtönen hell umgefärbt werden können. In diesen Fällen ist ein Abziehen der alten Färbung unbedingt notwendig.

Entfärben.

Die Möglichkeiten Textilien zu entfärben, sind sehr mannigfaltig. Für den Textilausrüster und beruflichen Färber stehen sowohl oxydierende als auch reduzierend wirkende Bleich- und Aufhellungsmittel zur Verfügung. Die Anwendung der Mittel richtet sich nach dem gewünschten Aufhellungsgrad und nach der Beschaffenheit des Gutes. Einzelne Mittel sind besonders für Wolle, andere dagegen für Baumwolle geeignet. Die für die Haushaltfärberei geeigneten Entfärber sollen sich vor allen Dingen durch eine weitgehende Ungiftigkeit und Faserschonung auszeichnen. Es liegt allerdings in der Natur dieser Chemikalien, daß sie wegen ihrer sehr milden Wirkungsweise nicht alle Farbstoffe zerstören und die Gewebe auf ein reines Weiß bleichen. Für die praktischen Bedürfnisse der Haushaltfärberei genügt es jedoch, wenn ein grauer Grundton für die dann vorzunehmende Aufhellung vorhanden ist. Bevor die Auffärbung beginnt, müssen die *Stoffe gut gewaschen* und *gereinigt* werden.

Bei der Herstellung des Entfärberbades hat man die Wahl, die Stoffe in konzentrierten Lösungen mehrere Stunden einzulegen oder in Lösungen, die etwa 10 bis 15 g pro Liter Entfärber enthalten, bis auf 40 bis 60° zu treiben und den Stoff durch Hin- und Herbewegen in den wärmeren Lösungen zu entfärben. Lösungen, die erhitzt wurden, sind für weitere Verwendung unbrauchbar geworden. Dagegen lassen sich besonders bei der industriellen Bleicherei die konzentrierten Entfärberlösungen mehrmals verwenden, wobei ein kleiner Zusatz des Entfärbers beim Einlegen einer neuen Stoffcharge empfehlenswert ist.

Die für die Haushaltfärberei geschaffenen Entfärber sind so eingestellt, daß sie für alle Faserarten verwendbar sind und nur von der Seite der Farbstoffe her unterschiedliche Wirkungsweise festzustellen ist. Bei der Vielzahl der in der Kleiderfärberei zur Verwendung kommenden Farbstoffe mit ihren sehr unterschiedlichen Echtheiten ist es nicht zu vermeiden, daß einzelne Farbstoffe, wie bereits oben angedeutet, nicht völlig zerstört werden können. Die bei der Einwirkung von Entfärber auf bestimmte Farbstoffklassen entstehenden Zwischenabbauprodukte haben in manchen Fällen noch Farbstoffeigenschaften und zeigen dies dadurch, daß keine Ausbleichung, sondern ein Farbumschlag eintritt. So kann es passieren, daß beim Abziehen eines gelben Kleidungsstückes, ganz gleichgültig mit welchem reduzierend wirkenden Mittel, ein Farbumschlag nach Violett nnd bei weiterer Einwirkung nach Rot eintritt. Nur unter Anwendung schärferer Bleichmittel können auch diese Zwischennuancen beseitigt werden. In vielen Fällen führt auch die Sonnenbleiche zu einer weiteren Zerstörung der Zwischenprodukte.

Schließlich soll noch daran erinnert werden, daß sich die sogenannten Küpenfarbstoffe (Farbstoffe mit Indanthrenechtheit) zunächst durch reduzierende Mittel wie Burmol®, Hydrosulfit und Decrolin® beseitigen lassen, jedoch beim Zutritt von Sauerstoff bzw. Luft wieder in der alten Farbe erscheinen. Indanthrengefärbte Kleidungsstücke können mit den Mitteln der Haushaltfärberei nicht abgezogen werden. Hier gibt es also nur ein Umfärben in dunkle Nuancen oder in eine Komplimentärfarbe. Beim Entfärben ist darauf zu achten, daß sämtliche Metall- und Kunststoffteile, auch Hornknöpfe usw. entfernt werden, da diese von den Entfärberlösungen angegriffen werden und Eisenteile zu Rostbildung führen würden. Ferner ist darauf zu achten, daß die sogenannte beschwerte Seide nicht mit Entfärber behandelt werden kann, da die Beschwerung durch Metallverbindungen herbeigeführt wird und diese mit dem Entfärber später wieder reagieren.

Neben den zur Verwendung im Haushalt gebrauchsfertig eingestellten Entfärberkompositionen lassen sich noch folgende Bleichbäder ansetzen:

1. Chlorbleiche. Man wählt eine Chlorkalkkonzentration dergestalt, daß etwa 6 bis 10 g Chlor pro Liter und 8 bis 10 g Ätznatron vorhanden sind. Man bleicht 3 bis 6 Std. bei einer Temperatur nicht über 35°. Anschließend werden die Textilien wie üblich gespült und getrocknet.

2. Bleichen mit aktivem Sauerstoff. In neuerer Zeit hat sich das Bleichverfahren besonders für Baumwolle mit Hilfe von aktivem Sauerstoff mehr und mehr durchgesetzt. Man bleicht bei 75 bis 80° 2 bis 3 Std. lang in einer Lösung, die 1 bis 5 ccm Wasserstoffperoxyd 40%ig im Liter enthält. Der Zusatz von Magnesiumsilikat als Stabilisator (0,5 bis 1%) ist unbedingt erforderlich.

3. Bleichen mit Sulfit. Es eignen sich die verschiedensten Verbindungen der schwefeligen Säure, um ein Ausbleichen herbeizuführen. Im allgemeinen nimmt man 2 bis 3 g pro Liter Natriumhydrogensulfit und bleicht 4 bis 6 Std. bei 40°.

Über das Um- und Auffärben von Kleidern im Haushalt.

Aus den vorstehenden Ausführungen geht hervor, daß in vielen Fällen eine Vorbereitung des umzufärbenden Textilgutes zu erfolgen hat. Nachdem also die betreffenden Stücke gewaschen, gereinigt und evtl. auch entfärbt wurden, kann mit dem eigentlichen Färbeprozeß begonnen werden. Die einschlägigen Haushaltpackungen sind in vielen Fällen eine Zusammenfassung verschiedener Farbstoffe, so daß die eingangs erwähnte genaue Identifizierung der Faserart des zu färbenden Kleidungsstückes entfällt. Jedoch empfiehlt es sich, festzustellen, ob außer Wolle und Baumwolle noch andere Kunstfasern im Gewebe vorhanden sind. Aus diesem Grund werden im allgemeinen zwei verschiedene Haushaltpackungen angeboten, von denen eine Type noch zusätzlich jene Farbstoffe enthält, die die heutigen Kunstfasern anfärben (Nylon, Perlon, Acetatseide usw.). Auch die Färbemethodik wurde so eingerichtet, daß die Gleichmäßigkeit der Färbung trotz der Beschaffenheit der Fasern erhalten bleibt. Die sogenannten Haushaltsfarben-Päckchen stellen also eine optimal geeignete Komposition von substantiven, sauren und Acetat- bzw. Perlonfarbstoffen dar, die durch ein sogenanntes Einbadverfahren gleichmäßig das Mischgewebe anfärben. Besonders faserschonende und egalisierende Zusätze runden die

Färbetabelle.

Für ein einfaches *Über- oder Umfärben* farbiger Stoffe gibt nachstehende Tabelle Aufschluß. Bezeichnung nur allgemein.

Farbe des zu färbenden Stoffes	Aufgefärbt mit Braun wird	Rot wird	Blau wird	Violett wird	Grün wird	Gelb wird	Grau wird
Brauner Stoff	braun	rotbraun	dunkelbraun	dunkelbraun	olivgrün	gelbbraun	braun
Roter Stoff	rotbraun	rot	violett	rotviolett	braun	orange	trübrot
Blauer Stoff	dunkelbraun	violett	blau	blauviolett	blaugrün	grün	graublau
Violetter Stoff	dunkelbraun	rotviolett	blauviolett	violett	marineblau	olivbraun	grauviolett
Grüner Stoff	olivgrün	braun	blaugrün	marineblau	grün	hellgrün	graugrün
Gelber Stoff	gelbbraun	orange bis scharlachrot	grün	olivbraun	hellgrün	gelb	écru
Grauer Stoff	braun	trübrot	graublau	grauviolett	graugrün	écru	grauschwarz

Komposition ab. Der Färbeprozeß selbst ist denkbar einfach und kann den einschlägigen Gebrauchsanweisungen der Herstellerfirmen entnommen werden. Grundsätzlich ist dazu noch zu sagen, daß es eine sog. Kaltfärberei nicht gibt. Diese Bezeichnung ist irreführend und wurde während des letzten Krieges für eine Färbemethodik verwendet, bei welcher einige substantive Farbstoffe (Baumwollfarbstoffe) bei einer Temperatur von 35 bis 40° aufgefärbt wurden. Es sind nur sehr wenige Farbstoffe und nur ganz bestimmte Nuancen, die sich hierfür eignen. Die dann erhaltenen Echtheiten entsprechen bei weitem nicht den Ergebnissen, die man durch Heißfärbung erhält. Insbesondere leidet die Wasser- und Waschechtheit sehr stark.

Ergänzend zur Haushaltfärberei muß noch nachgetragen werden, daß das Spezialgebiet des Färbens von Angorawolle besonders beachtet werden muß.

Für dieses Material werden nur saure Wollfarbstoffe verwendet, die wie folgt ausgefärbt werden:

Vor dem Färben von Angorawolle ist diese von dem anhaftenden Wollfett gründlich zu reinigen. Dies erfolgt durch Einlegen für $^1/_2$ Std. in eine Lösung von 5 g Salmiakgeist (0,960) auf 1 l Wasser von einer Temperatur von etwa 50°. Statt dieser Lösung kann man auch eine solche mit einer fettlösenden Seife oder mit Fewa nehmen, in der man die Wolle über Nacht liegen läßt. Es empfiehlt sich, die Wolle während des Liegens in dieser Lösung mehrmals gründlich zu bewegen.

Nachdem dann die Wolle mit klarem Wasser gut gespült ist, nimmt man den eigentlichen Färbeprozeß vor.

Hierzu richtet man sich ein Färbebad im Verhältnis 1 : 40 an, d. h. auf 1 T. trockenes Material mindestens 40 T. Wasser, so daß die Wolle von dem Wasser gut bedeckt ist, darin schwimmt und auf dem Boden nicht aufliegt. Dem Wasser gibt man den *gut gelösten Farbstoff* hinzu, fügt ferner 5% Ammoniumacetat und 10% Glaubersalz hinzu, geht mit der Wolle bei 40° ein, treibt langsam zum Kochen und kocht etwa 1 Std. lang. Dann fügt man 3% Essigsäure 30%ig hinzu und kocht nochmals $^1/_2$ Std. lang

Statt Ammoniumacetat und Glaubersalz kann man dem Färbebad auch 10 bis 20% Glaubersalz zugeben, mit der Wolle bei 40° eingehen, langsam zum Kochen bringen und $^3/_4$ Std. lang kochen. Dann gibt man in Abständen von $^1/_4$ Std. 2mal 3% Essigsäure 30%ig hinzu und kocht nochmals $^1/_2$ Std. lang.

Die Prozentzahlen beziehen sich auf das Gewicht des trockenen Materials.

Während des Färbens muß die Wolle dauernd bewegt werden.

Feuerwerk.

Feuerwerkskörper.

§ 1 des Sprengstoffgesetzes besagt:

Die Herstellung, der Vertrieb und der Besitz von Sprengstoffen ... ist ... nur mit polizeilicher Genehmigung zulässig. Wer ohne diese Genehmigung Sprengstoffe feil hält, verkauft oder sonst an andere überläßt oder im Besitz derartiger Stoffe betroffen wird, ohne polizeiliche Erlaubnis hierzu nachweisen zu können, ist mit Gefängnis von 2 Monaten bis zu 2 Jahren zu bestrafen.

Außerdem ist für den Drogisten die Polizeiverordnung über den Verkehr mit Sprengstoffen (Sprenstoffverkehrsordnung) vom 4. Sept. 1935 (s. Gesetzeskunde Bd. I, S. 559) maßgebend.

Die Herstellung von Flammensätzen, sog. *bengalischen Flammen*, ist bei Verwendung des leicht Sauerstoff abgebenden Kaliumchlorats gefährlich und erfordert äußerste Vorsicht. Bekanntlich gibt Kaliumchlorat beim Zusammenreiben mit Kohle, Schellack, Zucker und anderen organischen oder anorganischen, leicht oxydierenden Stoffen (Schwefel, Phosphor) durch den ausgeübten Druck oder durch Erwärmen heftige Explosionen. Der zur Verwendung kommende Schwefel muß *stets säurefrei* sein, es wird also zweckmäßig nur gereinigter Schwefel verwendet. Sublimierter Schwefel ist deshalb zu verwerfen. Die einzelnen Salze werden für sich pulverisiert und abgesiebt, dann erfolgt die Mischung sämtlicher Bestandteile mit Ausnahme des Kaliumchlorats, das man erst der fertigen Mischung mit größter Vorsicht mit einem Kartenblatt zusetzt.

Man unterscheidet *Flammensätze fürs Freie*, die neben Kaliumchlorat oder Salpeter Schwefel enthalten, aber wegen ihrer starken Rauchentwicklung in geschlossenen Räumen unbrauchbar sind, und *Salon-* oder *Theaterflammensätze*, die außer den farbengebenden Chemikalien Schellack enthalten, rauchschwächer sind und deshalb auch für geschlossene Räume Verwendung finden. Sollen die Flammensätze ein besonders helles, glänzendes Licht ergeben, wird ihnen Magnesiumpulver (Metall), 20 bis 25%, zugesetzt. Dieser Zusatz bedingt jedoch ebenfalls eine starke Rauchentwicklung, *Magnesiumflammensätze* sind daher nur im Freien zu verwenden.

Flammensätze. Bengalische Flammen[1].

Blaufeuer.

Im Freien:		*In Räumen:*	
☠ *3.* Kupferoxyd, techn.	100,0	☠ *3.* Schwefelsaures Kupferoxydammonium	470,0
Kaliumchlorat	300,0	Kaliumchlorat	470,0
Schwefel	200,0	Schellackpulver	60,0
Kaliumnitrat	400,0		

Gelbfeuer.

1. ☠ *3.* Kaliumchlorat	600,0	Natriumnitrat	800,0
Schwefel	170,0	Gepulv. Schellack	200,0
Natriumbicarbonat	230,0		
2. ☠ *3.* Kaliumchlorat	300,0		
Bariumnitrat	300,0		
Natriumoxalat	250,0		
Schellackpulver	150,0		

Grünfeuer.

☠ *3.* Bariumnitrat	570,0	Bariumnitrat	840,0
Kaliumchlorat	215,0	Schellackpulver	160,0
Schwefel	215,0		

Rotfeuer.

1. ☠ *3.* Strontiumnitrat	665,0	Strontiumnitrat	840,0
Kaliumchlorat	120,0	Schellackpulver	160,0
Schwefel	150,0		
Holzkohlenpulver	65,0		
2. ☠ *3.* Strontiumnitrat	650,0		
Kaliumchlorat	150,0		
Schellackpulver	200,0		

Weißfeuer.

Kaliumnitrat	650,0	Kaliumnitrat	180,0
Antimontrisulfid (Schwefelantimon)	65,0	Milchzucker	180,0
Schwefel	200,0	Kaliumchlorat	550,0
Kalk, ungel.	85,0	Bariumcarbonat	45,0
		Stearinsäurepulver	45,0

Magnesium-Weißfeuer.

Bariumnitrat	825,0	Schellackpulver	150,0
Magnesiummetall, pulv.	25,0		

Raucherzeuger (WILL).

1. Holzkohle, pulv.	5,0	Salpeter	1,0
Salmiaksalz	2,0		

Beim Anzünden des Pulvers entsteht ein dichter, weißer bis weißgrauer Rauch. Auch durch einfaches Erhitzen von trockenem Ammoniumchlorid auf einem Blechdeckel von unten her läßt sich ein unschädlicher Rauch leicht herstellen.

2. ☠ *3.* Kaliumchlorat	12,0	Milchzucker	4,0
Salpeter	4,0	Stearin	1,0
Bariumcarbonat	1,0	Magnesiummetall, pulv.	1,0

[1] Soweit die Flammensätze Kaliumchlorat enthalten, sind sie als Gift 3 zu bezeichnen!

Wunderkerzen.

Bei der Herstellung von Wunderkerzen ist es wichtig, daß die verwendeten Eisenfeilspäne weder zu grob noch zu fein sind, weil sonst die Oxydation zu langsam oder zu schnell verläuft. Zweckmäßig finden Feinspäne Verwendung, die mit einer mittleren Schlichtfeile entstehen:

1.	Bariumnitrat . .	22,0	Aluminiumpulver . .	2,0
	Eisenfeilspäne . .	10,0	Stärkemehl.	6,0
2.	Bariumnitrat. . .	55,0	Eisenfeilspäne . . .	25,0
	Aluminiumpulver.	5,0	Dextrin	15,0
3.	Bariumnitrat . .	50,0	Eisenfeilspäne . . .	25,0
	Stärke	15,0	Aluminiumpulver . .	5,0

Man rührt die gut gemengten Pulver mit wenig Wasser zu einem formbaren Teig an, breitet diesen aus und wälzt oder bestreicht das Ende eines etwa 20 cm langen Eisendrahts mit diesem. Beim Auftragen ist durch Umrühren stets dafür zu sorgen, daß die Masse homogen ist. Die Kerzen werden getrocknet und sind dann lagerfähig, können aber auch nach dem Trocknen noch in Zaponlack getaucht werden. Zu beachten sind die Unfallverhütungsvorschriften, § 16 der Reichsgewerbeordnung, vgl. a. Bd. I, S. 561/63.

Fleckentfernung.

Wichtig ist, zu wissen, daß die chlorierten Kohlenwasserstoffe nicht harmlos sind und bei ihrer Verwendung auch als Fleckentfernungsmittel *Vorsicht* geboten ist. Durch Dämpfe z. B. von Tetrachlorkohlenstoff sind wiederholt Menschen ums Leben gekommen, die Reinigungsarbeiten mit reichlich „Tetra“ in kleinen Räumen durchführten. In diesem Zusammenhang wurde über zwei Todesfälle berichtet.

Bei der Entfernung aus Stoffen aller Art ist folgendes zu beachten:

1. Der zu reinigende Stoff ist vor der Fleckentfernung, soweit irgend möglich, durch Klopfen oder Bürsten von Staub und Schmutz gründlich zu befreien.

2. Auf keinen Fall darf durch die Fleckentfernung der Schaden größer gemacht werden. Dies ist der Fall, wenn ein Mittel Verwendung findet, das seinerseits durch Verfärbung (heller Fleck) oder gar Lösung des Gewebes (Loch) neuen Schaden hervorruft.

3. Jeder Fleck ist *möglichst unverzüglich* zu entfernen, da er sich durch Luft- und Lichteinwirkung in die Textilfaser mit der Zeit einfrißt. Da die Fleckentfernung mit zu den täglichen Sorgen jeder Hausfrau gehört, sind sorgfältige Kenntnisse des Drogisten auf diesem heiklen Gebiet unerläßlich und ein dankbares Feld der Kundenberatung. Die Schwierigkeiten beim Entflecken beruhen entweder auf dem unbekannten Stoff, der den Fleck, verursachte oder aber auch der unbekannten Natur des zu entfleckenden Gegenstandes. Da meistens beides zutrifft, ist *größte Vorsicht* geboten. Bei allen farbigen Gegenständen muß deshalb erst die Wirkung der angewendeten Chemikalien auf die Farbe und Natur des zu reinigenden Stoffes an einer weniger sichtbaren Stelle festgestellt werden. Dann ist es wichtig, die Natur der Fleckursache festzustellen.

Ist die Fleckursache Marmelade, Honig, Bier, Wein, Kaffee, Tee, Schokolade oder Likör (zuckerhaltig), so kann er auch schon durch abgekochtes Wasser oder eine wäßrige Lösung entfernt werden. Ist der Fleck durch Fett oder fettes Öl hervorgerufen, welche die häufigste Fleckursache bilden, kann nur ein fettlösliches Mittel in Frage kommen. Durch die Verschiedenheit der Fleckursachen gibt es ein „Universal-Fleckentfernungsmittel“ nicht. Bei der Beratung ist *jede Übernahme der Gewähr auszuschließen,* um sich vor etwaigen Schadenersatzansprüchen zu schützen.

Das Entflecken weißer Stoffe ist wegen der fehlenden Gefahr einer Farbveränderung die leichteste Arbeit. Hier genügt in vielen Fällen schon einfaches Bleichen. Von der großen Zahl der Fleckentfernungsmittel[1] sind nachstehend die gebräuchlichsten aufgeführt:

Aliphatische Kohlenwasserstoffe, *feuergefährlich,* unlösl. in Wasser, mischbar mit chlorierten und aromatischen Kohlenwasserstoffen, beschränkt mit Alkoholen, ferner mit Äthern, Ketonen und Estern: Petroleumäther, Benzin.

Alkohole, brennbar, aber nicht feuergefährlich, wasserlöslich, mischbar untereinander sowie mit aliphatischen Kohlenwasserstoffen (beschränkt), mit aromatischen Kohlenwasserstoffen, mit chlorierten Kohlenwasserstoffen (beschränkt), Alkoholen (beschränkt), Äthern, Ketonen und Estern: Weingeist (96%ig, Brennspiritus ist ungeeignet!), Methanol, rein (vgl. S. 770), Isopropylalkohol, rein.

Aromatische Kohlenwasserstoffe, *feuergefährlich,* unlöslich in Wasser, mischbar untereinander und mit aliphatischen und chlorierten Kohlenwasserstoffen, Alkoholen, Äthern, Ketonen, Estern, Benzol, Toluol, Xylol. *Auf die außerordentliche Feuergefährlichkeit des Benzols soll hier besonders hingewiesen werden!*

Chlorierte Kohlenwasserstoffe, nicht feuergefährlich, unlösl. in Wasser, mischbar untereinander und mit aliphatischen und aromatischen Kohlenwasserstoffen, Alkoholen (beschränkt), Äthern, Ketonen und Estern: Trichloräthylen (*Tri*), Tetrachlorkohlenstoff (*Tetra*), Methylenchlorid.

Ester, *feuergefährlich,* mischbar untereinander und mit Kohlenwasserstoffen, Alkoholen, Äthern, Ketonen (die Zahlen in Klammern bedeuten ihre Löslichkeit in Wasser): Methylacetat (25 : 100), Äthylacetat (7,8 : 100), Butylacetat (unlösl.), Amylacetat (unlösl.).

Ketone, wasserlöslich, mischbar mit aliphatischen, chlorierten und aromatischen Kohlenwasserstoffen, Alkoholen, Äthern und Estern.

Außer den aufgeführten Lösungsmitteln ist noch eine große Anzahl anderer zur Verwendung als Fleckentfernungsmittel geeignet, z. B. Chlorbenzol, Dichlorhydrin, Dekalin ®, Tetralin ®, Terpentinöl u. a.

Die bekannten Fleckenwässer der Industrie sind: *Fleck-Fips* ® (im wesentlichen Trichloräthylen und andere Chlorkohlenwasserstoffe), *Spectrol* ® (eine Mischung von 85% Tetrachlorkohlenstoff, 15% Schwerbenzin, als Geruchskorrigens Amylacetat) u. a.

Zur Entfernung von *Farbflecken* (Beeren, Rotwein, Kopierstift, Farben von Stempelkissen und Farbbändern, Tinten u. a.) finden Industrieerzeugnisse Verwendung, die als wirksame Substanz Natriumdithionit, $Na_2S_2O_4$ (vgl. Bd. II, S. 932) oder ähnliche Stoffe enthalten.

Fleckenentfernung aus Geweben oder von der Haut.

Nach Bottler, Hager, Kaiser, Römpp, Jahrbuch „Bayer“ u. a.

Fleckursache	Fleckentfernungsmittel
Albargin	siehe Silbersalze.
Alkali	siehe Laugen.
Anilinfarben	siehe Teerfarben.
Asphalt	siehe Harz.
Bier	Heißes Wasser oder Mischung aus gleichen Teilen Wasser und reinem Weingeist (nicht Brennspiritus!).
Bleiessig, Bleiwasser . .	Wasserstoffsuperoxydlösung (3%), Natriumperborat oder Sauerstoffwaschmittel. Etwa entstehende gelbe Flecke werden mit Alkalilauge oder Essigsäure entfernt.

[1] Auch Detachiermittel (f. détacher, von Flecken reinigen) genannt.

Blut	Nur mit kaltem (!) Wasser. Ältere Blutflecke: Befeuchten mit Wasserstoffsuperoxydlösung (3%); nach kurzem Einwirken gründlich mit Wasser nachspülen. Bei hartnäckigen Fällen mit warmer Kleesalzlösung (20%) behandeln und mit heißem Wasser sorgfältig nachspülen. Auch warme Boraxlösung, verd. Salmiakgeist oder Seifenspiritus sind bei älteren Blutflecken wirksam.
Bohnerwachs	siehe Harz.
Bonbons	Heißes Wasser.
Brand	Behandeln mit schwacher Boraxlösung (5%), dann betupfen mit Wasserstoffsuperoxydlösung (3%) und erwärmen von der Rückseite aus mit heißem Bügeleisen.
Braunstein	siehe Kaliumpermanganat.
Brillantine	siehe Fett.
Butter	siehe Fett.
Canadabalsam	siehe Harz.
Chlorophyll	Bei frischen Gras- und Laubflecken usw. Gemisch von Alkohol, Äther und Chloroform oder erwärmtes Trichloräthylen, bei älteren Flecken Natriumperboratlösung, ammoniakalische Wasserstoffsuperoxydlösung, verd. weingeistiger Salmiakgeist, anschließend gut mit Wasser nachspülen.
Chromsäure, Chromate .	Auftropfen einer schwachen Lösung von schwefliger Säure oder Natriumthiosulfatlösung (30%), der einige Tropfen Schwefelsäure zugesetzt sind. Dann gut mit Wasser nachspülen.
Druckerschwärze . . .	Tetrachlorkohlenstoff, Trichloräthylen, Rest mit lauwarmem Seifenwasser waschen und mit Wasser nachspülen.
Eigelb	Nach vollständigem Trocknen gut abbürsten, dann auswaschen mit heißer Boraxlösung (1,5%).
Eiweiß	Lauwarmes Wasser.
Eisensalze	Konzentrierte Lösungen von Citronensäure, Oxalsäure oder Kleesalz, denen 10% Glycerin zugesetzt ist. Bei weißer Wäsche Natriumdithionit, $Na_2S_2O_4$, aufstreuen und mit *wenig* Wasser befeuchten. Dann mit Wasser gut nachspülen.
Entwickler	Kaliumpermanganatlösung (2%) bis zur Braunfärbung, dann Natriumbisulfitlösung (10%), der 1% Salzsäure beigefügt ist. Anschließend gut mit Wasser nachspülen.
Erdbeeren	Frisch: Mit Boraxlösung. — Alt: Boraxlösung mit Zusatz von Salmiakgeist, dann mit Wasser nachspülen.
Erdöl	siehe Petroleum.
ESBACHs Reagens . . .	siehe Pikrinsäure.
Extrakte	Auswaschen mit Glycerin-Alkohol-Wasser-Mischung zu gleichen Teilen. Bei weißen Stoffen Farbstoffreste mit Wasserstoffsuperoxydlösung bleichen.
Farbband (Schreibmaschine)	siehe Teerfarbstoffe.

Farbstoffe	siehe Teerfarbstoffe.
Fette	Flüssige: Petroläther, Benzin, Tetrachlorkohlenstoff, Trichloräthylen, weingeistiger Salmiakgeit. — Feste Fette: Mit auf- und untergelegtem Lösch- oder Filtrierpapier bügeln, verbleibenden Rest mit Lösungsmitteln wie bei flüssigen Fetten entfernen.
Firnis	Äther, Petroläther, Benzin, Tetrachlorkohlenstoff, Trichloräthylen.
Fliegenschmutz	Auf Glas: Abbürsten mit einem mit Brennspiritus oder Salmiakgeist befeuchteten Bürstchen. — Auf seidenen Lampenschirmen: Bestreichen mit in lauwarmes Essigwasser getauchtem weichem Stoffrest.
Fluidextrakte	30%iger Weingeist, nachbehandeln mit Seifenspiritus.
Fruchtsaft	Warmer 95%iger Alkohol, Citronensaft oder Wasserstoffsuperoxyd mit Zusatz von etwas Salmiakgeist.
Gerbstoff	Frisch: Verdünnte Essigsäure, Wein- oder Oxalsäurelösung. — Alt: (gefärbte Flecke): Bleiessig, mit Wasser nachspülen.
Glühwein	Auswaschen mit heißem Wasser, Farbreste mit verd. Wasserstoffsuperoxydlösung behandeln, mit Wasser nachspülen.
Goldchlorid, kolloides Gold	Zyankalilösung (20%). *Vorsicht!* Mit reichlich Wasser gründlich nachspülen.
Gras	siehe Chlorophyll.
Grog	siehe Glühwein.
Grünspan	siehe Kupfersalze.
Haaröl	siehe Fette.
Harn	siehe Urin.
Harz	Äther, Petroläther, Aceton, Gemisch von Amyl- und Äthylalkohol, Chloroform, Tetrachlorkohlenstoff, Trichloräthylen.
Hautcreme	siehe Fette.
Heidelbeeren	Mit schwacher Wasserstoffsuperoxydlösung versetzen und erwärmen.
Himbeeren	Verdünnte Natriumhypochloritlösung, mit Wasser reichlich nachspülen.
Höllenstein	siehe Silbernitrat.
Honig	Heißes Wasser.
Ichthyol®	Warmes Seifenwasser.
Indikatorenlösungen, gefärbte	siehe Teerfarbstoffe.
Jod	Befeuchten mit Salmiakgeist (10%) oder Natriumthiosulfatlösung (10%).
Kaffee, Kakao	Konzentrierte Kochsalzlösung und Nachspülen mit reichlich Wasser oder warmes Wasser mit Glycerinzusatz (10%).

Kaliumpermanganat . .	Verd. Salzsäure (5%). Aus empfindlichen Stoffen: Nach Behandlung mit Schwefelammonium (5%) auswaschen und Nachbehandlung mit Zyankalilösung (10%, *Vorsicht!*), bis gebildeter Fleck entfernt ist. Dann mit reichlich Wasser nachspülen.
Kanadabalsam	siehe Harz.
Karwendol®	siehe Ichthyol.
Kautschukpflaster . . .	Benzin, Äther, Petroläther, Tetrachlorkohlenstoff, Trichloräthylen. Die beiden letzten sind bei der Entfernung von Pflasterresten auf der Haut für große Flächen zu vermeiden wegen möglicher giftiger Wirkung.
Kerzen	siehe Wachs.
Kirschen	siehe Heidelbeeren.
Kollodium	Äther, Ätherweingeist.
Kopaivabalsam	siehe Harz.
Kopierstift	Konzentriertes Glycerin oder Äthylenglykol, auch abwechselndes Betupfen mit Essig und Spiritus und Auswaschen mit Wasser.
Kupfersalze	Betupfen mit starker Jodkalilösung (30%) oder mit Essigsäure (10%), dann mit lauwarmer Kochsalzlösung (20%) nachbehandeln.
Lack	Frisch: Rektifiziertes Terpentinöl, Benzin, Trichloräthylen. — Alt: Erweichen mit Brei aus Kieselgur und Xylol.
Lanolin	Äther, Benzin, Aceton.
Laub, grünes	siehe Chlorophyll.
Laugen	Spülen mit viel Wasser, dann mit Essig oder Citronensaft betupfen, anschließend mit reichlich Wasser spülen.
Lebertran, Lebertranemulsion	Warmes Seifenwasser, Panamarindeabkochung. Lösungsmittel wie bei Fetten.
Leim	Mit heißem Wasser erweichen, dann heiß auswaschen.
Leinöl	Ausreiben mit warmem Amylalkohol unter Zusatz von weingeistigem Salmiakgeist.
Likör	Zucker erst mit heißem Wasser lösen, zurückbleibende Farbstoffflecke mit Citronen- oder Weinsäurelösung behandeln, dann mit Wasser nachspülen.
Limonaden (gefärbte) .	siehe Teerfarbstoffe.
Lippenstift	siehe Schminke.
Lorbeeröl	siehe Fette. Grüne Restflecke entfernen wie Chlorophyll.
Lugolsche Lösung . . .	siehe Jod.
Lysol®	Mit Seifenwasser auswaschen, dann mit schwacher Wasserstoffsuperoxydlösung behandeln, wenn nötig unter Erwärmen.

Mastisol	Äther, Petroläther, Aceton, Tetrachlorkohlenstoff, Trichloräthylen.
Methylenblau	siehe Teerfarbstoffe.
Methylviolett	siehe Teerfarbstoffe.
Metol®	Mit warmer Seifenlösung, der etwas Natriumdithionit, $Na_2S_2O_4$, zugesetzt wird, das den Farbstoff reduziert und auswaschbar macht.
Milch	Fett mit Äther-Alkohol-Mischung lösen, Kasein mit verd. Salmiakgeist, dann wiederholt mit Wasser nachwaschen.
Mineralöl	siehe Fett.
Moderflecke, Stockflecke	Befeuchten mit Salmiakgeist, dann mit Kleesalzlösung (20%) mit Wattebausch abreiben und gut mit Wasser nachspülen.
Mostrich	siehe Senf.
Nagellack	Aceton, Amylacetat; bei gefärbten Nagellacken Farbrückstand; siehe Teerfarben.
Nikotinflecke an den Fingern	Mit schwefliger Säure betupfen, dann mit Wasser gründlich spülen; Wasserstoffsuperoxydlösung, der man etwas Salmiakgeist zufügt oder Weinsäure bzw. Citronensäurelösung.
Obst	Bei weißer Wäsche: Burmol oder Natriumdithionit, $Na_2S_2O_4$, sonst mit süßer lauwarmer Milch auswaschen, wenn dies wirkungslos, behandeln mit schwach mit Salzsäure angesäuerter Natriumbisulfitlösung, anschließend gründlich mit kaltem und warmem Wasser auswaschen.
Öle	siehe Fette.
Ölfarben	Auf Glas: 12 Stunden mit Schmierseife bedecken, dann mit Rasierklinge entfernen. — Auf der Haut: Mit Lösungsmitteln wie bei Fett.
Paraffin	Bügeln mit auf- und untergelegtem Filtrier- oder Löschpapier.
Paraffinöl	siehe Fett.
Pech	siehe Harz.
Perubalsam	Mit Amylalkohol, Chloroform oder Essigäther wiederholt stark benetzen (Lösungsmittel stets vor Wiederholung gut ausdrücken!), anschließend nacheinander mit Weingeist, Seifenspiritus und Seifenwasser auswaschen. Alte Flecke sind vor der Behandlung in Benzylbenzoat einzuweichen.
Petroleum	Benzin, Petroläther.
Pikrinsäure	Frisch: Sorgfältiges Einreiben von Brei aus Magnesiumcarbonat und Wasser. Nach längerem Einwirken auswaschen mit starkem Seifenwasser. — Alt: Beträufeln mit Lösung von Schwefelleber (1 + 5), nach 2 Minuten auswaschen mit starker Seifenlösung. Pikrinsäureflecken auf der Haut entfernt man mit Alkohol oder Äther.

Prontosil ®	Aus Wäsche: Spülen mit Wasser, in dem je Liter 2 g Soda und 3 g Natriumdithionit, $Na_2S_2O_4$, gelöst sind, bis zum völligen Verschwinden der Färbung.
Protargol ®	siehe Silbersalze.
Punsch	siehe Glühwein.
Pyoktanin ®	Verdünnte Salzsäure oder Natriumhypochloritlösung, anschließend gründliches Nachspülen. Hartnäckige Fälle längere Zeit in 0,1%iger Kaliumpermanganatlösung einweichen, wässern, dann mit schwacher Oxalsäurelösung nachbehandeln und nachwässern.
Pyrogallol	Frisch: Behandeln mit Ferrosulfatlösung (5 bis 10%) unter Erwärmen, bis Flecke tief schwarzblau geworden. Dann gut mit Wasser spülen und sofort mit Kleesalzlösung (20%) behandeln. Dann erneut mit Wasser spülen. — Alt: Entfernung unmöglich.
Quecksilbersalze	Jodtinktur aufträufeln, dann mit Jodkaliumlösung (30%) behandeln und mit warmer Natriumthiosulfatlösung auswaschen.
Resorzin	Citronensäurelösung (10%).
Rhabarber	Mit 10% Essigsäure enthaltendem Weingeist, einem Gemisch aus Benzol und Weingeist oder warmem Benzol (*Vorsicht! Feuergefährlich!!*) auswaschen.
Rivanol ®	Nach Angabe der Herstellerfirma: Flecke, die auf der Wäsche durch Rivanol entstehen, werden nach folgendem Verfahren entfernt: *a) Baumwolle und Leinenwäsche.* In einem Holzbottich oder emailliertem Gefäß stellt man eine Lösung her, die auf je 1 Liter Wasser 1 g übermangansaures Kali und etwa $^1/_8$ Liter 6%igen Essig enthält. In diese kalt bereitete Lösung gibt man so viel Wäsche, wie man unbehindert darin bewegen kann, beläßt sie 3 bis 4 Stunden unter zeitweiligem Umrühren in der Flüssigkeit und spült die Wäsche hierauf gut in Wasser nach. Die durch ausgeschiedenes Manganoxyd gebräunte Faser wird weiß, wenn man sie nunmehr einige Zeit in Natriumbisulfitlösung legt. Diese Bisulfitlösung stellt man entweder durch Auflösen von Natriumbisulfitsalz (40 g auf je 1 Liter Wasser) her oder mittels der im Handel befindlichen Bisulfitlauge (38° Bé), die im Verhältnis 1 : 10 zu verdünnen ist. Nach der Behandlung mit Bisulfit säuert man die Wäsche kurz in einem verd. Säurebad (z. B. halb Essig, halb Wasser) an, um die Bisulfitspuren zu beseitigen; hierauf wird die Wäsche wieder gut nachgespült. *b) Wolle, Kunstwolle, Halbwolle.* Hier führt meist folgendes Verfahren zum Ziel: In einen Holzbottich gießt man kochendes Wasser und fügt pro Liter etwa $^1/_8$ Liter 6%igen Essig hinzu, gibt in diese Mischung die Wäsche und beläßt sie unter wiederholtem Umrühren $\frac{1}{2}$ Stunde darin. Hierauf spült man die Wäsche sehr gründlich mit reinem Wasser nach. Nötigenfalls ist das Verfahren zu wiederholen.

Rivanol ® (Forts.) Sind die Rivanolflecke durch die Einwirkung des Lichtes schon stark gebräunt, so behandelt man sie, falls sie sich mit der vorstehenden Methode nicht vollständig entfernen lassen, nachträglich noch durch Einlegen der Wäsche in warmes Wasser, dem man pro Liter 1/8 Liter 6%igen Essig und 1 Eßlöffel voll Wasserstoffsuperoxyd (3%ig) zugesetzt hat.

Rizinusöl . . . . siehe Fett.

Rost . . . . siehe Eisensalze.

Rotwein . . . . Mit Natriumperborat- oder Wasserstoffsuperoxydlösung behandeln, dann gut mit Wasser nachspülen oder auswaschen mit Wasser, dem 10% Essig- oder Citronensäure zugesetzt ist.

Ruß . . . . Weinsäurelösung (20%).

Sahne . . . . siehe Milch.

Salben . . . . siehe Fett.

Säure . . . . Mit Salmiakgeist (10%), Soda- oder Natriumbicarbonatlösung (je 10%) behandeln und gut mit Wasser nachspülen.

Schimmel . . . . . . Wasserstoffsuperoxydlösung (3%).

Schmierfette und -öle . siehe Fette.

Schminke . . . . . . siehe Fette, Farbreste siehe Teerfarbstoffe.

Schreibmaschinenfarbe . siehe Farbband.

Schokolade . . . . . . Befeuchten mit Glycerin und auswaschen mit lauwarmem Wasser.

Schuhcreme . . . . . Erst mit rektifiziertem Terpentinöl oder anderen Lösungsmitteln behandeln, dann auswaschen mit Persillauge.

Schweiß . . . . Boraxlösung (10%), schwache Gallseifenlauge.

Senf . . . . Zunächst den Fleck vollkommen austrocknen lassen, dann mit Gemisch aus gleichen Raumteilen Chloroform und Äther entfetten. Nach der Verdunstung des Gemisches mit 30%igem lauwarmen Alkohol, dem etwas Salmiakgeist zugesetzt ist, behandeln. Dann mit Seifenwasser nachbehandeln.

Alte oder mit künstlich gefärbtem Senf verursachte Flecken behandelt man mit einem ammoniakalischen Glycerin-Alkohol-Wasser-Gemisch, wäscht mit Quillajarinden-Auszug nach und dann mit Seifenwasser. Vorsicht bei blauen Stoffen, wegen Gefahr des Auslaufens Probe vornehmen!

Sengflecke . . . . . . siehe Brand.

Siegellack . . . . . . Nach vorsichtigem Abbröckeln des gröbsten Teils den Rest mit Lösungsmittel (siehe Harz) herauslösen.

Silbernitrat . . . . . . siehe Silbersalze.

Silbersalze (Silbernitrat, Albargin, Protargol) . Frisch: Albargin- und Protargolflecke: Auswaschen mit Seifenwasser. Alte, bereits belichtete und Höllensteinflecke: Behandeln mit Jodkalilösung (10%). Nachbehandlung mit Natriumthiosulfatlösung (10%) nötig zur Entfernung etwaiger Jodsilberflecke.

Soßen	Fettgehalt von Soßen siehe Fette, zurückbleibende durch Mehl oder Früchte verursachte Flecke werden mit lauwarmem Wasser ausgewaschen.
Stearin	siehe Paraffin.
Stempelkissenfarben . .	siehe Teerfarben.
Stockflecke	siehe Moderflecke.
Sublimat	siehe Quecksilbersalze.
Suppe	Zur Entfernung des Fettes siehe Fette, dann nachwaschen mit warmem Seifenwasser.
Tabak	siehe Nikotin.
Talg	siehe Fette.
Tannin	siehe Gerbstoff.
Teer und Teerpräparate	Erst mit Lösungsmitteln (siehe Harze) lösl. Bestandteile entfernen, dann nachwaschen mit Seifenwasser und dest. Wasser.
Teerfarbstoffe	In weißen Stoffen: Mit Seifenspiritus ausreiben. Wenn dies unwirksam, kurze Zeit Bleichflüssigkeit einwirken lassen (bei Wolle und Seide nicht anwendbar!), dann mit Wasser sehr gründlich spülen. Auch Behandlung mit kalter Lösung von 2 g Soda und 3 g Natriumdithionit, $Na_2S_2O_4$. Bei Wolle, Seide und Kunstseide wird an Stelle von Soda etwas Salmiakgeist verwendet. Führt dies nicht zum Ziel, wird hintereinander mit Bleichflüssigkeit und Natriumdithionit mit Soda bzw. Burmol behandelt. Sehr hartnäckige Flecken werden mehrere Stunden lang in Kaliumpermanganatlösung (0,1%) eingeweicht und dann mit Wasser bzw. Oxalsäurelösung (10%) nachbehandelt. Die Oxalsäurelösung wird mit verd. Salmiakgeist neutralisiert.
Terpentin	siehe Harze.
Thiol ®	Lauwarmes Seifenwasser.
Tinkturen	Auswaschen mit Weingeist (70%) und Nachbehandlung mit Seifenspiritus oder Seifenwasser.
Tinte	Eisengallus- und Anilinfarbentinten: Frisch: Aufstreuen von Salz oder Magnesia zum Aufsaugen. Auswaschen mit warmer Seifenlösung oder Einlegen in Milch und mehrmaliges Ausdrücken bzw. Einlegen in starke Citronen- oder Weinsäurelösung (30%) und mehrmaliges Ausdrücken. — Alt: Nach dem Benetzen mit Oxalsäurelösung (30%) während einiger Sekunden gründlich mit Wasser spülen, dann mit verd. Salmiakgeist neutralisieren. — Rote Tinte: Mit kalt gesättigter wässeriger Natriumperboratlösung betupfen, dann gut auswaschen.
Tintenstift	siehe Kopierstift.
Traumatizin	Alkohol, Äther, Chloroform.
Trypaflavin ®	Nach Angabe der Herstellerfirma: Reinigen der Wäsche: Sofern es sich um weißes Leinen und Baumwollstoffe handelt, verwende man zur Entfernung von Trypaflavin-Flecken *Aflavol.* Gebrauchs-

Trypaflavin ® (Forts.)	anweisung: Die Wäsche wird in der üblichen Weise eingeweicht, abgeseift, durchgespült und dann in einem Kessel in einer Lösung, die pro Liter 25 g Aflavol enthält, 15 bis 20 Minuten lang gekocht. Hierauf wird die Wäsche in der üblichen Weise weitergewaschen. Reinigen von wollenen Kleidern: Wesentlich ist, daß Trypaflavin-Flecke möglichst bald aus Wollstoffen entfernt werden, bevor ein Eintrocknen der Lösung erfolgt. Es genügt dann in den meisten Fällen ein Waschen in warmem Wasser mit etwas Seife, worauf gutes Nachspülen erforderlich ist. Sind die Flecke bereits eingetrocknet, so verfährt man am zweckmäßigsten folgendermaßen: Das betreffende Kleidungsstück wird zunächst mit warmem Wasser ausgewaschen. Man erwärmt darauf Wasser auf ungefähr 50° C und setzt demselben pro Liter 2 g Salzsäure (auf 10 Liter Wasser einen großen Eßlöffel voll) zu. Hierauf mischt man durch kräftiges Umrühren und behandelt das Kleidungsstück $^1/_4$ Stunde lang mit dieser Lösung. Dann ist wieder gründlich zu spülen und zu trocknen. Man verwendet sowohl beim Waschen als auch bei der Behandlung mit Salzsäure am besten möglichst weiches Wasser (destilliertes, abgekochtes oder Regenwasser).
Tumenol-Ammonium .	Waschen mit Seifenwasser.
Tusche	Nach der Behandlung mit Sodalösung (20%) mit Natriumdithionit, $Na_2S_2O_4$, betupfen, befeuchten und dann gut nachspülen.
Urin	In weißem Gewebe: Nach dem Befeuchten mit verd. Salzsäure mit Wasserstoffsuperoxydlösung (3%) behandeln und mit reichlich Wasser nachspülen.
Vaselin	siehe Fette.
Vioform	Einweichen in Essigsäurelösung (2%) 2 Stunden, dann mit Wasser nachspülen und auswringen. Anschließend einlegen in Natriumthiosulfatlösung (2%). Nach weiteren 2 Stunden sorgfältiges Auswaschen mit Wasser, dann 10 Minuten lang kochen in Seifenwasser und nachspülen in kaltem Wasser.
Wachs	Bügeln mit auf- und untergelegtem Lösch- oder Filtrierpapier.
Wagenschmiere	Mit Lösungsmitteln (siehe Harz) behandeln.
Wasserglas	Nur frisch und sofort mit nassem Tuch zu entfernen. Wasserglasflecke auf Glas können nach dem Eintrocknen nicht mehr entfernt werden.
Wein, Rotwein	Reichlich Kochsalz auf dem frischen Fleck verreiben, dann mit Wasser auswaschen oder benetzen mit Citronensaft und nachwaschen mit warmem Seifenwasser.
Wismut	10%ige Lösung von Citronen- oder Weinsäure.
Wollfett	siehe Lanolin.

Fleckwasser.

	1.	2.	3.	4.	5.	6.
Äther	8,0	12,0	—	—	3,0	—
Benzin	81,0	64,0	—	35,0	—	—
Destillatolein	—	—	—	—	6,7	—
Essigäther	5,0	12,0	—	—	—	15,0
Kaliumoleat	—	—	—	5,0	—	—
Kampferöl, leichtes	2,0	—	—	—	—	—
Salmiakgeist (0,910)	2,0	—	—	—	—	—
Schwerbenzin	—	—	15,0	—	—	—
Tetrachlorkohlenstoff	—	—	85,0	60,0	80,0	50,0
Terpentinöl	—	12,0	—	—	—	15,0
Triäthanolamin	—	—	—	—	3,3	—
Weingeist (96%)	2,0	—	—	—	—	—
Aceton	—	—	—	—	—	20,0

Zu 5. Olein und Triäthanolamin werden bei 40° bis 50° gemischt und nach dem Abkühlen die übrigen Bestandteile zugefügt.

Antifer. Fleckwasser für Rost- und Tintenflecke.

Kaliumbioxalat	10,0	Natriumchlorid	10,0
Citronensäure	10,0	Wasser	80,0

Dieses Fleckwasser darf nur in zur Abgabe an den Verbraucher bestimmten fertigen Packungen mit der deutlichen Kennzeichnung *„Für Kinder unzugänglich aufzubewahren!“* ohne ☠ *3*-Deklaration abgegeben werden.

Verwendung. Man behandelt die Rostflecke längere Zeit mit diesem Fleckwasser und spült anschließend gründlich mit warmem Wasser nach.

Benzin-Magnesia-Fettfleckpulver.

Gebrannte Magnesia wird mit Benzin zu einem weichen Brei verknetet (*Vorsicht, Feuersgefahr!*), dieser auf die Fettflecken gestrichen und nach dem Trocknen abgebürstet.

Verwendung. Zur Entfernung von Fettflecken aus Gegenständen, bei denen Fleckwässer nicht anwendbar sind.

Fleckstift (SÖFW).

Kokosölfettsäure . . 20,0 | Talgfettsäure . . . 20,0

Terpentinöl 25,0

werden in der Kälte verseift mit

Natronlauge (38° Bé) . . 21,0

In den entstandenen Seifenleim rührt man ein

Boraxpulver . . . . 5,0 | Kastanienmehl- oder Seifenwurzelextrakt . . 10,0

Nach dem Erstarren sticht man aus den Platten Stifte von der gewünschten Form aus oder drückt die Masse durch eine kleine Strangpresse.

Polstermöbelreinigungsmittel.

Die zu reinigenden Polstermöbel sind zunächst durch Klopfen, Bürsten oder Absaugen mit dem Staubsauger sorgfältig zu reinigen, dann auf einer unauffälligen Stelle eine Probe zu machen, ob die Stoffarbe durch das anzuwendende Mittel nicht leidet.

	1.	2.	3.
Tetrachlorkohlenstoff	850,0	—	—
Schwerbenzin	150,0	200,0	—
Essigäther	—	100,0	50,0
Terpentinöl	—	100,0	—
Trichloräthylen	—	500,0	800,0
Äther	—	100,0	80,0
Weingeist (95%)	—	—	20,0
Salmiakgeist (0,910)	—	—	20,0
Kampferöl, leichtes	—	—	20,0

Die anzuwendende Flüssigkeit wird mit kohlensaurer Magnesia oder Kieselgur zu einem Brei angeteigt und dieser messerrückendick auf das Polstermöbel aufgestrichen. Nach dem Eintrocknen wird im Freien abgeklopft und sorgfältig gebürstet. Wenn nötig, wird der Vorgang wiederholt. Besonders starke Fettflecken werden mit der anzuwendenden Mischung schon vorher mit einem reinen damit benetzten Läppchen abgerieben und wasserlösliche Flecken mit reinem heißen Wasser vorher entfernt.

Waschbenzin.

Durch Waschbenzin sind häufig Explosionen, die oft mit Todesfällen verbunden waren, erfolgt. Bekanntlich kann Benzin auch durch entstandene Reibungselektrizität zur Explosion kommen. In der Industrie werden deshalb alle Benzingefäße geerdet, um entstehende Reibungselektrizität abzuleiten. BÜRSTENBINDER empfiehlt, um Benzin leitend zu machen, den Zusatz von 2% Alkohol (95%) und erwartet bei entsprechender Aufklärung der Käufer dadurch die Vermeidung von Benzin-Explosionen. Die Explosionsgefahr ist um so größer, je trockener die Luft ist, weil dann mehr Reibungselektrizität entsteht.

Fußbodenpflege. Bohnermassen. Schiwachs.

(Siehe auch Bd. I, S. 472: Fußbodenanstriche; S. 487: Fußbodenkitt; S. 454: Fußbodenocker.)

Festes Bohnerwachs (Anorgana).

1. Montanwachs Typ OP . . . . . 4,0 | Ozokerit, vollraff. 3,0
   Hartwachs HWS 100 . . . . . 4,0 | Paraffin 17,0
   Hart-Montanwachs, gebleicht . . 2,0 | Testbenzin 70,0

Die Mischung erstarrt in der Dose mit gutem Spiegel und kleiner Oberflächenzeichnung, trocknet gleichmäßig auf und gibt beim Polieren guten Glanzeffekt.

2. Montanwachs Typ OP . . . . . 3,0 | Hartwachs HWS 100 2,0
   Hartparaffin (Schmp. 93°) . . . 3,0 | Ozokerit 3,0
   Hart-Montanwachs, gebleicht . . 2,0 | Paraffin. 17,0
   Testbenzin 70,0

3. Montanwachs Typ OP . . . . . 4,0 | Ozokerit 2,0
   Hartwachs HWS 100. . . . . . 4,0 | Paraffin 18,0
   Hartparaffin . . . . 2,0 | Testbenzin 70,0

4. Montanwachs Typ OP . . . . . 4,0 | Hartmontanwachs, gebleicht. . . . 2,0
   Hartwachs HWS 100. . . . . . 3,0 | Paraffin. 16,0
   Hartparaffin . . . . 2,0 | Testbenzin 70,0
   Ozokerit 2,0

Die Vorschriften 3. und 4. geben einen vorzüglichen Spiegel und hohen Glanzeffekt.

5. Paraffin (billig) . . . . 87,0 | E-Wachs 3,0
   Hartwachs HWS 100 . . . . . 5,0 | Ozokerit 5,0
   Testbenzin . . 230,0 bis 250,0

Festes Bohnerwachs (Schlickum).

1. *Bohnerwachs,* auch zur Verpackung in Tüten geeignet.

	I.	II.	III.	IV.
Hartwachs Type 4951	3,0	4,0	5,0	6,0
Paraffin	27,0	26,0	25,0	24,0
Testbenzin	70,0	70,0	70,0	70,0
Tropfpunkt der Bohnermasse	45 bis 50°	60 bis 62°	65°	68°

In den folgenden Vorschriften ist eine weitere Qualitätsverbesserung durch Erhöhung des Hartwachsgehaltes unter entsprechender Herabsetzung der Paraffinanteile möglich. Der Lösungsmittelzusatz kann jahreszeitlich und entsprechend den Anforderungen an die Pastenfestigkeit geändert werden.

2. *Preiswerte Konsumware,* auch zur Abfüllung in Tüten.

	I.	II.	III.	IV.
Hartglanzwachs, Type 905	8,0	—	—	—
Hartglanzwachs Type 4951	—	3,0 bis 1,5	—	—
Isco®-Wachs, extra hart, Type 760	—	—	—	3,0
Spezial-Hartwachs Type 2380	—	—	6,0	—
Hartwachs Type 4906	—	—	—	6,0
Ozokerit Type 4873	1,5	1,5	1,5	—
Paraffin	20,5	25,5 bis 27,0	22,5	21,0
Testbenzin	70,0	70,0	70,0	70,0

3. *Mittlere Qualitäten.*

	I.	II.	III.	IV.
Hartglanzwachs Type 4951	6,0	4,0	—	—
Montanwachs Type 2358	—	—	5,0	—
Isco®-Wachs, extra hart, Type 760	—	4,0	5,0	12,0
Ozokerit Type 4873	2,0	2,0	2,0	2,0
Paraffin	22,0	20,0	18,0	16,0
Testbenzin	70,0	70,0	70,0	70,0

4. *Erstklassige Ölcremes.*

	I.	II.	III.	IV.
Hartglanzwachs Type 4951	—	—	5,0	2,0
Carnaubawachs-Rückstände Type 427	—	10,0	—	8,0
Montanwachs Type 2380	6,0	—	—	—
Montanwachs Type 761	6,0	5,0	—	—
Isco®-Wachs, extra hart, Type 760	—	—	5,0	6,0
Ozokerit Type 380	2,0	2,0	2,0	2,0
Paraffin	16,0	13,0	18,0	12,0
Testbenzin	70,0 bis 80,0	70,0 bis 80,0	70,0 bis 80,0	70,0 bis 80,0

Bohnerwachs (hochwertig).

1. Wachs Gersthofen OP 7,0
Gebleichtes Montanwachs . . 4,0
Ozokerit 60/62° 2,0
Paraffin 50/52° 12,0
Testbenzin 65,0
Terpentinöl 10,0

2. (Scheifele). Gersthofenwachs OP 6 kg
Ozokerit . . . . 2 kg
Paraffin . . . . 22 kg
Sangajol®. . . . . 70 kg

Beim Schmelzen und Verrühren ist die obige Reihenfolge einzuhalten.

Bohnerwachs für Gummiböden.

Gersthofenwachs O oder OP 10,0
Raff. Montanwachs 8,0
Paraffin oder Paraffinschuppen 50/52°. 6,0
Terpentinöl 2,0

werden unter den nötigen Vorsichtsmaßnahmen zerschmolzen und emulgiert mit einer Lösung bei 80° von

Pottasche . . 3,0
Kernseife . . 1,5
Wasser . . . 70,0

Bohnerwachs, flüssiges.

1. Wachs Gersthofen N . . 6,0 | Paraffin, 50/52° 6,0
Wachs Gersthofen O . . 4,0 | Triäthanolamin 3,0
Wachs Gersthofen E . . 4,0 | Wasser 40,0
Terpentinöl 37,0

Das Paraffin und die Wachse werden geschmolzen und dann das Terpentinöl (*Vorsicht! Feuersgefahr!*) darunter gemengt. Dann wird das 70° warme Gemisch mit der Lösung von Triäthanolamin im Wasser, ebenfalls 70° warm, emulgiert. Zur Erhöhung der Stabilität kann noch 1% Emulphor ® zugesetzt werden.

2. (Schlickum)· Isco®-Wachs Type 4953, 4955 oder 693 . 10,0
Lösungsmittel 10,0

Bei Verwendung von Testbenzin empfiehlt es sich, 10% hiervon durch Terpentinöl zu ersetzen.

Selbstglanzwachs (Schlickum).

Selbstglanzwachs Type 4959, 4807 oder 4950 . . 12,0
Wasser 88,0

Das Selbstglanzwachs wird geschmolzen und nach dem Erhitzen auf 100 bis 103° zunächst mit einer kleinen Menge kochenden Wassers unter gutem Umrühren emulgiert. Der Rest des kochenden Wassers kann in größeren Portionen, jedoch immer unter gutem Umrühren, zugesetzt werden, wobei man anschließend bis auf etwa 40° kaltrührt.

Es ergeben sich milchig-weiße Emulsionen, mit der die hellsten und empfindlichsten Fußböden behandelt werden können.

Selbstglänzendes Fußbodenpflegemittel (LÜTTGEN/MÖLLERING).

Schellack, entwachst, raff. . . 20,0 | Triäthanolamin 2,8
Wasser 77,2

In der Hälfte des auf 85° erhitzten Wassers löst man das Triäthanolamin und trägt den Schellack unter Umrühren ein. Nach seiner Lösung wird das restliche Wasser zugegeben, auf Raumtemperatur abgekühlt und mit der entsprechenden Menge Wachsemulsion vermischt.

Farbstoffe für Wachsprodukte (nach BUCHNER-LÜDECKE).

Spezialfarbstoffe für Schuhcremes, Bohnermassen und andere Wachsprodukte sind:

Wasserlösliche Farbstoffe.

Metanilgelb extra	Cyananthrol RBX
Orange II, conc.	Grün PLX
Ponceau G	Havannabraun G
Marsrot GX	Nigrosin WL conc. Körner
Brillantwollblau FFB extra	Nigrosin WLA conc. Körner

Fett-(wachs-)lösliche Farbstoffe.

Sudangelb 3 G	Sudanrot 2 G
Sudanorange R	Sudanbraun B

Sudanbraun RBN

Fett-(wachs-)lösliche Farbstoffe für Bodenbeizen.

Sudangelb RR, Typ 1211 B	Sudanbraun BB
Sudanrot 5 R	Sudanbraun 5 B
Sudanbraun B	Sudangrün 2 B

Sudanschwarz G

Bodenbeizen können außerdem mit Pigmenten, z. B. den Eisenoxyden, angefärbt werden.

Flüssiges Reinigungsmittel für Fußböden „Flüssige Stahlspäne".

	1.	2.	3.
Sangajol	70,0	70,0	70,0
Tetrachlorkohlenstoff	30,0	—	—
Trichloräthylen	—	30,0	—
Methylenchlorid	—	—	25,0
Butylacetat	—	—	5,0

Fußbodenkehrmittel.

Fußbodenkehrmittel sind Trockenreinigungsmittel, die als Scheuermittel gesiebten Grubensand bzw. Fluß- oder Seesand enthalten und denen als *Adsorptionsmittel* zur Entfernung des Schmutzes von den Böden Sägemehl, das zur Entfernung von Holzteilen und -spänen gesiebt worden ist, zugegeben wird. Es ist nicht gleichgültig, welche Sorte Sägemehl hierbei zur Verwendung kommt, da dessen Adsorptionsvermögen von der Körnung und der Herkunft des Mehls abhängt. Die beste Sorte ist Kiefernmehl, das auch angnehm riecht, oder Ulmenmehl, das hinreichende Körnigkeit hat und dem weißen, ziemlich pulverförmigen Fichtenmehl vorzuziehen ist. Eine gewisse Körnung des Sägemehls ist notwendig, um das Aufkehren des Kehrmittels vom Boden vor allem aus Bodenritzen zu erleichtern. In Gemischen, die auf teppichbelegten Dielen zur Anwendung kommen, wird mit Vorteil *grobgepulvertes* Steinsalz verwendet. Als *Feuchthaltungsmittel* kann nicht einfach Wasser verwendet werden, da dieses im Fertigfabrikat restlos verdunsten würde. Man verwendet hierzu hygroskopische Stoffe, vor allem Calciumchlorid bzw. Magnesiumchloridlauge. Als *staubbindendes* Mittel (2 bis 5%) finden Fußbodenöle, besser Spindelöle (3 bis 4 ENGLER-Grade bei 20°) Verwendung. Parfümiert wird mit Fichtennadel-, Eukalyptus- oder Terpentinöl und u. U. mit öllöslicher Anilinfarbe gefärbt. Zur Herstellung wird zunächst das Sägemehl bis zur Erreichung des richtigen Feuchtigkeitsgehalts mit Magnesiumchloridlauge (etwa 10%) befeuchtet, während das Mineralöl erst mit wenig Sand durchgearbeitet und dann mit den übrigen Bestandteilen vermengt wird. An Stelle des in älteren Vorschriften verwendeten Glycerins wird zweckmäßig das bakterizide Propylen- oder Tritäthylenglykol verwendet, deren Dämpfe vom Wasserdampf der Luft absorbiert werden und darin enthaltene Bakterien und Viren noch in großer Verdünnung abtöten.

Staubbindendes Fußbodenkehrmittel. Fußbodenkehrmittel.

1.		2.	
Spindelöl, dünnflüssig	120,0	Sand (Sieb 4)	250,0
Sand (Sieb 4)	280,0	Sägemehl aus Kiefern	500,0
Sägemehl (Kiefer oder Ulme)	575,0	Steinsalz, grob pulv.	110,0
Propylenglykol	20,0	Magnesiumchloridlauge	100,0
Fichtennadelöl	5,0	Triäthylenglykol	40,0

Fußbodenöl.

1. *Staubbindend, für Fabriksäle, Büro-, Schulräume usw.*

Spindelöl	800,0	Kampferöl	50,0
Tetralin®	150,0		

Das zur Verwendung kommende Spindel- oder Vaselinöl muß niedrigviscos sein, der Flammpunkt darf nicht zu hoch liegen. Zur Geruchsverbesserung können auch geringe Mengen Fichtennadelöl oder Citronellöl verwendet werden.

2. *Harttrocknend, für Fußbodenanstriche* (STOCK).

Harz	100 kg	bis 300° erhitzen	Sangajol®	140 kg
Kalkhydrat	7 kg		Schwerbenzin	28 kg
Leinöl	35 kg	bei 180° 1 Stunde halten	Harzsikkativ	14 kg
Holzöl	35 kg			

Fußbodenpolitur (Vanderbilt).

	1.	2.		1.	2.
A. Carnaubawachs, gelb	10,0	3,0	B. Triäthanolamin	1,6	—
Bienenwachs	—	2,0	Morpholin	—	0,6
Stearinsäure	—	1,5	Testbenzin	—	10,0
Olein	2,5	—	Veegum	1,25	1,75
			Wasser	84,65	81,15

I. A. schmelzen und auf 95° erwärmen. II. B. langsam unter Rühren A. zugeben. III. Veegum langsam dem Wasser zusetzen, fortwährend rühren, bis Mischung glatt ist. IV. Das entstandene Veegum-Gel auf 70° erwärmen und der Wachsmischung sehr langsam zusetzen. Mechanisch bis zur Abkühlung rühren.

Kehrspäne, wachshaltige.

1. (Römpp) Wachs Gersthofen OP 1,5
werden durch Erwärmen gelöst in
dünnflüssigem Maschinenöl . . 30,0
Die Lösung wird gründlich vermischt mit
Sägemehl 100,0
Soll das Kehrpulver desinfizieren, kann zugesetzt werden
Formaldehydlösung 4,0

2. Wachs Gersthofen BJ . . 7,0 | Paraffin, 50/52° 20,0
Ozokerit . . . . 2,0 | Terpentinöl(ersatz) . . . 200,0

Die drei ersten Bestandteile werden im Terpentinöl(ersatz) gelöst und 20 bis 30% der Mischung unter Zufügen von 20% Steinsalz, zur Verhütung der Selbstentzündung, unter das Sägemehl gemengt, auf 10 g Sägemehl 20 g der Mischung.

Schiwachs.

Steig- und Gleitwachs.

	1.	2.	3.	4.[1]
Paraffin, gelb (50/52°)	40,0	40,0	10,0	30,0
Rohmontanwachs	15,0	15,0	17,0	10,0
Wollfett, neutral	15,0	15,0	18,0	—
Mineralöl	10,0	15,0	5,0	—
Weichholzteer	10,0	5,0	2,0	5,0
Harz	—	10,0	28,0	12,0
Ozokerit	—	—	25,0	20,0
Mineralfett	—	—	—	8,0

Gleitwachs.

	1.	2.		1.	2.
Paraffin	60,0	60,0	Talcum	10,0	10,0
Zeresin	16,0	16,0	Talg	—	14,0
Palmöl	14,0	—			

3. Harz . . . . 5,0 | Paraffin 50/52 5,0
Zeresin 52/54 . . . . 20,0 | Japanwachs 7,5
Montanwachs, gebleicht . . . 7,5 | Lanolin 5,0

Diese Wachse sind heiß auf die Schier aufzutragen.

4. (Römpp) Rohmontanwachs . . 32,0 | Stearin 3,0
Paraffin (50/52°) . . 40,0 | Birkenteeröl 8,0
Wollfett . . . . . . 5,0 | Talg 12,0

Schiwachs, fest.

Montanwachs . . . . 18,0 | Ozokerit 4,0
Paraffin . . . . . . 60,0 | Wollfett 6,0
Kolophonium 12,0

werden unter Umrühren zu einer gleichmäßigen Masse verschmolzen.

[1] Für *Harschschnee.*

Schiwachs, flüssig.

Carnaubawachs	4,0	Montanwachs	12,0
Leinölfirnis	84,0		

Die geschmolzenen Wachse werden mit dem heißen Leinölfirnis vermengt.

Schiwachs in Tuben.

1. Montanwachs	15,0	Carnaubawachs	5,0
Leinölfirnis	80,0		
2. Montanwachs, raff.	15,0	Terpentinöl oder Terpentinölersatz	80,0
Zeresin	5,0		

Gärtnereibedarf.

Baumwachs.

Baumwachs findet Verwendung zum Verschmieren von Baumverletzungen aller Art und von den beim Okulieren entstehenden Verletzungen. Dieser Verschluß mit Baumwachs verhindert den Befall der Wunde durch Bakterien, Pilze oder Insekten. Ältere Wunden müssen u. U. erst mit einer Drahtbürste gereinigt bzw. mit dem Messer ausgeschnitten werden. Dies ist in allen den Fällen nötig, in denen bereits ein Befall mit Pilzen oder Insekten festzustellen ist. Festes und zähflüssiges Baumwachs wird vor der Anwendung zweckmäßig angewärmt.

	1.	2.	3.	4.	5.	6.
Kolophonium	75,0	50,0	5,0	20,0	54,0	40,0
Talg	3,0	—	8,0	—	—	3,0
Rohmontanwachs	—	—	15,0	4,0	—	—
Japanwachs	—	—	—	—	—	15,0
Wollfett, neutral	—	10,0	10,0	10,0	13,0	—
Bienenwachs	—	—	—	—	—	15,0
Steinkohlen- oder Holzteer	5,0	—	—	—	13,0	—
Weingeist, denaturiert. oder Methanol	20,0	—	—	5,0	10,0	0,8
Leinöl, Rüböl, Harzöl raffiniert	—	30,0	10,0	11,0	—	—
Rohozokerit	—	—	6,0	—	—	—
Gallipot	—	—	5,0	—	—	—
Terpentinöl	—	—	—	—	10,0	—
Terpentin	—	—	—	—	—	24,0
Kurkuma-Extrakt	—	—	—	—	—	0,2

1. halbflüssig, 2. salbenartig bzw. halb- bis zähflüssig, 3. fest, 4. zähflüssig, 5. fest, 6. fest.

	7.	8.	9.
Gelbes Wachs	54,0	750,0	120,0
Fichtenharz	27,0	1250,0	230,0
Japanwachs	—	—	40,0
Rindertalg	—	—	—
Hammeltalg	—	60,0	120,0
Rapsöl	—	120,0	—
Terpentin, gewöhnlicher	—	360,0	150,0
Venetian. Terpentin	13,5	—	—
Curcuma-Extrakt	—	—	—
Curcuma-Wurzelpulver	—	60,0	—
Weingeist	—	—	—
Hirschtalg	13,5	—	—
Kolophonium	—	—	130,0
Paraffin	—	—	40,0

Vorschrift 7 nach SIDO, 8 und 9 nach HAGER.

Baumwachs, halbflüssig (Sido).

1. Fichtenharz . . . . 500,0 | Denaturierter Spiritus 200,0

2. Kolophonium . . . . 12,0 | Terpentin, gewöhnl 12,0
Denat. Spiritus 3,0

Harze im Wasserbad schmelzen, den Spiritus kurz vor dem Erkalten in kleinen Anteilen dazurühren.

Baumwachs, flüssig (Hager).

Kolophonium	1250,0	Terpentin, gewöhnl. . .	50,0
Schiffspech	200,0	Gelbes Wachs	130,0
Leinöl	120,0	Brennspiritus	400 ccm

Die ersten 5 Anteile werden auf dem Wasserbad zusammengeschmolzen und unter Umrühren erkalten gelassen. Fängt die Masse an, dicklich zu werden, wird der Brennspiritus in kleinen Anteilen darunter- und bis zum Erkalten weitergerührt.

Aufbewahrung: In gut verschlossenen Gefäßen.

Frischhaltung von Blüten.

In USA werden hierzu Wasserstoffsuperoxyd mit Kupfersulfat oder Natriumsulfat bzw. Wasserstoffsuperoxydharnstoff mit Natriumsulfat verwendet. Von den genannten Chemikalien werden jeweils 1 bis 2% dem Wasser zugefügt.

Wildverbißmittel.

Wildverbißmittel dienen dem Schutz der Rinde junger Bäume, um sie im Winter vor Tierfraß zu schützen. Sie müssen für die Bäume unschädlich sein, fest an der Rinde haften und dürfen vom Regen nicht abgewaschen werden. Vgl. a. Bd. I, S. 1035. Römpp gibt folgende Vorschriften:

1. Soda, calc. . . . 1,0 | Rinderblut 4,0
Steinkohlenteer . . 4,0

2. Kalk, gelöscht . 20,0 | Leinöl 2,5
Petroleum 3,0

3. Teer . . . . . . 50,0 | Fischtran 50,0

Als *Abschreckungsmittel* zum Betreten von Feldern durch Wild empfiehlt Römpp folgende Methode:

Ein großer Tuchlappen wird mit Creolin® oder Rohrcarbolsäure getränkt, dieser an einen Stein gebunden und mit einer Schnur um das zu schützende Feld gezogen.

4. Teer . . . . . . 60,0 | Petroleum 20,0
Rohes Tieröl . . 15,0

werden gemischt und eingedickt mit

Staufferfett . . nach Bedarf
Alaun 5,0

5. Maschinenöl . . 65,0 | Zeresin 20,0

werden zusammengeschmolzen und zugegeben

Karbolineum . . 15,0

6. Roher Fischtran | Teer . . . . āā

Glasbearbeitung.

(Siehe auch S. 57 bis 59.)

Brillenglassalbe.

1. (ZABLER)	Kieselerde, gereinigte . . 16,0	Syndetikon ®. 4,0
	Kaliseife, wasserfrei . . 40,0	Vaselin, weiß . . . auf 100,0

Etwa die doppelte Menge möglichst frischer Kaliseife DAB. 6 wird auf dem Ölbade bei etwa 175° bis zur Gewichtskonstanz eingedampft, wobei sie etwa 50% ihres Gewichtes verliert und hart wird. Diese wasserfreie Seife wird mit dem weißen Vaselin auf dem Ölbad zusammengeschmolzen. Mit der noch weichen Mischung wird die zuvor durch Sieb 5 geschlagene Kieselerde angerieben und vermischt. Das Ganze wird durch Sieb 5 gedrückt, dann wird der noch warmen Masse das Syndetikon unter kräftigem Rühren zugesetzt. In noch weichem Zustande wird in Aluminiumtuben mit Innenlack abgefüllt.

Verwendung. Zum Verhindern des Beschlagens von Brillengläsern. Man trage die Salbe mit dem Finger auf die beiden Seiten der Brillengläser auf und reibt die Gläser vorsichtig mit einem Läppchen, bis sie wieder klar durchsichtig sind.

2. Kaliseife . . . 14,0	Glycerin . . . 5,0
	Terpentinöl . . 1,0

Glasätzung.

Beim Ätzen von Glas unterscheidet man das *Klarätzen*, das mit einer wäßrigen Lösung von Flußsäure (40% HF) durchgeführt wird, wobei das Glas ohne Kristallabscheidung aufgelöst wird und das *Mattätzen*, zu dem nur Fluorwasserstoff in Gasform angewendet werden müßte. Da dies unbequem ist, wird das Mattätzen wie folgt durchgeführt:

Kaliumsulfat, gereinigt, krist. „Merck“ 50,0
Ammoniumbifluorid, gereinigt, trocken, gepulvert „Merck“ ☠ *2.* . . 50,0

werden in 500 ccm warmem Wasser gelöst. Die zu mattierenden Glasgegenstände werden in die etwa 50° warme Lösung gebracht und dort unter Vermeidung jeglicher Bewegung etwa 1 Min. lang belassen. Wird stärkere Mattierung gewünscht, wird dem Bade eine geringe Menge reine rauchende Salzsäure „Merck“ 1,19 zugesetzt. Ist eine Abschwächung der erzielten Mattierung erforderlich, so werden die gut mit Wasser abgespülten mattierten Gegenstände in eine Mischung aus 25 Gewichtsteilen Flußsäure (40% HF) techn. arsenfrei „Merck“ mit 75 Gewichtsteilen Wasser eingetaucht. Je nach dem Grade der gewünschten Mattierung müssen die Glasgegenstände mehr oder weniger lange in diesem zweiten Bad gelassen werden.

Wichtig ist, daß die zu ätzenden Glasgegenstände vorher mit warmer Sodalösung und anschließend mit einem Wattebausch, der mit Trichloräthylen oder Tetrachlorkohlenstoff getränkt ist, von Fett und anderen Verunreinigungen gründlich befreit werden. Jede Berührung mit den Händen ist zu vermeiden. Das Einhängen der Gegenstände in das Ätzbad darf nur mit gegen Flußsäure widerstandsfähigen Geräten (Holzklammern, Holzhaken oder solchen aus Trolitul bzw. starken Bleidraht) erfolgen. Weiter ist zu beachten, daß die Einwirkung von Flußsäure bzw. der Mattierungslösung von der Glasart beeinflußt wird. Natron- und Kaligläser werden von Flußsäure stärker angegriffen als Bleigläser.

S. Fluor, Toxikologie, Bd. II, S. 482.

Glasätzmittel.

1. (SAZ.): ☠ *1. Mattiersäure, schnellwirkend.*

Fluorammonium	5000,0	Ammoniumsulfat	500,0
Schwefelsäure (66° Bé) . .	1000,0	Flußsäure, techn. konz. . .	200,0
Wasser	3300,0		

2. ☠ *1. Mattiersäure, langsam wirkend.*

Fluorammonium	3500,0	Ammoniumsulfat	350,0
Schwefelsäure (66° Bé) . .	1800,0	Flußsäure, techn. konz. . .	100,0
Wasser	4200,0		

3. ☠ *1. Ätzstempelflüssigkeit für Glas.*

Fluorammonium . . . . . 3000,0 (3500,0) | Flußsäure, techn. konz. . . 1000,0 (1500,0)

läßt man bis zur Sättigung stehen und filtriert.

4. ☠ *1. Glasätztinte.*

Flußsäure, techn. konz. . .	3000,0	Fluorammonium	3000,0
Bariumsulfat	1500,0		

5. ☠ *1. Glas-Ätzflüssigkeit zum Mattätzen.*

Dest. Wasser . .	40,0	Flußsäure . . .	10,0
Salzsäure	10,0	Kaliumfluorid . .	20,0
Kaliumsulfat . .	10,0		

Die Ansätze werden in ausgebleiten Holzbottichen hergestellt, bleiben einige Stunden bedeckt unter bisweiligem Umrühren stehen und werden vor der Abfüllung in die Versand- oder Aufbewahrungsgefäße auf Wirksamkeit geprüft und nötigenfalls durch Flußsäure noch verstärkt. Die Gefäße müssen aus Guttapercha oder Lupolen bestehen und bestens verschlossen werden.

Die völlig entfetteten Glasgegenstände verbleiben in der auf 50° bis 60° erwärmten Flüssigkeit bis zur gewünschten Ätzwirkung.

Glasätzmittel, Paste.

Ammoniumfluorid . . 100,0 | Bariumsulfat 100,0

werden im Porzellanmörser (Innenfläche Biskuitform) innig vermischt. Die Mischung bringt man in ein Bleigefäß und rührt mittels Bleistabs rauchende Fluorwasserstoffsäure technisch in kleinen Anteilen bis zur gewünschten Konsistenz ein. Verpackung und Aufbewahrung s. Glasätzmittel. Bestimmungen der Giftpolizeiverordnung beachten.

Glasputzmittel (VANDERBILT).

Veegum	22,0	Salmiakgeist (27%) . . .	22,0
Wasser	688,0	Petroleum (geruchlos) . .	45,0
Diäthylenglykol	89,0	Celite Superfloss	
Tween 60	89,0	(Atlas-Goldschmidt) . .	45,0

I. Veegum dem Wasser langsam zusetzen, hierbei fortwährend rühren, bis der Ansatz glatt ist.

II. Die anderen Bestandteile in der oben angeführten Reihenfolge, diesem Veegum-Gel zusetzen, mischen, bis das Präparat einheitlich ist.

Mischung zum Glasbohren.

Um z. B. eine Glasplatte zu durchbohren, befeuchtet man diese mit einer Mischung aus

Kampfer . . .	62,0	Terpentinöl . .	90 ccm
Äther	45 ccm		

gibt Schmirgelpulver darauf und bohrt mit einem Messingstab von dem gewünschten Durchmesser des Loches unter mäßigem Druck und drillendem Hin- und Her-Bewegen. Auch Vakuum-Hähne lassen sich auf diese Weise erweitern. Zweckmäßig verwendet man hierzu den Stab eines Korkbohrers, spannt ihn in die Korkbohrmaschine ein und drückt das Kücken vorsichtig von unten dagegen. Die Mantelbohrung wird durch eine feine Rundfeile, die mit der Kampfer-Terpentinöl-Mischung angefeuchtet ist, durch drehende Bewegung aufgeweitet. Für einen Hahn benötigt man etwa 30 Min. Zeit. Die Mühe lohnt sich aber durch den bei Vakuumdestillationen ersparten Ärger. [Chemie für Labor und Betrieb, 2, 92 (1953).]

Holzbearbeitung.

Oberflächenbehandlung des Holzes.

Nach F. SCHÜTZMEIER[1] unterscheidet man bei der Oberflächenbehandlung des Holzes z. Z. folgende Verfahren:

1. Die Vorbehandlung; — 2. die naturfarbige Behandlung; — 3. das Färben; — 4. das Beizen; — 5. das Mattieren; — 6. das Polieren und Lackpolieren; — 7. das Lackieren und Schleiflackverfahren mit dem Tauchlackieren und Spritzverfahren; — 8. das Lasieren; — 9. das Anstreichverfahren; — 10. die Säure- und Brenntechnik; — 11. das Sandstrahlverfahren; — 12. das Holzschutzverfahren.

Zahlreiche dieser Verfahren sind für den Drogisten von Wichtigkeit, da er mit den dazu notwendigen Chemikalien und Drogen handelt. Um bei der Oberflächenbehandlung des Holzes die erwünschten Wirkungen zu erzielen, ist die *Vorbehandlung der Holzoberfläche* Voraussetzung. Sie hat den Zweck, dem Holz die erforderliche Glätte und Feinheit zu geben. Hierzu werden verwendet der Putzhobel, die Ziehklinge und die *Schleifpapiere*, wie Glas-, Sandpapier oder Flintpapier (vgl. Bd. II, S. 991). Zum *Schleifen* von Harthölzern werden Schleifpapiere mit Granatbelag bzw. mit Elektro-Korundbelag verwendet, während Schleifpapier mit Silicumcarbid als Holzschleifmittel nur bedingt verwendbar ist. Schleifpapiere finden sowohl für Hand- wie für Maschinenschliff, für Trockenschliff und Naßschliff Verwendung. Für den letzten Zweck ist besonderes, wasserfestes Schleifpapier im Handel, mit dem Flächen, die mit Öl oder Wasser — wie beim Polieren bzw. Lackieren (Schleiflackverfahren) — geschliffen werden sollen, bearbeitet werden.

Je nach der Körnung der Schleifpapiere unterscheidet man feine (Nr. 00, 0, 1), mittelfeine (Nr. 2 und 3) und grobe (Nr. 4 und 5). Teilweise wird auch noch die Siebnummer, welche die Anzahl der Maschen für das Korn auf 1 Zoll (2,54 cm) Sieblänge angibt, verzeichnet. Die handelsüblichen Größen der Bogen von Schleifpapieren betragen 680 × 500 mm und 290 × 210 mm.

Schleifpapiere und Schleifleinen dürfen weder zu trocken noch zu warm aufbewahrt werden, weil sie sonst spröde und brüchig werden, ebenso ist ihre Lagerung in zu feuchten Räumen für sie nachteilig, weil dadurch das verwendete Bindemittel sich mehr oder weniger löst und die Körnung abfällt. Ein weiterer Nachteil bei feuchter Lagerung ist das Festkleben des Schleifstaubes an der Leimschicht von Schleifpapier oder Schleifleinen.

Weitere *Schleifmittel für Holz* sind natürlicher oder künstlicher Bimsstein, der fast ausschließlich zum Naßschliff Verwendung findet. Besonders verwendet man Bimsstein zum Schleifen von Flächen, die mit Spritzlacken (Celluloselacken), Farblacken (Schleiflacken) und Politur behandelt sind. Bimssteinmehl findet als Schleif-

[1] SCHÜTZMEIER, F.: Die Oberflächenbehandlung des Holzes, Berlin: Technischer Verlag Herbert Cram 1951.

mittel zu Lack- und Politurarbeiten und als Füllmittel für die Holzporen Verwendung. Eine ähnliche Wirkung haben Glasstaub, Ziegelmehl und Tripel. Als Schleifmittel für mattierte Flächen benutzt man Roßhaar, zum Schleifen polierter Stäbe *Sepiaschalen*, während *Stahlwolle* besonders zum Schleifen von Parkettflächen und bei der Mattbehandlung mit Celluloselacken Verwendung findet. Der *Wachsstein*, den man durch Schmelzen von Bienenwachs im Wasserbad und Einrühren einer etwa gleichgroßen Menge Bimssteinmehl herstellt, kommt zum Schleifen polierter Flächen zur Anwendung.

Fehlerhafte Stellen im Holz werden *vor* dem Beizen, Färben usw. mit dem passenden *Holzkitt* ausgebessert. Bei größeren Schäden werden diese mit dem passenden Holz ausgefüllt, weil dieses besser hält als Holzkitt und sich außerdem besser beizen läßt. Auch Nagellöcher müssen mit Holz ausgebessert werden, da Nägel durch Gerbsäurebeizen angegriffen werden und sich dabei um das Nagelloch ein dunkler Hof bildet. Sogenanntes flüssiges Holz darf niemals breit verschmiert werden und muß anschließend mit feinem Schleifpapier gut verschliffen werden, da der in ihm enthaltene Bindestoff die Beize weniger gut annimmt als Holz. Knet- und beizbaren Kitt stellt man aus feinem Holzmehl (Schleifstaub) durch Verrühren mit stark verdünntem Nitrocelluloselack zu einem Brei her. Je weniger von dem Lack verwendet wird, um so leichter läßt sich die gekittete Stelle beizen.

Entharzen. Harzreiche Holzarten (Kiefer, Lärche, Pitch- und Oregon-pine) müssen mit Entharzungsmitteln behandelt werden. Der Zweck hiervon ist, die oberste Harzschicht bis zu etwa 2 bis 3 mm Tiefe zu verseifen bzw. zu verteilen und damit die Holzoberfläche für Farb- und Doppelbeizen aufnahmefähiger zu machen. Dies geschieht entweder mit Lösungsmitteln (Benzin, Benzol, Weingeist, Aceton u. a.) oder Laugen, Salmiakgeist (0,960), Soda, Natriumhydroxyd oder Kaliumcarbonat (je 60 g auf 1 l Wasser) bzw. Kernseife oder neutraler Holzseife (je 30 g auf 1 l Wasser) bzw. den gebrauchsfertigen Entharzern des Handels. Entharzungsmittel wirken auf chemische Beizen (Doppelbeizen, Metallsalzbeizen) farbändernd, deshalb müssen die entharzten Flächen noch mit dreifach verdünnter eisenfreier Salzsäure neutralisiert und dann mit warmem Wasser nachgewaschen werden. Wird Salmiakgeist verwendet, ist das Nachwaschen unnötig, doch wird durch ihn das Holz gebräunt. Aus diesem Grunde scheidet Salmiakgeist als Entharzungsmittel bei hellen Farbtönen aus. Selbstverständlich müssen diese Arbeiten unter Augenschutz (Schutzbrille) und Händeschutz (Gummihandschuhe) durchgeführt werden. Auch die Kleidung muß durch Schutzkleidung geschont werden. Da Haare durch Laugen zerstört werden, können nur Pinsel und Bürsten aus Pflanzenfasern benutzt werden.

Das Bleichen des Holzes hat den Zweck, dunkle Stellen im Holz zu entfernen. Zarte, helle Farbtöne können nur dann erzielt werden, wenn das Holz vor dem Beizen, Lackieren oder Polieren gebleicht bzw. entfleckt worden ist. Besonders Ahorn-, Eschen- und Birkenholz wird gebleicht.

Als *Bleichmittel* findet Verwendung, besonders bei Eichen- und Kirschbaumholz, Oxalsäure in 5%iger warmer Lösung. Zum Bleichen alter, abgebeizter Eichenmöbel wird die Bleichwirkung durch Zugabe von 5 bis 7 g auf 1 l eisenfreier Salzsäure erhöht. Kirschbaum-, Birken- und Birnbaumholz bleicht man mit 2- bis $2^1/_2$%iger warmer Kleesalzlösung, der man auf 1 l 5 g eisenfreie Salzsäure zufügt. Beide Bleichlösungen müssen möglichst gleichmäßig aufgetragen werden unter Verwendung eines Faserpinsels oder mittels eines um einen Stock gewickelten Lappens. Nach dem Einziehen der Lösung während einiger Minuten wird mit warmem Wasser gründlich nachgespült. Nach vollständigem Trocknen der behandelten Flächen wird mit feinem Glaspapier nachgeschliffen und dann der Schleifstaub aus den Poren mit einer Porenbürste beseitigt. Zum Bleichen von Kirschbaum-, Ahorn- und Birnbaumholz, dunklen Stellen von Edelhölzern und zur Beseitigung von Flecken nimmt man Wasserstoffsuperoxydlösung. Man nimmt 1 Raumteil Wasserstoffsuperoxydlösung auf 2 Raumteile Wasser. Nach dem Auftragen dieser Lösung wird mit Salmiakgeist nachgestrichen. Beide Lösungen läßt man einige Minuten einziehen, dann wird mit warmem Wasser nachgespült.

Zum Bleichen von Ahorn-, Eschen- und ähnlichem hellen Holz wird Natriumbisulfitlösung (5%) auf das Holz aufgetragen und anschließend verdünnte eisenfreie Salzsäure verwendet. Beim Bleichen mit Oxalsäure und Kleesalz müssen die notwendigen Vorsichtsmaßnahmen bei Verwendung giftiger Stoffe berücksichtigt werden.

Farbstoffe und sonstige Hilfsmittel zum Färben und Beizen des Holzes.

Zum Färben und Beizen von Holz finden die verschiedensten Farbstoffe, Chemikalien und Drogen Verwendung. Von *Erd- und Pflanzenfarben* Kasseler Braun, gelber und roter Ocker, Umber (Umbra), Englischrot, Terra de Siena, Alkannawurzel, Blauholz, Rotholz, Gelbholz (Kurkuma), Katechu, Sandelholz und Kochenille. Seit der Entwicklung der Teerfarbstoffe ist ihre Verwendung zur Herstellung von Farbbeizen jedoch infolge ihrer geringen Lichtechtheit stark zurückgegangen. Lediglich Kasseler Braun findet zur Herstellung der bekannten Körnernußbeize (s. S. 684) Verwendung. Zum Färben von Holz finden die industriell hergestellten Holzbeizen aus geeigneten sauren *Teerfarbstoffen*, die im Handel in allen Farbabstufungen erhältlich und auf Lichtechtheit geprüft sind, Verwendung. Als Lösungsmittel finden Wasser, Weingeist und Terpentin Verwendung. Die spritlöslichen basischen Teerfarben sind nicht lichtbeständig und werden deshalb hauptsächlich zum Färben kleinerer Gegenstände, wie Spielzeuge usw., zum Färben von Polituren gebraucht. Am häufigsten werden wasserlösliche Teerfarben zum Beizen benutzt. Dabei lassen sich aus den Grundfarben Rot, Gelb, Blau und Schwarz alle gewünschten Farbtöne herstellen. Zweckmäßig stellt man sich 4- bis 5%ige Stammlösungen aus den einzelnen Grundfarben her, am besten aus abgekochtem (aber nicht kochendem), etwa 60° heißem Wasser. Um die Fähigkeit des Eindringens in das Holz zu erleichtern, werden 10% Salmiakgeist (0,960) zugegeben. Teerfarbstoffe finden bei der Holzbehandlung auch als Zusatz zu Doppelbeizen, teilweise auch zu Vorbeizen und zum Färben von Polituren, Lacken, Wachssalben usw. Verwendung.

Eine wichtige Rolle zum Färben von Holz spielt das Anilinhydrochlorid, sogenanntes *Anilinsalz*, mit dem man schwarze, wassser- und säurefeste Farbtöne erzielt. Vielfach findet es als Schutzüberzug für Laboratoriumstische usw. Verwendung. Zusammen mit Kaliumdichromat, Kupfer- und Mangansalzen gibt Anilinsalz grünliche, braune und schwarze Farbtöne, die beim Schwarzbeizen des Holzes eine bedeutende Rolle spielen.

In den *Metallbeizen* entsteht der jeweilige Farbton durch die Wechselwirkung zweier Salze. An Kaliumsalzen finden nach SCHÜTZMEIER Verwendung:

Kaliumdichromat wirkt oxydierend auf gerbstoffhaltige Hölzer (Eiche, Mahagoni, Nußbaum u. a.) und färbt sie dunkelbraun. Kaliumdichromatbeizen können deshalb bei gerbstoffreichen Hölzern als einfache Beize oder bei Hölzern, denen durch die Vorbeize Gerbsäure zugeführt wurde, verwendet werden.

Kaliumchromat gibt helle bis dunkelbraune Töne. Soll anschließend poliert werden, darf als Beize nur eine 4%ige Lösung verwendet werden, sonst graut die Politur.

Kaliumpermanganat gibt hell- bis schwarzbraune Farbtöne.

Zu Eisensalzbeizen finden Verwendung:

Eisenvitriol gibt graue bis stahlblaugraue Farbtöne. Gemischt mit Kaliumsalzlösungen erhält man mit ihm graubraune bis schwarzbraune Beiztöne. Eisenvitriol mit Blauholzextrakt gibt schwarze Farbtöne.

Eisenchlorid ergibt graue bis schwarze Beiztöne. Auch kann es mit Kalilösungen gemischt werden.

Eisenacetat ergibt graue bis schwarze Farbtöne.

Zu Kupfersalzbeizen finden Verwendung:

Kupfervitriollösungen mit und ohne Zusatz von Salmiakgeist zum Beizen von Eichenholz, wobei man lichtechte, dauerhafte, graugrüne Beiztöne erhält, die sich beliebig abstufen lassen. Auch als Nachbeize bei Holzarten, denen Gerbstoffe durch Vorbeizen zugefügt worden sind, läßt sich Kupfervitriollösung verwenden. Mit Gerbstofflösungen darf sie jedoch nicht gemischt werden.

Kupferchlorid findet als säure- und wasserfeste Schwarzbeize Verwendung. Räucherbeizen sind Mischungen von Kupferchlorid mit Kaliumchromat und Salmiakgeist.

Zu Nickel- und Kobaltbeizen finden Verwendung:

Nickelsulfat mit Beizwirkungen wie Kupfervitriol.

Kobaltchlorid, dessen Lösung rote und rotbraune Beiztöne erzielt. Kobaltchloridbeizen darf kein Salmiakgeist zugesetzt werden.

Die genannten Metallsalze finden als Beizen in wäßriger Lösung Verwendung. Der betreffende Farbton entsteht durch die Wechselwirkung mit dem im Holz vorhandenen oder durch Vorbeize zugeführten Gerbstoff.

Gerbstoffe. Die wichtigsten Gerbstoffe, die als Vorbeizen Verwendung finden, sind nach SCHÜTZMEIER: Tannin, Pyrogallol, Katechu, Brenzkatechin.

Tannin gibt bei der Nachbeizung mit Bromsalzen gelbliche bis braune Farbtöne, beim Nachbeizen mit Eisensalzen graue bis schwarze und mit Kupfersalzen braune Beiztöne. Als Vorbeize kann es für gerbstoffreiche und gerbstoffarme Hölzer Verwendung finden.

Pyrogallol findet in Lösung als Nachbeize Verwendung und ergibt je nach der Art der Nachbeize dunkelbraune oder graue bis schwarze Farbtöne.

Katechu, das man zweckmäßig, in ein Tuch eingeschlagen, durch Einhängen in abgekochtes heißes Wasser löst, ergibt mit den entsprechenden Metallsalzen als Nachbeize graue bis schwarze Beiztöne.

Brenzkatechin als Vorbeize gibt in Verbindung mit Eisenchlorid grüngraue bis grünbraune und schwarze Farbtöne.

Phenyldiamin, p-Phenyldiamin und Diaminophenylamin finden ebenfalls als Vorbeize Verwendung und geben braune bis schwarze Beiztöne in Verbindung bzw. in Wechselwirkung mit den entsprechenden Metallsalzen als Nachbeize.

Das Färben und Beizen von Holz.

Beizregeln (nach SCHÜTZMEIER).

1. Das zu beizende Stück muß einige Zeit vor dem Beizen (mindestens 12 Stunden) in einem gut temperiertem Raum bei 20 bis 25° erwärmt werden, damit das Holz aufnahmefähiger gemacht wird und die Beize tiefer eindringen kann.

2. Vor dem Wässern, Bleichen und Beizen müssen die Holzflächen jedesmal vom Schleifstaub gereinigt werden, indem man sie der Länge nach mit einer Porenbürste behandelt, Porenstaub verhindert das Eindringen der Beizlösungen.

3. Bei Weich- und Nadelholzflächen erzielt man mit Farbstoffbeizen einen gleichmäßigen Ton, wenn man sie kurz vor dem Beizen naß macht. Hirnholzstellen sollen

in jedem Fall vor dem Auftragen der Farbbeize mit Wasser getränkt werden. Sie nehmen sonst zuviel Beize auf und werden dadurch dunkler als die Langholzstellen.

4. Bei großer Wärme, besonders im Sommer, werden gebeizte Flächen durch zu schnelles Trocknen leicht fleckig, wenn man zuviel Beizlösung auf einmal aufträgt.

5. Innenflächen müssen vor dem Beizen entweder gewachst oder markiert werden, wenn sie naturfarbig bleiben sollen oder heller gebeizt sind als die Außenflächen.

6. Beizlösungen werden mit Schwamm oder Pinsel möglichst naß aufgetragen, um das Holz zu sättigen. Überschüssige Beizlösung, die sich nach dem Einziehen der Beize (3 bis 5 Minuten) auf der Fläche zeigt, wird mit einem gut ausgedrückten Schwamm in Längsrichtung der Holzfasern aufgenommen und so entfernt. Anschließend wird mit einem Vertreiberpinsel die aufgetragene Beize erst quer und dann der Länge nach vertrieben.

7. Beizpinsel läßt man erst ablaufen, bevor man sie auf die Fläche bringt, weil sie sonst spritzen und dadurch Flecken entstehen können. Bei senkrechten Flächen fängt man mit dem Beizen von unten her an, damit Spritzer von unten, die meist Flecken ergeben würden, vermieden werden. Im übrigen sollen größere Flächen nach Möglichkeit zum Beizen gelegt werden.

8. Hell gebliebene Stellen wie Splintholz, Herzstellen u. a., beizt man sorgfältig nach.

Die mit Farbstoffbeize behandelten Flächen sollen 24 Stunden lang durchtrocknen, da sich sonst bei der Nachbehandlung mit Mattierung, Politur usw. leicht graue Flecken einstellen.

9. Vorbeizen (Gerbstofflösungen) trägt man meist mit einem Schwamm naß auf. Ist die betreffende Lösung farblos, gibt man eine geringe Menge (Messerspitze voll) Schwarz oder Braun hinein, damit ungebeizte Stellen zu erkennen sind. Als Bindemittel kann etwas Dextrin oder Zinkchlorid zugegeben werden.

10. Mit Vorbeizen behandelte Flächen müssen mindestens 8 Stunden lang in einem warmen Raum trocknen. Dabei dürfen sie keiner unmittelbaren Sonnenbestrahlung ausgesetzt und auch nicht geschliffen werden, weil die Gerbsäure dadurch teilweise entfernt werden würde.

11. Vorbeizen darf kein Salmiakgeist zugesetzt werden. Dasselbe gilt für Nachbeizen, wenn es sich um Eisensalzbeizen handelt.

12. Die Nachbeizen werden wie Farbstoffbeizen aufgetragen. Der Farbton entwickelt sich hierbei in etwa 30 bis 40 Stunden. Vorher darf nicht weiterbehandelt werden.

Der sich beim Nachbeizen öfter bildende schimmelartige Belag ist ein Zeichen für eine gute Entwicklung der Doppelbeize. Der Belag wird nach dem vollständigen Trocknen mit feinem Schleifpapier geschliffen und mit Roßhaar oder einer Bürste beseitigt.

Das Färben von Holz mit Körnernußbeize s. S. 684.

Das Färben von Holz mit Teerfarbstofflösungen.

Hierzu eignen sich nur die wasserlöslichen Teerfarben, da spritlösliche nicht lichtecht sind und außerdem größere Flächen bei der Behandlung mit ihnen leicht fleckig werden. Im Gegensatz dazu geben wasserlösliche Anilinfarben gleichmäßige und lichtechte Farbtöne. Zweckmäßig fertigt man eine Stammlösung an durch Auflösen von 40 bis 50 g Teerfarbstoff in 1 l abgekochtem, etwa 60° heißem Wasser. Die Stammlösung wird mit abgekochtem Wasser entsprechend verdünnt. Zum Gebrauch muß diesen Lösungen 10% Salmiakgeist (0,960) zugefügt werden, um die Eindringungsfähigkeit zu verbessern. Da dadurch gerbstoffreiche Hölzer gebräunt werden, ist dies bei der Herstellung der Beizlösung zu berücksichtigen. Zweckmäßig wird von Fall zu Fall eine Beizprobe durchgeführt.

Zum Färben der verschiedenen Holzarten mit Teerfarbstoffen finden Verwendung bei:

Eichenholz	Neubraun A, Palisanderbraun und Nigrosin
Nadelholz	Neubraun A, Indolgrün, Körnernußbeize, Nigrosin
Buche, Pappel, Linde	Neubraun A, Nigrosin, Palisanderbraun
Ahorn, Vogelahorn, Birke	Silbergrau, Nigrosin G, Nigrosin T, Kristallorgange, Echtgelb, Palisander
Birnbaum	Nußbraun F, Mahagoni D, Nigrosin T
Kirschbaum	Kristallorange, Echtgelb, Nußbraun, Neurot, Mahagonirot H, Mahagoni D, Nigrosin
Nußbaum	Nußbraun, Palisanderbraun, Mahagoni H, Echtgelb, Neurot
Mahagoni	Mahagoni H, Mahagoni D, Palisanderbraun, Neurot, Nigrosin, Nußbraun

Die Aufführung der Einzelvorschriften zu den einzelnen gewünschten Farbtönen würde zu weit führen, sie sind bei F. SCHÜTZMEIER (s. Fußn. S. 675) aufgeführt.

Chemische Beizen.

Chemische Beizen, Metallsalzbeizen, Doppelbeizen usw. ergeben gegenüber den Beizen mit Erd- oder Teerfarben wesentlich bessere und schönere Ergebnisse. Die bei ihrer Anwendung entstehenden Farbtöne sind wasser-, licht- und reibfest. Mit chemischen Beizen behandeltes Holz bekommt eine schönere Oberfläche und ist dauerhaft gefärbt. Man unterscheidet bei den chemischen Beizen Vorbeizen und Nachbeizen. Auch gerbstoffhaltige Hölzer (Eiche, Mahagoni, Nußbaum usw.) werden zur Erzielung eines gleichmäßigen Farbtones genau so mit gerbsäurehaltigen *Vorbeizen* behandelt wie die gerbstoffarmen Nadelhölzer (s. S. 678). Als solche finden Gerbstofflösungen Verwendung. Zur Auflösung der Gerbstoffe wird abgekochtes und wieder etwas abgekühltes Wasser verwendet. Metallgefäße dürfen nicht dazu benutzt werden. Nach dem Vorbeizen muß erst vollständig getrocknet werden, zweckmäßig 6 bis 8 Stunden in warmem Raum. Vorgebeizte Flächen dürfen *nicht der Sonne ausgesetzt* werden.

Als *Nachbeizen* finden Salmiakgeist (0,960) und die auf S. 677/678 aufgeführten Metallsalze Verwendung. Mischungen von Metallsalzen mit Teerfarbstoffen und Salmiakgeist bezeichnet man mit *Räucherbeizen.*

SCHÜTZMEIER gibt zum Nachbeizen von Holz mit Metallsalzen nachstehende Vorschriften, die sich je auf 1 l Wasser unter Zusatz von $^1/_{10}$ l Salmiakgeist (0,960) verstehen.

Farbton	Vorbeize	Nachbeize
Helles Braun	5 g Pyrogallussäure	3 g doppeltchromsaures Kali
Helles Braun	10 g Tannin	5 g chromsaures Kali
Mittleres Braun	15 g Pyrogallussäure	10 g chromsaures Kali
Rötliches Braun	30 g Pyrogallussäure	20 g doppeltchromsaures Kali und 5 g Neubraun A
Dunkles Braun	25 g Pyrogallussäure	5 g Eisenchlorid, 10 g doppeltchromsaures Kali ohne Salmiak
Gelbliches Braun	20 g Tannin	10 g doppeltchromsaures Kali, 5 g Echtgelb
Mittleres Graubraun	15 g Brenzkatechin	10 g chromsaures Kali, 10 g Kupferchlorid ohne Salmiak
Dunkles Grüngrau	35 g Brenzkatechin	20 g doppeltchromsaures Kali 10 g Kupferchlorid
Mausgrau	15 g Tannin	10 g doppeltchromsaures Kali 8 g Eisenchlorid

Nachbeizen (Forts.).

Farbton	Vorbeize	Nachbeize
Mittleres Rotbraun	20 g Tannin 10 g Paraphenyldiamin	20 g doppeltchromsaures Kali
Sattes Braun	20 g Tannin 10 g Paraphenyldiamin	20 g Kupferchlorid
Grüngraubraun	10 g Pyrogallussäure 5 g Paraphenyldiamin	10 g doppeltchromsaures Kali
Sattes Braun	10 g Paraphenyldiamin	20 g doppeltchromsaures Kali
Gelbliches Grau	20 g Tannin 10 g Paraphenyldiamin	10 g doppeltchromsaures Kali

Zum Beizen von *Nadelhölzern mit Doppelbeizen* (Gerbsäurevorbeize und eine entsprechende Nachbeize) gibt SCHÜTZMEIER folgende Vorschriften:

Farbton	Vorbeize	Nachbeize
Helles, gelbliches Braun	10 g Pyrogallussäure 5 g Paraphenyldiamin	10 g doppeltchromsaures Kali
Gelbgrünstichiges Braun	10 g Pyrogallussäure 5 g Paraphenyldiamin	5 g doppeltchromsaures Kali 5 g Kupferchlorid
Hellgrünliches Braun	20 g Tannin 10 g Paraphenyldiamin	10 g doppeltchromsaures Kali
Gräulichbraun	10 g Pyrogallussäure 5 g Paraphenyldiamin	10 g Kupferchlorid
Sattes Graubraun	10 g Brenzkatechin 5 g Paraphenyldiamin	10 g Eisenchlorid, keinen Salmiakzusatz!
Grünstichiges Graubraun	10 g Brenzkatechin 5 g Paraphenyldiamin	10 g doppeltchromsaures Kali
Rötliches Braun	10 g Pyrogallussäure 5 g Paraphenyldiamin	5 g doppeltchromsaures Kali 5 g Eisenchlorid, 5 g Neubraun ohne Salmiak
Tiefbraun	10 g Paraphenyldiamin	10 g doppeltchromsaures Kali
Dunkles Violettbraun	10 g Paraphenyldiamin	10 g Kupferchlorid
Säuresicheres Schwarz	—	I. 62 g Kupferchlorid und 62 g Natron auf 1 l Wasser
	II. 150 g salzsaures Anilin auf 1 l Wasser; erst Anstrich mit Lösung I, dann Anstrich mit Lösung II, trocknen lassen und schleifen, dann nochmals anstreichen mit I und II, ohne zu schleifen. Nach Trocknen Fläche mit Wasser abwaschen, schließlich mit gekochtem Leinöl einölen und mit Politur anstreichen, natürlich mit entsprechenden Trockenpausen dazwischen.	

Holzfässer abdichten.

Zunächst ist das Faß gründlich zu spülen und nach völligem Auslaufen mehrere Tage völlig zu trocknen. Dann wird mit der nachstehenden, kochendheißen Lösung das Faß allseits gespült (durch Rollen nach verschiedenen Seiten) und dann die Lösung ablaufen gelassen. Darauf wird bei offenem Spundloch nach oben das Faß eine Woche lang in einem kühlen Raum (nicht im Keller) getrocknet.

Man übergießt Kölner-Leim . . 50,0

mit einer Lösung von Calciumchlorid. . 10,0

in Wasser 1000,0

läßt 12 Stunden stehen und erhitzt dann bis zur vollständigen Lösung. Nach der obenstehenden Behandlung werden Holzfässer völlig abgedichtet, auch öldicht.

Holzgeräte und -tische schwarz färben (WITTENBERGER).

Lösung I. ☠ *3.* Kupferchlorid . . 86,0 | Kaliumchlorat 67,0
Ammoniumchlorid 33,0

werden in 1 l Wasser gelöst;

Lösung II. Anilinchlorhydrat . . 600,0 | Dest. Wasser 4000,0

Die beiden Lösungen mischt man kurz vor Gebrauch, dann wird an vier hintereinander folgenden Tagen damit gestrichen. Die mit der Lösung gestrichenen Gegenstände setzt man in der Zwischenzeit dem Licht aus, dann werden sie mit lauwarmem Wasser abgewaschen. Nach völligem Trocknen wird bis zur Sättigung mit folgendem Gemisch eingerieben:

Terpentinöl . . 1 T. | Leinölfirnis . . 1 T.

Nach einigen Tagen wird der Ölüberschuß abgenommen. Auf diese Weise erhält man einen säurefesten Holzanstrich.

Holzkitt. Flüssiges Holz.

1. Filmabfälle (von der Schicht befreit) . . . . 50,0 | Essigäther . . . . 120,0 | Aceton 140,0
Trikresylphosphat 10,0

werden gemischt und mit Hartholzmehl zu einer gut streichbaren Paste verarbeitet.

2. Kartoffelmehl . . . . . . 10,0 | Arabisches Gummi 3,0

werden angerührt mit

Wasser 5,0

Wird ein getönter Holzkitt gewünscht, wird feingesiebtes Holzmehl der betreffenden Holzart oder eine geeignete Erdfarbe zuvor untergemischt. Nach dem Festwerden läßt sich dieser Holzkitt wie Holz bearbeiten.

Holzkonservierungsmittel.

Widerstandsfähig gegen Auswaschen, greift Holz nicht an.

Zinkchlorid . . . . . 73,0 | Kupferchlorid 7,0
Natriumdichromat . . 20,0

Die Mischung ist teurer als die bisher verwendeten Zinkersatzgemische, bei doppelter Wirkungsdauer benötigt man aber nur $^1/_3$ davon.

Holzporenfüller für Möbel.

Dextrin . . 900,0

werden in heißem Wasser vollständig gelöst und mit dieser Lösung eine Mischung aus

Kaolin . . . . 2260,0 | Gekochtem Leinöl . . 500 bis 900,0
und etwas Trockenstoff

sowie den notwendigen Pigmenten oder Teerfarbstoffen zu einer dünnen Paste verarbeitet, die noch mit einer Bürste aufgetragen werden kann. Wenn nötig, muß noch mit heißem Wasser verdünnt werden.

Holzschutzmittel.

In SÖFW **1953**, 26, berichtet HANS HADERT, Berlin, über farblose und farbige neuartige Holzschutzmittel, hergestellt aus dickflüssigem Phthalatharz mit in ihm löslichen Schutzstoffen, die je nach dem Anwendungszweck mit billigen Benzin- oder Benzolkohlenwasserstoffen verdünnt werden können und folgende Vorteile bieten:

Sie lassen sich verwenden als farbloser Schutzanstrich für Holz, zur Grundierung von Holz zwecks darauffolgendem Anstrich mit Öl- oder Lackfarben, als farbloser

Überzugsanstrich auf mit Beizen farbig vorgebeizten Hölzern. In diesem Falle kann man statt teurer Metallsalzbeizen billige Wasserbeizen verwenden. Als fertiges farbiges Schutz- und Anstrichmittel für Holz können diese Holzschutzmittel durch Zusatz lasierender oder deckender Pigmente Verwendung finden. Für Schiffsanstriche unter Wasser, Wasserbauhölzer usw. kann das Holzschutzmittel mit Chlorkautschuk oder chlorierten Vinylharzen gemeinsam verarbeitet werden.

Zur Herstellung derartiger öliger Holzschutzmittel verwendet man dickflüssige Alkydharze, z. B. aus 25 bis 50% Phthalat und 75 bis 50% Fettsäuren mit standölartigem Charakter, z. B. *Bekolin*. In diesen werden die öl- und wasserlöslichen Schutzstoffe einfach gelöst, z. B. Pentachlorphenol, Tetrachlorphenol, Trichlorphenol, Quecksilberäthylchlorid, Quecksilberäthylphosphat oder ähnliche gleichermaßen stark fungizid, insektizid sowie bakterizid wirksame öllösliche Schutzstoffe. Rezepturbeispiele:

1. Phthalatharz. . . 94 kg | Pentachlorphenol . . 6 kg

2. Phthalatharz. . . 96 kg | Tetrachlorphenol . . 4 kg

3. Phthalatharz. . . 88 kg | Pentachlorphenol . . 4 kg
Mangandioxyd . . . . 8 kg

Je nach der Auftragsweise kann mit Benzin- oder Benzolkohlenwasserstoffen, Terpentinöl, Glykoläthern, Estern, Ketonen usw. verdünnt werden. Selbst beim Auftragen mit dem Pinsel tritt weder Aufrauhung noch Hochgehen der Holzfaser ein. Bei Tauchimprägnierungen wird außerdem das Werfen oder Reißen der Hölzer verhindert. Die neuartigen Holzschutzmittel vereinigen folgende Vorteile: Sie sind absolut geruchlos, die Schutzbehandlung kann farblos oder farbig erfolgen, gleichgültig ob durch Streichen, Spritzen oder Tauchen. Die Schutzbehandlung bietet absoluten Schutz gegen Pilze, Schwamm und Insekten (auch Termiten). Nach der Trocknung kann sofort mit beliebigen Farben überstrichen werden. Die Wetterbeständigkeit entspricht den höchsten Anforderungen, dabei wird das Holzschutzmittel durch Regen oder stehendes Wasser nicht ausgelaugt. Weil bei der Schutzbehandlung pflanzenschädigende Dünste nicht entstehen, können die neuartigen Holzschutzmittel auch in Gewächshäusern usw. Verwendung finden. Gegen die in Molkereien, Brauereien, Färbereien, Gärkellern, Spinnereien usw. auftretenden Pilze an Apparaturen und Wänden bieten sie einen wirklichen Schutz. Die Schutzbehandlang kann gleichermaßen an unverarbeitetem Holz (Brettern, Balken, Pfählen) und an verarbeitetem Holz (Gartenzäunen, einzubauenden Fenstern, Türen, Deckenleisten usw.) vorgenommen werden. Als Holzschutzmittel wurden bisher angewendet:

1. Wäßrige Lösungen von Chlorzink, Fluornatrium usw.

2. Ölige Mittel, Karbolineum.

3. Eine Vereinigung von Ölen und holzschützend wirkenden, öllöslichen Chemikalien.

Wohl können wäßrige, farblose Holzschutzmittel mit wasserlöslichen Teerfarbstoffen gefärbt werden, sie sind aber weder licht- noch wetterbeständig. Ihr Zweck ist teilweise nur die Sichtbarmachung der bereits gestrichenen Holzflächen beim Auftragen. Die unter 2. und 3. genannten öligen Mittel haben meist einen eigenen Farbton oder sie werden mit öllöslichen Teerfarbstoffen bzw. bunten Pigmentfarbstoffen unter Harz- und ähnlichem Lackrohstoffzusatz zur Festhaltung des pulverförmigen Pigmentfarbstoffs am Holz hergestellt.

Neuartige wäßrige, absolut witterungsbeständige Holzschutzmittel, welche die hohe Konservierungskraft wäßriger Chemikalienlösungen besitzen und während und nach dem Auftrag eine Braunfärbung auf dem Holz hervorrufen, können hergestellt werden. Sie besitzen eine bessere holzschützende Kraft und erzeugen eine dauerhafte Holzfärbung, die den üblichen wäßrigen und öligen Mitteln weit überlegen sind. Sie besitzen außerdem den wesentlichen Vorteil gegenüber den öligen Mitteln, auch auf feuchtem Holz verwendet werden zu können, ohne die Holzporen zu schließen, so daß feuchtes Holz nach der Imprägnierung noch austrocknen kann. Außerdem sind sie unbrennbar, pflanzenunschädlich und auch beim Innenanstrich für Mensch und Tier ohne jede Belästigung. Als holzschützende Bestandteile finden die bekannten Chemikalien (Fluorsalze, Silikofluoride, Polyphenole, Quecksilberverbindungen usw.) Verwendung, während als Lösungsmittel für die holzfärbenden und die holzschützenden Bestandteile roher Holzessig gebraucht wird. Als sauerstoffübertragende Stoffe findet z. B. Braunstein Verwendung. Zur Erzielung besonders kräftiger Färbung kann Kaliumpermanganat zugesetzt werden.

☠ *2.* **1.**

Holzessig, roher	74 kg	Kalium- (oder Natrium-) dichromat	4 kg
Fluornatrium oder Silicofluorid	4 kg	Metall. Eisen	15 kg
Braunstein	3 kg		

Das zerkleinerte Eisen (Eisenspäne oder ähnliches) wird durch Kochen, bei längerer Lagerung auch kalt, im Holzessig gelöst. Dann werden Fluor- und Chromsalz miteinander gemischt, zugesetzt und zur Lösung gebracht. Zum Schluß erfolgt der Zusatz des in der sauren Lösung löslichen Braunsteins.

☠ *2.* **2.**

Holzessig	87 kg	Kalium- (oder Natrium-) dichromat	3 kg
Fluornatrium oder Kaliumbifluorid	4 kg	Zinkoxyd	6 kg

Zunächst wird das Zinkoxyd im Holzessig gelöst, dann die übrigen Salze gemischt und ihre Mischung der Lösung zugemengt, bis auch sie gelöst sind.

Durch den Gehalt an Essigsäure und Ameisensäure hat der rohe Holzessig die Eigenschaft, Metalle und deren Oxyde zu lösen. Wird Eisen in ihm gelöst, entsteht Eisen(II)-acetat, das durch die teerigen Bestandteile in Lösung gehalten und vor der Oxydation in Eisen(III)-salz geschützt wird. Dies ist wichtig, weil das Ferrisalz unlöslich ist. Erst durch die Einwirkung höherer Temperatur bzw. durch die Einwirkungen der Atmosphäre (Sonne, Luft, Regen) wird das schwarze Eisen(II)-acetat zu braunem Eisen(III)-acetat oxydiert.

Holz feuerfest imprägnieren.

(Vorschrift des Holzforschungsinstituts der Forsthochschule Eberswalde.)

Trockenes Holz wird mit nachstehender 15%iger wäßriger Lösung mehrmals behandelt:

Natriumacetat	85,0	Dinatriumphosphat	15,0

Körnernußbeize.

Von der aus Kasseler Braun hergestellten

Körnernußbeize werden . . 100,0 bis 200,0

gelöst in

kochendem Wassser 1000,0

Die Lösung wird vor der Verarbeitung filtriert und findet hauptsächlich zum Färben einfacherer und billigerer Arbeiten Verwendung. Um die Eindringungsstufe in das Holz zu erhöhen, gibt man der Lösung 10% Salmiakgeist (0,960) bei.

Schützmeier gibt für das Färben verschiedener Holzarten mit Körnernußbeize nachstehende Rezepte:

Holzart	Farbe	Lösungen
Eiche	Mittleres Gelbbraun	25,0 Körnernußbeize in $1^1/_2$ l Salmiakgeist
Eiche	Sattes Rotbraun	50,0 Körnernußbeize in $1^1/_2$ l Salmiakgeist
Buche, Linde Pappel	Hellbraun	25,0 Körnernußbeize in 1 l Wasser und $^1/_{10}$ l Salmiakgeist
Buche, Linde, Pappel	Sattes Braun	50,0 Körnernußbeize in 1 l Wasser und $^1/_{10}$ l Salmiakgeist
Nußbaum	Leichtes Braun	5,0 Nußbeize in 1 l Wasser und $^1/_{10}$ l Salmiakgeist
Nadelhölzer	Helles Braun	25,0 Nußbeize in 1 l Wasser und $^1/_{10}$l Salmiakgeist
Nadelhölzer	Dunkles Rotbraun	75,0 Nußbeize in 1 l Wasser und $^1/_{10}$ l Salmiakgeist

Porenfüller für großporige Hölzer.

Pflanzenleim, verdünnt	60,0	Sikkativ	10,0
Füllmittel (Schwerspat oder Gips)	60,0	Terpentinersatz	10,0

Der Pflanzenleim wird, wie üblich, geschlagen und verdünnt, das Sikkativ dient als Härtungsmittel.

Schellackmattierung.

1. (SCHÜTZMEIER) Schellack 300,0
löst man in
Weingeist (95%) . . 1000 ccm

Der Lösung wird zugegeben

Carnaubawachs	15,0	Terpentinöl	15,0
Rizinus- oder Leinöl	5,0		

Das Auftragen von Schellackmattierung erfolgt zweckmäßig mit einem Trikotlappen. Soll Schellackmattierung gefärbt werden, muß die Farbe *vor* dem Zusetzen in Spiritus gelöst werden.

2.

Schellack	200,0	Bienenwachs, gelb	65,0
Spiritus	570,0	Terpentinöl	165,0

Der Schellack wird in Spiritus gelöst, die trübe Lösung darf *nicht filtriert* werden. Das geschmolzene Bienenwachs wird mit dem Terpentinöl *bei gelöschter Flamme* ganz gleichmäßig vermischt. Das so erhaltene Wachs-Terpentinöl-Gemisch wird allmählich unter ständigem Verreiben in die Schellacklösung eingetragen.

Schellackpolitur (SCHÜTZMEIER).

1. *Blond.*

Schellack (für hochwertige Polituren Lemonschellack, für dunklere Sorten Orangeschellack) . . . . 100,0 bis 120,0
wird mit

Weingeist (95%) (nicht Brennspiritus!) . . . . 1000 ccm

in einer verschlossenen Flasche 2 bis 3 Tage stehengelassen und ab und zu umgeschüttelt. Dann wird die klare Schellacklösung *vorsichtig* abgegossen. Der Bodensatz kann zum Mattieren der Innenseiten von Möbeln verwendet werden.

2. *Weiß* (nur bei Bedarf herzustellen, da weiße Schellackpolitur nicht lange haltbar).

Schellack, gebleicht	100,0	Weingeist (95%), s. oben	1000 ccm

Wachsbeize (SCHÜTZMEIER).

1. Montan- oder Carnaubawachs . . 560,0	Teerfarbstoff 80,0
Stearin	Kolophonium 120,0
Olein . . . . āā 40,0	Weingeist (90%) 800,0

Salmiakgeist (0,960) 600,0

Das Wachs wird mit Stearin und Olein zusammengeschmolzen und der Teerfarbstoff sorgfältig darunter gemengt. Das Kolophonium wird im Weingeist gelöst und der Lösung der Salmiakgeist zugefügt. Die Lösungen werden unter stetem Umrühren vereinigt und schließlich nach Zusatz von reichlich $^1/_2$ l Wasser so lange erwärmt, bis die Lösung klar ist.

2. Carnaubawachs . . 125,0 | Japanwachs 10,0
Paraffin. 25,0

werden im Wasserbad zusammengeschmolzen und der Schmelze zugesetzt

Marseiller Seife, geschnitzelt . . 30,0 | Heißes Wasser 750,0

Das Ganze wird wieder erhitzt und dann die Lösung von

Farbstoff . . . . 20,0 | in Salmiakgeist (0,960) . . 50,0 bis 60,0

zugegeben. Nach dem Aufkochen wird kaltgerührt.

Wachssalben zum Wachsen von Hölzern (SCHÜTZMEIER).

1. Gelbes Wachs . . 200,0 | Terpentinöl 100,0

2. Gelbes Wachs . . 200,0 | Kolophonium . . . 25,0
Terpentinöl 100,0

3. Gelbes Wachs . . 120,0 | Terpentinöl 100,0

Nach dem Abkühlen und vor dem Festwerden werden 50,0 bis 100,0 Weingeist unter Umrühren zugesetzt.

4. Weißes Wachs. . 300,0 | Terpentinöl 400,0
Stearin 200,0

Das Zusammenschmelzen hat wegen der Feuergefährlichkeit des Terpentinöls nur im Wasserbad und unter Beachtung *größter Vorsicht* zu erfolgen.

Holz- und Möbelpflege.

Möbelpflegemittel (SÖFW).

Auf Emulsionsbasis.

Siliconöl 350 Centistokes . . . 20,0 bis 40,0	Ölsäure/Triäthanolamin 20,0
Hartparaffin oder Hartzeresin 20,0	Testbenzin, Sangajol ® oder Dekalin ® 100,0

Wasser . . . . auf 1000,0

Die Mischung ohne Wasser wird auf etwa 70° erwärmt und das Wasser unter schnellem Rühren langsam beigemischt. Das Präparat ist dickflüssig und cremeartig.

Auf Lösungsmittelbasis.

Siliconöl 350 Centistokes . . . 20,0 bis 40,0	Testbenzin, Sangajol ®, Dekalin ® oder Terpentin oder deren Mischung . . . . . 920,0 bis 960,0
Carnaubawachs, Paraffin oder Zeresin . . . . 20,0 bis 40,0	

Das Siliconöl, das Wachs mit einem kleinen Anteil des Lösungsmittels bis zum Schmelzen des Wachses erwärmen. Der warmen Mischung den Rest des Lösungsmittels unter schnellem Umrühren beigeben.

Möbelpolitur (VANDERBILT).

A. Carnaubawachs, gelb	32,0	B. Triäthanolamin	15,0
Bienenwachs	13,0	C. Testbenzin	100,0
Zeresin	13,0	Veegum	7,5
Stearinsäure	26,0	Wasser	793,5

I. A. im Wasserbad schmelzen. B. erwärmen und A. langsam unter Rühren zusetzen.

II. C. langsam I. zusetzen, sobald die Temperatur etwa 90° beträgt.

Veegum langsam dem Wasser unter fortwährendem Rühren zusetzen, bis der Ansatz glatt ist. Dieses Veegumgel erwärmen und der Testbenzin-Wachs-Lösung zusetzen. Schnell rühren bis zur Erkaltung.

Möbelpolitur (Hochglanzpolitur).

Wachs Gersthofen OP	4,0	Ozokerit	1,0
Montanwachs, gebleicht	2,0		

werden geschmolzen und gelöst in

Sangajol ® (oder anderem Testbenzin) . 93,0

Schellackmattierung für Möbel.

Schellack, orange	2,0	Weingeist, vergällt	10,0
Terpentin	0,5	Bienenwachs	0,2
Pflanzenöl	0,1		

Die alkoholische Lösung von Schellack und Terpentin wird filtriert und in die Schmelze aus Bienenwachs und Öl eingerührt. Wird kein klumpenfreies Erzeugnis erzielt, gibt man das Gemisch durch eine Mühle.

Kitte und Klebstoffe.

(S. a. Bd. I, S. 468, 477, 487; Bd. II, S. 715/16.)

Unter „Kitten" versteht man plastische, allmählich hart werdende Massen, die entweder zum Ausfüllen von Hohlräumen (Fugen, Astlöchern) dienen, oder aber als echte Klebstoffe für Schuhe, Fußbodenbelage, Wandkacheln, Pinsel, Bürsten, Dächer, elektrische Teile, Isolatoren usw. Verwendung finden. Die meisten Kitte sind pastenförmig, doch sind auch flüssige und pulverförmige im Gebrauch.

„Klebstoffe"[1] sind Bindemittel, welche durch Oberflächenhaftung feste, mehr oder weniger beständige Verbindungen herstellen können. Im handwerklichen Sprachgebrauch nennt man die Klebstoffe „Leim", „Kitt", „Zement", „Kleber". Die Bezeichnung „Klebstoff" ist also ein Oberbegriff für alle diese Erzeugnisse. Er berührt und überschneidet teilweise die Begriffe „Lack" (z. B. Klebelack, Faßlack) und „Dichtungsmassen" (Ofenkitte, Eisenkitte u. a.).

„Kleister" sind Klebstoffe für die Papierverarbeitung, z. B. Tapetenkleister, Buchbinderkleister u. a. Es sind meist Stärke-, Dextrinkleber oder wasserlösliche Celluloseäther. Sie sind dadurch gekennzeichnet, daß sie keine Fäden ziehen, sondern kurz abreißen.

Der Begriff „Metallkitt"[1] wird im doppelten Sinne gebraucht. Man bezeichnet damit einerseits die aus Wasserglas und Metalloxyden (z. B. Blei-, Eisen-, Mangan- oder Zinkoxyd) angeteigten Kitte oder aber Klebstoffe und Kitte, die zum Verkleben oder Kitten von Metallteilen gebraucht werden. Beim Studium des Fachschrifttums ist deshalb stets zu prüfen, in welchem Sinne der Begriff Metallkitt angewendet wurde.

Klebstoffe sind Verbindungsmittel, die haltbare Verbindungen zwischen Teilen aus gleichem oder verschiedenem Werkstoff herstellen, die sonst auf mechanischem

[1] Nach MIKSCH-PLATH: Taschenbuch der Kitte und Klebstoffe, 3. Auflage, Stuttgart: Wissenschaftliche Verlagsgesellschaft m.b.H. 1952.

Wege (Heften, Nähen, Nieten, Schrauben, Nageln usw.) erzielt werden. Sie werden in mehr oder weniger viscoser Form auf die Oberflächen der zu verbindenden Teile aufgetragen, wobei der Klebstoff „abbindet". Unter Abbindung versteht man die allmähliche Erhärtung der Klebstoffschicht in der Fuge. Diese Erhärtung kann entweder physikalisch (Abkühlung, Abwanderung von Dispersions- und Lösungsmitteln) oder aber auf chemischen Reaktionen (Kondensations-, Polymerisations- oder Additionsreaktionen) beruhen. Die Dauer des Abbindens von Klebstoffen bezeichnet man mit *Abbindegeschwindigkeit.*

Klebstoffe[1] sind hochmolekulare Verbindungen organischer oder anorganischer Stoffe. Während die älteren Klebstoffe Eiweiß- oder Kohlenhydratverbindungen wie Glutin, Kasein, Stärke, Dextrin, Naturharze oder Gummi arabicum sind, stellen die synthetischen Klebstoffe Polymerisations-, Polyadditions- oder Polykondensationserzeugnisse dar. Die Anwendung der Klebstoffe erfolgt entweder in fester Form, als kolloide Lösungen oder in Form von Dispersionen. Die im Handel befindlichen Klebstoffe kommen in verschiedenen Formen in den Verkehr. So sind flüssige und pastenförmige Klebstoffe teilweise im gelieferten Zustand gebrauchsfertig, oder sie müssen durch Zusatz von Lösungsmitteln auf die zum betreffenden Gebrauch gewünschte Konsistenz eingestellt werden. Feste Klebstoffe werden grobstückig, feinstückig oder pulverförmig geliefert und müssen je nach ihrer chemischen Zusammensetzung mit Wasser bzw. organischen Lösungsmitteln zur Lösung gebracht werden.

Bei der Anwendung von Klebstoffen sind folgende Arbeitsgänge von Wichtigkeit: 1. Die Vorbereitung der Oberflächen, 2. der Auftrag des Klebstoffes, 3. der Abbindevorgang. Die Vorbereitung der Oberflächen hat vor allem den Zweck, die zu verklebenden Werkstoffe von allen Verunreinigungen zu säubern, welche die Haftfestigkeit beeinträchtigen oder verhindern könnten. In der Berührungsfläche zwischen Werkstoff und Klebstoff kommen zwischenmolekulare Kräfte zur Wirkung, die man mit „spezifischer Adhäsion" bezeichnet. Werden poröse Werkstoffe verklebt, findet darüber hinaus eine Verdübelung zwischen der Klebstoffschicht und dem Werkstoff statt, welche man mit „mechanischer Adhäsion" bezeichnet. Die wichtigste Voraussetzung für die Haftbarkeit einer Klebeverbindung ist die spezifische Adhäsion, ohne die eine mechanische Adhäsion unmöglich wäre.

Bei den meisten Klebstoffen erfolgt der Auftrag in flüssigem Zustand auf kalte Oberflächen, während Schmelzkitte und Leimfolien erst in der Hitze erweichen und dann die Klebflächen benetzen können. Glutinleime werden bei Temperaturen oberhalb 40° auf warme Oberflächen aufgetragen. Der Auftrag von Klebstoffen wird mittels Pinsel, Spachtel, Rollen, auch mit der Hand oder mit besonderen Maschinen durchgeführt.

Manche pulverförmigen Klebstoffe benötigen zur vollständigen Auflösung eine bestimmte Zeit, „Reifezeit", die nach MIKSCH-PLATH z. B. für Kaseinleime $^1/_2$ bis 1 Stunde, für Methylcellulose einige Stunden, für pulverförmige Harnstoffharze 15 bis 20 Stunden, für Naturkautschuk 1 bis 2 Wochen beträgt.

Alleskleber.

1.	Kollodiumwolle H 25 oder H 15, trocken	16,0	Aceton	8,0
	Äthylacetanilid	5,0	Alkohol (Anfeuchtung)	8,0
			Methylenchlorid	63,0
2.	Kollodiumwolle, hochviscose, trockene, H 8	14,5	Trikresylphosphat	5,0
			Lösungsmittelgemisch	80,5
3.	Filmabfälle, trockene	16,0	Trikresylphosphat	3,0
	Lösungsmittelgemisch	81,0		

[1] Siehe Fußnote S. 687.

Zum Lösungsmittelgemisch werden verwendet Amylacetat, Aceton sowie die Lösungsmittel E 13, E 14 und E 33 und, um den Klebstoff unbrennbar zu machen, Methylenchlorid. Als Weichmachungsmittel zur Erzielung der unerläßlichen Elastizität des Filmes finden außer Trikresylphosphat Kampfer, Rizinusöl, Platinole u. a. Verwendung.

Asbest-Faserkitt.

1. Asbestpulver . . . . . 100,0 | Schwerspat, feinst pulv. . . 100,0
Feinstes Sandpulver . . 100,0 | Natronwasserglas 200,0

Die Pulver werden zunächst innig gemischt, dann mit dem Wasserglas angerührt und sorgfältig verarbeitet.

2. Für Dachverglasungen, besonders bei Eisen- und Gußrahmen.

Gelöschter Kalk. . 100,0 | Mennige 100,0
Kreide . . . . . 100,0 | Leinölfirnis . . . 100,0
Faserasbest . . . 100,0

Eisenkitte (Sido).

Zum hitzebeständigen Kitten von eisernen Destillierblasen, Kesseln usw.

	1.	2.	3.
Eisenfeilspäne	30,0	20,0	—
Salmiak	1,0	—	—
Lehmpulver	—	45,0	—
Schwefel	1,0	—	—
Borax	—	5,0	5,0
Braunstein	—	10,0	25,0
Essigwasser[1]	nach Bedarf	—	—
Zinkoxyd	—	—	25,0
Kochsalz	—	5,0	—
Wasser	—	nach Bedarf	—
Wasserglas	—	—	nach Bedarf

Die festen Bestandteile werden jeweils mit der Flüssigkeit zu einem dicken Brei verarbeitet, der sofort verwendet werden muß.

Eisenkitt. Rostkitt.

Zum Verdichten eiserner Gefäße, Nieten usw.

Eisenfeile . . . . 85,0 | Schwefelblumen 10,0
Ammoniumchlorid, pulv. . . 5,0

werden mit Wasser zu einer dicklichen Masse angerührt und damit die vorher durch Schaben oder mittels Schmirgelpapier gereinigte Stelle bestrichen. Nach achttägigem Stehen ist der Kitt eisenhart und kochfest. Zum Anrühren des Pulvers wird auch Essigwasser empfohlen, bestehend aus 1 T. Essigsäure (10%) und 4 T. Wasser.

Eisenspachtelkitt.

Bleiweiß . . . . 5,0 | Bleimennige 5,0
Bleiglätte . . . . 2,0 | Schieferstaub, gemahlen. . 5,0
Umbra, dunkel. 1,0

[1] Hergestellt aus 1 Teil Essigsäure (10%) und 4 Teilen Wasser.

werden gemischt und mit nachstehender Lösung bis zur gewünschten Konsistenz angeteigt:

Leinölfirnis . . .	1,0	Leinölsikkativ . .	2,0
Schleiflack . . .	2,0	Terpentinöl . . .	5,0

Elfenbeinkitt.

Hausenblase . .	6,0	Zinkweiß. . . .	3,0
Gelatine	12,0	Weingeist (95%)	3,0
Mastix	1,0	Wasser	120,0

Hausenblase und Gelatine werden in Wasser heiß gelöst, die Lösung auf die Hälfte ihres Volumens eingedampft, das in Weingeist gelöste Mastix zugefügt und das Zinkweiß mit der Mischung angerieben.

Verwendung. Der warme Kitt wird auf die vorher entfetteten Bruchstellen aufgetragen.

Emailkitt.

1. Kasein, pulv.. .	12,0	Glasmehl	5,0
Kalkhydrat . .	4,0	Kaolin	50,0
Borax	10,0	Wasserglas	10,0
Quarzmehl . .	15,0	Wasser	nach Bedarf

Die feinen Pulver mischen, mit Wasser durchfeuchten, mit Wasserglas anrühren. Dann mit Wasser zu dickem Brei verarbeiten. Zu kittende Stellen müssen frei von Fett und Rost sein.

2. Bleiglätte . . . 100,0 | Glycerin . . . 10 ccm
Wasser . . . . 2 ccm

3. Zinkoxyd, roh . . . . . 10,0 | Bariumsulfat 10,0
Natronwasserglaslösung . . . nach Bedarf

zur Bereitung eines dicken Breies.

Fußboden-Kitt (Micksch-Plath).

Zum Auskitten von rissig gewordenen oder ausgetretenen Fußböden.

Kasein, alkalilöslich	50,0	Sägemehl, fein	10,0
Ätzkalkstaub, frisch gelöscht . .	10,0	Caput mortuum	10,0 bis 20,0

werden vermahlen und zu einer Paste verarbeitet.

Kaseinkitt und -klebemittel, wasserfest.

Kasein . . . . 100,0 | Kalkhydrat . . 20,0
Soda 11,0

werden gelöst in

Wasser 300,0

Die Lösung wird gemischt mit

Latex (37%ig) . . 100,0.

Glaserkitt.

Beste, völlig trockene Kreide . . 85,0 | Mineralöl 4,5
Rohes Leinöl 10,5

Die Kreide wird mit der Ölmischung innig verarbeitet. Soll der Kitt schnell erhärten, wird an Stelle von Leinöl Leinölfirnis verwendet.

Glaskitt.

Wasserfest, von hervorragender Klebkraft.

1. Venet. Terpentin . . . . . 10,0 | Gebleichter Schellack, pulv. . . 20,0
Mastix, pulv. 30,0

werden erwärmt und vorsichtig so viel Terpentinöl zugesetzt, bis eine klare Lösung entsteht.

2. (nicht durchsichtig).
Rohkautschuk . . 10,0 | Mastixpulver . . . 160,0

werden gelöst in
Trichloräthylen . . 700,0

Harzkitt für Messerhefte.

Harz 100,0

wird geschmolzen und bei 180° neutralisiert mit
Kalkhydrat 10,0,

dann werden dazugeschmolzen
Cumaronharz, hart. . 100,0

In die Schmelze werden sorgfältig eingerührt
Schlämmkreidepulver . . . 20,0 | Braunsteinpulver, feinst . . 50,0

Die geschmolzene Masse wird heiß in die erwärmte Hülse gegossen und der gleichfalls erwärmte Messerstiel in diese eingeschoben. Der erkaltete Kitt schmilzt erst über 100°.

Kitt für Aquarien.

Bleiglätte . . . . 100,0 | Gebrannter Gips 100,0
Sand, weiß, feinst pulv. . . . . 100,0 | Manganborat 5,0
Kolophonium, feinst gepulv. . . 350,0

werden mit Leinölfirnis zu einer Paste angestoßen.

Kitt für Bernstein.

Die Bruchstellen werden mit alkoholischer Kalilauge bestrichen, die Teile fest zusammengedrückt und einige Stunden liegengelassen.

Kitt für Eisen-, Kupfer- oder Messinggeräte (Sido).

Braunstein . . . 100,0 | Graphit 15,0
Zinkoxyd . . . . 100,0 | Infusorienerde . . 50,0
Wasserglas . . . nach Bedarf

Die festen Bestandteile sind mit Wasserglas zu einem dicken Brei anzureiben, der sofort verwendet wird.

Kitt für Gärbottiche (Micksch/Plath).

1. Blätterschellack . . . . . 88,0 | Paraffin, doppelt raffiniert . . 10,0
Harzpech . . . . 35,0 | Harzöl, raffiniert 5,0

2. Kolophonium . . 96,0 | Talg 4,0

Kitt für Kunsthorn mit Metall (Micksch/Plath).

Kasein . . . 50,0 | Schellack . . 20,0
Borax . . . 40,0

werden in heißem Wasser angerührt.

Kitt für Kupferkessel.

Braunstein	100,0	Graphit	15,0
Zinkoxyd	100,0	Kieselgur	50,0

Die fein pulverisierten Stoffe werden mit Wasserglas (38° Bé) bei Gebrauch zu einem Brei verarbeitet.

Kitt für Messerhefte.

Kolophonium	60,0	Schwefel	15,0
		Eisenfeile, fein	25,0

Kolophonium schmelzen, den Schwefel und die Eisenfeile darin verrühren, die Mischung heiß in die Messerhefte eingießen und das erwärmte Messer einfügen.

Kitt für Porzellan mit Glas, Stein und Ton.

Flußspatpulver, geschlämmt	5,0	Glaspulver, geschlämmt	25,0

werden sorgfältig gemischt und vor Gebrauch mit der erforderlichen Menge Wasserglas (38/40°) zu Kitt verarbeitet. Gekittete Teile müssen einige Tage unter Druck trocknen, etwa austretender Kitt muß sofort entfernt werden.

☠ 2. Knetbares Holz (MICKSCH/PLATH).

Kasein	50,0	Natriumfluorid	3,0
Kalkhydrat	8,0	Petroleum	2,0
Trinatriumphosphat	3,0	Hartholzmehl, fein	34,0

werden mit Wasser auf Tubenkonsistenz verrührt. Die Masse trocknet langsam, erhält aber erhebliche Festigkeit.

☠ 3. Mastixkitt für Kautschuk.

Schwefelkohlenstoff	30,0	Kautschuk	8,0
Guttapercha	4,0	Fischleim	2,0

werden im Dampfbad gelöst (*Vorsicht, Feuersgefahr!*).

Mineralkitt. Sorelzement (Riedel-de Haën).

Zum Einkitten von Metallteilen in Marmorschalttafeln usw.

Magnesit, gebrannt	100,0	Bariumsulfat, gefällt	100,0

werden innigst gemischt.

Magnesiumchlorid, techn. krist.	100,0	Wasser (40°)	60,0

werden gelöst.

Soll statt Magnesiumchlorid Chlormagnesiumlauge verwendet werden, gilt folgender Ansatz:

Chlormagnesium-Lauge (30/32° Bé)	138,0	Wasser	22,0

Das Magnesit-Bariumsulfat-Gemisch wird allmählich unter beständigem Rühren in die Chlormagnesiumlösung bzw. -lauge eingetragen und das Rühren mit dem Pistill so lange fortgesetzt, bis ein gleichmäßiger blasenfreier Brei entstanden ist, der dann möglichst bald zu verwenden ist. Soll der Kitt etwas langsamer erhärten, erhöht man die Bariumsulfatmenge des obigen Satzes auf 150,0.

Verwendung. Zum Einkitten von Metallteilen in Porzellanarmaturen und Marmorschalttafeln.

Sorelzement (Riedel-de Haën).

Zur Herstellung von fugenlosen Steinholzfußböden.

1.	Magnesit	100,0	Wasser	35,0
	Chlormagnesiumlauge 30/32° Bé	65,0	Sägespäne	50,0

Dieser Kitt erhärtet in 16 Stunden.

2. Magnesit	100,0	Asbestpulver	25,0
Chlormagnesiumlauge 30/32° Bé	50,0	Holzmehl	12,5
Wasser	32,5	Eisenoxydrot	2,5

Dieser Kitt erhärtet in 24 Stunden.

Schleif- und Poliersteine (Riedel-de Haën).

Magnesit, gebrannt	100,0	Schmirgel, fein pulv.	100,0

werden innigst gemischt.

Magnesiumchlorid, techn. krist.	100,0	Wasser (40°)	60,0

werden gelöst.

Das Magnesit-Schmirgel-Gemisch wird allmählich unter beständigem Rühren in die Chlormagnesiumlösung eingetragen und das Rühren mit dem Pistill so lange fortgesetzt, bis ein gleichmäßiger blasenfreier Brei entstanden ist. Wasser soll beim Schleifen der Steine nicht verwendet werden.

Verwendung. Trocken oder mit Ölschmierung zum Schleifen und Polieren.

Ofenkitt.

1. Lehm | Wasserglas

2. Braunsteinpulver | Wasserglas

3. Eisenpulver	50,0	Kochsalz	5,0
Schlämmkreide	20,0	Kieselsäure	35,0

Bei den ersten beiden Vorschriften werden die Bestandteile zu einer teigartigen Masse verknetet, bei der 3. Vorschrift mit Essig aus den Bestandteilen ein Teig angerührt.

4. Braunstein	10,0	Borax	50,0
Lehmpulver	30,0	Kasein	10,0 bis 15,0

werden mit Wasser zu einem Teig verarbeitet.

Pflasterfugenkitte (MICKSCH/PLATH).

	1.	2.	3.
Muschelkalk, Kalkstein, Klinker oder ähnliches Material, gemahlen	100,0	—	—
Basaltlava, gemahlen	—	100,0	—
Quarzsand, fein gemahlen	—	—	100,0
Superphosphat	0,7 bis 1,0	1,2 bis 2,0	1,5 bis 2,0
Natronwasserglas 33 bis 35° Bé	20,0 bis 25,0	20,0 bis 30,0	0,20 bis 30,0

1. wasserbeständiger, schnell erhärtender Kitt.
2. nach dem Erhärten gegen verdünnte Mineralsäuren beständiger Kitt.
3. gegen konzentrierte und verdünnte Mineralsäuren beständige Kittmasse.

Porenkitt (MICKSCH/PLATH).

Als Schleifgrund für Holz vor dem Polieren.

Kasein	50,0	Ätzkalkstaub, gelöscht	10,0

werden vermahlen und durch ein feines Sieb getrieben. Die Lösung erfolgt in Wasser unter Zusatz von wenig Äther.

Verwendung. Beim Gebrauch wird der Kitt auf das vorgebeizte Holz aufgetragen und mit einem Wollappen eingerieben. Nach 15 Minuten schleift man das Holz mit feinem Schmirgelpapier und kann anschließend polieren.

Porzellankitt (WITTENBERGER).

1. Bleiglätte, die auf einem Eisenblech einige Zeit auf 300° erhitzt wurde, wird mit dickflüssigem Glycerin zu einem Brei verrührt.

Der Kitt erstarrt binnen $^1/_2$ Stunde und ist gegenüber Temperaturen bis 260° unempfindlich, ebenso gegen Wasser, die meisten Säuren, sämtliche Alkalien und Chlordämpfe.

2. Kaolin 90,0
werden mit
Borax 10,0
und Wasser oder Leinölfirnis zu einem Brei verrührt.

Nach Bestreichen der Kittstelle läßt man eintrocknen und erhitzt dann langsam bis zur hellen Rotglut. Der Kitt ist für Temperaturen bis 1600° unempfindlich.

3. Talkum wird mit dickflüssigem Wasserglas zu einem Brei verrieben.

Der Kitt hält Glühtemperatur aus.

4. Reines Zinkoxyd wird mit einer Chlorzinklösung (60%) angerieben.

Der Kitt wird nach wenigen Minuten sehr hart.

Steinzeugkitt.

Zum Kitten von Entwicklertanks usw.

1. Bleiglätte . . . . . 100,0 | Glycerin (28/30° Bé) 10,0 bis 20,0

werden zu einem Brei verarbeitet, der sofort auf die vorher sorgfältig gereinigte und fettfreie Bruchstelle gestrichen wird. Den Kitt läßt man unter Druck erhärten.

2. Bleiglätte. . . . . 100,0 | Braunsteinpulver, feinst . . . 100,0
Graphitpulver, geschlämmt . . 10,0

werden sorgfältig gemischt und mit Leinöl zu einer plastischen Masse verarbeitet und damit die Bruchstellen bestrichen. Dann läßt man unter Druck 3 Tage stehen.

Die Bleiglätte wird vor der Herstellung zwecks absoluter Wasserfreiheit nochmals schwach ausgeglüht.

☠ 3. Treibriemenkitt (SIDO).

1. Guttapercha . . . . 0,75 | Terpentinöl 0,5
Schwefelkohlenstoff . . 5,0

Die zu klebenden Lederstücke mit Benzin reinigen, mit dem Kitt bestreichen, aneinanderpressen.

2. Guttapercha . . 1,0 | Benzol 10,0
Leinölfirnis 2,0

Guttapercha in Benzol lösen, dann Leinölfirnis einrühren. *Vorsicht! Feuersgefahr!*

Wasserglaskitte, säure- und feuerfeste (MICKSCH/PLATH).

1. Quarzsand, pulv.	66,0	**2.** Quarzsand, pulv.	50,0
Bariumsulfat, pulv.	33,0	Bariumsulfat, pulv.	50,0
Kaliumsulfid	2,0	Aluminiumsulfid	1,0
Natronwasserglaslösung 35° Bé	33,0	Natronnwasserglaslösung 35° Bé	35,0

Die festen Zusätze dieser Kitte müssen fein vermahlen sein und zunächst unter sich, dann mit der Wasserglaslösung sehr innig vermischt werden. Vor dem Kittauftrag sind die Kittstellen sorgfältig zu reinigen.

1. Der erhaltene Brei bindet in $^1/_2$ Std. in seiner Masse ab und ist in 3 bis 4 Tagen vollkommen trocken. Nach dem Trocknen kann mit Säure gewaschen werden, wodurch aus dem Wasserglas Kieselsäure ausgeschieden wird, welche die Poren verstopft und das Eindringen von Wasser verhindert.

2. Der erhaltene Kittbrei bindet in 5 Min. ab. Der Kitt besitzt sehr gute mechanische Eigenschaften.

Klebstoffe.

Blechleim (SÖFW).

Dextrin	750,0	Wasser	400,0
Venetian. Terpentin	100,0	Aluminiumsulfat	75,0 bis 100,0

Das Dextrin und das Aluminiumsulfat wird im heißen Wasser gelöst, der Terpentin darunter gearbeitet.

Blechleim, stark klebend.

Gelbes Dextrin 1000,0

werden heiß gelöst in

Wasser 2000,0

Zur Bleichung werden zugegeben und bis zur genügenden Bleichung weiter erwärmt

Ammoniumpersulfat „Merck“ . . 20,0 bis 40,0

ferner der noch warmen Masse, um den Leim lange klebrig zu halten, zugefügt

Kapillärsirup . . . . 200,0 bis 300,0

Briefmarkenleim.

	1.	2.	3.	4.
Gummi arabicum	40,0	10,0	—	—
Helles Dextrin	—	—	2,0	20,0
Kochsalz	1,0	—	—	—
Glycerin	1,5	1,0	—	3,0
Reisstärke	0,5	—	—	—
Honig oder Sirup	—	1,0	—	—
Weingeist	—	—	1,0	3,0
Wasser	57,0	30,0	5,0	50,0
Essigsäure, verd., 30%ig	—	—	1,0	—

5. Auch zum Gummieren von Papier und Etiketten geeignet, verhindert ein Rollen der Bogen.

Gummi arabicum	100,0	Glycerin	2,0
Natriumchlorid	2,5	Stärke	2,0

werden gelöst bzw. verkleistert in

Wasser . . 130,0

Briefumschlagleim.

Weißes Dextrin 200,0

werden bei 90° gelöst in

Wasser 240,0

Dann wird dazugegeben eine Lösung von

Borsäure 2,0

oder Borax 5,0

in Wasser 20,0

und zugegeben

Glycerin (28° Bé) 5,0

Konserviert wird mit

Weingeistiger Thymollösung (10%) . . 0,5

Buchbinderleim.

Kartoffelmehl	90,0	Gelöschter, pulverisierter Kalk	90,0

Borsäure 3,0

Zum Gebrauch wird die Mischung mit Leimwasser, dem zur Erhöhung der Klebkraft wenig Essigsäure und zur Konservierung etwas Formaldehydlösung zugegeben ist, verkleistert.

Kasein-Holzkaltleime.

	1.	2.	3.
Kasein	60,0	64,5	73,0
Kalkhydrat	20,0	6,5	20,0
Dinatriumphosphat	—	6,5	5,0
Trinatriumphosphat	10,0	—	—
Kreide	—	13,0	10,0
Natriumsulfit	8,0	—	—
Fluornatrium	—	6,5	3,0
Petroleum	2,0	3,0	2,5

Vorschrift 2. ☠ *2.*

Cellophanklebstoff (H. HADERT).

Chlorkautschuk 1000 cp.	200,0	Rizinusöl, roh	200,0
Butylacetat	100,0	Toluol	500,0

Chromleime.

Die Verwendung von Chromleimen ist nur angezeigt, wenn Licht auch an die Klebstellen herankommen kann, weil nur durch Lichteinwirkung das Glutin bei Zusatz von Kaliumdichromat unlöslich und dadurch die Klebestelle feuchtigkeitsbeständiger wird. In Fugen, bei denen Tageslicht nicht einwirken kann (Leder-, Holzverleimungen), bleibt der Dichromatzusatz unwirksam.

Chromleim (MICKSCH-PLATH).

Kaliumdichromat 12,0

werden in möglichst wenig heißem Wasser gelöst und vermischt mit

heiße Gelatinelösung (15%) . . 100,0

Dextrin-Klebstoffe.

Büroleim. Gummierleim für Briefmarken.

	1.	2.	3.	4.	5.	6.	7.	8.
Dextrin, gelb	20,0	40,0	30,0	35,0	40,0	40,0	30,0	20,0
Dextrin, weiß	10,0	—	—	—	—	—	—	—
Essigsäure (30%)	5,0	—	—	—	—	—	—	10,0
Kandiszuckerlösung (1 : 1)	5,0	—	—	—	—	—	—	—
Stärkesirup	—	5,0	6,0	—	5,0	4,0	10,0	—
Soda, krist.	—	4,0	—	—	—	—	—	—
Ammoniumpersulfat	—	—	1,0	—	—	—	—	—
Natriumperborat	—	—	—	1,0	—	—	—	—
Glycerin	—	—	—	3,0	2,0	—	—	—
Trinatriumphosphat	—	—	—	—	2,0	—	—	—
Harnstoff	—	—	—	—	5,0	4,0	—	—
Weingeist (95%)	—	—	—	—	—	—	—	10,0
Aluminiumsulfat	—	—	—	—	—	2,0	—	—
Chlorcalciumlösung	—	—	—	—	—	—	10,0	—
Wasser	60,0	51,0	63,0	61,0	46,0	50,0	50,0	50,0

1. (BECHER) transparent
2. (BECHER) dick
3. (BECHER) hell
4. (BECHER) hell
5. (BECHER) für Papier auf Papier
6. (BECHER) für Papier auf Glas
7. (BECHER) für Papier auf Blech
8. (BREUER) Gummierleim für Briefmarken.

Dextrinklebepaste.

Hellgelbes Dextrin	48,0	Traubenzucker	5,0
Boraxpulver	6,0	Wasser	41,0

Den Borax im Wasser heiß lösen, Dextrin und Traubenzucker unter ständigem Umrühren zufügen und so lange, ohne zu kochen, auf höchstens 90° weitererhitzen, bis eine einheitliche Mischung entsteht. Das dabei verdampfende Wasser wird von Zeit zu Zeit mit heißem Wasser ersetzt. Dann wird mit Wasser auf das Gesamtgewicht von 100,0 gebracht, die Lösung koliert und die Paste zur Reifung einige Monate stehengelassen.

Dextrinleim, schnellbindender.

Dextrin . . 100,0 | Wasser . . 50,0
Borax . . . 1,0

werden klumpenfrei verrührt und bis zur Lösung erwärmt. Der Lösung werden zugesetzt

Glycerin (1,240) . . . . 2,5 | Natriumbisulfitlösung konz. . . 2,5

Etiketten-Klebmittel für Blechgefäße.

Wasserglas . . 40,0 | Zuckersirup . . 10,0

werden gemischt.

Etiketten-Klebstoffe (MICKSCH/PLATH).

1. (MÜNDER).

Kasein . . . 15,0 | Borax . . . 3,0
Borsäure . . 3,0 | Wasser . . . 79,0

2. (*englische Vorschrift*).

Kasein . . . 20,0 | Borsäure . . 4,0

werden gelöst in

Wasser . . 50,0

In diese 70° warme Lösung werden eingerührt, auch 70° warm:

Borax . . 4,0 | Wasser . . 5,0

3. *Für Weißblech- und Metallgefäße.*

Kasein . . . . 100,0 | Naturharz, feinst gepulv. . . 100,0
Borax 11,0

Bei Bedarf mit der doppelten Wassermenge ansetzen.

Zur Erhöhung der Haftfestigkeit auf Weißblechdosen setzt man als Füllstoff Schwerspat oder Jurakreide zu.

Etikettenklebstoff, wasserfester.

Acetylcellulose . . 5,0 | Diäthylphthalat . . 2,0
Essigäther 20,0

Flüssiger Leim.

Kölner Leim . . 100,0 | Gelatine 100,0

läßt man aufquellen in

Essigsäure (30%) . . 400,0

und erwärmt längere Zeit im Wasserbad, dann wird zugesetzt

Alaun 5,0

und läßt absetzen.

Etikettenklebstoff für Goldlackbüchsen.

Fichtenharz . . . . 30,0 | Mastix 5,0
Sandarak 10,0

werden gelöst in

Weingeist (90%) . . 45,0 | Äther 5,0

Etikettenklebstoff für lackierte Blechbehälter.

1. Manilakopal	10,0	Weichmacher	0,5
Gallipot	2,0 bis 3,0	Vergällter Weingeist	10,0 bis 20,0
2. Weizenstärke	400,0	Wasser	1000,0

werden verrührt und vermischt mit

Gelatine 40,0

gelöst in Wasser 1800,0

Nach der Kleisterbildung wird zugefügt

Natronwasserglas . . 400,0 | Terpentin 150,0

Etikettenleim.

Kartoffelstärke 10,0

werden mit

Wasser 120,0

aufgeschlämmt und unter Umrühren zugesetzt

Ätznatronlauge (36° Bé) . . 3,0

Die Mischung wird bis zum Verkleistern erwärmt und dann der entstandene Leim bis zur halben Alkalität neutralisiert mit

Salpetersäure 2,0

Dann wird zugesetzt

Schmierseife . . . 2,0 | Traubenzucker . . 1,5

gelöst in warmem Wasser und mit 1,0 Formaldehydlösung konserviert.

Kaltleim.

Der Begriff Kaltleim ist als Gegensatz zum (tierischen) Warmleim entstanden. Während letzter nur warm aufgetragen wird, verarbeitet man Kaltleim bei Raumtemperatur. Unter Kaltleim versteht man vorwiegend Kaseinleime oder Glutinleime, die mit Verflüssigungsmitteln kaltlöslich gemacht wurden. Neuerdings ist der Begriff Kaltleim bei im Kaltverfahren verarbeiteten Leimen und Klebstoffen nicht mehr üblich.

☠ 2. Holzkaltleim.

Kasein	700,0	Kalkhydrat	200,0
Trinatriumphosphat	100,0	Fluornatrium	30,0

Kienöl 20,0

Der Kienölzusatz wirkt schaumzerstörend. Das fertige Pulvergemisch wird 1:2 in Wasser angerührt.

Kaltleim für Etikettiermaschinen.

Gelbes Dextrin . . . 50,0

werden klümpchenfrei angerieben mit

Wasser . . . . . . 48,0.

Dann wird auf dem Wasserbad erwärmt, bis sich die Lösung klärt, und zugesetzt

Glycerin (28° Bé) . . 2,0

und zur Konservierung

Raschit . . . . . . 0,1.

Kasein-Harnstoff-Klebstoff (Micksch/Plath).

1. Kasein . . . . 100,0 | Natriumhydrogencarbonat . . 10,0

Harnstoff . . . . 30,0 bis 70,0

werden trocken vermengt und das Gemisch verrührt mit

Wasser . . 300,0

Die Lösung ist sehr gut streichbar und eignet sich besonders nach starker Verdünnung als Farbbindemittel und für Appretur- und Schlichtzwecke.

2. *Klebstoff für Leder und Holz* mit artgleichen und artfremden Stoffen.

Ätznatron	2,0	Harnstoff	20,0 bis 30,0

werden gelöst in

Wasser 200,0

und in die Lösung unter Umrühren eingetragen:

Kasein 100,0

Klebepaste (MICKSCH/PLATH).

Dextrin, gelb	30,0	Stärkesirup	20,0
Dextrin, weiß	20,0	Glycerin	3,0

Wasser 37,0

Klebstoff für Papiersäcke (MICKSCH/PLATH).

1. *englische Vorschrift.*

Kasein	100,0	Borax	16,0

Alaun . . 11,0

Vor Gebrauch in der 4- bis 5fachen Wassermenge lösen. Die erzielten Klebungen sind ziemlich wasserbeständig.

2. Kasein	42,5	Phenol	8,1
Borax	5,6	Terpentinöl	0,1

Terpentinöl zur Verdeckung des Phenolgeruchs.

Zum Gebrauch in etwa 200,0 Wasser lösen.

Klebstoff für Pergamentpapiere.

1. Dickflüssiges Wasserglas.

2. Dickeingekochter Weizenstärkekleister mit Zusatz von 10 bis 20% reinem Fischleim.

Klebemittel für Cellophan auf Glas, wasserfest.

Trockene Filmabfälle oder Kollodiumwolle löst man in einer Mischung aus

Methylacetat	80,0	Äthyllactat	20,0

zu einer viscosen, klaren Lösung von der Konsistenz 30/31°igen Glycerins.

Klebstoff für Kinofilme.

Cellon ® . . 10,0

werden gelöst in

Aceton . . . 90,0

Linoleumklebstoff (RÖMPP).

Cumaronharz	85,0	Benzin	12,0

Isopropylalkohol . . 3,0

Nitrocellulose-Klebstoffe.

Zur Herstellung von Klebstoffen aus Nitrocellulose (Celluloseester) finden Kollodiumwolle (alkoholfeucht) und Filmabfälle aus Zelluloid Verwendung, als Lösungsmittel dienen Aceton, Amylacetat, Äthylacetat, Butylacetat, Methyläthylketon und Methylenchlorid. Als Weichmacher und Gelatinierungsmittel finden Äthylacetanilid, Dimethyl-, Diäthyl- und Dibutylphthalat, Glycerintriacetat, Methylacetanilid, Kampfer, Rizinusöl Verwendung.

Wegen der Feuergefährlichkeit der Nitrocellulosen und ihrer Lösungsmittel benötigt man zur Herstellung von fabrikmäßigen Nitrocellulose-Klebstoffen Misch- und Knetmaschinen mit *luftdichtem Abschluß*. Es empfiehlt sich deshalb, diese Klebstoffe im allgemeinen fertig zu beziehen.

Der Hauptvorteil von Nitrocellulose-Klebstoffen liegt in ihrer Wasserbeständigkeit, hohen Elastizität und ihrem raschen Anzugsvermögen. Soweit sie nicht Methylenchlorid als Lösungsmittel enthalten, sind sie durch ihre feuergefährlichen Lösungsmittel und die Nitrocellulosen feuergefährlich. Bei ihrer Verwendung werden die zu verklebenden Flächen zunächst mit Klebstoff eingestrichen. Nach dem Antrocknen wird dann die eine oder beide Seiten der zu verklebenden Werkstoffe erneut eingestrichen und unter Druck getrocknet. Nitrocellulose-Klebfilme sind gegen Wasser, kalte und verdünnte Säuren und Alkalien beständig.

	1.	2,	3.	4.	5.	6.	7.
Celluloid	119,0	200,0	30,0	—	—	—	—
Filmabfälle	—	—	—	53,0	—	—	50,0
Kollodiumwolle, hochviscos, trocken	—	—	—	—	—	14,5	—
Kollodiumwolle H 15 oder 25 (Hagedorn) trocken	—	—	—	—	15,0	—	—
Naphthalin	12,0	—	—	—	—	—	—
Aceton	671,0	—	100,0	—	8,0	8,0	100,0
Kampfer	—	5,0	2,0	—	—	—	—
Trikresylphosphat	—	—	2,0	—	—	3,0 bis 5,0	10,0
Essigäther	—	—	—	90,0	—	—	—
Weingeist	—	—	—	60,0	8,0	8,0	—
Äthylacetanilid	—	—	—	—	5,0	5,0	—
Methylenchlorid	—	—	—	—	63,0	60,0	100,0
Amylacetat	—	150,0	—	—	—	—	—
Amylalkohol	—	150,0	—	—	—	—	—
Terpentin	—	15,0	—	—	—	—	—
Leinöl	—	20,0	—	—	—	—	—
Oxalsäure	—	—	2,0	—	—	—	—
Rizinusöl	—	—	—	1,0	—	—	—
Harz	—	10,0	—	—	—	—	—
Metal (Wacker)	—	—	—	—	—	—	75,0

Vorschriften 1. bis 7. nach MICKSCH-PLATH.

3. ☠ *2.* Klebstoff für Gummi auf Leder.

4. Klebstoff für Leder auf Leder.

Selbstklebebänder-Klebstoff (HADERT).

Chlorkautschuk 125 cp.	50,0	Dibutylphthalat	100,0
Staybeliteester Nr. 10	100,0	Aceton	525,0

Cyclohexanon 225,0

Stärkekleister.

Weizenstärke . . . 50,0

wird mit kaltem Wasser zu einem steifen Brei sorgfältig verrührt, den man 10 Min. lang stehen läßt, dann wird unter kräftigem Umrühren in dünnem Strahl so viel kochendes Wasser zugesetzt, daß eine vollständig gleichmäßige glatte Masse entsteht. Da Stärkekleister leicht infolge Milchsäuregärung sauer werden, wird mit Nipagin ®-T-Kombination 0,3 bis 1,4% konserviert.

Konservierung.

(S. a. Bd. II, S. 741ff.)

Eierkonservierung.

Mit Kalklösung für 100 Eier.

Kalk, gebrannt	2,5 kg	Natriumchlorid	12,5 g
Weinsäure	20,0 g		

werden mit Wasser zu einer dünnen Kalkmilch angerieben und diese bis etwa handbreit höher über die Eier gegossen. Beim Stehen verdunstendes Wasser muß ersetzt werden.

Mit Wasserglaslösung:

Natron-Wasserglas-Lösung (33 bis 35%) . 100,0

werden verdünnt mit

Wasser 900,0

Zur Trockenaufbewahrung:

Die Eierschalen werden mit Kochsalz, Salicylsäure, Borsäure, Wasserglas, Alkohol, Benzoesäure, Kaliumpermanganat behandelt.

Garantol ist eine Mischung aus pulverisiertem, gelöschtem Kalk mit Ferrosulfat.

Himbeer-Muttersaft konservieren.

Zur Konservierung von Himbeer-Muttersaft gibt man auf 100 ccm 1 g 25%ige Ameisensäure. Der Nachteil dieser Konservierung beruht auf einer allmählichen Verfärbung nach Rötlichbraun. Die Aufbewahrung erfolgt zweckmäßig in Glasballons oder in Weißblechgefäßen, nicht aber in Eisenfässern, die eine noch stärkere Verfärbung des Muttersaftes nach Braunrot ergeben.

Hohl- und Weichwerden von Gurken.

Das Hohl- und Weichwerden der Gurken beruht häufig auf nicht ausreichender Bedeckung derselben mit der Lake bzw. dadurch, daß zu schwache Salzlaken verwendet werden. Sobald der gewünschte Geschmack durch die Gärung erreicht ist, muß die Salzlösung auf eine 15%ige erhöht werden, weil sonst Bakterien in ihr auftreten. Besser noch ist es, nach erfolgter Gärung die Aufgußlake abzulassen, dieser auf je 5 l 25 g Weinsteinsäure zuzusetzen und die weichen Gurken auszusortieren. Großkernige Gurken neigen besonders zum Weichwerden, man nimmt deshalb zweckmäßig kleinkernige oder kernfreie.

Konservierungsflüssigkeiten für anatomische Präparate.

1. (Nach WICKERSHEIM).

☠ *1.* A.

Kaliumnitrat	12,0	Alaun	100,0
Kaliumcarbonat	60,0	Arsenige Säure	10,0
Dest. Wasser	3000,0		

B.

Glycerin	400 ccm	Methylalkohol	100 ccm

A. wird heiß gelöst und filtriert, dann B. zugesetzt.

2. (Nach MÜLLER).

Kaliumdichromat	2,5	Natriumsulfat	1,0
Wasser, dest.	100,0		

Das Präparat wird in die 10- bis 20fache Flüssigkeitsmenge eingelegt und bei öfterem Wechsel 3 bis 12 Monate darin belassen.

3. (Nach KAYSERLING).

Dest. Wasser	750,0	Kaliumnitrat	10,0
Formaldehydlösung DAB. 6	150,0	Kaliumacetat	22,5

4. (RINGER-Lösung).

Natriumchlorid	7,5	Kaliumchlorid	0,075
Calciumchlorid	0,125	Natriumbicarbonat	0,125

Dest. Wasser 1000,0

5. ☠ *1.* Für *Fische* (SIDO).

Natriumchlorid	500,0	Zinkchlorid	120,0
Alaun	750,0	Quecksilberchlorid	90,0
Arsenige Säure	350,0	Formaldehydlösung DAB. 6	6000,0

Dest. Wasser . . . . . . auf 25 000,0

Konservierung mit Natriumbenzoat.

E. MERCK, Darmstadt, gibt für die Konservierung mit Natriumbenzoat nachfolgende Richtlinien:

Für Gemüse-Dauerwaren (Aufguß für Gurken und Rote Rüben):

Benzoesäure . . . 0,2 | Natriumbenzoat . . 0,24

Für Obstsäfte (Fruchtmuttersäfte) zur Weiterverarbeitung, Kirschsäfte aller Art, Orangensaft, Citronensaft:

Natriumbenzoat . . 0,18

Für Obstpülpe und Obstmark:

Benzoesäure . . . 0,15 | Natriumbenzoat . . 0,18

Für flüssiges Obstpektin, Obstgeliersäfte:

Natriumbenzoat . . 0,18

Für Limonaden (Obstlimonaden, Fruchtlimonaden) und *Obstbrauselimonaden:*

Natriumbenzoat . . 0,05

Bei Obstkonfitüren, Marmeladen, Pflaumenmus darf zum Bedecken der Oberfläche des fertigen Erzeugnisses eine Pergamentschicht benutzt werden, die mit Benzoesäure- oder Natriumbenzoatlösung benetzt wurde. Bei Gegenwart von Fruchtsäuren setzt sich benzoesaures Natrium in freie Fruchtsäure um. Dadurch entsteht die konservierende Wirkung. Bei säurearmen Produkten muß deshalb eine entsprechende Menge Säure (Essig-, Milch- oder Weinsäure) zugefügt werden.

Zweckmäßig wird wie folgt verfahren: Soweit die konservierenden Obstprodukte einer Erhitzung unterworfen werden, läßt man sie zunächst auf etwa 50 bis 60° abkühlen, dann setzt man eine Lösung von Natriumbenzoat in wenig Wasser zu und mischt gleichmäßig und sorgfältig durch. Ein längeres Erhitzen oder Kochen von Fruchtkonserven, die mit Natriumbenzoat konserviert sind, soll vermieden werden. Bei nicht genügend saurem Material muß eine der obengenannten Säuren zugesetzt werden.

Konservierung von Harn (SIDO).

1. Mit Thymol. Ein Körnchen Thymol wird zerrieben dem Harn zugefügt. Der Harn bleibt dann tagelang vor Zersetzung bewahrt.

2. Mit Nipagin Ⓡ M, das man in der 5fachen Menge Spiritus löst und zu 0,2% dem Harn zusetzt.

Konservierungssalz für Fleisch und Wurstwaren.

1. Natriumnitrit . . 0,5 | Natriumchlorid auf 100,0

2. *Für große Fleischstücke.*

Salpeter (Kali-) . . 1,0 | Natriumnitrit . . . 0,5

Natriumchlorid . . auf 100,0

Korke imprägnieren.

Eine Schimmelbildung an Korken tritt meist nur bei stark wäßrigen Flüssigkeiten unter Verwendung von schlechten, porösen Korken auf sowie bei Verschlüssen, die mit *Preßkorkscheiben* ausgelegt sind, auch wenn diese mit Stanniol oder sonstigen Abdichtungen belegt sind. Dies beruht darauf, daß Preßkork mit leimartigen Bindemitteln hergestellt wird, die bei längerer Berührung mit Wasser schimmeln. Naturkorke soll man *nicht* brühen, weil das dabei in den Kork eingedrungene Wasser die Schimmelbildung begünstigt. Gute porenfreie Korke werden zweckmäßig ungebrüht oder nur kurze Zeit in sterilem Wasser oder Weingeist angefeuchtet verwendet. Auch das Eintauchen unter Verwendung eines Siebes in heißes Paraffin ist zur Sterilisierung geeignet, wodurch auch eine etwaige Geschmacksveränderung des Flascheninhalts vermieden wird.

Nip-Nip Ⓡ-Wasser. Konservierendes Wasser. Aqua conservans.

Nipagin Ⓡ M . . 0,6 | Nipasol Ⓡ M . . 0,4

werden gemischt und hiervon 0,8 g in 1 l dest. Wasser gelöst. Die Lösung muß unter Aufkochen bei kräftigem Umrühren erfolgen, bis alle auf der Flüssigkeit schwimmenden ölartigen Tröpfchen verschwunden sind. → p-Oxybenzoesäureester Bd. II, S. 983.

Pflanzen konservieren.

Nach dem DRP. Nr. 554512 lassen sich frische Blumen durch Eintauchen in eine $^1/_2$%ige Tyloselösung, abtropfen lassen und trocknen, einige Zeit konservieren. Die dünne Tyloseschicht gibt den Pflanzenteilen nach dem Eintrocknen eine gewisse Stütze.

Schellacklösung, wäßrige, konservieren.

Hierzu eignen sich Preventol „Bayer" und Chlorthymol.

Senfgurken einlegen.

Geschälte und gestichelte Gurkenstücke legt man in Weinessig (5%ig), der auf etwa 70° erwärmt wurde, ein und erwärmt auf etwa 90° weiter. Dabei nehmen die Gurken ein glasiges Aussehen an. Man nimmt vom Feuer und läßt die Gurken in einem einwandfreien Emailgefäß 3 Std. bedeckt ziehen und dann abtropfen. Der zum Vorkochen benutzte Essig wird durch ein Sieb gegeben, durch Zugabe frischen Weinessigs etwas verstärkt; auf 10 l Flüssigkeit gibt man 400 g Salz und 400 g Zucker. Konserviert wird mit den für Lebensmittel zugelassenen Konservierungsmitteln.

Süß-Sahne konservieren.

Zur Konservierung süßer Sahne, einer Fettemulsion, finden 1,0 bis 1,5‰ Nipagin Ⓡ bzw. Nipasol Ⓡ Verwendung.

Tannenzweige konservieren.

Um Tannenzweige lange frisch zu halten, wird schon bei ihrem Abschneiden durch einen schrägen Schnitt mit scharfem Messer für eine möglichst lange Schnittfläche gesorgt. Dann werden sie in einen mit Wasser gefüllten Eimer gestellt und 24 Std. darin gelassen. Die schrägen Schnittflächen werden dann in geschmolzenes Paraffin getaucht und damit die Schnittflächen verschlossen. Das gleiche Verfahren kann durch das Einstellen in eine Glycerin-Wasser-Mischung noch verbessert werden.

Wird danach noch der ganze Zweig in 2%iger Tylose®-Lösung, der wenig Glycerin zugefügt ist, getaucht, so kann eine noch länger dauernde Konservierung erreicht werden. Für längere Dauer können Tannenzweige zu Dekorationszwecken auch durch Überziehen mit einem Lack konserviert werden:

Sandarak	10,0	Kampfer	0,5
Mastix	4,0	Spiritus	100,0

Lederbearbeitung und Lederpflege.

Lederpflege, allgemeine.

Gerben von Fellen von Kaninchen, Hasen, Ziegen.

Zunächst sind die Felle durch Spülen mit Wasser von Blut usw. zu befreien, dann werden sie mit den Haaren nach unten glatt auf ein Brett gespannt, mit einem stumpfen Messer etwa vorhandene Fleischreste abgeschabt, tüchtig mit Wasser gespült und die Lederseite mehrmals gründlich eingerieben mit einer Mischung aus

Alaun	800,0 bis 650,0	Natriumchlorid	200,0 bis 350,0

Man legt nun die Felle mit den Fleischseiten aufeinander, rollt sie fest zusammen und überläßt sie in einem verschlossenen Behälter sich selbst. Nach etwa 7 Tagen werden sie herausgenommen, gespült, erneut gespannt und die Fellseiten mit Glycerin oder mit einem Glycerin-Wollfett-Gemisch geschmeidig gemacht. Ein brauchbares gegerbtes Fell muß weich und dehnbar sein, was sich nur durch möglichst vollständige Entfernung des Bindegewebes der Haut vor dem Gerben erreichen läßt.

Lederschwärze, schnelltrocknende (SZ).

1.	Weingeist, denat.	240,0	Nigrosinbase	50,0
	Nigrosin, spritlöslich	20,0	Benzol	480,0
	Olein	180,0	Aceton	200,0
2.	Olein	75,0	Nigrosinbase	25,0
	Benzol	900,0		

Vorsicht wegen der *Feuergefährlichkeit* von Benzol!

Poliercreme für weiches Leder (SZ).

Vaselinöl, weiß	2000,0	Bienenwachs	300,0
Terpentinöl	1500,0	Olein	400,0
Tetrachlorkohlenstoff	500,0	Triäthanolamin	150,0
Wasser	3150,0		

Vaselinöl, Bienenwachs und Olein auf dem Wasserbad schmelzen und bei 80° die gleich warme Lösung von Triäthanolamin in Wasser unter Umrühren bis zur Emulgierung zugeben, dann der Emulsion unter Umrühren die Mischung aus Terpentinöl und Tetrachlorkohlenstoff zugeben.

Lederpflegemittel für Ledermöbel.

1.	Carnaubawachs	10,0	Terpentinöl	17,0
	Stearin, raff.	3,0	Triäthanolamin	1,0
	Wasser	66,0 bis 68,0		

für gefärbte Ledersorten:

Anilinfarbe, wasserlösl. . . . nach Bedarf

2.	Zeresin, weiß	15,0	Knochenöl, weiß	25,0
	Leinöl	3,0	Vaselinöl, weiß	57,0

Carnaubawachs und Stearin zusammenschmelzen und bei 90° die gleich warme Lösung von Triäthanolamin im Wasser unter Umrühren zugeben. Weiterrühren bis Verseifung erfolgt ist. Dann in kleinen Anteilen unter Umrühren das Terpentinöl zugeben.

3. Wachs, gelb	15,0	Vaselin, gelb	60,0
Terpentinöl (oder -ersatz)	25,0		

Bei den Vorschriften 2. und 3. werden für gefärbte Ledersorten öllösliche Anilinfarbe nach Bedarf zugesetzt.

Lederwachs zum Auffrischen gefärbter Ledergegenstände (V. ARTUS).

1. Schellack	91,0	2. *schnell trocknend*	
Borax	18,0	Schellack	113,0
Wasser	350,0	Borax	37,0
Türkischrotöl	10,0	Wasser	910,0
Farbe, wasserlösliche	9,0	Weingeist (90%)	140,0

Zweckmäßig wird der Schellack und der Borax abwechselnd so lange eingetragen, bis der Schellack restlos gelöst ist.

Reiniger für Ledergegenstände (SZ).

1. Tetrachlorkohlenstoff oder Trichloräthylen	70,0	Waschbenzin	30,0
		Amylacetat	3,0
2. Zeresin	20,0	Paraffin	40,0

werden geschmolzen und vorsichtig dazu gegeben

Terpentinöl (oder -ersatz)	20,0	Schwerbenzin	100,0

Verwendung. Nach dem Auftragen der Paste läßt man einige Min. einwirken und reibt dann glänzend.

Sattelseife (VANDERBILT).

Veegum	2,3	Wasser	43,7
A. Kernseife, ungefüllt, bzw. Seifenflocken	10,0		
B. Klauenöl	5,0	Bienenwachs	8,0
Carnaubawachs, gelb	16,0		
C. Terpentinöl	15,0		

Veegum langsam dem Wasser zusetzen, dabei fortwährend rühren, bis Mischung glatt ist. A., zweckmäßig geschnitzelt, unter Erwärmen im entstandenen Veegum-Gel lösen. B. auf 95° erwärmen. C. langsam unter Rühren B. zusetzen. Beide Mischungen vereinigen und schnell bis zur Abkühlung rühren.

Schuhpflege.

Schuhcremes.

Schuhcremes dienen der Pflege und möglichst langen Erhaltung der Gebrauchsfähigkeit von Schuhwerk. Sie dienen nicht nur zum Glänzendmachen der Lederoberfläche, sondern wirken auch konservierend, da durch ihre sachgemäße und dauernde Verwendung das Leder wasserdicht, von den zerstörenden Einflüssen der Atmosphärilien und vorzeitiger Abnützung geschützt wird. Man unterscheidet *wasserfreie* Schuhcremes, sog. *Ölcremes* und *wasserhaltige* Schuhcremes.

Wasserfreie Schuhcremes. Ölcremes. Diese bestehen aus glanzgebenden Wachsen (Carnauba-, Candelilla-, Esparto-, Bienen-, Schellack-, Montanwachs und synthetischen Wachsen), denen als Bindemittel für das Öl, als Füllmittel und Konsistenzregler feste Kohlenwasserstoffe (Zeresin, Ozokerit, Paraffin) im richtigen Verhältnis zugegeben werden. Als bestes Verdünnungsmittel für wasserfreie Schuhcremes findet Terpentinöl (Balsam-Terpentinöl) Verwendung, dessen sauerstoffübertragende

Eigenschaft von besonderer Bedeutung ist. Durch diese werden die im Oberleder enthaltenen Fettstoffe in Oxyfettsäuren übergeführt, wodurch die konservierende Wirkung von Lederpflegemitteln erhöht wird. Allerdings zeigen mit Terpentinöl hergestellte Schuhcremes bei längerer Lagerung, besonders bei farbigen und allen in Schwarzblechdosen abgefüllten Cremes, Verharzungserscheinungen, wenn als Verdünnungsmittel ausschließlich Terpentinöl verwendet wurde. Das Terpentinöl dient bei der Schuhcremeherstellung als Verdünnungsmittel für die Wachsmasse, um sie in dünnster Schicht auftragen zu können, hat aber mit der eigentlichen Glanzwirkung der Creme nichts zu tun. Deshalb werden vielfach billige Ersatzmittel in der Schuhcremeherstellung verwendet, vor allem Schwer- oder Lackbenzin, dessen Geruch durch geeignete Riechstoffe (Kiefernnadelöl, Citronellöl, Safrol, Bornylacetat, Benzaldehyd, Furfurol usw. oder Kompositionen aus diesen) überdeckt wird. Geeignete Verdünnungsmittel, welche die Eigenschaften des reinen Terpentinöls ähnlich sind, sind die unter besonderen Namen in den Handel kommenden Schwerbenzine (Terapin ®, Terlitol ® und White spirit) und die synthetischen Kohlenwasserstoffe, besonders die Hydronaphthaline, Tetralin ® und Dekalin ®, die eine ähnliche oxydative Wirkung ausüben wie das Terpentinöl. Auch gereinigte Holzterpentinöle, die durch Wasserdampfdestillation aus Holzabfällen gewonnen werden, finden Verwendung. Reine Ölcreme ist in ihrer Konsistenz sehr temperaturabhängig, erweicht bei zunehmender Wärme und erhärtet bei abnehmender. Sie kann deshalb nicht in Tuben abgepackt werden. Schönheitsfehler, die bei Ölcremes besonders häufig vorkommen, sind nach BUCHER-LÜDECKE: Falten- oder Runzelbildung, schlechter Spiegel, Schleier auf der Oberfläche, Schwitzen in der Dose, grießige Beschaffenheit, glasartige Oberflächendecke und Klappern in der Dose.

Wasserhaltige Schuhcreme (Wasserware, Mischware). Zu der Herstellung wasserhaltiger Schuhcremes können nur solche Wachskörper Verwendung finden, die sich durch entsprechende Behandlung möglichst glatt emulgieren lassen. Die Emulsionsbildung wird entweder durch teilweise Verseifung der Wachsgrundmasse mit Alkalien bzw. Alkalicarbonaten oder durch Verwendung von fertig vorgebildeter Seife bzw. von spezifischen neutralen Emulgatoren oder durch dauerhafte Verteilung der Wachsgrundmasse in wäßrigen Kolloidlösungen (Hydrogele oder Hydrosole) zweckmäßig unter Verwendung von Homogenisiermaschinen hergestellt. Da die wasserhaltigen Schuhcremes neben ihren verseifbaren Fett- und Wachssäureanteilen auch reichlich unverseifbare Kohlenwasserstoffe und Wachsalkohole enthalten, ist ihre Verseifung nur unvollkommen. Trotzdem bleiben bei richtiger Herstellungsart auch die unverseiften Bestandteile kolloiddispers in der Wachsseife verteilt. Am schwersten zu emulgieren sind Carnaubawachs, Candelillawachs, Esparto- und Schellackwachs. Zur Vermeidung einer Lederschädigung ist der p_H-Wert verseifter Schuhcreme von Wichtigkeit. Er soll möglichst neutral gehalten und den p_H-Wert 7 nicht wesentlich übersteigen. Schuhcremes mit p_H-Wert über 9 wirken lederschädigend durch Lederverhärtung und vorzeitiges Brüchigwerden, besonders in den Gehfalten. Bei verseiften Cremes ist dem Farbstoff besondere Aufmerksamkeit zu schenken. Es dürfen nur völlig *alkalibeständige* wasserlösliche Nigrosine Verwendung finden. Verseifte Schuhcremes werden meist zur Vermeidung von Schimmelbildung konserviert, dazu finden Verwendung Formaldehydlösung (40%) 0,1%, Nipagin ® 0,08% bzw. Chlorthymol, Amicrol ®, Raschit ® usw.

Schuhcreme.

1. (SCHEIFELE, SSZ. 1930).

Gersthofenwachs O (oder OP)	6,5 kg	Ozokerit	1,0 kg
Rohmontanwachs	4,0 kg	Paraffin	11,0 kg
Fettfarbe (2 kg Stearin + 1 kg Nigrosinbase)	3,0 kg	Lösungsmittel (Terpentinöl, Sangajol ®, Schwerbenzin)	80 l

Bei der Herstellung Schmelztemperatur von 110° bis 115° einhalten. Lösungsmittel erst ab etwa 100° langsam zugeben. Abgefüllt wird bei einer Temperatur von 42° bis 45°.

2. Wachs OM Gersthofen	8,5	Tafelparaffin, vollraffiniert 52/54°	17,0
Wachs OP Gersthofen	1,5	Terpentinöl	36,0
Wachs F Gersthofen	0,5	Testbenzin	36,0
Ozokerit 1000%ig, Smp. ca. 70°	0,5	Farbstoff, fettlöslich	0,1 bis 0,3

BUCHNER-LÜDECKE: schwarze Ölware.

	3.	4.		3.	4.
Gersthofenwachs CR	4,5	4,0	Paraffin 50/52°	14,0	12,0
Rohmontanwachs	9,0	8,0	Terpentinöl	68,0	71,0
Bienenwachs	1,0	1,0	Candelillawachs	—	5,0
Fettfarbe	4,0	3,0	Schellackwachs	—	0,5

Fettfarbe setzt sich zusammen z. B. aus:

Nigrosinbase 51017 . . 0,9 | Nigrosinbase SK . . . 0,1
Olein 2,0

Metallbearbeitung.

☠ 3. Ätztinte für Zinkblech (DIETERICH).

Zum Beschriften von Zinkblechetiketten.

Kupfersulfat . . . 6,0 | Kaliumchlorat . . 3,0

werden gelöst in

Wasser, dest. . . 70,0

Zum Gebrauch wird die Lösung vermischt mit einer Lösung aus

Essigsäure (30%) . . 5,0 | Resorcinblau M . . 0,05

in

Wasser, dest. . . 20,0

Verwendung. Die in Mischungen nicht haltbare Tinte wird mit einer Stahlfeder aufgetragen.

Bohröl, mit Wasser emulgierbar.

1. Rübölfettsäure	20,0	Weingeist	8,0
Kalilauge (24%)	8,0	Spindelölraffinat	66,0

2. Kolophonium . . . . . 5,6 | Spindelöl 10,0

werden gesrhmolzen und darin gelöst

Olein . . . . 6,4.

Nach dem Erkalten werden zugegeben

Spindelöl . . . . 712,0 | Spiritus 4,0

und unter gutem Rühren dazugemischt

Natronlauge (38° Bé) . . 2,1.

Das Rühren ist so lange fortzusetzen, bis das Öl blank geworden ist und sich milchartig mit Wasser vermischt.

Brüniermittel für Metalle (Ph. Z.).

Bei der Brünierung von Metallen ist für das Gelingen der Färbung völlige Entfettung des Metalls wichtig. Man erreicht dies durch Abkochen mit entfettenden Salzen (Soda, Trinatriumphosphat).

1. Kupfersulfat	30,0	Salzsäure	60,0
Wasser	250,0	Salpetersäure	10,0

Weingeist 40,0

2. Eisenchloridlösung	20,0	Gallussäure	10,0
Antimonchlorürlösung[1]	20,0	Wasser	50,0
3. Kupferacetat	5,0	Antimonchlorid	7,0
Essigsäure, verdünnt, DAB. 6	3,0	Wasser	85,0
4. Kupfernitrat	70,0	Weingeist	30,0
5. Kupfernitrat	70,0	Silbernitrat	12,0
Wasser	1000,0		
6. Kaliumchromat	10,0	Wasser	90,0
7. A. Eisensesquichloridlösung	14,0	Kupfersulfat	3,0
Wasser	80,0		
B. Schwefelkalium	10,0	Salpetersäure, rauchend	3,0
Quecksilberchlorid	3,0	Wasser	900,0

Erst mit A., dann mit B. behandeln.
Das Verfahren ist mehrmals zu wiederholen.

Brüniersalz zum Blaufärben von Eisen (SÖFW).

Natriumthiosulfat . . 124,0 | Bleiacetat 38,0

werden gelöst in

Wasser . . 1000,0.

Verwendung. Das Bad wird bei einer Temperatur von 80° bis 95° angewendet. Die Farbtiefe richtet sich nach der Anwendungszeit, die etwa 1 Min. beträgt.

Entfetten von Metallen.

Das Entfetten von Metallen kann durch Eintauchen in heiße Kali- oder Natronlauge (10%) durchgeführt werden, wobei das Fett verseift wird oder durch Abwaschen bzw. Baden mit Trichloräthylen. Für Metalle, die von Laugen angegriffen werden, wie Leichtmetalle und gewisse Speziallegierungen, wird an Stelle von Lauge eine Lösung von Soda oder Trinatriumphosphat verwendet. Nach der Entfettung muß gut abgespült werden. Die Entfettung ist vollständig, wenn sich das Metall nach gründlichem Abspülen mit Wasser auf der ganzen Oberfläche mit Wasser gleichmäßig benetzen läßt.

Härtepulver für Eisen.

Holzkohle	400,0	Natriumchlorid	80,0
Ammoniumchlorid	80,0	Kaliumnitrat	32,0
Hornkohle	400,0	Blutlaugensalz, gelb	8,0

die gepulverten Bestandteile werden gemischt.

☠ *3.* Königswasser. Aqua regia. Acidum chloro-nitrosum.

$HNO_3 + 3\,HCl$.

Salpetersäure, roh . . . . . 10,0 | Salzsäure, konz. (D. 1,19) . . 30,0

Königwasser ist vor Gebrauch *stets frisch zu bereiten.*

Verwendung. Technisch zum Auflösen von Gold und Platin, in der Analyse.

Kupferbuchstaben, oxydieren.

Die Buchstaben werden zunächst sorgfältig gereinigt und tadellos poliert. Dann wird mittels eines Leders feinstgepulvertes Caput mortuum so lange aufgerieben, bis Hochglanz und ein dunkler Farbton erzielt ist. Durch das kräftige Reiben bildet sich rotbraunes Kupferoxydul. Das einfache Verfahren gibt gute Resultate.

---

[1] Liquor Stibii chlorati, Spießglanzbutter Erg.-B. 6.

Lötfett.

1. (Römpp). Kolophonium . . 5,0 | Talg 5,0
werden geschmolzen und die Schmelze kalt gerührt mit

Salmiakpulver . . 1,0

Vor dem Löten wird das Lötfett in dünner Schicht auf die Lötstelle aufgestrichen. Dabei löst das durch den Lötkolben verdampfende Salmiak Oxydschichten auf. Lötfett findet besonders zum Löten von Zinn und Weißblech Verwendung, bei denen Lötwasser nicht verwendet werden kann.

2. (Ph.Z.).

Vaselin	100,0	Talg	2,0
Salmiak, feinst pulv.	25,0	Kolophonium	2,0

werden zu einer *Paste* verarbeitet.

Lötöl (Ph.Z.).

1. Salmiak, feinst pulv. . . . 100,0 | Mineralöl 900,0

2

Talg	1000,0	Ammoniumchloridlösung, gesättigte	250 ccm
Olivenöl	1000,0		
Kolophonium	500,0		

werden zu einer Flüssigkeit emulgiert.

Verwendung. Zum Bestreichen der zu lötenden Stellen vor dem Auftragen des Lötzinns.

Lötpulver.

Salmiakpulver . . 100,0 | Zinkchlorid. . . . 200,0

Lötsteine (SÖFW).

Salmiak . . . 100,0 | Zinkchlorid. . 150,0

werden in 300,0 kochendem Wasser gelöst und die in der Kälte nach 2 Tagen gebildeten Kristalle abfiltriert. Bei 150° werden sie geschmolzen und in Formen ausgegossen.

Lötwasser (Serger).

1. 50 g Zinkblechabfälle werden im Freien (wegen *Arsenwasserstoffgefahr!!*) mit so viel Salzsäure (36%) übergossen, daß etwa $^1/_{10} = 5$ g ungelöst bleiben. Nach dem Nachlassen der ersten stürmischen Wasserstoffentwicklung wird auf dem Wasserbad erwärmt. Die erhaltene gesättigte Chlorzinklösung wird filtriert und dem Filtrat 30 g Ammoniumchlorid zugesetzt. Man erhält auf diese Weise 245 g Lötwasser. Wenn nötig, wird filtriert.

2.

Zinkchlorid	1000,0	Wasser, dest.	2500,0
Salmiak (zweckmäßig Abfall v. Ammonium chloratum sublimatum)	200,0	Weingeist, denaturiert	100,0

Für feinmechanische Arbeiten muß chemisch reines Zinkchlorid verwendet werden. Der Spirituszusatz bedingt ein gutes Anfassen des Lötzinns.

3. Zinkchlorid, säurefrei. . 270,0 | Salmiak 110,0
werden gelöst in

Wasser . . . 620,0

Die Lösung ist zu filtrieren.

Messing brünieren (DDZ.).

Goldschwefel 170,0

werden durch allmähliches Eintragen gelöst in

Natronlauge, kochend . . 830,0

Nach beendigter Lösung wird mit

Wasser . . . . . auf 2000 ccm

verdünnt. Nach dem Abkühlen werden zugesetzt

Salmiakgeist (0,910) . . . . 20,0.

Verwendung. Die zu brünierenden Messinggegenstände müssen gründlich entfettet sein (s. S. 708) und werden in die erhitzte Lösung gelegt.

Nickelpolierpaste.

1.

Tripel	45,0	Polierrot	20,0
Wiener Kalk	25,0	Olein oder Vaselin	20,0

Ist diese Masse zu fest, setzt man etwas o-Dichlorbenzol zu, so daß sie vergießbar wird.

2. *Hochglanzpaste.*

Stearin	44,0	Lycopodium	1,0
Bienenwachs	1,0	Wiener Kalk	54,0

Die pulverförmigen Bestandteile werden bei 75° in die Schmelze der übrigen Bestandteile eingerührt.

3.

Wiener Kalk	15,0	Tripel	30,0
Polierrot	54,0	Vaselin	10,0

Rostentfernerpaste (VANDERBILT).

Veegum	8,0	Wasser	72,0
A. Oxalsäure	4,9	Wasser	15,0

B. Methylsalicylat . . 0,1

Veegum langsam dem Wasser zusetzen, dabei fortwährend rühren, bis die Mischung glatt ist. A. erwärmen und rühren, bis die Säure aufgelöst ist. Die Veegumlösung der Oxalsäurelösung hinzusetzen und auf 65 bis 70° erwärmen. Bis zur Abkühlung schnell mechanisch rühren. Dann der Mischung B. zugeben und mischen.

Schweißpulver für Stahl.

Borax	25,0	Blutlaugensalz, gelbes, pulv.	25,0
Salmiakpulver	15,0	Eisenfeile, pulv.	35,0

Silberschutzmittel gegen Anlaufen (LÜTTGEN/MÖLLERING).

1%ige wäßrige Lösung von Morpholin (s. Bd. II, S. 903) verhindert beim Behandeln von Silberwaren deren Anlaufen in Schaukästen, bei Dekorationsstücken, Sporttrophäen usw.

Stahl brünieren (Gewehrläufe usw.) (DAZ/SAZ).

Eisenchloridlösung	70,0	Brennspiritus oder	
Kupfersulfat, roh	5,0	Isopropylalkohol	30,0
Salpetersäure, roh	25,0	Wasser	auf 1000,0

Die mit Trichloräthylen oder Benzin gut entfetteten Stahlteile werden in die Lösung eingelegt, nach dem gewünschten Brünierungsgrad abgespült und getrocknet und dann mit Bohnerwachs poliert.

Versilberung, schwache ohne Strom (Eintauchversilberung).

Eine gesättigte Lösung von Natriumsulfit wird mit einer bei 50° hergestellten Lösung von Natriumbisulfat bis zur schwachen Rötung von Lackmuspapier versetzt. Dazu gibt man eine gesättigte Lösung von Silbernitrat, bis der anfangs entstehende Niederschlag sich nur langsam löst. Das Bad ist vor Licht zu schützen und muß jedesmal frisch bereitet werden.

Reinigungsmittel.

(S. a. Bd. II, S. 1353.)

Badewannenreinigungsmittel.

	1.	2.	3.
Trinatriumphosphat	250,0	100,0	200,0
Seifenpulver	250,0	200,0	300,0
Neuburger Kieselkreide oder Kieselgur	500,0	700,0	500,0

Die Schleifmittel müssen von feinstem Korn sein. Die Reinigungswirkung ist am besten, wenn die Wanne sofort nach dem Bade gereinigt wird. Anschließend ist sofort mit Wasser gründlich ab- und nachzuspülen.

Flaschenreinigung.

1. Von *Gerbstoffrückständen* (Tinkturenstandgefäße, Rotweinflaschen usw.):

Soda- oder Trinatriumphosphatlösung oder Salmiakgeist (0,910).

2. *Von Benzoesäure,* wie sie durch Oxydation in Benzaldehydstandgefäßen entsteht:

Wie unter 1. Säurezusatz ist hier wirkungslos.

3. *Von Aluminiumhydroxyd,* das beim Eintrocknen einen festhaftenden Niederschlag an Gefäßen von essigsaurer Tonerdelösung gibt:

Wenig rohe Salzsäure löst den Niederschlag augenblicklich.

4. *Von Lebertranresten.* $^1/_2$ bis 1 Kaffeelöffel voll Seifenstein (Natrium causticum crudum) wird mit so viel heißem Wasser vermischt, daß Lösung erfolgt oder man beschickt die Flaschen mit einer Mischung aus 250 ccm Salmiakgeist (0,910) mit etwa 10 g technischem Olein. Zweckmäßig wird beiden Lösungen etwas Brennspiritus zugesetzt, wodurch die Verseifung der Lebertranreste beschleunigt wird. Man läßt die Lösung einige Zeit einwirken und spült dann mit gut warmem Seifenwasser oder Prilwasser nach.

Nach diesen Lösungsprozessen ist gründlich mit Wasser und anschließend mit destilliertem Wasser nachzuspülen.

Flaschenreinigungsmittel (LANDMANN).

1. *Für Handbetrieb:*

Natriummetasilikat 5- oder 9-Hydrat	60,0	Soda, calciniert	18,0
Trinatriumphosphat, krist.	20,0	Alkylarylsulfonat	2,0

Durch Zusatz von Chloramin ® (2% bis 5%) läßt sich die desinfizierende Wirkung der Alkalien noch steigern und dadurch das Mittel auch bei stärkerer Verdünnung noch wirkungsvoll gestalten.

2. *Für bürstenlose Reinigung:*

Natriummetasilikat 5-Hydrat	60,0	Ätznatron in Schuppen	30,0
Soda, calciniert	10,0		

Für *Reinigungsmaschinen mit Bürsten* wird an Stelle von Ätznatron Trinatriumphosphat verwendet.

Verwendung. 5 bis 10 g auf 1 l Lösung, bei hartnäckigen Verschmutzungen entsprechend mehr.

Herdputzmittel für rohe Herdplatten.

Zeresin	150,0	Stearin	100,0

werden geschmolzen und mit nachstehendem Pulvergemisch zu einer dicken Paste verarbeitet:

Bimssteinpulver	100,0	Ruß	50,0
Schmirgel, fein	300,0	Neuburger Kieselkreide	300,0

Durch Pressen wird in Stücke gewünschter Größe geformt.

Industrie-Reinigungsmittel zum Entfetten und Entölen (LANDMANN).

	1.	2.	3.
Natriummetasilikat 9-Hydrat . .	90,0	—	—
Natriummetasilikat 5-Hydrat . .	—	60,0	70,0
Soda, calciniert	9,5	10,0	20,0
Trinatriumphosphat	—	—	9,5
Ätznatron in Schuppen	—	30,0	—
Mersolat ®	0,5	—	0,5

Verwendung. Zur Reinigung in heißem Bad. Die Konzentration der Lösungen schwankt je nach der Hartnäckigkeit der Verschmutzung zwischen 0,5 und 10%.

Messing-Putzpomade.

Tripelerde . . . 40,0 | Englisch Rot . . 10,0
Ölsäure, techn.. . 50,0

werden zu einer Paste verarbeitet.

Metallputzmittel.

Petroleum . . . 5,0 | Brennspiritus. . 10,0
Ammoniakflüssigkeit (0,910) . . 8,0

werden emulgiert mit

Fondinlösung (5%) . . 50,0

und mit der entstandenen Mischung verarbeitet ein Gemisch aus:

Ton, weiß . . . . 7,0 | Neuburger Kieselkreide . . 22,0

Ofenpolierpaste (SZ).

Stearin . . . . 10,0 | Destillatolein . . 20,0
Spindelöl . . . 20,0

werden gemischt und bei 80° verseift mit einer gleichwarmen Lösung von

Triäthanolamin . . 7,0 | Wasser 13,0

und zugefügt

Spindelöl . . 20,0 | Tetralin ® . 10,0

Die klare Lösung wird mit Schmirgel, Tripel usw. bis zur Bildung einer Paste verknetet.

Ofenwichse. Ofenschwärze.

1. (SZ.) Cumaronharz . . 20,0
Weichparaffin 20,0
Rohmontanwachs . 50,0 bis 60,0
Pottasche 40,0

Wasser 2000,0
Nigrosinbase BB 100,0
Ruß 240,0
Graphit 560,0

Harz und Wachse werden zusammengeschmolzen und mit der Pottaschelösung heiß verseift. In die entstandene Emulsion wird das Nigrosin, der Ruß und das Graphit mit einem Teil der Schmelze angerieben und erwärmt der Schmelze zugegeben. Das Rühren wird bis zum Erkalten fortgesetzt.

2. (SÖFW). Graphit, fein zerrieben . . 60,0

werden feinst verteilt in

Äthylenglykol 12,0

von

Wasser 60,0

gibt man so viel dazu, daß eine dünnflüssige Masse entsteht. Im Rest des Wassers löst man warm

Kernseife 8,0

und verrührt mit

Paraffin, (52/54°), geschmolzen. . . . 10,0

In die entstandene Emulsion rührt man die erwärmte Graphitaufschwemmung ein und setzt das Rühren bis zum Erkalten fort.

Polierpaste für vernickelte und verchromte Gegenstände.

Paraffin 50/52° . . 8,0 | Ozokerit 2,0

werden geschmolzen und darunter gemischt

Olein 40,0

Der Schmelze werden zugegeben

Neuburger Kreide oder Tripel, fein gesiebt . . 50,0

Putzseife.

1. Zeresin (52°) . . 6,0 | Olein, techn. . . . 40,0

werden verschmolzen und zugefügt

Neuburger Kreide . . 50,0

die Mischung wird bis zum Erkalten geknetet.

2. Kernseife . . 20,0 | Soda 5,0

werden gelöst in

Wasser, heiß 100,0

In die erhaltene Lösung werden eingemischt

Schmirgel, fein gesiebt . . 100,0

Reinigungsmittel für Badewannen und Waschbecken.

	1.	2.	3.
Soda	—	—	920,0
Trinatriumphosphat	250,0	100,0	50,0
Tetranatriumpyrophosphat	—	—	30,0
Seifenpulver	250,0	200,0	—
Neuburger Kieselkreide	500,0	700,0	—

Soll das Reinigungsmittel parfümiert werden, muß alkalifestes Parfüm verwendet werden.

Reinigungsmittel für Klaviertasten (DDZ).

Montanwachs, gebleicht	6,0	Terpentinöl	20,0
Rindertalg	5,0	Tetrachlorkohlenstoff	40,0
Stearin	4,0	Tripelerde oder Neuburger Kieselerde, feinst geschlämmt	10,0
Paraffin	15,0		

Die Wachs- und Fettkörper schmelzen, dann der abgekühlten Mischung Terpentinöl und Tetrachlorkohlenstoff zugeben und bis zum Erkalten die Tripelerde darunter rühren.

Verwendung. Die reinigende und polierende Paste mit einem weichen Lappen verwenden.

Reinigungsmittel für milchverarbeitende Betriebe (LANDMANN).

Natronwasserglas 58/60° Bé . . 45,0 | Wasser 30,0

Chlorbleichlauge 25,0

Verwendung. In 2%iger Lösung (p_H-Wert 11,5) als Reinigungsmittel in der Milchwirtschaft, das vollkommenen Korrosionsschutz bietet.

Reinigungsmittel für Teppiche und Polstermöbel (VANDERBILT).

A. Kokosölfettsäure . . 15,0 | B. Isopropylalkohol . . 4,0

C. Triäthanolamin . . 10,0 | Veegum 4,9

Wasser 65,1

D. Natriumchlorid . . . 1,0

A. schmelzen. A. und B. mischen. Triäthanolamin unter Rühren zufügen. Veegum langsam dem Wasser zusetzen, fortwährend rühren, bis Mischung glatt ist. D. in diesem Veegum-Gel lösen. Beide Mischungen rühren, bis Mischung einheitlich.

Scheuermittel.

1. Borax, pulv. . . . . . 5,0 | Soda 5,0
Seifenpulver . . . . . 20,0 | Bimssteinpulver 35,0

2. Trinatriumphosphat . . 10,0 | Seifenpulver 20,0
Kreide, pulv. 70,0

3. Quarzmehl . . . . 93,5 | Bentonit 0,5
Tetranatriumpyrophosphat . . 2,0 | Natriumalkylarylsulfonat 4,0

4. Natriumalkylarylsulfonat . . . 25,0 | Trinatriumphosphat 25,0
Bimssteinpulver 50,0

5. Kernseifenpulver . . . 10,0 | Trinatriumphosphat . . . 5,0
Soda, calciniert . . . . 10,0 | Ammoniumsulfat 3,0
Bimssteinpulver 72,0

6. Natriumcarbonat . . . . 7,0 | Natronseife, pulv. . . . 3,0
Natriumsulfat . . . . . 4,0 | Bimssteinpulver 86,0

Schreibmaschinentypen-Reinigungsmittel.

(Typen-Putzmittel für Schreibmaschinen, Rechen- und Buchungsmaschinen.)

1. *Flüssig* (RÖMPP).

Triäthalonaminoleat . . 5,0 | Tetralin® 20,0
Schwerbenzin . . . . . 60,0 | Tetrachlorkohlenstoff . . 15,0

2. *Flüssig.*

Trichloräthylen . . 75,0 | Weingeist, denat. . 20,0
Dekalin® 5,0

3. *Knetbare Paste.*

Zinkoxyd . . 13,0 | Olein 100,0
Japanwachs . . 50,0

werden bis zur Verseifung erhitzt.

Der Mischung gibt man zu:

Kautschuklösung, konz. in Tetrachlorkohlenstoff . . 10,0

und vermischt in einem Knetwerk mit

Kaolin, feinst pulv. . . . . 40,0 | Schwefel, feinst pulv. 50,0
Mineralfarbe, feinst pulv., blau . . 20,0

Die Mischung wird noch über einen Walzenstuhl gegeben.

4. *Knetbare Paste.*

Wollfett, wasserfrei . . . 100,0 | Zinkoxyd 40,0
Magnesia, gebrannte . . . 100,0 | Ton, weiß 50,0
Weizenstärke . . . . . . 150,0 | Mineralfarbe, blau 30,0

Das Wollfett auf dem Wasserbad schmelzen und die anderen fein gesiebten Bestandteile nach und nach im Knetwerk einarbeiten und bis zum Erkalten durchmischen, dann über einen Walzenstuhl geben. Durch Verringerung oder Erhöhung der Pulveranteile kann die gewünschte Konsistenz erreicht werden.

Schuhweiß (Kalle).

Zur Pflege weißer Leinen- oder Wildlederschuhe, zum Auffrischen von Tennisbällen usw.

1. *Flüssiges Schuhweiß.*

Tylose® SL 400, 5%ige Lösung . . 30,0

werden in einem Rührwerk versetzt mit

Wasser . . . . . 10,0 | Türkischrotöl . . . 0,5

dann verrührt mit

Gefällter Kreide . . 10,0 | Zinkweiß 6,0
Titanweiß C 50 . . 2,0

Das Ganze wird über eine Farbreibmühle oder einen Walzenstuhl geschickt oder durch ein feines Sieb passiert und dann verdünnt mit

Kaltem Wasser . . 41,5

2. *Cremeartiges Schuhweiß.*

Tylose ® SL 25, 5%ige Lösung . . 40,0

werden verrührt mit

Wasser	19,0	Gefällter Kreide	24,0
Türkischrotöl	1,0	Zinkweiß	8,0
Titanweiß C 50	8,0		

Die dünnpasteuse Masse wird zweckmäßig wie oben homogenisiert.

3. *Schuhweiß-Stein.*

Tylose ® SL 25, 5%ige Lösung . . 50,0

werden mit

Türkischrotöl . . . . . . 1,5 | Weißer Pigmentfarbe . . 30,0 bis 40,0

zu einer plastischen Masse verknetet, die man in Formen füllt und trocknet.

Herstellung der Tyloselösung s. Tyloseverarbeitung, S. 198.

Außer den angegebenen Weißpigmenten kann auch Magnesiumcarbonat usw. Verwendung finden. Je nachdem man mehr auf gute Deckkraft und eine reinweiße Farbe oder auf Nichtabsetzen des Präparates Wert legt, verwendet man mehr Titanweiß und Zinkweiß oder leichtere Pigmente (gefällte Kreide, Magnesiumcarbonat). Türkischrotöl oder Sprit erhöht die Netzfähigkeit.

4. *Mit Fondin, flüssig.*

Magnesiumcarbonat	10,0	Titandioxyd	3,0
Präzipitiertes Calciumcarbonat	4,0	Fondin ®-Lösung (2 bis 3%) bis zur gewünschten Konsistenz.	

5. *Schuhweiß, flüssig* (VANDERBILT).

Veegum	2,0	Wasser	81,0
A. Titandioxyd	15,0		
B. Klauenöl	2,0	Konservierungsmittel	nach Bedarf

I. Veegum langsam dem Wasser zusetzen, fortwährend rühren, bis Mischung glatt ist. A. dem Veegum-Gel zusetzen und rühren, bis Mischung einheitlich ist.

II. B. zu A. geben und gründlich rühren.

Schuhweißpulver (DDZ).

Titanweiß	195,0	Kasein	100,0
Kreide, gefällt	700,0	Nipagin ®	5,0

Die Mischung kann mit wenig ammoniakhaltigem Wasser angefeuchtet und zu Steinen gepreßt oder mit der nötigen Menge ammoniakhaltigem Wasser zu flüssigem Schuhweiß angerührt werden.

Silberputzpaste mit Siliconöl.

Olein	380,0	Zeresin	50,0
Stearin	60,0	Siliconöl	30,0
Schlämmkreide	480,0		

In das geschmolzene Gemisch der ersten 4 Bestandteile wird feinst gesiebte Kreide bis zur gewünschten Konsistenz eingearbeitet.

Silberputzseife.

Ölsäure . . 100,0 | Stearin . . 300,0

werden zusammengeschmolzen und in die Schmelze eingearbeitet

Neuburger Kreide . . 100,0

Nach dem Erkalten wird gepulvert.

Silberputzsteine.

Magnesiumcarbonat . . 30,0 | Schlämmkreide 30,0
Kieselgur 15,0

werden verknetet mit einer Lösung aus

Dextrin, gelb . . 1,8 | Seife 1,0
Wasser, dest. . . 15,0

verarbeitet.

Die Masse wird in gleichmäßige Stücke geformt und diese bei gelinder Wärme getrocknet. Die pulverförmigen Bestandteile dürfen nur als feinstes Pulver zur Verwendung kommen.

Silberputztücher (SÖFW).

Kernseife, pulv. . . 10,0

werden gelöst in

Wasser, kochend . . 45,0

Nach dem Abkühlen auf 60° rührt man ein

Olein	6,0	Salmiakgeist (0,960) . .	4,0
Kreide, geschlämmt . .	20,0	Aluminiumstearat . . .	5,0
Tripel	5,0	Brennspiritus	5,0

Die Mischung wird gut verrührt, dann läßt man die Tücher mit der Aufschwemmung vollsaugen, drückt die überflüssige Menge Wasser aus und läßt die Tücher trocknen.

Tapetenreinigungsmittel.

1. Weizenstärke . . 500,0

werden mit

Wasser 500,0

zur Quellung gebracht, ohne das Kleisterbildung erfolgt. Dann werden in konz. Lösung zugegeben:

Kupfersulfat . . 80,0 | Soda 20,0
Alaun 10,0

und in geringen Mengen als Geruchskorrigens Terpentinöl. Als Schmutzadsorbens werden noch eingearbeitet Kieselerde, Bentonit oder Talk.

2. Mehl 100,0

werden verarbeitet mit

Chlormagnesiumlauge (1,30) 25,0

und die Mischung verknetet mit

Sand, Schwerspat oder Bimsmehl (körnig, aber feingemahlen) . . . 10,0 bis 15,0

Zweckmäßig wird die Mischung dunkel gefärbt, da helle oder ungefärbte Mischungen zu rasch sichtbar verschmutzen und daher nur eine kurze Lebensdauer vortäuschen.

Verwendung. Zur Reinigung von Decken und Tapeten, die wischfest sind, was zweckmäßig an einer verdeckten Stelle erprobt wird.

Teppichreinigungsmittel (Manuf. Chem. 1949).

1. Natriumlaurylsulfat . . 75,0 | Borsäure 5,0
Natriumsulfat 20,0

Verwendung. 1 Tasse voll auf 4,5 l Wasser.

2. Seife, pulv. mit hohem Gehalt von Kokosseife	65,0	Tetranatriumpyrophosphat . .	5,0
		Natriumhexametaphosphat . .	5,0

Borax, pulv.. 25,0

Verwendung wie 1.

Urinstein aus Becken und „Enten“ entfernen.

Urinstein (Harnstein) besteht hauptsächlich aus Harnsäure und harnsauren Salzen und wird zweckmäßig mit Sulfaminsäurelösung (5%) entfernt. Auch zur Entfernung von *Kesselstein* und *Milchstein* und zur Metallreinigung ist die Lösung geeignet (vgl. Bd. II, S. 1252).

Schmiermittel.

Adhäsionsfett für Treibriemen.

	1.	2.	3.	4.	5.
Neutralwollfett, roh	140,0	—	65,0	56,0	—
Talg	—	30,0	20,0	27,0	115,0
Kolophonium	—	21,0	—	—	90,0
Fischtran	—	27,5	15,0	15,0	295,0
Rizinusöl	60,0	—	—	—	—
Vaselinöl	—	30,0	—	—	—
Kautschuk	—	—	—	2,0	—

Die festen Bestandteile werden im Wasserbad geschmolzen und die flüssigen Bestandteile unter die Schmelze gerührt.

Zu 4. Talg und Kautschuk im Wasserbad schmelzen, Fischtran zufügen und Neutralwollfett darunter rühren.

Fettungsmittel für Schliffe von Glas-Geräteteilen (KRUHME).

Hahn-Fett.

1. Lanolin

2. Lanolin | Gummilösung . . āā

3. Lanolin . . 10,0 | Wachs 20,0

Gewehröl.

Bei Verwendung von *Schwarzpulver*

Flüssiges Paraffin

Bei Verwendung von *rauchlosem Pulver*

1. Ölsäure . . . . 30,0 | Weingeistige Ammoniakflüssigkeit
   Vaselinöl, gelb . . . . 60,0 | Erg.-B. 6 10,0

2. Triäthanolamin . . . . 5,0 | Destillatolein 11,0
   Vaselinöl 84,0

Gießformschmiermittel für Spritzguß.

Carnaubawachs	87,0	Triäthanolamin	4,0
Stearinsäure	9,0	Wasser	400,0

Carnaubawachs und Stearinsäure zusammenschmelzen, das Triäthanolamin im Wasser lösen. In die etwa 80° warme Triäthanolaminlösung die Carnauba/Stearinschmelze gleich warm in dünnem Strahle unter Umrühren eintragen und bis zum Erkalten rühren.

Kapsenberg-Schmiere (DAZ).

Die Kapsenberg-Schmiere dient als Dichtungsmittel bei Schliffapparaturen in allen Fällen, in denen wegen Arbeitens mit Chloroform, Äther oder anderen Fett- und Gummilösungsmitteln Gummidichtungen oder Bestreichen der Schliffe mit Vaselin usw. nicht in Betracht kommen. Die Schmiere wird wie folgt hergestellt:

Dextrin, reinst . . 25,0 bis 30,0

werden in einer Porzellanschale verrieben unter allmählicher portionenweiser Zugabe von

Glycerin, konz. . . . 35 ccm.

Dann erwärmt man kräftig unter Umrühren mit einem Glasstab über einer Flamme. Es bildet sich dabei eine durchsichtige, hornartige Flüssigkeit, die man 2mal bis zum kräftigen Schäumen aufkochen läßt. Die fertige Schmiere wird noch heiß in eine mit Glasstopfen dicht verschließbare Weithalsflasche gebracht und fest verschlossen aufbewahrt, weil sie hygroskopisch ist.

Konsistentes Schmierfett.

Olein 13,0

werden verseift mit

Kalkhydrat . . 2,0

und zugegeben

Rohwollfett . . 35,0 | Maschinenöl . . 50,0

und die Mischung gut verknetet.

Kugellagerfett.

Rüböl . . . . . . 8,0 | Spindelölraffinat . . 88,5

werden unter gutem Umrühren verseift mit

Kalkhydrat . . 1,5

Das Kalkhydrat wird mit so viel Wasser angeteigt, daß im ganzen 100,0 entstehen.

Maschinenfett.

Rüböl	8,0	Spindelölraffinat . .	83,0
Erdnußöl	4,0	Kalkhydrat	2,0

Das Kalkhydrat wird mit so viel Wasser angeteigt, daß im ganzen 100,0 entstehen.

Tanzsaal-Streuwachs.

Gersthofenwachs E . . 3,5 | Paraffin 50/52° . . . 30,0

werden zusammengeschmolzen und die Schmelze emulgiert mit einer Lösung aus

Kernseife . . 0,5 | Wasser . . . 6,0

Das Gemisch wird mit 60,0 Talcum verarbeitet.

Wagenschmiere. Wagenfett.

Harzstocköl . . 270,0

werden gemischt mit

Mineralöl . . . 400,0

und die erwärmte Mischung unter Umrühren bei 50° bis 60° verseift mit einer heißen Aufschwemmung von

Kalk, gelöschter, trockener . . 90,0 | Mineralöl 240,0

Wenn die Mischung fest geworden ist, läßt man erkalten und füllt am nächsten Tag in Büchsen.

Seifen.

(S. a. Bd II, S. 1178ff. und „Seifen, flüssige“, Bd. III, S. 454.)

☠ *1.* Arsenikseife zur Konservierung von Tierbälgen (B-O).

Arsenige Säure . . 250,0 | Kaliumcarbonat . 125,0

Wasser 250,0

werden durch Kochen zur Lösung gebracht, dann hinzugemischt

Kernseife . . . . . 250,0 | Gebrannter Kalk . . 35,0

abermals erhitzt und nach dem Erkalten zugemischt

Kampferpulver . . 15,0

Verwendung. Zum Einreiben der Tierbälge auf den Innenseiten.

Creolin-Glycerinseife.

Creolin ® . . 5,0 | Glycerin . . . 10,0
Kaliseife . . 85,0

Verwendung. Als desinfizierende und milbentötende Seife für Tiere.

Ochsengallseife.

Kernseife . . 75,0 | Borax . . . 5,0

werden vermischt und darin eingeknetet

Frische Ochsengalle . . . 20,0 | Quillajarindenextrakt . . 5,0

Teppichseife.

1. Ölsäure . . . . 668,0 | Triäthanolamin . . 332,0

werden bei etwa 50° gemischt.

2. (W. H. Dicken). Ölsäure . . 28,0 | Triäthanolamin 16,0
Butyl-Zellosolve . . . . . . 5,0 | Wasser 125,0
Äthylendichlorid . . . . . . 13,0 | Isopropylalkohol 14,0

Die ersten 3 Stoffe werden zuerst vermischt und dann einer aus dem Triäthanolamin und Wasser bereiteten Lösung zugesetzt. Das Gemisch wird gut verrührt und dann der Isopropylalkohol zur Klärung der Lösung zugegeben.

Das erhaltene Erzeugnis läßt sich mit Wasser leicht emulgieren.

Triäthanolaminseife[1].

Kokosölfettsäure . . 31,5 | Triäthanolamin . . 24,0
Olein . . . . 13,5 | Wasser 30,0

Die beiden ersten Stoffe werden zusammengeschmolzen und in das erwärmte (70°) mit Wasser gleicher Temperatur vermischte Triäthanolamin eingerührt. Ist Verseifung erfolgt und eine homogene Masse entstanden, werden zugefügt

Wasser 210,0

(vgl. a. Bd. II, S. 1305/07, Bd. III, S. 455).

Wachs-Marmor-Seife, ähnlich der nach Prof. Dr. Schleich.

Bienenwachs . . 25,0 | Kokosöl 10,0
Wollfett, wasserfrei . . 5,0

werden verseift mit einer Lösung von

Borax . . 1,0 | Ätzkali . . 3,0
Wasser, dest. . . 60,0

Noch warm wird die entstandene Emulsion mit feinem Marmorpulver zu einer Paste verarbeitet.

---

[1] Nach Allg. Öl- und Fett-Ztg. **1936**, 321.

Tinten.

(S. a. „Ätztinte für Zinkblech", S. 707.)

Glastinte, nicht leicht abwischbar.

1. Borax 30,0

werden heiß gelöst in

Wasser, dest. . . 350,0

und zugefügt

Schellack . . . 60,0

und bis zur klaren Lösung gekocht.

Nach dem Erkalten wird koliert und so viel feinster Ölruß zugefügt, daß man mit dem Gemisch eine gut deckende Farbe erhält. An Stelle des Rußes kann man auch chinesische Tusche verwenden, muß dann aber die Wassermenge auf 250 ccm reduzieren.

2. Ölruß, feinst, säurefrei . . 80,0 | Pigmentschwarz 30,0

werden verrieben mit

Natronwasserglas, techn. 38°Bé . . 220,0

dann wird zugegeben:

Tusche, chinesische . . 40,0 | Wasser, dest. . . 80,0 bis 100,0

Diese Mischung ist längere Zeit gut durchzuschütteln, dann wird in kleine, bis oben gefüllte, gut verschließbare Flaschen abgefüllt. Konserviert wird mit 0,5 g Nipagin ® M. Die Haltbarkeit kann noch erhöht werden, wenn man 4 bis 6 g feinst gepulverten Schellack dem Ruß zumischt.

Glastinte, schwarz (KAISER).

Sudan II oder Sudanschwarz . . 0,1 | Benzol . . . . 5,0 ccm
Kanadabalsam . . . . 0,5 ccm

Sudan II bzw. Sudanschwarz werden in Benzol gelöst, filtriert und dann der Kanadabalsam zugesetzt. Die Tinte ist nach dem Trocknen wasser- und reibfest, kann jedoch mit Alkohol, Benzol oder Xylol wieder entfernt werden. *Vorsicht, feuergefährlich!*

Hauttinte (KAISER).

1. Silbernitrat . . . . 1,0 | Metol ® 0,05
Blaues Pyoktanin ®. 0,25 | Hydrochinon 0,1
Weingeist (95%) . . 7,0 | Dest. Wasser 3,0

2. Silbernitrat . . . . 1,0 | Weingeist (95%) 7,0
Isaminblau ® . . . 0,25 | Dest. Wasser 3,0

Zum Schreiben auf der Haut.

Porzellantinte (Ph. Z.).

1. *Blau:* Methylenblau oder Methylviolett,

schwarz: Nigrosin . . . . 1,0 | Kolophonium . . 20,0

werden gelöst in

Weingeist (90%) . . 150,0

und vermischt mit einer Lösung aus:

Borax . . . . . 35,0 | Wasser, dest. . . . 200,0

2. Schellack, weiß. . 35,0 | Borax 20,0
Wasser, dest. 500,0

werden bis zur Lösung gekocht, nach der Abkühlung zugesetzt

Formaldehydlösung . . 3,0

und je nach der gewünschten Tintenfarbe gefärbt mit:

Alkaliblau . . 5,0 | Karminrot . . 8,0
Auramin 5,0

und

Goldorange. . 0,5 | Alkaliblau . . 0,5

und

Lampenschwarz . . . 20,0

3. Chinesische Tusche . . 10,0 | Wasserglas . . . . 10,0—20,0

4. Bariumsulfat. . . 10,0

werden angerieben mit

Wasserglas. . 30,0 bis 40,0

und

Teerfarbe, alkalifest . . nach Bedarf

Kugelschreibertinte.

Nach BENK (SÖFW. 1951) ist Kugelschreibertinte keine Tinte im üblichen Sinne, sondern eine ölige Farbpaste, die basische Farbstoffe enthält, welche an Ölsäure (Olein) im Überschuß gebunden sind. Die Farbstoffmengen betragen ungefähr 10% bis höchstens 20%. Geeignete Farbstoffe sind:

für *Rot*. . . Rhodamin-Base | für *Grün* . . Malachitgrün-Base
für *Blau* . . Viktoriablau-Base | für *Violett* . . Kristallviolett-Base
für *Schwarz* . . Nigrosin-Base

Von Ölsäure wird die gleiche bis doppelte Menge der Farbstoffe, meist 20% bis 40%, verwendet. Als Lösungsmittel dient Rizinusöl und ein diesem ähnliches synthetisches Öl in Mengen von ungefähr 40% bis 70%. Falls eine Verdickung erwünscht ist, können kleine Zusätze (höchstens 5%) öllöslicher Harze gemacht werden. Beispielsweise werden Cumaronharze in Mineralölen gelöst zugegeben. Auch kleine Mengen mit Aluminiumstearat verdickter Mineralöle kommen in Betracht. Zur Erzielung brauchbarer Pasten ist feinstes Verreiben der Farbstoffe mit dem Olein unbedingte Voraussetzung. Die Vermischung mit Rizinusöl erfolgt unter schwachem Erwärmen bei 40° bis 50°.

Kugelschreibertinte, blau (BENK).

1. Astra ® -Blau 3 R . . . 2,0 | Luviskol ® K 90 20,0
Methylenblau B extra . . 3,0 | Wasser, dest. 1000,0

2. Astra ® -Blau 3 R . . . 6,0 | Glykol 4,0
Polyviol ® . . . . 6,0 | Wasser, dest. 1000,0

Konservierungsmittel sind nicht erforderlich.

Bei schwarz ist die Mitverwendung von feinstem Lampenruß möglich. Dieser löst sich zwar nicht, ist aber in gleichmäßiger Verteilung — wie Tusche — durchaus geeignet.

Kugelschreiberpasten.

1. *Schwarz:* Ölsäure . . . 44,0 | Nikrosinbase NB 18,0
Esterharz . . . . . . 33,0 | Indulinbase 3 R extra . . 5,0

2. *Blau:* Ölsäure . . . . 58,0 | Viktoria ® -Blaubase BA. 42,0

3. *Grün:* Olein . . . . . 49,6 | Esterharz 31,7
Viktoria ® -Grün 18,7

4. *Rot:* Ölsäure . . . . 40,0 | Esterharz 40,0
Rhodaminbase B . . 20,0

☠ *1.* Radierwasser. Tintentod.

Oxalsäure . . . 8,0 | Natriumdithionit. . 2,0
Wasser, dest. . . . 90,0

Wäschezeichentinte (RÖMPP).

1. *Silberhaltig*

A. Silbernitrat	1,25	Ammoniakflüssigkeit (0,960)	2,5
B. Gummi arabicum	1,25	Soda	1,75
Wasser, dest.	3,75		

Die beiden Lösungen mischt man, stellt sie bis zur Bräunung ins Sonnenlicht und füllt dann in schwarze Flaschen ab.

Die Schrift wird nach einigen Std. tief schwarz, kann aber durch Betupfen mit Kaliumjodidlösung, wobei sich Silberjodid bildet, mit Natriumsulfatlösung wieder entfernt werden.

2. *Mit Kupferchlorid*

A. Kupferchlorid	8,5	Natriumchlorid	10,6
Ammoniumchlorid	5,3	Wasser, dest.	60,0
B. Anilinhydrochlorid	20,0	Gummi arabicum	10,0
Wasser, dest.	80,0	Glycerin	60 ccm

Verwendung. Vor dem Gebrauch 1 g der Lösung A mit 4 g der Lösung B mischen. Die Schriftzüge sind anfangs grün, werden aber im heißen Wasserdampf und beim Auswaschen mit Seifenwasser durch Bildung von Anilinschwarz auf der Faser schwarz.

Verbandstoffe.

(S. a. Bd. I, S. 58, 515, 1039.)

Geräuschschützer.

Wollfett, wasserfrei	20,0	Zeresin DAB. 6	37,0
Vaselin, gelb	40,0		

werden geschmolzen und mit der Schmelze fein verrieben:

Borax 1,0
Natriumhydrogencarbonat (-bicarbonat) 2,0
Nipagin® M 0,1

Mit der flüssigen Salbe tränkt man 25 g Verbandwatte und zerschneidet nach dem Erkalten in erbsengroße, formbare Stücke, die man einzeln in Aluminiumfolie verpackt.

Rheumatismuswatte (Ph. Z.).

Kampfer 50,0

werden gelöst in einer Mischung aus

Spanischpfeffertinktur	400,0	Rosmarinöl	30,0
Hoffmannscher Lebensbalsam	50,0	Ammoniakflüssigkeit, weingeistige Erg.-B. 6	30,0
Lavendelöl	30,0		

und tränkt damit

Watte, entfettet . . 4000,0,

die man in dünne Lagen zupft und zur Vermeidung von Streifenbildung beim Trocknen wiederholt wenden muß.

Schwimmwatte (DAZ).

Unter Schwimmwatte versteht man eine wasserabstoßende Watte, die wie folgt hergestellt wird; Watte wird 12 Stunden lang in $^1/_2$%iger Aluminiumsulfatlösung gebadet, dann ausgedrückt und anschließend 10 Minuten lang in eine ebenfalls $^1/_2$%ige wäßrige Lösung von medizinischer Seife eingelegt und mittels eines Glasstabes darin gut bewegt. Dann wird die Watte herausgenommen, etwa anhaftender Schaum mit kaltem Wasser abgespült, die überschüssige Flüssigkeit abgeschleudert oder ausgepreßt und *ohne Wärmeanwendung* getrocknet. Dann wird auf einer Krempelmaschine aufgelockert.

Wäschebearbeitung. Waschmittel.

(S. a. Bd. II, S. 1355ff.)

Wäschebearbeitung.

Glanzstärke (SZ.).

Glanzstärke hat den Zweck, der Wäsche beim Bügeln eine glattere Oberfläche und höheren Glanz zu geben. Mit Glanzstärken behandelte Wäsche schmutzt weniger, trägt sich besser und behält somit längere Zeit ihr gutes Aussehen.

Bienenwachs oder Wachs Gersthofen BJ . 100,0
Stearin, weiß (54/55°) 100,0

werden auf dem Wasserbad zusammengeschmolzen und nach dem Parfümieren mit etwas Citronen- und Bergamottöl bis zur Dünnflüssigkeit angeseift mit

Natronlauge (25%) 25,0

Durch Hinzufügen von

Wasser, heiß . . . . . . 2000 ccm

erhält man eine Emulsion, die man gleichmäßig verarbeitet mit

Stärke, halbfeucht 10000,0,

dann wird die Masse getrocknet.

Plättmarken. Bügelmuster-Pausfarben.

Flüssig.

1. *Für helle Stoffe:*

A. Sandarak	2,0	Kolophonium	1,0
B. Indigo	2,0	Tetrachlorkohlenstoff	10,0

2. *Für dunkle Stoffe:*

A. Sandarak	2,0	Kolophonium	1,0
B. Titandioxyd	2,0	Tetrachlorkohlenstoff	10,0

A. zusammenschmelzen, die Schmelze mit dem unter B. genannten Pigment unter langsamer Zugabe des Tetrachlorkohlenstoffs zusammenreiben. Auch Anilinfarben können Verwendung finden.

Verwendung. Die Farben werden mit der Feder auf dem Musterbogen, das Papier, die Siegelmarke usw. aufgetragen, nach dem Trocknen bügelt man ab.

Pulverförmig.

Kolophonium, pulv. . . 3,0 | Dammar, pulv. 3,0

für helle Stoffe: Indigo, pulv. . . 4,0

für dunkle Stoffe: Titandioxyd . . 2,0

Plättwachs.

Japanwachs . . 200,0 | Paraffin 200,0
Stearinsäure . . 100,0

werden vorsichtig geschmolzen und in Formen gegossen.

Waschmittel.

Vorwaschmittel (Hempel, Manneck usw.)

Soda, calc.	50 bis 60%	Natriumsulfat, calc.	5 bis 10%
Wasserglas (36/38°)	5 bis 10%	Dinatriumphosphat	10 bis 30%

u. U. Netzmittel oder Waschaktive Substanz . . 1 bis 3%

Hauptwaschmittel (HEMPEL, MANNECK usw.).

Soda, calc.	40 bis 50%	Waschaktive Substanz	10 bis 15%
Wasserglas (36/38°)	6 bis 10%	Trinatriumphosphat	5 bis 20%
Natriumsulfat, calc.	5 bis 20%	Tylose® HBR	1 bis 3%

Waschmittel, sauerstoffhaltige.

1. 20 bis 30% Fettgehalt entsprechend etwa 30% Seife mit 60 bis 66% Fett.

Seife	30%	Wasserglas	2 bis 6%
Pyro-K	10 bis 25%	Tylose® oder Relatin®	0 bis 2%
Perborat	6 bis 8%	Soda	10 bis 30%
Magnesiumsilikat	2 bis 4%	Rest Natriumsulfat und Wasser	

2. 30 bis 40% Fettgehalt entsprechend etwa 50% Seife mit 60 bis 66% Fett.

Seife	50%	Pyro-K	5 bis 10%

sonstiger Aufbau wie unter 1.

Waschmittel ohne Sauerstoff.

Hierzu verwendet man die vorstehende Rezeptur 1., wobei der Perboratanteil durch Soda ersetzt wird.

XV. Verschiedenes.

Beize für Kerzendochte.

Borsäure	30,0	Ammoniumphosphat	10,0
Schwefelsäure (1,840)	0,3	Wasser, dest.	1000,0

Die Borsäure und das Ammoniumphosphat in heißem Wasser unter Umrühren vollständig lösen, dann die Schwefelsäure unter Umrühren dazu träufeln (bei Herstellung größerer Mengen Vorsicht, stets die Schwefelsäure in das Wasser gießen, nicht umgekehrt!).

Verwendung. Die gewaschenen und vollständig getrockneten Dochte werden 1 bis 3 Stunden lang in die heiße Dochtbeize gelegt, dann gelinde ausgedrückt und sorgfältig getrocknet.

Blüten haltbar machen.

Nach G. STEHLI werden die Blüten mehrmals in eine 20%ige Gelatinelösung vorsichtig eingetaucht und so mit einer dicken Schicht überzogen. Nach dem Trocknen wird mit 10%iger Formalinlösung überbraust oder auch vorsichtig in diese Lösung getaucht.

Borsten und Roßhaare, waschen und bleichen.

Die Reinigung von Borsten und Roßhaaren erfolgt mit warmer Seifenlösung, der man etwas Salmiakgeist zugibt, oder mit einer 40° warmen Lösung von Kristallsoda (1%). Die Bleichung erfolgt mit einer ammoniakalischen Lösung von Wasserstoffsuperoxyd.

Chloroformflaschenverschluß (HAGER).

Gelatine, weiß	30,0	Zinkoxyd, roh	10,0
Glycerin	20,0	Wasser	100,0

Die Gelatine wird im Wasser warm gelöst, dann das Glycerin zugegeben und das Zinkoxyd mit der Mischung angerieben. Die gefüllten Flaschen werden mit dem Flaschenkopf in den flüssigen Zinkleim getaucht; entstehen dabei Blasen, muß das Eintauchen am folgenden Tage wiederholt werden.

Chromgelatine (KRUHME).

Als Abdichtungsmittel gegen Gase und Dämpfe.

Gelatine 2,0

werden gelöst in

Wasser, kochend . . 52,0

Nach dem Filtrieren wird zugesetzt

Ammoniumdichromat 1,0

Die Lösung wird mit einem Pinsel aufgestrichen und 2 Tage im Licht getrocknet.

Chromschwefelsäure (KRUHME).

Zum Entfernen organischer Stoffe aus Glasgeräten

Kaliumdichromat . . 10,0	Wasser 70,0

Schwefelsäure (96%) . . 22,0

Beim Verdünnen der Schwefelsäure mit dem Wasser ist stets die Säure in dünnem Strahl unter Umrühren in das Wasser zu gießen. Beim Auflösen des Kaliumdichromats geht folgende Umsetzung vor sich:

$$K_2Cr_2O_7 + 2\,H_2SO_4 \rightarrow \underset{\text{Chromtrioxyd}}{2\,CrO_3} + 2\,KHSO_4 + H_2O$$

Das Chromtrioxyd als starkes Oxydationsmittel greift organische Stoffe an. Muß filtriert werden, hat dies durch Glaswolle zu geschehen. Beim Gebrauch wird die Chromschwefelsäure unwirksam. Dies wird durch einen Farbumschlag von Rot nach Grün erkenntlich.

Creme zur Entfernung von „Raucherfingern".

Bienenwachs . . 10,0	Citronensäure. . 8,0
Paraffin 5,0	Borax 0,5
Mineralöl . . . 46,0	Wasser 30,0

Aroma 0,5

Durstpastillen (HAGER).

Citronensäure . . . 25,0	Weingeist (90%) . . 10,0
Zucker 1000,0	Citronenöl. 1,5

Traganth 0,5

Aus dem Traganth wird mit 75 ccm Wasser ein Schleim bereitet. Citronensäure und Zucker werden gemischt und mit der Citronenöl-Weingeist-Lösung aromatisiert. Dann wird mit Hilfe des Traganthschleims eine derbe Masse bereitet, aus welcher Pastillen von 1 g Gewicht geformt werden.

Eichenfässer, neue, entlohen.

Neue Eichenfässer müssen vor der Verwendung „weingrün" gemacht werden. Dies wird zweckmäßig durch Durchleiten von Wasserdampf erreicht, bis die ablaufende Flüssigkeit klar und geschmacklos ist. Zur Aufnahme von Spirituosen reicht dieses Verfahren meist nicht aus. In diesem Falle läßt man das Faß 8 bis 10 Tage lang spundvoll mit Wasser gefüllt stehen, dem pro Hektoliter 1 bis 1,5 kg Schwefelsäure zugegeben werden. Dann wird das Faß entleert und heiße Sodalösung zur Neutralisierung der Schwefelsäure eingefüllt. Diese Behandlung muß so oft wiederholt werden, bis die ablaufende Flüssigkeit völlig farblos und in ihr keine Sulfationen mehr nachweisbar sind. Die zuerst im Faß eingelagerte Flüssigkeit muß darauf geprüft werden, ob sie nicht aus den Faßwandungen stammende Geruchs- und Geschmacksstoffe aufgenommen hat. Zweckmäßig werden in neue Fässer nicht gleich hochwertige Flüssigkeiten eingelagert.

Eierstempelfarbe.

1. Gummi arabicum . . 100,0 | Wasser 4000,0

der Lösung werden zugesetzt

Glycerin (28° Bé) . . . . . . 4370,0 | Formaldehydlösung (40%) . . 30,0

Mit der Lösung werden feinst verrieben

Ultramarin . . 1500,0

2. Borax . . 30,0 | Schellack . . 60,0

werden gekocht mit

Wasser . . . . 500,0.

Ruß nach Bedarf wird verrieben mit

Gummi arabicum-Lösung (1:2) . . 90,0

und die Borax-Schellack-Lösung dazu gegeben.

Eisschrank, Geruch entfernen (Ph.Z.).

In einen Behälter von etwa 1 l Fassungsvermögen gibt man

Paraform . . . . 10,0 | Soda, calciniert . . 0,5
Wasser . . . . . 30 ccm

Nach gründlicher Durchmischung werden dazu gegeben

Kaliumpermanganat, klein kristallisiert oder pulv. . . 25,0

und gut durchgemischt.

Die Reaktion tritt erst etwa nach 10 Min. ein, so daß ausreichend Zeit vorhanden ist, gut durchzumischen. Man läßt etwa 7 Stunden lang einwirken, bei gut verschlossenem Schrank, entnimmt nach dem Öffnen das Gefäß und lüftet gründlich. Stört etwa zurückbleibender Formaldehydgeruch, stellt man einige Stunden lang eine flache Schale mit Ammoniakflüssigkeit (0,960) in den verschlossenen Schrank. Nach einigen Stunden sind vorhandene Formaldehydreste zu geruchlosem Hexamethylentetramin gebunden.

Faßdichtungsmasse. „Türlesstreiche".

Vaselin, viscos . . 70,0 | Paraffin (52/54°) . . 18,0
Bienenwachs . . . 12,0

werden zusammengeschmolzen. Die Konsistenz der Masse kann je nach dem Anteil der festen Bestandteile geändert werden.

Fensterscheiben mattieren.

Hellem Öllack wird wenig Talcum zugesetzt und dieser gut verarbeitet. Damit bestrichene Fensterscheiben sind gut lichtdurchlässig und haben milchglasähnliches Aussehen.

Formpuder.

Zum Einstreuen in Gußformen als Ersatz für Lycopodium.

1. Ruß . . 800,0 | Talk . . . 200,0

2. Stärke . . . . 980,0 | Carnaubawachs . . 10,0
Magnesiumcarbonat . . 10,0

3. Holzkohlenpulver . . 900,0 | Kieselgur 100,0

Füllung für Leclanché-Elemente.

Ammoniumchlorid, techn. . . 200,0 | Wasser, dest. 800,0

Nicht im Glasgefäß lösen (Gefahr des Springens infolge starker Abkühlung).

Füllung für Nickel-Eisen-Akkumulatoren. (Edison-Akkumulatoren.)

Kalilauge . . 20%ig

Gipsformen erweichen.

1. Durch Einlegen in Brennspiritus entsteht im Gips durch Wasserentzug eine Schrumpfung, die ihn bröcklig macht.

2. Soll die Gipsform schneidbar werden, tränkt man mit 50% bis 60% warmer Bariumchloridlösung (20%). Schon nach 10 Min. langer Einwirkungszeit ist der Gips meist schneidbar durch Bildung von Bariumsulfat und Calciumchlorid. Wenn nötig, wird die Erweichung durch weitere Bariumlösung fortgesetzt. Bei genügender Durchtränkung zerfällt die Gipsform zu Pulver. Auf die Giftigkeit von Bariumchloridlösung ist zu achten!

Gipsmörtel zum Verputzen größerer Löcher.

Sand	36 l	Weißkalk . .	9 l
Stuckgips . .	9 kg		

Gipsreste von den Händen entfernen.

Die Entfernung von Gipsresten auf der Haut, auch unter den Fingernägeln ist ohne Schwierigkeit zu erreichen durch Waschen und kurzes Bürsten der Hände und Fingernägel mit Zephirol®-Lösung. Dabei erübrigt sich ein starkes Reiben.

Gipsverkittungen und Gipsverbände lösen.

Man tränkt die betreffenden Stellen mit konzentrierter Bariumchloridlösung.

Goldring von Quecksilberamalgam befreien.

Bei der Berührung von Quecksilber mit Gold bildet sich ein Amalgam, das die Farbe des Quecksilbers hat. Um Gold die ursprüngliche Goldfarbe wiederzugeben, muß das Quecksilber in der nichtleuchtenden Bunsenflamme oder in der eines Gasherds verdampft werden. Zweckmäßig führt man dies mit einer Tiegelzange oder einem Stück Draht durch. Die entstehenden *Quecksilberdämpfe* sind *giftig*, die Einatmung der entstehenden Dämpfe ist deshalb zu vermeiden, am besten wird bei geöffneten Fenstern gearbeitet.

Heißbügelklebstoff (Hadert).

Chlorkautschuk 125 cp. . .	88,0	Staybeliteester Nr. 3 . . .	162,0
Äthylacetat	750,0		

Honigparfüm für Tabak.

1.	Methylphenylacetat	700,0	Laurylaldehyd, 5%	5,0
	Phenyläthylsalicylat	150,0	Äthylbenzoat	30,0
	Phenyläthylphenylacetat . .	50,0	Geranylbutyrat	10,0
	Geraniol	20,0	Dimethylhydrochinon	5,0
	Vanillin	30,0		
2.	Äthylphenylacetat	350,0	Cyclotene, 10%	5,0
	Propylphenylacetat	300,0	Dimethylbenzylcarbinylacetat .	10,0
	Phenyläthylsalicylat . . .	100,0	Kumarin	10,0
	Phenyläthylphenylacetat . .	70,0	Vanillin	20,0
	Allylphenylacetat	50,0	Exaltolid, 2%	5,0
	Rose Bulg. stearoptenfr. . .	10,0	Äthylpelargonat	50,0
	Meth. nonylacet. ald. 5% .	5,0	Tetrahydro-p-methylchinolin .	15,0

Hortensienblüten blau färben.

Rotblühende Hortensien können im folgenden Jahr blaue Blüten bekommen, wenn man im Herbst auf das kg Topferde 15 bis 20 g *Ammoniumalaun*, Aluminium-Ammonium sulfuricum, pulv., gibt und gut vermengt. Auch das Begießen mit 0,5%iger Ammoniumalaunlösung führt zum Ziel. Wichtig ist, daß auf diese Weise behandelte Hortensien vor starkem Sonnenlicht geschützt werden.

Illuminationslämpchen-Nachfüllung.

	1.	2.
Paraffin (50/52) . .	890,0	790,0
Stearin	100,0	195,0
Canaubawachs . .	10,0	15,0

Imprägnierung schwerer Gewebe.

Zum Wasserdichtmachen von Autoplanen, Segeltuch, Zelttüchern usw.

1. Den Stoff mit einer Lösung (2° Bé) von Aluminiumformiat tränken. Anschließend behandeln mit Seifenlösung aus

Montanwachs . . 8,0	Stearin 8,0
Hartparaffin . . 8,0	

die zusammengeschmolzen und verseift werden mit einer Lösung aus

Ammoniakflüssigkeit (0,910) . . 1,0	Schmierseife 15,0
Leim 10,0	Wasser 200,0

Zur fertigen Lösung gibt man unter gutem Umrühren zu

Leinöl 5,0

Nach der Behandlung in der Seifenlösung wird das Gewebe noch einmal in die Lösung von Aluminiumformiat gegeben und dann zum Trocknen aufgehängt.

2. Aluminiumoleat . . 2,0 bis 3,0 | Paraffin. . . . . . . 7,0 bis 8,0

werden gelöst in

Leinölfirnis 100,0

Zur wasserdichten Imprägnierung wird die Lösung auf beiden Seiten mit dem Pinsel aufgetragen. Gefärbt wird mit fettlöslichen Farbstoffen oder durch Zugabe von Pigmentfarbstoffen.

3. (DAZ.) Man weicht das Gewebe in einer Abkochung von

Eichenrinde . . 500,0 | Wasser . . . 8000,0

ein, läßt einige Tage darin stehen und spült dann im fließenden Wasser aus. Nach dem Trocknen ist das Gewebe wasserdicht und fast unverwüstlich.

Kamillendestillat, 10fach konzentriert (DIETERICH).

1 kg gestoßene Kamillen werden mit 200 g Weingeist (90%) angefeuchtet und eine Stunde in einem bedeckten Gefäß stehengelassen. Dann bringt man die Masse auf das mit einem Tuch bedeckte Sieb einer Destillierblase und destilliert mit direktem Wasserdampf 1 kg ab.

Kaugummi.

Chiclegummi 150,0	Perubalsam 3,1
Paraffin, geruchlos . . 37,3	Staubzucker 370,0
Tolubalsam 6,2	Traubenzucker. . . . 150,0
Wasser 170,0	

Den Gummi läßt man in Wasser quellen und verreibt ihn dann mit dem geschmolzenen Paraffin und den Balsamen. Zucker und Traubenzucker werden zu Sirup verkocht und mit der Gummimischung verknetet. Als Aromastoffe finden Zimt, Schokolade, Myrrhe, Sandelholz, Ingwer, Kardamomen, Menthol, Pfefferminzöl und Fruchtaromen Verwendung.

Knoblauchgeruch entfernen (Ph. Z.).

Zur Beseitigung des unangenehmen Geruches nach dem Verzehren von Knoblauch wird das Ausspülen des Mundes mit Chloramin®-Lösung (1:100) empfohlen. Auf diese Weise wird der Knoblauchgeruch der Atemluft gründlich entfernt und die Abneigung gegen das Einnehmen des Knoblauchs behoben.

Kohlenanzünder (DDZ.).

Für Kohlenanzünder (Feueranzünder) finden als Rohstoffe Verwendung: Paraffin, Montanwachse, Pech, Naphthalin, Harze, Harz-, Teer- und Mineralöle, Petroleum, als feste Bestandteile: Sägespäne, Korkmehl, Holz- und Korkabfälle usw. Als Harzbestandteile finden vorwiegend Abfallprodukte der Harz- und Teerindustrie Verwendung. Zum Beispiel:

Harz, Montanwachse oder Nebenprodukte der Paraffinoxydation	300,0	Paraffin, roh	15,0
		Ölprodukt	15,0

werden verschmolzen und der Schmelze zugesetzt

Festsubstanzen (s. oben) 175,0

Nach der Abkühlung kann in Formen gepreßt werden.

Korbflaschenverschlüsse für Säureballons (Ph. Z.).

Gips	400,0	Schwefelpulver	200,0
Kaolin	300,0	Graphit oder Bolus, rot	100,0

werden gleichmäßig vermischt und das Pulver mit der eben ausreichenden Wassermenge angerührt. Den entstandenen Brei bringt man mit einem Löffel auf und um den Stopfen der Korbflasche, formt mit feuchter Sackleinwand einen Kopf und läßt erhärten. Auch reinen, unvermischten Gips kann man in dieser Weise verarbeiten. Auf diese Weise lassen sich Säureballons schon äußerlich leicht kennzeichnen, indem man *weiße* Verschlüsse für Salzsäure, *rote* für Schwefelsäure und *graue* für Salpetersäure verwendet.

Korke, gebrauchte, reinigen (SAZ).

1. Chlorkalk	250,0	Wasser	6000,0
2. Schwefelsäure, roh	500,0	Wasser	6000,0 bis 8000,0
3. Soda, roh	100,0	Wasser	6000,0 bis 8000,0

Die zu reinigenden Korke werden zuerst in die lauwarme Lösung 1. gebracht und mit einer durchlöcherten, festgeklemmten Holzplatte am Hochsteigen verhindert und darin unter öfterem, kräftigem Umrühren 1 Tag belassen. Dann sammelt man die Korke auf einem Sieb oder Seihtuch, wäscht unter der Wasserleitung tüchtig nach und bringt sie in die Mischung 2., in der man sie unter öfterem Umrühren ebenfalls 24 Stunden liegen läßt. Nach dem Abspülen mit Wasser werden die Korke in die Lösung 3. gebracht und so lange kräftig abgespült, bis das abfließende Wasser keine alkalische Reaktion mehr zeigt und an der Sonne oder im Trockenschrank getrocknet. Die Korke sind nur für technische Zwecke brauchbar!

Korke, luftdicht machen.

Die Korke werden einige Stunden in folgende Lösung gelegt und anschließend getrocknet.

Wasser	500,0	Gelatine	10,0
Glycerin	15,0		

Die Gelatine wird in heißem Wasser gelöst und das Glycerin zugesetzt.

Kühlschrankchemikalien.

	Sdp. Grad	Verdampfungswärme kcal je kg
Ammoniak	—33	302
Methylchlorid (giftig! mit Acrolein als Warnmittel)	—24	97
Äthylchlorid	+12	96
Schwefeldioxyd	—10	91

Labessenz.

Gereinigter, getrockneter Kälberlabmagen . . .	100,0	Destilliertes Wasser . .	900,0
		Weingeist (95%)	100,0

Der Labmagen wird in kleine Würfel zerschnitten und mit der Wasser-Weingeist-Mischung übergossen und über Nacht mazeriert. Dann wird, ohne auszudrücken, abgeseiht und durch Nachspülen des Rückstandes mit Weingeist-Wasser-Mischung das Gewicht auf 1000 g gebracht und filtriert.

Verwendung. 5 g Labessenz bringen 1 l Milch bei 35° innerhalb etwa 5 Min. zum Gerinnen.

Labpulver.

Von 100 g Labmagen wird entweder die Schleimhaut abgeschabt oder dieser durch mehrmaliges Passieren durch eine Fleischhackmaschine zu einer feinen Masse verarbeitet. Der hierbei entstandene Brei bzw. die abgeschabte Masse wird dann mit 20,0 Natriumchlorid und 60,0 Milchzucker vermischt. Diese Mischung wird in 1 bis 2 mm dicker Schicht auf Glasplatten aufgetragen und im Trockenschrank auf 35 bis 40° erhitzt. Die erhaltenen Lamellen werden zu einem feinen Pulver verarbeitet und mit Milchzucker auf 100,0 ergänzt.

Aufbewahrung. In *dicht schließenden Gläsern, vor Licht geschützt.*

Verwendung. 1 g genügt zur Ausfällung des Kaseins von 10 l Milch.

Mastixlösung.

Mastix	23,0	Kolophonium . . .	11,0
Lärchenterpentin . .	8,0	Benzol	auf 1000,0

Verwendung. Als Klebmittel für Verbandsstoffe und Theaterzwecke. *Feuergefährlich!*

Meerrettich konservieren.

Der Meerrettich wird zunächst geschält, gewaschen, dann leicht an der Luft getrocknet und anschließend auf einem emaillierten oder gläsernen Reibegerät gerieben. Dann wird 3% Kochsalz und so viel Essig zugegeben, daß der Meerrettich eben bedeckt ist. In ganz gefüllten Gefäßen luftdicht verschlossen und kühl aufbewahrt behält der Meerrettich lange seine helle Farbe.

Melkfett, desinfizierend zum Einfetten der Hände des Melkers

(vgl. Bd. II, S. 981 „Osmaron ® B").

1. (Ph. Ztg.). Hartparaffin . . 320,0 | Zeresin 280,0
Paraffinöl 400,0

2. (Ph. Ztg.). Vaselinöl . . . 600,0 | Zeresin 200,0
Neutralwollfett 200,0

Als ungiftige bakterientötende Zusätze finden Verwendung: Borsäure, Salicylsäure (je bis 5%), Chloramin® (0,5%), Nipasol® (0,2%), Osmaron® und Hexylresorcin (je 0,1%).

3. (SÖFW). Paraffin 50/52° . . .	10,0	Vaselin	70,0
Paraffinöl	20,0	Osmaron ® oder Hexylresorcin	0,1

Nach dem Verschmelzen der Grundstoffe wird das Desinficiens unter Umrühren in der Schmelze gelöst.

4. Weißes Vaselinöl Erg.-B. 6 . .	300,0	Wollfett, wasserfrei DAB. 6 . .	100,0
Zeresin DAB. 6	100,0	Osmaron ® B.	3,0

werden zusammengeschmolzen und bis zum Erkalten gerührt.

Mineralöl wasserfrei machen (SÖFW).

1. Dem wasserhaltigen Mineralöl setzt man etwa 1% Tylose® zu und läßt stehen, bis es sich geklärt hat. Dann gießt man das Öl durch ein engmaschiges Sieb, in dem die wasserhaltige Tylose zurückbleibt (nach BÜRSTENBINDER einfachstes Verfahren).

2. Erwärmen über 100° oder Zentrifugieren.

3. Gelindes Erwärmen unter Zusatz von calciniertem Glaubasalz und nachfolgende Filtration. Nur bei dünnflüssigen Mineralölen zu empfehlen, weil bei etwaigem stärkerem Erwärmen das vom Glaubasalz aufgenommene Wasser wieder abgeschieden wird.

Modelliermasse (Plastilin).

1. Wachs, gelb	200,0	Schweineschmalz	14,0
Terpentin, venetian.	27,0	Ton, weiß	150,0

Die ersten 3 Bestandteile zusammenschmelzen, dann den Ton einarbeiten und die entstandene Masse in warmes Wasser gießen. Darunter ohne weiteres Erwärmen, bis die Masse plastisch wird, kneten.

2. Wollfett, wasserfrei	10,0	Weizenstärke	15,0
Magnesia, gebrannt	10,0	Zinkoxyd	6,0
Ton, weiß	3,0		

Das Wollfett schmelzen, die Mischung der übrigen Bestandteile einarbeiten und dann wie bei 1. verfahren.

3. Mastix	3,0	Rindertalg	20,0
Bienenwachs	3,0	Schwefelblüte	20,0
Zeresin	6,0	Gips	12,0
Pfeifenton	33,0		

Die ersten 4 Bestandteile zusammenschmelzen, sonst wie bei 1.

4. A. Olein	30,0	Bienenwachs	10,0
Rizinusöl	15,0		
B. Zinkoxyd	5,0	Glycerin	10,0
C. Schwefelblüte	24,0	Ton, weiß	20,0
Talk	1,0		

A. schmelzen, B. anreiben, auf dem Wasserbad erwärmen und langsam unter Rühren mit A. versetzen. Weiter erwärmen, bis Verseifung eingetreten ist, dann Gemisch C. portionsweise zugeben und bis zum Erstarren kalt rühren. Einige Tage an warmem Ort stehenlassen, dann auf mit Wasser befeuchtetem Rollbrett ausrollen und formen.

Gefärbt wird mit 1 bis 3% nachstehender Farbstoffe:

Rot: Zinnober, künstlich, oder Englischrot; — *Gelb:* Goldocker; — *Braun:* Kasseler Braun; — *Blau:* Ultramarin; — *Grün:* Ultramarin mit Goldocker; — *Schwarz:* Rebschwarz.

Möhrensaft.

Gereinigte frische Möhren werden durch den Fleischwolf gegeben und der Brei abgepreßt. In je 385 g Preßsaft löst man durch Digerieren 2 g Citronensäure und 583 g Zucker. Ist der Zucker gelöst, gibt man 25 g Pomeranzensirup und eine Lösung von 0,5 g Nipagin ® in 5 g Weingeist (90%).

Aufbewahrung. In voll gefüllten Flaschen, an *kühlem Ort.*

Verwendung. Als carotinhaltiger (Provitamin A) Sirup für Kleinkinder. *Vor Gebrauch umzuschütteln.*

Mundspülmittel zur Tabakentwöhnung.

Der Tabakrauch bildet mit Kupfer- und Silbersalzen Verbindungen, die einen widerlichen Geschmack haben.

1. Kupfersulfat DAB. 6 . . 1,5	Dest. Wasser . . . . . auf 150,0

Verwendung. 1 Eßlöffel auf 1 Glas Wasser, 3- bis 5mal täglich zum Mundspülen.

2. Silbernitrat DAB. 6 . . 0,2	Pfefferminzöl . . . . . . 3 Tr.
Weingeist (90%) . . . 10,0	Dest. Wasser . . . . auf 200,0

Abzugeben *in braunem Glas!* 3- bis 5mal täglich 1 Eßlöffel zum Mundspülen.

Nadelabfall von Weihnachtsbäumen.

Der Nadelabfall von Weihnachtsbäumen wird dadurch erheblich verzögert, daß man das Stammende schräg absägt und in Wasser mit geringem Glycerinzusatz stellt.

Nachappretieren von Textilien (Kalle).

Zum Nachappretieren von gefärbten und chemisch gereinigten Stoffen und Kleidern eignet sich Tylose® KZ gut. Ein Verschleiern der Farben tritt nicht ein. Nachstehende Vorschriften geben nur unverbindliche Anhaltspunkte und müssen nach den einzelnen Ansprüchen der Verbraucher geändert werden. Man appretiert

Garbardinemäntel und Herrenkleidung mit . .	10,0 bis 12,0 Tylose ® KZ
Kunstseidengewebe.	12,0 bis 16,0 „ ® „
Gardinen	15,0 bis 20,0 „ ® „

je in 1 l.

Zweckmäßig stellt man sich eine 5%ige Stammlösung durch Eintragen unter ständigem Rühren in kaltes oder warmes Wasser her, die man dann aufkocht. Tyloseappretur ist vollkommen neutral, und da sie weder schimmelt, gärt noch sauer wird, unbegrenzt haltbar.

Nikotinflecke-Entferner (LÜTTGEN/MÖLLERING).

Bienenwachs 10,0	Bimssteinpulver . . 8,0
Paraffin 5,0	Triäthanolamin . . 1,5
Mineralöl. 46,0	Wasser 29,0

Parfüm . . . . . . 0,5.

Die ersten drei Bestandteile werden zusammengeschmolzen und bei 80° mit der gleich warmen Lösung von Triäthanolamin im Wasser unter Umrühren verseift. Das Rühren wird bis zum Erkalten fortgesetzt und dann das Bimssteinpulver eingearbeitet und das Parfüm zugesetzt (s. a. S. 725).

Petroleumgeruch verdecken.

Je nach der Qualität des Petroleums ist sein Geruch mehr oder weniger unangenehm. Von guter Wirkung ist in manchen Fällen die Behandlung mit einem Gemisch aus 2 T. Aktivkohle und 1 T. aktiver Tonerde (Aluminiumhydroxyd), welches die riechenden Verunreinigungen größtenteils adsorbiert. Wenn es das herzustellende Erzeugnis erlaubt, können auch Terpentinöl, Fichtennadelöl, Bornylacetat, ätherisches Senföl oder Amylacetat technisch Verwendung finden.

Pflanzen auf Glas befestigen (Ph. Z.).

1. Mastix 6,0	Sandarak 12,0
Kolophonium, hell . . 32,0	Äther 7,5

Weingeist (95%) 50,0

Nach dem Lösen durchseihen und, wenn nötig, das Lösungsmittel teilweise durch Abdampfen (*Vorsicht, feuergefährlich!*) eingedickt. Als Weichmacher kann wenig Rizinusöl zugegeben werden.

2. Rohkautschuk oder Guttapercha, zerschnitt. . 1,0	Mastix, pulv. 60,0

werden unter häufigem Umschütteln unter mäßiger Erwärmung gelöst in

Trichloräthylen oder Chloroform . . . 70,0

3. Filmreste, glasklar, werden in Aceton unter Zusatz von 3 bis 5% Kanadabalsam gelöst.

4. Schellack, weiß . . 2,0	Mastix 3,0

Lärchenterpentin . . 1,0

werden unter Erwärmen (*Vorsicht, feuergefährlich!*) in wenig Terpentinöl gelöst.

Plastische Masse für Reliefs (DD).

Zur Herstellung einer plastischen Masse mit größerer Härte wird zweckmäßig Gips, Alaun, Aluminiumsulfat oder Kaliumsulfat zugesetzt, wodurch sich Doppelsalze von sehr großer Härte bilden, aber trotzdem bequemes Bohren, Sägen oder Fräsen der Masse zulassen. Durch den Zusatz dieser Salze bindet aber der Gips in wenigen Minuten ab. Da dies für Reliefs größeren Umfangs nicht erwünscht ist, gibt man die genannten Salze nicht dem Gips zu, sondern löst sie in dem zum Anrühren des Gipses bestimmten Wasser. Außerdem gibt man dem gleichen Wasser etwa 2% des zu fertigenden Gipsbreies als Kolloid Kartoffelstärke, Leim oder Dextrin zu, wodurch eine zu rasche Abbindung verhindert wird. Es empfiehlt sich ein kleiner Vorversuch (200 bis 300 g), da sich nicht jeder Gips genau gleich verhält. Auch Magnesiazement, Sorelzement (vgl. S. 692), hergestellt aus gebrannter Magnesia oder Dolomit mit einer konzentrierten Chlormagnesiumlauge. Magnesiazement hat ein besonders feines Korn und wird felsenhart. Er läßt sich auch sehr gut mit Sand, feinstem Hartholz-Sägemehl, Schlämmkreide, Kieselgur, Bentonit usw. strecken. Sowohl die vorgeschlagenen Gipsgemischmassen als auch Magnesiazement kann nach dem Erstarren und Austrocknen mit Öl- oder Leimfarben bemalt werden.

Plexiglas, reinigen.

Zum Reinigen von Plexiglas dürfen Lösungsmittel wie Weingeist, Aceton, Benzol, Essigester, Trichloräthylen oder Flüssigkeiten, welche diese Stoffe enthalten, nicht benutzt werden. Auch andere Lösungsmittel, Kraftstoffgemische und Benzin greifen Plexiglas an. Ebenso dürfen keine Reinigungsmittel, die Schmirgel oder andere harte Stoffe enthalten, verwendet werden. Am besten reinigt man nur mit 40/50° warmem Wasser, dem etwas Seife zugegeben wird, mit einem weichen Schwamm.

Pulver für Trockenfeuerlöscher.

Natriumhydrogencarbonat (-bicarbonat) 98,0	Kieselgur 2,0

Nach Boyne kann die CO_2-Abspaltung aus dem Bicarbonat durch Zugabe saurer Salze wie Kaliumhydrogensulfat ($KHSO_4$) bzw. primärem oder sekundärem Calcium- bzw. Natriumphosphat unterstützt werden. Um das Löschpulver auch an schrägen Flächen haftbar zu machen, wird von Boyne Harnstoff oder Guanidin empfohlen.

Ramsay-Fett.

Ein Gummifett zum Abdichten von Vakuumapparaturen.

Parakautschuk . . 60,0	Vaselin, gelb . . . 60,0

Paraffin 10,0

werden zusammengeschmolzen.

Raucherentwöhnungsbonbons.

Agar-Agar	70,0	Kapillärsirup	1200,0
Dest. Wasser	3380,0	Himbeerrotlösung (5%)	100,0
Kristallzucker	3750,0	R.-E.-Lösung	1475,0
Fruchtaroma	25,0		

R-E.-Lösung.

Silbernitrat	25,0	Äpfelsäure	50,0
Tannin	250,0	Dest. Wasser	1000,0
Glycerin DAB. 6	150,0		

Bei der Herstellung darf nicht mit Eisen gearbeitet werden, sondern nur in einwandfrei emaillierten Gefäßen und mit Porzellangeräten. Agar-Agar wird mit Wasser 24 Std. eingeweicht, dann der Zucker zugegeben und auf 110° erhitzt. Anschließend gibt man den Kapillärsirup, die R-E.-Lösung und die Farbe zu. Ist auf 55° abgekühlt, gibt man das Aroma zu und gießt in Puderkästen aus.

Vor Lichteinwirkung ist *sorgfältig zu schützen!*

Raucherentwöhnungsmittel (Ph. Z.).

Sandelholz	10,0	Weingeist (90%)	250,0

setzt man 1 Woche lang an, filtriert und setzt dem Filtrat zu

Saccharin	0,1	Thymol	1,0
Pfefferminzöl	1,0	Silbernitratlösung (2%)	1,0

In braunen Flaschen aufbewahren!

Verwendung. Eine kleine Menge als Zusatz zum Mundspülwasser.

Rehschädel polieren (DAZ).

1. Zunächst müssen die frischen Schädel durch häufiges Spülen in kaltem Wasser von allen Blutspuren sorgfältig gereinigt werden. Dann werden sie mit frischem Wasser mehrere Stunden ausgekocht und anschließend wieder in frischem kaltem Wasser nachgespült. Ist die Aufhellung noch nicht befriedigend, werden Kompressen mit Wasserstoffsuperoxydlösung (6%) aufgelegt, diese nach mehrstündigem Liegen entfernt, getrocknet und mit einem der bekannten Poliermittel nachbehandelt.

2. Nach der vorbereitenden Reinigung wie unter 1. und sorgfältigem Trocknen wird mit nachfolgender Mischung überzogen:

Mastix	5,0	Lärchenterpentin	3,0
Terpentinöl	5,0	Sandarak	16,0
Kopaivabalsam	1,0	Weingeist (95%)	160,0
Titanweiß	10,0		

Poliert wird wie unter 1.

Sacksignierfarbe.

1. Borax	25,0	Schellack, hellblond	150,0

werden bis zur Lösung gekocht mit

Wasser . . 1000,0

und die Lösung vermischt mit

Englischrot . . 100,0

Zur Erhöhung der Brillanz der Farbe kann noch wenig Ponceaurot zugefügt werden.

2. Borax . . . . . . 500,0 | Kalilauge (40° Bé) . . 3500,0
Wasser, kochend . . . 40 l

werden mit etwa

Manilakopal (weich) . . 8000,0 | Kasein . . . . . 2000,0 bis 3000,0

verkocht und, wenn die Masse gleichmäßig ist, nach dem Erkalten darunter gemischt

Englischrot . . nach Bedarf

Wenn nötig, muß mit Wasser auf die richtige Konsistenz verdünnt werden.

Verwendung. Mit Stempel zu drucken.

3. Englischrot . . 30,0 | Leinölfirnis . . . 50,0
Sikkativ 20,0

werden in einer Farbreibmaschine zu einer gleichmäßigen Masse verarbeitet.

Verwendung. Mit Pinsel zu signieren.

4. Borax . . . . 30,0 | Schellack 60,0

werden durch Kochen gelöst in

Wasser 500,0

mit Gummi arabicum-Lösung (1 : 2) gemischt und mit Englischrot bis zur Erreichung der richtigen Farbtiefe angerieben.

Verwendung. Mit Stempel oder Pinsel anzuwenden.

Schlankheitstee.

	normal	extra stark		normal	extra stark
Schwarzer Tee . . .	5,0	5,0	Blasentang	—	10,0
Ringelblumen . . .	1,0	1,0	Steinklee	10,0	10,0
Schlehenblüten . .	2,0	2,0	Erdbeerblätter . .	10,0	10,0
Kornblumen	3,0	3,0	Brombeerblätter . .	10,0	10,0
Himbeerblätter . .	9,0	9,0	Sennesblätter . . .	40,0	40,0

Die, so weit nötig, geschnittenen Drogen werden gemischt.

Verwendung. 1 Kaffeelöffel voll mit kochend heißem Wasser übergießen, bedeckt 10 Minuten ziehen lassen, nach dem Abseihen mit Zucker gesüßt morgens und abends 1 Tasse voll zur Beseitigung überschüssigen Fettes.

Schutzfett für Dauerschwimmer (SIDO).

Gelbes Vaselin . . . . 60,0 | Bienenwachs, gelb . . 10,0
Olivenöl 30,0

Statt Olivenöl kann man auch andere fette Öle und Mischungen dieser mit Paraffinöl im Verhältnis fettes Öl 3 T. zu Paraffinöl 2 T. verwenden.

Steinpolierpaste (SÖFW).

Bienenwachs . . . . 20,0 | Montanwachs, gebleicht . . 20,0

werden zusammengeschmolzen und verdünnt mit

Terpentinersatz . . 60,0 bis 70,0

In die Mischung werden eingearbeitet

Schlämmkreide . . 10,0 bis 30,0

Die Konsistenz der Paste kann durch die Erhöhung oder Verringerung der Terpentinersatzmenge reguliert werden. Die vorstehende Vorschrift ist zum *Polieren von Marmor* gedacht. Für härtere Gesteine wird die Schlämmkreide durch Tripel, feingemahlenen Sand, feines Quarzmehl oder Gemische aus diesen ersetzt.

Treibriemenadhäsionswachs (RÖMPP).

Wollfett . .	20,0	Ozokerit . .	2,0
Talg . . .	10,0	Harz . . .	6,0
Paraffin . .	8,0	Rüböl . . .	4,0

Tran . . . 6,0

Der Harzgehalt soll nicht erhöht werden, da sonst die Lebensdauer des Riemens sinkt.

Straußfedern reinigen (SIDO).

a) *Reinigungsbad:* In Sodalösung (10%) die Federn einhängen und 1 Stunde lang auf 80 bis 90° halten, dann gut spülen.

b) *Bleichbad:* Mit Ammoniak neutralisierte Wasserstoffsuperoxydlösung (3%). Die Federn werden für 10 bis 12 Stunden vor Staub und Licht geschützt darin eingelegt und dann wieder gespült.

Streusand, buntfarbiger (SZ).

Marmorkies gewünschter Körnung wird mit einer wäßrigen Lösung von sauren Teerfarbstoffen unmittelbar angefärbt. Dabei entstehen Farblacke, so daß die Färbung wohl wasserecht, aber nur beschränkt lichtecht ist. Wird auf Lichtechtheit Wert gelegt, müssen Mineralfarben Verwendung finden, die man mit Hilfe von Wasserglas fixiert.

Strohgeflecht wasserabstoßend machen.

1. Leinöl, gekocht . . 97,0 | Aluminiumoleat. . . . 3,0
Benzin. . . . . 50,0 bis 100,0

Mit der Lösung wird das Geflecht bestrichen.

2. Marseiller Seife . . . 10,0 | Wasserglas (40°) . . . 240,0
Wasser . . . . 100 l

Die Seife wird im Wasser warm gelöst und das Wasserglas zugegeben. In dieser Lösung wird das Geflecht bei gewöhnlicher Temperatur etwa 1 Stunde lang durchgearbeitet und dann $^1/_2$ Stunde lang in eine Lösung von

Essigsaure Tonerdelösung (13°) . . 3,5 l

in

Wasser . . . . 100 l

gebracht.

Dann wird mit 70° warmem Wasser gespült und an der Luft getrocknet.

Stuckgips anmachen.

Beim richtigen Anmachen von Stuckgips soll das Gefäß nie mehr als zur Hälfte mit Wasser gefüllt werden. Dann wird der Stuckgips *lose* und *gleichmäßig* eingestreut, bis er an die Oberfläche des Wassers tritt und hier kleine Inseln bildet. Hierzu braucht man bei reinem Stuckgips auf 1 kg Gips etwa 600 g Wasser. Wird das Wasser auf das Gipspulver geschüttet, bilden sich Knollen, und der Gipsbrei läßt sich nicht zu einer sämigen Masse verrühren.

Tabakaromatisierung mit Vanillin (BOEHRINGER).

Bei der Tabakaromatisierung mit Vanillin darf der Tabak weder bei der Fermentation noch beim Beizen mit alkalischen Mitteln (Pottasche, Soda, Natriumhydrogencarbonat, Kalk, Borax usw.) behandelt werden. Man verwendet in diesem Falle schwachsaure Mittel (verdünnte Essigsäure) oder Neutralsalze (Acetate, Citrate oder Tartrate des Kaliums, Natriums oder Calciums). Zur Erhöhung von

Haltbarkeit und Aroma wird der Vanillinsauce etwas Citronensäurelösung zugesetzt. Die Imprägnierung führt man wie folgt aus:

Fermentierter Tabak . . 100 kg

werden mit einem Zerstäuber mit nachstehender lauwarmer Lösung gleichmäßig behandelt:

Vanillin „Boehringer" . .	20,0	Citronensäure	20,0
Wasser	auf 1000,0		

Die angegebene Vanillinmenge kann über- oder unterschritten werden. Sie hat sich nach den Eigenheiten der einzelnen Tabaksorten zu richten. Vorversuche an kleinen Tabakmengen lassen die günstigsten Verhältnisse ermitteln.

Tabaksoße. Zum Parfümieren von Rauchtabak (Hager P-TM).

1. Veilchenwurzel . .	20,0	**2.** Vanille	20,0
Tonkabohnen . . .	20,0	Tonkabohnen . . .	20,0
Baldrianwurzel . .	20,0	Baldrianwurzel . .	20,0
Weingeist (90%) . .	250,0	Weingeist (90%) . .	300,0
Wasser	250,0	Wasser	150,0

1. und 2. werden acht Tage mazeriert, dann filtriert. Zum Gebrauch werden die Soßen mit 2 T. Weingeist (60%) verdünnt und 30 g der Mischung auf 2 kg Tabak verwendet.

3. Kardamomen, grob pulv. . .	125,0	Kaliumnitrat	250,0
Zimtblüte, grob pulv.	100,0	Zucker	500,0
Vanille, fein zerschnitt. . . .	60,0	Malaga	9000,0
Schwarzer Tee	50,0	Weinbrand	1000,0

werden acht Tage mazeriert und filtriert. Der Ansatz genügt für 100 kg Tabakblätter.

Thermometerflüssigkeit, farbige (DAZ).

Blau:	Kupferacetat . . .	9,0	*Grün:*	Uranin	6,0
	Salmiakgeist . . .	200,0		Salmiakgeist . . .	20,0
	Brennspiritus . .	1000,0		Weingeist, verd. auf	1000,0
Rot:	Orseille	100,0		Brennspiritus	1600,0

Salzsäure nach Bedarf bis zur Lösung.

Rot:	Phenolphthalein . . .	4,0	Wasser, dest.	530,0
	Kaliumhydroxyd . . .	3,0	Brennspiritus	800,0

Bei der Füllung der mit Salzsäure gereinigten Röhren muß bei Blau sehr gut nachgespült werden, da die Säure schädlich wirken kann.

Tonicum.

1. (Boehringer).

Chinaextrakt, weingeistiges DAB. 6	5,0	Zimttinktur DAB. 6	10,0
		Pomeranzensirup DAB. 6 . . .	30,0

Rotwein . . . . auf 200,0

2. *Lecithinhaltig.*

Pflanzenlecithin „Merck" . .	2,0	Vanilletinktur Erg.-B. 6 . . .	1,0
Weingeist (94%)	160,0	Zuckersirup DAB. 6	240,0
Pomeranzenschalentinktur . .	3,0	Calciumhyphosphit	2,0
Aromatische Tinktur	1,0	Natriumhypophosphit	2,0
Zimttinktur	1,0	Eisenzucker DAB. 6	25,0

Wasser, dest. 562,0

Verwendung. 2stündlich 1 Kinderlöffel voll.

Überzugsmasse für Salamiwürste.

Paraffin	35,0	Kolophonium	62,8
Schlämmkreide	2,2		

Verwendung. Zum Überziehen der Würste wird die Mischung bei einer Temperatur von 90° verwendet.

Uniformknöpfe, versilberte, auffrischen.

Schwarz gewordene, versilberte Uniformknöpfe werden nach DAZ. durch Auftragen mit einem Läppchen nachstehender Flüssigkeit wie neu:

Silbernitrat	10,0	Wasser, dest.	200,0
Ammoniumchlorid	5,0	Natriumthiosulfat	20,0
Schlämmkreide, fein	20,0		

Die Lösung darf nicht lange aufbewahrt werden. Als Versilberungspulver:

Silberchlorid	10,0	Natriumchlorid	10,0
Schlämmkreide, fein	10,0	Kaliumcarbonat	30,0

Das Pulver wird mit Wasser zu einem Brei angerührt und die Knöpfe damit abgerieben oder man läßt den Brei antrocknen und putzt mit Kreide nach.

Verlängerung der Blühdauer von Schnittrosen.

Die Rinde am Grunde des Blütenstieles wird in einer Länge von 10 bis 15 cm abgeschabt und dafür gesorgt, daß der freigelegte Stengelteil ganz mit Wasser bedeckt ist. Auf diese Weise sollen sich Blütenknospen leichter öffnen und länger frisch halten. Gibt man dem Wasser einen Eßlöffel Essig und 50 bis 75 g Zucker je Liter zu, so wird die Wirkung noch erhöht.

Verunreinigungen durch Hunde.

Hierzu hat sich das Bestreichen der betreffenden Stellen mit Kiefernöl, Mirbanöl, Senföl und das Bestreuen mit Naphthalin oder Rohchloramin bewährt.

Wabenwände ausbessern.

Zeresin (52/54°)	75,0	Bienenwachs	12,0
Harz	10,0	Ozokerit	3,0

Warenzeichen-Anmeldeverfahren.

Die Anmeldung von Warenzeichen hat beim Deutschen Patentamt in München zu erfolgen. Unter „Warenzeichen“ versteht man gesetzlich geschützte Wort- oder Bildzeichen, die eine in einheitlicher gleichartiger Weise hergestellte Ware kennzeichnen und von ähnlichen Waren unterscheiden sollen. Wort- und Bildzeichen können auch verbunden und gleichzeitig angemeldet werden, ebenso ist auch eine bestimmte Form der Warenausstattung (z. B. Odolflasche oder andere von der Norm abweichende Verpackungen) schutzfähig. Das Deutsche Patentamt in München prüft den Antrag auf seine formelle Richtigkeit und stellt fest, ob das angemeldete Warenzeichen die Ware eindeutig genug kennzeichnet. Zu diesem Zweck wird das Warenzeichen im Warenzeichenblatt bekanntgegeben. Innerhalb von 3 Monaten nach der Veröffentlichung kann gegen die Eintragung Widerspruch erhoben werden. Erfolgt ein Widerspruch, entscheidet das Patentamt, ob das angemeldete und ein bereits eingetragenes Warenzeichen, auf Grund dessen Widerspruch erhoben wurde, übereinstimmen. Ist dies nicht der Fall oder wurde überhaupt ein Widerspruch nicht erhoben, so wird das angemeldete Zeichen in die Zeichenrolle eingetragen. Die Eintragung eines Warenzeichens ist für die Dauer von 10 Jahren wirksam. Nach Ablauf dieser Frist kann das Warenzeichen durch Zahlung einer Erneuerungsgebühr auf weitere 10 Jahre verlängert werden und dieses Verfahren durch Zahlung der Erneuerungssgebühr jeweils um 10 Jahre erneuert werden. Die dabei erhobenen Gebührensätze sind:

Anmeldegebühr	DM 15,—
Klassengebühr	„ 5,—
Druckkostengebühr für die Bekanntmachung der Anmeldung, Widerspruchsgebühr	„ 10,—
Eintragungsgebühr	„ 15,—

Dazu kommt ein Druckkostenbeitrag von DM 5,— bis DM 135.— für die Veröffentlichung des eingetragenen Zeichens im Warenzeichenblatt.

Gebühr für beschleunigte Eintragung	DM 50,—
Verlängerungsgebühr	„ 50,—
Gebühr für den Antrag auf Löschung	„ 50,—.

Tabelle 14.

Die im Rahmen des Vorschriftenbuches hauptsächlich in Frage kommenden Klassen der

Warenklasseneinteilung.

Klasse	
2	Arzneimittel, chemische Erzeugnisse für Heilzwecke und Gesundheitspflege, pharmazeutische Drogen, Pflaster, Verbandstoffe, Tier- und Pflanzenvertilgungsmittel, Entkeimungs- und Entwesungsmittel (Desinfektionsmittel, Mittel zum Frischhalten und Haltbarmachen von Lebensmitteln.
6	Chemische Erzeugnisse für gewerbliche, wissenschaftliche und Lichtbildzwecke, Feuerlöschmittel, Härte- und Lötmittel, Abdruckmasse für zahnärztliche Zwecke, Zahnfüllmittel, mineralische Rohstoffe.
8	Düngemittel.
11	Farbstoffe, Farben, Blattmetalle.
13	Firnisse, Lacke, Beizen[1], Harze, Klebstoffe, Wichse, Mittel zum Putzen und zum Haltbarmachen von Leder, Appretur- und Gerbmittel, Bohnermasse.
16b	Weine, Spirituosen.
16c	Mineralwasser, alkoholfreie Getränke, Brunnen- und Badesalze.
20b	Wachs, Leuchtstoffe, technische Öle und Fette, Schmiermittel, Benzin.
26e	Diätetische Nährmittel, Malz, Futtermittel, Eis[2].
34	Parfümerien, Mittel zur Körper- und Schönheitspflege, ätherische Öle, Seifen, Wasch- und Bleichmittel, Stärke[2] und Stärkeerzeugnisse[2], Farbzusätze zur Wäsche, Flecken-Entfernungsmittel, Putz- und Poliermittel (ausgenommen für Leder), Schleifmittel.

Weidengeflecht von Korbflaschen imprägnieren (AZ.).

Für Ballons, die trocken gelagert werden.

1. Quassiaspäne, feinst geraspelt . . . . 2000,0 | Wasser 2500,0

weicht man 24 Stunden ein, kocht auf, läßt weitere 24 Stunden stehen, preßt den Auszug ab und vermischt mit einer Lösung aus

Schmierseife . . . 2500,0 | Wasser . . . . . . 100 l

2. Schmierseife . . . 200,0

werden gelöst in

Wasser, heiß . . 750,0

Die Lösung wird durch kräftiges Rühren unter allmählicher Zugabe von

Petroleum . . . 2000 ccm

emulgiert, dann hinzugegeben

Wasser, heiß . . 1000 ccm

und verdünnt mit

Wasser auf 100 l.

[1] Bedarf näherer Erläuterung, wenn nicht die Bezeichnung des Geschäftsbetriebes oder der Inhalt des übrigen Warenverzeichnisses jeden Zweifel ausschließt.

[2] Diese Warenangaben sind im angemeldeten Warenverzeichnis als zu unbestimmt zu erläutern.

Verwendung. Die zu imprägnierenden Körbe stellt man einige Zeit in die Lösung oder bespritzt sie mit einer geeigneten Spritze. Vor dem Gebrauch müssen sie völlig getrocknet werden.

Für Ballons in feuchten Räumen oder im Freien.

1. Die völlig trockenen Körbe werden während 20 bis 24 Stunden in eine schwach erwärmte Lösung (1 bis 2%) von Zinkchlorid, Natrium- oder Ammoniumchlorid, kieselfluorwasserstoffsaurem Magnesium gestellt und nach dem Ablaufen gründlich getrocknet. Karbolineumlösung kommt nur für technische, nicht geruchsempfindliche Flüssigkeiten in Betracht.

2. Bestreichen oder Bespritzen der völlig trockenen Körbe mit verdünntem Natronwasserglas (1:1).

Weinfässer vor Feuchtigkeit schützen.

In Kellern mit geringem Feuchtigkeitsgehalt genügt kräftiges Abbürsten mit Montaninlösung ☠ 1 (4%), um Schimmelbildung zu verhüten. In besonders feuchten Kellern muß dies mit Montaninlösung ☠ 1 (10%) am besten monatlich durchgeführt werden.

Weiße Grundlinien auf Tennisplätzen.

Wasserglaspulver	100,0	Schlämmkreide, fein gesiebt	100,0

werden gemischt und mit Hilfe walzenförmiger Blechsiebe aufgetragen. Die Linien sind dann mit Wasser zu besprengen.

Wismutlegierungen, leicht schmelzende (HAGER P-TM).

Lipowitz-Legierung.

Cadmium	30,0	Wismut	150,0
Zinn	40,0	Blei	80,0

Verwendung. Als Metallkitt und als Sperrflüssigkeit an Stelle von Quecksilber.

Roses Metall. Schmp. 92°.

Wismut	50,0	Blei	30,0
Zinn	20,0		

Durch Zusatz von

Quecksilber . . 2,0

sinkt der Schmp. auf 55°.

Woods Metall. Schmp. 60°.

Wismut	150,0	Zinn	40,0
Blei	80,0	Cadmium	30,0

Newtons Metall. Schmp. 94,5°.

Wismut	80,0	Blei	50,0
Zinn	30,0		

Wismut-Amalgam. Schmp. 70°.

Quecksilber	100,0	Blei	310,0
Zinn	175,0	Wismut	500,0

Verwendung. Zum Ausspritzen anatomischer Präparate.

Zahntechnikergips mit Pfefferminzgeschmack.

Zur Herstellung von Zahntechnikergips mit Pfefferminzgeschmack wird zunächst eine sorgfältige Verreibung angefertigt:

Menthol, synth.	500,0	Alabastergips	500,0

Am besten wird die Mischung mit einer Kugelmühle durchgeführt, welche die innigste Vermahlung ergibt. Von dieser Mischung wird Alabastergips pro kg 20,0 g zugesetzt und dann zweckmäßig wieder in einer Kugelmühle oder einer Misch- und Siebmaschine durchgemischt. Auf diese Weise nimmt der Gips einen leichten Pfefferminzgeschmack an, der sich beim Anfeuchten bzw. im Mund voll bemerkbar macht.

XVI. Reagentien.

1. Reagentien zur Prüfung der Arzneimittel des DAB. 6.

(Nach BIECHELE/BRIEGER: Anleitung zur Prüfung der Arzneimittel des Deutschen Arzneibuches, 6. Ausgabe, 1929.)

Soweit die Reagentien im DAB. 6 als Arzneimittel beschrieben sind, müssen sie den dort gestellten Anforderungen entsprechen. Die übrigen müssen rein sein.

Reagens	*Verwendung*
Alkohol, absoluter	Zur Prüfung von Thymian-, Baldrian- und Rizinusöl. Zum Nachweis von Silbersalzen in Albargin.
Alkohol, 96 Vol.-%	Zum Nachweis von Silbersalzen in Albumosesilber.
Alkohol, 70 Vol.-%	Wie Alkohol 90 Vol.-% zur Prüfung ätherischer Öle, dazu müssen die Alkohole genau eingestellt sein.
Ammoniakflüssigkeit	Zur Fällung von Metall- und Alkaloidsalzen, zum Nachweis von Kupfersalzen (tiefblaue Färbung), zum Nachweis von Silber, zur Unterscheidung der Halogensilbersalze bzw. der Halogene. Zu Farbreaktionen (Gutti, Naphthol), zur Erkennung fremder Farbstoffe im Honig.
Ammoniumchloridlösung 1 T. Ammoniumchlorid in 9 T. Wasser	Zum Nachweis und der Bestimmung von Magnesium, von Arsen und von Phosphor. Bei der Gehaltsbestimmung von Essigsaurer Tonerdelösung.
Ammoniumcarbonat	Bei der Prüfung von Wismutverbindungen.
Ammoniumcarbonatlösung 1 T. Ammoniumcarbonat in Mischung von 4 T. Wasser und 1 T. Ammoniakflüssigkeit lösen.	Zur Prüfung des Liquor Calcii chlorati auf Magnesiumsalze.
Ammoniummolybdatlösung 15 g A. unter Erwärmen in 65 ccm Wasser lösen. Dann 40 g Ammoniumnitrat zufügen, unter Umschwenken lösen, Lösung sofort in 135 ccm Salpetersäure DAB. 6 gießen. Nach 24 Std. filtrieren.	Zum Nachweis von Phosphorsäure, mit der es gelbe Kristalle von Ammoniumphosphormolybdat gibt.
Ammoniumoxalatlösung 1 T. neutrales Ammoniumoxalat in 24 T. Wasser lösen.	Als Reagens auf Calcium.
Amylalkohol	Zur Prüfung von Erdnuß- und Sesamöl auf Baumwollsamenöl.
Äther	Häufig als Lösungsmittel für Alkaloide, Balsame, Fette, Fettsäuren, Harze usw.
Ätherweingeist	Als Lösungsmittel, zur Prüfung von Glycerin.
Aceton	Als Lösungsmittel.

Reagens	*Verwendung*
Bariumchlorid	Beim Nachweis einer Verfälschung von Anis mit Früchten von Schierling.
Bariumnitratlösung 1 T. Bariumnitrat in 19 T. Wasser lösen.	Zum Nachweis von Sulfationen.
Barytwasser 1 T. krist. Bariumhydroxyd in 19 T. Wasser lösen.	In gut verschlossenen Gefäßen, zweckmäßig mit Natronkalkrohr verschlossen aufbewahren. Bei der Gehaltsbestimmung von Farnwurzel, Farnwurzelextrakt, beim Nachweis von Teerbestandteilen in Kreosot.
Benzidin	Zum Nachweis von Phosgen in Narkosechloroform, zum Nachweis von Gummi arabicum im Traganth.
Benzol	Als Lösungsmittel bei der Feststellung der Löslichkeit von Arzneistoffen und bei Gehaltsbestimmungen.
Bleiacetatlösung 1 T. Bleiacetat in 9 T. Wasser lösen.	Zum Nachweis von Sulfiden. Aus diesen entwickeln Mineralsäuren H_2S, wodurch sich schwarzes Bleisulfid bildet. Bei der Prüfung von Lactaten, zum Nachweis anderer organischer Säuren, zum Nachweis der phosphorigen und Phosphorsäure in Hypophosphiten. Zur Fällung des Tannins in gerbsäurehaltigen galenischen Präparaten.
Bleiacetatlösung, weingeistige Bei Bedarf 1 T. Bleiacetat in 29 T. Weingeist (30 bis 40°) lösen.	Bei der Identifizierung von Ratanhiawurzel.
Bleiessig	Zum Nachweis von Sulfiden, zur Fällung von Gerbsäuren. Mit Ameisensäure gibt er einen kennzeichnenden Niederschlag.
Borax	Zur Unterscheidung der Aloesorten.
Borsäure	Zum Nachweis von Glycerin in wasserfreiem Wollfett.
Braunstein	Zur Erkennung von Salzsäure durch Chlorentwicklung.
Bromwasser Gesättigte Lösung von Brom in Wasser.	Bei Morphin- und Strychnospräparaten gibt Bromwasser kennzeichnende Färbungen. Bei der Erkennung von Kreosot (rotbrauner Niederschlag), der Prüfung von Phenol (Tribromphenol) und Phenacetin. Ferner beim Nachweis von Terpentinöl in Eukalyptol.
Calciumchlorid, entwässertes gekörnt oder geschmolzen	Zum Füllen von Exsiccatoren, Trockentürmen, zum Trocknen organischer Flüssigkeiten (mit vielen Alkoholen entstehen kristallisierbare Verbindungen).
Calciumchloridlösung	Als Reagens auf Oxalsäure (fällt unlösliches Calciumoxalat) bei Ameisensäure, Glycerin und Wasserstoffsuperoxydlösung, bei der Reinheitsprüfung von Natriumkakodylat.
Calciumhydroxyd Bei Bedarf 2 T. gebrannten Kalk mit 1 T. Wasser löschen.	Zur Reinheitsprüfung von Magnesiumsulfat.
Calciumsulfatlösung Die gesättigte wäßrige Lösung.	Die Lösung von Calciumsulfat, $CaSO_4 + 2\,H_2O$ findet zur Prüfung löslicher Calciumsalze auf Bariumsalze und zum Nachweis von Oxalsäure und Traubensäure in Weinsäure Verwendung.
Chloralhydrat	Zum Nachweis fetter Öle in Perubalsam.
Chloralhydratlösung 7 T. Chloralhydrat in 3 T. Wasser lösen.	Zur Erkennung von Dammar, in der mikroskopischen Technik zur Aufhellung.

Reagens	*Verwendung*
Chloraminlösung 1 T. Chloramin in 19 T. Wasser bei Bedarf lösen.	Als Oxydationsmittel, bei der Erkennungsreaktion von β-Naphthol, beim Nachweis von Br bzw. J in Salzen. Mit Salzsäure entsteht elementares Chlor, das Brom- bzw. Jodwasserstoff zu Br bzw. J oxydiert.
Chlorkalklösung bei Bedarf 1 T. Chlorkalk mit 9 T. Wasser anreiben, Gemisch filtrieren.	Zur Erkennung von Acetanilid, zur Unterscheidung von α- und β-Naphthol sowie von Benzaldehyd und Nitrobenzol.
Chloroform	Zum Acetanilidnachweis, als Lösungsmittel für Jod, Brom, Fette, Öle, Alkaloide usw.
Chlorzinkjodlösung 66 T. Zinkchlorid in 34 T. Wasser werden mit 6 T. Kaliumjodid und so viel T. Jod versetzt, als die Lösung aufnimmt.	Für mikroskopische Untersuchungen.
Chromsäurelösung Bei Bedarf 3 T. Chromsäure in 97 T. Wasser lösen.	Zum Nachweis von Kokain, Phenacetin usw.
Dimethylaminoazobenzol	Zum Nachweis von Salzsäure in Narkosechloroform.
Diphenylamin-Schwefelsäure Bei Bedarf 1 T. Dyphenylamin in 200 T. Schwefelsäure und 40 T. Wasser zu lösen.	Zur Prüfung von Wismutcarbonat.
Diphenylamin Schmp. etwa 53°.	Sehr empfindliches Reagens auf Salpetersäure.
Eisenchloridlösung DAB. 6 Bei Bedarf nach Vorschrift verdünnen.	Sehr häufig, meist zu Farbreaktionen gebrauchtes Reagens zur Untersuchung von Phenol, Kreosot, Guajakol, Nelkenöl, Anisöl, Gallussäure, Pyrogallol, Gerbsäure usw. und vielen Gerbsäuren bzw. Alkaloide enthaltenden Drogen. Die Farbreaktionen beruhen oft auf der Fähigkeit des Ferriions zur Bildung komplexer Ionen. Mit Benzoesäure gibt das Ferriion einen kennzeichnend hellrötlich-braun gefärbten Niederschlag, mit Natriumthiosulfat violettes, unbeständiges Ferrithiosulfat.
Eisenpulver	Zusammen mit Zinkspänen zur Reduktion von Salpetersäure in alkalischer Flüssigkeit, also zur Erkennung von Nitraten, wobei die Salpetersäure zu Ammoniak reduziert wird, zum Jodnachweis in Brom.
Eiweißlösung Bei Bedarf frisches Eiereiweiß in 9 T. Wasser zu lösen, filtrieren!	Zum Nachweis von Tannin in Gallussäure.
Essigäther	Als Lösungsmittel bei den Alkaloidbestimmungen in Opium und seinen Zubereitungen. Dabei darf er nicht sauer reagieren.
Essigsäure	Zur Reinheitsprüfung von Rizinusöl und Kopaivabalsam.
Essigsäure, verdünnte, DAB. 6	Häufig zur Erzeugung saurer Reaktionen verwendetes Reagens, wenn sich der Zusatz von Mineralsäuren verbietet, vor allem zum Nachweis von Schwermetallen mittels Natriumsulfid. Zur Nachweis- und Reinheitsprüfung von Bleiglätte und weißem Quecksilberpräcipitat.
Essigsäureanhydrid Sdp. 137°.	Zur Acetylierung von Alkoholen in ätherischen Ölen (Citronell-, Pfefferminz- und Sandelöl), zum Nachweis von Verfälschungen des Perubalsams.

Reagens	*Verwendung*
Ferrosulfatlösung Bei Bedarf 1 T. Ferrosulfat in einer Mischung von 1 T. Wasser und 1 T. verdünnter Schwefelsäure lösen.	Ferrosulfat bzw. seine stets frisch zu bereitende Lösung findet Verwendung zum Nachweis von Cyan bzw. Cyanverbindungen in Jod, Jodsalzen und Kaliumcarbonat. Dabei entsteht aus dem Ferrosulfat mit Cyanwasserstoff Ferrocyanwasserstoffsäure, welche mit Ferrichlorid Berliner Blau ergibt. Ferrosulfatlösung findet ferner Verwendung zum Nachweis des NO_3-Ions.
Formaldehydlösung	Als Reduktionsmittel bei der Quecksilberbestimmung in Pastilli Hydrargyri oxycyanati. Zur Herstellung von Formaldehyd-Schwefelsäure.
Formaldehyd-Schwefelsäure Bei Bedarf 2 Tropfen Formaldehydlösung mit 3 ccm Schwefelsäure DAB. 6 mischen.	Das Reagens (Marquis' Reagens) findet als Alkaloidreagens Verwendung und gibt mit Eukodal, Papaverin und Lobelin kennzeichnende Färbungen, zum Nachweis organischer Verunreinigungen.
Fuchsin. Diamantfuchsin I	Zum Nachweis von Verfälschungen ätherischer Öle mit Weingeist.
Furfurollösung, weingeistige 2 T. frischdestilliertes Furfurol werden in 98 T. Weingeist gelöst.	Zum Nachweis von Sesamöl im Erdnußöl und zur Erkennung von Sesamöl.
Gerbsäurelösung Bei Bedarf 1 T. Gerbsäure in 19 T. Wasser lösen.	Zur Fällung von Alkaloidlösungen und einiger Glykoside, zur Fällung von Eiweißstoffen (Klärung) zur Erkennung von Antipyrin.
Glycerin	Als Lösungs- und Aufhellungsmittel in der mikroskopischen Technik.
Glycerin-Jodlösung Bei Bedarf 6 T. Glycerin, 4 T. Wasser und so viel Jodlösung vermischen, daß die Mischung weingelb gefärbt ist.	In der mikroskopischen Untersuchungstechnik (Lycopodium).
Guajakol, kristallisiertes Schmp. etwa 28°.	Die Lösung des Guajakols in Schwefelsäure dient zum Nachweis von Methylalkohol in weingeistigen Flüssigkeiten.
Holzkohle, gepulverte	Zur Nachweisprüfung von Sulfonal und Methylsulfonal.
Jod	Zum Nachweis von Quecksilber in Hydrargyrum salicylicum.
Jodbenzin 0,1 g Jod in 100 ccm Petroleumbenzin lösen.	Als Reagens in der mikroskopischen Untersuchungstechnik.
Jodlösung, 1/10 Normal	Als Alkaloidfällungsreagens, Reaktionsmittel, zum Nachweis schwefliger Säure in Gelatine und Salzsäure. Als Reagens auf Stärke (Blaufärbung) und Dextrin (Rotfärbung), bei der Erkennung von Agar-Agar und in der mikroskopischen Untersuchungstechnik usw.
Jodtinktur	Zur Erkennungsprüfung bei Apomorphin und in der mikroskopischen Untersuchungstechnik.
Jodzinkstärkelösung 4 g lösliche Stärke und 20 g Zinkchlorid DAB. 6 in 100 g siedendem Wasser lösen. Der erkalteten Lösung zufügen eine farblose, durch Erwärmen frisch bereitete Lösung von 1 g Zinkfeile und 2 g Jod in 100 ccm Wasser. Dann die Flüssigkeit auf 1 l verdünnen und filtrieren.	Empfindliches Reagens auf alle Stoffe, die Jod aus Jodiden freimachen, z. B. Chlor (Chloroform, Salzsäure), Brom (Äthylbromid), Nitrit (Salpeter), Jodsäure (Salpeter), Ferriion und Peroxyde.

Reagens	*Verwendung*
Kalilauge Bei Bedarf nach Vorschrift zu verdünnen.	Viel gebrauchtes Reagens, das Säuren unter Bildung von Kaliumsalzen neutralisiert. Fast alle Metalle werden durch Kalilauge aus ihren Salzlösungen als Hydroxyde bzw. Oxyde gefällt. Einige Hydroxyde (Al, Pb, Sn, Zn) werden durch überschüssige Kalilauge unter Bildung von Kalisalzen von Säuren, deren Radikal das Metall enthält, aufgelöst. Organische Ester werden unter Bildung von Alkoholen und organischen Kaliumsalzen „verseift". Alkaloide werden von Kalilauge gefällt, in Überschusse z. T. wieder gelöst oder zerlegt.
Kalilauge, weingeistige Bei Bedarf 1 T. Kaliumhydroxyd in 1 T. Weingeist lösen.	Zur Erkennungsprüfung von Zitwerblüten, zum Nachweis von Kohlenwasserstoffen im Walrat usw.
Kaliumacetatlösung	Zur Erkennung von Weinsäure und ihrem Nachweis, zur annähernden Gehaltsbestimmung des Äthers im Ätherweingeist.
Kaliumbicarbonat, Kaliumhydrogencarbonat	Zur Gehaltsbestimmung der arsenigen Säure, zu denen mit Arsenitlösung auszuführenden Quecksilberbestimmungen bei Sublimatpastillen, bei der Prüfung von medizinischer Kohle und zur Kohlendioxydentwicklung zur Fernhaltung von Luftsauerstoff.
Kaliumbisulfat, Kaliumhydrogensulfat.	Zur Prüfung von Himbeer- und Kirschsaft auf Teerfarbstoffe.
Kaliumbromid	Zu bromometrischen Bestimmungen.
Kaliumchlorat	Zum Arsennachweis in gepulvertem und reduziertem Eisen, zum Emetinnachweis in Brechwurzel.
Kaliumdichromatlösung 1 T. Kaliumdichromat in 19 T. Wasser lösen.	Zur Erkennung von Barium- und Bleisalzen, mit denen die Lösung kennzeichnende Niederschläge gibt, zur Nachweisprüfung einiger Alkaloide (Pilokarpin, Strychnin, Yohimbin, Hydrastinin), zur Erkennung von Birken- und Wacholderteer, wobei kennzeichnende Farbreaktionen eintreten. Zum Nachweis von Peroxyden, wobei die ätherlösliche blaue Überchromsäure entsteht.
Kaliumferricyanidlösung Bei Bedarf 1 T. des zuvor mit Wasser gewaschenen Kaliumferricyanids in 19 T. Wasser lösen.	Zu Nachweisreaktionen bei einigen Alkaloiden, als Reagens auf Ferroverbindungen, mit denen ein blauer Niederschlag (Turnbulls Blau) entsteht.
Kaliumferrocyanidlösung 1 T. Kaliumferrocyanid in 19 T. Wasser lösen.	Reagens auf Ferriionen, mit denen es Berliner Blau bildet. Mit Kupfer-, Zink-, Blei- und Silbersalzen gibt es teils farbige, teils farblose Niederschläge. Beim Stehen an der Luft zersetzt sich die Lösung ziemlich leicht, wobei blaue Färbung auftritt.
Kaliumhydroxyd	Zur Prüfung von Äther auf Aldehyde bzw. Vinylalkohol, zum Nachweis von Kienöl in Terpentinöl. Die Lösung von KOH in absolutem Alkohol zum Nachweis von Phthalsäure- und anderen Estern in ätherischen Ölen, zur Wertbestimmung von Kreosot, zur Erkennung von Guajakol- und Kreosotcarbonat.
Kaliumjodatstärkepapier Mit einer Lösung von 0,1 T. Kaliumjodat und 1 T. löslicher Stärke in 100 T. Wasser wird bestes Filtrierpapier getränkt und dann getrocknet.	Zum Nachweis von Schwefeldioxyd, soweit dies in Gasform vorliegt. Das Kaliumjodat wird dabei zu Jod reduziert, das die Stärke blau färbt.

Reagens	*Verwendung*
Kaliumjodidlösung Bei Bedarf 1 T. Kaliumjodid 9 T. Wasser lösen.	Als Reagens auf Bleiionen (gelbes Bleijodid) und Quecksilberionen (Merkurisalze z. B. fällen rotes Quecksilberjodid, das sich im Überschuß der Lösung farblos unter Bildung einer Komplexverbindung löst). Zu qualitativen Reaktionen auf Wasserstoffsuperoxyd, Peroxyd in Narkoseäther und Eisenchlorid.
Kaliumcarbonat	Als wasserbindendes Mittel bei der Feststellung der Alkoholzahl.
Kaliumpermanganat	Als Oxydationsmittel, zur Kennzeichnung bestimmter Alkaloide (Strychnin, Kokain), bei der Untersuchung von Eisen(II)-Verbindungen zu ihrer Oxydation in Eisen(III)-Verbindungen, zum Nachweis leicht oxydierbarer Verunreinigungen in verschiedenen Chemikalien und in der Benzoe.
Kaliumpermanganatlösung Ist die Konzentration einer Kaliumpermanganatlösung nicht vorgeschrieben, ist 1 T. Kaliumpermanganat in 999 T. Wasser zu lösen.	Siehe Kaliumpermanganat.
Kaliumsulfat	Zur Prüfung von Aluminiumacetatlösung.
Kalk, gebrannter	Zur Gehaltsbestimmung von Opiumkonzentrat, zur Herstellung von Calciumhydroxyd.
Kalkwasser	Zum Nachweis von freiem Kohlendioxyd in destilliertem Wasser, von unerlaubten Mengen Carbonaten in Ätzalkalien und Laugen, zur Erkennung von Weinsäure und Pyrogallol.
Kollodium	Zur Prüfung von Jodoform.
Kongopapier Mit Kongorotlösung ($^1/_{00}$) wird bestes Filtrierpapier getränkt und dann getrocknet.	Als Indikator (sauer blau, alkalisch rot) im Gebiete zwischen p_H 3 bis 5. Kongorot ist das Natriumsalz der Benzidin-disazobis-1-naphthylamin-4-sulfosäure.
Königswasser Bei Bedarf 1 T. Salpetersäure mit 3 T. Salzsäure mischen.	Zur Prüfung von Zinnober, der in Königswasser unter Abscheidung von Schwefel löslich sein muß.
Kupfer Kupferdrehspäne oder dünnes Kupferblech.	Zur Erkennung von Salpetersäure, die es löst.
Kupferacetatlösung 1 T. Kupferacetat in 999 T. Wasser lösen.	Die Lösung von Kupferacetat $(CH_3 \cdot COO)_2Cu + H_2O$ dient zum Nachweis von Verfälschungen mit Kolophonium im Peru- und Tolubalsam.
Kupfersulfatlösung 1 T. Kupfersulfat in 49 T. Wasser lösen.	Zur Ausführung der Biuretreaktion, die mit violettroter Farbe auftritt, wenn Kupfersulfat in Anwesenheit von Alkali mit einem Eiweißspaltprodukt zusammentrifft. Zur Erkennung von Guajakholz.
Kupfertartratlösung, alkalische. Fehlingsche Lösung. 1. 3,5 g Kupfersulfat in 50 ccm Wasser lösen. 2. 17,5 g Kaliumnatriumtartrat und 5 g Natriumhydroxyd in 50 ccm Wasser lösen.	Zum Nachweis und zur Bestimmung reduzierender Zukker, besonders von Traubenzucker. Bei Bedarf sind gleiche Raumteile der Lösung 1. und 2. zu mischen.

Reagens	*Verwendung*
Kurkumapapier 1 T. Kurkumatinktur mit 3 T. Weingeist und 4 T. Wasser mischen. Mit der Mischung Streifen von bestem Filtrierpapier tränken und diese *vor Licht geschützt* in einem nicht geheizten Raume trocknen.	Zur Erkennung von Borax und Borsäure. Borsäurelösungen, die Salzsäure enthalten, färben Kurkumapapier braunrot, die Farbe schlägt auf Ammoniakzusatz in Grünschwarz um. *Aufbewahrung.* Vor Licht geschützt in gut verschlossenen Gefäßen. 1 Tr. der Mischung aus 1 ccm $^1/_{10}$-Normal-Kalilauge und 25 ccm Wasser muß Kurkumapapier sofort bräunen.
Kurkumatinktur 10 T. Kurkumawurzel, grob pulv., werden bei 30° bis 40° mit 75 T. Weingeist 24 Std. lang unter wiederholtem Umschütteln ausgezogen. Den Auszug nach dem Absetzen filtrieren.	Zum Nachweis von Natriumsulfat in Magnesiumsulfat.
Lackmuspapier, blaues und rotes Herstellung siehe S. 759.	Zur Feststellung der Reaktion.
Lackmuslösung, wäßrige 1 T. Lackmus wird dreimal mit je 5 T. Weingeist ausgekocht. Der Rückstand wird mit 10 T. Wasser 24 Std. lang bei Zimmertemperatur ausgezogen und die Flüssigkeit filtriert.	Zur Herstellung von Lackmuspapier, s. S. 759.
Leim, weißer 1 T. weißer Leim in 99 T. Wasser 30° bis 40° warm lösen und Lösung warm verwenden.	Zum Nachweis von Gerbsäure in Gallussäure.
Magnesia, gebrannte	Zur Gehaltsbestimmung von Mutterkorn.
Magnesiumsulfatlösung 1 T. Magnesiumsulfat in 9 T. Wasser lösen.	Zum Seifennachweis in Kresolseifenlösung, zum Nachweis von Arsensäure in Azetyl-p-aminophenylarsinsaurem Natrium.
Mayers Reagens 1,355 g Quecksilberchlorid und 5 g Kaliumjodid in etwa 30 ccm Wasser lösen und mit Wasser auf 100 ccm verdünnen	Zum Nachweis anderer Alkaloide in Apomorphin und bei der Untersuchung von Santonin usw.
Medizinische Kohle	Zum Entfärben von Himbeer- und Kirschsaft, bei deren Prüfung auf Stärkesirup.
Methylenblaulösung 0,15 T. Methylenblau in 100 T. Wasser lösen.	Zur Wertbestimmung von medizinischer Kohle und weißem Ton durch Adsorption des Farbstoffes.
β-Naphthol	Zur Erkennung von Anästhesin ® und der Novocainsalze, wobei sich Azofarbstoffe bilden.
Natriumacetat, wasserfreies	Zur Gehaltsbestimmung von Citronell-, Pfefferminz- und Sandelöl.
Natriumacetatlösung 1 T. Natriumacetat in 4 T. Wasser lösen.	Zur Bindung freier Mineralsäuren in Reaktionsgemischen und Freimachung von Essigsäure. Bei der Untersuchung von Papaverin und Narkophin.
Natriumbicarbonat, Natriumhydrogencarbonat	Zur jodometrischen Bestimmung der arsenigen Säure und von Antimon im Brechweinstein, zum Apomorphinnachweis in Morphin, bei der Gehaltsbestimmung von Opiumkonzentrat.

Reagens	*Verwendung*
Natriumbicarbonatlösung Natriumhydrogencarbonatlösung.	Zur Erkennung von Apomorphin, bei der Prüfung der Alypinsalze.
Natriumbisulfitlösung, Natriumhydrogensulfitlösung.	Die Lösung enthält etwa 30% $NaHSO_3$ und reagiert mit Aldehyden unter Bildung aldehyd-schwefligsaurer Salze.
Natriumchloridlösung 1 T. Natriumchlorid in 9 T. Wasser lösen.	
Natriumchloridlösung, gesättigte	Zum Aussalzen von Kolloiden, zur Verminderung der Löslichkeit organischer Lösungsmittel in wäßrigen Flüssigkeiten und zu anderen physikalischen Zwecken.
Natriumhypophosphitlösung 20 g Natriumhypophosphit in 40 ccm Wasser lösen. Die Lösung in 180 ccm rauchende Salzsäure einfließen lassen und nach dem Absetzen der sich ausscheidenden Natriumchloridkristalle klar abgießen. Die Lösung muß farblos sein.	Natriumhypophosphitlösung oder THIELES *Reagens* dient zum Arsennachweis, mitunter auch zum Nachweis von Selen (Schwefel, Schwefelsäure). Das Reagens ist unrichtig bezeichnet, tatsächlich liegt eine Lösung von unterphosphoriger Säue vor.
Natriumcarbonat	Bei der Prüfung von Essigsäuren zur Neutralisation, zum Lösen bei der Gehaltsbestimmung von Hydrargyrum salicylicum, zur Ausführung der Jodoformreaktion bei Urethan.
Natriumcarbonat, getrocknetes	Zur „Salpeter-Soda-Schmelze“ bei der Untersuchung von Kautschuk, getrockneten Schilddrüsen und Acetyl-p-aminophenylarsinsaurem Natrium, bei der Untersuchung von Barbitursäurepräparaten.
Natriumcarbonatlösung 1 T. Natriumcarbonat in 2 T. Wasser lösen.	Zur Prüfung einiger Alkaloide und bei Alkaloidbestimmungen, zur Herstellung von Lösungen bei der Untersuchung von Acetylsalicylsäure, Phosphorsäure, Tannigen, Weinstein, zur Umsetzung mit Bariumsulfat.
Natriumkobaltinitritlösung Bei Bedarf 1 T. Natriumkobaltinitrit in 9 T. Wasser lösen.	Zum Nachweis von Kaliumion.
Natriumnitrat	Zur „Salpeter-Soda-Schmelze“, s. Natriumcarbonat.
Natriumnitrit	Zur Durchführung der Elaidinprobe fetter Öle auf „trocknende“ bzw. „nichttrocknende“ Öle, zur Erkennung von Antipyrin ® und Salipyrin ®.
Natriumnitritlösung 1 T. Natriumnitrit in 9 T. Wasser lösen.	Zum Nachweis von Antipyrin ® in Pyramidon ®, zur Erkennungsprüfung von Anästhesin ® und Novocain ®-Salzen.
Natriumnitritlösung, gesättigte Bei Bedarf Natriumnitrit in etwa 1,5 T. Wasser lösen.	Zum Phellandrennachweis in Eukalyptusöl.
Natriumphosphat	Bei der Untersuchung von Zeitlosensamen und -tinktur.
Natriumphosphatlösung 1 T. Natriumphosphat in 9 T. Wasser lösen.	Zum Nachweis von Calcium- und Magnesiumsalzen in Borsäure, Kalium- und Natriumsalzen, Kupfersulfat, Zinkchlorid und Zinkoxyd. Zur Erkennungsprüfung von Magnesiumverbindungen.
Natriumsulfat	Bei der Prüfung von Chininhydrochlorid.

Reagens	*Verwendung*
Natriumsulfat, getrocknetes	Zur Trocknung ätherischer oder petrolätherischer Ausschüttelungen wäßriger Flüssigkeiten bei Alkaloidbestimmungen (Granatrinde, Arekasamen), Bestimmung des Fettgehalts in Kaliseife usw.
Natriumsulfid, kristallisiertes $Na_2S + 9\,H_2O$.	Zur Prüfung von Goldschwefel.
Natriumsulfidlösung 5 g kristallisiertes Natriumsulfid in einer Mischung aus 10 ccm Wasser und 30 ccm Glycerin lösen. Die Lösung in gut verschlossener Flasche einige Tage lang beiseite stellen, dann wiederholt durch einen kleinen mit Wasser angefeuchteten Wattebausch filtrieren und in kleine, etwa 5 ccm passende Tropffläschchen abfüllen. Die Mischung von 5 ccm Wasser, 3 Tr. verd. Essigsäure und 3 Tr. Natriumsulfidlösung darf innerhalb 10 Minuten nicht verändert werden.	Zum Nachweis von Schwermetallen an Stelle von Schwefelwasserstoffwasser, vorwiegend bei neutraler, ammoniakalischer oder essigsaurer Reaktion. *Wenn nicht anders vorgeschrieben ist, muß die Dauer der Beobachtung auf ½ Minute beschränkt werden,* da bei längerem Stehen Schwefelabscheidungen Fällungen vortäuschen können. An Stelle von Natriumsulfidlösung empfiehlt sich die Verwendung von *Thioacetamid* „MERCK", weißen Kristallen mit nur schwachem Eigengeruch, die 2%ig in Wasser gelöst zur Verwendung kommen und beim Erwärmen Schwefelwasserstoff abscheiden. Die mit T. entstehenden Niederschläge sind grobpulvrig und gut filtrierbar.
Natriumsulfit $Na_2SO_3 + 7\,H_2O$	Bei der Prüfung von Kaliumpermanganat zur Entfärbung der wäßrigen Lösung.
Natriumsulfitlösung Bei Bedarf Natriumsulfit in Wasser nach Vorschrift lösen.	Zur Gehaltsbestimmung von Kümmelöl.
Natriumthiosulfat	Zur Herstellung von $^1/_{10}$-Normallösung, bei der Prüfung von Jodtinktur auf Aceton und Methylalkohol zur Entfernung des Jods.
Natronlauge	Zum Nachweis von Alkaloiden und den Gehaltsbestimmungen alkaloidhaltiger Drogen, zum Nachweis von Ammoniumsalzen und Aminen, zur Prüfung von Phenolen auf nichtphenolische Verunreinigungen, zur Prüfung verseifbarer Fette auf Unverseifbares und umgekehrt (Paraffin), bei der Gehaltsbestimmung von Thymian- und Nelkenöl, bei gewissen Farbreaktionen, als Fällungsmittel für Metallsalze bzw. um Fällungen wieder aufzulösen (Aluminium, Zink), zur Verseifung von Phenylsalicylat und Novatophan Ⓡ.
Neßlers Reagens Herstellung s. S. 760.	Als Reagens auf Ammoniak, Aldehyde und Vinylalkohol (Narkose-Äther und -Chloroform), zur Alkaloidfällung bei Emetinhydrochlorid.
Nitroprussidnatriumlösung Bei Bedarf 1 T. Nitroprussidnatrium in 39 T. Wasser lösen.	Zum Nachweis von Aceton in absolutem Alkohol, Weingeist, Äther, Senfspiritus und in Tinkturen, zur Erkennungsreaktion von Aceton.
Olivenöl	Als Lösungsmittel, zur mikroskopischen Untersuchung von Safran.
Oxalsäure	In Substanz bei gewissen Gehaltsbestimmungen zur Zerstörung von überschüssigem Kaliumpermanganat. Bei Drogenveraschungen wird bei schwerverbrennlichen Stoffen nach der Zugabe von Salpetersäure Oxalsäure zugesetzt, wodurch Nitrate in Carbonate verwandelt werden.
Oxalsäurelösung 1 T. Oxalsäure in 9 T. Wasser lösen.	

Reagens	*Verwendung*
Oxalsäurelösung, gesättigte	Zur Zerstörung von überschüssigem Kaliumpermanganat bei der Prüfung von Aceton auf Methylalkohol. Bei der Prüfung von Kaliumpermanganat zur Entfärbung seiner Lösung, zur Unterscheidung der Quecksilberoxydpräparate.
Paraffin, flüssiges	Zur Untersuchung von Naphthalin, bei der mikroskopischen Untersuchung von getrockneten Schilddrüsen.
Pentan D. etwa 0,623, Sdp. etwa 32°.	Zur Ausschüttelung der Destillate bei der Bestimmung der ätherischen Öle in Drogen.
Pepsin	Zur Wertbestimmung des Tannalbins.
Petroläther D. 0,645 bis 0,655, Sdp. 40° bis 60°.	Als Lösungsmittel für viele organische Arzneimittel, zum Ausschütteln der Fettsäuren bei Gehaltsbestimmungen von Seifen, bei der Bestimmung des Unverseifbaren in fetten Ölen, bei der Untersuchung harzhaltiger Arzneimittel, zur Prüfung von Terpentin und Terpentinölen. Bei der Prüfung von Acetylsalicylsäure, Himbeer- und Kirschsaft finden Petroläther-Äther-Gemische Verwendung, zur Entfettung von Drogen vor der Weiterverarbeitung.
Petroleumbenzin	Als Lösungsmittel bei der Untersuchung von Wollfett, Kopaivabalsam, Kautschuk, Kolophonium, Kresolseifenlösung, bei Gehaltsbestimmungen, bei der Bestimmung der SZ. von Walrat, bei der Untersuchung von Safran, Kreosot und Schilddrüsen.
Phenol, verflüssigtes	Bei der Untersuchung von Acetanilid und Dulcin.
Phenollösung 1 T. Phenol in 19 T. Wasser lösen.	Zur Prüfung von Colchicin.
Phenolphthaleinpapier Bei Bedarf ist bestes Filtrierpapier mit Phenolphthaleinlösung zu tränken.	Zur Prüfung von Kaliumacetatlösung.
Phenolphthaleinlösung 1 T. Phenolphthalein in 99 T. verd. Weingeist lösen.	Als Indikator und zur Herstellung von Phenolphthaleinpapier.
Phloroglucin	Zur Prüfung von Vanillin, Ph-Lösung zur Erkennung von Quassiaholz.
Phloroglucin-Salzsäure Das zu untersuchende Präparat wird auf dem Objektträger mit 1 Tr. Phloroglucinlösung (2 T. Phloroglucin in 100 T. Weingeist lösen) durchfeuchtet. Nach 1 Minute werden 1 bis 2 Tr. Salzsäure zugesetzt und das Präparat mit dem Deckglas bedeckt.	Zur Erkennung verholzter Teile in der Mikroskopie.
Phosphorsäure	Zur Untersuchung von Carrageen und Gelatine auf schweflige Säure, bei der Gehaltsbestimmung von Jodeisensirup.
Phosphorsäure, konzentrierte D. annähernd 1,70; Gehalt annähernd 84% H_3PO_4.	Zur Untersuchung von Eukalyptusöl, bei Jodzahlbestimmungen zum Dichten der Stopfen.
Pikrinsäurelösung Die kalt gesättigte wäßrige Lösung.	Zur Untersuchung von Colchicin auf fremde Alkaloide.

Reagens	*Verwendung*
Quecksilberchloridlösung 1 T. Quecksilberchlorid in 19 T. Wasser lösen.	Als Alkaloidfällungsreagens, bei der Prüfung von Essigsäure zum Nachweis von Ameisensäure und Acetaldehyd, bei der Erkennung von Luminal ® und Luminal-Natrium.
Quecksilberoxyd	Zur Erkennung von Diäthylbarbitursäure.
Quecksilberoxyd, gelbes	Zum Nachweis von Halogenbenzoesäure in der Benzoesäure, zur Erkennung der Ameisensäure.
Quecksilberoxydacetat	Zur Gehaltsbestimmung von guajakolsulfosaurem Kalium, zur Prüfung von Suprarenin.
Quecksilbersulfatlösung 1 g Quecksilberoxyd in 4 ccm Schwefelsäure und 20 ccm Wasser lösen.	Zur Erkennung von Citronensäure.
Resorcinlösung In Wasser (50%)	Zur Wertbestimmung von Eukalyptol, in Substanz zur Prüfung von Milchzucker.
Resorcin-Salzsäure 1 T. Resorcin in 99 T. rauchender Salzsäure lösen.	Zur Untersuchung von Naturhonig auf Invertzucker bzw. Kunsthonig.
Salicylaldehyd D. 1,164 bis 1,167; Sdp. 195° bis 198°.	Als Reagens auf Fuselöl im absoluten Alkohol.
Salpetersäure	Zu Erkennungsreaktionen, zum Nachweis von Zusätzen oder Verfälschungen durch entstehende kennzeichnende Verfärbungen, als Oxydationsmittel, beim Nachweis von Phenolen, in Verbindung mit Natriumnitrit bei der Elaidinreaktion fetter Öle, zum Ansäuern beim Nachweis von Chlorionen mit Silbernitrat und beim Nachweis von SO_4-Ionen mit Bariumnitrat.
Salpetersäure, rauchende	Als Farbreagens bei der Untersuchung von Myrrhe, Pilokarpin, Brechnuß, Mandel- und Olivenöl und zur Ausführung der *Vitalischen* Reaktion zur Erkennung einiger Alkaloide.
Salpetersäure, rohe	Bei der Gehaltsbestimmung von rohem Kresol, zum Lösen des Quecksilbers in Quecksilberpflaster und Quecksilbersalbe, bei der Prüfung von Goldschwefel, gereinigtem und präzipitiertem Schwefel.
Salzsäure	Häufig zum Ansäuern oder Neutralisieren, zu Erkennungsprüfungen der Silbersalze, zu Farbreaktionen (Galbanum, Honig, Quillajarinde, Strychnin, Veratrin), zusammen mit Resorcin und Phloroglucin usw.
Salzsäure, rauchende	Bei der Gehaltsbestimmung des Kresols in Kresolseifenlösung, zu Farbreaktionen bei Erdnuß und Sesamöl, Vanillin, zum Nachweis von Dextrin und Stärkesirup in Honig, Kirsch- und Himbeersaft.
Schiffs Reagens. Fuchsinschweflige Säure. Durch Einleiten von schwefliger Säure in eine Lösung von 0,25 g Fuchsin in 1 l Wasser bis zur Entfärbung. Ein Überschuß an schwefliger Säure ist zu vermeiden!	Zur Prüfung von Aceton auf Methylalkohol.
Schwefel, gefällter	In Schwefelkohlenstoff gelöst zum Nachweis von Kottonöl bei der Untersuchung von Erdnußöl.
Schwefelkohlenstoff D. 1,263; Sdp. 46°.	Als Lösungsmittel bei der Untersuchung von Benzoe, Tolubalsam, Erdnuß-, Raps- und Rizinusöl.

Reagens	*Verwendung*
Schwefelsäure	Als Fällungsreagens bei Gerbsäure und Bleiweiß, bei der Prüfung der Wismutsalze, den Gehaltsbestimmungen organischer Silber-, Quecksilber- und Arsenverbindungen, zu Veresterungen und Verseifungen, zu Farbreaktionen, zum Nachweis fremder Verbindungen durch Verkohlungen usw.
Schwefelsäure 80% 4 T. Schwefelsäure mit 1 T. Wasser mischen.	Zu mikroskopischen Untersuchungen als Reagens (Sennesblätter, Kubeben, Myrrhe, Süßholz, Strophanthussamen)
Schwefelsäure 70% 7 T. Schwefelsäure mit 3 T. Wasser mischen.	Zur mikroskopischen Prüfung von Kolombowurzel.
Schwefelsäure, verdünnte	Zum Ansäuern und Neutralisieren, zum Nachweis von Blei und Barium, zur Hydrolyse von Glykosiden, Zuckern, Estern, zur Abscheidung von organischen Säuren aus ihren Salzen, zum Freimachen von Brom aus Kaliumbromid-bromatlösung.
Schwefelwasserstoffgas Bei Bedarf durch vorsichtiges Eintropfen einer gesättigten wäßrigen Lösung von krist. Natriumsulfid in verdünnte Schwefelsäure zu bereiten.	Zur Prüfung von Strophanthussamen und Strophanthustinktur.
Schweflige Säure Bei Bedarf durch Ansäuern einer frisch bereiteten Lösung von Natriumsulfit (1 + 9) mit verdünnter Schwefelsäure zu bereiten.	Zum Nachweis von Cyan in Jod.
Silberlösung, ammoniakalische Bei Bedarf Silbernitratlösung tropfenweise mit Ammoniakflüssigkeit versetzen, bis sich der entstandene Niederschlag eben wieder gelöst hat.	Zum Nachweis von Aldehyden (Aceton, Amylenhydrat), bei absolutem Alkohol und Weingeist, bei der Untersuchung von Gallussäure Birken- und Wacholderteer, bei der Prüfung von Petroleumbenzin und Senfspiritus.
Silbernitratlösung 1 T. Silbernitrat in 19 T. Wasser lösen.	Zu Fällungsreaktionen von Chlor-, Brom- und Jodionen und zur Erkennung reduzierender Stoffe. Ferner zur Prüfung von Natriumthiosulfat und der Prüfung von Jodnatrium auf Natriumthiosulfat und zahlreichen anderen.
Stärke, lösliche	Zur Herstellung von Jodzinkstärkelösung.
Stärkelösung 1 T. Weizenstärke in 99 T. siedendem Wasser lösen, die Lösung filtrieren. Zur Erhöhung der Haltbarkeit wird eine geringe Menge Quecksilberjodid zugesetzt.	Zum Nachweis von Jodverbindungen in Bromsalzen. Vor Verwendung muß die Lösung auf Zimmertemperatur abgekühlt sein. Die Mischung von 5 ccm St. und 100 ccm Wasser muß durch 1 Tr. Jodlösung rein blau gefärbt werden.
Talk	Als Klärungsmittel bei Alkaloidbestimmungen.
Terpentinöl	Zur Prüfung von Agaricinsäure und Eukalyptol.
Tetrachlorkohlenstoff D. 1,594; Sdp. 76° bis 77°.	Bei Jodzahlbestimmungen.
Ton, weißer	Bei der Gehaltsbestimmung von Zitwerblüten.
Traganth	Als Klärmittel bei Gehaltsbestimmungen, um Äther-Chloroform-Lösungen von Wasser zu trennen.

Reagens	*Verwendung*
Tusche, schwarze	Zur mikroskopischen Erkennung von Schleim bei Eibischwurzel und Malvenblättern.
Vanadin-Schwefelsäure 0,1 g Vanadinsäureanhydrid in 2 ccm Schwefelsäure lösen. Lösung mit Wasser auf 50 ccm verdünnen.	Zum Nachweis von Peroxyden in Narkoseäther.
Vanillin	Zur Erkennung von Myrrhe.
Vanillin-Salzsäure 1 T. Vanillin in 99 T. Salzsäure lösen.	Zur Prüfung der Wurzelstöcke von Kalmus, Tormentill- und Veilchenwurzel.
Wasserstoffsuperoxydlösung	Als Oxydationsmittel bei Gehaltsbestimmungen (Ferrolactat und eisenhaltigem Apfelextrakt), zur Prüfung von Coffein und Theophyllin, Theobrominnatriumsalicylat und Pilokarpinhydrochlorid.
Wasserstoffsuperoxydlösung, konzentrierte	Bei der Untersuchung von Methylenblau, Nitroglycerinlösung, Mennige und Quecksilbersalicylat.
Weingeist	Auch verdünnter, als Lösungs- und Extraktionsmittel und als Fällungsmittel. Bei der Prüfung von Alypin, Diacetylmorphin, Pellidol, Tannigen, Kaliumdichromat.
Weinsäure	Bei den Prüfungen von Ammoniakflüssigkeit, medizinische Kohle und Resorcin.
Weinsäurelösung 1 T. Weinsäure in 4 T. Wasser lösen.	Zur Erkennung zahlreicher Kaliumverbindungen, bei der Gehaltsbestimmung von gepulvertem und reduziertem Eisen und Ferrosulfat.
Xylol Sdp. bei 140°.	Zur Bestimmung der Verseifungszahlen in Wachs, bei der Prüfung von Dioxyanthrachinon.
Zinkacetatlösung, weingeistige, gesättigte	Zum Nachweis von Weinsäure in Aluminiumacetotartratlösung.
Zinkfeile	Zusammen mit Eisenpulver zur Reduktion von Salpetersäure zu Ammoniak (Wismutsalze, Kaliumchlorat, Kaliumjodid, Natriumjodid). Bei der Prüfung von Salpetersäure, Benzaldehyd, Methylenblau und Natriumkakodylat.
Zucker	Bei Erkennungsprüfungen von Morphinhydrochlorid und Veratrin.

2. Verzeichnis der volumetrischen Lösungen und Indikatoren, die zur Prüfung der Arzneimittel des DAB. 6 erforderlich sind.

Soweit die Reagentien im DAB. 6 oder im vorstehenden Verzeichnis der Reagentien beschrieben sind, müssen sie den dort gestellten Anforderungen entsprechen. Die übrigen Reagentien, für die keine besonderen Vorschriften gegeben sind, müssen rein sein.

Alle Lösungen und Verdünnungen sind, soweit nicht etwas anderes ausdrücklich vorgeschrieben oder aus dem Zusammenhange zu entnehmen ist, *mit destilliertem Wasser* zu bereiten. Dabei ist darauf zu achten, daß es *frei von Alkali* ist. Die zur Einstellung der Lösungen erforderlichen Titrationen sind zweimal auszuführen. Stimmen die beiden Bestimmungen nicht überein, so ist noch eine dritte auszuführen. Die übereinstimmenden Werte sind für die Berechnung maßgebend.

Ammoniumrhodanidlösung, $^1/_{10}$-Normal. Etwa 8 g Ammoniumrhodanid NH_4SCN (Mol.-Gew. 76,12) werden zu 1 l gelöst.

Zur Einstellung werden 20 ccm $^1/_{10}$-Normal-Silbernitratlösung nach Zusatz von 10 ccm Salpetersäure, 120 ccm Wasser und 10 ccm Ferriammoniumsulfatlösung als Indikator mit $^1/_{10}$-Normal-Ammoniumrhodanidlösung bis zum Farbumschlag titriert. Der Faktor ist

$$F_{NH_4SCN} = F_{AgNO_3} \cdot \frac{20}{\text{verbrauchte Anzahl ccm } ^1/_{10}\text{-Normal-Ammoniumrhodanidlösung.}}$$

Ferriammoniumsulfatlösung. 1 Teil Ferriammoniumsulfat ist in einer Mischung von 8 Teilen Wasser und 1 Teil Salpetersäure zu lösen.

Ferriammoniumsulfat $Fe(NH_4)(SO_4)_2 + 12\ H_2O$.

Indigokarminlösung. 0,2 Teile Indigokarmin sind in 100 Teilen Wasser zu lösen. Erfolgt keine vollständige Lösung, so ist diese durch vorsichtigen Zusatz von Natronlauge zu bewirken.

Indigokarmin.

Indigosulfosaures Natrium $C_{16}H_8N_2O_2(SO_3Na)_2$.

Jodlösung, $^1/_{10}$-Normal-. In einem Kolben von 1 l Inhalt werden 13 g Jod (Atom-Gew. 126,92) und 20 g Kaliumjodid in etwa 30 ccm Wasser gelöst. Die Lösung wird auf 1 l aufgefüllt.

Zur Einstellung werden 20 ccm dieser Lösung nach Zusatz von etwa 30 ccm Wasser mit $^1/_{10}$-Normal-Natriumthiosulfatlösung titriert. Gegen Ende der Titration, wenn die Flüssigkeit nur noch schwach gelb gefärbt ist, werden 2 ccm Stärkelösung als Indikator zugesetzt. Der Faktor ist

$$F_J = F_{Na_2S_2O_3} \cdot \frac{\text{verbrauchte Anzahl ccm } ^1/_{10}\text{-Normal-Natriumthiosulfatlösung}}{20}.$$

Vor Licht geschützt aufzubewahren.

Kalilauge, Normal-. Etwa 70 g Kaliumhydroxyd (Mol.-Gew. 56,11) werden zur Entfernung der äußeren Schicht von Kaliumcarbonat mit Wasser abgespült und dann zu 1 l gelöst.

Zur Einstellung werden mit dieser Lösung 20 ccm Normal-Salzsäure nach Zusatz von 2 Tropfen Methylorange- oder Methylrot- oder Phenolphthaleinlösung titriert. Wegen des unvermeidlichen Kohlensäuregehalts der Kalilauge sind hierzu bei den einzelnen Indikatoren verschiedene Mengen Kalilauge erforderlich. Der Faktor der Normal-Kalilauge ist

$$F_{KOH} = F_{HCl} \cdot \frac{20}{\text{verbrauchte Anzahl ccm Normal-Kalilauge}}$$

Zur Anwendung gelangt derjenige Faktor, der dem bei der betreffenden Titration benutzten Indikator entspricht.

Kalilauge, $^1/_{10}$-Normal-. 100 ccm Normal-Kalilauge sind auf 1 l zu verdünnen.

Der Faktor ist in der gleichen Weise wie bei der Normal-Kalilauge, jedoch durch Titration von 20 ccm $^1/_{10}$-Normal-Salzsäure zu ermitteln.

Kalilauge, weingeistige, $^1/_2$-Normal-. Etwa 32 g Kaliumhydroxyd werden in 30 ccm Wasser gelöst. Die erkaltete Lösung wird in 1 l 96%igen Alkohol eingegossen und die Mischung nach kräftigem Durchschütteln 1 Tag lang stehengelassen. Sodann wird die von den ausgeschiedenen Kristallen klar abgegossene Flüssigkeit weitere 3 Tage lang stehengelassen. Der Faktor derselben wird nun durch Titration gegen 20 ccm $^1/_2$-Normal-Salzsäure nach Zusatz von 1 ccm Phenolphthaleinlösung als Indikator in gleicher Weise, wie bei der Normal-Kalilauge angegeben ist, ermittelt.

Kaliumbicarbonat, besonders gereinigtes (Mol.-Gew. 100,11). 1 Teil Kaliumbicarbonat wird in 4,5 Teilen Wasser von Zimmertemperatur gelöst. Die filtrierte Lösung wird mit 2 Teilen Weingeist versetzt. Die abgeschiedenen Kristalle werden abgesaugt und im Exsiccator über Schwefelsäure getrocknet. Sie werden sodann fein gepulvert und nochmals im Exsiccator getrocknet. Das so gewonnene Kaliumbicarbonat ist in *gut verschlossenen Gefäßen aufzubewahren.*

Wird 1 g besonders gereinigtes Kaliumbicarbonat in einem Porzellantiegel bis zum gleichbleibenden Gewicht geglüht, so muß der Rückstand 0,6903 g betragen.

Kaliumbromatlösung, $^1/_{10}$-Normal-. 2,7837 g Kaliumbromat sind mit Wasser zu 1 l zu lösen.

Kaliumbromat $KBrO_3$ (Mol.-Gew. 167,02).

Kaliumchromatlösung. 1 Teil chlorfreies, gelbes Kaliumchromat ist in 19 Teilen Wasser zu lösen.

Kaliumchromat K_2CrO_4.

Kaliumdichromat, besonders gereinigtes (Mol.-Gew. 294,22). 1 Teil Kaliumdichromat wird in 3 Teilen siedendem Wasser gelöst. Die heiß filtrierte Lösung wird bis zum Erkalten gerührt, das abgeschiedene Kristallmehl abgesaugt und mit wenig kaltem Wasser gewaschen. Die Umkristallisation wird nochmals wiederholt. Die Kristalle werden nach dem Trocknen an der Luft zu einem feinen Pulver zerrieben, mehrere Stunden lang bei 130° getrocknet und im Exsiccator erkalten gelassen. Das so gewonnene Kaliumdichromat ist in *gut verschlossenen Gefäßen aufzubewahren.*

Kaliumpermanganatlösung, $^1/_{10}$-Normal-. 3,3 g Kaliumpermanganat (Mol.-Gew. 158,03) werden mit frisch ausgekochtem Wasser zu 1 l gelöst. Nach 10- bis 14tägigem Stehen wird die Flüssigkeit klar abgegossen oder durch gereinigten und geglühten Asbest filtriert.

Zur Einstellung werden 20 ccm dieser Lösung nach Zusatz von 200 ccm Wasser, 20 ccm verdünnter Schwefelsäure und 10 ccm Kaliumjodidlösung und nach gutem Umschwenken mit $^1/_{10}$-Normal-Natriumthiosulfatlösung titriert. Gegen Ende der Titration werden 2 ccm Stärkelösung als Indikator zugesetzt. Der Faktor ist

$$F_{KMnO_4} = F_{Na_2S_2O_3} \cdot \frac{\text{verbrauchte Anzahl ccm } ^1/_{10}\text{-Normal-Natriumthiosulfatlösung}}{20}.$$

In Flaschen mit eingeriebenem Glasstopfen vor Licht geschützt aufzubewahren.

Methylorangelösung. 1 Teil Methylorange ist in 999 Teilen Wasser zu lösen.

Methylorange. Dimethylaminoazobenzolsulfosaures Natrium $(CH_3)_2NC_6H_4N : NC_6H_4 \cdot SO_3Na$ [1,4; 1,4].

Methylrotlösung. 0,2 Teile Methylrot sind in 100 Teilen Weingeist zu lösen.

Methylrot. Dimethylaminoazobenzolcarbonsäure

$$(CH_3)_2NC_6H_4N : NC_6H_4 \cdot CO_2H \ [1,4;\ 1,2].$$

Natriumarsenitlösung, etwa $^1/_2$-Normal-. 25 g arsenige Säure (Mol.-Gew. 395,84) und 12,5 g Natriumhydroxyd werden unter Erwärmen in etwa 250 ccm Wasser gelöst; sodann wird die Lösung durch Watte filtriert, die Watte mit Wasser nachgewaschen und die Lösung unter Verwendung des Spülwassers auf 1 l verdünnt.

Natriumarsenitlösung, $^1/_{10}$-Normal-. 200 ccm $^1/_2$-Normal-Natriumarsenitlösung werden auf 1 l verdünnt. Zur Einstellung werden 20 ccm dieser Lösung nach dem schwachen Ansäuern mit verdünnter Schwefelsäure mit 2 g Natriumbicarbonat,

20 ccm Wasser und einigen Tropfen Stärkelösung versetzt und mit $^1/_{10}$-Normal-Jodlösung bis zur bleibenden Blaufärbung titriert. Der Faktor ist

$$F_{As_4O_6} = F_J \cdot \frac{\text{verbrauchte Anzahl ccm } ^1/_{10}\text{-Normal-Jodlösung}}{20}.$$

Natriumchlorid, besonders gereinigtes (Mol.-Gew. 58,46). Eine kalt gesättigte, filtrierte wäßrige Lösung von Natriumchlorid wird mit dem doppelten Raumteil rauchender Salzsäure versetzt, das ausfallende Salz mit Salzsäure ausgewaschen und die Salzsäure durch Trocknen auf dem Wasserbad entfernt. Zur Beseitigung der letzten Spuren von Wasser und Salzsäure wird das Salz schließlich in einer Schale bei 200° im Trockenschranke 2 Stunden lang erhitzt und nach dem Erkalten in *gut verschlossenen Gefäßen aufbewahrt.*

Natriumchloridlösung, $^1/_{10}$-Normal-. 5,846 g besonders gereinigtes Natriumchlorid (Mol.-Gew. 58,46) werden genau gewogen und zu 1 l gelöst.

Der Faktor der so bereiteten Lösung ist = 1.

Natriumthiosulfatlösung, $^1/_{10}$-Normal-. Etwa 25 g Natriumthiosulfat (Mol.-Gew. 248,22) werden zu 1 l gelöst. Der Faktor dieser Lösung wird durch Titration des aus angesäuerter Kaliumjodidlösung durch eine bekannte Menge Kaliumdichromat freigemachten Jodes wie folgt ermittelt. Etwa 2,45 g besonders gereinigtes Kaliumdichromat werden genau gewogen = *a* und zu 500 ccm gelöst. Von dieser Lösung gibt man 20 ccm in ein Kölbchen mit eingeriebenem Glasstopfen und fügt 1,2 g Kaliumjodid, 80 ccm Wasser sowie 10 ccm Salzsäure hinzu. Man schüttelt um, läßt etwa 2 Minuten lang stehen und titriert dann das ausgeschiedene Jod mit der einzustellenden Natriumthiosulfatlösung unter Zusatz von 2 ccm Stärkelösung. Die Stärkelösung wird jedoch erst gegen Ende der Titration zugesetzt. Wenn *b* ccm der Natriumthiosulfatlösung verbraucht werden, so ist der Faktor der $^1/_{10}$-Normal-Natriumthiosulfatlösung

$$F_{Na_2S_2O_3} = 8,16 \cdot \frac{a}{b}.$$

Phenolphthaleinlösung. 1 Teil Phenolphthalein ist in 99 Teilen verdünntem Weingeist zu lösen. Die Lösung muß farblos sein.

Salzsäure, Normal-. Etwa 150 ccm Salzsäure (Mol.-Gew. 36,47) werden zu 1 l aufgefüllt. Zur Einstellung werden 2 g besonders gereinigtes Kaliumbicarbonat genau gewogen = *a*, in 20 ccm Wasser gelöst und nach Zusatz von 2 Tropfen Methylorangelösung als Indikator mit der einzustellenden Salzsäure titriert. Wenn hierzu *b* ccm erforderlich sind, ist der Faktor der Normal-Salzsäure

$$F_{HCl} = 9,99 \cdot \frac{a}{b}.$$

Salzsäure, $^1/_2$-Normal-. 500 ccm Normal-Salzsäure werden auf 1 l verdünnt. Der Faktor dieser Lösung ist gleich dem Faktor der Normal-Salzsäure.

Salzsäure, $^1/_{10}$-Normal-. 100 ccm Normal-Salzsäure werden auf 1 l verdünnt. Der Faktor dieser Lösung ist gleich dem Faktor der Normal-Salzsäure.

Salzsäure, $^1/_{100}$-Normal-. 100 ccm $^1/_{10}$-Normal-Salzsäure werden bei Bedarf auf 1 l verdünnt. Der Faktor dieser Lösung ist gleich dem Faktor der Normal-Salzsäure.

Silbernitratlösung, $^1/_{10}$-Normal-. Etwa 17 g Silbernitrat (Mol.-Gew. 169,89) werden zu 1 l gelöst. Zur Einstellung werden 20 ccm $^1/_{10}$-Normal-Natriumchloridlösung mit $^1/_{10}$-Normal-Silbernitratlösung nach Zusatz von 3 Tropfen Kaliumchromatlösung als Indikator titriert. Der Faktor der $^1/_{10}$-Normal-Silbernitratlösung ist

$$F_{AgNO_3} = \frac{20}{\text{verbrauchte Anzahl ccm } ^1/_{10}\text{-Normal-Silbernitratlösung}}.$$

Vor Licht geschützt aufzubewahren.

Stärkelösung s. S. 752.

3. Allgemeine Reagentien.

Barytwasser. Aqua baryta.

Bariumhydroxyd, cryst. .	1,0	Wasser, dest.	19,0

Verwendung. Zum Nachweis von Carbonaten (vgl. S. 742).

Bettendorfs Reagens.

Zinn (II)-chlorid . .	5,0	Salzsäure, rein . . .	1,0

werden verrieben und der entstandene Brei mit Chlorgas gesättigt.

Stark rauchende, lichtbrechende, blaßgelbe Lösung, D. mindestens 1,90.

Verwendung. Zum Arsennachweis.

Cailletets Reagens.

Pyrogallol . .	0,1	Äther	5 ccm

Verwendung. Als Reagens auf Kupfer in Ölen. 10 ccm des zu untersuchenden Öles werden mit der Pyrogallollösung ausgeschüttelt. Bei Anwesenheit von Kupfer scheidet sich braunes Pyrogallolkupfer aus, das die Mischung braun färbt.

Carons Reagens.

Diphenylamin 0,005

werden gelöst in

Schwefelsäure, konz. . .	100 cm	Wasser, dest.	40 ccm
Salzsäure n/10	2 bis 3 ccm		

Verwendung. Als Reagens auf Salpetersäure. 5 ccm von Carons Reagens, mit 0,5 ccm der zu untersuchenden Flüssigkeit gemischt, ergeben bei Anwesenheit von Salpetersäure eine tiefe Blaufärbung.

Celloidinlösung.

Celloidin	185,0	Weingeist (95%) . .	50,0
Äther	350,0		

Verwendung. Zum Einbetten anatomischer Präparate.

Chlorzinkjodlösung (Kaiser).

Zinkchlorid. . .	25,0	Wasser, dest. . .	8,5
Kaliumjodid . .	8,0	Jod, so viel sich in der Mischung löst.	

Aufbewahrung. *Vor Licht geschützt, in brauner Flasche.*

Verwendung. Als Reagens auf Stärke: blaue Färbung; — Eiweißstoffe: gelbbraune Färbung; — Cellulose: rotviolette Färbung.

Conradys Reagens (KAISER).

Milchzucker . . 1,0
werden gelöst in
Wasser, dest. . 10 ccm
und zugegeben
Resorcin . . 0,1 | Salzsäure . . 1 ccm

Verwendung. Zum Nachweis von Rohrzucker in Milchzucker. Die Mischung wird 5 Minuten lang gekocht. Ist Rohrzucker (Glucose und Laevulose) vorhanden, färbt sich die Mischung rot.

Dippels Glyceringummi (KAISER).

Gummi arabicum . . 10,0 | Wasser, dest. 10,0
Glycerin . . . . . . 40 bis 50 Tr.

Ehrenbaums Einbettungsmittel für mikroskopische Präparate.

1. Kolophonium . . 100,0 | Wachs, gelbes . . 10,0

2. Für Pflanzenzellen, Aufschwemmungen von Drogenpulvern:

Glycerin . . . 83,0 | Phenol 2,0
Dest. Wasser . . 15,0

3. *Glyceringelatine.*

Gelatine	15,0	Phenol	0,5
Dest. Wasser . .	50,0	Glycerin	25,0

Die Gelatine läßt man 2 Stunden im dest. Wasser aufweichen, dann wird auf 50° erwärmt, anschließend Phenol und Glycerin zugegeben und wieder einige Minuten auf 50° erwärmt. Dann wird im Heißwassertrichter durch ein Doppelfilter filtriert. Vor Gebrauch wird das Gefäß in 45° warmes Wasser gestellt, wodurch die Glycerin-Gelatine schmilzt. Mittels eines Glasstabes bringt man davon 1 Tr. auf den Objektträger, legt schnell den Schnitt oder das Pulver hinein und bedeckt mit einem Deckgläschen. Ist die Gelatine erstarrt, wird der Abschlußrand gelegt.

Kanadabalsam eignet sich als *Einbettungsmittel für wasserhaltige Objekte* nicht. Diese müssen durch Einlegen in hochprozentigen Alkohol und dann in Xylol entwässert werden, im anderen Fall verwendet man zweckmäßig Deckglaskitt, Asphaltlack oder Kopallack bzw. geschmolzenes Wachs.

Esbachsches Reagens.

Zum Nachweis von Eiweiß im Harn mit dem Esbachschen Albuminimeter

Pikrinsäure . . . 10,0 | Citronensäure . . 20,0
Dest. Wasser . . auf 1000,0

Verwendung. Zur Bestimmung wird der Harn bis zur Marke U eingefüllt, das Reagens bis zur Marke R zugegeben, vorsichtig umgeschüttelt, damit sich kein Schaum bildet, und nach 24 Stunden die abgeschiedene Eiweißmenge abgelesen. Die Zahlen entsprechen den in 1 l Harn enthaltenen Grammen Eiweiß.

Faure-Lösung.

Glycerin	2,0	Chloralhydrat . . .	5,0
Gummi arabicum . .	3,0	Wasser, dest.	5,0

Gummi arabicum und Chloralhydrat im Wasser lösen und das Glycerin zugeben.

Verwendung. Zur Herstellung mikroskopischer Dauerpräparate. Diese können aus Wasser direkt in die Faure-Lösung übertragen werden.

Giglis Reagens (Kaiser).

Benzidin . .	5,0	Eisessig . .	10,0

Verwendung. Zum Nachweis von Blutflecken. Man befeuchtet den Fleck mit dem Reagens und gibt 1 bis 2 Tropfen Wasserstoffsuperoxydlösung zu. Blut färbt blau.

Halphens-Reagens.

Zum Nachweis von Baumwollsamen und Kapoköl.

Amylalkohol

10%ige Lösung von sublimiertem Schwefel in Schwefelkohlenstoff . . ää

Verwendung. Mit den obengenannten Ölen tritt auf Zusatz von Halphens-Reagens Rotfärbung auf.

Konservierungsflüssigkeit für mikroskopische Präparate. Glages Reagens.

Kaliumacetat	30,0	Wasser, dest.	250,0
Kaliumnitrat	10,0	Formaldehydlösung (40%) .	750 ccm

Fehlingsche Lösung I und II, DAB. 6. Kupfertartratlösung, alkalische.

Herstellung siehe S. 746.

Verwendung. Zum Nachweis von Traubenzucker im Harn werden je 5 ccm der Lösungen I und II zum Sieden erhitzt und die Mischung langsam in 10 ccm des zu untersuchenden Harns gegossen, der ebenfalls zum Sieden erhitzt wurde. Kochen der Mischung vermeiden! Je nach Menge des vorhandenen Traubenzuckers tritt mehr oder weniger starke Fällung von gelbrotem Kupferoxydul auf. Ist der Harn sehr konzentriert, wird er zweckmäßig vorher verdünnt.

Fehlingsche Lösung hat infolge des Gehalts an Kaliumnatriumtartrat bei der Harnuntersuchung Nachteile infolge Komplexbildung. Deshalb schlägt Tschirch (Pharm. Ztg.-Nachr. **1951**, 595) als Komplexbildner Triäthanolamin vor. Das so hergestellte Reagens ist vorzüglich haltbar und bei der Harnuntersuchung einwandfrei und zuverlässig.

Fehling-Tschirch-Lösung.

Kupfersulfat, krist. . .	2,0	Kaliumhydroxyd . . .	5,0
Triäthanolamin	10,0	Wasser	auf 100,0

Lackmuspapier, blaues und rotes, DAB. 6.

Zur Herstellung ist zunächst eine wäßrige Lackmuslösung zu bereiten. Hierzu wird 1 T. Lackmus dreimal mit je 5 T. Weingeist ausgekocht. Der Rückstand wird mit 10 T. Wasser 24 Stunden lang bei Zimmertemperatur ausgezogen und die Flüssigkeit filtriert.

Zur Herstellung von *blauem Lackmuspapier* wird die wäßrige Lackmuslösung in der Siedehitze tropfenweise mit so viel verdünnter Schwefelsäure versetzt, bis 1 ccm nach Zusatz von 100 ccm Wasser violettblau gefärbt ist. Die auf diese Weise neutralisierte Lackmuslösung wird mit 1 T. Wasser verdünnt; mit dieser Lösung werden Streifen von bestem Filtrierpapier getränkt und *vor Licht geschützt in einem ungeheizten Raume* getrocknet.

Blaues Lackmuspapier muß durch 1 Tr. einer Mischung von 1 ccm $^{1}/_{10}$-n-Salzsäure und 99 ccm Wasser sofort gerötet werden.

Zur Herstellung von *rotem Lackmuspapier* wird die neutralisierte Lackmuslösung weiter mit so viel verdünnter Schwefelsäure versetzt, bis 1 ccm nach Zusatz von 100 ccm Wasser blaßrot gefärbt ist. Die auf diese Weise angesäuerte Lackmuslösung wird mit 1 T. Wasser verdünnt; mit dieser Lösung werden Streifen von bestem Filtrierpapier getränkt und dann *vor Licht geschützt in einem ungeheizten Raume* getrocknet.

Rotes Lackmuspapier muß durch 1 Tr. einer Mischung von 1 ccm $^1/_{10}$-n-Kalilauge und 99 ccm Wasser sofort gebläut werden.

Aufbewahrung. Blaues und rotes Lackmuspapier sind *vor Licht geschützt in gut verschlossenen Gefäßen* aufzubewahren.

Verwendung. Als Reagenspapier zur Feststellung der Reaktion.

Natriumcitratlösung, isotonische.

Natriumcitrat . . 3,8 | Wasser, dest. . . auf 100,0

Verwendung. Zur Blutsenkung nach WESTERGREEN (Bestimmung der Senkungsgeschwindigkeit der roten Blutkörperchen).

Neßlers Reagens, DAB. 6.

5 g Kaliumjodid werden in 5 g siedendem Wasser gelöst und mit einer konzentrierten Lösung von Quecksilberchlorid in siedendem Wasser versetzt, bis der dabei entstehende Niederschlag sich nicht mehr löst; hierzu sind 2 bis 2,5 g Quecksilberchlorid erforderlich. Nach dem Abkühlen wird filtriert, das Filtrat mit einer Lösung von 15 g Kaliumhydroxyd in 30 ccm Wasser versetzt und die Mischung mit Wasser auf 100 ccm verdünnt. Hierauf gibt man etwa 0,5 ccm der konzentrierten Quecksilberchloridlösung hinzu, läßt den gebildeten Niederschlag absetzen und gießt die übersteigende Flüssigkeit klar ab.

Aufbewahrung. In Flaschen mit *gut schließendem Gummistopfen.*

Verwendung. Als empfindlicher Nachweis von Ammoniak, z. B. in destilliertem oder Trinkwasser, bei dessen Anwesenheit eine orangegelbe Fällung eintritt.

Nylandersche Lösung, DAB. 6.

Kaliumnatriumtartrat . . 2,0 | Natriumhydroxyd . . . 5,0
Dest. Wasser 45,0

werden nach der Lösung versetzt mit

Basischem Wismutnitrat . . 1,0

unter Umschütteln. Dann wird durch Glaswolle filtriert.

Aufbewahrung. *Vor Licht geschützt, in braunen Flaschen.*

Verwendung. Zum Traubenzuckernachweis im Harn, der von Eiweiß und anderen reduzierenden Substanzen außer Zucker befreit ist. Der Harn wird mit $^1/_{10}$ Raumteil Nylanders Reagens versetzt und aufgekocht. Geringe Zuckermengen werden erst nach 2 Minuten langem Kochen deutlich erkannt. Mengen über 0,2% erzeugen sofort Braunfärbung, die bald in Schwarz übergeht.

Nylandersche Lösung hat infolge ihres Kaliumnatriumtartratgehaltes bei der Harnuntersuchung Nachteile infolge Komplexbildung. Deshalb schlägt TSCHIRCH (Pharm. Ztg.-Nachr. **1951**, 595) als Komplexbildner Triäthanolamin vor. Das so hergestellte Reagens ist vorzüglich haltbar und bei der Harnuntersuchung einwandfrei und zuverlässig.

Nylander-Tschirch-Lösung.

Wismutsubnitrat . .	2,0	Natriumhydroxyd. .	8,0
Triäthanolamin . . .	20,0	Wasser	auf 100,0

Objektträger, gebrauchte, reinigen
(nach Münch. Med. Wschr. **1941**, Nr. 20).

In einer flachen Schüssel werden die zu reinigenden Objektträger mit warmem Wasser übergossen, dem man auf je 100 ccm Wasser etwa 3 ccm Satina oder 2 ccm Medizinal-Praecutan zusetzt. Dann werden die Objektträger in der Lösung 5 Minuten lang unter mehrmaligem Umrühren gekocht. Nach dem Abkühlen schüttet man die Lösung ab und spült gut unter fließendem Wasser. Sollte bei stark verschmutzten Objektträgern das Cedernöl noch nicht völlig gelöst sein, so ist ein zweites Aufkochen mit frischer Lösung für 3 Minuten erforderlich. Danach erfolgt wieder Abspülen und Abtrocknen mit einem sauberen Tuch. Die Objektträger sind sodann vollkommen sauber, klar, fettfrei und wieder verwendungsfähig.

Auch *Urin-* und *Sputumgläser, Urinale, Gummikatheter, Seidenbougies* und *andere Instrumente,* die das Auskochen nicht vertragen, können in der genannten Lösung, der man noch 2% Zephirol zusetzen kann, einwandfrei von allen Verschmutzungen gereinigt werden.

Reagens nach Aufrecht.

Pikrinsäure . . . 1,2 | Citronensäure . . 3,0
Wasser, dest. auf 100,0

Verwendung. Zur Eiweißbestimmung im Harn durch Zentrifugieren desselben im „Aufrecht-Rohr" und direkten Ablesung.

Ringersche Lösung (Kaiser).

Zum Konservieren anatomischer Präparate.

Natriumchlorid . .	7,5	Calciumchlorid . .	0,2
Kaliumchlorid . .	0,1	Wasser, dest. .	auf 1000,0

Scheiblers Reagens auf Alkaloide.

Natriumwolframat . . . 10,0 | Phosphorsäure (25%) . . 5,0

Verwendung. Mit Alkaloiden gibt das Reagens einen amorphen, flockigen Niederschlag.

Schwefelammoniumlösung. Liquor Amonii hydrosulfurati, Erg.-B. 6.

Darstellung. Durch Einleiten von gewaschenem Schwefelwasserstoffgas in Ammoniakflüssigkeit DAB. 6 bis zur Sättigung.

Eigenschaften. Farblose bis schwach gelblich gefärbte Flüssigkeit, die Lackmuspapier stark bläut und auf Säurezusatz reichlich Schwefelwasserstoff entwickelt.

Aufbewahrung. In *gut verschlossenen* Gefäßen.

Verwendung. Zur Fällung der Metalle der Schwefelammoniumgruppe (Fe, Zn, Mn, Co, Cr, Al).

Universalreagens für botanische Schnitte (Kaiser).

1. Chloralhydrat . . 45,0 | Eisenalaun 4,0

werden erhitzt mit

Wasser, dest. . . 10 ccm

und nach dem Lösen filtriert.

2. Jod 0,4

werden gelöst in

Weingeist (96%) . 40 ccm

3. Anilinsulfat . . . 1,0

werden durch Erhitzen gelöst in

Wasser, dest. . . 15 ccm

4. 1 bis 3 zusammenfügen. | 5. Zusatz von Glycerin.

6. Zusatz von Sudan III 0,1

Die Mischung läßt man in brauner Flasche 24 Stunden lang stehen.

Verwendung. Das Reagens gibt auf botanischen Schnitten nachstehende Färbungen bzw. Erscheinungen:

rot: Cutine, Suberine, Wachse, Fette und äth. Öle, Harze, Gummiharze, Milchsaft;
gelb: Lignine;
farblos bis rotviolett: Cellulose;
farblos: Gummi, Schleim;
blau: Stärke;
gelbbraun: Aleuron;
schwarzblau: Gerbstoff;
kristalline Ausscheidung: Alkaloide und Calcium als Calciumsulfat.

Universalreagens zur Drogenpulveranalyse (DAZ).

a) Milchsäure . . . . 60 ccm
b) mit Sudan III kalt gesättigte und filtrierte Milchsäure . . . 45 ccm
c) Anilinsulfat 1,1
d) Jod 0,1
e) Kaliumjodid 1,0
f) Äthylalkohol (95%) . . . . . 10 ccm
g) Chlorwasserstoffsäure konz. . 6 ccm
h) Wasser . . . . 80 ccm

a) und b) werden gemischt, c) wird in 70 ccm warmem Wasser gelöst; man läßt die Lösung abkühlen und filtriert in die Mischung von a) und b); umschütteln; g) wird zugesetzt; umschütteln.

Verwendung. Beim Gebrauch erhitzt man ein mit dem Reagens bereitetes Präparat über einer Mikroflamme bis zur beginnenden Gasbildung.

Verholzte Elemente färben sich gelb,
Korklamellen färben sich braunrot,
Tropfen von Fett, äther. Öl, Harz und Milchsaft orangerot, Stärke blau.
Das Reagens ist praktisch unbegrenzt haltbar.

XVII. Tabellen.

Tabelle 1. Löslichkeitsverhältnisse der gebräuchlichsten Duftstoffe.

(Nach DRAGOCO, Holzminden/Weser[1].)

w. l. = weniger als 0,1 : 100 löslich; ∞ = in jedem Verhältnis löslich; 0 = unlöslich.

Je 100 Gewichtsteile Lösungsmittel lösen bei 10 °C	96% Alkohol	70% Alkohol	Glycerin	Olivenöl	Paraffinöl
Ambra, synth.	w. l.	0	0	∞	0
Ambrettemoschus s. Moschus, künstl.	—	—	—	—	—
Anethol	20	3	w. l.	10	6
Anisaldehyd (Aubépine)	∞	130	0,1	∞	1,5 (opal.)
Aurantin	∞	60	0	20	0
Aurantiol	∞	60	50	w. l.	w. l.
Auropal	∞	60	w. l.	∞	∞
Benzaldehyd	∞	70	0,1	∞	7
Benzoesäureäthylester	∞	45	w. l.	∞	∞
Benzoesäuremethylester	∞	65	0,1	∞	∞
Benzylacetat	∞	50	0,1	∞	13
Benzylalkohol	∞	∞	∞	∞	1
Benzylbenzoat	∞	3	w. l.	∞	18
Benzylformiat	∞	20	0,1	∞	5
Benzylpropionat	∞	20	w. l.	∞	38
Benzylvalerianat	∞	9	w. l.	∞	— (verd. schwach trübe)

[1] Aus Seifen-Industrie-Kalender 1951. Berlin: Delius, Klasing & Co.

Tabelle 1 (Fortsetzung).

Je 100 Gewichtsteile Lösungsmittel lösen bei 10 °C	96% Alkohol	70% Alkohol	Glycerin	Olivenöl	Paraffinöl
Bergamotteöl, künstl.	∞	5 (trübe)	w. l.	∞	∞
Bornylacetat	∞	30	w. l.	∞	∞
Bromstyrol (Hyazinthin)	200	2	w. l.	∞	∞
Bulgaryol bei + 36 °C	∞	0	0	∞	50
Cassiaöl s. Zimtaldehyd	—	—	—	—	—
Cedron	30	w. l.	w. l.	∞	∞
Cinnamein s. Perubalsamöl	—	—	—	—	—
Citral	∞	40	w. l.	∞	∞
Citronellal	∞	25	w. l.	∞	∞ (opal.)
Citronellalhydrat	∞	∞	0,25	∞	1,5
Citronellol	∞	55	0,1	∞	∞
Citronellylacetat	∞	17	w. l.	∞	∞
Citronellylformiat	∞	6	w. l.	∞	∞
Citronenöl tsqfr.	∞	60	w. l.	∞	∞
Colonal	∞	∞	0	0	0
Crataegon	100	80	w. l.	10	2
Cumarin	8	4	0,1	1,5	0,3
Decylaldehyd	∞	30 (flock. Abschdg.)	w. l.	∞	∞
Decylalkohol	∞	50	w. l.	∞	∞
Diphenyläther (Diphenyloxyd)	120	2	w. l.	∞	∞
Diphenylmethan	50	1,5	w. l.	∞	∞
Diphenyloxyd siehe Diphenyläther	—	—	—	—	—
Dodecylaldehyd (Laurinaldehyd)	∞	2	w. l.	∞	∞ (verd. opal.)
Eucalyptol	∞	55	0,1	∞	∞
Eugenol	∞	110	0,1	∞	3 (opal.)
Eugenolmethyläther	∞	80	w. l.	∞	0,5
Flieder	∞	∞	w.l.	∞	w. l.
Fraisal 100%	∞	16	0	∞	0
Gartennelkenöl	—	80	0,1	—	—
Geraniol	∞	65	0,1	∞	∞
Geranylacetat	∞	6 (trübe)	w. l.	∞	∞
Geranylmethyläther	∞	6 (trübe)	w. l.	∞	∞
Heliotropin (Piperonal)	8	5	w. l.	6	0,8 (opal.)
Heptincarbonsäuremethylester	∞	12	w. l.	∞	∞
Heptylaldehyd	∞	40	0,2	∞	∞
Hyazinth	∞	2,5	0	∞	0
Hyazinthin siehe Bromstyrol	—	—	—	—	—
Irisal	∞	w. l.	0	∞	∞
Irisal S	∞	50	—	∞	—
Irisöl, flüssig	∞	6	—	—	—
Irisöl, konkret	10	—	—	2	0,8
Isoeugenol	∞	115	0,1	∞	0,7 (opal.)
Isoeugenolmethyläther	∞	60	w. l.	∞	11
Isosafrol	∞	2	w. l.	∞	∞
Jasmin, künstl.	∞	15	0	∞	0
Jasmonon	∞	0	0	∞	0
Laurinaldehyd siehe Dodecylaldehyd	—	—	—	—	—
Lilacin	∞	∞	w. l.	∞	0

Tabelle 1 (Fortsetzung).

Je 100 Gewichtsteile Lösungsmittel lösen bei 10 °C	96% Alkohol	70% Alkohol	Glycerin	Olivenöl	Paraffinöl
Lilacin S	∞	∞	0	∞	0
Linalool	∞	50	0,1	∞	∞
Linalylacetat	∞	24	0,1	∞	∞
Maiglöckchen	∞	60	0	∞	0
Menthol	300	23	0,1	10	10
Methylacetophenon	∞	80	0,2	∞	15 (schwach trübe)
Methylanthranilsäuremethylester	∞	7	w. l.	∞	∞
Methylheptenon	∞	100	0,3	∞	∞
Moschus, künstl., Ambrette	1,7	0,16	w. l.	5	1,0
Muguet siehe Maiglöckchen	—	—	—	—	—
Muguetton	∞	70	0	∞	0
Narzisse	w. l.	0	0	w. l.	0
Neroli, künstl.	∞	9	0	∞	∞
Nerolin I	5	0,8	w. l.	13	6
Nerolin II	2	0,4	w. l.	3	2
Niobeöl s. Benzoesäuremethylester	—	—	—	—	—
Nonylaldehyd	∞	40	0,1	∞	∞
Octylaldehyd	∞	35	0,3	∞	∞
Octylalkohol	∞	60	w. l.	∞	∞
Parakresolmethyläther	∞	10	0,1	∞	∞
Perubalsamöl	∞	1,5 (opal.)	w. l.	∞ (opal.)	0,7 (opal.)
Phenylacetaldehyd	∞	55	0,1	∞ (opal.)	0,1
Phenyläthylacetat	∞	25	w. l.	∞	20
Phenyläthylalkohol	∞	∞	1,5	∞	1,5
Phenyläthylbutyrat	∞	10	w. l.	∞	∞
Phenyläthylvalerianat	∞	4,5	w. l.	∞	∞
Phenylessigsäure	100	20	2,5	∞	0,25
Phenylessigsäureamylester	∞	3,4	w. l.	∞	∞
Phenylessigsäureäthylester	∞	28	w. l.	∞	10
Phenylessigsäuremethylester	∞	40	0,25	∞	10
Pomeranzenöl, tsqfr., künstl.	∞	60	w. l.	∞	∞
Rosenöl, bulg., synth.	∞	0	0	∞	5,50
Rosenöl, bulg., synth., tsqfr.	∞	0	∞	∞	∞
Safrol	∞	3	w. l.	∞	∞
Salicylsäureamylester	∞	1	w. l.	∞	∞
Salicylsäuremethylester	∞	11	0,1	∞	∞
Santalol	∞	25	0,1	∞	∞
Terpineol, flüssig	∞	60	0,1	∞	∞
Thymen	∞	1	w. l.	∞	∞
Thymol	200	30	0,1	50	5
Vanillin	38	30	1	0,9	w. l.
Wintergrünöl, künstlich, siehe Salicylsäuremethylester	—	—	—	—	—
Ylang-Ylangöl, Sch., künstl.	w. l.	0	w. l.	∞	∞
Zimtaldehyd	∞	30	0,1	∞	1,5 (opal.)
Zimtalkohol	∞	∞	1	11	0,7
Zimtsäureäthylester	∞	13	w. l.	∞	∞
Zimtsäurebenzylester	∞	1,5 (trübe)	w. l.	∞	4
Zimtsäuremethylester	∞	50	w. l.	∞	∞

Tabelle 2. Löslichkeit der natürlichen Harze in einigen Lösungsmitteln[1].

	Benzin	Benzol	Terpentinöl	Tetrachlorkohlenstoff	Äthylalkohol	Methylalkohol	Amylalkohol	Amylacetat	Aceton	Äther	Schwefelkohlenstoff
Akaroid	f. ul.	t. l.-ul.	w.l.-ul.	w. l.	f. v. l.	—	l.	—	ul.	ul.	w. l.
Benzoë	w. l.	t. l.-f. v.l.	w.-t. l.	t. l.	v. l.	—	t. l.	—	v. l.	f. v.	—
Bernstein	f. ul.	t. l.	t. l.	—	f. ul.	f. ul.	f. ul.	—	ul.	w. l.	t. l.
Bernstein, geschmolzen	v. l.	t. v. l.	t. l.	—	—	—	t. l.	—	t. ul.	—	f. v. l.
Dammar											
1. außer Sumatra	f. v. l.	f. v. l.-v. l.	v. l.	v. l.	70 bis 80	50 bis 80	über 85	über 90	um 80	über 90	v. l.
2. Sumatra	t. l.	um 80	v. l.	t.l. (70)	50 bis 70	unter 60	unter 80	unter 80	über 65	ca. 60	f. v. l.
Drachenblut	t. l.	t. l.	l.	—	v. l.	—	l.	—	—	v. l.	t. l.
Elemi	f. v. l.	t.-f. v. l.	v. l.	t. l.	t.-f. v. l.	t. l.	—	—	f. v. l.	über 90	f. v. l.
Kolophonium	f. ul.	v. l.	v. l.	v. l.	v. l.	v. l.	v. l.	v. l.	v. l.	v. l.	v. l.
Kopale											
Manila hart	t.l.(30/50)	t. l.	ca. 20-30	ca. 30	40 bis 50 und mehr	20 bis 60	f. v. l.	v. l.	v. l.	40 bis 80 und mehr	—
Manila, weich	ca. 30-50	t. l.	ca. 30-40	ca. 40	90 bis 100	f. v. l.	v. l.	v. l.	v. l.	70 bis 90	—
Kongo	ca. 40	t. l.	25 bis 40	20 bis 35	20 bis 70	30 bis 50	>80	60 bis 90	t. l.	ca. 50	—
Kauri	ca. 40	t. l.	25 bis 40	20 bis 35	60 bis 70	50 bis 70	v. l.	f. v. l.	60 bis 90	40 bis 70	—
Sansibar	w. l.-ul.	t. l.	w. l.	ul.	w. l.	w. l.	—	t. l.	—	20 bis 40	—
Mastix	v. l.-t. l.	v. l.	t. l.	t. l.	t. l.	t. l.	v. l.	v. l.	t. (warm f. v. l.)	v. l.	w. l.
Sandarak	t. l.	20 bis 70	f. v. l.	18 bis 30	v. l.	t. l.	v. l.	—	v. l.	v. l.	w. l.
Schellack	ca. 3 bis 6	ca. 10-20	ca. 10-15	5 bis 10	85 bis 95	t. l.	f. v. l.	w. l.	40 bis 80	10 bis 25 meist 15-20	f. ul.

[1] l. = löslich, v. = völlig, f. = fast, t. = teilweise, w. = wenig, ul. = unlöslich. Die Zahlen sind lösliche Anteile in Prozenten des Harzes nach H. Gnamm: Die Lösungsmittel und Weichmachungsmittel, 6. Aufl. Stuttgart: Wissenschaftliche Verlagsgesellschaft 1950.

Tabelle 2 (Fortsetzung).

	Äthyl-acetat	Äthyl-glykol	Butanol	Butoxyl	Butyl-acetat	Butyl-glykol	Butyl-propionat	Cyclo-hexanol	Cyclo-hexanon	Diaceton-alkohol	Dioxan
Akaroid	l.	l.	l.	l.	l.	l.	l.	l.	l.	l.	l.
Benzoë	l.	l.	l.	t. l.	l.	l.	ul.	l.	l.	l.	l.
Bernstein	—	—	—	—	—	—	—	—	—	—	—
Bernstein, geschmolzen	—	—	—	—	—	—	—	—	—	—	—
Dammar											
1. außer Sumatra	ul.	ul.	ul.	ul.	t. l.	ul.	ul.	ul.	t. l.	ul.	ul.
2. Sumatra	—	—	—	—	—	—	—	—	—	—	—
Drachenblut	—	—	—	—	—	—	—	—	—	—	—
Elemi	ul.	l.	l.	l.	l.	l.	l.	l.	l.	ul.	l.
Kolophonium	l.	l.	l.	l.	l.	l.	l.	l.	l.	l.	l.
Kopale											
Manila, hart	t. l.	l.	t. l.	t. l.	l.	l.	ul.	t. l.	l.	l.	l.
Manila, weich	l.	l.	l.	l.	l.	l.	ul.	t. l.	l.	l.	l.
Kongo	—	—	—	—	—	—	—	—	—	—	—
Kauri	l.	ul.	t. l.	t. l.	l.	l.	ul.	t. l.	l.	l.	l.
Sansibar	—	—	—	—	—	—	—	—	—	—	—
Mastix	t. l.	t. l.	l.	l.	l.	l.	l.	l.	l.	l.	l.
Sandarak	l.	t. l.	l.	l.	l.	l.	ul.	ul.	l.	l.	l.
Schellack	ul.	l.	l.	ul.	ul.	l.	ul.	ul.	t. l.	l.	ul.

Tabelle 3. Löslichkeit der Wachse[1].

Lösungsmittel	Bienenwachs	Candelillawachs	Carnauba-Wachs	Ceresin	Chin. Insekt.-wachs	Japanwachs	Montanwachs	Ozocerit	Paraffin[2]	Spermaceti
Aceton	hl	twl	hl	ul	—	hl	htwl	ul	hl	hl
Amylalkohol	l	hl	l	hl	—	hl	twl	hl	hl	l
Äthylalkohol	hl	hl	hl	ul	l	hl	hl	ul	htwl	hl
Äthyläther	l	hl	hl	ul	l	hl	twl	ul	hl	l
Benzol	hl	hl	hl	l	l	l	l	hl	l	—
Chloroform	hl	hl	hl	twl	—	l	l	hl	hl	hl
Isopropyläther	l	l	l	l	l	l	l	l	—	l
Methyläthylketon	ul	—	ul	ul	—	—	—	—	ul	—
Petroleum	ul	—	hl	l	—	l	l	—	—	l
Petroläther	ul	htwl	hl	l	—	htwl	twl	ul	l	l
Tetrachlorkohlenstoff	l	hl	l	hl	—	l	l	twl	l	l
Schwefelkohlenstoff	twl	hl	htwl	hl	—	twl	l	hl	l	l
Trichloräthylen	l	l	l	l	l	l	l	ul	hl	l
Toluol	hl	l	hl	l	l	l	hl	l	hl	—
Terpentinöl	l	l	l	—	—	l	l	l	l	l
Xylol	hl	hl	hl	l	l	l	l	hl	l	—

[1] hl = heißlöslich; l = löslich; ul = unlöslich; twl = teilweise löslich; htwl = heiß teilweise löslich.

[2] Obwohl kein Wachs, zum Vergleich aufgeführt.

Tabelle 4. Kältemischungen[1].

	Bestandteile	Gewichtsteile[2]	Temperaturabfall von °C	Temperaturabfall auf °C
Wasser und Salze	Wasser Salmiak Salpeter	16 5 5	+10	—12
	Wasser Salpetersaures Ammoniak	1 1	+10	—15
	Wasser Glaubersalz Salpeter Salmiak	16 8 5 5	+10	—15
	Wasser Kohlensaures Natron Salpetersaures Ammoniak	1 1 1	+10	—32
Salze und Säuren	Salzsäure Glaubersalz	9 8	+10	—18
	Verdünnte Salpetersäure Salpetersaures Natron	2 3	+10	—20
	Verdünnte Schwefelsäure Schwefelsaures Natron	4 5	+10	—20
	Verdünnte Salpetersäure Schwefelsaures Natron Salmiak Salpeter	4 6 4 2	+10	—23
	Verdünnte Salpetersäure Phosphorsaures Natron	4 9	+10	—25
	Verdünnte Salpetersäure Salpetersaures Ammoniak Schwefelsaures Natrium	4 5 6	+10	—40

[1] Nach H. KAISER: Pharmazeutisches Taschenbuch, II. Band, 2. Aufl. 1943, und HAGER: Pharm. techn. Manual, 9. Aufl. 1931.

[2] Siehe Fußnote S. 765.

Tabelle 4. (Fortsetzung.)

	Bestandteile	Gewichtsteile	Temperaturabfall von °C	auf °C
Schnee oder Eis, Salze, Säuren	Schnee oder Eis	2	0	—20
	Kochsalz	1		
	Schnee oder Eis	5	0	—25
	Kochsalz	2		
	Salmiak	1		
	Schnee oder Eis	24	0	—28
	Kochsalz	10		
	Salmiak	5		
	Salpeter	5		
	Schnee oder Eis	3	0	—30
	Verdünnte Schwefelsäure	2		
	Schnee oder Eis	12	0	—32
	Kochsalz	5		
	Salpetersaures Ammonium	5		
	Schnee oder Eis	8	0	—32
	Verdünnte Salzsäure	5		
	Schnee oder Eis	7	0	—35
	Verdünnte Salpetersäure	4		
	Schnee oder Eis	4	0	—40
	Chlorcalcium	5		
	Schnee oder Eis	2	0	—45
	Kristallisiertes Chlorcalcium	3		
	Schnee oder Eis	3	0	—46
	Pottasche	4		
Flüssigkeit mit Trockeneis	Acetylalkohol, abs.	—	—	—72
	Äthyläther	—	—	—77
	Äthylchlorid	—	—	—60
	Amylacetat	—	—	—78
	Chloroform	—	—	—77
	Methylchlorid	—	—	—82
	Phosphortrichlorid	—	—	—76
	Schweflige Säure	—	—	—82
	Im Vakuum: Äthyläther	—	—	—103
	Methylchlorid	—	—	—106

Tabelle 5. Ermittelung des prozentischen Gehaltes von Laugen.

1. Ammoniak (nach LUNGE und WIERNIK).

Spez. Gewicht bei 15°	Proz. NH_3	Ein Liter enthält NH_3 bei 15° Gramm	Spez. Gewicht bei 15°	Proz. NH_3	Ein Liter enthält NH_3 bei 15° Gramm
1,000	0,00	0,0	0,978	5,30	51,8
0,998	0,45	4,5	0,976	5,80	56,6
0,996	0,91	9,1	0,974	6,30	61,4
0,994	1,37	13,6	0,972	6,80	66,1
0,992	1,84	18,2	0,970	7,31	70,9
0,990	2,31	22,9	0,968	7,82	75,7
0,988	2,80	27,7	0,966	8,33	80,5
0,986	3,30	32,5	0,964	8,84	85,2
0,984	3,80	37,4	0,962	9,35	89,9
0,982	4,30	42,2	0,960	9,91	95,1
0,980	4,80	47,0	0,958	10,47	100,3

Tabelle 5 (Fortsetzung).

Spez. Gewicht bei 15°	Proz. NH_3	Ein Liter enthält NH_3 bei 15° Gramm	Spez. Gewicht bei 15°	Proz. NH_3	Ein Liter enthält NH_3 bei 15° Gramm
0,956	11,03	105,4	0,918	22,39	205,6
0,954	11,60	110,7	0,916	23,03	210,9
0,952	12,17	115,9	0,914	23,68	216,3
0,950	12,74	121,0	0,912	24,33	221,9
0,948	13,31	126,2	0,910	24,99	227,4
0,946	13,88	131,3	0,908	25,65	232,9
0,944	14,46	136,5	0,906	26,31	238,3
0,942	15,04	141,7	0,904	26,98	243,9
0,940	15,63	146,9	0,902	27,65	249,4
0,938	16,22	152,1	0,900	28,33	255,0
0,936	16,82	157,4	0,898	29,01	260,5
0,934	17,42	162,7	0,896	29,69	266,0
0,932	18,03	168,1	0,894	30,37	271,5
0,930	18,64	173,4	0,892	31,05	277,0
0,928	19,25	178,6	0,890	31,75	282,6
0,926	19,87	184,2	0,888	32,50	288,6
0,924	20,49	189,3	0,886	33,25	294,6
0,922	21,12	194,7	0,884	34,10	301,4
0,920	21,75	200,1	0,882	34,95	308,3

2. *Kalilauge* (nach SCHIFF und TÜNNERMANN).

Spez. Gew. bei 15°	Proz. KOH	Spez. Gew. bei 15°	Proz. KOH	Spez. Gew. bei 15°	Proz. KOH	Spez. Gew. bei 15°	Proz. KOH
1,009	1	1,155	18	1,361	36	1,604	55
1,017	2	1,177	20	1,387	38	1,618	56
1,033	4	1,198	22	1,411	40	1,641	58
1,041	5	1,220	24	1,438	42	1,667	60
1,049	6	1,230	25	1,462	44	1,695	62
1,065	8	1,241	26	1,475	45	1,718	64
1,083	10	1,264	28	1,488	46	1,729	65
1,101	12	1,288	30	1,511	48	1,740	66
1,119	14	1,311	32	1,539	50	1,768	68
1,128	15	1,336	34	1,565	52	1,790	70
1,137	16	1,349	35	1,590	54		

3. *Natronlauge* (nach SCHIFF).

Spez. Gew. bei 15°	Proz. NaOH	Spez. Gew. bei 15°	Proz. NaOH	Spez. Gew. bei 15°	Proz. NaOH	Spez. Gew. bei 15°	Proz. NaOH
1,012	1	1,202	18	1,395	36	1,591	55
1,023	2	1,225	20	1,415	38	1,601	56
1,046	4	1,247	22	1,437	40	1,622	58
1,059	5	1,269	24	1,456	42	1,643	60
1,070	6	1,279	25	1,478	44	1,664	62
1,092	8	1,300	26	1,488	45	1,684	64
1,115	10	1,310	28	1,499	46	1,695	65
1,137	12	1,332	30	1,519	48	1,705	66
1,159	14	1,353	32	1,540	50	1,726	68
1,170	15	1,374	34	1,560	52	1,748	70
1,181	16	1,384	35	1,580	54		

Verordnung über die Kennzeichnung gesundheitsschädlicher Lösemittel und lösemittelhaltiger anderer Arbeitsstoffe (Lösemittelverordnung) vom 26. Februar 1954.

(Bundesanzeiger Nr. 42 vom 3. März 1954.)

Auf Grund des § 1 des Gesetzes über gesundheitsschädliche oder feuergefährliche Arbeitsstoffe vom 25. März 1939 (Reichsgesetzblatt I S. 581) in Verbindung mit Artikel 129 Abs. 1 Satz 1 des Grundgesetzes für die Bundesrepublik Deutschland wird im Einvernehmen mit dem Bundesminister für Wirtschaft und mit Zustimmung des Bundesrates verordnet:

§ 1. Geltungsbereich.

(1) Die Verordnung gilt für

a) Farben, Anstrichmittel, Lacke, Polituren und Beizen, Imprägniermittel, Dichtungsstoffe und Isoliermittel, Fußboden- und Schuhpflegemittel, Klebstoffe, Schuhzemente (Schuhkappensteifen) und Überzugsmassen sowie ähnliche Lösungen, Suspensionen, Emulsionen und Pasten,

b) Lackverdünner, Abbeizmittel, Entfettungs- und Reinigungsmittel und sonstige Lösemittel,

wenn diese Arbeitsstoffe die in Absatz 2 aufgeführten besonders gesundheitsschädlichen Flüssigkeiten enthalten.

(2) Als besonders gesundheitsschädlich im Sinne dieser Verordnung gelten folgende Flüssigkeiten:

Benzol und seine Homologen mit einem Siedepunkt unter 150° C (Toluol, Xylol),
Methanol,
Dioxan,
organische Halogenverbindungen mit einem Siedepunkt unter 200° C (z. B. Tetrachlorkohlenstoff, sym. Dichloräthan, Di-, Tri- und Tetrachloräthylen, Chlorbenzole),
Schwefelkohlenstoff.

(3) Lösemittel, Reagenzien und Proben in wissenschaftlichen Instituten, in Laboratorien und Apotheken fallen nicht unter diese Verordnung.

§ 2. Kennzeichnung und Gebrauchsanweisung.

(1) Arbeitsstoffe der in § 1 Abs. 1 bezeichneten Art, welche die besonders gesundheitsschädlichen Flüssigkeiten (§ 1 Abs. 2) in einer Gesamtmenge von mehr als 10 vom Hundert ihres Gewichts enthalten, dürfen vom Hersteller und vom Lieferer einschließlich desjenigen, der solche Stoffe in den Geltungsbereich dieser Verordnung einführt (Einführer), nur in gekennzeichneten Behältern abgegeben werden. Der Verbraucher darf sie nur in gekennzeichneten Behältern aufbewahren und den Arbeitern zur Verwendung an der Arbeitsstelle aushändigen. Die Kennzeichnung muß in folgender dauerhaften und deutlich lesbaren Aufschrift bestehen:

Vorsicht! Einatmen der Dämpfe gefährlich! Schutzvorschriften beachten!

Die Aufschrift ist in schwarzen Buchstaben auf orange Grund auszuführen.

(2) Bei der Ermittlung des Gesamtgehalts an den in § 1 Abs. 2 genannten Flüssigkeiten wird der Anteil an reinem Benzol, doppelt, der Anteil an reinem Toluol und Xylol nur zu einem Drittel, der Anteil an Methanol nur zu zwei Drittel angerechnet.

(3) Anstrichmittel, die für den Innenaustrich von Kesseln, Tanks, Silos, Gruben oder ähnlichen engen Räumen geeignet sind, sowie Bautenschutzmittel dürfen, wenn der Gehalt dieser Arbeitsstoffe an den besonders gesundheitsschädlichen Flüssigkeiten die in den Absätzen 1 und 2 bezeichneten Grenzen überschreitet, nur unter Beifügung einer Gebrauchsanweisung abgegeben werden, in der hinreichend auf die Gefahren und die notwendigen Schutzmaßnahmen hingewiesen ist.

§ 3. Ausnahmen.

(1) Für Behälter mit einem Fassungsvermögen bis zu einem halben Liter und für Behälter, die aus dem Bundesgebiet ausgeführt werden, gelten die Bestimmungen des § 2 nicht.

(2) Die Gewerbeaufsichtsbehörde kann Ausnahmen von den Vorschriften des § 2 für einzelne Betriebe und für von ihr zu bestimmende Arbeitsstoffe zulassen, wenn diese Arbeitsstoffe im Betrieb des Antragstellers verwendet werden. Die Ausnahmen können mit Bedingungen und Auflagen verbunden, befristet und jederzeit widerrufen werden.

§ 4. Auskunftspflicht.

Hersteller, Lieferer und Einführer (§ 2 Abs. 1) müssen auf Verlangen den Gewerbeaufsichtsämtern, den staatlichen Gewerbeärzten und den Trägern der gesetzlichen Unfallversicherung innerhalb der gesetzten Frist vollständige Auskunft über den Gehalt der in § 1

Abs. 1 bezeichneten Arbeitstoffe an den in § 1 Abs. 2 genannten Flüssigkeiten erteilen. Dasselbe gilt für Verbraucher, welche die Arbeitsstoffe selbst hergestellt oder eingeführt haben.

§ 5. Inkrafttreten.

(1) Die Verordnung tritt am 1. April 1954 in Kraft.

(2) Mit diesem Zeitpunkt treten außer Kraft:

a) § 1 Abs. 2 der Verordnung über die Verwendung von Methanol in Lacken und Anstrichmitteln vom 6. August 1942 (Reichsgesetzbl. I S. 498);

b) § 3 Abs. 1 der Verordnung Nr. 1037 der württemberg-badischen Landesregierung über die Verwendung von Benzol vom 14. März 1949 (Reg.-Bl. S. 60);

c) § 3 Abs. 1 der Benzolverordnung des Landes Hessen vom 6. Mai 1949 (Ges. und VO. Bl. S. 39).

§ 6. Geltung im Land Berlin.

Diese Verordnung gilt auch im Land Berlin, sobald sie vom Land Berlin in Kraft gesetzt worden ist.

Bonn, den 26. Februar 1954.

Zugehörigkeit brennbarer Flüssigkeiten zu den Gefahrenklassen der Polizeiverordnung über den Verkehr mit brennbaren Flüssigkeiten[1].

Gefahrenklasse A I.

Brennbare Flüssigkeiten, die bei einem Barometerstand von 760 mm Quecksilbersäule und bei einer Erwärmung von weniger als 21 °C entflammbare Dämpfe abscheiden, wie Benzine, Benzol, Toluol, Lacke, Äther usw. Der Flammpunkt für diese Klasse beträgt z. B. für

	Flammpunkt (Grad C)		Flammpunkt (Grad C)
Verschiedene Handelsbenzine (je nach den Siedegrenzen)	—58 bis +10	Methylacetat	—12
Äthyl-Äther	—40	Benzol	—11
Schwefelkohlenstoff	—40	Äthylacetat	— 4
Leichtbenzin	—24	Toluol	+ 7
		Autin	+15 bis +20

Ferner Rohpetroleum, Petroleumbenzin, Petroleumäther, Tauchlacke, Isolierlacke, mit Leichtbenzin versetzte Lacke usw.

Gefahrenklasse A II.

Flüssigkeiten, die zwischen 21 und 55 °C entflammbare Dämpfe abscheiden, wie Petroleum, Putzöle, Leichtöle, Solaröle, Terpentinöle, Kumol, Xylol, Schwerbenzin, Solventnaphtha, Wassergasteere, Steinkohlenteere, Braunkohlenteere usw. Der Flammpunkt für diese Gefahrenklasse beträgt z. B. für

	Flammpunkt (Grad C)		Flammpunkt (Grad C)
i-Amylacetat	23	n-Butylalkohol	34
Xylol	23	i-Amylalkohol	43
n-Butylacetat	25	Cyclohexanon	44
Leuchtpetroleum	25	Solaröle	45 bis 50
Petroleum	21 bis 50	Braunkohlenteere	45 bis 50
Chlorbenzol	28	Teer	50
Terpentinöl	32		

[1] Nach H. SCHULZE-MANITIUS: Seifen, Öle, Fette, Wachse, Die chem.-techn. Industrie, 1, 13, 1951.

Gefahrenklasse A III.

Flüssigkeiten, die zwischen 55 und 100 °C entflammbare Dämpfe abscheiden, wie Treiböle, Heizöle, Gasöle, Leuchtöle, Vaselinöle, schwere Teeröle, hochsiedende Putzöle, Paraffinöle, rohe Erdöle, Naphthalin, Dieselkraftstoffe, Koksofenteer usw. Der Flammpunkt für diese Gefahrenklasse beträgt z. B. für

	Flammpunkt (Grad C)		Flammpunkt (Grad C)
Wassergasteere	30 bis 100	Schwere Teeröle	75 bis 85
Steinkohlenteere	40 bis 100	Anilin	76
Koksofenteere	50 bis 100	Teeröl	78
Gasöle	55 bis 110	Naphthalin	80
Heizöle über	65	Nitrobenzol	88
Dieselkraftstoffe über	65	Paraffinöle	95 bis 100
Anthracenöle	66 bis 121	Rohes Erdöl	100
Cyclohexanol	68		

Gefahrenklasse B.

Zu dieser Gefahrenklasse gehören diejenigen Flüssigkeiten, Mischungen oder Lösungen, die sich mit Wasser mischen und bei einer Erwärmung von weniger als 21 °C entflammbare Dämpfe abscheiden, wie Alkohole, Spiritus, Aceton, Methanol usw. Der Flammpunkt für diese Gefahrenklasse beträgt z. B. für

	Flammpunkt (Grad C)		Flammpunkt (Grad C)
Acetaldehyd	unter —30	Spiritus (90%)	+12
Aceton	—17	Alkohol (60%)	+15
Dioxan	+ 5	Brennspiritus (94% mit 2% Toluol vergällt)	+18
Methanol	+ 6	Pyridin	+20
Äthylalkohol	+11		
i-Propylalkohol	+12		

Alle brennbaren Flüssigkeiten mit einem Flammpunkt über 100° C sowie alle mit Wasser mischbaren Flüssigkeiten mit einem Flammpunkt über 21° C unterliegen nicht den Bestimmungen der Polizeiverordnung.

Für die brennbaren Flüssigkeiten der Gruppe B gelten die Bestimmungen der brennbaren Flüssigkeiten der Gefahrenklasse A II.

Leicht entzündliche organische Lösungsmittel.

Aceton	Benzol
Äthyläther	Petroläther
Äthylacetat	Schwefelkohlenstoff
Benzin	Terpentinöl

Brennbare organische Lösungsmittel.

Acetonöle	Äthylalkohol	n-Butylacetat	Cyclohexan
Amylacetate	Äthylglykol	n-Butylalkohol	Cyclohexanol
Amylalkohol	Äthylacetat	Chlorbenzol	Cyclohexanon

Cyclohexylacetat	Isopropylalkohol	Petroleum
Dekahydronaphthalin	Methylacetat	Propylalkohol
Diacetonalkohol	Methylalkohol	Tetrahydronaphthalin
Dioxan	Methylcylohexanol	Toluol
Glykol	Methylcylohexanon	Xylol
Glykolacetat (mono)	Methylglykol	

Zweite Verordnung zur Änderung und Ergänzung der Anlage I der Polizeiverordnung über den Verkehr mit giftigen Pflanzenschutzmitteln.

Vom 15. August 1956 (BGBl. I S. 746).

Auf Grund des § 1 des Gesetzes zur Änderung und Ergänzung der Polizeiverordnung über den Verkehr mit giftigen Pflanzenschutzmitteln vom 3. März 1953 (Bundesgesetzbl. I S. 43) wird im Einvernehmen mit dem Bundesminister für Ernährung, Landwirtschaft und Forsten und mit Zustimmung des Bundesrates verordnet:

§ 1.

Die Anlage I zu der Polizeiverordnung über den Verkehr mit giftigen Pflanzenschutzmitteln vom 13. Februar 1940 in der Fassung der Polizeiverordnung zur Ergänzung der Polizeiverordnung über den Verkehr mit giftigen Pflanzenschutzmitteln vom 3. Juli 1942 (Reichsgesetzbl. I S. 427) und der Verordnung zur Änderung und Ergänzung der Anlage I der Polizeiverordnung über den Verkehr mit giftigen Pflanzenschutzmitteln vom 13. Juli 1954 (Bundesgesetzbl. I S. 216) erhält folgende Fassung:

„*Anlage I*" (zu § 1)

Abteilung 1

Arsenverbindungen, soweit sie nicht unter die Vorschriften über die Schädlingsbekämpfung mit hochgiftigen Stoffen fallen.

Dichlorbenzoldiazothioharnstoff (z. B. Promurit) und dessen Verbindungen, *ausgenommen:*

Zubereitungen in abgabefertigen Packungen mit nicht mehr als 1 Hundertteil dieser Stoffe, soweit diese Zubereitungen 1. deutlich und dauerhaft gefärbt sind, beim Zusammenbringen mit Wasser dieses deutlich anfärben und die deutlich erkennbare Aufschrift des 1 Hundertteil nicht übersteigenden Gehaltes an diesen Stoffen tragen und 2. die folgende deutlich erkennbare Aufschrift tragen: „Vorsicht! Nur zur Schädlingsbekämpfung nach Gebrauchsanweisung! Mißbrauch verursacht Gesundheitsschäden! Nicht zusammen mit Lebens- und Futtermitteln lagern!"

Insektizide chlorierte Kohlenwasserstoffe, soweit es sich um folgende Verbindungen handelt: Hexachlor-epoxy-oktahydro-bis-endomethylen-naphthalin (z. B. Endrin) und Hexachlor-hexahydro-bis-endomethylen-naphthalin (z. B. Isodrin), *ausgenommen:*

Zubereitungen der Abteilung 2.

Insektizide Ester und Amide der Phosphorsäuren, Polyphosphorsäuren und substituierten Phosphorsäuren (z. B. Thiophosphorsäuren) und der Phosphonsäuren, soweit es sich um folgende Verbindungen handelt: 1. Pyrophosphorsäure-tetra-dimethylamid (z. B. Pestox), Thiophosphorsäure-äthylthioäthyl-diäthylester (z. B. Systox), 2. die anderen insektiziden Ester und Amide der Phosphorsäuren, Polyphosphorsäuren und substituierten Phosphorsäuren (z. B. Thiophosphorsäuren) und der Phosphonsäuren einschließlich der Ester mit Nitrophenol und Methyloxycumarin (z. B. E 605, POX, Metasystox, Potasan) und deren Zubereitungen, *ausgenommen:*
solche Ester und Amide enthaltenden Zubereitungen der Abteilungen 2 und 3, — Dithiophosphorsäure-dikarbäthoxyäthyl-dimethylester (z. B. Malathion) und Zubereitungen dieses Esters der Abteilung 3, — Thiophosphorsäure-chlornitrophenyl-dimethylester (z. B. Chlorthion) und Zubereitungen dieses Esters der Abteilung 3, — Thiophosphorsäure-isopropylmethylpyrimidyl-diäthylester (z. B. Diazinon) und Zubereitungen dieses Esters der Abteilung 3, — Trichloroxyäthyl-phosphonsäure-dimethylester (z. B. Dipterex) und Zubereitungen dieses Esters der Abteilung 3.

Nikotin und seine Verbindungen, *ausgenommen:*
Zubereitungen in fester Form in abgabefertigen Packungen mit nicht mehr als 4 Hundertteilen Nikotin (z. B. Nikotinstäubemittel, wie Erdflohpulver, Blattlauspulver, ferner Räuchermittel), soweit sie einen von Genuß abschreckenden Geruch und Geschmack aufweisen und die deutlich erkennbare Aufschrift tragen: „Schwach nikotinhaltiges Pflanzenschutzmittel".

Phosphorwasserstoff entwickelnde Verbindungen, soweit sie nicht unter die Vorschriften über die Schädlingsbekämpfung mit hochgiftigen Stoffen fallen, *ausgenommen:*
Phosphorwasserstoff entwickelnde Zubereitungen der Abteilung 2.

Quecksilberverbindungen.

Tabakextrakt, ausgenommen: Tabakextrakt der Abteilung 3.

Abteilung 2.

Alpha-Naphthylthioharnstoff, ausgenommen: Zubereitungen der Abteilung 3.

Fluorverbindungen, anorganische.

Giftgetreide, das höchstens 0,5 Hundertteile salpetersaures Strychnin oder als Krampfgift wirkende Pyrimidin-Derivate enthält.

Insektizide chlorierte Kohlenwasserstoffe, soweit es sich um folgende Verbindungen und Zubereitungen handelt:

1. Heptachlor-tetrahydro-endomethylen-inden (z. B. Heptachlor), — Hexachlor-epoxy-oktahydro-exo-endo-dimethylen-naphthalin (z. B. Dieldrin), — Hexachlor-hexahydro-exo-endo-dimethylen-naphthalin (z. B. Aldrin), — Chloriertes Camphen (z. B. Toxaphen), — *ausgenommen:*

Zubereitungen dieser Stoffe der Abteilung 3.

2. Zubereitungen der insektiziden chlorierten Kohlenwasserstoffe der Abteilung 1, soweit sie nicht mehr als 20 Hundertteile dieser Stoffe enthalten.

Insektizide Ester und Amide der Phosphorsäuren, Polyphosphorsäuren und substituierten Phosphorsäuren (z. B. Thiophosphorsäuren) und der Phosphorsäuren, soweit es sich um folgende Verbindungen und Zubereitungen handelt:

1. Dithiophosphorsäure-dikarbäthoxyäthyl-dimethylester (z. B. Malathion), — Thiophosphorsäure-chlornitrophenyl-dimethylester (z. B. Chlorthion), — Thiophosphorsäure-isopropylmethylpyrimidyl-diäthylester (z. B. Diazinon), — Trichloroxyäthyl-phosphonsäure-dimethylester (z. B. Dipterex), — *ausgenommen:*

Zubereitungen dieser Ester der Abteilung 3.

2. Zubereitungen der insektiziden Ester und Amide der Phosphorsäuren und der Phosphonsäuren der Abteilung 1 Nr. 2 mit nicht mehr als 10 Hundertteilen dieser Ester und Amide, *ausgenommen:*

Zubereitungen dieser Ester und Amide der Abteilung 3.

Nitroalkylphenole und ihre Verbindungen.

Phosphorwasserstoff entwickelnde Zubereitungen, die höchstens 7 Hundertteile Phosphorwasserstoff entwickelnde Verbindungen enthalten, soweit sie nicht unter die Vorschriften über die Schädlingsbekämpfung mit hochgiftigen Stoffen fallen.

Abteilung 3.

Alpha-Naphthylthioharnstoff-Zubereitungen, die nicht mehr als 30 Hundertteile Alpha-Naphthylthioharnstoff enthalten, soweit diese Zubereitungen deutlich und dauerhaft gefärbt sind und beim Zusammenbringen mit Wasser dieses deutlich anfärben.

Bariumverbindungen.

Cumarinverbindungen, die nicht Phosphor- oder Phosphonsäureester oder -amide der Abteilung 1 sind, *ausgenommen:*

Zubereitungen in abgabefertigen Packungen mit nicht mehr als 1 Hundertteil einer Cumarinverbindung, soweit diese Zubereitungen 1. deutlich und dauerhaft gefärbt sind, beim Zusammenbringen mit Wasser dieses deutlich anfärben und die deutlich erkennbare Aufschrift des 1 Hundertteil nicht übersteigenden Gehaltes an einer Cumarinverbindung tragen und 2. die folgende deutlich erkennbare Aufschrift tragen: „Vorsicht! Nur zur Schädlingsbekämpfung nach Gebrauchsanweisung. Mißbrauch verursacht Gesundheitsschäden! Nicht zusammen mit Lebens- und Futtermitteln lagern!“

Insektizide chlorierte Kohlenwasserstoffe, soweit es sich um folgende Verbindungen und Zubereitungen handelt:

1. Zubereitungen der insektiziden chlorierten Kohlenwasserstoffe der Abteilung 2, soweit sie nicht mehr als 30 Hundertteile dieser Stoffe enthalten, *ausgenommen:*

Zubereitungen mit nicht mehr als 3 Hundertteilen dieser Stoffe als Streu- oder Stäubemittel in abgabefertigen Packungen, die a) die Angaben des Wirkstoffes enthalten, b) die deutlich erkennbare Aufschrift tragen: „Vorsicht! Nicht mit ungeschützter Hand streuen!“

2. Insektizide chlorierte Kohlenwasserstoffe, die nicht in Abteilung 1 oder 2 genannt sind (z. B. Chlorbenzolhomologe, Chlordan (Oktachlor), DDD, DDT, DFDT, Hexachlorcyclohexan, Metoxychlor), *ausgenommen:*

a) Zubereitungen mit nicht mehr als 1 Hundertteil dieser Stoffe, — b) Zubereitungen in abgabefertigen Packungen mit nicht mehr als 10 Hundertteilen dieser Stoffe, die aa) eine Gebrauchsanweisung enthalten, bb) keine Angaben über Unschädlichkeit für Mensch und Tier (ausgenommen Angaben über Bienenungefährlichkeit) aufweisen und cc) die deutlich erkennbare Aufschrift tragen: „Vorsicht! Nur zur Schädlingsbekämpfung nach Gebrauchsanweisung! Mißbrauch verursacht Gesundheitsschäden! Nicht zusammen mit Lebens- und Futtermitteln langern!". — c) Paradichlorbenzol.

Insektizide Ester und Amide der Phosphorsäuren, Polyphosphorsäuren und substituierten Phosphorsäuren (z. B. Thiophosphorsäuren) und der Phosphorsäuren enthaltende Zubereitungen, und zwar

1. Zubereitungen mit folgenden Verbindungen: Dithiophosphorsäure-dikarbäthoxyäthyl-dimethylester (z. B. Malathion), soweit sie nicht mehr als 50 Hundertteile dieses Esters enthalten, — Thiophosphorsäure-chlornitrophenyl-dimethylester (z. B. Chlorthion), soweit sie nicht mehr als 50 Hundertteile dieses Esters enthalten, — Thiophosphorsäure-isopropylmethylpyrimidyl-diäthylester (z. B. Diazinon), soweit sie nicht mehr als 30 Hundertteile dieses Esters enthalten, — Trichloroxyäthyl-phosphonsäure-dimethylester (z. B. Dipterex), soweit sie nicht mehr als 50 Hundertteile dieses Esters enthalten.

2. a) Zubereitungen mit Thiophosphorsäure-äthyl-thioäthyl-dimethylester (z. B. Metasystox), soweit sie nicht mehr als 50 Hundertteile dieses Esters enthalten, — b) Zubereitungen der übrigen insektiziden Ester und Amide der Abteilung 1 Nr. 2 mit nicht mehr als 5 Hundertteilen dieser Ester und Amide als Stäube- oder Streumittel oder Spritzpulver, soweit sie einen vom Genuß abschreckenden Geruch und Geschmack aufweisen.

Kresole, auch sogenannte rohe Karbolsäure, Kresolschwefelsäuren, Kresolsulfosäuren, *ausgenommen:*

Lösungen von Zubereitungen (Kresolseifenlösungen usw.), die nicht mehr als 1 Hundertteil Kresol enthalten.

Meerzwiebel.

Meerzwiebelglykoside.

Metaldehyd, ausgenommen:

Zubereitungen mit nicht mehr als 10 Hundertteilen dieses Stoffes in abgabefertigen Packungen, die folgende deutlich erkennbare Aufschrift tragen: „Vorsicht! Nur zur Schädlingsbekämpfung nach Gebrauchsanweisung! Mißbrauch verursacht Gesundheitsschäden? Nicht zusammen mit Lebens- und Futtermitteln lagern!"

Phenol (Karbolsäure), auch verflüssigtes und verdünntes, *ausgenommen:*

1. Verdünnungen und sonstige Zubereitungen, die nicht mehr als 3 Hundertteile Phenol enthalten, — 2. Obstbaumkarbolineen und Teeröl-Emulsionen, die nicht mehr als 10 Hundertteile Phenol enthalten und die deutlich erkennbare Aufschrift tragen: „Beim Arbeiten mit dem Mittel sind Hände und Gesicht zum Schutze gegen Hautschädigungen gut einzufetten sowie Schutzbrillen zu tragen."

Schwefelkohlenstoff.

Tabakextrakt, der nicht mehr als 10 Hundertteile Nikotin enthält.

§ 2.

Diese Verordnung gilt nach § 14 des Dritten Überleitungsgesetzes vom 4. Januar 1952 (Bundesgesetzbl. I S. 1) in Verbindung mit § 2 des Gesetzes zur Änderung und Ergänzung der Polizeiverordnung über den Verkehr mit giftigen Pflanzenschutzmitteln auch im Land Berlin.

§ 3.

(1) Diese Verordnung tritt am Tage nach ihrer Verkündung in Kraft. Gleichzeitig treten außer Kraft — 1. § 1 Nr. 2 und 3 der Polizeiverordnung zur Ergänzung der Polizeiverordnung über den Verkehr mit giftigen Pflanzenschutzmitteln vom 3. Juli 1942 (Reichsgesetzblatt I S. 427), — 2. die Verordnung zur Änderung und Ergänzung der Anlage I der Polizeiverordnung über den Verkehr mit giftigen Pflanzenschutzmitteln vom 13. Juli 1954 (Bundesgesetzbl. I S. 216).

(2) Auf giftige Pflanzenschutzmittel, deren Abgabebehältnisse den Vorschriften der Verordnung zur Änderung und Ergänzung der Anlage I der Polizeiverordnung über den Verkehr mit giftigen Pflanzenschutzmitteln vom 13. Juli 1945 entsprechend gekennzeichnet und die beim Inkrafttreten dieser Verordnung bereits im Verkehr sind, findet diese Verordnung erst nach dem 30. Juni 1957 Anwendung.

Berliner Polizeiverordnung betr. Änderung der Polizeiverordnung über den Handel mit Giften[1].

Vom 12. März 1957.

Auf Grund der §§ 14, 25 und 37 des Polizeiverwaltungsgesetzes vom 1. Juni 1931 (GS. S. 77) wird für Berlin nachstehende Polizeiverordnung erlassen:

§ 1.

Die Polizeiverordnung über den Handel mit Giften vom 11. Januar 1938 (GS. S. 1) wird wie folgt geändert:

1. § 18 erhält folgende Fassung:

Abgabe von Gift zur Bekämpfung von Schädlingen und zum Holzschutz.

§ 18.

(1) Gifte — ausgenommen Pflanzenschutzmittel im Sinne der Polizeiverordnung über den Verkehr mit giftigen Pflanzenschutzmitteln vom 13. Februar 1940 (RGBl. I S. 349) in der geltenden Fassung —, die zur Bekämpfung von Schädlingen oder zum Holzschutz bestimmt sind, dürfen nur in Verbindung mit einer schriftlichen Gebrauchsanweisung und Belehrung über die mit einem unvorsichtigen Gebrauch verknüpften Gefahren abgegeben werden.

Der Senator für Gesundheitswesen kann den Wortlaut der Gebrauchsanweisung und der Belehrung vorschreiben. Bei Schädlingsbekämpfungsmitteln muß diese Belehrung mindestens lauten: „Vorsicht! Nur zur Schädlingsbekämpfung nach Gebrauchsanweisung! Mißbrauch verursacht Gesundheitsschäden! Nicht zusammen mit Lebens- oder Futtermitteln lagern!"

Angaben über Unschädlichkeit für Mensch und Tier — abgesehen von zutreffenden Angaben über die Ungefährlichkeit für Bienen — sind unzulässig. Die Abgabegefäße oder Umhüllungen solcher Mittel, soweit diese unter Abteilung 1 oder 2 der Anlage I fallen, sind unbeschadet der Bestimmungen des § 14 mit dem Totenkopfzeichen zu versehen, und zwar bei Mitteln der Abteilung 1 in weißer Farbe auf schwarzem Grund, bei Mitteln der Abteilung 2 in roter Farbe auf weißem Grund.

(2) Es dürfen feilgehalten oder abgegeben werden: a) arsenhaltige Mittel mit Ausnahme von arsenhaltigem Fliegenpapier nur, wenn sie mit einer in Wasser leicht löslichen grünen Farbe vermischt sind; sie dürfen nur gegen Erlaubnisschein (§ 12) verabfolgt werden,

b) arsenhaltiges Fliegenpapier nur, wenn es mit einer Abkochung von Quassiaholz oder Lösung von Quassiaextrakt zubereitet ist und nur in viereckigen Blättern von 12 : 12 cm, deren jedes nicht mehr als 0,01 g arsenige Säure enthält und auf beiden Seiten mit drei Kreuzen, dem Totenkopfzeichen und der Aufschrift „Gift" in schwarzer Farbe deutlich und dauerhaft versehen ist; unbeschadet der Bestimmung des § 14 Abs. 1 darf ein dichter Umschlag verwendet werden,

c) Mittel, die *Cumarinverbindungen*, welche nicht insektizide Phosphor-, Phosphonsäureester oder -amide sind, oder Dichlorbenzoldiazothioharnstoff (z. B. Promurit) oder seine Verbindungen, oder *Alpha-Naphthylthioharnstoff* enthalten, nur wenn sie deutlich und dauerhaft gefärbt sind und beim Zusammenbringen mit Wasser dieses deutlich anfärben,

d) fluorwasserstoffsaure (flußsaure) oder kieselfluorwasserstoffsaure Salze enthaltende Mittel nur, wenn sie deutlich und dauerhaft blau oder gelb gefärbt sind,

e) Giftgetreide jeder Art nur, wenn es dauerhaft dunkelrot gefärbt ist,

f) Mittel, die Phosphorwasserstoff entwickelnde Verbindungen enthalten, nur wenn sie deutlich und dauerhaft blau oder rot gefärbt sind; dies gilt nicht für technisches Zinkphosphid und Giftgetreide (Buchst. e),

g) strychninhaltige Schädlingsbekämpfung nur in Form von vergiftetem und nach Buchstabe e gefärbtem Getreide, das nicht mehr als 0,5 Hundertteile salpetersaures Strychnin enthält,

---

[1] In den Ländern der Bundesrepublik sind fast gleichlautende Verordnungen erlassen worden.

h) thalliumhaltige Mittel nur, wenn sie nicht mehr als 3 Hundertteile lösliche Thalliumsalze enthalten und mit mindestens 1 Hundertteil eines wasserlöslichen blauen Farbstoffes vermischt sind; für thalliumhaltiges Giftgetreide gilt die Färbevorschrift des Buchstabens e.

(3) Der Senator für Gesundheitswesen kann hinsichtlich der Färbung der Mittel Ausnahmen von den Vorschriften des Absatzes 2 zulassen.

(4) Der Senator für Gesundheitswesen kann befristete Ausnahmen von den Vorschriften der Absätze 1 und 2 zulassen, wenn es sich darum handelt, unter behördlicher Aufsicht außerordentliche Maßnahmen zur Bekämpfung von Schädlingen zu treffen.

2. Die Anlage I erhält die aus der Anlage dieser Polizeiverordnung ersichtliche Fassung.

§ 2.

(1) Diese Polizeiverordnung tritt unbeschadet der Vorschrift des Absatzes 2 am Tage nach ihrer Verkündung im Gesetz- und Verordnungsblatt für Berlin in Kraft.

Gleichzeitig treten die Polizeiverordnungen betr. Änderung der Polizeiverordnung über den Handel mit Giften vom 10. März 1952 (GVBl. S. 146) und vom 22. Oktober 1952 GVBl. S. 956) außer Kraft.

(2) Die Bestimmungen des § 1 Nr. 1 über Beschaffenheit und Verpackung von Giften treten am 1. Januar 1958 in Kraft.

Anlage I.

Verzeichnis der Gifte.

Vorbemerkung:

Das Zeichen * vor den nachstehend genannten Giften bedeutet, daß auch deren Zubereitungen als Gifte im Sinne des § 1 Abs. 2 gelten.

Abteilung 1

* *Akonitin* und seine Verbindungen.

* *Arsen* und seine Verbindungen, auch Arsenfarben.

* *Atropin* und seine Verbindungen.

* *Bruzin* und seine Verbindungen.

* *Curare.*

* *Dichlorbenzoldiazothioharnstoff* (z. B. Promurit) und seine Verbindungen, *ausgenommen:*
Zubereitungen, die als Schädlingsbekämpfungsmittel in zur Abgabe an Verbraucher bestimmten fertigen Packungen in den Verkehr gebracht werden, soweit sie nicht mehr als 1 Hundertteil solcher Stoffe enthalten und sofern die Vorschriften des § 18 Abs. 1 hinsichtlich Gebrauchsanweisung und Belehrung und des Absatzes 2 Buchst. c über die Färbung beachtet sind; auf den Packungen ist das Gift nach Art und Gehalt deutlich lesbar anzugeben.

* *Emetin* und seine Verbindungen.

* *Erythrophlein* und seine Verbindungen.

* *Fingerhutglykoside.*

* *Fluorwasserstoffsäure* (Flußsäure), *ausgenommen:*

Verdünnungen, die nicht mehr als 1 Hundertteil Flußsäure enthalten.

* *Homatropin* und seine Verbindungen.

* *Hyoszin* und seine Verbindungen.

* *Hyoszyamin* und seine Verbindungen.

* *Insektizide chlorierte Kohlenwasserstoffe,* soweit es sich um Hexachlor-epoxy-okta-hydro-bis-endomethylen-naphthalin (z. B. Endrin) und Hexachlor-hexahydro-bis-endomethylen-naphthalin (z. B. Isodrin) und deren Zubereitungen handelt (siehe aber auch Abteilungen 2 und 3), *ausgenommen:*

Zubereitungen der Abteilung 2.

* *Insektizide Ester und Amide* der Phosphorsäuren, Polyphosphorsäuren, substituierten Phosphorsäuren (z. B. Thiophosphorsäuren) und der Phosphonsäuren einschließlich der Ester mit Nitrophenol und Methyloxycumarin, soweit es sich um folgende Stoffe und deren Zubereitungen handelt (siehe aber auch Abteilung 2 und 3): a) Pyrophosphorsäure-tetra-dimethylamid (z. B. Pestox), Thiophosphorsäure-äthylthioäthyl-diäthylester (z. B. Systox), — b) die unter Buchstabe a oder in Abteilung 2 nicht aufgeführten übrigen Ester und Amide (z. B. E 605, Metasystox, Potasan, P-O-X), — *ausgenommen:*

Zubereitungen der unter Buchstabe b fallenden Ester und Amide der Abteilungen 2 und 3.

* *Kantharidin* und seine Verbindungen.

* *Kolchizin* und seine Verbindungen.

* *Koniin* und seine Verbindungen.

* *Nikotin* und seine Verbindungen.

Nitroglycerinlösungen.

Phosphor (auch roter, sofern er gelben Phosphor enthält) und Zubereitungen, die als Schädlingsbekämpfungsmittel in den Verkehr gebracht werden.

* *Phosphorwasserstoff* entwickelnde Verbindungen (z. B. Phosphorkalzium, Phosphorzink), *ausgenommen:*

Zubereitungen, die Phosphorwasserstoff entwickeln, der Abteilung 2.

* *Physostigmin* und seine Verbindungen.

* *Pikrotoxin.*

* *Quecksilberverbindungen,* auch Farben, *ausgenommen:*
Quecksilberchlorür (Kalomel) und Schwefelquecksilber (Zinnober).

* *Skopolamin* und seine Verbindungen.

* *Strophantine.*

* *Strychnin* und seine Verbindungen, *ausgenommen:*
Giftgetreide der Abteilung 2.

* *Tabakextrakt, ausgenommen:*
Tabakextrakt der Abteilung 3.

* *Trichlornitromethan* (Chlorpikrin).

* *Uransalze,* lösliche, und Uranfarben.

* *Veratrin* und seine Verbindungen.

* *Zyanwasserstoffsäure* (Blausäure) und ihre Salze.

Abteilung 2.

* *Adoniskraut.*

Agarizin.

* *Akonitknollen,* Akonitkraut.

* *Alpha-Naphthylthioharnstoff, ausgenommen:*
Zubereitungen der Abteilung 3.

Amylenhydrat.

Amylnitrit.

Apomorphin und seine Verbindungen.

Azetanilid.

* *Belladonnablätter,* Belladonnawurzel.

* *Bilsenkraut,* Bilsenkrautsamen.

Bittermandelöl, blausäurehaltiges.

* *Brechnuß.*

Brechweinstein.

Brom.

Bromäthyl.

Bromalhydrat.

Brommethyl.

Bromoform.

Butylchloralhydrat.

* *Calabarsamen.*

Cardol.

Chloräthyliden, zweifach.

Chloralformamid.

Chloralhydrat.

Chloressigsäuren.

Chloroform.

Chromsäure.

* *Cumarinverbindungen,* die nicht insektizide Phosphor- oder Phosphonsäureester oder -amide der Abteilung 1 sind und als Schädlingsbekämpfungsmittel in den Verkehr gebracht werden, *ausgenommen:*

Schädlingsbekämpfungsmittel der Abteilung 3.

1,2-*Dibromäthan.*

1,2-*Dichloräthan.*

* *Elaterin* und seine Verbindungen.

Erythrophleum.

Euphorbium.

* *Fingerhutblätter.*

* *Fluorverbindungen,* lösliche — soweit nicht in Abteilung 1 aufgeführt —, *ausgenommen:*

Stifte, die den Anforderungen an die Position „Fluorwasserstoffsaure (flußsaure) Salze, saure in Form von Stiften . . .“ der Abteilung 3 entsprechen.

* *Gelsemiumwurzel.*

Giftgetreide, das nicht mehr als 0,5 Hundertteile salpetersaures Strychnin oder als Krampfgift wirkende Pyrimidin-Abkömmlinge enthält.

* *Giftlattichkraut,* Giftlattichkrautsaft.

* *Giftsumachblätter.*

* *Gottesgnadenkraut.*

* *Gummigutti.*

* *Hydroxylamin* und seine Verbindungen.

* *Insektizide chlorierte Kohlenwasserstoffe,* soweit es sich um folgende Stoffe und Zubereitungen handelt (siehe aber auch Abteilungen 1 und 3):

a) Heptachlor-tetrahydro-endomethyleninden (z. B. Heptachlor), — Hexachlorepoxy-oktahydro-exo-endo-dimethylennaphthalin (z. B. Dieldrin), — Hexachlorhexahydro-exo-endo-dimethylen-naphthalin (z. B. Aldrin), — Chloriertes Camphen (z. B. Toxaphen), *ausgenommen:*

Zubereitungen der Abteilung 3.

b) die nicht unter Buchstabe a oder in Abteilung 1 aufgeführten insektiziden chlorierten Kohlenwasserstoffe, insbesondere Chlorbenzolhomologe, Chlordan, Dichlordiphenyltrichlormethylmethan (DDT), Hexachlorcyclohexan (HCH), Metoxychlor, *ausgenommen:*

Schädlingsbekämpfungsmittel der Abteilung 3.

c) Zubereitungen der in Abteilung 1 aufgeführten insektiziden chlorierten Kohlenwasserstoffe mit nicht mehr als 20 Hundertteilen solcher Stoffe.

* *Insektizide Ester und Amide* der Phosphorsäuren, Polyphosphorsäuren, substituier-

ten Phosphorsäuren (z. B. Thiophosphorsäuren) und der Phosphonsäuren, einschließlich der Ester mit Nitrophenol und Methyloxycumarin, soweit es sich um folgende Stoffe und Zubereitungen handelt (siehe aber auch Abteilungen 1 und 3):

a) Dithiophosphorsäure-dikarbäthoxyäthyl-dimethylester (z. B. Malathion), — Thiophosphorsäure-chlor-methyl-oxycumarin-diäthylester (z. B. Resitox), — Thiophosphorsäure-chlornitrophenyldimethylester (z. B. Chlorthion), — Thiophosphorsäure-isopropylmethylpyrimidyldiäthylester (z. B. Diazinon), — Trichoroxyäthyl-phosphonsäure-dimethylester (z. B. Dipterex), *ausgenommen:*

Zubereitungen der Abteilung 3.

b) Zubereitungen der in Abteilung 1 Position „* Insektizide Ester und Amide ...“ unter Buchstabe b fallenden Ester und Amide mit nicht mehr als 10 Hundertteilen der Stoffe, *ausgenommen:*

Zubereitungen der Abteilung 3.

* *Jalapenharz*, Jalapenknollen.

* *Kieselfluorwasserstoffsäure* und ihre Salze.

Kirschlorbeeröl.

Kokkelskörner.

Kotoin.

Krotonöl.

* *Maiglöckchenglykoside.*

* *Maiglöckchenkraut.*

* *Meerzwiebelglykoside, ausgenommen:*

Zubereitungen als Schädlingsbekämpfungsmittel der Abteilung 3.

* *Metaldehyd, ausgenommen:*

1. Brennstofftabletten, sofern sie einen vom Genuß abschreckenden Geschmack aufweisen und in zur Abgabe an Verbraucher bestimmten fertigen Packungen mit der deutlichen Kennzeichnung: „Vorsicht! Metaldehyd! Unter Verschluß und für Kinder unzugänglich aufzubewahren!“ in den Verkehr gebracht werden.

2. Zubereitungen, die als Schädlingsbekämpfungsmittel in zur Abgabe an Verbraucher bestimmten fertigen Packungen in den Verkehr gebracht werden, soweit sie nicht mehr als 10 Hundertteile Metaldehyd enthalten und sofern die Vorschriften des § 18 Abs. 1 hinsichtlich Gebrauchsanweisung und Belehrung beachtet sind.

* *Narcein* und seine Verbindungen.

* *Narkotin* und seine Verbindungen.

* *Nieswurzel*, grüne und schwarze.

* *Nitroalkylphenole* und ihre Verbindungen, soweit sie nicht unter die Position „* Insektizide Ester und Amide ...“ der Abteilung 1 oder 2 fallen.

Nitrobenzol.

* *Oxalsäure.*

Paraldehyd.

Phosphorwasserstoff entwickelnde Zubereitungen, die nicht mehr als 7 Hundertteile Phosphorwasserstoff entwickelnde Verbindungen enthalten.

* *Pilokarpin* und seine Verbindungen.

* *Sabadillfrüchte, ausgenommen:*

Sabadillessig der Abteilung 3.

* *Sadebaumspitzen*, Sadebaumspitzenöl.

* *Sankt Ignatiussamen.*

Santonin.

* *Schierlingfrüchte*, Schierlingkraut.

Senföl, ätherisches.

Skammoniaharz, Skammoniawurzel.

Spanische Fliegen und ihre weingeistigen und ätherischen Zubereitungen.

* *Stechapfelblätter*, Stechapfelsamen, *ausgenommen:*

Zum Rauchen oder Räuchern.

* *Strophanthussamen.*

Sulfonal und seine Abkömmlinge.

* *Thallin* und seine Verbindungen.

* *Thalliumverbindungen.*

Trichloräthylen.

Trimethyläthylen.

Urethan.

* *Veratrumwurzel.*

* *Wasserschierlingkraut.*

* *Zeitlosenknollen*, Zeitlosensamen.

Abteilung 3.

Alpha-Naphthylthioharnstoff-Zubereitungen (siehe aber auch Abteilung 2), die als Schädlingsbekämpfungsmittel in zur Abgabe an Verbraucher bestimmten fertigen Packungen in den Verkehr gebracht werden, soweit sie nicht mehr als 30 Hundertteile des Stoffes enthalten und sofern die Vorschriften des § 18 Abs. 1 und 2 Buchst. c beachtet sind.

* *Antimonchlorür.*

* *Bariumverbindungen, ausgenommen:*

1. Bariumsulfat, — 2. in pyrotechnischen Erzeugnissen.

Bittermandelwasser.

Bleiessig.

Bleizucker.

* *Brechwurzel.*

* *Chlorsäure* und ihre Verbindungen.

Chromsaure Salze, lösliche.

* *Cumarinverbindungen* (siehe aber auch Abteilung 2), die nicht insektizide Phosphor- oder Phosphonsäureester oder -amide der Abteilung 1 sind, soweit sie

als Schädlingsbekämpfungsmittel in zur Abgabe an Verbraucher bestimmten fertigen Packungen in den Verkehr gebracht werden, und sofern die Vorschriften des § 18 Abs. 1 und 2 Buchst. c beachtet sind, *ausgenommen*:

Zubereitungen, die als Schädlingsbekämpfungsmittel in zur Abgabe an Verbraucher bestimmten fertigen Packungen in den Verkehr gebracht werden, soweit sie nicht mehr als 1 Hundertteil solcher Stoffe enthalten und sofern die Vorschriften des § 18 Abs. 1 hinsichtlich Gebrauchsanweisung und Belehrung und des Absatzes 2 Buchst. c über die Färbung beachtet sind; auf den Packungen ist das Gift nach Art und Gehalt deutlich lesbar anzugeben.

Farben, die Antimon, Barium, Blei, Chrom, Gummigutti, Kadmium, Pikrinsäure, Zink oder Zinn enthalten, *ausgenommen:*

Bariumsulfat, Chromoxyd, Zink, Zinn und deren Legierungen als Metallfarben, Schwefelkadmium, Schwefelselenkadmium, Schwefelzink, Schwefelzinn (als Musivgold), Zinkoxyd, Zinnoxyd.

Fluorwasserstoffsaure (flußsaure) Salze, saure, in Form von Stiften mit einem Höchstgewicht von 8 g und einem Höchstgehalt von 50 Hundertteilen saurem flußsaurem Salz, soweit diese in geschlossenen Behältnissen mit der Aufschrift „Gift" abgegeben werden und die Behältnisse außerdem folgenden Anforderungen entsprechen:

1. Die Stifte müssen an ihrem unteren Ende mit dem Behältnis fest verbunden sein, — 2. die Behältnisse dürfen keine reklamehaften Aufdrucke und reklamehaften Bilder aufweisen, — 3. die Behältnisse haben eine Gebrauchsanweisung zu enthalten mit dem deutlich erkennbaren Hinweis „Vorsicht! Stift nicht anlecken!"

Goldsalze.

* *Insektizide chlorierte Kohlenwasserstoffe*, soweit es sich um folgende Stoffe und Zubereitungen handelt (siehe aber auch Abteilungen 1 und 2):

a) Zubereitungen, die als Schädlingsbekämpfungsmittel in zur Abgabe an Verbraucher bestimmten fertigen Packungen in den Verkehr gebracht werden, soweit sie nicht mehr als 30 Hundertteile der in Abteilung 2 Position „* Insektizide chlorierte Kohlenwasserstoffe ..." unter Buchstabe a fallenden Stoffe enthalten und sofern die Vorschriften des § 18 Abs. 1 beachtet sind, *ausgenommen:*

Zubereitungen, die als Schädlingsbekämpfungsmittel zum Streuen oder Stäuben in zur Abgabe an Verbraucher bestimmten fertigen Packungen in den Verkehr gebracht werden, soweit sie nicht mehr als 3 Hundertteile der Stoffe enthalten und sofern die Vorschriften des § 18 Abs. 1 hinsichtlich Gebrauchanweisung und Belehrung beachtet sind; die Packungen müssen zusätzlich den deutlich erkennbaren Hinweis tragen: „Vorsicht! Nicht mit ungeschützter Hand streuen!"

b) Stoffe der Abteilung 2 Position „* Insektizide chlorierte Kohlenwasserstoffe ..." Buchst. b, die als Schädlingsbekämpfungsmittel in zur Abgabe an Verbraucher bestimmten fertigen Packungen in den Verkehr gebracht werden, sofern die Vorschriften des § 18 Abs. 1 beachtet sind, *ausgenommen:*

1. Paradichlorbenzol, — 2. Zubereitungen, die als Schädlingsbekämpfungsmittel in zur Abgabe an Verbraucher bestimmten fertigen Packungen in den Verkehr gebracht werden, soweit sie entweder die Form von Räucherpapier haben oder nicht mehr als 10 Hundertteile der Stoffe enthalten und sofern die Vorschriften des § 18 Abs. 1 hinsichtlich Gebrauchsanweisung und Belehrung beachtet sind, — 3. Zubereitungen, die nicht mehr als 1 Hundertteil der Stoffe enthalten.

Insektizide Ester und Amide der Abteilungen 1 und 2 enthaltende Zubereitungen, die als Schädlingsbekämpfungsmittel in zur Abgabe an Verbraucher bestimmten fertigen Packungen in den Verkehr gebracht werden, sofern die Vorschriften des § 18 Abs. 1 beachtet sind und soweit sie nicht mehr enthalten als

a) 50 Hundertteile Dithiophosphorsäure-dikarbäthoxy-äthyldimethylester (z. B. Malathion), oder — 50 Hundertteile Thiophosphorsäure-chlor-methyl-oxy-cumarin-diäthylester (z. B. Resitox) oder — 50 Hundertteile Thiophosphorsäure-chlornitrophenyl-dimethylester (z. B. Chlorthion) oder — 30 Hundertteile Thiophosphorsäure-isopropyl-methyl-pyrimidyl-diäthylester (z. B. Diazinon) oder — 50 Hundertteile Trichloroxyäthyl-phosphonsäure-dimethylester (z. B. Dipterex), *ausgenommen:*

Zubereitungen, die als Schädlingsbekämpfungsmittel in zur Abgabe an Verbraucher bestimmten fertigen Packungen in den Verkehr gebracht werden, soweit sie die Form von Kugeln, Tafeln oder dergleichen haben und nicht mehr als 5 Hundertteile Trichloroxy-äthyl-phosphonsäure-dimethylester (z. B. Dipterex) enthalten und sofern die Vorschriften des § 18 Abs. 1 hinsichtlich Gebrauchsanweisung und Belehrung beachtet sind.

b) 50 Hundertteile Thiophophorsäure-äthylthio-äthyl-dimethylester (z. B. Metasystox) oder — 5 Hundertteile der übrigen in Abteilung 1 Position „* Insektizide Ester und Amide ..." unter Buchstabe b fallenden insektiziden Ester und Amide entweder als Stäube- oder Streumittel oder Spritzpulver mit einem vom Genuß abschreckenden Geruch und Geschmack oder in Form von Bändern oder Streifen oder dergleichen, sofern auch auf diesen die in § 18 Abs. 1 vorgeschriebene Belehrung je Meter mindestens einmal aufgedruckt ist.

Jod, auch gelöst, und seine anorganischen Verbindungen, *ausgenommen:* Silberjodid.

Jodoform.

Kadmium und seine Verbindungen.

Kalilauge, die mehr als 5 Hundertteile Kaliumhydroxyd enthält.

Kalium.

Kaliumhydroxyd.

Kirschlorbeerwasser.

Koffein und seine Verbindungen.

* *Koloquinten.*

Kreosot.

* *Kresole*, auch sogenannte rohe Karbolsäure (rohes Phenol), Kresolschwefelsäuren, Kresolsulfosäuren, *ausgenommen:* Lösungen von Zubereitungen (Kresolseifenlösungen usw.), die nicht mehr als 1 Hundertteil Kresol enthalten.

* *Lobelienkraut.*

* *Meerzwiebel.*

Meerzwiebelglykoside enthaltende Zubereitungen (siehe aber auch Abteilung 2), die als Schädlingsbekämpfungsmittel in zur Abgabe an Verbraucher bestimmten fertigen Packungen in den Verkehr gebracht werden, sofern die Vorschriften des § 18 Abs. 1 beachtet sind.

Methanol, Brennmethanol auch als Zubereitung, *ausgenommen:*

Brennmethanol, auch als Zubereitung, das als Warnstoffe zwei Liter 90%iges Handelsbenzol und 0,05 g Methylviolett auf 100 Liter enthält und dessen Abgabegefäße 1. die deutlich sichtbare Aufschrift tragen: „Methanol, Vorsicht Gift! Nur für Brennzwecke! Auch durch Destillieren nicht zu entgiften! Einatmen der Dämpfe gesundheitsschädlich! Mit Brennmethanol benetzte Hautstellen sofort gründlich mit Wasser reinigen!" 2. an keiner Stelle die Worte „Alkohol", „Spiritus", „Sprit" oder „Geist", auch nicht in Wortverbindungen, aufweisen.

* *Mutterkorn.*

Natrium.

Natriumhydroxyd.

Natronlauge, die mehr als 5 Hundertteile Natriumhydroxyd enthält.

* *Oxalsaure Salze*, lösliche, *ausgenommen:* Zubereitungen, die in zur Abgabe an Verbraucher bestimmten fertigen Packungen mit der deutlichen Kennzeichnung: „Für Kinder unzugänglich aufzubewahren!" in den Verkehr gebracht werden.

* *Paraphenylendiamin* und seine Verbindungen.

Phenacetin.

Phenol (Karbolsäure), auch verflüssigtes und verdünntes, — *ausgenommen:* Verdünnungen, die nicht mehr als 3 Hundertteile Phenol enthalten.

Pikrinsäure und ihre Verbindungen.

Quecksilberchlorür (Kalomel).

Sabadillessig.

Salpetersäure, auch rauchende.

* *Salpetrigsaure Salze*, *ausgenommen:* als Nitritpökelsalz nach dem Gesetz über die Verwendung salpetrigsaurer Salze im Lebensmittelverkehr (Nitritgesetz) vom 19. Juni 1934 (Reichsgesetzblatt I S. 513).

Salzsäure, auch verdünnte, die mehr als 15 Hundertteile wasserfreie Säure enthält.

* *Schwefelkohlenstoff.*

Schwefelsäure, auch verdünnte, die mehr als 15 Hundertteile Schwefelsäure enthält.

Silbersalze, *ausgenommen:* Silberbromid, Silberchlorid, Silberjodid.

Stephanskörner.

Tabakextrakt, der nicht mehr als 10 Hundertteile Nikotin enthält (siehe aber auch Abteilung 1).

Zinksalze, lösliche.

Zinnsalze.

Auszug[1] aus der RAL-Vereinbarung 848 C 2.

Terpentinöl und Kienöl.

Handelsübliche Bezeichnungen, Vorschriften über Verpackung, Bemusterung und Probenahme.

Vorbemerkung. Diese Vereinbarung RAL 848 C 2 und die „Gütebedingungen und Prüfverfahren für Terpentinöl und Kienöl", RAL 848 C 2 G[2]) treten an die Stelle der bisherigen „Lieferbedingungen für Terpentinöl", RAL 848 C (Ausgabe Juni 1927). Sie gelten für alle in der Bundesrepublik und in Westberlin gehandelten Terpentinöle und Kienöle. Bei Einfuhrware hat RAL 848 C 2 G nur bedingt Gültigkeit.

1 *Sorten, Begriffsbestimmungen und Bezeichnungsvorschriften.*

1.1 **Terpentinöl.**

1.11 **Balsamterpentinöl.** Unter dieser Bezeichnung darf nur reines vegetabilisch-ätherisches Öl aus der Destillation des harzigen Ausflusses (Balsam) lebender Kiefern (Pinusarten) gehandelt werden, dem nicht nachträglich irgendwelche Bestandteile (z. B. Pinen) entzogen sind.

1.12 **Dampfdestilliertes Wurzelterpentinöl.** Unter dieser Bezeichnung darf nur reines vegetabilisch-ätherisches Öl gehandelt werden, das aus Baumstümpfen und Wurzeln von Pinusarten durch Wasserdampfdestillation gewonnen ist, und dem nicht nachträglich irgendwelche Bestandteile (z. B. Pinen) entzogen sind.

Es ist stets das Wort „dampfdestilliert" bei der Bezeichnung mit anzuführen, wobei dieses Wort durch „dampfd." und nicht anders abgekürzt werden darf.

1.13 **Gereinigtes Sulfatterpentinöl.** Unter dieser Bezeichnung ist das vegetabilisch-ätherische Öl zu handeln, das als Nebenprodukt bei der Celluloseherstellung nach dem Sulfat-, Natron- oder Sodaverfahren gewonnen und anschließend gereinigt wird. Die in Deutschland gereinigte Ware kann als „Deutsches Holzterpentinöl" bezeichnet werden.

1.2 **Kienöl**[3]. Unter dieser Bezeichnung und keinesfalls unter der Bezeichnung „Terpentinöl" ist das vegetabilisch-ätherische Öl zu handeln, das durch trockene Destillation harzreichen Kiefernholzes gewonnen wird. Man unterscheidet:

1.21 **rohes Kienöl** und

1.22 **gereinigtes Kienöl.**

1.3 **Allgemeine Bestimmungen.**

Bei Lieferungen ist stets eindeutig anzugeben, ob es sich um Balsamterpentinöl, dampfd. Wurzelterpentinöl, gereinigtes Sulfatterpentinöl (deutsches Holzterpentinöl) oder Kienöl handelt. Eine Bezeichnung als „Terpentinöl" ohne nähere Bezeichnung ist unzulässig. Außerdem ist das Ursprungs- bzw. Veredelungsland — als Eigenschaftswort — anzugeben, z. B. „amerik. dampfd. Wurzelterpentinöl", „deutsches gereinigtes Sulfatterpentinöl" (deutsches Holzterpentinöl), „polnisches rohes Kienöl" usw.

Mischungen von Terpentinöl mit anderen Stoffen (z. B. mit anderen Lösungsmitteln) oder Lösungsmittelgemische ohne Terpentinöl-Zusatz dürfen nicht mit Wörtern bezeichnet werden, die das Wort „Terpentinöl", „Terpentin" enthalten, durch Kürzungen und Wortabwandlungen ähnlich lauten oder an den für Terpentinöl charakteristischen Terpen- oder Pinengehalt in der Wortbildung angelehnt sind.

Lediglich Mischungen mit einer Bromzahl von mindesten 120 können als „Terpentinöl-Verschnitt" bezeichnet werden. Eine nähere Bezeichnung der Herkunft der Terpentinöle ist bei Verschnitten unzulässig. Es darf auch nicht mehr die Bezeichnung Balsam-, Wurzel- bzw. Sulfatterpentinöl iu Zusammenhang mit dem Wort „Verschnitt" auftreten.

---

[1] Wiedergabe erfolgt mit Genehmigung des RAL beim DNA, Köln.

[2] RAL 848 C 2 G noch in Vorbereitung.

[3] Zur Sorte „Kienöl" gehört auch die unter der Bezeichnung „destructively distilled (dd) Wood Turpentine" angebotene Ware.

XVIII. Berufsbildungsplan für den Lehrberuf Drogist[1].

Berufsbild für den Lehrberuf Drogist

(für die betriebliche Ausbildung).

Staatlich anerkannt durch Erlaß des Bundeswirtschaftsministers II A 4—2114/53 vom 4. 5. 1953.

Lehrzeit: 3 Jahre.

Arbeitsgebiet:

Alle kaufmännischen und fachlichen Arbeiten der Drogerie im Rahmen der beratenden und versorgenden Funktion des Drogisten gegenüber dem Verbraucher: Einkauf, Lagerung, Prüfung, Be- und Verarbeitung, Verkauf von Waren, einschließlich kaufmännisches Rechnungswesen.

Fertigkeiten und Kenntnisse, die in der Lehrzeit zu vermitteln sind[2]:

Notwendige: **Kaufmännische Ausbildung:** Ausführen von Arbeiten im Lager und beim Versand; — Grundkenntnisse im Einkauf und Ausführen von Arbeiten für den Einkauf; — Verkaufen und Ausführen der damit verbundenen Arbeiten; — Grundlagen der Werbung und Ausführen von Dekorationsarbeiten; — Erledigen des Schriftverkehrs und aller einschlägigen Büroarbeiten; — Beherrschen der kaufmännischen Rechenarten und Kenntnis der Kalkulation; — Zahlungsverkehr; — Grundlagen der Buchführung; — Kenntnis der einschlägigen Rechtsvorschriften; — Kennenlernen wirtschaftlicher Zusammenhänge.

Fachliche Ausbildung: Pflegen und Instandhalten von Labor- und sonstigen Arbeitsgeräten; — Grundlegende Kenntnisse in Botanik und Drogen; — Grundlegende Kenntnisse in Chemie und Chemikalien; — Grundlegende Kenntnisse in der Gesundheitspflege und allgemeinen Hygiene; — Ausarbeiten von photographischen Aufnahmen; — Allgemeine Kenntnisse über photographische Artikel und Zubehör; — Herstellen streichfertiger Farben und Lacke; — Allgemeine Kenntnisse über Farben, Lacke und Zubehör; — Kenntnisse in Schädlingsbekämpfungs- und Pflanzenschutzmitteln; — Gründliche Kenntnisse der speziellen Drogeriewaren und der ferner zum drogistischen Sortiment gehörenden Handelswaren; — Herstellen von galenischen, kosmetischen und chemisch-technischen Zubereitungen; — Allgemeine Kenntnisse der angewandten Physik; — Durchführen einfacher chemischer und physikalischer Prüfungen; — Kenntnis der lateinischen Fachausdrücke; — Grundlegende Kenntnisse der fachgesetzlichen Bestimmungen einschließlich der Vorschriften über den Handel mit Giften.

Erwünschte: Plakatschrift; — Maschinenschreiben; — Kurzschrift.

Berufsbildungsplan für den Lehrberuf Drogist.

Staatlich anerkannt durch Erlaß des Bundeswirtschaftsministers—II A 4—3654/54 vom 10. 11. 1954.

Allgemeines.

Die Einführung des Lehrlings nimmt der Lehrherr oder sein Stellvertreter vor. Der Jugendliche wird hierbei auf seine Pflichten gegenüber der Betriebsgemeinschaft sowie auf die wichtigsten Bestimmungen der Betriebsordnung aufmerksam gemacht. Eine Führung durch den Betrieb gibt ihm einen Überblick über seine zukünftige Arbeitsstätte; sie soll dazu beitragen, daß er sich schnell heimisch fühlt und zurechtfindet.

Der in den Entwicklungsjahren stehende Jugendliche bedarf einer besonders aufmerksamen, festen aber verständnisvollen Führung und Fürsorge. Der Ausbilder hat deshalb neben den berufsvermittelnden Aufgaben in besonderem Maße auch erzieherische zu erfüllen; denn die Berufserziehung soll die Bildung eines ganzen Menschen anstreben. Sie soll sowohl die fachliche und kaufmännische Ausbildung wie auch die Formung zur Persönlichkeit einschließen. Alle Maßnahmen müssen daher davon ausgehen, daß Berufsausbildung und -erziehung ein unteilbares Ganzes sind wie der Mensch, an den sie sich wenden. Von der beruflichen Seite her kann in besonders eindringlicher Weise deshalb erzieherisch auf den

---

[1] Herausgegeben von der Arbeitsstelle für betriebliche Berufsausbildung Bonn, W. Bertelsmann Verlag KG, Bielefeld.

[2] Nähere Erläuterungen im Berufsbildungsplan.

Lehrling eingewirkt werden, weil seine berufliche Tätigkeit den größten Teil des Tages in Anspruch nimmt und naturgemäß sein Interesse stark beansprucht. Bei der Arbeit an und mit wertvollen Apparaten, Meß- und anderen Geräten sowie beim Umgang mit wertvollen Arzneimitteln, Chemikalien, Drogen und Giften ist dem Jugendlichen klarzumachen, welche Werte an Privat- und Volksvermögen ihm anvertraut werden; hierdurch soll er zur Verantwortung, Sorgfalt, Zuverlässigkeit und Gewissenhaftigkeit erzogen werden. Weiterhin muß es eine der vornehmsten Aufgaben des Lehrherrn sein, dem Jugendlichen zu helfen, die gerade im Anfang oft auftretenden Schwierigkeiten bei der fachlichen Ausbildung zu überwinden und dabei Selbstvertrauen, Zielstrebigkeit und Verantwortungsbewußtsein zur Entfaltung zu bringen.

Wenn auch der Lehrling vor seiner Berufsentscheidung von einem Arzt auf seine körperliche Eignung besonders untersucht wurde, soll seine gesundheitliche Entwicklung doch im Laufe der Ausbildung dauernd beobachtet und der Jugendliche einmal im Jahr ärztlich untersucht werden. Nach Möglichkeit ist für die Einnahme eines warmen Mittagessens Sorge zu tragen.

Auf die Bestimmungen des Gesetzes zum Schutze der Jugend in der Öffentlichkeit vom 4. Dezember 1951 ist wiederholt hinzuweisen (Gefährdung der Sittlichkeit, Alkoholmißbrauch u. a. m.). Auf gute körperliche Haltung und beste Arbeitsplatzgestaltung ist zu achten. Besonders bei Beginn der Berufsausbildung ist zum Ausgleich einseitiger und ermüdender Beanspruchung häufiger Wechsel in der Art der Beschäftigung vorzunehmen.

Praktische Ausbildung.

Voraussetzung für jede berufliche Ausbildung ist das Aufstellen eines den Verhältnissen des jeweiligen Betriebes angepaßten Zeitplanes, wie sie als Beispiele am Schluß wiedergegeben sind.

Wichtig ist, daß der Platz des Jugendlichen nicht von vornherein als Arbeitsplatz, sondern als Ausbildungsplatz angesehen wird, und es kommt entscheidend darauf an, daß der Jugendliche nach einem bestimmten Plan Arbeit zugeteilt erhält, so daß er vom Leichten zum Schweren in die Fertigkeiten seines Berufes hineinwächst.

Die berufliche Eignung wird durch eine Eignungsuntersuchung festgestellt. Danach ist in einer dreimonatigen Probezeit vom Lehrbetrieb sorgfältig zu prüfen, ob sich der Lehrling zum Drogisten eignet.

Die Ausbildung ist so zu gestalten, daß die Arbeitsfreude des Lehrlings durch häufige Abwechslung in den laufenden Arbeiten angeregt wird. Fertigkeiten, deren Vermittlung eine längere Zeit erfordert, werden nicht in einem Zuge erarbeitet; sie sind vielmehr durch andere Übungen zu unterbrechen. Unter Wahrung der Arbeitsgüte ist ein gesunder Wettbewerb unter den Lehrlingen von großem erzieherischem Wert. Hat der Lehrling die wesentlichen Fertigkeiten des Berufsbildes so weit erlernt, daß er sie mit hinreichender Zuverlässigkeit anwenden kann, so wird er mehr und mehr zu selbständigen Arbeiten herangezogen; sie wecken Arbeitseifer und -freude des Lehrlings und stärken Selbstvertrauen und Verantwortungsbewußtsein. Nur durch eine selbstverantwortliche und produktive Tätigkeit, bei der die benötigte Zeit im Verhältnis zur Arbeitszeit des Gehilfen berücksichtigt werden muß, wird eine betriebsnahe Ausbildung gewährleistet. Dabei müssen diese Arbeiten auf ihren Ausbildungswert geprüft werden, damit für die berufsbildgemäße Vermittlung der wichtigen Fertigkeiten und Kenntnisse Sorge getragen ist. Die Beschäftigung mit reinen Hilfsarbeiten darf nur in einem für die Ausbildung vertretbaren Maße erfolgen.

Bei Arbeiten an Maschinen und Einrichtungen des Betriebes sowie bei der Arbeit mit Chemikalien, Giften, Laugen und Säuren ist der Lehrling stets auf die besonderen Gefahren und die Unfallverhütungsvorschriften aufmerksam zu machen. Er ist besonders darauf hinzuweisen, vorhandene Schutzvorrichtungen zu verwenden.

Ein wertvolles Hilfsmittel, sich von dem Stand der Ausbildung bzw. sich vom Erlernen bestimmter Fertigkeiten zu überzeugen, ist in betrieblichen Zwischenprüfungen zu sehen, die in bestimmten Zeitabständen, auf jeden Fall nach Beendigung eines bestimmten Ausbildungsabschnittes, z. B. im Photolabor oder in der Buchhaltung, erfolgen sollten. Sie geben ein Bild über den Leistungsstand und können Lücken aufzeigen, die in der Folgezeit beseitigt werden müssen.

Kenntnisvermittlung.

Bei der Kenntnisvermittlung muß sich jeder Ausbilder darüber klar sein, daß ihm manches einfach erscheinen wird, weil er es für selbstverständlich hält, was aber dem Lehrling Schwierigkeiten mannigfacher Art bereiten kann. Der Ausbilder kann dadurch der Gefahr erliegen, keine ausreichenden Erklärungen zu geben und sich darauf zu verlassen, daß der Lehrling die notwendigen Grundkenntnisse schon selbst erlangen werde. Deshalb sollen auch die einfachsten Dinge mit dem Lehrling besprochen werden, und zwar in einer

Weise, die den Lehrling zum Mitdenken zwingt. Die Tätigkeit des Ausbilders darf deshalb nicht nur darin bestehen, dem Lehrling beispielsweise die Handhabung eines Gerätes oder Apparates lediglich vorzumachen in der Erwartung, daß er sie nachahmt und auf diese Weise zur Fertigkeit in der Ausführung der einzelnen Arbeiten gelangt; es muß vielmehr eine Unterweisung erfolgen über das Ziel der Arbeit, die erforderlichen Geräte und Apparate, die Bereitstellung der notwendigen Chemikalien, Lösungen und sonstigen Ingredienzen, den Gang der eigentlichen Arbeit, die Vermeidung von Unfällen, den Wert der verwendeten Stoffe und Geräte sowie über die Ordnung am Arbeitsplatz. Alle diese Erklärungen und Unterweisungen sollen sich jedoch in der Regel nur auf die Arbeit und technischen Geräte usw. beziehen, mit denen der Lehrling gerade zu tun hat. Die Aufgabe, die bei der Arbeit gesammelten Kenntnisse zu ordnen, zu ergänzen und zu vertiefen und die theoretischen Grundlagen der benutzten apparativen Hilfsmittel zu ermitteln, fällt den Drogistenfachklassen zu. Wohl aber soll sich die Kenntnisvermittlung während der Ausbildung und des Berufsschulunterrichts gegenseitig insofern ergänzen, als einerseits die dem Lehrling vermittelten Kenntnisse und Vorstellungen den Berufsschulunterricht erleichtern, andererseits dieser Unterricht die Vor- und Nachbereitung für die praktische Arbeit darstellt. Dabei mag betont werden, daß über alles Notwendige bei der Erlernung der Fertigkeiten im Betrieb eine entsprechende Unterrichtung durch den Lehrherrn oder seinen Stellvertreter zu erfolgen hat, denn es ist von Vorteil, die berufsnotwendigen Kenntnisse weitestgehend zugleich bei der drogistischen Praxis im Betrieb zu vermitteln.

Aus allen diesen Gründen ist engste Verbindung zwischen dem Lehrbetrieb und den Drogistenfachklassen zu halten. Vom Ausbilder muß erwartet werden, daß er durch enge Fühlungnahme mit den Drogistenfachklassen sich laufend über den Stand der schulischen Ausbildung unterrichten muß. Andererseits ist es Pflicht der Berufsschule, ihren Unterricht auf die Praxis abzustimmen.

Herbarium.

Ein pädagogisch wichtiges Hilfsmittel der Ausbildung für den angehenden Drogisten ist das anzulegende Herbarium. Während der Lehrjahre sind Pflanzen in der Natur zu sammeln, zu bestimmen, sorgfältig zu pressen und in einer Sammelmappe zusammenzutragen. So wie jede Arbeit in der Drogerie sorgfältig und mit hohem Verantwortungsbewußtsein durchgeführt werden muß, soll das Anlegen eines Herbariums ebenso sorgfältig erfolgen.

Das Anlegen des Herbariums hat den Sinn, den Jugendlichen mit der Natur, mit den Pflanzen, ihrem Aufbau und ihren Wirkstoffen auf das engste zusammenzuführen. Die im Lehrbetrieb und in der Schule erworbenen botanischen und drogenkundlichen Kenntnisse werden durch das Sammeln der Pflanzen in der Natur und aller mit der Anlegung des Herbariums verbundenen Arbeiten wesentlich verbreitert und vertieft. Der Lehrherr kann im Verlauf der Zusammenstellung des Herbariums die Fortschritte des Lehrlings überwachen und eventuelle Lücken in der Ausbildung ergänzen. Der Lehrer hat die Möglichkeit, von den gesammelten Pflanzen im Unterricht auszugehen und den Jugendlichen zu sorgfältigem Arbeiten anzuhalten. Die Eltern erhalten einen guten Einblick in die von dem Lehrling durchzuführenden Arbeiten.

Das Vorhandensein eines ordnungsgemäß angelegten Herbariums stellt eine der Voraussetzungen dar für die Zulassung zum fachlichen Teil der Drogisten-Gehilfenprüfung.

Drogisten-Gehilfenprüfung.

Die Drogisten-Gehilfenprüfung wird nach den in den Prüfungsanforderungen festgelegten Grundsätzen durchgeführt. Der Lehrling muß im Betrieb und in der Berufsschule so gefördert werden, daß er den kaufmännischen Teil der Drogisten-Gehilfenprüfung vor dem fachlichen Teil ablegen kann.

Am Ende der dreijährigen Lehrzeit hat der Lehrling den fachlichen Teil der Drogisten-Gehilfenprüfung und die Giftprüfung abzulegen.

Während der Lehrzeit ist ein Herbarium anzulegen sowie zumindest eine praktische Arbeit in der Photographie, welche bei der Anmeldung zur Prüfung einzureichen sind. Nach der schriftlichen Prüfung erfolgt die Abnahme der mündlichen Prüfung.

Die Giftprüfung wird nach den einschlägigen gesetzlichen Bestimmungen vom Amtsarzt abgenommen.

Bei Bestehen des kaufmännischen und fachlichen Teiles der Drogisten-Gehilfenprüfung und der Giftprüfung erhält der Lehrling das Drogisten-Gehilfenzeugnis. Vom Lehrbetrieb erhält er außerdem bei Beendigung der Lehrzeit ein Lehrzeugnis.

Anleitung zur Ausbildung im Betrieb.

Die nachfolgende Anleitung wurde an Hand des Berufsbildes und auf der Grundlage praktischer Ausbildungserfahrungen zusammengestellt. Sie ist gegliedert in die zu vermittelnden Kenntnisse und Fertigkeiten bei der kaufmännischen und bei der fachlichen Ausbildung. Es sind im Hinblick auf die Überschneidungen der verschiedenen Fertigkeiten und Kenntnisse bewußt Wiederholungen unter den einzelnen Arbeitsgebieten in Kauf genommen worden, um für Lehrherrn und Lehrling eine bessere Durchdringung des Ausbildungsstoffes zu ermöglichen.

Die einzelnen Abschnitte dieser beiden Hauptteile sind im großen und ganzen zwar methodisch geordnet, jedoch ist die Reihenfolge in der Ausbildung nicht hieran gehalten, sondern kann entsprechend den Anforderungen des Lehrbetriebes erfolgen.

Bei der Aufzählung der einzelnen Kenntnisse wird zwischen „Kennen" und „Kennenlernen" unterschieden. Während „Kennen" eine intensive Durchdringung des Ausbildungsstoffes voraussetzt, soll mit dem „Kennenlernen" eine Einführung in den Ausbildungsstoff angestrebt werden. Im allgemeinen muß das Kennen erreicht werden; Einschränkungen werden durch die Begriffe „Kennenlernen" oder „einfache Kenntnisse" zum Ausdruck gebracht.

Wenngleich die Aufstellung der zu vermittelnden Kenntnisse nicht alle Einzelheiten herausstellt, so zeigen doch die aufgeführten Beispiele, wie der Ausbilder in der Kenntnisvermittlung vorgehen kann und wie wichtig die Kenntnisvermittlung im Rahmen der Gesamtausbildung ist.

Die dem Berufsbildungsplan am Schluß beigefügten Zeitplanbeispiele sollen einen Anhaltspunkt über den Ablauf der im Berufsbild umrissenen praktischen Berufsausbildung nach pädagogischen Gesichtspunkten geben. Diese Zeitplanbeispiele können als Richtlinien dienen, wie die im Berufsbild gegebenen Anforderungen erfüllt werden können. Jeder Lehrherr muß selber einen den Ausbildungsmöglichkeiten seines Betriebes Rechnung tragenden Zeitplan aufstellen.

Notwendige Fertigkeiten und Kenntnisse.

Kaufmännische Ausbildung.

Lagerarbeiten.

Umfang der Fertigkeiten (zugleich Arbeitsbeispiele[1]): Annehmen und Auspacken der Ware. Prüfen des Wareneingangs im Hinblick auf Menge und Qualität. Feststellen und Melden von Schäden. Verteilen der Waren auf Lager- und Verkaufsraum. Lagern der Ware unter Berücksichtigung der Beschaffenheit und der Empfindlichkeit gegen Licht, Temperatur, Trockenheit, Feuchtigkeit und Geruch. Pflegen und Sauberhalten der Waren. Öffnen und Schließen des Lagers. Aufstellen der Inventur.

Geräte und Hilfsmittel: Regale, Ständer, Fässer, Flaschen, Kistenöffner, Hammer, Zange, Schere.

Umfang der Kenntnisse: Kennen: Gesetzliche und sonstige Vorschriften über die Lagerung. Die Fristen für Mängelrüge und Annahmeverzug. Zweck der Inventur. Vorschriften über die Inventur.

Kennenlernen: Die verschiedenen Waren, ihre Beschaffenheit und Herkunft, Umschlagsgeschwindigkeit und Lagerungsart.

Unfallverhütung: Unfallgefahr bei falscher Handhabung der Werkzeuge, bei falschem Bewegen und Lagern der Waren sowie bei offenem Licht.

Versand.

Umfang der Fertigkeiten (zugleich Arbeitsbeispiele): Laden und Wiegen des Versandgutes. Sach- und fachgemäßes Verpacken nach Zweckmäßigkeit und gemäß den Versandvorschriften. Abfassen des Begleitschreibens. Ausfüllen der Begleitpapiere. Aufgeben der verpackten Ware bei den Beförderungsträgern.

Geräte und Hilfsmittel: Verpackungsmaterial aller Art (Kisten, Korbflaschen, Kartons u. a. m.).

Umfang der Kenntnisse: Kennen: Auswahl des Verpackungsmaterials nach Zweckmäßigkeit. Unterschiedliche Versandarten. Die wichtigsten Versandvorschriften und

---

[1] Die Arbeitsbeispiele geben in knapper Form betriebliche Vorgänge an, bei denen die genannten Fertigkeiten und Kenntnisse zu erlernen sind.

-papiere. Die Tarife bei den wichtigsten Beförderungsträgern. Die Waagen und ihre Funktionsweise.

Unfallverhütung: Unfallgefahr bei falscher Handhabung der Werkzeuge. Unfallmöglichkeit beim Verladen.

Grundkenntnisse im Einkauf und Ausführen von Arbeiten für den Einkauf.

Umfang der Fertigkeiten: Ermitteln des Einkaufsbedarfs nach Menge und Zeit. Führen des Bestellbuches. Behandeln von Anfragen, Angeboten und Auftragsbestätigungen. Vergleichen von Angeboten durch Gegenüberstellungen der Preise. Qualitäten und Vergünstigungen. Auswerten von Preislisten und Musterkollektionen. Bestellen von Waren. Prüfen der Rechnungen. Behandeln einer Mängelrüge. Führen des Schriftverkehrs bei Annahme- oder Lieferungsverzug.

Arbeitsbeispiele: Hinzuziehen bei Auftragsvergebungen. Angebotsvergleiche. Einkaufskalkulation. Schriftverkehr.

Umfang der Kenntnisse: Kennen: Herkunft, Rohstoffe und Herstellungsweise der Waren. Abgrenzungs-, Einschränkungs- und Erweiterungsmöglichkeiten des Sortiments. Übliche Handelsbräuche. Die Hauptabsatzzeiten sowie die Bezugsquellen der Waren.

Kennenlernen: Die Bedingungen für die Berechnung der Fracht (ab Werk, frei Haus u. a. m.). Die verschiedenen Transportmittel und deren Vor- und Nachteile für den Transport. Die Bedingungen für die Lieferzeit (auf Abruf, Fixgeschäft u. a. m.) sowie für die Zahlungen (Barzahlung, Zielgeschäft u. a. m.). Einfache Kenntnisse über Skonto, Rabatt und Bonus. Die Vorschriften des Handels- und Bürgerlichen Rechtes über Angebot, Annahme, Vertrag, Verzug. Mängelrüge.

Verkaufen und Ausführen der damit verbundenen Arbeiten.

Umfang der Fertigkeiten: Anfordern der Ware vom Lager und nachmaliges Überprüfen auf einwandfreie Beschaffenheit. Errechnen des Verkaufspreises. Auszeichnen der Ware. Einräumen in den Verkaufsraum. Umfüllen der Ware von Lagerbehältern in Verkaufsbehälter. Unterscheiden in sachkundige und nicht sachkundige Käufer. Ermitteln des Kundenwunsches. Beraten des Kunden. Behandeln von Anfragen und Bestellungen. Wiegen und Abmessen der Ware sowie sach- und fachgemäßes Einpacken nach Zweckmäßigkeit, Vorschriften und Eigenart. Ausstellen von Kassenzetteln und Rechnungen. Annehmen und Wechseln des Geldes. Bedienen der Kasse. Übergeben der Ware.

Geräte und Hilfsmittel: Waagen, Meßgeräte verschiedener Art, Verpackungsmaterial, Kassen verschiedener Systeme.

Arbeitsbeispiele: Verkauf. Vorbereiten des Verkaufs. Helfen bei der Verkaufskalkulation. Auffüllen der Verkaufsbehälter.

Umfang der Kenntnisse: Kennen: Waren und Ausweichwaren. Verkaufsfertige Waren und die gesetzlichen Vorschriften für den Verkauf. Verwendbarkeit und Behandlungsweise der Waren. Anbieten der Ware. Höflichkeit, Umgangsformen. Grundrechnungsarten, Bruch- und Prozentrechnen. Preise der Waren. Im Umlauf befindliche Geldsorten. Gliederung von Rechnungen. Erforderliches Verpackungsmaterial. Herkunft, Rohstoffe und Herstellungsweise der Waren. Eigenschaften, Besonderheiten, Qualitätsunterschiede und Verwendungszwecke der Ware. Die Arten der verschiedenen Meßgeräte und ihre Anwendung.

Grundlagen der Werbung und Ausführen von Dekorationsarbeiten.

Umfang der Fertigkeiten (zugleich Arbeitsbeispiele): Aufbewahren und Auslegen von Werbeschriften. Anbringen von Plakaten und Schaupackungen. Abfassen einfacher Werbebriefe. Aufsetzen von Anzeigen. Sauberhalten und Pflegen der Auslagen. Anbringen von einfachen Blickfängen. Vorbereiten der Ware für das Ausstellen. Schreiben von Preisschildern, leichte Papier-, Pappe-, Kartonarbeiten. Räumliches Aufteilen und einfaches Gestalten von Schaufenstern, Schaukästen und Innendekoration.

Geräte und Hilfsmittel: Schaupackungen, Plakate, Ständer, Glasplatten Schere, Hammer, Papier, Karton, Pappe, Nägel, Reißbrettstifte, Nadeln.

Umfang der Kenntnisse: Kennen: Die Voraussetzungen für Werbung und Dekoration. Anwendungsweise der verschiedenen Dekorationshilfsmittel. Gesetz gegen den unlauteren Wettbewerb.

Kennenlernen: Die Werbungsarten und deren Anwendungsmöglichkeiten. Konsumentenschichtung. Saisonzeiten verschiedener Warengruppen. Stil- und Farbenlehre. Warenzeichenschutzgesetz, Gebrauchs- und Geschmacksmusterschutzgesetz, Patentschutzgesetz.

Erledigen des Schriftverkehrs und aller einschlägigen Arbeiten.

Umfang der Fertigkeiten (zugleich Arbeitsbeispiele): Abfassen und Schreiben einfacher Geschäftsbriefe. Beschriften und Frankieren der Briefumschläge. Aufgeben eines Telegramms. Einholen von Angeboten und Bestellungen. Handhaben einer Kartei. Ablegen des Schriftverkehrs. Arbeiten in der Registratur.

Umfang der Kenntnisse: Kennen: Rechtschreibung, Grammatik, Zeichensetzung.

Kennenlernen: Kartei und Ablegemethoden.

Beherrschen der kaufmännischen Rechenarten und Kenntnis der Kalkulation.

Umfang der Fertigkeiten: Zusammenzählen einzelner Posten. Abziehen von Skonto. Errechnen des Bezugspreises für die einzelne Verkaufseinheit. Errechnen des Verkaufspreises.

Arbeitsbeispiele: Kalkulation des Verkaufspreises. Überprüfen von Rechnungen.

Umfang der Kenntnisse: Kennen: Die vier Grundrechenarten sowie Prozent-, Bruch- und Zinsrechnen.

Kennenlernen: Die betrieblichen Belastungen für die Kalkulation.

Die schulmäßig erworbenen Kenntnisse im Rechnen sind in der Praxis zu üben.

Zahlungsverkehr.

Umfang der Fertigkeiten (zugleich Arbeitsbeispiele): Ausfüllen von Postanweisungen, Zahlkarten und Schecks. Abheben und Einzahlen von Geldern bei Bank und Post. Bezahlen von Rechnungen gegen Quittung. Einlösen von Schecks.

Umfang der Kenntnisse: Kennen: Anwendungsmöglichkeiten der verschiedenen Scheckarten (Bar-, Verrechnungsscheck). Unterscheidung von Zahlkarten und Postanweisungen.

Kennenlernen: Kreditverkehr. Wechsel- und Scheckrecht.

Grundlagen der Buchführung.

Umfang der Fertigkeiten (zugleich Arbeitsbeispiele): Aufnehmen des Warenbestandes. Aufstellen der Buchungssätze bei der Eröffnung. Verbuchen laufender Geschäftsvorfälle. Behandeln der Belege. Ermitteln des Geschäftserfolges in der Buchführung.

Umfang der Kenntnisse: Kennenlernen: Einschlägige handels- und steuerrechtliche Vorschriften über Buchführung und Bilanz. Kontenrahmen. Grundbegriffe der Kalkulation.

Kenntnis der einschlägigen Rechtsvorschriften.

Umfang der Kenntnisse: Kennenlernen: Vorschriften des Bürgerlichen und Handelsrechtes über Angebot, Annahme, Vertrag, Verzug, Mängelrüge. Rechtsformen der kaufmännischen Betriebe (Einzelfirma, Gesellschaft, Genossenschaft). Gesetz gegen den unlauteren Wettbewerb. Markenschutzgesetz, Gebrauchs- und Geschmacksmusterschutzgesetz. Die wichtigsten Vorschriften des Einkommen-, Umsatz- und Gewerbesteuergesetzes. Die wichtigsten Bestimmungen und Einrichtungen des Sozialversicherungswesens. Allgemeiner Versicherungsschutz. Behördenzuständigkeit (z. B. bei Konzessionen, Steuerzahlungen, Gerichtsverfahren, Überprüfung von Maßen und Gewichten).

Arbeitsbeispiele: Besprechen der im Geschäftsleben auftretenden Rechtsfragen.

Kennenlernen wirtschaftlicher Zusammenhänge.

Umfang der Kenntnisse: Kennenlernen: Die Stellung der Drogerie im Rahmen der Volkswirtschaft. Grundfragen der Preisbildung.

Arbeitsbeispiele: Besprechen wirtschaftlicher Einwirkungen auf die Absatzentwicklung. Lesen der Marktberichte und Fachzeitschriften.

Fachliche Ausbildung.

Pflegen und Instandhalten von Labor- und sonstigen Arbeitsgeräten.

Umfang der Fertigkeiten: Anwenden und Pflegen der Laborgeräte. Reinigen der Geräte. Filtrieren mit Filtrierpapieren. Kolieren. Anwenden des Aräometers, Alkoholometers, Thermometers, Saug- und Stechhebers. Verdünnen von Säuren und Laugen. Arbeiten mit Mörser und Reibschalen. Abkochen.

Geräte und Hilfsmittel: Waagen und Gewichte. Tarierbecher, Löffel, Schaufeln, Spateln, Trichter. Mensuren. Senkspindeln, Siebe, Pistille, Reibschalen, Mörser u. a. m., Flaschen.

Arbeitsbeispiele: Zerkleinern von Drogen und Chemikalien. Herstellen von Lösungen und Gemischen. Feststellen des Alkoholgehalts.

Umfang der Kenntnisse: Kennen: Die verschiedenen Labor- und Arbeitsgeräte und deren Anwendungsweise.

Kennenlernen: Die wichtigsten physikalischen und chemischen Vorgänge im Labor.

Grundlegende Kenntnisse in Botanik und Drogen.

Umfang der Fertigkeiten: Erkennen, Verarbeiten und Lagern von Drogen. Trocknen. Sieben.

Geräte und Hilfsmittel: Siebe. Mischtrommeln. Schneidemaschinen. Nachschlagewerke.

Arbeitsbeispiele: Prüfung eingehender Drogensendungen nach DAB-Qualität und Muster. Ständige Überwachung des Drogenlagers.

Umfang der Kenntnisse: Kennen: Ursprung der Drogen, ihre Bestandteile, Wirkstoffe, Verwendungsmöglichkeiten und Zubereitungsarten. Besondere Erkennungsmerkmale. Grundbegriffe der Botanik. Lateinische und deutsche Nomenklatur. Einschlägige Gesetze.

Kennenlernen: Deutsches Arzneibuch (DAB).

Grundlegende Kenntnisse in Chemie und Chemikalien.

Umfang der Fertigkeiten: Vornehmen einfacher chemischer Prüfungen. Anwenden von Reagenzien. Nachweisen von Chemikalien durch Flammprobe.

Geräte und Hilfsmittel: Bunsenbrenner. Reagenzgläser. Reagenzien.

Arbeitsbeispiele: Herstellen von einfachen chemisch-technischen Zubereitungen.

Umfang der Kenntnisse: Kennen: Vorkommen, Gewinnung bzw. Herstellung der wichtigsten Chemikalien. Lateinische und deutsche Nomenklatur. Handelssorten, Eigenschaften sowie Verhalten und Verwendungszwecke der Chemikalien. Einschlägige Gesetze.

Kennenlernen: Die verschiedenen Arten der Stoffbestimmung.

Grundlegende Kenntnisse in der Gesundheitspflege und allgemeinen Hygiene.

Umfang der Kenntnisse: Kennen: Die frei verkäuflichen Arznei- und Vorbeugungsmittel. Nähr- und Kräftigungsmittel. Diätetische und biologische Mittel. Säuglingspflegemittel. Desinfektionsmittel. Verbandmittel. Sanitäre, hygienische und chirurgische Gummiwaren. Mittel zur Gesundheits- und Körperpflege. Heilwässer und Quellsalze. Anwendungsmöglichkeiten und Wirkungsweise der vorgenannten Artikel. Gesetzliche Vorschriften.

Kennenlernen: Der menschliche Körper. Seine wichtigsten Organe und deren Funktionen.

Arbeitsbeispiele: Fachliche Beratung der Kunden. Sachgemäße Abgabe. Vorschriftsmäßige Signierung.

Ausarbeiten von photographischen Aufnahmen.

Umfang der Fertigkeiten (zugleich Arbeitsbeispiele): Ansetzen von photographischen Bädern. Entwickeln. Fixieren. Wässern. Trocknen. Kopieren. Vergrößern. Abschwächen. Verstärken. Herstellen von Reproduktionen bis zum Aufnahmeformat 9×12, von Diapositiven und Duplikatnegativen.

Geräte und Hilfsmittel: Dunkelkammergeräte (z. B. Kopier- und Vergrößerungsapparate). Photopapiere. Photochemikalien.

Umfang der Kenntnisse: Kennen: Notwendige Geräte und Hilfsmittel für die Dunkelkammer. Arbeitsweise in der Dunkelkammer. Schalen-, Dosen- und Tankentwicklung.

Kennenlernen: Photochemische Zusammenhänge bei der Herstellung des Negativs und Positivs.

Allgemeine Kenntnisse über photographische Artikel und Zubehör.

Umfang der Fertigkeiten: Photographieren. Erläutern und Anwenden von photographischen Apparaten und Zubehörteilen. Behandeln von Photoarbeiten bei der Annahme und Ausgabe. Besprechen von Fehlerquellen.

Arbeitsbeispiele: Einlegen von Filmen. Aufnahmen mit Filtern. Kundenberatung in der Phototechnik.

Umfang der Kenntnisse: Kennen: Optische Grundbegriffe. Linsensysteme. Verschlüsse. Arbeitsweise und Handhabung der Kameras. Belichtungs- und Entfernungsmesser. Blitzlichtgeräte und andere Zubehörteile. Negativ- und Positivmaterial.

Herstellen streichfertiger Farben und Lacke.

Umfang der Fertigkeiten: Auswählen der Farben und Bindemittel. Bestimmen der Mengenverhältnisse. Mischen und Anrühren von Öl- und Lackfarben.

Arbeitsbeispiele: Versuchsanstriche. Fachliche Kundenberatung zur Vorbereitung und Ausführung des Anstrichs.

Umfang der Kenntnisse: Kennen: Mischbarkeit verschiedener Farben und Bindemittel. Anwendungsmöglichkeiten der Farben, Bindemittel und Zusatzstoffe.

Allgemeine Kenntnisse über Farben, Lacke und Zubehör.

Umfang der Kenntnisse: Kennen: Farben im Hinblick auf ihre Lichtechtheit und Hitzebeständigkeit. Aufbau von Anstrichen. Anwendung der verschiedenen Pinsel, Spachtel, Abbeiz- und sonstigen Hilfmittel.

Kennenlernen: Farbenlehre.

Arbeitsbeispiele: Herstellen von streichfertigen Farben und Lackfarben. Kundenberatung bei Farbenzusammenstellungen.

Kenntnisse in Schädlingsbekämpfungs- und Pflanzenschutzmitteln.

Umfang der Kenntnisse: Kennen: Anwendung und Wirkung von Schädlingsbekämpfungs- und Pflanzenschutzmitteln. Gefahren in chemisch-biologischer Hinsicht und Vorsichtsmaßnahmen. Wirkungsbereich der verschiedenen Mittel. Vorschriftsmäßige Lagerung. Gesetzliche Bestimmungen.

Arbeitsbeispiele: Praktische Kundenberatung. Keine Rattenköder mit der Hand berühren wegen Körperwitterung. Hinweis auf Vergiftungsgefahren. Keine Anwendung von Arsenspritzmitteln während der Schwarmzeit der Bienen und während der Vor- und Nachblüte.

Grundsätzliche Kenntnisse der speziellen Drogeriewaren und der ferner zum drogistischen Sortiment gehörenden Handelswaren.

Umfang der Kenntnisse: Kennen: Anbau-, Herstellungs- oder Anwendungsweise der zum Sortiment gehörenden Handelswaren wie spezielle Drogeriewaren, diätetische Mittel, Tee, Kakao, Kaffee und sonstige Genußmittel, Spirituosen und Weine, Putz-, Wasch- und Reinigungsmittel, Bürstenwaren, Sämereien, Düngemittel, feuergefährliche Stoffe und Feuerwerkskörper. Gesetzliche und sonstige Vorschriften über Lagerung, Verpackung und Abgabe der Waren.

Arbeitsbeispiele: Lagern von Weinen. Beratung für die Hausweinbereitung. Verkauf von Feuerwerkskörpern.

Herstellen von galenischen, kosmetischen und chemisch-technischen Zubereitungen.

Umfang der Fertigkeiten (zugleich Arbeitsbeispiele): Mitarbeiten beim Herstellen von Lösungen, Tinkturen, einfachen pharmazeutischen, kosmetischen und technischen Zubereitungen. Anfertigen von Faltenfiltern. Filtrieren. Kolieren. Handhaben des Aräometers, Alkoholometers, Thermometers, Saug- und Stechhebers.

Geräte und Hilfsmittel: Laborgeräte. Deutsches Arzneibuch.

Umfang der Kenntnisse: Kennen: Die verschiedenen Filtrierarten und deren Anwendungsmöglichkeiten. Lösungsmittel und deren Verwendungsbereich. Herstellungsgang für Lösungen, Tinkturen, einfache pharmazeutische, kosmetische und chemisch-technische Zubereitungen.

Kennenlernen: DAB und einschlägige Rezeptbücher.

Allgemeine Kenntnisse der angewandten Physik.

Umfang der Kenntnisse: Kennen: Die wichtigsten physikalischen Geräte wie Hebel, Waage u. a. m. und deren Anwendungsmöglichkeiten.

Kennenlernen: Die Dichte verschiedener Stoffe. Wärmelehre. Aggregatzustände und ihre Umwandlung.

Arbeitsbeispiele: Umgang mit verschiedenen Waagen. Herstellung von Tinkturen und Lösungen.

Durchführen einfacher chemischer und physikalischer Prüfungen.

Umfang der Fertigkeiten: Nachweisen von Chemikalien durch Flammprobe und Reagenzien. Feststellen von Säuren und Basen.

Geräte und Hilfsmittel: Laborgeräte. Chemikalien verschiedener Art.

Arbeitsbeispiele: Zubereiten von Tinkturen o. ä.

Umfang der Kenntnisse: Kennen: Laborgeräte und gebräuchliche Chemikalien.

Kennenlernen: Wichte.

Kenntnis der lateinischen Fachausdrücke.

Umfang der Kenntnisse: Kennen: Die lateinische Nomenklatur für Chemikalien, Drogen, Zubereitungen und fachliche Arbeiten.

Arbeitsbeispiele: Anlegen eines Herbariums.

Grundlegende Kenntnisse der fachgesetzlichen Bestimmungen einschließlich der Vorschriften über den Handel mit Giften.

Umfang der Kenntnisse: Kennen: Gesetze und Verordnungen über freiverkäufliche Arzneimittel, Chemikalien, Drogen, Gifte und Feuerwerkskörper. Aufbewahrungs- und Abgabebestimmungen.

Arbeitsbeispiele: Besprechen der im Geschäftsleben auftretenden Fälle.

Erwünschte Fertigkeiten und Kenntnisse.

Plakatschrift.

Plakatschrift soll im allgemeinen schul- oder kursusmäßig gelernt werden. Das so Erlernte kann durch praktische Anwendung im Betrieb bei allen vorkommenden Arbeiten geübt und vervollkommnet werden.

Umfang der Fertigkeiten: Vorbereiten des Schreibmaterials. Sinnvolles Verteilen der Schrift auf den Plakaten. Anfertigen einfacher Plakate. Schreiben in verschiedenen Schriftarten. Pflegen der Geräte und Hilfsmittel.

Geräte und Hilfsmittel: Papier, Pappe, Karton. Schreibfedern in verschiedenen Breiten. Pinsel. Lineal. Tusche und Farben.

Arbeitsbeispiele: Versehen der ausgestellten Waren mit Preisschildern. Herstellen von Plakaten für die Schaufenstergestaltung.

Umfang der Kenntnisse: Kennen: Anwendungsmöglichkeiten der verschiedenen Pinsel und Federn. Schriftzeichen der einzelnen Schriften. Oberflächenbeschaffenheit von Pappe, Papier, Karton im Hinblick auf die Verwendung für Plakate.

Kurzschrift und Maschinenschreiben.

Die Anwendung und Übung schul- oder kursusmäßig erworbener Fertigkeiten und Kenntnisse in Kurzschrift und Maschinenschreiben sollen durch den Lehrherrn bei der Arbeit im Betrieb ermöglicht werden. Hierbei ist ausschließlich das Zehnfinger-Blindschreibsystem anzuwenden und besonderer Wert auf eine saubere und formgerechte Ausführung zu legen.

Umfang der Fertigkeiten: Aufnehmen und Wiedergeben eines Stenogramms. Anwenden des Zehnfinger-Blindschreibsystems. Aufsetzen eines Briefes nach Angabe. Schreiben eines formgerechten Briefes. Bedienen und Pflegen der Maschine.

Arbeitsbeispiele: Aufnehmen von Telefongesprächen und Notizen in Kurzschrift. Anfertigen von Abschriften, Vermerken und Briefen in Maschinenschrift.

Umfang der Kenntnisse: Kennen: Kurzschrift- und Maschinenschreibsystem. Rechtschreibung, Zeichensetzung, Grammatik. Die verschiedenen DIN-Formate und der Aufbau eines formgerechten Briefes.

1. Zeitplanbeispiel für die Ausbildung in dem Lehrberuf „Drogist“.

Kennenlernen des Lagers und der Betriebsräume Ausführen einfacher Lagerarbeiten Einführen in die lateinische Nomenklatur und die Grundzüge der Botanik Abpacken bzw. Abfüllen von Präparaten, Etikettieren usw. Kontrolle der ein- und ausgehenden Warenlieferungen Mithelfen im Laden Bekanntmachen mit dem Verkaufspreis. Auszeichnen	1. Halbjahr
Einführen in die Grundbegriffe der Chemie Kennenlernen von Drogen und Chemikalien Schwierigere Handreichungen im Betrieb Führen der Portokasse Bahn- und Postversand Erledigen von Zahlungsaufträgen bei Post und Bank Sauberhalten der Waagen und Laborgeräte Mithelfen beim Bedienen der Kunden	2. Halbjahr
Telefondienst und selbständiges Aufnehmen von Bestellungen per Telefon Defektieren Mithelfen bei Lagerbestandskontrollen Einführung in die Bürotätigkeit Einfacher Schriftverkehr Arbeiten in der Dunkelkammer Selbständiges Ausführen von einfachen Verkäufen	3. Halbjahr
Führen des Wareneingangsbuches Ablegen der erledigten Geschäftsvorfälle Schriftverkehr Bargeldloser Zahlungsverkehr Behandeln von Rechnungen Photoausbildung in Theorie und Praxis Mithelfen beim Verkauf von Artikeln der Gesundheits- und Krankenpflege Selbständiges Arbeiten in der Kundenberatung und im Verkauf	4. Halbjahr
Mithelfen beim Ausführen von Dekorationsarbeiten Selbständiges Arbeiten in der Dunkelkammer Anfertigen einer Sonderarbeit für die Fachprüfung Vertiefung der Kenntnisse in der Fachgesetzgebung Erledigen von Buchführungsarbeiten Mithelfen beim Einkauf	5. Halbjahr
Herstellung pharmazeutischer und technischer Präparate Allgemeine Wiederholung der vermittelten Kenntnisse und Fertigkeiten Führen einer Abteilung, z. B. für Farben, Photo, Schädlingsbekämpfung	6. Halbjahr

2. Zeitplanbeispiel für die Ausbildung in dem Lehrberuf „Drogist“.

Die praktische Ausbildung kann in Verbindung mit dem Lehrplan für den Unterricht in den Drogistenfachklassen an den Berufsschulen erfolgen.

Einführen des Lehrlings in den Betrieb Mitarbeiten in Lager und Laden Vermittlung allgemeiner Kenntnisse über die Einrichtung der Drogerie Erklärung der in der Drogerie gebräuchlichen Waagen, z. B. Dezimalwaage, Hebelwaage, Tafelwaage und Handwaage und deren Gewichte Nomenklatur und Signatur der Waren, Standgefäße usw. in Verkaufsraum und Lager Ordnung und Sauberkeit	1. Halbjahr

Mithelfen bei der Defektur Einführung in das photographische Praktikum Mitarbeiten im Photolabor Herstellen streichfertiger Farben und Lackfarben Handreichungen bei der Herstellung galenischer, kosmetischer und chemisch-technischer Zubereitungen Einführung in den Umgang mit Giften und die einschlägigen Verordnungen Eichgesetz Verpacken, Versandbereitmachen	2. Halbjahr
Verkaufstechnik und Verkehr mit den Kunden Verkaufsgespräch und Kundenberatung. Werbung Wirkstoffe und Anwendungsweise der Drogen Durchführen der Negativ-Entwicklung im Photolabor Vermittlung von Kenntnissen in der Gesundheitspflege und allgemeinen Hygiene Anwendungsweise und Besonderheiten von Chemikalien Einführung in die Büroarbeiten Mitarbeiten bei der Schaufenster- und Innendekoration	3. Halbjahr
Anfertigen von Kopien, Vergrößerungen, Diapositiven im Photolabor Annehmen photographischer Arbeiten Das Rechnungswesen der Drogerie Kalkulation nach Angabe	4. Halbjahr
Vertiefung der kaufmännischen und fachlichen Fertigkeiten und Kenntnisse Mithelfen beim Wareneinkauf Selbständiges Ausführen von Dekorationen Durchführen einfacher chemischer und physikalischer Prüfungen	5. Halbjahr
Selbständige Verkaufstätigkeit. Kassenführung Herstellen galenischer, kosmetischer und chemisch-technischer Zubereitungen Vertiefung der Kenntnisse der Fachgesetze und einschlägigen Bestimmungen Anwendungsweise der Schädlingsbekämpfungs- und Pflanzenschutzmittel einschließlich der gesetzlichen Bestimmungen	6. Halbjahr

XIX. Diätetische Lebensmittel der Drogerie.

Die diätetischen Lebensmittel machen einen wesentlichen Prozentsatz des Drogerieumsatzes aus, sie bedürfen deshalb sorgfältiger Pflege. Bei ihrer Lagerung ist ein besonderes Augenmerk darauf zu richten, daß sie *Gerüche irgendwelcher Art* nicht annehmen können.

Diätetische Lebensmittel dienen verschiedenen Zwecken:

1. Der Ergänzung und Vollwertgestaltung der Nahrung bei Gesunden,
2. einer gezielten Wirkung durch Konzentration bestimmter Nährstoffe,
3. der Verbesserung der Ernährungslage bei Appetitlosen und schlechten Essern,
4. als Zusatznahrung in der Entwicklungsperiode Jugendlicher,
5. als Zusatznahrung für Schwangere und stillende Frauen,
6. in der Rekonvaleszenz und für Personen in vorgeschrittenem Alter,
7. zur Ernährung besonders kranker, aber auch gesunder Säuglinge und Kleinkinder und deren akuten und chronischen Ernährungsstörungen,
8. zur Ernährung Kranker, bei denen eine vermehrte Zufuhr bestimmter Ergänzungs- und Zusatzstoffe erwünscht ist, bzw. bei der Durchführung bestimmter Krankenkostformen nach Anordnung des Arztes.

Begriffsbestimmungen für diätetische Lebensmittel[1].

(In Anlehnung an einen Vorschlag für eine lebensmittelrechtliche Regelung über diätetische Lebensmittel.)

1. Diätetische Lebensmittel sind Lebensmittel, die ihrer Natur, Herstellung oder Zusammensetzung nach diätetische Bedürfnisse erfüllen, die bei besonderen körperlichen Zuständen (z. B. Zuckerkrankheit, Rekonvaleszenz, Schwangerschaft, Stillperiode) auftreten oder im Lebensalter (z. B. Säuglingsalter) ihren Ursprung haben, und die mit Bezeichnungen, Angaben, Hinweisen oder Aufmachungen in den Verkehr gebracht werden, aus denen die Eignung oder Bestimmung zur Erfüllung solcher Bedürfnisse hervorgeht.

2. Als irreführend sind insbesondere anzusehen:

a) Übertriebene Behauptungen über die Wirkung des Erzeugnisses oder solche, die die ärztliche Krankheitsbehandlung gefährden,

b) zur Täuschung geeignete Angaben über Vorbildung, Befähigung oder Erfolge des Herstellers oder der für ihn tätigen Personen,

c) die Berühmung einer besonderen Eigenschaft oder Wirkung unter Beschränkung auf das eigene Erzeugnis, sofern die betreffende Eigenschaft oder Wirkung allen Erzeugnissen gleicher Art eigen ist,

d) die Verwendung von Dank- und Empfehlungsschreiben und sonstiger anerkennender oder empfehlender Äußerungen zur Werbung, auch der Werbung mit der Zahl solcher Äußerungen,

e) die Veröffentlichung oder Erwähnung von Gutachten, sofern sie nicht von wissenschaftlich oder fachlich hierzu vorgebildeten Personen erstattet worden sind, Namen und Beruf des Sachverständigen, den Zeitpunkt der Ausstellung des Gutachtens enthalten und sich auf die diätetische Wirkung des betreffenden Erzeugnisses beziehen,

f) Hinweise auf Schrifttum oder eine Stelle aus dem Schrifttum, sofern nicht angegeben ist, ob sich die Veröffentlichung auf die Frage allgemein oder auf die betreffenden Mittel, Herstellungsverfahren oder ihre Anwendung bezieht,

g) die Verwendung von Hinweisen auf eine Diäteignung (z. B. die Verwendung der Vorsilbe „Diät" vor der Warenbezeichnung), sofern nicht angegeben ist, worin oder für welche körperlichen Zustände diese Eignung besteht.

3. Nicht als irreführende Angaben gelten:

a) Zutreffende Angaben über eine stärkende oder kräftigende Wirkung für Rekonvaleszenten und schwächliche Personen,

b) die nicht von medizinischen Hinweisen begleitete zutreffende Angabe der Eignung für bestimmte körperliche Zustände oder Beanspruchungen,

c) die Verwendung von Zeugnissen (oder ihnen gleichzustellenden Äußerungen) approbierter Ärzte ausschließlich zur Unterrichtung von Ärzten und geprüften Angehörigen des Gesundheitsdienstes.

---

[1] Nach Grüne Liste 1957, Verlag Editio CANTOR, Aulendorf, Württ.

Verzeichnis diätetischer Lebensmittel[1].

1. Alete ®-Frühnahrung.

H.[2] *Alete, Pharmazeutische Produkte G.m.b.H., (13b) München 3.*

Zus.[2]: Gesäuerte, gebrauchsfertige Zweidrittel-Milchnahrung in Pulverform. 100 ccm aufgelöste Milch enthalten: Fett 2,5 g, Eiweiß 2,8 g, Mineralstoffe 0,43 g, Alete-Zucker 1,6 g, β-Laktose 5,25 g, nativer Milchzucker 2,4 g, höhere Kohlenhydrate 1,9 g und Citronensaft bzw. Citronensäure, Milchsäure.

Ind.: Für junge Säuglinge (auch Frühgeborene).

Pack.: Vakuumdosen 500 g, Umfüllpackungen 400 g.

2. Alete ®-Gemüse „gebrauchsfertig".

H. *wie 1.*

Zus.: Karotten, Spinat bzw. Mischgemüse in homogenisierter, gebrauchsfertiger feinster Breiform.

Ind.: Säuglingsbeikost vom 3. bis 4. Monat an.

Pack.: Spinat bzw. Karotten Dose 160 g, Mischgemüse Dose 160 g.

3. Alete ®-Milch.

H. *wie 1.*

Zus.: Mit natürlichem Citronensaft gesäuerte, gebrauchsfertige Vollmilch in Pulverform. 100 ccm aufgelöste Milch enthalten: Fett 3,3 g, Eiweiß 2,9 g, Milchzucker 3,9 g, Mineralstoffe 0,7 g, Alete-Zucker 4,9 g, höhere Kohlenhydrate 1,0 g, außerdem Citronensaft bzw. Citronensäure.

Ind.: Nach Alete-Frühnahrung vom 4. bis 6. Lebensmonat ab.

Pack.: Vakuumdose 500 g, Umfüllpackung 400 g.

4. Alete ®-Zucker.

H. *wie 1.*

Zus.: Dextrin-Maltose-Gemisch etwa 50 : 50.

Ind.: Als nichtgärender Kohlenhydratzusatz zur Säuglingsnahrung. In der Rekonvaleszenz und bei Erschöpfungszuständen aller Art bei Kindern und Erwachsenen.

Pack.: Dose 250 g und 500 g.

5. Aletobiose ®.

H. *wie 1.*

Zus.: Milchzucker als β-Laktose.

Ind.: Kohlenhydratzusatz zur Säuglingsnahrung, bei Dysbakterie bei Kindern und Erwachsenen.

Pack.: 250 g und 500 g.

6. Aletosal ®.

H. *wie 1.*

Zus.: Praktisch kochsalzfreie Milch mit etwa 17 mg Natrium und etwa 12 mg Chlor in 100 ccm trinkfertiger Auflösung.

Ind.: Zur kochsalzfreien bzw. kochsalzarmen Kost bei Hypertonie, Herz- und Nieren-Erkrankungen, Fettsucht.

Pack.: normal Pulver Dose 250 g, normal flüssig 325 g, fettfrei flüssig 330 g.

7. Alpenbote.

H. *wie 1.*

Zus.: Durch Sprühverfahren getrocknete Vollmilch.

Ind.: Zur Säuglings- und Diätnahrung.

Pack.: Dose 250 g und 500 g.

8. Apfel-Diät.

H. *Nähr-Engel G.m.b.H. (16) Darmstadt, Gerauer Allee 9.*

Zus.: Aus ganzen Äpfeln mit ihren kennzeichnenden Aromastoffen.

Ind.: Zur Normalisierung der Darmtätigkeit, zur Darmreinigung.

Pack.: 2,5 kg, 5 kg und 15 kg.

---

[1] Nach Grüne Liste 1957, Herausgeber: Verband der Diätetischen Lebensmittelindustrie, Frankfurt a/M. Verlang Editio CANTOR, Aulendorf/Württ., 1957, und Prospekten und Literatur der Hersteller.

[2] *Abkürzungen*: H. = Hersteller, Zus. = Zusammensetzung, Ind. = Indikationen, Pack. = lieferbare Packungen. Med. Fachausdrücke s. Bd. I, S. 729 ff.

9. Aplona ®.

H. *Kali-Chemie Aktiengesellschaft, (13a) Hannover, Hand-Böckler-Allee 20.*

Zus.: Roh-Äpfel-Präparat, 100 g entsprechen etwa 1000 g Frischapfel.

Ind.: Akute, chronische und infektiöse Durchfälle besonders der Kleinkinder; auch bei älteren Kindern und Erwachsenen.

Pack.: 100 g, Anstaltspackung 1000 g.

10. Arobon Nestle Antidiarrhoicum.

H. *Deutsche A.G. für Nestle Erzeugnisse (13b) Lindau/Bodensee, Verkaufszentrale Frankfurt/M. (16) Frankfurt/M., Mainzer Landstr. 193.*

Zus.: Johannisbrotmehl, Stärke und Kakao.

Ind.: Akute und chronische Durchfälle.

Pack.: Pulver Dose 125 g, Anstaltspackg.: 750 g, Tabletten 12 Stück.

11. Biomalz ® (Lizenz Gebr. Patermann).

H. *Kirner Vitaborn-Werk G.m.b.H., (22b) Kirn a. d. Nahe.*

Zus.: Malzextrakt mit 0,5% Calc. glyc. phosphor, 0,05% Vitamin B_1 0,5% Vitamin B_2, 0,0025% Niacinamid.

Ind.: Erschöpfungs- und Schwächezustände, Verstopfung, Dysbakterie und Fäulnisdyspepsie, Appetitlosigkeit beim Kleinkind.

Pack.: Dose 460 g.

12. Biomalz ® mit Eisen (Lizenz Gebr. Patermann).

H. *wie 11.*

Zus.: Malzextrakt mit 0,08% Ferro-Eisen, 0,5% Calc. glyc. phosphor, 0,014% Kupfer.

Ind.: In der Eisentherapie, bei Erschöpfungs- und Schwächezuständen.

Pack.: Dose 460 g.

13. Biomalz ® mit Kalk und Vitaminen (Lizenz Gebr. Patermann).

H. *wie 11.*

Zus.: Malzextrakt mit 4% Calc. lact., 0,5% Calc. glyc. phosphor, 0,00125% Vitamin A, 0,005% Vitamin B_2, ebensoviel Vitamin B_1, 0,025% Niacinamid und 825 I.E. (auf 100 g) Vitamin D_2.

Ind.: Vorbeugung gegen Kalkmangel, Schwächezustände bei Kindern, für werdende und stillende Mütter, bei Schwangerschaftserbrechen, Schulmüdigkeit.

Pack.: Dose 460 g.

14. Biomalz ® mit Lecithin und Magnesium (Lizenz Gebr. Patermann).

H. *wie 11.*

Zus.: Malzextrakt mit 5% Phosphatiden (1,5 g Reinlecithin), 0,5% Calc. glyc. phosphor, 0,5% Magnes.-glyc.-phosphor, 0,005% Vitamin B_1, 0,005 Vitamin B_2, 0,02% Niacinamid.

Ind.: Körperliche und geistige Erschöpfungszustände, Übertraining beim Sport, vegetative Labilität.

Pack.: Dose 460 g.

15. Butamyl ® Buttermilchnahrung mit Bifidum[1]-Wuchsstoff.

H.: *Töpfer GmbH., (13b) Dietmannsried bei Kempten/Allgäu.*

Zus.: Eiweiß 19%, Fett 16,7, Kohlenhydrate 55,3%, Salze 2,0%. Im Liter trinkfertiger Milch 2000 I. E. Vit. A., 750 I. E. Vitamin D_3.

Ind.: Heilnahrung bei allen Durchfallerkrankungen im Säuglings- und Kleinkindesalter, zur Ernährung Neu- und Frühgeborener, bei Muttermilchmangel.

Pack.: 400 g, 4 kg und 16 kg.

16. Buttermilch in Pulverform OMIRA ®.

H. *wie 15.*

Zus.: Im Krausesprühverfahren aus homogenisierter mit Milchsäurebakterienreinkulturen angesäuerte frische Buttermilch. Durchschnitts-Analyse: Fett 14,0%, Eiweiß 31,2%, Milchzucker 40,3%, Milchsäure 4,9%, Mineralsalze 6,6%, Wasser 3%, 420 Kalorien in 100 g Pulver, 42 Kalorien in 100 ccm Auflösung ohne Kohlenhydratzusatz.

Ind.: Heilnahrung bei allen akuten und chronischen Durchfallerkranknngen der Säuglinge und Kleinkinder, bei Kinder-Ekzemen.

Pack.: 335 g, Anstaltspackg. 12,5 und 25 kg.

---

[1] Bifidusflora, im kindlichen Darm bei Brustmilchernährung auftretende Spaltpilze (Bifidusbakterien).

17. Cenovis ®-Vitamin-Bierhefe.

H.: *Cenovis-Werke GmbH, München 8.*

Zus.: Sämtliche B-Vitamine, Amino-Säuren, Mineralsalze.

Ind.: Bei B-Avitaminosen, zur Ergänzung des Vitamin B-Mangels in der täglichen Nahrung.

Pack.: Dose 100 g, 200 g.

18. Citretten ®.

H.: *Joh. A. Benckiser GmbH., Chemische Fabrik (22b) Ludwigshafen/Rhein.*

Zus.: Reinste Citronensäure.

Ind.: Zur Herstellung von Säuremilch als Dauernahrung für den gesunden Säugling und Heilnahrung bei Dyspepsien, zur Milchdiät Erwachsener.

Pack.: 75 und 200 Tabl., Anstaltspackung: 2000 Tabl.

19. Citro Milupa ®-Vollweizen-Schleim.

H.: *Milupa-Pauly GmbH., (16) Friedrichsdorf/Ts.*

Zus.: Mit Citronensäure gesäuerter Vollweizenschleim, enthaltend 1,9% Fett, 10,2% Eiweiß, 79,9% Kohlenhydrate, 2,1% Mineralstoffe, 1,4% Hemicellulose in Schleimform, 3,5 γ Vitamin B_1.

Ind.: Als Getreidezusatznahrung bei gleichzeitiger Milchsäuerung für die Ernährung junger darmempfindlicher Säuglinge.

Pack.: 200 g, Anstaltspackg. 4 kg.

20. Citro-Semolin.

H.: *Hipp GmbH., (13b) Pfaffenhofen/Ilm (Obb.).*

Zus.: Stärke-Schleim-Kombination mit leichtem Säurezusatz. 100 g enthalten 1,2 mg Vitamin B_1, 6,7 mg Ferro-Eisen.

Ind.: Für Neugeborene, junge und darmempfindliche Säuglinge. Mit Heilnahrung bei Ernährungsstörungen nach ärztlicher Vorschrift.

Pack.: 200 g.

21. CORRELA ®, die Muttermilch-ähnliche Säuglingsmilch.

H.: *OMIRA-Oberland-Milchverwertung-G.m.b.H., (14b) Ravensburg/Württ.*

Zus.: Homogenisierte, im Krause-Sprühverfahren hergestellte Säuglingsmilch in Pulverform mit Vitamin A, Vitamin B_1, Vitamin C und Vitamin D_3.

Ind.: Vollwertige Milchnahrung für die Zwiemilch- und Dauerernährung des gesunden Säuglings während des 1. Lebensjahres bei Muttermilchmangel. Auch für Neu- und Frühgeborene.

Pack.: 335 g, Großpackungen: 1000 und 2000 g, Anstaltspackg. 12,5 und 25 kg.

22. D-Citretten ®.

H. *wie 18.*

Zus.: Acid. citr. puriss., 0,367 a, Calc. citr. 0,222 g, Vitamin D_3 140 I.E. je Tablette.

Ind.: Zur Herstellung von Säuremilch mit antirachitischer Wirkung zur Säuglingsernährung.

Pack.: 75, 200 Tabl., Anstaltpackg. 1000 Tabl.

23. Dexaminol ®.

H. *wie 15.*

Zus.: Aminosäuren-Heilnahrung mit Bifidum[1]-Wuchsstoff in Pulverform.

Ind.: Bei schweren Durchfallerkrankungen und Toxikosen der Säuglinge zur Ernährungsbehandlung.

Pack.: Dose 100 g, Anstaltspackg. 4 kg.

24. Dexamyl ® mit Bifidum[1]-Wuchsstoff.

H. *wie 15.*

Zus.: Durch enzymatischen Abbau von Stärke gewonnenes Nährpräparat: 95% Dextrine, 5% Maltose, Vitamin B und C, Ferrooxyd, Cystin, Süßstoff.

Ind.: Zur Dauer- und Heilnahrung gesunder und kranker Säuglinge, besonders bei Durchfällen, chronischer Verdauungsschwäche usw.

Pack.: 225 g, 450 g, Anstaltspackg.: 4 kg und 30 kg.

---

[1] Siehe Fußnote S. 796.

25. Dextro-Energen®.

H. *Deutsche Maizena-Werke GmbH. (24a), Hamburg 1, Spaldingstr. 218.*

Zus.: Reine Dextrose (Dextropur) mit Geschmackszusatz.

Ind.: Zur Leistungserhaltung bei körperlicher und geistiger Beanspruchung, zur Beseitigung von hypoglykämischen Zuständen. 2 bis 6 Täfelchen je nach Energieverbrauch.

Pack.: 6 Doppeltäfelchen in Cellophanumhüllung.

26. Dextropur®.

H. *wie 25.*

Zus.: Sacch. amyl. pur. 99,9% Dextrose i. d. Trockensubstanz, in der Reinheit des DAB. 6.

Ind.: Zur Beseitung hypoglykämischer Zustände, zur Auffüllung der Glykogenreserven. Als erstes Kohlenhydrat zur Säuglingsernährung, besonders dyspeptischer Säuglinge, für die ständige Diätetik des alternden Menschen.

Pack.: 150 g, 400 g.

27. Diabetiker-Schokolade (Halbbitter u. Vollmilch) „Reichardt".

H. *Reichardtwerk G.m.b.H. (22c) Köln/Rhein, Severinsmühlengasse 1—13.*

Zus.: Halbbitter: 50% Kakaobestandteile, 50% Losan-Diabetikerzucker (reine Xylose). Vollmilch: 32% Kakaobestandteile, 28% Milchbestandteile, 40% Losan-Diabetikerzucker (reine Xylose).

Ind.: Bei leichten und mittelschweren Fällen von Zuckerkrankheit.

Pack.: Tafel mit 100 g.

28. Diät-Amela, neutral.

H.: *Nähr-Engel G.m.b.H., Darmstadt, Gerauer Allee 9.*

Zus.: Lösliche Zuckerarten 54,2%, Eiweiß 23,5%, Fett 4,9%, unlösliche Kohlenhydrate 12,5%.

Ind.: Postoperative Zustände, Geschwüre des Magens u. Zwölffingerdarms, fieberhafte Erkrankungen.

Pack.: 1, 3, 7, 15 und 20 kg.

29. Diät-Fruttadin®.

H. *wie 28.*

Zus.: Saccharose mit Pektin aus frischen Früchten zur Förderung der appetit- und genußanregenden Eigenschaften des Obstes und der Fruchtsäfte, zur Steigerung ihres Geschmackswertes und Wirkstoffgehaltes.

Ind.: Fieberhafte Erkrankungen aller Art, Zustände nach Operationen in der Mundhöhle, der Speiseröhre und des Magens, Leberparenchym-Erkrankungen. Zur Herstellung von Rohkost, Obstsalaten, Obst- und Fruchtgeleespeisen.

Pack.: 3, 7 und 20 kg.

30. Diät-Müsli.

H. *wie 28.*

Zus.: Weizenkeime, Apfelpulver, Bienenhonig, Traubenzucker, Haferflocken, Haselnüsse, Sultaninen.

Ind.: Chronische Verstopfungen; zur Aufwertung der Kost. Besonders geeignet als Frühstück.

Pack.: 3, 6 und 20 kg.

31. „Diät-Pils"-Bier.

H.: *Diät-Pils-G.m.b.H. (24a) Hamburg-Eidelstedt.*

Zus.: 4—5% Alkohol, vergärbarer Extrakt + Dextrin 0,35 bis 0,75%.

Ind.: Zuckerkrankheit.

32. Diätsalz Kahler (DBP).

H.: *Kahler-Gewürze-Nährmittel, Hanns Kahler & Co. (1) Berlin-Tempelhof, Germaniastr. 29/30.*

Zus.: Leicht resorbierbares Kochsalzersatzmittel mit Natriumverbindungen der Adipinsäure, Kalium-frei, Natriumwert bei 20%. Chlorfrei, kochfest.

Ind.: Blutdrucksteigerung, Neigung zu Ödemen, akute und chronische Nierenkrankheiten.

Pack.: Etwa 100 g und lose.

33. droko-DEX.

H.: *Dr. Otto Kippe K.-G. (23) Osnabrück.*

Zus.: Chem. reine Dextrose 99,8%, Vitamin B_1 3 mg%, Vitamin C 300 mg%, mit natürlichem Citrusöl-Konzentrat angeeichert.

Ind.: Roborans für Kinder und Erwachsene, besonders bei Appetitlosigkeit, in der Rekonvaleszenz, nach Operationen und Infektionskrankheiten.

Pack.: 200 g, Granulat (Tabletten in Vorbereitung).

34. Edelweiß-Milchzucker ® DAB. 6.

H.: *Edelweiß-Milchwerke, K. Hoefelmayr, (13b) Kempten/Allgäu.*

Ind.: Die physiologische Darmflora (Bifidusflora[1]) des Säuglings fördernder und stuhlregulierender Zusatz zur künstlichen Säuglingsnahrung. Mildes Laxans für Erwachsene und Kinder bei Neigung zur Verstopfung.

Pack.: 125 g, 250 g, 500 g.

35. Eiweißmilch Finkelstein-Meyer ®.

H. *wie 15.*

Zus.: Eiweiß, Fett, Milchzucker, Mineralbestandteile.

Ind.: Heilnahrung bei sauren Gärungsstühlen, Aufbaunahrung für Säuglinge, zur Behandlung von Eiweißmängelschäden.

Pack.: Dose 400 g, Anstaltspackung 900 g. Pulver: Dose 250 g, Anstaltpckg. 18 kg.

36. Eledon Nestle ®, Buttermilch in Pulverform.

H. *wie 10.*

Zus.: Durch Reinkultur von Streptococcus lactis gesäuertes Buttermilchpräparat.

Ind.: Als Heilnahrung bei Dyspepsien, Diarrhöen, Enteritiden, besonders des Säuglingsalters, bei Eiweißmangelschäden und Ekzemen. Besonderes geeignet zur Zwiemilchernährung und zur Ernährung von Neu- und Frühgeborenen.

Pack.: Dose 250 g.

37. ETO-Glutamat.

H.: *ETO Nahrungsmittelfabrik Richard Graebener (17a) Karlsruhe/Baden, Kaiser-Allee 15.*

Zus.: Mono-Natriumsalz der Glutaminsäure Reinheitsgrad 99,9%; Kochsalzgehalt 0,02%.

Ind.: Kochsalzersatzmittel.

Pack.: Dose 450 g, 2700 g.

38. Eugalan ® „Töpfer".

H. *wie 15.*

Zus.: Bifidum[1]-Präparat auf Milchgrundlage mit regulierender Wirkung auf die Darmflora.

Ind.: Akute und chronische Dyspepsien, Enterale Autointoxikation, Dysbakterien.

Pack.: 270 g, Kurpackg. 1000 g, Anstaltspackg. 3 kg.

39. „Frankonia"-Sionon-Diabetiker-Pralinen.

H.: *Frankonia Schokoladenwerke Aktiengesellschaft, Würzburg.*

Zus.: Kakaobestandteile 26%, Sionon ® 26%, Sahnepulver 7%, Sionon-Marzipan 14%, Nüsse, Mandeln 26%, Bohnenkaffee 1%, max. Kohlenhydratgehalt 1 Packg. = 12 g = 1 BE[2].

Ind.: Zuckerkrankheit.

Pack.: 120 g.

40. „Frankonia"-Sionon-Edelbitter-Schokolade.

H. *wie 39.*

Zus.: Kakaobestandteile 60%, Sionon ® 40%, max. Kohlenhydratgehalt einer 100 g-Tafel etwa 6 g = ½ BE[2].

Ind.: Zuckerkrankheit.

Pack.: 100 g-Tafel.

41. „Frankonia" Sionon-Schokoladenpulver, geraspelt.

H. *wie 39.*

Zus.: Kakaobestandteile 40%, Sahnepulver 20%, Sionon ® 40%, max. Kohlenhydratgehalt einer Dose = 12 g = 1 BE[2].

Ind.: Zuckerkrankheit.

Pack.: Dose 125 g.

---

[1] Siehe Fußnote S. 796. — [2] BE. = Broteinheit (Weißbroteinheit). Eine Weißbroteinheit ist die Menge Kohlenhydrat, die in einem Weißbrötchen von 20 g enthalten ist.

Ferner sind lieferbar:

42. „Frankonia"-Sionon-Vollmilch-Mokka-Schokolade.

43. „Frankonia"-Sionon-Vollmilch-Nuß-Schokolade.

44. „Frankonia"-Sionon-Vollmilch-Schokolade.

H. *von 42.—44. wie 39.*

45. Frenon ®-Spezial-Diät-Melasse.

H.: *Frenon-Arzneimittel GmbH, (21a) Werne a. d. Lippe.*

Zus.: Invertierte Cuba-Melasse.

Ind.: Diätetisches Aufbaumittel für Kinder und Erwachsene bei Erschöpfungszuständen und in der Rekonvaleszenz.

Pack.: Glas mit 500 g.

46. Frenon ®-Spezial-Diät-Melasse mit Bienenhonig.

H. *wie 45.*

Zus.: Invertierte Cuba-Melasse mit 45% reinem Bienenhonig.

Ind. wie 44.

Pack.: Glas 500 g.

47. Frenon ®-Spezial-Diät-Melasse mit Bierhefe.

H. *wie 45.*

Zus.: Invertierte Cuba-Melasse mit 20% Bierhefe.

Ind. wie 44.

Pack.: Glas 500 g.

48. Frenon ®-Spezial-Diät-Melasse mit Bierhefe und Bienenhonig

H. *wie 45.*

Cus.: Invertierte Cuba-Melasse mit 20% Bierhefe und 20% reinem Bienenhonig.

Ind. wie 44.

Pack.: Glas 500 g.

49. Frenon ®-Spezial-Vitamin-Hefe.

H. *wie 45.*

Zus.: Aus reiner Saccharomyces cerevisiae Heferasse gewonnene Vitaminhefe mit hoher Konzentration des Vitamin B-Komplexes (B_1, B_2, B_6, B_{12}, Nicotinsäureamid, Pantothensäure usw.).

Ind.: Hypovitaminosen, unterstützendes Mittel bei der Behandlung von Hauterkrankungen, Furunkulose, Ekzemen, in der Rekonvaleszenz, im Wachstumsalter, bei Verstopfung.

Pack.: 100 g, 200 g.

50. Dr. Friese Baby-Kost ®.

H.: *Rhenania, Hermann Bosse G.m.b.H. (22c) Rodenkirchen/Rhein.*

Zus.: *Obstbrei*: Feinst zerkleinerte, homogenisierte Äpfel, Aprikosen oder Pfirsiche, Trauben- und Kristallzucker. *Gemüsebrei:* Feinst zerkleinerte, homogenisierte Karotten bzw. Spinat, erntefrisch und vitaminschonend verarbeitet. *Leber-Gemüsebrei:* Wie Gemüsebrei mit Zusatz von 15 g frischer, fettarmer Leber. *Reisbrei mit Huhn:* Ungewürzter homogenisierter Reisbrei mit 15 g frischem Hühnerfleisch.

Ind.: Natürliche Säuglings- und Kleinkinder-Beinahrung. Zur Appetitanregung, als Magen-Darmschonkost. Karottengemüse zur Behandlung der Säuglingsdyspepsie als MOROsche Karottensuppe.

Pack.: Äpfel-, Spinat-, Karottenbrei: Dose 150 g. Spinat-, Karottenbrei mit Leber: Dose 150 g. Aprikosen-, Pfirsichbrei: Dose 150 g. Reisbrei mit Huhn: Dose 150 g.

51. Gesuna-Kost, neutral.

H. *wie 8.*

Zus.: Lösliche Zuckerarten 49,7%, Eiweiß 11,9%, Fett 5,6%, unlösliche Kohlenhydrate 32,8%.

Ind.: Arteriosklerose, Hypertension, Basedowsche Krankheit.

Pack.: 3, 6, 15 und 20 kg.

52. Gesuna-Kost-Schokolade.

H. *wie 8.*

Zus.: Lösliche Zuckerarten 41,3%, Eiweiß 13,8%, Fett 6,1%, unlösliche Kohlenhydrate 38,8%.

Ind.: Erschöpfungs- und Schwächezustände aller Art.

Pack.: 3, 6, 15 und 20 kg.

53. Gesuna-Trunk. Vollmundiges Getränk m. ausgeprägtem Schokoladengeschmack.
H. *wie 8.*
Zus.: Lösliche Zuckerarten 50,6%, Eiweiß 12,9%, Fett 5,3%, unlösliche Kohlenhydrate 31,2%.
Ind.: Aufbaugetränk für Jung und Alt, zur Erhaltung und Steigerung der Leistungsfähigkeit, zur Appetitanregung, insbesondere in der Rekonvaleszenz, Gravidität und Laktation.
Pack.: 3, 6, 15 und 20 kg.

54. Hälsana ®.

H.: *Condetta Gesellschaft m.b.H. (21a) Halle/Westf.*
Zus.: 18 Traubenzucker, 32% Malzzucker, 50% höhermolekulare Stärkeverzuckerungsprodukte.
Ind.: Schwächezustände, Appetitlosigkeit, Rekonvaleszenz, Magersucht.
Pack.: Blechdose 250 g, Anstaltspackg.: 5 kg.

55. Haferflocken; Extra zarte Knorr-Haferflocken ®.

H.: *C. H. Knorr A.G., Nahrungsmittelfabriken, (14a) Heilbronn/Neckar.*
Zus.: Nach Durchschnittsanalyse: Wasser 10%, Eiweiß 14%, Fett 9%, Kohlenhydrate 63,5%, Mineralstoffe 2%, Rohfaser 1,5%, B_1 600 γ%, Kalorien 395/100 g.
Ind.: Als Haferzusatznahrung und zweites Kohlenhydrat für die Säuglings- und Kleinkinderernährung, besonders als Haferschleim zur Milchverdünnung und zur Herstellung von Säuremilchen.
Bei Erkrankungen von Magen und Darm, der Galle und Leber. Bei Zuckerkrankheit in Form der von NOORDENschen Hafertage. Zu salzarmen und milchfreien Diäten, zu allen Rohkostformen.
Pack.: 250 g, 500 g.

56. Haferflocken; Knorr-Vollkorn-Haferflocken ®.

H. *wie 55.*
Zus.: wie 55.
Ind.: Erkrankungen von Magen und Darm, der Galle und Leber. Sonst wie 55.
Pack.: 250 g, 500 g.

57. Hag-Blitz ®.

H.: *Hag Aktiengesellschaft, (23) Bremen.*
Zus.: Kaffee-Extrakt in Pulverform aus 100% Kaffee-Hag.
Ind.: Coffeinunverträglichkeit.
Pack.: Dose mit 23 g, 45 g.

58. Heintz Gemahlener Haferzwieback.

H.: *August Heintz KG., Nährmittelfabrik, (22b) Speyer/Rhein.*
Zus.: Gesamtzucker 32%, Rohrzucker 18%, Malzzucker plus Dextrine 14%, Stärke 49%, Protein 9%, Fett 3%, mineralische Bestandteile 1,5%, Rohfaser 0,5%, Wasser 5%.
Ind.: Zusatznahrung auf Getreidebasis für Säuglinge und Kleinkinder. Auch zur Herstellung milchfreier Diäten mit Obst- und Fruchtsäften, bei Ekzemen und anderen Milchüberempfindlichkeitszuständen des Säuglingsalters. Bei Gastroenteritis der Kinder und Erwachsener.
Pack.: Paket mit 355 g.

59. Henkell Trocken für Diabetiker.

H.: *Henkell & Co. Sektkellereien, (16) Wiesbaden-Biebrich.*
Zus.: Mit Sionon® gesüßter Sekt.
Ind.: Genußmittel für Zuckerkranke.
Pack.: ½ Flasche (etwa 375 ccm), ganze Flasche etwa 750 ccm.

60. Hipp's Buttermilchgrieß ®.

H. *wie 20.*
Zus.: Eiweiß 14,3%, Fett 0,8%, Gesamt-Kohlenhydrate 83,8%. Asche 1,1%, Säuregrad 5,3.
Ind.: Fettarme Zusatznahrung für die Säuglings- und Kleinkinderkost in Trink- und Breiform, für Erwachsene zur Magen- und Darmschonkost.
Pack.: 250 g.

61. Hipp's Kindergrieß ®.

H. *wie 20.*

Zus.: Eiweiß 10,6%, Fett 0,7%, Gesamt-Kohlenhydrate 87,5%, Asche 1,2%, Vitamin B_1 1,2 mg in 100 g, 2wertiges Eisen 6,7 mg in 100 g.

Ind.: Zweites Kohlenhydrat zur Herstellung von Milch- und Obstbreien für Säuglinge und Kleinkinder.

Pack.: 230 g.

62. Hipp's Kindernahrung ®.

H. *wie 20.*

Zus.: Eiweiß 11,7%, Fett 2,8%, Saccharose 20%, aufgeschlossene Kohlenhydrate 20,8%, Lactose 5,2%, Stärke 37,7%, Asche 1,8%, Vitamin B_1 0,6 mg in 100 g, 2wertiges Eisen 2,35 mg in 100 g.

Ind.: Zusatz zur Flaschennahrung. Zur Herstellung von Milch- und Obstbreien besonders geeignet für appetitlose, ungesunde Kinder.

Pack.: 375 g.

63. Hipp's Kinderzwiebackmehl ®.

H. *wie 20.*

Zus.: Gemahlener milchfreier Kinderzwieback mit Zuckerzusatz. 100 g enthalten 0,72 mg Vitamin B_1 und 4,02 mg 2wertiges Eisen.

Ind.: Zusatz zur Trinknahrung, zur Herstellung von Milch- und Obstbreien für gesunde Säuglinge und Kleinkinder. Zur Bereitung milchfreier Diäten und Rohkostformen.

Pack.: 275 g.

64. H. A. Holländische Anfangsnahrung „Rietschel" ®.

H. *wie 15.*

Zus.: Eiweiß 38%, Milchzucker 31%, Fett 14%.

Ind.: Akute und chronische Durchfallerkrankungen der Säuglinge und Kleinkinder. Eiweißmangelschäden bei Kindern und Erwachsenen. Zur Bereitung von Buttermilch-Buttermehlnahrung nach Prof. KLEINSCHMIDT für die Dauerernährung des gesunden Säuglings.

Pack.: 200 g (auf 1/3 Konz.). 250 g (Pulverform).

65. Humana ®-Heilnahrung.

H.: *Milch-V. e.G.m.b.H.*, (*21*a) *Herford/Westf.*

Zus.: Der trinkfertigen Nahrung: Fett 1%, Eiweiß 3%, Stärke plus Dextrine 3%, Maltose plus Lactose 2%, Salze 0,5%. Das Humana-Heilnahrungspulver enthält folgende Zusätze: Vitamin C 50 mg/kg, Saccharin 0,6 g/kg. Kalorien 40/100 g.

Ind.: Säuglings-Dyspepsie.

Pack.: Weißblechdose mit Meßbecher 320 g, Anstaltspackg. 2 kg.

66. Humana ®-Säuglingsnahrung.

H. *wie 65.*

Zus.: Der trinkfertigen Nahrung: Fett 2,3%, Eiweiß 1,6%, Lactose 7,2%, Dextrin 0,5%, Salze 0,4—0,5%, Zusätze bei der Herstellung: Vitamin C 15 mg/l, Vitamin D_3 1000 I.E./l = 2,5 mg/100 l, 2-wertiges Eisen 840 γ/l Kalorienwert = 67/100 ccm.

Ind.: Dauernahrung für gesunde Säuglinge bei Muttermilchmangel, zur Zwiemilchernährung. Zur Ernährung Frühgeborener und schlechtgedeihender Säuglinge.

Pack.: 350 g Weißblechdose mit Meßbecher, Sparpackg. 350 g ohne Meßbecher. Anstaltspackg. mit 2 und 5 kg.

67. Hygiama ®.

H.: *Dr. Theinhardt, Stuttgart-Bad Cannstatt.*

Zus.: Aus frisch verarbeiteter Kuhmilch, kleberreichen Zerealien, Weizen, Malz, Zucker, Kakao. Enthält 21% Eiweiß, etwa 10% Fett, etwa 60% Kohlenhydrate (davon etwa 50% lösliche), etwa 3,5% Mineralstoffe mit 1% Phosphorsäure.

Ind.: Bei Magen- und Darmleiden, Nieren- und Nervenleiden, Stoffwechselstörungen, nach schweren operativen Eingriffen und Blutverlusten, zu Nährklistieren.

68. Infantina ® (Theinhards lösliche Kindernahrung).

H.: *Dr. Theinhardt, Stuttgart-Bad Cannstatt.*

Zus.: Durch ein Pflanzenferment leicht verdaulich gemachte Eiweißstoffe der Kuhmilch, durch Malzdiastase in die verschiedenen Zuckerarten überführte Stärke aus Weizenmehl, enthaltend etwa 15% Eiweiß, etwa 5% Fett, etwa 70% Kohlenhydrate (davon löslich etwa 54%), Mineralstoffe etwa 3,5% mit etwa 1% Phosphorsäure.

Ind.: Zur Säuglingsernährung als Diäteticum, zur Beikost nach der Entwöhnung, zur Vorbeugung gegen Rachitis.

69. Kaba®.

H. *wie 57.*
Zus.: $\frac{1}{3}$ stark entfetteter Kakao, $\frac{2}{3}$ Traubenzucker und Rohrzucker.
Ind.: Bei Erschöpfungs- und Schwächezuständen aller Art, besonders bei Kindern und älteren Menschen.
Päckchen mit $62\frac{1}{2}$ g, 125 g, 200 g, 500 g.

70. Kaffee Hag®.

H. *wie 57.*
Zus.: Coffeinfreier gerösteter Bohnenkaffee.
Ind.: Coffeinunverträglichkeit.
Pack.: 50 g, 100 g, Vakuumdose 100 g und 200 g.

71. Kalium-Diätsalz Kahler (DBP).

H. *wie 32.*
Zus.: Leichtresorbierbares Kochsalzersatzmittel auf der Basis teilweiser Neutralisation der Adipinsäure bestimmter Kaliumverbindungen. 25% Kalium, natriumfrei, chlorfrei, kochfest.
Ind.: Neigung zu Ödemen, Entzündungen, Hypertonie und allen Zuständen, welche die Verwendung eines völlig natriumfreien Kochsalzersatzes bedingen.
Pack.: Kurpackung etwa 100 g und lose.

72. Kaseinolakt.

H. *wie 1.*
Zus.: Eiweißmilch in Pulverform. 100 g enthalten 41 g Eiweiß, 28,5 g Fett, 20 g Kohlenhydrate.
Ind.: Heilnahrung bei Dyspepsien.
Pack.: Vakuumdose 250 g.

73. Kathreiner Kneipp-Malzkaffee®.

H.: *Franck u. Kathreiner G.m.b.H., (14a) Ludwigsburg/Württ.*
Zus.: Reines geröstetes Gerstenmalz (in Körnern und gemahlen).
Ind.: Bei Übererregbarkeit, Blutdrucksteigerung, Magen- und Darmempfindlichkeit, in der Schwangerschaft und Stillperiode, im Kleinkindesalter, für coffeinempfindliche Personen.
Pack.: 250 g.

74. Kessler Natur Herb für Diabetiker.

H.: *G. C. Kessler & Co., älteste deutsche Sektkellerei, (14a) Eßlingen/Neckar.*
Zus.: Im Flaschengärverfahren hergestellter 0,9 g Zucker enthaltender Sekt.
Ind.: Zuckerkrankheit.
Pack.: $\frac{1}{2}$ Fl. und $\frac{1}{1}$ Fl.

75. Kessler Sionon.

H. *wie 74.*
Zus.: Im Flaschengärverfahren hergestellter und mit Sionon® gesüßter Sekt.
Ind.: Zuckerkrankheit.
Pack.: $\frac{1}{2}$ und $\frac{1}{1}$ Fl.

76. Klimax-Fink („Fink"®).

H.: *Johann Georg Fink, (14a) Sindelfingen (Württ.).*
Zus.: Fenchel, Queckenwurzel, Sennesblätter, Süßholzwurzel.
Ind.: Klimakteriumsbeschwerden bei Frau und Mann.
Pack.: 100 g.

77. Kneipp Honig-Met®.

H.: *Kneipp-Gesundheitswerk, Kneipp-Mittel-Zentrale, H. Oberhäuser, (13a) Würzburg.*
Zus.: Naturreiner, vergorener Bienenhonig.
Ind.: Stärkungsmittel zur Steigerung der Widerstandskraft, als Heißgetränk bei Grippe. Kurhilfsmittel für Herz und Kreislauf, Galle und Leber.
Pack.: Flaschen 300 ccm und 700 ccm.

78. Kneipp-Kraftsuppenmehl Ⓡ.

H. *wie 77.*
Zus.: Geröstetes und geschrotetes Kneipp-Kraftbrot.
Ind.: Zur naturgemäßen Stärkungskost in der Jugend und im Alter, in der Rekonvaleszenz.
Pack.: 230 g.

79. Kneipp-Rettigsaft Ⓡ.

H. *wie 77.*
Zus.: Preßsaft aus schwarzem Rettich (Raphanus nigrum).
Ind.: Gallen- und Leberleiden.
Pack.: Flasche mit 200 ccm.

80. Kneipp-Sauerkrautsaft Ⓡ.

H. *wie 77.*
Zus.: Reiner Saft des Sauerkrauts.
Ind.: Magen-Darmleiden, besonders Verstopfung.
Pack.: wie 79.

81. Kneipp-Selleriesalz Ⓡ.

H. *wie 77.*
Zus.: 50% Selleriesamen (Semen Apii), 50% Natriumchlorid.
Ind.: Zum Würzen der Speisen an Stelle von Kochsalz.
Pack.: 75 g, Kurpackg. 300 g.

82. Kristall-Vollmeersalz Ⓡ.

H.: *Ulrich Sabarth, Reform-Würz-Diät K.G., (23) Hage/Ostfriesland.*
Zus.: Mineralstoffe und Spurenelemente des Nordseewassers im Siedeverfahren gewonnen. Kationen: Na 32,41%, K 1,87%, Ca 0,83%, Mg 2,20%. Anionen: Cl 52,35%, SO_4 5,80%, CO_3 0,28%.
Ind.: Als Küchensalz zur „Vollwerternährung" an Stelle von Kochsalz.
Pack.: Dose mit 150 g, 425 g und 850 g.

83. Lactana Milchnahrung mit Bifidum[1]-Wuchsstoff Ⓡ.

H. *wie 15.*
Zus.:

Typ-Analyse:	Pulver:	trinkfertig:
Eiweiß	15,80%	2,85%
Fett	14,60%	2,50%
Kohlenhydrate	62,80%	11,10%
Salze	2,4%	0,38%

2000 I.E. Vitamin A, 750 I.E. Vitamin D_3 } pro Liter trinkfertige Milch.

Ind.: Bei Muttermilchmangel zur Zwiemilchernährung. Als Dauernahrung für den gesunden Säugling mit Schutzwirkung gegen Darminfektionen.
Pack.: 400 g, 4 kg, Anstaltspackg. mit 4 u. 16 kg.

84. Lactopriv (Milchfreie Säuglingsnahrung) Ⓡ.

H. *wie 15.*
Zus.: Aus entbittertem Sojamehl, Olivenöl, Reisschleim, Kalkphosphat und Kochsalz hergestellt. Mit 20,8% Fett, 35,1% Eiweiß, 31,8% Kohlenhydrate, 8,5% Salze, 3,8% Wasser.
Ind.: Kinderekzeme, Kuhmilchüberempfindlichkeit im Säuglings- und Kleinkindesalter, zu milchfreien Diäten.
Pack.: Dose 200 g, Packg. 800 g.

85. Leibnizkeks Ⓡ.

H.: *H. Bahlsen Keksfabrik K.G., (20a) Hannover.*
Zus.: Hartkeks, 445 Kalorien in 100 g.
Ind.: Akute und chronische Magenkatarrhe, Magen- und Zwölffingerdarmgeschwür, Leber- und Galleerkrankungen, nach Bauchoperationen, in der Rekonvaleszenz, bei Untergewicht, für Wöchnerinnen.
Pack.: 12 Stück.

---

[1] Siehe Fußnote S. 796.

86. Lini pur.

H. *wie 76.*

Zus.: Aufgebrochene Leinsaat (nicht gemahlen, geschrotet oder gequetscht) ohne Beimengungen.

Ind.: Verstopfung, Magen- und Zwölffingerdarmgeschwüre, Gastritis, Enteritis, Leber- und Gallen-Erkrankungen, Hämorrhoiden.

Pack.: 83,3 g und 250 g.

87. Magermilchpulver OMIRA ®.

H. *wie 15.*

Zus.: Im Krausesprühverfahren hergestellt aus entrahmter Oberland-Milch.

Durchschnittsanalyse:	des Pulvers:	der Auflösung:
Fett	0,3%	0,03%
Eiweiß	39,0%	3,90%
Milchzucker	50,0%	5,00%
Mineralsalze	8,0%	0,80%
Wasser	2,7%	
Kalorien	370/100 g	37/100 ccm

Ind.: Eiweißmangelzustände aller Art, bei Erkrankungen, die Leber-, Magen- und Darmschonkost verlangen.

Pack.: 500 g, Anstaltspack. 12,5 und 25 kg.

88. Magnesium-Glutamat ETO.

H. *wie 37.*

Zus.: Zu 99,9% reines einbasisches Magnesiumsalz der Glutaminsäure, Kochsalzgehalt unter 0,05%.

Ind.: Kochsalzersatzmittel.

Pack.: Auf Anfrage.

89. Maizena ®.

H. *wie 25.*

Zus.: Reine feinstpulverisierte Maisstärke.

Ind.: Alle Erkrankungen, die eine Magen-Darm-Schonkost verlangen. In der Rekonvaleszenz. Als zweites Kohlenhydrat in der Säuglingsernährung, besonders zur Herstellung von Säuremilchen. Zu milchfreien Diäten, bei Ekzemen und anderen Kuhmilchempfindlichkeiten.

Pack.: 250 g, 400 g.

90. Malschok ® mit Kalk.

H.: *Rekordmalt K.G., Burk & Werner, (14b) Freudenstadt/Schwarzw.*

Zus. wie 92 unter Zusatz von 2% Calc. phosphoric.

91. Malschok ® mit Lecithin.

H. *wie 90.*

Zus.: wie 92 unter Zusatz von 2% Pflanzen-Lecithin.

92. Malschok ® rein.

H. *wie 90.*

Zus.: Trockenes Malzpräparat mit Kakao.

Ind.: Kräftigungsmittel.

Pack.: Dose 500 g und 250 g; Tabl. Dose 21 Stück.

93. Maltzin flüssig ®.

H.: *Diamalt Aktiengesellschaft, (13b) München 13.*

Zus.: Naturreiner Malzextrakt: 1. rein, 2. mit Zusatz von 1% Eisen, 3. mit Zusatz von 1% Kalk, 4. mit Zusatz von 2% Lecithin.

Ind.: Erschöpfungs- und Schwächezustände aller Art.

Pack.: Dosen 500 g.

94. Maltzin trocken ®.

H. *wie 93.*

Zus. wie 93.

Ind. wie 93.

Pack.: Dosen 250 g.

95. Malzextrakt „Löflund“ ®.

H.: *Dr. Fränkle und Max Eck OHG., (14a) Winterbach b. Stuttgart.*

Auch mit Zusätzen von 2% Calcium lacticum und 2% Ferrum pyrophosphoricum cum Ammonio citrico.

Ind.: Erschöpfungs- und Schwächezustände aller Art bei Kindern und Erwachsenen, Reizzustände der Atmungsorgane, Neigung zur Verstopfung.

Pack.: Dose 450 g, Anstaltspackg.: 12,5 kg.

96. Malzsuppenextrakt „Löflund“ ®.

H. *wie 95.*

Zus.: Typ-Analyse: Glukose etwa 10—12%, Maltose 42—45%, Dextrine 13—14%, Proteine 5,3%, Mineralsalze 1,2—1,5%, Pentosane 1,7%, Wasser 23—24%, Kal. carb. bzw. bicarb. 1,1%.

Ind.: Zur Bereitung der Malzsuppe nach Prof. A. Keller, besonders zur Behandlung des Milchnährschadens, bei anderen Darmstörungen der Säuglinge und Kleinkinder. Zur Regulierung der Darmflora bis Dysbakterie. Mildes Laxans.

Pack.: Dose 450 g, Anstaltspackg.: 12,5 kg.

97. Mandelemulsion Original-Nuxo ®.

H.: *Nuxo-Werke Rothfritz & Co., (24a) Hamburg 39.*

Zus.: Mandelmilchkonzentrat aus süßen Mandeln ohne Konservierungs- und Färbemittel.

Ind.: Zur Bereitung von Mandelmilch, zur Fruchtmilchernährung des Säuglings und Kleinkinds, bei allergischen Störungen im Säuglings- und Kleinkindesalter, Nährschäden. Bei Mangel an Brustmilch, als Kräftigungsmittel für werdende und stillende Mütter und bei Erschöpfungszuständen.

Pack.: Gläser mit 330 g netto, Anstaltspackg. mit 1800 g.

98. Meerestiefwasser Biomaris.

H.: *Biomaris G.m.b.H., (23) Bremen, Parallelweg 14.*

Zus.: Kationen: K, Na, Li, NH_4 Ca, Mg, Zn, Fe(2), Mn. Anionen: Cl, Br, J, F, NO_3, NO_2, SO_4, Hydrophosphat-Ion, Hydroarsenat-Ion, Hydrocarbonat-Ion, Metakieselsäure, Metaborsäure, Spurenelemente.

Ind.: Mineralische Nahrungsergänzung, zu Meerwasser-Trinkkuren.

Pack.: 0,7 l-Flasche.

99. Meersalz Biomaris.

H. *wie 98.*

Zus.: Gemisch von Na-, K-, Ca- und Mg-Salzen und Spurenelementen.

Ind.: Zur mineralischen Nahrungsergänzung. An Stelle von Kochsalz, soweit nicht kochsalzfreie Ernährung erforderlich.

Pack.: Salzstreuer 100 g, Nachfüllbeutel 100 g, Packg.: mit 500 g.

100. Milana Kinder-Vollkorn-Kost.

H. *wie 19.*

Zus.: Weizenerzeugnis mit 1,9% Fett, 10,7% Eiweiß, 76,9% Kohlenhydraten, 2,2% Mineralstoffen, 1,2% Rohfaser, 380 γ Vitamin-B_1. 377 Kalorien in 100 g.

Ind.: Getreidezusatznahrung zur Herstellung von Milch-, Obst- und Gemüsebreien für Säuglinge und Kleinkinder. Zu milchfreien Diäten und zur Rohkost.

Pack.: 250 g, Anstaltspackg.: 5 kg.

101. Milo Tonikum Nestle ®.

H. *wie 10.*

Zus.: Vollmilch, Kakao, gemälztes Getreide und Zucker, enthaltend u. a. Vitamine A, B_1, D_3, organische Phosphate und Mineralien.

Ind.: Erschöpfungs- und Schwächezustände aller Art, Unterernährung, Rekonvaleszenz, Schwangerschaft, Laktation.

Pack.: Dosen 250 g netto.

102. Milupa Hafer-Trocken-Schleim.

H. *wie 19.*

Zus.: Hafererzeugnis mit 6,9% Fett, 13,5% Eiweiß, 69,2% Kohlenhydraten, 2,1% Mineralstoffen, 0,7% Rohfaser, 4,5 mg Eisen, 390 mg Kalium, 456 γ Vitamin B_1. 414 Kalorien in 100 g.

Ind.: Haferzusatznahrung und schleimbildendes, zweites Kohlenhydrat zur Ernährung gesunder Säuglinge und Kleinkinder. Zusatz zur Heilnahrung für Säuglinge, als Schonkost von Magen und Darm, Leber und Galle. Bei Zuckerkrankheit in Form der von NOORDENschen Hafertage.

Pack.: 250 g, Anstaltspackg.: 5 kg.

103. Molico Nestle ®.

H. *wie 10.*

Zus.: Aus Frischmilch gewonnene Sprühmagermilch in Trockenform.

Ind.: Leber- und Nierenkrankheiten, die eine eiweißreiche Ernährung fordern, bei Erschöpfungs- und Schwächezuständen aller Art, Schwangerschaft, Laktation, Greisenalter.

Pack.: Dosen 250 g netto.

104. Mondamin ®.

H. *wie 25.*

Zus.: Reines Stärkeerzeugnis.

Ind. wie 89.

Pack.: 250 g und 400 g.

105. Mondamin-Haferschleim ®.

H. *wie 25.*

Zus.: Reines Hafer-Vollkornprodukt.

Ind.: Als schleimbildendes, zweites Kohlenhydrat in der Säuglingsernährung, besonders zur Herstellung von Säuremilchen. Heilnahrung bei allen entzündlichen Zuständen von Magen und Darm. Bei Zuckerkrankheit in Form der von NOORDENschen Hafertage.

Pack.: 250 g.

106. Nährzucker „Töpfer" ®.

H. *wie 15.*

Zus.: Etwa 50% Maltose, 45% Dextrin.

Ind.: Zusatz zur Säuglingsmilch an Stelle von Kochzucker für junge darmempfindliche und dyspeptische Säuglinge.

Pack.: Dose 250 g, Anstaltspackg.: 4 und 27 kg.

107. Ne-Cura.

H.: *Enaica Körperpflege G.m.b.H., (17a) Heidelberg, Bergstr. 7.*

Zus.: Gepuffertes Gemisch aus Weinsäure und Sprudelsalz (natürliches Natriumcarbonat) mit Zusatz von 1% Vitamin C.

Ind.: Gut verdauliches Milchgetränk mit durch feine Kaseinausflockung hohem Sättigungswert. Zu Schlankheitskuren.

Pack.: Schachtelpackg., Kurpackg., Doppelpackg.

108. Nektar-Mil Honigmilch.

H. *wie 19.*

Zus.: Mit Citronensäure gesäuerte $^2/_3$ Milch in Pulverform mit Zusatz von Bienenhonig und Vollkornschleim.

Ind.: Dauernahrung für gesunde und zarte Säuglinge beim Fehlen der Muttermilch, von der Geburt bis zum Ende der Säuglingszeit. Zwiemilchnahrung bei nicht ausreichender Muttermilchmenge.

Pack.: Original-Dose, Gebrauchs-Dose (Nachfüllpackung) 400 g, Anstaltspackg. 1,8 kg.

109. Nescafé, koffeinfrei ®.

H. *wie 10.*

Zus.: Kaffee-Extrakt in Pulverform aus coffeinfreiem Bohnenkaffee.

Ind.: Bluthochdruck, Angina pectoris, Herzrhythmusstörungen.

Pack.: Dose mit 25 g, 50 g, 250 g, Tube mit 3,5 g.

110. Nestargel Nestle ®.

H. *wie 10.*

Zus.: Aus den Kernen der Johannisbrotbaumfrucht gewonnenes therapeutisches Eindickungspulver.

Ind.: Erbrechen der Säuglinge, Brechhusten, Schütten und Speien, Schwangerschaftserbrechen, Fettleibigkeit. Nicht bei dyspeptischem Erbrechen.

Pack.: Flasche 50 g netto, Anstaltspackg. 500 g netto.

111. Nestle Kindernahrung ®.

H. *wie 10.*

Zus.: Säuglings- und Kleinkindernahrung auf Getreidegrundlage unter Zusatz von Vollmilch, Zucker, Ca- und Fe-Salzen mit Vitamin B_1 und D_2 in Pulverform.

Ind.: Kohlenhydratreiche Zusatznahrung für Säuglinge und Kleinkinder. Stärkungsmittel und Schonkost auch für ältere Kinder und Erwachsene.

Pack.: Dosen mit 365 g netto.

112. Nestle's Milchmädchen ®.

H. *wie 10.*

Zus.: Gezuckerte, kondensierte Alpenvollmilch auf $^2/_5$ des Ausgangsvolumens eingedickt. 342 Kalorien in 100 g.

Ind.: Zur Dauer- und Zwiemilchernährung des gesunden Säuglings, bei habituellem Erbrechen, angeborener hypertrophischer Pylorusstenose, zur Frühgeborenen-Ernährung. Als Diätkost für Erwachsene.

Pack.: Dose mit 200 g netto und 400 g netto.

113. Nest, Vollmilch in Pulverform ®.

H. *wie 10.*

Zus.: Pasteurisierte, homogenisierte im Heißluftstrom getrocknete Vollmilch mit 25% Fettgehalt. Trinkfertige Vollmilch 3,25% Fettgehalt.

Ind.: Zur Ernährung kranker und gesunder Säuglinge, von Kindern und Erwachsenen.

Pack.: Dose 500 g netto, Anstaltspackg. 2000 g netto.

114. Nuxo-Getreideflocken vordextriniert ®.

H. *wie 96.*

Zus.: Vordextrinierte Diätflocken ohne fremde künstliche Geschmackszusätze, ohne Zucker, salzfrei, nicht geröstet. Enthaltend den Vitamin-B-Komplex.

Ind.: Für die Ernährung Magenkranker und für andere Diätformen, auch für das Kleinkind.

Pack.: Weizenvollkorn, Roggenvollkorn, Grünkernvollkorn, je Beutel 250 g, Reisvollkorn Beutel 150 g.

115. Nuxo-Nußnahrung ®.

H. *wie 97.*

Zus.: Feinst geriebene Mandeln bzw. Nüsse ohne Konservierungs- und Färbemittel.

Ind.: Kochsalzfreie bzw. Frisch-Kost-Diät.

Pack.: Gläser 330 g netto, Anstaltspackg. 1800 g netto.

116. Nuxo-Vollsojaflocken ®.

H. *wie 97.*

Zus.: Sojabohnenfett enthält neben ungesättigten Fettsäuren Lecithin.

Ind.: Tiereiweißfreie Diät.

Pack.: Beutel 250 g.

117. Dr. Oetker „Gustin" ®.

H.: *Dr. August Oetker, Nährmittelfabrik G.m.b.H., (21a) Bielefeld.*

Zus.: Reine Maisstärke in Pulverform.

Ind.: In der Säuglingsernährung als zweites Kohlenhydrat, meist in Form von wäßriger Abkochung, 2%ig zur Milchverdünnung und als 2%iger Zusatz zur Vollmilch. Zur Bereitung von Säuremilchen. Als Pudding ohne Milch mit Zucker und Obst oder Fruchtsäften zur milchfreien Ernährung bei Ekzem, Nephritis. Als 2%iger Zusatz zur Buttermilch bei des Behandlung der Säuglingsdyspepsie.

Pack.: Faltschachtel 250 g.

118. Ovomaltine ®.

H.: *Dr. A. Wander G.m.b.H., Osthofen/Rh. — Frankfurt/M., Vertrieb: Frankfurt/M., Berliner Str. 56—58.*

Zus.: Malzextrakt, Vollmilch, Eier und Kakao in Pulverform.

Ind.: Schwächezustände aller Art, besonders in der Rekonvaleszenz, Appetitlosigkeit, Schulmüdigkeit, Schwangerschaft, Laktation, Greisenalter, Trainings- und Wettkampfnahrung.

Pack.: Dose 125 g, 250 g, 500 g.

119. Pauly's Nährspeise.

H. *wie 19.*
Zus.: Aus Hafer- und Weizenvollkorn, Honig und Alpenvollmilch in Pulverform.
Ind.: Ergänzungsnahrung für Säuglinge und Kleinkinder.
Pack.: 375 g.

120. Pelargon-Nestle ®.

H. *wie 10.*
Zus.: Gebrauchsfertige mit Milchsäure gesäuerte Säuglingsmilch in Pulverform, hergestellt auf $^2/_3$ Milchbasis mit 2,5% Fett, 0,3% Milchsäure, 3% Stärkemehl, 5% Nähr- und Rübenzucker.
Ind.: Zur Dauerernährung des gesunden Säuglings, zur Zwiemilchernährung, auch zur Ernährung von Neugeborenen und Frühgeborenen. Heilnahrung für leicht dyspeptische Säuglinge.
Pack.: Dose 500 g netto, Anstaltspackg.: 1800 g netto.

121. Philocytin ®.

H.: *Cenovis-Werke GmbH., München 8.*
Zus.: Natürliches Vitamin-B-Konzentrat aus Bierhefe, 1 g enthält 300 γ Vitamin B_1, 60 γ Vitamin B_2, 600/2000 γ Nikotinsäureamid, 60—150 γ Vitamin B_6.
Ind.: Bei Vitamin-B-Mangelerscheinungen, Erkrankungen des Nervensystems, Stoffwechselerkrankungen, Darmerkrankungen, Darmträgheit und vielen Herzerkrankungen.
Pack.: Dose 300 g.

122. POMPOSA.

H.: *Hermann Seekamp & Co., (24a) Cuxhaven.*
Zus.: Citro-Anfangskost aus Weizen- und Haferschleim für junge darmempfindliche Säuglinge.
Pack.: 200 g.

123. POMPS Kindergrieß ®.

H. *wie 122.*
Zus.: Gereinigtes Weizengrießpräparat mit Zusatz von Vitamin B_1, Vitamin-B Komplex, Fe, P, F, Ca, Mg, Si sowie 10% Zucker.
Ind.: Zweites Kohlenhydrat für die Säuglingsernährung, zugleich Aufbaunahrung für Säuglinge und Kleinkinder. Als Zusatznahrung für werdende und stillende Mütter.
Pack.: 250 g.

124. Reismehl; Knorr-Reismehl ®.

H. *wie 55.*
Ind.: Zur Magen-Darm-Schonkost, bei Nephritis.
Pack.: Paket 250 g.

125. Schokoladengetränk Reichardt-Puder.

H. *wie 27.*
Zus.: Schokoladenpulver, stark entölt, 77%, Traubenzucker 15%, Milchzucker 5%, Dicalciumphosphat 3%, Vitamin B_1 10 mg/%.
Ind.: Nach schweren Operationen, bei Erschöpfungszuständen aller Art von Erwachsenen und Kindern.
Pack.: 125 g.

126. Semolin ®.

H. wie 20.
Zus.: Stärke- und Schleimkombination. 100 g enthalten 1,2 mg Vitamin B_1, 6,7 mg Eisen (2).
Ind.: Zweites Kohlenhydrat zur Dauerernährung gesunder Säuglinge und Kleinkinder, besonders bei Speien, habituellem Erbrechen, Verstopfung. Bei Erwachsenen zur Schleimdiät.
Pack.: 230 g.

127. Siesa ®-Elf.

H. *wie 76.*
Zus.: Leinsamen Fink, Hefen, Getreidekeime, Kräuterpulver, Meersalz, Mineralstoffe, Spurenelemente, Süßmolkepulver, Roh- und Traubenzucker.
Ind.: Mangelkrankheiten, Verstopfung, Leistungsabfall, Schwächezustände.
Pack.: 83,3 g, 250 g.

128. Sionon ®.

Lieferant: *Drugofa G.m.b.H., (22c) Köln, Schildergasse 84.*
Zus.: d-Sorbit (Glucohexit, sechswertiger Alkohol).
Ind.: Als Zuckeraustauschstoff für Zuckerkranke mit hohem Nährwert. (100 g = 390 Kalorien.)
Rezeptbuch auf Anforderung vom Hersteller.
Pack.: Beutel 100 g, Blechdosen 500 g und 1 kg.

129. Süßstoff „Bayer" („Bayer" ®).

Lieferant *wie 128.*
Zus.: Benzoesäuresulfinid bzw. -natrium.
Ind.: Zum Süßen von Speisen und Getränken, vor allem bei Zuckerverbot.
Pack.: „Bayer" Kristall-Süßstoff 450fach: Schachtel 25 g; Dose mit 250 g Kleinsttabletten; Schachte mit 100 Tabletten 0,07 g; Aluminiumstreifen mit 5 Tabletten zu 0,55 g.

130. Tex-Schmelz-Traubenzucker.

H.: *Pit Süßwaren- und Nährmittelfabrik, Otto Hoffmann K.G., (13b), Stephanskirchen b. Rosenheim.*
Zus.: Im Munde leicht zerfließender Traubenzucker mit Zusatz von a) Fruchtgeschmack, b) Kakao, c) Bohnenkaffee oder d) Pfefferminz.
Ind.: Zur Steigerung geistiger und körperlicher Leistung, gegen Ermüdungserscheinungen, gegen Erkrankung von Leber und Galle, gegen Erbrechen Schwangerer.
Pack.: Rolle mit 12 Tabletten.

131. Titro-Salz ®.

H.: *Nordmark-Werke G.m.b.H., (24b) Hamburg, Werk Uetersen/Holst.*
Zus.: Biologisch ausgeglichenes Diätsalz mit 34% Na, 2,6% K, 1,3% Ca, 0,8% Mg als Chloride, Citrate und Carbonate sowie Spurenelementen.
Ind.: Vegetative Störungen, Hautkrankheiten, allergische Zustände.
Pack.: 250 g, 500 g.

132. Titro-Salz Spezial ®.

H. *wie 131.*
Zus.: Chloridfreies, Na-armes Diätsalz enthaltend 28,28% Na, 2,51% K, 1,27% Ca, 0,77% Mg.
Ind.: Herz- und Kreislaufkrankheiten.
Pack.: 125 g, 250 g, 500 g.

133. Traubenzucker m. Vit.-C-„Vitasan" ®.

H. *wie 27.*
Zus.: Traubenzucker mit 400 mg/% Vitamin-C.
Ind.: Kräftigungsmittel bei allgemeinen körperlichen Erschöpfungszuständen, besonders für Sportler, als Zusatznahrung für Kinder.
Pack.: Pack. 190 g. Große und kleine Tabletten.

134. Trocken-Reisschleim-„Bessau" ®.

H. *wie 15.*
Zus.: Eiweiß 7,6%, Fett 0,6%, Mineralstoffe 0,9%, Kohlenhydrate 86% (davon 30% wasserlöslich).
Ind.: Bei Durchfallerkrankungen des Säuglings und Kleinkinds, als Zusatz zu antidyspeptischen Heilnahrungen. Schonkost für Erwachsene bei Magen- und Darmerkrankungen.
Pack.: 230 g, 4 kg, Anstaltspackg.: 35 kg.

135. Vitamin D Milch Nestle ®.

H. *wie 10.*
Zus.: Pasteurisierte, homogenisierte, auf die Hälfte des Ausgangsvolumens eingedickte und mit Vitamin D_3 angereicherte Vollmilch. Vitamin-D_3-Gehalt 1000 I.E./l trinkfertige Vollmilch.
Ind.: Zur Rachitis-Prophylaxe vor und nach der Geburt, bei Vitamin-D-Mangelerscheinungen.
Pack.: 170 g netto und 410 g netto.

136. Vogeley-Doramin ®.

H.: *Hannoversche Puddingpulverfabrik Adolf Vogeley, (19a) Hameln/Weser.*
Zus.: Reine Maisstärke.

Ind.: Zu Schonkostformen bei Magen-, Darm-, Leber- und Gallenkrankheiten. Zur milchfreien Ernährung bei Ekzemen und Nephritis. Als zweites Kohlenhydrat in der Säuglingsernährung, zur Milchverdünnung, Herstellung von Säuremilchen.

Pack.: Faltschachtel 250 g.

137. Vollmilchpulver OMIRA ®.

H. *wie 15.*

Zus.: Im Krausesprühverfahren aus homogenisierter Oberland-Vollmilch hergestellt.

Ind.: Für die Säuglingsernährung im Anschluß an die Ernährung mit CORRELA-Milch für Kinder und Erwachsene an Stelle von Frischmilch, zu Milchdiäten, bei Unterernährung und in der Rekonvaleszenz.

Pack.: 500 g, Anstaltspackg. 12,5 und 25 g.

138. Waldhof-Hefeflocken.

H.: *Zellstoffabrik Waldhof, (16) Wiesbaden, Taunusstr. 3.*

Zus.: Torula-Trockenhefe in Flockenform. Typ-Analyse: Roheiweiß etwa 50% i. Tr. S., Rohfett etwa 6%, Lecithin etwa 1%, stickstofffreie Substanz etwa 30—35% (Kohlenhydrate usw.), Mineralsalze etwa 7% (zur Hälfte Phosphorsäure), Vitamine B-Gruppe (1,5 mg Thiamin, 4,5 mg Riboflavin, 47 mg Niacin, 3 mg Pyridoxin, 4 mg Pantothensäure, 2 mg Folsäure, 0,2 mg Biotin, 530 mg Cholin in 100 g), Na-Spuren, Cl-Spuren.

Ind.: Eiweißmangelschäden, Vitamin-B-Mangelerscheinungen, alle Indikationen der kochsalzfreien Kost.

Pack.: Faltschachtel mit 200 g; Großverbraucherpackg. für Heime, Anstalten, Werkküchen: 4 Beutel zu 2,5 kg.

Diät — Reform — Lebensmittel.

1. Diätsalz VIERKA ®.

H.: *Friedrich Sauer K.G. Stuttgart-Hedelfingen.*

Zus.: Durch zahlreiche Ausgleichstoffe (Kalium, Calcium, Magnesium) nach dem Meersalzprinzip vervollständigtes Diätsalz.

Ind.: Zur Vermeidung der schädlichen Nebenwirkungen des Kochsalzes, jedoch *nicht* bei gänzlichem Kochsalzverbot.

Pack.: Etw 500 g.

2. Gesundheitsspeiseöl VIERKA ®.

H. *wie 1.*

Zus.: Reinste Pflanzenöle, reich an hochungesättigten Fettsäuren (sog. Vitamin F) und anderen fettlöslichen Vitaminen.

Ind.: Für Kranke und Gesunde, zweckmäßig *nach* dem Kochen den Speisen zugesetzt zur Schonung der hitzeempfindlichen Inhaltsstoffe.

Pack.: Etwa 300 g.

3. Gesundheitsvollhefe VIERKA ®.

H. *wie 1.*

Zus.: An Vitamin-B-Komplex und lebenswichtigen Aminosäuren reiche Nährhefe.

Ind.: Zur Ergänzung des Vitamin-B-Mangels in der täglichen Kost, als wohlschmeckende Würze zu Speisen aller Art.

Pack.: Etwa 125 g.

4. Meersalz VIERKA ®.

H. *wie 1.*

Zus.: Biologisch hochwertiges, natürliches Salzgemisch etwa 32 Elemente enthaltend.

Ind.: *Innerlich* als Kochsalzersatz, *nicht* bei gänzlichem Kochsalzverbot; *äußerlich* zu Umschlägen und zum Vollbad.

Pack.: Etwa 500 g.

5. Rohkost-Flocken VIERKA ®.

H. *wie 1.*

Zus.: Naturreine, weder chemisch behandelte noch konservierte Flocken aus vollem Korn, enthaltend die wertvollen Mineralsalze, Spurenelemente, Vitamine, Fermente und Wuchsstoffe desselben. Besonders reich an Vitamin-B-Komplex.

Ind.: Als Schutz- und Ergänzungsnahrung für Gesunde und Kranke, zur Regulierung der Verdauung, Entschlackung des Darms, zum Schutz vor ernährungsbedingten Zivilisationskrankheiten. Gute natürliche Kraftquelle für werdende und stillende Mütter.
Pack.: Etwa 400 g.

6. Rohkost-Frühstück VIERKA ®.

H. *wie 1.*
Zus.: Hochwertige Früchte, Molkeneiweiß, Mineralsalze mit den gesamten Nähr- und Aufbausteinen des vollen Getreidekorns.
Ind.: Als natürliches Wirkstoffgefüge natürlicher Biokatalysatoren (Vitamine, Fermente, Auxone), zur Schutz- und Ergänzungsnahrung für Gesunde und Kranke. Zur Entschlackung des Darmes, zum Schutz vor ernährungsbedingten Zivilisationsschäden und -Krankheiten, für werdende und stillende Mütter.
Pack.: Etwa 300 g.

7. Sana-Quell ®.

H.: *Preußisch Oldendorfer Margarine-Werke, W. Vortmeyer K.-G., Pr. Oldendorf.*
Zus.: Sonnenblumenöl, Erdnußöl, Sojaöl, Palmöl, Cocosfett, Olivenöl, kaltgepreßtes Weizenkeimöl. Die verwendetes Öle sind *ungehärtet.* Das Diät-Reform-Pflanzenfett Sana-Quell ist frei von Salz, Aroma, künstlichen Farbstoffen, Konservierungsmitteln, Hartfetten, gehärteten und tierischen Fetten. Sie ist angereichert mit Vitamin A, Provitamin A (Carotin), Vitamin D_3 und Vitamin E (α- und β- Tocopherol).
Ind.: Als Reform-Margarine vorbildlicher Art für Gesunde und Kranke, besonders bei Vitaminmangelerscheinungen, bei Frühjahrs- und Schulmüdigkeit, zur Verminderung von Alterserscheinungen.
Pack.: Netto 250 g.

8. Schwarzer Johannisbeer-Süßmost VIERKA ®.

H. *wie 1.*
Zus.: Hochwertiger, an Vitamin C reicher Süßmost.
Ind.: Als Vitamin-C Spender, Zusatz zum Rohkost-Frühstück, zu Milch-Mixgetränken zusammen mit Weizenkeimen, als hochwertiges, nahrhaftes und vitaminreiches Erfrischungsgetränk.
Pack.: Fl. 700 ccm.

9. Weizenkeime VIERKA ®.

H. *wie 1.*
Zus.: Ein besonders wertvolles diätetisches Nährmittel, ein natürliches Polyvitamin- und Wirkstoffkonzentrat, das gleichermaßen als Vorbeugungs- und Heilmittel dient. Weizenkeime enthalten die Vitamine B_1 (Aneurin), B_2 (Lactoflavin), B_6 (Adermin), E (α- und β-Tocopherol) und beträchtliche Mengen weiterer Vitamine des Vitamin-B-Komplexes. Die Provitamine A (Carotin) und D (Ergosterin), den Hautfunktionsstoff Vitamin F, Vitamin H, das Antidermatitis-Vitamin Pantothensäure und beträchtliche Mengen Zellvermehrungsstoffe (Auxone). Die enthaltenden Mineralstoffe (meist organische Phosphate) sind besonders leicht resorbierbar, an Spurenelementen sind Magnesium, Mangan, Kobalt und Kupfer vorhanden.
Ind.: Bewährte Schutznahrung gegen Zivilisationskrankheiten, als Zusatz bei Nervenschwäche, mangelnder Konzentrationsfähigkeit, zur Kräftigung entwicklungsgestörter Kinder.
Pack.: Etwa 500 g.

10. Weizenkeimöl VIERKA ®.

H. *wie 1.*
Zus.: Essentielle, ungesättigte Fettsäuren, mindestens 0,2 % α- und β-Tocopherol (Vitamin E) neben den Provitaminen A und D und oestrogenen Stoffen.
Ind.: Zur Verbesserung des Sauerstoffaustausches zwischen Blut und Gewebe. Zur Unterstützung des Kreislaufs und der Durchblutung, zur Leistungssteigerung des Herzmuskels. Auch bei besonderen körperlichen oder geistigen Anstrengungen, rascher Ermüdbarkeit und mangelnder Konzentrationsfähigkeit bewährt.
Pack.: Etwa 150 g.

11. Weizenkeimöl-Kapseln VIERKA ®.

H. *wie 1.*
Zus. und Ind. wie 10.
Pack.: 50 Kapseln.

Schoenenbergers naturreine Pflanzensäfte[1].

In Schonenbergers natürlichen Preßsäften aus der frischen Pflanze ist die vielseitige Ganzheit der Pflanzenwirkstoffe ohne jeden chemischen oder Wasserzusatz möglichst unverändert erhalten. Der keimfrei gehaltene Pflanzensaft enthält die Vielfalt der pflanzlichen Mineralstoffe mit ihrem hohen Basenüberschuß, mannigfaltig wirkende Pflanzensäuren und die unübersehbare Fülle von organischen Stoffen, welche die Pflanze aus Erde, Licht und Luft gebildet hat — Nähr-, Anregungs- und Wirkstoffe in ihrer harmonischen Form, Bindung, Menge und Mischung.

Preßsäfte.

1. **Bärlauchsaft stabilisiert**[2] — Allium ursinum (vgl. Bd. II, S. 154).
Bärlauch hat ähnliche Wirkung wie Knoblauch und findet Anwendung bei Bluthochdruck, Arterienverkalkung, Magen-Darmstörungen und gegen Madenwürmer.

2. **Baldriansaft stabilisiert**[2]) — Valeriana officinalis (vgl. Bd. II, S. 151).
Bei nervöser Erschöpfung, geistiger Überarbeitung und Schlaflosigkeit als Beruhigungsmittel. Baldriansaft wirkt krampflösend und wird auch mit Vorteil unterstützend bei Kopfschmerzen, nervösen Erscheinungen, Erregungszuständen während der Menstruation und im Klimakterium sowie bei nervösen Beschwerden des Magen-Darmkanals verwendet.

3. **Betesaft** (rote Rübe) — Beta vulgaris.
Basenreiches Diäteticum, das Phosphorsäure, Cholin und Saponin enthält. Verdauungsförderndes und die Drüsentätigkeit anregendes Mittel in der Rekonvaleszenz, bei fieberhaften Erkrankungen, besonders Grippe, und anderen Schwächezuständen.

4. **Birkensaft** — Betula alba und verrucosa (vgl. Bd. II, S. 198).
Mischung des Blutungssaftes aus Birkenstämmen und des Preßsaftes junger Blätter.
Reizloses harntreibendes Mittel bei Rheuma, Gicht, Nierenleiden, Gallensteinen, Blasenkatarrh.

5. **Bohnensaft** — Phaseolus coccineus (vgl. Bd. II, S. 217).
Preßsaft unreifer Hülsen mit den Samen.
Harntreibendes Mittel bei Rheuma, Gicht, Herzwassersucht. Bei Angstzuständen Herzkranker. Als unterstützendes Mittel bei Zuckerkrankheit.

6. **Brennesselsaft** — Urtica dioica (vgl. Bd. II, S. 227).
An Sekretinen, Chlorophyll, sehr hohem Salz- und Basengehalt, besonders Eisen und Mangan und Spuren Ameisensäure reiches allgemeines Blutreinigungsmittel.
Zur allgemeinen Anregung der Drüsensekretion, bei Blutarmut, chronischen Hauterkrankungen, Muskel- und Gelenkrheumatismus.

7. **Brunnenkressesaft stabilisiert**[2] — Nasturtium officinale (vgl. Bd. II, S. 233).
Brunnenkressesaft stabilisiert enthält Senfölglykosid, Rhodanglykosid, organisch gebundenes Jod.
Ähnlich wie Brennessel zur Blutreinigung, bei Verdauungsstörungen, Blasen- und Leberkrankheiten.

8. **Gänsefingerkrautsaft** — Potentilla anserina (vgl. Bd. II, S. 500/501).
Gänsefingerkrautsaft ist reich an Gerbsäure und enthält krampflösende Bestandteile.
Bei Durchfällen mit Kolik, Magen-Darmkatarrhen, Blähungen, Krämpfen im Magen-Darmkanal, bei Menstruationsstörungen mit Krämpfen und sonstigen krampfartigen Zuständen.

---

[1] Nach Literatur der wissenschaftlichen Abteilung der Fa. Walther Schoenenberger, Pflanzensaftwerk, Magstadt bei Stuttgart.

[2] Beim Zerkleinern und Pressen der Pflanzenteile werden die Zellen teilweise zerstört. Dadurch kommen Pflanzeninhaltstoffe wie Glykoside, Ester usw. mit den in den Pflanzen enthaltenen Fermenten zusammen und werden gespalten. So entstehen z. B. beim Knoblauch und bei der Zwiebel die unangenehm riechenden, schmeckenden und ätzenden Lauchöle als Spaltprodukte. Andere Pflanzeninhaltstoffe erfahren dabei ähnliche Veränderungen. Zur Vermeidung dieser Veränderungen werden von der Fa. Schoenenberger die Frischpflanzen nach eigenem Spezialverfahren behandelt, wodurch die Fermente inaktiviert werden und die Inhaltstoffe unverändert im Saft erhalten bleiben. Stabilisierte Schoenenbergers Pflanzensäfte dürfen deshalb nicht nach dem allgemein bekannten Geruch oder Geschmack, müssen vielmehr im Gegenteil nach ihrer Milde beurteilt werden (z. B. Baldrian, Knoblauch, Zwiebel).

9. Gurkensaft — Cucumis sativus (vgl. Bd. II, S. 544).

Leicht harntreibendes, die Verdauungssäfte von Magen und Darm stark förderndes Mittel. Innerlich und äußerlich bei Hautunreinigkeiten.

10. Hafersaft — Avena sativa (vgl. Bd. II, S. 547).

Reich an leichtverdaulichen Kohlenhydraten, an Kieselsäure, Trigonellin und verwandten Betainen.

Bewährtes Tonicum bei Erschöpfungszuständen, Appetitlosigkeit, nervöser Überlastung, besonders mit Baldriansaft kombiniert gut wirksam.

11. Huflattichsaft — Tussilago farfara (vgl. Bd. II, S. 596).

Durch seinen Gehalt an Glykosiden, Bitterstoffen, Saponinen, Schleim und Nitraten entzündungswidriges, schleimlösendes Mittel bei Erkrankungen der Luftwege. Die Wirkung wird zweckmäßig gesteigert durch gleichzeitige Gabe von Spitzwegerichsaft. Auch bei Bronchialasthma.

12. Johanniskrautsaft — Hypericum perforatum (vgl. Bd. II, S. 632).

Johanniskrautsaft enthält Hypericin und Flavone, garantierter Hypericingehalt in 1 Eßlöffel = 15 ccm, 0,01 mg.

Bei Störungen und Krämpfen während der Menses, Depressionen, Schädigungen der Nervensubstanz durch Überanstrengungen. Bei Narbenschmerzen.

13. Knoblauchsaft stabilisiert[1] — Allium sativum (vgl. Bd. II, S. 719).

Durch hohen Gehalt an Kalk- und Kieselsäure sowie Lauchölglykosiden bewährtes Mittel zur Umstimmung der Darmfermente und Darmflora, durch gesteigerte Ausscheidung der Darmgifte und Anregung der Drüsensekretion.

Bei Magen- und Darmstörungen, als beruhigendes Hustenmittel bei Bronchitis und Bronchialasthma. Gegen die Alterserscheinungen von Herz und Kreislauf, bei erhöhtem Blutdruck und Arterienverkalkung. Auch wirksam gegen Madenwürmer. Bei chronischen Nikotinschädigungen.

14. Kürbissaft — Cucurbita pepo (vgl. Bd. II, S. 787).

Als unschädliches Bandwurmmittel, bei Lebererkrankungen, Prostatahypertrophie.

15. Löwenzahnsaft — Taraxacum officinale (vgl. Bd. II, S. 823).

Durch Bitterstoff Taraxacin, Cholin und Inosit wirksames Mittel zur Steigerung der Durchblutung der Bauchorgane.

Appetitanregend, leicht abführend. Bei Hämorrhoiden zusammen mit Schafgarbensaft. Mildes Magenmittel. Als unterstützendes Mittel bei Zuckerkrankheit.

16. Möhrensaft — Daucus carota (vgl. Bd. II, S. 900).

Möhrensaft enthält den größten Teil des Gehaltes an Carotin (Provitamin A), pro Flasche etwa 20 mg, ferner Vitamin B, Vitamin C, Calcium, Phosphate, Fructose und Saccharose.

Diätetisches Mittel bei Appetitlosigkeit, Blutarmut, nervöser Erschöpfung, nervösen Magenbeschwerden. Zur Zusatzernährung für Säuglinge und Kinder besonders empfehlenswert.

17. Petersiliensaft — Petroselinum sativum (vgl. Bd. II, S. 1008).

Petersiliensaft ist der Preßsaft aus Wurzeln und Kraut und enthält Spuren von ätherischem Öl.

Gutes harntreibendes Mittel bei Harnbeschwerden durch Erkrankungen von Blase und Prostata. Zur allgemeinen Anregung der Drüsentätigkeit.

18. Rettichsaft stabilisiert[1] — Raphanus sativus (vgl. Bd. II, S. 1090).

Stark basenüberschüssiger an Magnesium reicher Saft mit schwefelhaltigem ätherischen Öl in glykosidischer Bindung, Methylmercaptan, Rhodanwasserstoff, Allyl- und Butylsenföl.

Bewährtes Mittel bei chronischen Gallenwegstörungen, bei Steinerkrankungen und Lebererkrankung. Rettichsaft wirkt tonisierend und peristaltikanregend auf den Darm. Als Vorbeugungsmittel bei starken Essern und bei sitzender Lebensweise zu empfehlen. Krampflösendes Hustenmittel auch bei Keuchhusten. Zur bestmöglichen Wirkung muß Rettichsaft über längere Zeit kurmäßig genommen werden.

19. Salbeisaft — Salvia officinalis (vgl. Bd. II, S. 1110).

Preßsaft mit dem ätherischen Öl.

Natürliches Schweißdämpfungsmittel, besonders bei Tuberkulösen. Bei Erkrankungen der Atmungsorgane. Regulierend bei Magenerkrankungen. Bei Zuckerkrankheit als unterstützendes Mittel.

---

[1] Siehe Fußnote 2, S. 813.

20. Sauerkrautsaft — Brassica oleracea var. capit. alb.
Durch seinen Gehalt an Milchsäure, Acetylcholin, Histamin und Putrescin auf die Darmflora normalisierend wirkendes Mittel, das krankheitserregende Darmbakterien schädigt und unterdrückt, Kolibakterien jedoch nicht beeinflußt. Bei dyspeptischen und infektiösen Magen- und Darmerkrankungen. Zur Anregung der Peristaltik, physiologisch wirkendes Abführmittel.

21. Schafgarbensaft — Achillea millefolium (vgl. Bd. II, S. 1144).
Das ätherische Öl, Bitterstoffglykoside, Alkoloide und Akonitsäure enthaltender Preßsaft.
Entzündungswidriges krampf- und blähungslösendes Mittel bei Verdauungsstörungen, Magen- und Darmkrämpfen und -katarrhen. Bei Hämorrhoidalblutungen. Schafgarbensaft reguliert den Blutkreislauf, erleichtert die Herzarbeit und wirkt besonders günstig in Verbindung mit Weißdornsaft. In Verbindung mit Johanniskrautsaft als Frauenmittel.

22. Selleriesaft — Apium graveolens (vgl. Bd. II, S. 1191).
Wassertreibendes Mittel, *nicht* bei entzündlichen Nierenerkrankungen. Als schwächeres Aphrodisiacum bei Impotenz.

23. Spinatsaft — Spinacea oleracea.
Natürlicher Preßsaft mit hohem Salzgehalt. besonders Kalk und Eisen, Spuren von Jod, Kupfer und Arsen und reichlich organischen Schwefel- und Phosphorverbindungen. Sehr starker Basenüberschuß, hoher Gehalt an Sekretinen und Saponinen.
Unterstützendes Mittel bei Blutarmut. Tonicum und Zusatzkost für Kinder und Kranke, besonders in Verbindung mit Möhrensaft. Zur Steigerung der Sekretion von Magen, Darm, Bauchspeicheldrüse und Galle. Bei Abmagerungen.

24. Spitzwegerichsaft — Plantago lanceolata (vgl. Bd. II, S. 1380).
Hoher Basen-, Kalk- und Kieselsäuregehalt, reich an Saponinen, Cholinen und dem stabilisierten Glykosid Aucubin.
Bei Erkrankung der Atmungswege mit starker Verschleimung, besonders chronischen Katarrhen, Keuchhusten und Asthma. Bei neuralgischen Zahnschmerzen, bei Blasenschwäche. Bei Bronchial- und Lungenleiden zusammen mit Zinnkraut, Huflattich und evtl. Schafgarbe besonders günstig.

25. Weißdornsaft — Crataegus oxyacantha et monogyna (vgl. Bd. II, S. 1392).
Preßsaft aus Blüten, jungen Blättern, junger Rinde und Früchten, enthaltend Trimethylamin, Aesculin und Flavonfarbstoffe (Quercetin und Quercitrin) sowie das herzwirksame wasserlösliche Crataegusglykosid, ferner die Anthocyanfarbstoffe der frischen Beere.
Pflegemittel für Herz und Kreislauf, besonders bei beginnender Herzmuskelschwäche im Alter, bei akuten Infektionskrankheiten. Zur Regelung des Blutdrucks, besonders zur Unterstützung bei Bluthochdruck und Adernverkalkung. Bei Herzneurosen im Klimakterium.

26. Weißkohlsaft — Brassica oleracea.
Preßsaft des frischen Weißkohls.
Diätetisches Unterstützungsmittel bei Magengeschwüren.

27. Wermutsaft — Artemisia absinthium (vgl. Bd. II, S. 1394).
Preßsaft mit dem ätherischen Öl (Thujon) und anderen Terpenen, Bitterglykosid, Absinthin.
Magenmittel bei gestörtem Salzsäuregehalt, bei dyspeptischen Zuständen, bei Gallen- und Leberleiden. Bei Magenverstimmungen, Alkohol- und Nikotinmißbrauch. Zur starken Anregung der Verdauungswege bei allen Verdauungsstörungen.

28. Zinnkrautsaft — Equisetum arvense et hiemale (vgl. Bd. II, S. 1142).
Kieselsäurehaltiges und equisitinhaltiges Mittel, besonders bei Tuberkulose. Gute Wirkung bei allen Erkrankungen der Harnorgane, auch bei Blutungen.

29. Zwiebelsaft stabilisiert[1] — Allium cepa (vgl. Bd. II, S. 1452).
Hoher Zuckergehalt, Lauchöle, Rhodanwasserstoff, Phytin, Flavone und Glucokinine enthaltender Saft.
Tonisierendes, mitunter auffallend gemütserleichterndes, appetitanregendes Mittel. Bei dyspeptischen Beschwerden, Blähungen, gut und milde wirksam. Bei Wassersucht harntreibend. Hustenmittel. Gegen Madenwürmer wirksam. Bei neuralgischen Schmerzen an Narben und an Amputationsstümpfen mit günstiger Wirkung.

---

[1]) Siehe Fußnote 2, S. 813.

Übersicht der für den

A. In Fett lösliche Vitamine

Buchstabenbezeichnung	Chemische Bezeichnung	Funktionsbezeichnung	Wirkungsweise	Natürliche Quellen
Vitamin A bzw. Vorstufe Carotin	Axerophthol	Epithelschutzvitamin, Antiinfektiöses Vitamin, Antixerophthalmisches Vitamin	Für die normale Beschaffenheit und Funktion der Haut, Schleimhaut und anderer Deckzellen unentbehrlich, hemmt die Schilddrüsenfunktion, schützt die Leber. Wahrscheinlich auch spezieller Einfluß auf das Körperwachstum. Es wirkt also auf Haut, Schleimhäute, Schilddrüse und Leber.	In Pflanzen als Vorstufe (Carotin) enthalten. Die hauptsächlichsten pflanzlichen Vitamin-A-Quellen sind: Bohnen, grüne Erbsen, Gerste, Kohl, Mohrrüben, Orangen, Pfirsiche, Salat, Spinat. Die tierischen Quellen sind: Lebertran, Butter, Eigelb, Vollmilch, Rahm, Käse.
Vitamin D bzw. D_3	Calciferol (Vitamin D_3 ist das natürlich vorkommende, der alten Bezeichnung entsprechende „Vitamin D“. Vitamin D_3 ist ein Bestrahlungsprodukt des 7-Dehydrocholesterins. Vitamin D_2 = Calciferol ist ein Bestrahlungsprodukt des Ergosterins)	Antirachitisches Vitamin	Es reguliert den Phosphor- und Kalkstoffwechsel, verbessert insbesondere den Kalkstoffwechsel und ermöglicht die Bildung des zur normalen Verknöcherung benötigten Kalk-Phosphor-Komplexes. Es fördert das Wachstum. Darüber hinaus kommen dem Vitamin D wahrscheinlich noch weitere, bisher unbekannte Wirkungen zu. Bekannt ist bereits eine Beziehung zur Nebenschilddrüse, die vor allem den Kalkstoffwechsel reguliert.	Im Meerfischleberöl (Lebertran von Dorsch, Thunfisch, Heilbutt), Milch, Ei, Butter, Pilze, Hefe.

[1] Nach E. Schneider: Nutze die Heilkraft unsrer Nahrung, 2. Aufl., Hamburg: Saatkorn-Verlag 1954.

Menschen wichtigen Vitamine[1].

Täglicher Bedarf des Menschen	Bei Mangel des Vitamins treten folgende Erscheinungen auf	Das Vitamin wird angewandt zur Besserung und Heilung von
Erwachsene etwa 5000 I.E. = Intern. Einh. in der Schwangerschaft etwa 6000 I. E. in der Stillzeit etwa 8000 I.E. *Kinder* unter 1 Jahr etwa 1500 I.E. 1–3 Jahre etwa 2000 I.E. 4–9 Jahre 2500–3500 I.E. 10–12 Jahre etwa 4500 I.E. *Mädchen* 13–20 Jahre etwa 5000 I.E. *Jünglinge* 16–20 Jahre etwa 6000 I.E. *1 I.E.* (*Internat. Einheit*) entspricht etwa 0,6 γ β-Karotin, 0,3 γ Vit.-A-Alkohol, 0,344 γ Vit.-A-Acetat. Ein Schulkind kann seinen Vitamin-A-Bedarf größtenteils durch einen halben Liter Milch decken.	Trockenheit und Verhornung der Zellen, verschlechterte Wundheilung. Veränderungen und verminderte Abwehrfähigkeit der Schleimhäute gegen Infektionen, verminderte Salzsäureabsonderung des Magens, Durchfallneigung, Neigung zu Steinbildungen, Deckzellenverhornung am Auge, Nachtblindheit.	krankhafter Verhornung der Haut, wie Schwielen, Hühneraugen, Hauthorn, Warzen, Trockenheit der Haut, Darierscher Krankheit (wobei derbe, rundliche oder zugespitzte braunrötliche bis schwärzliche Hornzapfen und -pflöcke an der Mündung der Talgdrüsen auftreten, manchmal nicht ohne blumenkohlartige Wucherungen), Akne vulgaris (entzündete Talgdrüsen infolge Mitesserbildung), Brüchigwerden der Nägel und Haare, Ichthyosis (Fischschuppenkrankheit), Verbrennungen, Röntgengeschwüren, Unterschenkelgeschwüren; Stinknase, Rachenschleimhaut- und Bronchialschleimhautentzündung, Kehlkopfentzündung, Mundschleimhautentzündung, Magenschleimhautentzündung mit mangelhafter oder fehlender Magensäurebildung. Magen- und Zwölffingerdarmgeschwüren, Dickdarmschleimhautentzündung; Nachtblindheit, Hornhauterweichung, Hornhauteintrocknung; Basedowscher Krankheit, Überfunktion der Schilddrüse, Leberzellschäden; Aufzucht von Frühgeburten; Verhütung von Steinbildung in den Harnwegen; Eintrocknung und Schrumpfung der äußeren weiblichen Geschlechtsorgane, nichtinfektiöse Erkrankungen der Scheidenschleimhaut.
Erwachsene und Kinder 400–800 I.E. Während der Schwangerschaft und Stillzeit 800–1000 I.E. Frühgeburten 800–1400 I.E. *1 I.E.* (*Internat. Einheit*) entspricht 0,025 γ reinem Vitamin D_2 oder Vitamin D_3 1 klinische Einheit entspricht 100 I.E.	Die Vitamin-D-Bestände des Organismus müssen laufend ergänzt werden, sonst tritt eine rasche Verarmung an Vitamin D ein. Beim Säugling und Kleinkind führt D-Mangel zu Rachitis, zu verzögertem Zahndurchbruch. Die Zähne selbst bleiben unterentwickelt, weisen Stellungsfehler und Schmelzdefekte auf. Beim älteren Kind und Erwachsenen treten augenfällige Rachitissymptome auf, wie Verformungen und Verbildungen des Brustkorbs, des Beckens, der Gliedmaßen, rachitischer Rosenkranz und Knochenbrüche.	Vorbeugung und Behandlung der Rachitis, Krampfneigung der Kinder, Förderung der Zahnentwicklung. Knochenerweichung. Knochenentkalkung, chronischem Gelenkrheumatismus, chronischen Ekzemen, Knochen-, Gelenk-, Haut- und Schleimhauttuberkulose (Lupus vulgaris), Frostbeulen.

Buchstaben-bezeichnung	Chemische Bezeichnung	Funktions-bezeichnung	Wirkungsweise	Natürliche Quellen
Vitamin E	Tokopherol	Fruchtbarkeitsvitamin, Antisterilitätsvitamin	Vitamin E wirkt regulierend auf die Hirnanhangsdrüse (Hypophyse) und gewinnt dadurch Einfluß auf den Kohlehydratstoffwechsel, auf den Wasserstoffwechsel und auf die Geschlechtsorgane. Es wirkt ferner auf den Muskelstoffwechsel, auf die Haargefäße (Kapillaren), indem es die Sprossung neuer Haargefäße anregt und krankhaft erhöhte Durchlässigkeit bessert. Wichtig ist wohl auch die regenerierende Wirkung auf das Bindegewebe.	Getreidekeime und Getreidekeimöl, Gemüse u. Salate, Eidotter, Milch, Butter
Vitamin K	Phyllochinon	Blutungshemmendes, gerinnungsförderndes Vitamin	Vitamin K veranlaßt die Leber. das zur normalen Blutgerinnung notwendige Ferment Prothrombin zu bilden.	Gemüse (besonders Spinat, Blumenkohl- und Weißkohlblätter), Kartoffeln, Pflanzenöle, Früchte (besonders Tomaten, Erdbeeren, Hagebutten, Leberfett).

Täglicher Bedarf des Menschen	Bei Mangel des Vitamins treten folgende Erscheinungen auf	Das Vitamin wird angewandt zur Besserung und Heilung von
Noch nicht sicher bekannt. Er wird für den Säugling auf 5 mg, für den Erwachsenen auf 10–25 mg geschätzt. *1 Internationale Einheit* entspricht 1 mg Tokopherolacetat.	Bei verschiedenen Tiergattungen führt Vitamin-E-Mangel zu einer Verkümmerung der Keimdrüsen (Geschlechtsorgane), die zum Teil nicht mehr behebbar ist. Bei anderen Tiergattungen kommt es bei Vitamin-E-Mangel zu einer Verkümmerung und Entartung der gesamten Muskulatur der Bewegungsorgane, der inneren Organe und des Herzmuskels. Vielfach wurde bei E-Mangel auch eine Schädigung der verschiedenen Anteile des Bindegewebes beobachtet, was sich besonders am Blutgefäßsystem äußert. Das Fehlen von Vitamin E erzeugt beim Tier Leberverfettung und Blutungen, weil die Leberschutzfunktion des E-Vitamins fehlt gegenüber nahrungsbedingten Schädigungen. Beim Menschen sind die verschiedensten Mangelsymptome sehr schwer nachzuweisen.	1. *Störungen der Fortpflanzungsorgane, wie*: Neigung zu Früh- und Fehlgeburt, schwache oder fehlende Menstruation, Wechseljahrsbeschwerden, Schwangerschaftsbeschwerden, mangelhafte Milchbildung; 2. zur Aufzucht von Frühgeburten und bei Entwicklungs- und Wachstumsstörungen im Säuglingsalter; 3. bei Erkrankungen des Nerven- und Muskelsystems, besonders bei Muskelschwächen nach Infektionen; 4. bei Bindegewebserkrankungen insbesondere rheumatischer Art, wie Hexenschuß, Schiefhals, Muskel- und Nervenrheumatismus. 5. Herz- und Gefäßerkrankungen verschiedenster Art; 6. zur Unterstützung der Behandlung bei Zahnlockerungen (Paradentose); 7. Stinknase (Ozaena); 8. Unterschenkelgeschwüren (offenes Bein).
Erwachsene benötigen täglich etwa 4 mg *Internationale Einheit*: noch nicht bestimmt.	Blutungsneigung, wobei berücksichtigt werden muß, daß das Vitamin K entweder mit der Nahrung in nicht genügender Menge zugeführt wird oder die Eigenproduktion durch krankhafte Darmbakteriensiedlung gehemmt ist oder die Aufnahme aus dem Darm durch eine geschädigte Darmschleimhaut gestört ist oder Leber-Galle-Funktionsstörungen vorliegen. Blutungen im Unterhautzellgewebe, in der Muskulatur, im Darm und anderen Organen können auf Vitamin-K-Mangel hinweisen.	Blutungsneigung bei nachweisbarem Mangel an dem Gerinnungsferment Prothrombin. Der Zustand tritt vor allem bei Erkrankungen auf, die zu einem Verschluß der Gallenwege führen (Steine, Geschwülste, chron. Entzündungen) und Leberzellschädigungen. Vitamin K hat sich auch bewährt bei: Netzhautblutungen, hohem Blutdruck, Neigung zu Nasenblutungen, zur Vorbeugung bei Zahnextraktionen und Hals-Nasen-Operationen. Vitamin K wirkt auch der Zahnfäule (Karies) entgegen.

B. In Wasser lösliche Vitamine

Buchstaben-, chemische, Funktions-Bezeichnung	Wirkungsweise	Natürliche Quellen	Täglicher Bedarf des Menschen
Vitamin B_1 Aneurin, Thiamin Antineuritisches Vitamin, Antiberiberivitamin	Gebunden an einen spezifischen Eiweißkörper, erfüllt das Vitamin B_1 eine wichtige Aufgabe im Kohlehydratstoffwechsel (als Ferment Carboxylase). Es greift in den Abbau und in die Weiterverarbeitung der Kohlehydrate ein. Bei seinem Fehlen bleibt z. B. die Brenztraubensäure als Schlackensubstanz im Stoffwechsel zurück und verursacht schwere Krankheitserscheinungen besonders am Nervensystem. Vitamin B_1 ist überhaupt eine ausgesprochene Aktionssubstanz des Nervensystems. Der Bedarf ist stark vermehrt bei starker Muskelarbeit, starker Schweißabsonderung und überwiegender Kohlehydratnahrung. In der gleichen Weise wie im Kohlehydratstoffwechsel ist Vitamin B_1 auch am Fett- und Eiweiß-Stoffwechsel beteiligt, denn auch hierbei tritt die Brenztraubensäure als Abbauprodukt auf. Gleichzeitig sind hierbei aber auch noch andere Faktoren des Vitamin-B-Komplexes erforderlich.	Randschichten und Keimanlagen der Getreidearten, Reis, Hefe, Gemüse, Früchte, Kartoffeln, Leber, Niere, Kuh- und Frauenmilch.	Männer 1,2–2,0 mg Frauen 1,1–1,5 mg in der Schwangerschaft und Stillzeit bis 2,0 mg Kinder unter 1 Jahr etwa 0,4 mg zwischen 1 bis 12 Jahren 0,6–1,2 mg im Reifealter Jüngling 1,5–1,7 mg Mädchen 1,2–1,3 mg *1 Internationale Einheit* entspricht 3 γ (das sind 3/1000 mg) Aneurin.
Vitamin B_2 Lactoflavin, Riboflavin, Wachstumsvitamin, Schutzstoff	Im Entwicklungsalter fördert Vitamin B_2 Wachstum und Gewichtszunahme. Als ein Fermentbestandteil aktiviert es wie das Vitamin B_1 die Zellatmung. Zusammen mit anderen Fermentsystemen nehmen die Vitamin-B_2-haltigen Fermente am Abbau und den Verbrennungsvorgängen im Zucker- und Eiweiß-Stoffwechsel teil. Der starke Gehalt der Netzhaut an Vitamin B_2 läßt seine Beteiligung am Sehvorgang erkennen.	Hefe, Getreidekeime, Gemüse, Früchte, Käse, Hühnerei, Milch, Fisch, Fleisch, Rogen, Eingeweide.	Männer 1,6–2,6 mg Frauen 1,5–2,0 mg in der Schwangerschaft etwa 2,5 mg in der Stillzeit etw 3,0 mg Kinder von 1 bis 12 Jahren 0,9–1,8 mg *Internationale Einheit*: noch nicht bestimmt.
PP-Faktor Nikotinsäureamid, Pellagraschutzstoff	Wie Vitamin B_1 und B_2 bildet die Nikotinsäure einen Bestandteil wichtiger Fermente, und zwar der Wasserstoffüberträger beim Ab- und Aufbau der Kohlehydrate, der Alkohole und Fettsäuren. Die Nikotinsäure bzw. das Nikotinsäureamid ist ferner an der Blut-	Hefe, Getreide, Früchte, Gemüse, Milch, tierische Organe.	Männer 12–18 mg Frauen 10–15 mg in der Schwangerschaft etw 15 mg in der Stillzeit etwa 15 mg

Bei Mangel des Vitamins treten folgende Erscheinungen auf	Das Vitamin wird angewandt zur Besserung und Heilung von
Da das Vitamin B_1 an allen grundlegenden Stoffwechselprozessen beteiligt ist, führt das ungenügende Vorhandensein oder sein Fehlen zu schweren Störungen der Gewebs- und Organfunktionen. Als schwerste Störung kennen wir die Beri-Beri, eine Krankheit, bei der besonders das Nerven- und Muskelgewebe und der Wasserhaushalt betroffen sind und schwere Schäden am Herzen und den Blutgefäßen auftreten. Während diese ausgesprochen schwere Erkrankung bei uns sehr selten ist, kommen Störungen, die sich auf das Nervensystem, die Muskulatur, die Verdauungsorgane oder die Kreislauforgane beschränken, sehr häufig vor. Als Anzeichen eines Vitamin-B_1-Mangels beim Menschen sind uns bis heute folgende bekannt: 1. *Nervenstörungen:* Kopfschmerzen (auch Migräne), Müdigkeit, Kribbeln in den Händen und Füßen, Schlaflosigkeit, Schwitzen, Reflexstörungen, Untertemperatur; 2. *Magen-Darm-Störungen:* Appetitlosigkeit, Brechreiz, Erbrechen, Salzsäuremangel des Magensaftes, Schwäche der Magen- und Darmfunktionen, Verstopfung; 3. *Muskelstörungen:* Allgemeinschwäche, Muskelschwund, Lähmungserscheinungen, Wadenkrämpfe; 4. *Kreislaufstörungen:* Atemnot, Herzklopfen, Herzerweiterung, Herzschwäche.	Beri-Beri, die klassische Vitamin-B_1-Mangelkrankheit, ist im ganzen westlichen Lebensbereich sehr selten. Praktisch um so wichtiger sind die schleichend und schwer erkennbar auftretenden Vorstadien, die meist hinter Allgemeinschwäche, Appetitlosigkeit, Energielosigkeit, Müdigkeit und allgemeiner Unlust verborgen sind. Zu folgenden Erkrankungsformen wird heute Vitamin B_1 allein oder zusammen mit anderen Faktoren des Vitamin-B-Komplexes und anderen Heilmitteln herangezogen: Nervenentzündungen aller Art, Nervenlähmungen, Muskellähmungen, Folgezuständen nach Diphtherie, Kinderlähmung, Gürtelrose; Schwangerschaftsbeschwerden, zur Verkürzung der Geburtsdauer und Dämpfung der Geburtsschmerzen; bei Depressionen und herabgesetzter geistiger Spannkraft. Bei Kindern fördert die fortgesetzte Verabreichung von täglich 2 mg Aneurin die geistige Entwicklung.
Einstellung des Wachstums und der Gewichtszunahme, Schädigungen an Haut und Schleimhäuten und an den Sehorganen. Besondere Bedeutung kommt dem Vitamin B_2 in der Schwangerschaft und Stillzeit zu.	Gewichtsabfall beim Säugling, zahlreiche Störungen der Magen-Darm-Funktionen, Sehstörungen, Haut- und Schleimhautstörungen. Meist wird das Vitamin B_2 in Verbindung mit den anderen Faktoren des Vitamin-B-Komplexes verabreicht.
Schwere Stoffwechselstörungen, die sich auf das Nervensystem, den Magen-Darm-Kanal und die Haut erstrecken. Das ausgeprägte Krankheitsbild trägt den Namen Pellagra. Beim Menschen kann es zu folgenden Mangelsymptomen kommen:	Pellagra und pellagraähnlichen Zuständen, Haut- und Schleimhauterkrankungen, die auf Nahrungsmängel, Vergiftung oder medikamentöser Grundlage beruhen und auch in der Mundhöhle oder am Magen-Darm-Kanal lokalisiert sein können. Auch nervöse und seelische Verstimmungszustände sprechen häufig auf Nikotinsäurezufuhr gut an.

Buchstaben-, chemische, Funktions-Bezeichnung	Wirkungsweise	Natürliche Quellen	Täglicher Bedarf des Menschen
	bildung beteiligt und für die normale Funktion der Verdauungsorgane, des Nervensystems und der Haut unentbehrlich. Für viele Kleinlebewesen, besonders Bakterien. ist dieses Vitamin ein unentbehrlicher Wachstumsstoff.		Kinder unter 1 Jahr etwa 4 mg von 1 bis 12 Jahren etwa 6–12 mg Mädchen im Reifealter etwa 12–13 mg Jünglinge etwa 13–20 mg *Internationale Einheit*: noch nicht bestimmt.
Filtratfaktor Pantothensäure	Hat Funktionen im Eiweiß- und Fettstoffwechsel, ist notwendig zur Entgiftung von Fremdsubstanzen (z. B. Arzneimitteln) und ist ganz allgemein für Aufbau und Funktion der Gewebe unentbehrlich und lebenswichtig. So ist sie notwendig für die Erhaltung der Abwehrkraft der Haut und Schleimhäute gegen Infektionen und für den normalen Ablauf der Stoffwechselvorgänge in der Haut und ihren drüsigen Anhangsgebilden. Wachstum und Farbgebung der Haare werden gefördert.	Hefe, Getreide, Gemüse, Früchte, Leber, Niere, Muskelfleisch.	noch nicht genau bekannt, schätzungsweise 10 mg *Internationale Einheit*: noch nicht bestimmt.
Vitamin B_6 Pyridoxinhydrochlorid, Adermin	Das Vitamin B_6 ist ein notwendiger Faktor im Eiweiß- und damit im gesamten Zellstoffwechsel. Es ist besonders als Regulator des Gewebsstoffwechsels der Leber, des Nervensystems und der Haut anzusehen. Für zahlreiche Kleintiere, Bakterien und Hefen wirkt es als Wachstumsvitamin, bei der Ratte als ein Faktor, der Hautentzündungen verhütet.	Hefe, Getreide, grüne Gemüse, Milch, Eigelb, Muskelfleisch.	noch nicht genau bekannt, etwa 2–4 mg *Internationale Einheit*: noch nicht bestimmt.
Vitamin B_{12} Antiperniziosaprinzip. Die chemische Struktur ist erst teilweise aufgeklärt. Bemerkenswert ist der Kobaltgehalt.	Vitamin B_{12} ist zur normalen Blutbildung sowie zur normalen Funktion des zentralen Nervensystems neben anderen Faktoren (z. B. Folsäure) unbedingt erforderlich. Die genaue Wirkungsweise ist noch nicht bekannt. Vitamin B_{12} ermöglicht dem Körper die volle Ausnützung der Eiweißkörper und wird zur Zeit als der stärkstwirksame biologische Stoff angesehen.	Findet sich in der Leber, ferner im Darminhalt von Mensch und Tier (Kuhmist).	etwa 0,5–1 γ (= 0,5–1 Tausendstel mg) *Internationale Einheit*: noch nicht bestimmt.

Bei Mangel des Vitamins treten folgende Erscheinungen auf	Das Vitamin wird angewandt zur Besserung und Heilung von
1. *am Nervensystem:* Unruhe, Nervosität, Müdigkeit, Vergeßlichkeit, Verstimmungen, Ängstlichkeit und Neigung zu Erregungszuständen; 2. *an den Verdauungsorganen:* Entzündungserscheinungen an den Mund- und Rachenschleimhäuten, Appetitverlust, Erbrechen, Durchfall, Unverträglichkeit gegen verschiedene Speisen, Leberfunktionsstörungen; 3. *an der Haut:* Entzündungszustände symmetrisch angeordnet an Händen und Füßen, Hals, Nacken und im Gesicht, also an den vorwiegend dem Licht ausgesetzten Körperteilen.	
Stoffwechselstörungen, Funktionsstörungen der Nebennierenrinde, Haarentfärbung und Haarausfall, Hauterkrankungen bei Mitbeteiligung noch anderer Faktoren.	Mundschleimhauterkrankungen, entzündliche und allergische Erkrankungen der Atemwege, Funktionsstörungen des Magen-Darm-Kanals und der Leber. Hauterkrankungen entzündlicher und allergischer Natur (Ekzeme, Juckreiz, Sonnenbrand). Erkrankungen der haarbildenden Organe wie fleckförmiger oder totaler Haarausfall, Trockenheit, Brüchigkeit und Entfärbung der Haare, Schuppenbildung. Die Heilung von Brand-, Extraktions-, Schürf- und infizierten Wunden wird ebenso gut gefördert wie die von Geschwüren und Fissuren.
Während beim Tier charakteristische Ausfallserscheinungen bekannt sind (Hauterscheinungen bei der Ratte, Gehirn- und Nervenerscheinungen, ferner Blutarmut bei Hund und Affe), sind beim Menschen spezifische Ausfallserscheinungen bis heute nicht bekannt. Die klinische Beobachtung ergab aber Heilergebnisse bei verschiedenen Nervenerkrankungen und besonders bei Schwangerschaftserbrechen. Auch ist Vitamin B_6 ein Zusatzfaktor bei der Heilung der Pellagra (siehe auch PP-Faktor).	1. den nervösen Begleitsymptomen der Pellagra und Beri-Beri, wie Abgeschlagenheit, Müdigkeit, Nervosität, Reizbarkeit, Magenkrämpfe, Muskelschwäche und -starre (meist in Verbindung mit den anderen Faktoren der B-Gruppe); 2. schweren organischen Nervenerkrankungen; 3. bei Schwangerschaftserbrechen; 4. bei Röntgenstrahlenschäden.
Blutbildungs- und Nervenstörungen, insbesondere Verminderung des Blutfarbstoffs, der Zahl der roten und weißen Blutkörperchen und der Blutplättchen.	1. Perniziöser Anämie (bösartiger Blutarmut) und anderer ähnlicher Bluterkrankungen (z. B. nach Magenoperation); 2. Schwächezuständen nach Operationen, Infektionskrankheiten, Magen-Darm-Erkrankungen.

Buchstaben-, chemische, Funktions-Bezeichnung	Wirkungsweise	Natürliche Quellen	Täglicher Bedarf des Menschen
Vitamin B_c (Vitamin M) Folsäure, Folinsäure	Zusammen mit anderen Faktoren (z. B. Vitamin B_{12}) unterstützt Folsäure die Bildung und Ausreifung der roten Blutkörperchen. Sie scheint auch für die normale Funktion der Schleimhäute des Magen-Darm-Kanals notwendig zu sein.	Folsäure kommt in gebundener Form vor in: Milch, Käse, Leber, Niere, Muskelfleisch, dunklen Blattgemüsen, Blumenkohl und in freier Form im Spinat. Zahlreiche Kleinlebewesen können Folsäure selbst bilden.	schätzungsweise 0,1–0,2 mg oder mehr *Internationale Einheit:* noch nicht bestimmt.
Vitamin C Ascorbinsäure, Antiskorbutisches Vitamin	Das Vitamin C ist ein für den gesamten Zellstoffwechsel notwendiger Wasserstoffüberträger. Es ist von Bedeutung für die Energieverwertung und für die Nebennierenrindenfunktion. Es aktiviert ferner zahlreiche Fermente und stärkt die natürliche Abwehrkraft gegen Infektionen, inaktiviert Gifte oder setzt ihre Giftwirkung herab. Es verbessert die Aufnahmefähigkeit für Eisen und regt die Knochenmarkfunktionen an. Außerdem ist es notwendig für zahlreiche Funktionen des Bindegewebes. Es ist von ähnlich universeller Bedeutung wie das Vitamin B_1 und hat wie dieses grundlegende Aufgaben im Zellstoffwechsel zu erfüllen.	Vitamin C kommt in allen lebenden Geweben vor. Einen hohen Gehalt weisen auf: Frische Früchte, Gemüse und Salate, besonders Apfelsine, Zitrone, Hagebutte, Sanddornbeere, Paprika, schwarze Johannisbeere Nebenniere und andere Hormondrüsen, Leber, Auge, Milch.	Männer 75–100 mg Frauen 70–100 mg Schwangerschaft 100–125 mg Stillzeit etwa 150 mg Kinder von 1 bis 12 Jahren 35–75 mg Mädchen etwa 80 mg Jünglinge etwa 90–100 mg *1 Internationale Einheit* = 0,05 mg kristallisierte Ascorbinsäure.

Bei Mangel des Vitamins treten folgende Erscheinungen auf	Das Vitamin wird angewandt zur Besserung und Heilung von
Wachstumshemmung, Verminderung des roten Blutfarbstoffs, der Zahl der roten Blutkörperchen und der zur Gerinnung notwendigen Blutplättchen (siehe Vitamin B_{12}).	wie bei Vitamin B_{12}.
Da der menschliche Organismus das Vitamin C nicht selbst aufzubauen vermag, ist er gegen eine mangelhafte Zufuhr mit der Nahrung sehr empfindlich. Es treten sehr bald Störungen im Allgemeinbefinden, Appetitlosigkeit, Schwäche, Schweregefühl in den Beinen, Anfälligkeit gegen Infektionen und Blutarmut auf. Auch das Wachstum wird beeinträchtigt. Damit haben sich dann auch schon die Vorzeichen des Skorbuts ausgebildet. Der Skorbut ist die typische Vitamin-C-Mangelkrankheit. Ihr entspricht die Möller-Barlowsche Krankheit beim Säugling. Beide Krankheitsbilder sind gekennzeichnet durch überall auftretende kleinere bis größere Blutungen. Besonders auffällig ist das weiche, aufgequollene Zahnfleisch. Häufig lockern sich die Zähne und fallen aus. Die Vorstadien sind praktisch wichtiger als die ausgebildeten Krankheiten. Blutungsneigung des Zahnfleisches deutet meist schon einen Vitamin-C-Mangel an. Mangelhafte Zufuhr von Vitamin C durch Denaturierung der Nahrung, starker Mehrverbrauch durch Anstrengung, Infektion, Schwangerschaft, Stillzeit, Wachstum oder Alter sind Gründe zur Entstehung zahlreicher Vitamin-C-Mangelzustände. Wir kennen sie als: Frühjahrsmüdigkeit, Appetitlosigkeit, schnelle Erschöpfbarkeit (körperlich und geistig), Blutungsbereitschaft, Anfälligkeit gegen Infektionen, Verdauungsbeschwerden, Kreislaufstörungen, Kopfschmerzen, Blutarmut, Wachstumsverzögerung u. a. m.	Da Vitamin C ein fast *universeller Aktivator der Zellfunktionen* ist, läßt sich sein außerordentlich großer Anwendungsbereich verstehen. Wir benötigen es bei Skorbut und allen Vorstadien dieser Erkrankung, wie Allgemeinschwäche, Blutungsneigung, Zahnfleischerkrankungen und Schädigungen des Zahnhalteapparates. Es wird ferner angewandt zur Steigerung der Abwehrkraft bei Infektionen und Vergiftungen. Es wirkt günstig auf rheumatische Erkrankungen und tuberkulöse Infektionen, bei Störungen der Blutneubildung in den Blutbildungszentren des Knochenmarks. Es ist notwendig bei Magen-Darm-Störungen und zur Beschleunigung der Wundheilung, ferner als Zusatz zu Diätkostformen, die oft vitaminarm sind. Der *Kinderarzt* verordnet Vitamin C bei Entwicklungs- und Verdauungsstörungen, mangelhafter Knochenbildung und Störungen der Zahnbildung. Keuchhusten wird durch große Vitamin-C-Mengen gemildert und in seinem Verlauf abgekürzt. Bei den *chirurgischen Erkrankungen* unterstützt Vitamin C die Knochen- und Knorpelbildung und die Wundheilung. Während der ganzen *Schwangerschaft* und *Stillzeit* auf reichliche Vitamin-C-Zufuhr achten und künstliche Säuglingsnahrung mit natürlichen Vitamin-C-Trägern anreichern (Fruchtsäfte)! In der *Zahnheilkunde* ist Vitamin C ein unentbehrlicher Helfer bei allen Schleimhautentzündungen, Zahnfleischerkrankungen, Zahnlockerungen und Schädigungen des Zahnhalteapparates. Wunden nach Zahnextraktionen heilen unter dem Schutz von Vitamin C rasch und komplikationslos ab.

Beerenobst-Kalender[1].

Deutsche Bezeichnung	Lateinische Bezeichnung	Erntezeit	Verwendungsmöglichkeiten
Berberitze	Berberis vulgaris	Aug.—Okt.	Kompott, Saft, Sirup, Marmelade, Gelee, Einmachen, Zitronensaftersatz, Beigabe zu schlecht gelierenden Säften.
Brombeere	Rubus fruticosus	Juli—Okt.	Frischkost, Saft, Getränke, Kaltschale, Suppe, Kompott, Marmelade, Gelee, Süßspeisen, Einmachen, Kuchenbelag. Blätter zu Tee.
Eberesche	Sorbus aucuparia	Aug.—Okt.	Saft, Marmelade, Kompott, Gelee. Bittere Beeren 12–24 Std. in Essigwasser legen. Auch mit Äpfeln und Möhren zu mischen.
Erdbeere (Wald-)	Fragaria vesca	Mai—Juli	Frischkost, Saft, Kompott, Kuchenbelag, Kaltschale, Marmelade, Gelee, Süßspeisen, Einmachen. Blätter zu Tee.
Hagebutte = Heckenrose	Rosa canina	Aug.—Nov.	Kompott, Mark, Marmelade, Suppe, Tunke, Einmachen, Tee. Hoher Vitamin-C-Gehalt!
Heidelbeere	Vaccinium myrtillus	Juni—Sept.	Frischkost, Saft, Getränke, Kaltschalen, Kompott, Marmelade, Süßspeisen, Einmachen, Kuchenbelag.
Himbeere	Rubus idaeus	Juni—Sept.	Frischkost, Saft, Getränke, Kaltschalen, Kompott, Marmelade, Gelee, Süßspeisen, Kuchenbelag. Blätter zu Tee.
Holunder, schwarzer	Sambucus nigra	Juli—Sept.	Saft, Marmelade, Suppe, Gelee, Kompott, Süßspeisen, Trocknen.
Johannisbeere, schwarze	Ribes nigrum	Juni—Juli	Frischsaft, Süßmost, Marmelade, Gelee.
Johannisbeere, rote	Ribes rubrum	Juni—Juli	Rohkost, Kompott, Frischsaft, Süßmost, Marmelade, Gelee, Fruchtwein, Kuchenbelag, in Creme und Eis.
Preiselbeere	Vaccinium vitis idaca	Juli—Okt.	Frischkost, Saft, Getränke, Suppen, Kompott, Marmelade, Gelee, Süßspeisen, Kuchenbelag, Einmachen.
Sanddorn	Hippophaë rhamnoides	Aug.—Dez.	Saft, Gelee, Marmelade, Mus. Hohe Vitamin-C-Gehalt!
Schlehe	Prunus spinosa	Sept.—Nov.	Saft, Dörrobst, geliert gut! Einmachen (süßsauer).
Stachelbeere	Ribes grossularia	Juni—Juli	Saft, Kompott, Kuchenbelag, Marmelade.
Wacholderbeere	Juniperus communis	Sept.—Okt.	Sirup, Mus, Gewürz.
Weintraube	Vitis vinifera	Oktober	Frischkost, Saft, Kuchenbelag, Süßmost.

[1] Nach E. Schneider: Nutze die Heilkraft unsrer Nahrung, 2. Aufl., Hamburg: Saatkorn-Verlag 1954.

Kalender der Wildgemüse und -salate[1].

Name und botanische Bezeichnung	Verwendeter Pflanzenteil	Erntezeit	Verwendungszweck
Bärenlauch (Aliium ursinum)	Blätter	April—Mai	Salat, Gemüse, auch als Beigabe mit Spinat und Brennnessel
Brennessel, große (Urtica dioica)	junge Blätter	April—Mai	als Gemüsebeigabe, auch allein zu verwenden.
Brunnenkresse (Nasturtium offic.)	junge Triebe, Blätter	Febr.—Okt.	Salat, Gemüse, Blutreinigungskur.
Feldsalat (Valerianella olitoria)	Blattrosetten	Okt.—Dez.	Salat, auch als Beigabe zu Gemüse.
Guter Heinrich (Chenopodium bonus Henricus)	junge Triebe, Blätter	April—Okt.	Salat, Gemüse, Suppe.
Gundermann (Glechoma hederacea)	junge Blätter	Mai—Juli	Salat, Gemüsebeigabe, Suppe.
Gartenkresse (Lepidium sativum)	ganzes Kraut	ganzjährig	Salat, Gemüse.
Kerbel (Anthriscus cerefolium)	ganzes Kraut	April—Juni	Salat, Salatbeigabe, zur Suppe mit Sauerampfer.
Löwenzahn (Taraxacum offic.)	junge Blätter	April—Juli	Salat, Gemüse.
Nachtkerze (Oenothera biennis)	Wurzeln	Frühj. od. Herbst	Salat, Gemüse.
Sauerampfer (Rumex acetosa)	Blätter	April—Mai	Salat, Gemüse und Beigabe.
Topinambur Helianthus tuberosus)	Knollen	Winter, Frühjahr	Weichgekocht, ganz oder als Brei (mit Milch und Salz).

Kleiner Gewürzkalender[1].

Name und botanische Bezeichnung	Verwendeter Pflanzenteil	Erntezeit	Verwendungszweck
Anis (Pimpinella anisum)	Reife Frucht	Aug.—Okt.	Brot, Backwerk, Gemüse, Gurken, Tunken.
Basilikum (Ocimum basilicum)	Blätter, frisch und getrocknet	Juni—Sept.	Frischkost, Salat, Tunken, Fleisch.
Bohnenkraut (Satureja hortensis)	Kraut vor der Blüte, frisch und getrocknet	Juli—Sept.	Suppen, Tunken, Salat, Käse, Fleisch, Wurst.
Borretsch (Borago officinalis)	Blätter und Blüten, frisch	Mai—Okt.	Frischkost, Salat, Gurken, Tunken.

[1] Nach E. SCHNEIDER: Nutze die Heilkraft unsrer Nahrung, 2. Aufl., Hamburg: Saatkorn-Verlag 1954.

Name und botanische Bezeichnung	Verwendeter Pflanzenteil	Erntezeit	Verwendungszweck
Dill (Anethum graveolens)	Kraut, Blätter, Früchte, frisch	Mai—Sept.	Frischkost, Salat, Fisch, Fleisch, Pilze, Tunken, Gurken.
Estragon (Artemisia dracunculus)	Kraut, Beginn der Blüte, frisch und getrocknet	Mai—Okt.	Suppen, Tunken, Salat, Gurken, zum Einmachen.
Fenchel (Foeniculum officinale)	Frisch: halbreif; getrocknet: reif	Juli—Okt.	Frischkost, Backwerk, zum Einmachen.
Knoblauch (Allium sativum)	Blätter, Zwiebel, frisch	Juli—Sept.	Suppe, Salat, Gemüse, Fleisch.
Koriander (Coriandrum sativum)	Früchte, getrocknet	Aug.—Sept.	Tunken, Frischkost, Backwaren, Wurst.
Kümmel (Carum carvi)	Frisch: Kraut; getrocknet: Früchte	März—Juli Juli—Sept.	Suppen, Tunken, Salat, Gemüse, Käse, Fleisch, Backwaren.
Liebstöckel (Levisticum officinale)	Kraut, Wurzel, frisch und getrocknet	Juni—Aug. März—Nov.	Suppen, Tunken, Salat, Gemüse, zum Einmachen.
Majoran (Origanum majorana)	Kraut, Beginn der Blüte, getrocknet	Mai—Spt.	Tunken, Salat, Gemüse, Fleisch, Wurst.
Melisse (Melissa officinalis)	Blätter, frisch und getrocknet	Mai—Aug.	Salat, Suppen, Tunken, Frisch- und Diätkost.
Petersilie (Petroselinum sativum)	Kraut frisch und getrocknet, Wurzel frisch	Mai—Nov. Okt.—April	Suppen, Tunken, Salat, Gemüse, Kartoffeln, Fleisch, Fisch.
Rosmarin (Rosmarinus officinalis)	Blätter, frisch und getrocknet	April—Aug.	Tunken, Frischkost, Salat, Fisch, Geflügel, Wild.
Safran (Crocus sativus)	Narben, getrocknet	Sept.—Okt.	Suppen, Nudeln, Backwaren, Käse, Butter.
Salbei (Salvia officinalis)	Blätter vor der Blüte, frisch und getrocknet	Mai—Okt.	Salat, Fisch, Wild, Geflügel.
Schnittlauch (Allium schoenoprasum	Kraut, frisch	April—Okt.	Suppen, Tunken, Salat, Kartoffeln, Quark, Butterbrot.
Senf, schwarzer (Brassica nigra)	Samen in der Reife	Juni—Sept.	Suppen, Tunken, Fleisch, Gurken.
Thymian (Thymus vulgaris)	Kraut in der Blüte, frisch und getrocknet	April—Okt.	Tunken, Salat, Kartoffeln, Fisch, Fleisch, Wurst.
Waldmeister (Asperula odorata)	Kraut vor der Blüte, frisch und getrocknet	März—Mai	Salat, Süßspeisen, Getränke, Backwerk.

Vollständiges Verzeichnis der Gifte der GiftPolVO.[1]

Eine für alle Länder des Bundesgebietes einheitlich geltende Giftverordnung gibt es nicht. Die Abgabe von Giften ist vielmehr durch Polizeiverordnungen der einzelnen Länder geregelt, die in den Jahren 1938 bis 1939 — mit allerdings nur geringfügigen Abweichungen voneinander — herausgegeben wurden. Nach 1945 sind hierzu einige Ergänzungen erfolgt, lediglich in Niedersachsen wurde unter dem 21. 7. 1954 eine völlig neue Verordnung herausgegeben.

Im folgenden wird die preußische „Polizeiverordnung über den Handel mit Giften" vom 11. 1. 1938 zugrunde gelegt. Die nach 1945 neu eingefügten Stoffe wurden im Verzeichnis bereits berücksichtigt.

Um nicht in drei Verzeichnissen nachsehen zu müssen, ob ein Stoff unter die GiftPolVO fällt (diese VO enthält bekanntlich drei Verzeichnisse — entsprechend den Abteilungen der Gifte), wurde dieses Gesamtverzeichnis zusammengestellt. Es enthält alle Stoffe die in der preuß. GiftPolVO aufgeführt wurden — außerdem solche, die nach 1945 in einigen oder allen Ländern (teilweise mit unterschiedlichem Wortlaut) eingefügt wurden. Die nachträglich eingefügten Stoffe wurden durch *Kursivdruck* kenntlich gemacht.

Es sei in diesem Zusammenhang darauf hingewiesen, daß der Begriff „Gift" sehr dehnbar ist! Im Übermaß genommen sind auch solche Stoffe unter Umständen lebensbedrohend, die sonst als lebensnotwendig oder völlig unschädlich zu bezeichnen sind.

Es ist zu beachten, daß die Nomenklatur der GiftPolVO vielfach von der üblichen abweicht, so daß beim Aufsuchen eines Stoffes darauf entsprechend Rücksicht genommen werden muß!

Abt.	Gifte
2	Acetanilid (Antifebrin)
2	Adoniskraut
2	Aethylenpräparate
2	Agaricin
2	Akonit-extrakt, -knollen, -kraut, -tinktur
1	Akonitin, dessen Verbindungen und Zubereitungen
2	Amylenhydrat
2	Amylnitrit
3	Antimonchlorür, fest oder in Lösung
2	Apomorphin
1	**Arsen,** dessen Verbindungen und Zubereitungen, auch Arsenfarben
1	Atropin, dessen Verbindungen und Zubereitungen
3	**Bariumverbindungen** außer Schwerspat (schwefelsaurem Barium)
2	Belladonna-blätter, -extrakt, -tinktur, -wurzel
2	Bilsen-kraut, -samen, -extrakt, -tinktur
2	**Bittermandelöl,** blausäurehaltiges
3	Bittermandelwasser
3	Bleiessig
3	Bleizucker
2	Brechnuß (Krähenaugen) sowie die damit hergestellten Ungeziefermittel, Brechnuß-extrakt, -tinktur
2	Brechweinstein
3	Brechwurzel, Ipecacuanha-extrakt, -tinktur, -wein
2	**Brom**
2	Bromäthyl
2	Bromalhydrat
2	Bromoform
1	Brucin, dessen Verbindungen und Zubereitungen
2	Butylchloralhydrat
2	Calabar-extrakt, -samen, -tinktur
2	Cardol
2	Chloräthyliden, zweifach
2	Chloralformamid
2	Chloralhydrat
2	Chloressigsäuren
2	Chloroform
3	*Chlorsäure und die sonstigen chlorsauren Salze*
3	*Chlorsäure, deren Salze und Zubereitungen*
2	**Chromsäure**
2	Convallamarin, dessen Verbindungen und Zubereitungen
2	Convallarin, dessen Verbindungen und Zubereitungen
1	Curare und dessen Präparate
1	Cyanwasserstoffsäure (Blausäure), **Cyankalium,** die sonstigen cyanwasserstoffsauren Salze und deren Lösungen[2]
1	Daturin, dessen Verbindungen und Zubereitungen
1	Digitalin, dessen Verbindungen und Zubereitungen

[1] Nach R. SCHMIDT-WETTER: Vademecum für Pharmazeuten, 3. Aufl., Aulendorf i. Württ.: Edition Cantor 1957.

[2] Berliner Blau und gelbes Blutlaugensalz fallen nicht hierunter!

(Fortsetzung)

Abt.	Gifte
	E 605 = Nitrophenolthiophosphorsäureester siehe Insektizide Ester der Phosphorsäuren . . .
2	Elaterin, dessen Verbindungen und Zubereitungen
1	Emetin, dessen Verbindungen und Zubereitungen
1	Erythrophlein, dessen Verbindungen und Zubereitungen
2	Erythrophleum
2	Euphorbium
3	Farben, welche Antimon, Barium, Blei, Chrom, Gummigutti, Kadmium, Pikrinsäure, Zink oder Zinn enthalten, mit Ausnahme von: Schwerspat (schwefelsaurem Barium), Chromoxyd, Zink, Zinn und deren Legierungen als Metallfarben, Schwefelkadmium, Schwefelselenkadmium, Schwefelzink, Schwefelzinn (als Musivgold), Zinkoxyd, Zinnoxyd
2	Fingerhut-blätter, -essig, -extrakt, -tinktur
2	*Fluoressigsäuren, ihre Verbindungen und Zubereitungen*
1	**Fluorwasserstoffsäure** (Flußsäure)
2	Fluorwasserstoffsaure (flußsaure) Salze, neutrale, lösliche, und deren Zubereitungen
2	Fluorwasserstoffsaure (flußsaure) Salze, saure und deren Zubereitungen, ausgenommen Stifte, die den Anforderungen an die Position „Fluorwasserstoffsaure (flußsaure) Salze, saure, in Form von Stiften..." der Abt. 3 entsprechen (siehe dort)
3	Fluorwasserstoffsaure (flußsaure) Salze, saure, in Form von Stiften mit einem Höchstgewicht von 8 g und einem Höchstgehalt von 50% saurem flußsaurem Salz, soweit diese in geschlossenen Behältern mit der Aufschrift „Gift" zur Abgabe an das Publikum gelangen und sofern die Packungen außerdem folgenden Anforderungen entsprechen: 1. die Stifte müssen an ihrem unteren Ende mit dem Behälter fest verbunden sein; 2. die Behälter dürfen keine reklamehaften Aufdrucke und reklamehaften Bilder aufweisen; 3. die Packungen sind mit einer Gebrauchanweisung zu versehen, die den Vermerk „Vorsicht! Stift nicht anlecken!" tragen muß.

Abt.	Gifte
2	Gelsemium-wurzel, -tinktur
2	Giftlattich-extrakt, -kraut, -saft (Laktukarium)
2	Giftsumach-blätter, -extrakt, -tinktur
3	Goldsalze
2	Gottesgnaden-kraut, -extrakt, -tinktur
2	Gummigutti, dessen Lösungen und Zubereitungen
1	Homatropin, dessen Verbindungen und Zubereitungen
2	Hydroxylamin, dessen Verbindungen und Zubereitungen
1	Hyoscin (Duboisin), dessen Verbindungen und Zubereitungen
1	Hyoscyamin (Duboisin), dessen Verbindungen und Zubereitungen
1	*Insektizide Ester der Phosphorsäuren, Polyphosphorsäuren und substituierten Phosphorsäuren (z. B. Thiophosphorsäure), einschließlich der Ester mit Nitrophenol und Methyloxycumarin und ihre Zubereitungen*
2	*Insektizide Ester der Phosphorsäuren, Polyphosphorsäuren und substituierten Phosphorsäuren — ausgenommen Diäthylphosphorsäure-p-nitrophenylester enthaltende Zubereitungen in abgabefertigen Packungen mit nicht mehr als 10% dieser Ester, soweit diese Zubereitungen einen vom Genuß abschreckenden Geruch und Geschmack aufweisen*
3	*Insektizide Ester der Phosphorsäure, Polyphosphorsäuren und substituierten Phosphorsäuren — ausgenommen Diäthylphosphorsäure-p-nitrophenylester enthaltende Zubereitungen — als Stäubemittel in abgabefertigen Packungen mit nicht mehr als 5% dieser Ester, soweit diese Zubereitungen einen vom Genuß abschreckenden Geruch und Geschmack aufweisen*
2	Jalapen-harz, -knollen, -tinktur
3	Jod und dessen Präparate, ausgenommen zuckerhaltiges Eisenjodür und Jodschwefel
3	Jodoform
3	Kadmium und dessen Verbindungen, auch mit Brom oder Jod
3	**Kalilauge,** in 100 Gewichtsteilen mehr als 5 Gewichtsteile Kaliumhydroxyd enthaltend
3	Kalium

Abt.	Gifte	Abt.	Gifte
3	Kaliumbichromat (rotes chromsaures Kalium, sogenanntes Chromkali)		*kennbaren Hinweis tragen „Vorsicht! Metaldehyd! Unter Verschluß und für Kinder unzugänglich aufzubewahren.“*
3	**Kaliumbioxalat (Kleesalz)**	3	*Methylalkohol (Methanol), Brennmethanol, das als Warnstoffe 2 l 90%iges Handelsbenzol und 0,05 g Methylviolett auf 100 l enthält und auf den abgabefertigen Packungen die deutlich erkennbare Aufschrift trägt: „Methanol (Methylalkohol)! Vorsicht Gift! Nur für Brennzwecke! Benetzte Hautstellen sofort gründlich mit Wasser reinigen!*
3	**Kaliumchlorat** (chlorsaures Kalium)[1]	3	Mutterkorn, -extrakte (Ergotin)
3	Kaliumchromat (gelbes chromsaures Kalium)	2	*α-Naphthylthioharnstoff und dessen Zubereitungen*
3	**Kaliumhydroxyd** (Ätzkali)	3	*α-Naphthylthioharnstoff enthaltende Zubereitungen mit nicht mehr als 30% Gehalt*
1	Kantharidin, dessen Verbindungen und Zubereitungen	2	Narcein, dessen Verbindungen und Zubereitungen
3	**Karbolsäure,** auch rohe sowie verflüssigte und verdünnte, in 100 Gewichtsteilen mehr als 3 Gewichtsteile Karbolsäure enthaltend	2	Narcotin, dessen Verbindungen und Zubereitungen
2	Kieselfluorwasserstoffsäure (Kieselflußsäure), deren Salze und Zubereitungen	3	Natrium
2	Kirschlorbeeröl	3	Natriumbichromat
3	Kirschlorbeerwasser	3	**Natriumhydroxyd** (Ätznatron, Seifenstein)
3	Koffein, dessen Verbindungen und Zubereitungen	3	**Natronlauge,** in 100 Gewichtsteilen mehr als 5 Gewichtsteile Natriumhydroxyd enthaltend
2	Kokkelskörner	2	Nieswurz (Helleborus), grüne, -extrakt, -tinktur, -wurzel
1	Kolchicin, dessen Verbindungen und Zubereitungen	2	Nieswurz (Helleborus), schwarze, -extrakt, -tinktur, -wurzel
3	Koloquinthen, -extrakt, -tinktur	1	**Nikotin,** dessen Verbindungen und Zubereitungen
1	Koniin, dessen Verbindungen und Zubereitungen	2	**Nitrobenzol** (Mirbanöl)
2	Kotoin	1	Nitroglycerinlösungen
3	Kreosot	2	Oxalsäure (Kleesäure-, sogenannte Zuckersäure)
3	**Kresole** und deren Zubereitungen (**Kresolseifenlösungen, Lysol,** Lysosolveol usw.) sowie deren Lösungen, soweit sie in 100 Gewichtsteilen mehr als 1 Gewichtsteil der Kresolzubereitung enthalten	2	Paraldehyd
2	Krotonöl	3	Paraphenylendiamin, dessen Salze, Lösungen und Zubereitungen
3	Lobelien-kratu, -tinktur	2	Pental
3	*Meerzwiebel und deren Zubereitungen*	3	Phenacetin
3	Meerzwiebel-extrakt, -tinktur, -wein		
3	*Meerzwiebelglykoside und deren Zubereitungen*		
3	*Metaldehyd und dessen Zubereitungen, ausgenommen Brennstofftabletten in abgabefertiger Packung, soweit die Tabletten einen vom Genuß abschreckenden Geschmack aufweisen und die Packungen den deutlich er-*		

[1] Für Bayern seit dem 18. 7. 1949 gestrichen. Wegen verschiedener Unglücksfälle durch Explosion selbsthergestellter Gemische von rotem Phosphor und Kaliumchlorat gab der RMdI (Handb. DDA, 1942, S. 180) folgende Hinweise (Auszug): Roter Phosphor, der keinen gelben Ph. enthält, unterliegt nicht der Gift-VO. Kaliumchlorat darf nur gem. den Vorschriften der GiftVO und nicht an Kinder unter 14 Jahren abgegeben werden. „Eine Ablehnung der Abgabe an Jugendliche unter 18 Jahren wird immer dann geboten sein, wenn diese beiden Stoffe zugleich verlangt werden. Zur Vermeidung von sonstigen mißbräuchlichen Verwendungen ist darüber hinaus grundsätzlich die vollständige oder teilweise Ablehnung der Abgabe dieser Stoffe auch erforderlich, wenn Erwerber größere Mengen von Kaliumchlorat oder rotem Phosphor anfordern, als für die von ihnen angeführte erlaubte Verwendungsabsicht notwendig erscheint.“

(Fortsetzung)

Abt.	Gifte
1	**Phosphor** (auch roter[1], sofern er gelben Phosphor enthält) und die damit bereiteten Mittel zum Vertilgen von Ungeziefer sowie Phosphorwasserstoff entwickelnde Verbindungen (z. B. Phosphorkalzium, Phosphorzink) und Zubereitungen mit Ausnahme solcher, die den Anforderungen an die Position „Phosphorwasserstoff entwickelnde Zubereitungen . . .“ der Abteilung 3 entsprechen
3	Phosphorwasserstoff entwickelnde Zubereitungen, soweit diese in 100 Gewichtsteilen höchstens 7 Gewichtsteile Phosphorwasserstoff entwickelnde Verbindungen enthalten, dauerhaft gefärbt sind und in festen, geschlossenen Behältnissen mit der Aufschrift „Gift“ und mit einer Belehrung gem. § 18 Abs. 1 versehen zur Abgabe an das Publikum gelangen
1	Physostigmin, dessen Verbindungen und Zubereitungen
3	**Pikrinsäure** und deren Verbindungen
1	Pikrotoxin
2	Pilokarpin, dessen Verbindungen und Zubereitungen
1	**Quecksilberpräparate**[2], auch Farben, außer Quecksilberchlorür (Kalomel) und Schwefelquecksilber (Zinnober)
3	**Quecksilberchlorür** (Kalomel)
2	Sabadill-extrakt, -früchte, -tinktur
2	Sadebaum-spitzen, -extrakt, -öl
3	**Salpetersäure** (Scheidewasser), auch rauchende
3	*Salpetrigsaure Salze (Nitrite) und deren Zubereitungen*
1	**Salzsäure,** arsenhaltige
3	Salzsäure, arsenfreie, auch verdünnte, in 100 Gewichtsteilen mehr als 15 Gewichtsteile wasserfreie Säure enthaltend
2	Sankt-Ignatius-samen, -tinktur
2	Santonin
2	Scammonia-harz (Scammonium), -wurzel
2	Schierling (Konium) -kraut, -extrakt, -früchte, -tinktur
3	Schwefelkohlenstoff
1	**Schwefelsäure,** arsenhaltige
3	Schwefelsäure, arsenfreie, auch verdünnte, in 100 Gewichtsteilen mehr als 15 Gewichtsteile Schwefelsäuremonohydrat enthaltend
2	Senföl, ätherisches
3	Silbersalze, mit Ausnahme von Chlorsilber
1	Skopolamin, dessen Verbindungen und Zubereitungen
2	Spanische Fliegen und deren weingeistige und ätherische Zubereitungen
2	Stechapfel-blätter, -extrakt, -samen, -tinktur, ausgenommen zum Rauchen oder Räuchern
3	Stephans-(Staphisagria)-körner
1	Strophanthin
2	Strophanthus-extrakt, -samen, -tinktur
1	**Strychnin,** dessen Verbindungen und Zubereitungen, mit Ausnahme von strychninhaltigem Getreide
2	**Strychninhaltiges Getreide**
2	Sulfonal und dessen Ableitungen
2	Thallin, dessen Verbindungen und Zubereitungen
2	**Thalliumverbindungen** und deren Zubereitungen
1	Uransalze, lösliche, auch Uranfarben
2	Urethan
1	Veratrin, dessen Verbindungen und Zubereitungen
2	Veratrum (weiße Nieswurz), -tinktur, -wurzel
2	Wasserschierling-kraut, -extrakt
2	Zeitlosen-extrakt, -knollen, -samen, -tinktur, -wein
3	Zinksalze, mit Ausnahme von Zinkkarbonat
3	Zinnsalze
1	Zyanwasserstoffsäure (siehe unter Cyanwasserstoffsäure!)

[1] Vgl. Fußnote zu Kaliumchlorat!

[2] Zu Sublimatpastillen sagt das DAB.: „Sublimatpastillen müssen in verschlossenen Glasbehältern mit der Aufschrift ‚Gift‘ abgegeben werden; jede einzelne Pastille muß in schwarzem Papier eingewickelt sein, das in weißer Farbe die Aufschrift ‚Gift‘ und die Angabe des Quecksilberchloridgehalts in g trägt.“

Sachverzeichnis

Seitenzahlen in **halbfetter** Schrift bezeichnen die Stelle, an der das Stichwort ausführlicher behandelt wird. * bezeichnet eine Abbildung zu dem betreffenden Stichwort.

H Herstellung, *K* Kosmetik, *Ph* Photographie, *R* Reagens, *T* Technisch

H Herstellung, *K* Kosmetik, *Ph* Photographie, *R* Reagens, *T* Technisch

H Herstellung, *K* Kosmetik, *Ph* Photographie, *R* Reagens, *T* Technisch

H Herstellung, *K* Kosmetik, *Ph* Photographie, *R* Reagens, *T* Technisch

H Herstellung, *K* Kosmetik, *Ph* Photographie, *R* Reagens, *T* Technisch

H Herstellung, *K* Kosmetik, *Ph* Photographie, *R* Reagens, *T* Technisch

H Herstellung, *K* Kosmetik, *Ph* Photographie, *R* Reagens, *T* Technisch

H Herstellung, *K* Kosmetik, *Ph* Photographie, *R* Reagens, *T* Technisch

H Herstellung, *K* Kosmetik, *Ph* Photographie, *R* Reagens, *T* Technisch

H Herstellung, *K* Kosmetik, *Ph* Photographie, *R* Reagens, *T* Technisch

H Herstellung, *K* Kosmetik, *Ph* Photographie, *R* Reagens, *T* Technisch

H Herstellung, *K* Kosmetik, *Ph* Photographie, *R* Reagens, *T* Technisch

H Herstellung, *K* Kosmetik, *Ph* Photographie, *R* Reagens, *T* Technisch

H Herstellung, *K* Kosmetik, *Ph* Photographie, *R* Reagens, *T* Technisch

H Herstellung, *K* Kosmetik, *Ph* Photographie, *R* Reagens, *T* Technisch

H Herstellung, *K* Kosmetik, *Ph* Photographie, *R* Reagens, *T* Technisch

H Herstellung, *K* Kosmetik, *Ph* Photographie, *R* Reagens, *T* Technisch

H Herstellung, *K* Kosmetik, *Ph* Photographie, *R* Reagens, *T* Technisch

H Herstellung, *K* Kosmetik, *Ph* Photographie, *R* Reagens, *T* Technisch

H Herstellung, *K* Kosmetik, *Ph* Photographie, *R* Reagens, *T* Technisch

H Herstellung, *K* Kosmetik, *Ph* Photographie, *R* Reagens, *T* Technisch

H Herstellung, *K* Kosmetik, *Ph* Photographie, *R* Reagens, *T* Technisch

H Herstellung, *K* Kosmetik, *Ph* Photographie, *R* Reagens, *T* Technisch

H Herstellung, *K* Kosmetik, *Ph* Photographie, *R* Reagens, *T* Technisch

H Herstellung, *K* Kosmetik. *Ph* Photographie, *R* Reagens, *T* Technisch

H Herstellung, *K* Kosmetik, *Ph* Photographie, *R* Reagens, *T* Technisch

Literaturverzeichnis.

(Siehe auch Literaturverzeichnis in Band II, S. 1460ff.)

1. BECHER, C. jun.: Schädlingsbekämpfung. Halle/Saale: Knapp 1953.
2. BECHER-LÖDL: Neuzeitliche Wachswaren und ihre Herstellung. Augsburg: Verlag für chemische Industrie H. Ziolkowsky KG. 1954.
3. BEYTHIEN-HEIMANN: Einführung in die Lebensmittelchemie, 4. Aufl. Dresden und Leipzig: Theodor Steinkopff 1956.
4. VON CZETSCH-LINDENWALD/SCHMIDT-LA BAUME: Salben-Puder-Externa, 3. Aufl. Berlin/Göttingen/Heidelberg: Springer 1950 und Nachtrag 1956.
5. DOBISLAW, E.: Rezeptbuch für Destillateure, 3. Aufl. Neustadt/Weinstraße: Daniel Meiniger 1952.
6. FIEDLER, H. P.: Der Schweiß. Aulendorf/Württ.: Editio Cantor 1955.
7. FRIEDRICH, H. C. und HALLA, F.: Schädigungen durch ungeeignete Kosmetik. Wien-Düsseldorf: Verlag für medizinische Wissenschaften Wilhelm Maudrich 1953.
8. GÖLLNER, H.: Gesundheits-Atlas, herausgegeben vom Deutschen Gesundheits-Museum Köln, Zentralinstitut für Gesundheits-Erziehung E.V. Frankfurt a. M.: Wilhelm Limpert.
9. GRIEBEL, C.: Gewürze und Gewürzähnliche Gemenge. Berlin: A. W. Hayn's Erben, 1954.
10. HALLA, F. und FRIEDERICH, H. C.: Haarausfall. Wien-Düsseldorf: Verlag für medizinische Wissenschaften Wilhelm Maudrich, 1952.
11. MEYER, E.: Taschenbuch der pflanzlichen Therapie, Bd. I und II, 2. Aufl. Saulgau (Württ.): Karl F. Haug 1952.
12. MEYER, H. A. C. und E. O. SEITZ: Ultraviolette Strahlung. Berlin: Walter de Gruyter & Co. 2. erweiterte Aufl. 1949.
13. MICHEL, K.: Die wissenschaftliche und angewandte Photographie, Bd. V: Die Technik der Negativ- und Positivverfahren von E. MUTTER. Wien: Springer 1955.
14. SCHNEIDER, E.: Nutze die Heilkraft unserer Nahrung, 2. Aufl. Hamburg: Saatkorn-Verlag 1954.
15. SCHÄNDERL, H. und J. KOCH: Die Fruchtweinbereitung. 3. Aufl. Stuttgart (z. Zt. Ludwigsburg): Eugen Ulmer 1951.
16. SCHÖNBERGER, A.: Gesunde Haare — glückliche Menschen. Regensburg-Wien: Decker 1953.
17. SCHÜTZMEIER, F.: Die Oberflächenbehandlung des Holzes: Berlin 1951, Technischer Verlag Herbert Cram.
18. Spirituosen-Jahrbuch der Versuchs- und Lehranstalt für Spiritusfabrikation in Berlin 1957.
19. THOMSEN, W.: Gesunde Füße, gesunder Mensch. Frankfurt a. M.: Umschau-Verlag 1951.
20. WEYHBRECHT, H. und L. ENDERLEIN: Kosmetik heute. Stuttgart: Paracelsus-Verlag 1956.
21. WINKELMANN, W.: Die Wirkstoffe unserer Heilpflanzen. Olten und Freiburg i. B.: O. Walter 1951.

721/51/56

Anzeigen

KÖLNISCH WASSER
GOTT UND MEIN RECHT
№ 4711.
aus der
Kölnisch Wasser Fabrik
"GLOCKENGASSE № 4711"
KÖLN
KÖLN UND 4711
WELTBERÜHMT

Abfüllgeräte

OTAL-Abfüllapparate „säurefest"
Otto Bürkle, Stuttgart-S
Adlerstr. 10
Tel. 72829

C. SCHLIESSMANN KG.,
Schwäb. Hall

Aluminium-Folien

Kaschierte Aluminiumfolien in jeder Stärke und Ausführung, auch mit Polyaethylenbeschichtung vorder- und rückseitig, liefert
METALLPAPIERFABRIK
H. Benkert G. m. b. H., Herne,
Postfach 18. Fernruf 50374/50053,
Fernschreiber 0825818

Analysenwaagen

G. HARTNER
Präzisions-
und Schnellwaagenfabrik
Ebingen/Württ.
Fernsprecher S.-Nr. 2943

Ansteckblumen

Duftende Ansteck- und Zierblumen DBGM ges. gesch.
HERMANN FLORSCHÜTZ
Parfümeriefabrik
Bremen, 871 — Ruf 52345

Apparate und Einrichtungen für das Photo-Labor

AGFA AKTIENGESELLSCHAFT
Leverkusen - Bayerwerk

Aromen und Essenzen

CURT GEORGI
Böblingen bei Stuttgart
Vaihinger Str. 25
Fernruf 5133

Ätherische Öle — Riechstoffe Parfümöle

HERMANN DÜLLBERG
Ätherische Öle, Riechstoffe
Parfümöle, Spezialitäten
HAMBURG-BILLSTEDT

Eau de Cologne-Öle
CURT GEORGI
Böblingen bei Stuttgart
Vaihinger Str. 25
Fernruf 5133

Babykost

Dr. Friese Baby-Kost
Dr. Friese Baby-Trank
Erzeugnisse der RHENANIA
Hermann Bosse G. m. b. H. Rodenkirchen/Köln

Bäderzusätze

Pino A. G.
Älteste und größte Schwarzwälder Spezialfabrik für Fichtennadel-Erzeugnisse u. Arzneibäder
Freudenstadt — Schwarzwald
Postfach 154, Tel. 2151

Dr. SCHUPP K.-G.
Fabrik Schwarzwälder Badezusätze
Freudenstadt/Schwarzwald
Postfach 44. Telefon Dornstetten 304

Blumen- und Gemüsesamen

KÜPPER MITTELDEUTSCHE SAMENGESELLSCHAFT m b H
Eschwege
Pflanzenzucht – Samengroßhandel – Telefon: 2581, 2582

Bohnerwachs

F. AHRENS & CIE.
Lack- u. chem. Fabrik
Hamburg-Altona, Ruhrstr. 47
Ruf: Sa.-Nr. 436058
Hersteller der „Fabulli"-Erzeugnisse
Gegr. 1882

KINESSA
Hartwachs, farblos, weiß, hellgelb
Holzbalsam, eichengelb, mahagoni, nußbraun,
KINESSA, Chemische Fabrik
Göppingen / Württ., Postfach 36

Bronzefarben

Standart-Aluminium-Dauerfarbe
streichfertig, hochhitzebeständig, Rostschutz für innen und außen
Standart-flüssige-Goldbronze
ECKART-WERKE · FÜRTH / BAYERN

Ceresin

GEORG SCHÜTZ
Erste Süddeutsche Ceresinfabrik
Weißkirchen-Taunus
Tel.: Oberursel 2211 und 3060

Dekorationsgegenstände

Deko-Geräte
Spezialfabrik
Lüdenscheid
i. Westf.

Desinfektionsmittel

Bacillolfabrik Dr. BODE & CO.
Hamburg-Stellingen
Melanchthonstr. 27

Edelweiß-Chlorkalk
SCHMITZ-BONN GmbH, Chem. Fabrik
(22a) Monheim-Baumberg-Rhld.

Drogen u. Vegetabilien

CAROLA-Kräuter-
u. Tee-Spezialitäten,
Hautcreme, auch für
Selbstabfüller
CAROLA-LABOR,
STEIN bei Nürnberg

HEKU-DROX-WERK H. Kuni & Co.
(17a) Heidelsheim b. Bruchsal
HEKU-Teespezialitäten, Drogen u. Vegetabiliengroßhandel
Pharmaz. Präp.

Drogerien-Einrichtungen

HERMANN MÜLLER
Standgefäße — Schriftenmalerei und Einrichtungsbedarf
Duisburg-Beeck, Lehnhofstr. 13

Gesamteinrichtungen
Einzelmöbel
Walter SONDERMANN KG.
Ladenbau-Spezial-Fabrik
Moringen/Solling — Ruf 296

Druckapparate

. . . für Druck u. Umdruck
REJAFIX Wien, XVIII.,
O. W. Jensen, Hamburg 6

Emulsionswachse

GEORG SCHÜTZ
Erste Süddeutsche Ceresinfabrik
Weißkirchen-Taunus
Tel.: Oberursel 2211 und 3060

Etiketten

. . . für Standgefäße aus Kunststoff und Papier · Lacke · Leime
SIGNAPHARM — Eschwege
Postfach 228

Etiketten in Rollen

Behälter und Schränke
Buchdruckerei WILH. WANDT
seit 1854
(22a) Wuppertal-Barmen
Färberstr. 25

Extrakte

Dr. SCHUPP K.-G.
Fabrik Schwarzwälder Bade-Extrakte
Freudenstadt/Schwarzwald
Postfach 44
Telefon Dornstetten 304

Fackeln

LUDWIG BLATTMANN
Fackelfabrik Freiburg
Tel.: 5952. Telegrammadr.: Fafa

Feinseifen

Eau de Cologne- & Parfümerie-Fabrik
Glockengasse №. 4711 gegenüber der Pferdepost von Ferd. Mülhens
Köln-Ehrenfeld
Vogelsangerstr. 100. Tel. 4711.

Fensterleder

K. & A. HAHN,
Import — Be- u. Verarbeitung — Fensterleder, Natur- u. Kunstschwämme
Berlin-Charlottenburg,
Kuno-Fischer-Str. 12.

RUDOLF MAY
Gerberei und Lederfabrik
Idstein im Taunus
Postfach 18. Tel. 315

Filtergeräte

Filtrierpapier, Rund- u. Faltenfilter speziell f. Drogerien
Macherey, Nagel & Co.
Inh. Dr. Adolf Radmacher,
Düren — Rhld.

Flaschen-Füllmaschinen

. . . für Enghalsflaschen
PAUL RAEBIGER
Berlin-Spandau
Askanierring 18-22

Fleckenentfernungsmittel

Fleck-Fips
ARIKO GMBH
München 25

Ricofix 13/B Konzentrat
Trockenschaum-Reiniger
für Bekleidung – Teppiche – Polster
Garantiert randlose Fleckenentfernung
R. RIEBSCHLÄGER & CO. KG,
Düsseldorf, Talstr. 116
Tel. 333575 u. 335645

Fußbodenpflegemittel

F. AHRENS & CIE.
Lack- u. chem. Fabrik
Hamburg-Altona, Ruhrstr. 47
Ruf: Sa.-Nr. 436058
Hersteller der „Fabulli"-Erzeugnisse
Gegr. 1882

Firma MAX REHEUSER
Kitzingen-Main
Fabrik chem.-techn. Produkte. Gegr. 1904
Erka — Bohnerwachs u. a. Spezialfabrikate zur Fußbodenpflege

JOS. SCHLÜTER — Chem. Fabrik
Hamburg 19
Eidelstedter Weg 98/100
Tel. 408282-83
Bohnerwachs, fest und flüssig, Neutralpolitur, Spezialreiniger jeder Art, Steinholzpolitur usw.

Fußpflegemittel

Näheres siehe Annonce Seite 2

bio-medizinische
KOSMETIK
Köln-Sülz 2, Ruf: 416250

„Die ROTE Tinktur"
bei Hühneraugen,
Hornhaut und Warzen
GROSS & LAMPE
Bietigheim, Württ.

Gelatinekapseln

Gelatinekapsel-Fabrik
Gerhard Salamon
Gegründet 1891 in Ostpreußen
(23) Quakenbrück

Gummiwaren

Präservative

Hanseatische Gummiwarenfabrik GmbH
Bremen, Besselstr. 34

Flaschen- und Beruhigungssauger

NUK-Sauger

Hanseatische Gummiwarenfabrik GmbH.
Bremen, Besselstr. 34

Haarfärbe- u. Pflegemittel

Näheres siehe Annonce Seite 2

Dr. Babor Dr. B
bio-medizinische
KOSMETIK
Köln-Sülz 2, Ruf: 416250

Haarfixativ klebt nicht, fettet nicht,
med. Haarwässer, Haar-Kurpackung u. a.
BEO PETRI & CO., Chemische Fabrik
Wiesbaden-Dotzheim
Wiesbadener Straße 43
Telefon 40857

L. LEICHNER, Berlin-Dahlem,
Rheinbaben-Allee 9
Telefon 891882
Fabrik feinster kosmetischer Erzeugnisse zur Haut- und Schönheitspflege seit 1873

Lieferant der Drogerien

Lieferant der Drogerien

PHARMA G. m. b. H. VELEN/WESTF.
Pharmazeutische Großhandlung
Fernruf: Nr. 142, 143 u. 242
Fernschreiber: Nr. 0813312

Außenstelle: Recklinghausen
Roonstraße 11
Fernruf: Recklinghausen Nr. 22968
Fernschreiber: Nr. 0829861

Luftballons mit Reklame

TEXO-Gummiwaren K. G.
G. Tesche
Kinderluftballons, Gummibälle mit Reklameaufdruck
Solingen, Fernruf 25101
Postfach 25, Blumenstraße 58

Massage-Apparate und Zubehör

MASPO G. m. b. H.
Frankfurt/Main, Fellnerstraße 3
Älteste Spezialfabrik für Massage-Apparate

Melkfett

JOHS. SCHLÜTER — Chem. Fabrik
Hamburg 19
Eidelstedterweg 98/100
Tel. 40 82 82-83
Alleinherstellung für „Schlüter's Melkfett"

Möbelpflege

„GRO-LA" Möbelputz
„GRO-LA" Hochglanz
„GRO-LA" Auto-Hochglanz
GROSS & LAMPE, Bietigheim, Württ.

CENTRALIN-BALSAM zur Möbelpflege
Centralin Gesellschaft Chemische Fabrik
KIRCHER & CO
(22a) Mettmann, Rhld.
Postfach 132, Fernsprecher 2732

Mottenschutzmittel

Spezialmittel zur Mottenbekämpfung:
GOBOL in Kristallen und Tabletten
HEXA-GLOBOL in Sprühdosen u. Kanistern
GLOBUS-WERKE FRITZ SCHULZ JUN.
Neuburg/Donau

Nagelbürsten

Nagelbürsten mit Plastik-Körpern
Westf. Kamm- u. Zahnbürstenfabrik
HATTENDORF & HELD
(21a) Schötmar

Ozokerite

GEORG SCHÜTZ
Erste Süddeutsche Ceresinfabrik
WEISSKIRCHEN-Taunus
Tel.: Oberursel 2211 und 3060

Photobedarf

AGFA AKTIENGESELLSCHAFT
Leverkusen-Bayerwerk

FRANKA-WERK, Bayreuth
Kleinbild- u. Rollfilmkameras

DR. HÖHN & CO.
Photo-Großhandel
Düsseldorf
Kasernenstraße 18
Fernsprecher: Sa. 10474

Photo-Chemikalien
MAX F. KELLER
(17a) Mannheim
Fernspr. Sa. Nr. 21740

KA
PHOTO-GROSSHANDEL
Kleffel & Aye
(24a) HAMBURG 1
Glockengießerwall 26, Postfach 852

TURA
FILME
PAPIERE
TURAPHOT GMBH
Photochemische Fabrik
Düren-Mariaweiler
Telefon: 2436 · 2170

Pinsel

Standart-Pinsel für Handwerk und Haushalt
Standart-Deckenbürsten
Standart-Farbroller
Standart-Rasierpinsel
ECKART-WERKE · FÜRTH/BAYERN

Prothesensalbe

ASAB Beo- Arbeitsschutzsalbe B
BEO PETRI & CO., Chemische Fabrik
WIESBADEN-DOTZHEIM
Wiesbadener Straße 43
Telefon 40857

Schnellwaagen

Schnellwaagen-Fabrik
Walter R. Mayer, Abteilung 8 D
Hamburg 6, Feldstr. 29/34, Tel. Sa.-Nr. 43 12 01

Schwämme

K. & A. HAHN,
Import-Be- u. Verarbeitung / Natur- und Kunstschwämme, Fensterleder
Berlin-Charlottenburg,
Kuno-Fischer-Straße 12

Seifen

Kinderseife
Creme-Seife
DEUTSCHE MILCHWERKE
DR. A. SAUER, ZWINGENBERG/BERGSTR.

Selbstglanzwachse

GEORG SCHÜTZ
Erste Süddeutsche Ceresinfabrik
Weißkirchen-Taunus
Tel.: Oberursel 2211 und 3060

Silberputzmittel

CENTRALIN GESELLSCHAFT
Chemische Fabrik Kircher & Co.
(22a) Mettmann-Rhld.
Postfach 132, Fernspr. 2732

Sonnenschutzbrillen

AUGUST WULF
Celluloidwarenfabrik, Schötmar/Lippe

Standgefäße

CAROLA, (13a) Stein b. Nürnberg
Fabr. f. Signierapparate, Tubendruckgeräte Plastikschweißgeräte, abwaschbare Etiketten
Standgefäße
aus Glas, Blech, Hartpappe, Sperrholz

HERMANN MÜLLER
Standgefäße - Schriftenmalerei und Einrichtungsbedarf
Duisburg-Beeck, Lehnhofstr. 13

VIGO-STANDGEFÄSSE
mit Sichtfenster, in 3 verschiedenen Größen, bieten viele Vorteile.
Verlangen Sie Angebot von:
«MEDIPHARM» Franz Reinschmidt
Pforzheim, Postfach 1107

Standgefäße aus Hartpapier

BEER & CO.
Hartpapierwarenfabrik
(16) Allendorf,
Kreis Marburg-Lahn

Süßmost

Dr. Steinberger's Kursäfte, der Marken-Süßmost der Drogerie
Dr. Steinberger & Co.
Bad Soden/Taunus
Sammelnummer: 442

Thermometer

Thermometer für jeden Zweck
KURT MERTEN Thermometerfabrik
Korntal-Stuttgart
Görlitzstr. 10.
Telefon 83268 (88 21 68)

WILLY SCHEIBER
Thermometerfabriken
liefert Thermometer aller Art und Ausführungen
Bingen-Rhein, Postfach 15, Tel. 2291

Tierarzneimittel

Chemische Fabrik M. Schneider
Herdecke/Ruhr
Herdrol, Spulba-Kapseln, Jucksin, Super-Phoskal usw.

Ungeziefermittel

GLOBOL – Kristalle und Tabletten gegen Motten
HEXA-GLOBOL – Sprühdosen, Kanister u. Konzentrat gegen Hausungeziefer
GLOBOFORM – Tierpuder; Dispersion gegen Gartenschädlinge
GLOBUS – Mückenschreck

GLOBUS-WERKE FRITZ SCHULZ JUN.
Neuburg/Donau

MIX
Papier aus verantwortungsvollen Quellen
Paper from responsible sources
FSC® C105338

If you have any concerns about our products,
you can contact us on
ProductSafety@springernature.com

In case Publisher is established outside the EU,
the EU authorized representative is:
Springer Nature Customer Service Center GmbH
Europaplatz 3, 69115 Heidelberg, Germany

Printed by Libri Plureos GmbH
in Hamburg, Germany